KB150144

과학을 만든 사람들

1. 아리스토텔레스와 헤벨리우스와 케플러가 만나 혜성의 궤도를 두고 논쟁을 벌이는 상상화. 헤벨리우스의 『혜성지*Cometographia*』(1668) 머리그림.

과학사에 빛나는
과학 발견과
그 주인공들의 이야기

과학을 만든 사람들

존 그리빈 지음 | 권루시안 옮김

JOHN GRIBBIN SCIENCE : A HISTORY

차례

제1부 : 암흑시대를 벗어나다

제2부 : 기초를 놓은 사람들

제3부 : 계몽시대

제4부 : 큰 그림

Parte.

le faltaua poco para llegar ala cola/ d̃ manera
q̃ touiese latitud septẽtrional/los q̃ estuuiesen
enlos climas septẽtrionales veriã la luna eclip
sar a todo el sol: y los d̃la eq̃nocial veriã eclipsa
da la p̃te septẽtrional d̃l sol: y los meridionales
veriã el sol sin eclipsi. Asi q̃ aunq̃ el eclipsi del
sol sea total o particular no puede ser vniuer-
sal en todo la tierra. Notase que para la quãti
dad destos eclipsis el diametro asi del sol co-
mo dela luna diuidẽ los astrologos en doze p̃-
tes yguales: y a estas
p̃tes llamã dedos/o pũ
tos. Y segũ los puntos
del diametro de la luna
que cubre la sombra de
la tierra/o las partes d̃l
diametro del sol que cu-
bre la luna: tantos de-
dos/o pũtos se dira eclip
sar. Si seis/ medio. Si
tres quarto. si quatro/
tercio. si nueue/tres q̃r-
tos. si ocho/dos tercios.
¶ Ha se tambien d̃ no-
tar que aun q̃ el sol sea
mayor que la luna alas
vezes pesce la luna ma-
yor quel sol: y esto sera
q̃ndo el sol estuuiere en
el auge d̃l escẽtrico: y la
luna en el opposito del
auge del epiciclo. y quã
do assi parece lo puede

Doze p̃tes del diame tro llamã dos dedos o puntos.

Diametro visual del sol y d̃la luna.

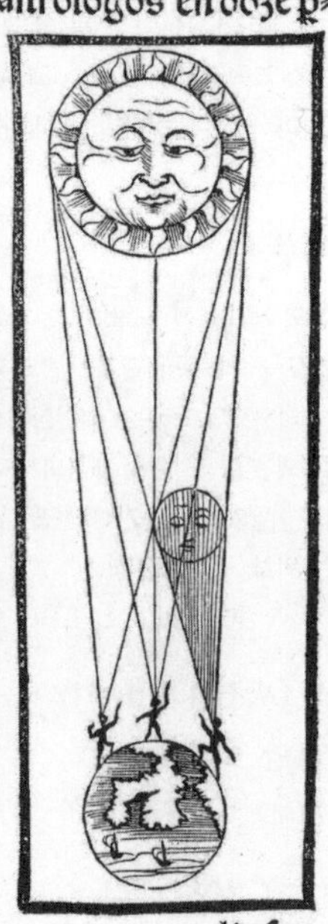

eclipsar

2. 마르틴 코르테스 데 알바카르의 『지구 및 항해술 개론*Breve compendio de la esfera y de la arte de navigar*』(1551)에 수록된 삽화.

머리말

우리가 우주 안에서 차지하는 위치에 관해 과학이 우리에게 가르쳐 준 가장 중요한 것은 우리는 특별하지 않다는 사실이다. 그 과정은 지구는 우주의 중심이 아니라고 한 16세기 니콜라우스 코페르니쿠스의 연구에서 시작됐고, 17세기 초 갈릴레이가 망원경을 사용하여 지구는 정말로 태양을 돌고 있는 행성이라는 결정적인 증거를 얻어 낸 뒤 본격적으로 탄력이 붙었다. 그 뒤 몇 세기 동안 천문학 발견이 이어지면서 천문학자들은 지구가 평범한 행성인 것과 마찬가지로 태양 역시 평범한 별이며, 은하수 자체가 평범한 은하임을 차례차례 밝혀냈다. 태양은 우리 은하수 안에 있는 수천억 개의 별 중 하나고, 은하수는 관측 가능한 우주 안에 있는 수천억 개의 은하 중 하나임을 알아냈다. 심지어 20세기 말에는 우주 자체가 유일한 게 아닐 수도 있다는 의견까지 나왔다.

이런 갖가지 발견이 이어지는 동안 한편에서는 생물학자들이 생물과 무생물이 구분되는 특별한 '생기'가 존재한다는 증거를 찾아내려 했으나 실패하고 생명은 그저 비교적 복잡한 형태의 화학작용일 뿐이라는 결론을 내렸다. 인체를 생물학적으로 연구하기 시작한 시기의 기념비적 사건 하나는 1543년 안드레아스 베살리우스가 『인체 구조에 관하여』를 출간한 것이다. 그런데 바로 그해에 코페르니쿠스가 마침내 『천체 공전에 관하여』를 출간했다. 역사학자로서는 정말로 반가운 이 우연의 일치 덕분에 1543년은 먼저 유럽을, 다음에는 세계를 탈바꿈시키는 과학 혁명의 '편리한 시작점'이 된다.

물론 과학사에서 이야기를 풀어 나가는 시작점을 어떤 날짜로 잡아도 그것은 자의적이다. 또한 나의 과학사 이야기는 다루는 기간뿐 아니라 지리적으로도 한정되어 있다. 내 목표는 르네상스 때부터 대략 20세기 말까지 **서양**의 과학 발달사를 간략하게 설명하는 것이다. 이는 즉 유럽이 소위 암흑시대와 중세시대에 들어가 있는 동안에도 우리가 사는 세계에 관한 지식 탐구가 이어지게 하려고 너무나 많은 노력을 기울인 고대 그리스, 중국, 이슬람 과학자와 철학자의 업적을 한옆으로 밀쳐놓는다는 뜻이다. 그러나 이는 또 우주에 대한, 그리고 오늘날 우주 안에서 우리가 차지하는 위치에 대한 우리 이해의 핵심에 있는 세계관의 발달 과정에 관해 시간적, 공간적으로 명확한 시작점이 있는 일관된 이야기를 들려준다는 뜻이기도 하다. 알고 보니 인간은 지구상에 있는 어떤 종류의 생물과도 다를 게 없었다. 19세기에 찰스 다윈과 앨프리드 월리스의 연구에서 확인된 것처럼, 아메바를 가지고 인간을 만들어 내기 위해 필요한 것은 자연선택이라는 진화 과정과 넉넉한 시간뿐이다.

여기서 언급한 모든 사례를 보면 이야기를 풀어 나가는 방식의 또 한 가지 특징이 드러난다. 과학사의 핵심 사건들을 코페르니쿠스, 베살리우스, 다윈, 월리스 등 과학에 흔적을 남긴 사람들의 연구를 통해 설명하는 방식은 자연스럽다. 그러나 그렇다고 해서 세계의 작동 방식을 꿰뚫어 보는 특별한 능력을 지닌 천재들, 다른 누구도 대신할 수 없는 천재들의 연구 결과 과학이 발전했다는 뜻은 아니다. (다는 아니지만) 천재라고 할 수 있을지 몰라도 대신할 사람이 없는 것은 확실히 아니다. 과학은 한 걸음씩 발전해 나아가는 것이고, 그래서 다윈과 월리스의 예처럼 시기가 무르익으면 그 다음 걸음을 두 명 이상의 사람이 각기 독자적으로 내디딜 수도 있는 것이다. 새로운 현상의 발견자로 누구의 이름이 기억되는지는 운이나 역사적 우연에 따라 결정된다. 천재보다 훨씬 더 중요한 요인은 기술 발전이다. 과학 혁명의 시작이 망원경과 현미경이 개발된 때와 '일치'하는 것은 뜻밖의 일이 아니다.

나로서는 위와 같은 전개에서 예외에 해당한다고 생각할 수 있는 사람은 한 명뿐이며, 그나마 대부분의 과학사학자가 인정하는 정도보다 더 까다로운 조건으로 부분적으로만 인정하는 편이다. 그 사람은 아이작 뉴턴이다. 그는 확실히 특별한 경우였다. 다방면에서 과학적 업적을 남겼다는 점에서, 또 특히 과학이 작동하는 기초가 되는 법칙을 확립했다는 점에서 그렇다. 그렇지만 뉴턴마저도 바로 직전의 선배들, 특히 갈릴레오 갈릴레이와 르네 데카르트에게 의존했고, 그런 의미에서 그가 기여한 것은 이전에 쌓여 온 것이 자연스레 이어진 것으로 볼 수 있다. 뉴턴이라는 사람이 존재하지 않았다면 과학 발전은 수십 년 늦어졌을지도 모른다. 그러나 수십 년 늦어질 뿐이다. 에드먼드 핼리나 로버트 훅이 저 유명한 중력의 역제곱 법칙을 충분히 생각해 냈을 것이고, 고트프리트 라이프니츠는 실제로 뉴턴과는 무관하게 미적분법을 발명한 데다 더 잘 만들었으며, 크리스티안 하위헌스가 내놓은 빛의 파동 이론은 더 뛰어난데도 뉴턴이 입자 이론을 지지했기 때문에 처음에는 받아들여지지 않았다.

이런 사례가 있다고 해서 과학사와 관련된 사람들을 중심으로 내 나름의 이야기를 풀어 나가는 데 방해가 되지는 않는다. 뉴턴도 마찬가지다. 이 책에서 조명할 인물을 고를 때 빠짐없이 고르려 하지는 않았고, 인물의 삶과 업적을 다룰 때 역시 완전하게 다루려 하지는 않았다. 이야기를 고를 때는 과학사라는 맥락 속에서 과학의 발전 과정을 보여 주는 것으로 골랐다. 이 책에서 다루는 이야기와 거기 등장하는 인물 중 일부는 여러분에게 익숙할 것이다. 그 나머지는 덜 그러기를 바란다. 그러나 그들과 그들의 삶은 그들이 살아간 사회를 반영한다는 점에서 중요하며, 그래서 나는 예컨대 한 과학자의 업적이 다른 과학자의 업적으로 어떻게 이어졌는지를 살펴봄으로써 한 **세대**의 과학자들이 다음 세대에게 어떤 식으로 영향을 주었는지를 보여 주고자 한다. 그러고 보면 애초에 공이 굴러가기 시작한 이유는 무엇인가, 즉 '최초 요인'은 무엇인가 하는 질문을 하지 않을 수 없다는 생각이 들 것이다. 그러나 이 경우 최초 요인은 쉽게 찾아낼 수 있다. 서양 과학은 르네상스가 있었기 때문에 굴러가기 시작했다. 그리고 일단 굴러가기 시작하자 그로 인해 기술이 발달하면서 계속 굴러갈 수 있게 됐다. 과학의 새로운 발상 덕분에 기술이 더 좋아지고, 기술이 더 좋아지는 덕분에 과학자는 새로운 발상을 갈수록 더 정밀하게 검증할 수단을 얻는 것이다. 먼저 생겨난 쪽은 기술이다. 작동 원리를 완전히 이해하지 못해도 시행착오를 통해 기계를 만드는 게 가능하기 때문이다. 그러나 일단 과학과 기술이 한데 어우러지자 본격적으로 발전하기 시작했다.

르네상스가 왜 그때 그곳에서 일어났는지에 관한 논의는 역사학자들에게 맡겨 두기로 한다. 서유럽 문예부흥이 시작된 명확한 날짜를 원한다면 오스만 제국이 콘스탄티노폴리스를 점령한 해인 1453년이 편리하다(5월 29일). 이때는 그리스어를 쓰는 많은 학자들이 정세를 알아차리고 서쪽으로 피난을 떠난 뒤였다. 이들은 가지고 있던 문헌자료를 챙겨 일단 이탈리아로 피난을 갔고, 거기서는 이들이 가져간 문헌 연구를 인문주의 운동에서 이어받았다. 인문주의자들은 고전 문헌의 가르침을 바탕으로 암흑시대 이전의 전통을 이어받아 문명을 재정립하고자 했다. 이 덕분에 옛 로마 제국의 마지막 남은 흔적이 지워지고 현대 유럽이 시작되는 과정이 비교적 매끄럽게 이어진 것은 분명하다. 그러나 많은 사람들의 주장처럼 그와 마찬가지로 중요한 요인은 14세기에 흑사병 때문에 유럽 인구가 줄어들었다는 것이다. 살아남은 사람들은 사회의 기반 전체에 의문을 품게 되었고, 노동력이 비싸져 인력을 대체하기 위한 기술 장치를 발명하기 위한 노력이 활발히 일어났다. 이것조차 이야기의 전부가 아니다. 15세기 중반 요하네스 구텐베르크가 활자를 개발한 일은 장차 과학이 띠게 될 모습에 확실히 영향을 주었고, 큰 바다를 건널 수 있는 범선이라는 또 한 가지 기술이 발전한 덕분에 갖가지 발견을 유럽으로 가지고 돌아오면서 사회가 탈바꿈했다.

르네상스가 끝난 시기를 판단하는 일은 시작한 시기를 판단하는 일보다 쉽지 않다. 지금도 계속되고 있다고도 할 수 있기 때문이다. 편리하게 1700년 언저리로 잡을 수 있지만, 현재의 관점에서 보면 1687년이 더 좋은 날짜일 수 있다. 아이작 뉴턴이 걸작 『자연철학의 수학적 원리』를 출간한 해로, 알렉산더 포프의 표현을 빌리자면 이 책이 나오면서 "온통 빛으로 가득 찼다."* 내가 하고 싶은 말은 과학 혁명은 저 혼자 동떨어져 일어나지 않았다는 것이다. 나아가 과학은 여러 면에서 기술과 우리의 세계관에 영향을 미침으로써 서양 문명을 움직이는 원동력이 되기는 했으나, 과학 혁명이 처음부터 변화의 주된 원동력은 아니었다는 것은 확실하다. 나는 과학이 어떻게 발전했는지를 보여 주고 싶지만, 과학 이야기를 다루는 책이 대부분 그렇듯 역사적 배경을 완전히 제대로 다루려면 지면 문제가 뒤따른다. 심지어 과학 전체를 제대로 다루기에도 지면이 부족하다. 따라서 여러분이 양자 이론이나 자연선택에 의한 진화, 판구조론 같은 이론의 핵심 개념에 관한 이야기를 깊이 파고든 책을 원한다면 다른 책을 찾아보아야 할 것이다. 그중에는 내가 쓴 것도 있다. 이 책에서 다룰 사건을 고를 때 빠트린 것들도 있을 수밖에 없고 따라서 어느 정도 주관적이지만, 내 목표는 지구는 우주의 중심이 아니고 인간은 동물에 지나지 않는다는 깨달음에서 출발해서 겨우 450년 남짓한 세월이 지났을 뿐인데 빅뱅 이론에다 인간의 완전한 유전체 지도를 만들어 내기에 이른 과학을 처음부터 끝까지 전체적으로 한꺼번에 훑어보자는 것이다.

아이작 아시모프Isaac Asimov(1920~1992)가 쓴 『새로운 과학 길잡이 *New Guide to Science*』는 작가로서 내가 도저히 넘볼 수 없는 완전히 다른 종류의 책인데, 이 책에서 그는 과학자가 아닌 사람에게 과학 이야

* 알렉산더 포프Alexander Pope(1688~1744)는 영국 시인이다. 이것은 그가 뉴턴의 묘비명으로 지은 시의 한 구절로서 전체는 다음과 같다. "자연과 자연의 법칙이 어둠 속에 감춰져 있었다. 하느님께서 뉴턴이 생겨라! 하시자 온통 빛으로 가득 찼다." 그러나 이 시는 뉴턴의 비석에 새겨지지 않았다. (옮긴이)

기를 설명하려고 노력하는 이유를 다음과 같이 밝혔다.

> 현대 세계에서 과학이 어디까지 와 있는지를 지적으로 어느 정도 파악하고 있지 못하면 누구도 편안할 수 없고 현대 세계가 지니는 문제의 성격이 무엇인지 — 그리고 그 문제를 해결할 방법이 무엇인지 — 판단을 내릴 수 없다. 나아가 과학이라는 찬란한 세계에 입문하면 커다란 미학적 만족감을 얻고, 청소년은 영감을 받으며, 알고자 하는 욕구를 채우고, 인간의 정신이 지니고 있는 놀라운 가능성과 업적을 더욱 깊이 음미할 수 있다.*

나로서는 이보다 더 잘 표현할 수가 없다. 과학은 인간의 정신이 이룩한 가장 위대한 업적에 속한다. **무엇보다도** 위대한 업적이라고도 할 수 있을 것이다. 과학 발전이 대부분 평범하게 영리한 사람들이 선배들의 업적을 바탕으로 한 걸음씩 나아간 결과물이라는 점을 생각할 때 과학 이야기는 우리에게 덜이 아니라 더 훌륭한 것으로 와 닿는다. 이 책의 독자 중 거의 누구라도 적당한 때 적당한 곳에 있었다면 이 책에서 설명하는 위대한 발견을 해낼 수 있었을 것이다. 그리고 과학 발전이 걸음을 멈추지 않았으므로 여러분 중 누군가가 이 이야기의 다음 발걸음에 관여할지도 모른다.

존 그리빈

* 본문에서 언급하는 책에 대한 자세한 정보는 「참고문헌」 참조.

제1부

암흑시대를 벗어나다

1
르네상스 사람들

암흑을 벗어나다 르네상스는 서유럽인이 고대인에 대한 경외심에서 벗어나 자기네도 그리스·로마인만큼이나 문명과 사회에 기여할 수 있다는 것을 깨달은 시기였다. 현대인의 눈으로 볼 때 이해할 수 없는 점은 이런 일이 일어났다는 부분이 아니라 사람들이 열등의식에서 벗어나는 데 그렇게나 오랜 세월이 걸렸다는 부분이다. 이런 깨달음이 일어난 구체적 이유는 이 책에서 다룰 범위를 벗어난다. 그러나 지중해 일대의 고전고대 문명 유적지에 가본 사람이라면 암흑시대(대략 400년~900년) 사람들, 심지어 중세시대(대략 900년~1400년) 사람들까지 그렇게 느낀 이유를 얼핏 알 수 있다. 로마의 판테온이나 콜로세움 같은 구조물은 오늘날에도 경외감을 주며, 그런 구조물의 건설 방법에 관한 지식을 모두 잃어버린 시대 사람들이 보았을 때 그것은 거의 다른 종이나 신이 남긴 건축물 같아 보였을 것이 분명하다. 고대인의 신과 같은 능력을 보여 주는 물리적 증거를 사방에서 그렇게나 많이 볼 수 있는 데다 비잔티움에서 가져온 문헌에서 고대인의 지적 능력을 보여 주는 글까지 새로 발견하고 보니, 후대의 평범한 사람들로서는 그들이 지적으로 훨씬 더 뛰어나다고 여기고 또 아리스토텔레스나 에우클레이데스* 같은 고대 철학자의 가르침을 성서처럼 군소리 없이 받아들이는 것도 당연했을 것이다. 르네상스가 시작될 때의 사정이 실제로 이랬다. 세계를 바라보는 과학적이랄 만한 관점에 로마인이 기여한 부분은 거의 없다. 이것은 즉 르네상스 시대에 이르기까지 우주의 본질에 관한 일반상식은 고대 그리스의 전성기, 다시 말해 코페르니쿠스Nicolaus Copernicus(1473~1543)가 등장하기 1,500년 정도 전부터 근본적으로 달라진 게 없었다는 뜻이었다. 그럼에도 불구하고 일단 거기에 의문을 품기 시작하자 발전 속도는 숨 가쁠 정도로 빨랐다. 15세기 동안이나 정체되어 있었으나, 코페르니쿠스가 등장하고부터 오늘날까지 5세기도 지나지 않았다. 10세기의 평범한 이탈리아인이라면 15세기에서도 상당히 편안하게 느꼈겠지만 15세기의 평범한 이탈리아인에게는 카이사르 시대의 이탈리아보다 21세기가 더 낯설 거라는 말은 진부한 표현이기는 하지만 틀림없는 사실이다.

코페르니쿠스의 우아함

코페르니쿠스 본인은 과학 혁명에서 과도기적 인물이었으며, 한 가지 중요한 점에서 현대 과학자보다는 고대 그리스 철학자에 더 가까웠다. 그는 실험을 하지 않았고, 적어도 이렇다 할 만큼 하늘을 직접 관찰하지도 않았으며, 자신의 생각을 다른 사람이 검증해 볼 거라는 생각도 하지 않았다. 그의 뛰어난 생각은 그냥 생각 그 자체였다. 오늘날이라면 '생각 실

* 영어식 이름인 유클리드로 더 널리 알려져 있다. (옮긴이)

험'이라고 부를 수도 있을 것이다. 천체가 움직이는 양상에 대해 그가 새로 내놓은 생각은 프톨레마이오스가 궁리해 낸 (또는 퍼트린) 복잡한 모델을 통한 설명보다 간단했다. 현대 과학자라면 우주의 작동 방식에 관해 기발한 생각이 떠오르면 먼저 실험이나 관측을 통해 그 생각을 검증함으로써 자신의 발상이 세계를 얼마나 잘 묘사해 주는지 알아낼 방법을 찾을 것이다. 그러나 과학적 방법(scientific method)을 전개할 때 핵심적인 이 단계를 15세기에는 거치지 않았고, 그래서 코페르니쿠스는 자신의 생각 즉 머릿속에 만들어 둔 우주의 작동 모델을 스스로 관측한다든가 다른 사람이 관측하게 하여 검증하는 일은 생각조차 하지 않았다. 코페르니쿠스의 관점에서 자신의 모델은 프톨레마이오스Ptolemy의 모델보다 더 나았는데, 그 이유는 오늘날의 말투를 빌리자면 더 우아하기 때문이었다. 우아하다(elegant)는 것은 어떤 모델이 쓸모가 있는지 판단할 때 종종 믿을 만한 기준이 되지만 그렇다고 완전무결한 기준은 아니다. 그렇지만 이 경우에는 결국 코페르니쿠스의 직관이 옳은 것으로 드러났다.

프톨레마이오스 모델이 우아하지 않다는 것은 확실했다. 알렉산드리아의 프톨레마이오스는 2세기에 살았고, 그가 살았던 도시의 이름 자체가 말해 주고 있듯이 오래전부터 그리스 문화의 영향을 받고 있던 이집트에서 자라났다. 그의 일생에 대해서는 알려진 게 거의 없지만, 그가 후대를 위해 남겨 둔 작품 중 500년에 걸친 그리스의 천문·우주론을 바탕으로 한 훌륭한 천문학 요약집이 있었다. 이 책은 일반적으로 아랍어 제목인 『알마게스트*Almagest*』라는 이름으로 알려져 있는데, 그 뜻이 '가장 위대하다'여서 그 뒤 몇 세기 동안 어떤 대접

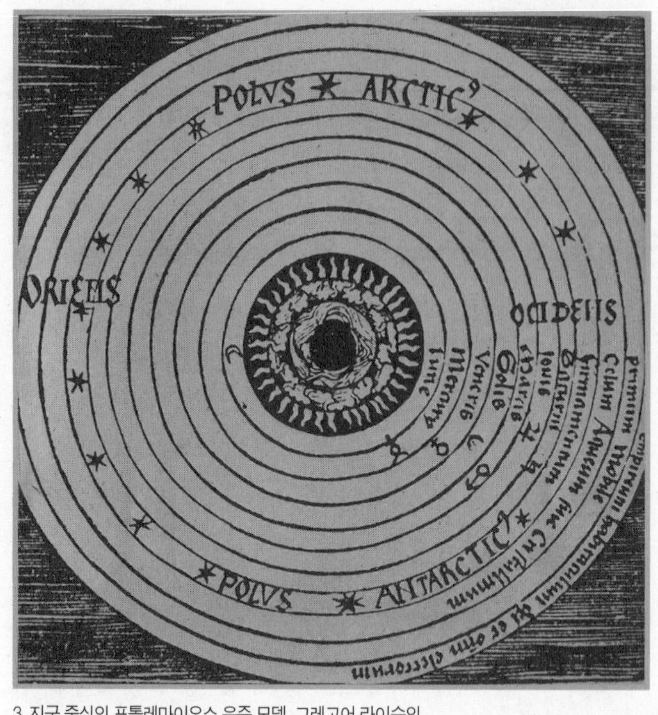

3. 지구 중심의 프톨레마이오스 우주 모델. 그레고어 라이슈의 『마르가리타 필로소피카*Margarita Philosophica*』(1503)에서.

을 받았을지 어느 정도 짐작할 수 있다. 원래 붙은 그리스어 제목은 그냥 책의 내용을 설명하는 『수학집성』이다. 이 책에서 묘사하는 천문 체계는 고대 그리스인의 생각을 프톨레마이오스가 다듬어 발전시킨 것으로 보이기는 하지만 그가 생각해 낸 것은 전혀 아니다. 그렇지만 코페르니쿠스와는 달리 프톨레마이오스는 선배들의 생각을 가져오는 한편으로 행성들의 움직임을 직접 대대적으로 관측도 한 것으로 보인다. 그는 또 중요한 별자리표도 이 책에 모아 두었다.

프톨레마이오스 모델은 천체는 완벽하게 원을 그리며 움직인다는 관념을 바탕으로 하고 있었는데, 오로지 원이 완벽한 도형이라는 이유 때문이었다. 이것은 우아하다고 해서 꼭 진리인 것은 아니라는 사실을 보여 주고 있다. 당시 알려진 행성으로는 수성, 금성, 화성, 토성, 목성 등 다섯 개가 있었고, 거기에 해와 달과 그 밖의 별들이 있었다. 이들 천체의 움직임을 관측한 결과를 천체는 언제나 완벽하게 원을 그리며 움직인다는 조건에 맞추기 위해, 프톨레마이오스는 지구가 우주의 중심에 있고 그 나머지는 모두 지구를 중심으로 돌고 있다는 기본 관념의 두 군데를 크게 수정해야 했다. 그중 하나는 오래전부터 전해 내려온 생각으로, 행성은 어떤 점을 중심으로 완벽한 작은 원을 그리며 돌고 있고 이 중심점 자체가 지구를 중심으로 완벽한 큰 원을 그리며 도는 것으로 설명할 수 있다는 것이었다. '바퀴 안의 바퀴'라 할 수 있는 이 작은 원을 주전원(epicycle)이라 불렀다.* 또 한 군데 수정한 부분은 프톨레마이오스 자신이 생각해 낸 것 같은데, 천체를 붙이고 돌고 있는 거대한 수정구들이 지구를 중심으로 도는 게 아니라 사실은 지구로부터 약간 벗어나 있는 등속점(equant point)**

* 고대 그리스에서는 여러 개의 수정구(crystal sphere)가 지구를 양파처럼 겹겹이 싸고 있다고 보았다. 행성마다 수정구가 따로 있고, 행성이 움직이는 것은 그 행성이 붙어 있는 수정구가 움직이는 것이라고 생각했다. 별은 모두 가장 바깥의 수정구 한 개에 붙어 있다고 보았다. (옮긴이)

** 행성이(엄밀히 말해 행성 주전원의 중심이) 움직이는 속도가 일정해 보이는 지점이다. 한국어에서는 '동시심'이라는 용어를 쓰는 때가 많은데, 그보다는 속도(각속도)가 같다는 뜻을 완전히 살린 '등각속도점'이라는 용어가 더 정확해 보인다. 여기서는 용어 자체의 의미만 살려 '등속점'으로 옮겼다. 등속점의 위치는 천체마다 다르다. (옮긴이)

을 중심으로 돌고 있다는 것이었다. 여기서 '수정'이라는 것은 단지 '투명하다'는 뜻이다. 등속점은 각 천체의 세밀한 움직임을 묘사하기 위해 도입한 것으로, 지구가 여전히 우주의 중심에 있기는 하지만 그 나머지는 모두 지구 자체가 아니라 지구를 벗어나 있는 등속점을 중심으로 도는 것으로 생각했다. 등속점을 중심으로 하는 커다란 원은 이심원(deferent)이라 불렀다.

이 모델은 일정한 대형을 유지하면서 지구를 도는 것으로 보이는 붙박이별들을 배경으로 해와 달과 행성들이 어떻게 움직이는지를 설명할 수 있다는 뜻에서 제대로 작동하는 모델이었다. 붙박이별들 역시 하나의 수정구에 붙어 있는 것으로 생각했고, 해와 달과 행성들을 붙인 채 각기 자신의 등속점을 중심으로 돌고 있는 수정구들 바깥에 있는 것으로 생각했다. 그러나 모든 것이 어떤 물리적 과정 때문에 이런 식으로 움직이는지 설명하려는 시도가 없었고 수정구의 본질이 무엇인지 설명하려 하지도 않았다. 더욱이 이 모델은 지나치게 복잡하다는 비판을 많이 받았고, 사상가 중에는 등속점을 필요로 한다는 점 때문에 불편하게 생각한 사람이 많았으며, 이 때문에 지구를 정말로 우주의 중심으로 보아야 하는가 하는 의문이 제기됐다. 나아가 태양이 우주의 중심이고 지구가 그 주위를 돌고 있는 게 아닌가 하는 추측까지 있었는데, 이것은 기원전 3세기 아리스타르코스Aristarchus까지 거슬러 올라가며, 프톨레마이오스 이후 몇 세기에 걸쳐 간간이 되살아난 생각이었다. 그러나 그런 생각은 지지를 받지 못했는데 주로 '상식'에 정면으로 위배되기 때문이었다. 지구가 이렇게나 큰데 어찌 움직이고 있겠느냐는 것이었다. 이것은 세상이 작동하는 이치를 알고 싶을 때 상식을 바탕으로 생각해서는 안 되는 이유를 보여 주는 좋은 예다.

코페르니쿠스가 프톨레마이오스 모델보다 나은 것을 생각해 내게 된 데는 구체적으로 두 가지 원인이 있었다. 첫째는 프톨레마이오스 모델에서는 행성들과 해와 달을 하나하나 따로따로 취급해야 하기 때문이었다. 천체마다 주전원이 따로 있고 천체마다 이심원의 중심이 지구로부터 벗어나 있는 거리가 달랐다. 전체적으로 어떻게 움직이는지를 설명하기 위한 일관된 묘사가 없었다. 둘째는 사람들이 오래전부터 알고 있었지만 대체로 모르는 척 덮어 두고 있던 특이한 문제점 때문이었다. 달이 하늘을 가로질러 움직일 때 움직이는 속도가 일정하지 않아 보이는데, 이것이 반영될 수 있을 만큼 이심원의 중심을 지구로부터 멀리 두면 매달 어떤 때는 다른 때보다 달이 지구에 상당히 더 가까워져야 한다는 것이 문제였다. 그러면 크기가 눈에 띄게 달라져 보여야 하는 데다 어느 정도로 달라져 보일지도 계산할 수 있지만 실제로는 그 정도로 달라 보이지는 않았다. 어떻게 보면 프톨레마이오스 모델에서는 관측을 통해 검증이 가능한 예측을 제시하고 있는 것이다. 이 모델은 이 검증을 통과하지 못하며 따라서 우주를 잘 묘사하는 설명이 아니다. 코페르니쿠스가 딱히 이런 식으로 생각한 것은 아니지만, 달 문제 때문에 프톨레마이오스 모델에 불편한 마음이 든 것은 분명하다.

이 무대 위에 니콜라우스 코페르니쿠스가 등장한 것은 15세기 말이었다. 그는 1473년 2월 19일 비스와 강가에 있는 폴란드 도시 토룬에서 태어났다. 원래는 이름이 미코와이 코페르니크Mikołaj Kopernik

였지만 나중에 라틴어식으로 이름을 바꿨다. 당시 특히 르네상스 인문주의자 사이에서는 라틴어식으로 이름을 바꾸는 일이 흔했다. 부유한 상인이던 아버지가 1483년 또는 1484년에 죽은 뒤로 외삼촌 루카스 바첸로데의 집안에서 자라났고, 외삼촌은 그로부터 몇 년 뒤 바르미아의 주교가 됐다. 코페르니쿠스는 크리스토퍼 콜럼버스가 아메리카를 향한 첫 항해에 나서기 한 해 전인 1491년에 크라쿠프 대학교에서 공부하기 시작했는데 이곳에서 천문학에 본격적으로 흥미를 느낀 것으로 보인다. 1496년에는 이탈리아로 건너가 볼로냐와 파도바 대학교에서 교양 과목인 고전학과 수학뿐 아니라 법학과 의학까지 공부한 다음 1503년에 페라라 대학교에서 교회법으로 박사 학위를 받았다. 시대의 흐름을 매우 잘 체득하고 있던 코페르니쿠스는 이탈리아 인문주의 운동으로부터 강하게 영향을 받았고 그와 관련된 고전을 연구했다. 실제로 1519년에는 7세기 비잔티움 학자 테오필락토스 시모카테스가 쓴 시편지 선집을 원래의 그리스어로부터 라틴어로 번역하여 출간하기도 했다.

박사 학위 공부를 마쳤을 무렵 코페르니쿠스는 외삼촌 루카스가 손을 쓴 덕분에 이미 폴란드 프롬보르크 대성당의 참사회원으로 임명되어 있었다. 이것은 일을 하지 않아도 급료는 들어오는 직책이었으므로 말 그대로 자기 집안 챙기기였다. 코페르니쿠스는 평생 이 직책을 유지한다. 그가 폴란드로 완전히 돌아온 것이 1506년이었으니 그것이 얼마나 한가한 직책이었는지 짐작할 수 있을 것이다. 돌아온 코페르니쿠스는 1512년 외삼촌이 죽을 때까지 그의 주치의 겸 비서로 일했다. 외삼촌이 죽은 뒤 코페르니쿠스는 참사회원으로서 맡은 일에 더 신경을 쓸 뿐 아니라 의사로 일하는 한편 여러 가지 작은 공직을 맡았는데, 모두 시간적 여유가 넉넉한 직책이었으므로 천문학에 대한 관심을 유지할 수 있었다. 그러나 우주에서 지구가 차지하는 위치에 관한 그의 혁명적 생각은 1500년대 말에 이르렀을 때 이미 형체를 갖추고 있었다.

지구는 움직인다!

이런 생각은 느닷없이 나온 게 아니다. 과학 사상에 기여한 바가 크고 때로는 **단연 최고의** 공로라는 평을 받기도 하는데도 불구하고 코페르니쿠스는 여전히 그 시대에 잘 어울리는 인물이었다. 과학의 발걸음은 이전 시대에 이어 나아가는 것이라는 사실은, 그리고 과학사를 풀어 나가는 시작점이 자의적일 수밖에 없다는 사실은 그가 1496년에 출간된 책에서 크게 영향을 받았다는 것에서도 드러난다. 그가 23세 학생으로서 천문학에 관심을 갖게 된 바로 그때 나온 책이다. 이 책을 쓴 사람은 1436년 쾨니히스베르크에서 태어난 독일인 요하네스 뮐러Johannes Müller(1436~1476)로서, 그가 태어난 지명을 라틴어화한 레기오몬타누스Regiomontanus라는 이름으로도 알려져 있는 사람이다. 이 책은 그의 선배이자 스승인 게오르크 폰 포이어바흐Georg von Peuerbach(1423~1461)의 생각을 발전시킨 것이며, 물론 포이어바흐 역시 다시 다른 사람들의 영향을 받았고 그들 역시 그 이전 시대 사람들의 영향을 받았다. 포이어바흐는 원래 프톨레마이오스가 쓴『알마게스트』의 '현대판' 즉 15세기판 축약본을 만들고자 했다. 당시 최신판은 크레모나의 제라르드Gerard of Cremona(1114경~1187)가 12세기에 아랍어로부터 번역한 라틴어판이었는데, 그가 원본으로 사용한 아랍어판은 오래전에 그리스어로부터 번역된 것이었다. 포이어바흐의 꿈은 최대한 오래된 그리스어 원본을 찾아 최신판을 내는 것이었다. 당시에는 그중 일부가 콘스탄티노폴리스 함락 이후 이탈리아에 들어와 있었다. 그는 자신이 입수한 『알마게스트』 판본을 요약하는 책을 쓰기 시작하기는 했지만 애석하게도 끝내지 못하고 1461년에 죽었다. 임종 시 포이어바흐는 자신이 못다 한 일을 마무리 짓겠다는 다짐을 레기오몬타누스로부터 받아 냈고, 레기오몬타누스는 약속을 지키기는 했으나 프톨레마이오스의 새 번역판을 낸 것은 아니다. 그렇지만 그가 내놓은 『프톨레마이오스의 알마게스트 해제 *Epytoma in almagesti Ptolemei*』는 여러 면에서 번역판을 새로 내는 것보다 나았다. 『알마게스트』의 내용을 요약하고 있을 뿐 아니라 그 이후의 천문관측 내용을 자세히 수록하고, 프톨레마이오스가 한 계산을 일부 개정했으며, 본문에 대한 비판적 주석도 얼마간 첨부하고 있었다(이 자체가 고대인들과 자신을 동등하게 바라보는 르네상스 사람의 자신감을 보여 주고 있다). 주석에는 우리가 앞서 언급한 문제점을 다루는 내용이 포함되어 있는데, 그것은 하늘에 떠 있는 달의 크기가 프톨레마이오스 모델에서 요구하는 만큼 변화하는 것으로 보이지 않는다는 지적이었다. 레기오몬타누스는 1476년에 죽었지만 『프톨레마이오스의 알마게스트 해제』는 그로부터 20년이 지나서야 출간되어 젊은 코페르니쿠스의 생각을 자극했다. 이 책이 레기오몬타누스가 죽기 전에 나왔더라면 1476년에 겨우 세 살이었던 코페르니쿠스가 아니라 다른 누군가가 바통을 이어받았을 가능성이 충분히 있다.

코페르니쿠스는 자신의 생각을 얼른 출판하려고 서두르지 않았다. 그의 우주 모델이 1510년 무렵 이미 사실상 완성되어 있었다는 것을 우리는 알고 있는데, 그 얼마 후 그가 우주에 대한 자신의 생각을 요약한 『짧은 해설*Commentariolus*』이라는 제목의 원고를 가까운 친구 몇몇에게 돌렸기 때문이다. 코페르니쿠스가 자신의 생각을 더 공식적으로 출판할 때 교회의 박해가 있을지도 모른다고 크게 걱정했다는 증거는 없다. 실제로 교황의 비서 요한 비트만슈테터가 바티칸에서 교황 클레멘스 7세와 추기경 여러 명 앞에서 강연하면서 『짧은 해설』에 대해 설명한 일이 있다. 그 자리에 있었던 추기경 중 니콜라우스 폰 쇤베르크는 코페르니쿠스에게 편지를 보내 출판을 재촉했고, 이 편지는 1543년 마침내 코페르니쿠스가 자신의 생각을 『천체 공전에 관하여*De Revolutionibus Orbium Coelestium*』라는 걸작으로 출간했을 때 앞부분에 수록됐다.

그런데 왜 그렇게 출판을 오래 끌었을까? 두 가지 요인이 있었다. 첫째는 코페르니쿠스가 상당히 바빴기 때문이다. 참사회원이라는 자리가 한직이라는 말이 정확하기는 하지만, 그렇다고 해서 그가 느긋하게 앉아 급료만 챙기면서 바깥세상이 어떻게 돌아가든 천문학이나 만지작거릴 생각이었다는 뜻은 아니다. 의사로서 코페르니쿠스는 프롬보르크 대성당 주위의 종교 공동체와 가난한 사람들을 위해 일했다. 물론 돈은 받지 않았다. 수학자로서 화폐개혁 계획안을 수립했으며(유명 과학자가 이런 역할을 수행한 사례는 그가 마지막이 아니었다), 교구에서는 그의 법률 지식을 잘 활용했다. 또 생각지도 못한 역할을 떠맡기도 했는데, 십자군과 비슷한 종교 기사단인 튜턴기

사단이 발트해 동부 나라들과 프러시아를 지배하고 있다가 1520년에 침략해 들어왔을 때 올슈틴의 어느 성을 맡아 지휘하면서 침략자들에 맞서 여러 달 동안 도시를 지켰다. 코페르니쿠스는 정말 바쁜 사람이었다.

그러나 그가 책을 내기를 망설인 데는 또 한 가지 이유가 있었다. 코페르니쿠스는 자신의 우주 모델이 옛 수수께끼를 풀어낸다 하더라도 새로운 의문을 제기한다는 것을 알고 있었고, 또 자신의 모델이 옛 수수께끼를 모두 풀어 주지 못한다는 것을 알고 있었다. 코페르니쿠스는 천문대로 쓸 지붕 없는 탑의 건축을 감독한 일이 있기는 하지만 앞서 언급한 것처럼 직접 관측한 일은 별로 없었다. 그는 현대적 과학자라기보다 고대 그리스인의 방식에 가까운 사색가이자 철학자였다. 그가 프톨레마이오스 모델에서 가장 크게 신경이 쓰였던 부분은 달의 수수께끼로 대표되는 등속점 문제였다. 그는 그 생각을 받아들일 수 없었다. 행성마다 등속점이 달라야 한다는 것도 작지 않은 이유였다. 그렇다면 우주의 진짜 중심은 어디란 말인가? 그는 모든 것이 하나의 지점을 중심으로 변함없는 비율로 돌아가는 모델을 원했는데, 여러 이유가 있었지만 미학적 이유도 나머지 이유 못지않았다. 그의 모델은 그 목적을 달성하기 위한 것이었고, 목적 자체만 가지고 평가하면 실패한 모델이었다. 태양을 우주의 중심에 두는 것은 커다란 한 걸음이었다. 그러나 여전히 달은 지구를 중심으로 돌아야 했고, 행성들이 궤도를 돌면서 속도가 느려졌다가 빨라졌다가 하는 것으로 보이는 이유를 설명하려면 여전히 주전원이 필요했다.

주전원은 완벽한 원운동을 벗어나지 않는 척하면서 완벽한 원운동을 벗어나게 해 주는 방편이었다. 그렇지만 코페르니쿠스의 세계관에서 가장 큰 문제는 별들이었다. 지구가 태양 주위를 돌고 있고 가장 먼 행성이 걸쳐 있는 수정구 바로 바깥에 있는 수정구에 별들이 붙어 있다면 지구가 움직일 때 별 자체도 움직이는 것으로 보이는 시차(parallax) 현상이 나타나야 한다. 도로를 따라 달리는 자동차 안에 앉아 있으면 바깥세상이 뒤로 움직이는 것으로 보인다. 움직이는 지구 위에 앉아 있는데 별들이 움직이는 것으로 보이지 않는 이유는 무엇일까? 유일한 설명이라 할 만한 것은 별들이 행성보다 매우 멀리, 적어도 수백 배는 멀리 떨어져 있어서 시차 효과가 너무 작아 눈에 띄지 않는다는 것뿐이었다. 그렇다면 제일 바깥 행성과 별들 사이에 행성들 사이의 간격보다 적어도 수백 배는 큰 거대한 공간을 하느님이 남겨 둔 이유는 무엇일까?

지구가 움직인다고 할 경우 생기는 곤란한 문제점은 그것 말고도 또 있었다. 지구가 움직인다면 지속적으로 지나가는 강풍이 없는 이유는 무엇일까? 오픈카를 타고 고속도로를 달릴 때 머리칼이 흩날리는 것처럼 바람이 일어야 하지 않을까? 지구가 움직이는데 바다가 출렁거리며 거대한 파도가 일어나지 않는 이유는 무엇일까? 게다가 그렇게 움직이고 있는데 지구가 뒤흔들려 산산조각이 나지 않는 이유는? 16세기에 운동이란 바퀴자국이 패인 길을 따라 질주하는 마차에 타고 있을 때와 같은 운동을 의미했다는 사실을 기억해야 한다. 매끄러운 운동이라는 관념은 고속도로를 달리는 자동차의 운동 수준조차 직접 경험하지 못했으므로 이해하기가 매우 어려웠을 것이 분명하다. 19세기만 해도 기차가 달리는 속도, 예컨대 시속 24킬로미터 정도의 속도로 달리면 건강에 해로울지도 모른다는 우려가 컸다. 코페르니쿠스는 물리학자가 아니었으므로 이런 질문에 대답하려고 시도조차 하지 않았지만, 이런 것들이 그가 생각해 낸 세계관에 (16세기의 관점에서) 의혹을 불러오는 질문임을 알고 있었다.

또 한 가지 문제가 있었는데 이것은 16세기의 지식 범위를 완전히 벗어나 있었다. 태양이 우주의 중심에 있다면 모든 것이 태양을 향해 떨어지지 않는 이유는 무엇일까? 코페르니쿠스로서는 지구의 것은 지구로, 태양의 것은 태양으로, 화성에 끌리는 것은 화성으로 떨어지는 성향이 있다는 식의 말밖에 달리 할 수 있는 말이 없었다. 다시 말해 '모르겠다'는 뜻이었다. 그러나 코페르니쿠스 이후 몇 세기 동안 알게 된 가장 중요한 교훈 하나는 과학 모델이 모든 것을 다 설명할 수 있어야 좋은 모델이 되는 것은 아니라는 사실이다.

일반적으로 레티쿠스Rheticus라 불리는 게오르크 요아힘 데 포리스Georg Joachim de Porris(1514~1574)가 1539년 봄에 프롬보르크에 와서 설득한 결과, 코페르니쿠스는 바쁜 와중인 데다 의문도 풀리지 않은 상태였지만 자신의 생각을 출판 가능한 형태로 정리하기로 했다. 비텐베르크 대학교의 수학교수였던 레티쿠스는 코페르니쿠스의 연구에 대해 전해 듣고 더 알고 싶어서 프롬보르크로 찾아온 것이었다. 그는 그 연구의 중요성을 깨닫고 코페르니쿠스가 그것을 출판하게 만들기로 결심했다. 두 사람은 서로 사이좋게 지냈고, 레티쿠스는 이듬해인 1540년 『코페르니쿠스의 혁명적 저서 서설*Narratio Prima de Libtus Revolutionum Copernici*』이라는 제목의 소책자를 펴냈다. 대개

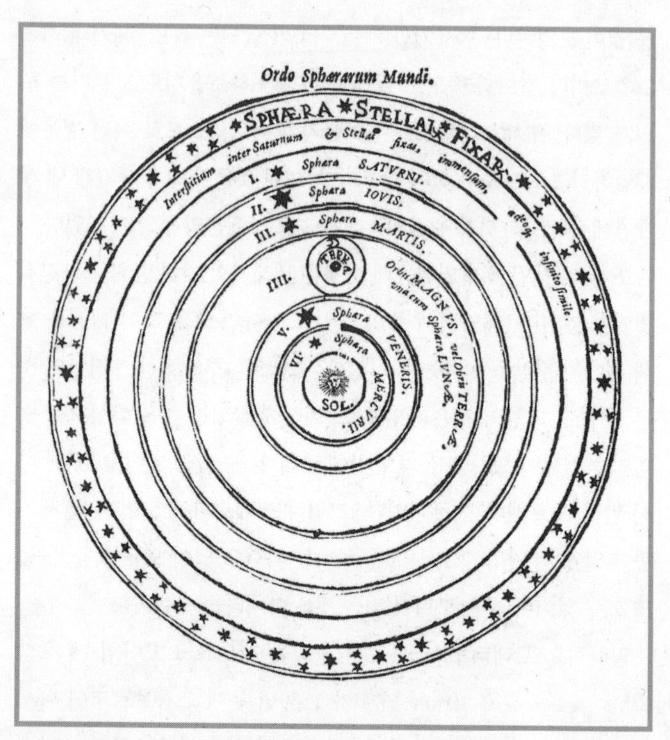

4. 태양 중심 우주의 초기 모델. 레티쿠스의 『나라티오 프리마』(1596)에서.

『나라티오 프리마(서설)』라 줄여 부르는 이 책에서 그는 코페르니쿠스 모델의 주요 특징인 지구가 태양을 중심으로 돈다는 내용을 요약하여 소개했다. 이제 노인이 돼 버렸지만, 또는 어쩌면 노인이 됐으므로 코페르니쿠스는 드디어 자신의 저 걸작을 출간하겠다고 약속한다. 레티쿠스는 자신이 활동하는 뉘른베르크에서 책의 인쇄를 감독하기로 했다. 그러나 흔히 듣는 이야기대로 일이 꼭 생각대로 풀리지는 않았다. 레티쿠스는 책을 완전히 인쇄소로 넘길 준비가 되기 전에 새 직위 때문에 라이프치히로 떠나야 했고, 그래서 나머지 일을 안드레아스 오지안더Andreas Osiander(1498~1552)에게 맡겼다. 루터교회 목사인 오지안더는 이 책에서 설명하고 있는 모델은 우주의 실제 움직임을 묘사하려는 것이 아니라 행성의 운동과 관련된 계산을 단순하게 만들기 위한 수학적 장치로서 내놓는 것이라는 내용의 서문을 써서 필자 서명도 없이 책머리에 첨부했다. 루터교회 성직자로서 오지안더는 이 책의 반응이 우호적이지 않을지도 모른다는 두려움을 느낄 이유가 넘치도록 많았다. 책이 출판되기도 전에 마르틴 루터(1483~1546) 본인이 코페르니쿠스 모델에 반대했다. 코페르니쿠스와 거의 정확하게 같은 시대를 산 그는 여호수아가 명령하여 멈춘 것은 태양이지 지구가 아니라고 성서에 나와 있다고 목청을 돋우었다.*

코페르니쿠스는 자신의 걸작이 나온 해인 1543년에 죽었기 때문에 이 서문에 대해 불만을 내놓을 기회가 없었다. 감동적이기는 하지만 출처가 의심스러운 이야기에 따르면 그가 죽음을 맞이할 때 갓 나온 책을 한 부 받았다고 하는데, 책을 받았든 받지 못했든 이 책을 지켜 줄 사람은 지칠 줄 모르는 레티쿠스밖에 남지 않았다. (레티쿠스는 1576년에 죽었다.)

흥미로운 사실은 오지안더의 관점이 현대의 과학적 세계관과 잘 어울린다는 점이다. 오늘날 우주의 작동 방식에 관한 우리의 생각

* 구약성서 여호수아 10장에 나오는 이야기다. (옮긴이)

은 모두 그저 관찰과 실험 결과를 최대한 잘 설명하기 위해 내놓는 모델로서 받아들여지고 있다. 지구를 우주의 중심으로 묘사하고 모든 것을 지구 기준으로 측정하는 것이 허용되는 때가 있다. 이것은 예컨대 달에 보내는 로켓의 비행경로를 계획할 때는 상당히 잘 들어맞는다. 그러나 이런 모델은 지구로부터 먼 태양계 건너편에 있는 사물을 설명할 때는 그 사물이 멀수록 더 복잡해진다. 예컨대 토성으로 보내는 우주 탐사선의 비행경로를 계산할 때 나사 과학자들은 사실상 태양을 우주의 중심에 있는 것으로 취급한다. 태양 자체가 우리 은하인 은하수의 한가운데를 중심으로 궤도운동을 하고 있다는 사실을 알면서도 그렇게 한다. 과학자는 항상 똑같은 모델을 사용하지는 않는다. 대체로 주어진 특정 상황과 관련된 모든 사실이 잘 맞아떨어지는 가장 간단한 모델을 활용하는 것이다. '태양이 우주의 중심에 있다는 생각은 행성의 궤도와 관련된 계산에 도움이 되는 모델일 뿐'이라는 말은 오늘날 행성을 연구하는 과학자라면 누구라도 동의할 것이다. 차이가 있다면 오지안더는 '지구가 우주의 중심에 있다는 생각은 달의 운동을 관찰하여 계산하기에 유용한 모델일 뿐'이라는 관점 역시 독자들이 똑같이 정당한 것으로 받아들일 것으로 기대하지 않았다는 점이다.

오지안더의 서문이 바티칸의 진노를 가라앉히는 데 도움이 됐는지는 알아내기가 불가능하지만, 오늘날 남아 있는 증거로 볼 때 애초부터 가라앉혀야 할 진노는 없었던 것으로 보인다. 『천체 공전에 관하여』의 출간을 로마 교회는 근본적으로 아무 불평 없이 받아들였고, 16세기가 지나갈 때까지 이 책을 대체로 무시했다. 실제로 이 책은 처음에 대부분의 사람들로부터 대체로 무시당했다. 초판으로 인쇄한 400부가 다 팔리지도 않을 정도였다. 오지안더의 서문이 루터교회의 진노를 가라앉히지는 못한 것이 확실하며, 유럽의 개신교 운동 측에서는 이 책을 가차 없이 비난했다. 그러나 『천체 공전에 관하여』를 적어도 전문가들만이라도 잘 받아들이고 그 완전한 의미를 제대로 이해한 곳이 있었으니, 그곳은 책이 출간되던 해에 국왕 헨리 8세와 캐서린 파가 결혼한 잉글랜드였다.

행성의 궤도 코페르니쿠스가 완성한 우주 모델에서 특히 인상적인 부분은 지구를 태양 중심의 궤도에 두자 각 행성에게 저절로 논리적 순서가 부여됐다는 점이었다. 자고이래 지구에서 수성과 금성을 동틀 녘과 해 질 녘에만 볼 수 있는 반면 그 나머지 세 행성은 밤 동안 아무 때나 볼 수 있다는 것은 하나의 수수께끼였다. 프톨레마이오스의 설명(이라기보다 『알마게스트』에 요약되어 있는 기존 설명)은 매일 태양이 지구를 한 바퀴 돌 때 수성과 금성이 태양과 '동행'한다는 것이었다. 그러나 코페르니쿠스 모델에서는 지구가 태양을 해마다 한 바퀴 돌았고, 행성의 운동이 두 부류로 나타나는 것은 수성과 금성은 궤도가 지구 궤도보다 안쪽에 있으며 따라서 지구보다 더 태양에 가까운 반면, 화성, 목성, 토성의 궤도는 지구 궤도 바깥에 있으며 따라서 지구에 비해 태양으로부터 더 멀다는 것으로 설명됐다. 코페르니쿠스는 지구가 움직이는 것을 고려하면서 각 행성이 태양을 한 바퀴 도는 데 걸리는 시간을 계산해 낼 수 있었는데, 계산 결과 '한 해'가 가장 짧은 수성으로부터 금성, 지구, 화성, 목성,

그리고 '한 해'가 가장 긴 토성까지 길이순으로 깔끔하게 나열할 수 있었다.

그러나 이게 다가 아니었다. 코페르니쿠스 모델에서는 또 행성들의 관측되는 운동 방식이 태양-지구 거리를 기준으로 태양과 각 행성의 상대거리와 연관되어 있었다. 절대거리가 얼마인지 전혀 모르는 상태에서도 그는 태양으로부터의 거리에 따라 행성의 순서를 잡을 수 있었다. 순서는 수성, 금성, 지구, 화성, 목성, 토성으로 똑같았다. 이것은 우주의 본질과 관련하여 심오한 진실을 나타내고 있음이 분명했다. 안목이 있는 사람들이 볼 때 코페르니쿠스의 천문학에는 지구가 태양 둘레를 돌고 있다는 단순한 주장보다 훨씬 많은 것이 내포되어 있었다.

레너드 딕스와 망원경

『천체 공전에 관하여』가 출간된 직후 코페르니쿠스 모델의 의미를 분명하게 알아보는 안목이 있었던 소수의 인물 중 영국의 천문학자 토머스 딕스Thomas Digges(1546~1595)라는 사람이 있었다. 토머스 딕스는 과학자일 뿐 아니라 과학을 대중화한 최초의 사람에 속한다. 완전히 최초는 아니다. 어느 정도 자기 아버지인 레너드 딕스Leonard Digges(1520경~1559경)의 뒤를 이었기 때문이다. 레너드 딕스는 1520년 무렵 태어났지만 유년시절에 대해서는 알려진 게 거의 없다. 옥스퍼드 대학교에서 공부했고 수학자와 측량학자로 유명해졌다. 또 책을 여러 권 썼는데 당시로는 매우 특이하게도 영어로 썼다. 그가 처음 쓴 책 『일반예측*A General Prognostication*』은 『천체 공전에 관하여』가 나온 10년 뒤인 1553년에 출간됐다. 이 책은 베스트셀러가 됐는데 토착어로 쓰였다는 점도 유리하게 작용했다. 그러나 한 가지 중요한 점에서 이미 시대에 뒤처져 있었다. 만세력, 날씨에 관한 지식, 그리고 천문학 자료를 풍부하게 수록하면서 프톨레마이오스의 우주 모델에 관한 설명을 포함시킨 것이다. 어떤 면에서 이 책은 후대에 유행한 농사연감과 다르지 않았다.

측량 일과 관련하여 레너드 딕스는 1551년 무렵 경위의(theodolite)라는 측량 도구를 발명했다. 또 비슷한 시기에 먼 거리를 정확하게 보기 위한 노력 끝에 반사망원경을 발명했고, 굴절망원경도 발명한 것이 거의 확실하다. 그러나 당시에는 이런 발명이 전혀 소개되지 않았다. 그의 발상이 더 이상의 진전을 보지 못한 한 가지 이유는 그의 경력이 1554년에 갑작스레 끝났기 때문이었다. 잉글랜드 국왕 헨리 8세가 죽고 1553년 천주교인인 메리 공주가 왕위에 올랐을 때 개신교인인 토머스 와이엇 경이 메리 여왕을 상대로 반란을 일으켰는데, 딕스도 거기 가담했다가 반란이 실패로 끝난 것이다. 레너드 딕스는 원래 반란에 가담한 죄로 사형을 선고받았다가 감형을 얻어 냈으나 자신의 장원을 전부 몰수당했다. 재산을 되찾으려 갖은 노력을 기울였지만 끝내 성공하지 못하고 1559년에 죽었다.

레너드 딕스의 아들 토머스의 정확한 출생일은 알려져 있지 않다. 다만 레너드가 죽었을 때 13세 정도였으며, 이때부터 후견인인 존 디John Dee(1527~1608 또는 1609)가 보살폈다. 디는 뛰어난 수학자에다 연금술사이자 철학자였으니 전형적인 르네상스 '자연철학자'였다. 그렇지만 1558년에 왕좌에 오른 엘리자베스 1세의 점성학자이기도 했으니 이 점은 전형적이지 않았다. 크리스토퍼 말로*처럼 국왕을 위한 비밀 첩보원이었을지도 모른다. 그는 또 천문학에 관해 직접 출간한 게 아무것도 없지만 초기에 코페르니쿠스 모델을 열렬히 받아들인 사람으로 알려져 있다. 토머스 딕스는 디의 집안에서 성장하면서 1천 권이 넘는 필사본을 소장한 도서관을 이용할 수 있었고, 이들을 탐독한 뒤 1571년 처음으로 직접 수학 연구서를 써서 출간했다. 같은 해에 아버지가 남긴 원고를 『판토메트리아 *Pantometria*』라는 제목의 책으로 출간했는데, 이 책에서 레너드 딕스가 발명한 망원경을 처음으로 공개적으로 다뤘다. 책 머리말에서 토머스 딕스는 그 방법을 다음처럼 설명한다.

> 지속적인 노고 끝에 아버지는 수학적 논증을 사용하여 편리한 각도로 놓은 비례 유리를 통해 멀리 있는 사물을 찾아낼 뿐 아니라, 글자를 읽고 친구들이 들판에서 일부러 던진 동전 개수와 거기 쓰인 문자까지 읽어 낼 수 있었다. 또 11킬로미터 떨어진 사적 장소에서 일어난 일을 그 즉시 알아낼 수 있었다.

토머스 딕스는 천체도 직접 연구했다. 1572년에 나타난 초신성을 관측했는데, 튀코 브라헤가 이 사건을 분석하면서 그의 관측 기록을 일부 활용했다.

* 크리스토퍼 말로Christopher Marlowe(1564~1593)는 영국의 극작가, 시인이다. 케임브리지 대학교를 다니는 동안 국왕 엘리자베스 1세를 위해 첩보 활동을 한 것으로 알려져 있지만 명확한 증거 자료는 남아 있지 않다. 29세라는 젊은 나이로 죽었으나 영문학에 커다란 영향을 끼쳤다. (옮긴이)

토머스 딕스와 무한한 우주 그렇지만 토머스 딕스의 가장 중요한 출판물은 1576년에 나왔다. 이것은 아버지의 먼젓번 책을 크게 개정하여 새로 내놓은 책으로서 이번에는 『만년예측*Prognostication Everlasting*』이라는 제목을 붙였다. 여기에는 코페르니쿠스의 우주 모델을 자세히 다룬 내용이 들어가 있었는데 이것이 영어로 쓰인 설명 중 최초다. 그러나 딕스는 코페르니쿠스보다 더 나아갔다. 이 책에서 그는 우주는 무한하다고 하면서 한가운데에 태양이 있고 그 둘레 궤도에 행성들이 있는 그림을 함께 수록했다. 그림에서 또 무수히 많은 별들이 사방으로 끝없이 늘어서 있는 것으로 묘사했다. 이것은 미지의 세계로 들어가는 놀라운 도약이었다. 딕스는 이 주장의 근거를 제시하지 않았지만 은하수를 망원경으로 보고 있었을 가능성이 대단히 높다. 그리고 거기서 무수히 많은 별을 보고 무한한 우주 전체에 무수히 퍼져 있는 다른 태양들이 분명하다고 확신했을 것이다.

그러나 코페르니쿠스와 마찬가지로 딕스는 일생을 과학에 바치지 않았고, 그래서 이런 생각을 더 깊이 파고들지 않았다. 토머스 딕스는 메리 여왕의 손에 고통을 당한 유명한 개신교인의 아들이라는 배경과 엘리자베스 여왕의 보호를 받는 디 집안과의 관계 덕분에 두 차례 하원의원으로 활동했고 정부 자문이 되었다. 또 1586년부터 1593년까지는 천주교 스페인의 지배로부터 벗어나려는 개신교 네덜란드를 돕기 위해 네덜란드에 파견된 영국군의 병부총관으로도 일했고, 그 뒤 1595년 세상을 떠났다. 그 무렵 갈릴레오 갈릴레이는 이미 파도바 대학교에서 수학교수로 자리를 굳힌 상태였고, 천주교회는 이단자 조르다노 브루노Giordano Bruno(1548~1600)가 지지하는 이론이라는 이유로 코페르니쿠스 모델을 적대시하기 시작했다. 브루노는 기나긴 재판에 휘말린 끝에 1600년에 장작 위에서 화형을 당했다.

브루노: 과학을 위한 순교자?

코페르니쿠스의 연구를 이어받은 튀코, 요하네스 케플러, 갈릴레이의 연구 이야기로 돌아가기 전에 여기서 브루노를 언급하는 게 좋겠다. 흔히들 브루노는 코페르니쿠스 모델을 지지했다는 이유로 화형을 당했다고 생각하기 때문이다. 진실은 그가 **정말로** 이단자였고 종교적 믿음 때문에 화형을 당했다는 것이다. 코페르니쿠스 모델은 불행하게도 이 일에 연루되었을 뿐이다.

1548년에 태어난 브루노가 교회와 갈등을 빚게 된 가장 큰 이유는 헤르메스주의(Hermetism)라는 운동을 추종했기 때문이다. 이 운동의 믿음은 이들의 성서라 할 수 있는 문서를 바탕으로 하고 있었는데, 15세기와 16세기 사람들은 이들 문서가 모세 시대 이집트에서 유래했으며 이집트 신 토트의 가르침과 연관되어 있다고 생각했다. 지식의 신 토트에 해당하는 그리스 신은 헤르메스였고 따라서 헤르메스주의라는 이름이 붙었다. 이 운동의 추종자들은 토트를 '세 번 위대한 헤르메스'라는 뜻인 헤르메스 트리스메기스투스라 불렀다. 물론 태양 역시 이집트의 신이었으므로, 코페르니쿠스가 태양을 우주의 중심에 놓은 것은 헤르메스주의의 영향일지도 모른다는 의견이 있었다. 그렇지만 이를 입증할 만한 강력한 증거는 없다.

여기서 헤르메스주의를 자세히 다루기는 적당하지 않지만, 훗날

이 사상의 기본이 되는 문서 자체가 고대 이집트에서 유래한 게 아니라는 것이 밝혀졌다. 그러나 15세기 신자에게 이들 문서는 여러 의미가 있었으며, 특히 그리스도의 탄생을 내다보고 있는 것으로 해석됐다. 1460년대에는 헤르메스주의의 기반이 되는 문서 사본이 마케도니아로부터 이탈리아로 들어와 한 세기가 훌쩍 넘도록 커다란 흥미를 불러일으켰으나, 그리스도교 시대가 시작되고도 한참이나 지난 다음 쓰였다는 것이 1614년에 입증되면서 이들 문서의 '예언'이라는 것이 실제로는 무슨 일이 일어났는지를 알고 쓴 것이라는 사실이 밝혀졌다.

16세기 말 천주교회는 예수의 출생을 예언하는 고대의 글을 용납할 정도로 포용적이었고, 그래서 1556년부터 1598년까지 스페인을 다스리고 영국의 메리 여왕과 결혼한 스페인 국왕 펠리페 2세같이 개신교를 철두철미하게 배격한 완벽한 천주교인으로 존경받는 사람까지도 헤르메스주의를 믿었다. (참고로 토머스 딕스의 후견인 존 디도 그랬다.) 그러나 브루노는 진정한 믿음은 고대 이집트의 종교이며 천주교회는 옛 방식으로 되돌아갈 방법을 찾아야 한다는 극단적 관점을 취했다. 당연하게도 로마에서는 이것을 썩 달갑게 받아들이지 않았다. 브루노는 1583년부터 1585년 사이에 영국에서 머무른 것을 비롯하여 여러 가지 일을 하며 유럽 여기저기를 돌아다니는 동안 여러 가지 문제를 일으켰다. 1565년에 도미니크 수도회에 가입했다가 1576년 수도회에서 쫓겨났고, 영국에 있을 때는 적을 너무나 많이 만들었기 때문에 프랑스 대사관으로 피신해야 했던 것도 그런 예에 해당된다. 그러던 끝에 결국 1591년에 베네치아를 방문하는 실수를 저질러 그곳에서 체포되어 이단심문소로 넘겨졌다. 그리고 오랜 수감 생활과 재판 끝에, 아리우스주의(Arianism)를 따라 그리스도는 하느님의 피조물일 뿐 사람이 된 하느님이 아니라고 믿는다는 죄목과 오컬트 마술을 행한다는 죄목으로 유죄판결을 받았다. 재판 기록이 실전됐기 때문에 완전히 확신할 수는 없지만, 이따금씩 언급되는 것과는 달리 브루노는 과학을 위한 순교자가 아니라 사실은 마술을 위한 순교자였다.

천주교회의 코페르니쿠스 모델 금지

현대의 기준으로 보면 그의 운명이 가혹해 보이겠지만, 수많은 순교자가 그렇듯 브루노 역시 어느 정도는 그것을 자초했다. 교회는 그에게 자신의 주장을 철회할 기회를 최대한 주었으며, 이 역시 사형 선고를 받기까지 그렇게나 오래 수감되어 있었던 한 가지 이유였다. 그가 코페르니쿠스 모델을 지지한다는 부분이 재판에서 조명됐다는 증거는 없지만, 태양 중심의 우주는 이집트의 세계관과 잘 어울렸으므로 브루노가 그것을 열렬히 지지했을 것은 분명하다. 또 우주에는 태양과 비슷한 별이 무수히 많이 있다는 토머스 딕스의 생각을 열렬히 옹호하면서 우주 안 다른 곳에도 생명이 있을 것이 확실하다고 주장했다. 브루노의 사상이 당시 그렇게나 커다란 파문을 일으킨 데다 교회가 사형을 선고했기 때문에 그와 관련된 모든 사상에도 똑같은 낙인이 찍혔다. 그럼에도 교회는 워낙 대응이 굼뜬 탓에 1616년에 와서야 『천체 공전에 관하여』를 금서목록에 올렸다. (그리고 1835년이 되어서야 금서목록에서 내렸다!) 그러나 1600년 이후로 교회는 뚜렷하게 코페르니쿠스 모델에 눈살을 찌푸렸고, 브루노가 코페르니쿠스의 이론을 믿었으며 이교도로서 화형을 당했다는 사실 앞에서는 갈릴레이를 비롯하여 1600년대 초의 이탈리아에서 살면서 세계가 어떻게 작동하는지에 관심이 있는 사람 누구도 용기를 내기가 어려웠다. 브루노가 아니었다면 코페르니쿠스주의는 당국으로부터 그렇게나 부정적인 관심을 받지 않았을지도 모르고, 갈릴레이도 박해를 받지 않았을 것이며, 이탈리아에서 과학이 더 순조롭게 발전했을지도 모른다.

그렇지만 갈릴레이 이야기는 르네상스 시대에 크게 발전한 또 다른 과학 분야인 인체 연구에 대해 다룬 다음 다시 꺼내기로 한다.

베살리우스: 외과의사, 해부학자, 시신 도둑

코페르니쿠스의 연구가 서유럽에서 프톨레마이오스의 연구를 재발견한 덕분이었던 것과 마찬가지로, 브뤼셀에서 활동한 안드레아스 베살리우스Andreas Vesalius(1514~1564)의 연구 역시 클라우디오스 갈레노스Claudius Galenus(129~216경)의 연구를 재발견한 덕분이었다. 물론 고대의 저 두 가지 연구 중 어느 것도 완전히 사라진 적은 없었다. 서유럽이 암흑시대를 거치는 동안에도 비잔티움과 아랍 문명 사람들에게는 알려져 있었기 때문이다. 실제로 과학 혁명의 서막이 오르는 데 도움이 된 것은 고대의 모든 문헌에 대한 관심이 되살아났다는 사실이었다. 그것을 단적으로 보여 준 예는 이탈리아의 인문주의 운동, 그리고 콘스탄티노폴리스의 함락과 아울러 르네상스가 일어나면서 고대 문헌의 원본과 번역본이 이탈리아뿐 아니라 그 너머까지 전파된 일이다. 그렇지만 과학 혁명의 초기 단계에 관여하고 있던 사람들에게는 이것이 혁명으로 보이지 않았다. 코페르니쿠스 본인도 베살리우스도 스스로 고대 지식의 실마리를 가져와 그 위에 쌓아 올리고 있다고 생각했지, 고대인의 가르침을 뒤엎고 새롭게 시작한다고는 생각하지 않았다. 전체적으로 그 과정은 혁명보다는 진화에 훨씬 더 가까웠다. 16세기에는 특히 더 그랬다. 진정한 혁명은 앞에서도 말했듯 르네상스 학자들이 스스로를 고대인과 동등하며 프톨레마이오스나 갈레노스 같은 사람의 가르침을 더 발전시켜 나갈 능력이 있다고 본 마음가짐의 변화에 있었다. 프톨레마이오스나 갈레노스 같은 사람도 인간일 뿐이라는 깨달음이었다. 앞으로 살펴보겠지만, 세계를 탐구하는 과정이 전체적으로 고대 철학자의 방식으로부터 현대 과학의 방식으로 혁명이라는 말에 어울릴 만큼 탈바꿈한 것은 갈릴레이, 그리고 특히 뉴턴의 연구부터였다.

갈레노스는 130년경 오늘날 터키에 속하는 소아시아의 페르가뭄(오늘날 베르가마)에서 태어나 2세기 말 또는 3세기 초까지 살았던 의사다. 당시 페르가뭄은 로마 제국 내 그리스어 사용 지역에서 가장 부유한 도시로 꼽는 곳이었다. 게다가 부유한 건축가 겸 농민의 아들로 태어났으므로 인생에서 누릴 수 있는 좋은 조건은 모조리 갖추었고 최고의 교육까지 받았다. 그가 16세일 때 아버지는 아들이 장차 의학으로 성공한다고 예언하는 꿈을 꾸고 그의 교육 방향을 의학 쪽으로 정했다. 그는 코린토스와 알렉산드리아를 비롯한 여러 교육 중심지에서 의학을 공부했고, 157년부터 5년 동안 페르가뭄에서 검투사 담당 수석 의사로 일한 다음 로마로 옮겨 가 그곳에서 결국 마르쿠스 아우렐리우스 황제의 주치의이자 친구가 됐다. 또 180년에 마르쿠스 아우렐리우스가 죽고 아들 콤모두스가 황제가 됐을 때 새 황제도 모셨다. 이때 로마 제국은 갈레노스가 태어나기 몇 년 전 하드리아누스 방벽이 세워지고 국경에서 끊임없이 전쟁이 벌어지는 등 격동기였지만, 동서 로마로 분열된 것이 286년이고 콘스탄티노폴리스는 330년이 되어서야 건설됐으니 아직은 제국이 본격적으로 쇠퇴하기 훨씬 전이었다. 국경에서 무슨 문제가 벌어지든 제국의 심장부에서 안전하게 지낸 갈레노스는 책을 많이 썼고 프톨레마이오스가 한 것처럼 존경하는 선배들의 가르침을 취합했다. 그중 눈에 띄는 사람은 히포크라테스Hippocrates(기원전 460경~기원전 370경)로, 실제로 오늘날 그를 의학의 아버지로 생각하는 것은 거의 전적으로 갈레노스의 글 때문이다. 갈레노스는 역겨울 정도로 자기 자랑이 심한 데다 표절꾼이기도 했고, 그가 로마의 동료 의사들을 가리켜 "코흘리개들"이라고 한 말은 그나마 가장 너그러운 편에 속한다.* 그러나 사람됨이 불쾌하다고 해서 그의 진정한 업적을 무시해서는 안 되며, 그가 유명해진 가장 큰 이유는 뛰어난 해부 솜씨와 인체 구조에 관해 쓴 책들 때문이다. 노예에 대한 태도라든가 검투를 오락으로 즐겼다는 점을 생각하면 얼핏 이해가 가지 않지만 당시에는 인체 해부를 바라보는 시선이 곱지 않았고, 그래서 인체를 몇 차례 해부했다는 증거가 있기는 하지만 갈레노스의 연구는 애석하게도 대부분

* 콘래드 외(Lawrence I. Conrad *et al.*)의 책에서 너턴(Vivian Nutton)이 인용한 것을 재인용.

개나 돼지, 원숭이를 상대로 이루어졌다. 따라서 인체에 관해 그가 내린 결론은 대부분 다른 동물 연구를 바탕으로 하고 있었으므로 여러 면에서 부정확했다. 그 뒤 12~13세기 동안 해부학을 본격적으로 연구한 사람이 있었던 것 같지 않은 만큼 갈레노스의 연구는 16세기가 되고도 한참이나 지날 때까지 인체 해부학에서 최고 권위로 받아들여졌다.

갈레노스가 되살아난 것은 고대 그리스의 것이라면 무엇이든 집착한 인문주의자들 덕분이었다. 종교계에서는 16세기 개신교 운동뿐 아니라 천주교 일각에서도 예수 시대 이후 수세기 동안 성서를 해석하고 수정하는 사이에 하느님의 가르침이 훼손됐다고 믿었고, 그래서 성서 자체에 최고의 권위를 부여하며 성서로 돌아가자는 근본주의 운동이 일어났다. 라틴어로 번역된 성서가 아니라 최초의 그리스어 성서를 연구하는 것도 이 운동의 일환이었다. 고대 이래로 이렇다 할 일이 전혀 일어나지 않았다는 의견은 약간 극단적이기는 하지만, 그리스어에서 번역된 아랍어판을 번역한 의학 교재도 일부 있었던 만큼 여러 차례 번역을 거치고 수많은 필경사들이 베끼는 과정에서 훼손된 의학 교재는 정확성이 기대하는 수준에 미치지 못할 가능성이 있다는 생각에는 확실히 어느 정도 진실이 담겨 있었다. 그러던 중 1525년에 갈레노스의 연구가 원래의 그리스어로 출간된 것은 기념비적인 사건이었다. 우습게도 의료 관계자 중 그리스어를 읽을 수 있는 사람은 거의 없었으므로 이들이 실제로 공부한 것은 1525년판을 새로 라틴어로 번역한 것들이었다. 그러나 이런 번역본과 인쇄기 덕분에 갈레노스의 연구는 그 뒤 10여 년 동안 전에 없을 정도로 널리 퍼져 나갔다. 젊은 베살리우스가 의학 공부를 마치고 유명해지기 시작한 것은 바로 이 무렵이었다.

안드레아스 베살리우스는 1514년 12월 31일 브뤼셀에서 태어났다. 집안이 대대로 의학과 관련이 있었고, 아버지는 신성 로마 황제 카를 5세의 황실 약제사였다. (카를 5세는 신성 로마 황제라고는 하나 사실은 독일 제후였다. 역사학자들이 즐겨 지적하는 대로 신성 로마 제국은 신성한 것도 아니고 로마도 아니며 제국도 아니었지만 이 이름이 역사에 남았다.) 집안 전통에 따라 베살리우스는 뢰번 대학교를 다닌 다음 1533년에 파리 대학교에서 의학 공부를 시작했다. 당시 파리는 갈레노스주의가 부활하는 중심지였으므로 그곳에서 저 거장의 연구에 대해 배우는 한편 해부도 배우고 익혔다. 그러던 중 프랑스와 신성 로마 제국 사이에 전쟁이 벌어지면서 얼른 파리 생활을 정리하고 1536년에 뢰번으로 돌아와 1537년에 의학 공부를 마쳤다. 그가 해부에 얼마나 열심이었고 인체에 얼마나 관심이 많았는지는 1536년 가을의 일화가 자세하게 기록으로 남으면서 알려졌다. 이때 그는 뢰번 성 밖 어느 효시대에 묶여 뼈만 남아가던 시신을 훔쳐 집으로 가져가 연구했다.

당시 기준으로 볼 때 뢰번 대학교 의학부는 보수적이고 파리에 비해 확실히 뒤처져 있었지만, 전쟁이 계속되고 있기 때문에 베살리우스는 프랑스로 돌아갈 수 없었다. 그래서 졸업 직후 이탈리아로 가서 1537년 말에 파도바 대학교에 박사 과정 학생으로 등록했다. 그렇지만 이것은 그저 형식만 갖춘 것으로 보이는데, 입학시험을 뛰어난 성적으로 통과한 뒤 거의 곧장 의학박사 학위를 받고 파도바 대

5. 안드레아스 베살리우스. 베살리우스의 『인체 구조에 관하여』(1543)에서.

학교 교수로 임용됐기 때문이다. 베살리우스는 당시 아직 새로운 갈레노스의 '전통'을 잇는 인기 교수이자 성공한 교수였다. 그러나 갈레노스와는 달리 그는 인체 해부에 열심인 데다 유능하기까지 했으며, 뢰번에서 시신 도둑질을 하던 때와는 완전히 딴판으로 이곳에서는 파도바 당국이 그의 연구를 도왔다. 특히 재판관 마르칸토니오 콘타리니는 처형된 죄수의 시신을 보내 주었을 뿐 아니라 때로는 베살리우스의 일정과 새 시신이 필요한 때에 맞춰 처형 시간을 미루기도 했다. 베살리우스가 갈레노스는 인체 해부 경험이 거의 또는 전혀 없었다고 확신하고 인체 해부학 책을 직접 쓰기로 마음먹은 것은 바로 이때의 연구에서였다.

전체적으로 베살리우스가 해부학을 대한 방법은 꼭 혁명적이라고는 할 수 없었지만 그 이전의 접근법에 비하면 커다란 진일보였다. 중세기에는 해부 자체가 드물었고, 실제로 해부할 때도 의료 종사자 중에서도 급이 떨어지는 것으로 간주되던 외과의사가 박식한 교수를 대신하여 해부하고, 교수는 멀찍이 떨어진 안전한 곳에서 말 그대로 손을 더럽히지 않으면서 해부에 대해 강의하는 식이었다. 그와는 달리 베살리우스는 해부 시범을 직접 보여 주면서 자신이 현재 해부하고 있는 부위에 대해 학생들에게 강의했고 그럼으로써 외과 수술의 지위를 높였다. 이 방식이 퍼져 나가면서 파도바뿐 아니라 다른 곳에서도 점차 외과의 지위가 높아졌다. 그는 또 뛰어난 화가를 고용하여 수업에서 사용할 커다란 그림을 그리게 했다. 해부 시범도 중 한 장이 도난당하고 표절되자 그는 그림 여섯 장을 모아 1538년에 『여섯 개의 해부도*Tabulae Anatomica Sex*』라는 제목으

Doctori [illegible], Andreas VVesalius Bruxellensis S.D.

ON iam pridem, Narcisse doctissime, quum Patauii ad medicinae chirurgices lectionem delectus, inflammationis curationem pertractarem, diui Hippocratis & Galeni de reuulsione ac deriuatione sententiam explicaturus, venas obiter in charta delineaui, ita ratus quid per [illegible] Hippocrates intellexisset facile posse demonstrari. Nosti namque quantum hac tempestate, ea de re dissidium atque contentionem, etiam inter eruditos, de uena secanda concitauerit, dum alii fibrarum consensum et rectitudinem, alii aliud nescio quid, indicasse Hippocratem affirmant. Verum illa uenarum delineatio tantopere medicinae professoribus studiosisque omnibus arrisit, ut arteriarum quoque & neruorum descriptionem, a me obnixe contenderent. Quia vero ad meam pertinebat professionem Anatomes administratio, ipsis deesse non debui, potissimum quum sciam [illegible] huiusmodi lineamenta, his qui secanti adstiterint, non mediocre commodum allatura. Alias siquidem aut partium corporis, aut simplicium pharmacorum cognitionem ex solis picturis, seu formulis uelle assequi, ut ineptum, sic quoque uanum ac impossibile omnino arbitror; sed ad memoriam rerum confirmandam apprime conducere, nemo negauerit. Caeterum cum [illegible] [illegible], non [illegible] [illegible], nempe illis tabellis, aliis [illegible], quibus [illegible] nuper in studiosorum gratiam [illegible], Ioannes Stephanus, insignis nostri seculi pictor, tribus partibus [illegible] expediit, magno [illegible] [illegible], qui non modo hoc [illegible], [illegible], sed etiam [illegible] [illegible] [illegible] summi [illegible] solertiam [illegible] contemplari, & [illegible] aliud [illegible] [illegible] [illegible]. Postremo singulis partibus, quanquam id in praesenti [illegible] non [illegible] ex sententia [illegible] potuit, sua nomina [illegible], [illegible] [illegible] [illegible] plurimorum libris [illegible] [illegible] [illegible] [illegible]. Quod autem ad [illegible] attinet, nullum hic [illegible] [illegible] [illegible], quem Patauini studiosi in huius anni [illegible], a me demonstratam non [illegible] [illegible] [illegible] de [illegible] [illegible] [illegible] longe doctissimis & [illegible] medicis, apud quos non semel Anatomen publice administraui. Verum [illegible] hic noster [illegible], alicuius patrocinio commendatior in lucem [illegible] [illegible], [illegible] [illegible] [illegible] [illegible] experietur, [illegible] [illegible] nominis tui [illegible] [illegible] [illegible] quod [illegible] incomparabilem uariarum linguarum cognitionem, [illegible] [illegible] singularemque Anatomes, [illegible] etiam medicinae & philosophiae, scientiam [illegible], adeo ut [illegible] apud nationes omnes, [illegible] [illegible] [illegible] [illegible] [illegible] & [illegible] [illegible], [illegible] ac ornamentum ab eruditissimis quibusque [illegible] [illegible] quod inter clarissimos uiros [illegible] [illegible] [illegible] [illegible], [illegible] [illegible] [illegible] [illegible] [illegible] & gratus; et CAROLVS QVINTVS Inuictissimus Romanorum Imperator semper Augustus, [illegible] [illegible], non [illegible] [illegible] [illegible] [illegible], [illegible] [illegible] [illegible] [illegible] [illegible] [illegible] etiam et uniuersi Regni Hispaniae ac Neapolitani [illegible] [illegible] officiis, [illegible] [illegible] [illegible] [illegible] [illegible] [illegible] [illegible], [illegible] honoribus & muneribus [illegible] [illegible] [illegible] uiros, [illegible] [illegible]. Suscipe itaque Vir [illegible] hoc [illegible] [illegible], et [illegible], [illegible] [illegible] quondam [illegible], dum [illegible] [illegible] [illegible] [illegible] [illegible] [illegible] [illegible] [illegible] [illegible] [illegible] [illegible] [illegible] [illegible] [illegible] [illegible] [illegible] [illegible] [illegible], aliquando maiora adiiciam. Vale Patauii Cal. Apri. An. [illegible] M.D.XXXVIII.

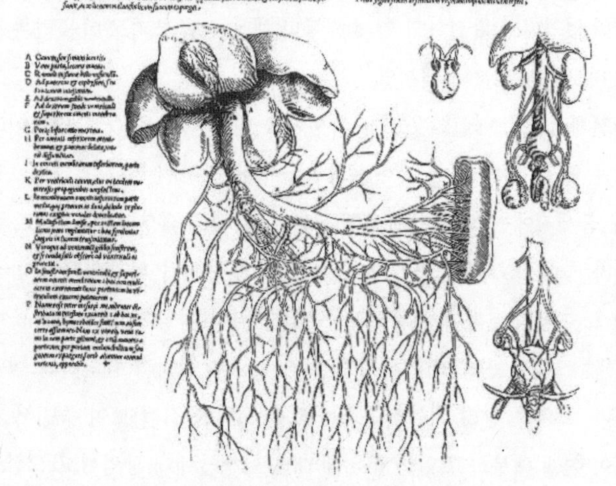

6. 베살리우스의 『여섯 개의 해부도』(1538) 한 쪽.

로 출판했다. 여섯 장 중 세 장은 베살리우스가 직접 그렸다. 나머지 세 장은 티치아노 베첼리오의 제자로서 대단한 실력을 인정받던 칼카르의 얀 스테벤Jan Steven(1499경~1546)이 그렸으니 얼마나 잘 그렸을지 어느 정도 짐작이 갈 것이다. 확실하게 알려지지는 않았지만 1543년에 출간된 걸작 『인체 구조에 관하여*De humani corporis fabrica*』의 삽화 역시 대부분 그가 그렸을 것이다.

『인체 구조에 관하여』는 인체 묘사가 정확하기도 했지만, 문자 그대로 손을 더럽히는 작업을 아랫사람에게 맡길 게 아니라 교수가 직접 할 필요가 있다는 점을 강조해 주었다는 뜻에서 중요했다. 같은 맥락에서 과거 세대로부터 전해 내려온 말을 암묵적으로 믿을 게 아니라 증거를 자신의 눈으로 직접 받아들이는 것이 중요하다는 점도 일깨워 주었다. 고대인이라도 틀리지 않는 것은 아니었다. 사람을 난도질한다는 것 자체에 대해 불편한 마음이 남아 있었으므로 인체 해부학 연구가 완전히 존중받기까지는 오랜 시간이 걸렸다. 그러나 인간에 대한 제대로 된 연구는 넓은 의미에서 인간다운 일이라는 인식이 확립되는 과정은 베살리우스의 연구와 『인체 구조에 관하여』가 출간되면서 시작됐다. 『인체 구조에 관하여』는 의학 전문가를 위한 책이었지만 베살리우스는 또 더 넓은 독자층에게 다가가고자 했다. 그래서 이 책과 아울러 학생을 위한 요약집인 『인체 구조에 관하여 개요*De humani corporis fabrica librorum epitome*』를 펴냈는데 이 역시 1543년에 나왔다. 그러나 의학에 이런 족적을 남기고 과학적 접근법 전반에 대해서도 이정표를 세우고도 그는 갑자기 학자라는 경력을 내던져 버렸다. 아직 30세도 채 되기 전이었다.

베살리우스는 1542년과 1543년에는 위의 책 두 권의 출판을 준비하느라 주로 바젤에서 지냈기 때문에 이미 상당히 오랫동안 파도바를 떠나 있었는데, 공식적으로 허가받고 자리를 비운 것으로 보이기는 하지만 자신의 원래 직책으로 복귀하지 않았다. 그냥 갈레노스주의를 벗어나지 못한 사람들의 비판에 진절머리가 났기 때문인지, 아니면 의학을 가르치기보다 실천하거나 양쪽을 동시에 추구하고 싶었기 때문인지는 알 수 없지만, 두 권의 책으로 무장한 베살리우스는 카를 5세를 찾아가 황실 의사로 임명됐다. 이것은 지체 높은 자리이기는 했지만 한 가지 커다란 단점이 있었으니, 황제가 살아 있는 동안에는 자리에서 물러날 수가 없다는 점이었다. 그러나 베살리우스가 자신의 결정을 후회했을 가능성은 거의 없다. 1556년 카를 5세가 양위 직전 그에게 사직을 허락하고 연금을 받게 해 주었을 때 곧장 스페인 국왕 펠리페 2세의 왕실에서 비슷한 직위를 맡았기 때문이다. (펠리페 2세는 카를 5세의 아들로서 나중에 함대를 보내 잉글랜드를 공격하게 한 장본인이다.) 그러나 알고 보니 이것은 그리 좋은 생각이 아니었다. 스페인의 의사들은 베살리우스가 익숙해져 있던 의사들 수준만큼 유능하지 않았고, 애초에 외국인인 그에게 텃세를 부리던 것이 당시 스페인의 지배를 받던 네덜란드에서 독립운동이 점점 커지면서 심해졌다. 베살리우스는 1564년 펠리페 2세의 허락을 받아 예루살렘으로 성지순례를 떠났다. 이것은 도중에 이탈리아에 들러 예전 직위로 되돌아가고자 파도바 대학교와 협상을 벌이기 위한 핑계였던 것으로 보인다. 그러나 성지에서 돌아오는 길에 베살리우스가 타고 있던 배가 심한 풍랑을 만나, 항해가 예정보다 오래 걸리면서 배 안의 물품이 귀해졌고 승객들 역시 심한 멀미에 시달렸다. 정확히 무슨 병인지 모르지만 베살리우스는 병에 걸렸고, 그가 탄 배가 좌초해 있던 그리스의 자킨토스라는 섬에서 1564년 10월 숨을 거두었다. 그의 나이 50세였다. 그러나 베살리우스는 1543년 이후로 과학에 직접 기여한 것은 거의 없지만 파도바에서 그의 뒤를 이은 사람들을 통해 지대한 영향을 미쳤고, 이것이 17세기의 가장 중요한 발견 중 하나로 직접 이어졌으니 바로 윌리엄 하비William Harvey(1578~1657)의 혈액순환 발견이다.

어떻게 보면 하비 이야기는 다음 장에서 다루는 게 어울린다. 그러나 베살리우스로부터 하비로 이어지는 계보가 너무나 선명하기 때문에, 16세기 천문학 발달로 돌아가기 전에 이 자리에서 그 결말까지 다루는 게 더 합당하다. 이 책이 기술에 관한 책이 아니듯 인체 연구가 의학적으로 어떤 의미를 지니는지에 관해서도 더 깊이 다룰 생각은 없다. 하비가 발견한 것은 그 자체로 충분히 인상적이지만, 그의 공로가 특별한 것은 그보다는 그의 발견이 사실임을 증명한 방식 때문이다.

팔로피오와 파브리키우스

베살리우스로부터 하비로 이어지는 계보에는 단 두 사람만 더 있을 뿐이다. 그 첫째는 파도바에서 베살리우스의 제자였던 가브리엘레 팔로피오Gabriele Fallopio(1523~1562)이다. 가브리엘 팔로피우스Gabriel Fallopius라는 라틴어 이름으로도 알려져 있는 그는 1548년에 피사 대학교에서 해부학교수가 됐고, 1551년에는 과거 베살리우스가 맡았던 해부학교수가 되어 파도바로 돌아왔다. 그는 1562년에 39세라는 젊은 나이로 죽었지만 인간생물학에 두 가지로 족적을 남겼다. 첫째, 그는 베살리우스의 정신에 따라 인체의 체계를 연구했고 그 결과 여러 가지를 발견했는데, 그중에서도 난관(나팔관, Fallopian tube)에는 지금도 그의 이름이 남아 있다. 팔로피오는 자궁과 난소를 연결하는 이 기관이 끝부분에서 '투바(tuba)' 즉 '나팔'처럼 바깥으로 벌어진다고 묘사했다. 이처럼 정확한 묘사가 왠지 '관(tube)'으로 잘못 번역됐지만,* 부정확하게 붙은 이 용어를 현대 의학에서 버릴 수 없게 된 것 같다.** 그러나 어쩌면 팔로피오가 해부학에 기여한 가장 중요한 공로는 지롤라모 파브리치오Girolamo Fabrizio(1533~1619)의 스승이었다는 점일 것이다. 나중에 히에로니무스 파브리키우스 압 아콰펜덴테Hieronymous Fabricius ab Aquapendente라는 라틴어 이름으로 알려진 파브리치오는 팔로피오가 죽자 그 뒤를 이어 파도바의 해부학교수가 됐다.

파브리키우스는 1537년 5월 20일 아콰펜덴테라는 소도시에서 태어나 1559년 파도바를 졸업했다. 외과의사로 일하면서 개인적으로 해부학을 가르치다가 1565년에 파도바에서 교수로 임명됐다. 이 자리는 팔로피오가 죽은 뒤 3년 동안 공석이었고, 따라서 공백기가 있기는 해도 파브리키우스는 팔로피오의 직계 계승자였다. 이 공백기 때 베살리우스가 이 자리를 맡으려고 협상을 시작했고, 불운하

* 원어의 취지를 살리면 'Fallopian tube'는 '팔로피오 나팔'이다. (옮긴이)

** 참고로, 인체의 또 한 가지 관으로서 중이와 인두를 잇는 유스타키오관(Eustachian tube) 역시 이 무렵 바르톨로메오 유스타키오Bartolomeo Eustachio(1500 또는 1514~1574)가 묘사했다. 이것은 우연의 일치라기보다 새로운 세대의 해부학자들이 연구에 열심이었음을 보여 주는 사례에 해당된다.

게 끝난 예루살렘 여행이 아니었다면 필시 그가 파브리키우스보다 먼저 그 자리를 차지했을 것이다. 파브리키우스의 연구는 발생학과 태아의 발달에 관한 것이 많았으며 주로 달걀을 가지고 연구했다. 그러나 지금에 와서 보면 정맥 속 판막을 처음으로 정확하고 세밀하게 묘사한 것이 그가 과학에 기여한 가장 중요한 부분임을 알 수 있다. 판막은 이미 알려져 있었지만 이것을 철저하게 연구하여 세밀하게 묘사한 사람은 파브리키우스였다. 1579년에 처음 공개적으로 시연하며 설명했고, 그 뒤 1603년에는 정확한 그림을 수록한 책을 펴냈다. 그러나 해부학자로서 판막을 설명하는 실력은 뛰어났지만, 판막의 목적이 무엇인지 꿰뚫어 보는 실력은 그에 훨씬 미치지 못해 그저 간에서 흘러나오는 피의 흐름을 느리게 해 주어 신체 조직에 흡수되게 하기 위한 것이라고만 생각했다. 파브리키우스는 건강 악화로 1613년에 은퇴했고 1619년에 세상을 떠났다. 그렇지만 1590년대 말부터 1602년까지 파도바에서 파브리키우스 밑에서 공부한 윌리엄 하비가 그 무렵 혈액 순환계통이 실제로 어떻게 작동하는지를 설명할 수 있는 단계까지 거의 다가가 있었다.

윌리엄 하비와 혈액순환

하비 이전에는 피가 간에서 만들어져 혈관을 통해 온몸으로 이동하면서 세포에게 양분을 공급하며, 그 과정에 소모되기 때문에 새로운 피가 지속적으로 만들어진다는 생각이 일반적이었다. 이것은 갈레노스와 그 이전 시대로 거슬러 올라가는 생각이었다. 동맥의 역할은 폐로부터 '생기'를 가져다 온몸으로 날라 주는 것이라고 생각했는데, 산소가 1774년에야 발견됐으니 이것이 진실로부터 그다지 동떨어진 생각은 아니었다. 1511년에 태어나 미겔 세르베토Miguel Serveto라는 세례명을 받은 스페인의 신학자 겸 의사 미카엘 세르베투스Michael Servetus(1511~1553)는 1553년에 저서 『그리스도교의 회복*Christianismi Restitutio*』에서 피가 심장 오른쪽에서 나와 폐를 통과한 다음 심장 왼쪽으로 들어간다고 묘사했다. 이것은 나중에 혈액의 소순환으로 알려졌는데, 이와는 달리 갈레노스는 심장 가운데 벽에 작디작은 구멍들이 나 있어서 이 구멍들을 통해 피가 심장 오른쪽에서 왼쪽으로 흘러간다고 가르쳤다. 세르베투스는 해부를 통해서가 아니라 주로 신학을 근거로 이렇게 결론을 내렸고, 그것도 신학 논문을 내놓으면서 거의 곁가지로 언급했다. 세르베투스로서는 애석하게도 이 책뿐 아니라 그가 이전의 여러 글에서 표현한 신학적 관점은 삼위일체에 위배되는 것이었다. 조르다노 브루노처럼 그 역시 예수 그리스도는 사람이 된 하느님이라고 믿지 않았고 그래서 자신의 믿음 때문에 브루노와 똑같은 운명을 맞았다. 그렇지만 이번에 그를 화형대에 세운 쪽은 천주교회 사람들이 아니었다. 당시 장 칼뱅이 한창 종교개혁 활동을 하고 있었으므로 세르베투스는 자신의 생각을 적어 제네바에 있는 칼뱅에게 보냈다. 칼뱅이 더 이상 답장을 보내지 않자 빈에 있던 세르베투스는 갈수록 수위를 높여 가며 독설 편지를 줄줄이 보냈다. 이것은 큰 실수였다. 이 책이 출판됐을 때 칼뱅은 빈의 당국에 연락하여 이 이단자를 수감되게 만들었다. 세르베투스는 탈출하여 이탈리아로 넘어가려 했으나 제네바를 통과하는 직선 경로를 택하는 어이없는 실수를 저지르고 말았다. 그는 제네바에서 발각되어 다시 체포됐고, 1553년 10월 27일에 칼뱅주의자들의 손에 장작더미 위에서 화형을 당했다. 그의 책도 불태웠기 때문에 『그리스도교의 회복』은 세 부만 살아남았다. 세르베투스는 자기 시대의 과학에 아무런 영향도 미치지 못했고 하비는 그의 연구에 대해 아무것도 알지 못했지만, 그가 어쩌다가 최후를 맞이했는지에 관한 이야기는 16세기 세계를 단적으로 들여다볼 수 있는 사례에 해당된다.

갈레노스 이후로 동맥과 정맥은 서로 다른 물질, 즉 두 종류의 피를 운반한다고 생각했다. 오늘날에는 포유류나 조류와 마찬가지로 인간의 심장은 두 개의 심장이 하나로 합쳐진 것으로서, 오른쪽 절반이 산소가 빠져나간 피를 폐로 보내면 그곳에서 피가 산소를 머금고 왼쪽 절반으로 돌아오고, 왼쪽 절반은 산소를 머금은 피를 온몸으로 보내는 것으로 이해하고 있다. 하비가 발견한 중요한 것 하나는 그의 스승 파브리키우스가 그렇게나 정확하게 묘사한 정맥 속 판막은 일방통행을 위한 장치이며 이 덕분에 피가 오로지 심장을 향해서만 흘러간다는 것과, 이 피는 동맥에서 온 것일 수밖에 없으며 심장에서 펌프질해 나와 동맥계와 정맥계를 이어 주는 작디작은 모세혈관을 지나 정맥으로 들어간다는 것이었다. 그러나 하비가 의학에 몸담기 시작했을 때는 이 모든 것이 먼 미래의 일이었다.

윌리엄 하비는 1578년 4월 1일 영국 켄트주의 포크스톤에서 자작농의 일곱 아들 중 맏이로 태어났다. 캔터베리의 킹즈 스쿨에서 공부한 다음 케임브리지의 키즈 칼리지에서 1597년에 문학사 학위를 받았는데 의학 공부도 거기서 시작했을 가능성이 높다. 그러나 이내 파도바로 가서 파브리키우스 밑에서 공부하고 1602년에 의학박사 학위를 받고 졸업했다. 파도바에서 공부하는 동안 하비는 당시 그곳에서 가르치고 있던 갈릴레이에 대해 알고 있었을 것이 분명하지만, 우리가 아는 한 두 사람이 만난 일은 없다. 1602년 영국으로 돌아온 하비는 1604년 엘리자베스 1세의 주치의인 랜슬롯 브라운의 딸 엘리자베스 브라운과 결혼했다. 왕가 사람들과 어울리면서 의학자로서 눈에 띄는 경력을 쌓았다. 1607년에 이미 왕립의사회 석학회원으로 선출됐고, 1609년에는 런던 성바솔로뮤 병원 의사로 임명됐으며, 윌리엄 셰익스피어가 죽은 2년 뒤인 1618년에는 1603년 엘리자베스 여왕의 뒤를 이어 왕위에 오른 제임스 1세의 주치의 중 한 사람이 됐다. 1630년에는 제임스 1세의 왕자로서 1625년 왕위에 오른 찰스 1세의 개인 주치의라는 더욱 존경받는 직책을 받았다. 그리고 수고에 대한 보답으로 1645년 그가 67세 때 옥스퍼드 대학교 머턴 칼리지의 학장으로 임명됐다. 그러나 잉글랜드에서 벌어진 내전 때문에 1646년 옥스퍼드가 의회파의 세력권에 들어가자 하비는 직위에서 물러났다. 다만 1649년에 찰스 1세가 참수형을 당한 때까지 명목상 왕실 의사라는 직위는 유지했다. 그는 여생을 조용히 보내다가 1657년 6월 3일 세상을 떠났다. 1654년에 의사회 회장이라는 영예로운 자리에 선출됐지만 나이와 건강 문제를 이유로 사양했다.

그런 만큼 오늘날 하비를 기억하게 만든 저 중요한 연구는 실제로 그가 여가 시간에 한 것이었으며, 그런 까닭에 1628년에야 연구 결과를 『동물의 심장과 혈액의 운동에 관한 해부학적 연구*De Motu Cordis et Sanguinis in Animalibus*』라는 기념비적인 책으로 출간할 수 있었다. 또 한 가지 이유는 『인체 구조에 관하여』가 출간된 지 50년이나 지났는데도 갈레노스의 가르침을 수정하려는 시도에 대해 일각에서 완강하게 반대하고 있기 때문이었다. 하비는 혈액순환이 사실임을 입증하려면 누가 보아도 명명백백한 주장을 내놓아야 한다는 것을 알고 있었다. 그가 과학사에서 핵심 인물로 자리매김하고 있는 이유는 그가 그 주장을 내놓은 방식에 있다. 의학뿐 아니라 모든 분야에서 과학자가 나아가야 하는 방향을 가리켜 주었기 때문이다.

하비가 이 문제에 관심을 갖게 된 방식 자체가 철학자들이 관찰이나 경험이 아니라 완벽 원칙을 바탕으로 자연세계의 작동 방식에 대한 추상적 가설을 지어내던 시절에 비해 사정이 얼마나 달라져 있었는지를 보여 준다. 하비는 심장의 용적을 실제로 측정했다. 그는 그것을 부풀린 장갑 크기라고 설명하고 심장이 매분 얼마만큼의 혈액을 동맥 속으로 펌프질해 넣는지 계산했다. 계산 결과는 약간 부정확했지만 주장하는 바를 전달하기에는 충분했다. 현대의 단위로 환산하면 인간의 심장은 박동할 때마다 평균 60세제곱센티미터의 혈액을 펌프질해 내며, 시간으로 환산하면 거의 260리터에 해당되는데 이것은 평균적인 인간 몸무게의 세 배 정도 무게에 해당하는 양이었다. 인체가 혈액을 그렇게나 많이 만들어 내고 있을 수는 없는 게 명확하므로, 실제로는 그보다 훨씬 적은 양이 인체의 동맥과 정맥을 통해 순환하고 있을 것이 확실했다. 그런 다음 하비는 실험과 관찰을 병행하여 자신의 주장을 뒷받침했다. 동맥과 정맥을 이어 주는 작디작은 혈관을 눈으로 볼 수는 없었지만, 한쪽 팔을 끈으로 꽉 조이는 방법으로 그런 혈관이 분명히 존재한다는 것을 증명했다. 팔에서 동맥은 정맥보다 피부 밑으로 더 깊은 곳에 있으며, 따라서 끈을 약간만 늦추면 동맥을 따라 피가 손으로 흘러내려 가지만 정맥은 여전히 끈에 죄어 있어서 피가 다시 흘러 올라가지 못하기 때문에 끈 아랫부분의 정맥이 부풀어 올랐다. 그는 독이 빠른 속도로 온몸으로 퍼지는 현상은 혈액이 끊임없이 순환한다는 생각과 맞아떨어진다고 지적했다. 다음에는 심장에 가까운 동맥은 심장에서 먼 곳의 동맥보다 두껍다는 사실을 지적했는데, 심장이 펌프질을 할 때 그 주변 혈관은 강한 분출력을 견뎌낼 수 있어야 하기 때문이라고 했다.

그러나 하비를 과학적 방법의 발명자라고 속단해서는 안 된다. 사실 그는 현대적 과학자라기보다는 르네상스인 쪽에 더 가까웠으며, 그래서 여전히 생기 차원에서 생각했다. 생기란 신체가 살아 있게 유지해 주는 얼이자 완벽이라는 추상 개념이었다. 아래는 1653년 영어로 번역된 그의 책에서 가져온 내용이다.

> 모든 면에서 볼 때 신체의 모든 부위는 혈액으로써 양분과 사랑과 생기를 얻는 것이 확실하다. 혈액은 따뜻하고 완벽하며 형체가 없고 얼이 가득하며, 그리고 영양이 있다고 할 수 있다. 신체 각부에 이르면 혈액은 식고 응고되어 무익한 것처럼 변하며, 그러면 원래의 완벽을 되찾기 위해 신체의 샘 내지 보금자리 같은 심장으로 돌아온다. 심장에 가면 다시 강력하고 맹렬한 자연열에 녹으며, 그렇게 향유처럼 얼을 가득 담고 다시 심장으로부터 신체 곳곳으로 흩어진다. 그리고 모든 것은 심장 박동에 달려 있다고 할 수 있다. 그러므로 심장은 생명의 시작이자 소우주의

태양이다. 태양이 세계의 심장이라 불려 마땅한 것처럼, 심장의 수고와 박동 덕분에 혈액은 완벽하게 되어 생명을 띠고 움직이며 곪거나 타락하지 않게 된다. 그러므로 우리에게 익숙한 이 수호신은 몸 전체를 위해 자신의 임무를 수행하면서 영양과 사랑과 생기를 줌으로써 생명의 샘이 되고 모든 것이 존재하게 하는 것이다.

일반적으로 하비는 심장을 혈액이 순환하게 하는 펌프에 지나지 않는다고 묘사한 최초의 인물이라고 오해하고 있지만 이 글을 보면 전혀 딴판임을 알 수 있다. (실제로 그렇게 말한 최초는 르네 데카르트로서, 1637년에 출간한 저서 『방법서설』에서 심장은 순전히 기계적인 펌프라고 말했다.) 또 하비가 심장을 혈액의 열원으로 보았다고 설명하는 책이 많지만 이 역시 완전한 진실은 아니다. 그의 관점은 그보다 더 신비주의적이었다. 그러나 그럼에도 불구하고 하비의 연구는 커다란 진일보였다. 1642년 런던에서 의회파 군대가 그의 방을 뒤질 때 애석하게도 그가 쓴 논문이 많이 유실됐지만, 그러고도 살아남은 그의 모든 글에서 관찰과 경험으로 직접 얻는 지식의 중요성을 거듭 강조하는 것을 볼 수 있다. 구체적으로 그는 어떤 현상이 있을 때 그 원인을 모른다고 해서 그것을 부정해서는 안 된다고 지적했으며, 따라서 우리로서는 그가 혈액순환을 부정확하게 '설명'한 것을 너그러이 바라보고 혈액이 실제로 순환한다는 사실을 발견한 진정한 업적에 집중하는 것이 마땅하다. 하비의 생각은 처음에는 전혀 널리 받아들여지지 않았지만, 그가 죽고 몇 년이 지나지 않아 1650년대에 현미경이 개발된 덕분에 동맥과 정맥 사이의 작디작은 핏줄이 발견됨으로써 그의 주장에서 허술했던 단 한 가지 공백이 메워졌다. 이것은 과학 발전이 기술 발전과 연계되어 있음을 보여 주는 강력한 예다.

그러나 과학사라는 관점에서 볼 때 하비가 르네상스의 마지막 인물에 속한다 해도, 그가 죽은 시기와 현미경학이 떠오른 시기가 깔끔하게 맞아떨어지기는 하지만 그렇다고 달력에서 그의 연구 뒤에다 선을 쭉 긋고 제대로 된 과학은 이때부터 시작됐다고 말할 수 있는 것은 아니다. 그의 연구와 데카르트의 연구가 출판된 시기가 겹치는 것에서 볼 수 있는 것처럼 역사는 깔끔하게 시기별로 나눌 수 있는 게 아니다. 최초의 과학자라는 수식어가 가장 잘 어울리는 사람은 하비가 파도바에서 공부를 마치기도 전에 이미 활동하고 있었다. 이제 16세기로 되돌아가, 코페르니쿠스의 연구 이후로 천문학과 역학이 어떻게 발전했는지를 살펴볼 차례다.

2
최후의 신비주의자들

행성의 운동 '최초의 과학자'라는 호칭을 받을 자격이 가장 확실한 사람은 갈릴레오 갈릴레이Galileo Galilei(1564~1642)로서, 본질적으로 현대의 과학적 방법을 자신의 연구에 적용했을 뿐 아니라 자신의 일을 완전히 이해하고 다른 사람들이 따를 수 있도록 명확한 기본 규칙까지 마련했다. 게다가 그런 기본 규칙을 지키며 그가 한 연구는 어마어마하게 중요했다. 16세기 말에는 갈릴레이 말고도 이런 기준에 어느 정도 부합되는 사람들이 있었다. 그러나 우리가 지금 과학이라 부르는 것에 일생을 바친 사람들은 자신의 연구 전체 또는 일부의 타당성을 따질 때 중세기적 사고방식에서 벗어나지 못하는 경우가 많았고, 한편으로 세계를 바라보는 새로운 방식이 띠는 철학적 — 더 적당한 표현을 찾을 수 없어 이걸로 대신 — 의미를 더없이 명확하게 꿰뚫어 본 사람들은 과학에만 종사한 사람들이 아니어서 다른 사람들이 세계를 연구할 때 사용하는 접근법에 거의 영향을 주지 못했다. 이 모든 것을 처음으로 하나로 뭉뚱그린 사람은 갈릴레이였다. 그러나 과학자가 다들 그렇듯 갈릴레이 역시 이전의 것을 바탕으로 하고 있었으니, 그의 경우에는 튀코 브라헤와 요하네스 케플러를 거쳐 코페르니쿠스로 직접 거슬러 올라간다. 코페르니쿠스 역시 포이어바흐나 레기오몬타누스 같은 선배들의 연구를 바탕으로 르네상스 시대에 천문학을 탈바꿈시키기 시작했고, 또 앞으로 살펴보겠지만 케플러와 갈릴레이는 아이작 뉴턴으로 이어진다. 일반적으로 튀코라 불리는 튀코 브라헤 역시 심오한 과학 연구를 확연히 구시대적이고 신비주의적인 해석과 뒤섞을 수 있음을 잘 보여주는 좋은 예가 된다. 엄밀하게 말해 브라헤와 케플러는 마지막 신비주의자는 아니지만, 적어도 천문학에서는 고대인의 신비주의로부터 벗어나 갈릴레이와 그 후계자들의 과학으로 넘어가는 과도기적 인물이었던 것은 확실하다.

튀코 브라헤

튀코 브라헤Tycho Brahe(1546~1601)는 1546년 12월 14일 스칸디나비아반도의 끝 크누드스트룹에서 태어났다. 이곳은 지금 스웨덴에 속해 있지만 당시에는 덴마크에 속해 있었다. 아기 때 튀에라는 이름으로 세례를 받았는데, 나중에 성은 그대로 두고 이름만 라틴어로 바꿨다는 점에서도 과도기적 인물이었다. 그의 집안은 대대로 귀족 정치가였다. 추밀원 자문으로서 국왕을 섬긴 아버지 오테는 여러 지방에서 총독을 지낸 끝에 헬싱보리 성의 총독이 됐다. 1600년에 초연된 윌리엄 셰익스피어의 『햄릿』으로 유명해진 엘시노어(헬싱외르)와 바다를 사이에 두고 마주보고 있는 곳이었다. 튀코는 오테의 둘째이자 맏아들로서 은수저를 물고 태어났지만, 그 직후 그의 인생은 연극에서나 나올 법한 곡절을 겪는다. 오테에게는 예르겐이라는 형이 있었는데 덴마크 해군 제독이었다. 결혼했지만 자식이 없었으므로 두 형제는 오테가 아들을 낳으면 갓난아기 때 예르겐에게 주어 아들로 삼게 하겠다고 약속했다. 오테의 아내 베아테가 튀코를 낳자 예르겐은 오테에게 약속을 상기시켰지만 돌아온 반응은 냉랭하기만 했다. 튀코와 쌍둥이로 태어난 아기가 사산아였고, 튀코의 부모는 더 이상 아기를 낳을 수 없을지도 모른다는 두려움을 느꼈을 가능성이 높다. 때를 기다리던 예르겐은 1년 남짓 지난 뒤 튀코에게 남동생이 태어나자 어린 튀코를 유괴하여 토스트룹에 있는 자기 집으로 데려갔다.

그 후 건강한 사내아이가 태어나기도 했으니 가족은 이것을 기정사실로 받아들였다(오테와 베아테는 건강한 아들과 딸을 모두 다섯 명씩 낳았다). 튀코는 그때부터 삼촌 손에 성장하면서 어릴 때 라틴어 기초를 철저하게 교육받았다. 그리고 1559년 4월 아직 13세도 되기 전에 코펜하겐 대학교에 입학했다. 당시 귀족 집안에서는 아들을 국가나 교회의 고위직에 어울리게끔 일찌감치 교육을 시작하는 일이 드물지 않았으므로 유달리 어린 나이는 아니었다.

튀코를 국왕을 섬기는 정치가로 출세시키려던 예르겐의 계획은 그와 거의 동시에 수포로 돌아가기 시작했는데, 그 원인은 1560년 8월 21일에 일어난 일식이었다. 포르투갈에서는 개기일식을 볼 수 있었지만 코펜하겐에서는 부분일식에 지나지 않았다. 그러나 13세의 튀코 브라헤의 상상력을 사로잡은 것은 볼거리로서 그리 대단할 것도 없었던 그 일식 자체가 아니라 그것이 오래전부터 예견되어 있던 사건이라는 점이었다. 별 사이로 움직이는 달의 경로를 관측하여 기록한 천체력을 보고 알 수 있었는데, 이것은 고대에 만들어졌지만 후대에 특히 아랍 천문학자들의 관측에 따라 수정된 것이었다. 그에게는 "별이 있을 자리와 상대적 위치를 오래전에 내다볼 수 있을 정도로 별의 움직임을 인간이 정확하게 알 수 있다는 사실이 신성하다"고 여겨졌다.*

튀코는 그 뒤로 코펜하겐에서 18개월 남짓 머무르면서 그 기간의 대부분을 천문학과 수학을 공부하며 지냈다. 그의 삼촌은 이것이 일시적일 뿐이며 차차 흥미를 잃을 것으로 판단하고 내버려 둔 것으로 보인다. 그때 그가 산 책 중에는 프톨레마이오스가 쓴 책의 라틴어판도 한 부 있었는데, 속표지에다 1560년 11월 말일 은화 2탈러를 주고 샀다고 기록한 것을 비롯하여 책 안에 수많은 메모를 적었다.

1562년 2월 튀코는 장차 차지할 사회적 지위에 어울리는 어른으로 키워 내기 위해 일반적으로 거치는 과정의 일환으로 덴마크를 떠나 유학길에 올랐다. 그가 들어간 학교는 라이프치히 대학교로, 3월 24일 안데르스 베델Anders Vedel(1542~1616)이라는 훌륭한 청년과 함께 그곳에 도착했다. 그는 튀코보다 겨우 네 살 위였지만 예르겐은 그를 튀코의 가정교사로 임명하여 튀코의 동반자 겸 튀코가 말썽을 일으키지 않게끔 단속하는 역할을 맡게 했다. 베델은 부분적으로 성공을 거두었다. 튀코는 라이프치히에서 법학을 공부하기로 되어 있었고 이 공부를 어느 정도 부지런하게 했다. 그러나 그가 학문적으로 사랑하는 과목은 여전히 천문학이었다. 돈이 남으면 모두 천문학 도구와 책을 사는 데 썼고, 밤늦은 시간에 베델이 자고 있을 때

* 드라이어(J. L. E. Dreyer)를 재인용. 드라이어는 1654년 피에르 가상디가 튀코의 개인 논문을 바탕으로 출간한 튀코의 전기를 인용했다.

천문을 직접 관측했다. 베델이 돈을 관리하고 있는 데다 튀코는 돈 쓸 곳을 모두 베델에게 보고해야 했지만, 그와 같은 열정에 재갈을 물리기 위해 베델이 할 수 있는 일은 거의 없었다. 튀코의 관측 기술과 천문학 지식은 법률 지식보다도 빠른 속도로 자라났다.

별의 위치 측정 그렇지만 천문학에 대해 더 많이 알게 됐을 때 튀코는 사람들이 '별의 위치를 아는' 것처럼 보여도 그 정확도는 그가 애초에 생각했던 수준보다 훨씬 떨어진다는 것을 깨달았다. 예를 들면 1563년 8월에는 토성과 목성의 합*이 일어났는데, 이것은 두 행성이 하늘에서 서로 너무나 가까이 다가가 하나로 합쳐지는 것처럼 보이는 보기 드문 천문 현상이다. 이것은 점성학자에게 커다란 의미가 있었으므로** 널리 예견되어 있었고 또 열심히 기다리던 사건이었다. 그러나 실제 사건은 8월 24일에 일어났지만, 어떤 천체력에서는 이것이 만 1개월 뒤에 있을 것으로 예견되어 있었고 그나마 가장 가까운 것도 며칠이나 잘못되어 있었다. 처음 천문학 연구를 시작한 때부터 튀코는 붙박이별을 기준으로 행성의 움직임을 긴 기간에 걸쳐 꼼꼼하게 관측하되 이전에 있었던 비슷한 연구보다 더 정밀하게 관측하지 않으면 행성의 운동과 본질을 올바로 이해하기가 불가능하다는 점을 이해했다. 튀코 시대 연구자들과 그 직전 선배들은 게으름 때문이든 고대인에 대한 지나친 존경심 때문

* 합(合, conjunction)은 한 천체가 다른 천체의 앞이나 뒤로 들어가는 현상을 말한다. 일식은 달이 해 앞을 지나면서 일어나는 합이다.

** 오늘날 일부 천문학자는 예수가 태어났을 때 이와 비슷한 합이 연이어 일어났는데 이것이 '베들레헴의 별'로 알려진 현상일 가능성이 있다고 보고 있다.

이든 이것을 인정하고 싶어 하지 않는 것으로 보였으나, 튀코는 이 것이 자신이 평생을 바칠 사명이라는 사실을 16세라는 나이에 이미 또렷하게 알아보았다. 행성의 운동을 나타내는 정확한 천체력을 만들어 낼 유일한 방법은 코페르니쿠스처럼 이따금 한 번씩 관측하여 그 결과를 고대인의 관측에다 되는 대로 덧붙이는 식이 아니라 장기간에 걸쳐 꾸준하게 관측하는 것뿐이었다.

당시는 천체망원경이 개발되기 전이었으므로 관측 도구를 제작하는 데도 뛰어난 기술이 필요했지만 그것을 사용하는 데는 더욱 뛰어난 기술이 필요했다는 점을 기억하기 바란다. (현대의 망원경과 거기 딸린 컴퓨터의 경우에는 그 반대이다.) 1563년에 튀코가 사용한 가장 간단한 기법 하나는 컴퍼스를 눈 가까이에 대고 한쪽 다리 끝은 별에, 다른 쪽 다리 끝은 예컨대 목성 같은 관측 대상 행성에 겨냥하는 식이었다. 이렇게 맞춰 벌린 컴퍼스를 가지고 종이 위에 표시해 둔 거리와 비교함으로써 그 시각에 하늘에 있는 두 천체 사이의 각거리를 측정할 수 있었다.* 그러나 그는 이런 방법으로 얻을 수 있는 것보다 훨씬 더 정확한 측정치가 필요했다.

그가 사용한 도구에 대한 자세한 설명은 이 이야기에서 결정적으로 중요하지는 않지만, 십자의 또는 반경의라는 도구는 언급할 만하다. 이것은 1564년 초에 튀코가 주문하여 만든 것으로 당시 항해와 천문학에서 일반적으로 사용되던 도구였다. 기본적으로 막대 두 개

* 물론 정확한 시간을 알아내는 것도 정확하게 맞는 시계가 개발되기 오래전인 1560년대에는 또 한 가지 커다란 문제였다. 이 역시 과학과 기술이 서로 의존한다는 것을 보여주는 한 예다.

를 십자 모양으로 조합한 것으로, 서로 직각을 이룬 상태에서 가로막대를 밀고 당기는 식으로 움직일 수 있었다. 세로막대에는 눈금이 새겨져 있어서, 세로막대로 겨냥한 채 가로막대를 움직여 측정하려는 별이나 행성을 가로막대의 양 끝에 오게 맞추면 두 천체 사이의 각거리를 읽어 낼 수 있었다. 알고 보니 튀코의 십자의는 눈금이 정확하게 새겨져 있지 않았고, 베델은 예르겐 브라헤의 지시에 따라 여전히 튀코가 돈을 천문학에 다 쓰지 않게 하려고 애쓰고 있었으므로 튀코에게는 눈금을 재조정할 돈이 없었다. 그래서 튀코는 표를 만들어 놓고 관측 때마다 십자의에서 가리키는 틀린 값을 가지고 표를 찾아 올바른 값으로 읽어 냈다. 이것은 그 뒤로도 여러 세기 동안이나 불완전한 도구를 어떻게든 활용하려는 천문학자들이 기울이는 노력을 보여 주는 예다. 허블 우주망원경의 주거울에 있는 결함을 바로잡기 위해 보조거울을 설치하여 '수리'한 이야기는 유명하다.

미래가 보장된 (듯 보이는) 귀족으로서 튀코는 학위를 받을 때까지 공부를 마치는 형식을 갖출 필요가 없었으므로 1565년 5월에 베델과 함께 라이프치히를 떠났다. 스웨덴과 덴마크 사이에 전쟁이 벌어지자 삼촌 예르겐이 튀코가 집으로 돌아오는 게 낫겠다고 생각했기 때문이다. 삼촌과의 만남은 짤막했다. 튀코가 5월 말 코펜하겐으로 돌아와서 보니 삼촌 역시 발트해의 해전에서 막 돌아와 있었다. 그러나 2주 뒤 국왕 프레데리크 2세가 예르겐 브라헤를 비롯한 사람들과 함께 코펜하겐 성에서 나와 다리를 건너 시내로 들어가다가 왕이 다리 아래로 떨어졌다. 예르겐도 다른 사람들과 마찬가지로 왕을 구출하기 위해 곧장 물에 뛰어들었다. 이 일로 왕에게는 후유증이 남지 않았지만, 예르겐 브라헤는 오한에다 합병증까지 얻어 6월 21일에 죽고 말았다. 외삼촌 한 명을 제외한 나머지 가족은 튀코가 별에 관심을 가지는 데 눈살을 찌푸리며 그가 사회적 지위에 어울리는 출셋길을 걷기를 원했다. 그러나 그에게는 삼촌이 남겨 준 유산이 있었으므로 다시 한번 납치하지 않는 다음에야 붙잡아둘 길이 없었다. 1566년 초 19세 생일이 지난 직후 튀코는 여행길에 올라, 비텐베르크 대학교에 들른 다음 로스토크 대학교에서 한동안 정착하여 공부했고 결국 그 대학교를 졸업했다.

거기서 그는 점성학, 화학(엄밀히 말하면 연금술), 의학 등을 공부했을 뿐 한동안은 별을 거의 관찰하지 않았다. 그의 관심사가 이처럼 다양하다고 해서 놀랄 것은 없는데, 이들 주제에 대해 밝혀진 지식이 너무나 적어 한 분야의 전문가가 된다 한들 그다지 의미가 없기 때문이었다. 반면 점성학을 배웠다는 것은 예컨대 하늘에서 벌어지는 일과 인체의 작동 방식 사이에 강한 연관성이 있다는 생각이 퍼져 있었다는 뜻이다.

그 시대 여느 사람들과 마찬가지로 튀코 역시 점성학을 믿었고 별점을 치는 데 능숙해졌다. 그가 로스토크에 도착한 지 얼마 되지 않은 1566년 10월 28일에 월식이 있었다. 그는 별점을 친 다음 이 월식은 쉴레이만 대제라 불리는 오스만의 술탄 쉴레이만 1세의 죽음을 알리는 전조라고 선언했다. 사실 그때 쉴레이만은 이미 80세였으므로 이것은 그리 대단한 예언이라 할 수 없었다. 그는 그리스도교 유럽에서 유명한 술탄이었다. 쉴레이만이 대제라는 별명을 얻은 데에는 베오그라드, 부다페스트, 로도스섬, 타브리즈, 바그다드, 아덴, 알제 등을 점령한 데다 1565년에는 몰타를 대대적으로 공격했다가 구호기사단의 방어를 뚫지 못하고 물러간 일도 한몫 하고 있었다. 오스만 제국은 쉴레이만 1세에 와서 전성기를 구가하고 있었고, 그리스도교 유럽의 동부 지역에서는 심각한 위협이었다. 술탄이 정말로 죽었다는 소식이 로스토크로 전해지자 튀코는 명성이 치솟았다. 그러나 월식이 일어나기 몇 주 전에 죽었다는 사실이 알려지자 그의 명성은 빛이 바래고 말았다.

그해 말에 튀코의 일생에서 가장 유명한 사건 하나가 일어났다. 12월 10일에 열린 무도회에서 튀코는 덴마크에서 온 또 다른 귀족인 만데루프 파르스베르와 다툼을 벌였다. 정확하게 무엇 때문인지는 알 수 없지만, 이미 죽은 술탄의 죽음을 예언했다며 파르스베르가 튀코를 조롱했다는 이야기가 있다. 두 사람은 12월 27일 크리스마스 파티에서 다시 부딪쳤고, 다툼은 걷잡을 수 없이 치달아 결투가 아니면 결말을 지을 수 없는 지경에 이르렀다. 둘은 12월 29일 오후 7시에 다시 만났다. 칠흑처럼 어두운 시간이라 결투 시간치고는 특이한 만큼 우연히 마주쳤을 가능성도 있지만, 어떻든 둘은 상대를 향해 검을 휘둘렀다. 싸움에서 승패가 판가름 나지는 않았으나 튀코는 이때 일격을 맞아 코가 일부 잘려 나갔고, 그래서 평생 동안 금과 은으로 만든 보형물을 사용하여 코를 가리고 다녔다. 널리 퍼진 이야기와는 달리 이때 잘려 나간 부분은 코끝이 아니라 코 상부의 살점이었다. 그는 또 연고 상자를 휴대하고 다녔으며, 그가 연고를 바르며 다친 부위의 염증을 가라앉히는 모습을 종종 볼 수 있었다.

이 일에 관한 호기심과는 별개로 이 이야기는 중요한데, 스무 번째 생일을 갓 넘긴 튀코의 약간은 불같은 성미와 자신의 능력을 믿고 거만하게 굴면서 언제나 신중하게만 행동하지는 않는 태도를 정확하게 그려 주고 있기 때문이다. 이런 성격은 나중에 다친 코가 문제되지 않을 정도로 더 심한 슬픔을 가져다주게 된다.

로스토크에 있는 동안 튀코는 여러 차례 덴마크를 들렀다. 천문학 같은 관심사를 연구하고 있는 자신의 행동이 옳다는 것을 가족에게 설득하는 데는 실패했지만, 그 나머지 세계에서는 학자로서 눈에 띄기 시작했다. 1568년 5월 14일 튀코는 곧 공석이 될 셸란섬 로스킬레 대성당의 수도 참사회원 자리를 주겠다는 약속을 아직 왕위에 있던 프레데리크 2세로부터 공식적으로 받아 냈다. 교회 개혁이 일어난 것이 1536년이니 이때는 30년도 더 된 데다 덴마크는 철두철미하게 개신교였지만, 예전에 대성당 참사회원에게 지급되던 돈이 지금은 학자 지원 목적이기는 하나 여전히 지급되고 있었다. 이들은 여전히 참사회원이라 불렸고 여전히 대성당과 연관된 공동체 안에서 살았으나, 종교적 의무가 없는 데다 전적으로 국왕이 성은으로 내리는 직책이었다. 프레데리크 2세의 약속은 튀코가 '학자'로서 지닌 잠재력 때문임이 확실하지만, 그렇게나 젊은 사람에게 그런 성은은 너무 후한 것이 아닌가 하는 생각이 든다면 튀코의 삼촌이 말 그대로 국왕을 섬기다 죽었다는 사실을 기억하기 바란다.

로스토크에서 공부를 마치고 참사회원 자리를 약속받음으로써 미래까지 보장된 튀코는 1568년 중반에 다시 여행길에 오른다. 다시 비텐베르크를 들른 다음 바젤로 갔다가, 1569년 초에 아우크스

부르크에서도 한동안 머무르면서 여러 가지 관측을 시작했다. 이 연구에 사용하기 위해 거대한 크기의 사분의*라는 도구를 주문 제작했다. 이 사분의는 반지름이 6미터 정도 됐는데, 크기가 커서 호 부분에 분 단위로 눈금을 매길 수 있었으므로 정확한 관측이 가능했다. 이 관측 도구는 그의 친구 집 정원 내 언덕 위에 5년 동안 서 있다가 1574년 12월 폭풍우에 부서졌다. 그러나 이미 튀코는 아버지의 병환이 위중하다는 소식을 듣고 1570년 아우크스부르크를 떠나 덴마크로 돌아가 있었다. 그럼에도 불구하고 튀코는 평생의 연구로부터 한눈을 팔지 않았고, 같은 해 12월 말에 이르러 헬싱보리 성에서 하늘을 관측하고 있었다.

튀코의 아버지 오테 브라헤는 1571년 5월 9일 58세의 나이로 눈을 감으면서 크누드스트룹에 있는 주요 재산을 큰아들 튀코와 둘째 아들 스텐에게 공동 재산으로 남겼다. 그 후 튀코는 외삼촌 집에 가서 살았는데 외삼촌 이름도 스텐이었다. 그는 집안사람 중 천문학 공부를 격려해 준 유일한 사람이었으며, 튀코 본인의 설명에 따르면 종이와 유리의 대량 생산을 덴마크에 도입한 최초의 인물이었다. 튀코는 1572년 말까지는 화학 실험에 주로 전념했는데 어쩌면 스텐 외삼촌의 영향이었을 것이다. 그러나 천문학에 관한 관심을 팽개치지는 않았다. 그러다가 1572년 11월 11일 저녁 우주가 보여 줄 수 있는 가장 극적인 사건 하나가 벌어지면서 그의 인생이 다시 바뀌었다.

* 이름에서 짐작할 수 있겠지만 사분의(quadrant)는 원을 4등분한 모양의 관측 도구다. 육분의(sextant)는 6등분한 것이다. (옮긴이)

7. 튀코의 거대한 사분의(1569).

튀코의 초신성 그날 저녁 튀코는 실험실에서 집으로 돌아오고 있었는데, 오는 길에 하늘에 펼쳐진 별들을 살펴보다가 카시오페이아자리가 어딘가 이상하다는 것을 깨달았다. 이 별자리는 W자 모양으로서 북반구의 하늘에서 가장 눈에 띄는 별자리에 속하는데, 별자리에 별이 하나 더 나타나 있었다. 그뿐 아니라 이 별은 유달리 밝았다. 이것이 튀코를 비롯하여 그 시대 사람들에게 미친 영향을 제대로 이해하려면 당시에는 별들을 수정구에 고정되어 있는 영원불변한 빛으로 생각했다는 점을 기억해야 한다. 별자리는 영원부터 내내 변함이 없었다는 생각은 하늘의 완벽 개념에 속했다. 만일 이것이 정말로 새 별이라면 그 완벽이 산산조각 날 것이고, 또 하늘이 완벽하지 않다는 것을 일단 받아들이고 나면 다음에 무슨 일이 있을지 누가 알겠는가?

그렇지만 한 차례의 관측으로는 튀코가 본 것이 새로운 별이라는 것이 증명되지 않았다. 별이 아니라 혜성처럼 별보다 중요도가 떨어지는 대상일 수도 있었다. 당시 사람들은 대기가 적어도 달까지는 닿는 것으로 알고 있었고, 혜성은 달처럼 멀리 떨어진 곳이 아니라 지구 표면의 약간 위에서 일어나는 대기 현상이라고 생각했다. 확인할 방법은 근처에 있는 카시오페이아자리의 별들을 기준으로 새 천체의 위치를 측정하여, 이것이 혜성이나 유성처럼 위치가 바뀌는지, 아니면 별처럼 언제나 같은 자리에서 머무는지를 보는 것이었다. 다행히도 튀코는 매우 커다란 육분의의 제작을 막 마친 참이라 그 이후로 밤에 구름이 걷히기만 하면 새로 나타난 별에 관심을 쏟았다. 이 별은 18개월 동안 눈으로 볼 수 있었으며, 그 기간 내내 다른 별을 기준으로 조금도 움직이지 않았다. 그것은 정말로 새로운 별이었다. 처음에는 금성과 비슷할 정도로 너무나 밝아 낮에도 볼 수 있었으며 1572년 12월부터 점점 어두워졌다. 물론 이 별을 본 사람들은 튀코 말고도 많았고 그 의미를 두고 1573년에 기발한 설명도 많이 돌아다녔다. 튀코도 그 현상에 대해 자기 나름의 설명을 썼다. 처음에는 출간하기가 망설여졌는데, 아마도 하늘은 완벽하다는 믿음이 산산조각 나면 사람들이 어떻게 반응할지 염려됐을 뿐 아니라, 그 별이 여전히 눈에 보이기 때문에 그의 설명은 불완전할 수밖에 없는 데다 귀족이 그런 연구에 관여하고 있으면 모양새가 꼴사나워질 수도 있겠다는 생각도 작용했을 것이다. 그러나 코펜하겐에 있는 친구들이 오해를 바로잡기 위해 출간해야 한다며 그를 설득했다. 그 결과 나온 것이 1573년에 나온 『새로운 별*De Nova Stella*』이라는 작은 책으로서, 우리에게 '신성(nova)'이라는 새로운 천문학 용어를 만들어 주었다.* 이 책에서 튀코는 이 물체가 혜성이나 유성이 아니라 붙박이별들의 '수정구' 영역에 속하는 것이 분명하다는 것을 증명하고, 이 신성의 점성학적 의미를 (모호하고 일반적인 말로) 논했으며, 기원전 125년경 히파르코스Hipparchus(기원전 190경~기원전 120경)가 하늘에서 보았다고 기록한 것과 비교했다.

당시에는 하늘에서 보이는 어떤 것에도 점성학적 의미를 엮어 넣

* 오늘날 우리는 '신성'에 두 종류가 있다는 것을 알고 있다. 하나는 밝고 상대적으로 흔하며, 또 하나는 그보다 훨씬 밝고 훨씬 드물다. 고도로 밝은 신성은 당연히 초신성이라 부른다. 1572년의 신성은 실제로 고도로 밝은 것이었으며 오늘날에는 초신성으로 간주하고 있다. 그러나 튀코 시대에 가장 중요한 것은 그 별의 밝기가 아니라 새로 생긴 별이라는 점이었다.

기가 매우 쉬웠는데 유럽의 많은 부분이 혼란을 겪고 있기 때문이었다. 종교개혁 운동이 처음에 성공하자 이어 천주교회가 반격에 나섰고, 그중 오스트리아와 남부 독일의 여러 제후국에서 예수회의 활동을 통한 반격이 특히 눈에 띄었다. 프랑스에서는 훗날 프랑스 종교전쟁이라는 이름이 붙은 전쟁이 중반기에 접어들면서 위그노들이 심각한 좌절을 겪고 있었고, 네덜란드에서는 독립을 원하는 세력과 스페인 사이에 혈전이 벌어지고 있었다. 튀코는 이 모든 혼란의 와중에 나타난 새 별에 관한 책을 쓰면서 점성학 쪽으로 고개라도 한 번 끄덕이지 않을 수 없었다. 그러나 『새로운 별』에서 핵심 사실은 명확했다. 새로 나타난 천체는 붙박이별들 사이에 고정되어 있으며, 진정으로 새로운 별이라고 판단할 수 있을 만큼 모든 기준을 다 충족하고 있다는 사실이었다. 그 밖에도 튀코와 입장이 거의 비슷했던 토머스 딕스를 비롯하여 이 별을 연구한 천문학자가 많았지만 튀코의 측정치가 확실히 가장 정확하고 믿을 만했다.

이 모든 것에는 한 가지 역설이 있다. 튀코는 특히 이 별을 집중적으로 연구하면서, 지구가 정말로 태양 주위를 따라 움직일 때 예상되는 시차 변화가 조금이라도 있는지 관찰했다. 튀코가 그처럼 뛰어난 관찰자인 데다 정확한 도구를 만들었기 때문에 그때까지 있었던 시차 연구 중에는 그의 연구가 가장 섬세한 것이었다. 그는 시차의 증거를 찾아내지 못했고, 이것이 지구가 고정되어 있고 별들이 수정구에 부착된 채 지구를 돌고 있다고 그가 확신하게 된 한 가지 중요한 근거가 됐다.

오늘날 튀코의 별 또는 튀코의 초신성이라 부르는 이 새 별에 관한 연구를 내놓았어도 튀코의 인생은 즉각적으로 달라진 점이 없었으나, 1573년에 들어 개인적인 이유로 크게 달라졌다. 키르스텐이라는 아가씨와 백년가약을 맺고 정착했기 때문이다. 키르스텐에 대해서는 평민이라는 것 말고는 알려진 사실이 거의 없다. 어떤 설명에서는 농부의 딸이라 하고, 성직자의 딸이라거나 크누드스트룹 성의 하인이었다는 설명도 있다. 필시 신분 차이 때문이겠지만 두 사람은 공식적으로 혼인식을 올리지는 않았다. 그렇지만 16세기 덴마크에서는 결혼식은 꼭 하지 않아도 되는 것으로 간주됐고, 또 법률에서는 여성이 공개적으로 남성과 함께 살면서 그의 열쇠를 소지하고 그의 식탁에서 식사하면 3년 뒤 그의 아내로 인정한다고 되어 있었다. 혹시라도 의심이 남아 있을 경우를 대비하여, 튀코가 죽고 얼마 뒤 튀코의 친척 여러 명이 그의 아이들은 적출이며 아이들의 어머니는 튀코의 아내였다는 내용의 진술서에 서명했다. 공식적으로 인정된 지위가 무엇이었든 두 사람은 성공적이고도 행복한 혼인 생활을 누린 것으로 보이며, 젖먹이 때 죽은 아이 둘 말고도 딸 넷과 아들 둘을 키웠다.

1574년에 튀코는 관측으로도 시간을 보냈지만 국왕의 요청에 따라 연중 대부분을 코펜하겐에서 지내면서 대학교에서 강의를 맡았다. 이 같은 요청에서 알 수 있듯 그는 명성이 점점 높아지고 있었으나, 덴마크 내의 상황이 마음에 들지 않았으므로 해외로 나가면 더 많은 지원을 받을 수 있지 않을까 생각했다. 이에 따라 1575년 한 해 동안 광범위하게 여행한 끝에 바젤에 정착하기로 결심하고 그해 말에 덴마크로 돌아와 이사를 위해 주변을 정리하고자 했다. 그런데

이 무렵 궁정에서는 튀코가 덴마크에 있는 것이 나라 전체의 명예에 보탬이 된다는 인식이 있었고, 일찍부터 그에게 호의적이던 국왕에게 신하들은 국왕이 직접 나서서 이제 유명해진 저 천문학자를 눌러 앉혀야 한다고 간언했다. 튀코는 국왕 소유의 성을 내주겠다는 제안을 거절했다. 그에 따른 관리 의무와 책임을 생각할 때 현명한 결정이었을 수도 있지만, 사람들이 일반적으로 거절할 만한 제안은 아니었다. 이에 굴하지 않고 프레데리크 국왕은 튀코에게 코펜하겐과 헬싱외르 사이 해협에 있는 벤이라는 작은 섬을 주면 어떻겠느냐고 했다. 여기에는 그 섬에 적당한 주택을 짓는 비용을 국왕 사비로 지출하고 연금도 주겠다는 조건이 포함되어 있었다. 이것은 실로 튀코로서는 거절할 수 없는 제안이었다. 그리하여 그는 1576년 2월 22일 앞으로 대부분의 관측 연구를 하게 될 그 섬을 처음으로 찾아갔고, 마침 그날 저녁 그 섬에서 화성과 달의 합을 관찰했다. 5월 23일 국왕은 이 섬을 튀코에게 맡긴다는 정식 문서에 서명했다. 스물아홉이라는 나이에 튀코는 장래가 보장된 것처럼 보였다.

프레데리크가 왕위에 있는 동안 튀코는 자신의 천문대를 마음대로 운영할 수 있는 유례없는 자유를 누릴 수 있었다. 섬은 자그마했다. 대략 타원형에 가깝고 끝에서 끝까지 가장 먼 거리가 4.8킬로미터에 지나지 않았다. 그리고 튀코의 새 집과 천문대를 지을 자리로 고른 지점은 섬에서 가장 높은 곳으로서 해발고도가 49미터가 채 되지 않았다. 그렇지만 처음에 돈은 아무래도 좋았다. 원래의 수입 말고도 본토에서 더 많은 땅을 하사받았기 때문이었다. 그는 이들 땅과 관련된 장원 영주의 의무를 말도 되지 않을 정도로 소홀히 했고 결국 이것이 나중에 문제가 된다. 그러나 처음에는 책임은 조금도 없이 온갖 것을 누린 것으로 보인다. 오래전에 약속받은 참사회원 직책도 마침내 1579년에 그의 손에 떨어졌다. 천문대는 천문의 여신 우라니아의 이름을 따 우라니보르라는 이름을 붙였는데, 세월이 지나면서 이곳은 방청석이 있는 천문관측실, 도서관, 연구실 등을 갖춘 대형 과학 연구소로 변화했다. 관측 도구는 돈으로 구할 수 있는 최고의 것이었고, 관측 연구가 진행되면서 점점 더 많은 사람들이 섬으로 찾아와 튀코의 조수가 되어 함께 연구하게 되자 근처에 천문대를 하나 더 세웠다. 튀코는 자신이 쓴 책과 천문학 자료(와 상당히 잘 쓴 편인 시)를 출판하기 위해 우라니보르에 인쇄소를 차렸고, 종이 확보에 어려움을 겪자 제지공방도 함께 차렸다. 그러나 우라니보르가 전적으로 현대적 천문대 및 기술 복합단지의 원형이었다고 생각해서는 안 된다. 여기서조차 하늘의 구조를 반영한다는 의도에서 튀코의 신비주의가 건물 설계에 반영됐기 때문이다.

튀코의 혜성 관찰

그 뒤 20년 동안 이 섬에서 튀코가 한 연구는 대부분 대충 훑고 지나가도 될 만한 것들이다. 밤이면 밤마다 붙박이별을 기준으로 행성의 위치를 측정하고 그 결과를 분석하는, 지루하지만 꼭 필요한 일로 이루어져 있었기 때문이다. 이 일을 알기 쉽게 표현하자면, 태양이 별자리 '사이'를 지나는 경로를 정확하게 추적하려면 4년간의 관찰이 필요하고, 화성과 목성은 각각 12년이 걸리며, 토성의 궤도를 규명하는 데는 30년이 걸린다. 튀코가 16세라는 나이에 관측을 시작하기는 했지만, 초창기의 측정치는 불완전한 데다 그가 지금 측정할 수 있는 것보다 덜 정확했다. 20년이나 연구를 계속했지만 벤섬은 그날그날의 관측만으로도 벅찬 곳이었다. 이 연구는 튀코가 죽고 몇 년이나 지난 뒤 요하네스 케플러가 튀코의 천체목록을 가지고 행성의 궤도를 설명하기까지는 결실을 맺지 못한다. 그러나 1577년에 튀코는 늘 해 오던 연구 말고도 밝은 혜성을 관찰했다. 그는 이 혜성의 움직임을 꼼꼼하게 분석함으로써 이것이 달보다 가까운 곳에서 일어나는 지역적 현상일 수 없으며, 행성들 사이로 움직였을 뿐 아니라 행성들의 궤도를 가로질렀을 것이 분명하다는 것을 최종적으로 밝혀냈다. 1572년의 초신성 관측과 마찬가지로 이것은 예부터 하늘에 관해 이어 내려 온 관념을 산산조각 내는 충격이었다. 이번에 산산조각 난 것은 수정구 관념이었다. 수정구가 있어야 하는 곳을 이 혜성이 그대로 통과하며 움직였기 때문이다.

파리와 런던에서는 이 혜성을 이미 1577년 11월 초에 보았지만 튀코는 그보다 나중인 11월 13일에 처음 보았다. 그 밖의 유럽 관측자들 역시 계산을 통해 이 혜성이 행성들 사이로 움직인 것이 분명하다는 사실을 밝혀냈지만, 튀코의 관측이 다른 누구보다도 더 정확하다는 것을 누구나 다 인정했고 이 일에 관한 한 그 시대 사람들 대부분의 마음속에 깊이 새겨진 것은 그의 연구였다. 그 뒤 몇 년 동안 그보다 덜 밝은 혜성 여러 개가 같은 방식으로 연구되면서 그의 결론을 확인시켜 주었다.

튀코의 우주 모델

혜성 연구와 아울러 앞서 초신성을 관측한 성과에 힘입은 튀코는 『새로운 천문학 입문*Astronomiae Instauratae Progym-*

nasmata』이라는 역작을 썼는데 1587년과 1588년에 두 권에 걸쳐 나왔다.* 그가 나름의 우주 모델을 제시한 것은 이 책에서였고, 프톨레마이오스 모델과 코페르니쿠스 모델의 중간쯤에 해당되기 때문에 오늘날의 눈으로 보면 퇴보한 것으로 보인다. 그러나 튀코 모델에는 새로운 길을 열어 준 요소들이 있었으며, 이에 대해 일반적으로 인정하는 것보다 더 큰 업적으로 인정해야 한다.

튀코의 생각에서는 지구가 우주의 중심에 고정되어 있고 태양과 달과 붙박이별들이 지구를 중심으로 돌고 있다. 태양 자체는 다섯 행성의 궤도 중심에 놓여 있으며, 수성과 금성이 태양을 도는 궤도는 지구를 도는 태양의 궤도보다 작다. 화성, 목성, 토성은 태양을 중심으로 하는 궤도를 돌고 있고 태양과 지구 모두 이 세 행성의 궤도 안에 놓여 있다. 이 모델에서는 주전원과 이심원을 없앴고, 태양의 운동이 행성들의 운동과 뒤섞이는 이유가 설명됐다. 나아가 행성들의 궤도 중심을 지구 바깥에 둠으로써 붙박이별들이 있는 자리까지의 공간을 대부분 채웠다. 튀코 모델에서 별들은 지구로부터 지구 반지름의 14,000배 거리밖에 떨어져 있지 않았다. 물론 이 모델에서는 지구가 움직이지 않기 때문에 시차 문제는 없었다. 그러나 이 모든 것에서 현대적으로 보이는 정말로 중요한 부분은 튀코가 궤도를 수정구 등과 같이 물리적 형태가 있는 것으로 생각하지 않고 그저 행성들의 운동을 묘사해 주는 기하학적 관계밖에 없는 것으로

* '나왔다'는 것은 책의 많은 부분이 벤섬에서 인쇄됐다는 뜻에서 그렇다는 말이다. 그러나 이것은 당시 튀코가 아는 사람들 사이에서 몇 부만 배포됐다. 완전한 출간은 1603년에 가서야 요하네스 케플러의 편집을 통해 이루어졌다.

보았다는 사실이다. 꼭 집어 이렇게 표현한 것은 아니지만, 그는 행성이 아무것에도 부착되지 않은 채 텅 빈 공간에 떠 있는 것으로 상상한 최초의 천문학자였다.

그러나 다른 부분에서 튀코는 덜 현대적이었다. 그는 지구가 움직인다는 생각을 "물리적으로 불합리하다"는 말로 배척했고, 만일 지구가 축을 중심으로 자전하고 있다면 높은 탑에서 돌멩이를 떨어뜨릴 때 떨어지는 도중에 그 밑의 지구가 움직이기 때문에 탑에서 한쪽으로 먼 곳에 떨어질 것이라고 확신했다. 또 당시는 아직 브루노가 천주교회의 반발을 불러일으키기 전이었으므로 천주교회에서는 대체로 코페르니쿠스 모델을 무시하고 있었던 반면 가장 적대적으로 공격한 쪽은 북유럽 개신교회였다는 점도 언급해 둘 만하다. 16세기 말 덴마크에서는 종교적 관용이라는 것을 찾아볼 수 없었고, 국왕의 후원에 철저하게 의존하고 있는 위치에 있는 사람이라면 아무리 코페르니쿠스 모델을 믿는다 해도 미치지 않고서야 그 모델을 지지하지 않았다. 물론 튀코는 코페르니쿠스 모델을 믿지 않은 것이 분명하다.

과학에서는 너무도 중요하지만 설명하려면 재미없기 그지없는 일상적 관측이 계속되는 한편, 튀코의 책이 인쇄되고 있던 바로 그 무렵인 1588년 프레데리크 2세가 사망하면서 벤섬에서 튀코의 지위가 위협을 받았다. 프레데리크의 뒤를 이은 아들 크리스티안 4세는 11세에 지나지 않았으므로 덴마크의 귀족들은 자기네 가운데 네 명을 뽑아 새 국왕이 20세가 될 때까지 섭정을 맡겼다. 처음에 튀코를 대하는 정부의 태도에는 변화가 거의 없었다. 실제로는 새 국왕이 즉위하고 그해가 가기 전에 천문대를 지을 때 진 빚을 갚도록 돈이 더 많이 지급됐다. 벤섬에서 지낸 마지막 몇 해 동안 튀코는 덴마크의 훌륭한 학자로 인식된 것이 분명하며 고귀한 신분의 사람들이 그를 방문하는 일이 많았다. 훗날 잉글랜드의 엘리자베스 여왕이 죽고 그 뒤를 이어 제임스 1세로 즉위하는 스코틀랜드의 왕 제임스 6세가 국왕 크리스티안의 누나인 앤과의 혼인을 위해 스칸디나비아에 왔을 때도 그를 방문했다. 튀코와 제임스는 뜻이 잘 맞았고, 제임스는 튀코에게 스코틀랜드에서 출판되는 그의 책 모두에 대해 30년간 저작권을 주었다. 다른 방문객들과는 그 정도로 사이가 좋지는 않았고, 재주넘는 강아지 같은 역할을 튀코가 항상 즐기지는 않았던 것이 분명하다. 그는 마음에 들지 않는 방문객에게 냉담한 태도를 보임으로써 귀족 가운데 여러 명의 기분을 상하게 했고, 신분이 낮은 평민 출신 아내를 식탁에서 상석에 앉힘으로써 의전을 조롱했다. 우리로서는 그 이유가 무엇이었는지 다는 알지 못하지만, 튀코는 일찍이 1591년부터 벤섬에서 자신이 하고 있는 연구와 관련된 조건에 불만을 품기 시작한 것이 분명하다. 이때 어느 친구에게 보낸 편지에서 그는 연구에 방해되는 불쾌한 장애물이 있는데 해결되기를 바란다면서, "용자에게는 어떤 땅도 조국이며, 하늘은 어디를 가도 머리 위에 있다"고 썼다.*

튀코는 또 본토의 일부 소작농과 다툼을 벌였고 자신의 장원에 포함된 예배당 관리를 소홀히 한 문제로 섭정단과 불화를 일으켰다.

* 드라이어(J. L. E. Dreyer)를 재인용. 이 장의 나머지 인용문 역시 따로 표시하지 않으면 같은 책에서 인용한 것이다.

그러나 이런 어떤 소동도 그의 관측에는 영향을 주지 않은 것으로 보인다. 그의 관측 자료에는 붙박이별의 위치를 기록한 대규모의 천체목록이 포함되어 있었는데, 튀코는 이 목록에 포함된 별의 개수가 1595년에 1천 개에 이르렀다고 했다. 다만 케플러가 펴낸 튀코의 『새로운 천문학 입문』 첫 권에서는 그중 가장 잘 관측된 777개만 수록됐다.

1년 뒤 크리스티안 4세의 대관식이 있었고, 등극 직후부터 국왕은 존재감을 과시하기 시작했다. 크리스티안은 국가의 모든 활동 영역을 경제적으로 꾸려 나갈 필요가 있다고 보고 수많은 조치를 취했는데, 거기에는 프레데리크 2세가 튀코에게 하사하여 맡긴 본토의 장원을 즉시 회수하는 것도 포함됐다. 이 무렵 튀코는 50세에 가까운 나이였고 궁정에 있던 친구들은 대부분 죽은 뒤였다. 게다가 우라니보르가 세워져 매끄럽게 운영되기 시작한 지도 오래된 만큼 예산을 대폭 줄여도 문제없이 돌아갈 것으로 본 왕의 판단도 필시 옳았을 것이다. 그러나 튀코는 상당한 특권을 받는 데 익숙해져 있었던데다, 연금이 조금이라도 줄어들면 자신의 연구에 대한 위협일 뿐 아니라 모욕으로 보았다. 그는 우라니보르를 수많은 조수, 인쇄공, 제지공을 비롯하여 모든 부분에서 자신이 원하는 수준으로 유지할 수 없다면 아예 유지하지 않겠다고 작정했다.

1597년 3월에 국왕이 매년 지급하던 튀코의 연금을 끊어 버리자 곪은 데가 터졌다. 연금이 없어도 여전히 부유했지만 튀코는 이것을 마지막 한 방울로 느끼고 곧장 떠날 계획을 세웠다. 그는 1597년 4월에 벤섬을 떠나 몇 달 동안 코펜하겐에서 지내다가 여행길에 올라 우선 로스토크로 갔다. 이때 학생, 조수 등 스무 명 정도가 대동했고 가장 중요한 이동식 도구들과 인쇄기를 가지고 갔다.

로스토크에서 튀코는 마음이 바뀐 것으로 보인다. 그는 크리스티안 4세에게 편지를 썼는데 그로서는 화해의 편지라고 생각했을 것이 거의 확실하다. 편지에는 덴마크에서 연구를 계속할 기회가 생긴다면 "거절하지 않겠다"는 내용도 있었다. 그러나 이 때문에 상황은 오히려 악화되기만 했다. 크리스티안은 튀코의 거만한 어투와 국왕을 자신과 동급으로 취급하는 태도에 불쾌감을 느꼈는데, 여기에는 국왕의 요청을 거절할 수도 있다고 암시하는 저 오만한 글귀도 한몫했다. 회신에서 크리스티안은 이렇게 썼다. "경이 다른 제후들의 도움을 구하고 있다는 것을 알고 짐은 매우 불쾌하오. 마치 짐이나 왕국이 너무 가난해서 경이 여자와 아이들을 데리고 나가 다른 곳에 가서 구걸하지 않고서는 감당할 수 없는 것 같아서 말이오. 그러나 이왕 이렇게 됐으니, 경이 나라를 떠나든 머무르든 상관하지 않겠소." 나로서는 사람들이 일반적으로 크리스티안에게 공감하는 정도보다 더 공감하게 된다는 것을 인정하지 않을 수 없다. 튀코가 덜 오만한 사람이었다면 벤섬을 떠나지 않고서도 충분히 국왕과 원만하게 합의에 다다를 수 있었을 것이다. 그러나 또 한편으로 보면 튀코가 덜 오만한 사람이었다면 코도 멀쩡했을 것이고 애초에 그처럼 훌륭한 천문학자가 되지 않았을지도 모른다.

돌아갈 길이 제대로 확실히 끊어지자 튀코는 함부르크에서 가까운 반트슈벡으로 발길을 돌려 그곳에서 관측 연구를 재개했으니, 실로 하늘은 어디를 가도 머리 위에 있었다. 그러는 한편으로 연구를 위한 새로운 근거지를 물색하던 차에 정치보다는 과학과 예술에 훨씬 더 관심이 많았던 신성 로마 황제 루돌프 2세의 초청을 받는다. 황제의 이런 성향은 튀코에게는 좋았지만, 루돌프 2세가 실제로 정신이상이었다고 생각하는 역사학자마저 있을 정도로 정치가로서 자질이 떨어진 그의 시대가 한 원인이 되어 30년 전쟁이 일어난 만큼 중부 유럽 대부분에게는 좋지 않았다. 튀코는 가족을 드레스덴에 남겨 두고 1599년 6월 제국의 수도 프라하에 도착했다. 그는 황제를 알현한 뒤 황궁 수학자로 임명되고 후한 연금을 하사받았다. 황제는 그에게 천문대를 세울 후보지로 세 군데의 성 중 하나를 고르게 했고, 그는 프라하 북동쪽 35킬로미터에 있는 베나트키를 골랐다. 튀코는 프라하를 떠나면서 약간의 안도감마저 느꼈는데, 그 시대의 어떤 사람이 묘사한 프라하의 모습을 보면 그 이유가 약간은 짐작이 갈 것이다.

> 프라하는 성벽이 튼튼하지 않으며, 거리의 악취로 튀르크인을 쫓아버릴 게 아니라면 … 방어시설에는 희망이 거의 없다. 거리는 더러우며 커다란 시장이 다양하게 있다. 일부 주택 건물은 자연석으로 되어 있지만 대부분은 목재와 흙으로 지었으며 미려함이나 기교는 거의 찾아볼 수 없다. 벽은 숲에서 가져온 통나무를 그대로 사용하여 만들었기 때문에 벽 양쪽 다 나무껍질이 너무나도 조잡하게 드러나 보인다.

평화롭고 안락하던 우라니보르와는 딴판이었다. 1599년 말에 이르러 흑사병이 터졌을 때 튀코가 그것을 피하기 위해 몇 주 동안을 교외에 있는 한적한 황제의 행궁에서 지낸 것도 놀랄 일이 아니다. 그러나 흑사병의 위험이 사라지고 드레스덴에 남겨 둔 가족이 도착하자 튀코는 베나트키의 성에 자리를 잡기 시작했다. 그는 맏아들을 다시 덴마크로 보내 벤섬으로부터 커다란 관측 도구 네 대를 가지고 오게 했다. 관측 도구를 베나트키로 옮겨오기까지는 오랜 시간이 걸렸고, 적당한 천문대를 만들자면 성을 개조해야 했다. 이제 50대 나이가 된 튀코가 이곳에서 죽을 때까지 얼마 되지 않는 기간에 이렇다 할 관측을 해내지 못한 것도 이상한 일은 아니다. 그러나 프라하에 도착하기 전에 이미 요하네스 케플러와 편지를 주고받기 시작했으니, 그가 일생을 바친 연구가 다음 세대의 천문학자 중 가장 유능한 사람의 손에 활용될 것이 확실해졌다.

요하네스 케플러: 튀코의 조수 겸 상속자

요하네스 케플러Johannes Kepler(1571~1630)는 튀코가 누렸던 출생의 유리한 조건을 하나도 가지고 있지 못했다. 한때 귀족에다 고유의 문장까지 있는 집안 출신이지만 그의 할아버지 제발트 케플러는 모피공으로 일했고, 1520년 무렵 고향 뉘른베르크를 등지고 독일 남부 슈투트가르트에서 그리 멀지 않은 바일데어슈타트로 옮겨 가 정착했다. 제발트는 장인으로 성공하여 지역사회 내에서 지위가 올라갔고 한동안은 시장으로도 일했다. 이것은 보잘것없는 성공이 아니었다. 그는 루터교인인데 반해 그곳 토박이들은 대부분 천주교인이었기 때문이다. 제발트는 근면한 데다 지역사회의 기둥이었던 것이 분명하다. 맏아들 하인리히 케플러는 그와는 딴판인 사람이었다. 건달에다 술꾼이며, 꾸준한 직업이라고는 누구든 용병이 필요한 제후를 위해 전장에 나가 싸우는 것뿐이었다. 그는 어릴 때 카타리나와 결혼했고, 두 사람은 하인리히의 여러 남동생들과 한집에서 살았다. 결혼 생활은 순탄하지 못했다. 하인리히의 문제도 있었지만 카타리나 본인도 성마르고 까다로운 사람이었다. 카타리나는 또 약초 같은 것을 사용하는 민간 처방의 치유력을 깊게 믿었는데, 당시에는 이런 믿음이 특별할 것이 전혀 없었지만 이 때문에 나중에 결국 마녀라는 의심을 사 투옥되면서 요하네스에게 많은 고통을 안겨준다.

요하네스는 정서적으로 특히 불안한 어린 시절을 보냈다. 유일한 남동생 크리스토프는 그보다 나이가 많이 어렸으므로 비교적 외롭기도 했다. 그는 1571년 12월 27일에 태어났지만, 겨우 두 살일 때 아버지 하인리히가 용병으로 네덜란드로 가자 카타리나도 어린 아들을 할아버지에게 맡기고 따라갔다. 하인리히와 카타리나는 1576년에 돌아왔고 가족은 뷔르템베르크 공국의 레온베르크로 이사를 갔다. 그러나 1577년에 하인리히는 다시 전쟁터로 떠났고, 전장에서 돌아온 뒤에는 여러 가지 사업에 손을 댔다. 1580년에는 술꾼답게 주점도 운영했는데 이번에는 엘멘딩겐이라는 소도시에서였다. 놀라울 것도 없이 그는 돈을 모두 날렸다. 결국 하인리히는 다시금 운에 맡기고 용병으로 전장에 나갔다가 다시는 가족에게 돌아오지 않았다. 그의 운명은 정확하게 알려져 있지 않지만, 이탈리아에서 벌어진 해전에 참가했을 가능성도 있다. 어떻든 가족은 두 번 다시 그를 보지 못했다.

이런 온갖 일을 겪는 동안 요하네스는 이 집에서 저 집으로, 이 학교에서 저 학교로 옮겨 다녔다. 그래도 아직은 집안의 사회적 지위가 충분히 높아 뷔르템베르크 공작 가문에서 설립한 기금에서 나오는 장학금의 도움으로 학교를 다닐 수 있었으니 그나마 다행이었다. 그러나 마치 이것으로는 불행이 부족하다는 듯 할아버지와 지낼 때 천연두에 걸려 평생 동안 시력 문제로 시달리게 됐으니, 튀코 같은 천문관측자는 절대로 될 수 없었다. 그러나 그의 머리는 영향을 받지 않았고, 가족이 이사를 갈 때마다 학교를 바꾸어야 한 탓에 좌절도 많이 겪었지만 일곱 살이 됐을 무렵 레온베르크에 새로 생긴 라틴어 학교 중 한 곳에 들어갈 수 있게 됐다. 라틴어 학교는 종교개혁 이후 도입됐는데 교회나 국가 행정부에서 일할 수 있도록 남자를 가르치는 것이 주요 목적이었다. 학교에서는 당시 교양 있는 사람이라면 누구나 사용하는 언어를 가르칠 목적으로 라틴어만 사용했다. 여러 학교를 전전하다 보니 요하네스는 3년이면 마칠 과정을 5년에 걸쳐 마쳤다. 그러나 라틴어 학교를 졸업했기 때문에 성직자를 양성하는 신학교 입학시험을 칠 자격이 있었다. 영리한 소년이 가난과 고생으로부터 벗어나기 위해 전통적으로 흔히 택하던 길이었다. 천문학에 대한 관심은 어릴 때 밝은 혜성(1577년 튀코가 연구한 바로 그 혜성)과 월식을 보았을 때 이미 싹터 있었지만, 1584년에 신학교 입학시험에 합격하여 12세의 나이로 아델베르크에 있는 학교에 입학했을 때는 교회 안에서 미래를 펼쳐갈 것이 거의 확실해 보였다. 이번에도 학교에서 사용하는 언어는 라틴어였으므로 케플러는 라틴어에 유창해졌다.

학교는 규율이 가혹하고 케플러는 잔병치레가 많은 병약한 소년이었으나, 학업에서 너무나 뛰어난 재능을 보인 나머지 이내 마울브론에 있는 더 상급 학교로 옮겨 갔고, 그곳에서 튀빙겐 대학교의 신학 과정에 입학하기 위해 교사들로부터 학업 지도를 받았다. 1588년 17세 때 대학교 입학시험에 합격했고, 그런 다음 마울브론에서 마지막 한 해 과정을 마치고서야 대학교에 들어가 공부를 시작할 수 있었다. 사제가 되기 위한 과정이었지만 케플러가 튀빙겐에서 첫 2년 동안 공부해야 하는 필수과목에는 수학과 물리학, 천문학이 포함되어 있었다. 그는 이 모든 과목에서 뛰어난 성적을 거두었으며, 1591년 이 과정을 14명 중 2등의 성적으로 마친 다음 신학 과정으로 넘어갔다. 신학 과정에서도 교수들은 그를 단연 뛰어난 학생이라고 묘사했다.

그러는 도중 공식 교과과정에는 없는 것도 배웠다. 대학교의 수학교수는 미하엘 메스틀린Michael Maestlin(1550~1631)으로, 공개적으로는 학생들에게 개혁교회에서 승인한 프톨레마이오스 모델을 충실하게 가르쳤다. 그러나 사적으로 케플러를 비롯한 우수한 학생들을 따로 모아 코페르니쿠스 모델도 설명해 주었다. 젊은 케플러는 이 모델에서 깊은 인상을 받았으며, 태양 중심 모델의 위력과 단순함을 즉각 알아보았다. 케플러는 코페르니쿠스 모델을 기꺼이 받아들이고자 했지만, 그가 당시 루터교회의 엄격한 가르침으로부터 벗어난 이유가 꼭 거기에만 있었던 것은 아니다. 그는 교회의 일부 예식이 지니는 종교적 의미에 대해 깊은 의혹을 품고 있었고, 하느님이 존재한다고 굳게 믿었지만 기성 교단 중에서는 가르침과 예식이 이해가 가는 곳을 한 군데도 찾아내지 못했다. 그래서 자기 나름의 방식으로 예배를 올리기를 고집했는데, 격동의 시대였으니만큼 이것은 확실하게 위험한 태도였다.

케플러가 자신의 믿음과 루터교회의 성직자 역할을 도대체 어떻게 융합했을지는 영영 알 수 없게 됐다. 1594년 신학 과정 졸업반일 때 오스트리아의 그라츠라는 머나먼 도시에서 일어난 죽음 때문에 인생이 바뀌었기 때문이다. 거리가 먼 데도 불구하고 그라츠에는 튀빙겐 대학교와 학문적으로 항상 밀접한 관계를 유지해 온 신학교가 있었고, 그곳의 수학교수가 죽자 신학교에서는 자연히 튀빙겐에다 새 교수의 추천을 요청했다. 튀빙겐 대학교 측에서는 케플러를 추천했다. 그는 성직자로 인생을 시작할 생각을 하고 있던 차에 그 자리를 제안받고 상당히 놀랐다. 처음에는 망설였지만 그 자리에 정말로 자신이 최고의 적임자라는 설득을 받아들여 그곳으로 떠났다. 원하면 두어 해 뒤 대학교로 돌아와 학업을 마치고 루터교회의 성직자가 될 수 있다는 조건에서였다.

22세의 수학교수는 1594년 4월 11일에 그라츠에 도착했다. 여전히 신성 로마 제국 안이었지만 튀빙겐과 그라츠 사이에는 눈에 보이지 않는 의미심장한 경계가 있었다. 경계 북쪽 공국은 개혁교회가 지배하고 남쪽은 천주교회의 영향력이 지배적이었기 때문이다. 그러나 이 보이지 않는 경계는 끊임없이 바뀌고 있었는데, 1555년에 맺은 아우크스부르크 화의라는 협정에 따라 각 제후가 자기 지역 내에 적합한 종교를 자유로이 정할 수 있게 됐기 때문이었다. '제국' 안에서 수십 명의 제후들이 각기 공국을 이루고 있었고, 때때로 제후가 죽는다든가 쫓겨난다든가 하면 말 그대로 하룻밤 사이에 공국의 종교가 다른 것으로 바뀌기도 했다. 어떤 제후는 관용정책을 펴 종교의 자유를 허용한 반면, 어떤 제후는 모든 신민이 이달의 새로운 종교로 개종하든가 그 자리에서 재산을 압류당하든가 택일하게 했다. 그라츠는 카를 대공이 다스리는 슈타이어마르크 공국의 수도였는데 대공은 단호하게 개신교 운동을 탄압하고자 했다. 다만 케플러가 도착했을 때 그라츠의 루터교회 신학교 같은 곳은 아직 예외적으로 용납되고 있었다.

케플러는 가족으로부터 아무런 지원도 받지 못하는 가난한 사람이었다. 대학교 학비는 장학금에서 나왔고 그라츠로 올 때는 여비를 빌려야 했다. 신학교 측에서 실력을 인정받을 때까지는 급료의 4분의 3만 주기로 했기 때문에 그라츠에 와서도 사정은 나아지지 않았다. 그러나 어느 정도 돈도 벌고 그라츠 지역사회 상류층의 사랑을 받는 방법이 한 가지 있었으니 바로 별점을 치는 것이었다. 케플러는 일생 동안 점성학을 이용하여 늘 부족한 수입을 보충했다. 그러나 그것이 전적으로 허튼소리임을 잘 알고 있었고, 그래서 한편으로는 이렇게도 저렇게도 해석될 수 있는 모호한 내용으로써 사람들에게 듣고 싶은 말을 들려주는 기술을 터득하면서도, 개인적인 편지에서는 자신을 찾는 고객들을 “멍텅구리들”이라면서 점성학 일을 “얼빠지고 쓸데없는” 것이라 묘사했다. 새해를 앞두고 1595년 한 해 동안 벌어질 중요한 사건을 예언하는 달력을 만들어 달라는 의뢰를 받았을 때의 일을 보면 이 경멸스러운 사업에서 케플러가 발휘한 기술이 어느 수준인지 잘 알 수 있다. 그가 예언에 성공한 사건에는 슈타이어마르크 내 농민 반란, 동쪽 튀르크인의 오스트리아 침략, 추운 겨울 등이 포함된다. 이런 상식적인 예언에다 점성학의 주술을 덧입히는 기술 덕분에 그는 그라츠에서 명성을 굳혔을 뿐 아니라 신학교에서 받는 급료도 맡은 직책에 합당한 수준으로 제대로 받을 수 있었다.

그러나 케플러는 동료들 중에서는 덜 미신적이었을지 몰라도 최초의 과학자라 부르기에는 여전히 지나치게 신비주의 쪽으로 기울어져 있었다. 이것은 우주에 관한 토론과 관련하여 처음으로 중요한 이론을 내놓았을 때 분명하게 드러난다. 이 일로 그는 슈타이어마르크 공국 너머 훨씬 멀리까지 유명해진다.

케플러의 기하학적 우주 모델

케플러는 시력이 좋지 못해 천문을 효과적으로 관측할 방법이 없었던 데다 그라츠에서는 관측 자료를 손에 넣을 수 없었다. 그래서 고대인의 정신적 발자취를 따라가면서 오로지 이성과 상상만 가지고 우주의 본질에 관한 설명을 내놓으려고 애쓰는 길밖에 없었다. 당시 그가 특히 호기심을 느꼈던 질문은 코페르니쿠스의 말대로 지구 자체가 행성이라는 것을 받아들일 경우 왜 우주에 행성이 더도 덜도 아닌 딱 여섯 개만 있는가 하는 것이었다. 이 문제로 한동안 고민한 끝에 케플러는 행성의 개수는 유클리드 기하학을 사용하여 만들어 낼 수 있는 정다면체의 가짓수와 관계가 있을지도 모른다는 데 생각이 미쳤다. 같은 크기의 정사각형 여섯 개로 이루어지는 정육면체는 누구나 익숙하다. 나머지 네 가지 정다면체는 정삼각형 네 개로 이루어지는 정사면체, 정오각형 열두 개로 이루어지는 정십이면체, 정삼각형 스무 개로 만들어지는 정이십면체, 그리고 정삼각형 여덟 개로 만들어지는 정팔면체다.

케플러의 생각에서 기발한 부분은 이런 상상의 정다면체를 각기 다른 정다면체 안에 넣는다는 것으로서, 각 다면체의 꼭짓점이 그것을 둘러싸는 구의 안에서 그 구와 접하고, 이 구는 다시 그 바로 바깥 다면체의 안에서 그 다면체의 면에 접한다. 유클리드 정다면체가 다섯 개 있으니 그것에 외접하는 구가 다섯 개 있고 가장 안쪽 다면체에 내접하는 구가 하나 더 있으므로 여섯 개의 구가 정의됐다. 행성 하나에 하나씩이었다. 수성의 궤도에 해당하는 구에 외접하는 정팔면체를 가장 안에서 태양을 에워싸도록 놓고, 이어 정이십면체, 정십이면체, 정사면체, 정육면체를 차례로 놓으니 태양을 중심으로 움직이는 행성들의 궤도와 얼추 맞는 간격으로 구가 여섯 개 생겨났다.

실제 궤도와 이 여섯 개의 구는 대략적인 정도 이상으로는 일치하지 않았고, 오늘날 과학이라 할 만한 것을 근거로 하지 않고 하늘은 기하학의 지배를 받아야 한다는 신비주의적 믿음을 근거로 하고 있었다. 이 모델은 케플러 자신이 행성의 궤도는 원이 아니라 원을 잡아 늘인 타원형이라는 것을 입증하자마자 무너지고 말았다. 그리고 어떻든 우리는 이제 행성이 여섯 개가 넘는다는 것을 알고 있으므로 이 모델의 기하학은 그 자체로도 맞아떨어질 수가 없다. 그러나 1595년 케플러가 이 생각을 떠올렸을 때는 이것이 마치 신의 계시처럼 보였다. 역설적인 것은 태양을 우주의 중심에 두는 코페르니

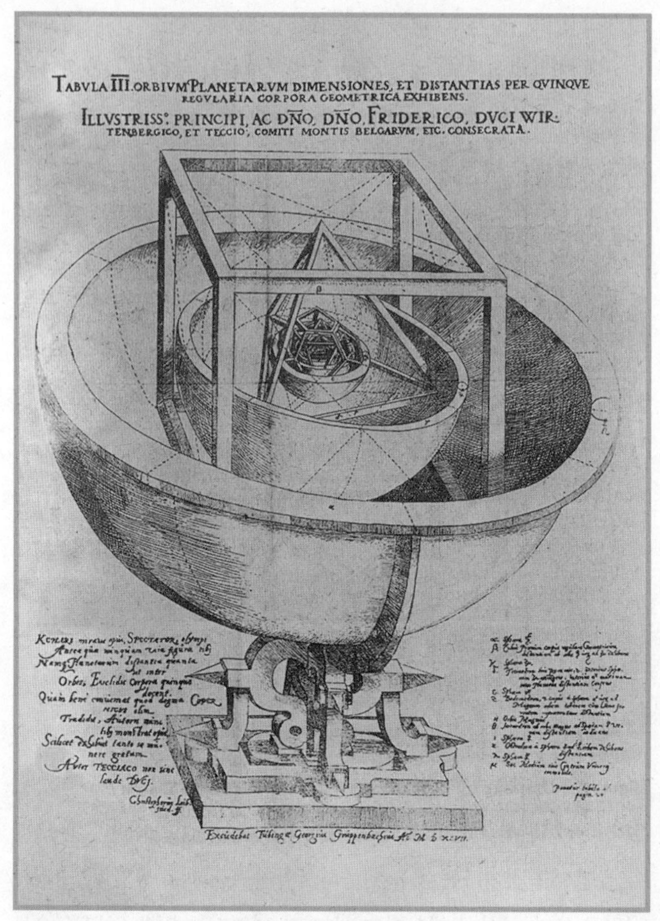

8. 정다면체 안에 정다면체가 차례로 들어가 있는 케플러의 우주 모델.
케플러의 『우주지학적 신비』(1596)에서.

쿠스 모델을 지지하는 케플러의 생각은 루터교회의 가르침에 정면으로 위배되는 것이었지만 그 자신은 여전히 일종의 루터교인이라는 사실이었다.

케플러는 1595/6년 겨울 동안 자신의 생각을 세밀하게 풀어내면서 그에 대해 옛 스승 미하엘 메스틀린과 편지를 주고받았다. 1596년 초에는 병든 조부모를 찾아뵙기 위해 신학교에서 휴직을 얻어 냈고, 그 기회를 빌려 튀빙겐의 메스틀린을 찾아갔다. 메스틀린은 케플러에게 그 생각을 책으로 써내도록 권했고 책의 인쇄를 직접 감독했다. 책은 1597년 그가 그라츠의 신학교로 돌아간 뒤 얼마 되지 않아 나왔다. 복직이 늦은 편이었지만, 이제 널리 논의되고 있는 모델 덕분에 명성이 구름처럼 따라다녔다. 이 책은 대개 『우주지학적 신비 *Mysterium Cosmographicum*』라는 이름으로 알려져 있으며, 오늘날의 관점에서 보면 책에서 설명하는 정다면체의 중첩 모델보다 더 중요한 생각을 담고 있었다. 케플러는 행성이 태양으로부터 멀어질수록 움직이는 속도가 느리다는 코페르니쿠스의 관측을 바탕으로, 행성들이 궤도를 따라 계속 움직이는 것은 태양으로부터 뻗어 나오는 힘이 밀고 있기 때문이라고 보았다. 그는 이 힘을 '활력'이라 부르면서, 태양으로부터 멀어질수록 활력이 떨어질 것이며 따라서 멀어질수록 더 느리게 밀고 갈 수밖에 없다고 주장했다. 다음 장에서 자세히 다룰 윌리엄 길버트의 자기학 연구에서도 자극을 받은 이 생각은 행성의 운동에 물리적 원인이 있다고 암시하고 있기 때문에 중요한 한 걸음이었다. 그 전까지 사람들이 내놓은 가장 그럴 듯한 설명은 천사들이 행성을 밀고 다닌다는 것이었다. 케플러는 꼭 집어 이렇게 말했다.

"나의 목표는 … 우주의 기계장치가 신에 의해 움직이는 존재가 아니라 시계의 기계장치와 비슷하다는 것을 증명하는 것이다."*

케플러는 당시 가장 유명한 사상가들에게 자신의 책을 보냈다. 갈릴레이는 책을 받고 답장은 하지 않았지만 강의에서 케플러의 새 모델을 언급했고, 또 누구보다도 중요한 튀코도 책을 받았다. 당시 독일에서 활동하고 있던 튀코는 태양 중심의 우주라는 생각을 여전히 받아들일 수 없었지만, 케플러에게 보낸 답장에서 책에 대해 자세하게 비평을 적으면서 책의 저자가 보여 준 수학 실력에 감명을 받았다고 했다. 실제로 튀코는 깊이 감명을 받은 나머지 자신을 돕는 연구팀에 합류할 마음이 있는지 물었다. 이 제안은 시기가 지극히 잘 맞아떨어졌다는 것이 이내 드러난다.

1597년 4월 케플러는 부유한 상인의 딸로서 젊은 나이에 남편과 사별한 바바라 뮐러와 결혼했다. 경제적 안정을 바라는 마음이 결혼의 한 가지 원인으로 작용했을 수 있겠지만, 이제 케플러가 정식 급료를 받고 있었고 가정생활도 행복했으므로 처음에는 모든 게 순조로웠다. 그러나 처음 낳은 자식 둘이 젖먹이 때 죽었고(나중에 낳은 자식 셋은 살아남았다), 딸이 급을 낮춰 결혼했다고 느낀 아버지는 딸에게 마땅히 주어야 할 돈을 주지 않았다. 그래서 케플러가 정식 급료를 받고 있다고는 하나 교사 급료로 살아가기란 성공한 상인의 딸로 살던 때보다 훨씬 힘들었다. 또 한 가지 문제는 케플러가 자신의 명성을 확고히 하려고 열심이다 보니 다른 수학자들과 사귀며 생

* 세이핀(Steven Shapin)을 재인용.

각을 나누다가 터졌다. 그는 당시 황실 수학자 니콜라우스 라이머스Nicolaus Reimers(1551~1600)에게 편지로 자신의 연구에 대한 의견을 물으면서 아첨하느라 라이머스를 사상 최고의 수학자라고 추켜세웠다. 라이머스는 답장조차 보내지 않았지만, 전후관계는 빼버리고 케플러의 칭찬만 쏙 뽑아 자신이 쓴 어떤 연구에 추천사처럼 넣어 출판했다. 그런데 공교롭게도 그것은 튀코를 비판하는 연구였고 튀코는 이 때문에 감정이 상했다. 케플러는 글재주를 동원하여 튀코와 여러 차례나 편지를 주고받은 끝에야 상한 감정을 달래고 우호적 관계를 회복할 수 있었다. 케플러는 이제 전설적이 된 튀코의 관측 자료를 손에 넣을 기회가 생기기를 갈수록 간절히 바라고 있었다. 행성의 운동을 기록한 튀코의 정확한 수치를 활용하여 행성 궤도에 관한 자신의 이론을 시험해 보고 싶은 마음 때문이었다.

이런 모든 상황이 벌어지고 있는 동안 슈타이어마르크 내에서는 정치적 상황이 악화됐다. 1596년 12월 독실한 천주교인 페르디난트 대공이 슈타이어마르크의 지배자가 됐다. 처음에 그는 공국을 자신의 마음에 맞게 개혁 내지 반개혁하는 일에 속도를 내지 않았다. 그러나 몇 달 뒤 천주교를 우대하고 개신교에게 불리하게 바뀐 과세제도를 비롯하여 몇 가지 '개혁'에 화가 난 개신교 공동체가 새 체제에서 받는 처우에 대한 불만사항을 조목조목 적은 문서를 정식으로 제출했다. 이것은 큰 실수였는데, 페르디난트가 바로 그런 반응을 노렸을 것이 거의 확실하기 때문이다. 목적은 개신교인들을 말썽만 일으키는 무도한 무리로 매도하는 것이었다. 페르디난트는 1598년 봄에 이탈리아로 가서 교황을 알현하고 성전을 방문한 다음, 슈타이어마르크로부터 개신교 지도자들을 쓸어 내버리기로 작정하고 돌아왔다. 그해 9월 개신교 교사와 신학자는 2주 이내에 공국을 떠나거나 천주교로 개종하라는 칙령이 공포됐다. 그대로 따르는 것 말고는 방법이 없었으므로 케플러도 다른 루터교인들과 마찬가지로 이웃 공국으로 피신했다. 대부분은 나중에 돌아갈 수 있을 거라는 생각으로 처자식을 두고 나왔다. 그렇지만 그라츠에서 빠져나간 수많은 사람들 중 한 달 이내에 복귀가 허용된 사람은 케플러뿐이었다. 이유는 정확히 알 수 없지만 수학자로서 그의 위상이 갈수록 높아지고 있다는 사실이 큰 영향을 미쳤을 것이다. 따지고 보면 그는 교사 외에도 그라츠의 공식 수학자였는데 이 직책을 맡은 사람은 규정에 따라 그라츠 안에서 살아야 했다. 다만 페르디난트 대공은 그냥 그를 해고하고 다른 사람을 공식 수학자로 임명할 수 있었으나 그렇게 하지 않았다. 그러나 이제 케플러는 많은 것을 감수하고 살아야 하는 상황이 됐다. 상황이 어느 정도로 심한지는 그의 젖먹이 딸이 죽었을 때의 일에서 잘 드러난다. 그때 그는 딸의 종부성사*를 얼버무리고 지나갔는데, 이 의식을 빠트린 데 대한 벌금을 지불할 때까지 아기의 시신 매장을 허락받지 못했다.

1599년 그라츠의 상황이 케플러로서는 견디기가 어려운 수준에 다다르고 있을 때 튀코는 320킬로미터 정도 떨어진 프라하 근처에서 정착하고 있었다. 그곳은 사람들이 원하는 방식에 따라 마음대

* 종부성사(終傅聖事, last rites)는 죽어가는 사람 또는 곧 처형될 사람에게 천주교회에서 베푸는 여러 의식을 통틀어 가리키는 이름이다. 이름에서 알 수 있듯 원래는 임박한 죽음에 대비하는 성격이 강했으나, 1962년 제2차 바티칸 공의회 이후 회복을 바라는 '병자성사'로 이름과 의미가 바뀌었다. (옮긴이)

로 예배를 올릴 수 있는 지역이었다. 1600년 1월 케플러의 인생이 바뀔 제안이 들어왔다. 슈타이어마르크의 귀족 중 케플러의 연구에 감명을 받고 그를 좋아하는 사람이 있었는데 호프만이라는 남작이었다. 황제 루돌프 2세의 자문이기도 한 그는 튀코를 만난 적이 있었는데, 황궁 일로 프라하를 방문할 일이 생기자 케플러에게 동행을 권하며 튀코에게 소개해 주겠다고 제안한 것이다. 그 결과 과학적 천문학의 기초를 놓게 될 두 사람이 1600년 2월 4일 베나트키 성에서 처음으로 만났다. 이때 튀코는 53세, 케플러는 28세였다. 튀코는 당시 가장 정확한 천문학 자료를 가장 많이 모아 두고 있었지만, 지친 데다 그 자료를 분석하려면 도움이 필요했다. 케플러는 수학 능력과 우주의 신비를 풀겠다는 불타는 열정 말고는 아무것도 없었다. 하늘이 점지해 준 궁합 같아 보이겠지만, 케플러가 과학사에서 핵심 인물로 꼽힐 대발견을 해낼 수 있게 되기까지는 넘어야 할 장애물이 많았다.

케플러는 이때 튀코를 잠깐 동안만 만나고 갈 생각이었으므로 그라츠에 아내와 의붓딸을 두고 온 데다 그곳의 직책을 그만두지도 않았다. 그렇지만 베나트키 성에서 머무는 기간이 길어졌다. 돈이 궁해진 케플러는 튀코와 함께 연구를 하려면 연금이 들어오는 공식적 직책이 반드시 필요했고 또 한편으로 튀코의 자료도 반드시 손에 넣어야 했다. 튀코는 생판 남이나 다름없는 케플러에게 평생의 연구를 마음대로 다루도록 맡기기가 조심스러워 자료를 찔끔찔끔 건네주고 있었다. 어떻든 튀코 주위에 사람이 대단히 많았고 성을 천문대로 개조하기 위해 공사가 진행 중이었기 때문에 케플러로서는 자리를 잡고 연구를 시작하기가 어려웠다. 게다가 케플러는 튀코의 핵심 조수 한 사람에게 본의 아니게 무례를 범했는데, 화성의 궤도 계산 문제로 고민하고 있던 그 조수에게 그 일을 자기가 맡으면 어떨까 제안한 것이다. 이것은 자신을 더 수준 높은 수학자로 내세우는 오만한 태도로 해석됐다. 튀코가 자료 사본을 넘겨주면 가지고 그라츠로 돌아갈 수 있겠지만 그럴 기미는 보이지 않았고, 수수께끼를 풀기 위한 작업에 착수할 수 있는 길은 한두 해 더 머무르는 것뿐이라는 결론에 다다른 케플러는 성에서 머물기 위해 필요한 것들을 목록으로 적었다. 자신의 수학 실력이 누구에게도 뒤지지 않는다는 사실도 잘 알고 있었던 케플러는 이 목록을 어느 친구에게 전해 주며 튀코와의 교섭을 부탁했다. 그러나 당시 케플러에게 공식 직책을 얻어 주려고 루돌프 2세와 협상하고 있던 튀코가 그 목록 자체를 손에 넣었고, 케플러의 요구가 고자세로 보이자 화를 냈다. 우여곡절 끝에 일이 원만히 풀려, 튀코가 케플러에게 그라츠로부터 이사하는 비용을 대겠다고 나서고 황제가 곧 유급 직책을 내릴 거라는 언질도 줄 정도가 됐다.

1600년 6월 케플러는 주변을 정리하기 위해 그라츠로 돌아왔으나, 그를 기다리고 있는 것은 시 당국의 최후통첩이었다. 장기간 자리를 비운 그에게 넌더리가 난 당국은 그가 이탈리아에서 의학을 공부하고 돌아와 지역사회에 더 유익한 사람이 되기를 원했다. 그러나 종교적 상황이 악화되면서 케플러가 택할 수 있는 길은 하나밖에 남지 않게 됐다. 1600년 여름 아직 천주교인이 아닌 모든 그라츠 시민은 종교를 당장 바꾸라는 요구가 내려온 것이다. 케플러는 그것을 거절한 61명의 유명 시민 중 하나였고, 이에 따라 8월 2일에 두 개의 직위에서 모두 해임됐으며, 나머지 60명과 마찬가지로 얼마 되지 않는 소유물마저 사실상 모두 몰수된 채로 6주하고도 사흘 안에 공국을 떠나야 하게 됐다. 케플러는 도움이 되는 유일한 인맥인 메스틀린과 튀코에게 도움을 청하는 편지를 썼다. 튀코는 거의 편지를 받자마자 회신을 보냈다. 황제와의 협상이 잘 진행되고 있다고 안심시키면서 가지고 올 수 있는 것은 무엇이든 챙겨 가족과 함께 당장 프라하로 출발하라는 내용이었다.

가족은 10월 중순에 악취가 진동하는 병든 도시 프라하에 도착하여 호프만 남작 집에서 겨울을 지냈다. 그 겨울에 요하네스와 바바라는 심한 열병을 앓았고 얼마 되지 않는 돈마저 급속히 줄어들어갔다. 황제로부터 아직 공직이 내리지 않은 상태로 케플러 가족은 1601년 2월에 튀코의 집안으로 이사를 들어갔다. 그곳은 루돌프 황제가 천문학자 튀코를 위해 새로 마련한 저택이었다. 두 사람의 관계는 계속 불편했다. 케플러는 튀코에게 신세를 지고 있다는 점이 불만이었고, 튀코는 케플러가 고마운 줄 모른다 싶어 불만이었다. 그러나 결국 케플러는 공식적으로 황제에게 소개됐고, 황제는 튀코에게 임무를 맡기면서 케플러를 그의 공식 (게다가 유급으로) 조수로 임명했다. 맡은 임무는 행성의 위치를 표시한 새로운 표를 편찬하는 일이었고, 이 표에는 황제를 기리는 뜻에서 루돌프 표라는 이름을 붙이기로 했다.

마침내 케플러의 지위가 공식화됐지만 튀코는 여전히 자신의 어마어마한 자료를 케플러가 마음대로 열람할 수 있게 하지 않고, 필요하다고 생각되는 때에 필요한 만큼만 찔끔찔끔 건네주고 있었다. 이것은 도저히 가깝고 우호적인 관계라고 할 수 없었다. 그러다가 10월 13일 튀코가 병에 걸렸다. 열흘 뒤 그는 죽음이 임박하여 자꾸 착란을 일으켰고, 인생을 헛되이 산 것으로 보이고 싶지 않다고 외치는 말소리가 밖에서 들리는 일이 적어도 두 차례 있었다. 그러다가 10월 24일 아침에 맑은 정신을 되찾았다. 막내아들과 제자들, 폴란드 왕의 신하로서 그곳을 방문한 어느 스웨덴 귀족이 그의 임종을 지키기 위해 병상을 둘러선 가운데 튀코는 루돌프 표를 완성하는 임무와 아울러 행성 자료라는 어마어마한 보물에 대한 책임을 케플러에게 넘겼다. 그러면서 그 자료를 사용하여 코페르니쿠스 모델이 아니라 튀코 모델이 진실임을 증명하라고 했다.

그 순간 튀코는 정신이 맑았던 것이 확실하다. 갖가지 불화가 있기는 하지만 조수들 중 케플러가 가장 유능한 수학자이며, 자신의 자료를 최대한 활용하여 자신이 정말 헛되이 살지 않았음을 확인시켜 줄 가능성이 가장 높은 사람이라는 것을 깨달았기 때문이다. 그는 놀라움에 멍해진 젊은 케플러에게 자기 평생의 연구를 이렇게 물려 주고 이내 숨을 거두었다. 케플러는 불과 몇 주 전만 해도 무일푼인 망명객이었다. 그로부터 2주 뒤 튀코의 뒤를 이어 루돌프 2세의 황실 수학자로 임명되면서 튀코의 관측 도구와 출판되지 않은 연구를 모두 책임지게 됐을 때 더욱 멍해졌을 것이 분명하다. 어린 시절 독일에서 살던 때와는 딴판이었다. 여전히 인생이 쉽게 풀리지는 않겠지만, 그리고 황제로부터 급료를 제대로 받아 내기 위해 종종 어려움을 겪게 되지만, 오랜 기다림 끝에 적어도 행성의 운동이라는 수수께끼를 풀어내는 일에 드디어 착수할 수 있게 됐다.

프라하에 있는 동안 케플러는 여러 요인 때문에 연구에 방해를 받았다. 우선 경제적 어려움이 계속됐다. 그리고 튀코의 상속자들이 루돌프 표를 비롯하여 튀코가 남긴 출판물이 얼른 간행되었으면 하는 (책이 나오면 돈을 만질 수 있다는 희망도 적잖이 개입된) 마음과 케플러가 튀코의 자료를 왜곡하여 코페르니쿠스의 생각을 지지하지나 않을까 우려하는 마음에 간섭하기도 했다. 그리고 얼빠진 일이라는 것을 알고 있으면서도 황실 수학자, 다시 말해 황실 점성학자로서 맡은 임무에 따라 하늘의 징조를 보고 튀르크인과의 전쟁, 흉작, 종교 문제의 추이 등에 대한 전망이 어떤지를 루돌프 황제에게 조언하는 데 시간을 많이 보내야 했다. 게다가 계산 자체가 수고가 많이 들어가는 일이어서 셈에 실수가 있는지 확인하고 또 확인해야 했다. 케플러의 끝없는 계산 흔적이 담긴 종이가 오늘날까지 남아 있는데 행성 궤도를 산술적으로 계산하는 내용이 빼곡 담겨 있다. 주머니용 계산기와 휴대용 컴퓨터의 시대인 오늘날로서는 상상조차 어려운 수고이다.

행성 운동에 관한 새로운 생각: 케플러 제1, 제2법칙

사정이 그렇다 보니 화성의 궤도라는 수수께끼를 풀기까지는 몇 년이라는 시간이 걸렸고, 그에 따라 케플러는 태양을 중심으로 완벽한 원을 그리며 움직인다는 생각으로부터 단계적으로 멀어져갔다. 먼저 그는 원형이면서 중심이 태양에서 벗어난 궤도를 생각했다. 그러면 화성은 원의 절반 동안 나머지 절반에 비해 태양에 더 가까워진다. 이것은 화성이 궤도를 돌 때 태양에 가까운 절반 부분에서 더 빨리 움직인다는 발견과 어느 정도 맞아떨어졌다. 그러는 도중 케플러는 화성에서 지구 궤도를 바라보는 관측자의 관점에서 계산해 보았는데, 오늘날에는 당연해 보이지만 당시로서는 대단히 큰 의미가 있는 한 걸음이었다. 이것은 모든 운동은 상대적이라는 생각이 있기 이전에 이루어 낸 거대한 개념적 도약이었다. 오늘날 케플러 제2법칙이라 불리는 법칙을 그가 1602년에 생각해 낸 것은 사실 '중심에서 벗어난' 원 궤도를 연구하고 있을 때였다. 그것은 궤도를 따라 움직이는 행성과 태양을 잇는 가상의 직선이 같은 시간 동안 쓸고 지나가는 면적은 항상 같다는 법칙이다. 이것은 행성이 태양에 더 가까울 때 정확히 얼마나 더 빨리 움직이는지를 표현하는 정확한 방식인데, 회전반경이 짧은 부분에서는 더 큰 각도만큼 움직여야 회전반경이 긴 부분에서 작은 각도만큼 움직일 때의 면적과 같아지기 때문이다. 이것을 발견한 다음에야 케플러는 여러 가지 가능성을 시험해 본 끝에 궤도가 실제로 타원형이라는 사실을 깨달았다. 그 뒤 다른 일에 신경을 써야 했기 때문에 이 일로부터 손을 떼고 있다가 1605년 오늘날 케플러 제1법칙이라 불리는 법칙을 생각해 냈는데, 그것은 각 행성은 자기만의 타원형 궤도를 따라 태양 둘레를 돌고 있으며, 어느 행성이든 타원 궤도의 두 초점 중 한 곳이 태양이라는 것이었다. 이 두 가지 법칙을 발견하자 케플러는 주전원과 등속점 등 이전의 우주 모델에 있던 온갖 복잡한 것들을 다 없애 버렸다. 스스로는 절대 인정하지 않았지만 자신이 만든 신비로운 정다면체 중첩 모델도 마찬가지였다.

케플러의 발견 소식이 퍼져 나가기는 했지만 그의 생각을 완전히 다룬 논문은 1609년 『새로운 천문학*Astronomia Nova*』이 출간될 때까지 인쇄된 형태로 나오지 않았다. 인쇄 문제도 있었고 돈도 부족한 탓에 출간이 늦어진 것이다. 동료들이 곧바로 환호했겠구나 싶겠지만 이 책이 출간되고 나서도 그런 일은 일어나지 않았다. 지구가 우주의 중심이 아니라는 사실을 아직 받아들이지 않은 사람이 많았으니만큼 사람들은 타원형 궤도라는 생각을 좋아하지 않았고, 케플러 모델이 그의 정다면체 중첩 모델이나 튀코 모델 같은 또 다른 신비주의적 사고가 아니라 관측된 사실을 바탕으로 내린 믿을 수 있는 결론이라는 것을 제대로 이해할 수 있었던 사람은 유능한 수학자 한 사람뿐이었다. 그 수학자는 바로 아이작 뉴턴인데, 그가 케플러 법칙을 자신의 중력 이론과 결합하여 행성이 **어떻게** 타원 궤도를 따라 움직이는지를 설명해 낸 다음에야 케플러가 응당 인정받아야 할 위치에 오른 것은 사실 역사학자의 눈으로 보면 뜻밖의 일이 아니다. 당시는 천문학자와 점성학자가 명확하게 구별되던 시대가 아니었지만, 실제로 케플러는 생전에 천문학자보다 점성학자로서 더 유명했다. 이것은 1604년에 그가 행성 연구로부터 잠시 손을 놓고 신경을 써야 했던 다른 일에서 잘 드러난다. 그때 목성만큼 밝은 또 다른 별이 여름 동안 하늘에 '새로' 나타났는데 1606년이 되고도 오랫동안 맨눈으로 볼 수 있었다. 대부분의 사람은 이것을 점성학적으로 지극히 중요한 사건으로 보았고, 케플러에게는 황실 수학자라는 직책상 그 의미를 해석할 의무가 있었다. 그는 황제에게 올리는 보고서에서 이 사건의 의미에 대해 조심스레 얼버무리기는 했지만, 그 별이 밝기는 해도 다른 별들과 같은 거리에 있는 것이 분명하며, 우주에서 행성들이 차지하고 있는 영역에서 일어난 현상은 아니라고 했다. 이것은 상당한 위험을 무릅쓰면서 내린 결론이었다. 이전의 튀코처럼 그는 별은 문자 그대로 영원히 고정되어 있다는 아리스토텔레스의 관념을 이 초신성이 뒤흔들어 놓았다고 본 것이다.

케플러가 행성 연구에서 손을 놓고 신경을 써야 했던 '다른 일'이 모두 과학적으로 중요하지 않았던 것은 아니다. 같은 해인 1604년 광학(optics)에 관한 책을 출간하면서 눈의 작동 방식을 분석했다. 눈동자로 들어오는 광선을 굴절시켜 망막에 초점을 맞춤으로써, 빛을 받는 물체의 한 점에서 오는 광선이 모두 망막의 한 점에 집중된다는 내용이었다. 그런 다음 이 생각을 활용하여 사람에 따라 시력이 나쁜 것은 눈의 결함 때문에 광선이 망막의 앞이나 뒤에 초점이 잡히기 때문이라고 설명했다. 그로서는 깊이 관심이 가는 주제였을 것이 분명하다. 이어 그는 안경이 어떤 식으로 작용하여 이런 결함을 바로잡아 주는지를 설명했는데, 경험을 바탕으로 안경이 사용되기 시작한 지 300년이 넘었는데도 아무도 그 원리를 이해하지 못하고 있던 부분이었다. 갈릴레이가 망원경을 천문학에 적용하여 새로운 것을 발견했다는 소식이 세상에 퍼지자 케플러는 자신의 광학 이론을 발전시켜 망원경이 어떻게 작용하는지를 설명했다. 그는 머리 위 하늘뿐 아니라 철저하게 발아래 땅에 대해서도 과학적 관심을 지닐 수 있었다.

초신성 이후 몇 년 사이에 중부 유럽에서는 종교집단끼리 적대적 정치 동맹을 형성하면서 정치·종교적 상황이 악화되어 30년 전쟁을 향해 나아가고 있었다. 이것은 케플러의 여생에도 영향을 주었지만 과학사에서도 중요한데, 상황이 이런 데다 천주교회가 갈릴레이의 생각을 억압한 것이 복합적으로 작용하면서 중부 유럽에서 과학적 사고의 성장을 저해하는 한 가지 요인이 됐기 때문이다. 이에 따라 케플러가 뿌린 씨앗은 내전에도 불구하고 학문 환경이 상대적으로 안정적이어서 뉴턴 같은 사람이 연구를 계속할 수 있었던 영국에서 완전히 꽃피울 수 있었다.

1608년에는 개신교 제후국 여럿이 뭉쳐 개신교 제후동맹을 맺었고, 이에 맞서 이듬해에는 천주교 제후동맹이 만들어졌다. 이 무렵 루돌프는 자신의 보물인 미술품에 집착하며 반쯤 은둔하면서 지냈는데, 완전히 미쳤다고는 할 수 없어도 확연히 이상하게 행동했다. 이처럼 제각각인 제후국 집단을 정말로 다스린 황제가 있었다 치더라도 루돌프는 신성 로마 제국을 효과적으로 다스릴 상태가 아니었다. 전쟁이 없는 때라 해도 마찬가지였다. 그는 돈도 떨어졌고 권력은 점점 동생 마티아스의 손에 넘어가고 있었다. 1612년 루돌프가 죽자 마티아스가 황제가 됐다. 케플러는 형세가 어느 쪽으로 기울고 있는지를 오랫동안 보아 왔으므로 자신의 모교인 튀빙겐 대학교에서 자리를 얻고자 했으나, 정통적이 아닌 종교관 때문에 단칼에 거절당했다. 그와 동시에 가족에게도 문제가 생겼다. 1611년에 바바라가 간질을 일으켰고 자식 셋 중 하나가 천연두로 죽었다. 정치적으로 모든 게 무너져 내리기 전에 프라하를 벗어나기를 간절히 바라던 케플러는 린츠로 가서 그곳의 공식 수학자 자리에 지원하여 6월에 그 직책을 손에 넣었다. 그러나 그곳으로 이사를 가기 위해 서둘러 프라하로 돌아오고 보니 아내는 다시 중병에 걸려 있었고, 그가 돌아온 며칠 뒤 발진티푸스로 죽었다. 낙담한 데다 장차 어떻게 하면 좋을지 몰라 프라하에서 머뭇거리는 동안 루돌프가 죽었다. 그런데 뜻밖에도 마티아스는 그를 황실 수학자로 유임시키며, 매년 연금을 주겠다고 할 뿐 아니라(제대로 받지도 못했지만) 린츠로 가서 그곳의 직책까지 맡도록 자리를 비울 수 있게 해 주었다. 아직 40세인 케플러는 아이들을 일단 친구들에게 맡기고 다시 여행길에 올랐다.

그렇지만 린츠에서도 어려움은 계속됐다. 슈타이어마르크 공국 안에서도 린츠는 극단적인 정통 루터교회에 장악되어 있었다. 주임사제는 튀빙겐 사람으로서 케플러의 관점이 비주류임을 알고 있었으므로 성찬*을 베풀려 하지 않았다. 이것은 나름대로 신앙심이 깊었던 케플러에게 커다란 고통을 안겨 주었다. 교회 당국에 여러 차례 호소했지만 상황은 나아지지 않았고 행성 연구에 몰두할 수 있는 시간만 잡아먹었다. 그곳의 공식 수학자로서 맡은 의무도 있었고, 24세의 젊은 여자와 재혼하여 아이를 여섯 낳았는데 그중 셋이 젖먹이 때 죽었다. 케플러는 또 다른 종류의 종교적 연구에 손을 댔다. 헤로데 때 기록된 월식을 이용하여 예수가 실제로는 기원전 5년에 태어났음을 증명한 것이다. 그리고 역법 개혁에 관여했다. 교황 그레고리우스 13세가 현대식 역법을 도입한 것이 비교적 근래인 1582년의 일이었으므로 개신교 유럽에서는 당시 새 역법을 받아들이기를 꺼리는 제후국이 많

* 그리스도교에서 성찬은 예수의 피와 살을 상징하는 포도주와 빵을 말한다. 예배 때 예수 최후의 만찬을 재현하는 종교의식으로서 성찬을 먹는데 이것을 성찬식이라 한다. (옮긴이)

았다. 그렇지만 그가 연구에 몰두하지 못하고 마음을 빼앗긴 일 중 가장 큰일은 어머니가 마녀로 고발된 1615년부터의 일이었다. 당시 케플러의 어머니가 살고 있던 레온베르크에서 그해에 소위 마녀라는 사람 여섯 명이 화형을 당했다는 사실을 보면 이것이 얼마나 심각한 일인지 짐작할 수 있을 것이다. 이것은 케플러가 무시할 수 있는 상황이 아니었고, 그때부터 어머니가 재판에 회부될 위험에 처해 있는 몇 년 동안 레온베르크를 여러 차례 찾아가 어머니 대신 긴 탄원서를 당국에 제출하는 일을 되풀이했다. 어머니는 결국 1620년 8월에 가서야 체포되어 투옥됐다. 그해에 재판을 받기는 했지만, 판사는 유죄판결을 내리기에는 증거가 부족하지만 의심의 여지는 충분하다고 판결했다. 그런 다음 1621년 10월까지 감옥에 갇혀 있다가 그만하면 충분히 벌을 받았다는 판단에 따라 풀려났다. 어머니는 그로부터 여섯 달 뒤 죽었다.

케플러 제3법칙

케플러가 내놓은 역작 중 마지막으로 발표된 것 하나는 『세계의 조화*Harmonice Mundi*』이다. 물론 여기서 말하는 세계는 탈도 많은 지구가 아니라 행성들의 세계를 가리키고 있지만, 위와 같은 갖가지 사건들뿐 아니라 그의 인생 전반에 걸쳐 겪은 어려움에 비춰 볼 때 저런 제목을 붙였다는 것은 역설적이다. 대부분 신비주의적인 내용이고 과학적으로는 그다지 의미가 없는 책이지만, 이 책에서 그는 케플러 제3법칙으로 알려진 생각이 1618년 3월 8일 떠오른 경위와 같은 해에 그 법칙이 완성되기까지의 경위를 설명했다. 이 법칙에서는 행성이 태양을 한 바퀴 도는 데 걸리는 시간

(공전주기 또는 년)을 태양까지의 거리와 매우 정밀하게 연관시킴으로써 코페르니쿠스가 발견한 일반적 경향을 수치화한다. 이 법칙은 임의의 두 행성이 있을 때 공전주기 제곱은 태양까지의 거리 세제곱과 비례한다는 것이다. 오늘날의 측정치를 사용하면 예컨대 화성은 지구보다 태양으로부터 1.52배 더 멀고 1.52의 세제곱은 3.51이다. 그런데 화성의 1년은 지구의 1년보다 1.88배 더 길고 1.88을 제곱하면 3.53이다. 두 수치가 정확하게 일치하지 않는 것은 소수점 아래 두 자리에서 반올림했기 때문이다.

루돌프 표의 출간

『세계의 조화』는 1619년에 출간됐는데 이때는 30년 전쟁이 한창이었다. 전쟁과 어머니의 마녀 재판이 겹쳤기 때문에 이 무렵 케플러가 펴낸 또 다른 역작인 『코페르니쿠스 천문학 개요 *Epitome astronomiae Copernicanae*』는 1618, 1620, 1621년에 세 권에 걸쳐 나왔다. 코페르니쿠스가 내놓은 태양 중심의 우주 모델을 뒷받침하는 논리를 대담하게 펼친 이 책은 읽기가 더 쉬워 케플러의 생각이 더 넓은 독자에게 전달됐고, 또 어느 면에서 천문학에 대한 그의 기여가 끝나가고 있음을 알린 책이었다. 그러나 마무리 지어야 하는 중요한 과제가 아직 하나 남아 있었다. 케플러는 영국에서 존 네이피어John Napier(1550~1617)가 발명하여 이 무렵 발표한 로그 계산법(logarithm) 덕분에 산술 계산 부담이 크게 줄어들어 마침내 루돌프 표를 완성할 수 있었다. 이 표는 전쟁과 폭동뿐 아니라 린츠가 포위공격까지 당해 지연되기는 했지만 1627년에 출판됐고, 이로써 신성 로마 제국에 대한 케플러의 의무는 모두 완수됐다. 이

표로는 코페르니쿠스가 취합하여 만든 표보다도 30배나 더 정확하게 행성의 위치를 계산해 낼 수 있었으며, 그 뒤로도 오랫동안 표준으로 활용됐다. 이 표의 가치는 1631년에 프랑스의 천문학자 피에르 가상디Pierre Gassendi(1592~1655)가 수성의 태양 통과(transit)를 관측하면서 주목을 받았는데, 이는 케플러가 새 표를 활용하여 예측했던 사건이었다. 이것이 수성의 태양 통과 현상이 관측된 최초였다.

전쟁이 케플러에게 안겨 준 난관은 인쇄 문제만이 아니었다. 1619년에 마티아스가 죽자 페르디난트 2세가 황제가 됐다. 그는 젊은 시절 슈타이어마르크에서 케플러에게 수많은 시련을 안겨 준 바로 그 열렬한 천주교인 페르디난트였다. 루터교회의 정통을 제대로 따르지 않는다는 이유로 이미 린츠에서 자신이 속한 루터교회로부터 박해받은 경험이 있었는데, 1625년 이후 페르디난트 치하에서 정치적 상황이 바뀌어 오스트리아 전역에서 천주교회가 우세를 차지하면서 이제 그는 루터교회의 정통을 지나치게 따른다는 이유로 박해를 받았다. 천주교로 개종하지 않는 이상 그가 황실 직위를 계속 유지할 가능성은 없었다. 페르디난트가 개인적으로 케플러에게 호감을 가지고 있었던 것으로 보이는 만큼 그가 말로만이라도 개종하겠다고 한다면 기꺼이 프라하로 다시 오게 했겠지만 그는 여전히 개종할 생각이 없었다. 1628년에 케플러는 발렌슈타인 대공에게서 직책을 얻어 냈다. 그는 그리스도교인이기만 하다면 어떤 교파든 상관하지 않는 사람이자 자신의 점성학자와 의논 없이는 어떤 일도 하지 않는 정치가였다. 그는 프라하에서 지낼 때 케플러를 알게 됐는데, 케플러가 별점을 쳤을 때 대공의 눈에는 그의 예언이 대단히 정확해 보였다. 발렌슈타인은 페르디난트의 군 사령관까지 맡고 있는 막강한 사람이었으므로 후원자이자 보호자로서 이상적으로 보였다.

케플러의 죽음

케플러 가족은 1628년 7월 실레지아의 도시 자간에 도착하여 새로운 삶을 시작했다. 새로 맡은 일의 가장 좋은 점은 정기적으로 급료를 받는다는 것이었다. 가장 희한한 점은 최초의 과학소설 중 하나로 꼽을 수 있는 『꿈*Somnium*』을 완성할 시간이 있었다는 것이다. 그리고 가장 애석한 점은 그가 도착하고 얼마 뒤 발렌슈타인 대공이 황제의 비위를 맞추기 위해 반종교개혁에 동조하기로 했다는 것이었다. 케플러는 대공에게 고용된 신분인 만큼 새로 반포된 법률의 예외로 대우받기는 했지만, 다시금 이웃 개신교인들이 몰락하고 두려움에 떨며 사는 것을 보아야 했다. 황제의 환심을 사려고 애쓴 보람도 없이 1630년 여름 발렌슈타인은 총애를 잃고 군 사령관이라는 요직에서 해임되었다. 다시 한번 케플러는 미래가 불확실해 보였고, 또다시 이사를 가야 한다는 생각에 자신의 모든 것을 총동원할 필요를 느꼈다. 린츠에서 받아야 하는 약간의 돈을 수중에 넣기 위해 한동안 애쓰고 있었는데 그 문제를 매듭짓기 위해 당국과의 면담에 호출됐다. 그는 약속 날짜인 11월 11일에 맞추기 위해 10월에 자간에서 출발하여 천천히 길을 가면서 라이프치히와 뉘른베르크를 지나 11월 2일에 레겐스부르크에 도착했으나, 거기서 열병에 걸려 몸져눕고 말았다. 그리고 1630년 11월 15일 케플러는 59번째 생일을 몇 주 남겨 두고 숨을 거두었다. 그는 자기 시대가 그랬듯 우주에 관한 그의 사고에까지 영향을 끼친 과거의 신비주의와 미래의 논리적 과학 모두에 발을 걸치고 살아갔지만, 제후들과 황제가 여전히 점성학자의 예언에 의지하고 나아가 자신의 어머니가 마녀로 재판을 받는 세계 속에서 그가 낸 이성의 목소리는 더욱 높이 우뚝 서 있다. 케플러가 위대한 연구를 수행하고 있던 바로 그때 더욱 강력한 과학과 이성의 목소리가 저 남쪽 이탈리아에서 울리고 있었다. 그곳 역시 중부 유럽과 똑같이 미신적이고 똑같이 종교 박해가 일어나고 있었지만, 적어도 어느 정도 안정은 유지되고 있었고 박해는 늘 똑같은 교회에서 이루어지고 있었다.

3
최초의 과학자들

윌리엄 길버트와 자기

역사적으로 신비주의가 아니라 과학을 통해 세계의 작동 방식을 설명하기 시작한 시점이라고 꼭 집어 말할 수 있는 하나의 순간은 없었다. 그러나 일생이 이런 대전환의 경계에 해당하는 사람이 두 명 있는데, 이들을 기준으로 보면 전환기는 대략 16세기에서 17세기로 넘어가는 무렵이었다고 할 수 있다. 물론 그 이후에도 신비주의 경향을 지닌 과학자는 있었다. 앞서 살펴본 요하네스 케플러 같은 유명 과학자도 그렇고, 곧 살펴보겠지만 연금술사들도 그렇다. 그러나 17세기의 첫 10년이 지난 뒤 실험과 관찰을 통해 가설을 검증하여 쓸모없는 가설을 가려내는 과학적 방법이 영국에서는 윌리엄 길버트William Gilbert(1544~1603)의 연구에서, 이탈리아에서는 갈릴레오 갈릴레이의 연구에서 명확하게 제시됐으니, 알아볼 눈이 있는 사람들은 그것을 본받을 수 있게 됐다.

갈릴레이는 과학에서 우뚝 서 있는 인물이자 오늘날 교양 있는 사람이라면 누구나 아는 이름이 된 반면 길버트는 업적에 어울릴 만큼 알려지지는 않았다. 그렇지만 적어도 연대순으로 볼 때는 길버트가 먼저 태어났으므로 '최초의 과학자'라는 칭호는 그에게 부여해야 한다. 역사책에서는 윌리엄 길버트라는 이름으로 알려지게 됐지만 당시 그의 집안에서는 성을 표기할 때 주로 길버드라고 적었다. 그는 1544년* 5월 24일 영국 에식스주 콜체스터에서 태어났으며 그의 집안은 그 지역에서 명성이 높았다. 아버지 제롬 길버드는 시의 자치정부에서 판사라는 요직을 맡고 있었다. 윌리엄 길버트는 안정된 사회에서 안락한 환경 속에 있었으므로 케플러 같은 시련은 전혀 겪지 않았다. 그는 그곳 중등학교에서 공부한 다음 1558년에 케임브리지 대학교로 진학했다. 그의 성장 배경에 관해서는 알려진 게 거의 없다. 어떤 설명에서는 옥스퍼드에서도 공부했다고 하지만 이에 관한 공식 기록은 없다. 1560년 문학사 과정을 마치고 자기가 공부한 세인트존스 칼리지의 석학연구원이 됐으며, 이어 1564년에는 문학석사 학위를, 1569년에는 의학박사 학위를 받았다. 그리고 몇 년 동안 유럽 대륙을 여행하고 나서 런던에 정착했고, 1573년에는 왕립의사회의 석학회원이 됐다.

길버트는 명의로 크게 성공했고, 그에 따라 의사회에서 거의 모든 직책을 두루 맡은 끝에 1599년에는 회장으로 선출됐다. 그 이듬해에는 국왕 엘리자베스 1세의 주치의로 임명됐고 나중에 같은 국왕으로부터 기사 작위를 받았다. 1603년에 국왕이 죽자 그 뒤를 이어 왕위에 오른 제임스 1세의 주치의로 임명됐다. 제임스 1세는 혼인을 위해 덴마크에 가서 머무르는 동안 튀코를 만났던 스코틀랜드의

* 1540년이라고 되어 있는 자료도 있지만 착오인 것으로 보인다.

제임스 4세와 동일인물이다. 그러나 길버트는 엘리자베스보다 몇 달밖에 더 살지 못하고 1603년 12월 10일에 세상을 떠났다. 그는 의사로 이름을 날렸지만 과학에서 업적을 남긴 분야는 물리학이었다. 자기의 본질을 철저히 연구했기 때문이다.

그의 자기학 연구는 엄밀히 말하면 런던에 정착한 뒤로 30년 동안 당시 돈으로 5,000파운드라는 사비를 과학 연구에 들일 수 있을 정도로 부유한 사람이 할 수 있는 상류층 아마추어의 연구였다.* 처음에는 화학에 흥미가 있었지만 이내 한 금속을 다른 금속으로 변환할 수 있다는 연금술의 믿음은 환상에 지나지 않는다고 확신하고 전기와 자기 연구로 눈을 돌렸는데, 이것은 고대 그리스 철학자들이 연구라기보다 추측에 가까울 정도로 다룬 뒤로 2천 년 동안 사실상 방치되고 있던 분야였다. 그의 연구는 18년쯤 뒤인 1600년 『자기, 자성체, 거대 지구자석에 관하여 *De Magnete Magneticisque Corporibus, et de Magno Magnete Tellur*』라는 걸작을 내놓으면서 절정에 다다랐다. 일반적으로 줄여 『자기에 관하여』라 부르는 이 책은 영국에서 나온 최초의 중요한 물상과학 연구서였다.

길버트의 연구는 포괄적이고 철저했다. 그는 자연에서 나는 광석인 천연자석은 두통을 치료할 수 있다거나 자석을 마늘로 문지르면 자성이 사라진다는 등 자기에 관해 예부터 내려오던 근거 없는 믿음에 틀린 것이 많다는 사실을 실험을 통해 증명하고, 천연자석을 이용하여 금속 조각이 자성을 띠게 하는 기법을 개발했다. 오늘날 학

* 이것은 오늘날로 계산하면 수백만 파운드(수십억 원)에 해당하는 액수이며, 이만한 액수를 쓸 수 있는 데가 있었다고 보기 어렵기 때문에 과장된 수치일 수도 있다.

교에서 배우기 때문에 우리에게 너무나도 익숙한 자석의 인력과 척력에 관한 법칙을 발견했고, 지구 자체가 거대한 막대자석처럼 작용한다는 것을 증명했으며, 막대자석의 양 끝에다 '북극(N극)'과 '남극(S극)'이라는 이름을 붙였다. 연구가 얼마나 철저하고 완전했는지 길버트 이후로 2세기가 지나도록 자기에 관해 새로 더해진 과학 지식이 하나도 없을 정도였다. 1820년대에 와서야 전자기가 발견되고 이어 마이클 패러데이의 연구가 나왔다. 길버트는 또 하늘에도 관심이 있었는데, 이것은 상대적으로 추측에 더 의지할 수밖에 없었다. 그는 코페르니쿠스의 우주 모델을 지지했다. 행성들이 자력에 의해 궤도에 걸쳐 있을지도 모른다고 생각한 것도 그 모델을 지지한 한 가지 이유다.

이 생각은 케플러에게 영향을 주었다. 그러나 길버트의 창의력은 또 코페르니쿠스 천문학에 대해 논하면서도 빛났다. 그는 분점의 세차운동*은 지구가 회전할 때 팽이처럼 흔들리는 것으로 설명하면 너무나 쉽지만, 지구 중심의 수정구를 가지고 설명하려면 (지독하게 복잡하기 때문에 여기서는 설명하지 않기로 한다) 너무나 어렵다는 점을 지적했다. 그는 또 별들이 모두 하나의 수정구에 같이 붙어 있는 게 아니라 지구로부터 각기 다른 거리에 있으며, 태양과 유사한 천체로서 사람이 살 만한 행성이 그 궤도를 돌고 있을 것으로 생각했다. 또

* 세차운동(precession)은 회전하는 팽이의 자전축이 기울어져 있을 때 축의 꼭지가 원을 그리며 움직이는 것을 말한다. 분점의 세차운동(precession of the equinoxes)은 지구 위에 있는 우리가 지구의 세차운동을 알아차릴 수 있는 현상의 하나로, 태양이 천구적도를 지나는 지점(춘·추분점)이 오랜 세월에 걸쳐 조금씩 서쪽으로 이동하는 것을 말한다. (옮긴이)

호박琥珀이나 유리로 된 물체를 비단으로 문지를 때 발생하는 정전기를 연구했는데, 자기에 관한 연구에 비하면 덜 완전하지만 전기와 자기에 구분이 있다는 것을 깨달았다. 실제로 그는 이 현상을 가리키는 '전기적(electric)'이라는 용어를 만들었다. 프랑스의 물리학자 샤를 뒤페Charles Du Fay(1698~1739)가 전하에는 '음'과 '양' 두 가지가 있으며 같은 극끼리는 밀어내고 다른 극끼리는 서로 당기는 등 어떤 면에서 자석의 두 극과 비슷하게 작용한다는 것을 발견한 것은 1730년대에 가서의 일이다.

그렇지만 『자기에 관하여』의 가장 중요한 특징은 길버트가 **무엇을** 발견했는가가 아니라 **어떻게** 발견했는가 하는 것과, 그 과학적 방법을 명확하게 제시함으로써 다른 사람들이 본받을 수 있게 했다는 것이다. 『자기에 관하여』는 갈릴레이에게 직접 영향을 주었다. 그는 이 책에서 영감을 얻어 직접 자기를 연구했고 또 길버트를 과학적 실험법을 창시한 사람이라 묘사했다. 길버트는 자신의 책 머리말 바로 첫머리에서 자신의 과학적 방법을 이렇게 설명한다. "비밀스러운 것들을 발견하고 감춰진 원인을 조사함에 있어, 그럴 듯한 추측이나 철학적 사색가의 의견보다는 확실한 실험과 입증된 논거로부터 더 강력한 추론을 얻을 수 있다."* 길버트는 어느 정도 꼼꼼한 연구자라면 누구라도 직접 연구를 재현할 수 있도록 자신의 실험을 정성들여 자세히 묘사함으로써 이 말을 그대로 행동에 옮기는 동시에 이 접근법의 위력을 다음처럼 명확하게 알려 주고 있다.

* 이곳을 비롯하여 이 부분의 인용문은 모텔레(P. Fleury Mottelay)의 영어 번역본에서 가져왔다.

기하학이 간단히 이해되는 사소한 것들을 기초로 더없이 어려운 최고의 논증을 이끌어 내고 그리하여 창의적 사고가 창공 위로 날아오르듯, 우리의 자기 이론과 학문 역시 순서에 따라 우선 비교적 흔히 나타나는 명확한 사실을 제시하고, 다음에는 비교적 특별한 종류의 사실로 나아가며, 마침내는 흙 속에 묻혀 있는 더없이 비밀스러운 것들이 차례차례 드러나, 옛 사람들은 무지 때문에, 오늘날 사람들은 부주의 때문에 알아차리지 못하거나 무시한 사물의 원인을 알아보게 된다.

그런 다음 길버트는 "모호하고 결론이 불분명한 실험 몇 가지를 바탕으로 … 논리를 펴는" 철학자들을 거듭 호되게 질책하면서 한편으로 "신뢰할 만한 실험이 없을 때 실수나 잘못을 저지르기가 얼마나 쉬운가" 하고 한탄한다. 그리고 독자에게 "누구든 같은 실험을 하려는 사람은 물체를 서투르고 부주의하게 다루어서는 안 되며 신중하고 능숙하게 잘" 다루어야 한다고 강조한다. 또 "실험이 실패할 때 무지 탓에 우리의 발견을 비난해서는 안 되는데, 이 책에는 직접 우리 눈으로 보면서 조사에 조사를 거듭하고 확인에 확인을 되풀이하지 않은 것은 하나도 없기 때문"이라고 밝힌다.

길버트의 이 말을 읽었을 때 갈릴레이에게는 음악처럼 들렸을 것이 분명하다. 갈릴레이가 해낸 발견이 중요하기는 하지만, 그것과는 완전히 별개로 정확한 실험을 반복하여 가설을 검증하는 일이 중요하다고 강조한 것이 바로 그가 과학의 탄생에 기여한 핵심이기 때문이다. 논리와 추론만으로 세계의 작동 방식을 이해하려 한 옛 시대의 '철학적' 접근법에 의존해서는 안 되는데, 누구도 실제로 돌 두 개를 동시에 떨어뜨려 어떻게 되는지를 알아보지 않은 채 무거운 돌이 가벼운 돌보다 빨리 떨어진다는 가설을 사람들이 믿은 것도 바로 이 때문이었다. '과학적' 철학을 중심으로 한 옛 학파는 곧잘 넓은 대학교 안이나 시내의 거리를 돌아다니면서 그런 문제를 논했기 때문에 소요학파라 불렸다.* 길버트처럼 갈릴레이도 자신이 가르치는 그대로 실행했고, 그래서 16세기 말과 17세기 초 이탈리아에서 소요학파의 접근법은 그의 연구 때문에 박살나 버렸다.

갈릴레이: 진자, 중력, 가속도에 관하여

갈릴레오 갈릴레이Galileo Galilei는 1564년 2월 15일 피사에서 태어났다. 윌리엄 셰익스피어가 태어난 그해이며 미켈란젤로가 죽은 그 달이다. 이름이 반복되는 형태를 띠는 것은 15세기에 살았던 갈릴레오 보나유티라는 조상이 명의에다 행정장관으로서 사회에서 매우 중요한 인물이 되자 집안에서 그를 기리기 위해 가문의 성을 갈릴레이로 바꿨기 때문이다. 우리의 갈릴레이는 그 조상의 세례명까지 이어받은 데다 세례명으로만 불리는 때가 많으니, 한때 이름을 날렸던 갈릴레오 보나유티가 지금은 오로지 갈릴레오 갈릴레이의 조상으로만 기억된다는 사실이 약간은 역설적이다. 갈릴레이가 태어날 당시 그의 집안은 인맥이 탄탄하고 사회에서 존경받는 위치에 있었지만, 그 지위를 유지하기 위한 돈을 마련하는 일은 이후 늘 문젯거리가 된다. 갈릴레

* 원래의 소요학파는 아리스토텔레스를 따라다닌(말 그대로!) 사람들이지만 16세기 말 이탈리아의 철학자들도 이 이름을 사용했다.

이의 아버지 빈첸치오는 1520년 피렌체에서 태어나 음악가로 성공한 사람으로서 수학과 음악 이론에 깊이 흥미를 지니고 있었다. 1562년에 줄리아라는 젊은 여자와 결혼했고, 갈릴레이는 두 사람이 낳은 자식 일곱 명 중 맏이였다. 그중 세 명은 젖먹이 때 죽은 것으로 보인다. 살아남은 동생은 1573년에 태어난 여동생 비르지니아, 남동생 미켈란젤로(1575), 여동생 리비아(1587)이며, 아버지가 죽은 뒤로 가족 중 최연장자이자 가장이 됨으로써 상당한 걱정거리를 떠안게 된다.

그러나 1572년에는 그 모든 것이 먼 미래의 일이었다. 이 해에 빈첸치오는 고향 피렌체로 돌아가기로 결정하고, 피렌체에서 다시 자리를 잡을 때까지 2년 동안 갈릴레이를 피사의 친척들에게 남겨 두고 줄리아를 데리고 피렌체로 갔다. 이때는 토스카나 지역, 그중에서도 특히 피렌체와 피사가 르네상스로 융성하던 시기였다. 이 지역은 피렌체의 공작 코지모 데 메디치가 지배하고 있었는데, 그는 무어인과의 전투에서 세운 공으로 1570년에 교황으로부터 왕관을 받아 토스카나 대공 자리에 오른 사람이다. 토스카나의 수도 피렌체로 돌아간 빈첸치오는 궁정 음악가가 됐고, 가족은 르네상스로 다시 태어난 유럽의 예술과 지식 심장부에서 공작과 왕자들과 어울렸다.

갈릴레이는 11세가 될 때까지 집에서 교육을 받았다. 주로 아버지가 직접 가르쳤지만 때로는 가정교사의 도움을 받기도 했다. 그는 훌륭한 음악가가 됐으나, 아버지의 뒤를 따라 전문 음악가가 되는 길을 택하지 않고 평생 동안 취미로만 악기를 연주했다. 주로 연주한 악기는 류트였다. 빈첸치오는 당시 기준으로 보면 자유사상가였으며 교회의 형식이나 예식을 썩 좋아하지는 않았다. 그러나

1575년 갈릴레이를 정규 학교에 보낼 때가 됐을 때 그를 보낼 만한 곳은 수도원뿐이었다. 이것은 오로지 교육 목적에서 내린 결정이었다. 빈첸치오는 피렌체 동쪽으로 30킬로미터 정도 떨어진 발롬브로자에 있는 수도원을 골랐다. 감수성 예민한 청소년이 흔히 그렇듯 갈릴레이는 수도원 생활이 무척 마음에 들어 15세라는 나이에 수련수사로서 수도회에 가입했다. 깜짝 놀란 아버지는 아들이 안질에 걸리자 재빨리 수도원에서 데리고 나와 피렌체의 의사에게 데리고 갔다. 안질은 나았으나 갈릴레이는 그 뒤로 다시는 수도원으로 돌아가지 않았고 수도사가 되겠다는 말도 더 이상 꺼내지 않았다. 발롬브로자와 같은 수도회 소속 수사들의 감독 하에 피렌체에서 2년간 더 교육을 받았지만 그는 아버지가 지켜보는 가운데 집에서 살았다. 발롬브로자 대수도원의 명부에 갈릴레오 갈릴레이는 공식적으로 성직을 박탈당한 성직자로 기록됐다.

빈첸치오는 음악가로서 그럭저럭 생활을 꾸려 나가고는 있었지만, 자신의 직업이 불안정하다는 것을 의식하고 있었으므로 맏아들은 존경도 받고 경제적으로도 보상이 좋은 직업을 갖게 하고 싶었다. 의사로 이름을 날린 조상의 이름을 이어받았으니만큼 의사보다 나은 길이 무엇이 있겠는가? 1581년 17세의 갈릴레이는 피사 대학교에 의과 학생으로 등록했고, 피사에 가서는 1570년대 초에 그를 보살펴주었던 외가 쪽 친척집에서 지냈다. 학생 시절 갈릴레이는 논쟁을 즐겼고 당시 주로 받아들여지고 있던 아리스토텔레스철학을 비롯한 전통적 지식에 서슴없이 의문을 제기했다. 논쟁을 좋아한 탓에 다른 학생들은 그를 '논쟁가'라 불렀다. 무게가 다른 물체는 떨어지는 속도가 다르다는 아리스토텔레스의 생각은 당시 소요학파의 가르침 속에 신성하게 간직되어 있었는데, 갈릴레이는 만년에 그 시기를 돌이켜 보면서 그 생각을 논박할 방법이 얼마나 금방 떠올랐는지를 들려주었다. 우박은 크기가 다들 제각각이지만 모두 동시에 땅에 떨어졌다. 만일 아리스토텔레스가 옳다면 무거운 우박은 가벼운 우박보다 더 높은 곳에서 만들어져야 하고, 게다가 낮은 곳에서 만들어진 가벼운 우박과 동시에 땅에 다다르려면 **정확하게** 그만큼 더 높은 곳에서 만들어져야 했다. 갈릴레이로서는 그럴 가능성이 낮아 보였고, 그래서 그보다 훨씬 더 간단한 설명은 우박이 모두 같은 구름 안의 같은 곳에서 만들어진다는 것이며, 따라서 무게가 어떻든 간에 똑같은 속도로 떨어진다는 것을 동료 학생들과 대학교의 교수들에게 지적하면서 즐거워했다.

이런 논쟁은 본질적으로 의학 공부로부터 한눈을 파는 셈이었으나, 그렇다고 애초에 의학 공부에 그다지 열심인 것도 아니었다. 그렇지만 1583년 초에 의학 쪽으로 나아갈 가능성이 사라져 버렸다. 당시 토스카나 대공은 겨울이면 언제나 신하들과 함께 피사에 와서 크리스마스 때부터 부활절까지 지냈다. 아버지를 통해 궁정과 인맥이 닿았기 때문에 갈릴레이는 궁정 수학자 오스틸리오 리치Ostilio Ricci(1540~1603)와 알고 지내게 됐다. 새로 친구가 된 리치를 1583년 초에 찾아갔는데 마침 그는 몇몇 학생들에게 수학을 강의하고 있었다. 갈릴레이는 일단 돌아갔다가 나중에 다시 찾아가는 쪽을 택하지 않고 거기 앉아 강의를 듣다가 수학에 매료됐다. 그가 단순한 산수가 아니라 본격적으로 수학을 접한 최초의 사건이었다. 그는 의학 교재 공부는 팽개치고 비공식적으로 리치의 학생이 되어 유클리드를 공부하기 시작했다. 리치는 갈릴레이가 수학에 소질이 있음을 알아차렸고, 의학을 그만두고 수학을 공부하겠다며 아버지에게 허락을 구할 때 갈릴레이의 편을 들어 주었다. 빈첸치오는 의사 일자리는 많고도 많지만 수학자는 그렇지 않다는 그럴듯해 보이는 이유를 대면서 거절했다. 그러거나 말거나 갈릴레이는 의학 과정은 대체로 무시하고 계속 수학을 공부했고, 그 결과 1585년에 어느 쪽 학위도 받지 못한 채 피사를 떠나게 됐다. 그는 피렌체로 가서 수학과 자연철학 가정교사로서 생활을 꾸려 나가려고 했다.

여러 세기를 거치는 동안 이야기가 많이 왜곡되고 미화되기는 했지만, 갈릴레이가 피사에서 의학을 공부하던 시절 있었던 주목할 만한 사건이 또 하나 있다. 대성당에서 지루한 설교를 듣는 동안 천장에서 느릿느릿 지속적으로 흔들리는 샹들리에에 홀린 일도 이 시기의 일이었던 것이 거의 확실하다. 달리 할 일도 없었던 그는 샹들리에가 흔들리며 그리는 호의 길이가 점점 짧아지는 것을 보면서 자신의 맥박을 이용하여 흔들리는 시간을 쟀다. 이 일을 계기로 그는 진자가 흔들릴 때 그리는 호의 길이가 길든 짧든 한 번 흔들리는 데 걸리는 시간은 언제나 똑같다는 것을 발견했다. 전설에 따르면 이때 갈릴레이는 얼른 집으로 돌아가 여러 가지 길이의 진자를 가지고 실험하면서 그 자리에서 괘종시계를 발명했다고 한다. 갈릴레이의 다른 여러 전설과 마찬가지로 이 역시 훗날 그가 시력을 잃은 뒤 그의 필경사 겸 충실한 사도가 된 빈첸초 비비아니Vincenzo Viviani라는 청년이 쓴 글 덕분인데, 그는 스승의 일생에서 위대한 순간을 묘사할 때

홍에 겨워 과장하는 일이 많았다. 실제 있었던 일은 다르다. 갈릴레이는 이때의 발견을 머릿속에 남겨 두었다가, 1602년에 꼼꼼한 실험을 통해 진자가 흔들리는 주기는 진자의 무게나 진자가 흔들리면서 그리는 호의 길이가 아니라 오로지 진자의 길이에 따라 결정된다는 것을 증명했다. 그러나 그 씨앗이 뿌려진 것은 정말로 1584년이나 1585년 피사의 그 성당 안에서였다.

갈릴레이는 자연철학자로 이름을 알리기 시작하고 실험을 하면서 훗날 자신의 중요한 학술논문에서 깊이 다루게 될 내용을 적어 두기 시작했지만, 그 뒤 4년 동안 피렌체 생활은 몹시 궁핍했다. 독자적인 수단이 없었으므로 생활 걱정 없이 과학 연구를 계속할 수 있는 유일한 길은 유력한 후원자를 찾는 것이었다. 이때 나타난 갈릴레이의 구원자는 귀도발도 델 몬테Guidobaldo del Monte(1545~1607)라는 귀족 정치가로, 역학에 관한 중요한 책을 썼고 과학에 매우 흥미가 많은 사람이었다. 학위 없이 피사 대학교를 떠난 지 꼭 4년 뒤인 1589년에 갈릴레이가 3년 계약으로 수학교수가 되어 바로 그 대학교로 돌아간 것에는 델 몬테의 영향력 덕도 있었다.

교수라는 호칭은 거창하지만 이것은 학계의 사다리를 올라가는 작은 첫걸음일 뿐이었다. 빈첸치오 갈릴레이가 당연히 아들에게 지적했겠지만, 당시 피사의 의학교수는 연봉이 2,000크라운이었던 반면 수학교수는 60크라운으로 만족해야 했다. 갈릴레이는 정해진 수업시간만이 아니라 함께 지내면서 거의 하루 종일 교사에게서 배우고 교사를 본받을 수 있게끔 마련된 수업과정에 학생을 받아들임으로써 수입을 보충해야 했다. 이것은 당시 일반적인 관행이었지만 부유한 권력자의 아들만 이런 식의 수업료를 부담할 수 있었으며, 그 결과 이들이 과정을 마치고 집으로 돌아가면서 가장 크게 도움이 될 만한 사람들 사이에서 그의 명성이 퍼졌다.

갈릴레이의 집에서 개인교습을 받은 제자들이 배운 것은 그가 대학교에서 규정에 따라 가르치는 공식 교과과정과는 매우 다른 때가 많았다. 명목은 수학교수였지만 그가 가르친 내용에는 당시 자연철학이라 부른 것들도 포함되어 있었는데 오늘날이라면 물리학이라 부를 내용이었다. 공식 강의 내용은 여전히 주로 아리스토텔레스를 바탕으로 하고 있었으므로 강의 시간에는 정해진 노선에 따라 열의는 없으나마 충실하게 그것을 가르쳤다. 개인교습 때에는 세계에 관한 새롭고 일반적이지 않은 생각을 논했고, 그런 생각을 구체적으로 다루는 책의 초고까지 썼지만 출판은 하지 않기로 했다. 아직 명성을 쌓아야 하는 젊은이였으므로 확실히 현명한 결정이었다.*

비비아니가 소개한 갈릴레이의 또 한 가지 전설은 피사에서 수학교수로 있던 때의 이야기인데 이 역시 사실이 아닌 것이 거의 확실하다. 이것은 갈릴레이가 피사의 사탑에서 무게가 다른 여러 물체를 떨어뜨려 땅에 동시에 다다른다는 것을 증명했다는 유명한 이야기다. 그가 그런 공개실험을 했다는 증거가 없고, 다만 1586년에 플랑드르의 공학자 시몬 스테빈Simon Stevin(1548~1620, 스테비누스 Stevinus라는 이름으로도 알려져 있다)이 납으로 만든 추를 실제로 10미터 정도 높이의 탑에서 떨어뜨리는 실험을 했다. 이 실험 결과가 출

* 이 초고는 제목이 『운동에 관하여*De Motu Antiquiora*』였다. 그러나 몇 년 뒤 갈릴레이가 같은 제목으로 출간한 책과는 비슷한 데가 거의 없었다.

판되었으므로 갈릴레이에게 알려졌을 가능성이 있다. 비비아니는 피사의 사탑에서 추를 떨어뜨리는 실험을 갈릴레이가 피사에서 수학교수로 있던 때의 일로 착각했는데, 실제로 갈릴레이와 이 실험 사이의 연관성은 1612년에 있었던 사건으로 거슬러 올라간다. 이때 옛 아리스토텔레스학파에 속하는 어느 교수가 무게가 달라도 떨어지는 속도는 똑같다는 갈릴레이의 주장을 반박하기 위해 저 유명한 실험을 했다. 여러 개의 추는 거의 같은 때에 땅에 닿았지만 완전히 같은 순간에 닿지는 않았고, 소요학파 사람들은 이것이 갈릴레이가 틀린 증거라고 주장했다. 이에 대응하면서 갈릴레이는 다음처럼 분개했다.

> 아리스토텔레스는 100큐빗 높이에서 100파운드 무게의 공과 1파운드 무게의 공을 떨어뜨리면 1파운드짜리 공이 1큐빗만큼 떨어지기 전에 100파운드짜리 공이 땅에 닿는다고 말합니다. 나는 둘이 똑같이 땅에 닿는다고 말합니다. 실험 결과 여러분은 무거운 공이 가벼운 공보다 2인치만큼 먼저 땅에 닿는다는 것을 알아냈습니다. 이제 여러분은 저 2인치 뒤에 아리스토텔레스의 99큐빗을 감추고 싶어 하며, 나의 작디작은 착오에 대해서만 말하고 그의 어마어마한 잘못에 대해서는 입을 다무는군요.*

이 실화에서 두 가지를 알 수 있다. 첫째는 이 실험 방법이 지니는

* 큐빗은 고대의 길이 단위로서 가운뎃손가락 끝부터 팔꿈치까지의 길이에 해당한다. 1큐빗을 (대충) 50센티미터 정도로 본다면 이 실험은 50미터 높이에서 5킬로그램짜리 공과 500그램짜리 공을 동시에 떨어뜨렸더니 땅에 닿을 때 5센티미터 정도 차이가 났다는 것으로 생각할 수 있다. (옮긴이)

위력이다. 소요학파는 추가 각기 다른 속도로 떨어져서 아리스토텔레스가 옳다는 것을 증명하고 싶어 했는데도 이들이 한 실험 결과 아리스토텔레스가 틀렸다는 것이 증명됐다. 정직한 실험은 언제나 진실을 알려 주는 법이다. 위의 인용문에서 알 수 있는 두 번째는 갈릴레이의 방식과 진짜 성격이다. 저 유명한 실험을 정말로 그가 직접 했다면 그렇게 커다란 승리를 자신의 글 어디에서도 언급하지 않았을 리가 없다. 그러므로 그가 저 실험을 한 일이 없다는 것은 확실하다.

애초에 갈릴레이는 피사 대학교와 잘 맞지 않았으므로 이내 다른 일자리를 찾기 시작했다. 자신의 직위를 나타내는 학사복을 입기를 거절하고, 세계가 어떻게 작동하는지를 제대로 탐구하는 일보다 지위라는 겉치레에 더 관심이 많다면서 동료 교수들을 조롱했다. 그러면서 빨강 머리에다 빨간 턱수염을 텁수룩하게 기른 모습으로 시내의 허름한 술집에서 학생들과 친하게 어울리는 인물이라는 인상을 남겼다. 계약이 만료되는 1592년에 재임용이 성사될 가능성이 점점 낮아졌을 정도로 기존 체제를 거부하는 태도를 지니고 있었지만, 그와는 전혀 별개로 1591년 빈첸치오 갈릴레이가 죽으면서 더 나은 수입원을 빨리 찾아낼 필요가 있었다. 빈첸치오는 자식들에게 큰 재산을 남겨 주기는커녕 죽기 얼마 전에 딸 비르지니아를 위해 거액의 지참금을 약속했고, 그 때문에 갈릴레이와 동생 미켈란젤로가 법적으로 그 빚을 책임져야 하게 됐다. 실질적으로 이 빚은 가장으로서 갈릴레이가 떠맡아야 했다. 미켈란젤로는 자기 몫을 내지 못할 뿐 아니라 무일푼의 떠돌이 음악가가 된 뒤로 수시로 갈릴레이에게 돌아와 돈을 '빌려' 가서 갚지도 않았기 때문이었다. 이런 모든 것이 갈릴레이에게는 특히 힘들었는데, 본인 역시 비싼 포도주와 좋은 음식을 즐기고 돈이 생길 때마다 친구들을 대접하기를 좋아했기 때문이다.

갈릴레이가 얻으려는 자리는 파도바 대학교의 수학 정교수직이었다. 더 존경받고 더 보수가 좋은 일자리라는 사실도 있었지만, 파도바는 로마에 맞서 일어설 수 있을 정도로 부강한 베네치아 공화국에 속해 있는 데다 새로운 생각에 눈살을 찌푸리는 게 아니라 오히려 적극적으로 권장하는 곳이기도 했다. 갈릴레이는 그 직위를 얻기 위해 베네치아에 있는 궁정을 직접 방문했고 그곳에서 토스카나 대사의 도움을 받았다. 갈릴레이는 마음만 먹으면 빈틈없는 사교기술로 매력을 발휘할 수 있었으므로 베네치아에서 깊은 인상을 주었다. 특히 책과 필사본을 소장한 커다란 도서관을 소유하고 있는 부유한 지식인 잔빈첸치오 피넬리Gianvincenzio Pinelli(1535~1601)와 귀도발도 델 몬테의 동생 프란체스코 델 몬테 장군과 친해졌다. 결국 그는 파도바의 수학교수 자리를 차지했다. 우선 4년간 매년 180크라운을 받기로 했고, 베네치아 공화국의 수장인 총독이 원할 경우 2년간 계약을 연장할 수 있다는 조건이 붙었다. 토스카나 대공의 승인이 떨어지자 갈릴레이는 1592년 10월에 새 직책에 임용됐다. 이때 그의 나이는 28세였다. (당시 토스카나 대공은 페르디난도 1세 데 메디치였다. 코지모가 1574년에 죽고 아들 프란체스코가 뒤를 이었으나, 그가 아들이 없이 1587년에 죽으면서 프란체스코의 동생 페르디난도가 대공 자리를 물려받은 것이다. 프란체스코에게는 딸이 있었는데 프랑스의 왕비가 됐다.) 애초에 4년 계약으로 파도바에 임용됐지만 결국 18년 동안을 그곳에서 머물렀다. 훗날 갈릴레이는 이 시기가 평생 가장 행복한 시기였다고 말했다.

갈릴레이는 파도바에서 대단히 실용적인 방식으로 명성을 얻었다. 먼저 군사 요새화에 관한 논문을 발표했는데 이것은 베네치아 공화국에서 상당히 중요한 문제였다. 다음에는 자신이 대학교에서 하는 강의를 바탕으로 역학에 관한 책을 냈다. 책에서 여러 가지를 다루었지만 그중에서도 도르래 장치가 어떻게 작동하는지를 분명하게 설명했다. 그래서 예컨대 1킬로그램의 무게를 이용하여 10킬로그램을 들어 올릴 수 있으므로 얼핏 보면 무에서 유를 창조하는 기적처럼 보이겠지만, 그러기 위해서는 1킬로그램의 무게를 10킬로그램보다 열 배 거리만큼 움직여야 했으니 1킬로그램씩 열 번 들어 올리는 셈이었다. 갈릴레이의 사회생활과 지식생활 역시 파도바에서는 피넬리 같은 새 친구들과 어울리면서 잘 풀렸다. 새로 알게 된 사람들 중 특히 파올로 사르피Paolo Sarpi(1552~1623) 수사와 로베르토 벨라르미노Roberto Bellarmino(1542~1621) 추기경은 갈릴레이의 그 뒤 인생 이야기에서 커다란 역할을 맡게 된다. 사르피는 갈릴레이의 친한 친구가 됐고, 벨라르미노와는 알고 지내는 수준을 많이 넘어서지는 않더라도 우호적인 사이를 유지했다. 그러나 두 사람은 종교적으로 입장이 매우 달랐다. 사르피는 천주교인치고는 너무나 비정통적이어서 나중에는 그를 적대시한 사람들 중 그가 숨은 개신교인이 아닐까 의심하는 사람마저 있을 정도였다. 반면에 벨라르미노는 주류의 지도자급 인물에다 신학자요, 지식인이었으며, 나중에 조르다노 브루노를 이단자로 기소할 때 중요한 역할을 하게 된다.*

갈릴레이는 이제 직업적으로 존경받고 있는 데다 영향력 있는 사람들과 어울리고 있었으나 돈 문제는 지속적인 걱정거리였다. 그는 부자가 될 만한 것을 발명하여 경제적 어려움을 해결하고자 했다. 그가 처음에 내놓은 것 하나는 최초의 온도계였는데, 오늘날의 눈으로 보면 '아래위가 뒤바뀐' 방식으로 작동했다. 한쪽 끝은 트여 있고 반대쪽 끝은 둥그렇게 부풀린 모양의 유리관을 먼저 가열하여 공기를 내보낸 다음 트인 쪽을 아래로 하여 물속으로 똑바로 내렸다. 관 안의 공기가 식어 수축하면 물을 빨아올렸다. 이렇게 온도계를 장치하고 나서, 더 더워지면 둥그런 부분 안에 남아 있는 공기가 팽창하면서 수위가 내려간다. 더 서늘해지면 공기가 수축하면서 물을 더 빨아들여 수위가 관을 따라 더 올라간다. 이 발명품은 성공을 거두지 못했다. 관 안의 수위가 외부의 대기압 변화에도 영향을 받기 때문이었다. 그러나 이것을 보면 갈릴레이가 얼마나 창의적인지, 실제 작업에서 얼마나 솜씨가 좋았는지를 알 수 있다.

'컴퍼스'의 발명

또 한 가지는 1590년대 중반에 개발한 것으로, 어느 정도 성공은 거두었지만 부자가 되지는 못했다. 이것은 '컴퍼스(compass)'라는 이름으로 알려진 장치로서, 눈금이 달려 있어 계산기로 활용할 수 있는 금속제 도구였다. 애초에는 포수가 대포를 쏠 때 거리에 따라 포의 각도를 계산하는 데 도움을 주기 위

* 벨라르미노는 1605년 교황으로 선출될 것이 거의 확실했지만, 출마를 권유받았을 때 사양하고 배후의 실력자로 남는 쪽을 택했다.

한 장치였지만, 그 뒤로 몇 년이 지나면서 만능 계산기로 발전했다. 환율을 계산한다든가 복리 이자를 산출하는 등의 실용적 문제도 다룰 수 있었으니 16세기 말의 휴대용 계산기라 할 수 있었다. 1590년대 말에 이르러 이 도구는 너무나도 잘 팔린 나머지 갈릴레이는 잠시 동안 숙련공을 한 명 고용하여 대신 제작하게 해야 했다. 그는 컴퍼스는 비교적 싸게 팔고 사용법을 배우려는 사람에게는 넉넉하게 수업료를 받는 식으로 뛰어난 상재를 발휘했다. 그러나 이것은 오래 갈 수 없었다. 다른 사람들이 이 도구를 베껴도 막을 방법이 없었고, 사용법을 아는 사람들이 다른 사람들에게 알려 주어도 그것을 방지할 길이 없었다.

이 발명 덕분에 수입이 늘어난 기간이 그리 길지는 않았지만 그 시기는 꼭 알맞았다. 1590년대 후반에 자기보다 낮은 신분에 속하는 파도바 출신 여자 마리나 감바와 지속적인 관계를 맺으면서 개인적 책임이 늘어난 것이다. 같은 집에서 함께 살지도 않고 결혼도 하지 않았으나 두 사람의 관계는 공개적으로 인정되고 있었고, 마리나는 갈릴레이에게 아이를 셋 낳아 주었다. 딸 둘은 각기 1600년과 1601년에 태어났고 아들은 1606년에 태어났다. 할아버지를 따라 빈첸치오라는 이름을 붙인 아들은 나중에 공식적으로 갈릴레이의 적자로 인정받고 갈릴레이라는 성을 물려받았다. 두 딸은 수녀가 될 운명이었는데, 갈릴레이가 여동생들의 지참금을 마련하는 데 계속 어려움을 겪고 있었으므로 딸들과 관련해서는 똑같은 상황에 빠지지 않겠다고 마음먹고 있었기 때문일 가능성도 충분히 있다. 여동생 리비아는 갈릴레이의 둘째 딸이 태어난 해인 1601년에 결혼했는데, 갈릴레이는 그 무렵 독일에서 살고 있던 미켈란젤로와 함께 비르지니아 때처럼 리비아에게 거액의 지참금을 약속했다. 그리고 이번에도 미켈란젤로는 끝내 자기 몫을 내지 않았다.

1603년 갈릴레이는 일평생 후유증이 남을 병에 걸렸다. 친구들과 함께 파도바 근처 언덕 지대에 있는 어느 빌라를 방문했을 때, 여느 때처럼 언덕을 따라 산책을 즐긴 다음 배불리 식사를 하고 친구 두 사람과 함께 방에서 잠자리에 들었다. 방에는 근처 동굴로부터 시원한 공기를 끌어오는 관로가 설치돼 있었다. 초기 형태의 에어컨이라 할 수 있는 이 냉방장치는 그들이 잠자리에 들기 전에 막아 두었지만, 그 뒤 하인이 다시 열어서 서늘하고 눅눅한 동굴 공기가 방 안으로 들어오게 했다. 이 일로 방에 있던 세 사람 모두 심하게 앓았고 그중 한 사람은 목숨까지 잃었다. 오한보다 훨씬 심했던 것으로 보이며, 동굴로부터 독기 같은 것이 방안으로 들어왔을 가능성이 높다. 정확한 원인이 무엇이든 갈릴레이는 그 뒤로 평생 동안 두고두고 관절통 발작에 시달렸고, 때로는 그 때문에 몇 주씩 침대 밖으로 나오지 못했다. 그는 늘 죽을 뻔한 1603년의 그 사건 때문에 만성병을 얻었다고 믿었다.

40세가 된 1604년에 이르러 갈릴레이는 베네치아 공화국에 실질적 이익을 안겨 줌으로써 자연철학자 겸 수학자로 명성을 굳혔고 파도바에서 행복하고 만족스레 살고 있었다. 그가 유명한 진자 실험과 경사면에서 공을 굴리는 실험을 한 것도 이곳이었다. 이 실험으로 가속도를 연구하여, 물체의 무게가 달라도 중력의 영향으로 똑같은 비율로 가속한다는 것을 실제로 물체를 수직으로 떨어뜨려 보지 않고서도 입증했다. 그의 연구에서 핵심적 특징 하나는 언제나 실험을 통해 가설을 검증하고, 실험 결과가 예측과 다를 때는 가설을 수정하거나 폐기했다는 것이다. 갈릴레이는 또 유체정역학(hydrostatics)도 탐구했다. 길버트의 연구를 따라 자기현상을 연구했고, 케플러를 비롯한 다른 자연철학자들과 편지를 주고받았다. 갈릴레이가 코페르니쿠스 우주 모델을 열렬히 지지한다는 뜻을 처음으로 분명하게 밝힌 것도 1597년 5월 케플러에게 쓴 편지에서였다.

이런 모든 일을 하는 한편으로 갈릴레이는 만족스러운 사생활을 누렸다. 문학과 시를 연구했고, 정기적으로 극장에서 공연을 보았으며, 류트 연주 실력도 수준급으로 유지했다. 비록 강의를 실험과 사회생활에 방해되는 거추장스러운 잡일처럼 생각하기 시작하기는 했지만 그의 강의는 인기가 있었고, 아리스토텔레스주의에 반대하는 사람으로 점점 더 널리 알려졌지만 자유로운 사상을 중시하는 베네치아 공화국인 만큼 그 덕에 위신이 높아지기만 했다. 대학교의 계약 기간이 만료될 때마다 계약이 갱신될 거라는 데에는 추호도 의심이 없었고, 인상된 그의 급료는 은퇴는 고사하고 만일을 위해 저축할 정도도 아니었지만 편안한 생활을 누릴 만큼은 됐다.

갈릴레이의 초신성 연구

1604년에 케플러가 연구한 초신성이 10월 하늘에 나타났을 때 갈릴레이의 위상은 더욱 높아졌다. 그는 군사 연구 동안 개발해 둔 꼼꼼한 측량 기법을 통해 새로 나타난 별은 다른 별들 기준으로 전혀 움직이지 않는다는 것을 확증했다. 이것은 그가 천문학자로서 처음 한 연구다. 여러 차례의 공개 강연에서 이 별에 관해 다루었고, 강연은 반응이 좋았다. 강연에서 이 별은 다른 별들만큼이나 멀리 떨어져 있는 것이 틀림없다고 주장하면서, 천구는 영구불변하다는 아리스토텔레스학파의 관념을 반박하고 결론을 다음과 같은 짤막한 시로 요약했다.

> 다른 별들보다 더 낮은 곳에 있지 않고
> 뭇 붙박이별과 다른 방식으로 움직이지도 않으며
> 모양도 크기도 변하지 않는다네.
> 이 모든 것은 순수하게 이성을 바탕으로 증명되니
> 지구의 우리에게는 시차가 보이지 않는데
> 하늘의 둘레가 어마어마하게 크기 때문이라네.*

그러나 갈릴레이는 대중적 명성은 높아지고 있었지만 개인사에서는 문제가 생기기 시작했다. 1605년에 두 매제가 모두 그를 상대로 피렌체에서 소송을 제기했다. 분납하기로 한 여동생의 지참금을 지불하지 않는다는 이유 때문이었다. 베네치아 귀족으로서 갈릴레이보다 아홉 살 아래인 친구 잔프란체스코 사그레도Gianfrancesco Sagredo(1571~1620)가 법정 수수료를 대면서 최선을 다해 법적 절차를 미루었으나, 1605년 여름에 이르러 갈릴레이는 변론을 위해 피렌체에 갈 수밖에 없었다. 운이 좋게도 바로 이때 토스카나의 대공비 크리스티나가 갈릴레이를 초청하여 10대인 아들 코지모에게 갈릴레이

* 레스턴(James Reston)의 것을 가져왔다.

의 군용 컴퍼스 사용법을 알려 주고 수학 전반을 가르치게 했다. 이로써 갈릴레이가 궁정에서 누리는 지위를 한눈에 알 수 있었으므로 갈릴레이에 대한 소송은 적어도 한동안은 조용히 기각됐다. 어쩌면 크리스티나가 재판관에게 직접 압력을 행사하기도 했을 것이다. 그러나 갈릴레이는 이때 피렌체를 방문하면서 토스카나로 돌아가 인생의 후반기를 보내고 싶다는 열망이 되살아났다. 강의 같은 것은 하지 않아도 되는 궁정 직위를 얻는다면 더욱 좋았다.* 이것은 실제로 성사될 가능성이 충분히 있었는데, 갈릴레이에게 처음으로 수학을 소개한 피렌체의 궁정 수학자 오스틸리오 리치가 1603년 죽은 뒤로 그 자리가 여전히 공석으로 남아 있었기 때문이다. 그는 원하는 결과를 얻기 위해 움직이기 시작했고, 1606년에는 자신의 컴퍼스 사용법을 한정판으로 출간하며 코지모 데 메디치 왕자에게 헌정했다. 갈릴레이는 파도바의 교수직에 재임용됐고 또다시 연봉이 인상됐으나 토스카나 측과의 연락은 계속 유지했다.

갈릴레이가 인생의 커다란 변화를 생각하고 또 그간의 실험 연구를 책으로 내기 위해 자료를 모으고 있는 사이에 이탈리아에서는 정치적 상황이 극적으로 바뀌었다. 1605년에 바오로 5세가 교황으로 선출됐는데, 그는 교회의 권위를 확대하고 천주교 제후국들에 대한 교황의 지배력을 강화하겠다는 확고한 의지를 실행에 옮기기 시작했다. 문제는 교황에게 자기만의 강력한 군대가 없다는 사실이었

* 갈릴레이는 또 만일에 대비하여 모든 가능성을 열어 두려 했을 수도 있다. 초신성에 대해 논한 내용이 파도바에서 얼마간 반발을 불러일으켰기 때문이다. 그래서 그는 메디치 가문에게 파도바의 계약 기간이 끝나갈 때 계약이 갱신되도록 힘을 써 달라고 부탁하기도 했다.

고, 따라서 자신의 영향력을 확대한다는 것은 세속의 강대 세력에 의존하거나 이단심문소를 부려가며 영적 권위를 행사하는 방법을 동원한다는 뜻이었다. 베네치아는 특히 눈엣가시였다. 이제 총독의 신학 자문이 된 파올로 사르피가 천국으로 가는 길은 영적 행위를 통해서만 갈 수 있다고 공개적으로 주장하면서 왕과 교황이 하느님의 이름으로 정치권력을 행사할 소위 '신권'을 부정하고 있다는 것도 한 가지 커다란 이유였다. 논쟁의 반대쪽에서 이 신성한 권력을 지지하는 주요 지식인은 로베르토 벨라르미노 추기경이었다. 그는 이제 로마 교황 배후의 막강한 실력자가 되어 있었는데, 그가 교황 후보자가 되기를 원치 않은 덕분에 교황 자리에 오를 수 있었다는 사실을 바오로 5세가 알고 있기 때문이기도 했다. 이 논쟁에는 그 밖에도 여러 측면이 있었지만 갈릴레이의 일생에 직접 미친 영향이 상대적으로 적기 때문에 여기서는 자세히 다루지 않기로 한다. 결국 교황은 1606년 베네치아의 총독을 비롯하여 휘하 관리들을 모두 파문했다. 여기에는 사르피도 포함되어 있었다. 베네치아의 사제들 사이에서 자성의 목소리도 얼마간 있었으나, 결론적으로 공화국에서는 교황의 파문을 무시하고 종교 분야를 포함하여 아무 일도 없었던 것처럼 대응했다. 그리고 파문에 대한 보복으로 예수회 사람이 모두 베네치아 공화국으로부터 추방됐다. 교황은 지옥 불길까지 동원하여 위협했으나, 이 일에서 영적 영향력을 사용하여 자신의 권위를 확대하는 데 실패한 것이 명백했다. 그리고 한동안 그 유일한 대안으로 전쟁이 일어날 가능성이 커보였다. 한편에서는 천주교 스페인이 교황을 지지하며 나서고 또 한편에서는 당시 개신교가 주류이던 프랑스가 베네치아를 돕겠다고 나섰기 때문이었다.

그렇지만 몇 달 사이에 위기가 지나갔고, 긴장이 늦춰지자 로마는 신학적 관점을 놓고 벨라르미노와 토론을 벌이자며 "애정 어린 환대로 맞이할 것"이라는 말로 사르피를 초청했다. 사르피는 친구들에게 바티칸이 토론에서 동원할 논리는 오랏줄과 화염일 가능성이 높다는 것을 너무나도 잘 알고 있다고 말하면서, 베네치아의 국사로 너무 바쁘다는 이유로 초청을 거절했다. 베네치아 상원에서는 그를 뒷받침하기 위해 공식적으로 출국을 금지했다. 바티칸은 사르피를 화형에 처하지 못하자 그 대신 사르피의 책을 불태웠고, 그러자 베네치아 상원은 즉각 그의 급료를 두 배로 올렸다. 베네치아는 로마와의 정치 싸움에서 승리했고 공화국에서 사르피의 영향력은 그 어느 때보다도 커졌다. 그러나 1607년 10월 7일 밤 길거리에서 괴한 다섯 명이 사르피를 잔혹하게 공격했다. 그들은 그를 열다섯 번 칼로 찌르고 머리에 단검을 꽂은 채 버려두었다. 단검은 그의 오른쪽 관자놀이를 뚫고 들어가 오른쪽 뺨으로 빠져나와 있었다. 사르피는 놀랍게도 살아남았고, 자객들도 로마로 탈출하여 목숨을 보전했다.

사르피 암살 미수 사건은 갈릴레이에게 깊은 인상을 남겼다. 베네치아 공화국은 로마에 맞설 수 있다 해도 천주교의 노선을 따르지 않는 개인은 이탈리아 어디에 있든 위험하다는 것을 깨달은 것이다. 게다가 1607/8년 겨울은 유난히 혹독하여 파도바에도 폭설이 내렸고, 갈릴레이는 1608년 3월과 4월에 극심한 관절통에 시달렸다. 이런 어려움에도 불구하고 역학, 관성, 운동에 관한 역작이 될 책의 준비를 계속했다. 총알이 총에서 발사될 때 또는 물체를 공중으로 던질 때 그 물체는 포물선 궤적을 따라 날아간다는 것을 갈릴레이가 깨달은 것도 이 무렵이었다.* 포물선은 타원과 비슷하지만 한쪽 끝이 열린 곡선이다. 17세기 초까지만 해도 대포에서 수평 방향으로 쏜 포탄은 일정 거리만큼 직선으로 날아가다가 수직 방향으로 땅에 떨어진다고 생각하는 사람이 많았다. 관찰력이 더 나은 사람들은 포탄이 곡선을 그리며 날아간다는 것을 알아차리거나 추측해 내기도 했지만, 갈릴레이의 연구가 있기 전에는 누구도 그 곡선의 모양을 몰랐고 포탄의 속도나 무게와 무관하게 언제나 같은 종류의 곡선이라는 것을 아는 사람도 없었다. 그는 또 대포와 과녁의 해발고도가 같을 때 포탄이 과녁을 때리는 속도는 대포에서 발사될 때의 속도와 같다는 것을 증명했다(공기저항은 무시).

1608년 여름 갈릴레이가 돈 걱정과 건강 문제로 이 작업에서 손을 놓고 있을 때 크리스티나 대공비가 그를 피렌체로 불렀는데, 아들 코지모의 혼인식에 사용할 거대한 목조 무대를 아르노강 위에 세우는 공사의 감독을 맡아 달라는 것이었다. 코지모는 1609년에 페르디난도가 죽자 코지모 2세 대공으로 즉위하게 된다. 갈릴레이로서는 현재 하고 있는 일이 아무리 중요해도 크리스티나의 호출을 거절할 수 없기도 했거니와,** 이것은 궁정 수학자 직책이 공석으로 남아 있는 피렌체에서 그를 아

* 우리나라에서 쓰는 '포물선(拋物線)'이라는 용어 자체가 바로 '물체를 던졌을 때 그 물체가 그리는 궤적'을 한자어로 표현한 것이다. (옮긴이)

** 크리스티나의 위치는 코지모 2세가 결혼한 뒤에도 대공비라는 호칭을 유지한 데다(코지모 2세의 비는 그냥 공작비였다) 1621년에 코지모 2세가 죽었을 때 공작비의 아들 페르디난도 2세가 성인이 될 때까지 공작비와 함께 섭정한 데서 알 수 있다.

직 호의적으로 보고 있다는 반가운 증거이기도 했다. 그러나 1609년 초에 45세가 되어 파도바로 돌아왔을 때 갈릴레이는 여전히 돈 문제로 시달리고 있었고, 코페르니쿠스주의자이자 사르피의 친구라는 사실이 알려져 있었으므로 바티칸의 표적이 될까 봐 불안해했으며, 남은 일생 동안 안정적으로 수입을 올릴 수단을 확보하는 데 실질적으로 도움이 될 좋은 생각 하나만 떠오르기를 여전히 갈망하고 있었다. 갈릴레이가 과학에 기여한 이야기는 대부분 이 시점에서 시작된다.

리퍼세이의 망원경 재발명

갈릴레이는 1609년 7월에 베네치아에 들렀다가 망원경이 발명됐다는 소문을 처음 들었다. 엄밀히 말하면 재발명이었지만, 레너드 딕스가 망원경을 발명했다는 소식은 16세기에 널리 퍼져 있지 않았다. 네덜란드에서 활동하는 안경 제작자 한스 리퍼세이Hans Lippershey(1570~1619)가 그 전해 가을에 우연히 망원경을 생각해 냈고 그해 봄에는 3배율 망원경이 파리에서 장난감으로 팔리고 있었으니, 이 일에 대한 소식은 비교적 느리게 이탈리아까지 전해진 셈이었다. 갈릴레이는 이 놀라운 도구 소식을 듣고 오랜 친구 사르피에게 조언을 구했는데, 뜻밖에도 사르피가 그 이야기를 몇 달 전에 들었고 자크 바도베르와 주고받은 편지에서 망원경에 관해 이야기했다는 사실을 알게 됐다. 바도베르는 파리에서 살고 있는 귀족으로서 한때 갈릴레이의 학생으로 있었던 사람이다. 그런데도 사르피가 그 소식을 갈릴레이에게 전하지 않은 것은 상원 자문으로서 맡은 일이 시간을 많이 필요로 하는 데다 암살 미수 사건에서 회복한 뒤로 느끼는 피로감 때문에 두 사람 사이의 편지가 뜸해져 있었기 때문이었다. 사르피는 망원경의 중요성을 금방 깨닫지 못했겠지만, 갈릴레이는 멀리 있는 물체를 볼 수 있는 도구라면 베네치아의 군사와 무역에서 어마어마하게 중요할 것이라는 점을 즉각 알아차렸다. 당시 베네치아에서는 항구로 들어오고 있는 배가 어떤 배인지를 누가 먼저 알아차리는가에 따라 큰돈을 벌 수 있는 때가 많았다. 그는 이 소식을 어떻게 활용하면 좋을지 궁리하면서 자신의 배가 마침내 들어왔구나 하는 생각이 들었을 것이 분명하다.

갈릴레이가 개발한 망원경

그러나 이미 한 발 늦어 있었다. 8월 초에 아직 베네치아에 있던 갈릴레이는 네덜란드에서 온 사람이 새로 발명된 망원경을 가지고 파도바에 도착했다는 말을 들었다. 그는 서둘러 파도바로 돌아갔으나 그 사람을 놓치고 말았다. 그 사람은 이제 총독에게 그 도구를 팔 생각으로 베네치아에 가 있었다. 갈릴레이는 경쟁에서 질지도 모른다는 생각에 정신이 팔린 상태로 허둥지둥 직접 망원경을 만들기 시작했다. 그가 아는 것이라고는 관 안에 렌즈를 두 개 넣은 것이라는 사실뿐이었다. 그는 24시간 이내에 당시 알려져 있던 그 어떤 것보다도 훌륭한 망원경을 만들어 냈는데, 이 일은 갈릴레이의 경력을 통틀어 가장 인상적인 이야기 중 하나가 됐다. 네덜란드의 망원경은 오목렌즈 두 개를 사용하기 때문에 아래위가 뒤집힌 상을 보여 주었지만, 갈릴레이는 오목렌즈와 볼록렌즈를 하나씩 사용했으므로 상이 똑바로 맺혔다. 그는 8월 4일에 베네치아의 사르피에게 암호로 된 전갈을 보내 성공을 알렸다.

상원 자문인 사르피는 네덜란드에서 온 방문객을 어떻게 할지에 관한 모든 결정을 뒤로 미뤄 갈릴레이에게 시간을 벌어 주었고, 그 사이에 갈릴레이는 가죽 세공으로 마감한 10배율 망원경을 만들어 냈다. 그는 8월이 가기 전에 베네치아로 돌아갔고, 상원에서 보인 망원경 시범은 대성공이었다. 정치적으로 빈틈없는 그는 시범을 마치고 그 망원경을 총독에게 선물로 주었다. 총독과 상원은 기뻐하며 갈릴레이에게 파도바 대학교의 종신직과 함께 현재 받는 급료의 두 배인 1,000크라운의 연봉을 제안했다.

갈릴레이는 인상된 연봉이 이듬해부터 적용되는 데다 강의라는 성가신 의무까지 맡게 되는데도 불구하고 그 제안을 받아들였다. 그렇지만 그런 다음 피렌체로 가서 코지모 2세에게 또 하나의 망원경을 선보였다. 그는 1609년 12월이 되기까지 20배율 망원경을 완성했다. (그리고 1610년 3월까지 비슷한 배율의 망원경을 적어도 아홉 개 제작한다. 그중 하나는 케플러가 갈릴레이의 발견을 확인할 수 있게 하기 위해 신성 로마 제국의 선제후*인 쾰른 대주교에게 보내는데, 갈릴레이가 이렇게 경의를 표한 천문학자로는 케플러가 유일하다.) 갈릴레이는 자기가 만든 최고의 망원경을 가지고 1610년 초에 목성에서 가장 밝고 가장 큰 위성 네 개를 발견했다. 그는 이 네 개의 달에 코지모를 기리는 뜻에서 "메디치의 별들"이라는 이름을 붙였지만 오늘날의 천문학자는 목성의 갈릴레이 위성이라는 이름으로 부르고 있다. 갈릴레이는 같은 도구를 가지고 은하수가 무수히 많은 별로 이루어져 있다는 것과, 달 표면이 아리

* 선제후는 신성 로마 제국 황제를 선출하는 선거인단에 속하는 사람을 말한다. 갈릴레이가 망원경을 보낸 당시에는 7명이 있었으며 쾰른 대주교는 그중 한 명이었다. (옮긴이)

스토텔레스주의자들이 믿는 것처럼 완벽히 매끈한 구형이 아니라 구덩이도 패여 있고 몇 킬로미터 높이의 산맥도 있다는 것을 알아냈다. 산맥 높이는 달 표면에 생기는 그림자의 길이를 가지고 추정했다. 이 모든 발견이 1610년 3월 그가 출간한 작은 책 『별의 메시지 *Siderius Nuncius*』에 발표됐다. 이 책은 물론 코지모 2세 데 메디치 대공에게 헌정됐다.

『별의 메시지』 저자인 갈릴레이는 책이 출간된 지 5년이 지나지 않아 중국어로 번역될 정도로 문명세계 전체에서 유명해졌다. 그가 어느 나라를 위해 일하든 그 나라에 영예를 안겨 줄 것이 분명했다. 태어난 나라는 특히 더 그랬다. 1610년 5월에 갈릴레이는 1,000크라운의 연봉과 함께 피사 대학교 수학과장 겸 토스카나 대공의 왕실 철학자·수학자 종신직을 제안받고 수락했다. 가르칠 의무는 전혀 없었다. 덤으로 두 여동생의 지참금 중 아직 지불하지 못한 잔액에서 미켈란젤로의 몫을 계속 갚아야 하는 의무에서도 벗어났는데, 자기 몫 이상으로 이미 지불했기 때문이었다.

갈릴레이는 베네치아 공화국의 제안을 이미 받아들인 상태였으나, 인상된 연봉을 아직 받기 시작하지 않았으므로 새 협상이 효력을 지니기 전이며 따라서 그대로 이행할 의무는 없다고 보았다. 그래서 그는 10월에 새로운 직위를 맡기 위해 피렌체로 돌아왔고, 바로 그때 케플러가 정말로 목성의 네 위성을 관찰했다는 소식이 전해졌다. 근거지를 옮기면서 갈릴레이의 개인사에 커다란 변화가 뒤따랐다. 마리나 감바가 평생을 살아온 파도바에 남기로 하면서 두 사람은 결별했는데, 분위기는 우호적이었던 것으로 보인다. 갈릴레이

9. 코페르니쿠스, 케플러, 그리고 망원경을 들고 새로운 우주 모델을 발표하는 갈릴레이. 이 모델을 영어로 설명한 초기 책(1640)에서.

의 두 딸은 피렌체로 가서 할머니와 살았지만 아들은 당분간 어머니와 지내다가 어느 정도 나이가 되면 다시 갈릴레이와 지내기로 했다. 그러나 갈릴레이가 새로 발견한 과학적 사실 때문에 휘말리게 될 말썽에 비하면 이런 개인적 격변은 대수로운 것이 아니었다.

그의 천문관측 결과는 코페르니쿠스 모델이 정확하다는 것을 보여 주는 직접적 증거였다. 예컨대 소요학파가 이전에 반론에 사용한 논거 하나는 달이 지구를 돌고 있는데 지구 역시 태양을 돈다면 지구와 달이 서로 떨어져 버리기 때문에 불가능하다는 것이었다. 그러나 목성을 도는 위성 네 개를 발견했고, 목성이 돌고 있는 궤도의 중심이 지구든 태양이든 뭔가의 궤도를 돌고 있는 것은 분명하므로 갈릴레이는 지구가 움직이고 있어도 달이 지구 중심 궤도에 머물러 있는 것이 가능하다고 증명한 셈이었다. 갈릴레이는 또 파도바를 떠나기 직전 토성의 모양에 어딘가 이상한 점이 있다는 것을 알아냈다. 아직 크리스티안 하위헌스의 연구가 나오기 전이므로 그 현상을 설명할 수는 없었지만 토성이 완벽한 구형이 아니라는 것은 분명했다. 피렌체에 도착한 얼마 뒤에는 달의 모양이 바뀌는 것과 비슷한 금성의 위상변화를 발견했다. 이것은 금성 궤도의 중심이 태양이 아니라면 설명이 불가능했다. 게다가 여기에는 사연이 또 있으니, 그의 제자이던 베네데토 카스텔리Benedetto Castelli(1578~1643)로부터 코페르니쿠스 모델이 정확하다면 금성이 위상변화를 보일 **수밖에 없다**고 지적하는 편지를 받은 것이다! 이 편지를 받았을 때 갈릴레이는 이미 금성을 관찰하고 있었고 그래서 이내 카스텔리에게 그의 예측이 정확하다는 답장을 보냈다. 이것은 과학적 가설을 바탕으로 예측이 제시된 다음 관측을 통해 그 예측이 옳다는 것이 밝혀짐으로써 그 가설이 뒷받침된 좋은 사례다. 진정으로 과학적인 방법을 더없이 강력한 방식으로 적용한 것이다.

이런 어떤 것도 골수 아리스토텔레스주의자들을 설득하지는 못했다. 그들은 망원경을 통해 보이는 것을 진실이라고 받아들이려 하지 않고 렌즈 자체 때문에 만들어진 인위적인 것이라고 생각했다. 갈릴레이는 그럴 가능성이 있는지 시험하기 위해 수백 가지 물체를 망원경을 통해 관찰하고 또 물체에 다가가 직접 관찰함으로써 망원경이 확대해 보여 주는 작용 말고도 다른 작용이 있는지 확인했다. 그는 망원경을 통해 보이는 것이 진실이라는 결론을 내렸다. 그런데 아리스토텔레스주의자들이 그 증거를 믿기를 꺼려한 것이 오늘날의 눈으로 보면 우습겠지만 그들의 주장에도 분명 일리가 있었다. 이것은 천문학자가 우주 저편 먼 곳을 탐사하고 입자물리학자가 원자를 비롯하여 더욱 작은 것들의 내부 구조를 파고드는 현대 과학에서 상당히 큰 의미를 지닌다. 관찰 도구가 알려 주는 내용과 그 해석에 전적으로 의존할 수밖에 없기 때문이다. 그렇지만 갈릴레이가 보는 한 그의 눈에 보이는 것은 일상적으로 말하는 의미의 '진실'임이 분명했다. 갈릴레이가 이 무렵 망원경을 이용하여 발견한 또 하나는 태양 표면의 검은 반점, 즉 흑점이었다. 이것은 다른 천문학자들의 눈에 이미 띄었지만 갈릴레이는 그 사실을 알지 못했다. 우주는 완벽하다는 아리스토텔레스주의자의 생각은 이미 관 안에 들어가 있는 것이나 마찬가지였지만, 태양 표면에서 보이는 오점은 그 관 뚜껑에 박는 또 하나의 못이나 마찬가지였다.

이런 모든 것은 아리스토텔레스주의에 반하는 증거임이 분명하고 코페르니쿠스 모델을 뒷받침하는 데 이용될 수 있었지만, 브루노의 운명을 너무나 잘 알고 있기 때문에 갈릴레이는 코페르니쿠스 모델을 공개적으로 지지하지 않기 위해 매우 조심했다. 그는 자신이 발견한 증거를 발표하고 그 증거가 스스로 말하게 하는 쪽을 택했다. 아무리 로마 교회라도 머잖아 그 의미를 받아들일 수밖에 없다고 확신하고 있었다. 이 과정의 첫걸음으로 갈릴레이는 토스카나 공국의 공식 과학사절로서 1611년 3월 로마를 향해 길을 떠났다. 7월까지 이어진 이 방문은 표면상으로는 승리였다. 교황 바오로 5세가 갈릴레이를 환영했을 뿐 아니라, 교황 성하에게 말할 때 무릎을 꿇지 않고 선 채로 말할 수 있는 특권을 누렸다. 벨라르미노 추기경이 직접 갈릴레이의 망원경을 통해 보았고, 학식 높은 사제들을 모아 오늘날의 과학 분과위원회에 해당하는 기구를 구성하여 망원경에 대해 갈릴레이가 주장하는 내용이 옳은지 검증하게 했다. 이 분과위원회의 예수회 사제들은 다음과 같이 결론을 내렸다.

1. 은하수는 정말로 어마어마한 수의 별로 이루어졌다.
2. 토성은 양쪽에 혹이 붙은 이상한 타원형 모양이다.
3. 달 표면은 불규칙하다.
4. 금성은 위상변화를 보인다.
5. 목성에는 위성이 네 개 있다.

공식적 결론이었다. 그러나 이런 관측이 지니는 의미에 대해서는 아무 언급이 없었다.

로마에 있는 동안 갈릴레이는 또 세계 최초의 과학회로 간주되는 단체의 회원이 됐다. 린체이 학술원Accademia dei Lincei이라는 이름의 이 단체는 1603년 젊은 귀족 청치가 네 명이 설립한 것으로, 스라소니처럼 예리한 눈으로 관찰한다는 뜻에서 지은 이름이었다.* 갈릴레이가 만든 확대하여 보는 장치를 가리켜 '망원경'이라는 이름이 처음으로 등장한 것은 이때 린체이 회원들이 그를 위해 마련한 연회에서였다. 갈릴레이는 또 로마에 머무는 동안 망원경을 통해 태양의 상을 흰 막에 비춤으로써 흑점을 보여 주었는데, 이것은 오늘날 태양을 관찰하는 표준적인 방식이다. 그러나 당시 그는 태양에 이런 오점이 있음을 발견한 것이 매우 큰 의미가 있다고 생각하지 않은 것으로 보인다. 그는 로마에서 극진한 대접을 받고 토스카나에 영광을 안겨 준 공로자로서, 또 자신의 연구가 로마로부터 어느 정도 공식적으로 인정받았다는 생각에 6월에 의기양양하게 피렌체로 돌아왔다.

그 이후 갈릴레이의 일생은 아무리 짤막하게 다룬 이야기라 해도 필연적으로 로마 당국과 충돌하는 내용을 중심으로 전개된다. 그러나 그의 일생 전체로 볼 때 로마 당국과의 충돌은 결코 이야기의 전부라고 볼 수 없다. 예컨대 1611년 여름에 한 한 가지 연구는 자세히 설명할 가치가 있다. 이 연구를 보면 갈릴레이의 관심이 얼마나 폭넓었는지, 또 그가 과학적 방법을 얼마나 명확한 방식으로 적용했

* 이탈리아어로 린체이(lincei)는 스라소니라는 뜻이다. (옮긴이)

는지를 알 수 있다. 피사 대학교의 교수들 사이에서 응축(condensation)에 관한 논쟁이 있었는데, 갈릴레이의 동료 하나가 얼음은 고체이고 물은 액체이므로 얼음은 물이 응축된 형태로 보아야 한다고 주장했다. 반면 갈릴레이는 얼음은 물에 뜨기 때문에 물보다 가벼운(밀도가 낮은) 것이 분명하며 따라서 물이 성글어진 형태라고 주장했다.* 상대 교수는 그렇지 않다면서, 얼음이 물에 뜨는 것은 밑 부분이 넓고 평평해서 물밑으로 밀고 내려가지 못하기 때문이라고 했다. 갈릴레이는 얼음을 물밑에 누르고 있다가 놓으면, 모양이 넓고 평평하다 해도 그 때문에 물위로 올라오지 못하게 되지는 않는다고 반박했다. 거기서부터 동일한 재료로 (따라서 밀도가 균일한 물질로) 만든 입체를 오로지 모양만 다르게 만듦으로써 물속에서 가라앉거나 떠오르게 할 수 있는가를 두고 논쟁이 이어졌다. 그러다가 결국 갈릴레이는 논쟁의 주요 상대에게 도전하여, 동일한 성분으로 만들어진 물체를 완전히 물속에 잠갔을 때 모양에 따라 물위로 떠오르게도 하고 그대로 물속에 머물러 있게도 할 수 있는지를 실험을 통해 밝히자고 했다. 이때 이 논쟁은 피사 안에서 두루 관심을 끌고 있었다. 그러나 공개 실험을 하기로 한 날 갈릴레이의 상대는 모습을 드러내지 않았다.

갈릴레이의 추론은 정확했지만 중요한 점은 그것이 아니다. 중요한 점은 명확하게 고안한 실험을 통해 그 추론을 대중 앞에서 시험하고 그 실험 결과를 기꺼이 받아들일 태세가 되어 있었다는 것이

* 얼음이 물보다 가벼운 이유는 그 자체가 흥미로운 이야기다. 이에 대해서는 나중에 다루기로 한다.

다. 이것은 1611년에도 보기 드문 일이었다. 이것이 수많은 사람들의 눈에 그가 **최초의** 과학자로 보이는 이유다. 이것은 또 그해 초에 로마가 그를 환영하는 것으로 보였지만 결국 그가 교회와 충돌하게 되는 원인이 된다.

이단으로 판결된 갈릴레이의 코페르니쿠스 사상

갈릴레이는 코페르니쿠스의 생각을 다루는 인쇄물을 내놓을 때는 여전히 극도로 주의했지만, 로마에서 성공을 거둔 이후로 말할 때는 좀 더 솔직한 태도를 보이기 시작했다. 그러나 공개적으로 무슨 말을 했든 당시 그가 코페르니쿠스주의에 대해 내면으로 느낀 감정은 크리스티나 대공비에게 보낸 어느 편지에 분명하게 기록되어 있다. 편지는 실제로 1614년에 쓰였다. "저는 천체들이 공전하는 중심에 태양이 있으며 그 위치가 바뀌지 않는다고 굳게 믿습니다. 또 지구는 자전하면서 태양 주위를 돈다고 믿습니다." 이 이상 명확할 수가 없다. 그러나 이것이 성서의 가르침에 정면으로 위배된다고 크리스티나가 우려한다면? 갈릴레이는 이렇게 썼다. "자연현상에 관해 따질 때는 성서 구절의 권위에서 출발할 게 아니라 감각적 경험과 합당한 증명에서 출발해야 합니다."

공개적으로 조심하는 태도는 1613년에 흑점에 관한 소책자를 썼을 때 딱 한 번 깨졌다. 이 책은 실제로 린체이 학술원에서 펴냈는데, 이 일에는 두 가지 유감스러운 측면이 있었다. 하나는 린체이 학술원이 붙인 서문에서 갈릴레이를 조금 지나치게 띄우면서 그를 최초의 흑점 발견자로 명시했다는 사실이다. 이 때문에 예수회 천문학자 크리스토프 샤이너Christoph Scheiner(1573 또는 1575~1650)와 격렬한 다툼이 벌어졌다. 그는 자신이 갈릴레이보다 먼저 흑점을 보았다고 주장했는데 아마도 그것은 사실일 것이다. 그러나 사실은 토머스 해리엇Thomas Harriott(1560~1621)이라는 영국인과 요한 파브리키우스Johann Fabricius(1587~1616)라는 네덜란드인이 두 사람보다 먼저 발견했다. 또 하나는 이 소책자의 부록에서 갈릴레이가 목성의 위성을 증거로 들면서 코페르니쿠스의 생각을 지지한다고 말했다는 것인데, 그가 인쇄된 글에서 에두르지 않고 분명하게 이렇게 진술한 것으로는 이것이 유일하다. 이 글과 또 출판되지는 않았으나 코페르니쿠스주의를 지지하며 한 말 때문에 갈릴레이에 대한 비판이 일어나기 시작했다. 1615년 한바탕 병치레를 한 뒤 이제 52번째 생일로 다가가고 있던 갈릴레이는 자신의 주장에 대한 확신이 있는 데다 로마에 친구들도 있다는 믿음에 힘입어 그해 말 껄끄러운 분위기를 가라앉히기 위해 로마 방문을 허락받았다. 이때 로마 주재 토스카나 대사는 1611년 방문이 성공적으로 보이기는 했어도 그 이후 일각에서 그에 대한 악감정이 있으므로 다시 방문하면 사정이 더 악화될 수 있다고 분명히 충고했으나, 갈릴레이는 그의 경고에도 아랑곳없이 1615년 12월 11일 공식 내빈으로서 로마에 있는 토스카나 대사관저를 찾았다.

갈릴레이가 로마에 나타나자 사태는 그가 예상하지 못한 방식으로 위기로 치달았다. 이제 73세이지만 여전히 성베드로 대성당 옥좌의 배후 실력자인 벨라르미노의 조언에 따라 바오로 5세는 코페르니쿠스주의가 이단적인지 판단할 교황 직속 위원회를 구성했다.

위원회가 공식적으로 내린 결론은 태양이 우주의 중심에 있다는 생각은 "철학적으로 어리석고 터무니없으며 … 형식적으로 이단적"이고, 지구가 우주 안을 움직인다는 생각은 "적어도 신앙 면에서 잘못"이라는 것이었다.

전해지는 기록에 얼마간 모호한 부분이 있기 때문에 갈릴레이와 관련하여 그 다음에 정확히 무슨 일이 있었는지는 역사학자 사이에서 논란의 대상이었다. 그러나 토론토 대학교의 스틸먼 드레이크Stillman Drake(1910~1993)가 1616년 2월 말에 있었던 일련의 사건에 대해 그 이후의 경과에 비추어 가장 그럴듯해 보이는 설명을 내놓았다. 2월 24일 바오로 5세는 벨라르미노에게 위원회가 막 판결 내린 두 가지 생각 즉 태양이 우주의 중심이라는 생각과 지구가 우주 안을 움직인다는 생각을 "신봉하지도 옹호하지도" 않아야 한다는 것을 교황의 대리인으로서 갈릴레이에게 전하라고 했다. 다시 말해 갈릴레이가 코페르니쿠스 이론을 **믿는** 것은 잘못이며, 반대 의견 차원에서도 그것을 옹호하는 논리를 펴서는 안 된다는 뜻이었다. 그리고 그럴 리는 없지만 만의 하나 갈릴레이가 이 지시에 이의를 달 경우, 공증인과 증인의 입회하에 (이단에 맞서 싸우는 교황의 저 악명 높은 사법기구인) 이단심문소로부터 코페르니쿠스의 생각을 "신봉하지도 옹호하지도 **가르치지도**" 않아야 한다는 공식 경고가 나갈 것임을 알렸다. 결정적 차이점은 공식 경고가 없을 경우 갈릴레이는 코페르니쿠스주의는 이단적 사상이며 본인은 거기 찬동하지 않는다는 설명을 잘 붙이기만 한다면 여전히 학생들에게 가르칠 수 있고 나아가 글로도 쓸 수 있다는 부분이다.

2월 26일 벨라르미노는 교황의 결정을 전달하기 위해 갈릴레이를 접견했다. 유감스럽게도 그곳에는 이단심문소 사람들과 증인 등이 모두 함께 대기하고 있었다. 갈릴레이가 벨라르미노의 말에 조금이라도 머뭇거리며 토를 달려는 기색이 보이면 끼어들기 위해서였다. 벨라르미노는 갈릴레이를 문간에서 맞이하며, 안에서 무슨 일이 일어나든 그대로 받아들이고 이의를 제기하면 안 된다고 나직이 일러주었다. 방 안에 있는 나머지 사람들이 어떤 사람들인지 너무나 잘 아는 갈릴레이는 교황의 경고를 귀 기울여 듣기만 할 뿐 이의를 제기하지 않은 것이 분명하다. 이때 그를 단단히 옭아매기로 작정한 이단심문소가 끼어들어, 코페르니쿠스주의를 가르치는 문제까지 언급하는 저 엄격한 두 번째 경고를 공표했다. 벨라르미노는 크게 화를 내며 갈릴레이를 방 밖으로 얼른 데리고 나갔다. 어쩌면 자신의 행동을 감추기 위해 일부러 더 화를 내는 척했을 수도 있다. 그는 문서에 서명이 이루어지기 전에 갈릴레이를 내보내는 데 성공하기는 했으나, 서명도 공증도 증인도 없는 의사록을 이단심문소가 공식 기록으로 남기는 것을 막지는 못했다. 그러고 나서 소문이 퍼지기 시작했다. 갈릴레이가 이단심문소로부터 모종의 처벌을 받았는데 최소한 어떤 가벼운 범죄 때문이며, 이단심문소의 강요에 따라 이전의 신념을 버린다고 맹세하고 지시에 따라 속죄*를 행했다는 소문이었다.

3월 11일 갈릴레이가 우호적인 분위기에서 장시간 교황을 알현한

* 천주교회에서는 대개 '보속'이라는 용어를 쓴다. 죄를 뉘우친 다음 교회가 정해 주는 행위를 실천함으로써 죄를 갚는 것을 말한다. (옮긴이)

것을 보면 벨라르미노가 상황을 바오로 5세에게 제대로 설명해 준 것이 분명하다. 이 자리에서 바오로 5세는 자신이 살아 있는 한 갈릴레이가 처지 문제로 걱정할 필요가 없다고 명확하게 말했다. 여전히 걱정이 된 갈릴레이는 다시금 벨라르미노의 의견을 물었고, 벨라르미노는 갈릴레이가 신념을 버린다는 맹세를 강요받은 일도 없고, 속죄를 행하지도 않았으며, 자신의 관점 때문에 처벌받지도 않았고, 그저 천주교를 믿는 사람 모두에게 해당되는 새로운 칙령을 들었을 뿐이라는 진술서를 선서와 아울러 써 주었다. 갈릴레이는 적어도 당분간은 안전하다고 확신하며 토스카나로 돌아갔다.

그 뒤 갈릴레이는 관절통 문제 말고도 극심한 탈장 때문에 아무것도 할 수 없게 되는 일이 빈번해지는 등 남은 일생 내내 병마에 시달렸다. 그 때문에 자신의 역작을 집필하는 작업도 진행이 느렸지만, 50대, 60대가 되어서도 과학 연구를 계속했다. 목성 위성의 움직임이 일정하고 예측 가능하다는 점을 일종의 우주시계처럼 이용하여 항해자들이 바다에 나가 있을 때 정확한 시간을 알아내 현재의 경도를 판독할 수 있게 할 방법을 연구한 것도 이 시기였다. 이것은 훌륭한 발상이기는 하지만, 바다 위 흔들리는 갑판에서는 정확한 관측이 불가능하기 때문에 실용적이지 않았다. 그리고 자기학 연구에서도 크게 진전을 보았다. 그러는 사이에 갈릴레이의 개인사에도 변화가 있었다. 그는 1617년에 피렌체 서쪽 언덕 지대 위에 있는 벨로스과르도라는 이름의 궁궐처럼 멋진 빌라로 이사를 갔다. 이제 나이가 들고 있다는 생각이 들기도 했고, 16세인 딸 비르지니아와 15세인 딸 리비아가 그 근처 아르체트리의 수녀원에 들어갔기 때문이기도 했다. 두 딸이 그곳에 있는 성클라라 수도회의 수녀가 된 것은 종교적으로 깊은 확신이 있어서가 아니라, 갈릴레이가 볼 때 그것이 혼외자인 두 딸의 미래를 보장할 유일한 길이기 때문이었다. 신분이 높은 누구도 거액의 지참금 없이는 딸과 결혼하려 하지 않을 것이고, 그는 다시는 지참금 문제에 끼어들 생각이 없었다. 수도회에 들어가면서 비르지니아는 마리아 첼레스테, 리비아는 아르칸젤라라는 수도명을 받았다. 갈릴레이는 지리적으로도 감정적으로도 내내 두 딸과 가까이 지냈고 수녀원도 자주 찾았다. 갈릴레이와 마리아 첼레스테 사이에 오고간 편지가 오늘날 남아 있어서 그의 만년이 어땠는지를 자세히 들여다볼 수 있다.

과학 쪽을 보면 갈릴레이는 새로운 논란에 휘말리면서 벨로스과르도에 거의 제대로 정착하지 못했다. 1618년에 혜성 세 개가 관측됐고, 샤이너를 비롯한 예수회 수사들이 이들 혜성의 의미에 대해 공상에 가까운 설명을 출판했다. 이에 갈릴레이는 그들이 "철학을 누군가가 쓴 『일리아스』 같은 소설책"이라고 생각하는 것으로 보인다고 신랄하게 논평하면서 다음과 같이 적었다.

> 우주라는 책은 먼저 그 책이 쓰인 알파벳을 익히고 그 언어를 파악하는 법을 배우지 않고서는 이해할 수 없다. 그것은 수학이라는 언어로 쓰였으며 그 문자는 삼각형, 원을 비롯한 기하 도형이다. 그것이 없으면 한 낱말도 인간으로서는 이해가 불가능하며, 그것이 없으면 깜깜한 미로를 헤매고 다닐 뿐이다.

일리가 있는 말이었다. 그리고 실제로 이것은 진짜 과학의 두드러진 특징이기도 하다. 애석하게도 이번에 갈릴레이가 혜성에 대해 내놓은 설명은 틀리기도 했다. 여기서 그 내용을 자세히 설명하는 것은 무의미하며, 문제는 예수회는 공상을 내놓았고 자신은 사실을 말하고 있다고 주장함으로써 다시금 로마와의 문젯거리가 쌓여 가고 있다는 것이었다.

1620년대 초 30년 전쟁이 일시적으로 천주교회 쪽에 유리해졌을 때 이탈리아의 정치 상황이 바뀌어 갈릴레이가 크게 영향을 받게 됐다. 그와 로마 사이의 갈등에 밀접하게 관련된 사람 중 세 명이 1621년에 죽은 것이다. 토스카나에서 그를 보호하던 코지모 2세가 30세라는 젊은 나이에 죽었고, 교황 바오로 5세가 죽었으며, 로마에서 갈릴레이의 가장 중요한 인맥에 속하던 벨라르미노 추기경이 79번째 생일을 몇 주 남겨 놓고 죽었다. 코지모 2세가 죽자 그의 어머니와 비가 11세의 페르디난도 2세의 섭정을 맡아 토스카나의 국사를 처리하게 됐다. 궁정에서는 여전히 갈릴레이를 총애했지만, 어린 왕자가 옥좌를 이어받았으니 토스카나 공국이 이탈리아의 정치에 미치는 영향력이 크게 약화돼 로마의 눈 밖에 난 사람을 보호할 능력이 줄어들었다. 벨라르미노의 진술서를 가지고 있기는 했지만 그가 죽으면서 갈릴레이는 저 결정적으로 중요한 1616년 사건을 우호적으로 증언해 줄 사람이 없어졌다. 그렇지만 바오로 5세의 죽음은 처음에 과학을 위해 좋은 소식 같아 보였다. 교황 그레고리우스 15세가 뒤를 이었으나 이미 나이가 많았으므로 얼마 지나지 않은 1623년에 죽었고, 갈릴레이 입장에서는 마침내 상황이 나아지는 것처럼 보였다.

그레고리우스 15세가 죽기 직전 갈릴레이는 로마로부터 새 책 『시금사*Il Saggiatore*』를 출판해도 좋다는 공식 허가를 받았다. 이 책은 혜성 연구에서 비롯됐지만 결국 훨씬 넓은 범위를 다루게 됐다. 또 과학적 주장을 명확하게 제시하고 있었다. 위에서 인용한 우주가 "수학이라는 언어로 쓰였다"는 저 유명한 말은 이 책에서 가져온 것이다. 갈릴레이는 또 그 사이에 새로 고위층 친구들을 사귀고 있었는데, 그중 프란체스코 바르베리니라는 사람은 로마에서 가장 세력이 강한 집안* 사람으로서 1623년에 피사 대학교에서 박사 학위를 받았다. 그해 6월 갈릴레이는 프란체스코의 삼촌이자 예전에 갈릴레이의 과학적 업적에 대해 아첨 가득한 칭찬을 글로 내놓기도 한 마페오 바르베리니 추기경으로부터 편지를 받았는데 조카를 도와준 데 감사한다는 내용이었다. 편지의 말투는 우호적인 수준 이상이었다. 추기경은 바르베리니 집안은 "언제나 귀하를 섬길 준비가 되어 있습니다"고 썼다. 이 편지가 쓰인 지 2주 뒤 그레고리우스 15세가 죽었다. 그 뒤를 이어 교황에 선출된 사람은 마페오 바르베리니 추기경이었으며, 그는 이름을 우르바누스 8세로 정하는 한편 이내 조카 프란체스코를 추기경에 임명했다. 린체이 학술원은 정치적으로 최대한 기민하게 움직여, 『시금사』가 인쇄되기 직전 이 책을 우르바누스 8세 교황에게 헌정하면서 바르베리니 집안의 문장인 세 마리 벌로 표지를 장

* 세력이 강하기는 했지만 결국 인심을 얻지는 못했다. 후대의 로마 사람들은 곧잘 바바리안(Barbarian, 야만인)들이 파괴하지 못한 것을 바르베리니(Barberini) 사람들이 훔쳤다고 비꼬았다.

식할 수 있었다. 교황은 기뻐하며 그 책을 식탁에서 낭독하게 했고, 예수회 사람들을 비꼰 부분에서는 웃음을 터뜨렸다.

1624년 봄 갈릴레이는 로마로 가서 바르베리니 집안의 두 사람을 방문했다. 교황을 여섯 차례 알현할 수 있었고, 금메달을 비롯하여 여러 가지 영예를 하사받았다. 아들 빈첸치오가 평생 연금을 하사받은 것도 그중 하나다. 그리고 교황은 페르디난도 2세에게 편지를 써서 갈릴레이를 한껏 칭찬했다. 그러나 가장 큰 선물은 프톨레마이오스와 코페르니쿠스라는 두 가지 우주 모델(당시 용어로 '세계 체계')에 관한 책을 써도 좋다고 교황이 허락한 것이다. 유일한 조건은 코페르니쿠스 모델에 유리하게 논하지 않고 두 모델을 편파적이지 않게 묘사하되 양측 모두에 관한 천문학적, 수학적 주장에만 한정한다는 것이었다. 코페르니쿠스주의를 **가르치는** 것은 허락되지만 **옹호하는** 것은 안 된다는 뜻이었다.

갈릴레이는 그런 책을 쓰리라는 꿈을 오래전부터 꾸고 있었고 남몰래 조금씩 초고를 써오고 있었지만, 책을 쓰는 데 걸린 기간은 거의 꿈꾸어 온 기간만큼이나 길었다. 이 무렵 이 책에 집중하지 못하게 된 데는 병치레도 지속되고 있는 데다 쇠약해지고 있다는 문제 말고도 그가 실용적인 복합현미경을 개발한 최초의 사람에 속한다는 사실도 작지 않은 이유로 작용했다. 이것은 볼록렌즈 두 개를 사용하는 것으로, 한쪽은 평면이고 반대쪽은 볼록한 모양이 아니라 오늘날 '렌즈 모양'이라고 말할 때 가리키는 것과 같은 모양의 양면 볼록렌즈를 사용했다. 현미경이 진작 발명되지 않은 것은 렌즈를 이렇게 갈아 만들기가 어려웠기 때문인데, 갈릴레이의 현미경학 연구만큼 그의 렌즈 연마 기술을 잘 보여 주는 것은 없다. 그는 곧잘 렌즈를 만들 질 좋은 유리를 구하기가 어렵다고 하소연하기는 했지만, 그가 만든 망원경도 그가 살아 있는 동안은 바로 이런 이유 때문에 세계 최고의 성능을 자랑했다. 갈릴레이가 현미경을 사용하여 그린 최초의 곤충 세밀화는 1625년 로마에서 출간됐지만, 이 새 도구의 영향이 완연하게 나타나기까지는 얼마간 시간이 걸렸다. 갈릴레이가 이룩한 갖가지 업적이 워낙 빛나기 때문에 현미경의 발명에서 한 역할은 묻혀 버리는 때가 많다.

갈릴레이, 『두 가지 주요 세계관에 관한 대화』 출간

갈릴레이의 책 『두 가지 주요 세계관에 관한 대화*Dialogo sopra i due massimi sistemi del mondo*』는 대개 줄여서 『대화』라 불리며 1629년 11월에 완성됐다. 제목에서 짐작할 수 있듯 이것은 코페르니쿠스 쪽에서 주장을 펴는 살비아티라는 인물과 프톨레마이오스 쪽에서 주장을 펴는 심플리치오라는 인물 사이에서 오고가는 상상의 대화 형식을 취했다. 이처럼 대화를 이용하는 방식은 역사가 깊어 고대 그리스까지 거슬러 올라가며, 원칙적으로 비전통적인 (이 책의 경우에는 이단적인) 생각을 명확하게 지지하지는 않으면서 가르치기에 적절한 방법이었다. 그러나 갈릴레이는 그 전통을 그대로 따르지 않았다. 필립포 살비아티Filippo Salviati라는 인물이 실제로 있었던 것이다. 그는 갈릴레이의 절친한 친구로 1614년에 죽었는데, 코페르니쿠스 쪽 인물에 이 이름을 붙인 것은 갈릴레이가 스스로 그 세계관을 지지한다고 밝히는 것이나 별반 차이가 없을 정도로 위험했다. 심플리치오라는 사람도 실제로 있었다. 실제 이름은 심플리키우스Simplicius이며, 아리스토텔레스 주석서를 쓴 고대 그리스인이었으므로 이것은 『대화』에서 프톨레마이오스와 아리스토텔레스를 지지하는 사람 이름으로 적당하다고 주장할 수 있었다. 또한 이 이름은 이름 자체의 뜻 때문에 '멍청이'가 아닌 다음에야 프톨레마이오스 모델이 정확하다고 믿지 않을 것이라는 뜻을 함축하고 있다고도 주장할 수 있었다. 책에는 제3의 목소리도 있었는데, 갈릴레이의 또 다른 옛 친구로서 1620년에 죽은 잔프란체스코 사그레도의 이름을 딴 사그레도라는 등장인물이었다. 그는 살비아티와 심플리치오 사이의 논쟁을 듣고 치우침 없이 해설해 주면서 토론의 논점을 짚어 주는 역할을 하기로 설정된 인물이었으나, 갈수록 심플리치오에 맞서 살비아티를 지지하는 경향이 있었다.

이런 갖가지 문제점에도 불구하고 처음에는 책의 출판이 순조롭게 진행될 것 같아 보였다. 출판을 위한 공식 승인 도장을 얻으려면 로마의 검열관을 통과해야 했고, 우연하게도 그 임무를 맡은 도미니크회 수사 니콜로 리카르디Niccolò Riccardi는 『시금사』를 검열하면서 조금의 수정도 요구하지 않았던 검열관이었다. 갈릴레이는 1630년 5월에 원고를 로마에서 리카르디에게 넘겼으나 6월에 집으로 돌아가야 했다. 이탈리아 남부에서 번지고 있는 흑사병이 피렌체를 위협하고 있었고 연락할 길이 끊어지려 하기 때문이었다. 그의 책은 조건부 출판 승인이 났다. 리카르디는 코페르니쿠스 쪽 주장은 가설로서만 제시되었음을 명확하게 설명하는 머리말과 맺음말을 새로 첨부하기를 원했지만 그 나머지 부분에 대해서는 문제가 없다고 판단했고, 그래서 상황이 상황인 만큼 갈릴레이에게 집으로 돌아가도 좋다고 허락했다. 수정할 내용을 리카르디가 동료들과 함께 작성하여 갈릴레이에게 보내면 그것을 책에 첨부하기로 했다. 추가할 내용이 피렌체로 전해졌을 때 리카르디가 보낸 편지가 동봉되어 있었는데 거기에는 다음과 같은 문장이 있었다. "골자가 유지되는 한 저자가 표현을 바꾸거나 다듬어도 좋습니다." 갈릴레이는 이것을 곧이곧대로 받아들였는데 이것이 큰 실수였다.

흑사병 말고도 책의 출판에 영향을 준 문제점은 또 있었다. 책은 원래 로마에서 린체이 학술원이 제작하기로 되어 있었다. 그러나 린체이의 수장으로서 활동 자금을 대던 페데리코 체지Federico Cesi(1585~1630)가 1630년에 죽으면서 린체이의 모든 업무가 혼란에 빠져들자 교회는 피렌체에서 책을 인쇄하도록 허락했다. 흑사병이 퍼져 나가면서 실제로 정상적인 모든 활동이 마비된 데 따른 문제 때문에 『대화』의 인쇄는 1631년 6월에야 시작됐고, 완성된 책은 1632년 3월에 가서야 피렌체에서 판매되기 시작했다. 몇 부를 그 즉시 로마로 보냈다. 그곳에서 가장 먼저 한 부를 받은 사람은 교황의 조카 프란체스코 바르베리니 추기경이었다. 그는 갈릴레이에게 편지로 책이 매우 마음에 든다고 했다. 그러나 다른 사람들은 그 정도로 마음에 들어 하지 않았다.

갈릴레이는 『대화』에서 다시 한번 흑점에 관한 논쟁을 일으켰고 다시 한번 샤이너를 조금이라도 빈정거리지 않고는 지나칠 수 없었다. 이에 샤이너와 그의 예수회 동료들은 격노했다. 그리고 검열관이 쓴 추가 부분과 관련된 문제가 있었다. 갈릴레이는 머리말을 책의 나머지 부분과는 다른 글꼴로 앉힘으로써 그것이 자기 자신의 관점이 아니라는 점을 명백하게 나타냈다. 그리고 코페르니쿠스 모델을 그저 가설에 지나지 않는 것으로 치부하는 맺음말은 본질적으로 리카르디 신부를 통해 전달된 교황의 말이었는데, 갈릴레이는 이것을 심플리치오의 말로 처리했다. 공평하게 따지자면 사그레도가 나중에는 살비아티 편을 들기 때문에 심플리치오 말고는 책에서 그렇게 말할 수 있는 인물이 없었다. 그러나 누군가가 교황 성하에게 갈릴레이가 우르바누스 8세는 멍청이라고 암시하기 위해 고의로 그랬다고 말했고 이에 교황은 노발대발했다. 나중에 그는 갈릴레이에 대해 "겁도 없이 나를 조롱했다"고 말했다.* 결국 교황 직속 위원회가 구성되어 이 문제를 조사하게 됐다. 예수회 사람들은 갈릴레이에 관해 무엇이든 꼬투리를 찾아내기 위해 서류를 뒤진 끝에 유죄를 입증하는 듯 보이는 증거를 찾아냈다. 1616년에 벨라르미노가 갈릴레이를 불러 접견했을 때 그에게 코페르니쿠스의 관점을 "신봉하지도 옹호하지도 **가르치지도**" 말라고 지시했다는 내용이 담겨 있는 서명 없는 의사록이었다. 공식 검열관을 거쳐 출판 허가를 받은 책을 출판했다는 이유로 우르바누스 8세가 갈릴레이를 로마로 호출하여 이단 심문소의 재판정에 서게 만든 결정적인 증거는 바로 이것이었다. 그는 또 책의 배포도 막으려 했지만 인쇄가 피렌체에서 이루어졌기 때문에 그러기에는 이미 늦은 상태였다.

고문 위협과 주장 철회

갈릴레이는 1623년에 죽은 옛 친구 파올로 사르피와 마찬가지로 로마에서 보낸 그런 초청이 무엇을 의미

* 레스턴(James Reston)을 재인용.

하는지를 알고 있었다. 그래서 노쇠하다는 이유와 또 실제로 다시 앓고 있었던 만큼 병환을 이유로 들어 로마행을 미뤄 주기를 간청했다. 또 이단심문소를 막기 위해 토스카나 공국으로부터 정치적 도움을 구하려고 했다. 그러나 페르디난도 2세가 1629년 19세의 나이로 공식적으로 대공 자리에 오르기는 했으나, 젊고 경험이 없었으므로 한때 베네치아가 사르피에게 해 주었던 수준의 뒷받침은 기대할 수 없었다.

갈릴레이는 결국 1633년 2월 13일에 로마에 도착했다. 그러나 이때 실제로는 이단심문소의 초청을 받은 다른 대부분의 '내빈'과 비교할 때 대우를 잘 받은 편이었다. 흑사병 때문에 연락 체계가 얼마나 엉망이 되어 있었는지 토스카나 국경에서 거의 3주를 검역소에서 격리되어 있는 통에 진이 빠지기는 했지만, 일단 로마에 도착한 다음에는 당분간 토스카나 대사관에서 머물러도 좋다는 허락을 받았다. 4월에 재판이 시작되고 나서도 습한 지하감옥에 내동댕이치지 않고 편의시설이 딸린 별실에서 지내게 했다. 관절통 때문에 밤이면 밤마다 신음한 것만 아니라면 안락했을 것이다. 재판 자체는 다른 곳에서 수없이 많이 묘사됐으므로 여기서 자세히 다룰 필요는 없을 것이다. 그렇지만 검찰관 측에서 얼마나 책잡을 게 없었는지, 갈릴레이가 저질렀다는 '범죄'에는 라틴어가 아니라 이탈리아어로 책을 쓴 때문에 일반인도 이해할 수 있었다는 사실과 "시비를 좋아하고 궤변적으로 코페르니쿠스를 옹호한 사악한 이단자" 윌리엄 길버트의 연구를 찬양하는 글을 썼다는 것도 포함되어 있었다. 그러나 핵심 쟁점은 갈릴레이가 코페르니쿠스주의를 가르쳐서는 안 된다는 교황의 훈령을 어떤 식으로든 어겼는지 여부였고, 이 쟁점에서 1616년의 접견 때 예수회가 남긴 서명 없는 의사록은 갈릴레이가 벨라르미노 추기경이 자필로 쓴 문서를 내놓자 힘을 잃고 말았다. 바로 갈릴레이는 그런 관점을 "신봉하지도 옹호하지도" 않아야 하지만 천주교의 여느 교인 이상의 어떠한 제약도 받지 않는다는 내용의 그 진술서였다. 그렇지만 누구도 이단심문소를 그냥 빠져나올 수는 없는 법, 일단 여론 조작을 위한 공개재판이 본격적으로 시작됐으므로 있을 수 있는 유일한 판결은 갈릴레이에게 뭔가 죄가 있어서 본보기 차원에서 벌을 내린다는 것뿐이었다. 이단심문소의 관점에서 문제는 거짓으로 이단 죄목을 씌우는 행위 자체가 이단만큼이나 중대한 죄라는 사실이었다. 갈릴레이가 무죄라면 그를 고발한 사람들이 유죄였다. 그런데 그의 고발자들은 천주교회의 최고위직 사람들이었다. 갈릴레이가 뭐든 자백하게 해야 했다.

바르베리니 추기경은 처음부터 줄곧 갈릴레이 편에서 움직였는데, 정말로 죄가 없어도 자백해야 하며 그러지 않으면 고문이 시작될 형편이라는 것을 이해시키기 위해 갈릴레이를 간곡하게 설득했다. 마침내 갈릴레이는 처한 상황을 제대로 이해하고, 자신은 코페르니쿠스주의를 믿지 않는다고 주장하면서 책에서 코페르니쿠스의 주장을 내놓을 때 그런 사상을 그럴 듯한 방식으로 제시하는 솜씨를 자랑스레 여긴 나머지 너무 나간 것이 실수였다고 고백하는 저 유명한 진술을 내놓았다. 물론 그 목적은 오로지 가르치려는 것뿐이었다. 그는 "내 잘못을 버리고 저주하며 혐오한다"고 말했다. 그는 69세에다 만성 관절통에 시달리고 있었고, 고문을 받을지도 모른다며 겁에 질려 있었다. 저 유명한 "그래도 지구는 움직인다(eppur, si muove)"

는 말을 그가 내뱉었다는 증거는 없다. 그런 말을 했다면, 그리고 그것이 누군가의 귀에 들어갔다면 확실하게 고문대나 화형대에 올랐을 것이다. 어쩌면 둘 다 차례로 경험했을지도 모른다. 예수회는 대중에게 보여 줄 승리를 거두었고 남은 것은 선고뿐이었다. 선고는 종신형이었다. 실제로 이단심문소 재판정에 심판위원으로 참석한 추기경 10명 중 7명만 판결에 서명했다. 바르베리니를 비롯한 세 사람은 서명을 거절했다.

선고가 집행되기는 했지만 바르베리니 덕분에 갈수록 조건이 누그러졌다. 처음에는 로마의 토스카나 대사관에서 가택연금에 처했고, 다음에는 갈릴레이에게 우호적인 시에나의 대주교로부터 보호관찰을 받았으며, 마침내 1634년 초부터는 아르체트리 근처의 자택에 억류됐다. 두 딸이 있는 수녀원은 방문할 수 있었지만 아르체트리를 벗어날 수 없었고, 치료 목적으로 피렌체를 방문하는 것도 허용되지 않았다. 갈릴레이가 마지막으로 집으로 돌아오고 나서 얼마 지나지 않은 1634년 4월 2일에 큰딸 마리아 첼레스테가 죽었다. 둘째 딸 아르칸젤라는 갈릴레이가 죽은 뒤 17년을 더 살고 1659년 6월 14일에 죽었다.

갈릴레이, 『새로운 두 과학』 출간

벨로스과르도에 고립되어 있으면서* 갈릴레이는 자신의 가장 중요한 역작 『새로운 두 과학에 대한 담화와 수학적 논증*Discorsi e dimostrazioni matematiche intorno a due nuove scienze*』을 완성했다. 대개 『새로운 두 과학』이라 부르는 이

* 완전히 고립되어 있지는 않았다. 갈릴레이의 만년에 그를 찾은 방문객 중에는 토머스 홉스와 존 밀턴도 있었다.

책에서 그는 역학, 관성, 진자(운동하는 물체에 관한 과학)와 물체의 강도(운동하지 않는 물체에 관한 과학)에 관한 일평생의 연구를 집대성했을 뿐 아니라 과학적 방법도 자세히 소개했다. 『새로운 두 과학』은 이전에는 철학자의 특권이었던 주제를 수학적으로 분석한 최초의 현대적 과학 교재로, 우주는 인간의 머리로 이해할 수 있는 법칙의 지배를 받고 또 수학으로 그 효과를 계산할 수 있는 힘에 의해 움직인다는 내용을 자세히 다루었다. 1638년에 출판업자 로더베익 엘제비르Lodewijk Elzevir가 이탈리아 밖으로 몰래 가지고 나가 네덜란드 레이던에서 출판한 이 책은 그 뒤 수십 년 동안 유럽의 과학 발전에 막대한 영향을 미쳤다. 많은 언어로 번역됐던 『대화』보다도 영향이 더 컸다. 그러나 이탈리아 밖에서만 그랬다. 로마 교회가 갈릴레이의 연구에 유죄를 선고한 직접적 결과, 르네상스가 처음으로 꽃피웠던 곳인 이탈리아는 1630년대 이후로 세계의 작동 방식 탐구에서 뒤처지는 신세가 됐다.

갈릴레이의 죽음

『새로운 두 과학』이 출간된 무렵 갈릴레이는 시력을 잃은 상태였다. 그 뒤에도 그는 진자시계를 위한 탈진기*를 생각해 냈다. 그는 이것을 아들 빈첸치오에게 설명해 주었고, 아들은 갈릴레이가 죽은 뒤 실제로 탈진기를 이용한 시계를 만들었다. 크리스티안 하위헌스가 독자적 연구를 내놓으면서 그

* 탈진기(escapement)는 시계 등에서 톱니바퀴가 일정한 속도로 움직이게끔 제어하는 장치를 말한다. 시계가 움직이는 똑딱 소리는 탈진기가 톱니바퀴와 맞물리며 나는 소리다. (옮긴이)

와 비슷한 시계가 17세기 후반기에 유럽 전역에 퍼졌다. 갈릴레이는 1638년 말부터 빈첸초 비비아니를 조수로 두었다. 그는 갈릴레이의 서기 역할을 수행했으며, 나중에는 최초의 갈릴레이 전기를 써서 오늘날 사람들이 저 거장을 바라보는 관점에 영향을 끼친 수많은 전설을 퍼트렸다. 갈릴레이는 78번째 생일을 몇 주 남겨 놓고 1642년 1월 8/9일 밤 잠든 사이에 평화로이 숨을 거두었다. 그 바로 두 해 전인 1640년에 프랑스인 피에르 가상디는 관성(inertia)의 본질을 확인하기 위한 결정적 실험을 진행했다. 그는 당시 가장 빠른 운송수단이던 갤리선을 프랑스 해군으로부터 빌려, 잔잔한 지중해를 가로질러 곧장 노를 저어 나아가게 한 다음 돛대 꼭대기에서 공을 여러 차례 갑판으로 떨어뜨렸다. 공은 모두 돛대 밑으로 떨어졌고, 배가 앞으로 나아가고 있었지만 뒤로 떨어진 공은 하나도 없었다.

가상디는 일찍이 갈릴레이의 책에서 크게 영향을 받았으며, 이 실험은 다른 누구보다도 갈릴레이가 세계 탐구에 가져온 혁명을 조명해 준다. 그것은 이리저리 걸어 다니며 순전히 철학적 차원에서 관념을 논하는 게 아니라 직접 자기 손으로 실험하여 가설을 검증하는 방법을 확립함으로써 일어난 혁명이다. 이런 의미에서 갈릴레이가 틀렸던 사례 하나를 언급해 두는 것도 가치가 있다. 그것도 알려진 실험을 가지고 '철학적으로 해명'하는 방법으로 추정해야 했기 때문에 틀렸다. 그렇지만 당시로서는 현실적으로 그의 궁극적 가설을 실험으로 검증해 볼 방법이 없었다. 갈릴레이는 경사면에서 공을 굴려 그것이 다른 경사면으로 굴러 올라가게 하면, 마찰이 없을 경우 경사면의 기울기가 가파르든 완만하든 상관없이 공이 언제나 출발점과 같은 높이까지 굴러 올라가리라는 것을 깨달았다. 이것은 그 자체로 중요한 깨달음이었는데, 우리가 하는 실험은 순수 과학의 이상적 세계를 완전하게 구현할 수 없다는 것을 파악하고 완전히 이해한 최초의 과학자였기 때문에 더욱 그렇다. 실제 세계에서 마찰은 언제나 존재한다. 그러나 그렇다고 해서 마찰이 없을 경우 사물이 어떻게 움직일지를 과학자가 이해하지 못하지는 않는다. 그런 다음 마찰을 계산에 추가하면서 과학자의 모델은 점점 정교해진다. 이것은 갈릴레이 이후 몇 세기가 지나면서 과학적 접근법의 한 가지 표준이 됐다. 복잡한 계界를 쪼개 이상화한 규칙을 따르는 간단한 구성 부분으로 나누고, 그렇게 단순화시킨 모델을 가지고 예측하면서 필요하면 모델이 다루는 영역 바깥의 영향 때문에 오류가 있을 것으로 받아들인다. 갈릴레이가 또 깨달은 것처럼 사탑에서 실제로 실험했을 때 두 개의 공이 땅에 닿는 시간에 약간의 차이가 있었던 것도 바로 그런 (바람의 저항 같은) 영향 때문이었다.

그러나 갈릴레이는 경사면 실험에서 더 깊은 진실을 알아보았다. 그는 두 번째 경사면의 기울기를 점점 더 완만하게 만들면 어떻게 될까 생각했다. 경사가 완만할수록 공은 원래의 높이에 도달하기 위해 멀리 굴러가야 할 것이다. 그리고 만일 두 번째 경사면이 수평이라면, 그리고 마찰을 무시한다면 공은 수평선을 향해 끝없이 굴러갈 것이다.

갈릴레이는 움직이는 물체는 마찰이라든가 외부의 힘에 영향을 받지 않는다면 계속 움직이려는 경향이 있음을 깨달았다. 이것은 아이작 뉴턴의 연구를 시작으로 역학이 완전히 꽃피울 때 한 가지 핵심 원리가 된다. 그러나 갈릴레이의 연구에는 한 가지 불완전한 부분이 있었다. 그는 지구가 둥글다는 것을 알고 있었다. 그러므로 수평 방향의 운동, 즉 수평선을 향한 운동은 실제로 지구 표면이 곡면이므로 곡선 경로를 따라간다는 뜻이다. 갈릴레이는 이것을 관성 운동은 외부에서 힘이 작용하지 않을 경우 기본적으로 원을 그리며 움직이는 것이 분명하다는 뜻으로 생각했고, 행성들이 태양을 도는 궤도를 벗어나지 않는 이유가 이것으로 설명된다고 보았다. 움직이는 물체는 힘이 가해지지 않을 경우 관성 때문에 직선으로 움직인다는 것을 처음으로 이해한 사람은 갈릴레이와 뉴턴 사이의 중요 인물인 르네 데카르트였다. 갈릴레이는 과학의 기초를 놓고 다른 사람들을 위해 방향을 가리켜 주었다. 그러나 그 기초 위에 다른 사람들이 쌓아 올릴 수 있는 것이 많이 있었다. 이제 갈릴레이가 놓은 기초 위에 자신의 것을 쌓아 올린 데카르트를 비롯한 과학자들을 더 자세히 살펴볼 차례다.

제2부

기초를 놓은 사람들

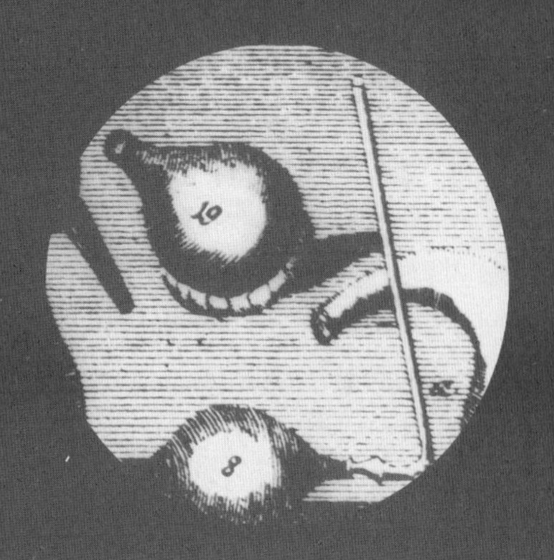

4
과학, 발 디딜 곳을 만들다

갈릴레이가 깨달은 것처럼 과학은 수학이라는 언어로 쓰였다. 그러나 갈릴레이 시대에 이 언어는 완전히 발달한 상태와는 거리가 멀었으며, 물리학자가 수학을 동원하여 우리가 살고 있는 세계를 묘사하려면 $E = mc^2$ 같은 방정식에서 사용하는 언어라든가 기하곡선을 방정식으로 표현하는 방식 등 오늘날 우리가 자동적으로 수학이라고 생각하는 기호언어가 먼저 발명돼야 했다. 덧셈(+)과 뺄셈(-) 기호는 1540년에야 수학에 도입됐는데 수학자 로버트 레코드Robert Recorde(1512경~1558)가 쓴 『산술의 기초*The Grounde of Artes*』가 그 시초였다. 레코드는 영국 펨브로크셔의 텐비에서 1510년경 태어나, 옥스퍼드 대학교와 케임브리지 대학교에서 공부하고 수학 및 의학 학위를 받았다. 박학다식한 사람이어서 옥스퍼드 대학교 올소울즈 칼리지의 석학연구원으로 있었고, 국왕 에드워드 6세와 메리 1세의 주치의였으며, 한때 정부의 광산·통화 감사장관을 지내기도 했다. 그는 1557년에 펴낸 책 『지혜의 숫돌*The Whetstone of Witte*』에서 등호(=)를 도입하면서 같은 길이의 평행선 두 개보다 "더 같을 수 있는 것이 없기 때문"이라 설명했다. 이런 갖가지 공로를 남겼는데도 불운한 결말을 막지는 못했고, 결국 엘리자베스 1세가 국왕에 즉위한 해인 1558년에 채무자 감옥에서 죽었다. 그러나 그의 수학 연구서는 갈릴레이가 죽은 뒤까지 100년이 넘도록 표준 교재로 이용됐다.* 한 세기가 지난 뒤 역사적 인물들에 대한 짧은 전기를 쓴 존 오브리John Aubrey(1626~1697)의 말처럼 레코드는 "좋은 산술책을 영어로 쓴 최초의 인물"이며 "천문학에 대해 잉글랜드 말로 글을 쓴 최초의 인물"이었다.

앞에서 말한 대로 17세기 초에 로그 계산법이 발명 내지 발견되면서 천문학자를 비롯한 과학자들의 수고로운 산술 계산 작업이 어마어마하게 단순화되고 빨라졌다. 로그는 일반 숫자가 아니라 '10의 제곱수'를 다루는 계산 방법이다. 간단한 예를 든다면 100 × 1000은 $10^2 \times 10^3$이 되고, 이것은 2 + 3 = 5이므로 10^5 즉 100,000이 된다. 일반 숫자를 모두 이런 식으로 표현할 수 있다. 예컨대 2345는 $10^{3.37}$으로 쓸 수 있으므로 2345의 로그는 3.37이다. 따라서 누군가가 일단 로그표를 만드는 수고를 해 놓기만 하면 모든 곱셈과 나눗셈을 덧셈과 뺄셈으로 줄일 수 있다. 휴대용 계산기가 1970년대에 등장했으니, 그 이전 시절에는 대부분 로그와 로그 계산에 사용하는 도구인 계산자가 없으면 복잡한 계산을 해낼 수 없었다.

이 책에서 수학의 역사를 자세히 다룰 생각은 없고, 다만 세계의 작동 방식과 세계 속에서 인간이 차지하는 위치에 대한 이해가 발전

* 말이 나온 김에 사칙연산의 나머지 기호도 설명해 두는 것이 좋겠다. 곱셈기호(×)는 1631년에, 나눗셈 기호(÷)는 1659년에 와서야 도입됐다. 곱셈 기호를 도입한 윌리엄 우트레드William Oughtred(1574~1660)는 또 그보다 10년쯤 전에 계산자도 발명했다.

해 나가는 이야기에 직접 영향을 주는 부분만 다루고자 한다. 갈릴레이가 이단심문소의 선고에 따라 연금 생활을 하는 사이에 출판된 연구서 중 갈릴레이의 책에 필적할 뿐 아니라 너무나도 중요하기 때문에 우리의 이야기에서 빠트릴 수 없는 획기적인 것이 하나 있다. 이 책은 또 당시의 또 다른 핵심 인물인 데카르트를 소개하기에도 적절하다. 그는 오늘날 철학자로 널리 알려져 있지만 과학 전반에 대해 관심을 가지고 있었다.

르네 데카르트와 데카르트 좌표

르네 데카르트René Descartes(1596~1650)는 1596년 3월 31일 프랑스 브르타뉴의 라에에서 태어났다. 집안은 지역에서 명망이 높았고 어느 정도 부유하기도 했다. 아버지 조아킴은 법률가이자 브르타뉴 의회 의원이었다. 어머니는 그가 태어나고 얼마 지나지 않아 죽었지만, 그가 떵떵거리며 살지는 않더라도 평생 굶주리지 않을 뿐 아니라 직업을 마음대로 고르거나 아예 고르지 않아도 돈 문제로 지나치게 걱정하는 일은 없을 정도의 유산을 남겼다. 그렇지만 그는 나중에 직업을 가질 때까지 살 수 있을까 싶을 정도로 병약한 아이여서 오래 살지 못할 가능성이 컸고, 만년에는 건강 문제로 종종 고통을 겪었다. 아버지는 아들이 자신처럼 법률가가 되거나 의사가 되기를 바라면서 그가 열 살 또는 그보다 어릴 때 앙주의 라플레시에 새로 설립된 예수회 학교에 보냈다. 이것은 당시 부르봉 왕가 최초의 프랑스 국왕이자 나바라의 헨리케라고도 불리는 앙리 4세의 허가에 따라 예수회가 새로 만든 학교 중 하나였다.

직업이라는 말이 어울릴지 몰라도, 앙리의 직업 자체가 당시 유럽이 겪고 있던 혼란이 어떤 것이었는지를 잘 보여 주고 있다. 왕위에 오르기 전 그는 1562부터 1598까지 프랑스에서 벌어진 종교전쟁에서 개신교 운동(위그노) 지도자였다. 1572년 성 바르톨로메오 축일의 대학살이라는 사건에서 큰 좌절을 겪은 뒤 천주교로 개종하여 목숨을 건졌으나, 그 진의를 의심한 국왕 샤를 9세가 그를 감옥에 가두었고 그 뒤를 이은 앙리 3세도 그를 석방하지 않았다. 1576년에 탈옥하여 자신의 개종 사실을 무효화하고 내전 동안 군대를 이끌고 여러 차례 피비린내 나는 전투를 벌였다. 원래 순위가 낮기는 하나 프랑스 왕위 계승 서열에 들어가 있었던 그는 1584년에 앙리 3세의 동생 앙주 공작이 죽자 왕위를 물려받을 후계자로 내정됐다. (앙리 3세도 앙주 공작도 자식이 없었다.) 이렇게 되자 프랑스의 천주교 연맹은 주로 천주교 측에서 전쟁에 참가하고 있던 스페인 국왕 펠리페 2세의 딸을 왕위 후계자로 내세웠다. 그러나 이는 오히려 역효과를 불러일으켜, 스페인이 사실상 프랑스를 차지하는 일을 막기 위해 앙리 3세와 4세가 손을 잡고 연맹을 쳐부수고자 했다. 두 앙리의 군대가 파리를 포위하고 있던 1589년 8월 1일 앙리 3세가 자객의 칼에 찔렸다. 그는 살아나지 못했으나 죽기 전에 나바라의 헨리케가 자신의 후계자임을 확인해 줄 수 있었다. 전투가 지지부진 이어진 때문에 앙리 4세는 1594년에 가서야 왕좌에 올랐다. 다시 한번 자신은 천주교인이라고 선언한 지 1년 뒤의 일이었다. 그러고 나서도 스페인과의 갈등은 계속됐다. 전쟁은 1598년에 끝났고, 이 해에 앙리 4세는 스페인과 화해했을 뿐 아니라 개신교인들에게 예배의 자유를 허용한 낭트칙령에 서명했으니 대단한 업적이라 아니할 수 없다. 앙리 4세 역시 1610년에 자객의 손에 죽었다. 데카르트가 14세이던 해였다. 앙리 4세의 묘비명은 그 자신이 한 말이다. "양심을 따르는 사람들의 종교가 나의 종교이며, 나의 종교 역시 용감하고 선한 사람들의 종교다."

앙리 4세가 죽은 지 2년 뒤(기록이 분명하지 않기 때문에 1613년일 가능성도 있다) 데카르트는 예수회 학교를 떠나 잠시 동안 파리에서 지낸 다음 푸아티에 대학교에 들어가 1616년에 법학 학위를 받고 졸업했다. 의학 공부도 했을 수 있지만 의사 자격은 따지 않았다. 20세가 된 그는 이제 자신의 삶을 되짚어 본 다음 직업을 갖는 데는 흥미를 두지 않기로 했다. 어린 시절 병고를 겪은 까닭에 자기 자신을 의존하는 성격이 강해진 동시에 일종의 몽상가가 되어 있었으며, 육체적 안락을 가져다주는 것들을 좋아했다. 학교에 있는 동안에는 예수회조차도 아침에 늦잠을 허용하는 등 그에게 상당한 특권을 주었는데, 그로서는 이것이 습관이라기보다 삶의 방식이 되었다. 오랫동안 교육을 받은 끝에 무엇보다도 자기 자신이 무지한 데다 교사들 역시 무지하다고 확신했고, 교재를 무시하고 자신과 주위 세계를 연구함으로써 스스로 철학과 과학을 깨우치기로 결심했다.

이를 위해 그는 얼핏 이해가 가지 않는 결정을 내렸는데, 집을 떠나 네덜란드로 가서 오라네 공국의 군대에 입대한 것이다. 그러나 안락함을 좋아하는 데카르트는 전투병이 아니었다. 그는 뒤떨어지는 자신의 신체 능력보다는 수학 솜씨를 사용하는 공학자로서 자기만의 역할을 찾아냈다. 데카르트가 도르드레흐트의 수학자 이사크 베크만Isaac Beeckman(1588~1637)을 만난 것은 브레다의 군사학교에서였다. 그는 데카르트에게 더 차원 높은 수학을 소개해 주고 오랫동안 친구 관계를 유지한 사람이다. 그 뒤 몇 년 동안 데카르트는 바이에른 공작의 군대를 비롯해 유럽 여러 곳에서 복무했는데, 1619년 프랑크푸르트에서 있었던 페르디난트 2세 황제의 대관식에 그가 참석했다는 사실은 알려져 있지만 그 나머지 군대 생활에 대해서는 알려져 있는 게 별로 없다. 그렇지만 1619년 말에 이르러 데카르트의 일생에서 가장 중요한 사건이 일어났다. 그 사건이 정확히 언제 어디에서 일어났는지를 우리가 알고 있는 이유는 1637년에 펴낸 책 『방법서설*Discours de la méthode*』, 정식 명칭 『이성을 올바로 발휘하여 여러 학문에서 진리를 구하는 방법서설*Discours de la méthode pour bien conduire sa raison, et chercher la véritédans les sciences*』에서 밝히고 있기 때문이다. 때는 1619년 11월 10일이었고, 개신교인들에 맞서 싸우기 위해 소집된 바이에른 공작의 군대는 도나우 강둑의 겨울 주둔지에서 머무르고 있었다. 데카르트는 침대 안에 파묻힌 채 세계의 본질이라든가 삶의 의미 같은 것에 대해 꿈인지 몽상인지 모를 것을 꾸며 하루를 보내고 있었다. 그가 있던 방은 때때로 '오븐'이라 불리는데, 데카르트가 쓴 낱말을 문자 그대로 번역한 것이기는 하지만 비유적 표현일 수도 있다. 그러므로 그가 주로 빵 같은 것을 굽는 데 사용되는 뜨거운 방 안으로 실제로 기어들어 갔다는 뜻으로 보아야만 하는 것은 아니다. 어떻든 데카르트가 처음으로 자기만의 철학으로 이어지는 길을 발견하는 동시에 수학에서 가장 위대한 것으로 꼽을 수 있는 깨달음을 얻은 것은 바로 이날이었다. 그의 철학은 대체로 이 책의 주제를 벗어나기 때문에 여기서는 다루지 않기로 한다.

방 한구석에서 윙윙 날아다니는 파리를 한가로이 보고 있던 데카르트는 시간 속 어느 순간 파리가 있는 위치를 방의 귀퉁이에서 만나는 세 개의 벽면까지의 거리를 나타내는 세 개의 수로 표현할 수 있다는 것을 문득 깨달았다. 그는 이것을 순간적으로 3차원으로 생각했지만, 오늘날 학교에서 그래프를 그려 본 어린이라면 누구나 이 깨달음의 본질을 알고 있다. 그래프상의 어떤 점이든 x축과 y축 위의 거리에 해당하는 두 개의 수로 표현된다. 3차원에서는 z축만 더 있으면 된다. 이런 식으로 공간 속(또는 종이 위)의 점을 나타내는 체계에서 사용되는 숫자는 오늘날 그의 이름을 따 데카르트 좌표라 부른다. 누군가에게 길을 가르쳐 줄 때 "동쪽으로 세 블록 가서 북쪽으로 두 블록 가라" 하는 식으로 말한다면 데카르트 좌표를 사용하고 있는 것이다. 나아가 건물 층까지 말해 준다면 3차원 데카르트 좌표를 사용하는 것이다. 데카르트의 발견은 어떤 기하 형태라도 한 벌의 수만으로 표현할 수 있다는 뜻이었다. 간단하게 모눈종이에 그린 삼각형을 예로 들어 보면 꼭짓점 하나에 수 한 벌씩 세 벌만 있으면 된다. 종이에 그린 곡선이라든가 예컨대 태양을 도는 행성의 궤도 역시 원칙적으로 수학 방정식으로 서로 연관되어 있는 일련의 수로 표현할 수 있다. 이 발견을 완전히 파헤쳐 그 결과가 마침내 책으로 출간되자 대수학을 이용하여 기하학을 쉽게 분석할 수 있게 됐고, 이로써 수학이 전혀 다른 모습으로 탈바꿈하여 그 여파가 20세기에 상대성이론과 양자 이론의 개발에까지 미쳤다. 그와 아울러, 알파벳의 앞쪽 문자들(a, b, c 등)은 알려진 크기(기지수)를 나타내고 뒤쪽 문자들(특히 x, y, z)은 알려지지 않은 크기(미지수)를 나타내는 관례도 데카르트가 도입한 것이다. 그리고 예컨대 x^2은 $x \times x$를, x^3은 $x \times x \times x$를 나타내는 식으로 오늘날 널리 쓰이는 지수 표시법을 도입한 것도 데카르트다. 이것 말고 아무것도 더 이룩한 게 없다 해도 분석 수학의 이런 갖가지 기초를 놓은 것만으로도 데카르트는 17세기 과학에서 핵심 인물이 되었을 것이다. 그렇지만 그가 남긴 업적은 이것만이 아니다.

'오븐' 안의 깨달음이 있은 뒤 1620년에 데카르트는 바이에른 공작 군대의 복무 기간이 끝나자 군대 생활을 접고 독일과 네덜란드를 여행했다. 여행 끝에 1622년에 프랑스로 돌아와서는 어머니로부터 물려받은 푸아티에의 장원을 팔고 그 돈을 채권에 투자하여 독자적 연구를 계속하기 위한 자금을 마련했다. 안정적 수입이 확보되자 이런저런 생각도 하면서 유럽을 두루 다니느라 몇 년을 보냈다. 이탈리아에서는 꽤 오래 머물렀는데, 희한하게도 갈릴레이를 만날 생각은 하지 않았던 것 같다. 32세가 되자 이제 정착하여 후세를 위해 자신의 생각을 체계적으로 정리할 때가 됐다고 판단했다. 그는 1628년 가을에 다시 네덜란드를 방문하고, 그해 겨울을 파리에서 지낸 다음 네덜란드로 돌아가 그곳에 정착하여 그 뒤 20년을 지냈다. 그곳에 자리 잡은 것은 잘한 선택이었다. 30년 전쟁 때문에 유럽은 여전히 혼란을 겪고 있었고 프랑스에서는 여전히 종교전쟁으로 인한 소란이 이따금씩 일고 있었지만, 네덜란드는 이제 확실한 독립국이 되어 있었다. 공식적으로는 개신교 국가였으나 천주교가 인구의 큰 비중을 차지하고 있었고 종교적 자유가 허용되고 있었다.

데카르트는 네덜란드에 친구도 많았고 편지를 주고받는 사람도 많았다. 이사크 베크만을 비롯한 학자들, 크리스티안 하위헌스의 아버지로서 오라녜 공의 비서관이자 네덜란드의 시인·정치가인 콘스탄테인 하위헌스, 그리고 라인 팔츠 선제후인 프리드리히 5세의 집안 등도 거기 포함된다. 라인 팔츠 선제후는 데카르트와 튀코를 이어 주는 일종의 연결 고리가 되는데, 프리드리히 5세의 비 엘리자베스 스튜어트가 잉글랜드 국왕 제임스 1세의 딸이기 때문이다.* 갈릴레이와 마찬가지로 데카르트는 결혼하지 않았지만, 존 오브리가 말한 대로 "남자였던 만큼 남자의 욕구와 욕망이 있었고, 그래서 그가 좋아한 어느 기품 있는 여자를 곁에 두었다." 여자의 이름은 헬레나 얀스였고, 1635년에 둘 사이에 프랑시느라는 딸이 태어났다. 그는 딸에게 푹 빠졌지만 딸은 1640년에 죽고 말았다.

데카르트의 최대 역작

이미 사상가이자 학자로 평판이 좋았던 데카르트는 위와 같은 친구들과 대화를 나누고 편지를 주고받으면서 평판을 더욱 굳히는 한편, 물리학에 관한 자신의 생각을 모조리 쏟아 넣을 생각으로 1629년부터 1633년까지 4년 동안 방대한 논문을 준비했다. 이 책은 제목이 『세계, 또는 빛에 관한 학술보고서 *Le Monde, ou Traité de la Lumière*』였으며, 막 출간되려던 참에 갈릴레이의 재판과 이단 판결 소식이 네덜란드로 전해졌다.

* 당시 유럽 왕가는 대부분 거미줄 같은 정략결혼을 통해 서로 이어져 있었으므로 이것은 그다지 우연이랄 것도 없다. 그러나 이 결혼은 결과적으로 특히 중요했는데, 프리드리히의 딸 조피 공녀가 하노버 선제후와 혼인하여 잉글랜드 국왕 조지 1세를 낳았기 때문이다.

재판에 얽힌 사연은 나중이 되어서야 분명히 밝혀지지만 당시로서는 갈릴레이가 코페르니쿠스주의 때문에 유죄판결을 받았다는 것은 분명해 보였다. 데카르트의 원고는 코페르니쿠스 사상을 전폭적으로 지지하고 있었으므로 그는 출판을 바로 중지시켰고, 그 많은 부분이 나중에 그가 쓴 몇몇 책의 기초로 활용되기는 했지만 이 책은 결국 출간되지 않았다. 데카르트가 천주교인이라는 점을 생각한다 해도 이것은 비교적 성급한 과민반응이었던 것으로 보인다. 로마의 예수회가 머나먼 네덜란드에 있는 그에게 해를 입힐 길이 없었기 때문이다. 그래서 그 책의 내용을 일부 보았거나 편지에 적힌 설명을 보았던 친구와 친지들이 데카르트에게 뭔가를 될 수 있는 대로 빨리 출간하라고 설득하는 것도 그리 어렵지 않았다. 그 첫 결과물이 1637년 기상학, 광학, 기하학에 관한 논문 세 편이 함께 수록되어 나온 『방법서설』이었다. 그가 책에서 소개한 생각이 모두 정확한 것은 아니지만, 기상학에 관한 논문에서 중요한 것은 날씨 변화를 신비학 또는 신들의 변덕이 아니라 모두 과학 차원에서 합리적으로 설명하려 했다는 점이다. 광학에 관한 논문에서는 눈의 작동을 설명하면서 망원경을 개량하기 위한 방법을 내놓았다. 그리고 기하학에 관한 논문에서는 그날 도나우 강둑의 침대 안에서 얻은 혁명적 깨달음을 다루었다.

데카르트의 두 번째 역작은 1641년에 나온 『제1철학에 관한 성찰 *Meditationnes de Prima Philosophia*』로, 그가 한 말 중 가장 유명하지만 항상 정확하게 해석되지는 않는 "나는 생각한다, 고로 나는 존재한다"는 말을 중심으로 전개되는 철학을 자세히 설명한다. 그리고 1644년에는 그가 학문에 크게 기여한 세 번째 주요 작품 『철학의 원리*Principia Philosophiae*』를 내놓았다. 이것은 본질적으로 물리학에 관한 책으로, 이 책에서 데카르트는 물질세계의 본질을 탐구하는 한편 움직이는 물체는 갈릴레이가 생각한 것처럼 원이 아니라 직선으로 계속 움직이려 한다며 관성을 정확하게 해석했다. 이 책의 출간이 마무리되고 나서 프랑스를 다녀왔는데 1629년 이후로는 처음인 것으로 보인다. 그리고 1647년에 다시 프랑스를 찾았다. 이때 물리학자이자 수학자 블레즈 파스칼Blaise Pascal(1623~1662)을 만나, 기압계를 산 위로 가지고 올라가 고도에 따라 기압이 어떻게 달라지는지를 보면 흥미로울 거라고 말했다.*

실험은 1648년 파스칼의 처남이 했는데, 고도가 높아질수록 기압이 낮아지는 것으로 나타났고 이로써 대기가 지구를 둘러싸고 무한히 뻗어 나가는 게 아니라 얇은 층을 이루고 있을 뿐임을 짐작할 수 있었다. 데카르트는 1648년 52세일 때 다시 프랑스를 방문했으나 이번에는 내전 위협 때문에 도중에 돌아올 수밖에 없었다. 그러나 그는 1640년대 말에 이르러 무슨 이유에서인지 조바심을 내기 시작하고 있었고 더 이상 여생을 네덜란드에서 보낼 뜻이 없어 보였다. 그리고 1649년에 스웨덴의 국왕 크리스티나가 스톡홀름에 불러 모으고 있던 지식인 무리에 합류하라고 초청하자 데카르트는 그 기회를 얼른 받아들였다. 그는 그해 말 스톡홀름에 도착했으나, 매일 아침 다섯 시에 왕궁에 들어가 국왕이 국사를 돌보기 전에 국왕에게 개인 수업을 해야 한다는 사실을 알고 깜짝 놀랐다. 그것이 총

* 기압계는 당시 최신 발명품이었으며, 데카르트는 기압계로 측정하는 것이 지구 표면을 내리누르는 공기의 무게라고 말한 최초의 사람에 속한다.

애를 받으면서 시간의 대부분을 무엇이든 마음대로 연구하는 데 쓸 자유를 누리는 대가였다. 안락한 생활에 익숙해져 있던 데카르트에게 북국의 겨울과 아침 일찍 일어나는 생활은 무리였다. 그러다가 감기에 걸렸는데 그것이 폐렴으로 발전했고, 그 때문에 54번째 생일 직전인 1650년 2월 11일 숨을 거두었다.

데카르트는 심오한 영향을 끼쳤다. 주로 자신의 사고로부터 신비주의의 영향을 흔적조차 남기지 않고 쓸어 내버렸기 때문이다. 그리고 비록 하느님과 영혼의 존재를 믿었지만, 우리가 살아가는 세계, 그리고 우리 인간을 비롯하여 그 안에서 살아가는 생물은 모두 실험과 관찰로써 판별 가능한 법칙을 따르는 기본적인 물리적 실체로 이해할 수 있다고 주장했다. 그렇다고 데카르트가 모든 것을 올바로 파악했다는 뜻은 절대로 아니다. 실제로 그의 가장 중요한 발상 중 하나는 크게 틀렸는데도 영향력이 너무나 컸던 나머지 유럽에서 18세기가 되고서도 한참이 지날 때까지 수십 년 동안이나 과학 발전을 가로막았다. 특히 프랑스에서 더 그랬다. 그가 옳았던 분야에서 미친 영향에 대해 논하기 전에 그가 틀렸던 것이 무엇인지 먼저 살펴보는 것이 좋겠다.

피에르 가상디: 원자와 분자

데카르트가 크게 틀린 부분은 진공 내지 '허공(void)'이라는 관념을 거부한 것이다. 이에 따라 그는 원자 관념도 부정했다. 원자 관념은 그 무렵 피에르 가상디가 부활시키고 있었는데, 데카르트가 이 관념을 일축한 것은 원자로 이루어진 세계 모델에서는 만물이 작은 물체(원자)로 이루어져 있고 이들이 허공 안에서 이리저리 움직이며 상호작용한다고 보기 때문이었다. 원자 관념은 기원전 5세기 데모크리토스Democritus(기원전 460경~기원전 370경)의 연구로 거슬러 올라가며, 기원전 342년부터 기원전 271년까지 살았던 에피쿠로스Epicurus가 되살려 내기는 했지만 고대 그리스에서는 소수파의 관점을 벗어나지 못했다. 과학 혁명 이전의 서양 사상에 가장 큰 영향을 미친 그리스 철학자 아리스토텔레스는 원자 사상이 허공 관념과 연관되어 있다는 이유로 거부했다.

1592년 1월 22일 프로방스의 샹테르시에에서 태어난 피에르 가상디Pierre Gassendi는 1616년 아비뇽에서 신학박사가 됐고 그 이듬해에 성직자가 됐다. 엑스 대학교에서 학생들을 가르치다가 1624년에 아리스토텔레스의 세계관을 비판하는 책을 출간했다. 1633년에는 디뉴 대성당의 수석사제가 됐고 1645년에는 파리 콜레쥬 로얄르의 수학교수가 됐다. 그러나 건강 문제로 1648년 교직을 그만두고, 그 이후로 1650년까지 툴롱에서 살다가 파리로 돌아온 뒤 1655년 10월 24일에 세상을 떠났다.

가상디는 천문관측도 많이 하고 갤리선을 이용한 유명한 관성 실험도 했지만, 과학에 기여한 가장 중요한 것은 원자 사상을 되살린 것이다. 이것을 1649년에 펴낸 책에서 더없이 분명하게 내놓았다. 가상디는 원자의 성질(예컨대 맛 등)은 원자의 모양이 뾰족한지 둥근지, 가늘고 긴지 굵고 짧은지에 따라 달라진다고 생각했고, 고리와 걸쇠 같은 방식으로 원자가 결합하여 분자라는 것이 될 수 있다고 보았다. 또 원자는 허공 안에서 이리저리 움직이며 원자 사이의 틈에는 말 그대로 아무것도 없다는 생각을 굳게 지켰다. 그러나 완벽한 사람은 없다는 옛말이 옳다는 것을 증명이라도 하듯, 가상디는 혈액은 순환한다는 하비의 생각에 반대했다.

가상디를 비롯하여 그 시대의 상당히 많은 사람들이 1640년대에 진공 관념을 기꺼이 받아들이려 한 이유는 '허공'이 존재한다는 실험적 증거가 있었기 때문이다. 에반젤리스타 토리첼리Evangelista Torricelli(1608~1647)는 갈릴레이가 죽기 몇 달 전 갈릴레이와 서로 알게 된 이탈리아의 과학자로 1642년 피렌체에서 수학교수가 됐다. 갈릴레이는 토리첼리에게 우물이 9미터 정도보다 더 깊으면 수직관으로 물을 펌프질해 올릴 수 없다는 문제를 소개해 주었다. 토리첼리는 관 속에 물을 떠받칠 수 있는 압력이 만들어지는 것은 우물 속 (다른 어디라도 마찬가지) 물 표면을 내리누르는 대기의 무게 때문이며, 관 속 물의 무게 때문에 생겨나는 압력이 대기 때문에 작용하는 압력보다 낮을 경우에만 물을 펌프질해 올리는 게 가능하다고 추론했다.

그는 이 생각을 1643년에 수은관을 이용하여 시험했다. 한쪽이 막힌 관에 수은을 넣고 수은을 담은 얇은 접시 위에서 뒤집어 세운 채 관의 주둥이가 접시의 수은 안에 잠기게 했다. 수은은 같은 부피의 물에 비해 14배 정도 무겁기 때문에 그는 관 속의 수은기둥이 60센티미터를 약간 넘기는 높이에서 멈출 것이라 예측했고 실제로도 그랬다. 그러면서 수은기둥 윗부분과 막힌 관 사이에 빈 곳이 생겨났다. 토리첼리는 수은기둥의 높이가 날마다 조금씩 달라지는 것을 발견하고 대기압의 변화 때문인 것으로 추론했다. 그는 기압계를 발명하고 진공도 만들어 낸 것이다.

데카르트, 진공 개념 거부

데카르트는 이 연구에 대해 잘 알고 있었다. 그는 앞서 언급한 대로 기압계를 가지고 산 위로 올라가 고도에 따라 기압이 달라지는지 보라는 말을 했다. 그러나 수은(또는 물)기둥 위의 빈 곳이 진공이라는 생각은 받아들이지 않았다. 그는 공기나 물, 수은 등 일상에서 흔히 접하는 물질은 그보다 훨씬 미세한 물질과 섞여 있다고 생각했고, 이 미세물질 액체가 모든 빈 곳을 채우고 있기 때문에 진공이 생겨날 수가 없다고 보았다. 예컨대 기압계 안의 수은을 솔바닥 설거지용 강모 수세미에 비유한다면, 매우 고운 올리브유 같은 것이 강모 사이의 빈 곳과 수은기둥 위의 빈 곳을 채우고 있다는 것이다.*

파스칼이 앓는 통에 그의 처남이 대신 해 준 실험을 보면 높이 올라갈수록 대기가 희박해지고 따라서 어떤 한계점에 다다르면 그 위로는 진공이 있을 것이 분명하다고 짐작할 수 있겠지만, 데카르트는 자신이 말한 저 만유액체가 대기 너머 우주 전체를 채우고 있으므로 어디에도 빈 공간은 없다고 말했다. 그는 오늘날의 눈으로 볼 때 매우 희한한 모델을 내놓았는데, 이 모델에서는 냇물의 소용돌이에 나뭇조각들이 이리저리 떠다니는 것처럼 행성들이 이 액체의 소용돌이에 휩쓸려 이리저리 다니는 것으로 묘사된다. 그는 이 관점을 바탕으로 지구가 사실은 움직이고 있지 않다고 주장할 수 있었다. 지구를 에워싸고 있는 액체에 비하면 가만히 있는 것이며, 이렇게 지

* 1650년대에 독일인 오토 폰 괴리케Otto von Guericke(1602~1686)가 공기펌프를 발명했다. 흔히 진공펌프라 불리는 이 펌프는 밀폐된 용기 안의 공기압을 크게 줄일 수 있었으며, 그 안의 공기가 제거되어 촛불이 꺼지고 종을 울려도 소리가 들리지 않을 정도였다.

구를 에워싸고 있는 액체 덩어리가 태양 주위를 돌며 움직이고 있을 뿐이라고 설명했다. 이것은 마치 코페르니쿠스 사상을 받아들이는 동시에 오로지 예수회의 비위를 건드리지 않고 빠져나갈 구멍을 만들겠다는 목적으로 고안해 낸 비비꼬인 논리 같지만, 모든 증거로 볼 때 데카르트는 이단심문소에 대한 어떤 두려움 때문이 아니라 진공에 대한 혐오감 때문에 이 모델 쪽으로 기울어진 것으로 판단된다. 이 모든 이야기는 한 가지 문제점만 아니라면 과학사에서 각주로 처리할 정도의 이야깃거리조차 되지 않을 것이다. 문제는 그가 죽은 뒤 수십 년 동안 그의 영향이 너무나 컸다는 점이었다. 그래서 뉴턴이 중력과 행성 운동에 대한 생각을 발표했을 때, 그것이 데카르트의 생각과는 맞지 않기 때문에 프랑스를 비롯하여 유럽 일부 지역에서 상당히 오랫동안 받아들여지지 않았다. 여기에는 맹목적인 애국심도 어느 정도 작용했다. 프랑스인은 자국의 거장을 미는 한편 잉글랜드인의 생각은 믿기 어렵다며 거부했고, 반면에 뉴턴은 물론 자기 나라 잉글랜드에서 대단한 선지자로 추앙받았다.

우주에는 빈 공간이 없다는 생각 때문에 데카르트는 행성의 운동을 설명하려 할 때 막다른 골목에 다다랐지만, 빛에 관한 연구는 궁극적으로 틀렸다는 것이 증명되기는 했어도 그보다는 더 유용했다. 가상디 같은 원자론자들은 빛은 태양 같은 밝은 물체로부터 나와 보는 사람의 눈에 와서 부딪치는 작디작은 입자들의 흐름에서 생겨난다고 보았다. 데카르트는 시각은 만유액체에 가해지는 압력에 의한 현상이라고 보았고, 그래서 예컨대 태양이 이 액체를 밀면 마치 막대기로 뭔가를 찌를 때처럼 그 압력이 태양을 바라보고 있는 사람의 눈에 즉각적으로 전달된다고 생각했다.* 원래 이 생각에서는 압력이 지속적으로 눈에 가해지는 것으로 보았지만, 밝은 물체로부터 압력이 파동으로 퍼져 나올지도 모른다는 생각과는 한 걸음밖에 차이가 나지 않았다. 이때의 파동은 연못 표면을 따라 퍼지는 물결 같은 파동보다는 표면을 세게 칠 때 연못 물 전체를 타고 울려 퍼지는 압력파에 가깝다. 17세기 후반에 이 생각을 가장 완전히 전개한 사람은 데카르트의 오랜 친구 콘스탄테인의 아들 크리스티안 하위헌스 Christiaan Huygens(1629~1695)였다. 불운하게도 아이작 뉴턴과 거의 같은 시기에 활동하지만 않았다면 하위헌스는 그 세대 가장 위대한 과학자가 됐을 것이다.

크리스티안 하위헌스: 광학 연구와 빛의 파동 이론

하위헌스 집안에서 오라녜 가문을 섬긴 것이 콘스탄테인이 처음이 아니었으므로, 크리스티안 하위헌스가 1629년 4월 14일 네덜란드의 헤이그에서 태어났을 때 집안에서는 그 역시 집안 전통을 따를 것이라고 생각했다. 명망 높고 부유한 가문 출신인 만큼 하위헌스는 16세가 될 때까지 집에서 그 시대 최고 수준의 교육을 받았고, 덕분에 그의 집을 자주 방문한 르네 데카르트 같은 중요한 인물을 만날 기회가 많았다. 이때 데카르트를 만난 것이 한 가지 계기가 되어 하위헌스가 과학에 흥미를 느꼈을 가능성도 충분히 있

* 나중에 아이작 뉴턴은 특유의 신랄한 어조로 이 생각의 명백한 오류를 지적했다. 만일 시각이 이 보이지 않는 액체가 눈에 가하는 압력에 의한 것이라면 어둠 속에서도 충분히 빨리 달리면 볼 수 있을 것이다! 하지만 데카르트가 아직 살아 있었다면 그만큼 빨리 달릴 수 있는 사람이 없다는 게 문제라고 받아쳤을 것이 분명하다.

지만, 1645년 레이던 대학교에 들어가 수학과 법학을 공부하기 시작했을 때 그는 여전히 외교관의 길을 향해 나아가는 것처럼 보였다. 이어 1647년부터 1649년까지 다시 2년 동안 브레다에서 법학을 공부했다. 그러나 20세가 되자 집안 전통을 따르지 않고 과학 연구에 몰두하겠다고 결심한다. 외교관이기만 한 게 아니라 네덜란드어와 라틴어로 시를 쓰는 재능 있는 시인이자 작곡까지 하는 사람인 아버지는 생각이 트인 사람이어서 이에 반대하기는커녕 뭐든지 원하는 것을 마음대로 공부할 수 있도록 비용을 대주었다. 그 뒤로 17년 동안 하위헌스는 헤이그의 집에서 자연을 과학적으로 탐구하는 일에 몰두했다. 조용한 생활이었으므로 얼마든지 연구에 몰두할 수 있었으나 바로 그 때문에 일화도 전해지는 게 별로 없다. 과학자로서 명성이 퍼져 나가기까지는 어느 정도 시간이 걸렸다. 언제나 무엇이든 세밀한 부분까지 철두철미하게 규명하기 전에는 어떤 것도 출판하기를 극도로 꺼리는 성격 때문이었다. 그렇지만 여행은 많이 다녔다. 1661년에는 런던을 들렀고, 1655년에는 파리에서 다섯 달 동안 지내면서 피에르 가상디 같은 유명 과학자를 많이 만났다.

하위헌스의 초기 연구는 주로 수학 분야였으며, 기존 기법을 개선하는 한편 자기 자신의 기술을 닦을 뿐 획기적인 발견은 없었다. 이에 그는 역학 쪽으로 방향을 바꿔 운동량에 관한 중요한 연구를 내놓고, 원심력의 본질을 연구하여 그것이 중력과 비슷하다는 것을 증명했으며, 갈릴레이의 발사체 궤적 연구를 개선했다. 그의 역학 연구는 나아갈 방향을 너무나 분명하게 제시했기 때문에, 이 무렵 아이작 뉴턴 같은 보기 드문 천재가 나타나지 않았다 하더라도 다음 세대 과학자 중 누군가가 저 유명한 중력의 역제곱 법칙을 발견했으리라는 점에는 의심의 여지가 거의 없다.*

하위헌스는 또 진자시계를 발명하여 과학계 밖까지 널리 유명해졌다. 1657년에 이 시계의 특허를 얻었는데, 갈릴레이와는 어떤 관계도 없이 독자적으로 발명한 것으로 보인다. 이 연구를 하게 된 동기는 천문학에 대한 관심이었다. 오래전부터 정확한 시간을 측정할 필요가 있는 분야였지만, 점점 더 정확한 관측 도구가 설계되면서 그 요구가 더 절실해져 가고 있었다. 갈릴레이가 설계한 것과는 달리 하위헌스의 시계는 더 견고하고 실용적인 시간 측정 장치였다. 다만 바다에서 정확한 시간을 측정할 수 있을 정도로 견고하지는 않았는데, 당시 이것은 해결할 수 없는 중요한 문제에 속했다. 1658년에는 하위헌스의 설계에 따라 만들어진 시계가 네덜란드 전역의 교회 탑에 설치되기 시작했고 이내 유럽 전역에 퍼졌다. 태양의 위치에 따라 시각을 어림잡을 수밖에 없었던 보통 사람들이 정확한 시계를 이용할 수 있었던 것은 1658년부터였으며 그것도 크리스티안 하위헌스 덕분이었다. 연구할 때 언제나 철두철미한 성격이었던 만큼 하위헌스는 진자를 연구하면서 실용적인 시계를 설계하는 데 그치지 않고 진자뿐 아니라 진동계 전반의 성질을 속속들이 다룬 이론까지 내놓았다. 오로지 천문학을 연구하면서 정확한 시간을 측정할 필요가 있었기 때문에 시작한 일이었다.

* 하위헌스에게는 결정적 맹점이 있었던 까닭에 이 법칙을 직접 발견해 낼 수 없었다. 데카르트와 마찬가지로 그는 허공을 사이에 두고서는 힘이 미칠 수 있다고 믿지 않았다. 그는 직접적 접촉을 통해서만 — 필요한 경우 액체를 매개로 — 힘이 전달될 수 있다고 믿었다.

오늘날 하위헌스의 시계 연구에 관해 아는 사람은 드물다. 그렇지만 그가 빛의 파동 이론과 관계가 있었다는 것을 아는 사람은 비교적 많다. 하위헌스는 진동계 이론과 마찬가지로 이 이론도 천문학과 관련된 실용적 연구에서 출발했다. 1655년에 크리스티안 하위헌스는 아버지의 이름을 이어받은 형 콘스탄테인과 함께 몇 차례에 걸쳐 망원경을 설계, 제작하기 시작했고 이렇게 제작한 망원경은 그 시대 최고의 천문학 도구가 됐다. 당시 굴절망원경은 모두 색수차 문제를 가지고 있었다. 색수차는 망원경 안으로 들어가는 빛이 렌즈에 굴절될 때 색에 따라 조금씩 다른 정도로 굴절되기 때문에 망원경을 통해 맺히는 물체의 상 가장자리에 색깔이 있는 테두리가 생겨나는 현상을 말한다. 바다에 떠 있는 배가 어떤 배인지 알아보려는 용도에서는 그다지 문제가 되지 않았지만, 정확한 관찰이 요구되는 천문학에서는 커다란 골칫거리였다. 하위헌스 형제는 망원경의 접안렌즈에 두꺼운 렌즈 하나를 사용하는 게 아니라 얇은 렌즈 두 개를 조합하여 사용함으로써 색수차를 상당히 많이 줄일 방법을 찾아냈다. 완벽하지는 않았지만 그때까지의 그 어떤 것보다도 훨씬 나았다. 두 형제는 또 렌즈를 연마하는 기술이 매우 뛰어나 정확한 모양의 커다란 렌즈를 만들어 낼 수 있었는데, 그것만으로도 두 사람이 만든 망원경은 당시의 어떤 망원경보다 뛰어났을 것이다. 하위헌스는 새 설계에 따라 제작된 최초의 망원경으로 1655년 토성의 가장 큰 위성인 타이탄을 발견했다. 이것은 갈릴레이가 목성의 위성을 발견한 것에 거의 뒤지지 않는 커다란 발견이었다. 1650년대 말에 이르러 하위헌스는 형과 함께 두 번째로 제작한 더 큰 망원경을 사용하여 토성 자체가 왜 그런 특이한 모양을 하고 있는지 그 수수께끼를 풀어냈다. 그는 물질로 이루어진 얇고 납작한 고리가 토성을 둘러싸고 있다는 것을 알아냈는데, 지구에서 볼 때 어떤 때는 옆모양이 보여서 사라지는 것처럼 보이고, 또 어떤 때는 앞모양이 보여서 갈릴레이가 사용한 것 같은 작은 망원경으로 보면 토성에 귀가 생겨난 것처럼 보였다. 이 모든 것들 덕분에 하위헌스의 명성은 확고해졌다. 그는 1660년대 초에는 여전히 헤이그에서 활동하고 있었지만 파리에서 시간을 많이 보냈고, 1666년 프랑스에서 왕립과학원Académie des Sciences을 설립할 때 그를 일곱 명의 창립회원 중 한 사람으로 초청하여 과학원의 후원으로 평생 파리에서 연구할 수 있게 했다.

이 무렵 최초의 왕립과학원(또는 학술원)들이 설립되었다는 것 자체가 과학사에서 뚜렷한 이정표가 되면서, 17세기 중반은 과학 탐구가 기성사회의 일부분으로 자리 잡기 시작한 시기로 기억되게 됐다. 공식적으로 인가받은 최초의 과학원은 1657년 갈릴레이의 제자 에반젤리스타 토리첼리Evangelista Torricelli(1608~1647)와 빈첸초 비비아니Vincenzo Viviani(1622~1703)가 페르디난도 2세 대공과 그 동생 레오폴도의 후원으로 피렌체에서 설립한 실험학술원Accademia del Cimento이었다. 이것은 페데리코 체지가 죽은 충격에서 회복하지 못하고 사라진 린체이 학술원을 정신적으로 이어받은 단체였다. 그러나 실험학술원 역시 10년 정도밖에 지속되지 못했고, 이 학술원이 해체된 1667년은 다른 것도 있겠지만 이탈리아가 르네상스에서 영감을 받아 물상과학에서 유지해 오던 선도적 위치를 잃어버린 해로도 정의

된다.

이 무렵 세계에서 가장 오랫동안 단절 없이 지속되고 있는 과학회가 이미 런던에서 모이기 시작하고 있었다. 과학적 성향의 사람들이 1645년부터 런던에서 정기적으로 만나 새로운 생각을 논하고 새로운 발견을 주고받을 뿐 아니라 뜻이 같은 유럽 전역의 사상가들에게 그것을 편지로 전달하기 시작했다. 이것이 1662년 찰스 2세의 칙허장을 받으면서 왕립학회Royal Society가 됐다. 이런 단체 중 최초이므로 다른 수식어를 더 붙일 필요가 없으며, '왕립학회'라 하면 이 학회를 말한다. 그러나 런던의 이 학회는 이름에 '왕립'이 붙어 있기는 해도 정부 자금을 받지도 않고 정부에 대한 의무 역시 없는 개인이 모인 단체였다. 하위헌스는 1663년에 런던에 잠깐 들렀을 때 왕립학회 최초의 외국인 회원 중 한 사람이 됐다. 4년 뒤 프랑스에서 영국의 왕립학회에 해당하는 기구로 만들어진 왕립과학원은 루이 14세의 후원으로 설립됐다. 그렇지만 하위헌스같이 뛰어난 과학자를 위해 경제적 지원과 실험 설비를 제공하는 등 정부기관으로서 누리는 이점과 아울러 때로는 성가신 의무도 함께 져야 했다. 이들 두 단체가 각기 나름의 방식으로 성공을 거두자 1700년 설립된 독일과학원Akademie der Wissenschaften을 비롯하여 주로 이 두 단체 중 하나를 모방한 단체가 많이 생겨났다.

하위헌스는 늘 건강 상태가 좋지 못했고, 그래서 그 뒤 15년 동안 파리에서 활동하면서도 병에서 회복하기 위해 두 차례 네덜란드로 돌아가 장기간 요양하기도 했다. 그럼에도 불구하고 파리에서 활동하는 동안 가장 중요한 몇 가지 연구를 수행했고, 광학에 관한 책 원고를 완성한 것도 그곳에서였다. 그렇지만 이 원고는 하위헌스답게 몇 군데 세부를 보충한 다음 1690년에야 출간됐다. 데카르트의 연구를 어느 정도 바탕으로 하고 있었지만, 데카르트와는 달리 하위헌스의 빛 이론은 렌즈와 거울을 사용한 탄탄한 실제 연구 경험을 바탕으로 하고 있었고, 색수차 등 망원경을 제작할 때 부딪친 문제들을 다루었다. 그의 이론은 빛이 거울에 반사되는 방식과 공기로부터 유리나 물에 들어갈 때 굴절되는 방식을 설명할 수 있었는데, 모두 에테르라 불리는 액체에서 일어나는 압력파 차원에서 설명했다. 이 이론은 특히 중요한 예측 한 가지를 내놓았다. 빛은 상대적으로 밀도가 높은 매질(예컨대 유리)에서는 밀도가 낮은 매질(예컨대 공기)에서보다 더 느리게 이동한다는 것이었다. 장기적으로 볼 때 이것은 중요했다. 19세기에 빛이 정말로 파동 형태로 이동하는지 입자의 흐름 형태로 이동하는지를 명확히 확인하기 위한 실험으로 이어졌기 때문이다. 단기적 차원에서도 대단히 중요했는데, 데카르트를 비롯하여 그 이전 사람들이 모두 빛은 무한히 빠른 속도로 이동한다고 가정했기 때문이다. 데카르트 모델에서 태양의 파동이 그 즉시 보는 사람의 눈에 영향을 준다고 본 것도 그 때문이다. 1670년대 말 하위헌스가 자신의 모델에서 빛의 속도를 유한한 것으로 취급했을 때 그는 연구의 첨단에 있었다. 그 생각을 해낼 수 있었던 것은 결정적으로 중요한 발견이 이루어지고 있던 바로 그곳인 파리에 있었던 덕분이었다.

빛의 속도가 매우 빠르기는 하지만 무한히 빠르지는 않다는 것을 제대로 이해하려면 어마어마한 사고의 도약이 필요했다. 이것은 하위헌스와 같은 시기에 프랑스 과학원에서 연구하던 덴마크인 올레 뢰머Ole Rømer(1644~1710)의 연구에서 비롯됐다. 뢰머는 1644년 9월 25일 덴마크의 오르후스에서 태어났다. 코펜하겐 대학교에서 공부한 다음 학교에 남아 물리학자 겸 천문학자 라스무스 바르톨린Rasmus Bartholin(1625~1698)의 조수로 일했다.

1671년 프랑스 과학원에서 튀코의 천문대의 정확한 위치를 확인하기 위해 장 피카르Jean Picard(1620~1682)를 덴마크로 파견했다. 이는 튀코의 관측을 천문학적으로 정확하게 분석하기 위해 필요한 작업이었다. 뢰머는 이 작업에서 피카르를 도왔고, 이때 좋은 인상을 남긴 덕분에 파리로 초대되어 과학원에서 일하면서 프랑스 왕세자의 교사가 됐다. 뢰머가 내놓은 가장 중요한 연구는 토성의 고리에서 오늘날 카시니간극이라 불리는 간극을 발견한 사람으로 가장 잘 알려져 있는 조반니 카시니Giovanni Cassini(1625~1712)와 협력하여 목성의 위성을 관측하고 그것을 바탕으로 내놓은 것이다. 지구가 태양을 중심으로 일정한 궤도를 따라 1년에 한 바퀴씩 도는 것과 마찬가지로 목성의 위성 역시 제각기 일정한 궤도를 따라 목성을 돈다. 각 위성은 궤도를 돌면서 일정한 간격으로 목성 뒤로 들어가므로 월식이 일어나는데, 뢰머는 월식이 일어나는 간격이 항상 똑같지는 않으며, 목성의 위치를 기준으로 지구가 태양 궤도의 어디에 있는지에 따라 달라진다는 사실을 알아차렸다. 그는 이것을 빛의 속도가 유한하여 나타나는 현상이라고 해석했다. 지구가 목성으로부터 멀리 떨어져 있으면 목성의 월식 장면이 빛을 타고 우리의 망원경까지 날아오기까지 더 긴 시간이 걸리기 때문이었다. 목성의 가장 안쪽에 있는 갈릴레이 위성인 이오의 월식이 1679년 11월 9일 일어날 예정이었는데, 뢰머는 월식 시간이 달라지는 방식을 바탕으로 이 월식이 그 이전의 모든 계산에 따른 예상 시간보다 10분 늦게 일어날 것이라고 예측했고, 예측이 적중하자 크게 화제가 됐다. 뢰머는 당시 알려진 가장 정확한 지구 궤도 지름 추정치*와 이 시간차를 가지고 빛의 속도를 계산했고, 그 결과 오늘날의 단위로 환산하면 초속 225,000킬로미터라는 수치가 나왔다. 같은 계산 방법에다 오늘날 가장 정확한 지구 궤도 반경 추정치를 대입하면 뢰머의 관측 결과를 가지고 계산하는 빛의 속도는 초속 298,000킬로미터가 된다. 이것이 빛의 속도를 사상 처음으로 계산한 결과라는 점을 생각하면 오늘날 알아낸 초속 299,792킬로미터라는 수치와 놀라울 정도로 가깝다. 당시 모두가 하위헌스처럼 뢰머의 연구 결과를 금방 확신하지는 않았지만, 역사 속에 자리를 맡아 둔 뢰머는 영국으로 건너가 아이작 뉴턴, 에드먼드 핼리, 존 플램스티드를 비롯한 과학자들을 만났다. 1681년에는 덴마크로 돌아와 왕실 천문학자이자 코펜하겐의 왕립천문대 소장이 됐다. 1710년 9월 23일 코펜하겐에서 세상을 떠났다.

파리에서 뢰머의 연구와 나란히 진행된 하위헌스의 빛 연구는 그의 생애 최고의 업적으로서 1690년 『빛에 관한 학술보고서*Traité de la*

* 1671년에 프랑스 과학자들이 합동으로 측정한 화성의 시차를 바탕으로 계산한 거리다. 장 리셰는 프랑스령 기아나의 수도 카옌에서, 카시니는 파리에서 동시에 관측했는데, 붙박이별들을 기준으로 두 지점에서 관측한 화성의 위치 차이를 가지고 화성까지의 거리를 계산해 낼 수 있었고, 이것을 케플러 법칙과 연계시키자 모든 행성 궤도의 반경을 알아낼 수 있었다. 물론 이 모든 것은 (뢰머의 연구처럼) 코페르니쿠스 모델이 타당하다는 것을 보여 주는 확실한 증거였다. 로마 바깥에서 아직도 미심쩍어하는 사람이 있었을지라도 이것을 보고는 인정하지 않을 수 없었다.

44 TRAITE'

vent s'étendre plus amplement vers en haut, & moins vers en bas, mais vers les autres endroits plus ou moins ſelon qu'ils

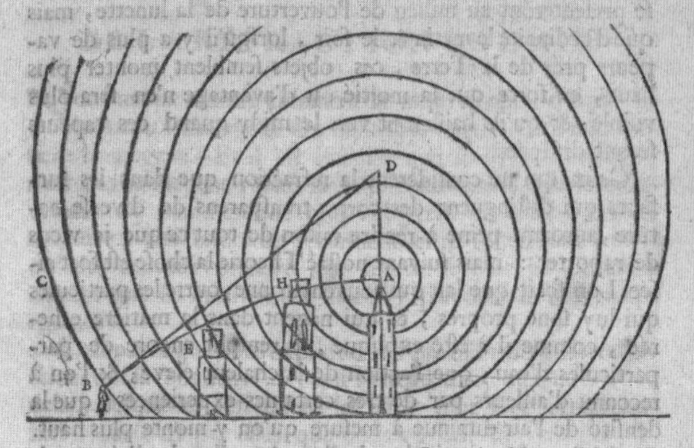

approchent de ces deux extremes. Ce qui eſtant, il s'enſuit neceſſairement que toute ligne, qui coupe une de ces ondes à angles droits, paſſe au deſſus du point A, ſi ce n'eſt la ſeule qui eſt perpendiculaire à l'horizon.

Soit B C l'onde qui porte la lumiere au ſpectateur qui eſt en B, & que B D ſoit la droite qui coupe cette onde perpendiculairement. Or parce que le rayon ou la ligne droite, par laquelle nous jugeons l'endroit où l'objet nous paroit, n'eſt autre choſe que la perpendiculaire à l'onde qui arrive à noſtre oeil, comme l'on peut entendre par ce qui à eſté dit cy deſſus, il eſt manifeſte que le point A s'appercevra comme eſtant dans la droite B D, & ainſi plus haut qu'il n'eſt en effet.

De meſme ſi la Terre eſt A B, & l'extremité de l'Atmoſphere

C D;

10. 빛의 파동 묘사. 하위헌스의 『빛에 관한 학술보고서』(1690)에서.

Lumière』라는 제목으로 출판됐다. 이 책은 그가 네덜란드로 돌아간 뒤에 완성됐는데, 그가 프랑스를 떠난 데는 건강이 악화된 이유도 있지만 프랑스의 정치적 환경이 다시금 달라졌기 때문이기도 하다. 여기서 당시의 정치적 상황을 잠깐 살펴보는 게 좋겠다. 여간 복잡한 게 아니지만, 성가시더라도 알아 두는 것이 그 시대를 이해하는 데 도움이 될 것이다. 스페인은 1648년에 북부 네덜란드인들의 독립은 인정했지만 남부 지역은 여전히 지배하고 있었다. 1660년 루이 14세가 스페인 국왕 펠리페 4세의 맏딸 마리아 테레사와 혼인했는데, 1665년 펠리페가 죽고 어린 왕자 카를로스 2세에게 왕위를 물려주자 루이 14세는 그것을 기회로 오늘날 벨기에의 대부분을 포함하여 네덜란드에 남아 있는 스페인 땅을 차지하고 네덜란드의 홀란트 지역까지 눈독을 들였다. 그의 야심은 네덜란드와 잉글랜드와 스웨덴이 동맹을 맺으면서 좌절됐다. 그러나 루이 14세는 잉글랜드를 설득하여 막대한 경제적 이익뿐 아니라 네덜란드를 점령하고 나면 유럽 본토에 영토를 내주겠다고 약속하면서 편을 바꾸게 했다.

잉글랜드인들이 크게 분개한 이 부자연스러운 제휴 관계가 성사된 데는 잉글랜드의 찰스 2세와 루이 14세가 사촌 관계였던 것도 한몫했는데, 찰스 1세가 루이 13세의 누이동생 앙리에타 마리와 혼인했으니 찰스 2세는 루이 14세의 고종사촌이었다. 찰스 2세는 잉글랜드가 내전과 공화정 시대를 지나 왕정으로 돌아가면서 왕위에 오른 지 얼마 되지 않았으므로 강력한 동맹을 얻고자 하는 마음이 간절했다. 문제가 더욱 복잡해진 것은 루이 14세와 조약을 맺으면서 찰스 2세가 천주교인이 되겠다는 밀약을 맺었기 때문이다. 실제로 찰스는 임종 시에야 개종했다. 뜻밖이랄 것도 없이 이 동맹은 그리 오래 가지 않았고, 잉글랜드 해군이 네덜란드에게 연이어 패하면서 1672년 이후 프랑스는 단독으로 네덜란드를 침공하게 됐다. 잉글랜드 국왕 찰스 1세의 외손자이자 찰스 2세의 생질인 오라녜의 빌럼은 네덜란드 군대의 통령이 된 다음, 프랑스에 대항할 동맹을 맺을 기회라면 네덜란드를 돕는 일이라 해도 기꺼이 하겠다는 스페인을 비롯하여 여러 방면으로부터 도움을 받아 프랑스의 침략을 막아 냈을 뿐 아니라 1678년 네이메헌에서 조약을 맺으면서 실제로 당당하게 평화를 이뤄 냈다. 프랑스의 야심이 이처럼 좌절된 데는 네덜란드의 개신교인들도 한몫했고, 그 때문에 그 직후 파리는 거기 있는 네덜란드 개신교인들로서는 견딜 수 없는 지경이 됐다. 물론 프랑스가 전쟁에서 이겼더라면 그보다는 대우가 나았겠지만 어떻든 이 때문에 하위헌스는 고국으로 돌아가게 됐다.* 그는 건강 상태가 계속 나빴는데도 불구하고 몇 차례 더 외국을 여행했고, 1689년에는 런던에 들렀다가 뉴턴을 만나기도 했다. 1694년에 병에 걸렸을 때 여러 달 동안 앓은 끝에 끝내 회복하지 못하고 1695년 7월 8일 헤이그에서 숨을 거두었다.

* 네이메헌 조약으로 이야기가 끝난 것이 아니었다. 루이 14세는 1685년에 낭트칙령을 폐지했고 1688년 다시 전쟁이 터졌다. 이 전쟁은 9년을 끌었는데 이번에 잉글랜드는 네덜란드 편에 섰다. 이에 앞서 1685년 찰스 2세가 죽고 천주교인인 동생 제임스 2세가 잉글랜드의 왕위에 올랐다가, 제임스 2세가 1689년 퇴위한 뒤 오라녜의 빌럼이 잉글랜드의 윌리엄 3세로 즉위하여 여왕 메리 2세(제임스 2세의 공주)와 함께 나라를 다스렸다.

로버트 보일: 기체의 압력 연구

프랑스와 네덜란드 사이의 전쟁에도 불구하고 과학 연구를 제외하면 하위헌스의 일생에서 대체로 이렇다 할 사건이 없었다. 그러나 그와 동시대 인물인 로버트 보일Robert Boyle(1627~1691)의 경우는 완전히 딴판이었다. 거의 혼자 힘으로 화학을 존경 받는 학문으로 만들고 그러는 한편으로 기체의 성질을 연구하며 원자 관념을 지지한 그의 인생에서 과학을 제외한 부분은 소설에서 그대로 가져왔다고 할 수 있을 정도였다.

하위헌스가 은수저를 물고 태어났다면 보일은 은수저를 수저통 채로 입에 물고 태어났다고 할 수 있었다. 로버트 보일의 일생에 관한 이야기는 대부분 그가 아일랜드에서 코크 백작의 열넷째 자식이자 일곱째 아들(그 전에 한 명은 태어나면서 죽었다)로 태어났다는 점을 언급한다. 코크 백작은 당시 영국제도를 통틀어 가장 부유한 사람이었다. 그러나 그런 이야기 중 이 백작이 태어날 때부터 귀족이었던 것이 아니라, 부자가 되어 사회에서 존경 받는 위치에 오르겠다는 불타는 욕망에 사로잡혔던 사람이라는 점을 언급하는 것은 별로 없다. 그는 운과 실력의 조화로 크게 성공한 엘리자베스 시대 모험가였다. 그는 1566년 10월 13일 부유하기는 하나 명망이 높지는 않은 집안에서 리처드 보일이라는 평범한 사람으로 인생을 시작했다. 1580년대 초 그보다 두 살 위인 크리스토퍼 말로와 같은 시기에 캔터베리에 있는 킹즈 스쿨을 다닌 다음 케임브리지에서 공부했다. 런던 미들템플 법학원에서 법학을 공부하기 시작했지만, 학비가 떨어져 런던에서 어느 법률가의 사무원으로 일하다가 큰돈을 벌 생각으로 당시 잉글랜드의 식민지였던 아일랜드로 떠났다. 때는 스페인의 무적함대가 잉글랜드 해군에게 패한 1588년이었고 그의 나이는 22세였다. 아버지는 죽은 지 오래됐고 어머니는 1586년에 죽었으므로 스스로 삶을 헤쳐 나가야 했다.

당사자의 이야기에 따르면 리처드 보일은 더블린에 도착했을 때 27파운드 3실링의 현금과 어머니가 그에게 준 다이아몬드 반지와 금팔찌를 하나씩 가지고 있었고, 가방에는 새 정장과 외투 한 벌, 속옷 몇 장이 들어 있었으며, 견직물 재킷과 검은 벨벳 승마바지 차림에 망토를 걸치고 단검과 레이피어 칼을 차고 있었다. 그는 언급하지 않지만 모자도 필시 쓰고 있었을 것이다. 지적이고 잘 교육받은 데다 오로지 출세하겠다는 생각뿐인 젊은 보일은 당시 막 끝난 아일랜드 재정복 동안 잉글랜드 정부가 압류한 토지와 재산을 담당하는 정부 부서에서 일자리를 찾았다. 아일랜드의 넓은 지역이 압류되어 고위층 잉글랜드인에게 거저 넘겨지거나 팔렸고, 그렇지 않은 경우 아일랜드의 토지 소유자들은 그것이 자기 소유의 재산임을 입증해야 했다. 보일 같은 관리에게 뇌물과 선물이 들어오는 일은 다반사였고, 맡은 일의 성격상 최저가에 나오는 토지에 대한 내부 정보를 알아낼 수 있었다. 그렇지만 헐값이라 해도 돈이 있어야 했다. 큰 돈을 벌지 못한 채 7년이 지난 뒤 1595년에 부유한 과부와 결혼했는데, 그녀는 매년 임대료로 500파운드를 벌어들이는 토지를 소유하고 있었다. 그는 이 돈을 이용하여 더 투자했다. 결국 그로서는 꿈에도 생각하지 못했을 정도로 성공을 거두었으나, 아내는 1599년 아기를 사산하면서 죽고 말았다.

리처드 보일은 마침내 지위를 굳히는가 했으나, 1598년 먼스터 반란 때 재산의 많은 부분을 잃는 좌절을 겪으며 잉글랜드로 달아나야 했다. 그 무렵 또 횡령 혐의로 체포됐다. 필시 유죄였겠지만 흔적을 영리하게 잘 감췄으므로 국왕 엘리자베스 1세와 추밀원이 주재하는 재판에서 무죄로 풀려났다. 국왕은 재판에서 자신을 성공적으로 변론하는 보일에게서 깊은 인상을 받고 아일랜드에 새 행정부가 설치될 때 그를 평의회 서기로 임명했다. 이는 아일랜드의 일상 행정에서 핵심적 직위였다. 1602년 월터 롤리 경으로부터 워터퍼드와 티퍼레리, 코크에 방치돼 있던 장원을 최저가격에 사들이면서 그의 일생이 바뀌었다. 당시 이들 장원은 너무나 방치된 나머지 소유하고 있는 것이 오히려 손해일 정도였으나 잘 운영하자 매우 큰 이익이 남기 시작했다. 그러는 한편 학교와 빈민구제소를 세우고, 새 도로를 닦고 다리를 놓으며, 심지어 완전한 신도시까지 건설하면서 당시 아일랜드에 있는 잉글랜드인 지주 중 가장 진보적인 사람으로 자리매김했다.

1603년에 이르러 리처드 보일은 사회적 신분이 높아진 나머지 아일랜드 장관의 17세 딸 캐서린 펜턴과 혼인하고 같은 날 기사 작위까지 받았다. 캐서린은 자식을 15명이나 낳았고, 이윽고 자식들이 혼인할 나이가 되자 리처드 경이라는 신분과 돈으로 끌어올 수 있는 최고의 집안과 하나하나 결혼시킴으로써 가장 유리한 혼맥을 맺었다. (리처드 경은 1620년에 제1대 코크 백작이 됐는데 주로 4,000파운드의 '선물'을 여기저기 적당한 곳에 찔러 넣은 덕분이었다.) 그중 가장 인상적인 예는 15세의 프랜시스 보일과 토머스 스태퍼드의 딸 엘리자베스의 결혼이었다. 토머스 스태퍼드는 루이 13세의 누이동생인 앙리에타 마리 왕비의 의전관이었다. 결혼식장에서 국왕 찰스 1세가 몸소

신부를 데리고 들어와 신랑에게 건넸고, 왕비는 첫날밤을 준비하는 신부를 도왔으며, 젊은 부부가 잠자리에 들 때까지 왕과 왕비가 함께 지켜보았다.

당시에는 졸부에 대한 어떠한 낙인도 없었지만, 이런 여러 결혼으로 졸부 보일 집안을 주류사회에 연결시킨다는 목표는 달성했다. 그렇다고 해서 이들 가족이 가족 내의 일에서까지 모두 성공적이었다는 뜻은 아니다. 정략결혼이라는 운명에서 벗어날 수 있었던 유일한 자식은 막내아들 로버트 보일과 그 여동생 마거릿뿐이었다. 로버트는 1627년 1월 25일 태어났는데 이때 어머니는 40세, 아버지는 61세였다. 정략결혼의 운명을 피할 수 있었던 것은 두 사람의 혼인을 주선할 수 있을 정도의 나이가 되기 전에 백작이 죽었기 때문이다. 로버트의 경우 백작은 신붓감을 정하기까지 했지만 결혼식을 올리기로 결정하기 전에 죽었다. 두 사람 모두 그 이후에도 결혼하지 않았다. 혼인에 얽힌 형제자매의 운명을 가까이에서 지켜보았다는 것도 작지 않은 원인으로 작용했다.

경제적으로는 완전한 안정을 누렸지만 리처드 보일의 아들로 살아가기란 육체적으로 절대 쉽지 않았다. 아버지는 아무리 부자라도 특히 사내아이는 무르게 키워서는 안 된다는 생각에, 아들들이 어머니의 품을 벗어날 수 있는 나이가 되면 신중하게 고른 시골 사람 집으로 보내 그들과 함께 살게 하는 방법으로 한 명 한 명 강하게 키웠다. 로버트 보일의 경우에는 이 때문에 아기 때 집을 떠난 뒤로 다시는 어머니를 보지 못했다. 그가 집으로 돌아오기 한 해 전인 네 살 때 어머니가 40대 중반의 나이로 죽었기 때문이다. 다섯 살 때부터 여덟 살이 될 때까지 로버트는 아직 결혼하지 않은 형제자매와 아버지와 함께 집에서 살면서 기본적인 읽고 쓰기와 라틴어, 프랑스어를 배웠다. 강하게 키우기 위한 다음 단계에 들어갈 준비가 됐다고 판단한 아버지는 로버트를 네 살 위 형 프랜시스와 함께 잉글랜드의 이튼 칼리지로 보내 공부하게 했다. 이튼의 교장은 전직 베네치아 대사이자 백작의 오랜 친구인 헨리 워튼 경이었다. 로버트는 학교 공부에 너무나 잘 적응한 나머지, 때로는 체육 시간이 되면 하던 공부를 강제로 중단시키고 체육활동에 참가하게 해야 할 정도였다. 그때 이튼에서는 이미 체육활동이 학교생활의 커다란 부분을 차지하고 있었으나 로버트는 운동을 몹시 싫어했다. 그는 또 자꾸 재발하는 병 때문에도 공부를 중단하곤 했는데 이것은 평생 그를 따라다니며 괴롭히는 고질병이 됐다.

로버트 보일이 12세 때 아버지는 도싯에 있는 스톨브리지 장원을 매입하여 잉글랜드 내의 거점으로 삼으면서 프랜시스와 로버트를 그곳으로 불러들여 함께 지냈다. 프랜시스는 실제로 이 장원 안에서 살았지만, 로버트는 아버지가 가장 아끼는 아들이었으나 오히려 가장 아끼기 때문에서였는지 집에서 한가하게 시간을 보내기보다 공부에 더 집중하도록 교구 성직자의 집에서 하숙 생활을 하게 했다. 그는 대학교로 진학할 운명으로 보였으나, 프랜시스가 엘리자베스 스태퍼드와 결혼했을 때 로버트의 인생은 극적으로 바뀌었다. (훗날 엘리자베스는 미모로 '블랙 베티'라는 별명을 얻었고, 좋은 뜻에서든 나쁜 뜻에서든 궁중에서 유명해졌으며, 찰스 2세의 정부가 되어 그의 딸을 한 명 낳았다.) 언제나 그렇듯 아들이 한가한 즐거움 같은 것은 절대로 누리도록 둘 생각이 없었던 백작은 결혼식 나흘 뒤 15세의 새신랑 프랜시스를 가정교사와 동생 로버트를 딸려 프랑스로 보냈다. "그때 맛본 기쁨을 그토록 빨리 빼앗겨 아쉬움만 더해진 신랑은 빼앗긴 것이 무엇인지 알기에 극도로 괴로워했다"는 이야기가 전해진다.* 그렇지만 제1대 코크 백작 같은 아버지에게 대들 수는 없었다.

루앙, 파리, 리용을 거쳐 프랑스를 두루 다닌 끝에 세 사람은 제네바에 자리를 잡았고, 로버트 보일은 마침내 그곳에서 자신이 테니스를 좋아한다는 것을 알게 됐다. 그렇지만 그는 환경이 어떻게 변하든 원래의 열정 그대로 공부를 계속했다. 아버지는 이들의 여행을 위해 놀랍게도 매년 1,000파운드씩 돈을 대주고 있었다. 1641년 프랜시스와 로버트와 가정교사는 이탈리아를 향해 길을 출발했고, 갈릴레이가 죽었을 때 실제로 피렌체에 있었다.** 이 일로 피렌체가 시끌벅적했기 때문에 청소년이었던 로버트 보일은 호기심이 일었고 그래서 갈릴레이와 그의 연구에 관해 폭넓게 읽기 시작했다. 이것은 로버트 보일이 과학에 흥미를 갖게 된 핵심 사건의 하나였던 것으로 보인다.

그러나 본국에서는 상황이 급변하고 있었다. 코크 백작은 모범적 지주에 가까웠지만 나머지 잉글랜드인 지주들은 아일랜드인을 너

* 필킹턴(Roger Pilkington)을 재인용.

** 15세의 로버트 보일에게 가정교사가 전방위 교육의 일환으로 윤락가의 환락을 (구경꾼으로서) 알게 해 준 것도 피렌체에서였다. 이 경험과 아울러 "육욕 때문에 남녀조차 가리지 않는 수도사 두 명의 터무니없는 구애"의 대상이 된 경험 때문에 평생 성을 멀리하게 된 것으로 보인다. 보일이 독신 생활을 했기 때문에 그의 성적 취향은 어느 쪽이었는가 하는 질문이 있을 수밖에 없지만, 그 두 수도사를 "수도복을 걸친 남색자들"에다 "발정 난 염소처럼"으로 묘사한 것을 보면 그쪽 성향이 아니었던 것은 확실해 보인다.

무나 가혹하게 대했기 때문에 어떤 식으로든 봉기가 일어날 수밖에 없었고, 결국 1641년에 일이 터졌다.* 모범적 지주든 아니든 코크 백작은 잉글랜드의 모든 것에 대한 아일랜드인의 적개심을 피할 수 없었고, 사실상 내전이나 마찬가지인 싸움이 시작됐을 때 아일랜드에 있는 백작의 거대한 장원으로부터 들어오던 수입이 단칼에 송두리째 끊어져 나갔다. 보일 형제는 이탈리아의 모험을 끝내고 프랑스의 마르세유에 도착했을 때 봉기 소식을 처음으로 들었다. 편지가 와 있었는데, 매년 보내 주던 1,000파운드는 이제 더 이상 보내 줄 수 없으며 250파운드를 보낼 테니 곧장 집으로 돌아오라는 내용이었다. 250파운드는 여전히 큰돈이었으나 이 돈은 이들에게 전해지지 않았다. 백작이 아들들에게 보낸 돈을 맡은 사람이 훔친 것으로 보인다. 이 상황에서 형인 프랜시스 보일은 아버지와 형들을 돕기 위해 (즉 전투에 참가하기 위해) 최대한 빨리 잉글랜드로 돌아가고 동생 로버트는 가정교사와 함께 제네바에 남았다. 전투가 끝난 1643년 무렵 한때 잉글랜드에서 가장 부유했던 코크 백작은 파멸했고 아들 중 둘이 전투에서 죽었다. 프랜시스는 전투에서 눈에 띄게 활약했고 또 살아남았다. 백작 역시 77세 생일을 한 달 남겨 두고 아들들의 뒤를 따라 세상을 떠났다. 이듬해 로버트는 17세 나이로 잉글랜드로 돌아왔다. 무일푼일 뿐 아니라 가정교사가 제네바에서 그를 위해 지출한 돈과 집으로 돌아오도록 돕느라 들인 비용을 도의적으로 갚지 않을 수 없었다. 엎친 데 덮친 격으로, 아일랜드의 봉기는 끝났어도 잉글

* 다른 사람도 아닌 올리버 크롬웰이 "코크 백작 같은 사람이 주마다 있었다면" 아일랜드의 봉기는 일어나지 않았을 것이라고 말했다고 한다.

랜드에서 내전이 벌어져 있었다.

잉글랜드 내전의 원인은 다양하고 복잡하며 역사학자들은 지금도 이를 두고 논쟁을 벌이고 있다. 그러나 실제로 내전이 벌어졌을 때 분쟁이 촉발된 가장 중요한 원인 중 하나는 보일 가족이 너무나 값비싼 대가를 치렀던 아일랜드의 봉기였다. 1625년 아버지 제임스 1세의 뒤를 이어 왕위에 오른 찰스 1세와 의회는 오래전부터 서로 싸우고 있었고, 아일랜드의 봉기를 가라앉히기 위해 군대를 소집해야 했을 때 누가 군대를 소집하고 누가 통제권을 가질지를 두고 의견 충돌을 일으켰다. 그 결과 의회는 국민군을 소집하고 국왕이 아니라 의회가 임명하는 총독의 지휘를 받게 했다. 국왕이 이에 동의하지 않을 것이므로 1642년 국민군 소집을 위한 민병조례를 통과시키면서 국왕의 서명을 받는 절차를 건너뛰었다. 그해 8월 22일 국왕은 노팅엄에서 자신의 깃발을 높이 들고 자신을 따라 의회에 맞설 사람들을 불러 모았다. 이어 벌어진 전투에서 올리버 크롬웰이 의회파 세력의 지휘자로 두각을 드러냈고, 1645년 6월 네이즈비 전투에서 왕당파 세력이 패하고 1646년 6월 옥스퍼드가 의회파 세력에게 함락되면서 전쟁의 첫 번째 국면이 마무리됐다. 1647년 1월에는 국왕 자신이 의회파의 손에 떨어졌다.

평화는 오래 가지 못했다. 와이트섬에 유배된 찰스 1세가 11월에 탈출하여 자신의 세력을 불러 모았고, 왕위를 되찾으면 장로교 사람들에게 특권을 주겠다며 스코틀랜드인들과 밀약을 맺었기 때문이었다. 그러나 찰스 1세는 다시 의회파에게 붙잡혔고, 스코틀랜드인들은 약속을 이행하려 했으나 1648년 8월 프레스턴 전투에서 패했다. 찰스 1세는 이듬해 1월 30일에 처형됐다. 1649년부터 1660년까지 잉글랜드에는 국왕이 없었으며, 1653년까지는 의회가 나라를 다스렸고 그 이후부터는 크롬웰이 호국경이 되어 1658년 죽을 때까지 다스렸다. 그런 다음 마치 지난 20년 동안의 사건을 담은 필름을 빠른 속도로 거꾸로 돌리는 듯 상황이 급속도로 전개되기 시작했다. 세습 군주제를 폐지하기 위해 그 난리를 겪었는데도 불구하고 잉글랜드는 올리버 크롬웰이 죽자 그의 아들 리처드 크롬웰을 후계자로 옹립했다. 그러나 그는 1653년 의회 잔존세력의 복귀를 지지하던 군대에 의해 쫓겨났고, 그런 다음 달리 국가의 수장으로 인정받을 수 있는 사람이 없었기 때문에 프랑스에 망명해 있던 찰스 2세를 1660년에 국왕으로 복위시켰다. 내전이 끝난 뒤 잉글랜드의 권력균형은 국왕으로부터 의회 쪽으로 적잖이 기울어진 것이 분명하지만, 360여 년이 지난 오늘날의 눈으로 볼 때 그토록 많은 노력을 기울인 끝에 얻은 결과치고는 보잘것없어 보인다.

로버트 보일이 돌아왔을 때 잉글랜드는 크게 볼 때 옥스퍼드에 본부를 둔 왕당파가 차지한 지역과 의회파가 차지한 런던 및 남동부 지역으로 나뉘어 있었다. 그러나 양측 군대가 정면으로 격돌하고 있는 지역을 제외하면 대부분의 사람들은 그다지 큰 혼란 없이 일상을 영위하고 있었다. 그렇지만 제1대 코크 백작의 막내아들은 그 대부분의 사람들에 속하지 않았다. 가족은 명확하게 국왕의 친구로 규정되어 있었으므로 그는 본능적으로 분쟁에 휘말리지 않으려고 자중하려 했으나, 아버지가 만들어 둔 혼맥 한 군데가 아니었다면 그것이 어려웠을지도 모른다. 로버트는 형제자매 중 열세 살 위인 캐서린이라는 누나를 가장 따랐는데, 그때 누나와 결혼한 젊은 남자는 이제 작위를 물려받아 래널라 자작이 되어 있었다. 이 결혼은 당사자 두 사람에게는 재앙이었으므로 더 이상 같이 살고 있지도 않았지만, 캐서린과 계속 좋은 관계를 유지하고 있던 자작의 누이가 의회파의 유명 인사와 결혼했고 캐서린 자신 역시 의회파에 동조하면서 의회파 사람들을 종종 런던의 자기 집으로 초대하곤 했다. 이 집이 로버트가 잉글랜드로 돌아왔을 때 첫 피난처가 되었다. 잉글랜드 내전에서 왕당파 세력이 패한 뒤 아버지가 그에게 물려준 스톨브리지의 장원을 유지할 수 있었던 것도 캐서린의 인맥 덕이 컸다.

1645년에 로버트 보일은 정말로 시골집으로 물러나 정치에 관한 한 자중하면서 지냈다. 전쟁에도 불구하고 조금씩 들어오는 토지 수입이 그의 집안 기준으로 볼 때 어느 정도는 되는 편이어서 성서를 철저히 연구하는 등 다방면의 책을 읽을 수 있었고, 철학, 삶의 의미, 종교 등 다양한 주제에 관해 글을 쓸 수 있었으며, 직접 실험을 할 수 있었는데 이때는 주로 연금술 실험이었다. 캐서린에게 쓴 수많은 편지가 남아 있어 그가 도싯에서 어떻게 지냈는지를 엿볼 수 있다. 어느 친구에게 보낸 편지에서는 압축 공기의 힘으로 납탄을 쏘아 30보 거리에서 사람을 죽일 수 있는 공기총을 본 일에 대해 언급하는데, 이때의 일이 훗날 보일의 법칙을 발견하는 출발점이 됐을 것이 분명하다. 캐서린 역시 독자적인 지식인이었으며 런던의 집은 당시 지식인들이 모이는 장소가 됐다. 로버트가 존 밀턴을 비롯하여 수많은 지식인을 만난 것도 그곳에서였다. 이 지식인들 중에는 과학에 흥미를 지닌 사람들 동아리가 있었는데 이들은 스스로

'보이지 않는 대학'이라 부르기 시작했다. 이것이 왕립학회의 전신이었으며, 로버트 보일이 런던을 방문할 때 이들과 알고 지내기 시작한 것도 캐서린을 통해서였다. 이들 동아리는 초창기인 1640년대 초에 보이지 않는다고 말할 수 없는 런던의 그레셤 칼리지에서 종종 만났다. 이 대학은 국왕 엘리자베스의 재정 자문 토머스 그레셤 경이 1596년 옥스퍼드와 케임브리지 밖 최초의 고등학문을 위한 전당으로 세운 곳이었다. 두 곳에 견줄 만한 수준에는 다다르지 못했지만 그래도 잉글랜드에서 학문이 널리 퍼지는 과정에서 중요한 단계로 작용했다. 그렇지만 보이지 않는 대학의 활동 거점은 내전이 끝나가던 1648년 주요 회원 여러 명이 옥스퍼드에 임용되면서 그곳으로 옮겨 갔다.

1652년 정치적 상황이 안정을 되찾은 듯 보이자 로버트 보일은 집안 소유의 장원에 대한 자신의 지분을 파악하기 위해 의사 윌리엄 페티 William Petty(1623~1687)와 함께 아일랜드를 방문했다. 로버트의 형들 중 이제 브록힐 경이 된 로저 보일이 아일랜드 봉기 진압에 큰 공을 세웠기 때문에 집안의 위상은 정치적으로 크게 나아져 있었다. 이것은 당시 누가 잉글랜드의 지배자가 되었어도 총애할 수밖에 없는 공로였다. 크롬웰로서는 아일랜드에 문제가 생기는 것은 절대로 바라지 않았다. 그러나 1640년대의 대격변 동안에는 장원으로부터 수입이 제대로 흘러들어 오게끔 다시 조치를 취할 기회가 없었다. 이번에 로버트 보일은 거의 2년 동안 아일랜드에서 지내며 지적으로도 경제적으로도 유익한 결과를 얻었다. 페티와 가까이 지내면서 그에게서 해부학과 생리학, 해부 방법 등을 배우고 과학적 방법을 논의했으며, 잉글랜드로 돌아오면서 아버지의 장원에서 생기는 수익의 지분으로 평생 매년 3,000파운드 이상의 수입을 보장받아 하고 싶은 것은 무엇이든 할 수 있게 됐기 때문이다.* 1654년 27세에 지나지 않는 그는 옥스퍼드로 이사를 가면서 기뻐했다. 그곳은 당시 잉글랜드뿐 아니라 어쩌면 전 세계 과학 활동의 중심지였다. 그는 이후 14년 동안 그곳에서 자신을 유명하게 만들어 준 과학 연구를 진행했다. 스톨브리지의 장원은 형 프랜시스 가족에게 넘겨주었다.

그렇다고 해서 보일이 모든 실험을 직접 할 필요는 없었다. 막대한 수입이 들어오기 때문에 조수를 고용할 수 있었고, 오늘날 많은 과학자들이 부러워할 개인 연구소에 해당하는 시설을 운영할 수 있었다. 그가 고용한 조수 중에는 로버트 훅이라는 사람도 있었는데 뒤에 더 자세히 다루기로 한다. 또 돈이 있었던 만큼 그 시대 수많은 사람들과는 달리 자신의 책을 자비로 출판할 수 있었으므로 책이 즉시 제대로 인쇄된 상태로 나오게 할 수 있었다. 청구서를 제때 지불했으므로 인쇄소에서는 그를 좋아했고 그의 일에는 더욱 신경을 썼다.

과학 연구 시설을 갖춘 보일은 과학적 방법을 적용한 선구자 중 한 사람이었다. 실험을 스스로 한 갈릴레이나 길버트 같은 실천적 인물의 뒤를 잇는 한편, 실제로 직접 한 실험은 별로 없어도 과학적 방법에 대한 글로써 후대의 영국 과학자들에게 커다란 영향을 미친

* 여기에는 약간의 아이러니가 있다. 로버트 보일은 부재지주가 됐는데, 이것은 잉글랜드가 아일랜드를 억압하고 있음을 나타내는 상징의 하나로서 혐오 대상이었기 때문이다. 그렇지만 그는 친구에게 쓴 편지에서 어느 귀족 정치가의 장례식 비용에 대해 불평하면서 그 돈을 가난한 사람들에게 썼더라면 더 나았을 거라고 할 정도로 그 시대 기준으로 진보적이었다.

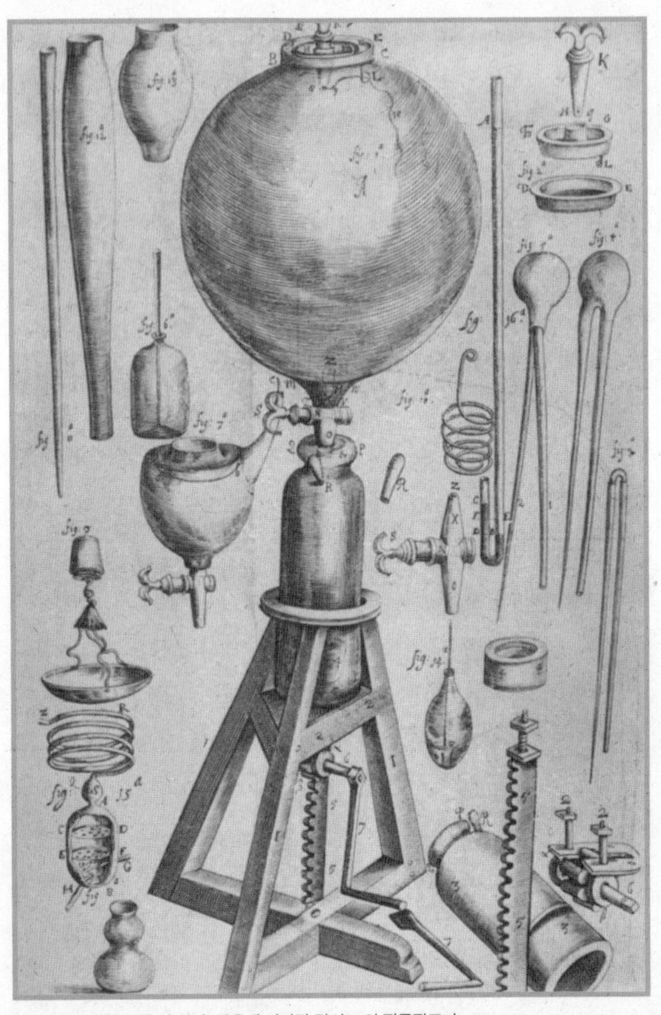

11. 보일의 실험 도구 몇 가지. 가운데 커다란 것이 그의 진공펌프다.

프랜시스 베이컨Francis Bacon(1561~1626)*의 더 철학적 연구에서도 영감을 얻었다. 베이컨은 탐구를 시작할 때는 어떤 멋진 생각을 떠올린 뒤 그것을 뒷받침해 줄 사실을 찾을 게 아니라, 먼저 자료를 될 수 있는 대로 많이 모은 다음 관측된 사실을 설명하려 노력하면서 진행할 필요가 있다는 것을 분명하게 설명했다. 베이컨의 방식을 한 문장으로 요약할 수 있다면 과학은 사실로 다진 기초 위에 세워야 한다는 것이다. 보일은 이 교훈을 가슴 깊이 새겼다. 나중에 보일은 물체의 자유낙하에 관한 갈릴레이의 연구와 무게가 다른 물체들이 같은 속도로 떨어진다는 것을 알아낸 데 대한 글에서 이것을 과학자로서 "우리는 경험에서 오는 정보가 이성을 거스르는 듯 보이는 때라도 경험에 동의해야" 하는 좋은 예로 거론했다.**

보일이 과학에 관해 뭔가를 출판하기까지는 6년이 걸렸지만, 출판된 내용을 보면 기다릴 가치가 충분했다. 그가 과학에 처음으로 기여한 중요한 연구는 공기의 탄력 내지 압축에 관한 것으로, 그의 화려한 경력 중 가장 유명한 실험과 관련되어 있다. 이 실험에서 그는 (또는 조수는) 한쪽이 짧은 U자 모양의 유리관을 사용했는데, 짧은 쪽 끝은 막히고 긴 쪽 끝은 뚫린 관이었다. 이 유리관의 구부러진 부분이 수은으로 채워질 때까지 수은을 부어넣어 짧은 쪽의 공기를 격리시켰다. 관 양쪽의 수은이 같은 높이일 때 막힌 쪽의 공기는 대

* 베이컨이 한 가장 유명한 실험은 65세 때 한 닭고기 보존 실험이었다. 꽁꽁 어는 날씨에 밖으로 나가 닭에 눈을 채워 넣어 신선하게 보존할 수 있는지를 보려 했으나, 이 때문에 폐렴에 걸려 죽고 말았다.

** 헌터(Michael Hunter)에 인용된 보일의 『그리스도교인 탐구자*The Christian Virtuoso*』를 재인용.

기압과 같았다. 관의 긴 쪽에 수은을 더 부어넣으면 압력이 높아지면서 짧은 쪽의 공기가 수축됐다. 보일은 압력이 두 배로 높아지면 격리된 공기의 부피가 반으로 줄어들고, 세 배로 높아지면 부피가 3분의 1로 줄어드는 식의 관계가 있다는 사실을 알아냈다. 이것을 거꾸로도 할 수 있다는 사실도 마찬가지로 중요했다. 압축되어 있던 공기는 기회가 생기면 원래대로 돌아왔다. 이 모든 것은 세계가 원자로 이루어져 있다고 보는 모델로는 매우 잘 설명될 수 있었지만, 데카르트의 소용돌이 이론으로는 훨씬 설명이 어려웠다.

이 연구의 많은 부분은 공기펌프라든가 물을 빨아올리는 문제 등과 함께 1660년에 그가 펴낸 책 『공기의 탄력과 그 효과에 관한 새로운 물리역학 실험*New Experiments Physico-Mechanicall, Touching the Spring of the Air and its Effects*』에서 소개됐다. 대개 짤막하게 『공기의 탄력』이라 불리는 이 책의 초판에서는 오늘날 보일의 법칙이라 부르는 것, 즉 기체가 차지하는 부피는 다른 모든 조건이 일정할 때 그 기체에 대한 압력에 반비례한다는 법칙을 명확하게 제시하지 않았지만 1662년에 출판된 제2판에서는 명확하게 그렇게 표현했다. 보일은 진공(엄밀히 말하자면 기압이 매우 낮은 상태) 연구 때 오토 폰 괴리케의 공기펌프를 바탕으로 자신이 설계하여 훅과 함께 제작한 개량형 공기펌프를 사용했다. 폰 괴리케의 펌프는 장정 두 사람이 가동해야 하는 반면 이들이 설계한 펌프는 한 사람이 비교적 쉽게 가동할 수 있었다. 보일은 폰 괴리케의 실험을 모두 재현하고 나아가 기압이 줄어들면 물이 더 낮은 온도에서 끓는다는 것을 증명했다. 이는 절대 보잘것없는 성과가 아니었는데, 공기를 펌프로 빼낼 때 압력 감소를 확인하기 위해 밀폐된 유리 용기 안에 수은기압계를 설치해야 하기 때문이다. 보일은 또 생명은 불꽃과 마찬가지로 공기가 있어야 유지될 수 있다는 것을 증명함으로써 산소 발견에 가까이 다가갔으며, 특히 호흡과 연소 과정에는 본질적으로 비슷한 점이 있다는 것을 지적했다. 이런 실험 중에는 비위가 약한 사람은 감당할 수 없는 것도 있었으나 사람들이 확실히 괄목상대하게 만들었다. 정확히 누구인지 알려지지는 않았지만 보이지 않는 대학에서 함께 활동하는 보일의 동료가 이 동아리의 과학 실험 시범에 관해 '노래'를 지었는데 다음과 같은 구절이 포함되어 있다.

> 덴마크인 손님에게 최근 보여 줬지
> 공기가 없으면 호흡도 없다는 걸.
> 유리로 이 비밀을 알게 됐지
> 그 안에서 고양이를 죽였거든.
> 유리에서 공기를 비틀어 뽑아냈더니
> 고양이는 야옹 소리도 없이 죽었어.
>
> 또 한 가지 더욱 심오한 비밀이
> 똑같이 이 유리에서 드러났지.
> 소리의 매질이 될 수 있는 건
> 귀에 닿는 공기뿐이라는 걸.
> 공기를 빼낸 유리 안에서는
> 괘종소리가 울려도 들리지 않거든.

12. 독일 마그데부르크에서 1654년에 한 실험. 두 개의 반구를 붙이고 그 안의 공기를 빼낸 다음 말 열여섯 필로 끌어 반구를 분리하려 했으나 대기의 압력을 이기지 못하고 실패했다. 폰 괴리케의 『새로운 실험들*Experimenta Nova*』(1672)에서.

뛰어난 시라고는 할 수 없겠지만 보일의 발견에 과학계가 얼마나 깊은 인상을 받았는지 가늠할 수 있다.* 그러나 이 책이 영어로 출판되고 분명하고 이해하기 쉬운 산문으로 쓰였다는 사실 역시 책의 내용에 못지않게 중요했다. 갈릴레이처럼 보일은 과학을 대중에게, 적어도 중산층에게 가져다주고 있었는데, 일기로 유명한 새뮤얼 피프스Samuel Pepys(1633~1703)가 보일의 신간 한 권을 탐독하는 즐거움

* 고양이의 운명이 잔인해 보인다면 이때는 아직도 사람을 불태워 죽이던 시대였음을 상기하기 바란다. 그렇지만 나는 시인이 시계 종소리가 들리지 않는 것보다 고양이의 죽음을 더 의미심장하게 바라보았으리라 생각한다.

을 열띤 글투로 표현했다는 사실에서 단적으로 알 수 있다. 그렇지만 갈릴레이와는 달리 보일은 이단심문소의 비위를 뒤틀리게 만들까 두려워할 필요는 없었다.

연금술에 대한 보일의 과학적 접근법

『공기의 탄력』 제1판이 나오고 제2판이 나오기 전인 1661년 보일은 자신이 쓴 책 중 가장 유명한 『탐구하는 화학자*The Sceptical Chymist*』를 출간했다. 도싯을 떠난 뒤로 보일이 연금술에 얼마나 관여하고 있었는지는 지금도 논쟁의 대상이지만, 미국 존스홉킨스 대학교의 로런스 프린치페Lawrence Principe는 보일이 오늘날 화학이라 부르는 것을 위해 연금술을 폐기하려 했다기보다 베이컨의 방법을 연금술에 도입하고자 했다는 것을 설득력 있게 주장했다. 다시 말해 연금술을 과학적으로 만들고자 했다는 것이다. 이것은 17세기 과학자로서 역사 속에서 그가 차지하는 자리와 확실히 어울린다. 앞으로 살펴보겠지만 아이작 뉴턴조차 17세기 말 연금술 연구에 본격적으로 뛰어들었다. 따라서 보일의 책 덕분에 연금술이 하룻밤 사이에 화학으로 바뀌었다고 주장한다면 잘못일 것이다. 실제로 이 책의 초기 반응은 『공기의 탄력』에 훨씬 못 미쳤다. 그러나 18세기와 19세기에 화학이 발전함에 따라 사람들은 그때를 되짚어 보며 보일의 책이 전환점이 됐다고 생각하기 시작했다. 사실은 연금술에다 과학적 방법을 적용함으로써 결국에는 연금술이 화학으로 바뀌었고, 싼 금속을 금으로 바꿔준다는 철학자의 돌 같은 것에 대한 믿음의 이성적 기반이 모두 제거된 것이다. 그러므로 보일은 잉글랜드에서 과학적 방법이 확립

THE
SCEPTICAL CHYMIST:
OR
CHYMICO-PHYSICAL
Doubts & Paradoxes,
Touching the
SPAGYRIST'S PRINCIPLES
Commonly call'd
HYPOSTATICAL;
As they are wont to be Propos'd and
Defended by the Generality of
ALCHYMISTS.
Whereunto is præmis'd Part of another Discourse
relating to the same Subject.

BY
The Honourable *ROBERT BOYLE*, Esq;

LONDON,
Printed by *J. Cadwell* for *J. Crooke*, and are to be
Sold at the *Ship* in St. *Paul's* Church-Yard.
MDCLXI.

13. 로버트 보일의 『탐구하는 화학자』(1661) 속표지.

되는 과정에서 앞장서서 길을 비춰 준 등불이었다.

보일이 연금술을 과학적 방법으로 접근한 예를 한 가지 들자면, 그는 일반 금속에서 불순물을 제거하는 방법으로 금을 만들 수 있다는 생각에 이의를 제기했다. 금은 다른 금속보다도 밀도가 더 높은데, 일반 금속에서 뭔가를 제거하는 방법으로 어떻게 금을 만들 수 있겠느냐는 것이었다. 여기서 알 수 있겠지만 그가 원소의 변환이 불가능하다고 말한 것은 아니다. 그러나 이 문제를 과학적으로 접근했다. 그는 네 가지 원소, 즉 공기, 흙, 불, 물이 여러 가지 비율로 혼합되어 세계를 이루고 있다는 아리스토텔레스의 옛 관념은 받아들일 수 없다는 것을 실험으로 증명했다. 그러면서 모든 물질은 어떤 작디작은 입자가 여러 방식으로 결합되어 이루어져 있다는 일종의 원자 가설을 채택했는데, 이것은 초보적이기는 하나 현대적 의미의 원소와 화합물 관념이었다. 보일은 이렇게 썼다. "지금 내가 말하는 원소는 원초적이고 단순한 물체로서, 다른 물체나 서로를 포함하고 있지 않으며, 완벽하게 혼합된 물체라 일컫는 모든 것들을 바로 화합해 낼 수 있는 성분이자 그것들을 분해할 때 궁극적으로 남는 성분을 말한다." 이것은 그가 1666년에 출간한 『형태와 성질의 기원 *Origin of Forms and Qualities*』에서 전개한 주제로, 이들 원자는 액체 안에서는 자유로이 움직이고 다니지만 고체 안에서는 정지해 있으며, 원자의 모양은 원자가 화합하여 만드는 물질의 속성이 결정되는 데 중요하게 작용한다고 말했다. 화학의 주요 역할은 사물이 무엇으로 만들어져 있는지를 알아내는 데 있다고 보았고, 이렇게 알아내는 과정을 묘사하기 위해 '화학적 분석'이라는 용어를 만들어 냈다.

이 모든 것은 보일의 연구 중 아주 작은 부분에 지나지 않지만 17세기 과학 발전에 관한 이야기에서 가장 의미 있는 부분이다. 그 밖에 그가 연구한 것들의 예를 대충 무작위로 뽑아 보면, 성냥을 발명했고, 베이컨보다 한 발 앞선 방법으로 감기에 걸리지 않고도 냉기를 이용하여 고기를 보존할 수 있었으며, 물이 얼면 팽창한다는 것을 실험을 통해 증명했다. 또 왕정복고 시대의 주요 작가이기도 하여 다양한 주제에 관해 글을 쓰고 소설도 내놓았다. 그러나 그 시대에 가장 존경받는 과학자가 됐는데도 보일은 자신을 내세우지 않고 겸손한 성격을 유지하며 갖가지 영예를 사양했다. 찰스 2세(프랜시스 보일의 아내도 정부로 삼았던 바로 그 찰스 2세)가 복위한 뒤 보일은 살아 있는 세 형들처럼 귀족 작위를 주겠다는 제의를 받았으나* 형들과는 달리 사양했다. 잉글랜드의 대법관이 그에게 빠르게 주교자리에 앉혀 주겠다는 약속과 함께 성직을 제의할 정도로 신학자로도 존경받았으나 제의를 거절했다. 이튼의 교장직을 제의받았을 때도 거절했다. 1680년 왕립학회의 회장에 선출됐을 때는 개인적 신앙 문제로 취임 선서 때 해야 하는 맹세를 할 수 없기 때문에 아쉽지만 그 직책을 받아들일 수 없다고 말했다. 그는 자작이나 남작의 자제에게 사용하는 경칭인 '명예로운(Honourable) 로버트 보일 님'으로 평생 남았다. 그리고 거의 불합리할 정도로 막대한 수입을 많은 곳에 자선 기부금으로 냈고, 죽을 때도 재산 대부분을 자선을 위해 내놓았다.

* 제2대 코크 백작조차 잉글랜드의 작위인 벌링턴 백작을 받아 작위가 하나 더 늘었다. 그의 런던 저택인 벌링턴하우스 건물에는 현재 왕립예술원과 여러 과학 협회가 입주해 있다.

왕립학회가 1662년 칙허장을 받았을 때 보일은 최초 석학회원, 학회 자체 용어로는 펠로우(Fellow)였을 뿐 아니라 학회 위원회의 최초 위원이기도 했다. 보일은 1668년 잉글랜드의 수도 런던으로 이사하여 캐서린과 한 집에서 지내기 시작했다. 1660년대에는 잉글랜드의 과학 중심지가 런던의 왕립학회와 밀접하게 연관되어 있기도 했고 누나와 함께 있고 싶은 마음도 있었기 때문이다. 실험은 계속했지만 과학 연구에 열중하던 최고의 나날은 지나갔다. 그렇지만 여전히 과학계의 한가운데에 머물러 있었고, 캐서린의 집은 여전히 지식인이 모이는 장소였다. 그와 같은 시대를 살았던 존 오브리는 이 시기의 그를 다음처럼 묘사한다.

> 키가 매우 크고(약 180센티미터) 자세가 꼿꼿하며, 매우 온화하고 고결하고 검소하다. 독신이며, 사륜마차를 가지고 있고, 누나인 래널라 부인과 함께 지낸다. 가장 좋아하는 것은 화학이다. 누나 집에 훌륭한 실험실을 가지고 있고 여러 명의 하인들(도제들)이 그곳에서 일한다. 도움이 필요한 천재들에게 자선을 베푼다.

그러나 보일은 썩 건강한 때가 없었으며, 오랜 친구이자 일기로 유명한 작가 존 이블린John Evelyn(1620~1706)은 만년의 그의 모습을 다음과 같이 묘사했다.

> 그의 신체는 가장 건강한 때조차도 너무나 연약해 보여서 나는 그를 종종 크리스털 유리잔이나 베네치아 유리잔과 비교했다.

이런 유리잔은 그럴 수 없을 정도로 얇고 가늘게 가공되지만 조심해서 다루면 날마다 쓰는 단단한 금속보다 더 오래 간다. 더욱이 그는 그처럼 투명하고 정직했다. 그에게는 명성에 때를 묻힐 만한 어떠한 흠도 오점도 없었다.

저 베네치아 유리잔은 동반자만큼밖에 오래 살지 못했다. 1691년 크리스마스 직전 캐서린이 죽었다. 로버트 보일은 한 주 뒤인 12월 30일 65세 생일을 한 달 남겨 두고 누나의 뒤를 이어 세상을 떠났다. 1691년 1월 6일 장례식이 끝난 뒤 이블린은 일기에 이렇게 썼다. "이처럼 훌륭하고 좋은 사람을 잃은 것은 잉글랜드뿐 아니라 모든 지식계의 커다란 손실이다. 내게는 특히 소중한 친구였다."

불과 생명이 모두 공기 중의 뭔가에 의존한다는 사실을 보여 준 보일의 실험은 17세기 후반기 과학 발달사의 또 한 가지 중요한 분야와 연결된다. 그것은 바로 하비와 데카르트의 연구 이후 인간과 여타 생물에 관한 생물학적 탐구다. 과학에서 종종 보는 것처럼 이 새로운 전개는 기술 발달과 나란히 일어났다. 망원경 덕분에 우주에 대한 생각 방식에 혁명이 일어난 것과 마찬가지로, 현미경은 사람 자신에 대한 생각 방식에 혁명을 가져왔다. 그리고 현미경학 최초의 위대한 선구자는 이탈리아의 의사 마르첼로 말피기Marcello Malpighi(1628~1694)였다.

마르첼로 말피기와 혈액순환

마르첼로 말피기는 이탈리아 볼로냐 근처 크레발코레에서 태어났다. 태어난 날은 필시 그가 세례를 받은 1628년 3월 10일일 것이다. 볼로냐 대학교에서 철학과 의학을 공부하고 1653년에 졸업한 다음, 모교에서 논리학 강사로 일하다가 1656년 의학 이론 교수로 피사 대학교로 옮겨 갔다. 그러나 피사의 기후가 그에게 맞지 않아 1659년 볼로냐로 돌아와 의학을 가르치다가 1662년에 다시 메시나 대학교로 옮겼다. 그리고 1666년 볼로냐로 의학교수가 되어 돌아와 그 이후 25년 동안 머물렀다. 1691년 로마로 옮기면서 교직은 그만두고 교황 인노켄티우스 12세의 개인 주치의가 됐는데, 교황의 간곡한 요청에 마지못해 맡은 것으로 보인다. 1694년 11월 30일 로마에서 세상을 떠났다.

1667년 이후로 말피기가 내놓은 연구 중 런던에서 왕립학회가 출판한 것이 매우 많은데 이를 보면 왕립학회가 이미 얼마나 큰 의미를 지니게 됐는지를 알 수 있다. 말피기는 1669년 이탈리아인 최초로 왕립학회 석학회원이 됐다. 학회를 통해 출판된 그의 연구는 거의 전적으로 현미경학에 관한 것이었다. 그는 박쥐의 날개 막을 통한 혈액순환, 곤충의 구조, 병아리 배아의 발달, 식물 잎에 있는 기공(stoma)의 구조 등을 비롯하여 매우 다양한 주제를 다루었다. 그러나 말피기가 과학에 기여한 가장 중요한 것은 1660년과 1661년 볼로냐에서 한 연구 결과이며, 이것을 보고한 두 편의 편지가 1661년 출판됐다.

그 이전에는 혈액순환이 발견된 뒤로 심장에서 나와 폐로 흘러가는 피는 실제로 혈관에 나 있는 작디작은 구멍을 통해 혈관 밖으로 빠져나와 폐 안에서 공기가 가득 찬 곳으로 들어간다고 생각하는 사람이 많았다. 그렇게 되는 이유는 몰라도, 피는 거기서 공기와 섞인 다음 작디작은 구멍을 통해 다른 혈관 안으로 들어가 심장으로 돌아간다고 생각했다. 말피기는 개구리의 폐를 현미경으로 연구하여 폐의 안쪽 피부 표면과 매우 가까운 부분이 사실은 작디작은 모세혈관으로 뒤덮여 있으며, 이 모세혈관의 한쪽에 동맥이 직접 연결되어 있고 반대쪽은 정맥이 직접 연결되어 있다는 것을 알아냈다. 하비가 그 시대 도구로는 찾아낼 수 없었으나 틀림없이 있다고 생각한 빠진 연결 고리를 그가 찾아낸 것이다. 말피기는 이렇게 썼다. "구불구불하게 나뉜 혈관을 따라 피가 흘러가며, 피가 공간으로 쏟아져 나오는 것이 아니라 항상 가느다란 관을 통해 흘러가면서 구불구불한 혈관에 의해 퍼져 나가는 것을 분명히 볼 수 있었다." 몇 년 뒤 네덜란드의 현미경학자 안톤 판 레이우엔훅Antoni van Leeuwenhoek(1632~1723)이 말피기의 연구를 알지 못한 채 독자적으로 똑같은 사실을 발견했다. 판 레이우엔훅에 관한 이야기는 이 책의 5장에서 더 자세히 살펴보기로 한다.

말피기의 발견이 있은 직후, 왕립학회의 모체가 된 옥스퍼드 동아리의 일원인 리처드 로워Richard Lower(1631~1691)가 일련의 실험을 통해 폐와 심장에서 흘러나와 전신을 도는 피의 붉은 빛깔이 공기 중의 무엇인가에 의해 생겨나는 것임을 증명했다. 정맥피가 들어 있는 유리 용기를 흔들어 피가 공기와 섞이면서 빛깔이 검붉은 색에서 선홍색으로 바뀌는 것을 지켜보는 실험은 그중 비교적 간단한 것이었다.

이 붉은 빛깔이 전적으로 공기 입자가 핏속으로 뚫고 들어가기 때문이라는 것은 매우 분명하다. 피가 폐 안에서는 전체적으로 붉은빛으로 바뀌는 반면(공기가 그 안에서 확산되어 모든 입자가 피와 완전히 섞이기 때문), 정맥피를 용기에 받아 두면 공기에 노출되는 표면 부분이 이처럼 선홍색이 된다는 사실에서 드러난다.*

그 밖에도 보일과 훅을 비롯한 사람들도 이와 비슷한 실험을 했는데, 이런 연구를 통해 옥스퍼드 동아리는 피를 음식과 공기로부터 필수 입자를 가져다 온몸으로 날라 주는 일종의 기계 액체로 보기 시작했다. 이것은 인체를 기계로 보는 데카르트의 이미지와 매우 비슷했다.

조반니 보렐리와 에드워드 타이슨 : 동물(과 인간)을 기계로 보는 인식 확산

17세기에 인체는 기계라는 주제를 발전시킨 사람 역시 이탈리아인인 조반니 보렐리Giovanni Borelli(1608~1679)였다. 그는 말피기의 연장자이자 친구였다. 말피기는 보렐리를 자극하여 생물에 관한 흥미를 불러일으킨 것으로 보이고, 보렐리는 말피기를 자극하여 생명계통이 작동하는 방식을 탐구하고 해부를 위한 노력을 격려한 것으로 보인다. 두 사람은 서로 만난 덕분에 따로 있을 때보다 더 많은 것을 이룩했다.

1608년 1월 28일 나폴리 근처 카스텔누오보에서 태어난 보렐리

* 콘래드 외(Lawrence I. Conrad *et al.*)에 인용된 로워의 말을 재인용.

는 로마에서 수학을 공부했고, 정확한 날짜는 알 수 없으나 1640년 이전 어느 때 메시나의 수학교수가 됐다. 1640년대 초에 피렌체 근교에 있는 갈릴레이를 집으로 찾아가 만났고, 1656년에는 예전에 갈릴레이가 맡았던 피사 대학교 수학교수가 됐으며, 그곳에서 말피기를 만났다. 두 사람 모두 이듬해에 피렌체에서 설립돼 잠깐 존재했던 실험학술원의 창립회원이었고, 또 이 무렵 보렐리는 해부학을 공부했다. 보렐리는 1668년 메시나로 돌아왔으나 1674년 정치적 음모에 관여했다는 혐의로 로마로 유배됐고, 그곳에서 스웨덴의 전 여왕 크리스티나와 관련된 사람들과 어울렸다. 크리스티나는 예전에 말도 안 되는 이른 시각에 데카르트를 침대 밖으로 끌어냈던 바로 그 스웨덴 국왕으로, 천주교인이 된 까닭에 1654년에 양위하고 마찬가지로 로마에서 망명 생활을 하고 있었다. 보렐리는 1679년 12월 31일 로마에서 세상을 떠났다.

보렐리는 태양을 지나는 혜성의 궤적은 포물선 모양이라고 말한 최초의 인물인 데다 태양이 행성들에게 영향을 미치는 것과 같은 방식으로 목성이 위성들에게 영향을 미친다는 가설을 내놓음으로써 목성 위성의 운동을 설명하려 한 뛰어난 수학자였으나, 그의 가장 중요한 과학 연구는 해부학이라는 생물학 분야였다. 이 연구는 주로 그가 피사에 있던 때 이루어졌지만 그가 숨을 거둔 때에도 여전히 원고 상태에 있었다. 이 원고는 그의 사후 『동물의 운동에 관하여 *De Motu Animalium*』라는 제목으로 1680년과 1681년에 두 권으로 출간됐다. 보렐리는 인체를 근육이 가하는 힘에 의해 움직이는 지레계통으로 취급하면서 걸을 때와 달릴 때 인체 근육이 기하학적으로 어떻게 움직이는지 분석했다. 또 새가 날아가고 물고기가 물에서 나아가는 움직임을 수학적으로 설명했다. 그러나 결정적으로 중요한 것은 인간에게 특별한 지위를 부여하지 않고 다른 동물과 똑같이 취급했다는 점이다. 그는 **인체**를 일련의 지레로 만들어진 기계에 비유했다. 그럼에도 보렐리는 여전히 하느님의 역할이 있으며, 그것은 바로 애초에 지레계통을 만들어 낸 것이라고 보았다. 말하자면 기계의 설계자인 셈이다. 그러나 이것은 인체는 영적 존재가 매 순간 인도하고 지배함에 따라 작동한다는 생각과는 매우 달랐다.

인간과 동물의 관계는 17세기 말 런던에서 에드워드 타이슨Edward Tyson(1651~1708)이 약간은 우연히 하게 된 해부를 통해 명확하게 밝혀졌다. 타이슨은 1650년 영국 서머싯주 클리브던에서 태어났는데 정확한 생일은 알려져 있지 않다. 옥스퍼드 대학교에서 공부하고 1670년 문학사 학위를, 1673년 문학석사 학위를 받았으며, 케임브리지에서 1677년 의학박사 학위를 받았다. 그런 다음 런던으로 가서 의사로 활동하면서 해부학적 구조를 관찰하고 해부 실험을 했고, 1679년 왕립학회의 석학회원으로 선정된 다음 연구의 많은 부분을 왕립학회의 회지 『철학회보*Philosophical Transactions*』에 발표했다. 왕립의사회 석학회원이 될 정도로 당대 일류 의사가 된 그는 1684년 런던에 있는 베들레헴 병원의 의사 병원장에 임명됐다. 이곳은 병원 이름의 일반적 발음 때문에 '베들럼(bedlam, 수라장)'이라는 낱말의 어원이 된 정신병원으로, 이 낱말은 타이슨이 병원을 맡았을 때 그곳의 상황을 정확하게 전달해 주고 있다. 영국 최초이자 유럽에서는 스페인 그라나다에 이어 두 번째 정신병자 보호소였지만 요양을 위한 장소와는 거리가 멀었다. 정신병을 앓는 사람들을 생각할 수 있는 거의 모든 방식으로 학대하고 있었고, 상류층 인사들이 신기한 사람들을 보기 위해 마치 동물원처럼 찾으면서 일종의 오락거리 취급을 하고 있었다. 타이슨은 이 모든 것을 바꿔놓기 시작한 사람이었다. 사실상 교도관이었던 남성 간호사 대신 여성 간호사를 도입하여 환자를 돌보고, 가난한 재소자에게 의복을 마련해 주기 위한 기금을 설립하는 등 여러 가지 개혁을 실행했다. 인간적 관점에서 볼 때 이것이 타이슨이 이룩한 가장 큰 업적이다. 그는 1708년 8월 1일 런던에서 세상을 떠났다.

그렇지만 과학적 관점에서는 타이슨을 비교해부학이라는 학문 분야를 확립한 사람으로 본다. 이것은 여러 종 사이의 신체적 연관 관계를 살펴보는 분야이다. 그의 해부 중 가장 기억할 만한 것으로는 1680년의 해부를 꼽을 수 있다. 이때 어느 운수 나쁜 돌고래가 템스강을 따라 올라왔다가 결국 물고기장수의 손에 들어와 7실링 6페니라는 값에 타이슨에게 팔렸다. (이 돈은 나중에 왕립학회가 그에게 보상해 주었다.) 타이슨은 이 '물고기'라고 하는 동물을 그레셤 칼리지에서 해부했다. 해부가 진행되는 동안 로버트 훅이 곁에서 그림을 그렸는데, 놀랍게도 이 동물은 사실 포유류였고 내부 구조가 육지에서 사는 네발짐승과 매우 비슷했다. 그 뒤 같은 해에 출간된 『돌고래의 해부학적 구조 *Anatomy of a Porpess*』에서 그는 이때의 발견을 다음처럼 발표하여 세상을 놀라게 했다.

> 내장과 신체 내부 구조가 네발짐승과 너무나 유사하게 닮았으

> 므로 우리는 이 부분이 거의 같다고 본다. 가장 커다란 차이점은 외형상의 생김새로 보이며 발이 없다. 그러나 여기서도 우리가 피부와 살을 벗겨냈을 때 앞지느러미가 팔의 모양을 잘 보여주고 있었다. 어깨뼈, 어깨 관절, 자뼈, 노뼈, 손목뼈, 손허리뼈, 그리고 다섯 개의 손가락이 희한하게 결합되어 있었다.

이것은 동물들 사이에는 겉보기와는 달리 가까운 관계가 있다는 것을 암시했다. 아니, 암시라는 말로는 부족했다. 타이슨은 그 밖에도 유명한 해부를 여러 차례 실시했는데 그중에는 방울뱀과 타조도 있었다. 그러나 가장 유명한 것은 1698년 어느 뱃사람이 애완용으로 런던에 가져온 어린 침팬지였다. 오랑우탄으로 잘못 묘사된 이 침팬지는 아프리카에서 배를 타고 오는 동안 상처를 입은 상태였고 병든 것이 분명했다. 이 소식이 이내 저 유명한 해부학자에게 전해졌고, 그는 이 기회를 놓치지 않고 침팬지가 살아 있는 동안 외형과 행동을 관찰한 다음 죽자마자 해부했다. 이번에는 윌리엄 쿠퍼William Cowper(1666~1709)가 그림을 그려 주었다.* 두 사람이 수고한 결과는 『오랑우탄 또는 호모 실베스트리스 — 피그미와 원숭이, 유인원, 인간의 해부학적 구조 비교*Orang-Outang, sive Homo Sylvestris : or, the Anatomy of a Pygmie Compared with that of a Monkey, an Ape, and a Man*』라는 화려한 제목의 책으로 나왔다. 삽화가 많이 들어간 이 책은 165쪽 분량으로서 인간과 침팬지는 똑같은 신체 설계에 따라 만들어졌다는 움직일 수 없는 증

* 쿠퍼는 외과의사이자 왕립학회 석학회원이었다.

거를 내놓았다. 책의 끝부분에서 타이슨은 침팬지의 해부학적 구조에서 가장 두드러지는 특징을 열거하고, 그중 48가지는 원숭이보다 인간과 더 가까우며 27가지는 인간보다 원숭이에 더 가깝다고 적었다. 다시 말해 침팬지는 원숭이보다 인간에 더 가깝다는 뜻이었다. 그는 특히 침팬지의 뇌가 크기 말고는 인간의 뇌와 얼마나 닮았는지를 보고 깊은 인상을 받았다.

타이슨의 분석에서 운이 좋았던 부분은 그가 살펴본 그 침팬지가 어린 침팬지였다는 사실이다. 인간은 다 자란 침팬지보다 어린 침팬지와 더욱 많이 닮았기 때문이다. 여기에는 확실한 이유가 있는데 최근에야 그것을 이해하게 됐다. 진화 과정에서 옛것을 가지고 변이를 이끌어 내는 한 가지 방식은 발달 과정의 속도를 늦추는 것이다. 이것은 유생연장(neoteny)이라고 하며, 어린 상태를 오래 유지한다는 뜻이다. 사람은 침팬지나 다른 유인원들보다 훨씬 더 느리게 발달하기 때문에, 나뭇가지를 그네처럼 타고 다른 나무로 건너가는 것과 같은 특정 역할에 맞춰 미리 만들어진 채로 세상에 태어나는 게 아니라 비교적 미발달한 상태로 태어난다. 이는 유아기 인간이 스스로 살아갈 수 없는 한 가지 이유지만 그렇게나 많은 종류의 지식을 배울 능력이 있는 이유이기도 하다. 그러나 이것은 이야기를 너무 앞서 나가는 것이다. 1699년에 중요한 것은 타이슨의 책이 출판되면서 인간의 위치가 동물계 안에 있다는 것이 명확하게 확립됐고, 이로써 그 뒤 몇 세기 동안 우리가 저 동물계 안에 정확히 어떻게 자리를 잡고 있는지를 이해하기 위한 연구 주제가 결정됐다는 사실이다. 이는 물론 이 책의 뒷부분에서 다룰 커다란 주제이다.

지금은 앞으로 몇 세기 동안 과학을 위한 연구 주제를 설정하는 과정에서 누구보다도 많은 업적을 남긴 아이작 뉴턴과 그 시대 과학자들을 찬찬히 살펴볼 때다.

5
'뉴턴 혁명'

17세기 말 과학적 방법 자체를 확립하는 동시에 영국 과학의 탁월함을 입증한 세 사람은 로버트 훅Robert Hooke(1635~1703)과 에드먼드 핼리Edmond Halley(1656~1742), 아이작 뉴턴Isaac Newton(1642~1727)이다. 과학에 직접 기여한 업적을 기준으로 따져 핼리가 이 3인조 중 명확하게 3위를 차지하는 것은 나머지 두 사람의 업적이 지나치게 큰 까닭도 있다. 그러나 훅이 죽고 뉴턴을 선두로 한 과학의 행렬이 지금까지 300년 동안이나 이어 내려왔지만, 편견 없는 역사학자의 눈으로 볼 때 뉴턴과 훅 중 어느 쪽의 기여가 더 큰지 구별하기란 불가능하다. 뉴턴은 홀로 활동하면서 우주가 수학적 원리에 따라 작동한다는 저 심오한 진리를 확립한 고독한 연구자였다. 훅은 사교적이고 관심 범위가 넓은 과학자로서, 눈이 부시도록 다양한 새로운 발상을 내놓았을 뿐 아니라 신사들의 한담 장소였던 왕립학회를 과학회의 전형으로 바꿔놓았다. 불운하게도 그는 뉴턴의 적의를 샀고, 뉴턴보다 먼저 죽음으로써 숙적에게 역사를 고쳐 쓸 기회를 주었다. 뉴턴이 너무나 효과적으로 역사를 고쳐 쓴 나머지 훅은 지난 몇십 년에 와서야 제대로 원래의 위치를 되찾을 수 있었다. 이 3인조 중 훅이 가장 먼저 태어나기도 했거니와 뉴턴을 제자리로 돌려보내기도 할 겸 훅의 삶과 연구 이야기를 먼저 시작하고, 나머지 두 사람은 훅과의 관계를 중심으로 이야기를 풀어 나가고자 한다.

로버트 훅: 현미경학 연구와 『마이크로그라피아』 출간

로버트 훅은 갈릴레오 갈릴레이가 죽기 7년 전인 1635년 7월 18일 시계가 정오를 알릴 때 태어났다. 아버지 존 훅은 와이트섬의 프레시워터에 있는 올세인츠 교회의 부제였다. 섬에서 가장 성직록이 후한 교회에 속했지만 주로 그 덕을 보는 사람은 그곳의 주임사제 조지 워버턴이었다. 부제에 지나지 않는 만큼 존 훅은 부유함과는 거리가 먼 데다 먼저 낳은 아이가 둘 더 있었다. 맏이인 누나 캐서린은 1628년에, 형 존은 1630년에 태어났다. 로버트 훅의 형은 뉴포트에서 식품잡화상으로 일했고 한때 그곳 시장으로도 활동했으나, 46세 때 스스로 목을 매 죽었는데 정확한 이유는 알려져 있지 않다. 형의 딸 그레이스는 로버트 훅의 일생에서 중요한 인물로 등장한다.

로버트 훅은 병약한 아이여서 어른이 될 때까지 살지 못할 것으로 생각했다. 태어난 뒤 7년 동안은 "허약한 체질이라 조금치의 고기도 받지 않아"* 거의 우유와 유제품, 과일로만 살았다. 체구가 작고 깡마른 데다 힘도 없었지만 달리고 높이 뛰어오르기를 즐기는 활동적인 아이였다. 그의 신체에 뚜렷하게 굽은 기형이 나타난 것은 16세

* 1705년 출간된 『로버트 훅 유고집*The Posthumous Works of Robert Hooke*』에 수록된 리처드 월러Richard Waller의 서문을 인용.

정도나 되어서의 일이었는데, 나중에 그는 이것을 선반 등 공작 도구를 가지고 장시간 웅크린 자세로 작업했기 때문이라고 설명했다. 그는 모형 만드는 기술이 매우 좋아져 제대로 작동하는 삭구와 돛까지 갖춘 1미터 정도 길이의 배를 만들었고, 낡은 놋쇠 시계를 분해하는 것을 본 뒤 나무를 깎아 움직이는 시계를 만들기도 했다.

그의 아버지는 처음에 아들 로버트의 건강 상태가 좋지 못해 정식 교육에 소홀했다. 그러다가 어떻게든 살아날 것 같다는 생각이 들자 교회에서 일하게 할 생각으로 최소한의 지식을 가르치기 시작했다. 그러나 로버트의 건강 상태는 나아지지 않았고 아버지 자신도 노쇠해지고 있었으므로 제대로 가르치기가 힘들었고, 그래서 대체로 아들이 하고 싶은 대로 내버려 두었다. 어느 직업 화가가 일을 맡아 프레시워터에 왔을 때 로버트는 그가 작업하는 것을 흘끔 보고 자기도 할 수 있겠다는 생각이 들었고, 먼저 물감을 직접 만든 다음 무슨 그림이든 눈에 띄면 모사하기 시작했다. 솜씨가 뛰어난지라 사람들은 그가 직업 화가가 될 수도 있겠다고 생각했다. 1648년 아버지 존 훅이 오랜 병고 끝에 죽었을 때 로버트는 13세였다. 그는 유산으로 물려받은 100파운드를 지닌 채 런던으로 보내져 화가 피터 렐리 경의 도제로 들어갔다. 애초에 로버트는 그림은 혼자서도 배울 수 있으니 그 돈을 도제 생활에 쓸 이유가 없다고 생각했다. 이어 물감 냄새 때문에 극심한 두통이 일어난다는 사실을 깨달았다. 그래서 화가가 되겠다는 생각은 그만두고 그 돈으로 웨스트민스터 공립학교에 들어가 학과 공부를 하는 한편 오르간 연주도 배웠다.

훅은 너무 어려 잉글랜드 내전에 직접 참가하지는 않았지만 그 여파는 그에게 확실하게 미쳤다. 1653년에 옥스퍼드 크라이스트 처치 칼리지의 합창단원이 됐다. 그러나 청교도 의회파가 교회 성가대 같은 겉치레를 없애 버린 뒤였으므로 이것은 사실상 그가 아무 대가 없이 웬만큼의 수입을 장학금으로 받은 셈이었다. 그때 옥스퍼드의 학생 중에는 그보다 세 살 위인 크리스토퍼 렌Christopher Wren(1632~1723)이 있었는데, 과학에 관심이 많은 데다 마찬가지로 웨스트민스터 학교 출신이었다. 가난한 학생 중에는 비교적 부유한 학부생의 하인으로 일하면서 생활을 꾸려 나간 사람이 많았고 훅도 그중 하나였다. 당시는 내전 동안 왕당파를 지지했다는 이유로 올리버 크롬웰이 옥스퍼드 학자들을 대거 쫓아낸 뒤라 그레섬 칼리지 동아리 회원이 그곳에 많이 와 있었고, 훅은 물건을 만들고 실험을 수행하는 능력이 뛰어난 덕분에 이들 과학자 동아리에 없어서는 안 될 귀중한 조수가 됐다. 그는 이내 로버트 보일의 수석 (유급) 조수가 됐고 일평생 그와 친구로 지냈다. 보일의 공기펌프가 성공한 것은 주로 훅 덕분이었고, 따라서 그것으로 행한 실험이 성공한 것도 훅 덕분이었다. 그는 또 보일이 옥스퍼드에서 한 화학 연구에도 긴밀히 관여했다. 그런 한편 당시 천문학과의 사빌 천문학 석좌교수 세스 워드Seth Ward(1617~1689)를 위해 천문학 연구를 수행하면서 개량된 망원 조준경을 발명했고, 1650년대 중반에는 천문학 연구용 시계의 정확도를 높일 방법을 연구해 내기도 했다.

혹은 이 연구를 통해 유사*로 조절하는 새로운 종류의 회중시계

* 유사(遊絲, balance spring)는 기계식 시계의 속도 조절용 스프링으로 대개 나선 모양이다. 이 스프링이 감겼다 풀렸다 하는 진동주기에 의해 속도가 결정된다. (옮긴이)

를 고안해 냈다. 이것은 바다에서 경도를 판단할 수 있을 만큼 정확하고 믿을 만한 크로노미터(chronometer)의 원형이 됐을 수도 있다. 훅은 정확성과 신뢰성을 확보할 방법을 개발해 냈다고 주장했다. 그러나 (비결을 다 노출시키지는 않으면서) 이 장치의 특허를 얻을 가능성을 알아보는 도중 제3자가 자신의 설계를 개량하여 경제적 이득을 취할 수 있다는 구절에 그가 반대했기 때문에 협상은 깨지고 말았다. 그는 이 크로노미터의 비밀을 결국 공개하지 않았고 비밀은 그와 함께 땅에 묻히고 말았다. 그러나 그의 회중시계는 바다에서 쓸 수 있는 크로노미터는 아니었지만 기존 설계에 비해 크게 개량된 것이어서 이 시계만으로도 역사책에서 자리를 차지했을 것이다. 훅은 이렇게 만든 시계 하나를 찰스 2세에게 선물했고 그는 매우 기뻐했다.

1660년대 초 런던에서 왕립학회가 설립됐을 때 학회 행정을 맡을 간사와 실무를 챙길 실험학예사 등 상근직 간부 두 명이 필요했다. 로버트 보일의 추천에 따라 독일 태생의 헨리 올덴부르크Henry Oldenburg(1617~1677)가 간사를 맡고 로버트 훅이 학예사를 맡았다. 올덴부르크는 1617년 독일 브레멘에서 태어나, 1653년과 1654년에 브레멘의 외교사절로 런던에 와 있다가 보일을 비롯한 동아리 사람들을 만났다. 한동안 보일의 조카 던가번 경의 가정교사로 있었다. 과학에 흥미를 느낀 올덴부르크는 1656년 옥스퍼드의 개별지도교수가 됐고, 왕립학회의 첫 석학회원들이 된 바로 그 동아리의 회원으로 활발하게 활동했다. 유럽의 여러 언어에 능통하여 일종의 과학정보센터 역할을 맡아 유럽 전역의 과학자들과 편지로 정보를 교환했다.

보일과 잘 지내면서 그의 저작권 대리인이 됐고 보일의 책을 번역했으나, 안타깝게도 훅을 싫어했다. 그는 1677년에 세상을 떠났다.

훅은 1662년 옥스퍼드를 떠나 학회의 직책을 맡았다. 그는 보일 등의 조수로 일하느라 학위 과정을 마치지 않았는데, 그럼에도 불구하고 1663년 문학석사 학위가 부여됐고 왕립학회 석학회원으로 선출됐다. 2년 뒤에는 학회의 피고용인 신분으로 맡고 있던 실험학예사 직책이 학회의 석학회원이자 위원회 위원 자격으로 맡는 것으로 바뀌었다. 이것은 다른 석학회원들과 동등한 신사 신분을 인정받는다는 의미였으므로 중요한 변화였다. 그러나 이제 살펴보겠지만 지위가 바뀌었다 해도 그는 여전히 막중한 임무를 떠안았다. 명예도 좋기는 했지만 가난한 훅에게는 급료도 똑같이 중요했다. 애석하게도 초창기 왕립학회는 조직도 제대로 되어 있지 않은 데다 자금도 부족했고, 그래서 훅은 한동안 로버트 보일의 호의가 아니었다면 적자를 면할 수 없었을 것이다. 1664년 5월에는 그레셤 칼리지의 기하학교수 후보에 올랐으나 시장의 캐스팅보트로 탈락하고 말았다. 상당한 논쟁 끝에 시장은 이 일에 대해 투표권이 없다는 것이 밝혀졌고, 결국 1665년에 훅이 그 자리를 차지했다. 그는 그 교수직을 평생 유지했다. 마침내 교수직을 차지한 그해 초에, 그리고 29세라는 나이에 그는 또 자신의 최대 역작인 『마이크로그라피아*Micrographia*』를 펴냈다. 당시로서는 드물게 이 책은 영어로 쓰인 데다 매우 명료하고 읽기 쉬운 문체로 쓰였으므로 넓은 독자층에게 다가갈 수 있었다. 그러나 그 때문에 일부 사람들은 그의 과학적 능력을 제대로 이해하지 못한 것으로 보인다. 그의 설명으로 보면 그가 내놓은 연구

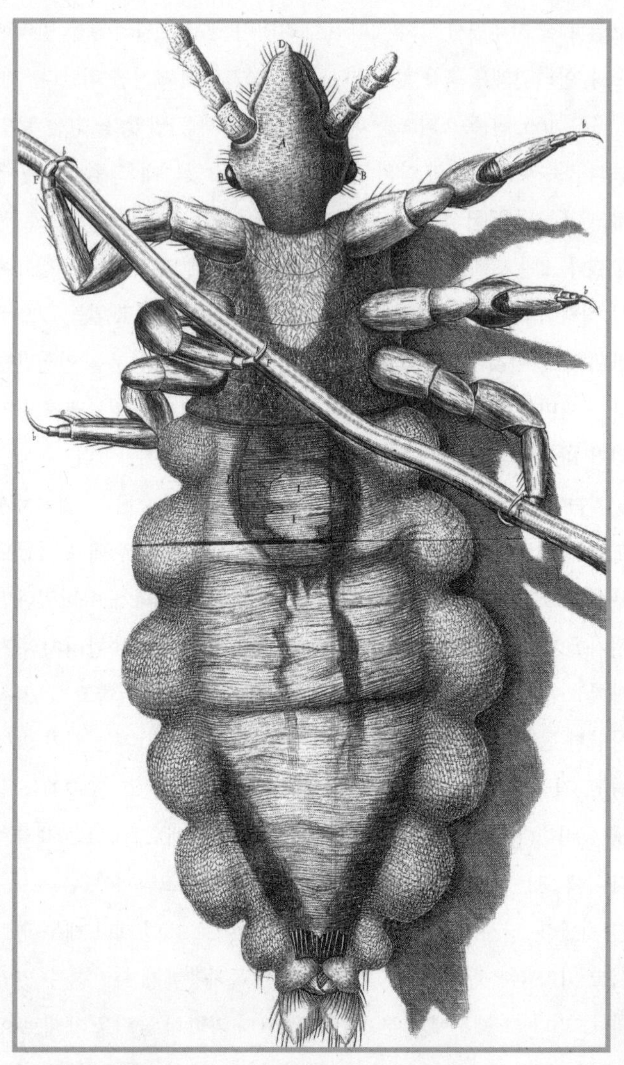

14. 머리카락을 붙들고 있는 이. 훅의 『마이크로그라피아』(1664)에서.

가 너무나 쉬워 보였기 때문이다.

제목으로 알 수 있듯『마이크로그라피아』는 대체로 현미경학을 다루고 있으며, 일류 과학자가 내놓은 최초의 본격 현미경학 책이었다. 갈릴레이의『별의 메시지』가 우주 전반의 본질에 대해 사람들의 눈을 열어 준 것처럼 그의 책이 미시세계에 대해 사람들의 눈을 열어 주었다고 해도 과언이 아니다. 제프리 케인스Geoffrey Keynes(1887~1982)의 말을 빌리자면 이 책은 "과학사를 통틀어 출판된 책 중 가장 중요한 책에 속한다." 새뮤얼 피프스는 새벽 두 시까지 앉아 이 책을 읽은 일을 기록하면서 이 책을 "내 평생 읽은 것 중 가장 독창적인 책"이라 불렀다.*

훅은 최초의 현미경학자가 아니었다. 1660년대에 이르러 갈릴레이의 뒤를 따른 사람이 여럿 있었고, 앞서 살펴본 것처럼 그중에서도 말피기는 새로운 도구를 사용하여 특히 혈액순환과 관련하여 이미 중요한 발견을 해냈다. 그러나 말피기의 발견은 대체로 발견하는 대로 그때마다 토막토막 과학계에 보고됐다. 훅과 같은 시대 사람인 안톤 판 레이우엔훅Antoni van Leeuwenhoek(1632~1723)도 대체로 그랬다. 그는 네덜란드의 포목상으로서 정식으로 학문을 익힌 적이 없었지만, 직접 만든 현미경을 사용하여 연이어 놀라운 발견을 해냈고 발견은 대부분 왕립학회를 통해 전달됐다. 그가 사용한 도구는 금

* 1665년 1월 21일 자. 과학에 기여한 것은 거의 없었으나 왕립학회의 석학회원이자 모임에 즐겨 참석한 그는 그해 2월 15일 그레셤 칼리지에서 "가장 가치 높은" 과학자들이 참석한 가운데 있었던 모임에 관해 기록하고 있다. "무엇보다도 보일 씨가 오늘 모임에 참석했고, 그보다 더 높은 훅 씨까지 있었다. 그는 내가 본 사람 중 세상에서 가장 뛰어나며 가장 볼품없는 사람이다." 이는 당시 훅이 어느 정도의 지적 명성을 누리고 있었는지를 정확히 보여 주고 있을 뿐 아니라 호감을 사지 못한 외모도 어느 정도 짐작하게 해 준다.

속 띠에다 매우 작은 볼록렌즈를 박아 눈 가까이 대고 보는 것으로, 어떤 렌즈는 크기가 핀 대가리만 했다. 실제로는 엄청나게 강력한 돋보기에 지나지 않았지만 어떤 것은 200배나 300배까지 확대할 수 있었다. 판 레이우엔훅의 가장 중요한 업적은 물방울 안에 움직이는 작디작은 동물이 있다는 사실을 발견한 것이다. 그는 이것을 생명체로 인식했는데, 오늘날 원생동물, 윤형동물, 박테리아라 부르는 종류의 미생물이었다. 또 정자세포를 발견하여 그것을 '미세동물'이라 불렀다. 이것은 임신이 어떻게 이루어지는지를 짐작할 수 있는 최초의 실마리였다. 그리고 말피기의 연구를 알지 못한 채 독자적으로 적혈구와 모세혈관에 대해 연구하여 똑같은 사실을 일부 발견했다. 이런 것들은 중요한 연구였으며, 과학의 주류가 아닌 진짜 아마추어라는 낭만적 이야기의 주인공인 만큼 그는 17세기 과학에 관한 대중적 이야기에서 중요한 인물로 다뤄질 수밖에 없다. 어떤 이야기에서는 그가 현미경을 발명했다고까지 주장한다. 그러나 그는 일반적이지 않은 기법과 도구를 사용한 특이한 경우였다. 훅은 현미경학이 발전해 나간 본류에 해당하며, 둘 이상의 렌즈를 사용하여 관찰 대상을 확대하는 복합현미경을 스스로 개량하여 만들어 연구했다. 또 자신이 발견한 것을 한 권의 책에다 쉽게 꾸려 넣었고 게다가 현미경을 통해 본 것을 과학적으로 정확하고 아름다운 그림으로 그려 첨부했다. 그중에는 그의 친구 크리스토퍼 렌이 그린 것이 많았다. 『마이크로그라피아』는 정말로 현미경학이 과학의 한 분야로서 성년이 된 순간에 해당했다.

훅이 현미경으로 발견하여 저 걸작에 수록한 것 중 가장 유명한 것은 얇게 베어 낸 코르크의 '세포' 구조였다. 그가 본 코르크의 작은 구멍들은 현대 생물학에서 말하는 세포가 아니었지만 그는 거기에 세포라는 이름을 붙였고, 19세기에 오늘날 말하는 세포가 확인됐을 때 생물학자들은 훅이 붙인 이름을 가져다 썼다. 그는 또 깃털의 구조, 나비 날개의 본질, 파리의 겹눈 등 생물세계를 많이 관찰하고 묘사했다. 책의 한 부분에서는 화석을 예전에 살았던 동식물의 유체라고 정확하게 규명하는 선견지명을 보여 준다. 당시는 생물처럼 보이는 이런 돌은 그저 돌에 지나지 않으며, 모종의 신비스러운 과정을 거쳐 생물과 같은 모양을 닮게 됐다는 믿음이 널리 퍼져 있었다. 그러나 훅은 화석은 "지구 자체에 **잠재해 있는 어떤 특별한 조형 능력**에 의해 형성된 돌"이라는 관념을 철저히 부숴 버렸다. 그는 오늘날 암모나이트라 부르는 것을 언급하며, 이들은 "어떤 조개류의 껍질로서 홍수나 범람, 지진 또는 어떤 다른 경위를 통해 그곳에 던져졌다가 진흙이나 찰흙 또는 **돌로 굳는** 물 등 어떤 물질로 채워졌고, 시간이 지나면서 한데 뒤엉켜 단단하게 굳은 것"이라고 설득력 있게 주장했다. 그의 생전에 책으로 발표되지 않았으나 이 무렵 그레셤 칼리지에서 한 강의에서는 또 화석들은 지구 표면이 크게 변형됐음을 암시한다고 구체적으로 말했다. 그는 이렇게 말했다. "과거에 바다였던 곳이 지금은 육지이고, 과거에 육지였던 곳이 지금은 바다이며, 수많은 산이 과거에는 골짜기였고 골짜기는 산이었다."

훅과 빛의 파동 이론

이 중 어느 것이라도 훅을 충분히 유명하게 했을 것이고 새뮤얼 피프스 같은 독자들을 기쁘게 했을 것이다. 그러나 『마이크로그라피아』에는 현미경학만 있었던 게 아니다. 훅은 물질이 얇은 층을 이룰 때 만들어지는 색깔 무늬의 본질을 연구했다. 예컨대 곤충 날개의 색이라든가 오늘날 기름이나 석유를 물에 흘렸을 때 보는 무지개무늬 같은 것이다. 그는 이것이 층의 양면에서 반사되는 빛 사이의 어떤 간섭 때문에 일어난다고 보았다. 이런 방향에서 훅이 탐구한 한 가지 현상은 두 개의 유리가 약간 어긋난 각도로 만날 때 생겨나는 색의 고리였다. 이 실험의 전형적 형태는 평평한 유리 위에 올려놓은 볼록렌즈로서, 이렇게 하면 두 유리가 맞닿는 부분에 쐐기 모양의 작은 공기 틈이 생겨난다. 렌즈 위에서 내려다보면 겹겹으로 고리 모양이 보이는데 이것은 물 위에 뜬 얇은 기름 막에서 색색의 소용돌이무늬가 생겨나는 현상과 관계가 있다. 이 현상이 '뉴턴 고리'라고 불리고 있는 것만 봐도 뉴턴이 역사를 얼마나 성공적으로 고쳐 쓸 수 있었는지를 알 수 있다. 빛에 대한 훅의 생각은 파동 이론에 바탕을 두고 있었으며, 나중에는 이것을 발전시켜 빛의 파동은 — 하위헌스의 생각처럼 진행 방향으로 밀고 당기는 소밀파(종파)가 아니라 — 진행 방향의 직각 방향으로 진동하는 횡파라고 보았다.

그는 연소와 관련된 실험을 자세히 묘사한 다음 연소와 호흡은 모두 공기로부터 뭔가를 흡수하는 과정이라는 결론을 내렸다. 이것은 산소가 실제로 발견되기 한 세기 전에 산소의 발견에 거의 다가간 것이다. 그러면서 물체에서 열이 발생하는 것은 "구성물의 운동 또는 진동" 때문이며(이것이 규명되기 거의 2세기 전에!), 연소는 두 가지 사물이 결합하는 것이라고 명확하게 구분했다. 훅은 자신을 대상으로 실험했는데, 그가 있는 방에서 공기를 펌프로 빼내게 하면서 귀에 통증을 느낄 때까지 앉아 있었다. 그리고 초기 형태의 잠수종(diving bell)을 설계하고 시험하는 데 관여했다. 지금은 익숙한 시계 문자판 모양의 기압계, 풍력계, 개량된 온도계, 공기 중 습도 측정용 습도계를 발명했고, 기압 변화와 날씨 변화가 서로 연관되어 있음을 알아차림으로써 최초의 과학적 기상학자가 됐다. 덤으로 훅은 책 끝부분에 자신의 천문관측을 바탕으로 그린 그림을 넣었다. 그리고 실험이나 관찰이 뒷받침되지 않는 "두뇌작용과 공상"에 의존할 게 아니라 "사물을 나타나는 그대로 조사하고 기록하는 성실한 손과 충실한 눈"이 중요하다는 말로 자신의 모든 연구 이면에 있는 철학을 분명하게 밝히며 이렇게 썼다. "사실 자연을 다루는 과학은 이미 너무나 오랫동안 두뇌작용과 공상으로만 이루어져왔다. 이제 실체가 있는 명확한 사물을 있는 그대로 착실하게 관찰하는 방식으로 돌아갈 때가 됐다."

훅과 알고 지낸 존 오브리는 1680년대에 그를 다음처럼 묘사했다.

> 보통 키에, 약간 구부정하며, 핼쑥하고, 얼굴은 하관이 작지만 머리는 크다. 눈이 크고 불거졌으며 생기가 없다. 눈빛은 회색이다. 머리칼은 가늘고 갈색이며 촉촉하고 멋진 곱슬머리다. 예나 지금이나 한결같이 매우 온화하며, 식사는 절제한다.
>
> 천재적이고 창의적인 두뇌만큼이나 덕망이 높고 선하다.

『마이크로그라피아』에 묘사되어 있는 업적을 바탕으로 더욱 높은 업적을 내놓을 수 있었겠지만 그러지 못한 데에는 여러 가지 요인이 복합적으로 작용했다. 그 첫째는 왕립학회에서 맡은 직책이었다. 그는 매주 학회 모임에서 여러 실험을 수행함으로써 모든 것이 차질 없이 굴러가게 했는데, 일부는 다른 석학회원의 부탁으로 또 일부는 그가 설계한 실험이었다. 또 불참한 석학회원이 제출한 논문을 낭독하고 새로운 발명을 설명했다. 왕립학회 초기의 회보를 보면 "훅 씨가 … 을 만들었다," "훅 씨는 … 주문을 받았다," "훅 씨는 … 라고 말했다," "훅 씨가 몇 가지 실험을 했는데 …" 등과 같은 표현이 페이지마다 나온다. 게다가 그레셤 칼리지에서 정규 수업을 가르치고 있었다는 점도 기억해야 한다. 마치 그것으로 부족하다는 듯 1677년 올덴부르크가 죽자 그를 대신하여 왕립학회의 간사가 됐다. 적어도 당시에 이르러서는 간사가 여럿 있었으므로 행정 업무의 부담을 나눠 맡을 수 있었다. 그러나 1683년에 간사 직책에서 물러났다.

단기적으로는 『마이크로그라피아』가 출간된 직후 흑사병 때문에 왕립학회의 활동이 중단됐고, 다른 많은 사람들과 마찬가지로 훅 역시 런던을 벗어나 시골로 피신하여 엡솜에 있는 버클리 백작 집에서 손님으로 머물렀다. 중기적으로는 훅은 1666년 런던 대화재 이후 도시 재건에서 크리스토퍼 렌 다음으로 중요한 인물이었으므로 몇 년 동안 과학 연구에 집중할 겨를이 없었다. 렌이 설계한 것으로 되어 있는 건물 중 훅이 적어도 그 일부분을 설계한 것이 많고, 대부분의 경우 두 사람 중 누가 어떤 부분을 설계했는지 구별이 불가능하다.

대화재는 1666년 9월에 일어났다. 훅은 그해 5월 학회에서 논문을 발표했는데, 이때 태양을 도는 행성의 운동은 (데카르트가 말한 에테르의 소용돌이가 아니라) 행성이 태양의 인력에 의해 궤도에 붙들려 있기 때문이라고 설명했다. 실에 공을 달아 머리 위에서 돌릴 때 실이 가하는 힘 때문에 공이 '궤도'에 붙들려 있는 것과 비슷했다. 이것은 훅이 런던 재건을 위한 건축 및 측량 작업을 마친 뒤 되돌아온 주제이며, 1674년에 한 어느 강의에서 자신의 '천체계'를 다음과 같이 묘사했다.

> 첫째로, 어떠한 천체든 자신의 중심을 향한 인력 또는 중력이 있어서 천체 자체의 각 부분을 끌어당겨 밖으로 날아가지 않도록 붙들고 있을 뿐 아니라 … 그 천체의 활동 영역 안에 있는 다른 모든 천체도 끌어당긴다. … 두 번째 가설은 이렇다. 어떠한 물체든 직선적이고 단순한 운동을 하는 물체는 계속 직선으로 나아가며, 다른 힘의 영향이 있을 때만 구부러지고 휘어 원, 타원, 또는 더 복합적인 곡선을 따라 운동하게 된다. 세 번째 가설은 이런 인력은 그 작용을 받는 그 물체가 인력의 중심에 가까워지는 정도만큼 더 강해진다.*

훅의 두 번째 '가설'은 본질적으로 오늘날 뉴턴의 제1운동법칙으로 알려져 있는 것이다. 세 번째 가설은 중력은 물체까지의 거리의 제곱이 아니라 거리에 단순 반비례한다고 잘못 암시하고 있지만 훅 본인이 이내 이 잘못을 바로잡는다.

* 에스피나스(Margaret 'Espinasse)를 재인용.

이제 핼리와 뉴턴, 그리고 중력에 관한 논의에 두 사람이 기여한 내용을 소개할 때가 거의 됐다. 그렇지만 먼저 훅의 일생에서 그 나머지 부분을 잠깐 훑어보기로 하자.

훅의 탄성 법칙

우리는 훅이 1672년에 쓰기 시작한 일기를 통해 그의 일생 후반기에 대해 많이 알고 있다. 이것은 피프스의 일기 같은 문학 작품이 아니라 그날그날의 사실을 거의 전보문처럼 기록한 것이다. 그러나 여기에는 그레셤 칼리지의 교수실에서 있었던 훅의 사생활이 거의 모두 너무나 솔직하게 묘사되어 있어서 20세기가 되기 전에는 출판에 부적절하다고 생각됐다. 이 역시 훅의 사람됨과 업적이 최근까지도 완전히 인정받지 못한 이유 중 하나다. 그는 혼인한 적은 없지만 하녀 여럿과 성적 관계를 맺었으며, 1676년에 이르렀을 때는 어릴 때부터 함께 살던 조카 그레이스가 그의 정부가 되어 있었는데 그때 조카는 15세였을 것이다. 1687년 그레이스가 죽자 훅은 비탄에 빠졌고 그 뒤로 죽을 때까지 눈에 띄게 침울했다. 1687년은 또 뉴턴과의 분쟁에서 중요한 해였는데 이 역시 사정이 나아지는 데 도움이 됐을 리가 없다. 과학 면에서 보면 중력에 관한 연구는 별문제로 하고, 그의 연구 중 가장 널리 알려진 탄성 법칙을 1678년에 생각해 냈다. 이것은 스프링을 당기면 당겨진 거리에 비례하는 크기의 힘으로 거기 저항한다는 법칙이다. 이처럼 따분한 연구는 훅의 법칙이라는 이름으로 알려지고, 이 책에서 소개한 것 말고도 눈부신 업적이 많은데도 그런 업적은 잊히거나 다른 사람의 공로로 돌아갔다는 것을 보면 역사가 그를 대체로 어떻게 취급했는지를 알 수 있다. 훅은 1703년 3월 3일에 세상을 떠났고, 당시 런던에 있던 왕립학회 석학회원들은 모두 그의 장례식에 참석했다. 아이작 뉴턴은 그 이듬해에 빛과 색에 관한 대작 『광학Opticks』을 내놓았다. 훅이 죽기를 기다리며 30년 동안이나 일부러 묵혀 두었다가 내놓은 것이다.

뉴턴이 훅에 대해 품은 적의는 편집광적이라고 할 수 있을 정도였지만 사실 다른 사람들에 대해서도 그랬다. 이것은 뉴턴이 케임브리지에서 젊은 교수로 있다가 처음으로 왕립학회의 눈에 띄었던 1670년대 초로 거슬러 올라간다. 훅보다 일곱 살 아래인 뉴턴은 1660년대에 케임브리지에서 학부 과정을 마친 다음 처음에는 트리니티 칼리지의 석학연구원이 됐다가 1669년에는 루커스 수학 석좌교수가 됐다. 이 교수 자리는 제1대 루커스 석좌교수인 아이작 배로Isaac Barrow(1630~1677)의 뒤를 이은 것이다. 아이작 배로는 종교 연구에 쓸 시간이 모자란다는 이유로 사임했다고는 하나, 그 직후 왕실 사제가 됐다가 다시 트리니티 칼리지의 학장이 됐으므로 겉으로 드러나지 않은 동기가 따로 있었는지도 모른다. 그러는 내내 뉴턴은 주로 혼자 세계에 대해 실험도 하고 생각도 했다. 그는 거의 누구와도 자신의 생각을 논하지 않았다. 그의 연구 중에는 프리즘과 렌즈를 사용한 빛의 본질 연구도 있었다. 그는 프리즘을 이용하여 백색광(실제로는 태양광)을 무지갯빛의 스펙트럼으로 분리한 다음 그것을 재결합하여 다시 백색광을 만듦으로써 백색광은 무지갯빛을 모두 섞은 것일 뿐임을 증명했다. 이것은 그의 광학 연구 중 가장 중요한 것이다.

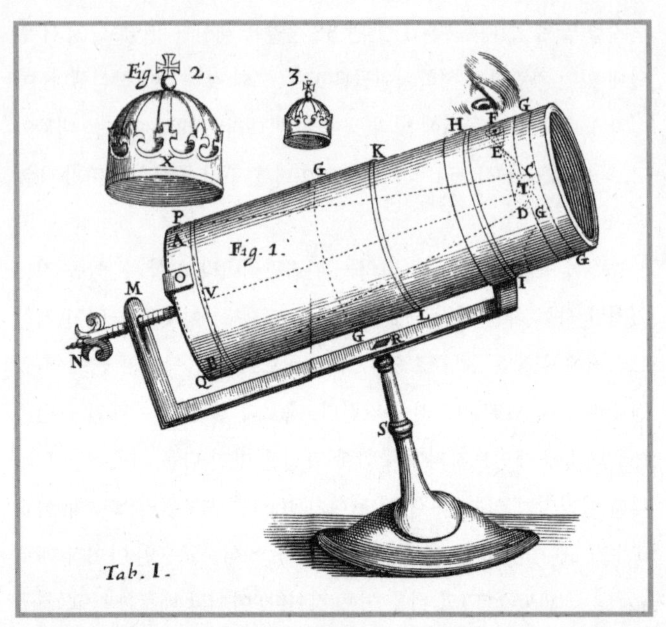

15. 뉴턴의 망원경. 왕립학회의 『철학회보』(1672)에서.

그때까지 훅을 비롯한 다른 사람들은 백색광을 프리즘에 통과시켜 그로부터 십여 센티미터 떨어진 화면에 비춰 주는 방식으로 가장자리에 색이 들어가 있는 흰빛 덩어리를 만들어 냈다. 뉴턴은 여기서 더 나아갈 수 있었는데, 창을 가리고 거기에 바늘구멍을 뚫어 그곳으로 들어오는 빛을 광원으로 삼았기 때문이었다. 그는 그 빛을 프리즘에 통과시켜 커다란 방의 반대편으로 몇 미터 떨어져 있는 벽에 비춤으로써 색깔이 퍼질 수 있도록 거리를 넉넉하게 주었다. 그는 이 연구에서 색에 대해 관심을 품으면서 렌즈를 사용한 망원경을 통해 보이는 상의 가장자리에 색깔이 생겨나는 문제를 생각하게 됐고, 이 문제를 해결한 반사망원경을 설계, 제작했다. (그는 일찍이 레너드 딕스가 한 연구에 대해서는 알지 못했다.)

뉴턴이 루커스 석좌교수로서 강의할 때 빛에 관한 자신의 연구를 일부 설명하자 이 모든 것에 대한 소식이 퍼져 나가기 시작했다. 케임브리지에 들렀다가 그의 망원경을 보았거나 전해들은 사람들 역시 소식을 퍼트렸다. 왕립학회는 그의 망원경을 보여 달라고 부탁했다. 뉴턴은 적어도 두 대를 제작했던 것 같으며, 1671년 말 아이작 배로가 그중 하나를 런던으로 가져가 그레셤 칼리지에서 시범을 보였다. 뉴턴은 즉시 석학회원으로 선출됐다. 실제 입회식은 1672년 1월 11일에 있었다. 학회는 그가 선출되자마자 또 어떤 연구를 꿍쳐 두고 있는지 물었다. 이에 뉴턴은 빛과 색에 관한 포괄적인 논문을 제출했다. 우연하게도 뉴턴은 빛을 입자의 흐름으로 보는 입자 이론을 믿고 있었지만, 그가 이때 내놓은 발견은 입자 이론을 사용하든 하위헌스나 훅 같은 사람들이 미는 파동 이론을 사용하든 설명이 가능했다.

논문에서 간접적으로 언급된 내용과 아울러 특히 1666년에 광학 실험을 시작했다는 문장으로 미루어 그가 빛에 대해 관심을 갖게 된 계기는 훅의 『마이크로그라피아』를 읽었기 때문임이 분명해 보였다. 그러나 뉴턴은 훅의 연구를 자세히 설명하지 않고 "훅 씨가 『마이크로그라피아』의 어느 부분에서 쐐기 모양의 투명 용기 두 개를 사용하여 했다고 보고한 의외의 실험"이라고 언급함으로써 대수롭지 않은 것으로 치부했다. 이 부분에서 그가 언급한 것은 나중에 뉴턴 고리라 알려진 바로 그 현상이었다.

연장자인 데다 정평이 나 있는 과학자인 훅은 인정받아 마땅하다고 생각하는 만큼의 공로를 건방진 애송이가 제대로 인정하지 않는데 단단히 화가 났고 친구들에게도 그렇게 말했다. 훅은 자신의 연구를 제대로 인정받는 문제에 늘 민감했다. 그의 초라한 출신과 최근 왕립학회를 설립한 지식인 신사들의 피고용인으로 있었다는 사실을 생각해 볼 때 이해가 가는 부분이다.* 그렇지만 뉴턴은 이처럼 젊은 나이일 때조차 자신의 능력이 최고라고 믿고 있었다. (대체로 그럴 만하기는 하지만 그다지 매력적인 성격은 아니다.) 그리고 다른 과학자들은 아무리 존경받고 아무리 인정받고 있다 해도 그의 구두를 핥을 자격조차 없다고 보았다. 이 태도는 그 뒤 몇 년 동안 뉴턴보다 지적으로 떨어지는 것이 분명한 비평가들이 그의 연구에 대해 갖가지 흠을 잡았으나 무엇보다도 그들 자신의 무지만 드러내는 일이 이어지면서 더 심해졌다. 처음에 뉴턴은 그중 비교적 일리가 있는 지적에 대해 답을 하고자 했지만, 결국 그에 따른 시간 낭비 때문에 화가 나 올덴부르크에게 이렇게 썼다. "제가 철학의 노예가 됐군요. … 제가 개인적 만족을 위해 하는 것을 제외하고는 철학에 대해 영영 작별을 고하거나 철학이 저를 따라오게 내버려 두고자 합니다. 보아하니 사람은 새로운 것은 아무것도 내놓지 않거나, 아니면 그것을 옹호하기 위해 노예가 되어야 하는군요."

* 무엇보다도 공로를 제대로 인정하는 것이 중요하다는 사실을 그가 잘 인식하고 있기 때문이었다. 훅은 연구를 출판할 때 예컨대 보일 같은 동료의 연구를 언제나 빠짐없이 꼼꼼하게 아낌없이 인정했다. 그는 자신이 인정받아야 하는 부분은 인정받기를 원했으나, 한 번이라도 정당한 수준 이상으로 공로를 주장했다는 증거는 없다.

올덴부르크는 짓궂게도 고의적으로 풍파를 일으킬 생각으로 뉴턴에게 훅의 관점을 과장하여 전달했을 때 생각 이상으로 성공을 거두었다. 뉴턴은 올덴부르크에게 "훅 씨의 뒷말을 그렇게 솔직하게 전해 주셔서" 고마워하면서 오해를 풀 기회를 청했다. 크라우더는 올덴부르크가 부채질하여 키운 문제의 근원을 다음처럼 알기 쉽게 요약했다. "훅은 과학이 요령과 무슨 관계가 있는지 이해할 수 없었다. … 뉴턴은 발견을 사유재산으로 생각했다."* 적어도 그 자신이 발견한 것에 대해서는 그랬다. 4년이 지난 뒤, 성격 충돌로 인한 이 수치스러운 일을 끝내지 않으면 왕립학회가 웃음거리가 될 판이었다. 그래서 올덴부르크로서는 훅을 괴롭히는 재미있는 놀이를 끝내야 한다는 생각에 달갑지 않았을 것이 분명하지만, 회원 여러 명이 모여 두 주인공에게 속으로 무슨 생각을 하든 공개적으로 화해하라고 촉구했다. 화해는 편지 교환을 통해 이루어졌다.

훅이 뉴턴에게 보낸 편지에는 그의 사람됨이 그대로 묻어 있는 것으로 보인다. 그는 언제나 과학에 관해 우호적 방법으로 논할 태세가 되어 있었다. 가능하면 분위기가 좋은 커피하우스에서 동료 몇 사람과 논하는 쪽을 더 좋아했을 것이다. 그렇지만 사실은 진실에만 관심이 있었다. 훅은 다음과 같이 썼다.

> 그 일[빛 연구]에서 당신이 나보다 더 나아갔다고 판단합니다. … 그 주제를 들여다볼 사람 중 당신보다 더 어울리고 더 유능한

* 크라우더(J. G. Crowther), 『영국 과학의 창시자들*Founders of British Science*』, p. 248.

사람이 있으리라고는 믿지 않습니다. 당신은 모든 면에서 일찍이 내가 한 연구에 대한 생각을 완성하고 바로잡고 개선할 자격이 있습니다. 내가 맡은 더 골치 아픈 다른 업무만 아니었다면 내 스스로 그렇게 할 계획이었으나, 그랬더라도 능력이 당신보다 훨씬 떨어졌을 거라는 점 충분히 인식하고 있습니다. 당신의 목적과 나의 목적은 아마도 똑같이 진리의 발견일 것입니다. 그리고 우리 모두 노골적인 적의를 담고 있지 않는다면 반론을 받아들일 수 있고, 또 실험에서 이끌어 내는 더할 나위 없이 분명한 이성적 추론 앞에 굴복할 마음가짐이 되어 있다고 생각합니다.

진정한 과학자란 이런 것이다. 그렇지만 뉴턴의 답장은 화해로 해석될 수도 있지만 완전히 격에 맞지 않았고, 또 언외의 의미를 함축하고 있기 때문에 여기서 살펴보는 게 좋겠다. 강요에 의해서가 아니라면 누구에게도 하지 않을 말인 "저의 능력을 너무 높이 평가하시는군요"라고 말을 꺼낸 다음 과학에서 가장 유명한 말을 하는데, 어쩌면 가장 많이 잘못 해석되는 말이라고도 할 수 있을 것이다. 이것은 대개 과학사 속에서 자신의 자리가 보잘것없다는 것을 겸손히 받아들인다는 뜻으로 해석되고 있다.

데카르트가 내딛은 발걸음은 훌륭합니다. 당신은 여러 면에서 많은 것을 더했는데, 얇은 판*의 색을 철학적으로 고려했다는 점

* 앞서 살펴본 물질의 얇은 층을 가리키는 것으로 보인다. (옮긴이)

에서 특히 그렇습니다. 제가 더 멀리 보았다면 거인들의 어깨 위에 올라서 있었기 때문일 것입니다.

캘리포니아에 있는 릭 천문대의 존 포크너John Faulkner는 이 구절에 대한 해석을 내놓았는데, 뉴턴의 전설과는 거리가 멀지만 알려진 뉴턴의 사람됨과는 매우 잘 들어맞는다. 데카르트를 언급한 것은 단지 훅에게 분수를 알려 주기 위한 것으로, 훅이 먼저라고 주장하고 있지만 사실은 데카르트가 먼저임을 암시하고 있다. 두 번째 문장에서는 연장자인 데다 더 정평이 나 있는 과학자인 훅에게 선심 쓰듯 약간의 공로를 인정한다. 그러나 핵심 구절은 "거인들의 어깨 위에 올라서 있다"는 부분이다. 눈여겨볼 부분은 '거인들(Giants)'의 첫 글자를 대문자로 썼다는 점이다. 17세기에는 철자법이 제각각이었다는 점을 고려한다 해도, 뉴턴이 이처럼 이 낱말을 강조할 까닭이 무엇이었을까? 분명히 훅이 등이 굽고 키가 작은 사람이기 때문이었다. 뉴턴이 전달하려는 메시지는 자신이 고대인들로부터 빌려왔을 수는 있겠지만 훅 같은 하찮은 사람으로부터 생각을 훔칠 필요는 없다는 것이며, 게다가 훅은 육체적으로 작은 사람일 뿐 아니라 정신적으로도 난장이라는 의미를 함축하고 있는 것이다. 이 표현이 뉴턴 이전에도 있었고 그것을 자신의 목적을 위해 가져다 썼다는 사실 자체가 포크너의 강력한 논거에 더욱 힘을 실어 준다. 잠시 뒤에 다루겠지만 뉴턴은 매우 악질적인 사람이었고 언제나 원한을 감추고 있었다. 1676년 이렇게 편지를 주고받은 이후로 뉴턴은 올덴부르크에게 말한 그대로 정말로 자신의 동굴 안으로 들어가 버렸고 과학에 관한 생각을 대부분 더 이상 보고하지 않았다. 이 시대의 과학을 탈바꿈시킨 3인조의 세 번째 인물인 에드먼드 핼리가 한동안 구워삶은 뒤에야 다시 본격적으로 과학 무대 위로 올라와 과학사에서 가장 큰 영향을 미친 책을 내놓았다.

존 플램스티드와 에드먼드 핼리 : 망원경으로 항성목록 작성

3인조 중 가장 어린 핼리는 의회파가 집권한 시기인 1656년 10월 29일에 태어났다. 이것은 당시 잉글랜드에서 여전히 쓰이고 있던 구식 율리우스력에 따른 것이다. 현대의 그레고리우스력으로는 11월 8일이다. 역시 이름이 에드먼드인 아버지는 번창하는 사업가이자 지주였다. 아버지와 어머니 앤 로빈슨은 그가 태어나기 겨우 7주 전에 어느 교회에서 결혼식을 올렸다. 이에 대해 가장 그럴 법한 설명은 그 전에 세속 혼인식을 먼저 했는데 그에 관한 기록이 남아 있지 않으며, 첫 아기의 출산이 임박하자 두 사람이 교회에서도 서약을 주고받기로 했다는 것이다. 당시에는 세속 혼인식을 먼저 하는 것이 꽤 일반적인 풍습이었고 교회 혼인식은 나중에 하거나 아예 하지 않았다. 에드먼드 핼리에게는 1658년에 태어났으나 젖먹이 때 죽은 여동생 캐서린이 있었고, 태어난 해는 알 수 없으나 1684년에 죽은 남동생 험프리가 있었다. 핼리의 유년기에 대해서는 알려진 게 거의 없고, 다만 1666년 런던 대화재 때문에 경제적 타격이 있었음에도 불구하고 그의 아버지는 어린 핼리에게 아무런 어려움 없이 최고의 교육을 시킬 수 있었다고 전해진다. 가족은 런던 바로 바깥에 있는 오늘날 해크니 지역의 평화로운 집에서 살았고, 핼리는 런던의 세인트폴스 스쿨을 마친 다음 옥스퍼드 대학교로 진학했다. 1673년 7월 옥스퍼드의 퀸즈 칼리지에 들어갔을 무렵 이미 아버지가 사준 도구를 사용하여 관측 기술을 익힌 열성적 천문학자였다. 그는 7.3미터 길이의 망원경, 지름 60센티미터 크기의 육분의를 비롯한 관측 장비를 가지고 옥스퍼드에 도착했는데 당시 많은 전문 천문학자들이 사용하는 것만큼이나 좋은 장비였다.

이 무렵 있었던 여러 사건이 핼리의 장래에 큰 영향을 미친다. 먼저 그의 어머니가 1672년에 죽었다. 자세한 사연은 알려져 있지 않지만 그해 10월 24일 어머니의 장례를 치렀다. 이 일이 핼리에게 미친 영향은 나중에 아버지가 재혼한 뒤에 나타난다. 그러던 중 1674년 왕립학회는 프랑스 과학원이 최근 설립한 파리 천문대에 필적할 만한 천문대를 만들어야 한다는 결정을 내렸다. 천문대 건설이 더욱 시급했던 것은 프랑스에서 항해 시 경도 파악 문제를 해결했다고 주장했기 때문이었다. 붙박이별을 배경으로 움직이는 달의 위치를 바다에서 시계처럼 활용하는 방법이었다. 그렇지만 이것은 때 이른 주장으로 드러났다. 원리상 실현 가능한 발상이지만, 달의 궤도가 너무나 복잡한 나머지 달의 운동을 취합한 표를 만들 수 있게 됐을 무렵 정확한 크로노미터가 나와 경도 파악 문제가 해결돼 있었다. 어떻든 당시 이 문제의 검토를 부탁받은 천문학자 존 플램스티드John Flamsteed(1646~1719)는 달의 위치도, 기준으로 삼을 별의 위치도 충분히 정확하게 알려져 있지 않기 때문에 이 발상은 소용이 없을 것이라고 정확히 결론을 내렸다. 찰스 2세는 이 소식을 듣고 영국은 항해국가인 만큼 항해에 도움이 되는 데 필요한 정보를 가지고 있어야 한다고 판단했고, 이에 천문대는 국책사업이 됐다. 플램스티드는 1675년 3월 4일 국왕의 임명장을 받고 '천문관측관'으로 임명되어 최초의 왕실 천문학자가 됐다. 그가 연구할 왕립천문대는 크리스토퍼 렌이 선정한 장소인 그리니치힐에 세워졌다. 플램스티드는 1676년 7월 그곳의 공관으로 이사를 들어갔고 같은 해 왕립학회의 석학회원으로 선출됐다.

1675년에 학부생 에드먼드 핼리는 플램스티드와 편지를 주고받기 시작했다. 처음에는 출판돼 있는 천문학 자료가 부분적으로 핼리 자신의 관측 결과와 다른데 혹시 항성목록이 부정확한 것이 아닌가 질문하면서, 자신의 관측 결과를 플램스티드가 확인해 줄 수 있는지를 묻는 내용의 편지였다. 플램스티드는 이것이 무척 반가웠다. 현대적 관측 기법을 사용하여 기존 항성목록을 개선할 수 있다는 것이 확인됐기 때문이다. 둘은 친구가 됐고, 플램스티드와 핼리는 한동안 후견인과 피후견인 같은 사이가 됐다. 다만 나중에는 두 사람 사이가 멀어진다. 그해 여름 핼리는 런던의 플램스티드를 찾아가 관측을 도왔다. 이때 6월 27일과 12월 21일 두 차례에 걸쳐 월식도 관측했다. 그중 첫 월식을 관측한 뒤 플램스티드는 왕립학회의 『철학회보』에서 "이들을 관측할 때 옥스퍼드의 유능한 청년 에드먼드 핼리가 함께 있으면서 면밀히 도와준 때가 많았다"고 썼다. 핼리는 1676년에 학술논문 세 편을 출판했다. 하나는 행성 궤도에 관한 것이고, 또 하나는 그해 8월 21일에 관측한 달의 화성 엄폐*

* 엄폐(occultation)는 한 천체가 다른 천체에 완전히 가려져 보이지 않는 현상을 말한다. 합(合)은 가려진 천체가 보이는 반면 엄폐는 보이지 않는다는 차이가 있다. (옮긴이)

에 관한 것이며, 나머지 하나는 1676년 여름에 관측된 커다란 흑점에 관한 것이다.* 그는 천문학에서 떠오르는 별이었음이 분명했다. 그런데 그가 천문학에 가장 크게 기여할 수 있는 곳은 어디일까?

새로 세운 왕립천문대에서 플램스티드가 맡은 일차적 임무는 북반구의 하늘을 정확히 조사하는 일이었다. 튀코는 관측할 별을 막대로 조준하여 관측하는 소위 육안 조준기를 사용하여 항성목록을 만들었는데, 현대적 망원 조준경을 사용하면 그가 만든 항성목록의 정확도를 더 높일 수 있었다. 망원 조준경에는 망원경의 초점면에 가느다란 머리칼을 한 올 설치해 두었기 때문에 별을 훨씬 정확하고 정밀하게 조준할 수 있었다. 하루빨리 이름을 알리고 경력을 쌓고 싶은 마음에 핼리는 플램스티드가 하고 있는 것과 비슷한 연구를 남반구의 하늘에서 하되, 가장 밝은 별 200개 정도로 한정하면 결과를 어느 정도 빨리 낼 수 있겠다는 생각이 들었다. 아버지가 매년 300파운드를 대겠다면서 그의 생각을 뒷받침하고 나섰다. 이것은 플램스티드가 왕실 천문학자로서 받는 급료의 세 배였다. 아버지는 또 그 밖에도 탐사 경비의 많은 부분을 대겠다고 했다. 플램스티드와 군수부 측량차관 조너스 무어 경이 이 계획을 국왕에게 추천했고, 국왕은 핼리와 그의 친구 제임스 클러크James Clerke가 관측 장비를 가지

* 이것은 주목할 만한 사건이었는데 17세기 후반에는 관측된 태양 흑점이 극히 드물었기 때문이다. 이것은 유럽에서 혹한이 계속됐던 소빙기(Little Ice Age)와 일치한다. 추위가 얼마나 심했던지 특히 1683/4년 겨울에는 존 이블린의 생생한 묘사에 따르면 템스강이 꽁꽁 얼어붙어 강에 얼음축제를 위한 천막촌을 세울 수 있을 정도였다. 이 시기 태양 활동이 활발하지 않았던 것과 지구가 추워진 것이 서로 연관돼 있었음은 거의 확실하다.

고 세인트헬레나섬*까지 갈 수 있도록 동인도회사의 선편을 무료로 이용하게 해 주었다. 제임스 쿡이 오스트레일리아의 보터니만에 상륙한 것이 1770년이었으므로, 그보다 거의 100년 전인 이때는 세인트헬레나섬이 영국 점령지 중 최남단이었다. 이들은 1676년 11월에 출항했다. 핼리는 갓 20세가 됐고, 학위 공부는 팽개쳤다.

세인트헬레나섬에서 악천후를 겪기는 했어도 이 탐사는 과학적으로 어마어마한 성공을 거두었을 뿐 아니라 한편으로는 핼리가 사람을 사귈 기회도 됐던 것으로 보인다. 어른 초년생 시기의 핼리에게는 부적절한 성관계에 관한 암시가 따라다녔다. 『인물약사*Brief Lives*』를 쓴 존 오브리는 1626년부터 1697년까지 살면서 뉴턴뿐 아니라 셰익스피어를 만난 사람들과도 알고 지냈지만 그의 말이 항상 믿을 만하지는 않다는 점은 분명하다. 이 책에서 그는 결혼한 지 오래됐지만 자식은 없는 어느 부부가 핼리와 같은 배에 올라 세인트헬레나섬까지 갔다면서 다음처럼 말한다. "그가 섬에서 [본국으로] 돌아오기 전에 그녀는 아기를 낳았다." 핼리는 이 일을 두고 항해라든가 세인트헬레나의 공기가 자식이 없는 그 부부에게 희한하게 유익했다고 언급한 것으로 보이는데, 오브리는 핼리가 그 아기의 아버지였다고 암시한다. 이런 식의 소문이 몇 년 동안이나 젊은 핼리를 따라다니며 괴롭히게 된다.

핼리는 1678년 봄 영국으로 돌아왔고 그가 만든 남반구 항성목록은 그해 11월에 출간됐다. 이 일로 플램스티드 본인이 그에게 "우리

* 남대서양에 있는 섬으로 아프리카 앙골라에서 서쪽으로 2,800킬로미터 떨어져 있다. (옮긴이)

남반구의 튀코"라는 별명을 붙였다. 핼리는 11월 30일 왕립학회 석학회원에 선출됐다. 그는 세인트헬레나에 있는 동안 항성목록을 만드는 일 말고도 수성이 태양 앞을 통과하는 것을 관측했다. 원리로 보면 이것은 시차 차이를 가지고 태양까지의 거리를 계산해 낼 수 있는 기회가 됐지만, 이런 초기 관측은 정확도가 충분하지 않아 확실한 결과를 내놓을 수 없었다. 그럼에도 불구하고 핼리는 오래지 않아 열매를 맺을 씨앗을 심은 셈이었다. 12월 3일 핼리는 학위를 받는 데 필요한 공식 요건을 충족하지 못했는데도 국왕의 '추천'으로 (왕립학회 석학회원이 되고 나서) 문학석사 학위를 받았다. 이제 그는 보일, 훅, 플램스티드, 렌, 피프스 등이 포함된 동아리에서 그들과 동등한 자격의·회원이 된 것이다. (이 무렵 뉴턴은 케임브리지에서 자신의 동굴 안으로 들어가 있었다.) 그리고 그들에게는 핼리에게 꼭 맞는 임무가 있었다.

별의 정확한 위치는 항해에서 요긴하게 쓰일 수 있기 때문에 별의 위치를 정확히 알아내는 것과 관련된 모든 일이 17세기 말에는 상업적으로 매우 중요할 뿐 아니라 군사적으로도 깊은 의미가 있었다. 그러나 1670년대의 주요 관측 작업은 튀코의 항성목록을 보완하는 것으로서 어느 독일인이 단치히(오늘날 폴란드의 그단스크)에서 진행하고 있었다. 그는 큰 비용을 들여 현대적인 새로운 도구를 갖췄지만 여전히 튀코가 사용한 전통적인 육안 조준법을 고집해서 동시대의 다른 연구자들을 답답하게 만들었다. 특히 훅과 플램스티드가 그랬다. 옛 방식을 벗어나지 못하는 이 천문학자는 1611년에 태어났는데 어쩌면 구식인 것도 그 때문인지 모른다. 세례명은 요한 회벨케Johann Höwelcke지만 라틴어식인 요하네스 헤벨리우스Johannes Hevelius(1611~1687)로 바꿨다. 1668년에 주고받기 시작한 어느 편지에서 훅은 그에게 망원 조준경을 사용하라고 간곡히 권했지만 헤벨리우스는 육안 조준기로도 충분히 해낼 수 있다고 주장하면서 고집스레 거절했다. 사실은 헤벨리우스는 자신의 방법에 너무 고착되어 있었기 때문에 바뀔 수가 없었던 데다 새로 유행하는 방법에 대한 불신이 있었다. 그는 현대식 워드프로세서가 설치된 컴퓨터를 쓸 수 있는데도 구식 수동타자기를 고집스레 사용하는 사람과 비슷했다.

핼리가 (물론 망원경을 사용하여) 만든 남반구 항성목록의 핵심 특징 하나는 튀코가 관측한 하늘과 부분적으로 겹친다는 것이었다. 따라서 핼리는 세인트헬레나에서 관측을 시작할 때 튀코가 관측한 별을 몇 개 관측함으로써 헤벨리우스가 지금 나름대로 분주하게 튀코의 자료를 보완하고 있는 북반구 하늘에 맞춰 자신의 도구를 조정할 수 있었다. 1678년 말 헤벨리우스가 플램스티드에게 편지로 핼리의 자료를 보게 해 달라고 요청했을 때 왕립학회는 헤벨리우스의 주장이 사실인지 확인할 기회가 왔다고 생각했다. 핼리는 헤벨리우스에게 남반구 항성목록을 한 부 보내면서, 튀코의 항성 위치 자료 말고 헤벨리우스의 새 자료를 사용하여 남반구와 북반구의 하늘을 연결시키고 싶다고 했다. 그러나 물론 단치히를 방문하여 새로운 관측이 정확한지 확인하고 싶다고 했다.

그리하여 1679년 봄 핼리는 이제 68세가 된 헤벨리우스의 말이 미심쩍기는 하지만 정말 그의 주장대로 정확한지 보기 위해 길을 떠났다. 처음에 핼리는 헤벨리우스가 육안 조준기로 측정한 위치는

16. 육분의로 별의 위치를 계산하는 헤벨리우스.
헤벨리우스의 『천체의 기계장치 *Machina Coelestis*』(1673)에서.

정말로 그가 주장하는 만큼 정확하다고 보고하면서 헤벨리우스의 주장을 뒷받침했다. 그러나 잉글랜드로 돌아온 뒤에는 결국 태도를 바꿔 망원경을 사용한 관측이 훨씬 낫다고 말했다. 나중에 핼리는 "까다로운 노신사"의 죽음을 재촉하고 싶지 않아서 헤벨리우스의 면전에서 적절하게 말했을 뿐이라고 주장했다. 사실 헤벨리우스는 그러고도 9년을 더 살았으므로 핼리와 만났을 때 그 정도로 쇠약한 상태였을 수가 없다. 그렇지만 당시의 한담을 보면 여기에는 더 많은 사연이 있는 것 같다.

헤벨리우스는 첫째 아내와 1662년 사별한 뒤 1663년에 16세의 미녀 엘리자베타와 결혼했다. 핼리가 단치히에 갔을 때 헤벨리우스는 68세였고 엘리자베타는 32세였다. 핼리는 성적으로 무분별하다는 전력이 있는 22세의 미남자였다. 귀국한 핼리의 뒤를 따라 불가피하게 영국까지 퍼진 소문이 완전히 사실무근일 수도 있고, 또 그 해 헤벨리우스가 죽었다는 잘못된 소식이 런던으로 전해졌을 때 과부가 됐을 엘리자베타에게 값비싼 실크 드레스를 선물로 보낸 것이 핼리의 즉각적 반응이라는 사실에도 전적으로 정당한 이유가 있을 수도 있다. (6파운드 8실링 4페니라는 옷값은 왕립천문학자의 3주치 급료에 해당됐지만 핼리에게는 한 주 용돈에 지나지 않았다.) 그러나 매우 진지한 성격인 플램스티드와 핼리 사이에 금이 가기 시작한 데는 그런 소문이 그럴 듯하게 들릴 만한 이런 식의 행동도 한몫했고, 핼리가 처음에 헤벨리우스의 비현실적 주장을 보증한 것 역시 플램스티드의 마음에 들지 않았던 것이 분명하다.

그렇다고 핼리가 이 시기에 자신의 천문학자 경력이 어떻게 될지

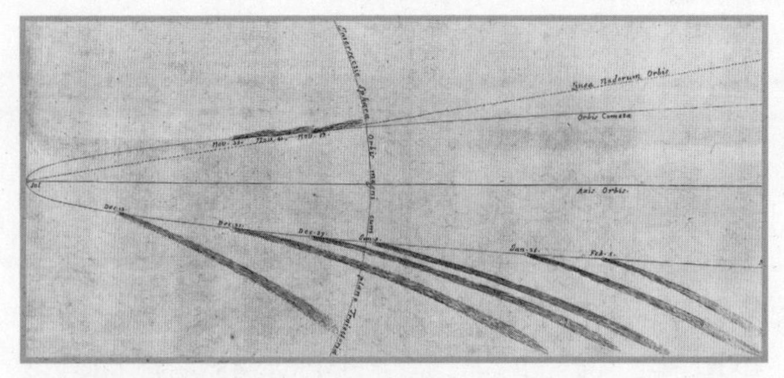

17. 1680년 관측된 혜성의 궤도를 그린 뉴턴의 스케치.

를 두고 딱히 신경을 쓴 것으로 보이지는 않는다. 너무 이른 나이에 너무 많은 것을 이룩한 터라, 마치 처음 한 차례 성공을 거둔 팝스타처럼 그는 그것으로 만족하고 물러나, 월계관을 깔고 앉은 채 아버지의 돈으로 얻을 수 있는 좋은 것들을 최대한 즐기려 한 것으로 보인다. 단치히에서 돌아온 뒤 핼리는 한 해가 넘도록 기본적으로 신나게 지내기만 했다. 왕립학회 모임에 참석했지만 연구 발표는 아무것도 하지 않았고, 옥스퍼드에 들러 오늘날의 분위기 좋은 와인 바에 해당하는 멋진 커피하우스에서 빈둥거렸다. 그가 특히 좋아한 곳은 런던의 체인지앨리에 있는 조너선 커피하우스였다. 그렇지만 이 시기가 끝나갈 무렵 혜성들이 처음으로 핼리의 삶 속으로 들어왔다. 처음에는 그리 대수롭지 않았다.

1680/81년 겨울 밝은 혜성이 눈에 보이기 시작했다. 처음 목격된 것은 1680년 11월이었는데, 태양 쪽을 향해 움직이다가 밝은 햇빛 때문에 사라졌다. 얼마 후 다시 나타났는데 태양으로부터 멀어지고

있었다. 그래서 처음에는 혜성이 두 개인 것으로 생각됐다. 플램스티드는 이 현상이 사실은 하나의 물체라고 생각한 최초의 사람들 중 하나였다. 그는 모종의 자기 효과 때문에 혜성이 태양으로부터 밀려났을 거라는 가설을 내놓았다. 이 혜성은 밤하늘에서 매우 눈에 띄는 천체였다. 런던과 파리의 길거리에서 선명하게 보였으며, 당시 사람들이 평생 본 혜성 중 가장 밝았다. 혜성이 다시 나타났을 때 핼리는 학교 때부터 친구로 지낸 로버트 넬슨Robert Nelson과 함께 당시 부유한 신사 계층 젊은이가 흔히 하는 대로 유럽 대여행에 나서려던 참이었다. 파리로 떠난 두 사람은 12월 24일에 도착하여 혜성이 두 번째로 나타나는 것을 대륙에서 보았다. 프랑스와 이탈리아를 여행하는 동안 핼리는 이 혜성을 비롯하여 여러 가지 천문학 문제를 다른 과학자들과 논할 기회가 있었는데 그중에는 조반니 카시니도 있었다. 로버트 넬슨은 로마에 남았다. 그곳에서 그는 과거 훅에게 흑사병을 피해 있을 곳을 제공한 버클리 백작의 둘째 딸과 사랑에 빠졌고 나중에 혼인까지 했다. 핼리는 파리뿐 아니라 네덜란드까지 거쳐 잉글랜드로 돌아왔다. 1682년 1월 24일 런던에 돌아왔을 무렵 그는 "프랑스와 이탈리아의 유명 수학자 모두와 안면을 트고 우정을 쌓은" 상태였다는 오브리의 설명을 보면 어설픈 젊은이들의 일반적인 유럽 대여행 경로와는 다르게 여행한 것 같다.

핼리가 해외에서 보낸 기간은 1년 남짓밖에 되지 않았는데 당시 유럽 대여행치고는 매우 짧은 편이었다. 그가 집으로 서둘러 돌아온 것은 어쩌면 아버지가 이 무렵 재혼했기 때문인지도 모른다. 정확한 결혼식 날짜는 전해지지 않는다. 우리가 핼리의 사생활에 대해 아는 것이 얼마나 적은지는 1682년 4월 20일에 있었던 핼리 자신의 결혼식조차 역사 기록 차원에서 보면 완전히 뜬금없이 튀어나온다는 점으로 미루어 짐작할 수 있다. 우리는 핼리의 아내가 메리 투크이며 결혼식은 런던 듀크플레이스의 세인트제임스 교회에서 있었다는 것을 알고 있다. 두 사람은 50년 동안 함께 살면서 자식을 셋 낳았는데 행복하게 살았던 것으로 보인다. 에드먼드 2세는 1698년에 태어나 해군의 외과의사가 됐으나 아버지보다 2년 먼저 죽었다. 딸 둘은 1688년에 태어났지만 쌍둥이는 아니었다. 마거릿은 미혼으로 지냈지만 캐서린은 결혼을 두 번 했다. 젖먹이 때 죽은 아이들도 있었을 것이다. 이것이 본질적으로 우리가 핼리 가족에 대해 아는 전부다.

결혼한 뒤 핼리는 런던 북부 이즐링턴에서 살았고, 그 뒤 2년 동안 최종적으로 달을 이용한 경도 파악에서 꼭 필요한 기준 자료를 만들겠다는 생각에 달을 세밀하게 관측했다. 이는 18년 이상에 걸쳐 정확하게 관측해야 하는데, 달이 붙박이별들을 배경으로 움직이면서 1주기를 완성하는 기간이 그만큼 걸리기 때문이다. 그러나 1684년 아버지가 죽으면서 핼리의 사정은 혼란 속으로 빠져들었고, 다른 일이 우선순위를 차지하면서 달 관측은 수년 동안 방치되고 말았다.

핼리의 아버지는 1684년 3월 5일 집에서 걸어 나갔다가 다시는 집으로 돌아오지 못했다. 그의 시신은 닷새 뒤 로체스터 근처 강에서 알몸으로 발견됐다. 공식 결론은 살인이었지만 살인범은 찾아내지 못했고, 증거를 보면 자살로도 결론을 내릴 수 있었다. 아버지 핼리는 유언장을 남기지 않고 죽었고 재산은 두 번째 아내의 사치 때문에 상당히 줄어들어 있었다. 재산을 두고 핼리와 의붓어머니 사이에 값비싼 법적 분쟁이 일어났다. 이런 일 때문에 핼리가 극빈자로 추락한 것은 절대 아니었다. 그에게는 별도 재산이 있었고 아내도 많은 지참금을 가지고 왔다. 그러나 상황이 많이 바뀐 까닭에 1686년 1월에 왕립학회의 석학회원 자격을 포기하고 학회의 유급 사무원이 됐다. 규칙에 따르면 급료를 받는 학회 피고용인은 석학회원이 될 수 없기 때문이었다. 일시적일 뿐이라 해도 돈이 필요하지 않았다면 이렇게까지 하지 않았을 것이다.

1680년대 중반에는 핼리의 개인사와 마찬가지로 유럽 세계 역시 혼란을 겪고 있었다. 프랑스에서는 1685년에 낭트칙령이 폐지됐고, 더 멀리 유럽 동부에서는 이 무렵 튀르크인 군대가 빈과 부더와 베오그라드의 성문에 다다랐다. 잉글랜드에서는 찰스 2세가 죽고 천주교인인 동생 제임스 2세가 왕위를 물려받았다. 이 모든 와중에 핼리는 오늘날 과학사에서 가장 중요한 책으로 간주되는 아이작 뉴턴의 『자연철학의 수학적 원리*Philosophiae Naturalis Principia Mathematica*』 출판에 관여하게 됐다.

1684년 1월로 돌아가, 어느 날 왕립학회에서 모임이 있은 뒤 핼리는 크리스토퍼 렌, 로버트 훅과 함께 행성 궤도에 대해 대화를 나누게 됐다. 행성 궤도의 이면에 인력의 역제곱 법칙이 작용한다는 생각은 그때도 이미 새로운 것이 아니었다. 그것은 적어도 크리스티안 하위헌스가 원형 궤도를 도는 물체에 가해지는 원심력을 계산한 1673년까지 거슬러 올라가고, 앞으로 살펴보겠지만 1674년 이후 훅이 뉴턴과 편지를 주고받으면서 이런 방향의 추측을 거론한 바 있었다. 렌 역시 1677년에 이런 생각을 뉴턴과 논한 적이 있었다. 세 석학회원은 태양이 행성을 밖으로 "밀어내는" 원심력은 태양까지 거리의 역제곱에 비례한다는 것과, 그에 따라 행성들이 궤도에 머물러 있으려면 원심력을 상쇄하는 똑같은 크기의 인력을 태양으로부터 받고 있을 수밖에 없다는 것이 케플러의 세 가지 운동 법칙에 암시되어 있다는 점에 동의했다.

그러나 이것이 역제곱 법칙의 필연적 결과였을까? 이 법칙은 행성이 **반드시** 타원 궤도를 따라 움직여야만 성립되는 걸까? 당시 쓸 수 있었던 전통적 기법으로는 이것을 수학적으로 증명하기가 끔찍하게 어려웠으므로 핼리와 렌은 자기 능력 밖이라고 순순히 인정했다. 그렇지만 훅은 두 사람에게 자신은 역제곱 법칙을 전제로 출발하여 행성의 운동 법칙을 모두 이끌어 낼 수 있다고 말했다. 두 사람은 회의적이었고, 렌은 두 달 안에 증거를 내놓을 수 있으면 40실링짜리 책을 한 권 주겠다고 했다.

훅은 증거를 내놓지 못했고, 핼리가 아버지의 피살(또는 자살) 이후 복잡하게 얽힌 후사를 정리하는 동안 논의는 더 진전되지 못했다. 1684년 여름 핼리가 피터버러에 있는 친척들을 방문한 것은 필시 아버지 일 때문이었을 것이며, 그해 8월 케임브리지에 있는 뉴턴을 방문한 것도 이왕 근처까지 갔기 때문일 가능성이 있다. 전설과는 달리 이것이 왕립학회를 대신한 공식 방문이었다는 증거는 없으며, 가족 일로 이왕 그 지역에 가 있었기 때문에 핼리가 뉴턴을 찾아갔다는 정황 증거만 있을 뿐이다. 그러나 핼리는 혜성에 대해 뉴턴과 편지를 주고받은 적이 분명히 있었고 1682년에 그를 만났을 가능성도 있다. 따라서 이 기회에 케임브리지에 있는 그를 찾아가는 것은 자연스럽다. 어떻든 핼리가 뉴턴을 찾아갔을 때 두 사람이 행성의 궤도와 역제곱 법칙에 대해 논했다는 점에는 의심의 여지가 없다. 나중에 뉴턴은 당시 프랑스로부터 망명 와 있던 위그노파 교인 수학자 친구 아브라암 드무아브르Abraham De Moivre(1667~1754)에게 그때 정확히 무슨 일이 있었는지 말해 주었다.

> 1684년에 핼리 박사가 케임브리지로 그를 찾아왔다. 한동안 이야기를 나눈 끝에 박사가 그에게 행성이 태양을 향하는 인력이 태양까지 거리의 제곱에 반비례한다고 본다면 행성이 그리는 곡선은 어떤 모양이 될까 물었다. 아이작 경은 그 즉시 타원일 것이라고 대답했고, 박사는 기쁘기도 하고 놀랍기도 하여 어떻게 알아냈는지 물었고, 그는 계산해 봤으니까 하고 대답했다. 이에 핼리 박사가 바로 어떻게 계산했는지 좀 보자고 부탁했고, 아이작 경은 자신이 쓴 논문들 사이에서 찾아보았으나 찾아내지 못했고, 그래서 그에게 새로 계산해서 보내 주겠다고 약속했다.*

뉴턴이 『자연철학의 수학적 원리』를 써서 사상 가장 위대한 과학자라는 이미지를 굳히게 된 것은 이 만남에서 비롯됐다. 그렇지만 그는 이 책에서 설명한 거의 모든 내용을 오래전에 완성해 놓았으

* 시카고 대학교에서 소장하고 있는 조지프 할리 샤프너 컬렉션에 포함된 필사본을 인용.

나, 1684년 케임브리지의 그 반가운 만남 때까지 사람들 눈에 띄지 않게 감춰 두고 있었다. 과학자들이 자신의 생각을 얼른 인쇄하여 자기가 먼저임을 확고히 해 두고 싶어 거의 안달하는 듯 보이는 오늘날의 눈으로 보면 이것을 이해하기가 어렵겠지만, 뉴턴의 출신과 성장 배경을 들여다보면 그의 비밀주의가 조금은 덜 놀라워 보일 것이다.

뉴턴의 어린 시절

아이작 뉴턴은 물질적으로는 막 성공을 거두기 시작하고 있었지만 지적으로는 내로라할 업적이 전혀 없는 농가 출신이었다. 할아버지 로버트 뉴턴은 1570년경 태어났고 영국 링컨셔의 울스소프에 있는 농지를 물려받았다. 농사로 크게 성공한 끝에 1623년 울스소프 장원을 매입하여 장원영주라는 호칭을 얻을 수 있었다. 오늘날 생각하는 만큼 대단한 것은 아니었지만 이것은 뉴턴 집안으로서는 사회적 사다리를 확실하게 한 단계 올라간 것이었고, 1606년에 태어난 로버트의 아들 아이작이 당시 이야기에서 "신사" 계급으로 묘사되는 제임스 어스큐의 딸 해나 어스큐와 결혼할 수 있었던 중요한 요인이었을 것이다.

두 사람은 1639년에 약혼했고, 로버트는 아이작을 후계자로 세워 장원영주의 지위를 포함하여 자신의 모든 재산을 물려주기로 했으며, 해나는 연간 50파운드에 달하는 이익이 들어오는 재산을 지참금으로 가지고 왔다. 로버트 뉴턴도 아들 아이작도 읽고 쓰는 법을 배운 적이 없지만, 해나의 오빠 윌리엄은 케임브리지 졸업생으로서 근처 마을 버튼코글즈에서 성직자로 즐겁게 생활하고 있었다. 아이작과 해나는 1642년 로버트 뉴턴이 죽고 여섯 달 뒤 결혼했고, 그로부터 여섯 달 뒤 아이작도 죽었다. 당시 임신 중이던 해나는 크리스마스에 아들을 낳고 작고한 아버지의 이름을 따 아이작이라는 이름으로 세례를 받게 했다.

널리 알려진 수많은 이야기에서는 '우리의' 아이작 뉴턴이 갈릴레이가 죽은 해인 1642년에 태어난 우연의 일치에 주목한다. 그러나 이 우연의 일치 뒤에는 속임수가 깔려 있다. 서로 다른 역법을 적용하고 있기 때문이다. 갈릴레이는 그레고리우스력으로 1642년 1월 8일에 죽었는데, 그레고리우스력은 이탈리아를 비롯하여 천주교 국가에 이미 도입되어 있었다. 아이작 뉴턴은 영국을 비롯한 개신교 국가에서 여전히 사용하고 있던 율리우스력으로 1642년 12월 25일에 태어났다. 오늘날 우리가 사용하고 있는 그레고리우스력으로 따지면 뉴턴은 1643년 1월 4일 태어난 반면, 율리우스력으로 보면 갈릴레이는 1641년 마지막 날 죽었다. 어떤 역법으로 보아도 두 날짜는 같은 해에 떨어지지 않는다. 그러나 뉴턴의 생일을 오늘날 우리가 사용하고 있는 달력 기준으로 1643년 1월 4일로 보면 그와 똑같은 정도로 주목할 만한 진정한 우연의 일치가 있다. 이렇게 볼 때 그는 『천체 공전에 관하여』가 출간된 지 정확히 100년 뒤에 태어났으며, 과학이 일단 르네상스에 합류하자 그로부터 얼마나 빨리 자리를 잡았는지를 잘 보여 준다.

앞서 살펴본 대로 영국에서는 내전 때문에 수많은 사람의 인생에 혼란이 야기됐지만, 링컨셔의 한적한 시골은 그 뒤로 몇 년 동안 내전의 영향을 거의 받지 않았으므로 아이작 뉴턴은 과부가 된 어머니의 관심을 독차지하며 지냈다. 그러나 그가 이 사실을 이해할 만한 나이가 된 1645년에 어머니가 재혼했고 그는 외가로 가서 외조부모와 살게 됐다. 그토록 어린 나이에 거의 문자 그대로 어머니의 품에서 뜯겨 나와 더 엄격한 환경에 버려진 것이 그에게는 평생 마음의 상처가 됐다. 그렇다고 어머니가 의도적으로 매정하게 대하려던 것은 아니었다. 어머니 해나는 그저 현실적으로 대처했을 뿐이었다.

해나의 첫 결혼을 비롯하여 당시 '신사' 집안 사이의 결혼이 대부분 그렇듯 어머니의 재혼도 사랑으로 맺어진 것이라기보다는 거래에 가까웠다. 해나의 새 남편은 바나버스 스미스라는 63세의 홀아비로, 새 동반자가 필요하여 후보자 중에서 해나를 고름으로써 이루어진 결혼이었다. 그는 울스소프에서 3킬로미터 정도 떨어진 노스위텀이라는 곳의 교구 사제였다. 이 혼인에서 오고간 거래에는 어린 아이작 뉴턴이 두 사람의 신혼집에서 함께 살지 않는다는 조건으로 교구 사제가 뉴턴에게 토지를 준다는 것도 포함되어 있었다. 그래서 어머니가 노스위텀으로 가서 1653년 바나버스 스미스가 죽을 때까지 딸 둘과 아들 하나를 낳는 동안 뉴턴은 성장기의 8년을 외조부모의 보살핌을 받으며 홀로 자라났다. 조부모는 1609년에 결혼했으므로 나이가 해나의 새 남편과 거의 비슷했을 것이 분명하며, 외손자를 특별히 사랑했다기보다 의무적이고 엄격하게 대한 것으로 보인다.

이것이 미친 나쁜 영향은 뚜렷이 눈에 보인다. 뉴턴이 대체로 가까운 친구를 거의 사귀지 않고 고독에 침잠하는 인물로 성장한 것과 관련되어 있는 것이 분명하다. 그러나 좋은 영향은 그 덕분에 교육을 받았다는 것이다.* 아버지가 살아 있었다면 아이작 뉴턴은 아버지처럼 농부의 길을 걸었을 것이다. 그러나 외가인 어스큐 집안에서는 그를 학교로 보내는 것이 자연스러웠다. 이렇게 한 데에는 걸리적거린다는 이유도 적지 않게 작용했을 거라는 의견도 있다. 열 살 때인 1653년 어머니가 다시 과부가 되면서 어머니의 집으로 돌아갔지만 이미 뉴턴에게는 씨앗이 뿌려진 상태였고, 12세에는 울스소프로부터 8킬로미터 정도 떨어진 그랜섬으로 가서 그곳의 중등학교에서 공부하기 시작했다. 그곳에서는 클라크 씨라는 약제사 가족 집에서 하숙했는데, 그의 아내에게는 험프리 배빙턴이라는 동생이 있었다. 험프리 배빙턴은 케임브리지 트리니티 칼리지의 석학연구원이었지만 대부분의 시간을 자신이 교구 사제로 있는 그랜섬에서 가까운 부스비파그널에서 보냈다.

뉴턴은 학교에서 외로웠던 것으로 보이지만 좋은 학생인 데다 훅과 비슷하게 모형 제작에서 비상한 능력을 보였고, 제대로 동작하는 풍차 등 장난감 수준을 훨씬 능가하는 모형을 만든다든가 밤중에 종이등을 붙인 연을 날려 사상 최초에 속하는 UFO 소동을 일으킨 기록을 남기기도 했다. 학교에서는 주로 고전학, 라틴어, 그리스어를 배웠다. 그러나 훌륭한 교육에도 불구하고 어머니는 아들이 나이가 들면 가족의 농장 운영을 맡을 것으로 기대했고, 그래서 1659년

* 그리고 장기적으로 볼 때 덕분에 경제적 안정도 얻을 수 있었다. 어머니를 통해 아버지의 재산뿐 아니라 바나버스 스미스의 적잖은 재산 중 일부와 어머니가 친정에서 물려받은 재산도 일부 물려받았기 때문이다. 아이작 뉴턴은 21세가 되어 어머니와의 혼사 조건으로 바나버스 스미스로부터 받은 토지 수익이 들어오면서부터 평생 돈 걱정은 하지 않아도 됐다.

학교를 그만두고 집으로 데려와 토지 관리방법을 경험을 통해 배우게 했다. 이것은 결국 커다란 실패로 끝났다. 책에 더 관심이 많았던 그는 들에 나가 가축은 돌보지 않고 책을 읽었고, 가축이 다른 농장의 작물에 피해를 입히도록 버려둔 때문에 여러 번이나 벌금을 물었다. 다른 일에 정신이 팔려 농부로서 해야 하는 일을 제대로 처리하지 않은 탓에 일어난 일화가 많이 전해지고 있는데, 세월이 지나면서 약간씩 양념이 곁들여졌을 것이 분명하다. 어쩌면 어느 정도 고의적이겠지만 뉴턴이 이 방면에서 무능함을 드러내는 동안 케임브리지 출신인 외삼촌 윌리엄이 어머니 해나에게 뉴턴을 대학교로 보내 천성을 따라가게 하라고 강하게 권했다. 해나는 오빠의 권유도 있고 아들이 농장에서 저지르는 말썽도 있고 해서 마지못해 상황을 받아들였다. 그래서 왕정복고가 있었던 해인 1660년 뉴턴은 학교로 돌아가 케임브리지 진학을 준비하기 시작했다. 험프리 배빙턴의 충고에 따라 뉴턴은 1661년 7월 8일 트리니티 칼리지에 입학했다. 여기에는 배빙턴의 영향력도 작용한 것이 분명하다. 그는 당시 18세였는데, 오늘날에는 대학교에 들어가는 일반적 나이이지만 당시로서는 케임브리지 입학생치고 나이가 많은 편이었다. 1660년대 신사들은 14세나 15세에 하인을 한 명씩 대동하고 대학교에 진학하는 것이 일반적이었다.

뉴턴은 하인을 대동하기는커녕 자신이 하인 역할을 해야 했다. 어머니는 여전히 쓸데없는 낭비라고 생각하고 있었으므로 최소한의 경비 이외에는 지불하려 하지 않았고, 그래서 자신의 수입이 매년 700파운드가 넘는데도 뉴턴에게는 매년 10파운드만 보낼 뿐이었다. 당시 학생의 하인 역할을 하는 '하급 근로장학생'은 주인의 요강을 비우는 등 극히 불쾌한 일까지 해야 했다. 게다가 사회적으로 뚜렷하게 부정적인 의미까지 내포하고 있었다. 그러나 여기서 뉴턴은 운이 좋았다. 또는 어쩌면 약삭빠르게 행동한 결과일 수도 있다. 그는 공식적으로 험프리 배빙턴의 근로장학생이었으나 배빙턴은 학교에 거의 나타나지 않았고 주종관계를 강조하지 않는 친구였다. 그럼에도 불구하고 뉴턴은 케임브리지에서 비참한 시간을 보낸 것 같은데 지위가 이처럼 낮았던 것도 한 가지 원인일 것이다. 내성적인 성격이 원인이 된 것은 확실하다. 그러다가 1663년 초 니콜라스 위킨스 Nicholas Wickins를 만나 친구가 됐다. 두 사람 모두 자신의 원래 룸메이트가 마음에 들지 않아 방을 함께 쓰기로 했고, 그 뒤 20년 동안 더없이 친한 룸메이트로 지내게 된다. 뉴턴이 동성애자였을 가능성은 매우 높다. 그가 가까운 관계를 맺은 사람은 남자뿐이었다. 다만 이런 관계가 육체관계까지 포함됐다는 증거는 없으며 그렇지 않다는 증거도 없다. 그의 과학 연구와는 그다지 관계가 없는 이야기이지만 비밀스러운 성격에 대해서는 실마리가 될지도 모른다.

뉴턴의 과학 인생은 케임브리지의 변변찮은 교과과정을 대체로 무시하고 갈릴레이나 데카르트 등 원하는 책을 읽기로 결심하면서 본격적으로 출발하기 시작했다. 1660년대의 케임브리지는 학문의 전당과는 거리가 멀었다. 옥스퍼드와 비교할 때 그곳은 벽지나 다름없었고, 게다가 옥스퍼드와는 달리 그레셤 칼리지 사람들과 가깝게 지내는 이점을 누리지도 못했다. 아리스토텔레스를 여전히 암기 위주로 가르쳤고, 케임브리지 교육으로 배출해 내는 유일한 인재는 유능한 사제나 무능한 의사뿐이었다. 그러나 변화의 조짐은 1663년 헨리 루커스*가 케임브리지에 수학 석좌교수 자리를 기증하면서 처음 나타났다. 이것은 케임브리지 최초의 과학 교수직이었고 1540년 이후 새로 만들어진 첫 석좌교수 자리였다. 최초로 루커스 수학 석좌교수가 된 사람은 아이작 배로인데, 그때까지 그리스어 담당 교수였으니 당시 케임브리지에서 과학의 위치가 어느 정도였는지 짐작이 갈 것이다. 그의 임용은 두 가지 의미에서 중요했다. 하나는 배로가 정말로 수학을 가르쳤다는 것이다. 그가 1664년 처음으로 가르친 수학 강좌의 영향을 받아 뉴턴이 과학에 흥미를 느꼈을 가능성이 충분히 있다. 또 하나는 앞서 살펴본 것처럼 5년 뒤 그가 이 직위에서 물러났을 때 뉴턴이 그 자리를 이어받았기 때문이다.

뉴턴 자신이 훗날 들려준 설명에 따르면 그가 오늘날 유명해지게 만든 연구는 대부분 1663년부터 1668년까지 5년 동안 이루어졌다. 훅과의 유명한 분쟁으로 이어진 빛과 색에 관한 연구는 앞에서 이미 다루었다. 그러나 그것 말고도 전체적 맥락에서 바라볼 필요가 있는 연구가 두 가지 더 있다. 하나는 오늘날 미적분학(calculus)이라 부르는 수학 기법을 발명한 것으로, 그는 이것을 유분법(fluxion)이라 불렀다. 또 하나는 『자연철학의 수학적 원리』로 이어진 중력 연구다.

무엇에 자극을 받았는지 몰라도 1664년에 이르러 뉴턴은 전통적이라고는 할 수 없을지언정 열성적 학자가 되어 있었고 케임브리지

* 헨리 루커스Henry Lucas(1610경~1663). 영국의 성직자, 정치가. 빈민 구제를 위해 재산을 유증했다. 케임브리지 대학교에도 장서와 아울러 토지를 유증하여, 토지 수익금으로 수학 석좌교수 자리를 만들게 했다. 이 교수직은 오늘날에도 루커스 수학 석좌교수라는 이름으로 이어 오고 있다. (옮긴이)

에서 더 오래 머무르고 싶은 마음이 간절했다. 그러자면 먼저 학부생에게 지급되는 소수의 장학금 중 하나를 받고, 다음에는 몇 년 뒤 칼리지의 석학연구원에 선출되어야 했다. 1664년 4월 뉴턴은 정해진 교과과정을 그대로 따르지 않았는데도 불구하고 장학금을 따냄으로써 반드시 필요한 첫 단계를 달성했다. 당시 칼리지의 중진이 되어 있던 험프리 배빙턴의 영향력이 작용한 것이 거의 확실하다. 장학생이 되는 덕분에 약간의 수입도 생기고 숙식도 제공받는 동시에 하급 근로장학생이라는 굴레도 벗어날 수 있었다. 또한 1665년 1월 문학사 학위를 자동적으로 받은 뒤 1668년 문학석사가 될 때까지 학교에서 머무르면서 뭐든지 원하는 것을 연구할 수 있게 됐다는 뜻이었다. (당시에는 케임브리지에 들어가면 학위를 받지 못할 가능성은 없었다. 다만 많은 학생들이 그랬듯 조기에 학교를 떠나는 쪽을 택하는 경우에는 학위를 주지 않았다.)

미적분학의 개발

뉴턴은 무엇이든 일을 시작하면 거기에 몸과 마음을 다 내던지는 강박적 성격을 지니고 있었다. 연구나 실험을 할 때는 식사와 잠을 거르기 일쑤였고, 광학을 연구하던 때에는 자신을 상대로 정말로 위험한 실험을 하기도 했다. 태양을 너무 오랫동안 바라보다가 시력을 잃을 뻔했고, 송곳바늘(커다란 바늘귀가 달린 굵고 뭉툭한 바늘)로 눈 여기저기를 찔러 이렇게 우악스럽게 자극할 때 눈에 보이는 색색의 이미지를 관찰했다. 만년에 이르러 왕립주전소에서 임무를 맡아 수행할 때도, 혹이라든가 독자적으로 미적분학을 발명한 고트프리트 라이프니츠Gottfried Leibnitz

(1646~1716) 같은 사람들과 수없이 분쟁을 벌일 때도 똑같은 강박이 나타난다. 뉴턴이 1660년대 중반에 미적분학을 먼저 생각해 냈다는 데에는 의심의 여지가 없지만, 그로부터 약간 뒤 라이프니츠도 같은 생각을 독자적으로 해냈다는 것과, 라이프니츠는 좀 더 이해하기 쉬운 형태로 내놓았다는 것 역시 의심의 여지가 없다. 뉴턴이 누구에게도 자신의 연구에 대해 말하지 않았을 때였다. 여기서 수학에 대해 자세히 다룰 생각은 없고, 간단하게 설명하자면 미적분학을 이용하면 예컨대 궤도를 도는 행성의 위치처럼 시작점의 상황을 알고 있을 때 시간이 가면서 달라지는 상황을 정확하게 계산해 낼 수 있다. 뉴턴과 라이프니츠의 분쟁을 시시콜콜 다루자면 지루할 것이고, 중요한 것은 17세기 후반부에 두 사람이 정말로 미적분학을 개발하여 18세기 이후 과학자들에게 변화가 수반되는 과정을 연구하는 데 필요한 수학적 도구를 마련해 주었다는 사실이다. 미적분학이 없었다면 현대의 물상과학은 존재하지 않을 것이다.

뉴턴이 이 수학적 방법을 찾아내고 중력 연구를 시작한 것은 흑사병의 위협 때문에 케임브리지의 일상이 중단된 동안이었다. 졸업한 지 얼마 되지 않아 대학교가 일시적으로 폐쇄되고 학자들은 흑사병을 피해 흩어졌다. 뉴턴은 1665년 여름 링컨셔로 돌아가 1666년 3월까지 지냈다. 이제 안전해진 것으로 보여 케임브리지로 돌아갔으나, 날씨가 따뜻해지면서 흑사병이 다시 터져 6월에 다시 시골로 돌아갔고, 흑사병이 완전히 자취를 감춘 1667년 4월까지 링컨셔에서 머물렀다. 링컨셔에 있는 동안은 울스소프와 부스비파그널에 있는 배빙턴의 사제관을 오가며 지냈다. 따라서 저 유명한 사과 사건이 뉴턴의 주장대로 그때 있었다 해도 정확하게 어디에서 있었는지는 알 수 없다. 그러나 확실한 사실은 반세기 뒤 뉴턴 자신이 쓴 말대로 "당시 나는 창의력이 정점에 다다라 있었고 그 뒤 어느 때보다도 더 수학과 철학을 생각하고 있었다"는 것이다. 1666년 말 이처럼 영감이 고조되어 있던 시기에 뉴턴은 24번째 생일을 맞았다.

뉴턴이 훗날 들려준 내용에 따르면, 흑사병이 돌던 때의 어느 날 나무에서 사과가 떨어지는 것을 보고 지구의 중력이 나무 꼭대기까지 미칠 수 있다면 달까지 닿을 수도 있지 않을까 하는 생각이 들었다고 한다. 그래서 달을 현재의 궤도에 붙들어 두기 위해 필요한 힘과 나무에서 사과를 떨어뜨리는 데 필요한 힘이 모두 지구의 중력이 지구 중심으로부터 거리의 제곱에 반비례한다면 두 가지 다 설명할 수 있겠다는 계산이 나왔다. 뉴턴이 주도면밀하게 퍼트린 이 이야기에 내포돼 있는 의미는 핼리와 훅과 렌 사이에 논의가 오가기 오래전인 1666년에 이미 뉴턴이 역제곱 법칙을 생각해 냈다는 것이다. 그러나 뉴턴은 역사를 자신에게 유리하게 고쳐 쓰는 데에도 일가견이 있었을 뿐 아니라, 역제곱 법칙은 이 이야기가 암시하고 있는 것보다 훨씬 더 점진적으로 모습을 드러냈다. 쓴 시기를 알 수 있는 뉴턴 자신의 논문에 남아 있는 증거로 볼 때 흑사병이 돌던 시기에 그가 한 중력 연구에는 달에 관한 내용이 전혀 없다. 그는 지구가 자전하고 있을 수 있다는 생각에 반대하는 사람들이 오래전부터 내놓은 논거를 계기로 중력에 관해 생각하게 됐는데, 그 요지는 지구가 자전하고 있다면 원심력 때문에 부서져 사방으로 흩어진다는 것이었다. 뉴턴은 지구 표면에서 바깥으로 향하는 이 힘의 크기를 계

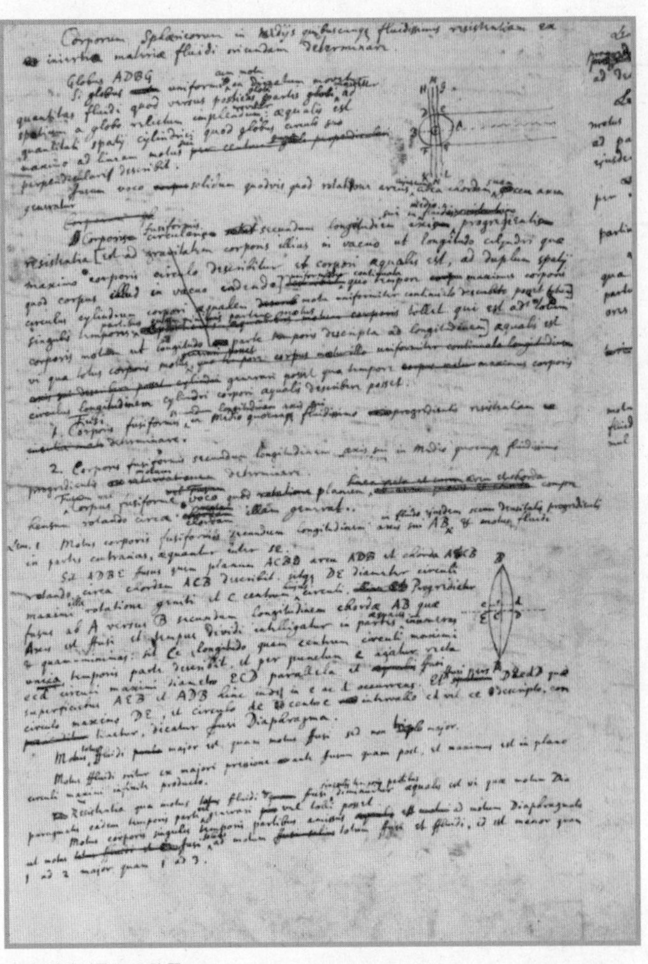

18. 뉴턴의 연구 노트 한 쪽.

산하여 중력의 알려진 크기와 비교했고, 지구 표면의 중력은 원심력보다 수백 배 크다는 것을 보여 주면서 그 논리는 성립되지 않는다는 결론을 내렸다. 케임브리지로 돌아가고 어느 정도 시간이 지난 뒤 (그러나 확실하게 1670년이 되기 전에) 쓰인 문서에서 그는 이 두 가지 힘을 "달이 지구의 중심으로부터 멀어지려는 힘"과 비교하여, **지구 표면**의 중력은 궤도에서 움직이는 달이 바깥을 향하는 힘(원심력)보다 4천 배 정도 강하다는 것을 알아냈다. 역제곱 법칙에 따라 중력이 감소하면 이렇게 바깥을 향하는 힘과 균형을 이루겠지만 당시 뉴턴은 이것을 명확하게 언급하지 않았다. 다만 궤도에 있는 행성이 "태양으로부터 멀어지려는 힘"은 케플러 법칙에 따라 태양까지 거리의 제곱에 반비례한다고는 말했다.

1670년 이전에 여기까지 다다랐다는 것은 나중에 뉴턴이 주도면밀하게 만들어 낸 뉴턴 신화만큼은 아니겠지만 그럼에도 역시 인상적이다. 게다가 아직 30세도 되지 않은 이 무렵 본질적으로 빛과 미적분학에 관한 연구를 완성해 둔 상태였다는 점도 기억해야 한다. 그러나 이제 뉴턴에게 열정을 불태울 새로운 대상이 생겨나면서 중력에 관한 연구는 뒷전으로 물러났다. 그것은 바로 연금술이었다. 그 뒤 20년 동안 뉴턴은 오늘날 우리가 그토록 대단하다고 여기는 과학 연구 전부보다도 연금술에 노력과 시간을 훨씬 더 많이 들였다. 그러나 이것은 완전히 막다른 길이었기 때문에 여기서 그 내용을 자세히 다룰 필요는 없다.* 그는 또 트리니티 칼리지 내에서 자신

* 뉴턴의 이런 면에 초점을 맞춘 이야기 중 널리 알려진 책으로는 화이트(Michael White)가 쓴『아이작 뉴턴 — 최후의 마법사*Isaac Newton : the last sorcerer*』참조.

의 위치와 정통적이지 않은 종교적 신념을 둘러싼 일에도 정신이 팔려 있었다.

1667년 뉴턴은 트리니티의 준석학연구원으로 선발됐다. 따라서 1668년 문학석사 학위를 받으면 자동적으로 정식 석학연구원 자격이 생긴다. 이로써 그는 이후 7년 동안 뭐든지 하고 싶은 대로 할 수 있게 됐으나, 그러자면 정통 종교에 본격적으로 발을 들여놓아야 했다. 구체적으로 말하자면 석학연구원이 되는 사람이면 누구나 해야 하는 맹세를 통해 동지가 된다는 약속을 해야 했는데, 그 내용은 다음과 같았다. "나는 연구의 목표를 신학으로 삼고, 이 정관에 규정된 때가 되면 성직을 받겠으며, 그러지 않을 경우 대학에서 물러나겠습니다." 문제는 그가 아리우스주의자라는 사실이었다.* 브루노와는 달리 그는 믿음 때문에 장작더미 위로 올라갈 마음도 없었고, 성직을 받을 때 삼위일체를 믿는다는 맹세를 해야 하는데 그렇게 자신의 믿음을 굽힐 생각도 없었다. 17세기 말 잉글랜드에서 아리우스주의자가 된다는 것은 화형을 당할 죄는 아니었지만, 그 사실이 드러나면 공직에서 배제될 것이고, 삼위일체를 따 이름 지은 트리니티 칼리지에서는 쫓겨날 것이 분명했다. 그리고 그가 비밀스럽고 내성적 성격이 된 이유가 또 한 가지 있었다. 어쩌면 빠져나갈 구멍을 찾다가 그랬을 수도 있는데, 오랜 세월 집착하게 될 또 한 가지 강박이 1670년대 초에 생겨났다. 그것은 신학을 세밀하게 연구하는 것이었

* 뉴턴은 4세기 알렉산드리아에서 활동한 아리우스의 가르침을 받아들였다. 아리우스주의에서는 하느님은 유일무이한 존재이며 따라서 예수는 진정한 신이 아니라고 보았다. 삼위일체 개념을 바탕으로 하고 있는 교회가 볼 때 이것은 이단적 사고방식이었다.

다. 그는 연금술 연구만큼이나 여기 집착했다. 이는 30세 이후 새로운 과학을 연구하지 않은 이유를 설명하는 데 도움이 된다. 그렇지만 이런 것은 아무 소용이 없었다. 그가 빠져나올 수 있었던 것은 헨리 루커스가 석좌교수 자리를 만들 때 정해 둔 희한한 조건 덕분이었다.

뉴턴은 1669년 배로의 뒤를 이어 루커스 석좌교수가 됐다. 그의 나이 26세일 때였다. 저 희한한 조건은 케임브리지의 모든 전통을 거스르는 것으로, 이 석좌교수 자리에 있는 사람은 누구든 케임브리지 외부에서 거주할 필요가 있거나 '목회 활동'을 할 필요가 있는 교회 직위를 받아들여서는 안 된다는 것이었다. 뉴턴은 1675년 이 조건을 핑계로 이제 트리니티 학장이 되어 있는 아이작 배로의 허락을 받아 국왕에게 탄원서를 올렸다. '석학연구원은 성직을 받아야 한다'는 조건을 루커스 석좌교수에게는 모두 면제해 달라는 내용이었다. 이 무렵 뉴턴은 왕립학회에서 반사망원경과 빛에 관한 연구로 이미 유명해져 있었는데, 왕립학회의 후견인이자 열렬한 과학 애호가인 찰스 2세는 "전술한 석좌교수직에 선출됐거나 앞으로 선출될 학자들을 마땅히 격려하기 위해" 영구히 면제해 주었다. 이제 뉴턴은 안전했다. 국왕의 면제 덕분에 그는 성직을 받지 않아도 되게 됐고, 대학은 석학연구원으로서 정해진 7년이 끝나면 대학을 떠나야 한다는 규정을 적용하지 않게 된다.

훅과 뉴턴의 분쟁

케임브리지에서 자신의 미래를 두고 온갖 불안을 겪고 있던 와중에 뉴턴은 또 빛 이론을 누가 먼저 내놓았는지를 두고 훅과 분쟁에 휘말렸고, 분쟁은 1675년 '거인들의 어깨' 편지에서 절정에 이르렀다. 지금 우리는 뉴턴이 이 모든 일을 그렇게 까칠하게 대한 이유를 알 수 있다. 훅을 정중하게 대하는 것보다는 케임브리지에서 자신의 미래 문제로 훨씬 더 노심초사하고 있기 때문이었다. 그렇지만 역설적이게도 뉴턴이 중력에 관한 생각을 접어 두고 다른 문제에 정신이 팔려 있던 사이 훅은 1674년 궤도운동 문제의 핵심을 찔렀다. 그해 출간된 논문에서 그는 안으로 미는 힘과 밖으로 미는 힘의 균형에 의해 달과 같은 천체가 궤도에 머물러 있다는 생각을 버렸다. 그는 궤도운동은 달이 직선으로 움직이려는 경향에다 달을 지구로 끌어당기는 **한 가지** 힘이 더해진 결과라는 것을 깨달았다. 뉴턴과 하위헌스와 그 나머지 모든 사람은 여전히 "중심으로부터 멀어지려는 경향"이라거나 그와 비슷한 말로 논하고 있었는데, 여기 함축된 의미는 천체가 바깥으로 움직이려는 경향에도 불구하고 데카르트의 소용돌이 같은 것이 천체를 다시 궤도 위로 밀어 넣고 있다는 것이었다. 뉴턴의 연구에서조차 그때까지는 그랬다. 훅은 또 소용돌이도 없애고 오늘날이라면 '원격 작용(action at a distance)'이라 부를 만한 생각을 도입했다. 즉 중력이 **빈** 공간을 넘어 달이라든가 행성을 잡아당긴다는 것이었다.

1679년 최초 격돌의 흙먼지가 가라앉은 뒤 훅은 뉴턴에게 편지를 써서 자신의 이런 생각에 대한 의견을 물었다. 이때 훅의 생각은 이미 출간되어 있었다. 원격 작용이라는 생각과 (이것은 이 직후부터 뉴턴의 모든 중력 연구에서 아무 설명 없이 등장한다) 궤도는 직선이 중력에 의해 구부러진 것이라는 생각을 뉴턴에게 전달한 사람은 훅이었다. 그러나 뉴턴은 관여하기를 꺼려하면서 훅에게 다음과 같이 답했다.

몇 년 전부터 철학이 아닌 다른 연구를 위해 저 자신을 빼내려고 애써왔기 때문에 철학 연구에 보낸 시간이 아깝기 그지없는 정도가 됐습니다. … 제가 이 일에 끼어들기를 주저하는 것이 선생님이나 왕립학회에 대한 몰인정한 태도로 해석되지 않기를 바랍니다.

이렇게 말하고서도 뉴턴은 지구의 자전을 검증할 방법을 제안했다. 과거에 충분히 높은 탑에서 물체를 떨어뜨리면 지구 자전 효과가 나타날 것이라는 제안이 나온 적이 있었다. 자전 때문에 그 물체가 탑보다 뒤로 떨어질 것이라는 논리였다. 뉴턴은 탑 꼭대기가 밑부분보다 빨리 움직일 수밖에 없다는 점을 지적했다. 지구 중심으로부터 더 멀리 떨어져 있으므로 원주가 더 길고, 따라서 똑같은 24시간에 더 많이 움직여야 하기 때문이었다. 그러므로 떨어뜨린 물체는 탑 앞에 떨어져야 했다. 자신의 말을 설명하기 위해 뉴턴은 떨어지는 물체의 궤도를 그림으로 대충 그렸다. 중력의 영향으로 마치 지구가 없는 것처럼 지구의 중심을 향해 나선을 그리며 움직이는 궤적이었다. 그러면서 다음과 같은 내용으로 편지를 끝맺었다.

그러나 저는 철학에 대한 애정이 사라지고 있고 그래서 거기에 관심이 거의 없습니다. 한 업종 사람이 다른 사람의 업종에 대해, 또는 시골 사람이 학문에 대해 관심이 없는 것과 같습니다. 저로서는 그것에 관해 글을 쓰는 데 들이는 시간이 아깝다는 점을 말씀드리지 않을 수 없군요. 그 시간을 제 마음에 더 드는 쪽으로 쓸 수도 있을 테니 말입니다.

그러나 그 나선을 그리면서 뉴턴은 좋든 싫든 '철학'에 관한 편지를 더 많이 주고받게 됐다. 훅은 오류를 지적하면서, 떨어지는 물체가 고체인 지구를 아무 저항 없이 통과할 수 있다고 가정할 때 그 물체의 정확한 궤도는 점점 작아지는 타원 같은 모양이 될 것이라고 했다. 이에 뉴턴은 훅의 추측을 바로잡으면서, 지구 내에서 궤도를 따라 움직이는 물체는 어떤 식으로든 중심을 향해 점점 내려가는 모양이 아니라 타원 같은 모양을 따라 무한정 궤도를 돌 것이며, 시간이 가면서 궤도 자체가 이동하며 돌아가는 형태가 될 것이라고 했다. 훅은 다시 뉴턴에게 답하면서, 뉴턴의 계산은 "중심으로부터 모든 거리에 똑같은 크기로 가해지는" 힘을 바탕으로 하고 있지만, "내 추측으로 그 인력은 항상 중심까지 거리의 제곱에 반비례한다", 즉 역제곱 법칙이 적용된다고 했다.

뉴턴은 이 편지에 답을 보내지 않았지만, 철학에 대한 애정이 사라지고 있는데도 불구하고 증거로 보건대 바로 여기서 자극을 받아, 중력의 역제곱 법칙이 성립하려면 행성이 타원형 또는 원형 궤도를 따라 움직여야 하며 혜성은 태양을 중심으로 타원형 또는 포물선 궤도를 따라 움직여야 한다는 것을 1680년에 **증명**하게 됐다.*

* 실제로 이 모든 것에서 수학적으로 가장 어려운 부분은 중력은 모든 질량이 한 점에 집중되어 있는 것처럼 작용하며 따라서 역제곱 법칙에서 적용하는 거리를 지구 또는 태양의 중심으로부터 계산하는 것이 실제로 옳다는 것을 증명하는 일이다. 미적분학을 사용하면 이것은 비교적 간단하지만 뉴턴은 증명을 출간하면서 일부러 미적분학을 쓰지 않았다. 익숙한 언어로 표현하지 않으면 동료들이 계산 결과를 받아들이지 않을 것이라는 점을 알고 있었기 때문이다. 뉴턴이 모든 것을 먼저 미적분학을 사용하여 계산한 다음 옛날 방식으로 옮겼는지는 아무도 모른다. 그러나 그랬다 하더라도 처음부터 옛날 방식으로 계산한 것이나 마찬가지로 대단한 일이다.

(훅을 비롯한 사람들은 추측만 할 수 있었던 부분이었다.) 그리고 1684년 핼리가 불쑥 찾아왔을 때 그 자리에서 대답할 수 있었던 것도 바로 이 때문이었다.

뉴턴의 『자연철학의 수학적 원리』: 역제곱 법칙과 운동의 세 법칙

그 뒤로 모든 것이 순조롭기만 하지는 않았지만, 핼리가 케임브리지로 찾아가고 이어 어르고 달랜 끝에 먼저 1684년 11월 역제곱 법칙 연구를 설명하는 아홉 쪽짜리 논문이 나왔고, 다음에는 1687년 세 권짜리 역작 『자연철학의 수학적 원리』가 출간됐다. 이 책에서 뉴턴은 우주 안 모든 물체의 움직임을 묘사하는 중력의 역제곱 법칙과 운동의 세 법칙의 의미를 설명할 뿐 아니라, 물리 법칙은 정말로 모든 것에 영향을 주는 **보편** 법칙임을 명확히 함으로써 물리학 전체를 위한 기초를 놓았다. 출판 과정에서 뉴턴의 사람됨을 다시 한번 엿볼 기회가 있었다. 훅은 왕립학회의 담당자였으므로 그 원고를 보고 자신의 공로를 충분히 인정하지 않았다고 불평했다. 뉴턴처럼 수학 계산을 완전히 해내지는 못했어도 중요한 깨달음을 전해 주었으므로 그의 불만은 정당했다. 그러나 이에 뉴턴은 처음에 제3권을 출판하지 않겠다고 협박했고, 이어 인쇄소로 보내기 전에 본문을 뒤져 훅을 언급한 부분을 모조리 무참히 빼 버렸다.

『자연철학의 수학적 원리』가 그처럼 커다란 영향을 준 이유는 뉴턴이 빛나는 수학 실력으로 모든 것을 꿰어 맞췄다는 점 말고도 코페르니쿠스 이후 과학자들이 부지불식간에 이루어 내려 하던 것을 이루었기 때문이다. 그것은 바로 세계는 마법이나 신의 변덕에 따라서가 아니라 본질적으로 인간이 이해할 수 있는 역학적 원칙에 따라 움직인다는 깨달음이었다.

뉴턴과 그 시대 수많은 사람들에게 하느님은 여전히 모든 것의 건축가이며, 자신이 창조한 세계가 매끄럽게 돌아가도록 때때로 끼어드는 '간섭적' 건축가라 하더라도 맡은 역할이 있었다. (모두가 그렇게 생각한 것은 절대 아니다.) 그러나 뉴턴의 뒤를 따른 수많은 사람들이 볼 때 우주의 출발이 어떠했든 일단 우주가 만들어져 움직이기 시작한 다음부터는 외부의 간섭이 필요치 않다는 것이 점점 더 분명해졌다. 흔히 동원되는 비유는 시계의 작동 방식이다. 뉴턴 시대의 거대한 교회 시계를 생각해 보자. 시간을 가리키는 바늘뿐 아니라 정시가 되면 안에서 목각인형이 나와 약간의 장면을 연출하면서 망치로 종을 때려 시간을 알리는 시계를 생각하자. 겉보기에는 매우 복잡한 활동이 벌어지지만, 모든 것은 진자의 단순한 흔들림에서 비롯된 결과물이다. 뉴턴은 우주는 겉보기에는 복잡하지만 그 근본은 단순하며 이해할 수 있을지도 모른다는 사실에 과학자들의 눈을 열어 주었다. 또 과학적 방법을 명확하게 이해하고 있었으며, 프랑스인 예수회 수도사 가스통 파르디Gaston Pardies(1636~1673)에게 다음과 같은 내용의 편지를 쓴 적이 있다.

> 철학을 하는 가장 안전하고 좋은 방법은 먼저 사물의 속성을 부지런히 캐내고, 그 속성을 경험으로써 확증한 다음, 더 느린 걸음으로 그것을 설명하기 위한 가설로 나아가는 것으로 보입니다. 가설은 사물의 속성을 설명하는 데에만 동원해야 하며 속성

을 판단할 때 전제로 삼아서는 안 되기 때문입니다. 실험의 기초가 되지 않는 한 그렇습니다.

다시 말해 과학에서 중요한 것은 사실이지 공상이 아니라는 말이다. 『자연철학의 수학적 원리』의 출간은 과학이 유년기의 치기를 대부분 벗어버리고 성년이 되어, 성숙한 지적 분야로서 세계를 본격적으로 어른스럽게 탐구하기 시작한 순간에 해당한다. 그러나 이것은 단지 뉴턴 때문만은 아니었다. 그는 시대를 잘 타고난 인물이었다. 그래서 사방에서 피어나는 생각들을 명확하게 말로 (또 무엇보다도 방정식으로) 나타냈고, 다른 과학자들이 이미 표현하려 고민하고 있던 것들을 그들보다 더 분명하게 표현해 냈다. 이것은 그의 책이 그런 반응을 이끌어 낸 또 한 가지 이유다. 그렇게 요약하고 기초를 놓을 시기가 무르익었기 때문에 사람들의 마음을 움직인 것이다. 『자연철학의 수학적 원리』를 읽은 과학자는 거의 모두 찰스 퍼시 스노C. P. Snow가 소설 『탐색*The Search*』에서 말한 저 순간과 같은 느낌이었을 것이 분명하다. "나는 뒤죽박죽인 상태의 갖가지 사실들이 가지런하게 제자리를 찾아 들어가는 것을 보았다. … 나는 생각했다. '그렇지만 그건 정확해. 무척 아름다워. 게다가 정확해.'"

『자연철학의 수학적 원리』를 출간한 결과 뉴턴 본인은 왕립학회 동아리를 훨씬 넘어서는 유명한 과학자가 됐다. 뉴턴의 친구인 철학자 존 로크John Locke(1632~1704)는 이 책에 대해 다음과 같이 썼다.

비길 사람이 없는 뉴턴 씨는 사실로써 뒷받침되는 원리를 바탕으로 수학을 자연의 일부분에 적용함으로써, 나로서는 우주의 불가해한 어떤 영역이랄 만한 부분을 어디까지 알아낼 수 있는지 보여 주었다.

그러나 1687년에 이르러 뉴턴은 이미 과학자가 아니었다. 그해 말 45세가 되는 그는 이미 오래전부터 철학에 관한 애정을 잃은 상태였다. 물론 그의 『광학』이 18세기 초에 출간되기는 하지만, 그것은 옛날에 한 연구로서 혹이 논평을 내놓거나 빛 연구에 대한 공로를 주장할 기회를 주지 않기 위해 혹이 죽을 때까지 묵혀 둔 것이었다. 그러나 『자연철학의 수학적 원리』를 내놓은 결과 차지하게 된 새로운 지위는 그가 또 다른 의미에서 대중의 눈에 띄는 인물로 나서도록 부추긴 요인 중 하나가 됐을 것이다. 그의 이후 인생 이야기에서는 과학과 직접 관련된 부분은 거의 없지만, 과학 연구 말고도 얼마나 많은 업적을 남겼는지를 간단하게 살펴보는 것도 좋겠다.

그 이후 뉴턴의 생애

뉴턴이 처음 정치적으로 각광을 받기 시작한 것은 1687년 초의 일이다. 『자연철학의 수학적 원리』가 그의 손을 떠나 핼리의 감독 하에 인쇄 과정에 들어가 있던 때였다. 제임스 2세는 1685년 형의 뒤를 이어 국왕이 된 뒤로 처음에는 조심스레 왕권을 행사하다가 1687년에 이르러서는 권력을 휘두르기 시작하고 있었다. 특히 천주교회의 영향력을 케임브리지까지 확대하고자 했다. 이제 트리니티에서 선임 석학연구원이 되어 있던 뉴턴은 어쩌면 천주교 체제에서 아리우스주의자인 자신에게 벌어질지 모를 일이 두려워서였는지 몰라도 케임브리지에서 이런 움직임에 반대하는 주동자에 속해 있었고, 저 악명 높은 판사 제프리스 앞에 출두하여 대학교의 입장을 변호한 석학연구원 대표자 아홉 명 중 하나였다. 1688년 말 소위 명예 혁명*이 일어나 제임스 2세가 폐위되고 찰스 1세의 외손자인 오라녜의 빌럼과 그의 비이자 제임스 2세의 공주 메리 2세가 왕위에 올랐을 때 케임브리지는 의회 의원 두 명을 런던으로 보냈는데 그중 한 명이 뉴턴이었다. 의회에서 눈에 띄게 활동하지도 않았고 1690년 초 빌럼과 메리의 왕권 탈취를 합법화하는 임무를 다하고 의회가 해산됐을 때 재선을 위해 출마하지도 않았지만, 런던 생활을 맛본 데다 커다란 사건에 관여하면서 케임브리지에 대한 불만이 더욱 커졌다. 1690년대 초에 연금술 연구에 몰두하기는 했지만 1693년에 신경쇠약을 심하게 앓은 것으로 보인다. 오랫동안의 과로, 정통적이지 않은 종교관을 감추고 있어야 하는 스트레스, 그리고 어쩌면 지난 3년 동안 절친한 친구로 지낸 스위스 출신의 젊은 수학자 니콜라 파시오 드 뒤예Nicolas Fatio de Duillier(1664~1753, 대개 파시오라 불린다)와 결별하는 등이 이유였다. 건강을 되찾은 뒤 뉴턴은 케임브리지를 떠날 방법을 거의 필사적으로 찾았고, 그래서 1696년 왕립주전소 총감 자리를 제안받았을 때 덥석 받아들였다.

* 빌럼(윌리엄 3세)과 메리는 사실 영국을 전면적으로 침략하여 무력으로 런던을 포위한 결과 왕위를 차지했다. 다만 대체로 피를 거의 흘리지 않고 많은 사람들의 환영을 받았을 뿐이다. 그러나 역사는 승자가 기록하는 법, 대중을 다독거리고 싶으면 침략보다는 명예 혁명이라는 말이 훨씬 더 듣기 좋다. 이 사건에서 가장 눈에 띄는 특징은 영국 내 정치적 힘의 균형이 국왕으로부터 의회 쪽으로 기울어지게 됐다는 점이다. 따라서 '혁명'이라는 이름이 거의 어울리기는 한다. 의회가 없었다면 빌럼과 메리는 성공을 거둘 수 없었을 것이다.

이 자리를 제안한 사람은 케임브리지에서 학생으로 있었던 찰스 몬터규Charles Montague(1661~1715)로서 뉴턴과 아는 사이였으며, 이 무렵 재무장관이 되어 있었고 1695년부터 1698년까지 왕립학회의 회장으로 활동하기도 한 인물이었다.

주전소 총감은 사실 주전소의 2인자에 해당하는 자리였으며 한직으로 취급될 수도 있었다. 그러나 당시 주전소장 본인이 자신의 직위를 사실상 한직으로 취급하고 있었으므로 뉴턴은 권력을 손에 쥘 기회가 있었다. 그는 강박적 성격 그대로 그곳을 장악하여, 대규모의 화폐 재주조 사업을 완수하는 한편 지독하고 냉혹하며 가차 없이 위조 화폐를 단속했다. 처벌은 대개 교수형이었고, 뉴턴은 법을 확실하게 등에 업기 위해 치안판사가 됐다.

1699년에 주전소장이 죽자 뉴턴은 그 자리를 이어받았다. 왕립주전소의 긴 역사에서 총감이 소장으로 승진한 사례는 뉴턴이 유일했다. 주전소에서 크게 성공을 거두자 그는 의회에 다시 한번 도전할 마음이 들었다. 이제 핼리팩스 경이 되어 있던 (나중에 핼리팩스 백작이 된) 몬터규가 부추겼을 가능성이 높다. 뉴턴은 1701년 의회 입성에 성공했고, 윌리엄 3세가 죽고 의회가 해산된 1702년 5월까지 활동했다. 메리는 그보다 먼저 1694년에 죽고 없었다. 윌리엄의 뒤를 이어 제임스 2세의 둘째공주 앤이 왕위에 올라 12년 동안 다스렸는데, 왕위에 오르기 전과 왕위에 있는 동안 핼리팩스로부터 크게 영향을 받았다. 1705년 총선 운동 당시 앤은 유권자들이 핼리팩스의 피후견인인 뉴턴과 핼리팩스의 동생을 지지하기를 바라는 마음에서 두 사람에게 기사 작위를 내렸다.

그러나 아무 소용이 없었다. 핼리팩스의 정당이 전체적으로 선거에서 패했고 뉴턴 개인도 마찬가지였다. 이제 60대 나이가 된 그는 다시는 선거에 출마하지 않았다. 그러나 이 이야기는 알아둘 만하다. 뉴턴이 과학에서 세운 공로로 기사 작위를 받은 것으로 생각하는 사람이 많고 또 일부는 주전소에서 세운 공로에 대한 보상이라고 생각하는데, 사실은 핼리팩스가 1705년 총선에서 이기려는 목적으로 비교적 지저분한 정치적 기회주의에 따라 움직인 결과였기 때문이다.

훅의 죽음과 뉴턴의 『광학』 출간

그렇지만 이 무렵 뉴턴은 자신을 위한 최후의 큰 무대를 찾아냈기 때문에 정치에 미련이 없었다. 훅은 1703년 3월 죽었다. 그러나 훅뿐 아니라 본질적으로 훅이 만들었다고 할 수 있는 왕립학회와도 대체로 멀찍이 거리를 두고 있었던 뉴턴은 아직 멀쩡하게 살아 있었으므로 그해 11월 회장에 선출됐다.

1704년 『광학』이 출간됐고, 뉴턴은 그 뒤 20년 동안 그 특유의 꼼꼼한 성격대로 세밀한 부분까지 신경을 쓰며 학회를 운영했다. 그가 맡았던 임무 하나는 1710년 그레셤 칼리지의 비좁은 공간을 벗어나 런던 크레인코트에 있는 더 넓은 곳으로 학회가 이전하는 일을 감독하는 것이었다. 이전을 진작 했어야 한다는 점에는 의심의 여지가 없다. 이전 직전 그레셤 칼리지를 찾았던 어느 방문객은 이렇게 썼다. "마침내 우리는 학회가 주로 모이는 곳으로 안내됐다. 매우 작고 초라한 곳이었다. 그곳에서 가장 좋은 것은 회원 초상화였다. 그중 가장 눈에 띄는 인물은 보일과 훅의 초상화였다."*
그레셤 칼리지에서 크레인코트로 가져가야 할 초상화가 많았는데, 이 작업을 감독한 사람은 세밀한 부분까지 강박적으로 따지는 꾀까다로운 성격의 아이작 뉴턴 경이었다. 이전 도중 사라진 유일한 초상화는, 그리고 다시는 볼 수 없었던 초상화는 훅의 것이었다. 오늘날 그의 초상화는 한 점도 남아 있지 않다. 뉴턴이 역사 속에서 훅이 한 역할을 깎아내리기 위해 그렇게까지 할 정도였다면 훅은 정말로 대단한 과학자였던 것이 분명하다.

애초에 왕립학회가 돌아가게 만든 사람은 훅이었고, 이후 2세기가 넘도록 세계를 선도하는 과학단체로 틀을 잡은 사람은 뉴턴이었다. 그러나 뉴턴은 나이가 들고 명성이 높아졌는데도 성격이 원만해지지 않았다. 왕립학회의 회장으로서 그는 다시 한번 바람직하지 않은 분쟁에 개입됐는데 이번 상대방은 최초의 왕실 천문학자 플램스티드였다. 플램스티드는 새로 만든 항성목록이 정확한지 확인하고 또 확인할 때까지 발표를 꺼렸다. 그러는 동안 다른 모든 사람들은 그 자료를 손에 넣고 싶어 안달하고 있었다. (이에 관한 자세한 이야기는 다음 장에서 다루기로 한다.) 불쾌하고 논쟁적인 성미에도 불구하고, 뉴턴은 설사 과학자로서 실력이 변변찮았다 하더라도 왕립주전소나 왕립학회에서 이룬 업적만으로도 역사적으로 중요한 인물로 자리 잡기에 손색이 없을 것이다.

런던에서 뉴턴의 집은 조카 캐서린 바턴이 보살피고 있었다. 뉴

* 폰 우펜바흐(Conrad von Uffenbach)의 『런던 1710년*London in 1710*』을 재인용.

턴은 이 무렵 매우 부유했으므로 캐서린이 직접 보살피는 게 아니라 하인들을 부려 보살폈다. 1679년에 태어난 캐서린은 뉴턴의 어머니가 재혼하여 낳은 여동생 해나 스미스의 딸이었다. 해나는 로버트 바턴과 결혼했으나 1693년 로버트가 죽으면서 가족이 곤궁에 빠지고 말았다. 뉴턴은 가족에게 언제나 후했고, 캐서린은 빼어난 미인인 데다 살림을 보살피는 데 뛰어났다. 혹이 자기 조카와 벌인 것과 같은 허튼짓의 흔적은 없으나 캐서린은 핼리팩스의 마음을 사로잡았다. 핼리팩스는 40대 초인 1703년 무렵 처음 캐서린을 만난 것으로 보인다. 아내와 사별한 직후였다. 그는 1706년 유언장을 쓰면서 "그녀에게 오랫동안 품어 온 크나큰 사랑과 애정의 작은 표시로서" 3천 파운드의 돈과 자기 소유의 보석 전부를 캐서린에게 남긴다고 했다. 그해 또 매년 3백 파운드에 해당하는 연금 수령권을 사서 그녀에게 주었다. 이것은 왕실 천문학자가 받는 급료의 세 배에 해당하는 액수였다. 그리고 조지 1세* 치하에서 수상이 되기 1년 전인 1713년에는 유언장을 바꿔, 플램스티드가 받는 연봉의 50배인 5천 파운드의 돈과 주택 한 채를 (그의 소유가 아니지만 어쨌든) "오랫동안 그녀에게 품어 온 진정한 사랑과 애정과 경의의 표시이자 그녀와 대화하며 얻은 즐거움과 행복에 대

* 영국은 스튜어트 가문에서 왕위 계승자를 찾을 수 없어 하노버 가문의 조지를 국왕으로 세워야 했다. 앤은 자식을 17명 낳았으나 그중 한 명만 젖먹이 시기를 넘기고 살아남았고 그나마 1700년에 죽고 말았다. 조지는 제임스 1세의 증손자였으나 영어는 거의 한마디도 하지 못했으며, 재위 기간(1714~1727) 대부분 하노버에서 살았다. 그렇지만 그 무렵 국왕이 누구인지는 그다지 중요하지 않았다. 의회가 나라를 지배하고 있었기 때문이다.

한 작은 보답으로" 남긴다고 했다.

1715년 핼리팩스가 죽고 공개된 이 유언장은 그 표현 때문에 수많은 사람들의 입방아에 오르내렸고, 뉴턴의 철천지원수 플램스티드도 물론 가만히 있지 않았다. 두 사람 사이에 '대화' 이상의 것이 있었는지 우리로서는 절대로 알 수 없겠지만, 이 유산이 얼마나 후한지는 쉽게 알 수 있다. 뉴턴 본인이 1727년 3월 28일 85세의 나이로 죽었을 때 3만 파운드가 약간 넘는 액수의 유산을 남겼는데, 어머니가 재혼하여 낳은 자식들에게서 태어난 조카 여덟 명에게 똑같이 나누어 주었다. 따라서 캐서린은 대화 기술 덕분에 핼리팩스로부터 받은 재산이 매우 부유한 외삼촌으로부터 받은 유산보다 훨씬 많았다.

18세기 초 다른 과학자들이 여전히 『자연철학의 수학적 원리』의 영향을 흡수하고 있을 때 뉴턴의 연구로 생겨난 기회에 가장 먼저 도전한 사람은 에드먼드 핼리였다. (사실 어느 면에서 물상과학은 18세기 내내 뉴턴의 그늘 안에 있었다.) 『자연철학의 수학적 원리』가 탄생하는 데 산파 역할을 했을 뿐 아니라 과학에서 볼 때 최초의 '뉴턴 이후 과학자'이기도 했다. 과학으로만 말할 때 훅과 뉴턴 두 사람 모두 18세기 초까지 살기는 했지만 전적으로 17세기 인물이었다. 그러나 더 젊은 핼리는 이 전환기에 올라 타 뉴턴 혁명 이후 첫 세기에 자신의 최대 업적 몇 가지를 남겼다. 다만 앞으로 살펴보겠지만 그러는 과정에서 그는 훅과 뉴턴을 합한 것보다 더 많은 것을 자기 인생에 채워 넣을 수 있었다.

6
넓어지는 지평

뉴턴 이후 첫 세기에 우주 속 인류의 위치 이해에서 일어난 가장 심오한 변화는 우주가 광막하고 과거 시간의 길이가 광대하다는 깨달음이 깊어졌다는 것이다. 어떻게 보면 18세기는 뉴턴이 물리학을 법칙화하고 우주(당시 용어로 세계)는 법칙에 따라 움직이는 질서정연한 성격을 띠고 있다는 것을 입증한 뒤로 과학 전반에 걸쳐 그에 적응하느라 보낸 시기였다. 이런 생각은 과학의 핵심인 물리학으로부터 천문학이나 지질학 등 확연히 가까운 관계에 있는 학문뿐 아니라 생물과학으로도 천천히 퍼져 나갔다. 생물과학에서는 생물 유형과 생물 간 연관관계가 확립됐는데, 이것은 생물세계의 작동 법칙, 특히 진화 법칙과 자연선택 이론 발견으로 나아가기 위한 필수 전제조건이었다. 화학 역시 18세기를 지나는 동안 신비주의적 측면이 빠져나가고 더 과학적이 됐다. 그러나 이 모든 것은 모두 과학이 설명하려는 영역이 크게 넓어졌다는 틀 안에서 이루어졌다.

에드먼드 핼리 뉴턴이나 훅, 핼리, 렌이 내놓은 중력의 역제곱이라는 보편 법칙에서 가장 중요한 것은 그것이 역제곱 법칙이라는 점도 아니고 (물론 그 점도 흥미롭고 중요하다) 누가 먼저 생각해 냈느냐도 물론 아니다. 중요한 점은 그것이 **보편** 법칙이라는 사실이다. 이 법칙은 우주 안에 있는 모든 것에 적용되며, 우주의 역사를 통틀어 모든 시기에도 적용된다. 이것을 확실하게 과학계에 알려 준 사람은, 그리고 시간의 경계를 확장한 최초의 인물에 속하는 사람은 앞서 『자연철학의 수학적 원리』의 출간에서 산파 역할을 했다고 소개한 에드먼드 핼리였다. 이 책을 출간한다는 것은 만만찮은 작업이었다. 핼리는 뉴턴이 훅을 비롯한 사람들에게 화를 내면 달래고 인쇄소를 상대하고 교정쇄를 읽는 등 직접 관여했을 뿐 아니라, 당시 자신의 경제 사정이 어려웠는데도 책의 출판 비용을 댔다. 1686년 5월 새뮤얼 피프스가 회장을 맡고 있던 왕립학회는 이 책을 학회의 이름과 비용으로 출판하기로 합의했다. 그러나 학회는 이 약속을 이행할 수 없었다. 학회는 돈이 없다고 변명했는데, 뉴턴과 훅 사이에 누가 먼저인가를 두고 다툼이 일어나자 학회가 한쪽 편을 드는 것으로 비치고 싶지 않아 취한 정치적 수단이라는 의견도 있었다. 그러나 그보다는 학회가 정말 뉴턴에게 한 약속을 이행할 재정 상태가 아니었던 것으로 보인다. 왕립학회는 창립 이후 수십 년 동안 재정이 빈약했다. 실제로 뉴턴 본인이 회장이 되어 학회를 정비하기 전까지 그랬다. 그리고 그나마 학회가 가지고 있었던 돈도 최근 프랜시스 윌러비Francis Willughby(1635~1672)의 『어류의 역사*History of Fishes*』를 발행하느라 써 버린 상태였다. 발행하고 보니 이 책은 팔기가 거의 불가능했다. 1743년 학회의 물품목록에도 재고가 남아 있을 정도였다. 이 때문에 학회는 돈이 궁해져 핼리는 급료 50파운드를 받지 못하고 그 대신 책을 50부 받았다. 다행하게도 『어류의 역사』와는 달리 『자연철학의 수학적 원리』는 라틴어로 쓰인 데다 매우 전문적인 내용이었는데도 어느 정도 잘 팔렸고 덕분에 이익을 볼 수 있었다.

뉴턴과는 달리 핼리는 17세기 말 왕위 계승 문제와 관련된 정치에 전혀 관여하지 않았다. 그는 정치에 전혀 관심이 없었던 것으로 보이며, 한때는 다음과 같이 말하기도 했다.

> 나로 말할 것 같으면 왕위를 점유하고 있는 국왕을 지지한다. 내가 보호를 받는다면 만족한다. 나는 우리가 보호받기 위해 충분히 비싼 대가를 치르고 있다고 확신한다. 그러니 그 득을 보지 말아야 할 이유가 무엇인가?

정치에 관여하지 않고 과학 연구와 학회의 행정 업무로 바쁘게 지내다 보니 그 뒤 몇 년 동안 핼리는 창의력이 최고조에 이르렀던 때의 혹과 거의 견줄 수 있을 정도로 다양한 생각을 해냈다. 여기에는 성서에 기록된 대홍수가 일어난 원인에 관한 연구도 포함된다. 이 때문에 그는 당시 받아들여지고 있던 기원전 4004년에 천지창조가 있었다는 생각에 의문을 품게 됐다. 이는 제임스 어셔James Ussher(1581~1656) 대주교가 1620년 성서에 기록된 모든 세대를 되짚어 올라가며 세는 방법으로 계산한 것이다. 핼리는 성서에서 묘사하고 있는 것 같은 대격변이 있었다는 것은 받아들였지만, 오늘날 지표면의 지형이 침식에 의해 변화하는 것과 비교함으로써 그 사건은 6,000년보다는 훨씬 더 이전에 일어난 것이 분명하다고 보았다. 그는 또 바다의 염도를 분석하여 지구의 나이를 계산하고자 했다. 원래는 민물이었으나 육지의 광물이 강물에 씻겨 바다로 흘러들어 가면서 염도가 꾸준히 높아졌다고 보고 계산한 결과 침식에 의한 지형 변화와 비슷한 시간 척도가 나왔다. 이런 관점 때문에 교회 당국자들은 그를 이단자같이 생각하게 됐다. 다만 이 시대에는 그런 사상 때문에 장작더미 위에서 화형을 당한다기보다 학문직을 얻기가 어려워진다는 뜻이었다. 핼리는 지자기에 관심이 있었고, 지구 전체에 걸쳐 곳에 따른 자기 변화를 일단 정확하게 지도에 표시하고 나면 항해 도구로 활용할 수 있을 것으로 생각했다. 또 기압 변화와 바람을 연구하여 무역풍과 계절풍에 관한 논문을 1686년에 펴냈다. 이 논문에는 최초의 기상도가 포함됐다. 그러나 그는 또 실용적 인물이기도 해서 해군부를 위해 자신이 개발한 잠수종을 가지고 여러 가지 실험을 했다. 이 잠수종으로는 사람들이 18미터 정도 깊이의 해저에서 한 번에 최고 두 시간 동안 작업할 수 있었다. 그러는 한편으로 또 최초의 인간 사망률 표를 만들어 출간했는데, 사망률 표는 생명보험에 가입하여 내는 보험료를 계산하는 과학적 근거로 사용된다.

금성의 태양 통과

핼리가 우주의 크기 이해에 처음 기여한 것은 그가 시간 척도를 확장한 뒤인 1691년의 일이다. 이때 그는 금성이 태양 앞을 지나는 것을 지구의 여러 지점에서 관측하면 삼각측량을 응용한 기법과 시차를 가지고 태양까지의 거리를 측정할 수 있음을 보여 주는 논문을 출간했다. 금성의 태양 통과는 드물기는 해도 예측 가능한 사건이었다. 핼리는 1716년 이 주제를 다시 다루면서, 금성의 다음 통과는 1761년과 1769년에 일어날 것이라고 예측하고 계산에 필요한 관측 방법을 자세하게 묘사해 두었다. 그러나 1691년부터 1716년 사이에 핼리는 인생의 어마어마한 격변을 겪었다.

핼리가 금성의 태양 통과에 관한 첫 논문을 펴낸 그해에 옥스퍼드의 사빌 천문학 석좌교수 자리가 공석이 됐다. 핼리는 거의 필사적일 정도로 학문직을 얻으려 하고 있었다. 그는 이상적 후보자이기는 하지만, 지구의 나이에 관한 관점 때문에 교회 당국자들이 반대한다는 것이 문제였다. 핼리는 이 자리에 지원했으나 낙관적으로 생각하지는 않았다. 그는 친구에게 보낸 편지에서 "세계가 영원하다고 주장한 죄가 없다는 것을 내가 증명할 수 있을 때까지 나의 임용을 보류하라는 절차 정지 통고가 들어갔다"고 썼다. 실제로 아이작 뉴턴이 후원하는 데이비드 그레고리David Gregory(1659~1708)에 밀려 임용되지 못했다. 그렇지만 솔직히 말해 그레고리는 훌륭한 후보자였으며, 그가 임용된 것은 핼리의 일반적이지 않은 종교관 때문만이 아니라 대체로 그가 더 우수하기 때문이었던 것으로 보인다.

원자의 크기 계산을 위한 노력

옥스퍼드가 얼마나 아까운 인재를 놓쳤는지는 이 무렵 핼리가 하고 있던 수많은 연구 중 하나만 보아도 알 수 있다. 그는 물체의 크기가 같아도 재질이 다르면 무게가 다른 이유를 알아내려고 고민했다. 예를 들면 금덩어리는 같은 크기의 유리 덩어리보다 일곱 배 무겁다. 뉴턴의 연구가 내포하고 있는 한 가지 의미는 물체의 무게는 거기 들어 있는 물질이 얼마나 많은가(즉 질량)에 달려 있으며, 이 때문에 모든 물체가 똑같은 가속도로 떨어진다는 것이었다. 질량이 계산식에서 상쇄되는 것이다. 그래서 핼리는 크기가 같을 때 금에는 유리보다 물질이 일곱 배 많이 들어 있고, 따라서 유리는 적어도 공간의 7분의 6이 비어 있는 것이 분명하다고 추론했다. 이를 바탕으로 원자 관념을 생각하게 됐고 그 크기를 측정할 방법을 찾게 됐다. 그는 은선에 금을 입혀 도금은선을 만들 때 금이 얼마나 필요한지 알아내 원자의 크기를 측정했다. 이를 위해 은 주괴로부터 선을 뽑아내면서 선에 금을 입히는 기법이 사용됐다. 사용된 금의 크기와 최종 은선의 지름과 길이를 가지고 계산한 결과 은선에 입힌 금의 두께는 134,500분의 1인치(53,000분의 1센티미터)에 지나지 않는 것으로 나타났다. 핼리는 이것이 원자 한 겹에 해당한다고 보고 한 변의 길이가 100분의 1인치인 금 입방체 안에 원자가 24억3천3백만 개(1세제곱밀리미터 안에 1,484억 7천1백만 개) 있을 것이라고 계산했다. 그렇지만 은선에 입힌 금도금이 너무나 완벽하여 그 밑의 은이 보이지 않았으므로 이처럼 막대한 숫자조차도 실제 원자의 개수보다 훨씬 적을 것으로 생각했다. 이 모든 것이 1691년 왕립학회의 『철학회보』에 출간됐다.

지자기 연구를 위한 핼리의 바다 여행

학문직을 얻으려는 야망이 좌절되자 핼리는 그 뒤 2년 사이에 친구 벤저민 미들턴Benjamin Middleton과 함께 새로운 계획을 세웠다. 미들턴은 왕립학회의 부유한 석학회원이며 이 계획은 그가 부추긴 것으로 보인다. 두 사람은 1693년 해군부에 항해술을 개선할 방법을 찾기 위한 탐사를 제안했다. 구체적으로 말해 지구 곳곳에서 지자기를 조사하는 것이 목적이었다. 로버트 훅은 그해 1월 11일자로 쓴 일지에서 핼리가 "미들턴의 배를 타고 찾아 나서는" 문제를 언급했다고 적었다. 오늘날의 눈으로 보면 "무엇을 찾아?"라는 의문이 들 수밖에 없다. 그러나 물론 이것은 우리가 "탐사에 나서는"이라 말하는 것과 같은 뜻으로 쓴 말이다. 제안이 정확히 어떤 것이었는지는 몰라도 해군부는 열렬한 반응을 보였고, 그래서 국왕 메리 2세가 직접 내린 명령에 따라 핑크라는 종류의 소형 범선을 특별히 이 임무를 위해 건조하여 1694년 4월 1일 진수했다. 오라녜의 빌럼이 1688년 잉글랜드를 공격했을 때 그의 함대에는 핑크선이 60척 포함되어 있었는데, 이번에 새로 건조한 핑크선은 이름이 파라모어호였고 길이는 52피트, 폭은 최대 18피트, 흘수는 9피트 7인치(약 2.9미터), 배수량은 89톤이었다. 현대적 단위로는 길이 16미터에 폭 5미터 규모였으며, 이것이 멀리 남대서양까지 항해하려는 배의 크기였다. 게다가 애초에 세계일주를 생각하고 만든 배였다!

그런 다음 2년 동안 이 계획을 언급하는 문서는 오늘날 거의 남아 있지 않다. 그러는 사이에 배는 비교적 느릿느릿 채비를 갖추었다. 이것은 과학을 위해 특히 다행한 일이었을지도 모른다. 그러는 사이에 핼리는 혜성에 흥미를 느끼게 됐고, 그에 관해 뉴턴과 꾸준히 편지를 주고받았으며, 많은 혜성이 역제곱 법칙에 따라 태양을 중심으로 타원 궤도로 움직인다는 것을 보여 주었다. 그는 역사 기록을 연구하면서 1682년에 나타난 혜성이 그처럼 타원 궤도를 따라 움직이고 있었고 또 그 이전에 75년 내지 76년 간격으로 적어도 세 차례 나타나지 않았을까 생각하기 시작했다. 그때는 이에 대한 어떤 내용도 출간하지 않았는데, 주로 플램스티드가 1682년 혜성에 관한 가장 정확한 관측 자료를 가지고 있으면서 누구에게도 보여 주려 하지 않았기 때문이다. 이제 말도 붙이지 않는 사이가 된 핼리에게는 특히 더 그랬다. 당시 플램스티드와 관계가 좋았던 뉴턴이 그를 설득하여 자료를 건네게 하려 했지만, 애쓴 보람도 없이 플램스티드로부터 받은 편지에는 핼리가 "경솔한 행동으로 자기 자신을 거의 파멸시킬 뻔했다"는 내용과 함께 "편지에 적기에는 너무 더럽고 추잡한" 행위가 언급되어 있었다. 핼리가 피프스나 훅을 비롯한 동시대 사람들보다 더 경솔하다거나 "더러운" 행위를 했다는 증거는 전혀 없으며, 모든 것을 종합하건대 플램스티드가 나이에 비해 꾀까다로운 성격이었던 것으로 보인다.

1696년 파라모어호 탐사를 위한 준비가 완료된 것 같았지만 마지막 순간에 영문 모를 차질이 생겼다. 6월 19일 해군위원회는 핼리로부터 선원 15명, 소년 2명, 그 자신, 미들턴과 하인 1명 등의 승선 인원을 적은 편지를 한 장 받았는데, 이것은 그대로 출항만 하면 될 정도로 준비가 다 됐다는 뜻이 분명했다. 그러나 그 뒤로 미들턴에 대해 아무런 언급이 없고, 8월에는 배가 습선거에 들어가 있었다. 가장 그럴 법한 추측은 미들턴이 계획에서 빠지면서 연기됐다는 것이다. 또는 그가 죽었을 가능성도 배제할 수 없다. 프랑스와의 전쟁 때문에 연기됐을 수도 있다. 어떻든 이 때문에 핼리는 갑자기 할 일이 없어졌고 뉴턴이 이 기회를 이용했다. 왕립주전소의 총감으로서 화폐개혁을 총괄하고 있던 뉴턴은 핼리를 체스터에 있는 주전소의 부감사관으로 임명했다. 이것은 호의에서 비롯된 것이 분명하지만 맡고 보니 핼리로서는 일이 지루했다. 그럼에도 1698년 화폐개혁이 완료될 때까지 꾹 참고 버텼다.

그러는 사이에 메리 여왕이 죽었는데도 "찾아 나서는" 목적의 항해를 위한 당국의 열의는 오히려 높아져 있었고, 그래서 배는 이제 윌리엄 3세의 후원에 따라 왕립해군 전함으로서 대포와 해군 장병을 태우고 출항하게 됐다. 그러나 핼리는 여전히 탐사 책임자로 정해져 있었고, 이를 위해 해군 소속으로 중령에 임관되면서 함장 칭호를 받고 배의 지휘를 맡았다. 왕립해군 역사상 실제 함장이라는 현장 직위에 임명된 뭍사람으로는 핼리가 유일하다. 왕립해군의 오랜 역사를 통틀어 행정 목적으로든 명예 계급으로든 임시 직위를 받은 사람이 과학자를 비롯하여 몇 명 더 있지만, 그중 실제로 함선을 지휘한 사람은 아무도 없다.* 10월 15일 핼리는 1년간의 항해를 위한 세밀한 명령서를 하달받았다. 애초에 해군부를 위해 자신이 직접 작성한 명령서였으므로 뜻밖이랄 것도 없었다. 그런데 출발하기 전에 러시아의 표트르 대제를 만날 기회가 있었다. 당시 20대 후반 나이이던 표트르는 선박 건조 기술을 공부하기 위해 잉글랜드에 와 있었다.

표트르는 런던 뎃퍼드 지역에 있는 조선소에서 일하면서 선박 건

* 핼리는 그 이전에 바다 경험 또는 적어도 배 경험이 있었던 것이 확실하며, 특히 1680년대 말 템스강의 접근로 조사에 관여한 일이 있었으므로 전적으로 뭍사람은 아니었다. 그러나 그의 젊은 시절에서 이런 측면에 관한 자세한 내용은 답답할 정도로 기록이 남아 있지 않다.

조법을 직접 배우는 실무참여형 학생이었다. 그는 존 이블린의 집에서 머물렀는데 그곳에서 난장판 파티를 즐겨 벌인 통에 집이 형편없이 부서졌다. 핼리는 그곳에서 그와 두 차례 이상 식사한 적이 있다. 또 표트르는 외발 손수레에 사람을 태우고 빠른 속도로 몰아가 장식 산울타리에 처넣어 울타리를 통과하게 하는 놀이를 즐겼는데 핼리도 어쩌면 이 놀이에 가담했을 것이다. 표트르가 떠난 뒤 재무부는 이블린에게 수리비로 3백 파운드가 넘는 액수를 지불해야 했다. 국왕이 파라모어호를 남태평양으로 파견하여 1년 동안 항해하게 하는 데 드는 비용의 절반에 해당했다.

1698년 10월 20일에 시작된 이 항해 이야기는 그 자체로도 책 한 권이 될 것이다. 핼리의 부함장 에드워드 해리슨*은 해군 장교였다. 그는 42세 생일이 얼마 남지 않은 뭍사람의 지휘를 받아야 한다는 데 불만이 있었는데, 용납할 수는 없을지언정 이해는 간다. 그래서 해리슨은 1699년 봄 배가 서인도제도에 이르렀을 때 쌓인 불만이 터지면서 핼리가 배를 혼자 몰도록 두고 선실로 들어가 버렸다. 함장이 웃음거리가 되기를 바란 것이 분명하다. 기대와는 다르게 핼리는 매우 태연자약하게 배를 몰아 6월 28일 영국으로 돌아와 입항했다. 몇 가지 일을 처리하고 왕립학회의 간사직에서 물러난 다음 9월 16일에 해리슨 없이 다시 항해에 올라, 거의 남아메리카 끝에 해당하는 남위 52도까지 자기 측정을 마치고 1700년 8월 27일 플리머스로 의기양양하게 돌아왔다.

* 시계 제작자 해리슨과는 아무 관계가 없다.

이제 왕립학회 석학회원 자격을 되찾았지만 핼리는 해군이라든가 정부와의 일이 다 끝난 게 아니었다. 1701년에는 파라모어호를 타고 영국해협의 조류를 조사하러 나갔다. 지금 돌이켜 보면 프랑스 항구의 접근로를 은밀하게 조사하고 항만 방어시설을 알아본다는 비밀 목적이 있었던 것 같다. 앤 여왕이 왕위에 있던 1702년에는 오스트리아에 사절로 파견됐는데, 남쪽으로 오스트리아 제국에 속해 있던 아드리아해 항만의 요새화를 위해 자문해 주는 것이 표면상의 목적이었다. 이때와 그 뒤 한 차례 더 오스트리아를 방문하면서 핼리는 약간의 첩보 활동도 한 것 같다. 1704년 1월에 기밀비에서 구체적으로 밝히지 않은 명목으로 상당한 액수의 돈이 그에게 지불됐다. 그리고 두 번째 방문에서는 또 하노버에서 장차 조지 1세가 될 사람과 그 후계자를 만나 만찬을 나누기도 했다.

혜성의 귀환 예측

핼리가 두 번째 외교 외유에서 돌아오기 직전 옥스퍼드의 사빌 기하학 석좌교수가 죽었다. 이번에는 높은 자리에 친구들도 있고 국왕을 위해 일한 기록도 있는 만큼 핼리가 그 후임자가 되는 데에 문제가 있다고 보는 사람은 아무도 없었다. 플램스티드가 핼리를 두고 "이제는 배 타는 선장처럼 말하고 욕설도 하고 브랜디도 마신다"며 이의를 제기하기는 했지만, 따지고 보면 그가 배 타는 선장인 것은 분명했고 옥스퍼드에서 핼리 함장이라 불릴 때 무척 즐거워했다. 적어도 1710년 비교적 늦깎이로 핼리 박사가 되기 전까지는 그랬다. 1704년에 사빌 석좌교수에 임명됐고, 한 해 뒤에는 플램스티드로부터 더 정확한 자료를 받을 가망이 없다고 판단하고 『혜성 천문학 개론*A Synopsis of the Astronomy of Comets*』을 출판했다. 그는 대표작이 된 이 책에서 1682년의 혜성이 뉴턴의 법칙에 따라 "1758년쯤" 돌아올 것으로 내다보았다. 핼리는 1705년 이후에도 계속 활발하게 과학계에서 활동했지만, 그 이후 이룩한 업적 중 한 가지 연구가 나머지에 비해 특히 두드러진다. 그것은 애초에 그가 유명해지게 된 주제, 즉 별의 위치 연구로 돌아간 데서 비롯됐다.

별들이 제각기 움직임을 증명

이제까지 살펴본 대로 핼리가 처음 세인트헬레나 섬으로 탐사를 다녀온 이후로 온갖 곡절을 겪어 가는 동안 플램스티드는 왕립 그리니치 천문대가 세워진 본연의 목적 즉 항해를 돕기 위해 더 정확한 천문 항성목록을 만드는 일에 매진하고 있었다. 그러나 출판한 것은 사실상 전혀 없었다. 플램스티드는 왕실로부터 받은 돈은 명목상의 액수에 지나지 않았고 도구를 모두 자기 스스로 마련해야 했다면서, 자신의 관측 자료는 자기 소유이며 아무리 오랫동안 깔고 앉아 있어도 상관없다고 주장했다.* 1704년 뉴턴은 왕립학회장으로서 관측 자료 일부를 넘겨주도록 플램스티드를 설득하여 새로운 항성목록의 인쇄 작업이 시작됐다. 그러나 플램스티드의 반대와 자료 소유권 주장에 부딪쳐 중단됐다. 상황은 국왕의 권위가 아니면 해결이 불가능했고, 이에 1710년 앤 여왕은 뉴턴과 그가 지명하는 왕립학회 석학회원들을 천문대 감찰위원회로 임명한다는 내용의 영장을 발부하면서, 이제까지 플램스티드가 관측한 자료를

* 이것은 민간 연구자들이 인간 유전자에 대한 특허권을 '소유'할 수 있다고 주장한 일을 떠올리게 하는데, 나무나 태양 같은 것의 특허를 가질 수 있다는 주장만큼이나 우습다.

모두 요구할 권한을 주고 플램스티드가 매년 말부터 6개월 이내에 전년도의 관측 결과를 제출하게 했다.* 아무리 플램스티드라도 국왕의 명령에 거역할 수는 없었다. 핼리는 모든 자료를 정리하는 일을 맡았고, 그 결과 플램스티드의 항성목록 초판이 1712년 출간됐다. 논쟁은 여기서 멈추지 않았고,** 결국에는 플램스티드가 대체로 승인한 최종판이 그가 죽은 6년 뒤 아내의 손으로 1725년 출간됐다. 이 항성목록에는 3천 개에 이르는 항성 위치가 10초 각도의 정밀도로 수록됐으므로 그때까지 출판된 항성목록 중 최고의 것이었다. 정상적인 사람이라면 누구라도 생전에 출판되는 것을 보고 자랑스레 여길 만한 업적이었다.

그렇지만 그 훨씬 전 핼리는 플램스티드의 이전 자료를 가지고 연구할 수 있었고, 플램스티드의 항성 위치를 기원전 2세기에 히파르코스가 취합한 훨씬 한정된 항성목록과 비교했다. 그 결과 그리스인들이 알아낸 항성 위치 대부분이 플램스티드가 찾아낸 더 정확한 위치에 매우 가까웠지만, 몇몇 경우에는 플램스티드가 측정한 위치가 근 2,000년 전에 측정한 위치와 너무나 달라 고대인의 실수라고 설명하기가 불가능할 정도였다. 그 나머지 항성들의 위치가 그리스인들이 사용한 기법의 오차 범위 안에서 정확한 것이 분명했기 때문

* 찰스 2세가 천문대를 세운 뒤로 제임스 2세, 이어 윌리엄 3세와 메리 2세가 즉위했고 그 다음 앤 여왕이 드디어 물꼬를 텄으니 플램스티드가 얼마나 오랫동안 시간을 끌고 있었는지 짐작할 수 있다.

** 그 뒤 1714년 여왕이 죽고 그 얼마 뒤 핼리팩스가 죽자 뉴턴은 왕실의 지지를 잃었다. 그리고 1715년에 거꾸로 플램스티드가 왕실의 총애를 얻어, 애초에 인쇄된 4백 부 중 재고로 남아 있는 3백 부를 받아 불태워 버렸다. (옮긴이)

에 더 그랬다. 예컨대 목동자리에서 가장 밝은 별인 아크투루스는 쉽게 관측할 수 있는데, 18세기에 관측한 이 별의 위치는 그리스인이 기록한 위치로부터 보름달 너비의 두 배만큼(1도 이상)이나 떨어진 곳이었다. 유일한 결론은 이런 별들은 히파르코스 시대 이후로 하늘에서 물리적으로 옮겨 갔다는 것뿐이었다. 이것은 수정구라는 생각의 관 뚜껑에 마지막으로 박은 못이었다. 별들은 토성 궤도보다 (천왕성과 해왕성을 발견하기 전 시대라는 점을 기억하기 바란다) 약간 더 큰 수정구에 붙어 있는 작은 불빛이라는 관념이 잘못됐다는 것을 관측을 통해 직접 보여 주는 최초의 증거였다. 별들이 서로를 기준으로 움직인다는 증거는 또 별들이 우리 지구로부터 제각기 다른 거리에서 3차원상의 공간에 퍼져 있다는 증거이기도 하다. 이것은 별은 또 다른 태양이며, 우리로부터 너무나 멀리 떨어져 있기 때문에 작디작은 바늘구멍 같은 빛으로 나타난다는 생각에 신빙성을 더해 주었다. 그러나 가장 가까운 별들의 거리를 직접 측정하기까지는 그로부터 시간이 100년도 더 걸리게 된다.

핼리의 죽음

1719년 플램스티드가 죽었을 때 이제 63세가 된 핼리가 그 뒤를 이어 왕실 천문학자가 됐다. 공식적으로 임명된 것은 1720년 2월 9일이었다. 플램스티드가 구입한 도구는 그의 사후 부인이 가져갔으므로 관측 도구를 다시 마련했는데 이번에는 공적 자금의 지원을 받았다. 준비가 끝난 뒤 핼리는 모든 관측 작업을 완전히 가동했다. 여기에는 18년을 주기로 움직이는 달의 완전한 이동 경로도 포함되어 있었는데, 드디어 관측을 끝내기는 했지만 항해 문제를 해결하기에는 시기가 너무 늦어 있었다. 휴대용 크로노미터가 이미 출현했기 때문이다. 노년기의 그는 더 안락하게 지낼 수 있었다. 해군 장교로 3년 이상 일했으므로 해군 급료의 절반에 해당하는 연금을 받았기 때문이다. 1736년에 아내가 죽고 핼리 자신도 그 무렵 가벼운 뇌졸중을 겪었지만, 85번째 생일 직후인 1742년 1월 14일 세상을 떠나기 직전까지 관측을 계속했다. 그러나 핼리의 사후에도 그가 한 가장 중요한 관측 두 가지는 다른 사람들이 이어받아 계속된다.

오늘날 핼리 혜성이라 불리는 천체는 그가 예측한 그때에 맞춰 다시 나타났다. 다시 관측된 것은 1758년 크리스마스 날부터였다. 다만 오늘날 천문학자들은 이 혜성이 태양에 가장 가까이 다가간 때인 1759년 4월 13일을 통과일로 잡는다. 이 혜성이 돌아온 것은 『자연철학의 수학적 원리』에 설명되어 있는 뉴턴의 중력 이론과 역학 법칙을 입증하는 압도적 증거였으며, 이로써 뉴턴의 업적이 결정적으로 증명됐다. 그로부터 160년 뒤 태양의 개기일식을 관측함으로써 알베르트 아인슈타인의 일반상대성이론이 결정적으로 증명되는 것과 똑같은 방식이었다. 핼리가 예측한 금성의 태양 통과는 1761년, 그리고 다시 1769년에 전 세계 60개 이상의 관측소에서 관측됐으며, 이로써 반세기 전에 그가 생각해 낸 기법을 실제로 활용하여 태양까지의 거리를 계산해 냈다. 계산 결과는 1억5천3백만 킬로미터였는데 오늘날 측정한 가장 정확한 수치인 1억4천9백6십만 킬로미터에 매우 가깝다. 그러므로 핼리는 죽은 지 27년 뒤, 『남반구 하늘의 항성목록*Catalogue of the Southern Stars*』을 출간하여 천문학계에 불쑥 등장한 지

91년 뒤, 그리고 태어난 지 113년 뒤에 마지막으로 과학에 크게 기여한 것이다. 이것은 유사 이래 가장 오랫동안 '활약'한 기록에 속한다. 그는 우주와 시간이 진정으로 광대하다는 것을 막 이해하려는 참에 세상을 떠났다. 이전에도 물리적 우주를 관찰하여 이것을 추론한 적이 있지만, 이제는 특히 시간의 경우 생물세계에서 종의 다양성이 어디에서 왔는지를 이해하는 데 결정적으로 중요해진다.

1731년 태어난 이래즈머스 다윈Erasmus Darwin(1731~1802)은 찰스 다윈의 할아버지일 뿐 아니라 그 자신도 진화 이야기에서 중요한 자리를 차지한다. 당시 핼리는 여전히 왕실 천문학자로서 활발하게 활동하고 있었고 뉴턴이 죽은 지는 4년밖에 지나지 않은 때였다. 그러나 진화를 제대로 논하기 위한 무대를 마련하려면 우리는 17세기로 돌아갈 필요가 있다. 이야기를 시작하기 편리한 지점은 프랜시스 윌러비Francis Willughby(1635~1672)라는 자연학자인데, 그가 쓴 어류 책의 출판 때문에 본의 아니게 왕립학회가 재정난에 빠져 핼리가 『자연철학의 수학적 원리』의 출판 비용을 대게 만든 장본인이다.

존 레이와 프랜시스 윌러비: 동식물을 직접 연구

그러나 윌러비의 책에는 두 가지 기묘한 점이 있다. 첫째로 그 책이 발행된 1686년은 그가 죽은 지 14년이 지난 때였다. 둘째로 그 책은 그가 쓴 것이 아니었다. 이 책이 윌러비의 이름으로 나온 것은 둘째치고 애초에 책이 나올 수 있었던 것은 그가 17세기 최고의 자연학자 존 레이John Ray(1627~1705)와 협력한 덕분이었다. 존 레이는 자연세계를 과학적으로 연구하기 위한 기초를 놓는 데 누구보다도 많은 일을 했다. 때로는 뉴턴이 물리세계를 정리한 것처럼 자연세계를 정리한 생물학의 뉴턴으로 묘사되기도 한다. 그러나 사실 그의 위치는 튀코에 더 가깝다. 관찰 기록을 남김으로써 훗날 다른 사람들이 생물세계의 작동 방식을 묘사하는 모델을 만들고 이론을 세우는 기초로 활용할 수 있게 했기 때문이다.* 이 이야기에서 윌러비가 차지할 마땅한 자리는 레이의 친구이자 후원자, 협력연구자였다는 것이며, 이야기를 시작할 마땅한 출발점은 레이 본인이다. 존 레이는 1627년 11월 29일 잉글랜드 에식스주 블랙노틀리 마을에서 마을의 대장장이 로저 레이의 세 아이 중 한 명으로 태어났다. 아버지는 마을 공동체에서 중요한 구성원이기는 하지만 부유하지는 않았던 것이 확실하다. 어머니 엘리자베스는 일종의 약초사 겸 민간 치료사로서 병든 마을 사람들을 식물로 치료했다. 교회의 기록에서 이들 가족의 성은 Ray, Raye, Wray 등으로 표기되며, 존 자신도 케임브리지에 들어간 뒤로 Wray라는 이름으로 알려져 있었으나 1670년에 Ray로 되돌아갔다. 어쩌면 대학교에 등록할 때 'W'가 실수로 붙었는데 그가 너무 내성적이어서 당시 그 오류를 지적하지 않았을 가능성이 있다.

그가 케임브리지에 들어갈 수 있었다는 사실 자체가 어느 면에서 아이작 뉴턴의 어린 시절 이야기를 떠올리게 된다. 다만 어머니로부터 강제로 떨어진다든가 아버지가 죽는다든가 하는 마음의 상처

* 생물학의 뉴턴이라는 표현에 더 어울리는 사람은 물론 찰스 다윈일 것이다. 다윈의 걸작이 뉴턴이 죽은 지 거의 150년이나 뒤에 출간됐다는 사실만 보아도 17세기 말에 생물과학이 물상과학보다 얼마나 뒤처져 있었는지를 잘 알 수 있다. 여기에는 사람들이 자기 자신을 과학적 연구의 타당한 주제로 받아들이기를 꺼렸다는 심리적 원인도 있다.

는 없었다. 그는 마을 학교에서 가르치는 수준을 훨씬 넘어설 능력이 있는 영재였던 것이 분명하며, 블랙노틀리의 교구 사제 두 사람이 그의 재능에 관심을 가진 덕을 본 것 같다. 한 사람은 토머스 고드Thomas Goad이며, 레이를 브레인트리의 중등학교로 진학시켜 공부하게 한 사람은 1638년 고드가 죽고 후임으로 부임한 케임브리지 졸업생 조지프 플룸Joseph Plume일 것이다. 학교에서는 고전학 말고는 가르치는 게 거의 없었고, 레이는 그곳에서 라틴어의 기초를 철저하게 익힌 나머지 그의 과학 연구는 거의 전부 라틴어로 쓰였다. 여러 면에서 그는 영어보다는 라틴어에 더 능숙했다. 그러나 브레인트리에서 레이는 또 다른 성직자의 눈에 띄었다. 그 성직자는 브레인트리의 교구 사제로서 트리니티 칼리지 출신인 새뮤얼 콜린스Samuel Collins였다.* 이 성직자 덕분에 레이는 1644년 16세 반의 나이로 케임브리지로 진학할 수 있었다.

가족은 레이의 대학 교육비를 부담할 방법이 없었고, 이로 인해 약간의 문제가 생겼던 것으로 보인다. 레이는 1644년 5월 12일 트리니티 칼리지에 공식적으로 '하급 근로장학생'으로 받아들여졌는데, 콜린스로부터 장학금 같은 것을 마련하겠다는 약속이 있었던 것 같다. 그러나 장학금은 마련되지 않았고, 그 결과 여기저기 손을 써서 레이는 6월 28일 케임브리지의 캐서린 홀로 학적이 바뀌었다. 그가 이렇게 할 수 있었던 것은 콜린스가 브레인트리의 교구 사제로서 "케임브리지 대학교, 구체적으로 말해 캐서린 홀과 이매뉴얼 칼리지

* 이 새뮤얼 콜린스는 한때 케임브리지 킹즈 칼리지의 학장을 지낸 더 유명한 새뮤얼 콜린스와는 다른 사람이다.

의 가난하지만 유망한 학자, 학생"의 생활 유지를 위해 써 달라는 돈을 유증받은 덕분이었다. 트리니티에서 레이는 "레이(Ray), 존, 근로장학생"으로 입학했다. 그러나 캐서린 홀에서는 "레이(Wray), 학자"로 입학했다. 필시 그는 일이 다행하게 풀려 너무나 마음이 놓인 나머지 자기 이름이 잘못 적힌 데까지는 신경을 쓰지 못했을 것이다.

내전이 한창인 데다 거기 연관된 다른 문제들도 있고 해서 케임브리지로서는 편안한 시기가 아니었다. 그 지역은 의회파(청교도)의 손에 확실하게 장악돼 있었으므로 왕당파 사람은 대학교의 직위에서 쫓겨날 위험이 있었다. 왕당파에 반대한다 해도 청교도의 색채가 떨어지면 마찬가지였다. 1645년 캐서린 홀의 학장도 이렇게 쫓겨났고, 이로 인한 격변도 있었거니와 캐서린 홀이 당시에는 학문기관으로서 비교적 눈에 덜 띄는 곳이기도 했으므로 레이는 1646년에 근로장학생이 되어 트리니티로 다시 옮겨 갔다. 이 무렵 그는 이미 뛰어난 학자로 유명해져 있었으므로 트리니티는 기꺼이 그를 다시 받아들였다. 그곳에서 나중에 루커스 석좌교수가 될 아이작 배로라는 학생과 친구가 됐다. 배로는 원래 피터하우스에 속해 있었으나 그곳의 학장 역시 쫓겨난 뒤 트리니티로 옮겨와 있었다. 그는 왕당파였고, 그 때문에 왕정복고 이후에야 케임브리지에서 두각을 드러낸다. 반면 레이는 청교도였다. 그럼에도 두 사람은 절친한 친구가 되어 같은 숙소에서 지냈다.

그러나 레이는 성향이 청교도이기는 했지만 청교도의 공식 노선을 맹목적으로 따르지는 않았다. 이 때문에 나중의 인생에 크게 영향을 받게 된다. 청교도 사상에 동조한다는 외적 표식 한 가지는 언약

(Covenant)이라 불리는 사상을 장로교의 표식으로서 받아들이는 것이었다. 원래의 언약은 스코틀랜드 교회 사람들이 1638년에 서명한 것으로, 국왕 찰스 1세와 당시 캔터베리 대주교 윌리엄 로드가 천주교에 너무 가까워 보이는 잉글랜드 성공회의 예배 의식을 스코틀랜드에 강요하려 했을 때 그것을 거부하는 동시에 스코틀랜드 교회는 개혁신앙과 장로교의 원칙을 확인(또는 재확인)한다는 내용이었다. 잉글랜드 내전 초기 단계 때 스코틀랜드인이 의회파를 지지한 주요 조건은 언약을 받아들이는 것이었으며, 잉글랜드 의회가 언약에 따라 성공회를 장로교의 노선대로 개혁한다는 약속도 포함되어 있었다. 그러자면 특히 주교제를 폐지해야 했다.* 수많은 사람이 진정어린 종교적 확신에서 공식적으로 언약에 서명했다. 다른 수많은 사람은 당국과 마찰을 피하기 위해 형식적으로 그렇게 했다. 일부 사람은 레이처럼 청교도의 대의에 동조하기는 하지만 공식적으로 언약에 서명하지는 않았다. 그리고 배로 같은 사람은 출셋길이 막히는데도 불구하고 자신의 신념에 따라 서명을 거부했다.

이런 개혁의 결과가 레이 개인에게 미친 영향 중 최초는 1648년에 졸업하고 이듬해에 배리와 같은 날 트리니티의 석학연구원이 됐는데도 성직을 받지 않았다는 것이다. 레이는 늘 성직을 받고 교회 일에 일생을 바칠 생각이었으나, 다른 기관과 마찬가지로 트리니티 역시 주교가 없으면 누구도 합법적으로 성직을 받을 수 없다는 의견

* 그리고 내전이 끔찍하게 복잡한 양상으로 번지면서 나중에 찰스 1세와 찰스 2세가 모두 언약을 받아들이자 스코틀랜드인들은 편을 바꾸었다. 그렇지만 이것은 과학사와는 거의 관계가 없다.

을 고수했으므로 성직을 받아야 한다는 조건은 철회됐다. 그 뒤 10년 정도가 지나는 동안 레이는 연이어 교직을 맡았다. 그리스어 교수로, 수학교수로, 인문학교수로 일했고 대학 내의 여러 행정직에서도 일했다. 이제 그는 충분히 안정된 생활을 누리고 있었으므로 1655년 아버지가 죽었을 때 어머니를 위해 블랙노틀리에 웬만한 규모의 주택을 지어드릴 수 있었고 혼자가 된 어머니를 부양할 수 있었다. 형과 누나는 어릴 때 죽은 것으로 보인다. 그가 식물학에 관심을 돌리기 시작한 것은 학교에서 맡은 의무를 수행하는 것과는 별개로 석학연구원으로서 무엇이든 연구할 수 있는 자유를 행사하면서였다. 여러 식물의 차이점에 매료되었으나 다양한 종류를 구분할 방법을 가르쳐 줄 사람을 찾을 수 없었던 그는 스스로 분류 체계를 마련하기 시작했다. 그러면서 참여를 원하는 학생이 있으면 누구든 받아들여 도움을 받았다. 윌러비가 등장하는 것은 바로 이 부분이다.

프랜시스 윌러비는 존 레이와는 매우 다른 집안 출신이었다. 그는 1635년 영국 워릭셔주에서 방계 귀족인 미들턴홀의 프랜시스 윌러비 경의 아들로 태어났다. 어머니는 제1대 런던데리 백작의 딸이었으며, 따라서 어린 윌러비에게 돈은 전혀 문제가 되지 않을 운명이었다. 윌러비는 돈 걱정은 없고 예리한 두뇌와 자연세계에 대한 관심이 있었으므로 그 시대 좋은 집안 출신의 신사 계급 아마추어 과학자의 전형이 됐다. 실제로 그는 25세라는 나이에 왕립학회의 창립 석학회원이 된다. 1652년 케임브리지에 와서 이내 레이의 자연학자 동아리의 일원이 됐고 연장자인 레이와 굳은 우정을 쌓았다.

식물에 대한 레이의 관심은 윌러비가 석사 학위를 받은 이듬해인

1660년 대학교 주변 지역의 식물을 묘사한 저서 『케임브리지 카탈로그*Cambridge Catalogue*』를 출간하면서 처음으로 공식적 결실을 맺었다.* 그는 케임브리지에서도 눈에 띄는 학자로 발돋움할 것 같아 보였지만 왕정복고 때문에 모든 것이 달라졌다.

사정은 트리니티 당국이 석학연구원은 결국 성직을 받아야 한다고 결정한 1658년부터 달라지기 시작했다. 레이는 1659년 치들 교회의 성직록을 주겠다는 제안을 받았을 때도 머뭇거렸다. 그는 그러기 위해 해야 하는 맹세를 그저 형식으로 받아들이는 것이 부도덕하다고 보았고, 그래서 자신의 양심에 비추어 그 맹세가 표방하는 방식에 따라 하느님의 일에 정말로 자기 자신을 헌신하고 싶은지 결정하기 위한 시간을 갖고 싶었다. 왕정복고가 있었던 1660년 여름 아직도 마음을 정하지 못한 레이는 윌러비와 함께 잉글랜드 북부와 스코틀랜드를 여행하며 동식물을 연구하고 있었다.** 케임브리지로 돌아와 보니 많은 청교도 동료들이 쫓겨나고 왕당파로 대체되어 있었고, 형식에만 치중할 뿐 알맹이가 없다고 그가 멸시하던 옛 교회 예식이 원래대로 돌아와 있었으며 주교제도 되살아나 있었다. 자신도 자리를 잃겠거니 생각한 그는 학교로 돌아가지 않았으나 대학으로 돌아오라는 재촉을 받았다. 대학에서 그는 귀중한 석학연구원이었고, 따지고 보면 그는 언약에 서명한 적도 없었다. 그는 자신이 있어야 할 곳은 대학교라는 설득에 학교로 돌아가 규정에 따라 그해 말

* 그가 쓴 책은 대부분 라틴어로 쓰였지만 대개는 영어 제목으로 언급된다.
** 이 여행과 이와 비슷하게 다양한 동료들과 함께 영국 각지를 여행한 결과물은 1670년에 『잉글리시 카탈로그*English Catalogue*』로 출간됐다.

이 되기 전 링컨의 주교로부터 서품을 받고 성직자가 됐다. 1661년 커비론스데일 교회의 부유한 성직록을 제안받았으나 거절하고 대학교에 남아 있는 쪽을 택했다.

그런 다음 모든 것이 뒤틀려 버렸다. 찰스 1세가 언약에 충성을 맹세한 것이 내전 동안 정치적 편의주의 때문이기는 했지만, 이제 왕좌에 오른 그의 아들은 이 맹세를 지킬 의사가 없었다. 그는 또 맹세한 당사자가 아닌 다른 누군가가 그 맹세에 매여 있을 이유가 없다고 생각했고, 또 1662년에는 통일령이 통과되어 모든 성직자와 대학교의 직위에 있는 모든 사람에게 언약에 의한 맹세는 불법적이며 맹세한 누구도 거기 매이지 않는다고 선언하게 했다. 대부분의 사람들은 통일령에 동의하는 쪽으로 행동했다. 그러나 레이는 맹세에 대한 감정이 강했고, 그래서 국왕이든 다른 누구든 맹세를 이런 식으로 파기할 권리가 있다는 것을 받아들일 수 없었다. 그 자신은 언약에 서명하지 않았으나, 그렇게 맹세한 사람은 잘못이고 그들이 한 맹세는 불법적이며 구속력이 없다는 공식 선언을 거부했다. 트리니티의 석학연구원 중 국왕의 지시대로 이행하기를 거절한 사람은 그가 유일했고, 그와 같이 거절한 사람은 대학교 전체를 통틀어 열두 명뿐이었다. 완강한 언약주의자들은 이미 1660년에 쫓겨난 상태였음을 기억하기 바란다. 8월 24일 그는 모든 직위에서 물러나 직책 없는 성직자가 됐다. 사제로서 그는 세속적 직업을 가질 수 없었다. 그렇지만 국왕의 지시를 거절했으므로 사제로 활동할 수도 없었다. 그는 장래에 대한 아무런 희망도 없이 블랙노틀리에 있는 어머니의 집으로 돌아갔다. 그러나 친구 윌러비 덕분에 가난하고 암담한 일생을 보내지 않아도 됐다.

1662년 레이, 윌러비, 그리고 레이의 학생이던 필립 스키펀Philip Skippon은 다시 한번 장기간의 현장 탐사를 떠났는데 이번에는 잉글랜드 서쪽으로 가서 야생 상태 그대로의 동식물 연구를 시작했다. 이들은 살아 있는 종의 환경과 서식지를 직접 아는 것이 그 종의 신체적 형태와 살아가는 방식을 이해하는 데 필수적이며, 어떤 분류 체계든 박물관에 보존된 표본에만 의존할 게 아니라 현장에서 관찰한 행동을 고려해야 한다는 생각을 앞장서서 실천했다. 이제 레이는 맡고 있는 다른 의무가 없으므로, 유럽 대륙을 장기간 여행하며 윌러비는 새와 짐승과 어류와 곤충을 연구하고 레이는 식물에 집중하자는 결정을 내린 것은 이 여행 동안이었다. 당시는 새도 짐승도 어류도 아닌 것은 뭐든지 곤충이라 불렀다. 역시 트리니티 출신인 너새니얼 베이컨Nathaniel Bacon이 합세함으로써 숫자가 늘어난 이들은 1663년 4월 도버에서 돛을 올렸다. 레이의 경비는 물론 동반자들이 부담했다. 이들은 여행하면서 프랑스 북부, 벨기에, 네덜란드, 독일 일부, 스위스, 오스트리아, 이탈리아를 다녔고, 그 뒤 1664년 윌러비와 베이컨은 일행에서 벗어나 잉글랜드로 돌아왔다.

윌러비는 이 탐사의 첫 부분에 대한 이야기를 1665년 왕립학회에서 발표했다. 한편 레이와 스키펀은 몰타와 시칠리아를 들르고, 이탈리아 중부를 통과하여 한동안 로마에서 지냈다. 그곳에서 레이는 혜성을 관측하여 그 결과를 나중에 왕립학회에서 출판했다. 그리고 이탈리아 북부, 스위스, 프랑스를 거쳐 1666년 봄에 잉글랜드로 돌아왔다. 레이와 스키펀은 자신들의 여행과 또 여행하면서 들른 나라들에 대한 자세한 설명을 출판했지만 이들의 일차적 목적은 생물 세계를 연구하는 것이었고, 이 여행에서 레이가 나중에 역작을 써서 불후의 명성을 얻게 될 자료를 많이 얻을 수 있었다. 이때 레이의 유럽 여행은 찰스 다윈의 비글호 항해에 견줄 만하다는 의견도 많고, 다윈과 마찬가지로 레이도 자신이 얻은 모든 자료와 표본을 정리하여 그 의미를 찾아내기까지 여러 해가 걸렸다. 그렇지만 오래 기다릴 가치는 충분히 있었다.

잉글랜드로 돌아왔을 때 레이는 생물세계의 전체적 그림이 머릿속에 들어와 있었고, 막대한 숫자의 표본과 스케치를 비롯하여 그 자신뿐 아니라 일행의 관찰 내용을 활용할 수 있었다. 이때 잉글랜드는 왕립학회가 첫 개화기를 맞는 등 과학이 크게 발전하던 시기였으므로 레이는 그 사이에 나온 과학 연구들을 따라잡기 위해 게걸스러울 정도로 책을 읽어 나갔다. 특히 훅의 『마이크로그라피아』와 보일의 초기 연구들에 대해 그랬다. 그러나 그에게는 차분히 자리를 잡고 자료와 생각을 정리할 장소가 없었다. 그 뒤 몇 달 동안 다양한 친구들 집에서 지냈고, 1666/7년 겨울은 미들턴홀에서 윌러비와 함께 지내면서 둘이 모은 수집물을 어느 정도 정리했다. 이때는 프랜시스 경이 죽은 뒤여서 윌러비가 집안의 가장이 되어 있었는데, 이 관계가 점점 두 사람의 고정적 관계로 발전했다. 레이와 윌러비는 1667년 여름 다시 잉글랜드 서부를 여행했고, 레이는 그 뒤 몇 년 동안 다른 탐사도 다녔지만 결국 미들턴홀에서 윌러비의 집안 전담 사제가 되면서 윌러비 집안 내에서 그의 위치를 공식화했다. 또 1667년 말에는 왕립학회 회원으로 선출됐는데, 그가 처한 특이한 상황을 인정받아 회비는 면제됐다.

40세인 레이는 (어쨌거나 윌러비는 그보다 여덟 살 아래였으므로) 평생을 안정적으로 지낼 수 있는 자기만의 자리를 찾은 것으로 보였고, 그가 수집한 풍부한 자료를 체계화하고 생물세계의 목록을 윌러비와 함께 일련의 책으로 출판할 기회는 충분히 많았다. 1668년에 윌러비는 에마 바너드라는 상속녀와 결혼했고, 여느 부부와 마찬가지로 금세 아이들을 연이어 낳았다. 프랜시스, 커샌드라, 토머스가 차례로 태어났고, 그중 토머스는 형이 19세로 죽은 뒤 장원을 물려받고 나중에는 앤 여왕으로부터 미들턴 경이라는 작위를 받는다. 그러나 1669년 윌러비는 레이와 함께 체스터에 들렀다가 극심한 열병에 걸렸고, 1670년이 되고도 한참 동안이나 건강 상태가 좋아지지 않았다. 1671년에는 예전과 같은 수준으로 많이 회복된 것 같아 보였으나, 1672년에 다시 심하게 앓다가 7월 3일 37세 나이로 숨을 거두고 말았다. 레이는 윌러비의 유언 집행을 맡은 다섯 사람 중 한 명이었다. 윌러비는 레이에게 매년 60파운드를 지급하고 두 아들의 교육을 책임지게 했다. 당시는 딸은 따로 교육받을 필요가 없다는 생각이 당연하게 받아들여지던 시대였다. 레이는 이 책임을 무겁게 받아들여 더 이상 탐사를 떠나지 않고 미들턴홀에 남아 자신과 윌러비가 그간 쏟은 수고의 결실을 책으로 옮기는 데 전념했다.

집안에서 그의 위치는 밖에서 보는 것만큼 편안하지 않았는데, 윌러비의 아내가 레이를 좋아하지 않는 데다 죽은 남편의 친구라기보다 하인처럼 대했기 때문이다. 이 때문에 두 사람 사이에 긴장감이 빚어졌으나, 레이를 훨씬 더 우호적으로 대한 윌러비의 어머니 커샌드라 여사 덕분에 긴장이 어느 정도 누그러질 수 있었다. 그러나 1675년 여사가 죽자 에마 윌러비는 완전한 자유를 얻었고, 얼마 지나지 않아 조사이어 차일드라는 사람과 결혼했다. 그는 어마어마하게 부유한 사람으로, 레이의 묘사에 따르면 "더럽고 탐욕스러운" 인물이었다. 레이는 더 이상 미들턴홀에서 지낼 수 없게 됐으므로 그곳을 떠나야 했다. 윌러비가 그에게 주는 연 60파운드는 여전히 받을 수 있었지만, 당분간은 미들턴홀에 있는 윌러비의 수집물에 접근할 수 없게 됐고 출간을 계획하고 있던 여러 권의 책도 쉽게 완성할 수 없게 됐다.

어쩌면 미래를 생각하고 있었는지 몰라도, 레이의 개인적 상황도 이미 1673년에 바뀌어 있었다. 그때 그는 미들턴 집안에서 일하는 마거릿 오클리라는 처녀와 결혼했다. 하녀가 아니라 '신사 계급 여성'으로서 아이들을 담당하고 있었다. 어쩌면 아이들의 가정교사였을 것이다. 그녀는 레이보다 24살 아래였고, 두 사람의 관계는 사랑이라기보다 (아이작 뉴턴의 어머니가 재혼한 것과 같은) 실용적 관계였던 것이 분명하지만 행복한 결혼이었던 것으로 보인다. 둘 사이에는 오랫동안 아이가 없었으나 레이가 55세가 됐을 때 마거릿은 쌍둥이 딸을 낳았고 뒤이어 딸 둘을 더 낳았다.

미들턴홀에서 쫓겨난 뒤 레이 부부는 처음에는 서턴콜드필드에서, 다음에는 블랙노틀리 근처에서 살았다. 1679년 레이의 어머니가 죽고 나서는 어머니에게 지어 주었던 집으로 들어가, 매년 윌러비로부터 들어오는 60파운드에다 근처 어느 토지에서 들어오는 연 40파운드 정도의 임대료로 살았다. 우리는 이 토지가 정확히 어떻게 가족 소유가 됐는지 알지 못하지만, 두 가지를 합치니 딱 가족이 생계를 유지할 만큼의 수입이 됐다. 그 뒤 몇 년 동안 레이는 여러 곳에서 일자리를 제안받았으나 모두 거절했다. 그리고 그 뒤 25년 동안 중단 없이 원하는 것을 마음대로 연구하면서 생물세계에 체계를 부여하는 여러 권의 역작을 완성했다. 그 밖에도 레이는 영어와 방언에 관한 책을 비롯하여 많은 책을 썼지만, 여기서는 가장 중요한 것들만 언급하기로 한다.

레이는 언제나 윌러비의 지적, 경제적 도움이 없었다면 자신은 아무것도 이루지 못했을 것이라고 진심으로 생각했다. 그래서 그가 최우선 순위에 두었던 일은 조류와 어류에 관한 책을 출판하는 것이었다. 친구로서 생물세계를 나누어 연구하기로 한 만큼 윌러비가 살아 있었다면 맡았을 분야였다. 조류에 관한 책은 레이가 미들턴홀을 떠나야 했을 무렵 사실상 완성돼 있었으므로 1677년 프랜시스 윌러비의 『조류학*Ornithology*』이라는 이름으로 출간됐다. 어류에 관해서도 레이 혼자 또 윌러비와 함께 연구를 매우 많이 하기는 했지만 1675년에는 이 주제에 관해 연구해야 할 부분이 많이 남아 있었고, 그래서 1679년 블랙노틀리에 정착한 뒤에야 이 작업으로 되돌아갈 수 있었다. 그는 미들턴홀에 있는 자료에 접근하는 데 어려움이 있었는데도 불구하고 이 작업을 완수했다. 『조류학』은 실질적으로 레이와 윌러비의 공동저술로 볼 수 있었다. 그러나 『어류의 역사*History of Fishes*』는 사실 채집 말고는 윌러비가 한 일이 거의 없었으므로 실제로는 레이가 쓴 책으로 보아야 한다. 어찌 됐든 『어류의 역사』는 1686년 프랜시스 윌러비의 이름으로 화려한 삽화와 함께 출판됐고,

출판 비용 400파운드는 왕립학회가 떠안았다.

레이는 생물세계에서 윌러비가 맡은 부분의 책 작업을 진행하던 중 자신이 가장 사랑하는 식물학도 틈틈이 연구했고, 그 결과 『식물의 역사*History of Plants*』라는 어마어마한 대작의 제1권 역시 1686년에 출간됐다. 이어 제2권은 1688년에, 제3권은 1704년에 나왔다. 이 책은 18,000가지가 넘는 식물을 다루었는데, 식물을 친척관계와 형태와 분포와 서식지에 따라 분류할 뿐 아니라 약물학적 용도까지 수록했으며, 씨앗의 발아 과정을 비롯한 식물의 전반적 특징도 묘사했다. 그중에서도 가장 중요한 것은 그가 종을 분류학의 기본 단위로 확립했다는 사실이다. 종이라는 용어의 개념을 현대적 의미에서 확립한 사람은 레이였다. 그래서 레이 자신의 말을 빌리자면, 한 종의 개체는 "절대로 다른 종의 씨앗으로부터 태어나지 않는다." 성서의 말투를 빌리자면 개는 개를 낳고 고양이는 고양이를 낳는다는 식이다. 개와 고양이는 따라서 별개의 종이다.

레이는 『식물의 역사』 제3권이 출간된 이듬해인 1705년 1월 17일 77세의 나이로 세상을 떠났다. 마지막 역작인 『곤충의 역사*History of Insects*』 초고를 남겼는데 이것은 1710년에 유작으로 출간됐다. 그는 윌러비가 일찍 죽은 데다 본인은 경제적 어려움에 시달릴 뿐 아니라 만년에는 건강이 심하게 악화됐는데도 불구하고, 다른 연구도 쏟아내는 한편으로 자신과 윌러비가 그렇게나 오래전에 시작한 과제 즉 생물세계에 체계를 부여한다는 과제를 혼자 힘으로 완수했다.

식물학과 동물학을 과학적 탐구의 대상으로 만들고 그때까지 혼돈 상태에 있던 생물세계 연구에 체계와 논리를 가져다준 사람은 단연 레이였다.* 그는 생리학, 형태학, 해부학을 바탕으로 하는 명확한 명명 체계를 발명했고 이로써 훨씬 더 유명한 린네의 연구로 이어지는 길을 닦았다. 린네는 레이가 본인 이름과 윌러비의 이름으로 출간한 책에 크게 의존했다. (그러면서도 레이에게 신세를 졌다는 사실을 항상 인정하지는 않았다.) 레이는 신앙심이 깊었지만 성서에 나오는 창조 이야기와 눈에 직접 보이는 증거를 합치시키기가 어렵다는 것을 알았다. 생물세계의 다양성뿐 아니라 화석 연구에서도 그랬다. 생물세계에서 종은 영구불변한 게 아니라 세대에서 세대로 넘어가면서 변화한다는 생각에 가까웠고, 또 그는 화석은 한때 살았던 동식물의 유해라는 것을 알아본 최초 인물에 속한다. 일찍이 1661년에 당시 '뱀돌'** 이라 불리던 것들에 관해 노트에 적고 있었고, 1660년대에는 혹과 곧 살펴보게 될 스테노의 선구적 연구를 주시하면서 자신의 글에서도 계속 이 주제로 돌아왔다. 그는 화석화된 종의 살아 있는 모습을 오늘날 볼 수 없다는 것은 종 전체가 지구상에서 사라졌음을 의미한다고 보았고, 높은 산간의 바위 안에 화석화된 어류가 있다는 것은 장구한 세월을 두고 산이 융기했다는 것을 의미한다는 생각을 두고 고민했으나 결국 이 생각은 거부했다.*** 일찍이 1663년 오늘날 벨기에의 브

* 레이 이전에 동식물은 이름 알파벳순으로 '분류'됐고 유니콘 같은 신화적 동물도 포함됐다. 엄밀하게 말해 이것을 혼돈이라 할 수는 없겠지만 과학적이라고 보기는 어렵다!
** 암모나이트 화석을 말한다. (옮긴이)
*** 생명의 본질과 기원에 관해 사람들은 1660년대에도 여전히 혼란스러운 양상을 띠고 있었다. 프란체스코 레디Francesco Redi(1626~1698)가 알을 낳는 파리가 달려들지 못하도록 고기 조각을 밀봉하여 보관했더니 썩은 고기 자체에서 구더기가 저절로 생겨나지는 않더라는 것을 꼼꼼한 실험을 통해 증명한 것이 1668년에 와서의 일이었다는 점을 생각하면 이해가 갈 것이다.

뤄허 부근에서 쓴 글에서는 "500년 전에는 바다였던 곳"에서 발견된 매몰된 숲에 관해 다음과 같이 묘사한다.

> 고대에 관한 기록이 있기 훨씬 이전 이곳은 굳은 땅으로서 나무로 뒤덮여 있었다. 그 뒤로 바다의 맹위가 덮쳐 너무나 오랫동안 계속 물밑에 있다가, 강물이 토사와 진흙을 실어와 나무를 뒤덮고 이 얕은 지대를 메워 다시 굳은 땅이 됐다. … 옛적 바다 밑바닥이 그렇게나 깊이 있었고 또 바다로 흘러드는 커다란 강들의 퇴적물로 인해 흙이 30미터 두께나 쌓여 올라왔다는 것은 … 세계는 나이가 어려 아직 5,600세도 되지 않았다는 일반적인 설명을 생각할 때 이상하다.*

레이가 고민한 수수께끼는 지질학적 시간이 실제로 얼마나 장구한지를 이해하기 위해 사람들이 고민하는 모습을 그대로 보여 주고 있다. 그 증거를 눈으로 직접 보면서도 처음에는 그 의미를 받아들이지 못하는 것이다. 그러나 지질학의 역사 이야기를 시작하기 전에, 만족스러운 진화 이론이 나오기 위한 선결 조건으로서 레이의 연구가 린네를 거쳐 생물세계를 과학적으로 이해하는 단계로 이어지기까지의 과정을 살펴보는 것이 좋겠다.

* 레이븐(Charles E. Raven)이 인용한 레이의 『관찰일지*Observations*』를 재인용.

칼 폰 린네와 종의 명명 칼 폰 린네Carl von Linné(1707~1778)는 이 책에서 소개하는 과학자 중에서도 라틴어화한 이름 카롤루스 린나이우스Carolus Linnæus를 토착어 이름으로 바꿨다는 점에서 독특하다. 그러나 애초에 아버지가 성을 라틴어로 바꿨기 때문에 일어난 일이다. 아버지는 성직자로서 원래 이름이 닐스 잉에마르손Nils Ingemarsson이었으나, 자기 땅에서 자라는 커다란 보리수나무 이름을 따 린나이우스Linnaeus라는 성을 만들었다. 자신을 지나치게 중요하게 생각한 허영심 많은 칼이 이처럼 화려한 성을 토착어로 바꾼 유일한 이유는 1761년 귀족 작위를 받고(1757년부터 소급 적용) 칼 폰 린네가 됐기 때문이다.* 그러나 후세에는 그냥 린나이우스로 알려져 있다.**

린네는 1707년 5월 23일 남부 스웨덴의 로스홀트에서 태어났다. 가족은 부유하지 않았지만 아버지의 뒤를 이어 린네를 성직자로 키우려고 했다. 그러나 그쪽 방면으로 관심도 자질도 보이지 않았으므로 아버지는 그를 제화공의 도제로 들여보내려 했으나, 린네의 교사 한 사람이 끼어들어 의학으로 성공할지도 모른다는 의견을 내놓았다. 린네는 여러 후원자들의 도움으로 1727년 룬드 대학교에서 의학 공부를 시작했고, 이어 1728년부터 1733년까지 웁살라 대학교에서 공부를 계속할 수 있었다. 그는 어릴 때부터 꽃피는 식물에 관

* 린네가 자신을 얼마나 대단하다고 생각했는지는 자전적 회고록을 무려 네 권이나 썼다는 것을 보면 짐작이 갈 것이다. 이들 회고록은 그의 사후 출판되어 그 직후 세대 사람들에게 린네의 이미지를 굳혀 놓았다. 그의 업적 중 일부는 약간의 조미료가 가미된 때문에 더 빛나 보이는 것으로 받아들여야 하지만, 그가 과학에 남긴 업적은 애써 돋보이게 하려 하지 않아도 충분히 대단하다.

** 한국, 중국, 일본에서는 주로 '칼 폰 린네'라는 이름으로 알려져 있다. (옮긴이)

심이 있었고, 대학교에서 읽은 식물학 책은 의학도 교과과정에서 요구하는 필독서보다 훨씬 많았다. 특히 1717년 프랑스의 식물학자 세바스티앵 바양Sébastian Vaillant(1669~1722)이 내놓은 새로운 생각에 매료됐다. 그것은 식물은 유성생식하며 동물의 생식기에 해당하는 암수 생식기가 있다는 생각이었다. 린네는 식물의 유성생식이라는 생각을 받아들이고 활용한 최초의 인물에 속하는데도 불구하고 식물의 수정에서 곤충의 역할을 제대로 이해하지 못했다는 사실을 보면 18세기에 이 깨달음이 얼마나 새롭고 대담한지를 어느 정도 제대로 이해할 수 있을 것이다.

린네는 의학 공부를 계속하는 가운데 꽃피는 식물의 생식기관을 가지고 식물을 분류하고 정리하면 어떨까 하는 생각을 발전시켜 나갔다. 그로서는 당연한 행보였다. 강박적으로 모든 것을 목록으로 만들어 정리하는 사람이기 때문이었다. 우표수집에 몰두하는 수집광의 전형 같은 사람이었다. 교수가 됐을 때 그의 식물학 야외수업은 군사 작전처럼 세밀한 부분까지 치밀하게 진행됐다. 심지어 학생들은 가벼운 특수 복장을 입어야 했는데 이것을 "식물학 복장"이라 불렀다. 언제나 정확히 오전 일곱 시에 출발했고, 오후 두 시에는 점심을 먹고 오후 네 시에는 잠깐 휴식을 취했다. 그리고 교수는 정확하게 반시간마다 그곳에서 발견되는 종을 설명했다. 린네는 한 친구에게 보낸 편지에서 자신은 "체계적으로 정리되지 않으면 어떤 것도 이해하지 못한다"고 말한 적이 있다.* 많은 사람의 경우 이것은 정상이

* 프롱스뮈르(Tore Frängsmyr)가 인용한 스텐 린드로트Sten Lindroth를 재인용.

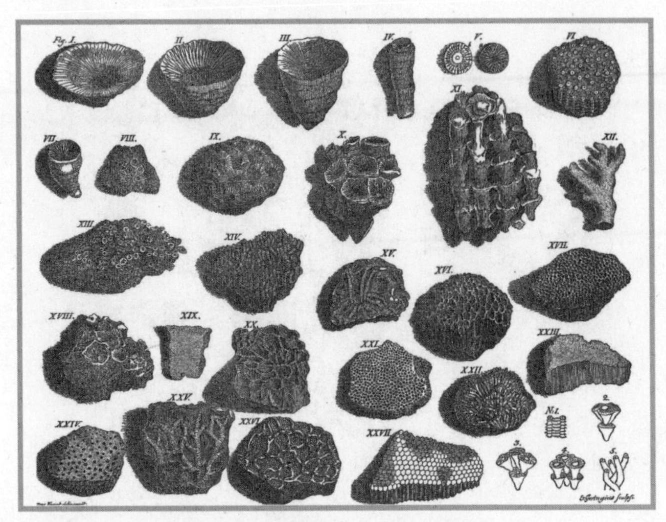

19. 카를 폰 린네의 『자연학자와 의사』(1746) 한 쪽.

아니며 자랑보다는 걱정할 성격으로 간주됐을 것이다. 그러나 린네는 이처럼 비정상적으로 강박적인 성향을 활용할 방면을 정확하게 찾아냈고 금세 재능을 인정받았다. 1730년 웁살라 대학교에서 올로프 루드베크Olof Rudbeck(1660~1740) 교수가 자리를 비운 사이에 대학교의 식물원에서 식물 해설을 맡았고, 1732년에는 웁살라 왕립과학회가 당시 여전히 신비로운 땅이던 스웨덴 북쪽 라플란드로 그를 파견하여 그곳의 식물 표본을 채집하고 현지 풍습을 조사하는 등 대규모 탐사를 벌이게 했다.

1734년 린네는 다시 한번 식물학 탐사에 나섰는데 이번 목적지는 스웨덴 중부 지방이었다. 이어 1735년에는 네덜란드의 하르데르베

CAROLI LINNÆI

Naturæ Curioſorum *Dioſcoridis Secundi*

SYSTEMA

NATURÆ

IN QUO

NATURÆ REGNA TRIA,

SECUNDUM

CLASSES, ORDINES, GENERA, SPECIES,

SYSTEMATICE PROPONUNTUR.

Editio Secunda, Auctior.

STOCKHOLMIÆ

Apud GOTTFR. KIESEWETTER.

1740.

20. 린네의 『자연의 체계』(1740) 속표지.

이크 대학교에서 의학박사 학위를 받은 다음 레이던 대학교에서 공부했고, 1738년 스웨덴으로 돌아가 1739년에 의사의 딸 사라 모라이아와 결혼했다. 스톡홀름에서 의사로 일하다가 1741년 웁살라 대학교의 의학교수로 임용됐다. 1742년에 식물학교수로 자리를 바꿔 죽을 때까지 그 자리를 유지했다. 1778년 1월 10일 웁살라에서 세상을 떠났다. 이런저런 흠이 있었음에도 불구하고 린네는 매력적인 인물이자 인기 있는 스승이었으며, 그에게서 배운 수많은 학생들이 분류학에 대한 그의 생각을 그의 생전뿐 아니라 사후에도 멀리 널리 퍼트렸다. 그러나 여기서 가장 대단한 점은 그가 이 생각을 아직 학생일 때 본질적으로 완성하여 일찍이 1735년 네덜란드에 도착한 직후 『자연의 체계*Systema Naturae*』라는 완전한 책으로 출간했다는 사실이다. 이 책은 여러 번 개정하며 여러 판이 나왔고, 오늘날 그를 유명하게 만든 이명법(binomial nomenclature) 즉 모든 종에게 낱말 두 개로 된 이름을 붙여 분류하는 방법을 1753년 『식물 종*Species Plantarum*』에서 처음 선보인 다음, 핼리 혜성이 돌아온 해인 1758년에 나온 『자연의 체계』 제10판 제1권에서 자세히 설명했다. 포유강(Mammalia), 영장목(Primates), 호모 사피엔스(Homo sapiens) 같은 용어를 생물학에 도입하고 정의한 것은 바로 이 제10판이었다.

생물 종에게 낱말 두 개로 된 이름을 붙인다는 생각 자체는 새로운 것이 아니어서 고대로 거슬러 올라가 토착어를 사용한 생물 묘사에서도 나온다. 그렇지만 린네가 한 일은 이것을 엄밀한 기본 규칙에 따라 생물 종을 구분하는 체계적 방법으로 바꿔놓았다는 것이다. 린네 자신과 학생들, 그리고 레이 같은 선배들이 현장 연구를 통해 종을 각각의 특징에 따라 구별하고 분류하기 위해 기울인 온갖 노력이 없었다면 이 모든 것이 그다지 의미가 없었을 것이다. 린네는 여러 가지 책을 출간하면서 최종적으로 7,700종에 이르는 식물과 4,400종에 이르는 동물을 묘사했고 그들 모두에게 이명법에 따른 이름을 부여했다. 이것은 당시 유럽에서 알려져 있던 거의 모든 동식물에 해당한다. 린네 덕분에 생물세계의 모든 것이 친척관계의 위계에 따라 계(Kingdom)와 강(Class)에서부터 그 아래의 목(Order)과 속(Genus)과 종(Species)에 이르기까지 가지런하게 정리됐다. 세월이 지나면서 몇 가지 이름은 달라졌고 일부 종은 나중에 발견된 증거에 따라 다시 정리됐지만, 중요한 것은 린네 시대 이후로 생물학자가 한 종을 언급할 때 예컨대 늑대를 가리켜 카니스 루푸스(*Canis lupus*)라고 말하면 동료들은 어떤 종을 말하는지를 정확하게 알아들을 수 있게 됐다는 사실이다. 그리고 만일 알아듣지 못하면 표준 문헌에서 그 종에 관한 사항을 모두 찾아볼 수 있고, 자연사박물관의 수장고에 보존되어 있는 그 종의 모식 표본을 볼 수도 있다.* 이 분류 체계가 미친 영향은 예전에 과학에서 보편적으로 사용되던 언어인 라틴어의 마지막 흔적을 오늘날까지도 그대로 보존하고 있다는 사실에서도 볼 수 있다. 그 이후 세대의 식물학자와 동물학자는 유럽 너머 세계를 탐험할 때 발견하는 새로운 생물 종을 같은 방식으

* 린네 본인이 채집한 자료를 중심으로 구성된 표본 소장품은 그중 가장 중요한 것으로 꼽힌다. 그의 사후 영국의 부유한 식물학자 제임스 스미스James Smith(1759~1828)가 그것을 사들였다. 그는 1788년 런던에서 린네 학회의 설립을 도운 사람이다. 1828년 스미스가 죽자 린네 학회는 그의 소장품을 당시 3,150파운드라는 거금을 들여 사들였다. 그 뒤로 그때 진 빚을 갚는 데 33년이 걸렸다. 린네 학회는 이것을 지금도 소장하고 있다.

로 분류하여 명명 체계에 맞춰 넣을 수 있었고, 이것이 19세기에 종간의 관계와 진화 법칙이 분명해지기 시작할 수 있었던 원천 자료가 됐다.

그의 모든 분류 작업은 몰인정한 눈으로 보면 단순한 우표수집에 지나지 않는 것으로 치부할 수 있다. 그러나 린네는 자연 속에서 우리가 차지하는 위치를 바라보는 인류의 관점을 영영 바꿔놓는 대담한 한 걸음을 내디뎠다. 그는 인간을 생물 분류 체계에 포함시킨 최초의 인물이다. 그가 사물의 생물학적 체계에서 인간이 정확하게 어디에 들어가는지를 결정하는 데에는 약간의 시간이 걸렸고, 또 인간을 동물과 같은 방법으로 분류한다는 생각 자체가 물론 18세기에는 논란거리가 됐다. 린네의 원래 체계를 넘어 오늘날의 최종 분류에 따르면 우리 인간은 생물세계에서 정확하게 다음 위치에 들어간다.

계 : 동물계(Animalia)

문 : 척삭동물문(Chordata)

아문 : 척추동물아문(Vertebrata)

강 : 포유강(Mammalia)

목 : 영장목(Primates)

과 : 사람과(Hominidae)

속 : 사람속(Homo)

종 : 사람(*sapiens*)

오늘날 정해진 대로 보면 우리 인간 종 호모 사피엔스(*Homo sapi-*

ens)는 사람속(*Homo*)에 들어가는 유일한 종이라는 점에서 특이하다. 사람속에는 종이 하나뿐이다. 그렇지만 린네는 다르게 보았다. 그러므로 호모 사피엔스를 나머지 동물로부터 너무 멀리 떨어뜨려 놓았다고 그를 비난해서는 안 된다. 그는 사람속에다 전설과 신화에서 동굴 생활을 한 꼬리 달린 사람인 '혈거인' 등 인간의 여러 종을 포함시켰다. 또 사람속이라는 속이 따로 있어야 하는가 하는 문제를 두고 고민했다. 1746년에 출간된 저서 『스웨덴의 동물*Fauna Svecica*』 머리말에서 "자연사학자로서 나는 과학적 원칙을 바탕으로 인간을 유인원으로부터 구별할 수 있는 특징을 아직 발견하지 못한 것이 사실이다"고 말했고, 1747년에는 그의 이런 입장에 대한 비판에 답하면서 요한 그멜린Johann Gmelin(1748~1804)이라는 동료에게 보낸 편지에 다음과 같이 썼다.

> 자네와 온 세계가 자연사의 원칙에 따라 인간과 유인원 사이의 일반적 차이점을 찾아 주었으면 하네. 나로서는 아무것도 찾아낼 수 없으니까. … 내가 인간을 유인원으로 부르거나 그 반대로 부른다면 모든 신학자가 나를 공격할 걸세. 그렇지만 아마 그래도 나는 과학적 규칙에 따라 그렇게 해야겠지.*

다시 말하면 사람이 유인원과 같은 속에 속한다는 것은 린네 자신의 믿음이었으며, 이 믿음은 오늘날 인간, 침팬지, 고릴라의 DNA가

* 프롱스뮈르(Tore Frängsmyr)가 인용한 군나르 브로베리Gunnar Broberg를 재인용.

서로 얼마나 비슷한지를 연구한 결과 철저하게 입증됐다. 만일 오늘날 DNA 상의 증거를 이용하여 완전히 처음부터 새로 분류한다면 인간은 실제로 일종의 침팬지로 분류될 것이며, 따라서 아마도 판 사피엔스(*Pan sapiens*)같은 이름이 붙을 것이다. 호모 사피엔스가 한 속의 유일한 종으로서 따로 특별한 영광을 누리고 있는 것은 오로지 신학자들의 분노를 불러일으킬 거라는 린네의 두려움과 역사적 우연 때문이다.

린네는 종교적이었고 하느님을 믿은 것이 확실하다. 그 시대 수많은 사람들과 마찬가지로 그는 자연을 분류하는 것은 하느님의 솜씨를 백일하에 과시하는 행위라고 보았고, 그의 시대에 지구상에 존재하는 종의 가짓수는 태초에 하느님이 창조한 종의 가짓수와 같다고 말한 것도 한 번만이 아니다.* 그러나 그렇다고 해서 18세기의 표준적 성서 해석에 의문을 품게 되지 않은 것은 아니다. 지구의 나이에 관해서는 특히 더 그랬다.

린네는 발트해의 해수면이 낮아지고 있는 것으로 보인다는 발견이 있은 뒤 1740년대에 스웨덴을 들끓게 한 논란 때문에 이 논쟁에 끌려 들어갔다.** 이 현상을 제대로 조사하여 해수면이 정말로 변화했다는 믿을 만한 증거를 내놓은 최초의 인물 중 안데르스 셀시우

* 그렇지만 린네가 "같은 종의 씨앗에서 생겨난 식물의 수만큼 변종이 있다"고 말한 일이 한 번만이 아니다. 이것은 어떤 두 개체도 똑같지 않다는 의미이며, 다윈이 진화의 비밀을 풀어내는 데 사용하게 될 중요한 열쇠 하나에 근접한 것이다. 프룽스뮈르(Tore Frängsmyr)가 인용한 군나르 에릭손Gunnar Eriksson을 재인용.

** 오늘날에는 그곳의 육지가 사실은 융기하고 있다는 것을 알고 있다. 지난 빙하기 동안 얼음 무게 때문에 그 지역의 단단한 지각이 지구 표면 아래의 유동층 안으로 가라앉았는데, 10,000년쯤 전 그 무게가 사라지면서 다시 올라오고 있는 중이다.

스Anders Celsius(1701~1744)라는 사람이 있었다. 오늘날 온도를 재는 척도에 이름이 남은 그 인물이다.* '물이 줄어드는' 현상을 설명하기 위해 셀시우스가 내놓은 여러 가설 중 하나는 뉴턴의 『자연철학의 수학적 원리』 제3권에서 논한 생각을 바탕으로 하고 있었는데, 간단히 말하면 식물의 활동에 의해 물이 고체로 변한다는 것이다. 식물의 주성분은 주위에서 빨아들인 액체이며,** 그래서 식물이 썩으면 고체가 형성되고 이것이 강물을 타고 바다와 호수로 들어가 바닥에 쌓이면서 새로운 바위가 형성된다는 것이었다. 린네는 정교한 모델을 만들어 이 생각을 발전시켰는데, 그의 모델에서는 (북대서양의 사르가소해처럼) 수면의 해초가 물을 잔잔하게 유지하여 침전을 조장함으로써 커다란 역할을 했다. 그런데 이 모델은 거의 모든 면에서 틀렸기 때문에 우리로서는 세밀한 내용까지 알 필요는 없다. 중요한 것은 이런 내용을 연구하면서 린네가 지구의 나이를 생각하게 됐다는 사실이다.

1740년대에 이르러 오늘날의 바다로부터 멀리 떨어진 곳에도 화석이 존재한다는 사실은 잘 알려져 있었고, 또 화석은 한때 살아 있던 동물의 유체라는 것이 널리 받아들여지고 있었다. 이 생각은 덴마크인 닐스 스텐슨Niels Steensen(1638~1686)의 연구 이후로 신빙성을 얻었다. 그의 라틴어화한 이름은 니콜라스 스테노Nicolas Steno이며, 대개는 그냥 스테노라고만 불린다. 그는 1660년대 중반에 상어 이

* 우리나라에서는 '섭씨攝氏'라 부르는데, 그의 이름을 중국어로 음역한 '셔얼슈스(攝爾修斯)' 중 첫 글자를 가지고 만든 이름을 그대로 가져왔다. (옮긴이)

** 사실은 그렇지 않다. 식물은 주로 공기에서 빨아들인 이산화탄소로 이루어져 있다.

빨의 독특한 특징과 오늘날 내륙 깊숙한 곳의 암석층에서 발견되는 화석 유해 사이에 연관성이 있다는 것을 깨닫고 그것이 상어 화석임을 알아차렸다. 스테노는 지구의 역사가 이어 오는 동안 시대에 따라 물밑에서 각기 다른 암석층이 만들어졌다고 주장했고, 18세기뿐 아니라 19세기에 들어서까지 그의 뒤를 이은 수많은 사람들이 이 과정은 바로 성서에서 말하는 대홍수라고 보았다. 린네는 성서의 대홍수 이야기를 받아들이기는 했지만, 200일도 되지 않는 단기간에 끝난 사건 때문에 생물이 내륙 깊은 곳까지 옮겨 가 퇴적물에 뒤덮였을 수는 없다고 추론했다. 그는 이렇게 썼다. "이 모든 것을 갑자기 왔다가 갑자기 지나간 홍수 때문이라고 주장하는 사람은 진실로 과학의 문외한이다. 그런 사람은 무엇을 본다고 해도 자신은 눈이 먼 채 남의 눈을 통해서만 보고 있을 뿐이다."* 그래서 그는 지구 전체가 처음에는 물에 뒤덮여 있었으나 그 이후로 물이 점점 물러나면서 마른땅이 됐고, 화석이 남아 한때 물이 지구를 뒤덮고 있었다는 것을 증명하고 있다고 주장했다. 이 모든 일이 일어나려면 분명히 당시 성서학자들이 생각한 6,000년의 역사보다는 훨씬 긴 시간이 필요했으나, 린네는 한 번도 그렇게까지 말한 적은 없었다.

1650년에 아일랜드의 제임스 어셔 대주교는 성서 기록을 가지고 계산하여 창조는 기원전 4004년에 있었다고 발표했다. 그러나 18세기에는 이미 과학뿐 아니라 역사로서도 이 날짜를 의심할 근거가 있었다. 당시 중국에 관한 정보가 유럽으로 흘러들고 있었는데 주로

* 프롱스뮈르(Tore Frängsmyr)를 재인용.

예수회 소속 프랑스인 선교사들의 활동 때문이었다. 그래서 기록에 남아 있는 최초의 황제는 예수가 태어나기 3,000년쯤 전에 제위에 있었고 중국의 역사는 그보다 상당히 더 오래전으로 거슬러 올라간다는 것이 잘 알려지고 있었다. 일부 신학자들은 단순히 어셔가 계산한 연대를 중국의 기록에 맞추어 보려고 했지만, 린네는 "성서가 허용하기만 했더라면 중국인의 주장보다 지구가 더 오래됐다고 기꺼이 믿었을 것"이라고 말하면서 "지금과 마찬가지로 옛 시대에는 자연이 땅을 짓고 뜯어내고 다시 지었다"고 했다.* 린네는 에둘러 말하면서도 신학에서 내놓은 성서의 표준적 해석이 틀렸다는 말은 차마 할 수 없었다. 그러나 프랑스에서는 그와 정확하게 같은 시대를 산 사람으로서 후대에 뷔퐁 백작Comte de Buffon이라는 이름으로 알려진 조르주루이 르클레르Georges-Louis Leclerc(1707~1788)가 결정적 한 걸음을 내딛으며 지구의 나이를 알아내기 위한 최초의 진정한 과학 실험을 진행하고 있었다.

뷔퐁 백작: 「자연사」와 지구의 나이에 관한 생각

뷔퐁은 (일관성을 위해 뷔퐁이라 부르기로 한다) 1707년 9월 7일 당시나 지금이나 부르고뉴주의 주도인 디종의 북서쪽에 있는 몽바르에서 태어났다. 아버지 쪽으로는 두 세대 전만 해도 농사꾼이었지만, 뷔퐁의 아버지 벤자멘 프랑수아 르클레르는 지방 행정부에서 염세 징수와 관련된 일을 하는 하급 공무원이었다. 그 뒤 1714년에

* 같은 책.

뷔퐁의 외삼촌이 죽으면서 뷔퐁의 어머니에게 막대한 재산을 남겨 주었다. 르클레르는 이 돈으로 몽바르에서 가까운 뷔퐁 마을 전체와 광대한 토지와 몽바르와 디종에 있는 부동산을 사들였고 디종 지방의회의 의원 자리를 얻었다. '졸부'라는 용어는 아마도 그를 위해 만들어진 말이었을 것이다. 그리고 뷔퐁 자신도 어쩌면 스스로 보잘것없는 출신이 신경 쓰였는지 몰라도 평생토록 사회적 사다리를 올라가려 부질없이 애쓰는 사람으로 살았다. 가족은 디종에서 살기 시작했고 뷔퐁은 예수회 대학에 들어가서 1726년 법학을 공부하고 자격증을 받았다. 그곳에서 수학과 천문학도 공부했다.

그 뒤 몇 년 동안 뷔퐁의 행적에 대해서는 어렴풋하게 윤곽만 알려져 있을 뿐이다. 얼마 동안을 앙제에서 지내면서 의학을 공부하고 식물학도 공부한 것으로 보인다. 그러나 공식 자격은 하나도 받지 않은 채 그곳을 떠났다. 나중에 그는 이것이 결투 때문이라고 말했지만, 사람들에게 깊은 인상을 주기 위해 스스로 지어낸 이야기인 것이 거의 확실하다. 어느 시점에 그는 잉글랜드에서 온 여행자 두 사람을 만났다. 당시 10대 나이이던 제2대 킹스턴 공작과 그의 가정교사 겸 동반자 네이선 힉먼이었다. 뷔퐁은 그들과 합류하여 유럽 대여행길에 올랐다. 정말 호화로운 여행이었다. 공작은 하인들을 대동하고 여러 대의 마차에 소지품을 싣고 여행하면서 한 번에 몇 주나 몇 달씩 화려한 숙소에서 머물렀다. 이것은 젊은 뷔퐁이 갈망하기 쉬운 생활 방식이었고, 그리고 이내 그 바람을 실행에 옮길 기회를 얻었다. 1731년 뷔퐁은 어머니가 중병을 앓으면서 일행을 떠나 디종으로 돌아왔다. 어머니는 8월 1일에 사망했고, 그는 리옹에서 킹스턴 공작 일행과 다시 합류하여 스위스를 지나 이탈리아로 들어갔다. 1732년 8월에 이르러 파리로 돌아와 있었지만 그때부터 그의 인생은 크게 바뀌었고, 그해 말이 지난 뒤로는 몽바르와 파리 사이를 정기적으로 오가는 여행 말고는 다시는 여행을 다니지 않았다.

뷔퐁의 인생에서 전환점은 1732년 12월 30일 아버지가 재혼하고 어머니가 뷔퐁에게 남긴 몫까지 가족의 전 재산을 독차지하려 했을 때 다가왔다. 르클레르에게는 첫 번째 결혼에서 태어난 자식이 모두 다섯 있었지만, 어머니가 죽은 해인 1731년에 두 명이 20대의 나이로 죽고, 살아남은 자식 중 아들 하나는 수도사가 되고 유일한 딸은 수녀가 되어 있었다. 이로써 이제 25세가 된 뷔퐁만 남아 유산을 두고 아버지와 싸움을 벌였다. 그 결과 뷔퐁은 자신에게 권리가 있는 상당한 양의 재산을 받았고, 몽바르의 주택과 토지, 그리고 뷔퐁 마을도 받아 냈다. 뷔퐁 마을은 특히 중요했는데 그가 대여행 동안 이미 스스로 조르주루이 르클레르 드 뷔퐁이라는 이름으로 서명하고 있었기 때문이었다. 어쩌면 킹스턴 공작의 친구로서 자신의 원래 이름은 그다지 내세울 만하지 않다고 느꼈는지도 모른다. 어떻든 그는 다시는 아버지와 말을 섞지 않았고, 1734년 이후로는 아예 이름에서 '르클레르'를 빼 버리고 그냥 뷔퐁이라고만 서명하기 시작했다.

그는 인생을 나태하고 편안하게 보낼 수도 있었을 것이다. 뷔퐁의 수입은 매년 8만 리브르 정도에 이르렀는데, 당시 킹스턴 공작 수준은 아니더라도 신사가 자신의 지위에 걸맞게 품위를 유지하려면 최소한 매년 1만 리브르 정도의 수입이 필요했다는 것을 생각하면 그가 어느 정도로 부유했는지를 단적으로 이해할 수 있을 것이다. 그러나 뷔퐁은 물려받은 재산을 깔고 앉아 있지만은 않았다. 자신의 장원을 잘 경영하여 수익을 냈고, 부르고뉴의 도로변에 심을 가로수를 공급하기 위해 양묘장을 만들었으며, 뷔퐁에 철 주물공장을 설립하고 그 밖에도 여러 가지 사업을 벌였다. 이 모든 것을 진행하는 한편으로 자연사에 대한 관심을 키워 나갔는데, 대부분의 사람이라면 다른 일은 제쳐두고 자연사에만 전념해야 다다를 수 있을 정도의 수준에 이르렀다. 뷔퐁은 이 모든 것을 이룩하기 위해, 또 스스로 느낀 천성적 게으름을 극복하기 위해 한 농사꾼을 고용하여 매일 아침 다섯 시에 물리적으로 그를 침대에서 끌어내 확실하게 잠에서 깨우게 했다. 그 뒤로 반세기 동안 옷을 챙겨 입자마자 연구를 시작하고, 아홉 시에는 잠시 쉬면서 포도주 두 잔과 빵 한 덩어리로 아침 식사를 하고, 오후 두 시까지 연구한 다음 느긋하게 점심을 들면서 찾아온 손님이나 지나가다 들른 사람이 있으면 만났으며,* 그런 다음 잠시 낮잠을 잔 후 긴 산책을 즐기고, 오후 다섯 시부터 일곱 시까지 다시 연구에 박차를 가한 다음 저녁식사는 하지 않고 오후 아홉 시에 잠자리에 들었다.

과학사에서 가장 기념비적이고도 큰 영향을 미친 대작의 하나로 꼽는 『자연사*Histoire naturelle*』를 내놓을 수 있었던 이면에는 이처럼 열

* 그 방문객 중 한 사람이었던 토머스 제퍼슨Thomas Jefferson은 이렇게 회고했다. "뷔퐁의 관례는 저녁식사 시간까지 서재에서 머무르는 것이었고, 어떤 구실이 있어도 방문객을 만나지 않았다. 그러나 그의 집과 경내는 개방돼 있었고, 하인이 방문객을 매우 정중하게 안내했으며, 친구든 낯선 사람이든 모두 저녁식사까지 하고 가라고 권했다. … 우리는 그와 함께 식사했고, 늘 그렇듯 그는 대화에서 비상한 능력을 지닌 사람임을 보여 주었다." 펠로우스 외(Fellows and Milliken)를 재인용.

심히 몸 바쳐 연구하는 노력이 있었다. 이 책은 1749년부터 1804년까지 44권에 걸쳐 발행됐다. 마지막 여덟 권은 1788년 그가 죽은 뒤 그의 자료를 가지고 사후 출간됐다. 이것은 자연사 전체를 다룬 최초의 책이었으며, 명확하고 이해하기 쉬운 문체로 쓰였으므로 대중에게 인기 있는 베스트셀러가 됐다. 수많은 판본과 번역본으로 나와 뷔퐁의 수입을 늘려 주었을 뿐 아니라 18세기 후반부에 과학에 대한 관심을 널리 퍼트렸다. 그는 자연세계 이해를 위해 이렇다 할 만큼 독창적인 것을 기여하지 않았고 또 어떤 면에서는 특히 종에 관한 린네의 생각에 반대함으로써 발전을 방해했다고도 말할 수 있지만, 풍부한 자료를 취합하여 일관된 형태를 부여함으로써 다른 연구자들을 위한 발판을 마련하고 사람들이 자연학자가 되도록 자극하는 역할을 한 것은 사실이다. 그렇지만 이게 이야기의 전부가 아니다. 이 모든 것과 아울러, 이 모든 것에 더하여 뷔퐁은 1739년부터 파리에 있는 왕립식물원장으로 일했다.

뷔퐁이 식물원장이 된 경위를 보면 프랑스 혁명 이전 체제에서 일이 돌아가는 전형적 방식이 어땠는지 알 수 있다. 킹스턴 공작이 파리에서 머무를 때 함께 있었던 것이 도움이 됐겠지만 그에게는 귀족사회에 연줄이 있었고, 적어도 신사 계급은 되는 데다 귀족 분위기를 풍겼다. 또 독자적 재력이 있었는데 이것이 한 가지 핵심 요인이었다. 정부는 거의 파산지경이었으므로 급료를 제대로 지불할 능력은커녕 실제로는 식물원의 효과적 운영을 위해 오히려 뷔퐁이 때때로 자기 돈으로 경비를 충당했기 때문이다. 게다가 그는 식물원장 일을 유능하게 해내기까지 했는데 이것은 거의 덤이었다.

1730년대에 뷔퐁은 프랑스 왕립과학원의 『학회지*Mémoires*』에 수학에 관한 연구를 발표하고 산림녹화를 촉진하고 프랑스 해군 전함을 위해 더 좋은 품질의 목재를 공급하기 위한 목적으로 육림 실험을 행하면서 과학계에서 두각을 드러냈다. 1734년에 과학원에 들어가 그 안에서 회원 등급이 점점 높아져 1739년 6월 31세의 나이로 준회원이 됐다. 그로부터 겨우 한 달 뒤 왕립식물원장이 갑자기 죽었다. 유력한 후임자로 물망에 오른 또 한 사람은 마침 잉글랜드에 가 있었으므로 뷔퐁의 연줄들이 재빠르게 손을 써서 그 자리에 그를 꽂아 넣었다. 그는 그곳에서 향후 41년 동안 일하게 된다. 뷔퐁은 과학 행정가로서 또 과학을 대중화한 인물*로서 어마어마하게 중요한 데다 커다란 영향을 끼쳤지만, 여기서 우리의 관심사는 과학사에서 독창적 생각이 발전하는 데 그가 기여한 것이 무엇인가 하는 점이며, 이에 관해서는 상당히 빠르게 이야기를 마무리할 수 있다.

그의 개인사는 더욱 빨리 마무리할 수 있다. 뷔퐁은 1752년 44세 때 마리프랑수아즈라는 20세 아가씨와 결혼했다. 둘 사이에는 딸이 태어났으나 젖먹이일 때 죽고 1764년 5월 22일에 아들이 태어났다. 둘째를 출산한 뒤 마리프랑수아즈는 내내 건강 상태가 좋지 않다가 1769년에 죽었다. 뷔포네라는 별명이 붙은 아들은 슬프게도 아버지에게 실망거리였다. 방탕한 생활에다 무모한 승마를 즐겼고, 능력

* 과학의 대중화에서 그가 지닌 재능은 1747년에 충분히 드러났다. 이때 그는 공개 시범을 통해 태양광선을 여러 개의 거울로 한 곳에 집중시키면 60미터 거리에 있는 장작에 불을 붙일 수 있다는 것을 보여 주었다. 시칠리아의 시라쿠사에서 그리스인들이 로마 함대를 쳐부술 때 아르키메데스Archimedes가 바다에 있는 적함을 공격하기 위해 썼다는 방법대로였다.

이 아니라 돈으로 임관되는 군대 장교 생활에나 딱 어울릴 정도의 지능을 지니고 있었다. 그런데도 불구하고 뷔퐁은 식물원에서 아들이 자신의 뒤를 잇도록 조치해 두었다. 그러나 뷔퐁이 중병이 들었을 때 당국은 재빨리 승계 조치를 바꾸기 위한 절차를 밟았다. 뷔퐁은 1772년 7월 백작 칭호를 받았다. 뷔포네는 이 칭호를 물려받았지만 나중에 그것을 후회했다. 그는 결국 프랑스 혁명 이후 공포정치의 희생자가 되어 1794년 단두대에서 처형됐다.

뷔퐁이 과학에 남긴 업적 중 완전히 독창적이지는 않더라도 가장 비전통적인 것은 혜성이 태양에 충돌한 결과 떨어져 나온 물질로 지구가 형성됐다고 추측한 것이다. "이따금 혜성이 태양에 떨어진다"고 한 뉴턴의 말을 바탕으로 한 생각이었다.* 이 가설에서는 지구가 용융된 상태로 형성된 뒤 서서히 식은 끝에 생물이 존재할 수 있는 수준에 이르렀다고 보았다. 그러나 그러자면 창조 이후 6,000년 정도가 지났다고 본 신학자들의 계산보다는 훨씬 오래 걸렸을 것이 분명해 보였다. 뉴턴 자신도 『자연철학의 수학적 원리』에서 이와 비슷하게 말했다.

> 지름이 약 40,000,000피트에 이르는 지구만 한 쇠공이 빨갛게 달궈져 있다면 같은 수의 날짜 또는 50,000년 이상이 지나도 거의 식지 않을 것이다.**

* 펠로우스 외(Fellows and Milliken)를 재인용.

** 4천만 피트는 약 12,200킬로미터이며 오늘날 측정한 지구 지름보다 조금 작다. 4천만 일은 약 11만 년이다. (옮긴이)

그러나 그는 그만한 쇠공이 식는 데 얼마나 걸릴지는 계산해 보지 않았고, 다음처럼 후세를 위해 나아갈 방향을 알려 주는 것으로 만족했다.

> 내재된 어떤 원인 때문에 열의 지속 기간은 지름의 증가 비율보다 낮은 비율로 증가하지 않을까 생각한다. 그리고 실험을 통해 진정한 비율을 알아낸다면 나로서는 기쁠 것이다.

뷔퐁은 뉴턴의 바람을 받아들였다. 그가 고안한 실험은 여러 가지 크기의 쇠공을 빨갛게 달궈질 때까지 가열한 다음 손으로 만져도 데지 않을 정도로 식을 때까지 걸리는 시간을 재는 것이었다. 그런 다음 비교적 개략적이고 손쉬운 기법을 사용하여 지구만 한 크기의 공이 식는 데 얼마나 걸릴지를 추정해 냈다. 이 실험은 사실 그다지 정확하지 않았지만 지구의 나이 추정을 위해 이루어진 본격적으로 과학적인 시도였으며, 아무것도 성서를 근거로 하지 않고 실제 측정치를 가지고 추정하는 실험이었다. 이런 점에서 이것은 과학에서 기념비적 사건이다. 『자연사』에서 뷔퐁은 다음과 같이 말한다.

> 지구가 오늘날의 온도로 식는 데 걸리는 시간은 [뉴턴이] 생각한 50,000년이 아니라, 42,964년과 221일이 지나야 데지 않을 수 있는 온도까지 식을 것이다.

뷔퐁이 언급한 숫자가 그럴 듯하게 정밀해 보인다는 점은 무시하기 바란다. 계속해서 그는 지구는 적어도 (반올림하여) 75,000년은 되는 것이 틀림없다고 계산했다. 오늘날 가장 정확한 추정치인 45억 년보다 너무나 작은 숫자라는 사실에 현혹돼서는 안 된다. 이 맥락에서 중요한 것은 이 수치가 성서학자들이 추론한 것보다 10배 이상 크다는 점이며, 이 때문에 18세기 후반에 과학이 신학과 정면으로 충돌하게 됐다는 사실이다.* 그러나 뷔퐁이 추정한 지구 나이는 다음 세대의 프랑스인 과학자 조제프 푸리에Joseph Fourier(1768~1830)가 계산한 것에 비하면 아무것도 아니다. 그렇지만 애석하게도 푸리에는 자신의 계산 결과에 너무나 놀란 듯 그 수치를 발표하지 않았다.

지구의 나이에 관한 더 많은 생각: 조제프 푸리에와 푸리에 해석 푸리에는 오늘날 수학 연구로 가장 널리 알려져 있다. 그는 이 책의 지면 문제로 생애와 업적을 자세히 다루지 못하는 인물에 속한다. 다만 이집트에서 나폴레옹의 과학 자문으로 일했고, 그러다가 결국 1798년부터 1801년까지 나라의 절반을 관리하게 됐으며, 나폴레옹 치하의 프랑스에서 지사 직책을 맡았고, 제국에 이바지한 공로로 남작에 봉해졌다가 나중에 백작이 됐다는 정도는 언급해 두고자 한다. 그는 루이 17세의 복위를 둘러싼 격변에서 살아남아 프랑스 과학에서 빛나는 위치에 올랐고, 훗날 이집트에 있을 때 얻은 병이 원인이 되어 죽었다. 그가 남긴 업적은 본질적으로 시간

* 뷔퐁은 자신의 생각을 그저 '철학적 고찰'로서 내놓았을 뿐이라고 말하는 유구한 전통에 편승함으로써 교회 당국과의 충돌을 피했다. 갈릴레이가 그렇게 둘러댈 수 있었다면 그 방법을 써먹지 못할 것도 없었다. 그는 적어도 겉보기로는 죽을 때까지 천주교 신자로 남아 있었고 임종 시에 종부성사를 받았다.

에 따라 달라지는 현상을 다루기 위한 수학적 기법을 개발한 것이다. 예컨대 폭발음의 복잡한 압력 변화 양상을 단순한 사인파의 집합으로 쪼갰으며, 그것을 한데 합치면 원래의 소리를 되살릴 수 있었다. 그가 만든 푸리에 해석 기법은 과학 연구의 최전선에서 지금도 사용되고 있다. 예를 들면 천문학에서 항성이나 퀘이사의 변동성을 측정하려 할 때도 사용한다. 푸리에는 수학 자체에 대한 애정 때문이 아니라, 열이 더 더운 물체로부터 더 찬 물체로 흘러가는 방식 등 그가 정말로 호기심을 느끼는 현상을 수학적으로 묘사할 필요가 있기 때문에 이런 기법을 개발했다. 그러고 나서 수많은 실험 관찰을 바탕으로 열 흐름을 묘사하는 수학 방정식을 개발함으로써 뷔퐁보다 한 걸음 더 나아갔다. 이 방정식을 이용하여 지구가 식기까지 얼마나 걸렸을지 계산했다. 그는 또 뷔퐁이 미처 챙기지 못하고 지나간 한 가지 요인을 계산에 넣었다. 그것은 녹아 있는 지구 내부를 둘러싸고 있는 단단한 지각이 담요처럼 열을 차단하는 효과를 일으키면서 열 흐름을 제한하고 있다는 사실이었다. 그에 따라 실제로 지구 핵은 지표면이 식은 오늘날에도 여전히 용융된 상태다.* 푸리에는 이 계산에서 나온 결과를 적어 두었을 것이 분명하지만, 그것을 적은 종이를 없애 버린 것으로 보인다. 그가 후세를 위해 남겨 둔 것은 지구의 나이를 계산할 수 있는 공식으로서 1820년에 쓴 것이다. 관심이 있는 과학자라면 누구라도 이것을 이용하여 열 흐름에 적당한 수치를 넣고 지구의 나이를 얻어 낼 수 있었다. 이렇게 계

* 그렇지만 지구 핵이 오늘날에도 여전히 뜨거운 이유는 방사능에 의해 방출되는 에너지 때문이다. 이에 대해서는 뒤에 가서 더 자세히 다루기로 한다.

산하면 푸리에의 공식으로 1억 년이라는 나이를 얻게 된다. 뷔퐁의 계산보다 1천 배 이상 길고 오늘날 최고 추정치의 50분의 1밖에 되지 않는 수치다. 1820년에 이르러 과학은 역사의 진정한 시간 척도를 측정해 낸다는 목표를 향해 한창 나아가고 있는 상태였다.

그런데 뷔퐁이 그 밖에 기여한 업적을 보면, 지구상에서 살았던 옛 생물체가 남긴 화석 뼈가 지니는 증거의 무게가 18세기 말 점점 무거워지고 있다는 사실에 적응하기 위해 과학이 얼마나 고민하고 있었는지를 알 수 있다. 그는 열의 작용만으로 생물이 창조됐다고 주장했다. 그리고 지구가 과거에는 더 뜨거웠으므로 생물을 만들어내기가 더 쉬웠고 따라서 (오늘날 매머드와 공룡의 것으로 알려져 있는) 고대의 뼈가 그토록 큰 것도 그 때문이라고 주장했으므로 그 자체로는 앞뒤가 맞아 보인다. 또 『자연사』 여기저기에서 뷔퐁은 진화의 초기 형태로 보이는 생각을 말한다. 이런 생각은 찰스 다윈의 연구가 있기 훨씬 전부터 논의됐는데, 앞으로 살펴보겠지만 다윈의 핵심 업적은 진화의 작동 방식인 자연선택을 찾아냈다는 것이다. 뷔퐁이 어떤 종은 다른 종에 비해 더 '고등'하거나 '하등'하다는 구시대적 생각을 가지고 있기는 하지만, 일찍이 1753년에 『자연사』 제4권에서 다음과 같이 말한 것은 지금 보아도 놀랍다.

> 만일 동식물에게는 과가 있어서 나귀와 말이 같은 과에 속하고 또 같은 조상으로부터 퇴화가 일어나야만 한쪽이 다른 쪽과 달라질 수 있다는 생각을 일단 받아들이면, 우리는 유인원이 인간과 같은 과에 속하고, 퇴화했을 뿐인 인간이며, 나귀와 말에게

> 같은 조상이 있었던 것과 마찬가지로 유인원과 인간에게 같은 조상이 있었다고 인정해야 할 것이다. 이에 따라 동물이든 식물이든 모든 과가 하나의 혈통에서 나왔고, 그것이 여러 세대가 지난 다음 그 후손 중 일부는 더 고등하고 그 나머지는 더 열등해졌다는 뜻이 될 것이다.

그는 또 생물은 지성을 갖춘 창조주가 하나하나 설계했다는 생각에 반대하는 더없이 명확한 논거를 내놓았다. 결론을 그렇게 꼭 집어 표현하지만 않았을 뿐이다. 그는 돼지를 예로 들며 다음과 같이 말했다.

> [돼지는] 독자적이고 특별하며 완전한 설계에 따라 형성된 것으로 보이지 않는데 그 이유는 다른 동물들의 복합체이기 때문이다. 쓸모없는 부분, 또는 쓸모를 찾을 수 없는 부분이 있는 것이 분명하다. 발가락은 모든 뼈가 완전하게 형성돼 있는데, 그럼에도 불구하고 소용되는 데가 없다. 이런 동물의 형성 과정에서 자연은 최종 원인의 지배를 조금도 받지 않는다.

번역문으로 보아도 이런 문구를 보면 뷔퐁의 글이 그토록 인기가 있었던 이유를 짐작할 수 있다. 프랑스에서 그는 글에서 다루는 내용과는 별개로 뛰어난 문체 자체로 일류 문필가로 알려져 있다.

현재 살아 있는 생물에 관해서도 뷔퐁은 유성생식이 정확히 어떻게 작용하는지를 두고 벌어진 논쟁에 관여했다. 여기에는 세 가지 학설이 있었다. 한 학설에서는 미래 세대의 씨앗이 여성 안에 보관돼 있으며 남성이 기여하는 유일한 부분은 그것을 자극하여 생명을 띠게 만드는 것뿐이라고 보았다. 또 한 학설에서는 씨앗이 남성에게서 오며, 여성의 역할은 그것을 양육하는 것뿐이라고 주장했다. 그리고 일부 사람들은 남성과 여성 모두가 기여하는 것이 필수적이라고 생각하면서, 아기가 '아빠의 눈'과 '엄마의 코'를 가질 수 있는 것은 그 때문이라고 설명했다. 뷔퐁은 이 세 번째 관점을 지니고 있었지만, 그 모델은 끔찍할 정도로 복잡한 형태를 띠고 있기 때문에 여기서 설명한들 의미가 없다.

인간으로서 또 과학자로서 자신의 시대를 매우 충실히 살았던 뷔퐁은 신장결석으로 오랫동안 고통스레 앓은 끝에 1788년 4월 16일 파리에서 숨을 거두었다. 그가 알고 있던 사회는 혁명으로 뒤엎어지기 직전이었다. 그러나 과학에서 혁명은 이미 일어난 뒤였고, 푸리에의 연구에서 볼 수 있듯 정치적 격변의 와중에서도 여세를 몰아 19세기까지 영향을 주게 된다. 지구상의 생명 이해라는 차원에서 그 다음의 거대한 도약 역시 파리에서 이루어졌다. 뷔퐁이 1780년대에 남겨 놓은 것을 1790년대에 조르주 퀴비에Georges Cuvier(1769~1832)가 이어받았다.

조르주 퀴비에: 『비교해부학 강의』, 멸종에 관한 고찰

퀴비에는 1769년 8월 23일 스위스와의 접경지이던 도시 몽벨리아르에서 태어났다. 이곳은 당시 독립 공국의 수도였으나 오늘날에는 프랑스에 속한다. 몽벨리아르 사람들은 프랑스어를 썼지만 대체로 루터교인이었고, 북쪽으로 독일어를 쓰는 공국들과 문화적으로 이어진 부분이 많았다. 그리고 작디작은 이 이웃 공국을 흡수하려고 수차례나 시도한 프랑스인에 대한 혐오감도 깊었다. 퀴비에가 태어났을 때 몽벨리아르는 뷔르템베르크 공국과 정치적으로 연결된 뒤로 2백 년이 지났고 대공 가문의 방계 자손이 대공을 대신하여 다스리고 있었다. 이것은 즉 몽벨리아르는 시골 벽지가 아니며, 유능한 젊은이가 공국을 벗어나 더 넓은 유럽 세계로 나갈 수 있는 길이 앞서 간 선배들에 의해 예부터 잘 다져져 뚜렷하게 나 있었다는 뜻이다. 퀴비에의 아버지는 군인으로서 프랑스 연대에서 용병 장교로 복무했지만 퀴비에가 태어났을 때는 은퇴하여 절반 급료를 받고 있었다. 어머니는 아버지보다 20세 정도 어렸다. 따로 가진 재산이 없었으므로 가족의 살림은 궁색했다. 그러나 프랑스와의 연줄 덕분에 퀴비에에게는 발드너 백작이라는 강력한 후견인이 될 사람이 생겼다. 아버지가 복무한 연대 지휘관이었던 그는 퀴비에의 대부가 됐다. 이것은 명목상의 관계가 아니었고 퀴비에는 어릴 때 발드너의 집을 자주 방문했다.

1769년 초 전직 군인과 아내 사이에서 맏이로 태어난 아들 조르주가 네 살의 나이로 죽었다. 그 뒤 새로 태어난 아기는 장 레오폴 니콜라 프레데리크라는 이름으로 세례를 받았고, 그 직후 이 이름 끝에 대부들 중 한 명의 이름을 딴 다고베르라는 이름이 공식적으로 덧붙었다. 그러나 이 아이는 언제나 죽은 형의 이름으로 불렸고 그 역시 성인이 된 이후 내내 스스로 조르주라는 이름으로 서명했다. 이 소년이 역사에 남긴 이름은 조르주 퀴비에이다. 소년은 부모의 희망과 야망을 한 몸에 받으면서 그들이 해 줄 수 있는 최고의 교육을 받았다. 4년 뒤 프레데리크라는 아들이 태어났지만 관심을 훨씬 덜 받았다.

퀴비에는 12세 때부터 삼촌 장니콜라의 집을 자주 찾아갔다. 삼촌은 목사였고 그때까지 출간된 뷔퐁의 『자연사』 전권을 가지고 있었다. 퀴비에는 이 책에 매료돼 몇 시간이고 그 속에 빠져들었고 또 야외로 나가 스스로 표본을 채취했다. 그러나 이 무렵에는 그가 자연학자로서 생계를 꾸려 나가는 것이 가능할지 알 수 없었다. 장차 존경과 안정이 보장되는 직업을 갖도록 하기 위해 부모가 계획한 길은 전통적 방식대로 루터교회 목사가 되는 것이었다. 그렇지만 튀빙겐 대학교는 그를 전액 무료 장학생으로 받아 주지 않았고 가족은 너무 가난하여 학비를 댈 수 없었다. 그러나 가족은 가난했어도 발드너 백작을 통해 궁중에 연줄이 있었고, 또 이 무렵 뷔르템베르크 대공 카를 오이겐이 몽벨리아르의 총독 프레데리크 공을 찾아왔다. 대공은 소년의 어려움을 전해 듣고 슈투트가르트에 새로 설립된 아카데미에서 무료로 공부할 수 있게 해 주겠다고 제안했다. 이 아카데미는 1770년 대공이 직접 세운 뒤 1781년 신성 로마 제국 황제 요제프 2세로부터 대학교의 지위를 하사받은 곳이었다. 퀴비에는 1784년 이 새 대학교에 입학했다. 그의 나이는 15세였다.

처음에 이 아카데미는 젊은이들을 당시 여럿으로 쪼개져 있던 수많은 독일 공국의 행정가로 키워 내는 공무원 양성 시설로 설립됐다. 제복과 엄격한 행동규칙과 엄한 규율을 갖추고 있어서 마치 군사시설처럼 운영됐다. 그러나 훌륭한 교육을 제공했을 뿐 아니라 적어도 초기에는 교육을 마치면 평생직장이 보장됐다. 이것을 모두가 높이 평가하지는 않았다. 프리드리히 실러Friedrich Schiller는 1782년

이 아카데미를 졸업했는데, 졸업하자마자 자신은 평생직장을 원하지 않는다는 이유로 당국과 충돌했다. 그는 시인이자 극작가가 되고 싶었지만 억지로 군속 외과의사 일을 해야 했고,* 퀴비에가 막 새로운 인생길에 접어든 때인 1784년에 카를 오이겐의 영향을 받아 그 지역을 탈출함으로써 이 운명을 벗어났다. 그러나 1788년 퀴비에가 졸업했을 때는 상황이 정반대로 바뀌어 있었다. 이 아카데미뿐 아니라 독일 전역에 있는 비슷한 기관이 너무나 성공적으로 운영된 나머지 이 무렵에는 수요보다 더 많은 수의 행정가들을 키워 냈고, 그래서 수많은 동료들과 마찬가지로 평생직장이 생기는 게 아니라 자신의 길을 전적으로 자기 힘으로 헤쳐 나가야 했다. 애석하게도 퀴비에는 따로 수입이 들어올 길이 전혀 없었고, 그래서 상황을 가늠해 보는 동안 생계를 위한 임시방편 삼아 프랑스 노르망디 지역의 캉에서 어느 집안에 가정교사로 들어갔다. 몽벨리아르 출신의 또 다른 청년인 게오르크 프리드리히 파로트가 더 나은 자리로 옮겨 가면서 동향 출신을 후임자로 천거한 덕분이었다.

이때의 프랑스는 중국에서 유래했다는 욕설에서 나오는 것 같은 '흥미로운 시대'였다.** 다행하게도 노르망디는 처음에 파리에서 벌어지는 정치적 격변으로부터 멀리 떨어진 곳이어서 퀴비에는 캉에

* 여기서 외과의사가 수술칼을 쥐고 수술을 시작하기 전 환자를 내려다보며 "그런데요, 전 정말은 시인이 되고 싶었죠" 하며 털어놓는 코미디 같은 장면을 떠올리지 않을 수 없다.

** 영어에서 '흥미로운 시대에서 살기를 바란다(May you live in interesting times!)'는 욕설은 중국에서 온 것으로 알려져 있으나 실제로 중국에 이런 뜻의 욕설이 있는 것 같지는 않으며, 그 기원이 정말로 중국이라면 '난세에 살기를 바란다!' 하는 정도의 악담이 이렇게 전해지지 않았을까 생각된다. (옮긴이)

있는 식물원과 대학교 도서관을 출입하면서 식물학과 동물학에 대한 관심을 되살릴 수 있었다. 이에 대한 관심이 커진 것은 슈투트가르트에 있을 때였고, 대학교에서 만난 친구들에게 보내는 편지에서 이에 대해 말하기도 했다. 퀴비에는 데리시 후작 집안에 후작의 아들 아실의 가정교사로 고용됐다. 이들은 캉에 주택 한 채와 작은 별장 두 채를 소유하고 있었고, 그중 주로 피캉빌에 있는 것을 여름 거처로 사용했다.

공식적으로 프랑스 혁명 기념일은 1789년에 있었던 바스티유 감옥 습격을 기념하기 위해 7월 14일로 정해져 있지만, 그해의 격변에 대응하여 국민의회가 실행한 제한적 개혁 덕분에 사태가 걷잡을 수 없는 지경으로 치닫는 일은 일어나지 않았다. 그러나 1791년 국왕 일가가 탈출을 시도하면서 변화의 다음 파도가 들이닥치기 시작했다. 그해 노르망디는 혼란에 휩쓸려 대학교가 폐쇄되고 굶주림 때문에 길거리에서 폭동이 일어났다. 데리시 후작 부인은 개혁자들의 일부 요구에 공감하지 않는 것이 아니었고 남편도 정도는 덜하지만 마찬가지였다. 그러나 귀족에 속했으므로 명백하게 위협을 받았고, 그래서 후작 부인과 아실과 퀴비에는 안전을 위해 피캉빌의 여름 별장으로 완전히 이사를 갔다. 이따금씩 후작이 그곳을 방문하기는 했지만 후작 부부는 이때 공식적으로 서로 결별하여 지냈다. 어쩌면 후작의 운명이 어떻게 되든 간에 후작 부인 명의로 가족의 장원을 얼마간 보존하려는 방책이었을 수도 있다. 프랑스는 공화국이 됐고, 퀴비에는 시골에서 조용히 지내다 보니 진정한 현장 자연학자가 되어 의식적으로 린네의 발자취를 따라 수백 가지 종을 확인하고 묘사할 기회를 얻었다. 덕분에 종이 어떻게 분류되어야 하는지에 대한 나름의 생각과 갖가지 종류의 동식물이 서로 어떤 관계에 있는지에 대한 생각을 발전시킬 수 있었다. 그는 프랑스의 여러 일류 학술지에 글을 기고하기 시작했고 파리의 일류 자연사학자들과 편지를 주고받으면서 인맥을 쌓기 시작했다. 그러나 그가 이름을 알리기 시작한 바로 그때 프랑스는 혁명의 가장 악랄한 단계인 공포정치 시대에 들어섰다. 1793년 루이 16세와 마리 앙투아네트의 처형으로 시작된 공포정치는 1년이 넘도록 지속됐고 프랑스 구석구석까지 그 손길이 닿지 않는 곳이 없었다. 이때 4만 명이 넘는 사람이 자코뱅 정권에 반대한다는 사실 또는 의혹으로 처형됐다. 자코뱅에 찬동하지 않는 사람은 모두 반대자였다. 피캉빌이 포함되어 있는 베코코슈아 코뮌에서 퀴비에는 현명하게도 그들 편에 섰다. 그는 1793년 11월부터 1795년 2월까지 연봉 30리브르를 받고 코뮌의 서기관으로 일하면서 상당한 영향력을 행사할 수 있었고, 그 덕분에 데리시 가족을 그 시대 최악의 폭력으로부터 구해 낼 수 있었다. 파리 과학계에 이미 알려져 있던 퀴비에는 이제 소소하게나마 정치적으로 나무랄 데 없는 유능한 행정가로 알려지기 시작했다. 1795년 초 공포정치가 누그러지자* 퀴비에는 아실 데리시와 함께 파리에 들렀다. 아실은 이제 18세였으므로 머지않아 가정교사가 필요하지 않게 될 참이었다. 방문 목적을 의도적으로 감춘 듯 보이기 때문에 이때 정확히 무슨 목적으로 파리에

* 1795년 자코뱅당이 권력을 잃고 총재정부가 들어섰으나 1799년 나폴레옹이 쿠데타로 권력을 쥐면서 전복됐다. 그러는 사이에 몽벨리아르는 혁명 정부가 들어선 프랑스에 1793년 흡수됐다.

들렀는지는 분명하지 않지만, 가장 가능성이 높은 설명은 퀴비에가 데리시 가족을 대신하여 혁명 동안 몰수된 재산을 되찾기 위해 로비 활동을 하고 있었다는 것이다. 그리고 그는 또 이 기회에 파리 과학계의 인맥을 통해 자연사박물관에서 일자리를 얻을 수 있을지를 타진했다. 이때는 왕립식물원의 후신인 파리 식물원이 자연사박물관에 편입되어 있었다. 교섭 결과는 희망적이었던 것이 분명하다. 퀴비에가 노르망디로 돌아가 베코코슈아 코뮌의 서기관 직에서 사임하고 파리로 돌아갔기 때문이다. 이때 그는 26번째 생일이 되기까지 아직 몇 달이 남은 나이였다.

퀴비에는 비교해부학교수의 조수로 자연사박물관의 직원이 됐고, 그 뒤로 박물관에서 직위가 높아지고 외부 직책도 겸임하면서 평생 동안 파리 자연사박물관에서 일했다. 그는 격동의 청년 시절을 보낸 뒤 파리에 뿌리를 내렸다. 1798년에는 이집트로 원정을 떠나는 나폴레옹으로부터 수행하라는 제안이 들어왔으나 거절했다. 한 해 뒤에는 콜레주 드 프랑스의 자연사교수로 임용됐고, 다시 한 해 뒤에는 다섯 권짜리 걸작이 될 『비교해부학 강의*Leçons d'anatomie comparée*』를 출간하기 시작했다. 그렇지만 돈이 부족해지는 때가 많았으므로 약간의 경제적 안정을 위해 정부와 교육 분야에서 때로는 따로 때로는 동시에 다양한 일을 했다. 특히 소르본 대학교를 새롭게 조직하는 데 커다란 역할을 했다. 1810년부터 1832년 5월 13일 파리에서 콜레라 때문에 죽을 때까지 세계에서 가장 영향력이 큰 생물학자였을 것이다. 위치가 너무나 확고했기 때문에 1815년 부르봉 왕가가 복위했을 때도 그의 지위는 크게 위협받지 않았다. 그러는 사이에 1804년에는 자식이 넷 있는 과부 안마리 듀보셀과 결혼했다. 그리고 그 이전에 이름이 전해지지 않는 어떤 정부와 오랫동안 관계를 이어 오면서 적어도 두 명의 아이를 낳았다는 약간의 증거가 있다.* 1831년에는 남작 작위를 받았다. 당시 프랑스에서 개신교인이 귀족 지위에 오르는 일은 매우 드물었다.

퀴비에는 살아 있는 동물의 각 부분이 어떻게 어우러져 움직이는지를 깨우쳐 줌으로써 비교해부학의 수준을 한층 높였고, 그의 혜안은 화석 유체를 해석하고 분류할 때 더없이 귀중하다는 사실이 이내 드러났다. 그는 육식동물과 초식동물의 신체 구조를 비교하면서 이 접근법을 부각시켰다. 육식동물은 빠르게 달려 사냥감을 잡는 데 적합한 다리가 있어야 하고, 고기를 찢어 내는 데 적합한 이빨이 있어야 하며, 사냥감을 붙잡는 데 적합한 발톱이 있어야 한다. 이와는 대조적으로 초식동물은 이빨이 납작하여 먹이를 갈아 먹을 수 있고, 발톱보다는 발굽이 있으며 그 밖에도 독특한 특징이 있다. 『비교해부학 강의』에서 퀴비에는 숙달된 사람이라면 뼈 하나만 보고도 동물 전체를 재구성할 수 있다고 했는데 이것은 그리 심한 과장이 아니다. 전문가와는 거리가 먼 사람이라도, 예컨대 이빨 하나가 예리한 앞니라는 것을 알면 그 이빨의 주인은 발굽이 아니라 날카로운 발톱이 있는 동물이라고 확실하게 말할 수 있다는 것은 분명한 사실이다.**

* 아우트럼(Dorinda Outram) 참조.

** 이 모든 것을 역사적 맥락에서 바라보는 것도 가치가 있을 것 같다. 퀴비에가 이 커다란 연구를 해낸 것은 갈릴레이가 커다란 연구를 해낸 때로부터 거의 정확하게 200년 뒤다. 갈릴레이로부터 퀴비에로 이어진 기간은 퀴비에로부터 우리로 이어지는 기간과 거의 같다.

퀴비에는 비교해부 연구를 통해 적어도 생물세계를 두고 볼 때 지구상 모든 형태의 동물을 하나의 선상에 나열하기는 불가능하다는 것을 깨닫게 됐다. 당시 사람들이 상상한 창조의 사다리는 소위 하등한 형태의 생물로부터 고등한 형태의 생물까지 한 줄로 이어졌다. 물론 그 꼭대기에는 인간이 있었다. 이와 달리 그는 모든 동물을 해부학적 특징에 따라 척추동물, 무척추동물, 체절동물, 방사대칭동물 등 네 가지로 분류했다. 퀴비에가 생각해 낸 분류는 오늘날 더 이상 쓰이지 않는다. 그러나 그런 식으로 분류했다는 사실 자체가 동물학에 관한 과거의 사고에서 벗어나 앞으로 나아갈 방향을 제시해 주었다.

퀴비에는 이런 생각을 화석 유체 연구에 적용하면서 멸종한 종을 재구성했고, 거의 혼자 힘으로 고생물학이라는 학문을 만들어 냈다. 그 과정에서 익수룡을 최초로 판별하고 이름을 붙였다. 이런 종류의 연구에서 생겨난 가장 중요하고 실용적인 결과는 화석이 발견된 지층에 순서를 부여하는 것이 가능해졌다는 사실이다. 절대적 의미에서 연대를 부여할 수 있다는 뜻이 아니라, 어느 것이 더 오래됐고 어느 것이 더 나중인지 구분할 수 있다는 뜻이다. 퀴비에는 자연사박물관의 광물학교수 알렉상드르 브롱니아르Alexandre Brongniart (1770~1847)와 함께 4년에 걸쳐 파리 분지의 암석을 면밀히 조사하여 어느 화석이 어느 지층에서 나오는지 알아냈다. 일단 원본 대조가 이루어지자 알려진 유형의 화석이 다른 곳에서 발견되면 그것을 이용하여 그곳의 지층에 지질학적, 시대적 순서를 올바르게 잡아 줄 수 있었다. 심지어 생물이 발생한 지점이 어디인지도 볼 수 있었다.

1812년에 출판된 자료를 바탕으로 1825년 출간한 『지구 이론에 관한 담론*Discours sur la Théorie de la Terre*』의 나중 판본에서 퀴비에는 다음과 같이 썼다.

> 더욱 놀라운 것은 생물 자체가 지구상에 언제나 존재하지는 않았다는 사실과, 최초로 흔적을 남긴 정확한 지점을 관찰자가 쉽게 알아볼 수 있다는 사실이다.

이런 연구를 통해 지구상에서 예전에 살았던 수많은 생물 종이 지금은 멸종했다는 분명한 증거를 얻은 퀴비에는 수많은 종이 멸종한 일련의 대격변이 있었으며, 성서의 대홍수는 그중에서도 최근 것일 뿐이라는 생각에 찬성하게 됐다. 일부 사람들은 이 생각을 더 밀고 나가, 대격변이 일어나면 언제나 하느님이 개입하여 특별한 창조를 통해 지구를 생물로 가득 채웠다고 주장했다. 그러나 이 생각을 찬찬히 짚어 본 퀴비에는 대부분의 동료와 마찬가지로 창조는 한 번뿐이었으며, 그 뒤의 사건들은 하느님이 태초에 만들어 둔 계획(또는 법칙)에 따라 풀려 나갔다는 생각을 받아들였다. 그는 대격변이 있을 때마다 지구가 다시 생물로 가득 채워지는 데에는 문제가 없다고 보았는데, 화석 기록에서 '새로운' 종으로 보여도 사실은 19세기 초까지 탐험이 이루어지지 않은 지역에서 이주해 온 종이라고 주장했다. 그는 어느 쪽이 됐든 지구에서 생물의 역사는 어셔의 추정을 훨씬 넘어 적어도 수십만 년 전으로 거슬러 올라간다고 생각했다. 그러나 수십만 년이라는 시간 척도조차도 그가 화석 기록에서 찾아내는 변화의 정도를 설명하려면 대홍수 수준의 대격변이 반복적으로 일어나야 한다는 뜻이었다. 그렇지만 퀴비에는 종은 고정불변하다는 생각 때문에 동시대 일부 프랑스인과 마찰을 일으켜, 결정적으로 중요한 시기에 프랑스에서 진화 연구가 뒤처지게 만들었다.

장바티스트 라마르크: 진화에 관한 생각

퀴비에가 반대한 생각은 본질적으로 장바티스트 라마르크Jean-Baptiste Lamarck(1744~1829)의 이론이었다. 라마르크는 1744년에 태어났는데, 그에 관해서는 이 책의 9장에서 더 자세히 다루기로 한다.

뷔퐁의 애제자였던 라마르크는 퀴비에보다 먼저 파리 자연사박물관에서 일하기 시작했다. 1809년부터는 개체가 일생 동안 여러 특질을 획득하여 그 특질을 다음 세대로 물려줄 수 있다는 생각을 바탕으로 진화의 작동 방식을 설명하는 모델을 개발했다. 고전적으로 드는 예에서는 기린이 나무꼭대기에 있는 잎까지 목을 뻗음으로써 일생 동안 목이 길어지고, 따라서 그 기린이 자식을 낳으면 부모가 꼭대기의 잎을 먹으려 한 적이 없었던 때보다 목이 더 길게 태어난다고 가정한다(틀린 가정이다). 그렇지만 라마르크와 퀴비에 사이의 본질적 의견 차이는, 라마르크는 어떠한 종도 멸종에 이르지는 않으며 다만 다른 형태로 발전한다고 본 반면, 퀴비에는 어떠한 종도 변화하지 않으며 다만 종 전체가 재해를 통해 완전히 말살될 수 있다고 본 것이다.

라마르크의 생각은 에티엔 조프루아 생틸레르Étienne Geoffroy Saint-Hilaire(1772~1844)가 받아들여 전파했다. 대개 조프루아라 불리는 그는 퀴비에와 나이가 비슷했고, 퀴비에가 파리에 도착하기 전에 파리 식물원에서 이미 자리를 잡고 있었다. 그리고 퀴비에와는 달리 나폴레옹의 이집트 원정에도 따라갔다. 1810년대에 조프루아는 진화를 주제로 하는 다른 이론을 개발하기 시작했는데, 라마르크의 생각을 넘어 진화에서 환경이 직접 차지하는 역할이 있을 수도 있다고 보았다. 그리고 라마르크의 틀린 가정을 어느 정도 이어받아, 살아 있는 생물체에 환경 때문에 변화가 일어날 수도 있다고 생각했다. 그러나 거기서 그치지 않고 다음처럼 충분히 자연선택이라 할 만한 과정을 제안했다.

> 만일 이런 변형이 해로운 결과로 이어지면 그런 변형이 나타난 동물은 스러지고 어느 정도 다른 형태 즉 새로운 환경에 적합하도록 변화한 형태를 띠는 다른 동물로 대체된다.*

이것은 안타까울 정도로 다윈주의에 가깝다. 그러나 이 단계에서 더 이상 나아가지 않았는데, 여기에는 퀴비에의 영향이 적지 않게 작용했다.

처음에 퀴비에와 조프루아는 확고한 친구 사이였으나, 세기가 바뀐 뒤로 두 사람 사이에 일종의 직업적 반감이 생겨났다. 1818년 조프루아가 **모든** 동물은 똑같은 신체 설계에 따라 만들어졌음을 증명했다고 주장하는 연구를 출간하자 퀴비에는 분노를 터트렸다. 이

* 영(David Young)의 『진화의 발견*The Discovery of Evolution*』을 재인용.

연구에서 조프루아는 곤충 신체의 각 부분이 척추동물 설계의 각 부분에 어떤 식으로 대응하는지를 자세히 설명할 뿐 아니라 척추동물과 곤충 모두의 신체 설계를 무척추동물의 구조와 연관시켰다. 라마르크가 죽은 이듬해인 1830년 퀴비에는 조프루아를 신랄하게 공격하면서, 척추동물과 곤충과 무척추동물을 연관 짓는 괴상한 가설뿐 아니라 당시 지식수준에 비춰 볼 때 훨씬 더 인정받을 만한 라마르크의 진화 이론까지도 맹렬하게 비난했다. 퀴비에는 종은 일단 창조된 다음에는 영원히, 또는 적어도 멸종할 때까지 원래 형태를 그대로 유지한다는 생각을 확고하게 고수했다. 그는 젊은 자연학자들에게 자연세계가 어떻게 작동하는지를 **설명하는** 이론에 시간을 낭비하지 말고 자연세계를 **묘사하는** 일에만 신경을 써야 한다고 충고했다. 그의 권위가 가진 무게에 짓눌려 라마르크주의는 땅에 파묻혀 다윈이 자연선택에 의한 진화 이론을 출간할 때까지 근본적으로 잊힌 채로 남아 있었다. 그의 공격이 없었다면 라마르크의 생각은 다음 세대에 의해 다윈의 진화론과 비슷한 이론으로 발전했을지도 모른다.

여기까지 다루었으니 이제는 생명과학 발달 이야기에서 잠깐 벗어나 18세기 물상과학에서 어떤 발전이 있었는지를 알아볼 차례다. 18세기부터 19세기 초에 이르기까지 주로 천문학자와 생물학자 덕분에 인간의 시야가 시간과 공간 모두에서 확장되고 있던 한편, 물리학자, 그리고 그동안 발목을 붙잡고 있던 연금술을 마침내 떨쳐버린 화학자 역시 물리세계를 직접 연구하면서 성큼성큼 앞으로 나아가고 있었다. 뉴턴과 그 동시대 사람들이 이룩한 업적에 견줄 만한 획기적 도약은 없었지만, 흔히 계몽시대라는 어울리는 이름으로 불리는 이 시기에 지식이 꾸준히 늘어나 19세기에 있었던 과학의 눈부신 발전을 위해 꼭 필요한 밑거름이 됐다고 볼 수 있다.

제3부

계몽시대

7
계몽 과학 1
– 화학의 대열 합류

계몽 시대 역사학자는 대략 르네상스 이후 시대를 흔히 계몽시대라 부르는데, 18세기 후반 절정에 다다른 철학운동을 가리킬 때도 쓰는 이름이다. 계몽시대의 기본 특징은 미신보다 이성이 우월하다는 믿음이었다. 여기에는 인류는 사회적으로 발전하는 과정에 있으며 따라서 미래는 과거보다 나을 거라는 생각도 포함돼 있었다. 그리고 그렇게 나아진 점 하나는 미신적 요소를 안고 있는 정통 종교에 도전한 것이었다. 프랑스 혁명과 미국 혁명 모두 부분적으로는 계몽시대의 볼테르 같은 철학자나 토머스 페인 같은 활동가가 기준으로 삼은 인권 원칙 덕분에 지적 정당성을 인정받았다. 계몽시대의 수많은 요인 중 하나에 지나지 않지만 뉴턴 물리학이 세계를 수학적으로 정연하게 묘사한 것도 18세기에 이 운동이 꽃피운 데 큰 역할을 한 것이 분명하다. 철학자에게는 합리주의를 장려하고 화학자와 생물학자에게는 자기네가 다루고 있는 세계도 단순한 법칙을 바탕으로 설명할 수 있을지 모른다고 생각하도록 용기를 주었기 때문이다. 예컨대 린네가 의식적으로 뉴턴을 본받아 자신의 접근법을 만들었다는 말이 아니라, 세계를 연구하는 하나의 방법으로서 질서와 합리 사상이 18세기 초에 뿌리를 내렸고 또 그것이 앞으로 나아갈 방향임이 분명해 보였다는 말이다.

산업 혁명이 1740년부터 1780년 사이에 영국에서 먼저 시작되고 그 다음 유럽 전역으로 퍼진 것이 전적으로 우연만은 아닐 것이다. 산업 혁명이 그때 그곳에서 일어나게 된 요인은 많이 있다. '석탄 섬'이라는 영국의 지리적, 지질적 환경도 있었고, 프랑스는 여전히 보수 귀족의 앙시앵레짐이 지배하고 있고 독일은 수많은 공국으로 쪼개져 있었던 반면 영국에서는 민주주의라 할 만한 것이 일찍 꽃피웠다. 또 어쩌면 순수하게 운도 개입돼 있었을 것이다. 그러나 그중 한 가지 요인은 뉴턴의 나라인 만큼 그의 기계론적 세계관이 가장 빠르게 확립됐다는 것이다. 산업 혁명이 일단 시작되자 과학이 크게 힘을 받았다. 증기 시대에 실용적, 상업적으로 엄청난 중요성을 띠는 열과 열역학 같은 주제에 대한 관심을 자극했을 뿐 아니라, 과학자들이 세계를 탐구할 때 활용할 새로운 도구도 제공해 주었기 때문이다.

이것이 화학보다 더 뚜렷하게 나타난 분야는 없다. 이것은 화학자가 유달리 멍청하거나 미신적이어서 18세기에 들어서고도 오랫동안 여타 과학 특히 물리학보다 뒤처졌기 때문이 아니다. 단지 화학자에게 제대로 된 도구가 없었기 때문이다. 천문학은 아무 도구 없이 인간의 맨눈만 가지고도 어느 정도 해 나갈 수 있었다. 17세기 물리학은 경사면을 굴러 내려가는 공이나 진자의 흔들림같이 쉽게 조작할 수 있는 물체를 다루었다. 생물학자와 동물학자조차 가장 간단한 돋보기와 현미경의 도움으로 발전해 나갈 수 있었다. 그러나 화학자에게 필요한 것은 무엇보다도 화학반응을 이끌어 내는 데 사용할 믿을 만하고 조절 가능한 열원이었다. 사용하는 열원이 기본적으로 대장간의 화로인 데다 온도마저 잴 수 없다면 어떤 화학 실험도 대충일 수밖에 없다. 19세기에 들어선 뒤에도 화학자는 열을 조절하여 섬세한 실험을 하려면 양초의 개수를 조절하거나 여러 개의 심지에 개별적으로 불을 붙이고 끌 수 있는 알코올램프를 사용해야 했다. 국부적으로 높은 열을 가하려면 태양광선을 집중시키는 연소경*을 사용하는 수밖에 없었다. 가브리엘 파렌하이트Gabriel Fahrenheit(1686~1736)는 실험 동안 정확한 측정을 위한 알코올 온도계를 1709년에 와서야 발명했고 1714년이 되어서야 수은 온도계를 고안해 냈다. 오늘날 그의 이름이 붙은 온도 척도** 도 그때 개발한 것이다.*** 이것은 토머스 뉴커먼Thomas Newcomen(1663~1729)이 광산에서 물을 퍼내기 위한 최초의 실용적 증기엔진을 완성한 지 2년 뒤의 일이었다. 앞으로 살펴보겠지만, 뉴커먼의 설계에서는 — 그 다음 세대의 과학 발전을 자극했다는 점에서 — 제대로 설계된 부분보다 잘못 설계된 부분이 더 중요했다.

이 모든 요인을 종합해 보면 화학을 과학으로 만들 기초 법칙을 놓은 로버트 보일 이후로 산업 혁명 시대에 실제로 화학을 과학으로 만든 사람들이 나타나기까지 그렇게나 긴 공백이 있었던 이유를

* 연소경(burning glass)은 대형 볼록렌즈에 받침대를 붙여 태양광선을 한 곳에 집중시킬 수 있게 만든 도구다. (옮긴이)

** 우리나라에서는 '화씨華氏'라 부르는데, 섭씨의 경우와 마찬가지로 그의 이름을 중국어로 음역한 '화륜하이터(華倫海特)' 중 첫 글자를 가지고 만든 이름을 그대로 가지고 왔다. (옮긴이)

*** 안데르스 셀시우스가 자신의 이름이 붙은 온도 척도를 생각해 낸 것은 1742년에 와서의 일이다.

이해하는 데 도움이 될 것이다. 1740년 이후로는 때때로 혼란을 겪기는 했어도 빠르게 발전했고, 그 변화는 몇몇 인물의 생애와 연구를 살펴봄으로써 짚어 갈 수 있다. 그 대부분은 동시대 사람들로서 서로 아는 사이였다. 가장 먼저 살펴볼 사람은 조지프 블랙Joseph Black(1728~1799)이다. 그는 화학에 정확한 정량 기법을 적용한 선구자로, 반응에 들어간 모든 것과 반응에서 나온 것을 최대한 측정했다.

조지프 블랙과 이산화탄소의 발견

조지프 블랙은 뉴턴이 죽은 바로 이듬해인 1728년 4월 16일 프랑스의 보르도에서 태어났다. 이 사실 자체로도 당시 유럽 여러 지역이 문화적으로 연결돼 있었음을 어느 정도 엿볼 수 있다. 조지프 블랙의 아버지 존은 북아일랜드 벨파스트에서 태어났으나 스코틀랜드인의 후예였고, 포도주 상인으로 보르도에 정착해 살고 있었다. 17세기와 18세기 스코틀랜드와 잉글랜드 남부 사이의 도로 사정을 생각할 때 예컨대 스코틀랜드의 글래스고나 에든버러에서 런던까지 가는 가장 쉬운 방법은 배를 이용하는 것이었다. 벨파스트에서 런던까지는 배를 이용하는 길밖에 없었다. 그리고 일단 배에 오르면 보르도까지 가는 것이나 별로 차이가 없었다. 게다가 물론 스코틀랜드와 프랑스 사이에는 역사 오랜 연결 고리도 있었으니, 바로 스코틀랜드가 독립국으로서 잉글랜드를 천적으로 여기던 시절로 거슬러 올라가는 올드 동맹이었다. 존 블랙 같은 스코틀랜드인 신사 내지 상인은 프랑스에 있어도 영국에 있는 것만큼이나 편안했다. 보르도에서 그곳에 정착해 있는 또 다른 스코틀랜드인의 딸 마거릿 고든과 결혼했고 두 사람은 아이를 열세 명 낳았다. 아들 여덟 명과 딸 다섯 명이 당시로서는 드물게도 모두 자라 어른이 됐다.

블랙 가족은 보르도 교외 샤르트롱 시가지의 저택 말고도 포도원이 딸린 시골 저택과 농장 하나를 소유했다. 조지프 블랙은 이런 안락한 환경에서 성장했고, 12세가 될 때까지 대체로 어머니로부터 교육을 받았다. 이어 벨파스트의 친척 집으로 보내져 학교를 다니며 글래스고 대학교 입학을 준비한 다음 1746년에 입학했다. 블랙은 처음에 언어와 철학을 공부했으나, 아버지가 전문직이 되기를 요구했으므로 1748년 의학과 해부학으로 전공을 바꿨다. 그로부터 3년 동안 의학교수 윌리엄 컬런William Cullen(1710~1790) 밑에서 공부했다. 컬런이 가르친 과목에는 화학이 포함되어 있었다. 그는 당시 최신 과학 지식을 갖춘 뛰어난 교수일 뿐 아니라 물을 비롯하여 액체가 증발할 때 매우 낮은 온도를 얻을 수 있다는 것을 증명함으로써 과학에 중요한 업적을 직접 남겼다. 컬런은 공기펌프를 사용하여 액체를 낮은 기압에서 증발시킴으로써 낮은 온도를 얻어 냈는데 이것은 사실상 최초의 냉장고를 발명한 것이었다. 이때 매튜 돕슨Matthew Dobson(1732~1784)이라는 박사 제자가 도왔다. 블랙은 글래스고에서 의학시험을 통과한 뒤 1751년 또는 1752년에 에든버러로 가서 박사 학위를 위한 연구를 시작했다. 그가 과학에서 자신의 가장 유명한 업적을 남긴 계기가 된 것은 바로 이 연구였다.

당시 의료계에서는 비뇨계통에 생기는 '돌'(신장결석) 증세를 완화하기 위해 엉터리 약을 사용하는 문제 때문에 커다란 우려가 있었다. 문제의 돌을 녹인다는 이런 엉터리 약은 가성 잿물(수산화칼륨)을 비롯한 강한 알칼리를 현대인의 눈으로 볼 때 놀랄 만큼의 고농도로 섞어 마시는 것이었다. 그러나 이 방법은 그 몇 년 전 영국 최초의 '수상' 로버트 월폴이 그중 특히 한 가지 처방 덕분에 나았다고 확신하고 그 효과를 보증했기 때문에 크게 유행하고 있었다. 블랙이 대학에서 의학을 공부하던 시절은 수화 마그네사이트라는 비교적 약한 알칼리가 '위산과다' 치료용으로 의료에 도입된 지 얼마 되지 않은 때였다. 그는 논문 주제로 수화 마그네사이트의 성질을 조사하기로 했는데, 신장결석 치료제로 쓸 수 있다는 결과가 나오면 좋겠다는 생각 때문이었다. 이 바람은 이루어지지 않았지만, 블랙의 연구 방법은 화학을 진정으로 과학적으로 연구하기 위해 나아가야 할 방향을 가리켜 주었다. 그리고 그는 이것이 계기가 되어 오늘날 이산화탄소라고 알려져 있는 물질을 발견하고 또 공기는 단일 물질이 아니라 기체의 혼합물이라는 것을 처음으로 보여 주게 됐다.

이 모든 것의 맥락을 먼저 살펴보자면, 블랙 시대의 화학자들은 알칼리성 물질을 두 가지 형태로 인지하고 있었다. 하나는 약한 알칼리이고 다른 하나는 가성(부식성) 알칼리였다. 약한 알칼리는 소석회와 함께 끓이면 가성 알칼리로 바뀌고, 소석회 자체는 생석회에 물을 첨가해 만들었다. 생석회는 석회석(본질적으로 백악)을 가마에 넣고 가열하여 만들었는데 이것이 핵심이다. 가성 알칼리의 '부식성'은 가마에서 모종의 불기가 석회에 들어가, 가성 알칼리를 만들기까지의 여러 과정을 통해 계속 전달된 결과라고 생각했기 때문이다. 블랙이 먼저 발견한 것은 수화 마그네사이트를 가열하면 무게가 줄어든다는 사실이었다. 여기서 만들어진 액체가 없었으므로 이것은 '공기'가 빠져나갔다는 뜻일 수밖에 없었다. 다음에 발견한 것은 모든 약한 알칼리는 산으로 처리할 때 거품이 일어나지만 가성 알칼리는 그렇지 않다는 사실이었다. 그래서 두 가지 알칼리가 차이를 보이는 원인은 약한 알칼리는 '고정공기(fixed air)'를 함유하고 있고 그것이 열이나 산의 작용으로 달아나는 반면 가성 알칼리는 그렇지 않다는 것이었다. 다시 말해 가성 알칼리의 부식성은 불기가 있기 때문이 아니라는 뜻이었다.

블랙은 이것을 바탕으로 여러 실험을 하게 됐는데, 이들 실험에서는 천칭을 핵심 도구로 사용하여 모든 단계에서 모든 것의 무게를 쟀다. 예를 들면 석회석을 가열하여 생석회를 만들 때 가열 전 석회석의 무게와 가열 후 생석회의 무게를 쟀다. 생석회에 물을 가할 때 물의 무게를 쟀고, 그렇게 만들어진 소석회의 무게를 쟀다. 그런 다음 약한 알칼리를 무게를 달아 첨가하여 소석회를 원래 양의 석회석으로 환원시켰다. 블랙은 실험의 여러 단계에서 나타나는 무게 변화를 바탕으로 다양한 반응 때 늘어나거나 줄어드는 '고정공기'의 무게까지 계산해 낼 수 있었다.

블랙은 약한 알칼리가 내놓는 '공기'를 가지고 촛불을 끄는 등 그에 관한 실험을 계속하여, 그것이 보통 공기와는 다르지만 대기 중에 퍼져 존재하는 것이 분명하다는 것을 증명했다. 다시 말해 오늘날 우리 식으로 표현하면 공기는 기체의 혼합물이라는 뜻이다. 이것은 당시로서는 극적인 발견이었다. 블랙은 이 모든 연구를 바탕으로 논문을 써서 1754년 제출했고 1756년 확장된 형태로 출판됐다. 이로써 박사 학위를 얻었을 뿐 아니라 명성도 얻었다. 처음에는 스코틀랜드에서, 그리고 이내 과학계 전체에서 일류 화학자로 알려졌다. 의학 공부를 마친 뒤 에든버러에서 의사로 활동하기 시작했으나, 이듬해에 에든버러 대학교의 화학교수 자리가 공석이 됐을 때 블랙을 가르쳤던 윌리엄 컬런이 그 자리에 임용됐다. 이 때문에 글래스고 대학교에 공석이 생겼고, 이때 컬런은 옛 제자를 후임자로 추천했다. 이에 따라 블랙은 1756년 의학교수 겸 화학강사가 됐다. 그의 나이 28세였고, 개인적으로 의사로도 활동을 계속했다. 블랙은 매우 재미있게 강의하는 성실한 교수여서 영국 전역과 유럽, 심지어 아메리카에서도 학생들을 글래스고로, 나중에는 에든버러로 끌어들였고* 다음 세대 과학자들에게 커다란 영향을 끼쳤다. 그의 사후 제자 한 명이 강의 내용을 자세하게 적어 1803년에 출간함으로써 19세기에도 학생들에게 계속 영감을 주었다. 그러나 그는 연구를 계속하면서도 결과를 거의 출판하지 않았다. 학부생이나 학술단체를 대상으로 하는 강연에서 공개할 뿐이었다. 따라서 청년들은 새로운 과학이 전개되는 것을 정말로 제일 앞자리에서 지켜볼 수 있었다. 그 뒤 몇 년 동안 블랙은 학위 논문에서 다루었던 주제를 발전시켰는데, 그중에서도 '고정공기'는 동물의 호흡에 의해, 발효 과정에서, 그리고 숯을 태움으로써 발생한다는 것을 보여 주었다. 그러나 화학에서는 그것 말고 어떤 획기적 발견도 내놓지 않았고, 1760년대에 이르러 관심은 대체로 물리학으로 기울어져 있었다.

* 블랙의 제자 벤저민 러시Benjamin Rush(1746~1813)가 1769년 필라델피아 대학에서 미국 최초의 화학교수가 됐다.

온도에 관한 블랙의 연구

블랙이 과학에 남긴 또 한 가지 주요 업적은 열의 본질에 관한 것이다. 컬런과 블랙을 비롯한 그 시대 사람들은 열에 매료됐는데, 실험실의 화학에서 본질적으로 중요하기 때문만이 아니라 피어나기 시작한 산업 혁명에서 열이 하는 역할 때문이기도 했다. 곧 살펴보겠지만 증기기관이 개발된 것이 그 한 가지 선명한 예다. 그러나 스코틀랜드에서 성업 중인 위스키 산업도 생각하기 바란다. 이 산업에서는 어마어마한 양의 연료를 사용하여 액체를 증기로 만든 다음, 증기로부터 똑같이 많은 양의 열을 제거하여 다시 액체로 응축시켜야 했다. 1760년대 초에 블랙이 그런 문제를 탐구한 데는 눈에 띄게 실용적 이유가 있었던 것이다. 다만 액체가 증발할 때 일어나는 일에 관심이 컸던 것은 그가 컬런과 친밀하게 지낸 것도 한 가지 원인일 가능성이 있다. 블랙은 얼음이 녹을 때 고체가 액체로 변하는 동안 같은 온도를 유지한다는 잘 알려진 현상을 탐구했다. 늘 그렇듯 꼼꼼한 정량적 접근법을 적용하여 측정함으로써, 주어진 양의 얼음을 같은 온도의 물로 녹이는데 필요한 열은 같은 양의 물을 녹는점으로부터 화씨 176도로 높이는 데 필요한 열의 양과 같다는 것을 보여 주었다.* 그는 고체가 같은 온도의 액체로 녹는 동안 흡수하는 열을 잠열(latent heat)이라 불렀고, 이 열이 있기 때문에 물이 고체가 아니라 액체가 된다는 것을 깨달았다. 이것은 열과 온도 개념을 결정적으로 구분한 것이다. 마찬

* 화씨 176도는 섭씨로 80도다. 즉 섭씨 0도의 얼음을 섭씨 0도의 물로 녹이는 데 필요한 열량은 섭씨 0도의 물을 섭씨 80도의 물로 데우는 데 필요한 열량과 같다. 블랙은 얼음과 섭씨 80도의 물을 1:1로 섞는 방법으로 실험했고, 그 결과 얼음과 물은 섭씨 0도의 물이 됐다. (옮긴이)

가지로 물을 비롯하여 액체가 증기로 바뀌는 현상에도 잠열이 관련되어 있는데 블랙은 이것 역시 정량적으로 조사해 냈다. 또 일정량의 물질을 가지고 그 온도를 일정량만큼 올리는 데 필요한 열의 양을 가리켜 비열(specific heat)이라는 용어를 만들어 냈다. 현대적 용어로 말하자면 이것은 물질 1그램의 온도를 섭씨 1도 높이는 데 필요한 열의 양이 될 것이다. 물은 모두 비열이 똑같기 때문에, 예컨대 어는점(섭씨 0도)의 물 1킬로그램을 끓는점(섭씨 100도)의 물 1킬로그램에 넣으면 그 결과는 둘의 중간 온도인 섭씨 50도의 물 2킬로그램이 된다. 1킬로그램의 물은 50도만큼 올라가고 나머지 1킬로그램은 50도만큼 내려오는 것이다. 그러나 예컨대 철은 물보다 비열이 낮아서, 100도의 물 1킬로그램을 0도의 철 1킬로그램에다 부으면 철의 온도는 50도보다 훨씬 더 높아질 것이다. 블랙은 이 모든 발견을 1762년 4월 23일 대학교의 철학클럽에서 설명했지만 글로 적힌 형태의 공식 출판물로는 내놓지 않았다. 증기에 관해 실험할 때는 대학교에서 일하는 제임스 와트James Watt(1736~1819)*라는 젊은 도구제작자의 도움을 받았다. 와트는 블랙을 위해 도구를 만들었을 뿐 아니라 스스로 증기에 관한 실험을 하고 있었다. 두 사람은 돈독한 우정을 나누는 사이가 됐고, 와트가 증기기관 연구로 부와 명성을 얻자 블랙은 누구보다도 기뻐했다.

블랙은 1766년 글래스고를 떠나 에든버러에서 윌리엄 컬런의 후임으로 화학교수로 임용됐다. 그는 애덤 스미스Adam Smith, 데이비드

* 주로 소비전력을 나타내는 단위로 익숙한 와트(W)의 주인공이다. 물리학에서 와트는 단위 시간당 일의 양(일률)을 나타낸다. (옮긴이)

흄David Hume, 그리고 선구적 지질학자 제임스 허턴James Hutton 등의 의사이자 친구였다. 독신으로 살았고, 그가 발명한 분석화학 기법은 앙투안 라부아지에Antoine Lavoisier를 비롯하여 다른 사람들이 계승 발전시켰다. 그 자신은 스코틀랜드 계몽시대에 우뚝 선 인물로 남았다. 죽을 때까지 교수직을 유지하기는 했으나 만년에 갈수록 허약해졌고 1796/7학사년도에 맡은 강의가 마지막이었다. 1799년 11월 10일 71세의 나이로 조용히 세상을 떠났다.

증기기관: 토머스 뉴커먼, 제임스 와트, 산업 혁명

의학의 역사나 마찬가지로 기술의 역사 역시 이 책의 관심사가 아니지만 블랙의 친구 제임스 와트의 업적은 들여다볼 가치가 있다. 오늘날 우리가 살고 있는 과학 기반 사회로 다가가는 특히 중요한 한 걸음에 해당되기 때문이다. 와트의 업적에서 특별한 부분은 자기 시대 최첨단 과학 연구에서 가져온 발상을 응용하여 커다란 기술 발전을 가져온 최초의 인물이라는 점이다. 그리고 획기적 과학 발견을 이끌어 내는 연구자들과 대학교 안에서 직접 접촉하며 일했다는 사실은* 오늘날 첨단 산업에서 학문적 연구자들과 긴밀히 연계하여 연구소를 운영하는 방식의 전조가 된다. 18세기 후반에 와트가 개량한 증기기관은 실로 최첨단 기술이었으며, 총체적으로 접근하는 그의 연구 방식은 19세기와 20세기에 기술 발전이 나아갈 길을 가리켜 주었다.

* 그는 또 블랙 말고도 제임스 허턴과도 친구였으며 함께 지질학 탐사를 다녔다.

제임스 와트는 1736년 1월 19일 글래스고에서 멀지 않은 그리녹에서 태어났다. 마찬가지로 이름이 제임스였던 아버지는 배목수였지만 선구상, 조선업자, 선주, 무역상으로 활동 영역이 다양했다. 따라서 배를 만들고 채비를 갖추고 화물을 확보하여 해외 항구로 보내 팔게 할 수 있었다. 어머니 애그니스는 '우리의' 제임스 와트를 낳기 전에 아이를 셋 낳았으나 모두 어린 나이로 죽었다. 다섯째인 존은 와트보다 세 살 아래로, 유년기는 무사히 넘겼지만 아버지의 배를 타고 나갔다가 젊은 나이에 바다에서 실종됐다.

아들 제임스 와트는 안락한 환경에서 성장했고 근처의 중등학교에서 훌륭한 기본 교육을 받았으나, 편두통에 시달리고 신체적으로 허약한 편이었다. 아버지의 작업장보다는 학교에 더 관심이 많았고, 여러 가지 기계나 장치의 움직이는 모형을 만들었는데 그중에는 손풍금도 있었다. 아버지는 아들에게 가족의 선박사업을 이어받게 할 생각이었으므로 대학교에 보내지 않았다. 그러나 아버지 제임스가 운영하던 각종 업체의 사업이 연이어 실패하면서 이럴 가능성은 사라져 버렸고, 이제 10대 말의 나이가 된 와트는 갑자기 자기 앞가림을 해야 하는 상황이 됐다. 그래서 1754년에 글래스고로 가서 수학 도구 제작 일을 배우기 시작했고, 이어 1755년에는 런던으로 가서 20기니라는 수업료와 노동력을 제공하는 대가로 당시 영국 최고로 꼽는 도구 제작자 밑에서 1년 동안 일종의 속성 도제 과정을 밟았다. 1756년에 스코틀랜드로 돌아와 글래스고에서 사업을 시작하려 했지만, 전통적 도제 과정을 밟지 않았다는 이유로 장인 길드의 강력한 벽에 부딪쳐 뜻을 이루지 못했다. 그렇지만 이듬해에 대학

21. 뉴커먼의 증기기관.

교 구내에 작업장과 숙소를 제공받고 거기서 대학교에 수학 도구를 만들어 주는 한편으로 개인적으로 일을 맡을 수도 있게 됐다. 대학교에게는 경내에서 마음대로 할 수 있는 권한이 있었고, 당시 글래스고의 교수였던 애덤 스미스 같은 사람들이 확실하게 싫어한 한 가지는 길드가 권력을 행사하는 방식이었다.

와트는 새로운 위치에서 그럭저럭 생활을 꾸려 나갔고, 증기력을 가지고 약간의 실험에 골몰할 시간도 있었다. 이것은 글래스고의 학생 존 로비슨John Robison(1739~1805)이 1759년 그에게 증기력을 이용하여 마차를 끌 수 있을지도 모른다는 말을 한 것에 자극을 받아 시작한 실험이었다. 이때의 실험에서는 아무 성과도 얻어 내지 못했지만, 이것은 적어도 1763/4년 겨울 대학교가 손에 넣은 뉴커먼 기관의 작동 모형 수리를 의뢰받았을 때 증기기관에 대해 이미 어느 정도 이해하고 있었다는 뜻이었다. 이 작동 모형의 문제점은 작동하지 않는다는 것이었다.

토머스 뉴커먼Thomas Newcomen(1663~1729)과 조수 존 캘리John Calley는 1712년 잉글랜드 중부 더들리캐슬 부근의 어느 탄광에서 제대로 작동하는 최초의 증기기관을 만들었다. 그 전에도 증기력을 가지고 실험한 사람들이 있었지만, 이것은 광산에서 물을 빼내는 유용한 일을 해낸 최초의 쓸모 있는 기관이었다. 뉴커먼의 설계에서 핵심 특징은 기다란 가로막대 한쪽에 수직 원통에 장치된 피스톤이 연결돼 있고 막대 반대쪽에 같은 무게의 균형추가 달려 있다는 것이었다. 나머지가 똑같은 조건일 때 균형추가 내려가면서 피스톤을 원통 위쪽 끝까지 들어 올린다. 이 기관을 작동시키려면 원통의 피스톤 아랫부분에 증기를 채운다. 그런 다음 찬물을 원통에 뿜어 넣으면 증기가 응축하면서 부분적으로 진공 상태가 생겨난다. 그러면 균형추가 있는데도 불구하고 기압 때문에 피스톤이 아래의 진공을 향해 내려간다. 피스톤이 원통 아래쪽 끝에 다다르면 다시 증기가 피스톤 아래로 들어가게 하여 피스톤 양쪽의 압력을 똑같게 만든다. 또는 피스톤 아래의 압력을 대기압보다 약간 높게 만들기도 하는데 굳이 그럴 필요는 없다. 이제 균형추가 피스톤을 다시 원통 위쪽 끝까지 끌어올린다. 이런 식으로 계속 반복된다.* 그러나 와트가 뉴커먼 기관 모형의 기계장치 수리를 끝내고 기관을 작동하여 기관에 딸린 작은 보일러에 증기를 가득 채웠을 때, 훨씬 오래 작동하는 실물의 완벽한 축소 모형이라고 했지만 몇 번 움직이고 나니 증기가 다 빠져 버렸다. 와트는 이것이 척도 효과라는 현상 때문임을 깨달았다. 아이작 뉴턴은『광학』에서 형태가 같다 해도 작은 물체는 큰 물체보다 열을 빨리 잃는다는 점을 지적했다. 열은 부피에 의해 보존되지만 작은 물체는 부피에 비해 표면적이 더 넓기 때문이다. 그러나 와트는 어쩔 수 없다고 생각하며 축소 모형은 실물처럼 동작할 수 없다는 것을 받아들인 게 아니라, 기관이 동작하는 과학 원칙을 자세히 살펴보며 좀 더 효율적으로 만들 방법이 있는지를 생각했다. 이것은 모형을 개량한 다음 실물 크기의 기관으로 만들면 뉴커먼 기관보다 훨씬 더 효율적이 될 수 있다는 뜻이었다.

* 피스톤을 아래로 밀어내리는 것이 대기압이므로 뉴커먼 기관을 때로는 대기압기관이라고 부르기도 한다. 그의 설계에 증기를 작동유체로 도입한 사람은 와트이며, 뉴커먼 기관이 증기를 사용했는데도 종종 와트를 증기기관의 발명자라고 설명하는 것은 이 때문이다.

22. 와트의 증기기관.

와트는 뉴커먼 기관에서 대규모로 열손실이 일어나는 것은 피스톤이 움직일 때마다 원통 전체를 식혀야 하기 때문임을 알았다. 게다가 실제 원통은 크기가 어마어마하기 때문에 열을 많이 축적하게 된다. 식히고 나면 증기를 가득 채우기 위해 원통의 온도를 다시 끓는점 이상으로 올려야 했다. 그는 원통을 두 개 사용하는 것이 그 해법임을 깨달았다. 피스톤이 움직이는 작동원통은 항상 뜨겁게 유지하고 다른 하나는 항상 찬 상태로 유지하는 것이었다(초기 모델에서는 이 원통을 물탱크에 넣고 물밑에 잠갔다). 피스톤이 원통 위쪽 끝에 다다르면 밸브가 열려 뜨거운 원통으로부터 찬 원통으로 증기가 흘러가게 했고, 그러면 찬 원통 안에서 증기가 응축하면서 부분적 진공 상태가 만들어졌다. 피스톤이 아래 끝에 다다르면 이 밸브가 닫히고 다른 밸브가 열리면서 아직 뜨거운 상태에 있는 작동원통 안으로 새로운 증기가 들어갔다. 그는 그 밖에도 여러 가지를 개량했다. 예컨대 작동원통을 뜨거운 상태로 유지하는 데 도움이 되도록 대기압 상태의 뜨거운 증기를 사용하여 피스톤을 위에서 아래로 누르게 했다. 그렇지만 핵심적인 부분은 응축기를 별도로 설치한 것이었다.

이런 실험을 하는 동안 와트는 잠열 현상을 독자적으로 발견했는데 블랙의 발견보다 몇 년 뒤였다. 블랙은 아무것도 출판하지 않았으니 뜻밖이라 할 수도 없지만 와트는 블랙의 연구를 알지 못한 것으로 보인다. 그래서 자신이 발견한 내용을 블랙과 이야기하게 됐고, 블랙은 와트에게 그에 관한 최신 정보를 알려 주었으므로 증기기관을 더 개량하는 데 도움이 됐다. 와트가 알아차린 것은 끓는 물 1을 찬물 30에 넣을 때 찬물의 온도 상승은 거의 알아차릴 수 없을 정도이지만, 끓는점의 물과 온도가 같은 증기를 거품 형태로 찬물을 통과하게 하면 비교적 적은 양으로도 이내 물이 끓는다는 사실이었다. 오늘날 우리는 이것이 증기*가 응축되어 물이 되면서 잠열이 방출되기 때문임을 알고 있다.

* 엄밀히 말해 기체 상태의 물이 응축되는 것이다. '증기'는 기체 상태의 물과 매우 뜨거운 물방울이 섞인 혼합물이다.

와트는 1769년에 자신이 개량한 증기기관의 특허를 냈지만 상업적으로 금방 성공을 거두지는 못했고, 1767년부터 1774년까지 그가 주로 한 일은 칼레도니아 운하를 비롯하여 스코틀랜드에 운하를 건설하기 위한 측량사 일이었다. 결혼은 1763년에 했지만 아내 마거릿은 1773년 두 아들을 남기고 죽었다. 1774년 버밍엄으로 이사를 가서 한 달에 한 번씩 모이는 만월회라는 동아리의 일원이 됐다. 이 단체 회원들은 대체로 과학에 관심이 많았고, 조지프 프리스틀리Joseph Priestley, 조사이어 웨지우드Josiah Wedgwood, 이래즈머스 다윈Erasmus Darwin 같은 사람도 활동하고 있었다. 그중에서도 웨지우드와 다윈은 찰스 다윈의 외할아버지와 친할아버지다. 와트는 이곳에서 이래즈머스 다윈을 통해 매튜 볼턴Matthew Boulton(1728~1809)을 만나 동업자 관계를 맺고 증기기관을 상업적으로 성공시켰다. 그는 또 증기기관의 여러 부분을 발명하고 특허를 얻었는데, 특히 기관이 과속을 일으키면 증기를 차단하는 자동조절기(조속기)도 개발했다. 와트는 1775년에 두 번째 아내 앤과 재혼하여 아들과 딸을 하나씩 낳았다. 1800년에 64세의 나이로 증기기관 사업에서 물러났으나, 1819년 8월 25일 버밍엄에서 죽을 때까지 발명을 계속했다.

전기 실험: 조지프 프리스틀리

제임스 와트가 증기기관을 개발할 때 과학적 원칙을 바탕으로 한 것과 마찬가지로, 19세기에 열과 운동의 관계(열역학) 연구는 산업 혁명에서 증기가 차지하는 중요성에 힘입어 더욱 발전하게 된다. 이는 다시 과학과 기술 간의 전형적 상호작용에 따라 더욱 효율적인 기계의 개발로 이어졌다. 그러나 18세기의 마지막 4분기 동안 볼턴과 와트가 산업 혁명에서 맡은 역할을 해 나가고 있을 때, 만월회 회원이자 두 사람의 친구인 조지프 프리스틀리는 화학에서 그 다음 커다란 한 걸음을 내딛고 있었다. 흥미로운 점은 그의 인생에서 가장 중요한 것이 절대로 과학이 아니었다는 사실이다.

조지프 프리스틀리는 1733년 3월 13일 리즈 근처 필드헤드에서 태어났다. 아버지 제임스는 베를 짜고 직물 마감처리 일을 하는 사람으로서 집 안에 마련한 작업실에서 직기를 가지고 일했다.* 그는 또 칼뱅주의자였다. 제임스 프리스틀리의 아내 메리는 6년 동안 여섯 아이를 낳은 뒤 유난히 추웠던 1739/40년 겨울에 죽었다. 조지프는 이 여섯 중 맏이였고, 동생들이 연년생으로 태어난 때문에 외할아버지 댁으로 보내져 어머니를 거의 보지 못한 채 지냈다. 어머니가 죽자 집으로 돌아왔지만, 아버지는 아이들을 모두 보살피면서 일을 하기가 불가능하다는 것을 깨달았다. 이에 당시 여덟 살쯤이던 조지프를 자식이 없는 고모 댁으로 보내 살게 했다. 얼마 뒤 고모부가 죽었다. 마찬가지로 열렬한 칼뱅주의자인 고모는 조지프를 잘 교육시키기 위해 그곳의 학교에 입학시켜 라틴어와 그리스어를 배우게 하는 한편 칼뱅주의 교회의 성직자가 되는 길로 나아가도록 격려해 주었다.

조지프 프리스틀리는 말을 심하게 더듬었는데도 불구하고 이 목표를 달성했다. 그는 1752년에 비국교회 아카데미에 들어가 공부하기 시작했다. 오늘날에는 아카데미라고 하면 굉장할 것 같은 인상

* 전형적 가내공업으로, 증기로 가동하는 공장에 이내 밀려나게 된다.

을 주지만 당시는 꼭 그런 곳은 아니었다. 어떤 곳은 교사 두 명에다 학생은 많아야 열 명에 지나지 않는 수준이었다. 이들 아카데미는 존 레이가 케임브리지를 떠나게 된 1662년의 통일령 때문에 생겨났다. 통일령을 거부한 2천 명 정도의 비국교도가 그 때문에 교회에서 쫓겨났고, 그 대부분은 레이처럼 개인교사가 됐다. 생활을 꾸리려면 사실상 그 길밖에 없었기 때문이다. 명예 혁명이 있은 뒤 1689년 관용령이 실시되면서 비국교도가 사회에서 더 완전한 역할을 할 수 있게 되자 이들은 비국교도 성직자를 키워 내기 위해 아카데미를 40군데 정도 세웠다. 종교적 이유가 있는 만큼 당연하게도 이런 아카데미는 스코틀랜드 대학교들과 관계가 좋았다. 그래서 아카데미 출신 중에는 글래스고나 에든버러로 진학하여 공부를 계속하는 학생이 많았다. 이런 아카데미는 18세기 중반에 활발하게 활동했고, 대니얼 디포Daniel Defoe, 토머스 맬서스Thomas Malthus, 윌리엄 해즐릿William Hazlitt 같은 사람들도 이런 아카데미에 다녔다. 그러나 나중에는 비국교도가 더 완전하게 사회에 통합돼 들어가 다시금 주류 학교와 대학에서 가르칠 수 있게 되자 쇠퇴의 길로 들어섰다.

프리스틀리는 1755년 학과과정을 마치고 서퍽주의 니덤마킷에서 목사가 됐으나, 아리우스주의자가 되어 그곳의 수많은 교인이 떨어져나가게 만들었다. 말하자면 비국교도의 비국교도가 된 셈이었다. 처음에는 비교적 정통적인 삼위일체 관점을 지니고 있었으나, 니덤마킷에 있을 때 성서를 직접 꼼꼼하게 연구한 뒤 삼위일체 관념은 터무니없다고 확신하고 아리우스주의자가 됐다. 프리스틀리는 니덤마킷을 떠나 체셔주 낸트위치로 갔다가 다시 리버풀과 맨체스터 중간쯤에 있는 워링턴 아카데미에서 학생을 가르쳤다. 워링턴에 있을 때인 1762년 군용 장비 제작으로 부자가 된 제철업자 존 윌킨슨의 동생 메리 윌킨슨과 결혼했다. 두 사람은 아들 셋과 딸 하나를 낳았다. 워링턴 아카데미는 주로 프리스틀리 덕분에 잉글랜드에서 전통적 고전학 과목에서 벗어나 역사, 과학, 영국 문학을 가르친 최초의 교육기관 중 하나가 됐다.

프리스틀리는 광범위한 지식 분야에 관심을 가지고 있었고, 그의 초기 저작물 중에는 영어문법 책과 기원전 1200년부터 18세기에 이르기까지 역사적으로 중요한 인물 사이의 시대적 연관성을 나타낸 인물 연대표가 있었다. 이것은 너무나도 인상적인 연구였으므로 1765년 에든버러 대학교에서 그에게 법학박사 학위를 주었다. 그는 매년 런던에서 한 달씩 지냈는데, 그해 런던을 방문했을 때 벤저민 프랭클린 Benjamin Franklin(1706~1790)을 비롯하여 전기에 관심이 있는 과학자들을 만났다. 당시 이들은 전기학자라 불렸다. 그는 이들을 만난 덕분에 직접 실험을 시작하게 됐다. 그런 실험 중 하나에서 속이 빈 구가 전기를 띠어도 구 내부에는 전기력이 없다는 것을 보여 주었다. 특히 전기는 역제곱 법칙을 따른다고 보았고, 이에 관한 연구 덕분에 1766년 왕립학회 석학회원으로 선출됐다. 일찍이 과학이 아닌 주제로 책을 여섯 권 낸 바 있었으나 1767년에는 과학을 주제로 『전기의 역사와 현재 *The History and Present State of Electricity*』를 써서 출간했다. 분량이 25만 낱말* 정도 되는 이 책으로 과학교사이자 역사학자로 자리매김했다. 이제 34세

* 지금 이 책 전체와 분량이 비슷하다. (옮긴이)

였으나, 이제까지 그가 이룩한 것은 앞으로 다가올 것의 맛보기에 지나지 않았다.

충실하고 적극적으로 살았던 프리스틀리의 생애 전체에서 과학은 상대적으로 부수적 부분에 지나지 않았지만, 여기서 그 맥락을 제대로 다루기에는 지면이 부족한 만큼 18세기 말의 격동기에서 신학자로서 또 급진적 비국교도로서 그가 한 역할을 개략적으로 다룰 수밖에 없다. 1676년 프리스틀리는 리즈에 있는 어느 예배당의 목사로 돌아가 일하기 시작했다. 화학에 관심이 커져가는 한편으로 아메리카 식민지에 대한 영국 정부의 처우를 비판하는 소책자를 썼다.* 그러는 동안에도 종교적 진리를 계속 추구했는데, 이때는 1774년 아리우스주의 색채를 강하게 띠는 교파로 설립된 유니테리언주의의 관점으로 기울어져 있었다. 프리스틀리는 명성이 퍼졌고, 1773년 리즈에서 임기가 끝나자 휘그당의 정치가 셸번 경이 그를 자신의 '사서'로 초빙했다. 연봉 250파운드에다 재직 동안 셸번의 장원 내에 무료 숙소를 제공하고 퇴직 시에는 연금을 주겠다는 조건이었다. 사서 일에는 시간을 들일 필요가 거의 없었고, 실제 역할은 정치자문이자 셸번이 생각을 정리하도록 도움을 주는 지식인 대화 상대였으며, 셸번의 두 아들에게 가정교사 역할을 하는 임무도 포함되어 있었으나 전담 교사는 아니었다. 따라서 프리스틀리 자신의 과학 연구와 그 밖의 관심사를 위한 시간이 충분했다. 비용은 주로 셸번이 보조해 주었다. 셸번은 1766년 29세밖에 되지 않는 나이에 남

* 자유에 관해 프리스틀리가 쓴 훌륭한 문구 중 몇 가지를 토머스 제퍼슨이 가져가 미국 독립선언문에 포함시켰다.

부 담당 장관으로 임명돼 아메리카 사람들과의 화해 정책을 관철시키려고 했으나, 애쓴 보람도 없이 1768년 국왕 조지 3세로부터 해임된 전력이 있었다. 1782년 국왕은 자신의 정책 실패로 미국 독립전쟁에서 영국이 패하자 어쩔 수 없이 셸번을 다시 등용했다. 과거 식민지였던 나라와 평화적 관계를 구축하는 어려운 임무를 맡길 믿을 만한 정치가는 그뿐이기 때문이었다. 그러나 그 무렵 프리스틀리는 떠난 뒤였다. 프리스틀리는 1780년에 이르러 비국교도로서 거침없이 발언했기 때문에 셸번 경까지도 정치적으로 당혹감을 느낄 정도가 됐고, 그래서 셸번은 약속한 대로 매년 150파운드의 연금을 주면서 이 '사서'를 은퇴시킨 것이다. 프리스틀리는 버밍엄으로 이사를 가 부유한 처남이 제공하는 집에서 살면서 목사로 활동했다. 이렇게 보나 저렇게 보나 썩 안락한 생활이었다. 그가 만월회에서 활발하게 활동한 것은 그의 일생 중 이 시기였다.

버밍엄에서 프리스틀리는 주류 잉글랜드 성공회를 공개적으로 비판하는 발언을 계속했고, 아메리카 식민지인들의 대의명분에 동조했던 때와 마찬가지로 당시까지만 해도 민중 민주주의 운동이던 프랑스 혁명을 공개적으로 지지했다. 1791년 7월 14일 프리스틀리를 비롯하여 프랑스의 새 정부를 지지하는 사람들이 버밍엄에서 바스티유 감옥 습격 2주년을 기념하는 만찬회를 열었을 때 사태가 급변했다. 그동안 이들에게 타격을 가할 기회를 엿보고 있던 정치적 반대세력과 상업적 경쟁세력이 군중을 조직하여 만찬이 열린 호텔로 몰려갔다. 그러나 만찬이 이미 끝난 것을 보고 군중은 폭도로 변해 비국교도의 집과 예배당을 약탈하고 불태웠다. 프리스틀리는 때

늦지 않게 탈출했지만 그의 집이 파괴됐고 장서와 원고와 과학 연구 도구도 함께 파괴됐다. 처음에 그는 자신의 정당성을 주장하며 (말로) 싸울 생각으로 런던으로 갔으나, 프랑스 혁명이 유혈극으로 변하고 전쟁이 벌어진 때문에 프랑스에 대한 적개심이 치솟으면서 그로서는 더 이상 버틸 수 없는 상황에 이르렀다. 파리의 혁명가들이 그에게 프랑스 시민권을 주겠다고 제안한 것 역시 영국에서 그가 처한 입장에 거의 도움이 되지 않았다. 1794년 프리스틀리는 61세라는 나이로 아내와 함께 북아메리카로 이주했다. 아들들은 그 전해에 먼저 그곳으로 이주해 있었다. 그는 펜실베이니아의 노섬벌랜드에서 조용하게 지내다가 — 1791년 이후로도 무려 30권의 책을 출간했으나 그의 기준으로는 조용한 삶이었다 — 1804년 2월 6일 세상을 떠났다.

프리스틀리의 기체 연구

화학자로서 프리스틀리는 실험에는 뛰어났고 이론에는 형편없었다. 그가 연구를 시작한 무렵 알려져 있던 기체('공기')는 두 가지뿐이었다. 하나는 공기 자체였는데, 블랙의 연구에도 불구하고 공기는 기체의 혼합물이라는 사실이 아직까지 널리 인식되어 있지 않았다. 또 하나는 이산화탄소('고정공기')였다. 수소('가연성 공기')는 1776년 헨리 캐번디시Henry Cavendish(1731~1810)가 발견했다. 프리스틀리는 기체 열 가지를 밝혀냈다. 오늘날의 이름으로 말하면 암모니아, 염화수소, 아산화질소(웃음가스), 이산화황(아황산가스) 등이 포함된다. 그의 가장 중요한 발견은 물론 산소였다. 그러나 그는 산소가 별개의 기체로 존재한다는 것을 밝혀내는 실험을 했는데도 불구하고 플로지스톤(phlogiston) 모델을 가지고 설명했다. 이것은 독일인 화학자 게오르크 슈탈George Stahl(1660~1734)이 퍼트린 것으로, 연소는 연소되고 있는 것으로부터 플로지스톤*이라는 물질이 빠져나가면서 일어나는 현상이라고 '설명'하는 모델이다. 오늘날의 용어로 예를 들어 설명하자면, 금속이 타면 산소와 결합하여 산화금속이 형성되는데 이것을 프리스틀리 시대에는 금속회라 불렀다. 플로지스톤 모델에 따르면 이때 일어나는 일은 금속으로부터 플로지스톤이 빠져나가고 금속회가 남는다. 이 금속회를 가열하면 플로지스톤이 금속회와 재결합하여(또는 금속회 안으로 다시 들어가) 금속이 형성된다는 것이다. 슈탈은 공기가 없을 때 사물이 타지 않는 이유는 플로지스톤을 흡수하려면 공기가 필요하기 때문이라고 설명했다.

플로지스톤 모델은 화학이 모호하게 성분만 따지는 과학이던 시대에는 그럭저럭 통했다. 그러나 블랙과 그 뒤를 이은 화학자들이 모든 과정을 정확하게 측정하기 시작하자 플로지스톤 가설은 그 운이 다했다. 사물이 타면 가벼워지는 게 아니라 무거워진다는 사실을 알아차리는 것은 시간문제였다. 즉 뭔가가 빠져나오는 게 아니라 들어가서 결합한다는 뜻이기 때문이다. 뜻밖인 것은 프리스틀리가 이것을 알아보지 못했다는 사실이다. 그렇지만 화학은 그가 염두에 두고 있었던 수많은 일 중 하나에 지나지 않았으므로 이해할 수 없는 일은 아니다. 그래서 연소와 산소를 연결 지어 플로지스톤 모

* '타다'는 뜻의 그리스어를 가지고 만든 낱말로, '연소원소'라는 뜻이다. (옮긴이)

델의 발밑을 허무는 일은 프랑스인 앙투안 라부아지에Antoine Lavoisier (1743~1794)의 손으로 넘어갔다.

프리스틀리는 리즈에 있을 때 '공기'와 관련된 실험을 하기 시작했다. 그곳에서 그는 양조장과 가까운 곳에서 살았다. 발효조 안에서 발효되는 술 표면 바로 위의 공기가 블랙이 말하는 고정공기라는 사실이 밝혀진 지 얼마 되지 않았는데, 프리스틀리에게 이곳은 대량의 고정공기를 가지고 실험할 수 있는 최상의 실험실이나 마찬가지였다. 그는 발효 중인 술 위로 이 기체가 대략 23~30센티미터 깊이의 층을 이루고 있으며, 불붙은 양초를 이 층에 넣으면 불은 꺼지지만 연기는 그대로 그곳에 머무른다는 것을 알게 됐다. 그는 연기를 넣어 이산화탄소 층이 보이게끔 만들어 그 표면 즉 이산화탄소 층과 일반 공기 사이 경계면의 움직임을 눈으로 관찰할 수 있게 했다. 그랬더니 발효조 옆면을 타고 흘러내려 바닥으로 떨어지는 것을 볼 수 있었다. 프리스틀리는 발효조에서 얻어 낸 고정공기를 물에 녹이는 실험을 했고, 고정공기 안에서 물을 출렁출렁 흔들며 한 용기에서 다른 용기에다 옮기는 과정을 몇 분 동안 반복하는 방법으로 거품이 이는 청량음료를 만들 수 있다는 것을 알아냈다. 프리스틀리는 1770년대 초에 편리한 괴혈병 예방약을 찾아내려 했다.* 이 시도는 실패로 끝났지만 그 과정에서 이산화탄소를 물에 녹이는 기법을 한 단계 발전시켰는데, 황산을 이용하여 백악으로부터

* 프리스틀리는 이 연구로 제임스 쿡James Cook의 제2차 세계 일주 항해 때 승선할 공식 자연학자 물망에 올랐으나 종교적 이유로 퇴짜를 맞았다. 항해에 참가하기로 했던 프리스틀리는 이 소식을 듣고 이렇게 대꾸했다. "저는 이것이 **철학** 일이지 **신학** 일은 아닌 줄 알았습니다."

이산화탄소를 얻어 낸 다음 압력을 가해 그것을 물에 녹이는 방법이었다. 이것은 '소다수' 광풍으로 이어졌고 유럽 전역으로 광풍이 퍼져 나갔다. 비록 프리스틀리는 자신의 신기술로 경제적 보상은 추구하지 않았지만 좋은 일은 좋은 결과를 낳았으니, 1772년 이탈리아를 여행하고 있던 셸번 경이 이때 소다수를 발명한 일로 프리스틀리에 대해 처음으로 전해들은 것이다. 그 뒤 몇 년 동안 프리스틀리에게 화학에 더 집중할 시간, 윌트셔주 칸의 저택이라는 장소, 그리고 산소의 발견으로 이어질 실험 비용을 제공한 사람은 셸번이었으니, 산소의 발견은 양조 산업에게 크게 신세를 졌다고 말할 수 있을 것이다.

산소의 발견 프리스틀리는 또 리즈에 있을 때 공기는 단일 물질이 아닐지도 모른다고 생각하기 시작했다. 그는 공기의 생명 유지 능력은 호흡을 통해 어떤 식으로든 '소진'되어 더 이상 숨쉬기에 적합하지 않게 될 수 있다는 것과, 식물이 있으면 공기의 호흡력이 회복될 수 있다는 것을 생쥐 실험을 통해 알아냈다. 이것은 이산화탄소가 분해되어 산소가 발생되는 광합성 과정이 처음으로 암시된 연구였다. 그러나 호흡 동안 소진되는 기체인 산소를 발견한 것은 1774년 8월 1일 칸에서였다. 그는 지름 30센티미터짜리 렌즈로 태양광선의 초점을 유리 용기 안에 들어 있는 붉은 수은 금속회(산화수은) 시료에 맞춰 가열했다. 그러자 금속회가 금속 상태의 수은으로 되돌아가면서 기체가 방출됐다. (프리스틀리를 비롯한 그 시대 사람들은 기체를 '공기'라 불렀다.) 이렇게 만들어진 새로운 '공기'는 일반 공기보다 호흡에 더 낫다는 사실을 프리스틀리가 알게 되기까지는 어느 정도 시간이 걸렸다. 오랜 기간에 걸쳐 여러 실험을 해 나가는 동안 그는 먼저 불을 붙인 양초를 그 기체 안에 넣으면 비상하게 밝은 불꽃이 일어난다는 것을 발견했고, 마침내 1775년 3월 8일에는 완전히 자란 생쥐 한 마리를 새 공기가 가득 찬 용기에 넣고 밀봉했다. 경험을 통해 그 정도 크기의 생쥐는 그 정도 양의 일반 공기 안에서 15분 정도 살 수 있다는 것을 알고 있었다. 그러나 이 생쥐는 꼬박 30분 동안 이리저리 뛰어다녔고, 죽은 것으로 보일 때 꺼내 불가에서 따뜻하게 해 주었더니 되살아났다. 그는 실험에 사용한 생쥐가 유달리 튼튼한 녀석일 수도 있다는 점을 신중하게 인정하면서, 실험에 관한 노트에다 새 공기는 적어도 일반 공기만큼 좋다고만 적었다. 그러나 실험을 계속하자 호흡에 좋은 정도를 따질 때 이 새 공기는 보통 공기보다 네다섯 배 정도 더 좋다는 사실이 드러났다. 이것은 우리가 숨 쉬는 공기 중 20퍼센트 정도만 실제 산소라는 사실과 맞아떨어진다.

프리스틀리의 발견이 있기 전 실제로 스웨덴 화학자 칼 셸레Carl Scheele(1742~1786)가 먼저 산소를 발견했다. 오늘날 남아 있는 그의 실험 노트를 보면 그는 1772년에 이르러 공기는 두 가지 물질의 혼합물이며, 하나는 연소를 막는 물질이고 또 하나는 연소를 촉진하는 물질이라는 것을 알고 있었다. 그는 산화수은을 가열하는 방법과 그 밖의 기법으로 연소를 촉진하는 기체 시료를 얻어 냈으나, 이런 발견을 그 즉시 발표할 생각은 하지 않았다. 1773년에 쓴 책에서 이에 대해 다루었지만 책이 실제 출판된 것은 1777년이었다. 이 연구에 관한 소식은 프리스틀리가 1774년 8월에 실험을 하기 직전에야 과학계에 퍼지기 시작했다. 당시 프리스틀리는 셸레의 연구에 대해 모르고 있었던 것 같으나, 1774년 9월 그가 아직 실험을 하고 있을 때 셸레는 자신의 발견을 라부아지에에게 보낸 편지에서 언급했다. 그 밖에도 셸레는 화학에서 매우 중요한 발견을 많이 했지만, 약사로 일하면서 책을 한 권만 출간했고 여러 차례나 있었던 대학교의 학문직 제의를 거절했다. 게다가 43세라는 젊은 나이로 죽었다. 이런 여러 상황이 겹치면서 18세기 화학에 관한 역사적 설명에서 이따금 간과되기도 한다. 그렇지만 셸레와 프리스틀리가 거의 동시에 산소를 발견했다는 사실에서 정말로 중요한 것은 누가 먼저냐가 아니라, 대부분의 경우 과학은 그 시대의 기술을 활용하면서 이전의 발견을 바탕으로 조금씩 발전한다는 사실을 일깨워 준다는 것이다. 그러므로 누가 무엇을 먼저 발견하느냐, 그리고 역사책에 누구의 이름이 실리느냐는 크게 보아 운에 달렸다. 셸레가 산소를 먼저 발견했다는 데는 의심의 여지가 없는데도 어떻든 산소의 발견과 연관되는 이름은 프리스틀리이며, 심지어 그가 자신의 발견을 내내 플로지스톤 모델에 의거하여 설명하고자 했는데도 그렇다.

그렇지만 어쩌다 한 번씩 과학자가 역사책에서 어떤 현상 또는 법칙에 자신의 이름을 붙이지 못하는 — 못한다는 게 적당한 표현인지 몰라도 — 이유가 그저 자신의 호기심 충족을 위해 실험으로 과학적 만족을 얻을 뿐 사람들에게 굳이 알릴 생각이 없기 때문일 때도 있다. 이처럼 보기 드문 과학자 종족의 전형적 예는 프리스틀리와 같은 시대에 활동한 헨리 캐번디시Henry Cavendish(1731~1810)이다. 그는

18세기 후반기 화학 발전사에서 중요한 인물이 되기에 충분할 만큼의 연구를 출판했지만, 그 다음 세기에 다른 과학자들이 독자적으로 재발견하고 그래서 역사책에 그 발견자로 정식으로 이름이 올라가 있는 수많은 연구 결과를 출판하지 않았다. 특히 물리학에서 그런 것이 많았다. 그러나 여기에는 일반적이지 않은 집안사정이 — 본질적으로 재산이 막대하다는 사정이 — 있었다. 무엇에 마음이 끌리든 간에 그것을 추구한 다음 무엇을 출판할지 마음대로 고를 수 있는 위치에 있었기 때문이었다.

헨리 캐번디시의 친가와 외가는 모두 당시 잉글랜드에서 가장 부유하고 영향력이 큰 귀족 가문이었다. 친할아버지는 제2대 데번셔 공작 윌리엄 캐번디시이고, 어머니 앤 드 그레이는 아버지(헨리의 외할아버지)가 켄트 공작 헨리 드 그레이로서 제12대 백작이었다가 1710년에 공작으로 작위가 높아진 사람이었다. 헨리 캐번디시의 아버지 찰스 캐번디시Charles Cavendish(1704~1783)는 5남6녀 중 넷째 아들이었으므로 거창한 작위는 따로 받지 못했지만, 캐번디시 가문의 지위가 있었던 만큼 평생 동안 찰스 캐번디시 경이라 불렸다. 그에게 정말로 경이라는 호칭이 있었다면 아들 헨리는 백작의 아들 로버트 보일에게 붙은 호칭과 마찬가지로 '명예로운 헨리 캐번디시 님'이 됐을 것이다. 헨리 캐번디시는 아버지 캐번디시가 살아 있는 동안 실제로 이런 식으로 불렸으나, 아버지가 죽자 이내 그는 평범하게 '헨리 캐번디시 님'이라 불리는 쪽이 더 좋겠다는 의향을 밝혔다.

친가도 외가도 모두 과학에 관심이 있었다. 1736년부터 10여 년 동안 켄트 공작 가문에서는 물리학과 천문학 연구를 권장했고, 이 책의 8장에서 다룰 천문학자 토머스 라이트Thomas Wright(1711~1786)를 공작 부인과 공작의 두 딸 소피아와 메리의 가정교사로 고용하기까지 했다. 이때는 앤이 출가하여 1733년 결핵으로 요절한 뒤였으므로 앤을 가르치지는 않았다. 라이트는 또 공작의 장원을 측량했으며, 그곳에서 천문을 관측하여 그 결과를 1730년대에 왕립학회에 보고했다. 교사로서 맡은 일은 1740년 공작이 죽은 뒤에도 계속됐다. 찰스 '경'과 헨리 캐번디시 모두 라이트가 그곳에 있을 때 찰스의 처가이자 헨리의 외가인 켄트 공작 저택을 방문한 일이 있었다. 라이트는 헨리가 적어도 15세가 될 때까지 그곳에 있었으며, 두 사람은 만나 천문학에 관한 이야기를 나누었을 것이 분명하다.

이것이 더욱 확실한 것은 찰스 캐번디시 자신이 과학에 매우 깊은 관심을 가진 나머지 인생의 중반에 접어든 이 무렵 방계 귀족으로서 맡은 전통적 역할인 정치를 그만두고 과학을 탐구하기 시작했기 때문이다. 그와 같은 위치에 있는 사람이 의례적으로 그렇듯 찰스는 1725년에 평민원(하원) 의원으로 선출됐다. (애초에 평민원이라는 것이 있었을까 싶지만, 당시 평민원은 이름과는 거리가 멀었다.)* 그는 가까운 친인척 몇 사람과 형 한 사람과 함께 하원의원으로 활동했다. 찰스 캐번디시는 부지런하고 유능한 의원이었고, 알고 보니 행정가로서 능력이 뛰어나 웨스트민스터 최초의 다리 건설에 깊이 관여했다. 이것은 동요에 길이 남은 런던교 이후로 런던에서 템스강에 새로 놓인 최초의 다리였다. 그가 의원으로 활동한 기간은 16년

* 영국 하원의 정식 이름은 평민원(House of Commons)이다. 역사적으로 주로 지주들이 의원으로 활동했다. (옮긴이)

이며, 그 기간 내내 호러스 월폴이 수상으로 있었다.* 그러고는 나라를 위한 의무는 다했다고 판단하고 1741년 그가 37세이고 어린 헨리 캐번디시가 열 살밖에 되지 않았을 때 정치에서 물러나 과학에 대한 관심을 추구하기 시작했다. 그는 과학자로서 어느 정도 왕립학회 초기 회원들의 전통을 이어받은 열성적 아마추어였으며, 실험 작업에 매우 능숙하여 벤저민 프랭클린으로부터 칭찬을 들을 정도였다. 그가 한 매우 흥미로운 연구 한 가지는 관찰자가 지켜보지 않아도 최저 온도와 최고온도를 기록하여 보여 주는 온도계를 1757년에 발명한 것이다. 오늘날에는 이것을 '최고 최저' 온도계라 부른다. 찰스 캐번디시는 일류 과학자는 아니었지만, 뉴턴이 죽고 석 달 뒤 석학회원으로 선출된 왕립학회와 왕립 그리니치 천문대를 위해 자신의 행정 실력을 활용하는 한편 아들 헨리에게도 과학을 탐구하도록 격려해 주었다.

찰스 캐번디시는 1729년에 앤 드 그레이와 결혼했는데, 당시 그는 25세가 채 되지 않았고 아내는 그보다 두 살 아래였다. 두 사람의 아버지는 오래전부터 친구로 지냈으므로 둘의 결혼을 기뻐했을 것이 분명하지만, 우리는 둘의 관계 중 낭만적 측면에 관해서는 아무런 정보도 가지고 있지 못하다. 그렇지만 당시 귀족의 장자가 아닌 아들은 30대 나이가 되기 전에는 대개 결혼하지 않았으므로 사랑이

* 월폴Horace Walpole은 당시 명예 혁명의 성공과 밀접한 관계가 있었던 휘그당 정부의 수장이었다. 야당인 토리당은 1740년대까지도 여전히 대체로 제임스 2세를 지지한 사람들이었으며, 이 16년 동안 정권이 바뀌었다면 스튜어트 왕가의 복위로 이어졌을 가능성도 있다. 이 가능성은 1745년 반란을 일으킨 찰스 에드워드 스튜어트(제임스 2세의 손자)가 컬로든 전투에서 패할 때까지 살아 있었다.

개입돼 있었던 것은 분명해 보인다. 우리에게 전해지는 사실은 젊은 부부가 얼마나 부유했는가 하는 것이다. 자세한 내용이 혼인 재산약정에 열거됐기 때문이다. 찰스에게는 아버지가 물려준 토지와 수입이 있었고, 앤은 수입, 증권, 그리고 상당한 규모의 유산을 상속받는다는 약속을 가지고 왔다. 크리스타 정니클Christa Jungnickel과 러셀 매코마크Russell McCormmach*는 찰스 캐번디시는 결혼할 때 상당한 규모의 재산뿐 아니라 매년 적어도 2,000파운드에 달하는 가처분 소득이 있었으며 이 액수는 시간이 가면서 점점 늘어났다고 계산했다. 당시는 매년 50파운드면 생활하는 데 충분했고 500파운드면 신사가 안락하게 살아가는 데 충분하던 시대였다.

이제 앤 캐번디시가 된 그의 아내는 주로 앤 여사라 불렸는데 치명적 질병의 조짐을 이미 보인 적이 있었다. 심한 감기라고 묘사됐으나 불길하게도 각혈까지 하는 병에 잘 걸렸던 것이다. 혹독했던 1730/1년 겨울 두 사람은 대륙으로 여행을 떠나 먼저 파리를 들른 다음 니스로 내려갔다. 니스는 볕도 좋고 공기가 맑아 폐병으로부터 회복 중인 사람들에게 좋은 곳으로 알려져 있었다. 앤은 이곳에서 1731년 10월 31일 첫아들을 낳고 외할아버지의 이름을 따 이름을 헨리라 지었다.** 가족은 앤의 병세에 대해 의학적 조언도 들을 겸 해서 대륙을 계속 여행한 뒤 잉글랜드로 돌아왔고, 돌아온 뒤 1733년 6월 24일 헨리의 남동생이 태어났다. 동생은 당시 웨일스 공의 이름을 따 이름을 프레더릭

* 정니클 외(Jungnickel and McCormmach), 『캐번디시 — 실험하는 삶*Cavendish: the experimental life*』.

** 헨리보다 2년 늦게 태어난 프레더릭은 헨리가 죽은 2년 뒤인 1812년에 죽었다. 찰스, 헨리, 프레더릭 캐번디시는 모두 79세까지 살았다.

으로 지었다. 앤은 그로부터 세 달이 되기 전인 1733년 9월 20일에 죽었다. 찰스 캐번디시는 재혼하지 않았고, 헨리에게는 실질적으로 어느 모로 보아도 어머니가 없었던 것이나 마찬가지였다. 이 사실은 그가 어른이 된 뒤 보여 준 몇 가지 특이한 성격을 설명하는 데 도움이 될 것이다. 그로부터 5년 뒤인 1738년 찰스 캐번디시는 시골 저택을 팔고 어린 두 아들과 함께 런던으로 와서 그레이트말버러 거리에 있는 집에 정착했다. 공무와 과학위원회 일을 하기 편리한 위치였다.

찰스 캐번디시는 이튼을 졸업했지만 두 아들은 런던의 해크니에 있는 사립학교를 마친 다음 케임브리지의 피터하우스로 진학했다. 프레더릭 캐번디시는 언제나 형이 닦아놓은 길을 따라갔다. 헨리는 18세이던 1749년 11월에 케임브리지로 진학하여 거기서 3년 3개월을 지냈다. 젊은 귀족 자제들이 흔히 그러듯 학위를 받지 않고 그곳을 떠났으나, 케임브리지가 제공할 수 있었던 교육의 이점을 최대한 누린 다음이었다. (그렇다고 해도 케임브리지의 교육은 1760년대에도 썩 대단하지는 않았다.) 1754년 여름 어느 날 프레더릭이 자기 방 창에서 떨어진 것은 헨리가 피터하우스를 떠난 뒤였다. 이 사고로 프레더릭은 머리를 다쳐 영구적 뇌손상을 입었다. 집안 재산이 많았으므로 언제나 그를 챙겨 줄 믿을 만한 하인이나 동반자를 둘 수 있었던 만큼 이 때문에 그가 독립생활을 누리지 못하게 된 것은 아니다. 그러나 정치 무대에서도 과학 무대에서도 아버지의 발자취를 따를 수 없게 된 것은 분명했다.

헨리 캐번디시는 정치에는 아무런 관심도 없었지만 과학에는 깊이 매료됐다. 형제가 함께 유럽 대여행을 마친 뒤 헨리는 그레이트말버러 거리의 집에 정착하여 일생을 과학에 바쳤다. 처음에는 아버지와 협력하여 연구했다. 일부 집안사람들은 이런 방종한 생활에 불만을 가지고 있었고 또 캐번디시 사람이 점잖지 못하게 실험실 활동에 관여한다고 생각하기도 했으나, 찰스 캐번디시는 아들이 스스로 과학에 대한 열정을 따라가는 것을 반대했을 리 없었다. 찰스가 헨리에 대해 경제적으로 인색하게 굴었다는 이야기가 여러 가지 있지만, 이런 이야기에 조금이라도 진실이 담겨 있다면 그것은 잘 알려져 있는 대로 찰스가 돈에 대해 매우 신중했다는 것을 보여 주고 있을 뿐이다. 찰스 캐번디시는 자신의 부를 늘릴 방법을 언제나 찾고 있었고 필요 이상으로 돈을 쓰지 않으려고 조심했다. 물론 그가 생각하는 '필요'라는 것은 공작의 아들에게 어울리는 수준이었다. 어떤 이야기에서 헨리는 아버지가 살아 있는 동안 매년 120파운드의 용돈만 받았다고 한다. 그렇다고 해도 모든 것이 다 갖춰진 집에서 살았으므로 충분하고도 남았을 것이다. 그보다 더 그럴 법한 다른 이야기에서는 그의 용돈이 매년 500파운드였다고 하는데, 이것은 찰스 캐번디시가 결혼할 때 자기 아버지로부터 받은 것과 같은 액수다. 의심할 수 없는 사실 하나는 헨리 캐번디시는 돈에는 관심이 전혀 없었다는 것이다. 매우 부유한 사람이라야 돈에 관심이 없을 수 있는 바로 그런 식이었다. 예컨대 그는 옷을 언제나 한 벌만 소유했다. 날마다 입다가 해져 입지 못할 정도가 되면 똑같이 구식 스타일의 옷을 한 벌 사 입었다. 또 식사 습관도 고정불변이어서 집에 있을 때는 언제나 양 다리 고기로 식사를 했다. 한번은 과학자 친구 여럿이 집에 와서 저녁 식사를 하기로 되어 있었으므로 집사가 무엇을 준비할지 물었다. 헨리 캐번디시는 "양 다리 고기 하나"라고 대답했고, 그걸로 부족할 거라는 말을 듣자 이렇게 대답했다고 한다. "그럼 두 개."

그러나 찰스 캐번디시가 죽고 오랜 세월이 지난 뒤 담당 은행가가 집으로 찾아갔던 때의 이야기가 잘 기록돼 있기 때문에 돈에 대한 헨리 캐번디시의 태도를 단적으로 알 수 있다. 은행가는 헨리의 계좌에 그동안 쌓인 돈이 8만 파운드 정도 되는데 그걸로 뭔가를 하는 게 좋지 않겠느냐며 투자를 권했다. 헨리는 이런 성가신 질문으로 사람을 '괴롭히는' 데에는 넌더리가 난다고 마구 화를 내면서, 그 은행가에게 돈을 관리하는 것은 은행가가 할 일이니 그런 사소한 일로 다시 귀찮게 굴면 다른 곳에다 돈을 맡기겠다고 했다. 은행가는 약간 불안한 마음이 되어, 그렇다면 절반은 투자해야 하지 않겠느냐고 다시 말했다. 헨리는 동의하면서 은행가가 최선이라 생각하는 대로 하라고 했다. 그리고 그 문제로 다시는 자신을 '괴롭히지' 말라면서, 안 그러면 정말로 거래를 끊겠다고 했다. 다행하게도 이 은행가는 정직했고 그의 돈은 나머지 재산 전부와 아울러 안전하게 투자됐다. 헨리 캐번디시가 죽을 무렵 그의 이름으로 투자된 액수는 액면가로 100만 파운드가 넘었다. 다만 당시 시장가치로는 100만 파운드에 조금 못 미치는 액수였다.

그만한 부를 쌓은 근원은 부분적으로 찰스 캐번디시가 부를 쌓는 데 성공한 덕도 있지만, 찰스가 죽기 직전 물려받은 유산이 헨리에게 상속된 재산에 포함된 덕도 있었다. 프레더릭은 신사로 충분히 안락하게 생활할 수 있도록 뒷받침해 주었지만, 맏아들이 아니라는 점 말고도 뇌손상에 따른 지력 문제가 있어서 큰 재산을 간수하기가 불가능했다. 찰스 캐번디시에게는 삼촌 제임스의 딸인 사촌 엘리자베스가 있었다. 엘리자베스는 더럼 주교의 아들이자 정치가인 리처드 챈들러와 결혼했고, 그녀의 유일한 형제자매인 윌리엄 역시 챈들러 집안사람인 바버라와 결혼했다. 1751년 제임스 캐번디시와 윌리엄 캐번디시가 모두 죽었는데, 윌리엄에게는 후계자가 없었으므로 엘리자베스와 리처드 부부가 집안의 그쪽 혈통을 이어받을 수밖에 없었고 그에 따라 성을 캐번디시로 바꾸고 유산도 상속받았다. 그러나 리처드와 엘리자베스 부부 역시 자식이 없었으며, 리처드가 먼저 죽으면서 엘리자베스는 상속녀로서 막대한 규모의 토지와 증권을 물려받았다. 1779년 그녀가 죽으면서 캐번디시 가문에서 살아있는 유일한 남자 사촌이자 캐번디시 가문에서 가장 가까운 친척인 찰스에게 남긴 것은 바로 이 재산이었다. 찰스 캐번디시는 이렇게 불어난 부를 1783년 79세의 나이로 죽으면서 당시 52세인 헨리에게 물려주었다. 헨리가 "현자 중 최고 부자, 부자 중 최고 현자"라 불린 것은 이때부터의 일이었다.

헨리 캐번디시는 1810년에 죽으면서 가문의 전통을 따라 재산을 가장 가까운 친척에게 남겼다. 최대 수혜자는 조지 캐번디시로, 헨리 캐번디시의 사촌인 제4대 데번셔 공작의 아들이자 제5대 공작의 동생이었다. 조지의 어머니는 제3대 벌링턴 백작의 딸 샬럿 보일이었다. 조지의 손자 중 윌리엄은 1858년 제6대 데번셔 공작이 미혼으로 죽으면서 제7대 공작이 됐다. 철강 산업에 투자하여 가문의 부를 더욱 늘리고 9년 동안 케임브리지 대학교의 총장을 맡은 뒤 1870년대에 케임브리지에 캐번디시 연구소를 세울 기부금을 내놓은 사람은 바로 이 윌리엄 캐번디시였다. 윌리엄 캐번디시가 이 연구소를 조상에게 바치는 기념비로 삼을 의도였는지 알 수 있는 공식 기록은 없으나, 앞으로 살펴보겠지만 이 연구소는 19세기 말과 20세기 전체에 걸쳐 물리학이 혁명적으로 발전하는 동안 캐번디시라는 이름이 물리학 연구에서 확실하게 앞자리를 차지하게 했다.

헨리 캐번디시 자신은 집안 재산이 일부라도 집안 밖으로 나가게 하는 일은 현명하지 않다고 생각했을 가능성이 있지만, 씀씀이가 헤픈 사람이 전혀 아니었는데도 좋은 이유가 있을 때는 돈을 쓰는 데 조금도 주저하지 않았다. 그는 물론 과학 연구를 위해 조수를 고용했으나, 조수가 그 연구의 실행을 위해 적당한 장소를 마련할 수 있도록 확실하게 챙겼다. 그런 만큼 모든 가능성을 고려해 볼 때 만일 그가 1870년대에 살아 있었다면 캐번디시 연구소 같은 기관이 필요하다는 것을 알아보고 비용 지출을 승인했을 것이다. 아버지가 죽기 직전 헨리는 런던의 햄프스티드에 있는 시골 주택을 빌려 3년 정도 사용했다. 1784년 이후에는 그레이트말버러 거리의 집을 세놓고 근처 베드퍼드스퀘어에 있는 저택을 사들였다. (이 저택은 지금도 서 있다.) 그리고 햄프스티드를 떠난 뒤 템스강 남쪽의 클래펌커먼에 있는 시골 주택을 또 하나 사들였다. 이 모든 곳에서 그의 생활은 과학 연구를 중심으로 돌아갔고, 다른 과학자를 만나는 때를 제외하면 사교활동을 전혀 하지 않았다.

헨리 캐번디시는 지독하게 수줍음을 많이 탔고 과학 모임 외에는 외출하는 일도 거의 없었다. 과학 모임에서조차 이따금씩 모임에 늦은 사람들이 가서 보면 그가 문밖에 서서 안으로 들어갈 용기를 그러모으고 있는 모습을 볼 수 있었다. 존경받는 과학자가 된 훨씬 뒤에도 그랬다. 그는 하인에게도 될 수 있으면 쪽지로 의사를 전달했다. 그리고 뜻하지 않게 모르는 여성을 만났을 때 손으로 눈을 가리고 말 그대로 도망친 이야기가 여러 가지 전해진다. 그러나 여름철에는 종종 조수 한 사람과 함께 사륜마차를 타고 영국 여기저기로 여행을 다니면서, 지질학에 관심이 있었던 만큼 과학적 조사를 진행하는 한편 다른 과학자들을 방문했다.

사회생활이 과학을 중심으로 돌아가고 있었으므로 헨리 캐번디시는 1758년 27세 때 아버지의 동반객으로서 왕립학회 모임에 처음 참석했다. 1760년에는 자신의 실력으로 석학회원에 선출됐고, 같은 해에 왕립학회 클럽 회원이 됐다. 이 클럽은 왕립학회 회원으로 이루어진 정찬회이지만 별도 단체였으며, 연중 내내 거의 매주 정찬 모임을 가졌다. 헨리는 클럽에 가입한 뒤로 50년 동안 클럽의 거의 모든 정찬 모임에 참석했다.* 이 시대에 돈 가치가 어느 정도였는지 대충 말하자면, 어느 정찬 모임 때의 식비 3실링(오늘날 15페니)으로 고기, 닭고기, 물고기 등 아홉 가지 요리 중 하나를 택하고, 과일파이 둘과 건포도 푸딩과 버터와 치즈를 먹을 수 있었으며, 포도주나 흑맥주나 레모네이드 중 택하여 마실 수 있었다.**

헨리 캐번디시가 출판한 연구는 그에게 "부자 중 최고 현자"라는 명성을 안겨 주었지만 그것은 그의 연구 활동에서 빙산의 일각에 지

* 이런 모임이 있을 때 찰스 캐번디시가 헨리에게 한 푼도 남지 않게 딱 식대 만큼만 돈을 주어 보냈다는 전설이 있으나 그것을 뒷받침하는 증거는 전혀 없다.
** 왕립학회 클럽 의사록. 정니클 외(Jungnickel and McCormmach)를 재인용.

나지 않았다. 연구의 결실은 대부분 그의 생전에는 출판되지 않았다. 그의 연구는 전체적으로 범위가 넓었고, 연구 결과가 그 시대 사람들에게 알려졌다면 깊은 영향을 주기도 했을 것이다. 전기 연구가 특히 더 그렇다. 그러나 출판된 연구는 대부분 화학에 관한 것이며, 이 역시 그에 못지않게 깊은 영향을 주어 18세기 후반기 발전사에서 주류 자리를 정통으로 차지하고 있다. 캐번디시의 화학 연구 중 우리가 알기로 최초의 것은 1764년 무렵 한 것으로 비소와 관련된 연구였다. 그러나 연구 결과는 출판되지 않았고, 또 우리는 그가 하필 이 물질을 골라 연구한 이유가 무엇인지도 모른다. 그렇지만 그의 솜씨가 어느 정도였는지를 알기 쉽게 설명하자면, 그의 노트를 보면 그는 이때 비소산을 만드는 방법을 개발했는데 이것은 지금도 사용되고 있는 방법이다. 그런데 같은 방법을 1775년 셸레가 독자적으로 개발했고 또 대개는 그의 공로로 인정받고 있다. 캐번디시가 입을 닫고 있었던 만큼 이것은 마땅한 결과다. 그러나 캐번디시는 1766년 『철학회보』에 처음으로 연구 결과를 출판할 때 화려하게 등장했다.

헨리 캐번디시의 화학 연구: 『철학회보』에 출간

당시 35세이던 캐번디시는 사실 여러 가지 기체('공기')를 가지고 한 실험을 설명하는 논문을 네 편 준비했는데 서로 연관된 논문이었다. 알려지지 않은 어떤 이유로 첫 세 편만 실제로 출판을 위해 제출됐다. 그러나 거기 들어 있는 내용은 필시 그의 발견 중 단연 중요한 발견이었을 것이다. 금속이 산과 반응할 때 발생하는 '공기'는 그 자체로 독특한 것으로, 우리가 숨 쉬는 공기 속에 들어 있는 그 어떤 것과도 다르다는 발견이었다. 이 기체는 오늘날 수소라 불린다. 캐번디시는 이것을 '가연성 공기'라 불렀는데 그 이유는 두말할 것도 없다. 블랙을 본받아 캐번디시는 가연성 공기를 여러 가지 비율로 일반 공기와 혼합한 다음 불을 붙였을 때 어떤 종류의 폭발이 일어나는지를 비교하고 가연성 공기의 밀도를 판정하는 등 많은 실험을 정량적 방법으로 면밀하게 진행했다. 그는 이 기체가 산과 반응하는 금속에서 발생한다고 생각했고(오늘날 우리는 이 기체가 금속이 아니라 산에서 온다는 것을 알고 있다), 이 기체를 플로지스톤이라고 보았다. 그의 시대 화학자가 다 그런 것은 아니지만 그가 볼 때 수소가 바로 플로지스톤이었다. 캐번디시는 또 프리스틀리가 발견한 '고정공기'(이산화탄소)의 성질을 조사했는데, 언제나 정확하게 측정했지만 그가 사용하는 측정 도구의 정확도가 보장하는 정도 이상으로 결과가 정확하다는 주장은 한 번도 하지 않았다. 1767년에는 광천수의 구성에 관한 연구를 출판했다. 그러고 나서는 관심을 전기 연구로 돌렸는지 전기는 액체라는 생각을 기반으로 하는 이론 모델을 1771년 『철학회보』에 출간했다. 어쩌면 그해 프리스틀리가 출간한 『전기의 역사와 현재』에 자극을 받았는지도 모른다.

그가 낸 이 논문은 완전히 무시당한 것으로 보이며, 캐번디시는 전기를 가지고 실험을 계속하기는 했지만 이 주제에 관해 그 밖에는 아무것도 출판하지 않았다. 이것은 당시 과학에 커다란 손실이었으나, 캐번디시의 모든 연구 결과는 예컨대 '옴의 법칙'을 비롯하여 모두 그 이후 세대의 과학자들이 독자적으로 — 옴의 법칙은 게오르크 옴Georg Ohm(1789~1854)이 — 재현해 냈다. 이에 관해서는 다음 장에서 각각의 맥락 안에서 살펴보기로 한다. 그렇지만 전하를 띤 구형 도체 안에 설치한 구형 도체를 가지고 실행한 아름다울 정도로 정확한 실험은 언급할 만하다. 캐번디시는 중심이 같도록 설치한 이 도체구들을 통해 전기력은 ±1퍼센트의 오차 범위 이내로 정확하게 역제곱 법칙을 따른다는 것을 입증했다('쿨롱의 법칙').

캐번디시는 1780년대 초에 다시 기체를 연구하기 시작했다. 그가 이 연구를 바탕으로 쓴 뛰어난 논문*에서 설명한 대로 이들 실험은 "일차적으로 잘 알려진 바와 같이 보통 공기가 온갖 다양한 방법으로 플로지스톤화할 때 그 양이 감소하는 원인을 찾아내고 또 그렇게 잃은 공기는 어떻게 되는지를 알아내려는 생각으로" 진행했다. 오늘날의 용어로 표현하면 공기 안에서 뭔가가 탈 때 공기가 '감소하는' 이유는 타고 있는 물질과 공기 중의 산소가 결합하기 때문이며, 따라서 보통 공기의 20퍼센트까지 고체나 액체 화합물 안에 갇힐 수 있다. 그러나 프리스틀리가 산소를 발견하고 그것이 대략 보통 공기의 5분의 1을 차지한다는 것을 이미 알아냈지만, 캐번디시가 이런 실험을 새로 한 무렵에도 사람들은 연소 과정을 전혀 제대로 이해하지 못했다. 그래서 수많은 사람들과 마찬가지로 캐번디시 역시 연소는 공기에 플로지스톤이 **더해지는** 것이라 생각했지 공기로부터 산소가 **빠져나가는** 것이라고는 생각하지 못했다.

캐번디시는 자신이 발견한 가연성 공기가 플로지스톤이라고 생각했으므로 이런 실험에서 오늘날 수소라 부르는 기체를 사용하는

* 『철학회보*Philosophical Transactions*』, 74권, 119쪽, 1784년.

것은 당연했다. 그가 사용한 기법은 선구적 전기학자 알레산드로 볼타Alessandro Volta(1745~1827)가 발명하고 다음에는 존 월티어John Waltire가 실험 때 사용한 기법이었다. 월티어는 프리스틀리의 친구이며, 나중에는 프리스틀리도 비슷한 실험을 했다. 이 기법에서는 수소와 산소를 섞은 기체를 구리 또는 유리 용기 안에 밀폐하여 전기 불꽃으로 폭발시켰다. 용기가 밀폐돼 있어서 용기에서 빠져나가는 것은 열과 빛뿐이므로 폭발 전과 후에 모든 것의 무게를 잴 수 있었고, 예컨대 양초를 사용하여 불을 붙일 때는 일어날 수밖에 없는 다른 물질로 인한 오염을 막을 수 있었다. 이 기술은 오늘날의 기준으로 보면 그다지 세련돼 보이지 않겠지만, 과학 발전이 전적으로 바로 그만큼 더 개량된 기술에 의존하고 있었음을 보여 주는 또 한 가지 예다.

월티어는 폭발 후 유리 용기 안쪽이 이슬로 뒤덮이는 것을 알아차렸지만, 그도 실험 결과를 보고한 프리스틀리도 이것이 어떤 의미를 띠는지를 깨닫지 못했다. 두 사람은 폭발 동안 열이 빠져나갔으므로 열이 무게를 지니고 있을 가능성에 더 흥미를 가지고 있었다.* 월티어의 실험에서는 이렇게 무게가 감소한 것으로 나타난 것 같지만, 1781년 초에 캐번디시가 한 훨씬 더 꼼꼼한 실험에서는 그렇지 않다는 결과가 나왔다. (참고로 캐번디시는 열이 운동과 관계가 있다는 생각을 일찍 받아들인 인물이다.) 그가 1784년에 발표한 논문에서 이런 실험에 관해 한 말은 인용할 만하다.

* 아인슈타인의 유명한 방정식 $E = mc^2$은 에너지 손실은 무게 손실에 해당한다는 것을 우리에게 알려 주고 있지만, 물론 너무나 작기 때문에 이런 실험에서 측정할 수 있는 정도는 아니다.

프리스틀리 박사는 지난번 실험 보고에서 월티어 씨의 실험을 전하고 있는데, 그 실험에서 보통 공기와 가연성 공기의 혼합물을 3파인트 정도 용량의 밀봉된 구리 용기 안에 넣고 전기로 불을 붙였을 때 언제나 평균적으로 2그레인 정도의 무게 손실이 있는 것으로 파악됐다고 했다.* … 또 이 실험을 유리 용기에서 재현했을 때 원래는 깨끗하게 말라 있던 유리 안쪽에 즉각적으로 이슬이 맺혔다고 전하고 있다. 이것은 오랫동안 이어 오던 생각 즉 보통 공기는 플로지스톤에 의해 습기를 내놓는다는 생각을 확인시켜 주었다. 후자의 실험이 내가 생각하고 있던 주제에 중요한 실마리를 가져다줄 가능성이 높아 보였으므로 나는 더 자세히 살펴볼 가치가 충분히 있다고 생각했다. 전자의 실험 역시 실수가 없었다면 매우 예외적이고 진기하다 하겠지만 나로서는 성공하지 못했다. 내가 사용한 용기는 월티어 씨가 쓴 것보다 용량이 더 커서 24,000그레인의 물을 담을 수 있고, 또 보통 공기와 가연성 공기를 섞는 비율을 바꿔 가며 여러 차례 실험을 반복했지만 나는 5분의 1그레인을 초과하는 무게 손실을 한 번도 볼 수 없었고 대개는 무게 손실이 전혀 없었다.

캐번디시는 각주에서 자신의 실험이 있은 뒤로 프리스틀리도 월티어의 결과를 재현하려 했으나 성공하지 못했다는 것을 언급했다.

* 1파인트(영국)는 약 568밀리리터이며, 1그레인은 약 64.8밀리그램이다. 대략적으로 말하자면 수소와 섞은 공기 1.7리터 정도를 폭발시켰더니 곡물 두 톨 정도만큼 무게가 줄어들더라는 뜻이다. (옮긴이)

오늘날의 용어로 말하자면 캐번디시는 폭발로 형성된 물의 무게가 폭발에서 연소된 수소와 산소를 합한 무게와 같다는 것을 보여 준 것이다. 그러나 그는 그것을 이런 식으로 표현하지 않았다.

캐번디시가 이런 결과를 출판하기까지는 시간이 너무나 오래 걸렸다. 이런 실험은 여러 비율로 섞은 수소와 공기의 폭발 결과를 조사하고 유리 안에 이슬 맺힌 액체를 분석하는 일련의 꼼꼼한 실험의 시작에 지나지 않았기 때문이다. 그는 이에 대해 특히 조심스러웠는데, 처음 몇 번의 실험에서 생긴 액체가 약간 산성을 띠었기 때문이다. 오늘날 우리는 밀봉된 용기 안에 있는 수소의 양이 충분하지 않으면 남는 산소가 폭발열에 의해 공기 중 질소와 결합하여 질소 산화물이 되는데 이것이 질산의 기본 물질이라는 것을 알고 있다. 그러나 결국 캐번디시는 '가연성 공기'의 양이 충분하면 보통 공기는 언제나 똑같은 비율로 줄어들고, 폭발 때문에 만들어지는 액체는 순수한 물이라는 것을 알아냈다. 그는 "가연성 공기 423이면 보통 공기 1,000을 플로지스톤화하는 데 대략* 충분하며, 폭발 이후 남아 있는 공기는 실험에 투입한 보통 공기 양의 5분의 4보다 아주 약간 웃도는 양"이라는 것을 알아냈다. 그 이전에 한 실험에서는 부피 기준으로 보통 공기의 20.8퍼센트가 (오늘날의 용어로) 산소임을 알아냈다. 그러므로 기체 혼합물 전부를 물로 바꾸는 데 필요한 수소 기체와 산소 기체의 부피 비율은 그의 수치로 계산하면 423 : 208이며, 이것을 오늘날 알려져 있는 이 두 기체의 결합 비율인 2 : 1과 비교하면

* 그는 '대략'이라는 말을 '매우 근접'이라는 뜻으로 사용한다.

오차가 2퍼센트를 넘지 않는다.

물은 원소가 아니다 캐번디시는 물론 자신의 실험 결과를 플로지스톤 모델로 설명했고, 심지어 '플로지스톤화한 공기'(오늘날의 질소)에서 질산이 만들어지는 것도 끔찍할 정도로 복잡하기는 해도 같은 방식으로 설명했다. 그리고 수소와 산소를 물이라는 화합물을 만드는 원소로 생각하지 않았다. 그러나 물 자체는 원소가 아니며 다른 두 가지 물질이 혼합하여 이루어진다는 것을 보여주었다. 이것은 연금술이 화학으로 탈바꿈하는 단계에서 핵심적인 한 걸음이었다. 애석하게도 캐번디시는 결과를 출판하기 전에 모든 가능성을 너무나도 꼼꼼하고 철저하게 확인하는 성격이라 실제로 출판할 무렵이면 다른 사람들이 비슷한 노선을 따라 연구하고 있었고, 따라서 이 때문에 누가 먼저인가를 두고 한동안 혼선이 있었다. 잉글랜드에서는 부분적으로 볼타와 월티어가 한 것과 같은 식의 실험을 바탕으로 제임스 와트가 1782년이나 1783년 무렵 물은 복합물이라고 생각하기에 이르렀고, 그의 추측은 완성도에서도 정확도에서도 캐번디시의 연구에는 전혀 못 미쳤는데도 1784년 왕립학회를 통해 출간됐다. 프랑스에서는 라부아지에가 1783년 파리를 방문한 찰스 블랙던Charles Blagden으로부터 캐번디시의 초기 실험 결과를 전해 들었다.* 블랙던은 캐번디시와 협력하는 과학자로서 나중에 왕립학회의 간사가 된 인물이다. 라부아지에는 즉시 그 현상을 조사했

* 1770년대 중반에 아메리카를 향한 뱃길에 올랐을 때 캐번디시의 제안에 따라 바닷물의 수온을 측정하여 멕시코 만류가 따뜻하다는 것을 발견한 사람은 블랙던이다.

다. 그는 대개 꼼꼼하게 실험하는 사람인데도 이때는 캐번디시보다 엉성한 실험 기법을 사용했고, 그 결과를 발표하면서 먼저 있었던 캐번디시의 연구에 대해 공로를 제대로 인정하지 않았다. 그러나 지금은 이 모든 것이 다 지난 일일 뿐, 물이 화합물이라는 것을 밝혀내는 데 캐번디시가 한 역할을 의심하는 사람은 아무도 없다. 물이 화합물이라는 사실은 라부아지에가 플로지스톤 모델을 무너뜨리고 연소에 대한 더 나은 이해를 이끌어 낼 수 있었던 한 가지 핵심 요소가 된다.

그렇지만 라부아지에의 연구로 넘어가기 전에, 캐번디시의 업적 중 18세기 화학 발전과는 무관하지만 우리 이야기에서 건너뛰기에는 너무나 중요한 것이 두 가지 더 있다. 그 첫째는 캐번디시가 실험자로서 얼마나 믿기 어려울 정도로 정확했는지, 그리고 여러 면에서 시대를 얼마나 앞서 가고 있었는지를 보여 주는 좋은 예다. 1785년에 출판된 논문에서 캐번디시는 공기에 관한 실험을 설명했는데, 질소(플로지스톤화한 공기)와 산소(플로지스톤이 제거된 공기)를 알칼리 위에서 불꽃으로 긴 시간 반응시키는 실험이었다. 이렇게 함으로써 질소가 모두 소진되면서 다양한 산화질소가 생성됐다. 캐번디시는 이로써 자신이 사용한 공기 시료로부터 기체를 모두 제거하기는 불가능하다는 것이 증명됐으며, 산소와 질소를 모두 제거한 뒤에도 "투입된 플로지스톤화 공기의 120분의 1을 절대로 넘기지 않는 양의" 작은 거품이 남아 있었다는 내용을 전적으로 이 실험의 부산물로서 덧붙였다. 그는 이것을 실험의 오류 때문이라고 받아들였지만 어쨌든 완전하게 보고한다는 뜻에서 적어 두었다. 그로부터 한 세기도 더 지난 뒤 이 연구는 런던 유니버시티 칼리지에서 일하던 윌리엄 램지William Ramsay(1852~1916)와 케임브리지의 캐번디시 연구소에서 일하던 존 윌리엄 스트럿John William Strutt(1842~1919)의 눈에 띄었다. 정확히 어쩌다 관심을 가지게 됐는지는 이야기마다 다르지만 두 사람은 캐번디시가 말한 수수께끼의 거품을 추적해 보기로 했고, 1894년 그때까지 알려져 있지 않았던 기체인 아르곤이 대기 중에 작디작은 양만큼(0.93퍼센트) 존재한다는 것을 알아냈다. 이 연구로 두 사람은 1904년 최초의 노벨상 중 하나를 받았다. (사실은 두 개다. 스트럿은 물리학상을, 램지는 화학상을 받았기 때문이다.) 노벨상은 사후에 주는 법이 없지만, 만일 사후에 주었다면 캐번디시는 120년 전에 한 연구로 분명히 이 영예를 안았을 것이다.

캐번디시 실험: 지구의 무게 측정

빠트릴 수 없는 캐번디시의 마지막 업적은 그가 한 마지막 연구이자 그의 실험 중 가장 유명한 동시에 그가 발표한 중요 논문 중 마지막 것의 주제이기도 하다. 이 논문은 그가 67번째 생일을 맞기 네 달 전인 1798년 6월 21일 왕립학회에서 낭독됐다. 대부분의 과학자는 이 나이라면 자신의 분야에서 이렇다 할 연구를 더 이상 내놓지 않게 된 지 오래됐겠지만, 캐번디시는 클래펌커먼에 있는 집 창고에서 지구의 무게를 쟀다.

'캐번디시 실험'이라 불리게 된 이 실험은 사실 다음 장에서 자세히 다룰 그의 오랜 친구 존 미첼John Michell(1724~1793)이 고안한 것이다. 미첼은 이 실험을 생각해 내고 실험에 필요한 도구까지 제작했지만 직접 실험을 하지 못하고 1793년 죽었다. 미첼의 과학 도구는 모두 그가 일하던 케임브리지의 퀸즈 칼리지에 남아 있었으나, 그곳에는 지구의 무게를 잰다는 미첼의 생각을 실행에 옮길 수 있을 만큼 유능한 사람이 아무도 없었으므로 케임브리지의 교수 프랜시스 울러스턴Francis Wollaston(1762~1823)이 캐번디시에게 전해 주었다. 나이가 있기는 해도 캐번디시가 이 실험을 해내기에 적당한 사람임은 분명했지만, 울러스턴의 아들 하나가 클래펌커먼에서 그와 이웃관계였던 것도 한 가지 요인일지도 모른다. 실험은 원리로 볼 때 매우 간단했으나, 작디작은 힘을 측정해야 했기 때문에 뛰어난 기술이 필요했다. 도구는 대체로 캐번디시가 다시 제작했다. 1.8미터 길이의 가볍고 튼튼한 나무막대 양 끝에 지름이 5센티미터 남짓한 작은 납공을 하나씩 달았다. 이 가로장을 중간에 철사로 걸어 공중에 매달았다. 160킬로그램 정도 되는 훨씬 무거운 납공 두 개를 공중에 매달아, 가로장을 회전시키면 작은 공이 정확하게 닿게끔 했다. 이 전체를 나무 상자 안에 설치했는데 공기의 흐름에 영향을 받지 않게 하기 위해서였다. 커다란 추와 작은 공 사이의 중력 인력 때문에 가로장은 수평면 상에서 약간 돌다가 철사의 비틀림 때문에 멈췄다. 그리고 이때 돌아간 만큼에 해당하는 힘을 측정하기 위해 캐번디시는 커다란 추가 없는 상태에서 가로장이 수평 방향의 진자처럼 오락가락 돌게 하는 실험을 했다. 이렇게 설치해 둔 것을 전체적으로 비틀림 천칭(torsion balance)이라 부른다.

이 모든 것을 바탕으로 캐번디시는 160킬로그램의 추 하나와 작은 납공 하나 사이의 인력을 알아냈다. 지구가 작은 납공에 미치는 인력의 크기는 그 납공의 무게이므로 이 두 힘 간의 비율을 바탕으로 지구의 질량을 계산해 낼 수 있었다. 이런 실험을 이용하면 중력의 세기를 측정하는 것도 가능하다. 중력의 세기는 중력상수라는 숫자로 알려져 있으며 G라고 표시한다. 이런 실험은 오늘날에도 이용되는데 그 이유는 중력상수를 측정하기 위해서다. 그러나 캐번디시는 이런 식으로 생각하지 않았고 직접 중력상수를 측정하지는 않았다. 다만 그가 얻어 낸 수치를 가지고 중력상수 값을 추론해 낼 수는 있다. 실제로 캐번디시는 연구 결과를 발표하면서 지구의 질량에 해당하는 수치를 제시하지 않고 밀도에 해당하는 수치를 내놓았다. 그는 1797년 8월과 9월에 여덟 차례 실험했고 1798년 4월과 5월에 아홉 차례 더 실험했다. 『철학회보』*에 출간된 실험 결과는 여러 가지 오류의 가능성을 고려할 뿐 아니라 두 가지 철사를 사용하여 그 결과를 비교한 것으로, 그가 내놓은 지구의 밀도는 물 밀도의 5.48배였다.

이것은 그 얼마 전 지질학자들이 커다란 산을 향해 진자가 수직 방향을 얼마나 벗어나는지를 측정한 값을 바탕으로 계산한 수치보다 약간 더 높았다. 그러나 그들의 수치는 산을 이루고 있는 암석 밀도를 어림짐작하여 얻어 낸 것이었다. 이 연구에 관여한 지질학자 중 제임스 허턴은 1798년에 캐번디시에게 보낸 편지에서 이제 자신은 산과 진자로 계산한 수치가 실제보다 낮으며 이 방법으로 계산한 지구의 밀도는 "5와 6 사이"가 맞다고 생각한다고 했다.** 오랜 세월이 지난 뒤, 캐번디시가 계산하면서 조심하고 또 조심했는데도 불구하고 산수 계산에서 작디작은 실수가 있었다는 것과, 그의 측정치를 가지고 제대로 계산하면 지구의 밀도는 물의 5.45배가 된다는 것을

* 88권, 526쪽, 1798년.
** 정니클 외(Jungnickel and McCormmach)를 재인용.

알게 됐다. 오늘날 여러 가지 기법으로 계산한 지구 밀도의 평균치는 물의 5.52배이며, 캐번디시의 측정치를 가지고 맞게 계산한 수치보다 1퍼센트 남짓 더 크다. 이 실험의 정확도를 체감할 수 있게 해주는 비유 중 가장 훌륭한 것은 19세기 말에 이런 실험에 관여한 영국의 물리학자 존 포인팅John Poynting(1852~1914)이 쓴 책에서 볼 수 있다.* 일반 천칭을 사용하여 천칭의 한쪽 접시 아래에 큰 질량을 놓았을 때 그 질량이 천칭에 미치는 작디작은 힘을 측정하는 실험에 관해 쓴 글에서 그는 다음과 같이 말했다.

> 영국제도의 인구를 전부 한쪽 접시에 올릴 수 있을 만큼 큰 천칭이 있고, 보통 체격의 소년 한 명만 제외하고 인구 전체를 거기 올린다고 생각하자. 그럴 때 무게 증가를 측정하는 것은 그 소년을 전체 인구에다 더했을 때 증가하는 무게를 측정하는 것과 같을 것이다. 측정의 정확도는 그 소년이 접시 위로 올라갈 때 한쪽 신을 벗었는지 아닌지를 따지는 것과 같을 것이다.

캐번디시는 그보다 거의 100년이나 전에 저 정도로 정확했다. 19세기의 첫 10년 동안 70대 나이에 들어선 캐번디시는 과학 실험을 계속하고 왕립학회 클럽의 정찬 모임에 나가고 과학 모임에 참석하는 등 생활이 그 전과 그다지 달라진 부분 없이 계속됐으며 여기서 특별히 언급할 만한 것은 없다. 그는 왕립연구소 초창기에 기부금을

* 『지구*The Earth*』(CUP, Cambridge, 1913).

내고 집행위원으로 활동하면서 험프리 데이비Humphry Davy(1778~1829)의 연구에 적극적으로 관심을 가졌다. 1810년 2월 24일 잠깐 병을 앓은 뒤 집에서 조용히 숨을 거두었고, 더비에 있는 올세인츠 교회(오늘날 더비 대성당)의 가족납골묘에 묻혔다. 블랙, 프리스틀리, 셸레, 캐번디시 같은 과학자들은 화학의 기초가 될 발견을 통해 화학을 과학으로 만들었다. 캐번디시는 그중 가장 뛰어난 화학자로 간주되는 앙투안 라부아지에가 이런 발견을 종합하여 화학을 진정으로 과학적으로 만드는 것을 생전에 볼 수 있었다. 앞으로 살펴보겠지만, 실제로 캐번디시는 프랑스 혁명 동안 공포정치의 희생자가 된 라부아지에보다 오래 살았다.

앙투안 로랑 라부아지에: 공기 연구와 호흡계통 연구

앙투안 로랑 라부아지에는 1743년 8월 26일 파리의 마레라는 지역에서 천주교 가족의 아들로 태어났다. 마찬가지로 이름이 앙투안이었던 할아버지와 아버지 장앙투안은 성공한 법률가였고, 어린 라부아지에는 중산층의 안락한 환경에서 성장했다. 1745년 태어나 마리 마거릿 에밀리라는 세례명을 받은 여동생이 유일한 형제자매였다. 어머니 에밀리가 1748년에 죽은 뒤 가족은 오늘날의 파리 레알 근처에서 외할아버지와 사별하고 혼자 지내던 외할머니 댁에서 함께 살았다. 그곳에서 미혼인 이모 마리가 어머니 노릇을 하며 아이들을 헌신적으로 보살폈다. 라부아지에는 콜레주 마자랭을 다녔다. 이곳은 루이 14세가 성인이 되기 전 프랑스를 섭정 통치한 마자랭 추기경(1602~1661)의 유언에 따라 설립된 학교다. 이곳에서 라부아지에는 고전학과 문학에서 뛰어난 학생이었지만 과학에 대해서도 배우기 시작했다. 1760년에 동생 마리가 15세 나이로 죽었고, 한 해 뒤 집안 전통을 따를 생각으로 파리 대학교의 법률학교에 들어갔다. 1763년 법학사 학위를 받고 졸업한 다음 1764년에 면허학위를 받았다. 그러나 법학 공부를 하면서도 과학에 대한 관심을 키워 나갈 시간이 있었고, 그래서 공식 교과목 말고도 천문학, 수학, 식물학, 지질학, 화학 과목도 수강했다. 교육을 마친 다음 그가 택한 것은 법학이 아니라 과학이었고, 장에티엔 게타르Jean-Etienne Guettard(1715~1786)가 진행하는 프랑스 지질도 제작 작업에 조수로 참여하여 3년 동안 탐사와 표본 채취 활동을 하며 지냈다.

이 현장 연구가 끝났을 무렵 라부아지에는 원하는 직업을 마음대로 고를 수 있었다. 1766년 외할머니가 죽으면서 재산을 대부분 그에게 남겼는데 생활에 충분한 정도였던 것이다. 같은 해에 넓은 도시 지역 거리에 불을 밝히는 가장 좋은 방법에 관한 논문으로 프랑스 왕립과학원장이 국왕을 대신하여 주는 금메달을 받으면서 처음으로 과학계에 널리 유명해졌다. 1767년에는 이제 정부의 공식적 후원으로 지질 조사를 벌이게 된 게타르와 함께 알자스로렌 지역 조사에 나섰는데, 이번에는 조수가 아니라 동료라는 동등한 위치였다. 이 연구로 그의 평판이 너무나 좋아져 1678년 25세라는 매우 젊은 나이로 왕립과학원의 회원으로 선출됐다.

프랑스 과학원은 영국의 왕립학회와는 매우 다르게 운영됐다. 왕립학회는 엄밀히 말해 공식적 지위가 부여되지 않는 신사 클럽에 지나지 않았다. 그러나 프랑스 과학원은 프랑스 정부가 재원을 댔고

회원은 급료를 받았으며, 다른 직위를 맡고 있다 해도 정부를 위해 과학적 성격의 연구를 수행하게 되어 있었다. 라부아지에는 유능한 행정가로서 과학원을 위해 본격적으로 역할을 맡았고, 회원으로 있는 동안 사과즙의 품질저하, 몽골피에의 열기구, 운석, 양배추 재배, 피레네산맥의 광물학, 분뇨 배출 구덩이에서 발생하는 기체의 본질 등 다양한 주제에 관해 매우 많은 보고서를 작성했다. 그러나 라부아지에의 공인된 능력 중 예지능력은 없었고, 그래서 1768년 어느 세금 징수 대행업체의 지분 3분의 1을 사들이는 일생 최악의 결정을 내렸다.

당시 프랑스의 징세 체제는 한심하리만치 불공평하고 무능하며 부패했다. 그 많은 부분이 17세기와 18세기 동안 프랑스의 정치 체제가 안정되어 있었던 것이 원인이었다. 잉글랜드에서는 분노한 사람들이 두 번이나 국왕을 내쫓았던 그 시기에 프랑스에서는 루이 14세가 마자랭 추기경이 섭정을 맡았던 기간을 포함하여 72년 동안 통치했다. 이어 루이 15세는 1715년부터 1774년까지 59년을 더 다스렸다. 두 국왕 모두 민의를 그다지 아랑곳하지 않았다. 그 결과 17세기 초였다면 '자연스러운 세상의 이치'라고 받아들여졌을 관행이 18세기의 마지막 4분기에도 여전히 시행되고 있었다. 귀족을 과세 대상에서 제외시키는 것도 그런 관행의 하나였다. 지난 시대의 화석화된 유물이랄 수 있는 그런 관행은 프랑스 혁명으로 이어진 불만의 한 가지 커다란 요인이었다.

라부아지에가 사실상 징세원이 됐던 시기에 정부는 염세나 주류 관세 같은 것의 징세권을 징세업자라 불리는 금융업자 집단에게 도

급을 맡겼다. 국왕의 징세 대행업체들은 대개 빌린 자본으로 정부에 돈을 내고 이 특권을 받아 내고, 그런 다음 세금을 걷어 투자금을 회수하고 적당한 이윤을 남겼다. 국왕에게 낸 액수보다 세금을 더 많이 걷으면 그들이 가질 수 있었다.* 더욱 문제는 정직하고 능률적인 징세업자가 없지는 않았으나, 이들마저도 장관 집안이나 왕족에게 명목상의 직위를 맡겨야 징세권을 얻을 수 있었다는 사실이다. 그들은 일은 하지 않고 연금이라는 명목으로 돈을 챙기곤 했다. 세금을 내는 사람, 다시 말해 부자를 제외한 모든 사람들로부터 이 제도가 얼마나 원성을 많이 샀을지는 굳이 상상력을 동원하지 않아도 알 수 있다. 그렇지만 21세기 초의 관점에서 라부아지에가 가난한 사람들을 억압하는 일에 나선 나쁜 사람이 아니라 그저 탄탄하다고 생각되는 투자를 했을 뿐이라는 것을 제대로 이해하려면 상상력을 비교적 많이 동원해야 한다. 그는 확실히 자신의 '대행업체'를 위해 열심히 일했고, 세금 징수업자로서 유달리 가혹했다는 증거는 전혀 없다. 그렇기는 해도 세금 징수업자였던 것은 사실이며, 법의 테두리 안에서 행사한다 해도 체제 자체가 가혹했다. 그러나 이 일에 관여한 것이 불행하게 끝나기는 하지만 그 출발은 좋았다. 게다가 경제적으로만 좋았던 것이 아니었다. 1771년 12월 16일 라부아지에는 마리안 피에레트 폴즈Marie-Anne-Pierette Paulze(1758~1836)와 중매로 결혼했다. 그녀는 라부아지에의 동료 징세업자인 법률가 자크 폴즈의 딸로서 그때 13세였다. 이 경사를 축하하기 위해 라부아지에의

* 징세 대행업체에서 라부아지에 같은 사람이 직접 나서서 세금을 걷는 일을 하지는 않았다. 그들은 조직의 꼭대기에 있었으며, 관리자와 불량배를 고용하여 실무를 맡겼다.

아버지는 아들에게 낮은 계급의 귀족 칭호를 사주었다. 라부아지에는 이 칭호를 거의 쓰지 않았지만 이제부터 그는 공식적으로 '드 라부아지에'였다. 자식은 없었으나 행복한 결혼이었던 것으로 보이며, 마리는 과학에 크게 흥미를 느끼게 되어 라부아지에의 조수로 일하면서 그의 실험을 노트에 기록하는 일을 도왔다.

1760년대 말 라부아지에는 화학에서 블랙이 사용한 꼼꼼한 접근법을 바탕으로 여러 차례 실험했고 이로써 물을 흙으로 변화시킬 수 없다는 것을 최종적으로 증명한 바 있었다. 그러나 오늘날 그가 유명해진 연구는 결혼한 뒤인 1770년대 말에 시작됐다. 1772년에는 지름 1.2미터에 두께가 15센티미터 남짓한 거대한 렌즈로 햇빛을 모아 다이아몬드를 가열함으로써 다이아몬드는 연소된다는 것을 증명했고, 그해 말에 이르러 황이 타면 무게가 줄어드는 게 아니라 늘어난다는 것을 입증했다. 이것은 연소를 오늘날처럼 타고 있는 물질과 공기 중의 산소가 결합하는 과정으로 이해하는 방향으로 나아가는 첫걸음을 그가 독자적으로 내디딘 사건이었다. 또한 블랙의 '고정공기'에 대한 면밀한 연구라든가 저 거대한 렌즈로 붉은 납 금속회(광명단)를 가열하여 산소를 발생시키는 등 그가 한 수많은 실험의 서막이기도 했다. 프리스틀리는 산소를 발견한 지 얼마 지나지 않은 1774년 셸번 경과 함께 대륙 여행길에 올랐다가 그해 10월에 파리에서 라부아지에를 방문하여 자신이 초기에 얻은 실험 결과를 말해 주었다. 라부아지에는 1774년부터 같은 방향에서 직접 실험하기 시작했고, 1775년 5월 출간한 논문에서 열을 가하여 금속회를 만드는 과정에서 금속과 결합하는 '원인요소'는 대기에서 오며 프리스틀리가 발견한 '순수한 공기'라고 했다.

라부아지에가 정부 일에 더 관여하기 시작한 것은 이 무렵이었다. 루이 16세는 1774년 왕위를 이어받았을 때 자신이 물려받은 부패한 행정 관행을 일부 개혁하려고 했다. 여기에는 육군과 해군에 화약을 납품하는 방식도 포함되어 있었는데, 실제로 납품되는 때나 서류상으로만 납품되는 때나 빈도가 비슷했다. 징세 체제처럼 이 역시 민영화되어 부패하고 비효율적이었다. 1775년 루이 16세는 화약산업을 사실상 국영화하며 감독관 네 명을 임명하여 운영하게 했는데 그중 한 명이 라부아지에였다. 손을 대는 일마다 늘 그러듯 라부아지에는 이 일을 부지런하고 효율적으로 실행했고, 일을 쉽게 진행하기 위해 파리 조병창 안으로 들어가 그곳에 실험실을 차렸다. 현대적 연소 모델이 플로지스톤 모델보다 우수하다는 것을 입증하고 마침내 1779년 산소에 이름을 붙인* 것은 바로 이곳에서였다.

당시 다른 화학자들과 마찬가지로 라부아지에는 열의 본질에 깊이 관심을 가지고 있었다. 그는 열을 '불의 물질'이라 불렀다. 공기 중의 산소가 인간을 비롯한 동물의 호흡 동안 고정공기로 바뀐다는 것을 보여 주는 실험을 한 뒤 동물은 숯이 탈 때 열을 내놓는 것과 같은 방식으로 산소를 고정공기로 바꿈으로써 체온을 유지한다고 결론지었다. (원리상으로는 옳았다. 그러나 물론 체열이 생성되는 과정은 단순한 연소보다는 조금 더 복잡하다.) 그러나 이 가설을 어떻게 시험할 것인가? 그는 1780년대 초에 이것을 증명하기 위해 다

* '산酸을 이루는 것'이라는 뜻의 그리스어에서 가져왔다. 라부아지에는 모든 산에는 산소가 들어 있다고 착각했다.

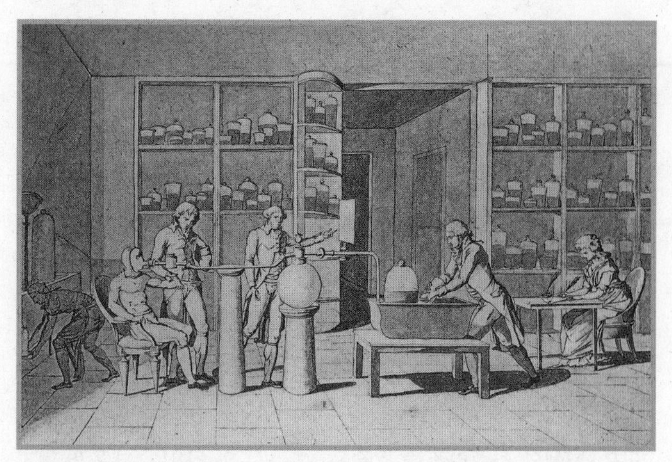

23. 라부아지에의 인간 호흡 실험. 그의 아내 마리안 라부아지에Marie-Anne Lavoisier의 그림을 본뜬 그림이다.

음 장에서 다룰 과학원의 동료 회원 피에르시몽 라플라스Pierre-Simon Laplace(1749~1827)와 협력하여 기니피그 한 마리를 이용한 기발한 실험을 했다.

이들은 기니피그를 넣은 용기를 커다란 용기 안에 넣고 두 용기 사이에 얼음을 채웠다. 이 전체를 얼음열량계(ice calorimeter)라 부르는데, 차가운 환경에서 10시간이 지난 뒤 측정하니 기니피그의 온기 때문에 얼음이 13온스* 녹았다. 이어 라부아지에와 라플라스는 열량계 안에서 작은 숯 조각을 태우면서 그만큼의 얼음을 녹이는 데 숯이 얼마나 필요한지를 알아냈다. 다음에는 몇 차례 별도 실험을 통

* 프랑스 온스로 환산하면 거의 400그램이지만, 이 실험을 소개하는 갖가지 글에서는 일반적으로 370그램이라고 나와 있다. (옮긴이)

해 기니피그가 10시간 동안 가만히 있는 상태로 호흡하면서 고정공기를 얼마나 내쉬는지, 또 양을 달리하며 숯을 태울 때 고정공기가 얼마나 발생하는지를 측정했다. 두 사람은 기니피그가 내쉰 고정공기의 양은 숯을 태워 얼음 10.5온스를 녹일 때 숯에서 발생하는 고정공기의 양과 같을 것이라는 결론을 내렸다. 수치가 정확하게 일치하지는 않았지만, 라부아지에와 라플라스는 실험이 불완전하다는 사실을 잘 알고 있었다. 그래서 이것을 동물은 오늘날 용어로 탄소(음식)를 공기 중의 산소(들숨)와 결합하여 이산화탄소(날숨)로 변환함으로써 체온을 유지한다는 가설이 확인된 것으로 받아들였다. 라부아지에와 라플라스는 호흡은 "따라서 연소이며, 매우 느리기는 하나 그 나머지 면에서는 숯의 연소와 정확하게 닮았다"고 말했다. 이는 인간을 — 복잡하기는 하지만 — 하나의 체계로서, 낙하하는 돌멩이나 불붙은 양초와 똑같은 법칙을 따르는 존재로 취급하는 핵심적인 한 걸음이었다. 18세기 말에 이르러 과학에서는 인체에서 생명과 관련된 온기를 만들어 낼 때 그 어떤 것도 과학세계 밖으로부터 끌어올 필요가 없다는 것을 증명해 놓았다. 하비가 말한 '자연열'은 더 이상 필요하지 않은 것이다.

라부아지에는 호흡에 관한 연구를 진행하는 한편 연소 이론을 더욱 발전시켰고, 1786년 과학원의 『학회지』에 플로지스톤 모델을 결정적으로 분쇄하는 논문을 출판했다. 플로지스톤 모델을 최후까지 지지하는 사람들이 사라지기까지는 어느 정도 시간이 걸렸지만, 이 논문에서 라부아지에가 간추려 말한 내용은 살펴볼 가치가 있다. 그가 말하는 '공기'는 '기체'를 가리킨다는 것을 기억하기 바란다.

1. 연소성 물체 주위에 산소가 있어서 산소와 접촉할 때에만 불꽃과 빛을 발산하는 진정한 연소가 일어난다. 다른 종류의 공기 또는 진공 안에서는 연소가 일어날 수 없으며, 불타는 물체를 그 두 가지 중 어느 곳에 집어넣어도 물에 집어넣은 것처럼 불이 꺼진다.
2. 연소가 일어나면 언제나 그곳 공기의 흡수가 일어난다. 이 공기가 순수한 산소라면 적당한 사전 주의를 기울일 경우 완전히 흡수될 수 있다.
3. 연소가 일어나면 타고 있는 물체의 무게가 언제나 늘어나며, 이렇게 늘어나는 무게는 흡수된 공기의 무게와 정확히 같다.
4. 연소가 일어나면 언제나 열과 빛을 발산한다.

우리는 찰스 블랙던이 물의 성분에 관한 헨리 캐번디시의 연구 소식을 1783년 6월 파리에서 라부아지에에게 들려주었다는 사실을 앞에서 이미 언급한 적이 있다. 이제 이것이 라부아지에의 연소 모델과 얼마나 자연스레 맞아떨어지는지를 볼 수 있다. 물론 그가 처음에 수소의 연소에 관해 몇 차례 했던 실험은 캐번디시의 실험보다 덜 정확했고, 또 실험 결과를 출판할 때 캐번디시의 공로를 제대로 인정하지 않았다는 사실은 그에게 좋지 않게 작용한다. 그러나 중요한 것은 탄소와 산소의 결합으로 '고정공기'가 형성되는 것처럼 물 역시 같은 방식으로 '연소성 공기'와 산소가 결합하여 형성되는 복합물이라는 것을 제대로 이해한 최초의 사람은 캐번디시가 아니라 라부아지에라는 사실이다.

최초의 원소표, 라부아지에의 원소명 개칭과 『화학원론』 출간

라부아지에는 평생에 걸친 화학 연구를 요약한 『화학원론*Traité Élémentaire de Chimie*』을 바스티유 감옥 습격이 있었던 1789년 출간했다. 수많은 번역본과 개정판이 나온 이 책은 화학의 기초를 놓아 진정하게 과학의 한 분야로 자리매김하게 했다. 화학에서 이 책이 지니는 위치는 뉴턴의 『자연철학의 수학적 원리』가 물리학에서 지니는 위치와 같다고 보는 화학자까지 있다. 라부아지에는 사용하는 도구의 종류라든가 실행하는 실험의 종류 등 화학의 여러 기법을 광범위하게 묘사하고 있을 뿐 아니라 화학원소가 무엇을 의미하는지를 더없이 명확하게 정의했다. 이로써 1660년대에 로버트 보일이 얻은 깨달음을 마침내 실행에 옮기면서 고대 그리스인의 네 가지 '원소'를 최종적으로 역사의 쓰레기통으로 보내고 최초의 원소표를 내놓았다. 그의 원소표는 매우 불완전하기는 하나 현대적 주기율표(periodic table)의 기반이 됐다는 것을 알아볼 수 있다.* 그는 질량 보존 법칙을 명확하게 규정하고, 플로지스톤화한 공기라든가 가연성 기체, 황산 기름 같은 구식 이름을 버리고 산소, 수소, 황산 등 논리적 명명 체계를 바탕으로 한 이름을 사용함으로써 질산염 등 화합물에 이름을 붙이는 논리적 방법을 도입했다. 그는 화학에 논리적 언어를 부여함으로써 화학자가 자신의 발견 내용을 상대방에게 전달하려 할 때의 어려움을 크게 줄여 주었다. 사실 라부아지에의 걸작은 이제까지 출판된 과학서 중 가장 중요한 책에 속하기는

* 그러나 라부아지에의 원소표에는 맹점이 하나 있었는데, 산소, 수소, 숯, 황, 금, 납 등과 아울러 '열의 원소'인 '열소'가 들어가 있었다.

TRAITÉ ÉLÉMENTAIRE DE CHIMIE.

PREMIERE PARTIE.

De la formation des fluides aériformes & de leur décompoſition ; de la combuſtion des corps ſimples & de la formation des acides.

CHAPITRE PREMIER.

Des combinaiſons du calorique & de la formation des fluides élaſtiques aériformes.

C'EST un phénomène conſtant dans la nature, & dont la généralité a été bien établie par Boerhaave, que lorſqu'on échauffe un corps

Tome I. A

24. 라부아지에의 『화학원론』(1789) 속표지.

하지만 뉴턴의 걸작과는 동급으로 볼 수 없다. 그럴 수 있는 책은 아무것도 없다. 그러나 화학이 연금술의 마지막 남은 흔적을 없애버리고 오늘날 화학이라 부르는 학문 분야의 조상이 되었음을 인정할 수 있는 순간을 정확하게 집어낸다면 그것은 바로 그의 책이 출간된 순간이다. 저 훌륭한 책을 출간했을 때 라부아지에는 나이가 46세였고, 따라서 그가 살았던 시대가 그런 격동기가 아니었다 해도 그 뒤로 커다란 성과를 새로 내놓지 못했을 가능성은 충분히 있다. 그러나 1790년대 초에 이르렀을 때 프랑스의 정치적 변화 때문에 라부아지에는 과학에 쏟을 시간이 점점 더 줄어들었다.

라부아지에의 처형

라부아지에는 이미 정부에 적극적으로 개입해 있는 상태였는데, 오를레앙 지방의 프레신에 있는 장원을 매입했기 때문이다. 여기에는 저택과 과학영농법 실험에 사용한 농장이 포함돼 있었다. 하급이라고는 하나 엄밀히 말해 귀족이었으므로, 맡고 있는 일이 이미 많았는데도 불구하고 1787년 제3계급을 대표하는 오를레앙 지방의회 의원으로 선출됐다. (나머지 두 계급은 성직자와 귀족이었다.) 정치적으로 그는 오늘날 기준으로 보면 진보주의자에다 개혁가로서 오를레앙의 징세 체제를 더 공정하게 바꾸고자 했으나 성공하지 못했다. 1789년 5월 라부아지에는 지방의회에 있는 동료들에게 보낸 편지에 "불평등 징세는 부자들이 희생하지 않는 한 더 이상 용인될 수 없습니다"라고 썼다.

민주 다수파가 의회를 장악하고 있고 국왕이 한옆으로 밀려나 있는 것으로 보였던 프랑스 혁명의 첫 단계는 라부아지에의 사상과 매우 잘 맞았다. 그러나 곧 사정이 험악하게 변하기 시작했다. 라부아지에는 정부를 위해 화약위원회를 비롯하여 여러 방면으로 계속 일하고 있었지만, 위원회가 공금으로 자기 잇속을 채우고 있다는 근거 없는 의심을 받게 됐다. 실제로 나폴레옹 전쟁 때 프랑스가 양질의 화약을 충분히 보유할 수 있었던 것은 주로 이 위원회가 실행한 개혁 덕분이었다. 더 심각한 것은 당시 징세업자에 대한 증오가 만연해 있었는데 그 역시 징세업자라는 사실이었다. 이것은 근거가 없는 증오감이 아니었다. 이런 갖가지 어려움에도 불구하고 라부아지에는 정부의 성격이 변하고 있었는데도 정부를 대신하여 열심히 일을 계속했다. 프랑스 교육 체제 개혁 계획을 세울 때 중요한 역할을 수행했고, 1790년에는 훗날 미터법을 도입한 위원회의 위원으로 임명됐다. 그러나 자코뱅 행정부 사람들이 전직 징세업자들을 본보기로 삼겠다고 결정할 때 이런 어떤 사실도 도움이 되지 않았고, 결국 라부아지에는 1794년 5월 8일 단두대에서 처형된 징세 대행업자 28명에 포함되었다. 그중에는 정직한 사람도 부패한 사람도 있었다. 그는 그날 처형 순위에서 네 번째로 올라 있었고 그의 장인 자크 폴즈는 세 번째였다. 그가 처형될 때 조지프 프리스틀리는 아메리카로 망명하는 배에 올라 있었다. 이것은 화학에서 진정으로 한 시대의 끝이었다.

8
계몽 과학 2
– 전 분야의 일제 전진

과학사를 다루는 이야기 중에는 18세기를 방금 살펴본 화학의 극적 발전을 제외하고는 별다른 일이 일어나지 않은 시기로 설명하는 것이 많다. 19세기에 커다란 전진이 일어날 때까지 뉴턴의 그늘에서 제자리걸음을 한 공백 시대로 간주하는 것이다. 이런 해석은 요점을 한참 벗어났다. 실제로 18세기에 물상과학은 넓은 방면에 걸쳐 진전을 보았다. 물론 뉴턴의 업적에 견줄 만한 획기적인 발견은 없었지만, 세계는 인간이 이해할 수 있을 뿐 아니라 단순한 물리법칙에 따라 설명할 수 있다는 뉴턴주의의 교훈을 흡수하고 적용하면서 작은 성과를 많이 이룬 시기였다. 실제로 이 교훈은 너무나 폭넓게 흡수됐기 때문에 이제부터는 몇 가지 두드러진 경우를 제외하고는* 과학자 개개인을 전기적으로 자세히 다루기는 불가능해질 것이다. 이것은 근래로 다가오면서 인물 개개인의 삶이 본질적으로 점점 흥미가 떨어지기 때문이 아니라, 단지 인물도 설명할 것도 너무 많아지기 때문이다. 물상과학을 필두로 과학의 모든 분야에서 인물

* 예컨대 이 책의 9장 참조.

보다는 과학 자체에 관한 이야기가 과학사의 중심 주제가 된 것은 뉴턴이 죽고 나서부터이며, 이때부터는 춤과 그 춤을 추는 사람을 구분하기가 점점 더 어려워진다.

세계를 과학적으로 탐구해 들어가는 것을 가리켜 '자연철학(natural philosophy)'이 아니라 '물리학(physics)'이라는 용어를 사용하기 시작한 것은 뉴턴이 죽은 뒤 10년 동안이었다. 엄밀히 말하면 이것은 옛 용어를 되살린 것이다. 아리스토텔레스가 사용했고 필시 그보다 더 일찍부터 사용됐을 것이기 때문이다. 그러나 이때가 오늘날 우리가 물리학이라 말할 때 가리키는 내용의 시작이었으며, 현대적 의미에서 이 용어를 가장 먼저 사용한 책으로는 1737년 출간된 피터르 반 뮈스헨브룩Pieter van Musschenbroek(1692~1761)의 『물리학 에세이*Essai de physique*』를 꼽을 수 있다. 같은 무렵 물리학자들은 전기라는 신비한 현상을 이해하기 시작하고 있었다. 레이던에서 활동한 뮈스헨브룩은 그 뒤 1740년대에 많은 양의 전기를 저장할 수 있는 장치를 발명했다. 이것은 안팎으로 금속을 입힌 유리 용기(병)에 지나지 않았으나, 오늘날 축전기라 부르는 장치의 초기 형태였다. 이것은 레이던 병이라 불리게 됐는데, 전기를 띠게 만들어 나중의 실험에서 사용할 수 있었을 뿐 아니라 여러 개를 전선으로 연결하면 동물을 죽일 수 있을 정도의 매우 큰 방전을 일으킬 수 있었다.

전기 연구 : 스티븐 그레이, 샤를 뒤페, 벤저민 프랭클린, 샤를 쿨롱

그러나 정전기를 이해하는 첫걸음은 레이던 병의 도움이 없이 이루어졌다. 영국의 실험가 스티븐 그레이

Stephen Gray(1670경~1736)는 『철학회보』에 일련의 논문을 실었는데, 유리관 끝을 코르크로 막고 유리관을 문지르면 코르크가 전기적 성질을 띤다(오늘날 '전하를 띤다'고 표현)는 것과,* 코르크에 소나무 막대를 꽂으면 전기적 영향이 막대 끝까지 미친다는 것, 그리고 전기적 영향은 가느다란 실을 따라 상당히 멀리까지도 미친다는 것 등을 설명했다. 그레이와 그 시대 사람들은 전기가 필요할 때마다 마찰을 사용하여 만들어 썼는데 공 모양의 황이 마찰하며 회전하는 간단한 기계를 사용했다. 나중에는 황 대신 유리구나 원통을 사용했다. 그레이의 연구에서도 부분적으로 영향을 받은 프랑스인 샤를 뒤페Charles Du Fay(1698~1739)는 1730년 중반 전기에는 두 가지가 있으며, 같은 종류끼리는 밀어내고 다른 종류끼리는 끌어당긴다는 것을 발견했다. 오늘날에는 이것을 양전하와 음전하라고 한다. 그레이와 뒤페의 연구에서는 또 전하를 띤 물체로부터 전기가 흘러나가지 않도록 하는 데 절연물질이 중요하다는 것과, 절연되어 있으면 무엇이든 전하를 띨 수 있다는 것을 보여 주었다. 뒤페는 심지어 비단 끈으로 매달려 절연되어 있는 사람이 전기를 띠게 하여 그의 신체에서 불꽃이 튀게 할 수 있었다. 연구 결과를 바탕으로 뒤페는 두 가지 유체를 가지고 전기를 설명하는 모델을 생각해 냈다.

벤저민 프랭클린Benjamin Franklin(1706~1790)은 자신이 생각해 낸 모델을 가지고 이 모델을 반박했다. 전기에 관한 그의 관심은 저 유명

* 이것은 마찰을 통해 정전기를 '만드는' 방법이다. 어린이의 풍선을 모직 스웨터에 문지르면 풍선을 천장에 붙어 있게 만들 수 있는 것도, 머리를 빗을 때 머리카락이 정전기를 띠는 것도 이 때문이다.

25. 살아 있는 사람과 시체를 전기가 통과하는 방식 시연. 윌리엄 왓슨William Watson의 『실험과 관찰*Experiments and Observations*』(1748)에서.

하고도 위험한 연 실험을 넘어 훨씬 더 폭이 넓었다. 참고로 그의 연 실험은 1752년 레이던 병을 충전하기 위해 한 것으로서 번개와 전기가 관계가 있음을 증명했다. 프랭클린은 다른 온갖 관심사와 활동에도 불구하고 1740년대 중반부터 1750년대 초까지 시간을 내 당시 갓 발명된 레이던 병을 이용하여 여러 가지 중요한 실험을 했고, 그것을 바탕으로 한 가지 유체를 기반으로 하는 전기 모델을 생각해 냈다. 이 모델은 물체가 전하를 띠면 이 유체가 물리적으로 이동하면서 한쪽 표면에는 '음'전하가 남고 반대쪽 표면에는 '양'전하가 남는다는 생각을 바탕으로 하고 있었다. ('음'과 '양'이라는 용어는 그가 도입했다.) 이에 따라 그는 당연히 전하는 보존된다는 생각을 하게 됐다. 즉 전기의 양은 언제나 같지만 이리저리 옮길 수 있으며, 전체적으로 음전하의 양은 양전하의 양과 같아야 한다는 것이다. 그는 또 전기는 쇠바늘이 자성을 띠게도 잃게도 할 수 있음을 보여 주었는데, 이것은 '캐번디시 실험'을 생각해 낸 캐번디시의 친구 존 미첼(1724~1793)이 그보다 약간 먼저 했던 실험과 비슷하다. 1750년에 이르러 미첼은 또 자석의 같은 극이 서로 밀어내는 힘은 역제곱 법칙을 따른다는 것도 발견했고, 이 모든 결과를 그해에 저서 『인공자석에 관한 학술보고서*A Treatise on Artificial Magnets*』에 출판했는데 아무도 관심을 보이지 않았다. 프랭클린, 프리스틀리, 캐번디시가 전기력은 역제곱 법칙을 따른다는 것을 보여 주는 여러 가지 실험 결과를 내놓았을 때 아무도 관심을 보이지 않았던 것과 마찬가지였다. 1780년에 와서야 쿨롱Charles Coulomb(1736~1806)이 프리스틀리의 연구를 바탕으로 비틀림 천칭을 이용하여 전기력과 자기력 모두에 관한 최종적 실험을 하고서야 비로소 사람들은 두 가지 힘이 모두 역제곱 법칙을 따른다는 것을 확신하게 됐다. 따라서 이것은 쿨롱의 법칙이라는 이름으로 역사에 남았다.

이런 사례 역시 과학과 기술의 상호작용을 다시 한번 잘 나타내 주고 있다. 전기에 관한 연구는 전기를 만들어 낼 수 있는 기계가 생겨나고 전기를 저장할 수 있는 장치가 개발된 뒤에야 탄력을 받기 시작했다. 역제곱 법칙 자체는 비틀림 천칭 기술의 도움을 받을 수 있게 된 뒤에야 만들어 낼 수 있었다. 그러나 18세기의 전기 연구에서 가장 큰 기술적 쾌거는 18세기 말에 이르러서야 이루었고, 이로써 19세기에 마이클 패러데이Michael Faraday(1791~1867)와 제임스 클러크 맥스웰James Clerk Maxwell(1831~1879)의 연구를 위한 길을 닦았다. 그것은 전지의 발명으로, 우연한 과학 발견의 결과물이었다.

루이지 갈바니, 알레산드로 볼타, 전지의 발명

이 발견은 이탈리아 볼로냐 대학교의 해부학강사 겸 산과학교수 루이지 갈바니Luigi Galvani(1737~1798)가 해낸 것이다. 그는 오랫동안 생체전기에 관해 실험했고 그 내용을 1791년 출판한 논문에서 다루었다. 그는 논문에서 이 주제에 처음 관심을 가지게 된 계기를 설명했다. 해부대 위에 해부를 위해 뉘어 놓은 개구리의 근육이 꿈틀거리는 것이 눈에 띄었는데, 그 해부대 위에는 전기 기계도 놓여 있었다. 갈바니는 죽은 개구리의 근육을 직접 전기 기계에 연결하거나 뇌우가 치는 동안 금속 표면에 개구리를 두면 꿈틀거림을 일으킬 수 있다는 것을 보여 주었다. 그러나 결정적으로 중요한 관찰은 개구리 다리를 말리려고 매달 때 다리를 꿴 놋쇠 고리가 철제 울타리에 닿는 순간 다리가 꿈틀거리는 것을 알아차린 것이었다. 이 실험을 전기를 발생하는 어떤 것도 없는 실내에서 되풀이한 그는 근육 경련은 개구리의 근육에 저장되어 있거나 근육에서 만들어지는 전기에 의해 일어난다는 결론을 내렸다.

모두가 그의 결론에 동의하지는 않았다. 특히 롬바르디아 주 파비아 대학교의 실험물리학교수 알레산드로 볼타Alessandro Volta(1745~1827)는 1792년과 1793년 출간된 논문에서 근육 수축은 전기 자극에 의한 것이지만 전기는 외부에서 왔으며, 이 경우 놋쇠와 철이 접촉하며 일으킨 상호작용에서 왔다고 주장했다. 문제는 그것을 증명하기가 어렵다는 점이었다. 그러나 볼타는 전기에 관한 중요한 연구를

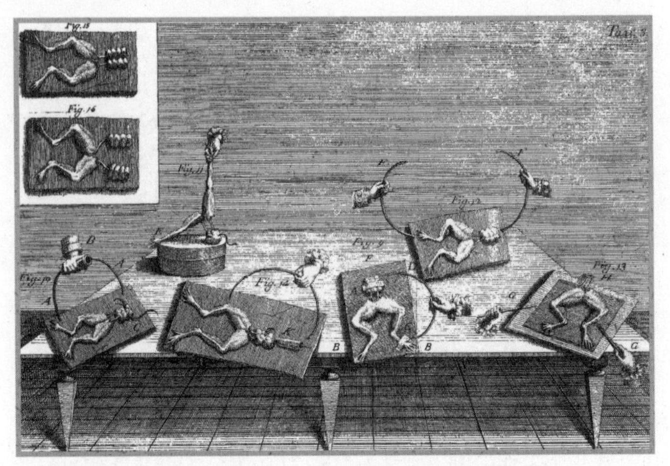

26. 루이지 갈바니의 전기와 개구리 다리 실험. 갈바니의 『전기가 근육운동에 미치는 효과에 관하여*De viribus electricitatis in motu musculari*』(1791)에서.

이미 수행한 적이 있는 일류 실험가로서, 정전기를 만드는 더 나은 마찰기계와 전하 측정 장치를 설계한 일이 있었다. 또 수소를 가지고 공기를 폭발시켜 산소의 양을 측정하는 기체 실험도 한 적이 있었다. 그는 이 새로운 난제에 도전할 능력이 충분했다.

볼타는 먼저 여러 가지 금속 쌍을 서로 접촉하게 하고 거기 혀를 대는 방법으로 자신의 생각을 시험해 보았다. 당시 어떤 도구로도 감지할 수 없는 미미한 전류를 혀로는 감지할 수 있었다. 이런 실험을 진행하면서 자신이 혀로 느끼는 효과를 뭔가 극적인 것으로 확대할 방법을 찾는 사이에 그의 연구는 롬바르디아가 관련된 정치적 대격변이라는 장애물에 부딪쳤다. 프랑스에서 혁명이 일어나고 그 결과 롬바르디아의 지배권을 두고 프랑스와 오스트리아가 충돌을 일으킨 것이다. 그러나 1799년에 이르러 볼타는 문제를 해결할 장치를 고안해 냈다. 그는 그 내용을 편지로 당시 영국 왕립학회장 조지프 뱅크스Joseph Banks(1743~1820)에게 설명했고, 편지는 1800년에 열린 왕립학회 모임에서 공개되었다.

그가 발명한 핵심은 문자 그대로 한 무더기의 은과 아연 원판으로, 한 장씩 번갈아 쌓으면서 그 사이마다 소금물을 적신 판지를 끼운 것이었다. 볼타 전지라 불리는 이 장치는 오늘날 배터리의 시조로서, 위와 아래 끝을 철사로 이으면 전류가 흘렀다.* 이 배터리는 사상 처음으로 전류를 어느 정도 일정하게 흘려보냈다. 보관 중인 전기를 한 방에 한꺼번에 방출하는 레이던 병과는 달랐다. 볼타의 발명이 있기 전 전기 연구는 본질적으로 정전기 탐구에 국한돼 있었다. 1800년 이후 물리학자는 마음대로 켜고 끌 수 있는 전류를 가지고 실험할 수 있었다. 또 전지에 원판을 더 추가함으로써 전류를 세게 하거나 원판을 빼냄으로써 전류를 줄일 수도 있었다. 거의 즉각적으로 다른 연구자들이 이 전지에서 얻는 전류를 사용하여 물을 수소와 산소로 분해할 수 있다는 것을 알아냈다. 이것은 이 발명품이 과학을 위해 얼마나 강력한 도구가 될지를 암시하는 최초의 사례였다. 그 의미를 다루자면 11장까지 기다려야겠지만 볼타가 한 연구의 중요성은 그 즉시 명백하게 알 수 있었고, 1800년 프랑스가 롬바르디아의 지배권을 확보했을 때 나폴레옹은 볼타에게 백작 작위를 내렸다.

* 오늘날 전압을 나타내는 단위 볼트(V)는 볼타의 이름을 딴 것이다. (옮긴이)

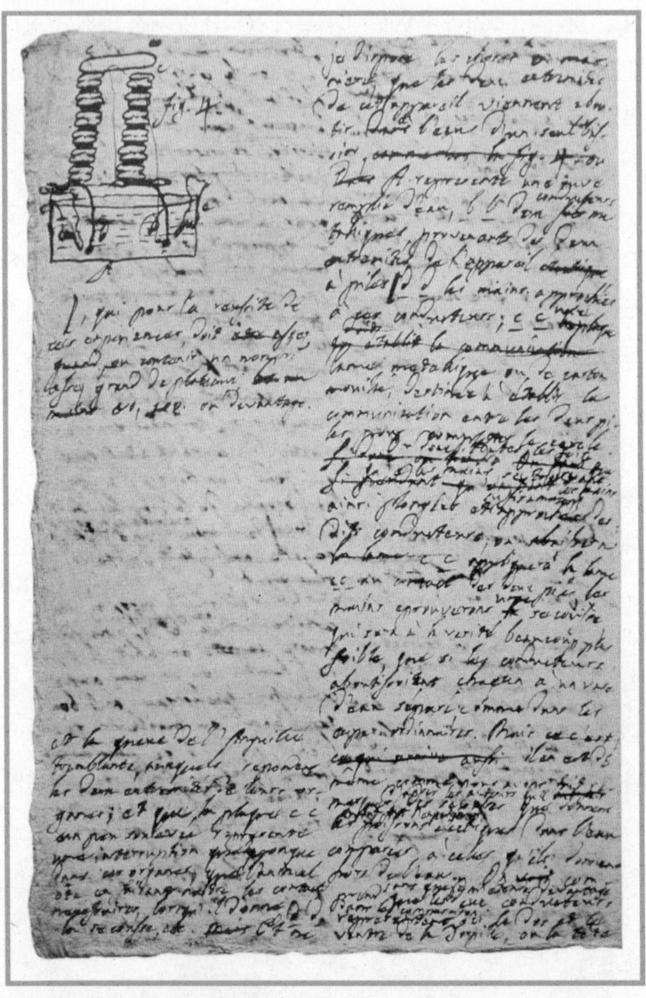

27. 볼타가 왕립학회 앞으로 보낸 편지(1800).

물리학자가 전기를 이해하기까지 어느 정도 시간이 걸렸다 쳐도, 18세기에 이들이 생각해 낸 것 중 많은 부분이 당시에는 완전히 밝혀지지도 널리 이해되지도 않았지만 놀라울 정도로 현대적으로 보인다. 예를 들면 네덜란드 태생의 수학자 다니엘 베르누이Daniel Bernoulli(1700~1782)는 일찍이 1738년 액체와 기체의 성질을 그것이 들어 있는 용기 벽에 원자가 충돌하는 관점에서 묘사하는 유체역학 책을 출간했다. 이것은 19세기에 더 완전하게 전개된 기체 분자운동론과 매우 비슷했고 또 운동 법칙에 관한 뉴턴의 생각을 발전시킨 형태였다. 이런 생각은 또 지리적으로도 퍼져 나가고 있었다. 베르누이가 자신의 역작을 출간한 지 겨우 5년 뒤인 1743년에는 벤저민 프랭클린이 필라델피아에서 아메리카 철학회American Philosophical Society를 설립하는 선구자 대열에 들어 있는 것을 보게 된다. 이 학회는 오늘날 미국이 된 곳 최초의 과학회이자 20세기 후반부 동안 활짝 꽃피울 과학의 작디작은 씨앗이었다.

피에르루이 드 모페르튀이: 최소작용의 원리

과학을 통틀어 가장 중요한 깨달음에 속하는데도 20세기에 과학이 그렇게나 꽃피울 때에야 그 가치가 뚜렷하게 드러난 것 하나는 피에르루이 드 모페르튀이Pierre-Louis de Maupertuis(1698~1759)가 그로부터 겨우 1년 뒤인 1744년 공식화한 것이다. 드 모페르튀이는 군인이다가 과학으로 전향한 사람이었다. 그의 중요한 깨달음은 최소작용의 원리라는 이름으로 알려져 있다. '작용(action)'이란 물리학 용어로 물체의 위치 변화와 운동량으로 측정되는 물체의 속성을 가리킨다. 다시 말해 한 입자의 질량, 속도, 이동 거리를 말한다. 최소작용의 원리는 자연은 언제나 이 작용의 양을 최소한으로 유지하는 방식으로 작동한다는 것을 나타낸다. 다시 말해 자연은 게으르다는 뜻이다. 이것은 양자역학에서 어마어마하게 중요한 것으로 판명됐지만, 이 원리가 적용되는 간단한 예는 빛은 언제나 직선으로 이동한다는 것이다.

레온하르트 오일러: 빛의 굴절을 수학적으로 묘사

빛 이야기가 나왔으니 말인데, 모든 시대를 통틀어 가장 연구를 많이 출간한 수학자로 간주되고 문자 e와 i를 현대 수학에서 사용하는 의미 그대로 도입한 스위스인 레온하르트 오일러Leonhard Euler(1707~1783)는 1746년 하위헌스의 이론을 따라 빛은 파동이며 색깔마다 다른 파장을 지니는 것으로 보고 빛의 굴절을 수학적으로 묘사했다. 그러나 뉴턴의 이론을 거스르는 이 모델은 당시 지지를 받지 못했다. 빛의 파동 모델이 무시된 것은 뉴턴을 그렇게나 경외의 대상으로 보고 있었기 때문이다.

다른 이론들은 세계의 벽지에서 이름 없는 과학자들이 내놓았기 때문에 무시됐다. 그 전형적 예는 뉴턴주의적 원자 이론을 내놓은 러시아의 박식가 미하일 바실리예비치 로모노소프Mikhail Vasilyevich Lomonosov(1711~1765)이다. 그는 베르누이의 이론과 비슷한 운동 이론을 생각해 냈고, 또 1748년 무렵에는 질량과 에너지 보존 법칙을 내놓았다. 그러나 그의 연구는 그가 죽고 나서도 오랫동안 러시아 밖에서는 사실상 알려지지 않았다.

토머스 라이트 : 은하수에 대한 추측
윌리엄 허셜과 캐럴라인 허셜의 발견
존 미첼

또 천문학에서도 시대를 앞서 간 생각이 있었다. 영국 더럼에서 활동한 천문학자 토머스 라이트Thomas Wright(1711~1786)는 1750년에 『우주에 관한 독창적 이론 내지 새로운 가설*An Original Theory or new Hypothesis of the Universe*』을 내놓았다. 이 책에서 그는 은하수의 모양을 설명하면서 태양은 물레방아의 수차처럼 동글납작한 모양으로 모여 있는 별 무리에 포함되어 있다고 했다. 이 사람은 측량사 일을 하다가 찰스와 헨리 캐번디시 부자와 만나게 된 바로 그 라이트이다. 1781년에는 윌리엄 허셜William Herschel(1738~1822)과 캐럴라인 허셜Caroline Herschel(1750~1848)이 천왕성을 발견했다. 이 행성은 고대인들이 알지 못한 최초의 행성이었던 만큼 당시 화제가 됐으나, 그 뒤로도 태양계의 옛 경계 밖에서 발견이 이어질 것이라고는 거의 상상하지 못했다. 그리고 헨리 캐번디시의 좋은 친구 존 미첼은 1783년 캐번디시가 왕립학회에서 대신 낭독 발표한 논문에서 오늘날 잘 알려져 있는 대로 현재 블랙홀이라 부르는 것을 생각해 낸 최초의 인물이었다.* 미첼의 생각은 단순히 당시 잘 입증된 빛의 속도는 유한하다는 사실과 어떤 물체의 중력에 붙들리지 않으려면 그 물체가 무거울수록 더 빨리 움직여야 한다는 원리를 바탕으로 하고 있었다. 다른 데서는 낯가림이

* 어느 정도 박식가라 할 수 있었던 미첼은 1755년 포르투갈의 리스본을 강타한 대지진을 연구함으로써 처음으로 이름이 알려졌다. 그는 지진은 멀리 대서양 밑의 지각 아래에서 생겨났으며, 그때까지 사람들이 생각한 대기불안정과는 관계가 없다는 것을 보여주었다. 과학에서 더 많은 업적을 쌓을 수 있었겠지만, 1764년 케임브리지의 지질학교수 자리에서 물러나 요크셔 손힐에 있는 어느 교회의 주임사제가 됐다.

심한 헨리 캐번디시가 왕립학회를 빽빽하게 메운 청중 앞에서 차분하게 읽어 나가는 광경을 상상하는 즐거움만으로도 이 논문을 일부 인용할 가치가 있다.

> 만일 밀도가 태양보다 작지 않고 지름이 태양의 500배가 넘는 천체가 자연 속에 정말로 존재한다면, 그 천체의 빛은 우리에게 도달할 수 없기 때문에 … 시각적으로는 아무 정보도 없을 것이다. 그렇지만 빛을 발산하는 다른 어떤 천체가 우연히 그 주위를 돈다면 우리는 어쩌면 이렇게 돌고 있는 천체의 운동을 가지고 그 중심에 천체가 존재한다는 것을 추론해 낼 수 있을지도 모른다.

실제로 오늘날 천문학자가 블랙홀의 존재를 추론해 내는 것은 바로 이런 식이다. 블랙홀을 중심으로 궤도를 돌고 있는 밝은 물체의 운동을 연구하는 방법을 쓰고 있는 것이다.

20세기의 이론 연구에서 단골로 등장하는 예로 받아들여지고 있는 블랙홀이라는 것을 18세기 말이 되기 전에 생각해 낸 사람이 있었다는 것만으로도 놀랍다. 더욱 놀라운 것은 18세기가 끝나기 전에 똑같은 생각을 독자적으로 해낸 사람이 있다는 사실이다. 이 사람은 피에르시몽 라플라스Pierre-Simon Laplace(1749~1827)이다. 때때로 '프랑스의 뉴턴'이라 불리는 이 사람의 활동을 조금 더 느긋하게 살펴보면서 18세기 말 물리학이 어느 위치에 와 있었는지를 짚어 보기 위해 우리 이야기의 속도를 잠시 늦추는 것이 좋겠다.

피에르시몽 라플라스, '프랑스의 뉴턴', 『세계 해설』

라플라스는 노르망디 칼바도스의 캉 근처에 있는 보몽앙오주에서 1749년 3월 28일 태어났다. 그의 어린 시절에 대해서는 알려진 게 거의 없다. 사실 그의 생애 자체에 대해 알려진 게 그리 많지 않다. 어떤 설명에서는 그가 가난한 집안 출신이라고 하는데, 부모가 부자는 아니었어도 안락한 생활을 누린 것은 확실하다. 마찬가지로 이름이 피에르인 아버지는 크지는 않아도 사과즙 사업을 했고, 지역 치안판사로도 활동한 만큼 지역사회 안에서 위치가 어땠을지 분명히 알 수 있다. 어머니 마리안은 투르제빌에서 잘 사는 농장주 집안 출신이었다. 라플라스가 아버지의 이름을 딴 것과 마찬가지로, 그의 유일한 형제자매로서 1745년 태어난 누나 역시 어머니의 이름을 따 마리안이라 불렀다. 라플라스는 베네딕투스 수도회가 그곳에서 운영하는 중등 기숙학교를 외래 학생으로 다녔는데 아들을 사제로 만들고 싶어 한 아버지의 뜻이었을 것이다. 1766년부터 1768년까지는 캉 대학교에서 공부했다. 그가 수학에 재능을 보인 것은 이때였던 것으로 보인다. 그는 학비에 보태기 위해 개인교사로 일했고, 이때 조르주 퀴비에의 일생에서 매우 중요한 역할을 하게 될 데리시 후작을 위해서도 잠시 개인교사를 했다는 약간의 증거가 있다. 라플라스는 학위를 받지 않은 채 교수 한 사람이 써 준 추천서를 가지고 캉을 떠나 파리로 가서 당시 프랑스의 일류 수학자이자 과학원 고위 회원인 장 달랑베르Jean d'Alembert(1717~1783)를 찾아갔다. 달랑베르는 이 청년의 능력을 높이 산 나머지 군 사관학교의 수학교수라는 직책을 구해 주었다. 호칭은 거창하지만 사실은 마지못해 수업에 나온

사관생도에게 수학의 기초를 주입시키려 애쓰는 것이 전부였다. 그는 1769년부터 1776년까지 그 직책을 맡아 일했다. 그러는 동안 일련의 수학 논문을 써서 명성을 쌓아 1773년 과학원에 선출됐다.

라플라스는 특히 확률에 관심이 많았고, 이 수학적 관심 때문에 행성의 궤도나 지구를 도는 달 궤도의 세부적 성격을 비롯한 태양계 문제를 연구하게 됐다. 이런 궤도는 우연히 생겨났을까? 아니면 지금과 같은 속성을 지니게 된 어떤 물리적 이유가 있을까? 그가 다룬 문제의 한 가지 예는 1776년에 논한 것으로 혜성 궤도의 본질에 대한 것이었다. 모든 행성은 태양을 중심으로 같은 황도면에서 같은 방향으로 움직인다. 곧 살펴보겠지만 이것은 이들 행성이 모두 똑같은 물리적 과정에 의해 함께 형성됐음을 암시하는 강력한 증거다. 그러나 혜성들은 태양을 중심으로 모든 각도에서 모든 방향으로 돌고 있다. 적어도 당시까지 알려져 있던 수십 개의 혜성을 바탕으로 보면 그랬다. 이것은 혜성의 유래는 행성과는 다르다는 뜻이며 라플라스 이전의 수학자들이 이미 다다른 결론이었다. 그러나 수학자로서 라플라스는 결론보다는 그런 결론에 다다른 과정에 관심이 있었다. 그는 더 정교한 분석 방법을 생각해 냈고, 이에 따라 혜성을 황도면에서 움직이게 하려는 어떤 힘이 존재했을 가능성이 확률적으로 대단히 낮다는 것을 알아냈다. 또 1770년대 중반에는 목성과 토성 궤도의 움직임을 처음으로 들여다보았다.* 이들의 궤도

* 라플라스는 수학자 조제프 라그랑주Joseph Lagrange(1736~1813)와 논의하다가 자극을 받는 때가 많았는데 이 문제에서도 그랬다. 라그랑주가 내놓은 군론(group theory) 연구와 입자가 이동하는 경로(궤적)의 특징을 묘사하는 라그랑주 함수는 20세기 물리학자들에게 막대한 도움을 주었다.

에는 장기적으로 약간씩 변화가 있었는데 뉴턴의 중력 이론에서 내다본 것과는 맞지 않아 보였고, 뉴턴 자신은 오랜 시간이 지났을 때 신이 개입하여 이 행성들을 제 궤도로 돌려놓지 않으면 태양계가 붕괴될 것이라고 말한 적이 있다. (뉴턴이 말한 '오랜 시간'은 겨우 수백 년에 지나지 않았다!) 라플라스가 이 수수께끼를 처음 해결하려 했을 때는 그 답을 찾지 못했지만, 1780년대에 이 문제로 되돌아갔을 때는 이런 소위 영년변화(secular variation)는 뉴턴 이론의 틀 안에서 설명할 수 있으며 두 행성이 상대에게 미치는 교란 효과 때문이라는 것을 최종적으로 증명했다. 두 행성의 영년변화는 929년을 주기로 모든 것이 원점으로 돌아가며, 따라서 결론적으로 태양계는 안정적이다. 적어도 가장 긴 시간 척도를 제외하면 그렇다. 전하는 이야기에 따르면 영년변화를 논할 때 하느님을 언급하지 않는 이유를 나폴레옹이 물었을 때 라플라스는 이렇게 대답했다고 한다. "여기서 그 가설은 필요하지 않으니까요."

라플라스는 또 조석현상에 대해서도 연구했는데, 매일 두 번씩 조석이 일어날 때 직관적으로 계산하면 둘 중 한 번은 나머지 한 번보다 높이가 훨씬 높아야 한다는 '예측'이 가능하지만 실제로는 대체로 같은 높이로 나타나는 이유를 설명했다. 그는 표본 출생 통계를 가지고 프랑스의 전체 인구를 추산하는 실질적 문제를 다루기 위한 확률 이론을 개발했으며, 앞서 살펴본 대로 그보다 거의 여섯 살 위인 데다 당시 명성이 최고조에 다다라 있던 라부아지에와 함께 열을 연구했다. 한편 라부아지에와 라플라스는 의심의 여지없이 당대 최고의 두 과학자였지만, 실험 결과를 논할 때는 열을 다루는 옛 열소 모델(이에 대해서는 곧 다루기로 한다)과 새로 나온 운동 모델 모두를 사용했다. 이들은 두 모델 중 하나를 택하지 않기 위해 조심했으며 나아가 두 모델 모두 동시에 작용하고 있을 수도 있다고까지 했다. 이것은 1780년대의 과학이 어느 정도였는지를 단적으로 들여다볼 수 있는 흥미로운 예다.

1788년에 이르러 우리는 라플라스의 개인사가 드러나는 약간의 단면을 보게 된다. 이제 과학원의 중진이자 지도자로 확고하게 자리를 잡은 그는 5월 15일 마리샬롯 드 쿠르티 드 로망주와 결혼했다. 두 사람은 아이를 둘 낳았다. 아들 샤를에밀은 1789년에 태어나 장군이 됐고 1874년 자식 없이 죽었다. 딸 소피수잔은 1813년 딸을 낳다가 죽었으나 아기는 살아남았다. 라플라스가 행성 운동에 관한 결정적 연구를 한 것은 결혼한 무렵이었다. 목성과 토성 궤도의 영년변화를 설명하는 한편 지구를 도는 달 궤도에서도 나타나는 비슷한 변화를 해명해 냈다. 그는 오랫동안 수수께끼로 남아 있었던 이 문제를 태양과 지구-달의 복잡한 상호작용뿐 아니라 다른 행성들이 지구 궤도에 미치는 인력 영향 때문임을 보여 줌으로써 풀어냈다. 그는 1788년 4월 다음과 같이 말할 수 있었다. 그가 말하는 '세계'는 오늘날 '태양계'를 가리킨다.

> 세계 체계는 평균 상태를 매우 작은 정도 이상으로는 절대로 벗어나지 않으면서 돌아간다. 구조와 중력 법칙 덕분에 안정을 유지하며, 외적 원인이 아니면 안정은 깨지지 않는다. 그리고 우리는 가장 오래된 관측으로부터 우리 시대에 이르기까지 외적

원인의 작용은 찾아볼 수 없다는 것을 확신하고 있다.*

라플라스의 사생활에 대해 우리가 아는 것은 거의 없지만 생존 능력이 대단히 뛰어났던 것이 분명하다. 우리가 아는 게 거의 없는 한 가지 이유는 어떤 정부에 대해서도 공개적으로 비판한 적이 없고 정치에 관여하지도 않았기 때문이다. 프랑스 혁명 이후 들어선 갖가지 형태의 정부에서는 그가 프랑스의 국위를 나타내는 상징적 존재인 만큼 대부분 그의 지지를 끌어내기 위해 열심이었으나 그는 결국 살아남았다. 위험해질 수도 있었던 유일한 때는 공포정치 동안이었는데, 바람이 부는 방향을 이미 알아보았던 그는 일찌감치 가족과 함께 파리 남쪽으로 50킬로미터 정도 떨어진 믈룅으로 이사를 갔다. 그곳에서 자중하며 지내다가 자코뱅 정권이 무너진 뒤 총재정부에서 과학 재편 작업을 위해 그를 다시 파리로 불러들였다.

라플라스는 자코뱅 집권 전 이미 미터법을 연구하고 있었으며, 이제 제대로 된 과학 교육을 포함하는 프랑스의 교육제도 개혁 작업을 진행하다가 이제까지 나온 과학책 중 가장 큰 영향을 끼친 책에 속하는 『세계 해설 *Exposition du système du monde*』을 쓰게 됐다. 이 책은 1796년 두 권으로 출간됐다. 라플라스는 명성과 시류를 거스르지 않는 능력으로 나폴레옹 치하의 정부에서 일했다. 나폴레옹은 그에게 1806년 백작 작위를 내렸고, 복위한 국왕 역시 그를 총애하여 1817년 루이 18세가 그를 라플라스 후작에 봉했다. 그 뒤로도 1827년 3월 5일 파

* 길리스피(C. C. Gillispie)가 영어로 번역한 것이다.

리에서 죽을 때까지 오래오래 계속 수학을 연구하고 온갖 영예를 다 누렸으나, 과학 발전 측면에서 볼 때 그가 남긴 가장 중요한 업적은 『세계 해설』이었다. 이 책은 18세기 말 물리학이 어디까지 와 있었는지를 요약해 주는 책으로서 오늘날에도 귀중하다. 게다가 당시에도 그렇게 평가받고 있었다. 1798년에 미국 프린스턴 대학교의 전신인 뉴저지 칼리지에 이 책 한 부를 기증한 사람은 이 책의 면지에 다음과 같이 썼다.

> 대상과 범위를 생각할 때 이 학술보고서는 (같은 주제에 관해 이제까지 우리가 본 그 어떤 책보다도 더 높은 수준으로) 명확하고 정연하며 정확하다는 세 가지 특징을 고루 갖추고 있다. 모호하지 않으면서 익숙하고, 난해하지 않으면서 정확하며, 저자의 머릿속에 축적돼 있는 방대한 내용에서 제재를 끌어내고 있는 것으로 보인다. 그리고 이 제재에는 철학의 진정한 정신이 가득 차 있다.*

저 철학의 근본 바탕은 라플라스가 이 걸작에서 다음처럼 직접 상세히 설명했으니, 지난 2세기 동안의 그 어느 때보다도 오늘날 더욱 진실로 다가온다.

> 자연의 단순성을 우리의 단순한 생각으로 가늠하려 해서는 안

* 길리스피(C. C. Gillispie)를 재인용.

된다. 자연의 효과는 무한히 다양하게 나타나나 그 원인에서는 단순하며, 그 섭리로 대단히 많은 현상을 만들어 내고 종종 매우 복잡하기까지 하지만 그 이면에 있는 일반 법칙은 소수에 지나지 않는다.

이것은 복잡한 태양계를 뉴턴의 단순한 중력 법칙으로 설명한 사람의 경험에서 우러나는 목소리다.

이 책에서 라플라스는 물리학을 설명하면서 행성천문학, 궤도운동, 중력에서부터 역학과 유체정역학까지 다양한 분야를 아우르며, 마지막 부분에서는 (다소) 새로운 생각 두 가지를 소개한다. 그중 하나는 태양계의 기원을 설명하는 소위 '성운설'인데, 이마누엘 칸트 Immanuel Kant(1724~1804)가 1755년에 생각해 낸 것이지만 당시로서는 그다지 알려져 있지 않았던 칸트의 연구를 라플라스가 알고 있었다는 흔적은 없다. 이것은 젊은 태양 주위로 구름처럼 퍼져 있던 물질 즉 성운(nebula)이 하나의 평면으로 모여들면서 행성들이 형성됐다고 보는 이론이다. 당시 알려져 있던 행성 7개와 위성 14개는 모두 태양을 중심으로 같은 방향으로 궤도를 돌았다. 그중 8개는 또 태양을 도는 궤도와 같은 방향으로 자전하고 있다는 것도 알려져 있었다. 예컨대 지구를 북극에서 내려다보면 지구가 축을 중심으로 반시계방향으로 자전하는 것을 볼 수 있고, 지구는 또 태양을 중심으로 반시계방향으로 공전한다. 라플라스는 자전이나 공전 방향이 '역방향'이 아니라 '정방향'일 확률은 2분의 1이므로 전체적으로 이렇게 되지 않을 확률은 1 - $(1/2)^{29}$이라고 계산했다. 이것은 1에 너무나 가까운 수치여서 이 천체들이 함께 형성된 것이 확실하며, 성운설이 이것을 설명할 수 있는 최선의 이론이라 생각했다. 이것은 실제로 오늘날에도 여전히 선호되고 있는 모델이다.

두 가지 새로운 생각 중 또 하나는 물론 라플라스 식의 블랙홀이었다. 미첼의 생각과 노선이 매우 비슷하지만 훨씬 짧은 이 생각은 흥미롭게도 『세계 해설』 제1판에서만 소개됐다. 그렇지만 그 뒤로 이 내용을 라플라스가 빼 버린 이유를 알 수 있는 기록은 없다. 그가 생각한 암흑항성 가설은 지름이 태양의 250배 되고 밀도는 지구와 같은 천체라면 중력 인력이 강한 나머지 빛조차도 빠져 나오지 못한다는 것이었다.* 사실 이것은 역사적 호기심거리일 뿐, 이 가설은 19세기 과학 발전에 아무런 영향도 주지 않았다. 그러나 이 책은 전체적으로 내용뿐 아니라 명확하고 쉬운 문체로도 과학 발전에 영향을 주었는데, 책 첫머리의 문장을 보면 라플라스가 어떻게 독자를 빨아들이는지를 바로 느낄 수 있다.

> 맑은 날 밤 지평선 전체가 보이는 곳에서 하늘의 장관을 따라가 보면 시시각각 바뀌는 것을 보게 될 것이다. 별이 지고 뜬다. 일부는 모습을 드러내기 시작하고 일부는 서쪽으로 사라진다. 북극성이나 큰곰자리같이 우리 지방에서는 지평선에 절대로 닿지 않는 것도 다수 있다.

* 라플라스가 태양 지름의 250배라는 수치를 내놓은 것은 지구가 태양보다 밀도가 높기 때문이다. 미첼은 그 두 배의 수치를 내놓았다.

여기서 계속 읽어 나가지 않을 사람이 누가 있겠는가!

라플라스의 이야기는 거의 모두 과학에 대한 것이고 개인사는 거의 없다. 다만 『세계 해설』에서 그 일부가 드러나 보이는 것은 사실이다. 그러나 18세기 말에 이르러 과학의 다른 부분은 물론이고 물리학 역시 일종의 지루한 타성에 빠져들었다고 속단해서는 안 된다. 여전히 흥미로운 '인물'이 많이 있었다. 18세기 물리학자 중에서도 가장 다채로운 활동을 보여 준 사람은 나중에 럼퍼드 백작이 된 벤저민 톰프슨Benjamin Thompson(1753~1814)이다. 그는 특히 열 연구에서 과학에 중요한 업적을 남겼고, 정치보다는 실리적 동기에서이기는 하지만 사회 개혁자로서도 그에 못지않은 업적을 남겼다. 실제로 톰프슨은 사리사욕에 따라 움직인 기회주의자였던 것으로 보이며, 부와 지위를 쌓기 위해 찾아낸 최선의 길이 남을 위해 좋은 일을 하는 것이었다는 사실은 참 희한하다. 그러나 그의 활동은 그 자체로도 재미있는 이야기일 뿐 아니라 미국 독립혁명과 18세기 말 유럽의 격변을 곁눈질로 들여다볼 수 있으므로 그가 과학에 남긴 업적에 비해 조금 더 자세히 살펴보는 것도 좋겠다.

럼퍼드 백작 벤저민 톰프슨의 생애

벤저민 톰프슨은 1753년 3월 26일 아메리카 식민지 매사추세츠주 워번의 농가에서 태어났다. 아버지는 그가 태어나고 얼마 뒤 죽었고, 어머니는 이내 재혼하여 아이를 여럿 더 낳았다. 톰프슨은 호기심 많고 영리한 소년이었지만 집안이 가난했으므로 가장 기초적인 교육 말고는 어떤 교육도 받을 처지가 되지 못했다. 13세 때부터는 대가족을 부양하는 데 보탬이 되기 위해 일을 해야 했다. 처음에는 세일럼 항구에서 잡화 수입상의 사무원으로, 그 뒤 1769년 10월부터는 보스턴에서 점원으로 일했다. 보스턴의 매력 하나는 그가 야간학교에 나갈 기회를 얻었다는 것이었다. 그곳은 또 정치 불안의 온상이었으므로 그 자체가 10대 소년을 흥분하게 했다. 그러나 좀이 쑤시도록 지루한 점원 일을 소홀히 했고 그래서 이내 일자리를 잃었다. 어떤 이야기에서는 해고됐다고 하고 다른 이야기에서는 자발적으로 그만두었다고 한다. 어느 쪽이든 1770년의 대부분을 워번의 집에서 무직 상태로 지내면서 10대들의 일반적 관심사를 추구하는 한편, 자기보다 약간 더 나이가 많은 친구 로미 볼드윈의 도움을 받아 독학을 시도했다. 톰프슨은 호감을 사는 성격이기도 하고 또 당시 아메리카에서 여전히 자연철학이라 불리던 분야에 확실히 흥미를 느끼고 있었기 때문에 존 헤이라는 그곳 의사가 그를 도제로 받아들이기로 했다. 톰프슨은 이것을 자기 개인 공부와 일을 결합할 기회로 활용했고, 심지어 공식적으로 하버드 대학교와는 아무런 접점이 없었는데도 그곳에서 강의도 몇 차례 들었던 것으로 보인다. 그러나 앞으로 살펴보겠지만 이 이야기는 톰프슨 자신의 설명으로만 전해지는 것이므로 약간은 과장돼 있다고 받아들여야 한다.

도제 생활의 문제점은 돈이 든다는 것이었고, 톰프슨은 돈을 마련하기 위해 갖가지 형태의 교사 일을 맡았다. 그가 가르칠 내용은 읽기, 쓰기에다 약간의 셈법뿐이었으므로 이를 위해 공식 자격은 필요하지 않았다. 1772년에 이르러 톰프슨이 도제 일에 진절머리가 났는지 의사가 그에게 진절머리가 났는지 몰라도 도제 생활을 그만두고 정규 교사 일에 손을 대보기로 했다. 그는 뉴햄프셔주 콩코드에서 교사 자리를 찾아냈다. 이 도시는 실제로 정확하게 매사추세츠주와 뉴햄프셔주의 경계에 있었다. 이전에는 매사추세츠주 럼퍼드라는 이름으로 불렸으나, 이 도시가 어느 주에 속하는지 또 어느 쪽에다 세금을 내야 하는지를 두고 격렬한 분쟁이 있은 뒤 화해의 표시로 1762년 말 이름이 바뀌었다.* 콩코드에서 톰프슨의 후견인은 티머시 워커 목사였다. 워커의 딸 세라는 최근 30세라는 비교적 많은 나이로 그곳 제일의 갑부 벤저민 롤프와 결혼했으나, 롤프는 60세가 되자마자 죽으면서 아내에게 큰 재산을 물려주었다. 교직은 톰프슨이 이제까지 맡았던 어떤 직업보다도 근무 기간이 더 짧았다. 1772년 11월 세라 워커 롤프와 결혼하고 정착하여 아내의 재산을 관리하면서 스스로 신사로 탈바꿈했다. 그의 나이는 겨우 19세였고, 헌칠한 키에 잘 생겼으며, 언제나 두 사람 사이의 관계에서 먼저 다가간 쪽은 세라라고 말했다. 두 사람 사이에 아이는 1774년 10월 18일 태어난 세라밖에 없었다. 그러나 이때 톰프슨의 인생은 이미 다른 쪽으로 방향을 틀기 시작한 상태였다.

톰프슨의 문제는 가진 것에 절대로 만족하지 못하고 언제나 더 많이 원한다는 것이었다. 적어도 죽기 몇 달 전까지는 그랬다. 그는 금세 그곳의 영국 총독 존 웬트워스의 환심을 샀다. 톰프슨은 나중에 계획이 무산됐지만 근처 화이트마운틴산맥 측량을 위한 과학 탐사를 제안하고 과학영농 사업을 시작했다. 그러나 이 모든 것의 배경

* 도시명이 된 낱말 'concord'는 '일치', '조화', '화합'이라는 뜻이다. (옮긴이)

에는 미국 독립혁명으로 이어지는 혼란이 자리 잡고 있었다. 여기서 자세히 다룰 내용은 아니지만, 혁명의 초기 단계에는 각기 자신을 충성스러운 영국인이라 여기는 두 무리 사이의 논쟁 형태를 띠고 있었다는 사실은 기억해 둘 만하다. 톰프슨은 식민지를 지배하고 있는 당국 쪽에 운을 걸었고, 결혼한 지 몇 달만인 1773년에 놀랍게도 뉴햄프셔 민병대의 소령에 임관된 것도 이런 사연 때문이었다. 식민지파(적당한 용어가 없으므로)는 누가 보아도 불가피한 싸움을 준비하면서, 지배 당국에 맞서기 위해 실제로 뇌물까지 주어가며 영국 육군 탈영병들을 끌어들여 그들로부터 정규전 훈련을 받았다. 지주로서 그 지방 농장주들과 연줄이 많았던 톰프슨 소령은 이 활동을 감시하기에 이상적인 위치에 있었다. 그는 또 진정한 애국심이란 법의 지배를 따르고 법의 한도 안에서 변화를 꾀하는 것이라는 믿음을 숨김없이 드러내는 사람이었으므로, 구체제의 전복을 위해 일을 꾸미는 사람들이 그가 무슨 활동을 하고 있는지를 알아차리기까지는 그리 오래 걸리지 않았다. 1774년 크리스마스 직전, 딸이 태어난 지 겨우 두 달이 지났을 때 그에게 타르와 깃털로 모욕을 주기* 위해 군중이 모여들고 있다는 소식을 듣고 말을 타고 그곳을 떠나 다시는 돌아오지 않았다. 다시는 아내를 만나지 않았고, 다만 앞으로 살펴보겠지만 딸 세라와는 결국 다시 만나게 된다.

톰프슨은 이제 보스턴으로 가서 매사추세츠 총독 토머스 게이지 장군을 찾아가 그를 위해 일하겠다고 했다. 공식적으로 이 제안은 거

* 군중이 모여 대상자의 옷을 벗긴 다음 몸에 타르를 바르고 깃털을 붙여 모욕을 주는 행위를 말한다. (옮긴이)

절됐고 톰프슨은 워번으로 돌아갔다. 실제로는 이제 영국 당국을 위해 일하는 첩자가 되어 반군 활동에 관한 정보를 보스턴 본부로 전달했다. 그리 오래지 않아 워번에서도 그의 위치는 위험해졌고, 그래서 1775년 10월 보스턴의 영국 측에 다시 합류했다. 1776년 3월 반군이 이들을 쫓아냈을 때 수비대와 독립반대파는 대부분 배를 타고 노바스코샤의 핼리팩스로 향했고, 보스턴에서 파견한 공식 전령대는 판사 윌리엄 브라운의 지휘 아래 영국군이 이처럼 쫓겨났다는 달갑잖은 급보를 가지고 런던을 향해 떠났다. 어떤 방법을 썼는지 벤저민 톰프슨 소령은 브라운 판사의 수행원 속에 끼어들었고, 아메리카 반군의 전투 능력에 대한 직접적 정보를 가지고 있는 데다 보스턴이 아메리카 사람들의 손에 떨어지는 것을 직접 목격한 전문가로서 1776년 여름 런던에 도착했다. 나아가 그는 영국에 대한 충성심 때문에 큰 재산을 잃은 신사로 자신을 소개했다. 이런 조건에다 탁월한 조직 능력까지 갖춘 만큼 금세 식민지 담당 장관 조지 저메인 경의 오른팔이 됐다.

톰프슨은 맡은 일을 잘 처리하며 승승장구하여 1780년에 이르러 북부 담당 차관 자리에 올랐지만 그가 공무원으로서 한 일은 이 책의 관심사를 벗어난다. 그렇지만 공무를 수행하는 동안 과학에 다시 관심을 갖게 됐고, 1770년대 말 화약의 폭발력을 측정하기 위한 실험을 했다. 이것은 물론 그의 공무와도 관련이 있었지만 우리 이야기의 관심사이기도 하다. 그는 이 실험으로 1779년 왕립학회 회원으로 선출됐다. 이런 실험은 또 톰프슨이 1779년 여름 영국 해군 일부와 함께 3개월 동안 기동훈련에 참가할 핑계가 되어 주었다. 그러나 톰프슨은 표면적으로는 포술을 연구한다고 했지만 실제로는 다시 한번 첩자 일을 하고 있었는데 이번에는 저메인 경을 위해서였다. 그는 해군 내에서 믿기 어려울 정도의 비능률과 부패가 벌어지는 것을 그대로 보고했는데 저메인이 정치적 출세에 써먹기 위한 것이었다. 그렇지만 톰프슨은 당시의 후견인 체제에서 자신의 운명은 저메인의 운명에 확실하게 달려 있으며, 후견인이 권력을 잃으면 그 역시 찬밥 신세가 된다는 것을 잘 알고 있었다. 그래서 자기 자신을 위해 만일의 사태에 대비하기 시작했다.

그가 동원한 방법은 그의 계급에 있는 사람이 흔히 쓰는 것으로서 바로 자기 자신의 연대를 만드는 것이었다. 유사시 군사력을 강화하기 위해 국왕은 칙허장을 발부하여 개인이 자기 비용으로 연대를 편성하여 그 연대의 선임 장교가 되는 것을 허락할 수 있었다. 이 무렵 톰프슨은 비용을 감당할 능력이 되기는 했지만 비싸게 먹히는 방법이었다. 그러나 그에 따른 혜택도 어마어마했다. 전쟁이 끝나고 연대가 해산되면 장교들은 평생 동안 자신의 계급을 유지하고 절반에 해당하는 급료를 보장받았던 것이다. 그래서 톰프슨은 데이비드 머리 소령이라는 사람이 그를 대신하여 실제로 뉴욕에서 모집한 병사들로 국왕의 아메리카 용기병대를 만들게 하고 자신은 그 부대의 중령이 됐다. 그렇지만 1781년 톰프슨의 거짓 군인노릇이 갑자기 진짜가 됐다. 영국의 해군 작전에 관한 자세한 정보를 가지고 있는 어느 프랑스인 첩자가 붙잡혔는데 그 정보는 함대에 대해 자세히 알고 있는 고위 장교로부터 온 것이 분명했다. 톰프슨이 의심을 받고 뒷소문도 무성했지만 고발을 당하지는 않았다. 우리로서는 진실을 결코 알지 못하겠지만, 그가 갑자기 런던의 직위를 그만두고 뉴욕으로 가서 자기 연대에서 적극적 역할을 맡기 시작한 것은 사실이다. 전투에서 톰프슨이 한 역할은 눈부시지도 성공적이지도 않았고, 영국이 패하자 1783년에 다시 런던으로 돌아왔다. 런던에서는 친구들이 여전히 영향력을 발휘하고 있었으므로 그는 대령으로 진급할 수 있었고, 이로써 급료가 늘어났으므로 늘어난 급료의 절반을 보장받고 퇴역할 수 있었다. 진급 직후 화가 토머스 게인즈버러에게 의뢰하여 군복 정장을 차려 입은 자신의 모습을 초상화로 그렸다.

이제 톰프슨 대령이 된 그는 유럽 본토에서 자신의 운을 시험해 보기로 했다. 몇 달 동안 대륙을 여행하면서 가능성을 가늠해 본 뒤, 자신의 매력과 운과 비교적 과장된 군대 경험담을 동원한 끝에 바이에른 선제후 카를 테오도르로부터 뮌헨의 군사고문 자리를 제안받을 수 있었다. 적어도 거의 제안받은 셈이었다. 바이에른 궁의 다른 사람들이 못마땅하게 여기지 않도록 하려면 톰프슨이 영국 국왕 조지 3세의 총애를 받고 있다는 것을 보여 주면 도움이 될 거라는 언질을 받았다. 어떻든 외국 군대에서 일하려면 런던으로 돌아가 허락을 받아야 했다. 런던에 돌아가 있는 동안 톰프슨은 자신이 기사 작위를 받으면 도움이 될 것이라며 국왕을 설득했고 국왕은 정식으로 호의를 베풀었다. 톰프슨은 거의 언제나 자신이 원하는 것을 손에 넣었는데, 이처럼 대단한 뻔뻔함이 통할 수 있었던 것은 1784년 당시 프랑스에서 전개되고 있던 정치적 상황에 비추어 영국이 바이에른과의 관계 개선에 크게 관심을 가지고 있다는 사실 덕분이었다. 또 그동안 그의 행적으로 볼 때 새삼스러울 것도 없지만,

영국을 위해 바이에른에 관한 첩보를 수집하여 빈에 있는 영국 대사 로버트 키스 경에게 은밀히 보고하겠다고 국왕에게 제의했을 것이 분명하다.

대류에 관한 톰프슨의 생각

톰프슨은 바이에른에서 놀라울 정도의 성공을 거두었다. 그곳에서 그는 과학적 원칙을 적용하여, 사기도 낮고 장비도 변변찮은 오합지졸이나 마찬가지인 군대를 효율적이고 사기 높은 조직으로 바꿔놓았다. (다만 전투 조직은 아니었다.) 이것을 이룩하되 선제후의 돈도 아껴야 한다는 불가능에 가까운 일을 과학을 적용하여 해냈다. 군인들에게는 제복이 필요했으므로 톰프슨은 여러 가지 소재가 열을 전달하는 방식을 연구하여 가장 가격 효율이 높은 소재를 찾아내 제복을 만들었다.

그러는 한편으로 우연히 대류* 현상을 발견했다. 실험에 사용하는 커다란 온도계 안에 들어 있는 액체(알코올)가 관 중앙에서는 올라가고 가장자리에서는 내려오는 것을 본 것이다. 또 군인들을 먹여야 했으므로 그는 영양을 연구하여 경제적이면서도 건강하게 먹일 방법을 찾아냈다. 제복을 만들기 위해 뮌헨 거리의 거지를 샅샅이 모아 당시 기준으로 설비가 좋은 깨끗한 작업장에서 일하게 했다. 이들에게 또 기초 교육을 제공했고, 어린 아이들의 경우에는 일종의 학교에 의무적으로 출석하게 했다. 병사들에게 최소한의 비용으로 최대한의 영양을 공급하기 위해 자신이 개발한 메뉴를 먹였다.

* 대류(convection)라는 용어는 사실 1834년 윌리엄 프라우트William Prout(1785~1850)가 도입한 것이다.

특히 당시 그 지역에서는 거의 먹지 않았던 감자를 주재료로 한 수프를 먹였는데, 이를 위해 막사마다 텃밭을 만들어 채소를 직접 기르게 했다. 이로써 군인들이 군대를 떠날 때 할 수 있는 일거리가 생겨나고 기술을 갖게 됐으며, 이것이 다시 사기를 높이는 데 큰 역할을 했다. 뮌헨 전체로 볼 때 군대의 채소밭은 거대한 공원에 편입되어 영국정원이라 불리게 됐는데, 원래 선제후 개인의 사슴공원을 떼어 내 만든 것이어서 톰프슨은 대중 사이에서도 대단히 인기가 높아졌다.

톰프슨은 여러 가지를 발명했는데 특히 최초의 밀폐형 오븐을 발명하여 비효율적인 모닥불을 대체했고, 야전에서 쓸 수 있는 휴대용 난로와 개량된 조명등을 발명했다. 그리고 나중에는 효율적인 커피포트를 개발했는데, 일평생 절대금주주의자에다 홍차를 싫어한 톰프슨은 술 대신 커피를 건강한 대용품으로 열렬히 권장했다. 궁정에서 지니는 공식 직위 덕분에 바이에른에서 선제후 다음으로 막강한 권력자가 됐고, 또 오래지 않아 군사장관, 치안장관, 국무참사관, 궁정의전관 등의 직위를 동시에 맡았을 뿐 아니라 소장 계급으로 진급했다. 1792년 선제후는 가장 신뢰하는 이 측근에게 경의를 표할 또 하나의 방법을 찾아냈다. 당시 신성 로마 제국은 중부 유럽 국가들의 매우 느슨한 연합 형태로 마지막 명맥만 유지하고 있었고, 황제가 있다지만 의례적인 역할에 지나지 않았다. 그해에 황제 레오폴트 2세가 죽었고, 각국 수장들이 모여 후계자를 선출하는 동안 카를 테오도르는 당시 적용되던 순번 순위에 따라 신성 로마 제국의 황제 대행이 됐다. 1792년 7월 14일까지 대행직을 수행했는데 총애하는 몇 사람에게 귀족 작위를 내리기에는 충분히 긴 시간이었다.* 소장 벤저민 톰프슨 경도 그 가운데 한 명으로서 이때 럼퍼드 백작이 됐다. 독일어로는 그라프 폰 룸포르트로, 아메리카 태생의 영국인 과학자로서는 있을 법하지 않은 호칭이다.

이 예에서 알 수 있듯 럼퍼드(앞으로 이렇게 부르기로 한다)는 여전히 선제후의 총애를 한 몸에 받고 있었지만, 외국인으로서 그렇게나 빨리 출세한 만큼 궁중에는 적이 많았다. 카를 테오도르는 늙고 자식이 없었으므로, 언젠가 닥칠 그날이 왔을 때 유리한 위치에 서기 위해 파벌들 사이에 이미 암투가 벌어지고 있었다. 럼퍼드는 너무나 많은 것을 이루었기 때문에 사회적으로 올라갈 수 있는 더 높은 지위가 거의 없어 보였다. 그는 이제 39세였고, 아메리카로 돌아가면 어떨까 하는 생각을 하고 있던 차에 어느 날 주로 샐리라 불리는 딸 세라로부터 불쑥 편지가 왔다. 럼퍼드의 아내가 막 세상을 떠났고 샐리는 로미 볼드윈으로부터 아버지의 주소를 알아냈다는 내용이었다.

프랑스가 라인란트를 침공하고 1792년 11월 벨기에를 점령하면서 바이에른까지 전란에 휩쓸릴 것 같은 상황이 되자 지칠 대로 지쳐 있던 럼퍼드는 지긋지긋해진 나머지 이탈리아로 떠났다. 정치적 방편이 아니라고 할 수는 없지만 공식적 사유는 건강이 나빠졌기 때문이다. 이탈리아 외유는 휴식이 됐을 뿐 아니라 과학에 대한 관심

* 신성 로마 제국은 결국 1806년 8월에 나폴레옹 전쟁의 부작용으로 종말을 고했다. 마지막 황제는 1792년 7월에 선출된 프란츠 2세였다. 그는 신성 로마 제국 황제에서 퇴위한 뒤 프란츠 1세로서 오스트리아의 황제로 돌아갔다. 럼퍼드는 존재하지 않는 제국의 백작으로 남았다.

을 되살리는 기회도 됐다. 전기를 이용하여 개구리의 다리를 꿈틀거리게 만드는 볼타의 시연을 보았고, 왕립학회 간사이자 헨리 캐번디시의 친구인 찰스 블랙던을 만났다. 이탈리아는 또 낭만적 애정유희를 즐길 기회도 됐다. 럼퍼드에게는 언제나 여자가 절대로 부족하지 않았다. 정부가 여러 명 있었는데 그중에는 백작 부인 자매도 있었고, 그중 한 명은 선제후와 '공유'했다. 그리고 그에게는 사생아가 적어도 두 명 있었다.

럼퍼드는 이탈리아에서 16개월을 지낸 다음 그곳에 눌러앉거나 하지 않고 1794년 여름 바이에른으로 돌아갔다. 이번에는 과학에서 이름을 떨치려는 야심을 품고 있었다. 그는 대중의 갈채와 무관하게 발견 그 자체로 만족하는 헨리 캐번디시가 아니었다. 정치적 상황은 여전히 그대로였고, 어떻든 럼퍼드의 연구가 눈에 띄려면 잉글랜드에서, 그것도 될 수 있으면 왕립학회를 통해 출간돼야 했다. 1795년 여름 선제후는 그에게 이 목적으로 런던을 다녀올 수 있도록 6개월 동안의 휴가를 주었다. 이제 과학자와 정치가로 유명한 데다 덤으로 귀족 호칭까지 붙은 그는 런던에서 물 만난 물고기나 마찬가지였고, 6개월은 거의 1년으로 늘어났다. 언제나 그렇듯 그는 사업과 자기선전과 과학과 쾌락을 동시에 추구했다. 겨울 동안 런던을 뒤덮는 연기의 장막에 충격을 받고 대류에 대한 지식을 가지고 더 나은 벽난로를 설계했다. 굴뚝 안쪽 뒷면에 턱을 만들어, 굴뚝을 타고 내려오는 찬 공기가 이 턱에 걸렸다가 불에서 올라오는 뜨거운 공기와 함께 올라가게 함으로써 방 안으로 연기가 뭉게뭉게 들어가지 않게 했다. (그는 훗날 증기를 이용한 중앙난방 시스템을 연구했다.)

1796년에는 열과 빛 분야에서 뛰어난 연구를 내놓은 사람에게 상으로 메달을 주기 위한 기금을 기부했는데, 이름을 영원히 남기겠다는 속셈도 있었지만 이를 위해 자신의 사비를 들였다. 메달은 두 개이며 하나는 아메리카를, 하나는 영국을 대상으로 했다. 같은 해에 아메리카에서 샐리를 데려와 함께 지내기 시작했다. 처음에는 샐리의 식민지 촌뜨기 같은 행동거지가 세련된 럼퍼드 백작에게 창피거리가 되는 탓에 충격을 받았으나, 두 사람은 그 뒤로 그가 죽을 때까지 많은 시간을 함께 보냈다.

럼퍼드는 1796년 8월 뮌헨으로 불려갔는데 정치적 상황이 그에게 유리하게 바뀌어 있었던 까닭도 있었다. 최근 카를 테오도르의 유력 후계자 물망에 오른 사람이 럼퍼드의 지지자였기 때문이다. 그리고 바이에른뿐 아니라 뮌헨 자체에 대한 군사 위협도 그가 호출된 한 가지 이유로서, 오스트리아와 프랑스 군대가 대치한 사이에 끼여 이러지도 저러지도 못할 상황이었다.* 럼퍼드를 부른 것은 정말로 그가 뛰어난 군사 지도자라고 생각한다기보다 편리한 희생양이기 때문이었다. 중요한 사람은 모조리 뮌헨을 떠나 도망쳐 버렸고 저 외국인만 방위사령관으로 남겨 두었으니, 도시가 침략당하면 그가 책임을 져야 한다는 뜻이었다. 이내 오스트리아 군대가 도착하여 도시 바깥에 진을 쳤다. 이어 프랑스 군대가 도착하여 도시 반대쪽에 진을 쳤다. 양측 군대 모두 상대방이 뮌헨을 점령하게 두느니 자기네가 점령해야겠다고 마음을 먹고 있었지만, 럼퍼드는 두 진영

* 당시는 물론 오스트리아가 중부 유럽의 강국이었다.

을 오가며 충돌이 촉발되지 않도록 겨우겨우 막아 내며 시간을 끌었다. 그러다가 라인강 하류 쪽에서 프랑스 군대가 패하자 뮌헨에 진을 치고 있던 프랑스 군대가 물러갔다. 언제나 그렇듯 럼퍼드는 이 난국을 타개한 영웅이 됐다. 선제후가 돌아왔을 때 상으로 그를 바이에른 경찰 사령관으로 임명하고 아버지를 따라 그곳에 와 있던 샐리를 여백작에 봉했다. 다만 그에 따르는 연금은 주지 않고 럼퍼드가 백작으로서 받는 연금을 둘이 반씩 나눠 갖게 했다. 럼퍼드는 또 대장으로 진급했다.

그렇지만 이 예상 밖의 성공으로 럼퍼드는 반대 세력으로부터 더욱 미움을 받게 됐다. 이때쯤 그는 자신이 맡은 행정 업무를 소홀히 하고 가장 중요한 과학 연구에 몰두하면서 얼른 다른 곳으로 옮겨 갈 생각만 하게 됐다. 심지어 선제후 본인도 럼퍼드를 계속 총애함으로써 자신의 입지를 스스로 약화시키고 있다는 것을 깨달았다. 그렇지만 럼퍼드를 어떻게 하면 좋을까? 카를 테오도르는 1798년에 럼퍼드 백작을 세인트제임스 궁정의 전권대사(즉 영국 주재 대사)에 임명했는데, 이것은 체면을 잃지 않으면서 이 문제를 해결하는 방법이었다.

럼퍼드는 짐을 꾸려 런던으로 돌아갔으나, 도착하고 보니 조지 3세는 그의 신임장을 받을 생각이 전혀 없었다. 영국 국민이므로 외국 정부를 대표할 수 없다는 핑계를 내세웠지만, 사실은 조지 3세의 장관들이 럼퍼드를 벼락출세한 사람으로 생각한 데다, 예전에 첩보 활동을 하면서 이중첩자의 모습을 보인 일에 대한 기억이 사라지지 않았던 만큼 그를 싫어했기 때문일 것이다.

이유가 무엇이든 이 일은 결국 과학 쪽에서는 좋은 결과로 이어졌다. 럼퍼드는 다시 한번 아메리카로 돌아갈 생각을 했지만, 결국 런던에서 머무르면서 연구와 교육을 결합한 (물론 그 자신의 연구를 더 부각시키는) 박물관을 만들 계획을 세웠다. 이 계획은 왕립연구소라는 이름으로 결실을 보았다. 대중의 기부를 통해, 다시 말해 여느 때처럼 자신의 매력을 동원하여 부자들을 설득하여 돈을 듬뿍 받아 오는 방법으로 자금을 확보한 그는 자연철학 담당 간판 교수로 연구소에 임용한 토머스 가넷Thomas Garnett(1766~1802)의 연속 공개 강연을 시작으로 1800년 연구소의 문을 열었다. 가넷은 최근 글래스고에서 런던으로 넘어온 의사였다. 그러나 그는 그 자리를 오래 유지하지 못했다. 럼퍼드는 그의 능력에 그다지 깊은 인상을 받지 못했고, 그래서 1801년 떠오르는 젊은 학자 험프리 데이비Humphry Davy(1778~1829)를 그 자리에 앉혔다. 그의 활약으로 왕립연구소는 대중의 과학 이해 증진에 크게 기여하게 된다.

데이비를 임용한 얼마 뒤 럼퍼드는 카를 테오도르의 뒤를 이어 새로 선제후 자리에 오른 막시밀리안 요제프에게 인사를 올리기 위해 뮌헨으로 돌아갔다. 어쨌든 럼퍼드는 여전히 바이에른 정부로부터 연금을 받고 있었고, 막시밀리안은 왕립연구소 같은 기관을 뮌헨에도 설립하는 데 관심이 있다는 뜻을 표한 적이 있었기 때문이었다. 럼퍼드는 뮌헨에서 2주 동안 지낸 다음 파리를 경유하여 런던으로 돌아갔다. 파리에 들렀을 때 온갖 찬사를 한 몸에 받았고 그것을 스스로 당연하게 여겼다. 또 그곳에서 라부아지에와 사별한 부인과의 운명적 만남이 있었는데, 그때 그녀는 40대 초의 나이였고 럼퍼드는 물론 40대 말의 나이였다.* 이렇다 보니 런던은 시시해졌다.

럼퍼드는 자신의 주변을 정리하고 짐을 싸서 1802년 5월 9일 대륙으로 떠났다. 그 다음에도 다시 뮌헨을 여러 차례 방문하기도 했지만, 오스트리아가 바이에른을 점령하고 선제후가 달아난 1805년 이후로는 방문하지 않았다. 럼퍼드는 폭풍이 몰아치기 전에 그곳에서 자신의 일을 정리하는 선견지명이 있었다. 이제 그의 마음은 파리와 라부아지에 부인에게 가 있었다. 부인은 바이에른과 스위스로 이어지는 긴 여행에서 그와 동행했고, 1804년 봄 두 사람은 파리의 어느 주택에 정착했다. 둘은 결혼하기로 했지만, 럼퍼드는 첫 아내가 사망했음을 증명하는 서류를 아메리카로부터 받아와야 한다는 기술적 어려움에 부딪쳤다. 전쟁이 벌어지고 있고 영국이 프랑스를 봉쇄하고 있었기 때문에 그리 쉬운 일이 아니었다. 이 때문에 일이 지연되다가 1805년 10월 24일 드디어 결혼했고, 결혼 직후 둘이 서로 맞지 않는다는 것을 알게 됐다. 결혼 전 4년 동안이나 함께 기쁨을 누렸는데도 그랬다.

럼퍼드는 반쯤 은퇴하여 조용히 과학에 집중할 준비가 되어 있었으나 아내는 파티와 완전한 사교생활을 원했다. 두 사람은 2년 뒤 갈라섰고, 럼퍼드는 그때부터 죽을 때까지 파리 교외 오퇴이에 있는 어느 집에서 또 다른 정부 빅투아르 르페브르와 함께 살았다. 둘 사이에는 1813년 10월에 태어난 샤를이라는 아들이 있었고, 럼퍼드

* 그는 또 길로틴(단두대)을 발명한 조제프 기요탱Joseph Guillotin(1738~1814)을 만났으나, 라부아지에 부인을 만난 바로 그 사교 모임에서 만난 것은 아니라고 추측된다. 럼퍼드는 기요탱을 "매우 온화하고 예의 바르며 친절한" 사람으로 묘사했다. 그가 교수형보다 자비로운 대안으로 길로틴을 발명했다는 것을 기억하기 바란다.

는 그로부터 1년이 지나지 않은 1814년 8월 21일 61세의 나이로 세상을 떠났다. 샐리 럼퍼드는 1852년까지 살았지만 혼인하지 않았고, 성을 럼퍼드로 바꾼다는 조건으로 샤를 르페브르의 아들 아메데에게 상당한 양의 재산을 남겼다. 그의 자손은 지금도 그 성을 쓰고 있다.

열과 운동에 관한 럼퍼드의 생각

벤저민 톰프슨/럼퍼드 백작 이야기가 — 여기서 수박겉핥기 식으로만 다루었을 뿐인데도 — 매우 흥미롭기는 하지만, 열의 본질을 우리가 이해하는 데 정말로 중요한 보탬을 주지 않았다면 그의 이야기는 과학사에서 차지할 자리가 없었을 것이다. 이것은 1797년 뮌헨에서 한 연구를 통해서였다. 뮌헨을 '방어'한 이후로 그가 책임을 맡았던 수많은 임무 중 하나는 뮌헨 조병창으로, 그곳에서는 금속 원통의 안을 깎아 내 대포를 만들고 있었다.

럼퍼드는 평생 동안 지극히 실용적이었던 사람으로, 뉴턴 같은 이론가라기보다 제임스 와트 쪽에 더 가까운 발명가이자 공학자였다. 그가 과학에서 주로 관심을 가진 대상은 열의 본질이었는데 이것은 18세기 후반에도 여전히 수수께끼에 속했다. 당시 여러 방면에서 여전히 지배적 위치를 차지하고 있던 모델은 열은 열소라는 유체와 관련이 있다는 것이었다. 모든 물체가 열소를 가지고 있다고 생각했고, 물체에서 열소가 흘러나오면 온도 상승을 통해 자신의 존재를 드러낸다고 보았다.

럼퍼드는 1770년대 말 화약을 가지고 실험하는 동안 열소 모델에 관심을 가지게 됐다. 그는 대포는 똑같은 양의 화약을 사용한다고 해도 포탄이 발사될 때보다 포탄을 넣지 않고 발사할 때 포신이 더 뜨거워진다는 것을 알아차렸다. 만일 온도 상승이 단순하게 열소의 방출에 따른 것이라면 똑같은 양의 화약을 태울 경우 언제나 똑같아야 하며, 따라서 열소 모델에 뭔가 틀린 부분이 있는 것이 분명했다.* 경쟁관계에 있는 다른 모델도 여러 가지 있었다. 럼퍼드는 젊을 때 헤르만 부르하버Herman Boerhaave(1668~1738)의 연구를 읽은 적이 있었다. 그는 화학 연구로 가장 잘 알려져 있는 네덜란드인으로, 열은 소리처럼 진동의 한 형태라고 했다. 럼퍼드는 이 모델에 마음이 더 끌렸으나, 그로부터 거의 20년 뒤 대포를 깎아 내는 작업에 관여하게 되고서야 열소 모델의 결함을 사람들에게 확신시켜 줄 방법을 찾아냈다.

열소 모델에서는 물론 마찰에서 열이 발생한다는 익숙한 사실을 — 피상적으로 — 설명하기가 매우 쉬웠다. 열소 모델에 따르면 두 면이 맞닿아 문질러질 때 두 면에 가해지는 압력 때문에 거기서 열소가 빠져나온다. 대포의 안쪽을 깎아 내는 과정에서는 회전하지 않는 드릴 날에 대고 금속 원통을 수평으로 장착했다. 그런 다음 말의 힘을 이용하여 원통 전체를 회전시키는 가운데 드릴 날을 안쪽으로 움직여 가며 안을 깎아 냈다. 럼퍼드는 이 과정을 관찰하면서 두 가지 깊은 인상을 받았다. 하나는 거기서 발생하는 열의 양 자체였고, 또 하나는 이 열의 원천이 무한정으로 보인다는 점이었다. 말이

* 현대적 설명은 포탄이 발사될 때 폭발에서 생기는 에너지가 포탄을 움직이는 데 사용되며 따라서 대포에서 열로 발산될 에너지가 줄어든다는 것이다.

움직이고 드릴 날이 대포 금속과 접촉하고 있는 한 열을 발생할 수 있었다. 만일 열소 모델이 옳다면 어느 시점에는 회전하는 원통으로부터 열소가 다 빠져나올 것이고 따라서 뜨거워지게 만들 열소가 남지 않을 것이다.

럼퍼드는 이것을 스펀지에 비유했다. 스펀지에 물을 적셔 방 한가운데에 실로 매달아 두면 머금고 있는 습기를 조금씩 공기 속으로 내놓을 것이고 결국에는 말라 습기가 남지 않을 것이다. 열소 모델도 그와 같을 것이다. 그러나 열은 교회 종이 울릴 때와 더 가까웠다. 종에서 발생하는 소리는 종을 칠 때 '소진'되지 않으며, 종을 계속 치는 한 그 특유의 소리가 계속 발생할 것이다.

럼퍼드는 물자를 절약한다는 의미에서 안을 깎아 내기 전에 대포의 포신에서 잘라 내는 금속 주물 자투리를 사용하여 열이 얼마나 발생하는지를 측정하기로 했다. 실험을 더 효과적으로 하기 위해 날이 무뎌진 드릴을 사용했다. 물을 가득 채운 나무 상자 안에 금속 원통을 넣고 물이 끓기까지 얼마나 걸리는지를 알아보는 방법으로 여기서 발생하는 열을 측정할 수 있었다. 불을 사용하지 않고서도 이런 방법으로 많은 양의 물을 금방 끓이는 것을 보고 신기해하는 방문객들을 보는 것도 즐거웠다. 그러나 그가 지적한 것처럼 이것은 물을 끓이는 효율적 방법이 아니었다. 그가 부리는 말은 먹이를 주어야 했고, 정말로 물을 끓이고 싶으면 말을 사용할 게 아니라 말에게 먹이로 주는 건초를 태워 물을 끓이는 방법이 더 효율적일 것이다. 거의 아무렇지도 않게 한 이 말로써 그는 에너지는 보존되지만 한 형태에서 다른 형태로 바뀔 수 있는 방식을 이해하기 직전까지 다가갔다.

럼퍼드는 뜨거운 물을 비우고 다시 찬물을 채워 이 실험을 여러 차례 반복하면서, 이런 식의 마찰에서 발생하는 열을 가지고 같은 양의 물을 데우는 데 항상 똑같은 시간이 걸린다는 것을 알아냈다. '열소'가 스펀지에 스며든 물처럼 소진되는 기미는 전혀 보이지 않았다. 엄밀히 말해 이런 실험은 이런 식으로 한없이 열을 발생시킬 수 있다는 절대적 증명은 되지 않는다. 실험이 문자 그대로 한없이 계속되지 않았기 때문이다. 그러나 암시하는 바가 매우 컸고 또 당시에는 열소 모델에 큰 타격을 준 것으로 인식됐다. 그는 또 온도가 제각각인 여러 액체를 병에 넣고 밀봉하여 무게를 재는 여러 차례의 실험을 통해 물체 안에 있는 '열의 양'과 그 물체의 질량 사이에는 아무 관계가 없으며, 따라서 그 물체가 식거나 가열될 때 실체가 있는 어떤 것도 흘러 들어오거나 나갈 수 없다는 것을 입증했다. 럼퍼드 자신은 열이 무엇인지 이해했다고 주장하지는 않았고, 다만 열이 무엇이 아닌지는 증명했다고 주장했다. 그러나 그러면서 다음과 같이 썼다.

> 나로서는 이들 실험에서 열을 일으켜 전달시킨 것과 같은 방식으로 일으켜 전달시킬 수 있는 대상에 대한 명확한 가설을 세우기가 전적으로 불가능하지는 않을지 몰라도 지극히 어려워 보인다. 그 대상이 **운동**일 경우를 제외하면 그렇다.*

* 브라운(S. C. Brown)을 재인용.

이 문장은 물질 속 개개 원자와 분자의 운동과 열 사이의 관계에 대한 현대의 이해와 정확히 맞아떨어진다. 그러나 물론 럼퍼드는 열과 관계된 운동이 어떤 종류인지 전혀 생각해 내지 못하고 있었고, 따라서 이 문장은 보기처럼 깊은 선견지명을 담고 있는 것은 아니다. 오히려 이런 여러 가지 실험에서 얻은 증거가 19세기에 원자에 관한 생각이 확립되는 데 도움이 됐다. 그러므로 19세기에 과학이 그렇게나 빠른 속도로 발전한 한 가지 이유는 1790년대 말에 이르러 옛 학파 중에서도 시야가 극도로 편협한 사람들 말고는 누가 생각해도 플로지스톤과 열소 이론이 모두 죽어 장사까지 지냈다는 것이 명백해졌기 때문이다.

제임스 허턴: 지질학의 동일과정설

그렇지만 시간과 공간 속 인간의 위치에 대한 이해라는 차원에서 18세기 마지막 몇십 년 동안 일어난 가장 두드러진 변화는 지구가 형성되기까지의 지질작용을 점점 더 이해하게 됐다는 것이다. 그 시초가 된 이론은 주로 제임스 허턴James Hutton(1726~1797)이라는 스코틀랜드인이 생각해 냈고, 19세기에 찰스 라이엘Charles Lyell(1797~1875)이 그의 뒤를 이었다.

제임스 허턴은 1726년 6월 3일 스코틀랜드의 에든버러에서 태어났다. 아버지 윌리엄 허턴은 상인이자 에든버러시의 재무 담당관으로 일했으며 베릭셔에 웬만한 규모의 농장을 가지고 있었다. 아버지는 제임스가 아주 어릴 때 죽었고 그래서 어머니가 혼자 키웠다. 제임스는 에든버러에 있는 고등학교를 다니고 그곳 대학교에서 교양 과정을 배운 다음 17세의 나이로 어느 법률가의 도제가 됐다. 그러나 법학이 전혀 적성에 맞지 않는 데다 화학에 깊이 흥미를 갖게 된 나머지 한 해도 되기 전에 다시 대학교로 돌아가 의학을 공부했다. 조지프 블랙 같은 사람들의 예에서도 잘 알 수 있듯이 당시 화학에 가장 가까운 공부는 의학이었다. 허턴은 에든버러에서 3년을 더 공부한 뒤 파리로 갔다가 다시 레이던으로 가서 1749년 9월 의학박사 학위를 받았다. 그러나 의사로 일한 적은 없으며, 필시 그럴 생각조차 없었을 것이다. 그에게 의학은 화학을 공부할 수단에 지나지 않았다.

제임스 허턴이 물려받은 유산에는 베릭셔의 농장이 포함되어 있었고, 그래서 영국으로 돌아왔을 때 현대 영농에 관해 배워야겠다고 마음을 먹었다. 이에 1750년대 초에 먼저 노퍽으로 갔다가 다음에는 바다 건너 유럽의 저지대 국가*들을 방문하여 최신 영농법을 배운 다음 스코틀랜드로 돌아왔다. 그는 배운 기술을 적용하여, 바위투성이인 데다 그다지 좋은 점이 없는 자신의 농장을 효율적이고 생산적인 곳으로 바꿔놓았다.

이런 모든 야외 활동을 하다 보니 지질학에 대한 관심이 생겨났고, 그러는 동안 화학에 관한 관심도 계속 유지하고 있었다. 몇 년 전 친구 존 데이비John Davie와 함께 일반 검댕을 가지고 염화암모늄

* 저지대 국가는 유럽 북서부의 스헬더강, 라인강, 뫼즈강 하구 삼각주 지대에 있는 나라들을 가리키며, 전체적으로 지면이 해수면보다 낮거나 조금밖에 높지 않기 때문에 붙은 이름이다. 주로 중세 말기부터 근대 초기까지 수많은 공국으로 나뉘어 있던 시기의 이 지역을 일컫는다. 오늘날의 벨기에, 네덜란드, 룩셈부르크, 그리고 독일과 프랑스 일부가 이 지역에 포함된다. (옮긴이)

을 생산하는 기법을 개발해 두었는데 이것을 데이비가 산업 공정에 적용하는 데 성공했다. 화학 덕분에 일이 잘 풀린 것이다. 이 약품은 면직물 염색과 인쇄 등 중요하게 쓰이는 곳이 많았다. 염화암모늄 제조 공정 수익금에 대한 지분으로 돈이 들어오기 시작하자 1768년 42세의 미혼인 허턴은 농장을 임대로 내주고 에든버러로 이사를 가서 과학에 전념하기 시작했다. 그는 두 살 아래인 조지프 블랙과 각별한 친구 사이였고, 1783년 에든버러에 설립된 왕립학회의 창립회원이었다. 그러나 그가 가장 널리 기억되고 있는 것은 지구는 신학자들이 말하는 것보다 훨씬 더 오래전부터 있었으며 어쩌면 영원부터 있었을지도 모른다고 말했기 때문이다.

우리 눈에 보이는 세계를 관찰한 허턴은 현재 지구의 겉모양을 설명할 때 성서에서 말하는 대홍수 같은 대격변을 동원할 필요가 없다는 결론을 내렸다. 그러면서 시간이 충분하다면 우리가 보는 모든 것은 오늘날 우리가 주위에서 보는 것과 똑같은 과정으로 설명할 수 있다고 했다. 거대한 지진 때문에 하룻밤 사이에 새로운 산맥이 생겨나는 게 아니라, 산지가 침식으로 깎여 나가고 바다 밑바닥에서 퇴적물이 쌓이고, 오늘날 보는 것과 똑같은 종류의 지진과 화산활동이 반복되면서 그것이 위로 들려올라와 새로운 산을 만든다는 것이었다.

이것은 동일과정설(uniformitarianism)이라는 이름으로 알려지게 됐다. 즉 동일한 과정이 항상 작용하면서 지구 표면을 계속적으로 형성해 나간다는 것이다. 산발적으로 대격변이 일어나지 않았다면 지구에서 보는 지형을 설명할 수 없다고 보는 가설은 격변설(catastrophism)이라는 이름으로 알려지게 됐다.*

허턴의 생각은 그 시대 지질학에서 당연하게 받아들이고 있던 생각과 정면으로 충돌했는데, 그것은 격변설과 수성론을 결합한 이론이었다. 수성론(Neptunism)은 지구가 한때 완전히 물로 뒤덮여 있었다는 가설로, 특히 프러시아의 지질학자 아브라함 베르너Abraham Werner(1749~1817)가 주장하고 있었다. 허턴은 1785년 왕립학회에서 낭독 발표하고 1788년 학회의『철학회보』에 출간한 두 편의 논문에서 자신의 논점을 신중하게 전개하면서 동일과정설을 뒷받침하는 강력한 논리를 내놓았다. 첫 번째 논문은 왕립학회의 1785년 3월 모임에서 블랙이 발표했고, 두 번째 논문은 허턴이 59번째 생일을 맞이하기 몇 주 전인 5월에 직접 낭독했다.

허턴의 의견은 1790년대 초에 수성론자들로부터 혹독하게 비판을 받았으나 비판의 근거가 잘못돼 있었다. 60대의 나이인 데다 건강하지도 않았던 그는 이에 대한 대답으로 책을 써서 자신의 주장을 전개했다. 이렇게 쓴 책『지구 이론*Theory of the Earth*』은 1795년에 두 권짜리로 출간됐다. 그는 1797년 3월 26일 71세의 나이로 숨을 거둘 때까지도 이 책의 제3권을 준비하고 있었다.

* 이 두 용어는 지금도 사람들이 상대편 이론을 깎아내리기 위해 잘못 사용하고 있다. 혼란에서 가장 중요한 부분은 지구의 시간 척도와 인간의 시간 척도가 너무나 다르다는 데에 기인한다. 인간의 시간 척도로 볼 때 대형 운석이 지구에 떨어지는 등의 극적 사건은 드물게 일어난다. 그러나 낱말의 일상적 의미에서 볼 때 이처럼 격변임이 분명한 사건이라 해도, 기나긴 지구의 역사에서 보면 모두 정상적이며 지질학 용어에서 말하는 동일 과정에 해당된다. 모든 것이 관점 문제다. 하루만 사는 나비에게는 밤이 오는 것이 격변이다. 그러나 우리가 볼 때 그것은 일상이다. 우리로서는 새로운 빙하기가 오면 격변이 될 것이다. 그러나 지구라는 행성이 볼 때 그것은 일상이다.

허턴은 관찰되는 풍부한 사실로 뒷받침하면서 신중하게 논리를 전개했으나 애석하게도 그의 문체는 대체로 이해하기가 어려웠다. 그럼에도 불구하고 그의 책에서는 몇 가지 뚜렷하게 눈에 띄는 예를 찾아볼 수 있었다. 가장 훌륭한 예 하나는 닦은 지 2,000년쯤 지난 로마 시대의 도로가 그 사이에 침식이라는 자연적 과정이 계속 일어나고 있었는데도 불구하고 여전히 보인다는 사실이었다. 허턴은 지구 표면을 자연적 과정을 통해 오늘날과 같은 모양으로 깎아 내는 데 필요한 시간은 그보다 훨씬 더 막대하게 길 수밖에 없다는 점을 지적했다. 당시 성서의 표준적 해석을 바탕으로 생각한 6,000년이라는 시간보다는 훨씬 더 긴 것이 분명했다. 허턴은 지구의 나이는 인간이 이해할 수 있는 한계를 넘어서는 것으로 보았고, "시작이 있다는 흔적도, 끝이 있다는 전망도 없다"고 말함으로써 그의 뜻을 더없이 명확하게 전달했다.

그렇지만 그의 책에서 이처럼 명료하게 의미가 전달되는 경우는 드물었고, 그 생각을 널리 알려야 할 장본인인 허턴이 죽고 없었으므로 그의 친구 존 플레이페어John Playfair(1748~1819)가 아니었다면 그의 생각은 수성론자와 베르너론자들이 다시금 맹렬하게 공격했을 때 무기력하게 시들어 버렸을지도 모른다. 플레이페어는 당시 에든버러 대학교에서 수학교수로 일하고 있었고 나중에는 그곳의 자연철학교수가 된 사람이다. 바통을 이어받은 그는 허턴의 책에 대한 명확하고 훌륭한 요약서를 써서 1802년 『허턴의 지구 이론 해제*Illustrations of the Huttonian Theory of the Earth*』라는 이름으로 출간했다. 동일과정설 원리가 넓은 독자층에게 다가간 것은 이 책을 통해서였으며, 증거를 알아볼 이해력이 있는 사람이라면 누구나 그 생각을 진지하게 받아들여야 한다는 것을 알 수 있었다. 그러나 허턴과 플레이페어가 심은 씨앗이 꽃피우기까지는 말 그대로 한 세대가 걸렸다. 플레이페어로부터 동일과정설이라는 바통을 이어받은 사람이 허턴이 죽은 지 8개월 뒤 태어났기 때문이다.

제4부

큰 그림

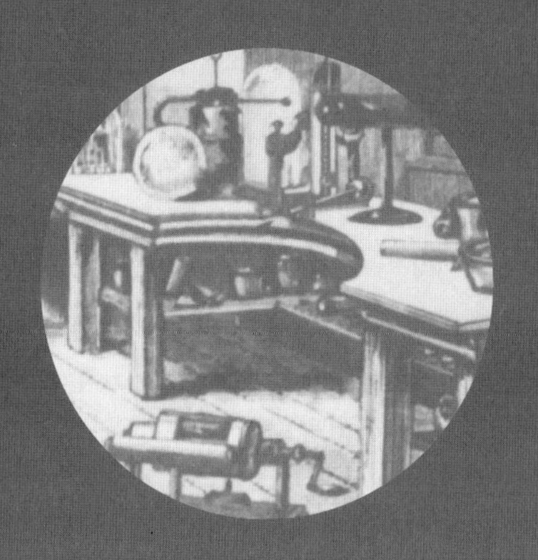

9
'다윈 혁명'

19세기에는 과학에서 극적 발전이 많이 일어났다. 그러나 그중 인류가 우주 안에서 차지하는 위치 이해 차원에서 의심의 여지없이 가장 중요한, 나아가 과학 전체에서 가장 중요하다고까지 할 수 있는 것은 자연선택 이론이었다. 이 이론은 진화라는 사실을 사상 처음으로 과학적으로 설명해 주었다. 찰스 다윈Charles Darwin(1809~1882)이라는 이름은 자연선택이라는 생각과 영원히 결부되어 있고 또 그래야 마땅하다. 그러나 찰스 라이엘Charles Lyell(1797~1875)과 앨프리드 러셀 월리스Alfred Russel Wallace(1823~1913)라는 이름 역시 진화라는 무대 한가운데에 서 있는 다윈 양옆에 서 있을 자격이 있다.

찰스 라이엘의 생애

찰스 라이엘은 부유한 집안 출신이지만 그 부가 만들어진 것은 두 세대도 채 되지 않았다. 1734년 스코틀랜드의 포퍼셔(오늘날의 앵거스)에서 마찬가지로 찰스 라이엘이라는 이름으로 태어난 할아버지가 그 재산의 시초였다. 이 찰스 라이엘은 농장을 일구는 사람의 아들이었지만, 아버지가 죽은 뒤 금전출납 기록 견습생으로 일하다가 1756년 왕립해군에 수병으로 들어갔다. 입대 이전의 경력 덕분에 그는 함장의 서기가 됐고, 다음에는 포수 조수가 됐다가 장교가 되기 위한 첫 단계인 수습장교가 됐다. 그는 넬슨 같은 제독이 될 운명은 아니었으므로 1766년 영국 군함 롬니호의 회계관이 됐다. 허레이쇼 혼블로워나 패트릭 오브라이언이 쓴 소설 팬이라면 회계관이라는 직책은 정직한 사람조차도 자기 주머니를 불릴 기회라는 것을 잘 알 것이다.* 회계관은 자기 배의 보급품 구매를 담당하며, 구매한 물품에 이윤을 붙여 해군에게 팔았다. 그렇지만 라이엘은 여느 회계관들보다 한걸음 더 나아가, 북아메리카 항구의 해군 함선 납품을 위해 합작회사를 설립하기도 했다. 1767년 콘월 출신 아가씨 메리 빌과 결혼했고, 메리는 1769년 런던에서 아들을 낳았다. 아들 이름 역시 찰스 라이엘이었으며, 나중에 지질학자 찰스 라이엘의 아버지가 된다. 1778년에 이르러 할아버지 찰스 라이엘은 존 바이런 제독의 비서관 겸 제독의 기함 프린세스로열호의 회계관이 됐다. 미국 독립전쟁 동안 바이런의 함대가 프랑스 함대와 전투를 벌일 때 (프랑스 해군이 반군의 명분에 도움을 준 것이 영국이 전쟁에서 지게 된 한 가지 요인이었다) 세운 공로로 라이엘이 받은 포상금이 얼마나 많았던지,** 해군에서 퇴역한 지 3년 뒤인 1782년

* 허레이쇼 혼블로워Horatio Hornblower는 영국 소설가 세실 스콧 포레스터Cecil Scott Forester(1899~1966)의 소설 주인공이며, 패트릭 오브라이언Patrick O'Brien(1914~2000)은 영국 소설가다. 이들의 소설은 나폴레옹 전쟁 시대 영국 해군 장교들의 이야기를 다루고 있다. (옮긴이)

** 적함을 빼앗거나 전리품을 얻으면 정부가 매입하거나 공개 시장에서 팔아 그 수익금을 전투에 참여한 사람들끼리 나눠 가졌다. 나눌 때는 엄격하게 정해진 비율이 있었으며, 물론 제독이 대부분을 가져가고 수병은 가장 적게 가져갔다. 고생이 이만저만이 아니고 급료가 형편없었는데도 사람들이 영국 해군에서 복무하고자 한 일차적 동기는 바로 이것이었다. 대부분의 수병은 어쩌다가 포상금을 받는다 해도 액수가 많은 경우가 거의 드물었으나, 대박을 터트리는 소수의 사례 때문에 참고 견뎠다.

자신의 다른 수입을 보태 스코틀랜드 포퍼셔의 키노디에 있는 멋진 저택 한 채와 2천 헥타르 남짓한 토지를 포함하는 부동산을 살 수 있었을 정도였다. 그의 아들은 점점 높아지는 아버지의 사회적 지위에 걸맞은 방식으로 교육을 받았고, 세인트앤드루스 대학교에서 1년 남짓한 기간을 지낸 다음 1787년 케임브리지의 피터하우스로 옮겼다.

아버지 찰스 라이엘은 1791년에 졸업한 다음 런던에서 법학을 공부했으므로 교육을 잘 받았고 여행도 많이 다녔다. 1792년에는 장기간에 걸친 유럽 여행길에 올라 프랑스가 혁명의 와중에 있을 때 파리를 방문하기도 했다. 1794년 피터하우스의 석학연구원이 됐으므로 법률가가 되려는 사람으로서 유용한 배경을 얻었으나, 아버지가 1796년 1월 62세의 나이로 죽을 때까지 계속 런던에서 지냈다. 이제 법률 일을 할 필요가 없었던 찰스 라이엘은 같은 해에 프랜시스 스미스라는 아가씨와 결혼하여 키노디로 들어갔고, 우리의 지질학자 찰스 라이엘은 이곳에서 1797년 11월 14일 태어났다.

그렇지만 찰스와 프랜시스 라이엘 부부는 스코틀랜드에 정착하지 않고, 아기 찰스가 한 살이 되기 전에 잉글랜드 남부로 이사를 가서 사우샘프턴에서 그리 멀지 않은 뉴포리스트에서 커다란 집과 약간의 땅을 빌려 살았다.* 어린 찰스는 이곳에서 동생들과 함께 자라났으며, 최종적으로 남동생 두 명과 여동생 일곱 명을 더 두게 됐다. 뉴포리스트는 소년 찰스가 그곳 학교에 다니면서 식물학과 곤충학에 대한 관심을 키워 나가는 배경이 됐다. 그러나 1810년 동생 톰과

* 스코틀랜드의 땅과 집은 대리인에게 맡겼다.

함께 미드허스트의 작은 공립학교로 옮겨 갔다. 톰은 해군 수습장교가 되기 위해 1813년에 학교를 떠났으나, 찰스는 맏아들이었으므로 아버지의 뒤를 잇기 위한 교육을 받았다.

1815년에는 여동생 패니와 함께 부모를 따라 스코틀랜드로 긴 여행을 가서 장차 언젠가는 물려받게 될 집안의 토지를 둘러본 다음, 1816년 2월 옥스퍼드로 진학하여 학부생으로는 가장 지위가 높고 비용을 많이 내는 '계급'인 신사 자비생으로서 엑서터 칼리지에 들어갔다. 찰스 라이엘은 전통적 교양 중심 과목에서 뛰어난 성적을 얻었다는 평판을 받고 있었고, 그가 들어간 대학교는 시골 교구 성직자 교육에나 어울린다는 참으로 당연한 평판을 그제야 떨쳐 버리기 시작하고 있었다.* 라이엘은 뜻밖에도 수학에 재능이 있다는 것을 알게 됐고, 1816년 말 또는 1817년 초에 아버지의 서재에서 로버트 베이크웰Robert Bakewell(1768~1843)의 『지질학 입문*Introduction to Geology*』을 읽고 지질학에 관심을 갖게 됐다. 베이크웰은 허턴의 생각을 지지하는 사람이었고, 그래서 라이엘이 허턴의 연구를 알게 되고 나아가 플레이페어의 책을 읽게 된 것은 베이크웰을 읽은 덕분이었다. 지질학 같은 주제가 있다는 것을 그가 알게 된 것은 이때가 처음이었으며, 이에 1817년에는 여름 학기 동안 옥스퍼드에서 윌리엄 버클랜드William Buckland(1784~1856)가 하는 광물학 강의를 몇 차례 들었다. 버클랜드는 원래 측량사 윌리엄 스미스William Smith(1769~1839)

* 제인 오스틴Jane Austen의 소설에 나오는 바로 그런 시골 교구 성직자다. 오스틴은 라이엘이 지질학에 관심을 갖게 된 1817년에 죽었다. (옮긴이 : 제인 오스틴은 주로 18세기 말 영국 시골 지주 신사 계급을 묘사했다.)

의 선구적 연구에서 영향을 받은 사람이었다. 스미스는 18세기 말과 19세기 초에 운하에 관해 연구했기 때문에 잉글랜드의 암석층에 대해 잘 알고 있었고, 당시로서는 여러 지층의 절대적 나이를 알아낼 길은 없었지만 화석을 이용하여 오래된 지층과 나중에 생긴 지층을 판별함으로써 상대적 나이를 알아내는 전문가였다. 오늘날 '영국 지질학의 아버지'로 간주되는 스미스는 1815년 최초의 잉글랜드 지질도를 만들어 출판한 사람이다. 다만 그의 자료 중 많은 부분은 버클랜드 같은 동료들 사이에서 이미 그 전부터 돌고 있었다. 버클랜드 자신은 1816년 유럽 전역을 돌며 장기간의 지질 탐사를 다녀온 적이 있었고, 그런 만큼 오늘날 대형 망원경으로 우주를 관측하는 해외의 천문대를 막 다녀온 대학 강사처럼 자신이 직접 경험한 흥미진진한 것들을 학생들에게 들려주고 싶어 했을 것이 분명하다.

찰스 라이엘은 지질학에 대한 관심이 커져가고 있었지만 아버지는 썩 달갑게 여기지 않았으며, 아들이 그 때문에 고전학 공부에서 한눈을 팔게 될지도 모른다고 생각했다. 그러나 라이엘은 버클랜드의 강연을 들을 뿐 아니라, 이제는 스코틀랜드나 이스트앵글리아 지역을 비롯하여 영국 여기저기를 여행할 때 아름다운 경치를 감상하는 데 그치지 않고 지질을 꿀꺽꿀꺽 들이켜고 있었다. 1818년 여름 아버지 찰스 라이엘은 아들 찰스 라이엘을 비롯하여 가족에게 한턱내는 셈으로 장기간의 유럽 여행을 떠났다. 아들 찰스는 파리에서 이제 혁명 끝에 파리 식물원이 된 곳을 방문할 수 있었고, 퀴비에의 표본 일부를 보고 도서관에서 퀴비에의 화석 연구를 읽었다. 퀴비에 본인은 당시 잉글랜드에 가 있었으므로 만나지 못했다. 여행길은 스위스와 북부 이탈리아로 이어져 아들 찰스는 피렌체나 볼로냐 같은 도시의 문화적 즐거움뿐 아니라 지질학적 즐거움까지 만끽할 기회가 많았다. 라이엘은 1819년 21세의 나이로 옥스퍼드를 졸업했고 또 런던 지질학회의 석학회원으로도 선출됐다. 당시 지질학에 관심이 있는 신사 아마추어는 누구나 석학회원이 될 수 있었으므로 이것이 큰 영예는 아니었다. 그렇지만 그의 관심사가 무엇인지는 확실히 알 수 있다. 아버지의 발자취를 따르자면 그 다음 단계는 법학을 공부하는 것이었다. 그러나 아버지의 계획을 바꾸는 데 도움이 될 만한 조짐이 처음으로 나타났다. 찰스가 마지막 시험을 준비하며 열심히 공부하고 있을 때 시력 문제와 극심한 두통을 겪은 것이다.

라이엘은 아버지와 여동생 메리앤과 캐럴라인이 한동안 동행하는 가운데 잉글랜드와 스코틀랜드를 다시 한 차례 여행한 다음 1820년 2월 런던에서 법학 공부를 시작했다. 그러나 그 즉시 다시 시력 문제를 겪었고, 손으로 쓴 문서를 꼼꼼하게 살펴볼 필요가 있는 직업인 만큼 과연 법률가 일을 할 수 있을까 하는 의심이 일었다. 당시는 전등이 없던 시대였음을 기억하기 바란다. 시력을 회복할 기회를 갖기 위해 아버지 찰스 라이엘은 그를 데리고 벨기에, 독일, 오스트리아를 거쳐 로마로 갔다. 이들은 8월부터 11월까지 여행을 다녀왔고, 한동안은 이 휴식 덕분에 문제가 해결된 것처럼 보였다. 라이엘은 법학 공부를 다시 시작했으나 시력 문제에 계속 시달렸고, 1821년 가을 뉴포리스트의 바틀리에 있는 집으로 돌아가 장기간 지냈다. 그해 10월 사우스다운즈를 따라 느긋하게 여행하면서 미드허스트의 모교를 방문했고, 서식스주 루이스에서 기디언 맨텔Gideon Mantell(1790~1852)

과 알고 지내는 사이가 됐다. 맨텔은 외과의사이지만 여러 유형의 공룡을 발견해 낸 매우 뛰어난 실력의 아마추어 지질학자였다. 라이엘은 런던으로 돌아가 1821년 10월 말부터 12월 중순까지 법학 공부를 계속하기는 했지만, 시력 문제와 지질학에 대한 애정이 복합적으로 작용한 끝에 1822년 법률가의 길을 사실상 그만두었다. 그러나 공식적으로 그만두기로 한 것은 아니며, 이때부터 새로 사귄 친구 맨텔과의 대화와 편지에 자극을 받아 잉글랜드 남동부의 지질을 본격적으로 조사하기 시작했다.

윌리엄 스미스 같은 사람들의 연구 덕분에 당시 잉글랜드와 웨일스 지역의 지질구조가 꽤 잘 알려지고 있었고 프랑스로 이어지는 연관된 지질까지 지도로 만들어지고 있었는데, 이를 통해 암석층이 형성된 뒤 막대한 힘에 의해 비틀리고 구부러졌다는 것을 분명히 알 수 있었다. 이 힘과 한때 바다 밑바닥이던 곳을 해수면보다 위로 높이 들어 올린 힘은 지진과 연관되어 있다고 가정하는 것이 자연스러웠다. 그러나 허턴의 혜안에도 불구하고 윌리엄 코니베어William Conybeare(1787~1857) 같은 지질학자가 지지하는 의견이 널리 인정받고 있었는데, 그것은 그런 변화는 단기간에 일어난 격변에 의한 것이며 오늘날 지구 표면에서 볼 수 있는 종류의 과정으로는 그런 변화가 일어나기 어렵다는 것이었다. 1820년대 초에 라이엘은 이런 주장에 호기심을 느꼈고, 허턴의 생각에 더 깊이 감명을 받았지만 코니베어의 글에서 첨단 지질학에 관해 많은 것을 배울 수 있었다.

라이엘은 사실 1822년 5월에 변호사 자격을 따낼 정도로만 법학 공부를 계속했고 또 나중에 건성으로 잠깐이나마 법정 변호사로 활동하기도 했다. 그러나 1823년부터는 지질학회의 운영에도 관여하기 시작하여 처음에는 간사로 나중에는 해외 담당 간사로 일했고, 훗날에는 회장으로 두 차례 임기를 맡기까지 했다. 같은 해에 다시 파리를 들러, 이번에는 여전히 확고한 격변설 지지자인 퀴비에를 만났을 뿐 아니라 파리 식물원에서 열린 강연을 여러 차례 듣고 프랑스 과학자들을 만났다. 그의 1823년 파리 방문은 과학뿐 아니라 역사적으로도 의미가 있는데, 그로서는 처음으로 증기선인 정기선 리버풀백작호를 타고 영국해협을 건넜기 때문이다. 이 배로 영국 런던에서 프랑스 칼레까지 직항으로 가는 데 11시간밖에 걸리지 않았고, 순풍이 불 때까지 기다릴 필요도 없었다. 물론 기술적으로 작은 한 걸음을 내디딘 것에 지나지 않았지만, 통신 속도가 빨라지면서 세계가 달라지는 변화의 첫 번째 조짐이었다.

라이엘 자신의 세계는 법정 변호사로 일하기 시작한 해인 1825년에 달라지기 시작했다. 존 머리John Murray가 발행하는 『쿼털리 리뷰Quarterly Review』로부터 원고를 청탁받고 과학 관련 주제와 런던에 새 대학교를 세우자는 제안 등 과학 관련 시사 문제에 관한 에세이를 기고하기 시작했다. 서평도 기고했는데, 서평이라고 하나 서평을 핑계로 한 에세이였다. 알고 보니 그는 글 쓰는 재주가 있었고, 『쿼털리 리뷰』가 원고료까지 지불했으므로 금상첨화였다. 라이엘의 변호사 일에서는 변변한 수입이 들어오지 않았다. 변호사 일에 들어가는 비용을 댈 만큼 버는지조차 분명하지 않을 정도였다. 그렇지만 작가 활동 덕분에 처음으로 아버지로부터 경제적으로 어느 정도 독립할 수 있었다. 아버지로부터 압박이 있었던 것은 아니지만, 그래도 젊은 그로서는 중요한 한 걸음이었다. 게다가 『쿼털리 리뷰』 덕분에 지식인 사이에서 라이엘의 이름이 더 널리 알려지면서 다른 가능성도 생겨났다. 작가의 재능을 발견한 그는 1827년 초에 지질학에 관한 책을 쓰기로 마음먹고 자료를 모으기 시작했다. 따라서 1828년 그의 가장 중요하고 가장 유명한 지질 탐사에 나서기 전에 지질학 책을 쓰겠다는 생각이 있었고 작가로서의 능력도 이미 입증해 둔 것이다.

라이엘의 유럽 여행과 지질학 연구

라이엘의 이 탐사는 전 세기에 존 레이가 했던 식물학 대탐사와 닮은 데가 있으며, 증기선이 정기적으로 다니기 시작했는데도 불구하고 그때까지 달라진 것이 얼마나 적은지를 보여 준다. 라이엘은 1828년 5월 먼저 파리로 가서 예정된 대로 지질학자 로더릭 머치슨Roderick Murchison(1792~1871)을 만나, 함께 오베르뉴를 지나 지중해 바닷가를 따라 프랑스로부터 북부 이탈리아로 들어갔다. 그러는 동안 라이엘은 마주치는 지질에 관해 방대한 양의 노트를 적었다. 아내를 동반한 머치슨은 9월 말 파도바에서 잉글랜드로 돌아가는 여행길에 올랐고 라이엘은 시칠리아를 향해 계속 나아갔다. 시칠리아는 화산 및 지진 활동이 일어나는 곳 중 유럽 본토와 가장 가까운 장소였다. 그는 특히 시칠리아에서 본 것 때문에 지구는 정말로 오늘날 작용하고 있는 바로 그 과정이 막대한 시간을 두고 작용하면서 형성됐다고 확신하게 됐다. 허턴이 개략적으로 내놓은 생각의 뼈대에 살을 입힌 것은 라이엘의 현장 연구였다. 특히 에트나산에서는 해발고도가 "210미터가 넘는" 곳에서 용암층 사이에 끼여 있는 해저층을 발견했고, 또 한 군데에서는 다음과 같은 것을 관찰했다.

> 서로 다른 용암의 흐름이 군데군데 분리되어 있어 그 사이 시간이 얼마나 흘렀는지를 매우 극명하게 보여 주는 예를 관찰했다. 용암이 흘러 굳은 현무암층 위에 우리가 흔히 먹는 바로 그 종과 완전히 똑같은 굴밭[화석]이 적어도 **20피트 두께**로 얹혀 있고,* 이 굴밭 위에 다시 용암층이 응회암과 함께 얹혀 있다.
> … 산 밑부분 둘레가 90마일 정도 된다는 점을 생각할 때, 현재 화산 밑부분의 높이를 용암이 한 번 흘러갈 때의 평균 높이만큼 높이려면 말단부의 폭이 1마일 되는 용암이 90번 흘러야 할 것이므로 이 산의 나이가 더없이 오래됐다고 생각하지 않을 수 없다.**

자신의 주장을 뒷받침하는 증거의 무게에다 이런 명확한 문체가 더해진 덕분에 라이엘의 책은 지질학자뿐 아니라 지식층 독자의 눈까지 완전히 뜨이게 만들 수 있었다. 그는 또 에트나뿐 아니라 시칠리아 전체가 상대적으로 젊기 때문에 거기서 볼 수 있는 동식물은 아프리카나 유럽에서 이주해 들어와 그곳의 조건에 적응한 종일 수밖에 없다는 것을 깨달았다. 지질학적 힘이 작용할 때 생물 자체가 변화하는 우리 지구 환경에 적응하면서 모종의 방식으로 모양이 잡혀가야 했다. 다만 그는 도대체 어떻게 그렇게 되는지는 설명할 수 없었다.

* 20피트는 6미터다. 90마일은 145킬로미터 정도다. (옮긴이)
** 『지질학의 원리』에서 인용. 강조는 라이엘이 넣은 것이다.

『지질학의 원리』 출간

1829년 2월에 이르러 라이엘은 런던으로 돌아와 있었다. 법률 서류에서 벗어나 장기간 여행하면서 신체활동을 매우 많이 한 결과 시력은 최상의 상태를 되찾았고, 그는 이때를 놓치지 않고 곧장 책을 쓰기 시작했다. 그는 자신의 현장 연구뿐 아니라 유럽 대륙 전체로부터 지질학자들의 연구를 광범위하게 끌어와, 지질학을 이제까지 나온 그 어느 책보다도 철저하게 개관한 책을 써냈다. 이 책을 대중 앞에 내놓을 출판사로는 당연히 『쿼털리 리뷰』를 발행하는 존 머리의 출판사를 골랐고, 원고가 인쇄소로 넘어간 뒤에도 라이엘이 내용을 계속 고쳤는데도 『지질학의 원리*Principles of Geology*』 제1권은 1830년 7월에 나왔고 나오자마자 성공을 거두었다.* 책 제목은 뉴턴의 『자연철학의 수학적 원리』를 연상하도록 일부러 고른 것이었다. 라이엘은 돈 문제로 존 머리와 말다툼을 벌인 때가 많았지만 출판사는 사실 당시 기준으로 라이엘을 저자로서 잘 대우했고, 라이엘은 결국 이 책에서 들어오는 수입 덕분에 경제적으로 독립할 수 있었다. 그럼에도 아버지는 용돈을 계속 대주었다. 이어 스페인 등 더 많은 현장 연구를 다녀온 뒤 『지질학의 원리』 제2권을 1832년 1월에 내놓았는데, 그 자체로 성공을 거두었을 뿐 아니라 제1권의 매출도 되살아났다.

제1권이 나온 다음 제2권이 나올 때까지 시간이 많이 걸린 것은 현장 연구 때문만은 아니었다. 1831년 런던 킹즈 칼리지에 지질학

* 이 책의 속표지에는 다음과 같은 부제가 붙어 있었다. "이전에 지구 표면에서 일어난 변화를 현재 작용 중인 원인을 가지고 설명하려는 시도." 책을 사려는 독자가 라이엘의 의도를 의심할 여지는 전혀 없었다.

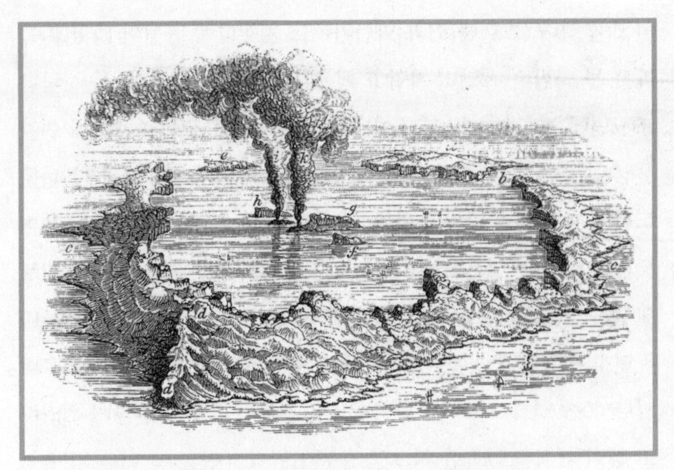

28. 그리스 산토리니섬 스케치. 라이엘의 『지질학의 원리』 제2권(1868)에서.

교수 자리가 만들어졌는데, 라이엘은 지구의 나이에 관한 생각을 우려하는 교회 대표자들로부터 약간의 반대가 있었는데도 불구하고 그 자리에 지원하여 임용되는 데 성공했다. 그의 연속 강의는 큰 성공을 거두었고, 나아가 대담한 혁신의 하나로 일부 강의는 여성도 들을 수 있게 했다. 그러나 집필에 전념하기 위해 1833년에 그만두었다. 그로서는 책을 쓰는 쪽이 돈을 더 잘 버는 데다, 아무도 자신을 간섭하지 않고 또 시간을 잡아먹는 의무도 없었다. 그는 집안 재산으로부터 약간의 도움을 받기는 했지만 과학 작가로서 생계를 꾸려 나간 최초의 인물이 됐다.

그 밖에도 신경이 쓸리는 일이 있었다. 라이엘은 1831년 지질학자 레너드 호너Leonard Horner(1786~1864)의 딸 메리 호너Mary Horner(1808~1873)

와 약혼했다. 그녀는 그와 마찬가지로 지질학에 관심이 많았고 그래서 두 사람은 유달리 가깝고 행복한 관계를 유지했다. 두 사람은 1832년에 결혼했는데 이때 아버지가 라이엘에게 주는 용돈이 연간 4백 파운드에서 5백 파운드로 늘어났다. 한편 메리도 매년 120파운드의 투자 수익을 가지고 왔다. 여기에다 라이엘의 저술로부터 들어오는 수입이 늘어나고 있고 아이도 없다 보니 두 사람은 안락하게 생활할 수 있었고, 킹즈 칼리지의 교수직은 중요한 수입원이라기보다 공연히 신경만 쓰이는 귀찮은 것이 됐다. 그리고 정치적 문제도 있었다. 1830년 말 반세기 동안 영국을 지배해 오던 토리당이 실권하고 의회 개혁을 약속한 휘그당 정부가 권력을 잡았다. 이 시기 유럽은 전역에서 격동을 겪고 있었고, 1830년 초에는 잉글랜드에서 농장에 새로 도입된 기계 때문에 일자리를 잃은 농업 노동자들이 거기 항의하며 폭동을 일으켰다. 사방에서 혁명의 냄새가 물씬 풍겼고 아직도 프랑스 혁명의 기억이 생생했다. 처음에 전국적으로 인기를 끌었던 휘그당의 개혁안에는 하원으로 보낼 의원을 소수의 유권자가 선출할 수 있는 '썩은 선거구'*를 없애는 것도 포함돼 있었다. 그러나 그러기 위해 필요한 입법이 상원에서 막혀 버렸다. 선거구가 썩어 있었지만 지금과 마찬가지로 그때도 보궐선거를 민의의 중요한 지표

* 중세기 영국 자치도시에서는 의원 두 명을 뽑아 하원으로 보낼 수 있었다. 이후 산업구조가 바뀌는 등의 이유로 어떤 곳은 대도시로 변한 반면 어떤 곳은 인구가 줄어들었으나, 선거구는 그대로 유지됐으므로 의원을 보내지 못하는 대도시도 생겨나고 몇 명밖에 되지 않는 유권자가 의원 두 명을 선출할 수 있는 선거구도 생겨났다. 18세기에 들어 후자의 선거구를 썩은 선거구(rotten borough)라 부르기 시작했다. 썩은 선거구는 1832년 개혁법이 시행되면서 정리됐다. (옮긴이)

로 보았다. 우연히도 라이엘이 휴가차 키노디에 가 있던 1831년 9월 포퍼셔에서 중요한 보궐선거가 있었다. 선거구 전체를 통틀어 유권자(찰스 라이엘 부자를 비롯한 지주)가 90명이 되지 않았다. 한 표 한 표가 중요했고, 비밀투표 원칙도 없었으니 누가 누구에게 투표하는지 누구나 다 알았다. 아버지 찰스 라이엘이 표를 던진 토리당 후보가 근소한 표차로 당선됐고 '우리의' 찰스 라이엘은 기권했다. 이것은 의회 개혁이 지연된 한 가지 중요한 요인이 됐고, 당시 해군 대위이던 톰 라이엘의 승진에도 악영향을 주었다. 물론 휘그당 정부가 임명하는 사람들이 해군부를 운영하고 있었으므로 톰 라이엘은 휘그당이 밀어 주어야 승진할 수 있었으나, 결정적 순간에 토리당에게 표를 준 사람의 아들로 찍히고 만 것이다.

종에 관한 라이엘의 생각

마침내 『지질학의 원리』 제2권이 나왔을 때 라이엘은 거기서 종이라는 수수께끼에 관심을 기울이며 다음과 같은 결론을 내렸다.

> 각 종은 하나의 쌍으로, 또는 하나의 개체로 충분할 경우 하나의 개체로 시작했을 것이다. 그리고 증식하여 정해진 기간만큼 살아남아 지구상의 정해진 장소를 차지할 수 있는 때와 장소에서는 종이 계속해서 창조됐을 것이다.

당시 라이엘의 관점에서 이것은 "간섭"이 많은 하느님의 행위이고 노아의 방주 이야기와 그다지 다를 게 없었다. 이 가설은 1830년대에 화석 기록에서 분명히 드러나듯 한때 지구에서 살았던 수많은 종이 멸종하고 다른 종으로 대치됐다는 생각을 명확하게 포함하고 있다는 점에 주목하기 바란다. 그렇지만 당시의 풍조에 맞춰 라이엘은 인류에게 특별한 자리를 부여하면서 우리 종을 동물계와는 다른 독특한 것으로 보았다. 그러나 그가 종이 멸종한 이유는 먹이 같은 자원을 두고 다른 종과 경쟁했기 때문이라고 본 것은 분명하다.

『지질학의 원리』 제3권은 1833년 4월에 나왔다. 그 뒤로 평생 동안 라이엘의 연구는 이 대작을 개정하고 수정하고 새로운 판본을 꼬리에 꼬리를 물고 내놓는 작업을 중심으로 이루어졌다. 최종판인 제12판은 그가 죽은 뒤인 1875년에 나왔다. 그는 그해 2월 22일 런던에서 세상을 떠났는데 아내가 죽은 지 2년이 되지 않은 때였다. 숨을 거둘 당시 그는 이 책의 개정판 작업을 하고 있었고 그것이 결국 이 책의 최종판이 됐다. 1838년에 나온 책으로서 최초의 현대적 지질학 교재로 간주되는 그의 저서 『지질학의 요소*Elements of Geology*』는 『지질학의 원리』를 바탕으로 하고 있고 이 역시 여러 차례 개정을 거쳤다. 이처럼 열심히 개정한 것은 당시 지질학이 정말로 변화가 빠른 주제이기 때문만은 아니었다.* 라이엘이 강박적으로 이 책에 최신 정보를 계속 반영하려 한 것은 이 책이 그의 주요 수입원이라는 사실에도 있었다. (캘리포니아 골드러시가 있었던 해인 1849년에 아버지가 죽을 때까지는 확실히 그랬다.) 책 자체의 판매로도, 과학 작

* 그렇지만 당시 지질학은 확실히 변화가 빠른 주제였다. 내용의 극적 변화에서도, 주제에 관한 대중의 관심도에서도 이 시기의 지질학에 가장 가깝게 견줄 수 있는 것은 20세기 말의 우주론이다.

가이자 또 당대의 일류 지질학자라는 세간의 평을 유지한다는 차원에서도 그랬다. 라이엘은 1848년 기사 작위를 받았고 1864년에는 일종의 세습기사인 준남작이 됐다.

30대 중반이 된 1833년 이후 지질학자로서 활발하게 현장 연구를 다니는 활동을 그만둔 것은 절대 아니지만, 그가 과학에 발자취를 남긴 것은 『지질학의 원리』와 『지질학의 요소』를 통해서였다. 그 이후 그의 생애에 대해서는 그다지 말할 것이 많지 않고, 다만 찰스 다윈과의 관계는 중요하므로 뒤에 가서 다시 살펴보기로 한다. 그러나 라이엘이 그 뒤에 한 현장 탐사 한 가지는 19세기에 세상이 어떻게 바뀌고 있었는지를 보여 주기 때문에 언급할 가치가 있다. 그는 1841년 여름 1년 동안 북아메리카를 방문했다. 물론 증기선을 타고 갔다. 그곳에서 지구가 오래됐다는 새로운 지질학적 증거와 마주치고 나이아가라 폭포 같은 곳에서 자연의 힘이 작용하는 것을 보았을 뿐 아니라, 새로 만들어진 철로를 따라 아주 최근까지만 해도 미지의 영역이었던 곳을 편안하게 여행할 수 있다는 사실이 놀랍고도 반가웠다. 또 그의 공개 강연이 어마어마하게 인기를 끌어 신세계에서 그의 책 매출이 크게 늘어났다. 라이엘은 이때의 경험이 즐거웠던 나머지 그 뒤로 세 번 더 그곳을 방문했고, 미국을 직접 경험한 결과 미국 남북전쟁 동안 (북부)연방을 공개적으로 지지했다. 영국에서 그와 사회적 지위가 비슷한 사람은 대부분 (남부)동맹을 지지할 때였다. 그러나 라이엘이 후년에 한 모든 것은 『지질학의 원리』에 가려졌고, 『지질학의 원리』마저도 많은 사람이 볼 때 찰스 다윈이 쓴 『종의 기원*Origin of Species*』에 가려진 경향이 있다. 다윈이 라이엘의 책에

어마어마하게 신세를 졌다고 인정했는데도 그랬다. 다윈은 『지질학의 원리』로부터 최대의 혜택을 얻을 수 있는 최적의 때와 최적의 장소에 있었던 최적의 인물이었다. 그러나 이제 살펴보겠지만 이것은 이따금 나오는 주장과는 달리 전적으로 어쩌다 운이 좋아 그런 것이 아니었다.

찰스 다윈이 무대에 등장한 무렵 진화라는 생각은 전혀 새로운 게 아니었다. 진화와 비슷한 사상은 고대 그리스로 거슬러 올라갈 수 있으며, 이 책에서 다루고 있는 시대 안에서도 1620년 프랜시스 베이컨Francis Bacon(1561~1626)이, 그 얼마 뒤에는 수학자 고트프리트 빌헬름 라이프니츠Gottfried Wilhelm Leibnitz(1646~1716)가 종의 변화 방식을 논했다. 18세기에는 뷔퐁이 지구 곳곳에서 비슷하지만 미묘하게 다른 종이 나타나는 이유가 뭘까 고민하다가, 북아메리카의 들소는 유럽 황소의 조상이 그곳으로 이주하여 "그곳 기후의 영향을 받아 시간이 지나면서 들소가 됐을 것"이라고 추측했다.

찰스 다윈과 앨프리드 러셀 월리스가 그들과 달랐던 점은 진화가 일어난 이유를 설명하기 위해 "기후의 영향" 등의 막연한 생각이 아니라 탄탄한 과학 이론을 생각해 냈다는 사실이다. 다윈과 월리스 이전 진화의 작동 방식을 설명하는 최고의 이론은 18세기 말 찰스 다윈의 할아버지 이래즈머스 다윈Erasmus Darwin(1731~1802)과 19세기 초 프랑스의 장바티스트 라마르크Jean-Baptiste Lamarck(1744~1829)가 각기 독자적으로 생각해 낸 것이었다. 그 결말을 아는 후대 사람들이 가끔씩 비웃기는 했지만, 당시 지식수준을 생각해 볼 때 이것은 사실 훌륭한 이론이었다.

진화론: 이래즈머스 다윈과 『주노미아』

다윈 집안과 지구상의 생물이라는 수수께끼 사이의 관계는 사실 그보다 한 세대 더 전인 아이작 뉴턴 시대로 거슬러 올라간다. 이래즈머스 다윈의 아버지 로버트 다윈은 1682년에 태어나 1754년에 죽었는데, 법정 변호사로 일하다가 42세의 나이로 은퇴하고 잉글랜드 중부의 엘스턴에 정착했다. 은퇴한 그해 결혼했고, 이래즈머스는 1731년 12월 12일 일곱 아이 중 막내로 태어났다. 그런데 가족과 함께하는 행복한 생활에 정착하기 몇 해 전인 1718년 로버트는 엘스턴 마을의 어느 계단 돌 층계참에 특이한 화석이 들어 있는 것을 알아차렸다. 오늘날 이 화석은 쥐라기에 살았던 플레시오사우루스의 일부분으로 알려져 있다. 로버트 다윈 덕분에 이 화석은 왕립학회에 기증됐고, 그에 대한 감사의 표시로 그해 12월 18일 학회 모임에 초대돼 그곳에서 당시 학회장이던 뉴턴을 만났다. 로버트 다윈의 생애에 대해서는 알려진 게 거의 없지만, 세 딸과 네 아들은 과학과 자연세계에 대한 호기심이 일반적 수준을 넘어서는 집안에서 자라난 것은 확실하다.

이래즈머스 다윈은 체스터필드 중등학교를 다녔고, 그곳에서 데번셔 공작의 둘째 아들 조지 캐번디시 경을 만나 친구 관계가 됐다. 이어 1750년에는 케임브리지의 세인트존스 칼리지로 진학하여 매년 16파운드씩 지급되는 장학금을 받으며 공부했다. 당시 케임브리지는 열악한 상태에 있었지만 이래즈머스는 공부를 잘 했다. 처음에는 고전학에서 좋은 성과를 보였고 시인으로서도 명성을 얻었다. 그러나 아버지가 부자가 아니었던 만큼 이래즈머스는 자기 힘으로 생활을 꾸려 나갈 수 있는 직업을 골라야 했고, 케임브리지에서 1학년을 마친 다음에는 의학을 공부하기 시작했다. 또 당시 퀸즈 칼리지에서 교수로 일하던 존 미첼과 친구가 됐다. 1753년과 아버지가 죽은 1754년 에든버러에서 의학 공부를 계속했고, 이어 케임브리지로 돌아가 1755년에 의학사 학위를 받았다. 그 뒤 에든버러에서 더 공부했을 수도 있지만 그곳에서 의학박사 학위를 받았다는 기록은 없다. 그렇다고 해서 그가 자신의 이력에 의학박사라는 표시를 덧붙이지 않은 것은 아니다.

서류상 자격이 무엇이든 간에 이래즈머스 다윈은 의사로 성공했고, 이어 버밍엄 북쪽 24킬로미터에 있는 도시 리치필드에서 개업한 의원도 번창했다. 또 학술논문도 출간하기 시작했다. 당시 그는 증기, 증기기관의 가능성, 구름이 형성되는 방식 등에 특히 관심이 많았다. 그리고 27번째 생일 몇 주 뒤인 1757년 12월 30일 메리 하워드와 결혼했다. 폴리라고도 불린 메리는 18번째 생일을 맞이하기 몇 주 전이었다. 이처럼 여러 방면에서 여러 일을 동시에 진행하는 것이 이래즈머스 다윈의 전형적 방식이었다. 그는 확실히 인생을 마음껏 산 사람이었다. 두 사람은 아이를 다섯 낳았는데, 그중 찰스, 이래즈머스, 로버트는 살아남아 어른이 됐고 엘리자베스와 윌리엄은 젖먹이 때 죽었다. 그중 유일하게 결혼한 아이는 로버트(1766~1848)이며, 그의 아들이 바로 진화로 유명한 찰스 로버트 다윈이다. 이래즈머스 다윈의 아들 찰스 다윈은 맏이였고, 아버지가 애지중지하는 아들이자 명석한 학생으로서 의학으로 찬란한 미래가 펼쳐질 것으로 보였다. 그러나 1778년 20세일 때 에든버러에서 의학을 공부하던 중 해부를 하다가 손가락이 베였고, 그로 인한 감염 때문에 패혈증에 걸려 죽고 말았다. 그 무렵 둘째 아들 이래즈머스는 이미 법률가의 길로 들어서 있었지만, 어린 로버트는 아직 중등학생이었으므로 아버지의 강한 영향으로 의사가 되기 위해 공부했다. 로버트는 형만큼 명석하지도 않고 피를 보는 것도 싫어했지만 의사가 되는 데는 성공했다. 둘째 아들 이래즈머스 역시 40세라는 비교적 젊은 나이에 익사했는데, 사고였을 수도 있고 자살이었을 수도 있다.

아내인 폴리 역시 오랫동안 병마로 고통을 당한 끝에 1770년에 죽었다. 이래즈머스 다윈이 아내를 사랑했고 아내의 죽음으로 깊이 상처를 받았다는 데에는 의심의 여지가 없지만, 17세인 메리 파커가 입주하여 어린 로버트를 보살피기 시작한 뒤로 충분히 예상할 수 있는 상황이 벌어져 이래즈머스와의 사이에 딸을 둘 낳았다. 메리가 결혼하여 집을 떠난 뒤에도 그는 두 딸을 자신의 딸이라고 공개적으로 인정하고 다윈 집안에서 잘 보살폈고, 관련된 모두가 우호적 관계를 유지했다. 한편 이래즈머스 다윈 자신은 나중에 엘리자베스 폴이라는 유부녀에게 빠졌고, 그녀의 남편이 죽은 뒤 청혼하여 승낙을 얻어 냈다. 두 사람은 1781년에 결혼하여 아이를 일곱 낳았고, 그중 한 명만 젖먹이 때 죽었다.

이런 모든 와중에 의원까지 운영하고 있었으니 이래즈머스 다윈에게는 과학을 위한 시간이 거의 없었을 거라는 생각이 들지도 모른다. 그러나 그는 1761년 왕립학회 석학회원이 됐고, 만월회를 만들 때 그 이면에서 주도적으로 움직였으며, 제임스 와트와 존 미첼을 통해 만난 벤저민 프랭클린, 조지프 프리스틀리 같은 과학자들과 어울렸다. 학술논문을 출간하고 새로운 과학 지식을 두루 익혔으며, 잉글랜드에서 라부아지에의 산소 이론을 가장 먼저 받아들인 사람에 속했다. 그는 또 린네를 영어로 번역하면서 '암술(pistil)', '수술(stamen)' 같은 용어를 식물학에 도입했다. 그러는 한편으로 운하 투자에 손을 댔고, 어느 제철소의 지분을 가지고 있었으며, 도자기로 큰돈을 번 조사이어 웨지우드와 절친한 친구가 되어 함께 노예제 반대 운동을 벌이기도 했다. 이래즈머스 다윈의 아들 로버트와 조사이어 웨지우드의 딸 수재나가 연인 관계가 됐을 때 두 사람 모두 기뻐했다. 그러나 조사이어는 둘이 결혼하기 전 해인 1795년에 죽었다. 수재나는 아버지로부터 25,000파운드를 물려받았는데 오늘날 가치로는 2백만 파운드(30억 원) 정도에 해당된다. 무엇보다도 이것은 그녀의 아들 찰스 로버트 다윈은 돈을 버는 직업을 가지지 않아도 생계 걱정은 절대로 하지 않아도 된다는 뜻이었다.

로버트와 수재나가 결혼한 무렵 이래즈머스 다윈은 과학사에 남을 만한 연구로 널리 명성을 얻은 상태였으나, 애초에 이것은 린네의 생각을 바탕으로 새로운 독자에게 식물학의 즐거움을 알리기 위해 시를 쓰면서 시작된 것이었다. 그것은 『식물의 사랑 *The Loves of the Plants*』이었는데, 준비 기간이 길기는 했지만 이래즈머스가 57세이던 1789년 익명으로 처음 출간됐다. 이래즈머스는 식물을 말 그대로 성적으로 묘사하여 넓은 독자층을 매료시켰고, 셸리, 콜리지, 키츠, 워즈워스 같은 시인에게도 영향을 준 것으로 보인다.* 이 성공에 이

* 이 놀라운 주장을 뒷받침하는 증거는 데즈먼드 킹헬리(Desmond King-Hele)가 쓴 이래즈머스 다윈의 전기를 참조하기 바란다. 콜리지는 1796년 이래즈머스를 찾아가 만났다.

어 1792년에는 『초목의 섭리The Economy of Vegetation』가 나왔다. 이 책은 대개 『식물원The Botanic Garden』이라 불리지만 엄밀히 말해 이것은 『초목의 섭리』와 『식물의 사랑』을 모두 수록한 선집을 가리키는 제목이다. 『초목의 섭리』에는 2,440줄의 시 아래에 8만 낱말 정도 분량의 주석이 달려 있었는데 주석만으로도 자연세계를 다룬 책 한 권 분량이다. 그 뒤 1794년에는 산문 작품 『주노미아Zoonomia』의 제1권을 출판했는데 20만 낱말이 넘는 분량이었고, 이어 1796년에 출간한 제2권은 그보다 1.5배 정도 많은 30만 낱말 분량이었다. 이제까지 낸 시집에서는 진화에 관한 자신의 생각을 넌지시 암시만 했지만 마침내 『주노미아』 제1권에서는 그것을 완전히 설명한다. 다만 그 내용은 주로 의학과 생물학을 다룬 제1권의 40개 장 가운데 하나에 지나지 않는다.

진화에 관한 이래즈머스 다윈의 생각은 물론 당시 지식수준의 한계에 제약을 받기는 했지만 추측과 일반론 수준을 훨씬 넘어선다. 그는 생물 종이 과거 변화를 거쳤다는 증거를 자세히 제시하고, 인위선택을 통해 더 빠른 경주마를 길러 내거나 생산성이 더 높은 작물을 개발하는 등 인간이 고의적으로 개입하여 동식물로부터 변화를 이끌어 내는 방식에 특히 주의를 기울였다. 후자는 훗날 손자가 생각해 낸 이론의 한 가지 핵심이 된다. 그는 또 부모의 특질이 자식에게 상속되는 방식을 지적하고, 특히 그가 우연히 발견한 "발마다 발톱이 하나씩 더 있는 고양이 품종"에 주목한다. 여러 생물 종이 먹이를 얻기 위해 제각기 다르게 적응한 방식을 자세히 설명하며 (이 역시 훗날 찰스 다윈의 이론에서 중요하다) "어떤 새는 앵무새처럼 견과를 깨뜨리기 위해 더 단단한 부리를 획득했고, 참새처럼 더 단단한 씨앗을 부수기에 적합한 부리를 획득한 새도 있으며, 그 밖에 비교적 부드러운 씨앗에 적합한 부리를 얻은 새도 있다"고 했다. 무엇보다도 극적인 부분은 다음처럼 지구상 모든 생물은 공통의 근원에서 유래했을 거라는 믿음을 드러냈다는 사실이다. 이 점에서 그는 허턴주의자임이 확실하고, 또 "모든 생물"에는 인류도 포함된다는 것이 암시돼 있다.

> 지구가 존재하기 시작한 뒤로 기나긴 시간이 흐르는 동안, 인류의 역사가 시작되기 전 어쩌면 수백만이라는 시대*가 지나는 동안, 모든 온혈동물은 위대한 제1원인이 새로운 성향과 아울러 새로운 부분을 획득할 능력으로 이루어진 동물성을 부여한 단일한 생명 가닥으로부터 나왔다고 생각한다면 너무 지나친 상상일까.

이래즈머스에게 하느님은 여전히 존재하지만 지구상에서 생명 과정을 작동시킨 제1원인으로서만 존재한다. 여기서 때때로 개입하여 새로운 생물 종을 창조하는 하느님을 위한 자리는 없으며, 생명의 기원 자체가 무엇이든 간에 생물이 일단 존재한 뒤부터는 외적 간섭 없이 자연법칙에 따라 진화하고 적응했다는 의미는 명확하다.** 그러나 이래즈머스는 진화를 지배하는 저 자연법칙이 무엇인

* 이래즈머스 다윈이 말하는 '시대'는 100년 정도인 것으로 보인다. 따라서 그가 생각한 진화의 시간 척도는 시대를 훨씬 앞선 것이었다.
** 이 시대에는 여전히 교회에서 생물 종은 하느님이 하나하나 창조했고 또 한 번 창조된 것은 고정불변하다고 가르쳤다는 것을 기억하기 바란다.

지는 알지 못했다. 그의 추측은 동식물이 먹이 등 필요로 하는 것을 얻기 위해 애쓰거나 포식자로부터 달아나려는 사이에 살아 있는 신체에 변화가 일어났다는 것이었다. 이것은 역도 선수에게 근육이 붙는 것과 어느 정도 비슷할 것이다. 그러나 이래즈머스는 이처럼 획득한 특질이 그 개체의 자식에게 전달되면서 진화로 이어질 것으로 생각했다. 예를 들어 깃털이 물에 젖는 것이 싫은 섭금류 새는 물에 닿지 않기 위해 언제나 최대한 위로 몸을 뻗을 것이고 그럼으로써 다리가 작디작은 정도만큼 길어질 것이다. 이렇게 약간 더 길어진 다리는 자식에게 상속되고, 수많은 세대를 내려가는 동안 이 과정이 반복된 끝에 백조 같은 다리를 지닌 새가 홍학 같은 다리를 지닌 새로 변하는 것이다.

이것은 틀린 생각이기는 하지만 18세기 말의 지식수준을 생각할 때 얼토당토않은 생각은 아니었으며, 이래즈머스 다윈은 적어도 진화 사실을 과학적으로 설명하기 위해 노력했다는 공로는 인정받을 자격이 있다. 그는 그 뒤로 일생 동안 갖가지 활동을 하면서도 자신의 생각을 계속 발전시켰고, 1803년에는 현미경으로나 볼 수 있는 크기의 작디작은 점으로부터 오늘날의 다양성으로 이어지는 생물의 진화를 운문으로 읊은 『자연의 사원*The Temple of Nature*』을 출간했다. 이번에도 이들 시구에는 그 자체로도 책 한 권 분량이 되는 풍부한 주석이 달렸다. 그러나 이번에 출판한 책은 상업적으로 성공을 거두지 못했다. 무신론에 가까운 사상과 진화 사상은 비난을 받았고, 나폴레옹의 프랑스와 전쟁을 벌이며 혁명과 진화보다는 안정과 안전을 갈망하고 있던 사회와 보조를 맞추지 못한 것이 분명했다. 그렇지만 그 생각을 변론할 당사자는 이미 이 세상에 없었다. 이래즈머스가 1802년 4월 18일 70세의 나이로 집에서 조용히 숨을 거두었기 때문이다. 그렇지만 정치적 상황을 생각할 때, 이래즈머스 다윈과 비슷한 진화 사상이 어떤 면에서 더 완전하게 전개된 곳이 나폴레옹의 프랑스였던 것은 어쩌면 당연할 것이다.

장바티스트 라마르크와 진화 이론

원래 이름을 다 표기하면 장바티스트 피에르 앙투안 드 모네 드 라마르크Jean-Baptiste Pierre Antoine de Monet de Lamarck가 되는 라마르크는 프랑스의 방계 귀족에 속했다. (이름이 길수록 더 방계에 속하는 귀족이라고 보면 대체로 무리가 없다.) 1744년 8월 1일 피카르디의 바정탕에서 태어나 11세 정도부터 15세까지 아미앵의 예수회 칼리지에서 교육을 받았다. 그의 어린 시절은 그다지 자세히 알려져 있지 않지만 아마도 사제가 되기 위한 과정이었을 것이다. 그러나 1760년 아버지가 죽자 군인이 되어 7년 전쟁 때 저지대 국가에서 전투를 벌인 부대에 들어갔다. 전쟁은 1763년에 끝났고, 라마르크는 그 뒤 지중해와 동부 프랑스에서 복무하며 야생의 자연을 본 결과 식물학에 관심을 갖게 된 것으로 보인다. 1768년에는 부상을 당해 군인의 길을 포기할 수밖에 없었고, 그래서 파리에 정착하여 은행에서 일하면서 의학과 식물학 강의를 들었다. 그로부터 10년 뒤 『프랑스 식물지*Flore française*』를 출판하면서 식물학자로 명성을 굳혔고 그의 책은 프랑스 식물 분류에 관한 표준 교재가 됐다. 이 책 덕분에, 또 이 책의 출간을 도와준 뷔퐁의 후원 덕분에 프랑스 과학원의 회원으로 선출됐고 이윽고 은행

일을 그만둘 수 있게 됐다.

뷔퐁의 후원에는 대가가 따랐다. 1781년 라마르크는 뷔퐁의 쓸모없는 아들 조르주가 유럽 여행을 하는 동안 개인교수 겸 동반자 역할을 맡게 됐다. 달가운 일은 아니었지만 적어도 라마르크로서는 자연세계를 더 많이 볼 기회가 됐다. 이 여행 이후에는 왕립식물원과 관련하여 여러 가지 소소한 식물학 직책을 맡았다. 그러나 그의 관심은 식물학뿐 아니라 생물학 영역조차 훨씬 넘어서서 기상학, 물리학, 화학에까지 이르러 있었다. 프랑스 혁명 이후 식물원의 조직개편에 관여했고, 1793년에는 새로 설립된 프랑스 자연사박물관에서 당시 '곤충 및 벌레'라 불리던 분야의 연구를 책임지는 교수가 됐다. 이 잡다한 종들을 통틀어 '무척추동물'이라는 이름을 붙인 것은 라마르크였다. 개혁자인 데다 가증스러운 징세 대행업자와 어떠한 관계도 없었던 만큼 개인적으로 어떠한 위협도 받는 일 없이 혁명을 무사히 넘긴 것으로 보인다. 교수로서 박물관에서 매년 연속 강연을 할 의무가 있었는데, 그의 강연을 보면 진화에 관한 생각이 점차 형태를 잡아가는 것을 알 수 있다. 그가 생물 종은 불변하지 않는다는 생각을 처음으로 언급한 것은 1800년의 일이다. 다소 혼란스럽게도 동물을 가장 복잡한 형태로부터 가장 단순한 형태까지 '퇴화' 정도에 따라 구분하여 설명해 내려가면서 다음과 같이 말했다.

> 무척추동물은 조직이 놀라울 정도로 퇴화하고 갈수록 동물적 기능이 감소하기 때문에 철학적 자연학자라면 크게 흥미를 느낄 것이 분명하다. 이들을 따라가면 점진적으로 동물화의 궁극

> 적 상태, 다시 말해 실로 동물의 성질이 있다고는 거의 판단되지 않는 가장 단순하게 조직된 가장 불완전한 동물에 마침내 다다르게 된다. 이들이 아마도 자연의 출발점일 것이며, 긴 시간과 우호적 환경에 힘입어 이들로부터 다른 모든 동물이 나왔을 것이다.*

논리를 역방향으로 전개하기는 했지만 라마르크는 다시 말해 가장 단순한 동물이 더 복잡한 동물로 진화했다고 말하고 있다. 그리고 이 과정이 일어나기까지 "긴 시간"이 필요하다고 말한 부분을 눈여겨보기 바란다.

라마르크의 전기를 쓴 러드밀라 제인 조더노바Ludmilla Jane Jordanova는 라마르크가 이래즈머스 다윈의 생각을 알고 있었다는 "증거가 없다"고 말한다. 다윈의 전기를 쓴 데즈먼드 킹헬리는 라마르크의 생각은 『주노미아』의 영향을 받은 것이 "거의 확실하다"고 말한다. 진실은 영원히 알지 못하겠지만, 한 가지 측면에서 라마르크의 행동은 다윈의 행동과 매우 비슷했다. 그의 사생활에 대해서는 알려진 게 거의 없으나, 한 여성과 동거하면서 자식을 여섯 명 낳았고 그녀가 죽어가고 있을 때에야 그녀와 결혼했다는 사실을 우리는 분명히 알고 있다. 그리고 그녀가 죽은 뒤 두 번 더 결혼했고 아이를 적어도 두 명 더 낳았다. 그러고 한 번 더 결혼했다는 이야기도 있다. 그러나 이래즈머스 다윈이나 찰스 다윈과는 달리 그의 문체는 도저히 손

* 번역문은 조더노바(L. J. Jordanova)를 재인용했다.

쓸 수 없는 수준이었던 데다, 그나마 그중 나은 위의 인용문에서 보듯 자신의 생각을 글로 명확하게 나타낼 수 없었던 것으로 보인다.

진화에 관한 그의 생각은 1815년부터 1822년까지 일곱 권에 걸쳐 출간된 대작 『무척추동물의 자연사*Histoire naturelle des animaux sans vertèbres*』에 요약됐다. 마지막 권이 나온 1822년에 그는 78세였고 시력을 잃은 상태였다. 그리고 1829년 12월 18일 파리에서 세상을 떠났다. 여기서 우리에게 중요한 것은 진화에 관한 라마르크의 생각이며, 그것은 1815년 출간된 제1권에서 그가 내놓은 다음 네 가지 '법칙'으로 요약할 수 있다.

> **제1법칙** : 생명 자체의 힘에 의해 모든 생물체는 체적이 늘어나고 각 부위의 크기가 생명 자체에 의해 정해진 한도까지 커지려는 불변의 경향이 있다.

이것은 어느 정도 사실이다. 몸집이 큰 데에는 진화 차원에서 장점이 있는 것으로 보이며, 다세포 동물 종은 대부분 진화 과정에서 몸집이 커졌다.

> **제2법칙** : 동물에서 새로운 장기가 만들어지는 것은 새로운 필요를 지속적으로 경험하거나 필요에 따라 새로운 신체활동을 시작하고 유지해야 하기 때문이다.

이것은 적어도 완전히 틀린 것은 아니다. 환경 상황이 바뀌면 특정 방향의 진화에 유리하게 작용하는 압력이 작용한다. 그러나 라마르크의 말은 "새로운 장기"가 **개체 안에서** 발달한다는 뜻이므로 틀렸다. 그의 말은 한 세대로부터 다음 세대로 작디작은 변화가 일어나 장기가 발달한다는 뜻이 아니다.

> **제3법칙** : 장기와 그 기능이 발달하는 것은 해당 장기를 사용하느냐와 일정한 상관관계가 있다.

이것은 홍학은 물과 닿지 않으려고 언제나 다리를 뻗고 있기 때문에 다리가 길어진다는 생각이다. 확실히 틀렸다.

> **제4법칙** : 한 개체가 일생 동안 획득한 모든 부분 … 또는 조직에서 바뀐 모든 부분은 번식 과정에서 보존되며, 그 변화를 경험한 개체들에 의해 다음 세대로 전달된다.

이것은 라마르크주의의 핵심으로, 획득형질의 상속을 말한다. 확실히 틀렸다.

그렇지만 어쩌면 라마르크의 주장에서 가장 두드러지는 부분은 찰스 라이엘이 차마 말하지 못하고 목구멍으로 삼켰던, 그래서 『지질학의 원리』를 쓸 때 진화 사상을 거부하게 됐던 바로 그 부분일 것이다. 그것은 라마르크가 인류를 꼭 집어 그 과정에 포함시켰다는 사실이다.

조르주 퀴비에는 영향력이 컸는데 라마르크의 생각에 강력하게 반대했다. 그는 생물 종은 고정불변하다고 확고하게 믿고 있었다. 한편 파리에서 라마르크와 함께 일한 에티엔 조프루아 생틸레르 Étienne Geoffroy Saint-Hilaire(1772~1844)는 라마르크의 생각을 지지했다. 애석하게도 생틸레르의 지지는 라마르크주의의 주장에 도움을 준 만큼이나 해도 끼쳤다. 그는 라마르크의 생각을 발전시켜, 라마르크가 말하는 "새로운 장기"가 항상 유리하게 작용하지는 않을지도 모른다고 함으로써 자연선택이라는 생각에 매우 가까이 다가갔다. 1820년대에 그는 다음과 같이 썼다.

> 이러한 변형이 해로운 효과로 이어지면 해당 특질이 있는 동물은 사멸하고 어느 정도 다른 형태 즉 새로운 환경에 적합하도록 변화한 형태를 지니는 다른 동물로 대치된다.*

여기에는 라마르크주의적 요소가 포함돼 있지만 적자생존이라는 생각의 씨앗도 들어 있다. 그러나 생틸레르는 또 종 사이의 관계에 대한 터무니없는 생각도 지지했고, 탄탄한 비교해부학 연구를 많이 하기는 했어도 척추동물과 무척추동물로부터 동일한 기본 설계를 찾아냈다는 주장은 지나친 것이었다. 이 때문에 퀴비에로부터 격렬한 공격을 받았고, 진화에 관한 생각을 포함하여 그의 연구 전부가 신빙성을 잃고 말았다. 1820년대 말에 이르러 라마르크가 죽고 그의 주요 지지자가 대체로 신빙성을 잃어버렸을 때, 찰스 다윈Charles

* 오즈번(Henry Osborn)의 『그리스인부터 다윈까지 *From the Greeks to Darwin*』를 재인용.

Darwin(1809~1882)에게는 이 실마리를 이어받아 나아갈 길이 활짝 열려 있었다. 그러나 그가 이 실마리를 가지고 일관된 진화 이론을 엮어 내기까지는 오랜 시간이 걸렸고, 자신의 생각을 출판할 용기를 그러모으기까지는 더욱 오랜 시간이 걸렸다.

찰스 다윈의 생애

찰스 다윈에 관해 널리 퍼져 있는 신화가 두 가지 있는데 둘 모두 진실과는 거리가 멀다. 첫째는 이미 언급한 것으로, 그는 젊고 어설픈 아마추어 신사 애호가였으나 운이 좋아 세계 일주 항해 길에 올라 진화가 작용하고 있다는 비교적 빤한 증거를 보았고, 어느 정도 지능이 있는 그 시대 사람이라면 같은 상황에서 누구라도 생각해 냄직한 설명을 내놓았다는 것이다. 둘째는 그는 보기 드문 천재로서 그만의 번득이는 통찰력으로 과학의 대의명분을 한 세대 이상 앞당겨 놓았다는 것이다. 진실은 찰스 다윈도 자연선택이라는 생각도 지극히 그 시대의 산물이었으며, 단지 그는 과학적 진실을 찾기 위해 다양한 분야에 걸쳐 남달리 부지런하고 끈질기게 공을 들였을 뿐이라는 것이다.

이래즈머스 다윈이 죽은 무렵 아들 로버트는 슈루즈베리 근처에서 의원을 운영하며 의사로 성공해 있었고, 더마운트라는 이름의 멋진 주택을 1800년에 지어 입주한 지 얼마 되지 않은 상태였다. 로버트는 신체적으로 아버지를 닮아 키가 180센티미터를 넘었고 나이가 들어가면서 살이 쪘다. 아버지에 견줄 만한 숫자는 아니더라도 다윈 집안 내력 그대로 건강한 아이들을 여럿 낳았다. 그러나 이래즈머스는 손주 여섯 중 다섯째인 찰스가 태어나는 것은 보지 못하고 죽었다. 누나 메리앤과 캐럴라인과 수전은 각기 1798년, 1800년, 1803년에 태어났고, 형 이래즈머스는 1804년, 찰스 로버트 다윈은 1809년 2월 12일, 가족 사이에서 캐티라 부른 막내 에밀리 캐서린은 1810년 태어났다. 그때 어머니 수재나는 44세였다. 찰스는 한가로운 어린 시절을 보낸 것으로 보인다. 세 누나의 응석받이였고, 집 마당과 근처 시골을 마음대로 쏘다녔으며, 여덟 살이 될 때까지 집에서 캐럴라인으로부터 읽고 쓰는 기본을 배웠다. 그리고 본받을 형이 있었다. 사정은 1817년에 크게 달라졌다. 그해 봄 찰스는 근처 학교를 다니기 시작했다. 그 이듬해에는 형 이래즈머스가 이미 공부하고 있는 슈루즈베리 중등학교에 기숙 학생으로 들어가기로 되어 있었다. 1817년 7월 평생을 이런저런 병에 시달리던 어머니가 갑자기 복통을 호소하다가 52세의 나이로 세상을 떠났다. 로버트 다윈은 이 상실감을 영영 극복하지 못했고, 아버지처럼 재혼하여 행복하게 살기는커녕 죽은 아내에 대한 어떤 이야기도 입에 올리지 못하도록 금지하고 죽을 때까지 수시로 우울증에 빠져들었다. 그의 함구령은 효과가 있었던 것이 분명하다. 찰스 다윈은 만년에 어머니에 대해 기억할 수 있는 것이 거의 없다고 썼기 때문이다.

집안을 꾸려 나가는 문제에 관한 한 메리앤과 캐럴라인이 나이가 들었으므로 맡아서 처리했고 어린 딸들도 나중에 자기 몫을 해냈다. 일부 역사학자와 심리학자는 어머니의 죽음과 특히 그에 대한 아버지의 반응이 어린 찰스에게 깊은 영향을 주었고 그의 인격 형성에 크게 작용했을 것이 분명하다고 주장한다. 또 어떤 사람들은 여러 명의 누나와 하인이 있는 대가족 집안에서는 어머니가 오늘날 여덟 살짜리의 어머니보다 더 거리가 먼 인물이었을 것이고 따라서 어머니의 죽음은 필시 지속적 상처를 남기지 않았을 것이라고 본다. 그러나 어머니가 죽은 지 겨우 1년 만에 기숙학교로 보내졌다. 덕분에 형 이래즈머스와는 더 가까워졌지만, 서로 의지하는 가족 환경으로부터 떨어져 나왔다는 사실을 생각할 때 1817년과 1818년의 여러 요인은 복합적으로 작용하면서 정말로 그에게 깊은 영향을 주었을 것으로 보인다. 슈루즈베리 중등학교는 더마운트와 가까워서 들판을 가로질러 15분밖에 걸리지 않는 거리였으므로 비교적 자주 집에 들르는 것이 충분히 가능했지만, 생전 처음으로 집을 떠나 생활하는 아홉 살 꼬마로서는 집까지 15분이 걸리든 15일이 걸리든 별반 차이가 없었다.

찰스 다윈은 슈루즈베리 중등학교에 있는 동안 자연사에 깊이 관심을 갖게 됐고, 긴 시간 산책하며 주위의 자연을 관찰하고* 표본을 채집하며 아버지의 서재에서 책에 몰두했다. 이래즈머스는 졸업반이고 찰스는 13세이던 1822년 형은 당시 유행한 주제인 화학에 잠시 동안이지만 열정적으로 관심을 기울이게 됐고, 찰스를 간단히 설득한 다음 너그러운 아버지의 도움으로 마련한 거금 50파운드를 가지고 더마운트에 그들만의 실험실을 만드는 데 조수 역할을 하게 했다. 그 해 말 이래즈머스가 진학을 위해 케임브리지로 떠나자 찰스는 집에 돌아가 있을 때면 언제나 그 실험실을 마음대로 이용할 수 있었다.

* 자연사에 대한 관심 때문에 장시간 산책한 게 아니라 산책으로 인해 자연사에 대한 관심이 생겨났을 가능성도 있다. 이 관점은 1817년과 1818년의 여러 사건에 다윈이 정말로 깊이 영향을 받았다는 생각과 맞아떨어진다.

이래즈머스는 집안 전통을 따라 의사 공부를 하고 있었지만, 의사 일이 적성에 맞지 않아 케임브리지의 교과 공부가 지루했다. 그러나 교과 외의 활동은 그의 취향에 훨씬 더 잘 맞았다. 찰스 역시 이래즈머스가 없는 슈루즈베리의 학교생활이 재미가 없었으나, 1823년 여름 아버지의 허락을 받아 이래즈머스를 방문했을 때 밀려 있던 회포를 한꺼번에 풀 수 있었다. 신나게 즐겼다는 말로밖에 묘사할 길이 없는 이때의 경험은 14세 소년에게 눈에 띄게 나쁜 영향을 주었다. 집으로 돌아온 그는 새 사냥에 맛을 들였고, 학교공부보다 운동을 더 좋아하면서 쓸모없는 아들이 되어가는 조짐을 너무나도 눈에 띄게 드러냈다. 결국 로버트 다윈은 1825년 그를 학교에서 데리고 나와 몇 달 동안 자신의 조수로 일하게 하면서 다윈 집안의 의사 전통을 일깨워 주고자 했다. 그런 다음 에든버러로 보내 의학을 공부하게 했다. 찰스는 겨우 16세였다. 이래즈머스는 케임브리지에서 3년 과정을 마친 다음 의학 공부를 마무리하기 위한 마지막 1년 과정을 위해 에든버러에 들어가는 참이었다. 아버지의 속셈은 그 1년 동안 이래즈머스가 찰스를 챙겨주면서 의학 수업에 출석하게 하고, 그러고 나면 공식적으로 의사 자격 과정을 공부할 수 있을 정도로 마음도 붙이고 나이도 들 것이고 또 어쩌면 철도 들 거라는 생각이었다. 그러나 일은 그렇게 풀리지 않았다.

에든버러에서 지낸 1년은 여러 면에서 케임브리지에서 신나게 즐긴 때와 같았다. 그렇다 해도 이래즈머스는 어떻게든 학업을 마쳤고, 두 젊은이는 어떻게든 교과 외의 활동에 대한 자세한 내용이 아버지에게 통보되지 않게 하는 데 성공했다. 그러나 찰스가 의사가 될 가능성은 사라졌다. 공부를 소홀히 했기 때문이 아니라 비위가 약한 성격 때문이었다. 시신 해부 때는 메스꺼워도 참고 견디며 학과 공부를 계속했다. 문제는 두 차례의 수술을 참관하던 때였다. 한 번은 어린이의 수술이었는데 당시 유일한 수술 방법대로 마취제 없이 진행하고 있었다. 특히 비명을 지르는 어린아이의 모습이 그에게 깊은 인상을 남겼다. 훗날 그는 『찰스 다윈 자서전 *The Autobiography of Charles Darwin*』에 다음과 같이 썼다.

> 나는 수술이 끝나기 전에 얼른 밖으로 나갔다. 다시 들어가지도 않았다. 그 무엇으로 권유해도 들어갈 수 없었기 때문이다. 이것은 클로로포름이라는 축복이 있기 오래전의 일이었다.
> 그 두 사건은 오랫동안 나를 상당히 괴롭혔다.*

이 문제를 아버지에게 털어놓을 수 없었던 다윈은 1826년 10월 표면상으로는 의학 공부를 계속하기 위해 에든버러로 돌아갔지만 자연사 강좌에 등록하고 지질학 강의를 들었고, 스코틀랜드인 비교해부학자이자 특히 해삼류에 매료돼 있던 해양생물 전문가 로버트 그랜트 Robert Grant(1793~1874)의 영향을 받았다. 그랜트는 라마르크주의를 지지하는 진화론자로서 동물은 모두 신체 설계가 똑같다는 생틸레르의 관점에도 부분적으로 동의하고 있었다. 그는 그런 생각들을 젊은 다윈에게 전하면서 바닷가에서 발견되는 동물을 스스로 연

* 이렇게 다윈의 성장 배경을 들여다보려면 발로(Nora Barlow)의 편집본이 가장 좋다.

구하도록 권했다. 이때 다윈은 이미 의학 공부를 위해 『주노미아』를 읽은 뒤였다. 다만 그가 쓴 자서전에 따르면 거기 수록된 진화 이론은 그에게 아무런 영향도 남기지 않았다. 지질학에서 다윈은 지구의 지형은 물에 의해 형성됐다고 생각하는 수성론자와 열이 주요 원동력이라고 보는 화성론자 사이의 논쟁에 대해 알게 됐다. 그는 후자의 설명이 더 마음에 들었다. 그러나 1827년 4월 겨우 18세밖에 되지 않은 다윈은 깊이 흥미를 느끼고 열심히 연구하겠다고 마음먹은 대상을 이미 발견한 상태였지만, 의학 공부를 하고 있는 척하기가 더 이상 불가능하다는 것이 명백해지면서 정식 자격을 아무것도 따지 않은 채 에든버러를 자퇴했다. 아버지와의 피할 수 없는 대면을 뒤로 미룰 생각에서였는지, 곧장 더마운트로 돌아가지 않고 스코틀랜드를 잠시 여행한 뒤 처음으로 런던으로 가서 누나 캐럴라인을 만났다. 그리고 최근 법정 변호사 자격을 얻은 외사촌 해리 웨지우드의 안내로 여기저기를 구경했다. 이어 파리로 가서 해리의 아버지(찰스의 외삼촌) 조사이어 웨지우드 2세와 그의 두 딸(외사촌) 패니와 에마를 만났다. 그들은 스위스를 떠나 잉글랜드로 돌아가는 길이었다.

그러나 8월이 되자 현실과 부딪칠 시간이 다가왔고, 그 결과 로버트 다윈은 아들 찰스에게 남은 길은 오로지 케임브리지로 가서 학위를 받고 시골 성직자가 되는 것뿐이라며 시키는 대로 하라고 강요했다. 당시 맏아들이 아닌 못난 아들들을 모양새 좋게 처리하는 유일한 방법이었다. 여름 한철을 한편으로는 시골 부자의 즐거움인 사냥과 파티로 또 한편으로는 입학을 위해 필사적으로 고전학 지식을 벼락치기로 주입하며 보낸 끝에 1827년 가을 케임브리지의 크라이스트 칼리지에 정식으로 입학했고, 다시 기를 쓰고 더 공부한 다음 1828년 초 그곳에 가서 자리를 잡았다. 그는 다시 한번 형 이래즈머스와 함께 지내게 됐다. 형은 이제 의학사 과정을 끝내는 중이었고, 학위를 받고 나면 보상으로 유럽 대여행길에 오르기로 되어 있었다. 앞으로 4년 동안 공부하고 나서 시골 교구 사제로 일평생을 보내야 하는 찰스로서는 이 극명한 차이를 받아들이기가 쉽지 않았을 것이 분명하다.

다윈이 학부생으로서 케임브리지에서 보낸 시간은 에든버러를 떠나기 전 몇 달 동안 그곳에서 보낸 시간과 양상이 비슷했다. 공식적으로 해야 하는 공부는 소홀히 하고 정말로 관심이 가는 공부에 몰두했다. 바로 자연세계였다. 이번에는 케임브리지의 식물학교수 존 헨슬로John Henslow(1796~1861)의 날개 밑으로 들어갔는데, 그는 다윈을 가르쳤을 뿐 아니라 친구까지 됐다. 다윈은 또 우드워드 지질학 석좌교수인 애덤 세지윅Adam Sedgwick(1785~1873) 밑에서 지질학을 공부했다. 그는 허턴과 라이엘의 동일과정설을 거부했지만 현장 연구에 뛰어난 학자였다. 두 사람 모두 다윈을 뛰어난 학생으로 생각했고, 다윈의 지적 역량과 열심히 공부하는 능력은 1831년 초에 치른 시험에서 드러났다. 식물학과 지질학을 공부하느라 소홀히 했던 모든 과목을 따라잡기 위해 막판에 필사적으로 벼락치기 암기 공부를 했는데, 시험 결과 178명 중 10위라는 매우 우수한 성적을 거두어 자기 자신마저 놀랄 정도였다. 그러나 그가 보여 준 과학적 능력에도 불구하고 이제 그 어느 때보다도 더 꼼짝없이 시골의 교구 성직자가 될 운명으로 보였다. 찰스가 케임브리지에서 공부하고 있는 동안 형 이래즈머스가 자신에게는 의사 생활이 맞지 않다고 아버지를 설득하여 25세의 나이로 의사 직업을 그만두고 아버지로부터 용돈을 받으며 런던에 정착했다는 것도 한 가지 커다란 이유였다. 너그러운 아버지였을지는 몰라도, 아버지로서는 당연하게도 아들 중 적어도 한 명은 존경받는 직업을 갖기를 원했다.

다윈은 1831년 여름 동안 자신의 마지막 지질 대탐사라고 생각하며 웨일스 지방의 암석을 관찰하고 8월 29일 더마운트로 돌아왔다. 돌아와서 보니 케임브리지에서 그를 가르친 교수 중 조지 피콕George Peacock(1791~1858)으로부터 전혀 예상하지 못한 편지가 그를 기다리고 있었다. 피콕은 해군부 소속 친구 프랜시스 보퍼트Francis Beaufort(1774~1857) 대령의 초청 편지를 전달했는데,* 로버트 피츠로이Robert FitzRoy(1805~1865) 대령이 영국 군함 비글호를 이끌고 측량 탐사 임무에 나설 예정이며, 긴 항해 동안 자신과 동행하면서 그 기회에 특히 남아메리카의 자연사와 지질을 연구할 신사 계급 사람을 찾고 있으므로 다윈이 동행하기를 바란다는 내용이었다. 다윈을 추천한 사람은 헨슬로였는데 그 역시 이 기회를 잡으라고 간곡히 권하는 편지를 따로 보냈다. 사실 다윈은 1순위 후보가 아니었다. 헨슬로 자신이 그 기회를 직접 잡을 생각을 잠시 했고, 그의 제자 한 사람도 케임브리지 바로 근처 마을인 보티셤의 교구 사제가 되는 쪽을 택하면서 제안을 거절했다. 그러나 다윈은 절대적으로 완벽한 자격을

* 보퍼트는 오늘날 바람 세기를 구분하는 척도인 보퍼트 풍력계급으로 유명한 인물이다.

갖추고 있었다. 피츠로이는 동등한 관계로 대할 수 있도록 자신과 같은 신사 계급을 원했는데, 그렇지 않으면 신이나 다름없는 위치에 있는 지휘관으로서 장기간의 항해 동안 사교적으로 만날 상대가 없겠기 때문이었다. 이 신사는 물론 비용을 스스로 부담해야 했다. 그리고 해군부는 남아메리카 탐사에다 어쩌면 세계 일주까지 하게 될 기회를 활용할 수 있는 실력 있는 자연학자라야 한다는 점을 강조했다. 그런데 헨슬로가 피콕을 통해 다윈을 보퍼트에게 추천했을 때 보퍼트는 다윈이라는 이름에서 떠오르는 것이 또 한 가지 있었다. 할아버지 이래즈머스 다윈의 절친한 친구 중 리처드 에지워스라는 사람이 있었는데, 이래즈머스의 마음에 쏙 드는 사람으로서 행복한 결혼생활을 네 번 했고 아이를 22명 낳았다. 이래즈머스보다 열두 살 아래인 에지워스는 1798년에 네 번째이자 마지막으로 결혼했고, 상대는 프랜시스 보퍼트라는 29세 아가씨로서 1831년 영국 해군의 수로학자가 되어 있던 보퍼트의 누나였다. 따라서 보퍼트는 피츠로이에게 항해에서 동행할 자연학자로 젊은 다윈을 추천하며 편지를 쓸 때 다윈을 한 번도 만난 적이 없는데도 기꺼이 "유명한 철학자이자 시인의 손자로서 열정과 모험심이 가득한 다윈이라는 사람"이라고 소개했다.*

비글호의 항해

비글호에서 다윈의 역할이 최종적으로 결정되기까지 넘어야 할 약간의 난관이 있었다. 젊은 다윈의 여행 경

* 브라운(Janet Browne)을 재인용.

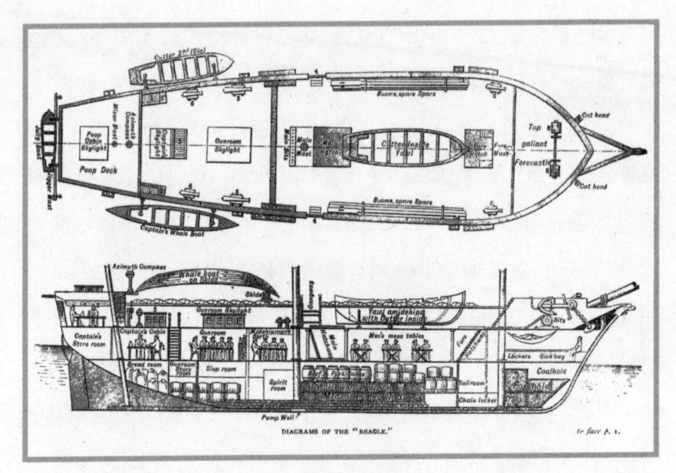

29. 영국 군함 비글호 도면. 다윈의 『연구 일지』(1845)에서.

비를 대야 하는 아버지는 처음에 아들이 또 무분별한 일을 벌인다고 생각하고 반대했으나, 다윈의 외삼촌 조사이어 웨지우드 2세의 설득에 허락했다. 다음에는 감정적 성격인 피츠로이가 자신에게 다윈을 떠넘기려는 듯한 분위기에 화가 나 다윈을 만나보지도 않고 다른 동반자를 이미 직접 찾아냈다는 듯한 태도를 보였다. 다행히도 다윈과 피츠로이가 만났을 때 서로 뜻이 잘 맞은 덕분에 상황이 원만히 해결됐다. 마침내 모든 것이 정해졌고, 돛대 셋에 길이는 27미터밖에 되지 않는 비글호는 1831년 12월 27일 돛을 올렸다. 이때 다윈은 23세가 채 되지 않은 나이였다. 5년에 걸친 항해 끝에 정말로 세계를 한 바퀴 돌았지만 이 항해를 여기서 자세히 다룰 필요는 없고, 여기서 짚어 둘 만한 부분 몇 가지만 살펴보기로 한다. 첫째, 다윈은 그 기간 내내 배 안에 갇혀 있었던 게 아니라 장기간 남아메리카를 탐사했다. 특히 배가 공식적으로 측량 임무를 수행하느라 바쁠 때 뭍에서 탐사 활동에 나섰다. 둘째, 그는 항해 동안 화석을 비롯하여 여러 표본을 잉글랜드로 보냄으로써 생물학자가 아니라 지질학자로 과학계에 이름을 알렸다. 그리고 끝으로 자세히 언급할 만한 내용이 한 가지 있다. 다윈은 칠레에서 큰 지진을 경험하고 그 흔들림으로 인해 땅이 얼마나 솟아오르는지를 직접 눈으로 확인했다. 바다 밑에 있던 홍합밭이 해안선 위로 1미터 정도 올라가 말라가고 있었던 것이다. 이것은 라이엘이 『지질학의 원리』에서 설명한 생각을 직접 확인한 사례였다. 다윈은 항해 때 라이엘의 책 제1권을 가지고 갔고, 제2권은 탐사 도중에 받았으며, 제3권은 1836년 10월 잉글랜드로 돌아왔을 때 그를 기다리고 있었다. 그는 라이엘의 눈으로 세계를 보면서 동일과정설을 확신하는 지지자가 됐고, 이것은 그가 진화에 관한 생각을 발전시켜 나갈 때 깊이 영향을 주었다. 이에 관해 다윈은 만년에 다음과 같이 썼다.

> 저는 제 책이 반쯤은 라이엘의 머리에서 나왔고 또 제가 이 사실을 제대로 인정하지 않았다고 느낍니다. … 저는 늘 『지질학의 원리』의 큰 장점은 사람이 생각하는 기조를 바꿔놓는 것이라고 생각해 왔습니다.*

* 다윈이 레너드 호너Leonard Horner(1786~1864)에게 보낸 편지. 하워드(Jonathan Howard)의 『다윈 *Darwin*』을 재인용.

돌아온 다윈은 거의 꿈에서도 생각하지 못할 정도로 환영받았다. 이에 아버지는 어리둥절하면서도 기뻤을 것이 분명하다. 그는 이내 라이엘을 직접 만났고, 지질학계의 유명 인사들과 동급으로 대우받았다. 1837년 1월 런던 지질학회에서 칠레의 해안 지역이 솟아오른 현상(그의 항해에서 가장 주목받은 발견)에 관한 논문을 낭독 발표하고 거의 즉시 학회의 석학회원으로 선출됐다. 그가 왕립학회 석학회원으로 선출된 해인 1839년에야 동물학회의 석학회원이 됐다는 사실은 주목할 만하다. 다윈은 라이엘처럼 지질학자로 유명해졌을 뿐 아니라 이내 작가로도 찬사를 받았다. 처음으로 준비한 책은 『연구 일지*Journal of Researches*』*로서, 이 책에서 다윈은 항해 동안 자신의 활동에 관해 썼고 피츠로이는 좀 더 해군과 관련된 부분에 관해 썼다. 다윈은 맡은 부분을 자신의 일지를 바탕으로 곧 완성했지만, 피츠로이는 해군 임무로 집필할 시간이 거의 없었던 데다 솔직히 말해 글에는 그다지 재주가 없었기 때문에 출판은 1839년까지 미뤄졌다. 피츠로이로서는 서운했겠지만 책에서 그가 쓴 부분보다 다윈이 맡은 부분이 훨씬 더 많은 사람들의 관심을 끈다는 사실이 이내 분명해졌고, 그래서 금세 이 부분만 따로 『비글호의 항해*Voyage of the Beagle*』라는 제목으로 출간됐다.

1839년은 다윈의 일생에서 뜻깊은 해였다. 이 해에 30세가 됐고, 『연구 일지』가 출간됐으며, 왕립학회 석학회원이 됐고, 외사촌 에마

* 정식 제목은 『피츠로이 해군 대령이 지휘하는 군함 비글호가 1832년부터 1836년까지 방문한 여러 나라의 지질 및 자연사 연구 일지*Journal of Researches into the Geology and Natural History of the various Countries Visited by H.M.S. Beagle, under the Command of Captain FitzRoy, R. N., from 1832 to 1836*』이다.

웨지우드와 결혼했다. 또 그는 훗날 비글호가 돌아온 1836년부터 새 가족과 함께 런던을 떠나 켄트주에 정착한 1842년까지를 자신이 지적으로 가장 창조적이던 기간이라고 말했는데, 1839년은 정통으로 그 중간에 해당하는 해이기도 하다. 그러나 그가 병으로 쇠약해지기 시작한 것도 이 시기였다. 정확한 원인이 무엇인지는 확인된 적이 없지만, 모든 가능성을 생각할 때 열대 지방에서 얻은 병 때문일 것이다. 다윈이 잉글랜드로 돌아왔을 때 일단 런던에 정착해 살다가 켄트주로 이사를 나간 데는 당시의 정치적 격동도 작지 않은 원인으로 작용했다. 인민헌장 운동가 등 개혁을 원하는 사람들이 수도 런던의 거리에서 시위를 벌였고 군대가 이들을 막아 내고 있었다.* 다윈 가족은 켄트주의 다운 마을에 있는 다운하우스로 이사를 갔다. 훗날 마을은 이름을 다운(Down)으로부터 다운(Downe)으로 바꿨으나 집은 원래 이름(Down House)을 그대로 유지했다.

다윈과 에마는 결혼한 뒤로 오래오래 행복하게 살았다. 간간이 다윈이 병을 앓는 일이 되풀이되고 자식 여럿이 일찍 죽는 등의 불행을 겪었을 뿐이다. 그렇지만 살아남은 아이도 많았고 몇 명은 자신의 능력으로 이름을 날리기까지 했다. 맏이 윌리엄은 1839에 태어나 1914년까지 살았고, 이어 앤(1841~1851), 메리(1842년 생후 3주 만에 사망), 헨리에타(1843~1930), 조지(1845~1912), 엘리자베스(1847~1926), 프랜시스(1848~1925), 레너드(1850~1943), 호러스(1851~1928), 그리고 찰스(1856~1858)가 태어났다. 레너드가 태어나고 죽은 해는 눈여겨볼 만

* 인민헌장 운동은 19세기 영국에서 투표권을 확대하기 위해 노동자들이 벌인 운동이다. (옮긴이)

한데, 『종의 기원』이 출간되기 훨씬 전에 태어났으나 원자가 쪼개진 뒤로도 오래 더 살았다. 이것을 보면 1850년부터 1950년까지 100년 동안 과학이 어떤 속도로 발전했는지를 어느 정도 가늠할 수 있다. 그러나 여기서 가족사는 다윈의 연구를 위한 안정된 배경이 됐다는 점 말고는 우리의 관심사가 아니다. 우리에게 흥미로운 것은 다윈의 연구이며, 특히 자연선택에 의한 진화 이론이다.

다윈과 자연선택에 의한 진화 이론

항해 이전에는 어땠는지 몰라도 항해에서 돌아왔을 때 다윈이 진화는 사실이라고 생각하고 있었다는 점에는 의심의 여지가 없다. 문제는 그 사실을 설명해 줄 자연의 메커니즘, 다시 말해 진화가 작동하는 모델 또는 이론을 찾아내는 일이었다. 다윈은 『종의 변형 *The Transformation of Species*』이라는 제목의 노트를 1837년부터 쓰기 시작했고, 동일과정설/격변설 논쟁이 동일과정설 쪽에 유리하게 결판나는 데 결정적으로 중요하게 작용한 지질학 논문 여러 편을 출간하는 한편으로 조용히 진화 사상을 발전시켜 나갔다. 중요한 진전이 있었던 것은 결혼 얼마 전인 1838년 가을이었다. 토머스 맬서스Thomas Malthus(1766~1834)의 유명한 『인구론 *An Essay on the Principle of Population*』을 읽은 것이다.* 원래 1798년 익명으로 출간된 이 에세이는 다윈이 읽은 무렵에는 제6판에다 저자의 이름이 표시돼 나와 있었다. 맬서스는 케임브리지에서 공부하고 1788년 사제로 서품 받았으며, 이 에

* 이 에세이는 지금도 플루(Antony Flew)가 엮어 내놓은 책에서 찾아볼 수 있다.

세이의 초판을 쓴 당시에는 어느 교회의 부제로 일하고 있었지만 나중에는 유명한 경제학자이자 영국 최초의 정치경제학교수가 됐다. 에세이에서 그는 인간을 비롯하여 동물의 인구는 기하급수적으로 늘어날 능력이 있어서, 일정 기간이 지나면 두 배가 되고 다시 같은 기간이 지나면 다시 그 두 배가 되는 식으로 증가한다고 지적했다. 에세이를 쓸 당시 북아메리카 인구가 정말로 25년마다 두 배로 늘어나고 있었고, 이렇게 되기 위해 필요한 것은 오로지 평균적으로 부부가 25세가 될 때까지 아이를 네 명 낳고 그 아이들이 25세가 될 때까지 살아남는다는 조건뿐이었다. 다윈은 대대로 아이를 많이 낳는 집안 출신이었으므로 이것이 얼마나 간단한 조건인지 금방 이해했을 것이 분명하다.

실제로 만일 번식이 가장 느린 포유류에 속하는 코끼리의 경우 한 쌍이 새끼를 네 마리만 낳고 그 새끼들이 살아남아 다시 새끼를 네 마리 낳는다면 750년이면 그 쌍의 살아 있는 후손은 1천9백만 마리가 될 것이다. 그렇지만 맬서스가 지적한 대로 18세기 말의 코끼리 수는 1050년의 코끼리 수와 분명히 비슷했다. 그는 질병, 포식자, 그리고 특히 한정된 양의 먹을거리, 또 인간의 경우에는 전쟁 때문에 인구가 더 늘지 않는다고 추론했고, 따라서 새로운 식민 정착지가 확보되는 북아메리카 같은 특수한 경우를 제외하면 평균적으로 각 쌍의 자식은 두 명이 살아남는다고 생각했다. 자연 상태 그대로 두면 대부분의 자식은 번식하지 못하고 죽는다.

맬서스의 논거는 19세기 정치가들이 노동자 계층의 상황을 개선하려는 노력은 실패할 운명이라고 주장하는 근거로 이용됐다. 생활

조건이 개선되면 그 결과 아이들이 더 많이 살아남을 것이고 그에 따라 인구가 늘어나면 개선된 자원을 전부 고갈시켜 전보다 더 많은 사람들이 똑같이 비참한 빈곤 상태에 빠진다는 논리였다.* 그러나 다윈은 1838년 가을 그와는 다른 결론에 다다랐다. 진화의 작동 방식에 관한 이론의 구성 요소는 다음과 같았다. 인구 압력, **같은 종 구성원 간의** 생존투쟁 즉 더 정확히 말해 번식경쟁, 그리고 가장 잘 적응한 개체만의 생존(번식) 즉 적자생존이었다. 여기서 '적자'라는 말은 신체 능력이 뛰어나다는 뜻이 아니라 자물쇠 안에 들어가는 열쇠나 퍼즐의 그림조각처럼 꼭 들어맞는다는 뜻이다.

다윈은 이런 생각을 대강 문서로 묘사해 두었는데 역사학자들은 이 문서가 1839년에 작성된 것으로 보고 있다. 그런 다음에는 다윈 자신이 1842년이라고 밝힌 35쪽짜리 개요에서 더 완전하게 설명했다. 자연선택에 의한 진화 이론은 그가 다운하우스로 이사를 가기 전에 이미 본질적으로 완성돼 있었으며, 또 이것을 몇몇 신뢰하는 동료들과 논하기도 했다. 그중에는 라이엘도 있었으나 실망스럽게도 그는 이 이론을 받아들이지 않았다. 대중이 보일 반응이 두려운 데다 대단히 전통적 그리스도교인인 아내 에마에게 충격이 될까 걱정된 다윈은 20년 동안이나 이 생각을 깔고 앉아만 있었다. 다만 1844년에는 자신의 생각을 189쪽에 이르는 5만 낱말 분량의 원고로 작성하여 근처 학교 교사의 손으로 깔끔하게 정서한 다음 그가 쓴 다른 논문들 사이에 놓아두었다. 에마 앞으로 쓴 메모도 함께 두었

* 이 논리의 허점은 빅토리아 시대에는 거의 금기시됐던 낱말 하나로 요약이 가능하다. 그것은 바로 피임이다.

는데 자신이 죽은 뒤 출판해 달라는 내용이었다.

또는 깔고 앉아 있기만 하지는 않았다고 할 수 있다. 다윈은 1845년에 준비한 『비글호의 항해』 제2판에서 새로운 내용을 대거 추가하여 책 여기저기에 흩어 놓았다. 미국인 심리학자 하워드 그루버Howard Gruber는 초판과 제2판을 대조하면 추가된 부분을 찾아내기가 쉬우며, 새로 추가된 부분을 뽑아내 모두 하나로 꿰어 주면 자연선택에 의한 진화에 관한 "그의 생각 거의 전부를 알 수 있는 에세이"가 된다는 사실을 지적했다.* 유일한 설명은 다윈이 후세의 평가에 신경을 썼고 자신이 먼저임을 확실히 해 두고자 했다는 것이다. 만일 누가 이 생각을 해내면 그는 이 '유령' 에세이를 가리키며 자신이 먼저 생각했다는 사실을 드러낼 수 있었다. 그러는 한편으로 훗날 마침내 이 이론을 출판할 때 사람들에게 받아들여질 가능성을 높이기 위해 생물학자로서 자신의 이름을 알릴 필요가 있다고 판단했다. 그는 비글호 항해에서 돌아온 지 10년 뒤인 1846년부터 남아메리카에서 얻은 자료 등을 바탕으로 따개비를 철저하게 연구하기 시작했고, 이것이 결국 1854년에 세 권짜리 결정판으로 완성됐다. 이것은 그때까지 그 분야에서 아무 이름도 없었던 데다 종종 병고에 시달리던 사람이 그 사이에 1848년 아버지의 죽음과 1851년 애지중지하던 딸 애니의 죽음까지 겪어가며 이룩한 놀라운 업적이었다. 그는 이 연구로 왕립학회가 자연학자에게 주는 최고상인 로열 메달을 받았고, 가까운 관계에 있는 종들의 미묘한 차이를 완벽하게 이해하는 일류

* 그루버(Howard Gruber), 『다윈이 생각한 인간 *Darwin on Man*』.

생물학자라는 지위를 처음으로 굳혔다. 그러나 진화에 관한 생각을 출판하는 문제는 여전히 망설였다. 그러다가 터놓고 생각을 나누던 몇몇 가까운 사람들의 설득에 못 이겨, 1850년대 중반부터 어떠한 반론도 쓸어버릴 압도적 무게의 증거를 담은 두꺼운 대작을 내놓을 생각으로 자료를 모으고 정리하기 시작했다. 그는『찰스 다윈 자서전』에 "1854년 9월부터는 종의 변성과 관련하여 내가 적어 둔 어마어마한 양의 노트를 정리하고 관찰하고 실험하는 데 내 모든 시간을 바쳤다"고 썼다. 다윈이 죽기 전에 그런 책을 완성할 수 있었을지는 의심스럽지만, 결국 다른 자연학자가 똑같은 생각을 해내자, 다윈은 자신의 생각을 발표할 수밖에 없게 됐다.

앨프리드 러셀 월리스

이 '다른 자연학자'는 동남아시아에서 활동 중인 앨프리드 러셀 월리스였다. 1858년 당시 35세였는데, 1844년 다윈이 자신의 이론을 자세하게 적어 두었던 때와 같은 나이였다. 혜택받은 다윈의 삶과 월리스 자신이 겪은 생존투쟁은 놀라울 정도로 대조적이어서, 이 시대에 어떻게 과학이 더 이상 부유한 신사 아마추어의 전유물이 아니게 되었는지를 알 수 있는 예로서 자세히 살펴볼 가치가 있다. 월리스는 영국 몬머스셔(오늘날의 권트)의 어스크에서 1823년 1월 8일 태어났다. 평범한 가족의 아홉 아이 중 여덟째였으며, 그다지 성공하지 못한 변호사였던 아버지는 집에서 직접 아이들에게 기초 교육을 시켰다. 가족은 1828년 잠시 남부 런던의 덜리치로 이사를 갔다가 어머니의 고향인 하트퍼드에 정착했다. 앨프리드 러셀 월리스와 형 존은 그곳의 중등학교를 다녔으나 앨프리드는 14세쯤 됐을 때 생활비를 벌기 위해 학교를 그만두었다. 1905년 출간된 자서전 『나의 인생*My Life*』에서 월리스는 학교는 그에게 거의 아무런 영향도 주지 않았지만, 아버지의 수많은 장서와 아버지가 하트퍼드에서 작은 도서관을 운영할 때 거기 있던 책을 닥치는 대로 읽었다고 했다. 다윈이 저 유명한 항해에서 돌아온 뒤인 1837년에는 측량사 일을 하는 큰형 윌리엄을 찾아가 함께 일했다. 월리스는 야외 생활을 한껏 즐겼고, 운하와 도로 건설 작업으로 드러나는 갖가지 암석층에 커다란 매력을 느꼈으며, 그러는 과정에 발견되는 화석에 호기심을 느꼈다. 그렇지만 당시 측량 일은 수입도 미래도 형편없었으므로 월리스는 잠시 동안 시계공의 도제로 일했다. 그러나 그 시계공이 런던으로 이사를 갈 때 따라가고 싶지 않았기 때문에 시계공 일을 그만두었다. 그래서 다시 윌리엄과 함께 측량 일을 하게 됐는데, 이번에는 웨일스 중부에서 토지 울타리치기* 사업 일을 맡았다. 월리스는 당시 이것의 정치적 의미를 제대로 알지 못했으나 훗날 이것을 '토지 강탈'이라며 맹렬히 비난했다.** 두 형제는 또 건축에도 손을 대 구조물을 직접 설계했다. 건축가 훈련을 받은 적 없이 책에서 배울 수 있는 지식에만 의존했는데도 성공을 거둔 것으로 보인다. 그러나 그러는 동안 앨프리드 월리스는 자연세계 연구에 더 관심을 갖게 돼, 관련 서적을 읽고 야생화 표본을 과

* 토지 울타리치기(land enclosure)는 과거 영국에서 공용 토지에 울타리를 쳐 특정 개인 소유화한 것을 말한다. 16세기부터 널리 행해졌고, 19세기에 이르러서는 주로 농업에 적합하지 않은 땅만 공용으로 남았다. 이 때문에 생계를 유지할 수 없게 된 농민들이 도시 노동자가 되면서 산업 혁명의 한 원인이 됐다. (옮긴이)

** 『나의 인생*My Life*』

학적으로 채집하기 시작했다.

비교적 좋았던 이 시절은 1843년 아버지가 죽고 영국이 불황의 늪에 빠지면서 측량 일거리가 떨어지자 끝나고 말았다. 다윈이 다운하우스에 정착하여 자연선택 이론에 관한 개요를 적어도 두 가지 완성해 둔 무렵이었다. 월리스는 런던에서 건축가로 일하던 형 존과 함께 물려받은 약간의 돈으로 생활하며 몇 달 동안 지냈다. 1844년에 그 돈이 떨어지자 레스터의 어느 학교에서 어찌어찌 일자리를 얻어, 저학년 학생들에게는 읽고 쓰기와 산수의 기본을 가르치고 고학년 학생들에게는 측량을 가르쳤다. 읽고 쓰기와 산수는 누구나 가르칠 수 있으므로 필시 측량 덕분에 그 일자리를 얻을 수 있었을 것이다. 급료는 매년 30파운드였는데, 어린 찰스 다윈과 이래즈머스 다윈이 집에 화학 실험실을 차리는 데 쓴 50파운드가 어느 정도였는지 짐작이 갈 것이다. 월리스는 이제 21세로, 다윈이 케임브리지를 졸업한 때보다 한 살밖에 어리지 않았다. 그렇지만 그의 직업은 어떤 장래성도 없는 막다른 길이나 마찬가지였다. 그러나 레스터에 있는 동안 중요한 사건이 두 가지 있었다. 그의 사고에 즉각적인 영향을 주지는 않았지만 맬서스의 『인구론』을 처음으로 읽었고, 헨리 베이츠Henry Bates(1825~1892)라는 또 한 사람의 열렬한 아마추어 자연학자를 만난 것이다. 베이츠는 곤충학에 관심을 가지고 있었으므로 월리스의 관심 분야인 꽃과 서로 보완할 수 있어서 더욱 좋았다.

앨프리드 러셀 월리스는 자신의 표현에 따르면 '이류' 교사로 살아가는 인생으로부터 구원받았는데 가족의 비극이 그 계기였다. 1845년 2월 형 윌리엄이 폐렴으로 죽었다. 월리스는 윌리엄의 후사를 처리한 다음 남부 웨일스의 니스에 있는 윌리엄의 측량업체를 직접 맡아 운영하기로 했다. 이번에는 운이 좋았다. 당시 철도 건설 붐과 관련하여 일거리가 많았으므로 월리스는 이내 생전 처음으로 약간의 자본을 모을 수 있었다. 어머니와 형 존을 니스로 불러와 함께 지냈고, 존의 도움으로 다시 한번 건축과 건설 분야로 영역을 넓혔다. 자연사에 관한 관심 역시 왕성하게 추구했고 베이츠와 편지를 주고받으면서 관심이 더욱 깊어졌다. 그러나 측량과 건설 일의 경영 측면에 대해 갈수록 더 좌절과 환멸을 느꼈다. 지불을 미루는 업체에 대처하기가 어려웠고, 때때로 정말로 돈이 없어 지불하지 못하는 작은 업체를 대할 때는 우울해졌다. 월리스는 1847년 9월 파리를 들러 파리 식물원을 다녀온 뒤로 인생을 완전히 바꿀 계획을 세우고, 베이츠에게 자신이 이제까지 모은 약간의 돈으로 2인 탐사대를 꾸려 남아메리카로 떠나면 어떨까 제안했다. 일단 그곳에 도착한 뒤부터는 표본을 영국으로 보내 박물관이나 당시 항상 열대 지방의 진기한 것들을 찾고 있던 부유한 개인 수집가에게 팔아 두 사람의 자연사 연구비용을 충당할 수 있었다. 다윈이 들려준 비글호의 항해 이야기도 수집가들의 관심이 높아진 계기가 됐다. 이미 진화를 굳게 믿고 있던 월리스는 자서전에서 탐사에 오르기도 전에 "종의 기원이라는 커다란 문제는 이미 내 마음속에서 뚜렷하게 모양이 잡혀 있었다 … 나는 자연의 사실을 면밀히 완전하게 연구하면 궁극적으로 이 수수께끼의 해답으로 다가갈 수 있을 것이라고 확고히 믿었다"고 썼다.

극도로 고생스러운 상황도 종종 겪어가며 브라질 정글에서 4년 정도 탐험하고 채집하는 생활을 하고 나니 월리스는 다윈이 비글호의 항해 동안 체득한 것과 비슷하게 생물세계를 경험으로 직접 체득할 수 있었고, 탐사 동안 채집한 표본뿐 아니라 현장 연구 결과물을 출판함으로써 자연학자로서 명성을 얻는 데도 도움이 됐다. 그러나 이 탐사는 대성공과는 거리가 멀었다. 동생 허버트가 1849년 브라질까지 와서 그와 합류했다가 1851년 황열병으로 죽었고, 윌리스는 자신이 브라질에 가 있지 않았다면 동생이 절대로 그곳에 가지 않았을 거라며 동생의 죽음을 두고 늘 자책했다. 그 자신도 남아메리카 모험 때문에 죽을 고비를 넘겼다. 잉글랜드로 돌아오는 길에 그가 탄 범선 헬렌호에 화물로 실려 있던 고무에 불이 붙으면서 배가 침몰하고 그가 수집한 최고의 표본들도 함께 가라앉았다. 선원과 승객은 구명정을 타고 바다에서 열흘간 떠 있다가 구조됐고, 윌리스는 1852년 말 거의 무일푼 신세로 잉글랜드로 돌아왔다. 자신의 채집물을 150파운드짜리 보험에 들어 둔 것은 다행이었다. 아무것도 팔 수 없었지만 그동안 적어 둔 노트를 바탕으로 학술논문 여러 편과 『아마존 강과 네그루 강 여행기*A Narrative of Travels on the Amazon and Rio Negro*』라는 책을 썼고, 책은 어느 정도 성공을 거두었다. 베이츠는 남아메리카에 남았다가 3년 뒤 무사히 표본을 가지고 돌아왔다. 그러나 그 무렵 윌리스는 지구 반대편에 가 있었다.

윌리스는 브라질에서 돌아온 뒤 16개월 동안 학술 모임에 나가고 대영박물관에서 곤충을 연구하고 잠깐 짬을 내 스위스에서 휴가도 즐기고 하면서 다음 탐사 계획을 세웠다. 또 1854년 초에 있었던 어느 학술 모임에서 다윈을 만났으나, 훗날 두 사람 모두 당시 일을 자세히 기억하지 못했다. 더 중요한 것은 두 사람이 편지를 주고받기 시작했다는 사실이다. 아마존 분지에서 사는 나비 종의 변이에 관한 월리스의 논문에 다윈이 흥미를 느낀 것이 그 시작이었다. 이것을 계기로 다윈은 월리스의 고객이 되어 그가 동남아시아에서 보내는 표본을 사들였고, 때로는 동남아시아에서 잉글랜드로 보내는 화물 운송비에 대해 점잖게 불평하는 내용을 노트에 남기기도 했다. 월리스가 동남아시아로 간 것은 종 문제에 관한 관심을 추구하는 가장 좋은 길은 지구상에서 다른 자연학자들이 아직 탐험하지 않은 지역을 찾아가는 것이라고 판단했기 때문이었다. 그곳에서 잉글랜드로 보내는 표본은 과학으로도 가격으로도 더 귀중할 것이고, 거기서 들어오는 수입이라면 충분히 활동이 가능하리라 생각한 것이다. 그는 대영박물관에서 연구도 하고 다른 자연학자들과 대화도 한 끝에 말레이제도가 그 조건에 맞는다고 확신했고, 다윈이 "어마어마한 양의 노트" 정리를 시작하기 여섯 달 정도 전인 1854년 봄에 어찌어찌 돈을 모아 출발했다.* 이번에는 찰스 앨런Charles Allen이라는 16세 소년을 조수로 데리고 갔다.

서양인의 발길이 거의 닿지 않은 열대 지역을 여행하는 일은 여전히 고역이었으나 월리스의 이번 탐사는 완전한 성공이었다. 8년 동안 탐사를 다녔는데, 그 기간에 40편이 넘는 학술논문을 잉글랜드의 학술지로 보내 출판했고 채집한 표본도 무사히 가지고 돌아왔다. 그의 연구는 진화에 관한 생각 말고도 각 종들이 섬에서 섬으로 어떻게 분포하고 있는지를 보여 주었기 때문에 생물 종의 지리적 분포

* 크림 전쟁이 터지면서 출발이 늦춰졌다.

를 설명하는 데 지극히 중요했다. 이런 연구는 훗날 대륙이동설과 도 맞아떨어지게 된다. 그러나 물론 여기서 우리의 관심사는 진화다. 지구의 나이가 매우 많다는 것을 입증하고 (다윈은 이것을 '시간의 선물'이라 부른 적이 있다) 작은 변화가 어떤 방식으로 쌓여 커다란 변화를 낳는지를 보여 준 라이엘의 연구에서 영향을 받은 다윈처럼 월리스 역시 진화를 마치 거대한 나무가 성장하며 가지를 치는 것처럼 생각했다. 하나의 줄기로부터 많은 가지가 뻗어 나가고 어린 가지를 치며 지속적으로 나뉘고 갈라지는데, 모두 공통의 줄기로부터 갈라져 나온 이 어린 가지들은 오늘날 세계 속에 살아 있는 다양한 생물 종을 나타낸다. 그는 이런 생각을 1855년에 출간된 논문에 발표했다. 그때는 종의 분화 즉 굵은 가지가 서로 밀접하게 연관된 어린 가지로 갈라져 자라나는 방식이나 이유에 대한 설명은 내놓지 않았다.

다윈과 그의 친구들은 이 논문을 환영했지만, 라이엘을 비롯한 몇몇 사람들은 다윈이 어서 출판하지 않으면 월리스나 다른 사람에게 선수를 빼앗길지도 모른다며 걱정했다. 라이엘은 여전히 자연선택을 미심쩍어했지만, 친구이자 좋은 과학자로서 그는 그 이론이 출판되어 다윈이 먼저임이 기정사실로 확정되는 동시에 더 널리 토론이 일어나기를 원했다. 20년 전에 비해 분위기는 진화에 관한 공개 토론에 훨씬 더 우호적이었다. 그러나 다윈은 여전히 서둘러야 할 필요를 느끼지 못했고, 자연선택 이론을 뒷받침할 어마어마한 무게의 증거를 정리하는 일을 계속했다. 자신이 그런 책을 낼 준비를 하고 있다는 것을 월리스에게 보낸 편지에다 암시하기는 했지만 이론을 자세히 설명하지는 않았다. 월리스에게 이 일에서는 자신이 먼저라고 경고하는 뜻으로 언급한 것이었다.* 그러나 월리스에게는 이것이 월리스 자신의 생각을 더 발전시키도록 자극하고 격려하는 결과를 낳았다.

결정적 깨달음은 1858년 2월에 다가왔다. 월리스는 말루쿠제도의 트르나테에서 열병을 앓고 있었다. 하루 종일 침대에 누워 종 문제를 생각하던 그는 토머스 맬서스의 연구가 생각났다. 각 세대에서 일부 개체는 살아남고 대부분은 죽는 이유가 무엇일까 생각하다가 이것이 우연 때문이 아니라는 것을 깨달았다. 살아남아 번식하는 개체는 그 당시 퍼져 있는 환경 조건에 가장 적합한 개체들일 것이 분명했다. 질병에 대한 저항력이 가장 강한 개체는 어떤 질병에서도 살아남았다. 그리고 가장 빠른 개체는 포식자를 피해 달아났다. "그러다가 갑자기 이처럼 저절로 작동하는 과정에 의해 필연적으로 **종족이 개량될 것이라는** 생각이 번쩍 떠올랐다. 모든 세대에서 약자는 불가피하게 죽어 없어질 것이고 강자만 남을 것이기 때문이다. 다시 말해 **적자생존**이다."**

이것은 자연선택에 의한 진화 이론의 골자다. 먼저, 자식은 부모를 닮지만 각 세대 안에서 개체 사이에 약간씩 차이가 있다. 그중 환경에 가장 적합한 개체만 살아남아 번식하며, 따라서 개체가 성공하게 만드는 그 약간의 차이가 다음 세대로 선택적으로 전달되어 표준

* 이 책의 저자 존 그리빈은 최근 출간한 저서 『진화의 오리진』(진선북스, 2021)에서 이 해석은 다윈의 성격과 어울리지 않는다며 이것이 경고였다는 주장을 철회한다. (옮긴이)

** 『나의 인생*My Life*』. 깨달음의 순간을 경험한 지 오래 뒤에 쓴 것이어서 월리스는 여기서 '적자생존(survival of the fittest)'이라는 용어를 사용하고 있다. 다윈도 월리스도 애초에 이 이론을 내놓을 때는 이 용어를 사용하지 않았다.

으로 자리를 잡는다. 다윈이 갈라파고스제도의 새들에게서 또 월리스가 말레이제도에서 본 것처럼 새로운 지역에 정착하거나 조건이 달라지면 종은 새로운 조건에 맞게 변화하고 그 결과 새로운 종이 생겨난다. 다윈도 월리스도 몰랐던 것은, 그리고 20세기에 들어서고도 한참이 지날 때까지 분명하게 밝혀지지 않은 것은 상속되는 특질이 어떻게 생겨나는가, 또는 개체 사이의 변이가 어떻게 만들어지는가 하는 부분이었다(이 책의 14장 참조). 그러나 약간의 변이가 상속될 수 있다는 사실이 관찰을 통해 확인된 만큼, 자연선택은 시간이 충분하다면 단순한 조상 하나로부터 진화를 통해 초식생활에 적응한 영양, 영양이 먹는 풀, 영양을 먹도록 적응한 사자, 특정 씨앗을 먹이로 삼는 새, 그 밖에도 인류를 비롯하여 오늘날 지구상에 있는 모든 종들이 만들어질 수 있다는 것을 설명할 수 있었다.

월리스가 「변종들이 원래 유형으로부터 무한정 멀어지려는 경향에 관하여On the Tendency of Varieties to Depart Indefinitely from the Original Type」라는 논문을 쓰게 된 것은 1858년 2월 앓아누워 있을 때 경험한 저 깨달음 덕분이었다. 그는 이 논문을 다윈에게 보내면서 동봉한 편지로 의견을 물었다. 논문과 편지를 담은 소포는 1858년 6월 18일 다운하우스에 도착했다. 라이엘을 비롯한 사람들이 경고한 대로 자신의 이론이 선수를 빼앗긴 것을 보고 다윈이 받은 충격은 더 개인적인 또 다른 충격과 거의 동시에 왔다. 그로부터 겨우 열흘 뒤 젖먹이 아들 찰스 웨어링 다윈이 성홍열로 죽은 것이다. 가족이 처한 문제에도 불구하고 다윈은 즉시 월리스를 위해 품위 있게 행동하고자 했다. 월리스의 논문을 다음과 같은 말과 함께 라이엘에게 보낸 것이다.

> 제가 선수를 빼앗길 거라는 교수님 말씀이 그대로 사실이 됐습니다. … 저는 이보다 더한 우연의 일치는 보지 못했습니다. 제가 1842년 쓴 원고 스케치를 월리스가 갖고 있었다 해도 이보다 더 잘 요약할 수는 없었을 겁니다! … 저는 물론 당장 월리스에게 편지를 보내 어느 학술지로든 보내 주겠다고 하겠습니다.*

그러나 라이엘은 다윈의 또 다른 측근인 자연학자 조지프 후커Joseph Hooker(1817~1911)와 함께 그와는 다른 해결 방법을 찾아냈다. 두 사람은 이 문제를 다윈으로부터 일임받았다. 어린 찰스를 잃었다는 사실을 받아들이고 아내 에마를 달래며 장례 준비를 하느라 경황이 없던 다윈은 그 문제를 기꺼이 그들에게 맡겼다. 라이엘과 후커는 1844년 다윈이 써둔 이론 개요를 월리스의 논문과 합쳐 린네 학회에다 공동 논문으로 제출했다. 이 논문은 7월 1일 학회에서 낭독됐으나 당시에는 어떤 커다란 반응도 일어나지 않았고,** 「종이 변종을 형성하는 경향에 관하여, 그리고 변종과 종이 자연선택에 의해 보존되는 데 관하여On the tendency of species to form varieties; and on the perpetuation of varieties and species by natural means of selection」라는 인상적 제목으로 출간됐다. 저자는 "찰스 다윈 선생, FRS, FLS, & FGS와 앨프리드 월리스 선생"이고, "찰스 라이엘 경, FRS, FLS와 J. D. 후커 선생, MD, VPRS,

* 다윈(Francis Darwin)이 엮어 출간한『자서전*Autobiography*』참조.

** 다윈은 자서전에서 이렇게 썼다. "우리의 공동 논문은 거의 아무런 관심도 불러일으키지 못했다. 내가 기억하기로 유일하게 그것을 주목한 글은 더블린의 호턴 교수가 내놓은 것뿐인데, 그가 내린 판결은 그 안의 새로운 내용은 모두 틀렸고 맞는 내용은 옛것이라는 것이었다." (옮긴이 : 이 이야기의 주인공은 새뮤얼 호턴Samuel Haughton(1821~1897)이다.)

FLS 등"이 발표한 것으로 표시됐다.* 여기 붙인 "등"이 참으로 멋지다!

다윈, 『종의 기원』 출간

자신의 논문을 물어보지도 않고 이처럼 호탕하게 취급했기 때문에 월리스가 적잖이 화가 났겠다는 생각이 들겠지만 실제로는 기뻐했고, 그 뒤로도 자연선택 이론을 말할 때는 언제나 다윈주의라 불렀으며 나아가 그 제목으로 책까지 썼다. 오랜 세월이 지난 뒤 그는 이렇게 썼다. "나의 1858년 논문이 가져온 대단한 결과라고 주장하는 유일한 것은 그 때문에 다윈이 『종의 기원』을 써서 출판하는 일을 더 이상 미룰 수 없게 됐다는 것이다."** 그의 말대로 다윈은 서둘러 책을 냈다. 완전한 제목이 『자연선택에 의한 종의 기원 또는 생존투쟁에서 유리한 종족의 보존에 관하여 *On the Origin of Species by Means of Natural Selection, or the Preservation of Favoured Races in the Struggle for Life*』인 『종의 기원』은 1859년 11월 24일 존 머리를 통해 출간됐고, 과학계에도 그 나머지 세계 전반에도 확실히 큰 영향을 주었다. 다윈은 그 밖에도 중요한 책을 계속 썼고, 더 많은 부를 쌓았으며, 다운하우스에서 가족들에게 둘러싸인 채 행복한 만년을 누리다가 1882년 4월 19일에 세상을 떠났다. 그렇지만 대체로 진화와 자연선택에 관한 공개 토론에는 끼지 않았다. 월리스 역시 책을 더 썼고 한동안 소소하게나마 성공을 거두었으나, 나중에 열렬한 심령주의자가 되면서 과학자로서 명성이 나빠졌다. 그는 심

* 이름 뒤의 각종 약자는 소속 학회와 지위, 학위를 나타낸다. FRS, FLS, FGS는 각각 왕립학회, 린네 학회, 지질학회의 석학회원을, VPRS는 왕립학회 부회장, MD는 의학박사 학위를 말한다. (옮긴이)

** 조지(Wilma George)를 재인용.

령주의 관점 때문에 인간에 관한 생각에도 영향을 받아, 다른 종들과 똑같은 진화 법칙이 적용되지 않고 하느님의 특별한 손길이 닿는다고 보았다. 1866년 43세 때 18세밖에 되지 않은 애니 미튼과 결혼했고 둘은 딸과 아들을 하나씩 낳았다. 그러나 이들에게는 경제적 어려움이 끊이지 않았고, 1880년 다윈과 토머스 헨리 헉슬리*의 주도로 유명 과학자 여러 명이 서명하여 정부에 제출한 탄원서를 빅토리아 여왕이 받아들여 월리스에게 평생 매년 200파운드씩 연금을 지급한 덕분에 경제적 어려움에서 겨우 벗어나게 된다. 1893년 왕립학회 석학회원으로 선출됐고, 1910년에는 공로훈장을 받았으며, 1913년 11월 7일 도싯주의 브로드스톤에서 세상을 떠났다. 찰스 다윈은 여기서 다룬 이야기에서 1800년 이후 태어난 과학자 중 처음으로 살펴본 사람이다. 앨프리드 월리스는 1900년 이후 죽은 과학자 중 처음으로 살펴본 사람이다. 이들의 업적은 19세기 과학에서 있었던 갖가지 업적 중에서도 최고의 위치에 군림하고 있다.

* 토머스 헨리 헉슬리Thomas Henry Huxley(1825~1895)는 사실 이것보다 훨씬 많은 지면을 차지할 자격이 있는데, 중요하기는 하나 선구적이지는 않았던 과학 연구라든가 '다윈의 불도그'라는 별명까지 얻을 정도로 자연선택 이론 전파에서 한 역할 때문만이 아니다. 과학사에서 그가 정말로 중요한 것은 출신이 보잘것없어도 오로지 능력과 노력만으로 어려움을 극복하고 과학계의 일류 인물이 되었고, 노동자 계층에게 더 나은 교육을 제공하기 위해 싸웠으며, 런던, 버밍엄, 맨체스터뿐 아니라 미국 볼티모어의 존스홉킨스 대학교 등 신사 계층이 아니라도 들어갈 수 있는 새로운 배움의 터전이 문을 여는 데 기여했다는 사실 때문이다. 그는 과학을 부자가 탐닉하는 취미가 아니라 사람들이 돈을 받고 하는 직업으로 확립하는 데 도움을 주었다. 삶의 조그마한 역설 하나는 1858년 사실상 그가 노동자 계층인 월리스가 아니라 뛰어난 과학자라는 점 말고는 모든 면에서 헉슬리가 싫어하는 조건의 화신이랄 수 있는 신사 아마추어 다윈의 편에 섰다는 사실이다. 우리가 이 책에서 헉슬리를 이렇게 각주로 내려 보내면서 유일하게 위안거리로 생각하는 것은 데즈먼드(Adrian Desmond)가 내놓은 훌륭한 전기를 통해 그에 관한 것을 전부 알 수 있다는 사실이다.

10
원자와 분자

19세기 과학에 관한 어떤 이야기도 찰스 다윈이라는 인물을 중심적으로 다루고 있기는 하지만 그는 어딘가 특이한 경우다. 신사들의 취미이던 과학이 종사자의 수가 많은 직업으로 바뀐 것은 다윈의 일생과 거의 정확하게 일치하는 19세기 동안이었다. 그 전에는 개인 한 사람의 관심과 능력이 과학에 깊디깊은 영향을 줄 수 있었으나, 그 이후로는 어느 정도 서로 대치 가능한 수많은 개인의 연구 덕분에 과학이 발전한다. 앞서 살펴본 자연선택 이론의 경우조차 다윈이 그 생각을 해내지 않았다면 월리스가 해냈을 것이고, 이제부터는 서로 알지 못한 채 독자적으로 연구하는 사람들이 어느 정도 동시에 발견해 내는 예를 점점 더 많이 보게 될 것이다. 애석하게도 이 동전에는 뒷면이 있었으니, 과학자의 수가 늘어나면서 그와 아울러 타성이 늘어나고 그 결과 변화에 대한 저항도 늘어난 것이다. 이것은 어떤 뛰어난 개인이 실제로 세계가 작동하는 방식을 들여다볼 수 있는 심오한 깨달음을 얻었을 때, 그 진가가 즉각 받아들여지는 게 아니라 과학의 집단적 통념으로 자리를 잡기까지 한 세대가 걸릴 수도 있다는 뜻이다.

이런 타성이 작용한 예는 존 돌턴John Dalton(1766~1844)이 원자에 관한 생각을 내놓았을 때 사람들이 보인 반응(즉 무반응)에서 볼 수 있다. 그러면서 돌턴의 생애를 통해 과학이 어떻게 성장했는지도 볼 수 있다. 1766년 돌턴이 태어났을 때 전 세계를 통틀어 오늘날 과학자라 부르는 부류에 들어가는 사람은 300명이 넘지 않았을 것이다. 돌턴이 오늘날 이름을 남긴 그 연구를 시작하려 한 1800년 무렵에는 1천 명 정도였다. 그가 죽은 1844년 무렵에는 1만 명 정도였고, 1900년 무렵에는 10만 명 정도였다. 19세기 동안 과학자의 수는 어림잡아 15년마다 두 배로 늘어났다. 그러나 1750년부터 1850년 사이에 유럽 전체 인구가 약 1억 명에서 약 2억 명으로 두 배로 불었고, 영국만 보아도 1800년에서 1850년 사이에 약 9백만 명이던 인구가 두 배로 늘어나 약 1천8백만 명이 됐다는 점을 기억해야 한다. 과학자 수는 인구에 비례하여 늘어난 것이지, 숫자만 보았을 때 첫눈에 느끼는 것처럼 극적으로 늘어난 것은 아니다.*

험프리 데이비의 기체 연구와 전기화학 연구

과학이 아마추어의 영역에서 전문가의 영역으로 넘어간 것은 실제로 돌턴보다 나중에 태어났지만 더 일찍 더 젊은 나이로 죽은 험프리 데이비Humphry Davy(1778~1829)의 활동을 보면 잘 이해할 수 있다. 데이비는 1778년 12월 17일 콘월의 펜잰스에서 태어났다. 당시까지만 해도 콘월은 잉글랜드와는 거의 별개의 나라였고 콘월어도 완전히

* 통계는 그리너웨이(Frank Greenaway)를 인용했다.

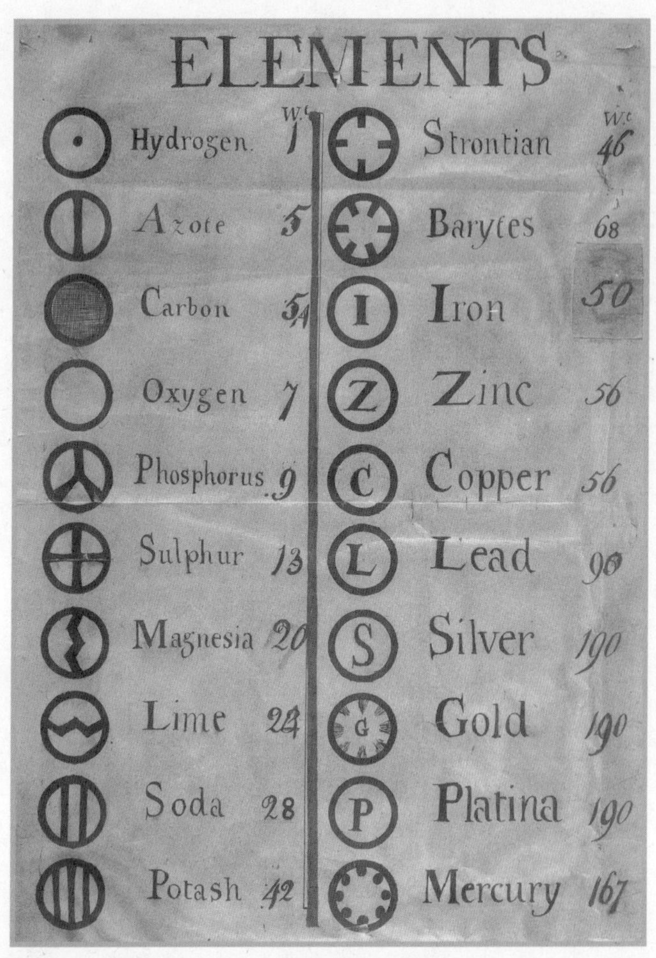

30. 돌턴의 화학원소 기호.

사멸하지 않은 상태였다. 그러나 어릴 때부터 데이비는 태어난 지역의 한계를 넘는 야심을 품고 있었다. 데이비의 아버지 로버트는 작은 농장을 소유하고 있으면서 목각 일도 병행했지만 경제적으로는 결국 성공하지 못했다. 어머니 그레이스는 나중에 혁명을 피해 도망 온 어느 프랑스인 여성과 함께 여성용 모자점을 운영했다. 어머니까지 돈을 벌었는데도 가족은 형편이 너무나 어려워 다섯 아이 중 맏이인 험프리는 아홉 살 나이로 어머니의 양아버지인 외과의사 존 톤킨의 집에 가서 살았다. 1794년 험프리의 아버지가 빚만 남기고 죽자, 트루로 중등학교를 다녔으나 두드러진 지적 능력이 보이지 않은 데이비에게 최종적으로 에든버러로 가서 의학을 공부한다는 목표를 가지고 지역 약제사의 도제로 들어가라고 조언한 사람은 톤킨이었다. 이 무렵 데이비는 프랑스에서 망명 온 어느 사제로부터 프랑스어도 배웠는데 이것이 이내 그에게 더없이 귀중한 능력이 된다.

데이비는 도제로서 장래가 유망했던 것으로 보이며, 벤저민 톰프슨이 비슷한 나이에 한 것처럼 독학 공부를 시작했다. 그는 약제사나 심지어 의사로도 충분히 성공했을지도 모른다. 그러나 1797/8년 겨울이 젊은 데이비의 일생에서 전환점이 됐다. 1797년 말 19번째 생일 직전 그는 라부아지에의 『화학원론』을 프랑스 원어판으로 읽고 화학에 매료됐다. 남편을 여읜 뒤로 가게를 꾸려 나가기 위해 여전히 애쓰고 있던 데이비의 어머니는 그 몇 주 전 겨울 동안 지낼 하숙생을 한 명 들였다. 폐병(결핵)을 앓는 젊은이로서, 건강을 위해 비교적 기후가 온화한 콘월에서 겨울을 지내려고 그곳에 온 것이었다. 우연하게도 그는 제임스 와트의 아들로서 글래스고 대학교에서 화학을 공부한 그레고리 와트Gregory Watt(1777~1804)였다. 그레고리 와트와 험프리 데이비는 친구가 됐고 둘의 우정은 1804년 와트가 27세의 나이로 죽을 때까지 지속됐다. 그해 겨울 와트가 펜잰스에서 지낸 덕분에 데이비는 커져가는 화학에 대한 관심을 나눌 상대를 얻었다. 1798년에는 직접 실험을 해 가면서 열과 빛에 관한 생각을 장문의 원고로 풀어냈다. 당시까지만 해도 여전히 주로 화학의 영역에 속하던 주제였다. 데이비가 열소 이론을 버렸다는 점은 주목할 만하지만, 그의 생각 중에는 오늘날의 기준에 부합되지 않는 순진한 것이 많았다. 그렇다고 해도 이것은 독학으로 공부한 19세 시골 청년으로서는 대단한 일이었다. 험프리 데이비가 처음에 브리스틀의 의사 토머스 베도스Thomas Beddoes(1760~1808)에게 편지로 소개되고 열과 빛에 관한 논문을 보낸 것은 그레고리 와트와 그 아버지 제임스 와트를 통해서였다.

베도스는 에든버러에서 조지프 블랙 밑에서 공부한 다음 런던으로 가서 공부했고, 이어 옥스퍼드로 가서 의학 공부를 마치고 그곳에서 1789년부터 1792년까지 화학을 가르쳤다. 그 뒤로 여러 가지 기체가 발견되자 호기심을 느끼고 이런 기체를 의료에 활용할 방법을 조사하기 위해 의원을 차리기로 했다. 현대인의 관점에서는 비교적 위험해 보이지만 그는 수소를 들이마시면 폐병을 치료할 수 있을지도 모른다고 생각했고, 브리스틀로 가서 의사 일을 하는 한편 기금을 모아 1798년 공기연구소를 설립했다. 베도스는 화학 연구를 도와줄 조수가 필요했고, 그 일자리는 청년 데이비가 차지했다. 데이비는 1798년 10월 2일 펜잰스를 떠났다. 20번째 생일이 되려면 아직 두 달이 남은 때였다.

데이비가 오늘날 아산화질소라고 알려져 있는 기체를 가지고 실험한 곳은 브리스틀이었으며, 이 기체 덕분에 그는 더 널리 알려지게 됐다. 인체에 어떤 방식으로 영향을 주는지 알아낼 길이 달리 없었으므로, 아산화질소 '4쿼트'*를 실크주머니에 넣어 놓고 자신의 허파를 최대한 비운 다음 직접 들이마셨다. 그는 이 기체가 취하게 만드는 속성이 있다는 것을 즉시 알아차렸고, 쾌락을 추구하는 사람들 사이에서 선풍적 인기를 끌면서 이내 이 기체에 '웃음가스'라는 이름이 붙었다. 얼마 뒤 사랑니 때문에 적잖이 불편을 겪을 때 데이비는 또 우연히 이 기체가 통증을 완화시킨다는 것을 발견했고, 나아가 1799년에는 "수술 동안 사용하면 필시 이점이 있을 것"이라고 썼다. 애석하게도 당시 이 의견을 더 깊이 살펴본 사람이 없었고, 그래서 미국인 치과의사 호러스 웰스Horace Wells가 1844년 이를 뽑을 때 '웃음가스'를 사용한 선구자가 됐다.

데이비는 여러 가지 기체를 스스로 들이마시는 방법으로 실험을 계속했고, 그러다 한 번은 거의 죽을 뻔했다. 뜨거운 숯 위로 증기를 통과시켜 만드는 물 가스라는 것을 가지고 실험하고 있었는데, 이것은 사실 일산화탄소와 수소가 섞인 혼합물이다. 일산화탄소는 맹독성이어서, 고통은 없으나 빠르게 깊은 잠에 빠져들어 죽음에 이르게 한다. 자동차 배기가스를 들이마시는 방법으로 자살하는 사람이 많

* 용어 자체에서 짐작할 수 있듯 1쿼트는 1갤런의 4분의 1에 해당한다. 영국 갤런 기준으로 1.1리터가 약간 넘는 양이다. (옮긴이)

은 것도 이 때문이다. 데이비는 쓰러지기 직전 입에 물고 들이마시고 있던 기체주머니의 주둥이를 겨우 떨어뜨릴 수 있었고, 깨어났을 때 머리가 쪼개지는 것 같은 두통 말고는 아무런 해도 입지 않았다. 그러나 그를 유명하게 만든 것은 아산화질소였다.

데이비는 약 열 달 동안 아산화질소의 화학적, 생리학적 속성에 관해 집중적으로 연구한 뒤 자신이 발견한 내용을 글로 옮겼다. 8만 낱말이 넘는 분량의 책을 완성하는 데는 석 달이 걸리지 않았고, 완성된 책은 1800년에 출간됐다. 책이 나온 시기는 그의 장래를 위해 더 이상 잘 들어맞을 수 없었다. 그는 1800년 아산화질소 연구를 마무리하고 있을 때 볼타가 전지를 발명(또는 발견)했다는 소식을 듣고 전기에 관심을 갖기 시작했다. 전류의 작용으로 물이 수소와 산소로 분해되는 고전적 실험부터 시작한 데이비는 이내 화학과 전기 사이에는 깊은 관계가 있다고 확신했다. 이런 연구를 시작하고 있을 때 이제 럼퍼드 백작이 된 벤저민 톰프슨은 런던에서 왕립연구소가 확고히 자리를 잡게 하기 위해 애쓰고 있었다. 왕립연구소는 이미 1799년 3월 설립됐지만, 그곳의 초대 화학교수로 토머스 가넷을 임용한 일은 성공적이지 않은 것으로 결론이 나고 있었다. 그의 첫 연속 강연은 잘 마무리됐지만 두 번째 연속 강연은 준비도 부족하고 강의할 때도 무성의했다. 여기에는 그럴 만한 이유가 있었다. 가넷이 그 즈음 부인과 사별했기 때문이었다. 그 뒤로 매사에 열의를 잃은 것으로 보였고, 얼마 후 그 자신마저 1802년 36세라는 나이로 죽고 말았다. 럼퍼드로서는 가넷이 실패한 원인이 무엇이든 왕립연구소가 순조로웠던 출발을 발판으로 발전해 나가려면 재빨리 움직여야 했다. 그래서 영국 화학계에서 가장 밝게 빛나는 샛별인 데이비를 왕립연구소의 화학 보조강사 겸 실험실장으로 초빙하여 합류하게 했다. 우선 매년 100기니의 연봉과 왕립연구소 안에 숙소를 제공하고, 가넷의 후임으로 최고위직에도 오를 가능성을 열어 두었다. 데이비는 이 제안을 받아들여 1801년 2월 16일 그 자리를 맡았다. 그는 강사로 대성공을 거두었다. 철저한 준비에다 사전연습까지 거친 강연은 극적이고 흥미진진했고, 잘생긴 외모에 카리스마까지 있어 상류층 아가씨들이 내용과 상관없이 구름처럼 모여들었다. 럼퍼드의 압력 때문에 가넷은 이내 사임했고, 데이비는 1802년 5월 럼퍼드가 런던을 떠나 파리에 자리를 잡기 직전 왕립연구소의 제1인자인 화학교수로 임명됐다. 데이비는 아직 23세에 지나지 않았고 트루로 중등학교를 끝으로 공식 교육을 받은 적이 없었다. 엄밀히 말해 신사 계급은 아니었지만 이런 의미에서 그는 뛰어난 아마추어 과학자의 마지막에 속한다. 그러나 왕립연구소에서 급료를 받는 피고용인으로서 최초의 전문 과학자에 속하기도 한다.

데이비는 대개 '순수' 과학자로 기억되기는 하지만 그가 그 시대에 남긴 가장 커다란 업적은 과학을 장려한 것이다. 왕립연구소 안에서도 전반적으로 그랬고, 산업 및 특히 농업에 적용한 것에서도 그랬다. 예를 들면 그는 농무부와 협의하여 화학이 농업에 얼마나 직접 연관성이 있는지에 관해 유명한 연속 강연을 했다. 중요한 주제인 데다 데이비의 강연 솜씨가 뛰어난 덕분에 그 뒤 1810년 500기니의 강연료를 받고 같은 내용과 전기화학에 관한 연속 강연을 더블린에서도 해 달라는 부탁을 받았다. 한 해 뒤에는 750기니의 강연료를 받고 또 다른 연속 강연을 맡았다. 1801년 왕립연구소에서 받은 첫 연봉의 일곱 배가 넘는 액수다. 그는 또 더블린 대학교 트리니티 칼리지로부터 명예 법학박사 학위를 받았다. 그가 받은 학위는 이것이 유일했다.

데이비는 1803년 왕립학회 석학회원에 선출됐는데, 존 돌턴이 그 해 12월 왕립연구소에서 연속 강연을 맡았을 때 적어 둔 내용을 보면 데이비가 강연을 준비한 방법을 엿볼 수 있다.* 돌턴은 첫 강연 전체를 원고로 작성한 사연과, 강연 전날 저녁 데이비가 그를 강의실로 데리고 가 강연 원고를 처음부터 끝까지 읽게 한 사연을 들려준다. 그가 강연을 읽는 동안 데이비는 가장 먼 구석에 앉아 들었다. 그러고 나서 데이비가 그 강의 원고를 읽고 그것을 돌턴이 들었다. "다음날 나는 150명 내지 200명 정도 되는 청중 앞에서 강연을 읽었다. … 강연을 마칠 때 청중은 나에게 매우 후하게 박수갈채를 보냈다." 그러나 앞으로 살펴보겠지만 데이비는 그 시대 수많은 사람들과 마찬가지로 돌턴의 원자 모델이 지니고 있는 완전한 의미를 받아들이는 데 주저했다.

데이비는 전기화학을 연구하던 중 1806년 왕립학회의 베이커 강연**에서 이 새로운 과학 분야에 관해 탁월한 분석과 전망을 내놓았다. 실로 너무나 탁월하고 인상적인 나머지 이듬해에 영국과 프랑스가 여전히 전쟁 중인데도 불구하고 프랑스 과학원이 그에게 메달

* 하틀리(Harold Hartley) 참조.
** 영국인 자연학자 헨리 베이커Henry Baker(1698~1774)가 내놓은 기금으로 왕립학회에서 매년 과학에 크게 기여한 사람 한 명을 선정하여 메달을 주는데, 이 상을 받는 사람이 하는 강연을 말한다. (옮긴이)

과 상을 주었다. 데이비는 그 직후 잿물(potash)과 소다(soda)에 전류를 통과시키는 방법으로 그때까지 알려져 있지 않은 금속 두 가지를 분리해 내고 거기에 칼륨(포타슘)과 나트륨(소듐)이라는 이름을 붙였다.* 1810년에는 염소를 분리하고 이름을 붙였다. 원소는 어떠한 화학적 과정으로도 분해할 수 없는 물질이라고 정확하게 정의한 그는 염소가 원소라는 것을 증명하고 모든 산의 핵심 구성 요소는 산소가 아니라 수소라는 것을 입증했다. 이것이 과학자로서 데이비가 도달한 정점이었으며, 여러 면에서 끝까지 자신의 잠재력을 완전히 끌어내지 못했다. 공식 교육을 받지 못해 때로는 제대로 된 정량분석 없이 무턱대고 실험하기도 했고, 돈과 명성에 우쭐해져 자신이 내놓는 과학 연구보다 지위에서 오는 사회적 기회를 즐기기 시작한 까닭도 있었다. 그는 1812년 부유한 과부와 결혼하기 사흘 전 기사 작위를 받았다. 훗날 그의 뒤를 잇게 될 마이클 패러데이를 왕립연구소의 조수로 임명하기 몇 달 전이었다. 같은 해에 왕립연구소의 화학교수 자리에서 물러나고 후임으로 윌리엄 브랜드William Brande(1788~1866)가 그 자리에 앉았다. 그러나 데이비는 실험실장으로서 맡은 역할은 계속 수행했다. 뒤이어 신부와 함께 장기간 유럽여행에 올랐는데 패러데이도 이 여행에 동행했다. 전쟁이 1815년까지 계속됐는데도 불구하고 이들이 이렇게 여행할 수 있었던 것은 이

* 잿물은 풀이나 나무가 타고 남은 태운 재에 포함된 탄산칼륨(탄산포타슘) 성분을 물에 녹여 낸 것이다. 서양에서는 이것을 걸러 솥에서 졸이거나 증발시켜 고체(가루)로 만들었으므로 '잿물'이라기보다는 '잿물가루'가 더 정확할 것이다. 우리나라에서는 잿물을 졸이지 않고 액체 그대로 (주로 세제로) 사용했다. 근대기에는 서양으로부터 수산화나트륨(수산화소듐)을 들여와 잿물 대신 세제로 사용했으므로 이것을 '양잿물'이라 불렀다. (옮긴이)

유명한 과학자에게 프랑스가 제공한 특별여권 덕분이었다. 데이비가 저 유명한 광부용 안전등을 설계한 것은 이들이 잉글랜드로 돌아온 뒤였다. 다만 이 설계를 위해 한 연구가 너무나 꼼꼼하고 정성스러웠기 때문에 — 따라서 데이비가 늘 하던 방식과는 달랐기 때문에 — 패러데이가 많이 관여한 것이 분명하다고 생각하는 역사학자도 있다. 데이비는 1818년 준남작이 됐고, 1820년에는 왕립학회 회장에 선출됐다. 그는 그 직위에 딸린 온갖 의전을 너무나 좋아한 나머지, 1824년 패러데이를 왕립학회 회원으로 선출할 때 석학회원으로서 유일하게 반대할 정도로 속물이 되어 있었다. 그러나 1825년부터는 만성병을 앓기 시작했고, 왕립연구소 실험실장 자리에서 물러나면서 영국 과학계의 일에 더 이상 관여하지 않았다. 1827년부터는 건강에 더 이로운 기후를 찾아 프랑스와 이탈리아를 여행했고, 1829년 5월 29일 51세의 나이로 제네바에서 숨을 거두었다. 사인은 심장마비였을 것이다.

험프리 데이비가 과학이 천천히 전문화되는 과정의 덕을 보았다면, 존 돌턴의 과학자 경력을 보면 19세기 초에 이 과정이 아직 갈 길이 얼마나 더 남아 있었는지를 알 수 있다. 돌턴은 컴벌랜드의 이글스필드 마을에서 태어났다. 태어난 날은 9월 첫째 주였을 것이고, 1766년인 것은 확실하다. 가족은 퀘이커 교도였으나 무슨 이유에선지 그의 정확한 출생일은 퀘이커 교적에 기록되지 않았다. 형제자매 중 셋은 어린 나이로 죽었고 조너선과 메리는 살아남았다. 조너선은 맏이였지만 메리가 존의 누나인지 동생인지는 기록이 남아 있지 않다. 아버지는 직조공이었고, 가족은 방 두 개짜리 시골집에서 살았다. 하나는 작업과 일과에 쓰였고 나머지 하나는 침실이었다. 돌턴은 퀘이커 학교에 다녔는데 그곳에서는 억지로 라틴어를 주입시키지 않고 오히려 그가 수학에 관한 관심을 키워 나가도록 허용해 주었다. 그러다가 이웃에 사는 부유한 퀘이커 신자 엘리후 로빈슨의 눈에 띄어 그의 책과 정기간행물을 볼 수 있게 됐다. 12세 때부터는 가계에 보탬을 주어야 했으므로 얼마간의 돈을 받고 자기보다 더 어린 아이들을 가르치기도 했다. 그중에는 자기보다 덩치가 더 큰 아이들도 있었다. 처음에는 집에서 나중에는 퀘이커 친우회당에서 가르쳤으나, 이것이 성공을 거두지 못하자 농장 일로 눈을 돌렸다. 그렇지만 1781년에 켄들에서 형 조너선과 합류하면서 농사로 평생을 보낼 운명에서 벗어날 수 있었다. 켄들은 번창하는 소도시로서 퀘이커 인구가 많았고, 조너선은 그곳에서 사촌 조지 뷸리를 도와 퀘이커 교도를 위한 학교를 운영하고 있었다. 1785년 사촌이 은퇴하자 두 형제가 학교 운영을 이어받았다. 두 사람의 살림은 누이 메리가 맡아 주었다. 존 돌턴은 1793년까지 거기서 지냈다. 그는 과학에 관한 관심이 점점 커져 당시 인기 있던 여러 과학 잡지에 문제를 내고 풀이를 기고했다. 또 장기간의 기상 관측을 시작하여, 1787년 3월 24일부터 죽을 때까지 매일 기록했다.

기회도 한정돼 있고 경제적 보상도 형편없는 막다른 길 같은 직업에 좌절을 느낀 돌턴은 법률가나 의사가 되겠다는 야심을 품고 에든버러에서 의학을 공부하려면 돈이 얼마나 들지 계산해 보았다. 물론 퀘이커 교인이므로 비용이 어떻든 당시로서는 옥스퍼드나 케임브리지를 다닐 수 없었다. 지적으로는 의학을 공부할 능력이 확실히 충분했다. 그러나 친구들은 그런 야심을 이룰 만한 자금을 마련할 가망이 없다고 충고했다. 돌턴은 돈을 조금이라도 더 벌어들일 겸 자신의 과학 취미도 만족시킬 겸 약간의 수강료를 받고 공개 강연을 하기 시작했고, 강연 지역을 점점 넓혀 맨체스터까지 발을 뻗었다. 이 일을 하면서 좋은 평판을 쌓은 것도 어느 정도 도움이 되어, 1793년에는 1786년 맨체스터에서 뉴 칼리지라는 밋밋한 이름으로 설립된 신생 대학에서 수학과 자연철학을 가르치는 강사가 됐다. 그가 켄들에 있을 때 쓴 기상 관측에 관한 책이 맨체스터로 이사한 직후 출간됐는데 이 책의 부록에서 수증기의 본질과 공기와의 관계를 논했다. 그는 수증기를 공기 입자 사이에 존재하는 입자로 묘사하면서, 한 수증기 입자 주위에 있는 공기 입자들이 가하는 "동등한 크기의 반대 압력"으로는 그 수증기 입자를 "다른 수증기 입자 가까이로 다가가게 할 수 없으며, 가까이 다가가지 않는다면 응결이 일어날 수 없다"고 설명했다. 오늘날 돌이켜 보면 이것은 그가 나중에 내놓은 원자론*의 전조로 볼 수 있다.

맨체스터는 돌턴이 거기서 산 50년 동안 시골 가내에서 이루어지던 면화산업이 도시의 공장으로 옮겨 들어오면서 급속도로 커진 도시였다. 그는 면화산업에 직접 관여하지는 않았지만 이 변화의 일원이었다. 뉴 칼리지 같은 교육시설이 존재하는 이유 자체가 새로운 생활 방식에 필요한 기술을 계발하려는 인구가 늘어나는 데 부응한 것이기 때문이었다. 돌턴은 그곳에서 1799년까지 가르쳤다. 그

* 당시에는 사실 모델 단계였지만, 역사적 이유에서 이것을 이론이라 부르는 관례를 따르기로 한다.

무렵 유명해져 있었으므로 개인교수로서 수입이 상당했고, 죽을 때까지 맨체스터에서 살았다. 돌턴이 맨체스터에 거의 도착하자마자 유명해진 이유 중 하나는 그가 색맹이라는 것이었다. 이전에는 색맹 현상이 알려져 있지 않았다. 그러나 돌턴은 다른 대부분의 사람들과는 달리 자신은 그들과 같은 방식으로 색을 구분하지 못한다는 것을 깨달았고, 자기 형도 같은 증세를 가지고 있다는 것을 알게 됐다. 두 사람 모두 특히 파란색과 분홍색을 구분하지 못했다. 돌턴은 1794년 10월 31일 맨체스터 문학철학회에서 낭독한 논문에서 이 현상에 관한 자신의 세밀한 분석을 발표했고, 이것은 이내 돌턴증이라는 이름으로 알려지게 됐다. 지금도 이 이름을 쓰는 나라들이 있다.

그 뒤 10년 남짓한 기간에 돌턴은 기상학에 관한 강한 관심 덕분에 방금 인용한 수증기에 관한 생각을 바탕으로 기체 혼합물의 본질을 깊이 생각하게 됐다. 그는 끊임없이 움직이며 서로 충돌하기도 하고 용기 벽에도 충돌하는 어마어마한 수의 입자로 이루어진 기체에 관한 생각은 하지 못했다. 그가 생각한 기체는 정지 상태에 있었고, 스프링을 사이에 두고 서로 떨어져 있는 입자들로 이루어져 있는 것처럼 생각했다. 그러나 이런 불리한 조건에서도 다양한 온도 및 압력 조건에서 여러 가지 기체가 차지하는 부피 사이의 관계, 기체가 물에 녹는 방식, 기체 내 입자 하나하나의 무게가 그 기체 전체의 속성에 미치는 영향 등을 생각했다. 1801년 무렵에는 부분압력 법칙을 생각해 냈다. 이것은 한 용기 안에 들어 있는 기체 혼합물 전체의 압력은 같은 조건 즉 같은 용기 안에서 같은 온도일 때 각 기체가 단독으로 가하는 압력을 모두 합친 것과 같다는 것이다.

존 돌턴의 원자 모델: 원자량에 관한 최초의 논의

돌턴이 남긴 노트가 불완전하기 때문에 그의 생각이 정확히 어떻게 흘러갔는지를 재구성하기는 불가능하지만, 1800년대 초에 각 원소는 그 원소 특유의 원자로 이루어져 있으며, 한 원소가 다른 원소와 구별되는 핵심 요소는 그 원자의 무게이고, 한 원소에 속하는 원자들은 모두 무게가 같으며 서로 구별할 수 없다고 확신하게 됐다. 원소 안의 원자 자체는 만들어 낼 수도 파괴할 수도 없었다. 그렇지만 이들 원소원자는 일정한 법칙에 따라 서로 결합하여 '복합 원자'를 이룰 수 있었다. 이것은 오늘날의 분자에 해당된다. 나아가 돌턴은 여러 원소를 나타내는 기호 체계까지 생각해 냈다. 그렇지만 이 생각은 널리 받아들여지지 않았고, 오늘날 익숙하게 보는 것과 같이 원소 이름을 바탕으로 하는 알파벳 표기법으로 이내 대치됐다. 돌턴 모델에서 가장 큰 결함은 아마도 예컨대 수소 같은 원소가 개개의 원자(H)가 아니라 오늘날 말하는 분자(H_2)로 이루어져 있다는 사실을 그가 알아차리지 못했다는 데 있을 것이다. 그가 일부 분자 조합을 잘못 생각한 데는 이런 이유도 있었다. 그래서 오늘날의 표기법으로 말하면 물을 H_2O가 아니라 HO로 생각하는 식이었다.

돌턴 모델은 여러 논문이나 강연에서 부분적으로 묘사되기는 했지만, 처음으로 그 전체가 완전히 발표된 것은 1803년 12월과 1804년 1월 왕립연구소에서 한 강연에서였다. 앞서 설명한 대로 이때 데이비가 돌턴의 발표 방법을 다듬어 주었다. 토머스 톰슨Thomas Thomson은 1807년에 출간한 저서『화학 체계*System of Chemistry*』제3판에서 이 모델을 설명했으나 특별한 장점이 있는 모델이라고 추려 뽑은 것은 아니었다. 돌턴은 1808년 내놓은 저서 『화학철학의 새로운 체계*A New System of Chemical Philosophy*』에서 이 모델을 설명하면서 각 원자들의 원자량 추정치 목록도 함께 실었다. (최초의 원자량표는 일찍이 1803년에 돌턴이 어느 논문 끝부분에 함께 수록했다.)

그렇지만 돌턴 모델은 현대적이고도 강력해 보이는데도 불구하고 19세기의 첫 10년이 끝나갈 무렵의 과학계를 단숨에 휘어잡지 못했다. 원자 사이의 공간이 아무것도 없이 비어 있다고 암시하는 원자 관념을 받아들이기가 어렵다고 생각한 사람이 많았고 그중에는 철학적인 이유에서 받아들이지 못하는 사람도 있었다. 심지어 원자 관념을 활용하는 사람 중에도 이것을 해석 도구 정도로만 생각한 사람이 많았다. 원소들이 작디작은 입자로 이루어져 있다면 어떻게 될지를 알아내기 위한 도구일 뿐, 원소들이 **정말로** 작디작은 입자로 이루어져 있을 수도 있다는 사실은 고려하지 않았다. 돌턴의 원자가 정말로 화학의 한 가지 모습으로 자리 잡기까지는 거의 반세기가 걸렸고, 돌턴이 이 깨달음을 내놓은 지 거의 정확하게 100년이 지나 20세기 초에 들어와서야 원자가 존재한다는 확실한 증거가 확인됐다. 돌턴 자신은 원자 이론의 발전에 더 이상 아무것도 기여하지 않았지만, 1822년에 왕립학회 석학회원이 되고 1830년에는 데이비의 뒤를 이어 프랑스 과학원의 8명뿐인 외국인 회원으로 선출되는 등 자신에게 쏟아지는 갖가지 영예를 누리며 오래오래 살았다. 1844년 7월 27일 맨체스터에서 세상을 떠나자 퀘이커 신자로 살아온 그의 생활 방식과는 전혀 딴판으로 장례행렬에 마차가 100대나 동원되는 등 완전히 도가 지나친 장례식이 거행됐다. 그렇지만 그 무렵에 이르러 원자론은 한창 통념으로 자리 잡는 중이었다.

옌스 베르셀리우스와 원소 연구

돌턴의 이론이 발전하는 그 다음 과정에서 중요한 역할을 한 사람은 스웨덴의 화학자 옌스 베르셀리우스Jöns Berzelius(1779~1848)였다. 그는 1779년 8월 20일 스웨덴의 베베르순다에서 태어났다. 교사였던 아버지는 베르셀리우스가 네 살 때 죽었고, 그 뒤 어머니는 안데르스 에크마르크라는 목사와 재혼했다. 베르셀리우스는 1788년 어머니마저 죽자 외삼촌 집에 가서 살았고, 1796년부터 웁살라 대학교에서 의학을 공부했다. 수업료를 벌기 위해 공부를 중단하고 일을 하기도 했지만 1802년 의학박사 학위를 받고 졸업했다. 졸업한 뒤에는 스톡홀름으로 이사를 가서 처음에는 화학자 빌헬름 히싱에르Wilhelm Hisinger(1766~1852)의 무급 조수로 일하다가 비슷한 자격으로 스톡홀름의 의과대학 교수의 조수가 됐다. 그가 이 일을 너무나 잘 했기 때문에 1807년 교수가 죽었을 때 그 뒤를 이어 교수로 임명됐다. 그는 이내 의학을 그만두고 화학에 집중했다.

베르셀리우스가 초기에 한 연구는 전기화학이었다. 데이비처럼 볼타의 연구에서 영감을 받았으나, 다행히도 그는 정식 교육을 받았기 때문에 데이비보다 훨씬 더 꼼꼼한 실험가가 됐다. 그는 화합물은 양전기를 띠는 부분과 음전기를 띠는 부분으로 이루어져 있다는 (이것은 어느 정도까지는 사실이지만 언제나 그런 것은 아니다) 생각을 내놓은 최초의 인물에 속하며, 또 돌턴의 원자론을 일찍부터 열렬히 지지한 사람이었다. 1810년 이후로는 일련의 실험을 진행하면서 원소들이 서로 어떤 비율로 화합하는지를 측정했고, 이런 식으로 1816년에 이르기까지 2천 가지의 화합물을 연구했다. 이것은 돌턴의 이론을 실험적으로 이해하는 데 큰 도움이 됐고, 덕분에 당시 알려져 있던 원소 40가지 모두의 원자량을 — 수소가 아니라 산소 기준의 상대적 수치이지만 — 어느 정도 정확하게 수록한 표를 만들 수 있었다. 또 원소를 위한 현대적 알파벳 명명법을 발명하기도 했으나 이것이 널리 쓰이기까지는 시간이 오래 걸렸다. 그러는 한편 베르셀리우스와 스톡홀름의 동료들은 셀렌(셀레늄), 토륨, 리튬, 바나듐 등 '새로운' 원소 다수를 분리하고 밝혀냈다.

화학자들이 화학적 속성이 비슷한 원소들을 '가족'으로 묶을 수 있다는 것을 이해하기 시작한 것은 이 무렵이었으며, 베르셀리우스는 염소와 브롬(브로민)과 요오드(아이오딘)를 묶어 '할로겐족'이라는 이름을 붙였는데 염을 만드는 것들이라는 의미다. 작명에 일가견이 있던 그는 또 '유기화학', '촉매', '단백질' 같은 용어도 만들어 냈다. 1803년에 처음 출간된 저서 『화학교재 *Lärboki Kemien*』는 수많은 판본을 거쳤고 큰 영향을 끼쳤다. 그가 화학에서 얼마나 중요한지 또 스웨덴에서 얼마나 존경받고 있었는지는 1835년 그의 결혼식 날 스웨덴 국왕이 그에게 남작 작위를 하사한 것을 보면 알 수 있다. 그는 1848년 스톡홀름에서 세상을 떠났다.

아보가드로와 아보가드로수

그러나 베르셀리우스도 돌턴도 — 따지고 보면 다른 누구도 — 원자 이론을 더욱 진전시킨 두 가지 생각을 곧장 받아들이지는 않았다. 두 가지 모두 1811년에 이르러 세상에 나와 있었다. 하나는 프랑스의 화학자 조제프 루이 게이뤼삭Joseph Louis Gay-Lussac(1778~1850)이 1808년 깨닫고 1809년에 출간한 것으로서, 기체는 단순한 부피 비율로 화합하며, 반응한 결과물 역시 기체일 경우 그 부피는 반응 전 기체의 부피와 간단한 비례가 성립한다는 것이었다. 예를 들면 부피 2인 수소가 부피 1인 산소와 화합하면 부피 2인 수증기가 만들어진다. 이 발견과 아울러 모든 기체는 똑같은 압축 팽창 법칙을 따른다는 것을 보여 준 실험을 바탕으로, 1811년 이탈리아의 아메데오 아보가드로Amadeo Avogadro(1776~1856)는 어떤 기체든 주어진 온도에서 부피가 같으면 거기 포함돼 있는 입자의 수도 똑같다는 가설을 발표하기에 이르렀다. 그는 실제로 '분자'라는 낱말을 썼는데, 돌턴은 '원자'라는 낱말을 오늘날 우리가 말하는 원자와 분자 모두를 가리키는 말로 쓴 반면, 아보가드로는 '분자'라는 낱말을 오늘날 우리가 말하는 분자와 원자 모두를 가리키는 말로 썼다. 혼란을 피하기 위해 여기서는 오늘날의 용어를 고수하기로 한다. 아보가드로의 가설은 예컨대 산소 분자 하나에 원자가 둘 들어 있으면 이것을 수소 분자들이 나눠 가질 수 있다는 게이뤼삭의 발견을 설명해 주었다. 산소(다른 어떤 원소도 마찬가지)가 복수의 원자로 이루어진 분자 형태로, 다시 말해 O가 아니라 O_2 형태로 존재할 수 있다는 깨달음은 결정적인 진일보였다. 따라서 부피가 2인 수소에 들어 있는 분자 수는 부피가 1인 산소에 들어 있는 분자 수의 두 배이고, 그래서 이 둘이 화합하면 산소 분자 하나가 수소 분자 두 개에게 산소 원자를 하나씩 줄 수 있으므로 원래 부피의 수소 안에 있는 것과 같은 수의 분자가 만들어진다.

오늘날의 표기법으로는 다음과 같이 된다. $2H_2 + O_2 \rightarrow 2H_2O$.

윌리엄 프라우트의 원자량 가설

아보가드로의 생각은 당시 아무런 반응도 불러일으키지 못했고, 이 가설을 검증할 수 있는 실험이 이루어지지 않았기 때문에 원자 가설은 수십 년 동안 거의 조금도 진전을 보지 못했다. 역설적이게도 이 시대의 실험은 이 무렵 등장한 또 한 가지 좋은 생각에 대해 상당히 많은 의심을 품게 만들 정도의 수준에 지나지 않았다. 1815년 영국의 화학자 윌리엄 프라우트William Prout(1785~1850)는 돌턴의 연구를 바탕으로 모든 원소의 원자량은 수소 원자량의 정확한 배수에 해당한다는 생각을 내놓았다. 여기에는 어떤 식으로든 수소를 가지고 무거운 원소를 만들어 낼 수 있다는 의미가 함축되어 있었다. 그러나 19세기 전반부에는 실험 기법이 이 관계가 정확히 성립되지 않는다는 것을 증명하는 수준에 머물러 있었고, 화학적 기법으로 알아낸 원자량 중에는 수소 원자량의 정확한 정수배로 나타낼 수 없는 것이 많았다. 20세기에 와서 동위원소가 발견된 뒤에야 이 수수께끼가 풀리면서 프라우트의 가설은 원자의 본질을 들여다본 커다란 깨달음이었다고 보게 됐다. 동위원소는 같은 원소의 원자이되 원자량이 약간씩 다른 것을 말하지만, 동위원소 각각의 원자량은 수소 원자 하나가 지니는 원자량의 정확한 배수에 해당한다. 화학적 기법으로 알아낸 한 원소의 원자량은 거기 존재하는 모든 동위원소의 평균값이기 때문에 정확한 배수가 될 수 없다.

화학이 치밀하지 못한 탓에 원자 차원에서는 반세기 동안 이렇다

할 연구 결과를 얻어 내지 못했지만, 더 복잡한 화학 구조에서 벌어지는 일에 관해서는 이해가 깊어지고 있었다. 실험자들은 오래전부터 물질세계에 있는 모든 것이 두 가지 부류의 화학물질로 분류된다는 것을 알고 있었다. 물이나 일반 소금 같은 것은 가열하면 빨갛게 달궈지고 녹고 증발하는 등 겉으로는 성격이 바뀌는 것처럼 보이지만 식히면 원래의 화학적 상태로 되돌아온다. 설탕이나 나무 같은 것은 열을 가하면 완전히 달라지며, 따라서 예컨대 나무 조각을 태웠다가 되돌리기는 매우 어렵다. 베르셀리우스가 이 두 가지 물질을 정식으로 구별한 것은 1807년의 일이다. 첫째 부류의 물질은 무생물계와 연관되어 있고 두 번째 부류는 생물계와 밀접하게 연관되어 있으므로 그는 각각 '무기(inorganic)'와 '유기(organic)'라는 이름을 붙였다. 화학이 발전하면서 유기물은 대체로 무기물에 비해 훨씬 더 복잡한 화합물로 이루어져 있다는 것이 분명해졌다. 그러나 또한 유기물의 본질은 생물과 무생물에서 화학이 다르게 작동하게 만드는 '생기'의 존재 여부와 관계가 있다고도 생각됐다.

프리드리히 뵐러: 유기물과 무기물 연구

그것은 유기물은 생물에 의해서만 만들어질 수 있다는 의미였고, 그래서 1828년 독일인 화학자 프리드리히 뵐러Friedrich Wöhler(1800~1882)가 완전히 다른 목적의 실험을 하다가 시안산암모늄(사이안산암모늄)이라는 간단한 물질을 가열하여 소변의 한 성분인 요소(urea)를 만들어 낼 수 있다는 것을 우연히 발견했을 때 크게 놀랐다. 당시 시안산암모늄은 무기물로 취급되고 있었고, 이 발견과 아울러 이와 비슷하게 한 번도 생물과 연관 지어 본 적이 없는 물질을 가지고 유기물을 제조해 낸 여러 실험을 토대로 '유기'라는 용어의 정의가 바뀌었다. 19세기 말에 이르러 유기화학에 생기라는 신비로운 것이 작용하지 않는다는 것과, 유기화합물과 무기화합물을 구별하는 것에는 두 가지가 있다는 것이 분명해졌다. 첫째, 유기화합물은 주로 복잡한 화합물이다. 즉 각 분자에는 대개 여러 가지 원소의 원자가 많이 들어 있다. 둘째, 유기화합물은 모두 탄소를 함유하고 있다. (사실은 이것이 유기화합물이 복잡한 이유다. 앞으로 살펴보겠지만 탄소 원자는 다른 탄소 원자뿐 아니라 수많은 다른 원자와 여러 가지 흥미로운 방식으로 결합할 수 있기 때문이다.) 따라서 시안산암모늄에는 탄소가 분명히 들어 있으므로 현재 유기물로 취급된다는 뜻이다.* 그렇다고 해서 뵐러의 발견이 지니는 의미가 퇴색하는 것은 아니다. 심지어 지금은 실험실에서 단순한 무기물을 가지고 완전한 DNA 가닥을 제조해 내는 것도 가능하다.

오늘날 유기분자의 일반적 정의는 탄소를 함유하고 있는 분자라는 것이고, 유기화학은 탄소와 그 화합물에 관한 화학을 가리킨다. 생명은 탄소화학의 결과물로 간주되며, 탄소화학은 원자와 분자 세계 전체에서 작용하는 똑같은 화학 법칙을 따른다. 진화에 관한 다윈과 월리스의 생각과 아울러 이것은 19세기에 우주 속에서 인류가 차지하는 위치를 바라보는 관점에 커다란 변화를 가져왔다. 자연선택은 우리가 동물계에 속하며, '영혼'이 오로지 인간에게만 있다는

* 무기·유기화합물의 구분은 학자에 따라 조금씩 차이가 있다. 일반적으로는 탄소를 포함하고 있다 해도 탄소만으로 이루어진 물질, 탄화금속, 탄산염, 산화탄소, 시안화물(사이안화물) 등은 유기화합물로 간주하지 않는다. 이 기준으로 보면 시안산암모늄(NH_4OCN)은 무기화합물에 속한다. (옮긴이)

증거가 없다는 것을 말해 준다. 한편 화학은 동식물은 물리세계의 일부분이며, 특별한 '생기'라는 것이 있다는 증거가 없다는 것을 말해 준다.

화학결합과 원자가 그런데 이런 모든 것이 분명해지고 있을 무렵 화학에서는 드디어 원자를 이해하게 됐다. 수십 년의 혼란 끝에 원자에 관해 선보인 여러 가지 핵심 개념 중 1852년 영국의 화학자 에드워드 프랭클랜드Edward Frankland(1825~1899)가 내놓은 것이 오늘날 원자가(valency, valence)라 부르는 것을 처음으로 어느 정도 명확하게 분석한 개념이었다. 이것은 한 원소가 다른 원소와 결합하는 능력을 수치로 나타낸 것으로, 실은 주어진 원소의 **원자들**이 다른 원자들과 결합할 수 있는 능력이라는 것이 이내 밝혀졌다. 이 속성을 묘사하기 위해 초기에 여러 가지 용어가 사용됐으나, 그 중 'equivalence(등가)'가 'equivalency'로 바뀌었다가 오늘날 쓰이는 'valency(원자가)'로 바뀌었다. 화학결합 면에서 보면 산소 하나는 수소 둘과 등가 관계이고 질소 하나는 수소 셋과 등가 관계라는 식이다. 1858년 스코틀랜드의 아치볼드 쿠퍼Archibald Couper(1831~1892)는 원자가와 원자의 화합방식을 단순하게 표현할 수 있는 '결합' 개념을 화학에 도입하는 논문을 내놓았다. 오늘날 수소는 원자가가 1이라고 표현하는데, 이것은 다른 원자와 한 개의 결합을 이룰 수 있다는 뜻이다. 산소의 원자가는 2이며 이것은 두 개의 결합을 이룰 수 있다는 뜻이다. 따라서 논리적으로 산소 원자 하나가 '가지고 있는' 두 개의 결합에는 수소 원자가 하나씩 연결될 수 있으며 그 결과 H_2O가 만들어진다. 각각의 결합을 선으로 표현하면 H - O - H가 된다. 마찬가지로 질소는 원자가가 3이어서 세 개의 결합을 이룰 수 있고 따라서 한 번에 세 개의 수소 원자와 화합할 수 있다. 그 결과물은 암모니아인 NH_3이다. 그러나 같은 원소의 두 원자끼리 화합할 수도 있다. 산소 O_2가 그 한 예로, 결합을 선으로 표현하면 O = O가 된다. 그중 최고인 탄소는 원자가가 4이며 따라서 다른 탄소 원자를 포함하여 동시에 네 개의 원자와 결합을 이룰 수 있다.* 이 속성은 탄소화학의 핵심이며, 쿠퍼는 유기화학의 근간을 이루는 복잡한 탄소화합물은 탄소 원자가 이런 식으로 '손을 맞잡은' 사슬로 이루어져 있고 사슬 옆면의 '남는' 결합에 다른 원자들이 부착된 형태일지도 모른다는 생각을 금세 내놓았다. 쿠퍼의 논문은 출간이 지연됐고, 똑같은 생각을 독일의 화학자 프리드리히 아우구스트 케쿨레Friedrich August Kekulé(1829~1896)가 독자적으로 먼저 출간했다. 이 때문에 당시 쿠퍼의 연구는 그늘에 가려졌다. 7년 뒤 케쿨레는 탄소 원자는 또 고리 모양으로 연결될 수 있고 고리에서 밖으로 내민 결합에 다른 원자나 심지어 다른 원자 고리도 연결될 수 있다는 기발한 생각을 해냈다. (가장 일반적인 고리는 탄소 원자 여섯 개가 육각형 고리를 이루는 것이다.)

스타니슬라오 칸니차로: 원자와 분자의 구분

1850년대 말 쿠퍼와 케쿨레 같은 사람들의 생각이 널리 퍼지자 누군가가 아보가드로의 연구를 재발견하여 제자리를 찾아 줄 시기가 무르익었

* 또는 '이중 결합'이나 심지어 삼중 결합까지 이룰 수도 있으며, 이럴 때는 짝이 되는 원자의 수가 줄어든다. 예컨대 이산화탄소 CO_2는 O = C = O로 표현할 수 있다.

다. 그 누군가는 스타니슬라오 칸니차로Stanislao Cannizzaro(1826~1910)였다. 그가 실제로 한 일은 상당히 간단하게 설명할 수 있으나, 그가 너무나 흥미로운 생애를 살았기 때문에 잠깐 옆길로 빠져나가 그의 생애를 약간이라도 조명하고 싶은 유혹을 뿌리치기는 불가능하다. 칸니차로는 1826년 7월 13일 시칠리아의 팔레르모에서 치안판사의 아들로 태어나, 팔레르모, 나폴리, 피사, 토리노에서 공부한 뒤 1845년부터 1847년까지 피사에서 실험실 조수로 일했다. 그런 다음 시칠리아로 돌아가 나폴리 왕국을 지배하는 부르봉 왕가에 항거하는 반란에 가담하여 싸웠다. 1848년에는 유럽 전역에서 봉기의 물결이 일어났기 때문에 역사학자들은 이 해를 '혁명의 해'라 부른다. 이 반란도 그중 하나였다. 당시 칸니차로의 아버지가 치안 총책임자였으므로 칸니차로의 생애는 더욱 흥미로웠을 것이 분명하다. 반란이 실패로 돌아가고 결석재판에서 사형을 선고받은 칸니차로는 파리로 망명을 떠나 그곳에서 자연사박물관의 화학교수 미셸 슈브렐Michel Chevreul(1786~1889)과 함께 일했다. 1851년 이탈리아로 돌아올 수 있었던 칸니차로는 피에몬테주 알레산드리아에 있는 콜레지오 나치오날레에서 화학을 가르쳤고* 1855년에는 제노바로 가서 화학교수가 됐다. 아보가드로의 가설을 우연히 발견하고 1811년 이후의 화학 발전사 안에서 제자리를 찾아 준 것은 그가 제노바에 있을 때였다. 아보가드로가 죽은 지 2년밖에 지나지 않은 1858년 칸니차로는

* 이 시기 이탈리아는 여전히 작은 공국들의 집합체였다. 따라서 칸니차로가 시칠리아에서 실패한 혁명가가 됐다고 해서 자동적으로 이탈리아 본토에도 발을 붙일 수 없게 되지는 않았다.

소책자를 하나 냈는데 오늘날로 치면 사전배포본이라 할 수 있었다. 이 소책자에서 원자와 분자를 본질적으로 구분함으로써 돌턴과 아보가드로가 연구를 내놓은 때부터 존재한 혼란을 걷어 냈고, 부피 비율로 결합하는 법칙과 증기의 밀도 측정 등에서 관찰되는 기체의 성질을 아보가드로 가설과 함께 이용하면 원자량과 분자량 즉 수소 원자 한 개의 무게를 기준으로 하는 상대적 무게를 계산해 낼 수 있다는 것을 설명했으며, 원자량과 분자량 표를 직접 만들어 넣었다. 이 소책자는 1860년 독일 카를스루에에서 열린 국제협의회에서 널리 배포됐고, 원소의 주기율표로 이어지는 지식 발전에 핵심적 영향을 미쳤다.

하지만 칸니차로 자신은 그 후속 연구에 집중하지 못했다. 1860년 말 주세페 가리발디가 시칠리아를 침공할 때 거기 합류했고, 이 전쟁으로 나폴리 정권이 시칠리아섬으로부터 쫓겨났을 뿐 아니라 그 직후 사르데냐의 비토리오 에마누엘레 2세가 이탈리아를 통일되는 계기가 됐다. 칸니차로는 1861년 전투가 끝난 뒤 팔레르모에서 화학교수가 됐다. 1871년까지 그곳에서 머무르다가 로마로 가서 로마대학교의 화학교수가 됐을 뿐 아니라 이탈리아 화학연구소를 설립했고, 의회의 상원의원이 됐으며, 나중에는 상원의 부의장이 됐다. 그는 원자가 실재한다는 것이 의심의 여지를 조금도 남기지 않고 입증되는 것을 본 뒤 1910년 5월 10일 로마에서 세상을 떠났다.

멘델레예프 등의 주기율표 연구

주기율표를 발견(또는 발명)한 이야기에는 두 가지 사실이 묘하게 섞여 있다. 시기가 무르익으면 똑같은 과학 발견을 여러 명이 독자적으로 해낼 가능성이 높다는 것을 잘 보여 주기도 하지만, 흔히 볼 수 있는 것처럼 옛것을 고수하며 새로운 생각을 받아들이기를 꺼려하는 태도도 볼 수 있기 때문이다. 칸니차로의 연구에 바짝 뒤이어 1860년대에 영국의 산업화학자 존 뉴랜즈John Newlands(1837~1898)와 프랑스의 광물학자 알렉상드르 베귀에 드 샹쿠르투아Alexandre Béguyer de Chancourtois(1820~1886)는 원소를 원자량순으로 나열하면 일정 간격으로 비슷한 양상이 반복적으로 나타난다는 것을 각기 독자적으로 깨달았다. 수소 원자량의 8배수 간격으로 원자들이 서로 비슷한 속성을 지니고 있었던 것이다.* 1862년에 출간된 베귀예의 연구는 완전히 무시됐는데, 자신의 생각을 명확하게 설명하지도 못했고 그것을 설명하기 위한 도해도 넣지 않았으므로 그 자신의 잘못도 있을 것이다. 그러나 베귀예의 연구에 대해 아무것도 몰랐던 뉴랜즈가 1864년과 1865년에 이 주제를 다루는 논문을 연이어 내놓았을 때는 동료들로부터 그보다 더한 수모를 당했다. 화학원소를 원자량순으로 늘어놓는다는 생각은 알파벳 이름순으로 늘어놓는 것이나 다름없이 무의미하다며 잔인하게 조롱당한 것이다. 그의 생각을 완전히 설명한 핵심 논문은 화학회에서 퇴짜를 맞았고, 드미트리 멘델레예프Dmitri Mendeleev(1834~1907)가 주기율표의 발명자로 찬사를 받고도 한참이나 지난 뒤인 1884년에야 출간됐다. 1887년 왕립학회는 뉴랜즈에게 데이비 메달을 주었

* 칸니차로의 연구에 착안한 사람 중 뉴랜즈가 있었던 것은 특히 자연스럽다. 뉴랜즈의 어머니가 이탈리아계였던 데다 칸니차로처럼 뉴랜즈도 1860년에 시칠리아에서 가리발디와 함께 싸웠다.

으나 끝까지 그를 석학회원으로 선출할 생각은 하지 않았다.

그러나 멘델레예프는 주기율표를 생각해 낸 사람 중 세 번째도 아니었다. 그 영예는 독일인 화학자 겸 의사 로타르 마이어Lothar Meyer(1830~1895)의 것이다. 다만 나중에 그는 자신의 확신을 발표할 용기가 어느 정도 부족했다는 것을 인정했고, 그 때문에 주기율표의 발명자라는 영예는 결국 멘델레예프에게 돌아갔다. 마이어는 『현대 화학 이론*Die modernen Theorien der Chemie*』이라는 교재를 써서 1864년에 출간하여 화학사에 이름을 남겼다. 칸니차로의 생각을 열성적으로 추종한 그는 칸니차로의 이론을 이 책에서 자세히 해설했다. 이 책을 준비하는 동안 화학원소의 속성과 원자량의 관계를 알아차렸지만, 검증되지 않은 이 새로운 생각을 교재에다 수록해 알리기는 꺼려졌고 그래서 암시만 해 두었다.

그 뒤 몇 년 동안 더 완전한 형태의 주기율표를 만들었고 자기 책의 제2판에 수록하고자 했다. 제2판 원고는 1868년에 준비가 끝났으나 1870년에야 인쇄에 들어갔다. 그 무렵 멘델레예프는 1860년대에 비슷한 노선에서 진행되던 다른 모든 연구에 대해 알지 못한 채 자신의 주기율표를 내놓았다. 마이어는 언제나 멘델레예프가 먼저라고 인정했는데, 자신에게는 그럴 용기가 없었으나 멘델레예프는 한 걸음 더 나아가 (뻔뻔스럽게도) 주기율표의 빈자리를 채울 '새로운' 원소가 필요하다고 예언했다는 사실이 크게 작용했다. 그러나 마이어의 독자적 연구는 널리 인정받았고, 그래서 1882년 마이어와 멘델레예프가 데이비 메달을 공동 수상했다.

멘델레예프가 1860년대에 서유럽에서 벌어지고 있던 온갖 화학 발전을 접하지 못했다는 것은 약간 뜻밖이다.* 그는 1834년 2월 7일(당시 러시아에서 여전히 쓰인 옛 역법으로는 1월 27일) 러시아 시베리아의 토볼스크에서 14명의 아이 중 막내로 태어났다. 아버지 이반 파블로비치는 그곳 학교 교장이었으나 멘델레예프가 아직 어릴 때 시력을 잃었고, 그때부터 가족은 주로 어머니가 부양했다. 어머니 마리아 드미트리브나는 억척스러운 여인으로서 유리공장을 만들어 돈을 벌었다. 멘델레예프의 아버지는 1847년에 죽었고, 그 이듬해에 유리공장이 화재로 파괴됐다. 형과 누나들이 어느 정도 독립하자 어머니는 막내는 최대한 최고의 교육을 받게 해야 한다고 결심하고, 경제적 어려움에도 불구하고 멘델레예프를 데리고 상트페테르부르크로 갔다. 멘델레예프는 지방에서 올라온 가난한 학생들에 대한 편견 때문에 대학교에 들어가지 못하고 1850년 아버지가 다닌 교육대학에 학생교사로 등록했다. 그로부터 겨우 10주 만에 어머니가 죽었지만 멘델레예프는 어머니만큼이나 각오가 굳었던 것으로 보인다. 교육과정을 마치고 오데사에서 1년 동안 교사로 일함으로써 자격요건을 갖추었고, 그런 다음 상트페테르부르크 대학교에서 화학 석사과정을 밟고 1856년에 졸업할 수 있었다. 대학교에서 하급 강사로 2년 동안 일한 뒤 국비장학생으로 파리와 하이델베르크에서 공부하면서 로베르트 분젠Robert Bunsen(1811~1899)과 구스타프 키르히호프Gustav Kirchoff(1824~1887) 밑에서 일했다. 칸니차로가

* 멘델레예프는 뉴랜즈의 연구는 몰라도 베귀예의 연구에 대해서는 알았을 가능성이 있다. 그렇다고 해서 그의 업적이 줄어드는 것은 아니다. 베귀예의 1862년 논문에서는 반복되는 양상에 관한 설명이 혼란한 모습을 보이지만, 멘델레예프의 연구는 그것을 훨씬 넘어섰기 때문이다.

소책자를 배포했던 1860년 카를스루에 협의회에 참석했고 그곳에서 칸니차로를 만났다. 상트페테르부르크로 돌아온 멘델레예프는 그곳 기술대학의 일반화학교수가 됐고 1865년에는 박사 학위를 받았다. 1866년 상트페테르부르크 대학교의 화학교수가 됐으나, 교수직을 계속 유지하다가 러시아 학교 제도의 상황에 저항하며 학생들이 시위할 때 학생 편에 선 뒤로 1891년 57세밖에 되지 않는 나이로 강제로 '은퇴'했다. 그로부터 3년이 지난 뒤 죄를 씻어 낸 것으로 간주되어 도량형사무국장이 됐고, 1907년 2월 2일(옛 역법으로 1월 20일) 상트페테르부르크에서 세상을 떠날 때까지 그 직위를 유지했다. 그는 초창기의 노벨상을 받을 뻔했다. 1906년 후보에 올랐으나, 최초로 불소(플루오린)를 분리해 낸 앙리 무아상Henri Moissan(1852~1907)에게 한 표 차이로 밀렸다. 그는 노벨상위원회가 다시 소집되기 전에 세상을 떠났다. 무아상도 그 무렵 죽었다.

마이어와 마찬가지로 멘델레예프는 교재를 써서 유명해졌는데, 그가 쓴 『화학원론*Principles of Chemistry*』은 1868년과 1870년에 한 권씩 전 2권으로 출간됐다. 마이어처럼 그 역시 이 책을 쓰는 동안 원소의 화학적 속성과 원자량 사이에 관계가 있다는 것을 이해하게 됐고, 1869년 이제는 고전이 된 논문 「원소의 속성과 원자량의 관계에 관하여On the Relation of the Properties to the Atomic Weights of Elements」를 출간했다.* 멘델레예프의 연구에서 뛰어난 부분은, 비슷한 시기에 비슷한 생각을 해낸 다른 사람들 사이에서 그를 눈에 띄게 만드는 부분은

* 찰스 다윈이 『종의 기원』을 출간한 지 정확히 10년 뒤다. 19세기에는 너무나 많은 과학 연구가 동시에 진행되고 있었으므로 때로는 언제 누가 무엇을 했는지 추적하기가 쉽지 않다!

그가 대담하게도 자신이 발견한 패턴에 맞춰 원소의 순서를 약간 다르게 배치했다는 것과, 주기율표에 아직 발견되지 않은 원소들이 들어갈 빈자리를 남겨 두었다는 것이다. 그가 재배치한 부분은 사실 매우 적다. 처음에 멘델레예프는 원소들을 정확히 원자량 순서대로 나열하면서 체스판 모양의 표를 생각해 내고, 한 행에 여덟 개씩 채우며 아래로 이어 내려감으로써 화학적 속성이 비슷한 것들끼리 같은 열에서 위아래로 나타나게 했다. 이처럼 원자량이 가장 가벼운 것이 체스판의 위 왼쪽 끝에 오고 가장 무거운 것이 아래 오른쪽 끝에 오도록 엄격하게 원자량순으로 배치하자 몇 가지 모순이 드러났다. 예컨대 텔루르(텔루륨)가 브롬(브로민) 아래에 왔는데 둘은 화학적 속성이 완전히 달랐다. 그러나 텔루르의 원자량은 요오드(아이오딘)보다 작디작은 정도만 더 많을 뿐이다. 오늘날 텔루르의 원자량 측정값은 127.60이고 요오드는 126.90이어서 0.55퍼센트밖에 차이가 나지 않는다. 주기율표에서 이 두 원소의 순서를 바꾸자 브롬과 화학적 속성이 비슷한 요오드가 브롬 아래로 들어갔는데, 화학적으로 볼 때 그곳이 바로 요오드의 자리임이 분명했다.

원소의 순서를 바꾼 멘델레예프의 대담한 모험은 20세기에 원자의 중심에 있는 핵의 구조를 조사하면서 완전히 정당화됐다. 알고 보니 원소의 화학적 속성은 각 원소의 핵에 있는 양성자의 수(원자번호)에 달려 있는 반면, 원자량은 핵 안에 들어 있는 양성자와 중성자를 합한 수에 달려 있었다. 오늘날의 주기율표에서는 원소를 원자량 순서가 아니라 원자번호 순서로 나열한다. 그러나 거의 대부분의 경우 원자번호가 높은 원소는 원자량도 그만큼 높다. 몇몇 드문

Reihen	Gruppe I. — R^2O	Gruppe II. — RO	Gruppe III. — R^2O^3	Gruppe IV. RH^4 RO^2	Gruppe V. RH^3 R^2O^5	Gruppe VI. RH^2 RO^3	Gruppe VII. RH R^2O^7	Gruppe VIII. — RO^4
1	H=1							
2	Li=7	Be=9,4	B=11	C=12	N=14	O=16	F=19	
3	Na=23	Mg=24	Al=27,3	Si=28	P=31	S=32	Cl=35,5	
4	K=39	Ca=40	—=44	Ti=48	V=51	Cr=52	Mn=55	Fe=56, Co=59, Ni=59, Cu=63.
5	(Cu=63)	Zn=65	—=68	—=72	As=75	Se=78	Br=80	
6	Rb=85	Sr=87	?Yt=88	Zr=90	Nb=94	Mo=96	—=100	Ru=104, Rh=104, Pd=106, Ag=108.
7	(Ag=108)	Cd=112	In=113	Sn=118	Sb=122	Te=125	J=127	
8	Cs=133	Ba=137	?Di=138	?Ce=140	—	—	—	— — — —
9	(—)	—	—	—	—	—	—	
10	—	—	?Er=178	?La=180	Ta=182	W=184	—	Os=195, Ir=197, Pt=198, Au=199.
11	(Au=199)	Hg=200	Tl=204	Pb=207	Bi=208	—	—	
12	—	—	—	Th=231	—	U=240	—	— — — —

31. 멘델레예프가 초기에 만든 주기율표(1871).

경우에만 중성자가 몇 개 더 있어서 원자량에 따른 순서와 원자번호에 따른 순서가 약간씩 다르다.

그렇지만 수십 년 뒤에야 나온 양성자와 중성자에 관한 지식이 없는 상태에서 멘델레예프가 한 게 이게 전부라면 그가 만든 주기율표는 그보다 먼저 다른 사람들이 내놓은 것들만큼이나 대수롭지 않게 여겨졌을 것이다. 하지만 멘델레예프는 화학적 속성이 비슷한 원소들이 주기율표에서 같은 열에 자리 잡게 하기 위해 자리를 비워 두기도 했다. 1871년에 이르러 자신의 표를 다듬어 당시 알려진 원소 63가지를 모두 포함하는 주기율표를 만들었는데, 이 표에서 텔루르와 요오드의 자리를 서로 바꾸었고 또 세 군데를 비워 두면서 빈 곳을 가리켜 아직 발견되지 않은 원소 세 가지가 들어갈 자리라고 했다. 그는 빈자리로 표시된 곳의 열에 있는 이웃 원소들의 속성을 바탕으로 이들 원소가 어떤 속성을 지니고 있을지를 어느 정도 자세히 예언할 수 있었다. 그 뒤 15년 동안 이 표의 빈 곳을 채우는 데 필요한 세 가지 원소가 정말로 발견됐는데 멘델레예프가 예언한 바로 그 속성을 가지고 있었다. 1875년에 발견된 갈륨, 1879년의 스칸듐, 1886년의 게르마늄(저마늄)이 그 세 원소였다.

멘델레예프의 주기율표가 처음부터 모든 사람의 찬사를 받지는 않았고 또 실제로 원소의 순서를 바꿈으로써 감히 자연에 간섭한다는 이유로 비판을 받기도 했지만, 1890년대에 이르러서는 화학적 속성이 서로 비슷한 원소들이 가족을 이루고 그 안에 속한 각 원소의 원자량이 수소 원자량의 8배수로 달라지는 주기율이 화학세계의 본질에 관해 심오한 진리를 나타내고 있다는 것을 더 이상 의심하기가 불가능해져 있었다. 이것은 또 과학적으로 유효한 방법이 무엇인지를 보여 주는 고전적 예로서 20세기 과학자를 위해 길을 가리켜 주기도 했다. 멘델레예프는 자료 더미에서 패턴을 찾아냈고, 그것을 바탕으로 실험을 통해 검증 가능한 예언을 내놓았다. 그리고 그의 예언이 실험을 통해 입증되자 그가 예언의 바탕으로 삼은 가설이 힘을 얻은 것이다.

현대인의 눈에는 뜻밖이겠지만, 이조차도 원자가 서로 명확히 정의된 방식에 따라 결합하는 작고 단단한 형태로 존재한다는 증거로 널리 받아들여지지 않았다. 하지만 화학자들이 한쪽 노선을 따라 물질의 내부 구조를 파고 들어가서 적어도 원자 가설을 뒷받침하는 증거에 다다르고 있는 사이에, 물리학자들은 궁극적으로 원자가 논란의 여지없이 존재한다는 증거에 다다르게 될 다른 노선을 따라가고 있었다.

열역학이라는 학문 19세기 물리학에서 이 방면의 통일된 주제는 열과 운동 연구였으며, 이것이 열역학이라는 이름으로 알려지게 됐다. 열역학은 산업 혁명에서 생겨났다. 산업 혁명은 증기기관처럼 열이 작용하는 실제 사례를 물리학자들에게 제공해 줌으로써 그런 기계 안에서 도대체 어떤 일이 벌어지고 있는지를 조사하도록 부추겼고, 어떤 일이 벌어지고 있는지를 과학적으로 더 잘 이해한 결과를 산업 혁명에게 돌려줌으로써 더 효율적인 기계를 설계해 내는 게 가능해졌다. 앞서 살펴본 것처럼 19세기 초에는 열의 본질에 관해 일치된 의견이 없었고, 열소 가설 쪽에도 열은 운동의 한 형태라는 생각 쪽에도 각기 추종자가 있었다. 1820년대 중반에 이르러 열역학은 과학의 한 주제로 인정받기 시작하고 있었으나, 열역학이라는 용어 자체는 윌리엄 톰슨William Thomson(1824~1907)이 1849년에 가서야 만들었다. 그리고 1860년대 중반에 이르렀을 때 기본 법칙과 원리에 대한 연구가 이루어져 있었다. 그러고 나서도 이 연구의 작은 부분 하나에 내포돼 있는 의미가 원자가 실재한다는 확고한 증거로 활용되기까지는 40년이라는 세월이 더 걸렸다.

열역학을 이해하게 된 중요한 요인 하나는 에너지 관념의 변화였다. 에너지를 한 형태에서 다른 형태로 변환할 수는 있어도 만들어 내지도 파괴하지도 못한다는 깨달음과, 럼퍼드가 대포의 포신을 깎아 낼 때 발생하는 열을 연구하면서 거의 알아차린 것처럼 일은 에너지의 한 형태라는 깨달음이 그것이었다. 열역학이라는 학문이 출발한 날짜는 프랑스인 사디 카르노Sadi Carnot(1796~1832)가 쓴 『불의 동력에 관한 고찰*Réflexions sur la puissance motive du feu*』이 출판된 1824년으로 보면 편리하다. 이 책에서 카르노는 일을 과학적으로 정의하고 열을 일로 바꾸는 엔진의 효율을 분석하는 한편 일을 한다는 것은 열이 높은 온도로부터 낮은 온도로 전달되는 것임을 보여 주었는데, 이것은 열역학 제2법칙의 초기 형태로서 열은 언제나 더 더운 물체로부터 더 찬 물체로 흘러가며 그 반대는 성립되지 않는다는 깨달음이 암시돼 있다. 심지어 그는 이 책에서 내연기관의 가능성까지 생각했다. 애석하게도 카르노는 36세의 나이에 콜레라로 사망했고, 그의 노트에 이런 생각을 더 발전시킨 내용이 들어 있었지만 그가 죽었을 때는 그런 생각들이 출간돼 있지 않았다. 사인이 콜레라인 만큼 그의 원고는 소지품과 함께 대부분 소각됐다. 남아 있는 몇 장으로 그것이 어떤 업적이 되었을지 짐작할 수 있을 뿐이다. 그러나 열과 일은 서로 교환할 수 있다는 것을 처음으로 명확하게 이해한 사람은 카르노였으며, 주어진 양의 열을 가지고 얼마만큼의 일을 할 수 있는지를 처음으로 계산해 낸 사람 역시 카르노였다. 예컨대 1그램의 물이 섭씨 1도만큼 식을 때 잃는 열을 가지고 일정 무게의 추를 수직으로 얼마만큼 들어 올릴 수 있는가를 계산해 내는 것이다. 카르노의 책은 당시에는 큰 영향을 주지 못했지만, 에밀 클라페롱 Émile Clapeyron(1799~1864)이 논문에서 카르노의 연구를 논하면서 이 책이 언급됐고, 그래서 이 논문을 통해 카르노의 연구가 알려지면서 열역학 혁명을 완수한 세대의 물리학자들, 특히 윌리엄 톰슨과 루돌프 클라우지우스에게 영향을 주었다.

카르노의 이야기가 복잡하다고 생각된다면, 물리학자가 에너지의 본질을 알아차리게 된 사연은 복잡하다 못해 미로 같다. 에너지 보존의 원리를 실제로 공식화하고 열의 일당량*을 정확하게 구하여 출판한 사람은 사실 독일인 의사 율리우스 로베르트 폰 마이어Julius Robert von Mayer(1814~1878)였다.** 그는 증기기관이 아니라 인간을 연구하다가 이 결론에 도달했는데, 물리학자들이 볼 때 이것을 '엉뚱한' 방향에서 알게 됐기 때문에 당시에는 대체로 무시당하거나 적어도 소홀히 취급됐다. 1840년 갓 의사 자격을 얻은 마이어는 동인도 제도를 들른 어느 네덜란드 선박의 의사로 일하고 있었다. 당시는 의료에서 사혈술이 여전히 널리 쓰이는 수법이었는데, 병의 증세를 완화(한다고)할 뿐 아니라 약간의 피를 흘려 내고 나면 더위를 견디는 데 도움이 된다고 믿었으므로 열대 지방에서는 일상적으로 행하고 있었다. 마이어는 온혈동물은 연료 역할을 하는 음식이 몸속의 산소와 함께 천천히 연소됨으로써 체온을 유지한다는 것을 보여 준 라부아지에의 연구를 잘 알고 있었다. 그는 산소를 풍부하게 함유한 선홍색 피는 동맥을 타고 폐로부터 신체 곳곳으로 운반되고, 산소가 부족한 검붉은 피는 정맥을 타고 폐로 운반된다는 것을 알고 있었다. 그래서 자바에서 어느 선원의 정맥을 땄을 때 피가 정상적인 동맥에서 볼 수 있는 것처럼 선명한 붉은색을 띠고 있는 것을 보고 놀랐다. 나머지 선원들의 정맥혈도 똑같았고 그 자신의 피도 마찬가지였다. 다른 수많은 의사들이 똑같은 현상을 이전에 보았을 것이 분명하지

* '열의 일당량'은 바로 앞 문단에 설명된 것처럼 일정한 양의 열로 할 수 있는 일의 양을 가리키는 용어다. 역으로 일정한 양의 일로 낼 수 있는 열의 양을 가리켜 '일의 열당량'이라 부르기도 한다. (옮긴이)

** 마르크 세겡Marc Séguin(1786~1875)이 1839년 이 내용을 비교적 투박한 형태로 출간한 적이 있다.

만, 어찌 된 일인지를 이해할 지혜가 있었던 사람은 20대 중반에 지나지 않는 데다 의사 자격을 갓 딴 마이어뿐이었다. 마이어는 정맥혈에 산소가 풍부한 이유는 열대의 더위 속에서 신체가 체온을 유지하려면 연료를 덜 태워야 하며 따라서 산소를 덜 소비하기 때문이라는 것을 깨달았다. 그는 이것이 근육활동에서 오는 열, 태양에서 오는 열, 석탄을 태워 나오는 열 등 모든 형태의 열과 에너지는 상호교환이 가능하며, 열이나 에너지는 만들어질 수 없고 오로지 한 형태에서 다른 형태로 바꿀 수 있을 뿐이라는 뜻임을 알아차렸다.

마이어는 1841년 독일로 돌아가 의사로 활동했다. 그러나 의학 말고도 물리학에도 관심이 생겨나 있었으므로 폭넓게 글을 읽었으며, 1842년부터는 이런 생각에 관심을 기울이는 (또는 관심을 끌고자 하는) 최초의 학술논문을 출간했다. 1848년에는 열과 에너지에 관한 자신의 생각을 발전시켜 지구와 태양의 나이에 관해 생각했는데, 이에 관해서는 잠시 뒤 살펴보기로 한다. 그러나 그의 연구는 그 어떤 것도 물리학계의 주목을 받지 못했고, 마이어는 인정받지 못해 우울해진 나머지 1850년에는 자살을 시도했다가 1850년대 동안 이런저런 정신병원에 갇혀 있었다. 그렇지만 1858년 이후로 헤르만 폰 헬름홀츠, 루돌프 클라우지우스, 존 틴들 등이 그의 연구를 재발견하면서 정당하게 공로를 인정받았다. 마이어는 건강을 되찾았고, 죽기 7년 전인 1871년 왕립학회로부터 코플리 메달을 받았다.

제임스 줄의 열역학 연구

연구의 싹이 잘린 불운한 카르노를 제외하면 에너지 개념을 정말로 제대로 이해한 최초의 물리학자는 제임스 줄James Joule(1818~1889)이다. 그는 영국 맨체스터 근처 솔퍼드에서 부유한 양조장 소유주의 아들로 태어났다. 소득이 있는 집안 출신인 만큼 줄은 생계를 위해 무슨 일을 할지 걱정할 필요는 없었으나, 10대 시절 장차 지분을 물려받게 될 양조장에서 한동안 시간을 보냈다. 프리스틀리의 연구가 양조 과정에서 발생하는 기체에서 영감을 얻은 것과 마찬가지로, 그 역시 양조장의 기계를 직접 경험했기 때문에 열에 관심을 갖게 됐는지도 모른다. 그렇지만 1854년 그가 35세일 때 아버지가 양조장을 팔아 버렸으므로 결국 그 지분을 상속받지는 못했다. 줄은 사교육을 받았고, 1834년에는 아버지가 그를 형과 함께 존 돌턴에게 보내 화학을 공부하게 했다. 돌턴은 당시 68세인 데다 건강이 나빠지고 있었지만 여전히 개인교습을 하고 있었다. 그렇지만 두 소년은 그에게서 화학은 거의 배우지 못했다. 돌턴이 유클리드를 먼저 가르쳐야 한다고 고집했기 때문이다. 한 번에 한 시간씩 매주 두 차례 수업했으므로 유클리드를 가르치는 데 2년이 걸렸고, 그런 다음 1837년부터는 병 때문에 더 이상 가르치지 않았다. 그러나 줄은 돌턴과 계속 가깝게 지내면서 1844년 돌턴이 세상을 떠날 때까지 때때로 그의 집을 찾아가 가벼운 식사를 나누었다. 줄은 1838년 가족이 사는 집의 방 하나를 실험실로 개조하여 그곳에서 독자적으로 연구를 시작했다. 또 맨체스터 문학철학회의 회원으로 활발히 활동했는데, 회원이 되기 전부터 강연이 있을 때는 주로 돌턴 옆에 가서 앉았다. 그런 만큼 과학계 전반에서 무슨 일이 벌어지고 있는지를 매우 잘 알고 있었다.

줄이 처음에 한 연구는 전자기였으며, 당시 증기기관보다 더 강력하고 효율적인 전기 모터를 발명할 생각을 품고 있었다. 이 노력은 성공을 거두지 못했지만, 덕분에 일과 에너지의 본질을 탐구하게 됐다. 1841년에는 『철학지*Philosophical Magazine*』와 맨체스터 문학철학회를 위해 전기와 열의 관계에 관한 논문을 썼다. (『철학지』에 낸 논문의 초기 형태를 왕립학회에 보냈으나 퇴짜를 맞았다. 그러나 학회는 그 대신 논문을 짤막하게 요약한 것을 실어 주었다.)

1842년에는 전국을 순회하며 열리는 영국 과학진흥협회 연차총회가 마침 맨체스터에서 개최됐고, 줄은 거기서 자신의 생각을 발표했다. 그의 나이 겨우 23세였다. 줄의 가장 중요한 연구는 그 뒤 몇 년 동안 이루어졌다. 그 과정에서 용기에 물을 채우고 교반날개를 넣어 저어 줄 때의 온도 상승을 측정하는 방법으로 일이 열로 전환된다는 것을 보여 주는 저 고전적 실험도 개발했다. 그러나 그의 연구는 약간 희한한 방식으로 세상으로 흘러 나갔다. 그는 1847년 맨체스터에서 두 차례 강연하면서 에너지 보존 법칙과 이 법칙이 물리세계에서 지니는 중요성에 관해 자세히 설명했다. 물론 줄이 알기로는 이전에 이런 일을 한 사람은 아무도 없었다. 자신의 생각을 빨리 인쇄물로 내놓고 싶은 마음에 형의 주선으로 자신의 강연 전문을 『맨체스터 쿠리어*Manchester Courier*』라는 신문에 실었으나, 독자들은 황당해 했고 과학계로는 그의 생각이 퍼져 나가지 않았다. 그러나 그해 6월 옥스퍼드에서 열린 과학진흥협회 총회에서 자신의 생각을 요약하여 발표했는데 그 중요성을 청중 중 윌리엄 톰슨이라는 22세 청년이 즉각 알아차렸다. 둘은 친구가 됐고 과학 연구에서도 협력하며 기체 이론을 연구했다. 특히 기체가 팽창할 때 온도가 낮아지는 현상을 연구했다. 이것은 줄-톰슨 효과라 부르며, 냉장고가 이 원리를 바탕으로 작동한다.

원자 가설 면에서 그는 1848년에 또 한 편의 중요한 논문을 출간했는데 이 논문에서는 기체 분자가 움직이는 평균속도를 계산했다. 수소를 서로 부딪쳐 튕기고 용기의 벽에도 부딪쳐 튕겨 나오는 작디작은 입자로 이루어져 있는 것으로 취급하면서, 각 입자의 무게와 기체가 가하는 압력을 바탕으로 온도가 화씨 60도이고 기압이 수은 30인치일 때, 다시 말해 쾌적한 실내와 비슷한 조건일 때 수소 기체 입자들은 초속 6,225.54피트 속도로 움직이고 있는 것이 분명하다고 계산했다.* 산소 분자는 수소 분자보다 16배 더 무거우므로, 질량의 제곱근분의 1이라는 관계를 적용하면 같은 조건의 보통 공기 안에서 수소 분자의 4분의 1인 초속 1556.39피트 속도로 움직인다. 기체역학에 관한 줄의 연구와 특히 에너지 보존 법칙은 1840년대 말에 이르러 널리 인정받았다. 나아가 1849년에는 이 주제에 관한 중요한 논문 한 편을 왕립학회에서 낭독 발표할 수 있었으니, 이전에 쓴 논문이 반려됐을 때의 서운함이 충분히 보상됐을 것이 분명하다. 그리고 1850년에는 왕립학회 석학회원으로 선출됐다. 30대 나이가 된 그는 흔히 그렇듯 이전에 내놓은 연구에 필적할 만한 것을 더 이상 내놓지 못했고, 이제 성화를 다음 주자인 톰슨과 제임스 클러크 맥스웰과 루트비히 볼츠만Ludwig Boltzmann(1844~1906)에게 넘겨주었다.

* 우리에게 익숙한 단위로 환산하면 온도는 섭씨 15.6도, 기압은 1기압, 속도는 초속 1,898미터 정도가 된다. 바로 다음 문장의 초속 1556.39피트는 초속 474미터다. (옮긴이)

윌리엄 톰슨(켈빈 경)과 열역학 법칙

줄이 은수저를 입에 물고 태어났고 그 결과 대학교라는 환경에서 활동한 적이 없었다면, 윌리엄 톰슨은 다른 종류의 은수저를 입에 물고 태어났고 그 결과 거의 평생을 대학교라는 환경에서 지냈다. 1824년 6월 26일 윌리엄 톰슨이 태어났을 때 아버지 제임스는 벨파스트 대학교의 전신인 벨파스트 왕립학술원의 수학교수였다. 형제자매가 여럿 있었지만 어머니는 윌리엄이 여섯 살일 때 세상을 떠났다. 역시 물리학자가 된 형 제임스James Thomson(1822~1892)와 윌리엄은 집에서 아버지로부터 교육을 받았고, 아버지 제임스 톰슨이 1832년 글래스고 대학교의 수학교수가 된 뒤 두 형제는 아버지의 대학교에서 강의를 들을 수 있도록 허락을 받았다.

윌리엄이 열 살이 된 1834년에는 입학심사를 거쳐 정식으로 대학교에 등록했는데, 학위 공부를 마치겠다는 목적보다는 강의를 듣고 있다는 사실을 공식화하려는 목적에서였다. 윌리엄은 1841년에 케임브리지 대학교로 옮겨 가서 1845년에 졸업했다. 그 무렵 이미 학술논문으로 여러 차례 상을 받았고『케임브리지 수학 저널*Cambridge Mathematical Journal*』에도 여러 차례 논문을 실은 바 있었다. 졸업한 뒤 한때 파리에서 일하면서 카르노의 연구에 대해 잘 알게 됐으나, 아버지의 간절한 소원은 뛰어난 아들이 자신과 합류하여 글래스고 대학교에서 일하는 것이었다. 그리고 1846년 글래스고에서 당시 매우 연로한 자연철학교수가 죽었을 때 아버지는 이미 윌리엄이 그 자리에 임용되게 하려고 노력하는 중이었다. 아버지 제임스 톰슨은 결국 뜻을 이루었으나 그 즐거움을 오래 누리지는 못했다. 1849년 콜레라로 죽은 것이다. 윌리엄 톰슨은 22세이던 1846년부터 1899년 75세로 은퇴할 때까지 글래스고에서 자연철학교수로 재직했다. 은퇴한 뒤에는 감각을 잃지 않으려고 대학교에 연구생으로 등록했는데, 이로써 글래스고 대학교 역사상 가장 어린 학생이자 가장 나이 많은 학생이라는 기록은 그가 차지하고 있을 것이다. 1907년 12월 17일 에어셔주 락스에서 세상을 떠났고, 웨스트민스터 수도원에서 아이작 뉴턴 곁에 묻혔다.

윌리엄 톰슨이 명성을 얻고 웨스트민스터 수도원에서 영면에 드는 영예를 누린 것은 절대로 그가 이룩한 과학적 업적 때문만은 아니다. 빅토리아 시대 영국에 그가 미친 가장 큰 영향은 응용기술을 통해서였다. 특히 대서양 횡단 전신선이 두 차례 실패로 끝난 뒤 거기 참여하여 처음으로 가동에 성공을 거두었고, 여러 종류의 특허로 큰돈을 벌었다. 당시 전신선은 21세기 초의 인터넷만큼이나 중요했고, 1866년 그가 기사 작위를 받은 데는 전신선의 성공에 기여한 공로가 크게 작용했다. 그리고 1892년 락스의 켈빈 남작 작위를 받은 것은 그가 산업 발전의 길잡이 역할을 한 덕분이었다. 켈빈이라는 이름은 글래스고 대학교 경내를 지나는 작은 강에서 따온 이름이다. 톰슨이 귀족 작위를 받은 것은 그의 중요 과학 연구가 발표되고 오랜 세월이 지난 뒤의 일이다. 그렇지만 과학계에서조차 그를 켈빈 경 또는 단순히 켈빈이라고 부르는 때가 많은데, 여기에는 그와는 아무 혈연관계가 없는 물리학자 조지프 존 톰슨Joseph John Thomson(1856~1940)과 구별하려는 이유도 있다. 그리고 절대온도 또는 열역학 온도를 나타내는 단위를 그의 이름을 따 켈빈(K)이라 부르고 있다.

다음 장에서 살펴보겠지만 톰슨은 전기와 자기 등 다른 분야에 관해서도 연구했다. 그러나 그의 가장 중요한 업적은 19세기 후반부 초기에 열역학을 하나의 과학 분야로 확립시킨 것이다. 톰슨은 주로 카르노의 연구에서 출발하여, 열은 일과 같으며 일정량의 온도 변화는 일정량의 일에 해당된다는 생각을 바탕으로 일찍이 1848년에 절대온도라는 온도 척도를 확립했다. 절대온도 자체가 이 두 가지 생각에 의해 정의되며, 그와 아울러 더 이하로 내려갈 수 없는 최저온도가 존재한다는 것이 암시된다. 이것은 계 안에서 더 이상 열을 뽑아낼 수 없기 때문에 더 이상 일을 할 수 없는 온도로서 섭씨 영하 273도에 해당하며, 오늘날 0K라고 표시한다. 비슷한 무렵 독일에서 루돌프 클라우지우스Rudolf Clausius(1822~1888)가 카르노의 생각을 다듬어 발전시키고 있었다. 카르노의 연구는 철저하게 손질할 필요가 있었는데, 열소 개념을 사용한 것도 한 가지 이유다. 클라우지우스의 연구에 관한 소식이 톰슨에게 전해진 1850년대 초에는 톰슨 역시 이미 비슷한 노선에서 연구를 진행하고 있었다. 두 사람은 제각기 또 어느 정도 독자적으로 열역학의 핵심 원리에 다다랐다.

열역학 제1법칙이라는 거창한 이름이 붙은 법칙은 그저 열은 일이라는 뜻으로, 1850년대에 이것을 하나의 자연법칙으로 규정할 필요가 있었다는 점에서 19세기에 과학이 어떻게 발달하고 있었는지를 흥미롭게 들여다볼 수 있게 해 준다. 열역학 제2법칙이 사실 훨씬 더 중요하며, 과학 전체를 통틀어 가장 중요하고 근본적인 생각이라고까지 말할 수 있다. 이것을 한 가지 방식으로 나타내 보면 열은 찬 물체로부터 더운 물체로 저절로 이동할 수 없다는 뜻이 된다. 이렇게 놓고 보면 당연하고 시시하게 들린다. 따뜻한 물에 얼음덩어리를 넣으면 따뜻한 물의 열이 차가운 얼음으로 흘러가 얼음이 녹는다. 얼음으로부터 물로 열이 흘러간다면 얼음은 더 차지고 물은 더 데워지겠지만 그런 일은 일어나지 않는다. 그렇지만 이것을 더 생생하게 표현하면 제2법칙이 어디에서나 중요하다는 사실이 더 분명해진다. 이것은 사물은 닳는다는 뜻이다. **모든 것**은 닳는다. 우주 자체도 예외가 아니다. 다른 관점에서 보면 우주 안의 무질서도는 전체적으로 언제나 증가한다는 뜻이다. 무질서도는 수학적으로 측정할 수 있는데 클라우지우스는 여기에 '엔트로피(entropy)'라는 이름을 붙였다. 외부에서 에너지가 흘러들어 오는 곳, 예컨대 태양으로부터 에너지가 흘러 들어오고 있는 지구 같은 국지적인 곳에서만 무질서도를 그대로 유지하거나 낮추는 것이 가능하다. 그러나 지구상 생물이 태양으로부터 에너지를 받아들임으로써 감소하는 엔트로피의 크기는 태양이 계속 빛나게 하는 작용이 무엇이든 그 작용과 관련하여 증가하는 엔트로피의 크기보다 작다는 것은 하나의 자연법칙이다. 이것은 영원히 계속될 수 없다. 태양으로부터 공급되는 에너지는 무진장이 아니다. 여기에 생각이 미친 톰슨은 1852년 출간된 논문에서 다음과 같이 쓰게 됐다.

> 과거의 한정된 기간 내에서 지구는, 또 미래의 한정된 기간 내에서 지구는 현재와 같은 구성 상태의 인간이 거주하기에 적합하지 않았고 또 마찬가지로 적합하지 않을 것이 분명하다. 물질세계에서 현재 일어나고 있는 것으로 알려진 작용을 지배하는 법

칙으로는 불가능한 작용이 과거에 일어났거나 앞으로 일어나지 않는 한 그렇다.

이것은 지구에 (따라서 우주에도) 명확한 시작이 있었으며 과학적 원칙을 적용하면 그 날짜를 알아낼 수 있으리라는 것을 과학에서 실질적으로 인정한 최초였다. 톰슨은 스스로 이 문제에 과학적 원칙을 적용해 보았다. 당시는 태양이 열을 생성하는 작용 중 가장 효율적인 방식은 태양이 자신의 무게 때문에 천천히 짜부라지며 중력 에너지가 조금씩 열로 전환되는 것이라고 생각했다. 그는 이 작용으로 태양이 얼마나 오랫동안 현재와 같은 정도로 열을 생성할 수 있을지를 계산하는 방법으로 태양의 나이를 계산해 냈다. 그 답은 수천만 년이었는데, 이것은 이미 1850년대에 지질학자들이 필요하다고 생각한 시간 척도와 이제 곧 진화론자들이 필요하다고 생각할 시간 척도보다 훨씬 짧은 시간이었다. 물론 이 수수께끼는 방사능이 발견되고 또 알베르트 아인슈타인이 저 유명한 방정식 $E = mc^2$을 도입하여 물질이 에너지의 한 형태라는 것을 보여 주는 연구를 내놓음으로써 해결됐다. 이 모든 것은 이 책의 뒷부분에서 논하겠지만, 지질학과 진화의 시간 척도와 당시 물리학에서 내놓은 시간 척도는 19세기 후반기 내내 서로 삐걱거리며 불협화음을 일으켰다.

톰슨은 또 이 연구 때문에 독자적으로 비슷한 결론에 다다른 헤르만 폰 헬름홀츠Hermann von Helmholtz(1821~1894)와도 마찰을 일으켰다. 두 사람의 지지자 사이에 누가 먼저냐를 두고 그다지 바람직하지 않은 논쟁이 벌어졌으나, 불운했던 마이어뿐 아니라 더욱 불운했던 존

워터스턴John Waterston(1811~1883?)이 모두 그들보다 먼저 같은 결론에 다다랐기 때문에 더욱 무의미한 논쟁이었다. 워터스턴은 스코틀랜드인으로서 에든버러에서 태어나, 잉글랜드에서 철도 토목기사로 일하다가 1839년 인도로 건너가 동인도회사의 간부 후보생들을 가르쳤다. 그는 돈을 충분히 모아 1857년 일찌감치 은퇴하여 에든버러로 돌아와 연구에 전념하기 시작했다. 물리학의 여러 영역을 연구했는데 그중 이내 열역학이라 불리게 될 분야도 포함돼 있었다. 그런데 그는 이미 오래전부터 여가 시간을 이용해 과학을 연구하고 있었고, 1845년에는 기체의 원자와 분자 사이에 에너지가 분포되는 방식은 통계학적 법칙을 따른다는 내용의 논문을 썼다. 분자가 모두 똑같은 속도를 지니는 게 아니라, 평균속도를 중심으로 통계학적 법칙에 따라 일정 범위 안의 속도를 지닌다는 내용이었다. 그는 1845년에 이 연구를 설명하는 논문을 인도에서 왕립학회로 보냈는데, 학회의 심사위원들이 논문을 이해하지 못해 헛소리라며 퇴짜를 놓았을 뿐 아니라 논문 자체를 분실하고 말았다. 논문에는 위와 같은 생각을 바탕으로 비열 등 기체의 속성을 계산한 내용도 들어 있었고 내용 역시 본질적으로 정확했다. 그러나 워터스턴은 사본을 만들어 두지 않았고 다시 쓰지도 않았다. 잉글랜드로 돌아온 뒤 그와 관련된 논문을 여러 편 쓰기는 했으나 대체로 무시됐다. 또 톰슨이나 폰 헬름홀츠보다 먼저이자 마이어와는 거의 비슷한 시기에 태양이 뜨겁게 유지되게 만드는 열이 중력 관련 작용으로 발생하고 있을지도 모른다는 생각을 해냈다. 이런 연구 어느 것도 그다지 인정받지 못하자 워터스턴은 마이어처럼 병을 얻어 우울증에 걸렸다.

그는 1883년 6월 18일 집을 나선 뒤로 다시 돌아오지 않았다. 그러나 이 이야기에는 그나마 다행이라 할 만한 결말이 있다. 워터스턴의 잃어버린 원고가 1891년 왕립학회의 수장고에서 발견돼 1892년에 출간된 것이다.

제임스 클러크 맥스웰과 루트비히 볼츠만: 분자운동론과 평균 자유행로

이 무렵은 기체를 그 속에 있는 원자와 분자의 운동 측면에서 다루는 이론인 기체 분자운동론, 그리고 통계 법칙을 적용하여 원자와 분자 집합체의 행동을 묘사하는 통계역학이 확립된 지 이미 오래된 때였다. 이런 생각을 확립하는 데 핵심적 역할을 한 두 사람은 다음 장에서 다른 맥락에서 다시 다룰 제임스 클러크 맥스웰과 루트비히 볼츠만이다. 줄이 기체 안에서 분자가 움직이는 속도를 계산한 뒤 클라우지우스는 평균 자유행로(mean free path) 개념을 도입했다.* 분자가 움직일 때 언제나 줄이 계산한 빠른 속도로만 움직이지는 않는다는 것은 명백하다. 서로 부딪쳐 온갖 방향으로 튕겨나가기 때문이다. 평균 자유행로는 분자가 충돌하기까지 이동하는 평균 거리로서 지극히 짧다. 맥스웰은 1859년 애버딘에서 열린 과학진흥협회 연차총회에서 논문을 발표했는데, 그는 몰랐지만 워터스턴이 잃어버린 논문에서 다룬 내용과 많이 비슷했다. 이번에는 과학계가 정신을 가다듬고 주의를 기울일

* 분자운동론의 초기 형태는 영국 브리스틀에서 태어난 존 헤라패스John Herapath(1790~1868)가 생각해 내 1821년에 출간했다는 사실을 언급해 둘 필요가 있다. 시대를 너무 앞서갔기 때문에 정량적으로 정확하지는 않았지만, 줄은 그의 연구를 알고 있었고 올바른 방향으로 나아가는 데 도움이 됐다.

태세가 되어 있었다. 그는 기체 속 입자의 속도가 평균치를 중심으로 어떻게 분포되어 있는지를 보여 주면서, 화씨 60도의 공기 중 분자의 평균속도를 초속 1,505피트로 계산하고 이들 분자의 평균 자유행로는 447,000분의 1인치라고 계산했다.* 다시 말해 각 분자는 초당 8,077,200,000번, 즉 초당 80억 번 넘게 충돌하는 것이다. 기체를 부드럽고 연속적인 유체라고 착각하는 것은 평균 자유행로가 이처럼 짧고 충돌이 이처럼 자주 일어나기 때문이다. 실제로는 기체 안에서 어마어마한 수의 작디작은 입자가 끊임없이 움직이고 있고 각 입자 사이는 아무것도 없이 비어 있다. 더욱 중요한 것은 열과 운동의 관계 즉 물체의 온도는 그 물체를 구성하고 있는 원자와 분자가 움직이고 있는 평균속도를 나타낸다는 것을 완전하게 이해하고 또 열소 개념을 완전히 버리게 된 계기가 바로 이 연구라는 사실이다.

맥스웰은 1860년에 이런 생각을 더욱 발전시켜, 점도라든가 앞서 살펴본 것처럼 팽창할 때 온도가 떨어지는 등 기체가 보여 주는 여러 속성을 설명하는 데 적용했다. (기체가 팽창할 때 온도가 떨어지는 것은 알고 보니 기체 안의 원자와 분자가 서로 약간 끌어당기고 있기 때문이었다. 기체가 팽창할 때는 이 인력을 극복할 만큼의 일이 이루어져야 하므로 입자들의 속도가 떨어지고 따라서 기체의 온도가 떨어진다.) 맥스웰의 생각은 오스트리아의 루트비히 볼츠만이 이어받아 더 다듬고 개선했다. 그러자 맥스웰이 다시 볼츠만의 생각을 일부 받아들여 더

* 환산하면 온도는 앞과 마찬가지로 섭씨 15.6도, 속도는 초속 459미터, 자유행로는 17,600분의 1밀리미터 정도(약 57나노미터)가 된다. (옮긴이)

욱 개선함으로써 기체 분자운동론이 만들어졌다. 이처럼 건설적으로 생각을 주고받은 결과물 하나는 맥스웰-볼츠만 분포라 부르는 통계학적 법칙으로, 기체 속 분자의 속도(또는 운동에너지)가 평균값을 중심으로 분포하는 양상을 묘사하고 있다.

볼츠만은 그 밖에도 과학에 중요한 업적을 많이 남겼다. 그러나 그가 한 가장 중요한 연구는 통계역학 분야의 연구였다. 통계역학에서는 열역학 제2법칙을 포함하여 물질의 전체적 속성을 도출할 때 그 물질을 구성하는 원자와 분자의 속성을 합친 관점에서 바라보며, 이들 원자와 분자는 본질적으로 뉴턴의 법칙인 단순한 물리 법칙과 무작위적 우연의 작용을 따른다. 오늘날 이것은 근본적으로 원자와 분자 개념에 의존하고 있는 것으로 보고 있다. 영어권 세계에서는 언제나 그렇게 보고 있었는데, 미국인 중 최초로 과학에 중요한 업적을 남긴 — 럼퍼드가 스스로 영국인이라 생각했을 경우 — 윌러드 깁스Willard Gibbs(1839~1903)의 연구를 통해 통계역학이 완전히 꽃피운 덕분이다. 그렇지만 독일어권에서는 19세기 말에 와서도 원자 가설에 반대하는 철학자들이 이런 생각을 강하게 비판했고, 심지어 빌헬름 오스트발트Wilhelm Ostwald(1853~1932) 같은 과학자들은 20세기에 들어와서까지도 원자는 가설 개념이며 화학원소로부터 관찰되는 속성을 설명할 때 도움이 되는 해석 도구에 지나지 않는다고 주장했다. 전부터 우울증을 앓고 있던 볼츠만은 자신의 연구가 정당하게 인정받지 못할 것이라고 확신했다. 그는 1898년 자신의 계산을 자세히 소개하는 논문을 출간하면서 "기체 이론이 되살아날 때 너무 많은 것이 재발견될 필요가 없도록" 해 두고 싶다며 자신의 바람을 명확히 밝혔다. 그 얼마 뒤인 1900년 자살을 시도했는데, 필시 그때가 처음이 아니었겠지만 이 사건으로 미루어 이 논문을 일종의 과학적 유서로 볼 수 있을 것이다. 그는 한동안 기운을 차린 것처럼 보였고, 1904년에 미국으로 여행을 가 세인트루이스에서 열린 세계박람회에서 강연한 다음 캘리포니아 대학교의 버클리와 스탠퍼드 캠퍼스를 방문했는데, 그곳에서 별난 행동 때문에 "어느 유명 독일인 교수의 조증에 가까운 희열과 비교적 가식적 겉치레가 섞인 행동"이라는 평을 얻기도 했다.* 이런 행동을 정신적으로 호전된 것으로 볼 수 있을지는 모르겠으나 이런 상태는 오래 가지 않았고, 결국 1906년 9월 5일 이탈리아의 트리에스테 근처 두이노에서 가족과 휴가를 보내다가 목을 매 자살했다. 애석하게도 볼츠만은 알지 못했지만, 오스트발트처럼 믿지 않는 사람들마저도 원자가 실재한다고 확신하게 만들 연구가 그 전해에 출간돼 있었다.

알베르트 아인슈타인: 아보가드로수, 브라운 운동, 하늘이 파란 이유

그 연구의 저자는 역사상 가장 유명한 특허심사원 알베르트 아인슈타인Albert Einstein(1879~1955)이었다. 그가 특허심사원이 된 사연은 잠깐 뒤 설명하기로 하고, 여기서 중요한 것은 1900년대 초 아인슈타인은 뛰어난 젊은 과학자(1905년 26세)로서, 대학 중심인 일반 학계로부터 떨어져 독립적으로 연구하면서 원자가 실재한다는 것을 증명하겠다는 집념을 가지고 있었다는 사

* 체르치냐니(Carlo Cercignani) 참조.

실이다. 그가 나중에 『자전적 노트*Autobiographical Notes*』*에 적은 대로 당시 그의 관심사는 "명확하게 한정된 크기를 지니는 원자가 존재한다는 것을 최대한 입증할 수 있는" 증거를 찾는 데 초점을 맞추고 있었다. 이 연구는 아인슈타인이 박사 학위를 얻으려는 맥락에서 진행하고 있었는데, 20세기 초에 이르러 박사 학위는 이미 과학자의 생계 수단으로 간주되고 있었고 대학교 연구직을 얻으려는 사람이라면 누구나 반드시 갖춰야 하는 조건이 되어 있었다. 아인슈타인은 1900년 취리히의 스위스 연방 공과대학교를 졸업했다. 그러나 졸업시험 성적이 좋았는데도 불구하고 그곳 교수들은 그의 태도를 그리 좋아하지 않았다. 그를 가르쳤던 헤르만 민코프스키Hermann Minkowski(1864~1909)가 젊은 아인슈타인을 두고 "수학에 신경도 쓰지 않는 게으른 녀석"이라고 표현할 정도였다. 그래서 그는 그곳의 조수 일자리를 얻을 수 없었고 초급 학문직을 얻기 위한 적당한 추천서도 받아 낼 수 없었다. 그래서 여러 가지 단기직과 시간제 일자리를 전전한 끝에 1902년 베른에서 특허사무국 직원이 됐다. 과학 문제를 연구하는 데 시간을 많이 보냈는데, 여가 시간뿐 아니라 특허 신청서를 살펴보아야 할 근무 시간에도 그랬다. 그 결과 1900년부터 1905년까지 논문을 여러 편 출간했다. 그러나 그에게 가장 중요한 일은 박사 학위를 받아 학문직으로 들어갈 길을 다시 뚫는 것이었다. 연방 공과대학교는 자체적으로 박사 학위를 주지는 않았지만, 졸업생이 취리히 대학교에 박사 학위 논문을 제출하여 승인받을 수 있는 제도

* 폴 실프(Paul A. Schilpp)가 편역한 영어판이 출간돼 있다. *Albert Einstein: Autobiographical Notes*, Open Court, La Salle, Illinois, 1979.

가 마련돼 있었으므로 아인슈타인도 이 길을 택했다. 한 차례 논문을 작성했다가 결국 제출하기 않기로 한 뒤, 1905년에는 취리히의 심사위원들을 완전히 만족시키게 될 논문을 완성했다.* 이것은 그가 원자와 분자가 실재한다는 것을 추호의 의심도 남김없이 입증한 논문 두 편 중 첫 논문이었다.

원자 가설을 받아들인 과학자들은 이 작은 입자의 크기를 추정해 낼 개략적이고 손쉬운 방법을 이미 여러 가지 찾아낸 상태였으며, 그 처음은 1816년 토머스 영의 연구로 거슬러 올라간다. (영에 관해서는 이 책의 11장에서 더 자세히 다룬다.) 영은 액체의 표면장력을 연구하여 그것을 바탕으로 물 분자의 크기를 추정해 낼 방법을 생각해 냈다. 표면장력이란 컵에 담은 물에 강철 바늘을 잘 놓으면 바늘이 물에 '떠' 있게 만드는 표면의 탄성을 말한다. 표면장력은 분자 개념으로 보면 설명이 가능한데, 액체 안의 분자가 서로 끌어당기기 때문이다. 말하자면 끈끈하다고 할 수 있을 것이다. 액체 덩어리 안쪽에서는 이 인력이 사방으로 똑같이 느껴지지만, 표면에서는 그 위쪽에서 끌어당길 이웃 분자가 없으므로 인력이 옆쪽과 아래쪽 방향으로만 작용하면서 액체 표면에 탄성이 있는 단단한 막이 만들어진다. 영은 이때 생기는 장력의 강도는 인력이 미치는 범위와 연관돼 있는 것이 분명하다고 판단하고 그 범위는 일단 분자의 크기와 같을 것으로 보았다. 그는 측정한 표면장력을 바탕으로 "물 입자"의 크기

* 훗날 아인슈타인은 심사위원들이 자기 논문에 대해 내놓은 반론은 딱 하나, 논문이 너무 짧다는 것뿐이었다는 이야기를 사람들에게 곧잘 들려주며 즐거워했다. 그래서 문장 하나를 추가했더니 통과됐다고 주장했다. 아마도 이 이야기는 약간의 양념이 곁들여진 것으로 받아들여야 할 것이다.

는 "20억 내지 100억 분의 1인치"일 것으로 계산했다. 이것은 5억 내지 25억 분의 1밀리미터에 해당하며, 오늘날의 계산 결과보다 열 배 정도밖에 크지 않다. 워털루 전투 바로 다음 해에 이룩한 업적치고는 인상적이지만, 믿지 않는 사람들을 개종시킬 만큼 정확도 면에서도 설득력 면에서도 충분하지 않았다.

19세기 후반에 더 정확한 추정이 여러 차례 더 있었으나 그중 한 가지 예만 살펴보면 충분할 것이다. 1860년대 중반 오스트리아의 화학자 요한 요제프 로슈미트Johann Josef Loschmidt(1821~1895)*는 원리 면에서 놀라울 정도로 간단한 기법을 사용했다. 그는 액체에서 모든 분자는 빈 공간이 없이 이웃 분자와 닿아 있으며 따라서 액체의 부피는 그 속에 있는 분자 전체의 부피와 같다고 주장했다. 같은 양의 액체를 증발시켜 기체로 만들면 분자 전체의 부피는 똑같지만 그 사이에 빈 공간이 있다. 측정 가능한 기체의 압력과 아보가드로수와 연관된 평균 자유행로를 계산함으로써 기체의 얼마만큼이 실제로 빈 공간인지를 알아낼 독자적 방법을 찾아낸 것이다. 발상은 훌륭했지만 1860년대에 질소 같은 기체를 액화하기는 쉽지 않았고, 그래서 액화 기체의 밀도 즉 주어진 질량의 부피를 여러 가지 방법으로 추산해 내야 했다. 그럼에도 불구하고 로슈미트는 두 가지 계산을 종합하여 공기 분자의 크기는 수백만 분의 1밀리미터이며 아보가드로수는 0.5×10^{23}(5 뒤에 0이 22개) 정도라고 계산했다. 그는

* 로슈미트는 훨씬 더 유명해질 기회를 아슬아슬하게 놓쳤다. 유기분자의 구조에 관한 중요한 생각을 독자적으로 많이 해냈지만, 연구 내용을 1861년 개인적으로 배포된 소책자에만 출판했기 때문이다. 그래서 1860년대 중반에 케쿨레가 그와 비슷한 생각을 발표했을 때 로슈미트의 연구가 간과됐다.

또 기체 연구에 중요한 또 한 가지 수를 정의했다. 그것은 표준 온도 압력 조건*에서 기체 1세제곱미터 안에 들어 있는 분자의 개수이다. 아보가드로수와 관계가 있는 이 수는 오늘날 로슈미트수라 불리며, 현대의 측정치는 2.686763×10^{25}이다.

그렇지만 아인슈타인이 논문에서 분자의 크기를 알아내는 문제를 다룰 때는 기체가 아니라 용액을 사용했다. 구체적으로 말해 물에 설탕을 녹인 용액 즉 설탕물이었다. 또 19세기 후반부까지 열역학에 관해 알려진 내용도 사용했다. 용액 속의 분자는 어느 면에서 기체 분자와 매우 비슷하게 행동한다는 것을 처음 알게 되면 어느 정도 뜻밖이라는 생각이 들지만 그럼에도 사실이다. 아인슈타인은 이것을 활용할 때 삼투라는 현상을 동원했다. 물이 반쯤 채워진 용기를 생각하자. 용기 한가운데에 물 분자만 통과할 수 있는 크기의 구멍들이 뚫린 칸막이가 있다. 평균적으로 보면 각 방향으로 매초 같은 수의 분자가 이 칸막이를 통과할 것이며, 칸막이 양쪽의 액체는 같은 수위를 유지할 것이다. 이제 칸막이의 한쪽에 설탕을 넣어 용액을 만든다. 설탕 분자는 물 분자보다 훨씬 크기 때문에 반투과성 막으로 된 칸막이를 통과하지 못한다. 칸막이 양쪽 액체는 수위가 어떻게 될까? 이 문제를 처음 접하는 사람은 대부분 설탕을 녹인 쪽의 압력이 높아질 것이므로 물 분자를 반투과성 막 저편으로 더 많이 밀어내 설탕이 없는 쪽의 수위가 높아질 것이라고 생각한다. 실제로는 열역학 제2법칙에 따라 그 반대의 결과가 나타난다.

* 여기서 표준 온도 압력은 섭씨 0도, 1기압인 상태를 말한다. (옮긴이)

간단히 말해 열역학 제2법칙은 열이 더 더운 물체로부터 더 찬 물체로 흘러간다는 것으로, 이것은 우주 안의 모든 높낮이 차이가 평탄해지려는 경향이 있다는 것을 보여 주는 구체적 예다. 그래서 모든 것이 닳는 것이다. 예를 들면 열은 우주 전체의 온도 차이가 평탄해지려는 경향에 따라 뜨거운 별에서 나와 차가운 우주 공간으로 들어간다. 명확한 패턴이 있거나 어렴풋한 패턴이라도 있는 계는 패턴이 전혀 없는 계보다 질서도가 더 높고 따라서 엔트로피가 더 낮다. 흑과 백의 체스판은 회색으로 균일하게 칠한 판보다 엔트로피가 더 낮다. 제2법칙은 "자연은 차이를 혐오한다"는 말로도 표현할 수 있을 것이다. 그러므로 방금 설명한 예에서 물은 반투과성 막을 통과하여 **용액 안으로** 들어가 설탕 용액의 농도를 희석시키고, 그럼으로써 칸막이 반대편에 남아 있는 순수한 물과 농도 차이가 덜 나게 만든다. 설탕이 있는 쪽의 수위는 실제로 더 **높아지고** 순수하게 물만 있는 쪽은 **낮아진다**. 이것은 칸막이 한쪽에 있는 용액과 반대쪽에 있는 물의 높이차로 인한 압력이 물이 반투과성 막을 통과하려는 힘 즉 삼투압과 균형을 이룰 정도로 높아질 때까지 계속된다. 따라서 이 계가 평형을 이루었을 때 수위차를 재기만 하면 이때의 삼투압을 알아낼 수 있다. 삼투압 자체는 용액 속에 들어 있는 용질의 분자 수 즉 이 경우에는 설탕 분자 수에 따라 결정된다. 용액의 농도가 높을수록 삼투압이 크다. 분자의 크기는 분자들이 실제로 차지하고 있는 용액 부피를 나눔으로써 계산이 가능하다. 그리고 분자의 평균 자유행로가 다시 한번 필요해지는데 분자가 반투과성 막을 통과하여 확산되는 속도와 관계가 있기 때문이다. 아인슈타인은 내용을 약간 개정하여 1906년에 출간한 논문에서 이 모든 것을 취합하여, 아보가드로수는 2.1×10^{23}이고 물 분자의 지름은 수천만 분의 1밀리미터일 것이 분명하다고 계산했다. 더 정확한 실험으로 얻은 자료를 수록한 1906년 판 논문에서는 아보가드로수를 더 정밀하게 계산하여 4.15×10^{23}이라는 결과를 내놓았고, 1911년에 이르러서는 6.6×10^{23}이라는 결과를 내놓았다. 그러나 이 무렵 다른 사람들이 아인슈타인이 쓴 또 하나의 중요한 논문을 바탕으로 실험한 결과 아보가드로수를 상당히 정확하게 내놓은 상태였다.*

"명확하게 한정된 크기를 지니는 원자가 존재한다는 것을 최대한 입증할 수 있는" 증거를 내놓는다는 목적으로 쓴 또 한 편의 연구는 1905년에 완성되어 출간됐다. 이 연구는 무슨 일이 벌어지고 있는지를 물리적으로 훨씬 더 단순한 이미지로 보여 주었는데, 이것은 이 연구가 원자가 실재한다고 믿지 않은 마지막 사람들마저 설득하는 데 결국 성공한 결정적 증거가 된 한 가지 이유다. 그러나 이 연구에서는 또 그 뒤로 수십 년 동안 물리학의 여러 영역에서 깊은 타당성을 지니게 될 통계적 기법도 도입했다.

고전이 된 아인슈타인의 이 논문은 브라운 운동이라는 현상을 다루었다. 다만 그는 브라운 운동을 설명할 생각으로 이 논문을 쓴 게 아니라, 그가 문제를 풀 때 주로 취하는 방법 그대로 먼저 기본 원리들을 바탕으로 원자와 분자의 존재를 눈으로 볼 수 있을 만큼 큰 척

* 아보가드로수를 알고 또 예컨대 같은 질량의 물질이 액체 상태일 때와 기체 상태일 때의 상대적 부피를 알면 분자의 크기를 자동적으로 계산해 낼 수 있다는 사실을 여기서 다시 한번 짚어 두는 것이 좋겠다. 따라서 아보가드로수를 측정한다는 말은 분자의 크기를 측정한다는 뜻으로 받아들인다.

도로 나타낼 방법을 생각하고, **그런 다음** 자신이 방금 설명한 것이 이미 알려져 있는 현상과 같은 것일 수 있다고 말했다. 그는 논문 첫머리에서 자신의 입장을 분명하게 밝혔다.

> 이 논문에서는 열의 분자운동론에 따라, 현미경으로 볼 수 있는 크기의 물체가 액체 속에 떠 있을 때 열 분자운동 때문에 현미경으로 쉽게 관찰할 수 있는 규모로 운동이 일어난다는 것을 보여줄 것이다. 여기서 다룰 운동은 소위 브라운 분자운동과 동일한 것일 가능성이 있다. 그렇지만 후자에 대해 입수할 수 있는 자료가 너무나 부정확하기 때문에 나로서는 이에 관해 판단을 내릴 수 없었다.*

브라운 운동은 1827년 현미경으로 꽃가루를 관찰하다 이 현상을 발견한 스코틀랜드인 식물학자 로버트 브라운Robert Brown(1773~1858)의 이름을 땄다. 꽃가루는 일반적으로 지름이 200분의 1밀리미터가 되지 않는데, 그는 꽃가루가 물속에 떠 있을 때 지그재그로 왈칵왈칵 움직이며 다니는 것을 보았다. 처음에는 꽃가루가 살아 있어서 물에서 헤엄치고 다니는 것처럼 보였다. 그러나 무엇이든 작디작은 입자가 물속(이나 공기 중)에 떠 있으면 같은 방식으로 움직인다는 것이 이내 분명해졌다. 공중에 떠 있는 연기 입자처럼 생물과 아

* 스태철(John Stachel)이 엮은 『아인슈타인의 경이로운 해*Einstein's Miraculous Year*』에서 가져왔다. 이 책에는 아인슈타인이 1905년에 쓴 고전적 논문이 모두 주석과 함께 영문으로 수록돼 있다.

무 관련이 없는 것이 분명한 입자도 마찬가지였다. 1860년대에 원자 가설이 힘을 얻어가는 동안 이 운동은 분자가 꽃가루에 부딪치는 것이 원인일 것이라는 의견을 내놓은 사람들이 다수 있었다. 그러나 개개의 분자가 꽃가루 입자에 눈에 띄는 수준의 충격을 주려면 분자가 꽃가루 크기의 적어도 몇 분의 1에 해당하는 크기여야 하는데 이것은 말이 되지 않는 것이 분명했다. 그 뒤 19세기에 프랑스의 물리학자 루이조르주 구이Louis-Georges Gouy(1854~1926)와 잉글랜드의 윌리엄 램지William Ramsay(1852~1916)가 브라운 운동은 통계적으로 설명하는 방법이 더 나을 거라는 의견을 각기 독자적으로 내놓았다. 물속이나 공중에 떠 있는 입자가 평균적으로 사방에서 많은 수의 분자로부터 끊임없이 충격을 받고 있다면 이 입자가 느끼는 힘은 모든 방향에서 똑같을 것이다. 그러나 때때로 그야말로 우연히 한쪽 방향으로 때리는 분자가 많으면 이 입자는 압력이 강한 방향과는 반대 방향으로 왈칵 움직일 것이다. 그러나 이들은 이 생각을 세밀하게 파고들지 않았고, 그래서 아인슈타인은 이와 비슷한 생각을 제대로 된 통계학적 방식으로 전개하면서도 이전에 나온 이 의견에 대해 몰랐을 것이 거의 확실하다. 아인슈타인은 연구하고 있는 주제에 관해 이전에 출간된 문헌을 철저히 조사하지 않은 채 기본 원리들을 바탕으로 직접 논리를 풀어 나가는 것으로 악명이 높았다.

아인슈타인의 논문이 그렇게나 큰 영향을 준 이유는 정확히 말해 그것이 정확하기 때문이었다. 다루고 있는 문제를 수학적으로 또 통계학적으로 정확하게 설명했다. 가해지는 압력이 모든 방향에서 평균적으로 똑같기 때문에 꽃가루는 가볍게 흔들리며 대체로 그 자리에 머물러 있어야 한다는 생각이 들지도 모른다. 그러나 왈칵 움직일 때마다 그것은 무작위이고, 그래서 꽃가루가 한 방향으로 왈칵 움직이고 난 다음에는 같은 방향으로 다시 움직이거나 이전 자리로 돌아가거나 다른 어떤 방향으로 움직일 확률은 똑같다. 그 결과 꽃가루는 지그재그로 움직이게 되고, 출발점으로부터 꽃가루가 있는 지점까지의 직선거리는 언제나 최초 충격으로부터 흐른 시간의 제곱근에 비례한다. 이것은 측정을 어디에서 시작하든, 어떤 충격을 첫 충격으로 보든 똑같다. 이 과정은 오늘날 '무작위 행보(random walk)'라 하며, 아인슈타인이 풀어낸 그 이면의 통계학은 예컨대 방사성 원소의 붕괴를 묘사할 때 중요한 것으로 드러난다.

아인슈타인은 '분자운동론'을 바탕으로 수치를 계산해 내 예측을 내놓았는데, 어떤 현미경학자든 브라운 운동을 충분히 세밀하게 관찰해 낼 능력이 되는 사람이라면 관찰을 통해 검증할 수 있었다. 아인슈타인은 아보가드로수, 분자들이 움직이는 속도, 브라운 운동을 통해 입자들이 출발 지점으로부터 멀어지는 측정 가능한 속도를 연관 짓는 방정식을 생각해 냈다. 그는 아보가드로수의 값을 6×10^{23}으로 놓고, 지름이 1,000분의 1밀리미터인 입자가 섭씨 17도의 물속에 떠 있을 때 1분 동안 6,000분의 1밀리미터만큼 움직일 것으로 예측했다. (이 입자는 4분이면 그 거리의 두 배를, 16분이면 네 배를 움직일 것이다. 그리고 여기서 사용한 아보가드로수는 요술처럼 나온 게 아니라 그가 1905년에 진행하고 있던 또 다른 연구를 바탕으로 한 것이다. 이에 대해서는 나중에 더 자세히 다루기로 한다.) 이처럼 느린 움직임을 그 정도로 정밀하게 측정하는 난제에 도전한 사람은 프랑스의 장 페랭Jean

Perrin(1870~1942)이었다. 그는 1900년대 말에 자신의 측정 결과를 출판했고, 이에 아인슈타인은 그에게 즉시 다음과 같은 편지를 썼다. "저라면 브라운 운동을 그렇게나 정밀하게 조사하기는 불가능하다고 생각했을 겁니다. 교수님이 연구해 주신 건 이 주제에게는 정말 행운입니다." 그리고 페랭은 이 연구로 1926년 노벨상을 받았는데, 이것을 보면 원자와 분자의 존재를 입증한 이 증거가 당시 얼마나 중요했는지 알 수 있다.

그러나 아인슈타인 자신으로서는 원자가 존재한다는 증거를 찾아내는 일과 아보가드로수를 알아내기 위한 노력을 끝내기까지 아직 갈 길이 많이 남아 있었다. 1910년 10월에는 하늘의 파란색은 공기 중의 기체 분자 때문에 빛이 산란하기 때문임을 설명하는 논문을 썼다. 파란색 빛은 빨간색이나 노란색 빛보다 이런 식으로 더 쉽게 산란하는데, 이 때문에 태양으로부터 오는 파란색 빛은 하늘 전체에 걸쳐 이 분자에서 저 분자로 반사된 끝에 모든 방향에서 우리에게 다가온다. 반면 태양으로부터 직접 오는 빛은 주황색이다. 일찍이 1869년 존 틴들John Tyndall(1820~1893)은 이런 식의 빛의 산란을 논한 적이 있지만 그는 공중의 먼지 입자가 빛에 미치는 효과 측면에서 설명했다. 먼지에 의한 산란에서는 햇빛으로부터 파란색이 더 많이 제거되며, 해가 뜨거나 질 때 더 빨갛게 보이는 것은 이 때문이다. 그 밖에 하늘이 파랗게 보이는 것은 공기 중에 떠 있는 먼지가 아니라 공기 분자 때문이라고 정확히 판단한 과학자들도 있었지만, 하늘의 파란색을 또 다른 방법으로 이용하여 아보가드로 상수를 계산해 내는 동시에 원자와 분자가 존재한다는 것을 뒷받침하는 증거를 — 1910년에는 더 증거가 필요하지는 않았지만 — 제시한 사람은 아인슈타인이었다.

그렇지만 이 연구가 매력적이기는 해도 아인슈타인을 유명하게 만든 다른 연구에 비하면 그 빛을 잃는다. 그 연구 역시 빛을 다루지만 훨씬 더 근본적 방식으로 다룬다. 특수상대성이론을 올바른 맥락에서 살펴보려면 시간을 거슬러 올라가 19세기에 빛의 본질에 대한 이해가 어떻게 발전했는지, 그리고 그것이 과학에서 가장 신성시되는 법칙 즉 뉴턴의 운동 법칙을 수정할 필요가 있다고 아인슈타인이 판단하게 된 원인과 어떤 관계가 있는지 살펴볼 필요가 있다.

11
빛이 생겨라!

18세기 말까지는 빛을 입자의 흐름으로 보는 뉴턴의 관점이 경쟁 관계에 있는 빛의 파동 모델보다 우세했다. 여기에는 입자 모델이 정말로 파동 모델보다 낫다는 어떤 증거가 있어서라기보다 과학의 현인이라는 지위에 있던 뉴턴의 영향이 크게 작용했다. 그러나 그로부터 100년 정도가 지나는 동안 빛에 관한 새로운 이해가 발달하면서 먼저 뉴턴이라 해도 견해에 잘못이 없을 수는 없다는 것이 입증됐고, 이어 20세기 초에는 그의 운동 법칙조차 역학의 결정판이 아니라는 것이 입증됐다. 뉴턴의 영향은 이런 면에서 정말로 발전을 가로막고 있었던 셈인데, 앞서 언급한 하위헌스의 연구와는 완전히 별개로 18세기 말에 이르러 좀 더 열의를 가지고 파고들었다면 파동 모델이 실제보다 20년 정도는 일찍 확립되게 됐을 관찰 결과가 많이 나왔기 때문이다. 실제로 뉴턴이 등장하기 전에도 빛이 파동처럼 움직인다는 증거가 얼마간 있었다. 다만 이 연구의 의미를 당시에는 널리 이해하지 못했을 뿐이다. 이것은 이탈리아의 물리학자 프란체스코 그리말디Francesco Grimaldi(1618~1663)가 내놓은 연구였다. 그는 볼로냐의 예수회 대학 수학교수로서, 뉴턴이 훗날 했던 것과 마찬가지로 작은 구멍을 통해 광선이 어두운 방 안으로 들어가게 하는 방법으로 빛을 관찰했다. 그는 이렇게 통과한 광선이 작은 구멍을 하나 더 통과하여 화면에 다다를 때 화면에 생기는 빛의 점 가장자리에 색이 나타나고 또 이 점의 크기가 빛이 구멍을 통해 직선으로 이동한다고 할 때보다 약간 더 크다는 것을 알아냈다. 그리고 빛이 구멍을 통과할 때 약간 바깥으로 휘었다고 (정확하게) 결론을 내리고 이 현상에 '회절(diffraction)'이라는 이름을 붙였다. 또 예컨대 칼날 같은 작은 물체를 광선 안에 두면 그 물체 윤곽을 따라 빛이 회절하여 그림자 안으로 스며들면서 물체의 그림자 윤곽에 색이 나타나는 것도 알아냈다.* 이것은 빛이 파동으로 움직인다는 직접적 증거이며, 같은 종류의 회절 효과를 바다나 호수의 파도가 장애물이나 좁은 틈을 지나갈 때 볼 수 있다. 그러나 빛의 경우에는 파장이 너무나 짧기 때문에 그 효과가 지극히 작아서 매우 세밀하게 측정해야 찾아낼 수 있다. 그리말디의 연구는 그가 죽고 2년이 지난 뒤에야 『빛, 색, 무지개에 관한 물리수학 *Physico-mathesis de lumine, coloribus, et iride*』이라는 책으로 출판됐다. 이 책이 사후에 나왔으므로 그는 자신의 생각을 널리 알리거나 옹호할 수 없었고, 당시 이 책이 눈에 띄었던 소수의 인물들은 그의 결과를 확인하기 위해 필요한 정교한 실험을 해낼 수 없었거나 해낼 마음이 없었을 것이다. 이 책을 읽은 사람 중 어쩌면 당연히 그 의미를 깨달았어야 할 사람이 있었는데 그는 바로 뉴턴이었다. 뉴턴은 그리말디가 죽었을 때 21세였다. 그러나 그는 관

* 가장자리에서 무지개색이 나타나는데, 그것은 빛이 휘는 정도가 파장에 따라 다르고 파장에 따라 색이 다르기 때문이다.

찰되는 현상을 반사로도 굴절로도 설명할 수 없다는 그리말디의 증거가 가지고 있는 힘을 제대로 이해하지 못한 것으로 보인다. 궁극적으로 부질없는 일이기는 하지만, 뉴턴이 그리말디의 책을 읽고 파동 모델로 돌아섰더라면 과학이 어떻게 전개됐을까 궁금해지는 것은 어쩔 수 없다.

되살아난 빛의 파동 모델

1727년 뉴턴이 죽은 뒤로 18세기가 끝날 때까지 빛의 입자 모델이 사람들의 사고를 지배하기는 했으나 그 대안을 생각해 본 사람들이 있었는데, 그 대표적 인물은 앞서 언급한 스위스인 수학자 레온하르트 오일러Leonhard Euler(1707~1783)였다. 오일러는 주로 순수 수학에 관한 연구로 알려져 있다. 그는 수학 연구에서 최소작용의 원리라는 생각을 전개했다. 이것은 자연은 게으르다는 것과 같은 말로, 그 한 가지 현상은 빛은 최단 경로인 직선을 따라 이동한다는 것이다. 이것이 조제프 라그랑주Joseph Lagrange(1736~1813)의 연구에서 길잡이가 되어 주었고, 라그랑주의 연구는 다시 20세기에 양자세계를 수학적으로 묘사하기 위한 기반이 되어 주었다. 앞서 언급한 바와 같이 오일러는 π, e, i 같은 수학 기호를 도입한 사람이자 태양을 직접 쳐다볼 때의 위험을 보여준 전형적인 사례가 되기도 했다. 그는 1733년 상트페테르부르크에서 수학교수로 있던 당시 이 어리석은 행동 때문에 오른쪽 눈의 시력을 잃었다. 엎친 데 덮친 격으로 1760년대 말 백내장 때문에 왼쪽 눈의 시력마저 잃었다. 그러나 이런 어떤 시련도 그가 수학에서 비범한 성과를 내는 데는 조금도 걸림돌이 되지 않았다.

오일러는 빛 모델을 1746년에 출판했다. 훗날 예카테리나 2세의 초청으로 상트페테르부르크로 돌아가 그곳에서 생을 마감했지만, 이때는 베를린에서 프리드리히 대제의 프로이센 과학원에서 일하고 있었다. 오일러의 논거가 설득력을 지니는 데는 파동 모델을 뒷받침하는 증거를 자세히 설명할 뿐 아니라, 입자 이론으로는 회절을 설명하기가 어렵다는 점을 비롯하여 입자 모델의 문제점을 모두 꼼꼼하게 열거한 것이 크게 작용한다. 특히 빛 파동과 소리 파동의 비슷한 점을 지적했고, 1760년대에 쓴 어느 편지에서는 태양광과 "에테르의 관계는 소리와 공기의 관계와 같다"고 말하면서 태양을 "빛이 울려 퍼지는 종"이라고 묘사했다.* 이 비유는 생생하기는 하지만 어떻게 보아도 불완전하며, 18세기 중반에 이르러서도 파동 모델이 가야 할 길이 얼마나 멀었는지를 보여 준다. 19세기에 더 나은 실험 기법이 개발되어 이 문제를 의심의 여지없이 정리할 때까지 빛의 본질에 대한 물리학계의 관점이 요지부동이었다는 것은 사실 그리 뜻밖이랄 수도 없다. 그러나 관점을 바꾸는 데 중요한 역할을 한 최초의 인물은 오일러가 세상을 떠난 1783년에 이미 열 살이 되어 있었다.

토머스 영: 이중 실틈 실험

토머스 영Thomas Young(1773~1829)은 1773년 6월 13일 영국 서머싯주 밀버턴에서 은행가의 아들로 태어났다. 두 살 때 영어를 읽고 여섯 살 때 라틴어를 읽은 신동이었으며, 금세 그리스어, 프랑스어, 이탈리아어, 히브리어, 칼데아

* 자이언츠(Zajonc)를 재인용.

어, 시리아어, 사마리아어, 아라비아어, 페르시아어, 터키어, 에티오피아어를 차례로 배웠다. 이 모든 것을 익혔을 때 16세였다. 부유한 집안 출신인 만큼 대체로 하고 싶은 대로 할 수 있었고, 어릴 때도 청소년일 때도 공식 교육은 거의 받지 않았다. 그럴 필요가 없는 것이 확실했다. 익힌 언어들에서 짐작할 수 있겠지만 그는 스스로 광범위한 분야를 공부하면서 일찍부터 중동 지역의 고대사와 고고학에 대한 관심이 싹텄으나, 그 밖에도 물리학, 화학을 비롯하여 매우 다양하게 배웠다. 19세 때 유명한 의사인 외종조부 리처드 브로클스비Richard Brocklesby(1722~1797)의 영향을 받아 의학 공부를 하기 시작했는데, 런던에서 외종조부가 운영하는 의원에서 의사로 일하다가 나중에 그 뒤를 이을 생각이었다. 런던과 에든버러에서 공부한 다음 독일 괴팅겐에서 의학박사 학위를 받고 몇 달 동안 독일을 여행한 뒤, 외종조부가 죽은 직후부터 한동안 케임브리지에서 지냈다. 의과대 1학년일 때 눈이 초점을 맞출 때 근육에 의해 수정체의 모양이 바뀌는 메커니즘을 설명하고, 그 결과 21세라는 나이로 왕립학회 석학회원으로 선출됐으므로 이 무렵 이미 과학계에서 잘 알려져 있었다. 케임브리지 대학교의 이매뉴얼 칼리지에서 2년을 지내는 동안 다재다능한 면모 때문에 '비범한 영'이라는 별명을 얻었다. 그러나 리처드 브로클스비는 영에게 자신의 런던 집과 큰 재산을 남겼고, 그래서 1800년 이제 27세가 된 젊은 영은 런던으로 돌아가 의사 일을 하기 시작했고 1811년부터는 성조지 병원의 의사가 됐다. 1829년 5월 10일 죽을 때까지 평생 동안 의료계에 몸담고 있었으나, 그렇다고 해서 그 때문에 과학의 광범위한 분야에서 중요한 업적을 계속 남기는 데 방해를 받은 것은 아니다. 그렇지만 그에게 흠잡을 구석이 없는 것은 아니다. 1801년부터 1803년까지 왕립연구소에서 강연을 했는데 이것은 성공을 거두지 못했다. 청중 대다수가 이해하지 못할 수준이었기 때문이다.

수많은 관심사 중에서도 영은 난시가 각막의 곡률이 고르지 못한 것이 원인이라고 정확히 설명했고, 색을 볼 수 있는 것은 빨간색, 초록색, 파란색이라는 빛의 3원색이 눈 속에 있는 각 색의 수용체에 복합적으로 작용하기 때문임을 제대로 이해한 (그럼으로써 색맹은 이런 수용체 중 한 가지 이상에 문제가 있기 때문이라는 것을 설명한) 최초의 인물이었으며, 앞 장에서 살펴본 것처럼 분자의 크기를 추산했고, 왕립학회의 해외 담당 간사로 일했다. 그리고 로제타석* 해석에 주도적 역할을 맡았으나 그 즉시 공로를 완전히 인정받지는 못했다. 관련 연구가 1819년 익명으로 출간됐기 때문이었다. 그러나 여기서 우리에게 중요한 것은 오늘날 영을 유명하게 만든 빛 실험으로, 빛이 파동으로 이동한다는 것을 증명한 실험이다.

영은 1790년대 말 케임브리지에 있을 때 빛의 간섭 현상을 가지고 실험하기 시작했다. 1800년에는 저서 『소리와 빛에 관한 실험 탐구 개요 *Outlines of Experiments and Enquiries Respecting Sound and Light*』에서 서로 경쟁 관계에 있는 뉴턴과 하위헌스 모델을 비교한 다음 자신은 하위헌스의 파동 모델을 지지한다고 '공개선언'하면서, 빛의 여러 색

* 고대 이집트에서 만들어진 비석의 일부분으로, 1799년 이집트의 로제타에서 발견됐다. 이 돌에는 동일한 내용이 이집트 상형문자, 이집트 민중문자, 고대 그리스 문자로 새겨져 있다. (옮긴이)

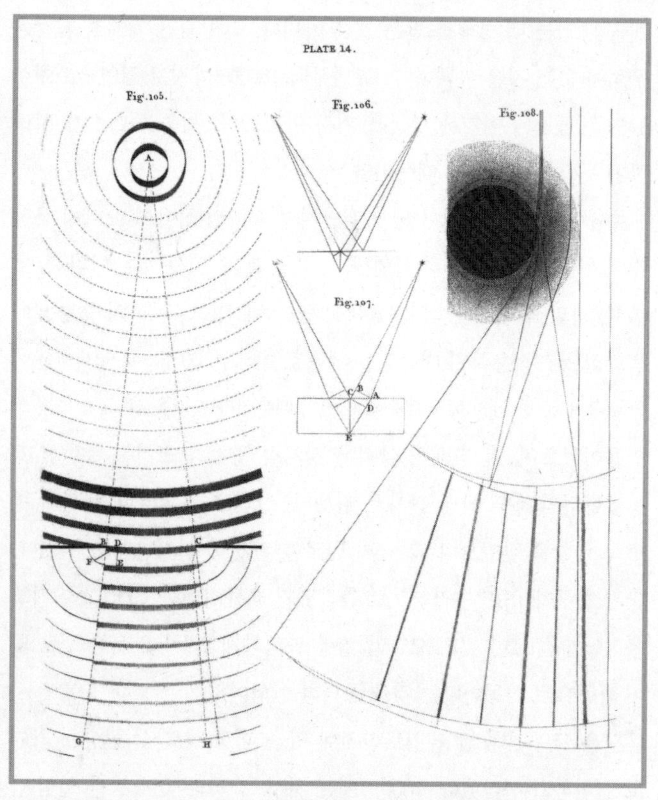

32. 빛의 파동이 전파되는 방식을 보여 주는 영의 그림. 영의 『자연철학과 역학에 관한 강좌 *A Course of Lectures on Natural Philosophy and the Mechanical Arts*』(1807)에서.

은 각기 파장이 다르다는 의견을 내놓았다. 1801년에는 빛의 파동에서 일어나는 간섭에 관한 생각을 발표함으로써 이 논쟁과 관련하여 중요한 업적을 남겼다. 이것은 예컨대 잔잔한 호수에 돌멩이 두 개를 서로 다른 곳에 동시에 던질 때 연못에 생기는 파동이 서로 간섭하여 복잡한 파동 무늬를 만드는 것과 완전히 똑같았다. 영은 먼저 간섭을 가지고 설명하면 예컨대 뉴턴 고리 등 뉴턴이 직접 관찰한 현상을 설명할 수 있다는 것을 설명한 다음, 뉴턴 자신의 실험 결과를 이용하여 빨간빛은 파장이 (오늘날의 단위로) 6.5×10^{-7}미터, 보랏빛은 4.4×10^{-7}미터라고 계산해 냈다. 이 수치는 현대의 측정치와 잘 일치하는데, 이것을 보면 뉴턴이 얼마나 뛰어난 실험가이며 영이 얼마나 뛰어난 이론가였는지 알 수 있다. 그런 다음 영은 그의 이름이 붙은 실험인 '영의 이중 실틈 실험(이중 슬릿 실험)'을 고안하여 실행에 옮겼다.

이중 실틈 실험에서는 카드에 뚫은 실오라기 같은 틈으로 빛을 통과시킨다. '실오라기 같은 틈'은 빛의 파장 정도의 틈이라는 뜻으로 약 100만 분의 1미터 크기를 말한다. 따라서 면도칼로 만든 틈이면 적당하다. 그리고 반드시 그럴 필요는 없지만 순수한 빛 즉 단일 파장인 빛이 이상적이다. 틈을 통과한 빛은 퍼지면서 비슷한 틈 두 개를 평행하게 뚫은 두 번째 카드에 떨어진다. 이 두 개의 틈을 통과한 빛이 다시 퍼져 화면에 떨어지면 빛과 그림자로 이루어진 무늬가 만들어지는데 이것을 '간섭무늬'라 부른다. 영은 무늬의 밝은 부분은 두 개의 틈으로부터 각각 도달하는 빛이 발맞춰 움직이기 때문에 두 파동의 마루가 서로 합쳐진 부분이고, 어두운 부분은 두 틈으로부터 나오는 두 파동이 발걸음이 어긋나게 움직이기 때문에 한쪽 파동의 마루가 다른 파동의 골과 상쇄된 부분이라고 설명했다. 화면에 나타나는 무늬의 간격은 빛의 파장에 따라 달라지며, 띠 모양으로 나타나는 무늬의 간격을 측정하여 파장을 계산할 수 있다. 빛을 작디작은 무수히 많은 포탄이 공간을 가로질러 날아가는 것 같은 입자의 흐름으로 취급하면 이 현상을 도저히 설명할 길이 없다. 영은 이 연구를 본질적으로 1804년까지 완성하고 1807년에 다음과 같이 썼다.

> [무늬의] 가운데는 언제나 밝고, 양쪽에 생기는 밝은 줄무늬들은 각기 다음과 같이 될 만큼 떨어져 있다. 한쪽 틈에서 밝은 줄무늬로 오는 빛이 다른 틈에서 오는 빛에 비해 더 긴 거리를 통과했을 것이 분명하며, 그 거리 차이는 파동이라 가정하는 것의 파장의 1, 2, 3배 또는 그 이상의 배수에 해당하는 것이 분명하다. 한편 줄무늬 사이의 어두운 부분에서는 그 거리 차이가 파동이라고 가정하는 것의 파장의 0.5, 1.5, 2.5배 또는 그 이상의 배수에 해당한다.*

10년 뒤 영은 자신의 모델을 더 다듬어, 빛 파동은 음파 같은 종파(소밀파)가 아니라 양옆으로 움직이는 횡파에 의해 만들어진다고 했다. 그렇지만 영의 빛 연구는 과학자들을 설득하기는커녕, 뉴턴의 말에 잘못된 부분이 있을 수 있다고 말한 데 화가 난 영국 내 동료 물리학자들로부터 욕설 세례를 받았다. 그들은 빛 두 가닥을 합쳐 어둠을 만들 수 있다는 생각을 조롱했다. 영은 그것 말고도 많은 것을 다루고 있었던 만큼 그로 인한 상처는 거의 입지 않았다. 과학의 발걸음도 멈추지 않았다. 파동 모델을 뒷받침하는 비슷한 증거가 거의 즉시 나왔기 때문이다. 어쩌면 적절하다 할 수 있겠지만 이

* 영의 연구 『자연철학과 역학에 관한 강좌*A Course of Lectures on Natural Philosophy and the Mechanical Arts*』. 베이얼레인(Ralph Baierlein)을 재인용.

증거가 나온 곳은 당시 영국의 최고 앙숙인 프랑스였다.

오귀스탱 프레넬Augustin Fresnel은 1788년 5월 10일 노르망디의 브로이에서 태어났다. 아버지는 건축가로서, 데리시 집안과 조르주 퀴비에의 경우와 비슷하게 프랑스 혁명의 혼란을 피해 캉 근처에 있는 자신의 시골 장원에 와 있었다. 프레넬은 12세 때까지 집에서 교육을 받았고, 다음에는 캉에 있는 에콜 상트랄에서 공부한 다음 1804년 파리로 가서 토목공학을 공부했다. 1809년 토목기사 자격을 따고 프랑스 정부에 취직하여 각지의 도로 건설 사업에서 일하는 한편 광학에 관한 관심이 생겨났다. 그러나 프레넬은 파리의 과학계에 속하지 않았던 만큼 영의 연구에 관해서는 알지 못했던 것으로 보인다. 더욱 놀랍게도 그는 또 하위헌스와 오일러의 연구도 몰랐던 것으로 보이며, 결국 빛의 파동 모델을 완전히 처음부터 독자적으로 만들어 냈다. 프레넬이 파동 모델을 개발해 낼 기회를 얻은 것은 부분적으로 정치 덕분이었다. 비록 그는 나폴레옹 정권 밑에서 조용히 정부 소속 공무원으로 일한 적이 있었지만, 나폴레옹이 동맹에게 패하여 엘바섬으로 유배됐을 때 프레넬도 그 시대 수많은 사람들과 마찬가지로 자신은 왕당파라고 밝혔다. 1815년 나폴레옹이 유배지에서 돌아와 집권한 백일천하 동안 프레넬은 직위에서 해고되거나 항의의 뜻으로 물러났고(이에 관해 이야기들이 엇갈린다) 노르망디의 집으로 보내져 가택연금에 처해졌다. 그곳에서 지낸 시간은 자신의 생각을 전개하기에 딱 적당한 만큼의 기간이었다. 이윽고 나폴레옹이 완전히 축출되면서 프레넬은 토목기사 일로 돌아갔고 광학은 다시 취미 수준으로 밀려났다.

프레넬이 파동 모델에 접근한 방법 역시 회절을 바탕으로 하고 있었지만, 그가 사용한 것은 좁은 실틈 하나를 사용하여 화면에 빛을 비추는 방법이었다. 실틈이 충분히 좁으면 그것만으로도 화면에 빛과 그림자로 이루어지는 독특한 무늬를 만들어 낸다. 그가 사용한 방법을 자세히 살펴볼 것 없이, 어떻게 이 현상이 일어나는지를 생각할 수 있는 가장 간단한 방법은 실틈의 양 가장자리 주변에서 빛이 약간 휘면서 각 가장자리로부터 파장에 따라 달라지는 두 개의 경로를 따라 화면까지 이동하는 것을 상상하는 방법이다. 그러나 이 실험은 또 완전히 뒤집어, 광선 경로에 바늘처럼 작은 물체를 놓아 빛을 가로막는 방법으로도 할 수 있다. 이렇게 하면 빛은 바다에서 수면 위로 솟은 바위가 있으면 파도가 그곳에서 휘는 것과 마찬가지로 장애물 주변에서 휘면서 장애물 그림자 안에 회절 무늬를 만든다.

1817년에 프랑스 과학원은 최고의 회절 연구 실험과 어떻게 되는지를 설명하는 이론 모델로 그것을 뒷받침하는 사람이 있으면 상금을 주겠다며 공모전을 열었는데, 영의 연구에 대해 알고 있었으면서도 그런 것을 보면 그 연구에 대한 이해가 얼마나 부족했는지를 알 수 있다. 응모작은 둘뿐이었다. 하나는 너무나 명백하게 말이 되지 않았으므로 과학원은 응모작의 자세한 내용은 고사하고 응모자의 이름조차 기록으로 남기지 않았다.

다른 하나는 프레넬이 제출한 것으로서 135쪽 길이의 논문이었다. 그런데 그에게는 한 가지 비교적 커다란 장애물이 있었다. 물론 이것은 파동 모델이었으나, 공모전의 세 심사위원은 수학자 시메옹 드니 푸아송Siméon-Denis Poisson(1781~1840), 물리학자 장 바티스트 비오Jean Baptiste Biot(1774~1862), 천문학자 겸 수학자 피에르시몽 라플라스로서 모두 공인된 뉴턴주의자였고 따라서 입자 모델을 선호한다는 사실이었다. 이들은 프레넬의 모델에서 결함을 찾아내는 데 노력을 집중했고 상당한 실력의 수학자인 푸아송은 하나를 찾아냈다고 생각했다. 그는 프레넬이 내놓은 빛의 파동 모델에 따르면 납탄처럼 작고 둥근 물체가 광선 경로에 놓여 있을 때 상식적으로 가장 어두운 그림자가 있어야 할 물체의 정중앙 뒤쪽에 밝은 점이 만들어져야 한다고 계산했다. 그가 볼 때 이것은 영의 연구에 반대하는 영국인들이 빛 두 가닥을 합쳐 어둠을 만들 수 있다는 생각을 들었을 때만큼이나 얼토당토않아 보였다. 그러나 계산은 명백했다. 이에 관해 푸아송은 다음과 같이 썼다.

> 평행한 빛을 불투명한 원반에 비춘다. 원반 주위는 완전히 투명한 상태다. 원반은 물론 그림자를 만든다. 그러나 그림자의 한가운데는 밝을 것이다. 간단히 말해 불투명한 원반 뒤로 원반으로부터 직각 방향인 중심선을 따라 어디에도 (원반 바로 뒤만 제외하고) 어둠이 없다. 실제로 밝기는 얇은 원반 바로 뒤의 0부터 계속 증가한다. 원반 뒤로 원반의 지름과 같은 거리에서 빛의 밝기는 이미 원반이 없는 경우의 80퍼센트가 된다. 그 지점부터는 밝기가 더 천천히 증가하여, 원반이 없는 경우의 100퍼센트에 근접한다.*

* 베이얼레인(Ralph Baierlein) 참조. 이다음 인용문도 같은 곳에서 가져왔다.

심사위원들이 볼 때 이것은 터무니없는 이야기였지만, 어찌 됐든 이것이 프레넬의 모델에서 예측되는 내용이라는 점은 분명했다. 뉴턴으로부터 이어 오는 최고의 전통을 잇는 좋은 과학자답게 이들과 아울러 심사위원단장으로서 공모전 감독을 맡은 물리학자 프랑수아 아라고François Arago(1786~1853)는 그의 예측을 검증하기 위해 실험을 준비하여 실행에 옮겼다. 밝은 점은 정확하게 푸아송이 프레넬의 모델을 이용하여 예측한 그 자리에 있었다. 1819년 3월 아라고는 과학원 위원회에 다음과 같이 보고했다.

> 여러분의 위촉을 받은 분 중 푸아송 선생이 저자[프레넬]가 보고한 요지를 바탕으로 불투명한 원형 장애물의 그림자 중앙이 … 마치 장애물이 없는 것만큼이나 밝을 것이라는 희한한 결과를 추론해 냈습니다. 직접 실험을 통해 이 추론의 검증에 들어갔으며, 관찰된 결과는 추정을 완벽하게 확증해 주었습니다.

직접 실험을 통한 검증은 다름 아닌 뉴턴이 세계 탐구를 위한 기초로 확립해 놓은 과학 방법이지만, 이제 바로 이 과학 방법을 통해 뉴턴이 틀렸으며 빛이 파동으로 이동한다는 것이 증명된 것이다. 이 순간 이후 빛의 파동 모델은 가설에서 이론으로 신분이 높아질 수밖에 없었다. 프레넬의 명성은 확고해졌고, 직업 과학자는 아니었지만 아라고와 함께 빛의 파동 이론에 관한 중요한 연구를 수행했다. 1823년 프랑스 과학원 회원으로 선출됐으며, 1825년에는 왕립학회 석학회원으로 선출됐다. 그리고 뉴턴이 죽은 지 100년 뒤인

1827년에는 럼퍼드 메달을 받았고, 그로부터 며칠 뒤인 7월 14일 결핵으로 세상을 떠났다. 빛의 파동 이론이 제대로 성립되기까지, 특히 파동을 이루고 있는 것이 도대체 무엇인지를 물리학자들이 제대로 이해하기까지는 수십 년이 걸렸다. 그러나 그렇다고 해서 빛의 활용 방법이 발전하는 데 실질적으로 방해를 받은 것은 없다. 프레넬은 곡률이 약간씩 다른 다수의 동심홈으로 이루어진 효율적인 렌즈를 직접 개발했는데, 프레넬 렌즈라 불리는 이 렌즈는 원래 등대에서 쓸 목적이었다. 그리고 분광학이라는 신생 학문을 통해 빛 자체가 어쩌면 과학에서 가장 귀중한 도구가 되어가고 있었다.

분광학은 과학에서 익숙하게 활용하고 있는 너무나 귀중하고 중요한 도구인 까닭에, 처음부터 언제나 있었던 게 아니라 19세기 초에야 이해되기 시작했다는 것을 알면 놀랍다는 생각마저 든다. 마치 1800년 이전에는 교황이 천주교인이라는 사실을 아무도 몰랐다는 말을 듣는 것과 거의 비슷하다. 그러나 다른 수많은 과학 분야와 마찬가지로 분광학 역시 적절한 기술이 개발될 때까지 기다려야 했다. 이 분야의 경우 빛을 무지개색 스펙트럼으로 분산시킬 프리즘 같은 장치와 그렇게 펼쳐 낸 스펙트럼을 세밀하게 조사하는 데 사용할 현미경이 필요했다.

빛의 스펙트럼과 프라운호퍼선

빛을 이렇게 펼쳐 살펴보면 스펙트럼 안에 뚜렷하고 명확한 선이 많이 나타나는 것을 볼 수 있다. 어떤 것은 밝고 어떤 것은 어둡다. 이것을 가장 먼저 알아차린 사람은 잉글랜드의 물리학자이자 화학자 윌리엄 울러스턴William

Wollaston(1766~1828)이었다. 그는 태양광을 프리즘으로 통과시켜 확대되는 스펙트럼을 관찰하다가 1802년에 어두운 선 몇 개를 보았다. 울러스턴은 일류는 아니었으나 모든 방면에서 우수한 과학자였고, 로듐과 팔라듐 원소를 발견했으며, 돌턴의 원자론을 일찍부터 지지한 사람이었으나 과학에 커다란 업적을 남기지는 못했다. 무슨 이유에선지 그는 태양광 스펙트럼 안에서 발견한 검은 선을 더 깊이 연구하지 못했으나, 독일의 산업물리학자 요제프 폰 프라운호퍼Josef von Fraunhofer(1787~1826)는 1814년 똑같은 것을 독자적으로 발견하고 또 무엇보다도 이 현상을 제대로 더 깊이 연구해 들어갔다. 태양광의 스펙트럼 안에 있는 선을 오늘날 울러스턴선이 아니라 프라운호퍼선이라 부르는 것도 이 때문이다. 프라운호퍼는 또 1821년 빛을 스펙트럼으로 펼쳐 내는 또 다른 기술을 발명했다. 이것은 회절격자라 부르는데, 이름에서 알 수 있듯 전적으로 빛의 파동 성질을 바탕으로 작동한다. 그렇지만 이 모든 것이 가능했던 것은 프라운호퍼가 뮌헨 철학기구회사의 광학연구소에서 일하고 있었던 덕분이다. 그는 그곳에서 과학 연구용 렌즈와 프리즘과 당시 첨단 기술 산업에 사용되는 유리의 품질을 개선하기 위해 연구하고 있었다. 그의 솜씨 덕분에 회사는 큰돈을 벌었고 독일은 거의 한 세기 동안 광학기기 제조 분야에서 뛰어난 위치를 차지할 기반을 마련할 수 있었다.

분광학 연구와 별의 스펙트럼

그가 분광학에서 가장 먼저 발견한 것 하나는 불꽃에서 나오는 빛의 스펙트럼에 밝은 노란색 선이 두 개가 있다는 사실이었다. 그리고 두 개의 선은 각기 특정 파장에 해당하는 위치에 나타난다는 것이 이내 분명해졌다. 1814년 프라운호퍼는 이 두 밝은 노란색 선을 순수한 단색광원으로 활용하여 여러 종류의 유리가 지니는 광학적 속성을 시험했다. (오늘날 이 노란색 선은 나트륨에 의해 만들어진다는 것이 알려져 있으며, 노란 가로등빛 역시 나트륨에서 나온다.) 그가 태양 스펙트럼 안에 있는 검은 선을 알아차린 것은 유리가 이 불빛에 미치는 영향과 태양광에 미치는 영향을 비교할 때였다. 사용하는 도구의 품질이 더 뛰어난 덕분에 울러스턴이 본 것보다도 훨씬 더 많은 검은색 선을 볼 수 있었다. 모두 헤아리니 스펙트럼의 양 끝인 빨간색과 보라색 사이에 576개가 있었고 그 하나하나의 파장도 알아냈다. 또 금성과 별들의 스펙트럼에서도 비슷한 선을 발견했다. 그리고 회절격자를 사용하여 얻어낸 스펙트럼에서 같은 파장에 같은 선이 나타난다는 것을 보여 줌으로써 이것이 빛 자체의 속성이며, 빛이 통과하는 유리나 프리즘으로 인한 현상이 아니라는 것을 증명했다. 그는 이런 선이 무엇 때문에 생겨나는지는 알아내지 못했지만, 과학에 분광학을 사용하는 방법을 완성한 사람은 프라운호퍼였다.

수많은 사람들이 새로 발견된 이 현상을 조사했지만 가장 중요한 발전 역시 독일에서 이루어졌고, 그 주인공은 1850년대와 1860년대에 하이델베르크에서 함께 연구한 로베르트 분젠Robert Bunsen(1811~1899)과 구스타프 키르히호프Gustav Kirchoff(1824~1887)였다. 실험실 장비 중 가장 익숙할 버너에 붙은 이름의 주인공이 로베르트 분젠인 것은 우연이 아니다. 분젠 버너는 분광학 발전에서 핵심 도구에 속했기 때문이다.* 물질이 분젠 버너의 투명한 불꽃 속에서 가열되면 가열되고 있는 물질에 따라 불꽃에 특유의 색이 생겨난다. 예컨대 소금처럼 나트륨을 함유하고 있는 물질을 가열하면 불꽃이 노란색을 띤다. 분광학이 없이도 이것은 화합물 안에 특정 원소가 들어 있는지를 시험할 수 있는 간단한 방법이 된다. 그러나 분광학을 이용하면 한 원소는 불꽃이 노란색이 되고 다른 원소는 초록색, 또 다른 원소는 분홍색이 된다고 말하는 수준을 넘어설 수 있다. 각 원소가 뜨거울 때 나트륨의 경우 노란색 선이 두 개 생기는 것처럼 해당 원소 특유의 밝은 선 무늬가 스펙트럼 안에 생겨나는 것을 볼 수 있기 때문이다. 그래서 스펙트럼 안에서 이 선이 보이면 19세기 때처럼 관련된 원자가 어떻게 이 선을 만드는지는 몰라도 이 선과 관련된 원소가 그 안에 들어 있다는 것을 알 수 있다. 각각의 무늬는 지문이나 바코드만큼이나 독특하다. 물질이 뜨거우면 빛을 발산하면서 밝은 선이 생겨난다. 같은 물질이 존재해도 차가우면 뜨거울 때 빛을 발산하는 바로 그 파장에서 외부의 빛을 흡수하기 때문에 스펙트럼 안에 어두운 선이 생겨난다.** 알려진 각 원소와 연관되는 특유의 무늬 자료는 실험실 안에서 여러 가지 원소를 가지고 '불꽃 시험'을 해 나가는 방법으로 간단하게 확보할 수 있었다. 1859년 키르히호프는 태양빛 안에 나트륨 특유의 선이 있다는 것을 밝혀냈다. 이것

* 다만 사실 이 버너의 기본 형태는 마이클 패러데이가 발명했고 그것을 분젠의 조수 페터 데자가Peter Desaga가 개량했다. 데자가는 이것을 상품화하면서 윗사람의 이름을 이용하는 지혜를 발휘했다.

** '차다'는 상대적 용어다. 프라운호퍼선이 어두운 것은 태양 대기 안의 기체가 뜨겁기는 해도 빛을 발산하는 태양 표면 자체만큼 뜨겁지는 않기 때문이다.

은 우리 이웃별의 대기 중에 나트륨이 존재한다는 증거다. 태양 스펙트럼에 이어 별들의 스펙트럼 안에 있는 다른 원소들의 선이 이내 밝혀졌다. 분광학의 위력을 가장 잘 보여 주는 예는 분광학 덕분에 천문학자들이 별들이 무엇으로 만들어져 있는지를 알 수 있게 됐다는 것이다. 1868년의 일식 동안 프랑스의 천문학자 피에르 잔센Pierre Jansen(1824~1907)과 잉글랜드의 천문학자 노먼 로키어Norman Lockyer(1836~1920)는 태양광의 스펙트럼에서 지구상에 알려져 있는 어떤 원소의 지문과도 일치하지 않는 선 무늬를 찾아냈는데 이것은 위와 같은 과정의 역도 성립한다는 것을 보여 준 좋은 예다. 로키어는 이 무늬가 이제까지 알려지지 않은 원소의 것이라고 추정하고 이 원소에 태양을 나타내는 그리스어 헬리오스로부터 '헬륨'이라는 이름을 붙였다. 지구상에서 헬륨은 1895년에 가서야 확인됐다. 그렇지만 그 무렵에 이르러 빛의 본질이라는 수수께끼는 전기와 자기에 대한 이해 덕분에 완전히 해결된 것처럼 보였다. 전기와 자기에 대한 이해는 험프리 데이비의 옛 조수 마이클 패러데이의 연구에서 비롯됐고 제임스 클러크 맥스웰이 완성했는데, 뉴턴 시대 이후 가장 심오한 물리학으로 간주된 새로운 과학 분야였다.

마이클 패러데이: 전자기 연구

마이클 패러데이Michael Faraday(1791~1867)는 과학의 거장 중 거의 유일하게 30세 이전에는 중요한 성과를 하나도 내놓지 않은 사람이다. 그런 다음 그의 세대를 통틀어 — 사실 모든 세대를 통틀어서도 — 가장 중요한 한 가지 성과를 냈고, 최고 업적은 40세를 넘긴 다음에 내놓았다. 만년에 이르러서도 최고 수준으로 계속 활동한 알베르트 아인슈타인 같은 과학자는 드물지만, 그런 사람들조차 20대 시절에는 보기 드문 능력을 지니고 있다는 징후를 보였다. 나중에 이룩한 업적을 볼 때 패러데이 역시 그랬을 것이 거의 확실하지만, 상황 때문에 25세가 될 때까지 과학을 시작조차 하지 못하고 있었다. 25세는 아인슈타인이 앞장에서 언급한 원자 연구뿐 아니라 특수상대성이론과 훗날 노벨상을 받게 될 연구를 이미 내놓은 나이였다.

패러데이 집안은 당시 지명으로 잉글랜드 북부 웨스트몰런드 출신이었다. 마이클 패러데이의 아버지 제임스는 대장장이로서, 1787년 태어난 엘리자베스와 1788년 태어난 로버트를 데리고 1791년에 아내 메리와 함께 일거리를 찾아 남쪽으로 이사를 갔다. 가족은 뉴잉턴에 잠시 정착하여 살았는데, 당시는 서리주에 속하는 마을이었지만 지금은 런던에 흡수된 곳이다. 마이클은 이곳에서 1791년 9월 22일에 태어났다. 가족은 이내 런던 안으로 이사를 들어가 맨체스터 광장 근처에 있는 야곱의 우물 마구간이라는 마차고 건물 위층 방에 자리를 잡았고, 그곳에서 다시 마거릿이라는 아이가 1802년 태어났다. 제임스 패러데이는 솜씨 좋은 대장장이였지만 건강이 좋지 못해 일을 할 수 없는 때도 많았다. 그래서 아이들은 교육 같은 사치에 쓸 돈 없이 가난 속에서 자라나면서 기본 수준의 읽고 쓰기와 산수를 배울 수 있을 뿐이었다. 사실 이 정도만 해도 당시 극빈층보다는 나았다. 그러나 이들은 사랑으로 똘똘 뭉친 가족이었고 신앙심 역시 이들이 버텨나가는 데 큰 힘이 됐다. 이들은 샌디먼파 그리스도교인이었는데, 샌디먼파는 1730년대에 스코틀랜드 장로교로부터 떨어져 나와 생겨난 종파였다. 구원을 확신하고 있었으므로 세상의 고난을 이겨내기가 더 쉬웠고, 겸손, 겉치레나 과시를 혐오하는 태도, 드러내지 않는 자선에 힘쓰기 등 이 종파의 가르침은 모두 패러데이의 일생에 영향을 끼쳤다.

마이클 패러데이는 13세 때부터 가족이 사는 곳으로부터 멀지 않은 베이커 거리 바로 옆 블랜드퍼드 거리에서 서적상과 제본소와 신문보급소를 하는 조지 리보의 심부름을 하기 시작했다. 1년 뒤 리보의 도제가 되어 제본 일을 배웠고, 이내 제본소 위층으로 거처를 옮겼다. 그 뒤 4년 동안 패러데이가 어떻게 살았는지에 대해서는 알려진 게 거의 없지만, 당시 도제로 있던 세 명 중 하나는 이후 가수가 됐고 또 하나는 나중에 음악당의 코미디언으로 생계를 꾸렸으며 패러데이는 그곳에 치쌓여 있는 책을 열심히 읽어 치운 다음 훌륭한 과학자가 됐다. 이것을 보면 리보는 인정 있는 고용주였고 그가 운영한 가게는 가족 같은 행복한 분위기였겠다는 짐작이 간다. 예를 들면 패러데이가 나중에 과학에 가장 큰 업적을 남긴 분야인 전기에 매료된 것은 『브리태니커 백과사전*Encyclopaedia Britannica*』 제3판 한 권이 제본을 위해 제본소에 들어왔을 때 거기서 전기에 관한 글을 읽은 것이 그 시작이었다.

아버지가 세상을 떠난 1810년* 패러데이는 시민철학회의 회원이 됐다. 이것은 이름은 거창하지만 자기계발에 열심인 젊은이 모임으로서, 흥미진진한 새로운 과학 발견을 비롯하여 시사를 논하고 차

* 패러데이의 어머니는 1838년까지 살았으므로 아들이 그의 세대 최고의 과학자 되는 것을 충분히 볼 수 있었다.

례로 돌아가며 특정 주제에 대해 강연했다. 패러데이의 회비 1실링은 아버지의 뒤를 이어 가장과 대장장이 일을 곧 물려받게 될 형 로버트가 지불했다. 패러데이는 거기서 만난 친구들과 모임에서뿐 아니라 편지로도 의견을 주고받으면서 과학 지식을 늘리고 문법, 맞춤법, 구두점 사용법 등의 기술을 향상시키기 위해 부지런히 공부했다. 화학과 전기 모두에 관해 실험하고, 그것을 동료 '시민철학자'들과 논하며, 모임에서 논한 주제를 자세히 노트로 적어 정성스레 제본해 놓았다. 이렇게 모인 노트는 21세 나이가 가까워지면서 도제 생활의 끝에 다다른 1812년에 네 권이 되어 있었고, 너그러운 리보는 자기 집안에 젊은 철학자가 있다는 사실에 기뻐하며 이것을 친구들과 손님들에게 자랑했다. 손님 중 댄스라는 사람이 이에 감명을 받아 과학에 관심이 있는 자기 아버지에게 보여드리겠다며 토론집을 빌려갔다. 아버지 댄스 씨는 감명을 받은 나머지 패러데이에게 1812년 봄 왕립연구소에서 험프리 데이비가 하고 있는 4회짜리 강연회 입장권을 주었다. 알고 보니 이것은 데이비가 그곳에서 한 마지막 강좌였다. 패러데이는 이 강연 역시 그답게 꼼꼼하게 기록하고 도해까지 곁들여 책으로 제본한 다음 이것 역시 아버지 댄스 씨에게 보여 주었고, 댄스 씨는 자신이 베푼 인정이 이렇게 보답으로 돌아오자 매우 기뻐했다.

그러나 강연회 덕분에 과학자가 되고 싶다는 타는 듯한 욕구는 확인됐지만, 그 꿈을 현실로 이룰 수 있는 길은 전혀 보이지 않았다. 도제 생활은 1812년 10월 7일 끝났고, 들라로슈 씨라는 사람에게 고용되어 제본기술자로 일하기 시작했다. 까다로운 고용주였다고 전해지고 있지만 사실은 그저 직원이 맡은 일에 집중할 것을 기대하는 평범한 사업가였을 것이다. 패러데이는 맡은 일에만 집중하지는 않은 것이 확실하다. 그는 아무리 보잘것없는 일이라도 좋으니 과학 분야의 일자리를 구한다는 내용의 편지를 생각할 수 있는 모든 사람에게 보냈으나 소용이 없었다. 왕립학회장 조지프 뱅크스에게까지 보냈지만 그는 답장조차 하지 않았다. 그렇지만 그로부터 몇 주 만에 일생이 바뀌게 될 행운을 얻었다. 데이비가 실험실의 폭발 사고로 일시적으로 시력을 잃는 바람에, 화학에 대해 약간의 지식이 있으면서 며칠 동안 비서 역할을 해 줄 사람을 찾고 있었던 것이다. 패러데이는 이 일을 맡았다. 댄스 씨의 추천 덕분일 가능성이 매우 높다. 그가 직장에서 어떻게 시간을 내 이 일을 했는지에 관한 기록은 없지만, 실제로 시간을 냈다는 사실을 보면 들라로슈 씨는 이야기에서 가끔씩 그려지는 것만큼 나쁜 사람은 아니었을 것이다. 데이비가 시력을 회복한 뒤 패러데이는 원래 일자리로 돌아가야 했고, 그래서 봄에 들었던 강연 내용을 제본한 책을 그에게 보내며 가장 시시한 일이라도 좋으니 왕립연구소에서 일하게 해 달라며 사실상 애원하는 내용의 편지를 동봉했다.

그가 일할 자리는 없었다. 그렇지만 그러고 나서 두 번째 행운이 찾아왔다. 왕립연구소의 실험실 조수로서 술을 좋아하는 윌리엄 페인이 무슨 이유로 싸움이 붙었는지, 실험 도구 제작자를 폭행해서 1813년 2월 해고됐다. 데이비는 패러데이에게 이 일자리를 제안하면서 이렇게 경고했다. "과학은 가혹한 여주인이야. 그래서 몸 바쳐 섬기는 사람에게 그녀가 주는 보상은 경제적 관점에서 볼 때 형편없기만 하지."* 패러데이는 개의치 않았다. 그는 매주 1기니를 받기로 하고 이 일자리를 받아들였다. 앨버말 거리에 있는 왕립연구소 건물 꼭대기 층에 있는 방 2개짜리 숙소와 양초와 연료도 함께 제공됐지만, 제본기술자로 벌던 것보다 약간 적은 액수였다. 1813년 3월 1일 이 일을 맡았는데 말 그대로 주로 험프리 데이비의 병 설거지 담당이었다. 그러나 그는 처음부터 언제나 설거지 담당을 훨씬 넘어서서, 데이비가 왕립연구소를 떠날 때까지 그곳에서 한 거의 모든 실험에서 데이비와 함께 일했다.

패러데이가 조수로서 얼마나 귀중했는지는 겨우 여섯 달이 지났을 때 데이비가 패러데이에게 자신이 아내와 유럽을 여행하는 동안 과학 조수로 동행해 줄 것을 부탁했다는 사실에서 알 수 있다. 프랑스 측에서 데이비 일행에게 기꺼이 여행 허가를 내준 이유는 여행 허가를 신청할 때 특히 화산 지대의 화학작용을 조사하기 위한 과학 탐사라고 했기 때문이었다. 이것은 확실히 과학 탐사였으나 데이비 부인이 동행하기 때문에 신혼여행과 비슷한 구석도 있었는데, 이 점이 패러데이에게는 약간의 문젯거리가 됐다. 마지막 순간에 데이비의 하인이 위험을 무릅쓰고 나폴레옹 치하의 프랑스로 가기를 거절하는 통에 패러데이는 화학 조수 일뿐 아니라 하인 일까지 맡아 1인 2역을 해 달라는 부탁을 받았다. 데이비가 아내를 대동하지 않았다면 이것은 그다지 문제가 되지 않았겠으나, 데이비 부인은 상전-하인 관계를 진짜로 받아들인 것으로 보인다. 이 때문에 패러데이는

* 하틀리(Harold Hartley) 참조.

너무나 힘들어진 나머지 탐사를 팽개치고 그냥 영국으로 돌아가 버릴까 하는 마음마저 드는 때도 이따금씩 있었다. 그러나 그는 끝까지 참았고, 이때의 경험 덕분에 그의 인생은 더 나은 쪽으로 바뀌었다.

데이비 일행이 출발한 1813년 10월 13일 이전 패러데이는 런던 중심부로부터 20킬로미터 밖으로 나가본 적이 없는 순진한 청년이었다. 그로부터 1년 반이 지나 돌아온 무렵 그는 프랑스, 스위스, 이탈리아에서 최고의 과학자들을 많이 만났고, 산간 지방과 지중해를 둘러보았으며, 도중에 갈릴레이가 목성의 위성을 발견할 때 쓴 망원경도 보았고, 데이비의 과학 조수가 아니라 협력자가 되어 있었다. 프랑스어와 이탈리아어를 읽을 수 있게 됐고 프랑스어를 충분히 말할 수 있게 됐다. 왕립연구소에 돌아왔을 때 향상된 실력을 바로 인정받았다. 여행 전 패러데이는 여행을 가기 위해 왕립연구소의 일자리에서 물러날 수밖에 없었다. 그 일을 시작한 지 여섯 달밖에 지나지 않은 때였다. 그러나 그만두면서 돌아오면 전보다 나쁘지 않은 조건에서 재고용하겠다는 보장을 받았다. 실제로 그는 돌아온 뒤 실험 도구 관리자 겸 실험실과 광물학 표본 담당 조수로 임명됐고, 급료는 매주 30실링으로 올라갔으며,* 왕립연구소에서 더 나은 숙소를 배정받았다. 앞서 살펴본 것처럼 데이비가 왕립연구소의 일상 업무에서 뒤로 물러나면서 패러데이는 위상이 높아져 견실하고 믿을 만한 화학자라는 평을 받게 됐다. 그러나 아직 뛰어난 면모는 보이지 않았다. 그는 1821년 6월 12일 30세 때 또 다른 샌디먼파 신

* 급료만 따지면 1기니(21실링)이다가 30실링으로 인상된 것이다. (옮긴이)

자인 세라 바너드와 결혼했다. 5년 뒤 패러데이의 여동생 마거릿이 세라의 남동생 존과 결혼한 것을 보면 이 샌디먼파 사람들은 그다지 많이 나다니지 않은 것으로 보인다. 마이클·세라 패러데이 부부는 1862년까지 앨버말 거리에 있는 왕립연구소 건물의 '일터 위층'에서 살았으며, 둘 사이에는 평생 자식이 없었다. 패러데이가 장차 유명해지게 될 전기 현상을 처음 탐구한 것은 결혼한 무렵이었다. 다만 그러고 나서 10년 동안 이것을 더 깊이 파고들지 않았다.

1820년 덴마크의 한스 크리스티안 외르스테드Hans Christian Ørsted (1777~1851)가 전류에는 자기 효과가 연관돼 있다는 것을 발견했다. 그는 전류가 흘러가는 전선 위에 나침반의 자침을 올려놓으면 자침이 방향을 바꿔 전선의 직각 방향을 가리킨다는 것을 알아차렸다. 이것은 완전히 예기치 못한 현상이었는데, 막대자석이 서로 밀고 당기는 익숙한 힘과는 완전히 다르게 전선 둘레로 원형 또는 연속되는 원형으로 자력이 작용하고 있다는 뜻이기 때문이었다. 역시 직선으로 작용하는 중력과 정전기의 인력·척력과도 달랐다. 이 놀라운 소식이 유럽 전역으로 퍼지자 많은 사람들이 이 실험을 재현하며 무슨 이유에서 그렇게 되는지 알아내려고 했다. 그중 한 사람은 윌리엄 울러스턴으로, 전류가 전선을 따라 나선 모양으로 이동한다는 생각을 내놓았다. 전류가 놀이터의 나선 미끄럼틀을 내려가는 어린이처럼 선회하기 때문에 자력이 원형으로 발생한다는 것이었다. 이 논리로 보면 전류가 흐르는 전선은 자석 가까이 다가가면 매우 가느다란 팽이처럼 축을 중심으로 회전해야 한다. 1821년 4월 울러스턴은 왕립연구소를 찾아가 데이비와 함께 이런 효과가 발생하는지 알아보기 위한 실험을 몇 가지 했으나 찾아내지 못했다. 실험 때 그 자리에 없었던 패러데이는 그 뒤에 이들의 논의에 참여했다.

그로부터 얼마 뒤 패러데이는 『철학연보*Annals of Philosophy*』라는 학술지로부터 외르스테드의 발견과 그 여파를 역사적으로 설명하는 원고를 써 달라는 청탁을 받았다. 철저한 사람이니만큼 그는 제대로 된 원고를 쓰기 위해 기고문에서 다루려고 생각한 모든 실험을 재현했다. 이 연구를 하는 동안 전류가 흐르는 전선은 고정자석 둘레로 원을 그리며 움직이려는 힘을 받는다는 것을 깨닫고, 이것을 증명하는 실험과 고정된 전선에 전류를 흘리고 그 둘레를 자석이 도는 실험을 고안해 냈다. 그는 "전선은 언제나 [자석의] 극과 직각 방향으로 지나가려 하며, 실제로 그 둘레로 원을 그리며 움직이려 한다"고 썼다. 이것은 울러스턴이 말한 (실제로는 일어나지 않는) 효과와는 완전히 달랐으나, 1821년 10월 패러데이의 논문이 출간됐을 때, 울러스턴이 연구하던 내용에 대해 어렴풋이 알고 있던 사람들뿐 아니라 심지어 그래서는 안 되는 데이비마저도 패러데이가 울러스턴이 옳다는 것을 증명했을 뿐이며 또는 울러스턴의 연구 성과를 가로채려 하고 있다고 생각했다. 이 불쾌한 감정이 한 가지 원인이 되어 1824년 패러데이가 왕립학회 석학회원에 선출될 때 데이비가 그것을 막으려 했는지도 모른다. 패러데이가 압도적 다수표로 선출됐다는 사실을 보면 더 이해력이 뛰어난 과학자들은 그의 연구가 보여 준 의미와 독창성을 완전히 이해했음을 알 수 있다. 전기 모터의 기반이 된 이 발견 덕분에 패러데이는 실제로 유럽 전역에서 유명해졌다. 이 발견이 얼마나 중요한지, 또 당시 기술 발전의 속도가 얼마나 빠른

지를 단적으로 보여 주는 한 가지 예는 패러데이가 고정된 자석 둘레로 전선 한 가닥이 돌아가는 장난감 수준의 실험을 보여 준 지 겨우 60년이 지났을 때 독일과 영국과 미국에서 전차가 달리고 있었다는 사실이다.

패러데이는 1820년대 동안 그 밖의 전기와 자기 연구는 거의 하지 않았고, 이따금 이 주제를 잠깐씩 건드리지 않은 것은 아니지만 진정한 성과는 얻지 못했다. 그렇지만 화학 분야의 연구는 착실히 진행하여, 1823년에는 최초로 염소를 액화했고 1825년에는 오늘날 벤젠이라 불리는 화합물을 발견했다. 벤젠의 발견은 중요한데, 훗날 케쿨레가 설명한 전형적 고리 구조를 가지고 있는 데다 20세기에는 생명분자에서 핵심적으로 중요하다는 것이 알려졌기 때문이다. 또 1825년에는 데이비의 뒤를 이어 왕립연구소의 실험실장이 됐다. 이것은 사실상 연구소의 우두머리가 됐다는 뜻이다. 1820년대 말에는 새로운 인기 강좌를 개설하여 그중 많은 강좌를 직접 강연하고 또 어린이를 위한 크리스마스 강연을 도입하여 연구소의 재산을 크게 늘려놓았다. 놀라운 점은 그가 전기와 자기로 돌아와 철저히 연구하는 일을 그렇게나 오랫동안 미뤄 두었다는 것이 아니라 연구를 위한 시간을 낼 수 있었다는 사실 자체다. 일찍이 1826년에 패러데이는 다음과 같이 썼는데 이를 보면 과학이 어떻게 변화하고 있었는지 뚜렷하게 알 수 있다.

> 자신의 시간 일부를 화학 실험에 바치고 싶어 하는 사람이 그와 관련하여 출판되는 책과 논문을 모두 읽는다는 것은 누구라도

> 확실히 불가능하다. 그 수가 어마어마하기도 하거니와, 시시한 내용과 상상과 오류가 매우 높은 비율을 차지하는 속에서 얼마 되지 않는 실험적·이론적 진리를 체질하여 걸러 내려 노력한다지만, 실험을 시도하는 사람으로서는 대부분 읽으면서 얼른 선택하게 되고 따라서 때로는 의도치 않게 정말로 좋은 것을 지나치게 될 정도에 이르렀다.*

이것은 갈수록 심해질 수밖에 없는 문제였고, 아인슈타인의 예에서 이미 보았듯 최고의 과학자 중에는 이에 대해 '문헌을 따라 잡으려는' 노력을 전혀 하지 않는 쪽으로 반응하는 사람이 많았다. 1833년 패러데이는 실험실장이라는 직위 말고도 새로운 기부금으로 왕립연구소에 만들어진 풀러 화학 석좌교수가 됐다. 그렇지만 이 무렵 40대 나이가 됐는데도 그의 최대 업적이 될 전기와 자기 연구로 돌아오는 데 성공했다.

전기 모터와 발전기의 발명 1820년대에 패러데이를 비롯하여 수많은 사람이 고민한 질문은 만일 전류로 그 주변에 자력이 생겨난다면 자석으로 전류를 발생시킬 수 있을까 하는 것이었다. 그러는 사이에 1824년에 중요한 발견이 하나 있었지만 1830년대에 패러데이가 이 문제로 돌아오기까지 아무도 그것을 정확하게 해석하지 못하고 있었다. 프랑수아 아라고는 구리 원반 위에 나침반의 자

* 크라우더(J. G. Crowther), 『19세기 영국 과학자들*British Scientists of the Nineteenth Century*』. 재인용.

침을 실로 매달아 놓고 CD플레이어에서 CD가 돌아가듯 원반을 회전시키면 자침의 방향이 바뀐다는 것을 발견했다. 이와 비슷한 효과를 영국의 물리학자 피터 발로Peter Barlow(1776~1862)와 새뮤얼 크리스티Samuel Christie(1784~1865)도 발견했지만 이들은 철로 된 원반을 사용했다. 철은 자성이 있지만 구리는 그렇지 않으므로 아라고의 발견이 더 놀라웠고, 결국에는 더 깊은 의미를 함축하고 있다는 것이 드러난다. 오늘날 우리는 이 현상을 자침을 기준으로 전도체 원반이 움직인 결과라고 설명한다. 이때 원반에 전류가 발생하며, 이 전류가 자기 효과를 일으켜 자침에 영향을 주는 것이다. 이 설명은 전적으로 1830년대에 패러데이가 한 연구 덕분이다.

1831년 패러데이가 이 문제로 씨름하고 있을 무렵에는 나선 모양으로 감은 전선(대개 코일이라 부르지만 엄밀히 말하면 정확한 표현이 아니다)을 전류가 통과하면 코일이 막대자석처럼 작용하면서 코일의 한쪽 끝은 S극(남극), 반대쪽은 N극(북극)을 띤다는 사실이 명확해져 있었다. 쇠막대에 전선 코일이 감겨 있을 때 전류를 켜면 이 막대가 자석으로 변할 것이다. 이 효과가 반대로도 작용하는지, 다시 말해 자성을 띠는 쇠막대를 가지고 전선에 전류가 흐르게 할 수 있는지를 보기 위해 패러데이는 2센티미터 정도 굵기의 쇠막대로 지름 15센티미터 정도 크기의 고리를 만들어 실험했다. 고리 양편에 코일을 하나씩 감은 다음 한쪽 코일에 전지를 연결하여 코일에 전류가 흐르면 쇠고리가 자성을 띠게 했다. 다른 쪽 코일은 예민한 검류계에 연결하여 쇠고리가 자성을 띨 때 전류가 유도되면(발생하면) 감지할 수 있게 했다. 검류계 자체도 패러데이가 1821년에 설명한 전기 모터

효과를 바탕으로 만들어진 것이었다. 이 결정적 실험은 1831년 8월 29일에 있었다. 놀랍게도 패러데이는 첫 번째 코일이 전지에 연결될 때 검류계 바늘이 움직였다가 다시 0으로 떨어지는 것을 보았다. 전지를 끊을 때 바늘이 다시 움직였다. 전류가 **일정**하게 흘러 고리에 생겨나는 자기 효과가 **일정**할 때는 유도되는 전류가 없었다. 그러나 전류가 위아래로 **변화**하여 자기 효과에 강약이 생기는 짤막한 순간에는 전류가 유도됐다.* 실험을 계속하면서 패러데이는 이내 코일 안으로 막대자석을 넣었다 뺐다 하는 것으로도 전선에 전류가 흐르게 하는 데 충분하다는 것을 알아냈다. 움직이는 전기 즉 전선을 따라 흘러가는 전류가 그 주위에 자기 효과를 유도하는 것과 마찬가지로 움직이는 자기 역시 그 주위에 전기 효과를 유도한다는 사실을 발견한 것이다. 이것은 아라고의 실험이 설명되는 깔끔한 대칭적 그림이었다. 고정자석을 가지고 전류를 유도하는 데 아무도 성공하지 못한 이유 역시 이 때문이었다. 앞서 전기 모터를 사실상 발명한 패러데이는 이번에는 이 실험을 진행하는 사이에 전선 코일과 자석의 상대운동을 이용하여 전류를 발생시키는 발전기를 발명한 것이다. 이런 한 묶음의 발견은 1831년 11월 24일 왕립학회에서 낭독한 논문에서 발표되어 패러데이를 당대 최고의 과학자 반열에 올려놓았다.**

* 변압기가 바로 이런 식으로 작동한다. (옮긴이)
** 당시 뉴욕 올버니 아카데미에서 교사로 일하던 미국인 조지프 헨리Joseph Henry(1797~1878)가 패러데이보다 약간 일찍 전자기 유도를 발견했으나 아직 연구 결과를 발표하지 않은 때였다. 1831년 유럽에서는 이 사실이 알려져 있지 않았다.

패러데이의 역선 연구

패러데이는 전기와 화학 즉 전기화학과 관련된 연구를 계속했고 그중 많은 부분이 산업에서 중요하게 응용됐다. 그는 또 전해질(electrolyte), 전극(electrode), 양극(anode), 음극(cathode), 이온(ion) 등 오늘날 익숙하게 사용되는 용어를 도입했다. 그리고 우리가 자연의 힘을 과학적으로 이해하는 데에도 중요한 도움을 주었는데, 우리의 이야기와 더 관련이 깊은 것은 이 쪽이다. 그렇지만 그는 이 중요한 주제에 대한 깊은 생각을 오랫동안 혼자서만 간직하고 있었다. 그는 '역선(line of force, 힘의 선)'이라는 용어를 1831년 어느 학술논문에서 처음 사용했는데, 학교 시절 막대자석 위에 종이를 얹어 놓고 쇳가루를 뿌리면 양쪽 극을 잇는 곡선이 만들어지는 익숙한 실험에서 가져온 개념을 발전시킨 것이다. 자석의 극이나 전하를 띤 입자로부터 밖으로 선이 뻗어 나온다는 생각은 전기와 자기 유도를 머릿속에 떠올릴 때 특히 유용하다. 전도체가 자석 기준으로 정지해 있으면 역선 기준으로 정지해 있는 것이며 전류는 흐르지 않는다. 그러나 전도체가 움직여 자석을 지나면 전도체가 역선을 가르며 지나가게 되고 이 때문에 전도체 안에 전류가 발생한다. 자석이 움직여 전도체를 지나도 마찬가지다. 쇠고리 실험에서처럼 0이던 자기장이 커지는 동안의 과정을 패러데이는 자석으로부터 역선이 일정한 모양으로 뻗어 나와 고리에 있는 다른 코일을 뚫고 지나가는 것으로 상상했고, 역선이 안정된 모양을 갖추기 전에 잠깐 전류가 흐른다고 보았다.

패러데이는 이런 생각을 출판해야 할지 망설였지만 이것이 자신의 생각이라는 것은 확고히 해 두고 싶었다. 훗날 다윈이 자연선택

이론의 출판을 망설였지만 자신이 먼저라는 사실은 확정해 두고 싶어 한 것과 어느 정도 비슷하다. 그는 1832년 3월 12일 노트를 적은 다음, 날짜와 증인 서명이 적힌 봉투에 넣고 봉인하여 왕립학회의 금고 안에 넣어 놓았다. 자신이 죽은 뒤 개봉하게 한 이 노트에는 다음과 같은 내용이 포함되어 있었다.

> 멀리 떨어진 자석이나 쇳조각에 자석이 작용할 때 영향을 주는 원인(일단 이것을 자기라 부르기로 한다)은 자성체로부터 점진적으로 뻗어 나가며 이것이 전달되기까지는 시간이 필요하다. … 나는 자극으로부터 자력이 확산되는 것을 흔들리는 수면의 진동이나 소리 현상 속의 공기 진동에 비교하고자 한다. 즉 나는 진동 이론이 소리에 적용되고 또 빛에도 거의 확실하게 적용되듯이 이 현상에도 진동 이론이 적용될 것이라고 생각하는 쪽이다.

일찍이 1832년 패러데이는 자력이 — 거리를 두고도 즉각 작용한다는 뉴턴주의적 개념을 거부하고 — 공간을 건너갈 때 시간이 걸린다고 말하면서, 파동운동이 관여하고 있다는 의견을 내놓고 심지어 정도는 낮지만 빛까지 연결시킨 것이다. 성장 배경 때문에 그는 이런 생각을 더 전개하는 데 필요한 수학 기술이 없었으며 이 역시 그가 이 생각을 출판할지 말지 망설인 한 가지 이유다. 그런 수학 기술이 없었기 때문에 자신의 생각을 전달하기 위해 물리적 비유를 생각해 낼 수밖에 없었고 결국 그것을 그 형태로 대중에게 내놓았다. 그러나 그것은 1830년대 말 과로 때문에 그가 심한 신경쇠약을 앓은 뒤의 일이다. 어쩌면 자신이 영원히 살지는 못하는 만큼 왕립학회 수장고 안에 봉인된 노트 이상의 것을 후대에게 물려줄 필요가 있다고 인정했기 때문이었는지 몰라도, 이때의 신경쇠약으로부터 회복한 뒤 패러데이는 1820년 말 왕립연구소에 자신이 도입한 강연 프로그램의 하나인 '금요 저녁 강론'에서 자신의 생각을 처음으로 공개했다.*

그날은 1844년 1월 19일이었고 패러데이는 52세였다. 강연 주제는 원자의 본질이었는데, 당시 그것을 해석 도구로 생각한 사람이 그 혼자만 있었던 게 아니었다. 그렇지만 원자 가설에 반대하는 그 시대 수많은 사람 중 그가 누구보다도 더 깊이 생각한 것은 분명하다. 패러데이는 청중에게 원자를 그물처럼 얽혀 있는 여러 힘이 존재하는 원인이자 그 힘의 중심에 있는 물리적 존재로 취급할 게 아니라, 실체는 힘의 그물(오늘날의 용어로 역장, field of force)이고 원자는 그 그물을 이루는 역선에 맺혀 있는 힘의 덩어리로만 존재하는 것으로 취급하는 쪽이 더 이치에 맞는다는 의견을 내놓았다. 패러데이는 전기와 자기에 관해서만 생각하고 있는 게 아니라는 점을 분명히 밝혔다. 그는 청중에게 태양이 우주 안에 홀로 앉아 있다고 상상하라면서 고전적 '생각실험'을 시작했다. 지구가 태양으로부터 지금과 같은 거리만큼 떨어진 자리에 갑자기 나타나면 어떻게 될까? 태양은 지구가 거기 있다는 것을 어떻게 '알게' 될까? 지구는 태양의 존재에 어떻게 반응할까? 패러데이가 내놓은 논거에 따르면 지구가

* '회복한' 역시 상대적 용어다. 그는 결국 예전의 자신을 되찾지 못했다.

33. 왕립연구소에서 강연 중인 패러데이. 『일러스트레이티드 런던 뉴스*The Illustrated London News*』(1846)에서.

나타나기도 전에 이미 태양과 관련된 힘의 그물 즉 역장이 우주 전체에 걸쳐 퍼져 있을 것이고, 지구가 곧 나타날 자리 역시 그 역장에 포함되어 있을 것이다. 따라서 지구는 나타나자마자 태양이 거기 있다는 것을 '알' 것이고 거기서 마주치는 역장에 반응할 것이다. 지구 입장에서 보면 지구가 경험하는 현실은 역장이다. 그러나 태양은 시간이 지나 지구의 중력 효과가 우주를 가로질러 태양에게 닿을 때까지 지구가 나타났다는 것을 '알지' 못할 것이다. 전지를 연결할 때 자기력선이 코일로부터 퍼져 나가기 시작하는 것과 마찬가지이며, 그 시간이 얼마나 걸릴지 패러데이로서는 알 길이 없었다. 패러데이는 자기, 전기, 중력의 역선은 우주 전체를 채우고 있는 실체이며, 세계를 이루고 있는 물질적 실체처럼 보이는 것들은 이 역선으로 서로 연결되어 있다고 보았다. 원자로부터 태양과 지구, 그리고 그 너머에 이르는 물질세계는 그저 다양한 역장 안에 맺혀 있는 힘의 덩어리에 기인한 결과물일 뿐이었다.

이 생각은 오늘날 이론물리학자들이 세계를 바라보는 방식을 수학을 동원하지 않고도 깔끔하게 묘사하고 있는데도 1844년 당시에는 시대를 너무나 앞지른 까닭에 전혀 아무런 영향도 주지 못했다. 그러나 패러데이는 1846년 또 한 번의 금요 저녁 강론에서 역선이라는 주제로 되돌아왔다. 이번에 그가 내놓은 생각은 그후 20년 이내에 열매를 맺게 된다. 패러데이가 오랫동안 생각을 정리해 오고 있었던 것은 분명하지만 그가 이때 이 주제를 다룬 것은 어느 정도 우연 덕분이었다. 1846년 4월 10일 왕립연구소에서 강연하기로 되어 있던 제임스 네이피어라는 사람이 사정 때문에 한 주 전에 약속을 취소했고, 시간이 촉박하여 대신할 사람을 찾을 수 없었으므로 패러데이가 직접 나서야 했다. 기꺼이 대타로 나선 그는 그날 저녁 시간 대부분을 찰스 휘트스톤Charles Wheatstone(1802~1875)의 연구 일부를 요약하는 데 보냈다. 휘트스톤은 런던 킹즈 칼리지의 실험물리학교수로서 특히 소리에 관해 흥미롭고도 중요한 연구를 내놓은 사람이지만, 자신감이 부족하여 강연 때 애를 먹는 사람으로 소문나 있었으므로 패러데이는 그의 연구를 설명해 주면 그 친구에게 도움이 되리라는 것을 알고 있었다. 그러나 설명이 끝나도 시간이 남았고, 그래서 강연 마지막에 패러데이는 역선에 관한 자기 자신의 생각을 조금 더 공개했다. 이번에 그는 빛을 전기력선의 진동으로 설명할 수 있다면서, 빛의 파동을 전달하려면 유체 매질 즉 에테르가 있어야 한다는 옛 관념은 이제 필요치 않다고 했다.

> 그러므로 제가 감히 제시하고 있는 견해에서는 복사(radiation)* 를 입자뿐 아니라 물질 덩어리를 서로 연결한다고 알려진 역선을 타고 일어나는 고도의 진동으로 보는 것입니다. 저의 견해에서는 에테르는 버리고자 하지만 진동은 버리지 않습니다.

계속해서 패러데이는 자신이 말하는 종류의 진동은 역선을 따라 좌우로 운동하며 나아가는 횡파이며 음파와 같은 소밀파가 아니라는 점을 지적하고, 이처럼 이동하는 데는 시간이 걸릴 것이라는 점을 강조했다. 또 중력이 이와 비슷한 방식으로 작용하는 것이 분명하며 한 물체로부터 다른 물체로 가서 닿기까지도 시간이 걸릴 것이라고 추측했다.

패러데이는 50대 말의 나이가 된 뒤에도 과학교육을 비롯한 여러 분야의 정부 자문으로 계속 활동했다. 샌디먼파의 원칙에 충실한 그는 기사 작위를 주겠다는 제의를 거절했고, 왕립학회의 회장

* 영어 radiation은 한국어로 옮길 때 관심사에 따라 복사輻射와 방사放射로 구별하는 경향이 있다. 어떤 것이 사방으로 바퀴살처럼 퍼져 나가는 현상 자체가 관심사일 때는 '복사'를, 퍼져 나가는 현상에서 파생되는 효과를 생각할 때는 '방사'를 쓰는 것 같다. 그 때문에 뜻이 다르다는 인상을 주지만 복사와 방사는 사실 뜻이 똑같다. 아마도 용어가 우리나라로 처음 들어올 때 서로 다른 경로로 들어왔기 때문일 것이다. (옮긴이)

을 맡아 달라는 요청을 두 번이나 사양했다. 그렇지만 이런 제의는 과거 제본기술자의 도제였던 그의 가슴을 뿌듯하게 해 주었을 것은 분명하다. 지력이 떨어지자 1861년 70세 나이일 때 왕립연구소에서 물러나겠다고 했지만 주로 명목상 직책인 소장으로 남아 달라는 부탁을 받았다. 1862년 6월 20일 금요 저녁 강론이 그의 마지막 강연이었고, 그 뒤로도 1865년까지 왕립연구소와의 관계를 유지했다. 마지막 강연이 있었던 그해 앨버말 거리의 연구소 숙소에서 이사를 나와 햄프턴코트에 있는 주택으로 들어갔는데 빅토리아 여왕이 남편 앨버트 공의 제안으로 제공한 곳이었다. 그는 그곳에서 1867년 8월 25일 세상을 떠났다. 그로부터 3년 전 제임스 클러크 맥스웰James Clerk Maxwell(1831~1879)이 완전한 전자기 이론을 출간했다. 이것은 패러데이의 역선 이론을 그대로 바탕으로 삼은 이론으로서 빛 자체를 명확하게 전자기 현상으로 설명했다.

빛의 속도 측정

맥스웰이 전자기와 빛 이론을 내놓았을 무렵 결정적으로 중요한 실험 결과 한 가지가 — 엄밀히 말해 서로 관련된 두 가지 증거가 — 더 나와 있었다. 빛의 도플러 효과*를 관찰한 최초의 인물인 프랑스의 물리학자 아르망 피조Armand

* 도플러 효과는 파동원과 관찰자가 서로를 기준으로 멀어지거나 가까워지고 있을 때 파동의 진동수가 관찰자에게 원래와는 다르게 관측되는 현상을 말한다. 서로 가까워지고 있으면 진동수가 커지고 멀어지고 있으면 작아진다. 오스트리아의 물리학자 크리스티안 도플러Christian Doppler(1803~1853)가 발견하여 1842년 발표했다. 일상에서 이것을 쉽게 느낄 수 있는 예는 구급차다. 구급차가 우리를 지나치는 순간 구급차 소리의 음높이가 급격히 낮아지는 (즉 진동수가 작아지는) 것을 느낄 수 있다. (옮긴이)

Fizeau(1819~1896)가 1840년대 말 지상 실험을 통해 처음으로 정말 정확하게 빛의 속도를 측정한 것이다. 그는 회전하는 톱니바퀴의 이빨 사이로 광선을 내쏘아, 쉬렌과 몽마르트르 언덕 꼭대기 사이의 8킬로미터 구간을 지나게 한 다음, 거울에 반사되어 같은 구간을 지나 톱니바퀴의 다른 이빨 사이로 들어오게 했다. 이것은 톱니바퀴가 딱 맞는 속도로 회전하고 있어야 소용이 있었다. 톱니바퀴의 회전속도를 알고 있으므로 피조는 빛이 거울까지 갔다가 돌아오기까지 시간이 얼마나 걸렸는지를 계산할 수 있었고, 이로써 빛의 속도를 오늘날의 측정치로부터 오차 범위 5퍼센트 이내로 정확하게 측정해 냈다. 피조는 또 1850년에 빛은 공기보다 물속에서 더 느리게 이동한다는 것을 증명했다. 이것은 빛을 파동으로 보는 모든 모델에서 예측한 것이어서, 이 실험 결과는 빛이 공기보다 물속에서 더 빠르게 이동할 거라고 예측한 입자 모델의 관 뚜껑에 박는 마지막 못으로 보였다. 1840년대에 피조와 함께 과학 사진을 연구하며 최초로 태양 표면의 세밀한 사진을 찍은 레옹 푸코Léon Foucault(1819~1868) 역시 빛의 속도 측정에 관심이 있었다. 그는 휘트스톤의 생각을 바탕으로 아라고가 고안한 실험을 발전시켰는데, 처음에는 아라고가 1850년 시력을 잃은 뒤 넘겨준 도구를 가지고 시작했다. 이 실험에서는 회전 거울에 반사된 빛이 정지 거울에 반사되어 다시 회전 거울에 반사되게 했다. 정지 거울에 빛이 반사되는 사이에 회전 거울이 얼마나 움직였는지는 광선의 방향이 바뀐 정도를 가지고 알아낼 수 있고, 여기서도 거울의 회전속도가 얼마인지 알고 있으므로 빛의 속도를 계산해 낼 수 있다. 피조가 실험한 순서와는 반대로, 푸코는

1850년에 이 방법을 사용하여 먼저 빛이 공기보다 물속에서 더 느리게 이동한다는 것을 피조보다 약간 앞서 증명했다. 그런 다음 빛의 속도를 측정했다. 1862년에 이르렀을 때 이 실험을 얼마나 정밀하게 다듬어 놓았는지, 그가 측정한 빛의 속도 초속 298,005킬로미터는 오늘날의 측정치인 초속 299,792.5킬로미터와는 오차가 1퍼센트도 되지 않았다. 이처럼 정밀하게 측정한 빛의 속도는 맥스웰의 이론이라는 맥락에서 헤아릴 수 없을 정도로 귀중한 것으로 드러났다.

제임스 클러크 맥스웰의 친가와 외가는 모두 스코틀랜드에서 명망도 높고 어느 정도 부유하기도 한 집안이었다. 미들비의 맥스웰 집안과 페니퀵의 클러크 집안이 18세기에 두 쌍의 혼인으로 결합한 결과였다. 맥스웰의 아버지 존 클러크는 스코틀랜드 남서부 갤러웨이 지역의 소도시 달비티 근처의 농지 600헥타르를 물려받았는데, 이것은 미들비 집안 것이었고 그 결과 맥스웰이라는 성을 갖게 됐다. 페니퀵 재산은 존 클러크의 형 조지가 물려받았다. 양쪽 재산을 모두 동일인에게 물려주어서는 안 된다고 법적으로 못 박혀 있었기 때문이었다. 조지는 미들로디언 지역을 대표하는 의회 의원으로도 활동하고 로버트 필 수상 정부에서도 일한 조지 클러크 경이다. 미들비 유산은 땅이 척박하고 소유자가 살 변변한 집조차 없는 곳이었으므로 존 클러크 맥스웰은 주로 에든버러에서 살면서 그냥저냥 법률가로 일했다. 그렇지만 과학과 기술에서 벌어지고 있는 일을 따라잡는 데에는 관심이 많았다. 앞서 살펴본 것처럼 1800년대의 에든버러에서는 꽤 많은 일들이 벌어지고 있었다. 그러나 그는 1824년 프랜시스 케이와 결혼하고 미들비에 집을 지어 그곳에서 살면서 바위를 치워 경지를 만드는 등 토지 개량을 시작했다.

제임스 클러크 맥스웰은 1831년 6월 13일 갤러웨이가 아니라 에든버러에서 태어났다. 출산 때 제대로 된 의료의 도움을 받기 위해 부모가 그곳에 가 있었기 때문이다. 맥스웰 부인이 이제 40세인 데다 2년 전 낳은 아기 엘리자베스가 몇 달 만에 죽었으므로 이것은 특히 중요했다. 외동인 맥스웰은 어느 정도 귀족 출신인데도 불구하고 새로 지은 집 글렌레어에서 동네 아이들과 놀면서 갤러웨이 억양이 물씬 배어든 채 자라났다. 그가 어렸을 때 달비티는 정말로 외딴 시골이었다. 110킬로미터밖에 되지 않는 글래스고까지 가는 데 꼬박 하루가 걸렸고, 글래스고-에든버러 철로가 1837년 개통될 때까지 에든버러는 이틀 거리였다. 경작을 시작하기 전에 들에서 큰 돌을 치워 내야 한다는 데에서 짐작할 수 있듯, 맥스웰 가족의 상황은 어떤 면에서 버밍엄에서 수십 킬로미터 거리에서 사는 영국인 가족이라기보다 당시 미국 서부에서 개척민으로 살아가는 가족 쪽에 더 가까웠다.

맥스웰의 어머니는 48세 때 암으로 죽었다. 이로써 겨우 여덟 살이던 그가 자라면서 세련된 행동거지를 익힐 가능성은 사라져 버렸다. 아버지와는 행복하고 친밀한 관계를 유지했다. 아버지는 세상에 대한 아들의 호기심과 지적 발달을 북돋아 주었지만, 자신과 아들의 옷과 신을 실용적이기는 하나 멋은 없는 모양으로 직접 만드는 등 좀 별스러운 데가 있었다. 글렌레어에서 유일한 먹구름은 소년티를 겨우 벗은 젊은 가정교사로, 어머니의 병세가 마지막 단계에 다다른 무렵 맥스웰을 가르치도록 고용된 사람이었다. 이 교사는 지식을 맥스웰에게 말 그대로 때려 넣으려 한 것으로 보인다. 그러나 맥스웰은 고집스럽게도 자신이 어떤 대우를 받고 있는지를 아버지에게 말하지 않았으므로 이 상황은 2년 정도 계속됐다. 그러다가 맥스웰은 열 살 때 제대로 된 교육을 받기 위해 에든버러 아카데미로 보내졌고, 학기 중에는 고모네 중 한 집에서 살았다.

그가 아카데미에 들어갔을 때는 학기가 시작된 뒤였다. 이상한 옷차림에 짙은 시골 억양을 쓰는 소년이 나타났으니 다른 소년들로부터 어떤 반응이 나왔을지는 예상할 수 있을 것이다. 몇 차례 주먹다짐으로 시비를 해결하는 등 신참의 신고식 시기가 지난 다음에도 맥스웰에게는 '멍청이'라는 별명이 붙어 있었는데, 이것은 그의 이상한 옷차림과 행동거지를 빗댄 것이지 지능이 떨어진다고 보았기 때문은 아니다. 그는 친한 친구를 몇 명 사귀었고 나머지는 인내로 대하는 법을 익혔다. 아버지가 에든버러에 오면 좋았다. 아버지는 종종 그를 데리고 과학 시연을 보러 갔다. 12세 때는 전자기 현상 시연을 보았고, 같은 해에 아버지와 함께 에든버러 왕립학회 모임에도 참석했다. 몇 년이 지나지 않아 맥스웰은 비상한 수학 능력을 보였다. 14세 때는 두 개의 초점에 실을 걸치는 방법으로 타원이 아니라 진정한 달걀꼴 곡선을 그리는 법을 발명했다. 독창적이기는 해도 세상을 뒤흔들 만한 업적은 아니었으나, 아버지의 인맥을 통해 맥스웰은 이 연구를 『에든버러 왕립학회보*Proceedings of the Royal Society of Edinburgh*』에 출간했다. 이것이 그의 첫 학술논문이었다. 1847년에는 에든버러 대학교로 진학했다. 16세였으니 당시 스코틀랜드에서 대개 대학교에 들어가는 나이였다. 그곳에서 3년간 공부한 다음 졸업하지 않은 채 케임브리지로 진학했다. 처음에는 피터하우스에서 공부했으나, 첫 학기가 끝나기 전 뉴턴의 모교인 트리니티로 옮기고 1854년에 2등으로 졸업했다. 뛰어난 학생이었으므로 트리니티의 석학연구원이 됐지만, 1856년까지만 그곳에 있다가 애버딘에 있는 매리스컬칼리지의 자연철학교수가 됐다.

맥스웰은 케임브리지에서 석학연구원으로 있었던 짤막한 기간에 중요한 연구 두 개를 해낼 수 있었다. 하나는 색각 이론에 관한 영의 연구를 바탕으로 한 것인데, 몇 가지 기본색이 한데 '섞여' 수많은 색을 보고 있다고 눈을 속이는 방식을 보여 주었다. (이것을 보여 주는 고전적 실험은 팽이 윗면을 여러 부분으로 나누어 각기 다른 색을 칠한 다음 팽이를 돌리면 색이 섞여 보이는 것이다.) 또 하나는 「패러데이의 역선에 관하여On Faraday's Lines of Force」라는 중요한 논문으로, 전자기에 관해 얼마나 알려져 있는지 또 발견할 것이 얼마나 더 남아 있는지를 종합적으로 자세히 설명하며 자신이 나중에 할 연구의 기초를 놓았다. 그가 훗날 더욱 발전시킨 색각 연구는 빨강, 초록, 파랑이라는 세 가지 필터를 통해 단색 사진을 촬영한 다음 그것을 결합하여 컬러 사진을 만드는 방법의 기초가 됐다. 그의 연구는 또 오늘날 컬러 텔레비전과 컴퓨터 모니터와 컬러 잉크젯 프린터에서 사용되는 방식의 기본 원리이기도 하다.

아버지는 맥스웰이 애버딘에서 교수로 임용되기 직전인 1856년 4월 2일 세상을 떠났다. 그러나 외톨이 신세는 그리 오래 가지 않았다. 1858년 그가 교수로 일하는 대학 학장의 딸로서 일곱 살 연상인 캐서린 메리 듀어와 결혼했기 때문이다. 둘 사이에는 자식이 없었으며, 맥스웰이 연구할 때 캐서린이 조수 역할을 한 때가 많았다. 그렇지만 1860년 애버딘의 매리스컬 칼리지와 킹즈 칼리지가 합병했을 때 학장의 사위라는 사실은 아무 소용이 없었다. 합병된 대학은 훗날 애버딘 대학교의 모체가 될 곳으로서 자연철학교수가 한 명만 있으면 됐는데, 킹즈에서 같은 과목을 가르치는 교수보다 맥스웰이 젊었으므로 그가 그만두어야 했다. 우연히도 그 교수는 패러데이의 조카였으나, 그가 남게 된 데에는 그 사실도 아무런 영향을 주지 않았다. 맥스웰이 애버딘에서 한 가장 귀중한 연구는 토성 고리의 본질에 관한 이론 연구였다. 이 연구를 통해 토성 고리는 각기 토성 궤도를 돌고 있는 무수히 많은 작은 입자 즉 소위성으로 이루어져 있으며 단단한 고리일 수 없다는 것을 증명했다. 이것을 증명하기 위해 수많은 입자들을 수학적으로 처리할 필요가 있었는데, 맥스웰이 클라우지우스의 연구를 읽고 앞 장에서 언급한 운동론에 흥미를 가지고 거기 기여하게 된 것도 이때의 수학적 처리가 계기가 됐을 가능성이 높아 보인다. 20세기 말 우주 탐사선이 토성 고리를 찍은 컬러 영상을 지구로 보냈을 때 연구진은 맥스웰의 3색 사진 기법을 사용하여 맥스웰이 예언한 소위성들의 사진을 얻어 냈고, 그 영상을 전파에 실어 지구로 보냈는데 전파 역시 앞으로 살펴보겠지만 맥스웰이 예언한 것이다.

제임스 클러크 맥스웰의 완전한 전자기 이론

맥스웰과 아내는 애버딘에서 글렌레어로 돌아갔고, 그곳에서 천연두를 앓았지만 때맞춰 회복하여 런던 킹즈 칼리지의 자연철학 및 천문학교수 자리에 지원하여 임용될 수 있었다. 그곳에서 전자기 이론에 관한 걸작 연구를 완성했으나 1866년 건강 문제로 사임해야 했다. 말을 타다가 나뭇가지에 머리를 긁혔는데 그 상처가 덧나 지독한 얕은연조직염이 됐기 때문이다. 오늘날 얕은연조직염은 연쇄상구균 감염이 원인으로 알려져 있으며, 극심한 두통과 구토와 얼굴에 나타나는 부푼 발진이 특징인 염증성 질병이다. 맥스웰의 얕은연조직염이 이처럼 심했던 데에는 이전에 앓은 천연두가 연관되어 있을 수도 있다는 추측도 있다.

맥스웰의 걸작 연구는 일찍이 패러데이의 역선에 관심을 갖게 된 이후로 10년 정도 묵혀 둔 것이었다. 1840년대에 윌리엄 톰슨이 고체 속으로 열이 전달되는 패턴과 전기력이 만드는 패턴 사이에 수학적으로 유사한 점이 있다는 사실을 알아냈다. 맥스웰은 이 연구에 착안하여 비슷한 사례가 또 있는지 알아보고 톰슨과 편지를 여러 차례 주고받으면서 생각을 명확히 정리할 수 있었다. 그러는 동안 오늘날에는 이상해 보이는 생각을 바탕으로 중간 단계의 모델을 생각해 냈는데, 바로 공간을 가득 채우고 있는 유체 안에서 회전하는 소용돌이들의 상호작용으로 전기력과 자기력이 전달된다는 것이었다. 그러나 이 물리적 모델이 이상하다고 해서 그가 생각을 전개하는 데 지장을 받지는 않았다. 그가 정확하게 말한 대로, 이런 모든 물리적 이미지는 일어나고 있는 현상을 묘사하는 수학 방정식보다 덜 중요하기 때문이다. 그는 1864년에 다음과 같이 썼다.

사람들의 생각 유형이 다양한 만큼 과학의 진리는 다양한 형태로 제시돼야 하며, 그것이 형태가 뚜렷하고 선명하게 색을 칠한 물리적 설명으로 보이든, 미약하고 희미한 상징적 표현으로 보이든 똑같이 과학적이라고 받아들여야 한다.*

이것은 맥스웰이 쓴 것을 통틀어 가장 중요한 말이라 할 수 있다. 20세기에 우리가 과학 특히 양자 이론이 발전하면서 감각 범위를 훨씬 벗어나는 척도에서 벌어지는 일을 그려 내기 위해 사용하는 이미지와 물리적 모델은 우리의 상상을 돕는 목발에 지나지 않으며, 특정 상황에서 특정 현상이 예컨대 '진동하는 끈이다'가 아니라 '진동하는 끈처럼 행동한다'는 식으로 말할 수밖에 없다는 사실이 점점 더 명백해졌다. 나중에 살펴보겠지만 똑같은 현상을 그려 내기 위해 사람마다 다른 모델을 사용하는 것도 충분히 가능하며, 그것만 빼면 이들은 각기 특정 자극이 있을 때 그 현상이 어떻게 반응할지에 대해 수학을 바탕으로 똑같은 예측을 내놓는다. 이야기를 조금만 앞질러가자면, 빛이 한 지점에서 다른 지점으로 이동할 때를 비롯하여 많은 상황에서 파동처럼 행동한다고 말한다면 전적으로 옳지만, 다른 상황에서는 뉴턴이 생각한 것처럼 작디작은 입자의 흐름처럼 행동한다는 것을 우리는 알게 될 것이다. 우리는 '빛은 파동이다' 또는 '빛은 입자다' 하고 말할 수 없다. 그저 특정 상황에서는 '파동과 같다' 또는 '입자와 같다'라고만 말할 수 있을 뿐이다. 마찬가지로 20세

* 1864년 쓴 걸작 논문을 비롯하여 맥스웰의 학술논문 대부분은 맥스웰(James Clerk Maxwell)의 『J. 클러크 맥스웰의 학술논문 *The Scientific Papers of J. Clerk Maxwell*』에서 찾아볼 수 있다(참고문헌 참조).

기 과학에서 가져온 또 한 가지 예를 보면 이해하는 데 도움이 될 것이다. 나는 가끔씩 빅뱅(대폭발, Big Bang)이 '정말로 있었다'고 믿는가 하는 질문을 받는다. 가장 좋은 대답은 '우리가 가지고 있는 증거는 지금 우리에게 보이는 우주는 130억 년쯤 전 뜨겁고 밀도가 높은 상태(빅뱅)로부터 변화해 나왔다는 생각과 일치한다'는 것이다. 이 의미에서 나는 빅뱅이 있었다고 믿는다. 그러나 이것은 예컨대 트래펄가 광장에 허레이쇼 넬슨의 대형 기념탑이 있다는 믿음과는 종류가 다르다. 나는 그 기념탑을 보고 만져보았다. 그래서 그것이 그곳이 있다고 믿는다. 나는 빅뱅은 보지도 만져보지도 않았지만, 빅뱅 모델은 내가 아는 것 중 오래전 우주가 어땠는지를 상상하는 가장 좋은 방식이며, 우리가 손에 넣은 관측과 수학 계산과 맞아떨어지는 그림이다.* 이런 점은 주로 보고 만질 수 있는 것들을 다룬 뉴턴의 고전과학으로부터 어떤 면에서 보지도 만지지도 못하는 것들을 다루는 20세기의 이론으로 넘어갈 때 새겨 두어야 하는 중요한 사항이다. 모델은 중요하며 도움이 된다. 그러나 모델이 진리는 아니다. 과학의 진리가 있다면 그것은 방정식 안에 존재한다. 그리고 맥스웰이 생각해 낸 것은 방정식이었다.

그는 1861년과 1862년에 「물리 역선에 관하여On Physical Lines of Force」라는 네 편짜리 논문을 펴냈는데, 여전히 소용돌이 이미지를 사용하고 있었지만 그런 상황에서 특히 파동이 어떻게 전파될지를 살펴보는 내용이었다. 파동이 움직이는 속도는 매질의 속성에 따라 달라

* 그리고 일부 종교에 세 번째 종류의 믿음이 있는데, 이 종류의 믿음에서는 신앙을 바탕으로 종교적 이야기를 아무 증거 없이 믿는 것이 무엇보다도 중요하다.

지며, 맥스웰은 전기와 자기에 관해 이미 알려져 있는 사실들과 부합되는 속성을 적용함으로써 이 매질이 파동을 빛의 속도로 전달한다는 것을 알아냈다. 이것을 발견한 때의 흥분은 1862년 논문 중 하나에서 그가 사용한 표현에서 드러난다. 그는 이 발견이 지니는 의미를 밑줄로 강조하며 다음과 같이 말한다. "우리는 **빛은 전기와 자기 현상의 원인이 되는 바로 그 매질의 횡파로 이루어져 있다**고 추론하지 않기가 거의 불가능하다."*

빛은 전자기적 교란의 일종 맥스웰은 자신이 내놓은 이론의 수학적 부분을 다듬으면서 이내 소용돌이와 거기 개입된 매질을 아예 빼버릴 수 있다는 것을 알아냈다. 소용돌이와 매질이라는 물리적 이미지는 방정식을 만들 때 도움이 됐지만, 일단 방정식을 만들고 나자 방정식 자체만으로 충분했다. 쉬운 비유를 들자면 중세기의 웅장한 대성당을 생각하면 될 것이다. 나무 비계를 얼기설기 받쳐가며 지었지만, 완공되고 나면 비계를 걷어 내도 외부의 지지 없이 홀로 당당하게 서 있다. 1864년 맥스웰은 자신의 걸작 논문 「전자기장의 동역학 이론A Dynamical Theory of the Electromagnetic Field」을 출판하면서 고전 전기 및 자기학에 관해 말할 수 있는 내용 모두를 오늘날 맥스웰 방정식이라 부르는 네 개의 방정식 안에 집약했다. 특정 양자 현상을 제외하면 전기와 자기가 관련된 문제는 모두 이들 방정식을 사용하여 풀 수 있다. 방정식 한 벌을 가지고 전기와 자기 문제를 모두

* 앞 책.

풀기 때문에 맥스웰은 패러데이의 연구에서 처음으로 암시됐던 가능성도 실현시켰다. 그것은 두 가지 힘을 하나로 묶는 것으로, 예전에는 전기와 자기가 있었지만 이제는 전자기장이라는 역장 하나만 있었다. 이 모든 것이 맥스웰이 뉴턴과 나란히 위대한 과학자의 전당에 자리 잡고 있는 이유다. 뉴턴의 법칙과 중력 이론, 그리고 맥스웰의 방정식을 가지고 1860년대 말 물리학에 알려져 있던 모든 것을 이 두 사람이 설명했다. 맥스웰의 업적은 『자연철학의 수학적 원리』 이후로 물리학에서 가장 위대하다는 점에는 의심의 여지가 없다. 그리고 금상첨화라 할 만한 것도 있었다. 맥스웰의 방정식에는 전자기파가 이동하는 속도를 나타내는 c라는 상수가 있었다. 이 상수는 물질의 전기적, 자기적 속성과 관계가 있는데 이 두 속성은 측정이 가능했다. 맥스웰의 표현을 빌리자면 이 속성을 측정하는 실험에서 "빛의 유일한 용도는 … 기구를 보기 위한 것뿐이었다." 그러나 이 실험에서 나온 숫자 즉 c의 값은 당시 잘 결정돼 있던 빛의 속도와 실험 오차 범위 안에서 정확하게 일치했다.

> 이 속도는 빛의 속도에 너무나 가까우므로 우리는 빛 자체(복사열을 비롯하여 그 밖의 복사가 있으면 그런 복사도 포함)가 전자기 법칙에 따라 전자기장을 통해 전파되는 파동 형태의 전자기적 교란이라고 결론지을 강력한 근거를 얻은 것으로 보인다.*

* 맥스웰(James Clerk Maxwell), 앞 책.

"그 밖의 복사"라는 말은 중요하다. 맥스웰은 가시광선보다 파장이 훨씬 긴 여러 전자기파가 있을 수 있다고 예측했다. 오늘날 우리는 이것을 전파라 부른다. 1880년대 말 독일 물리학자 하인리히 헤르츠Heinrich Hertz(1857~1894)*는 실험을 통해 전파의 존재를 확인하면서, 빛의 속도로 이동한다는 것과 빛과 마찬가지로 반사, 굴절, 회절이 가능하다는 것을 증명했다. 이것은 맥스웰의 빛 이론이 옳다는 또 하나의 증거였다.

방정식과 실험적 증거가 강력하지만, 맥스웰이 잘 이해한 대로 생생한 모델이 있으면 생각하는 데 도움이 된다. 그 모델이 실제가 아니라 무엇이 벌어지고 있는지를 상상하는 데 도움이 되게끔 만들어낸 구성물에 지나지 않는다는 사실을 기억하기만 하면 되는 것이다. 이 경우 빛이라든가 여타 전자기파가 전파되는 방식을 상상하는 한 가지 방식은 기다란 밧줄이 뻗어 있고 밧줄 한쪽 끝을 흔들 수 있다고 생각하는 것이다. 움직이는 자기장은 전기장을 만들고 움직이는 전기장은 자기장을 만든다는 패러데이의 발견을 기억하기 바란다. 뻗어 있는 밧줄이 있을 때 한쪽 끝을 흔드는 방법으로 에너지를 투입하면 밧줄을 따라 파동을 보낼 수 있다. 이것은 긴 전선 또는 안테나 시스템에 전류를 먼저 한 방향으로 흐르게 했다가 다시 반대 방향으로 흐르게 하는 방법으로 전자기장에 에너지를 투입하는 것과 같다. 밧줄을 상하로 흔들면 수직 방향의 파동이 만들어지고 좌우로 흔들

* 주로 라디오 방송국의 전파 주파수를 나타내는 단위로 익숙한 헤르츠(Hz)의 주인공이다. 주로 파동에 쓰이지만, 1헤르츠는 '1초에 1번'이라는 뜻이어서 꼭 파동이 아니라도 쓸 수 있다. 예컨대 심장이 1분에 72회 뛴다면 1.2헤르츠라고 표시할 수 있다. (옮긴이)

면 수평 방향의 파동이 만들어진다. 맥스웰의 방정식이 우리에게 말해 주는 한 가지는 전자기파에서 전기파와 자기파는 똑같지만 서로 직각 방향이라는 것이다. 예컨대 전기파가 수직 방향이면 자기파는 수평 방향이다. 파동이 따라가는 경로(즉 빛줄)의 어느 점에서든 파동이 지나갈 때 전기장은 끊임없이 변화한다. 그러나 이것은 전기장에 의해 만들어지는 자기장 역시 끊임없이 변화한다는 뜻이다. 따라서 파동이 따라가는 경로의 모든 점에서 변화하는 자기장이 있고 이에 따라 끊임없이 변화하는 전기장이 만들어진다. 이 두 가지 파동은 전자기파가 발생하는 원천에서 공급되는 에너지를 받아 하나의 광선으로서(또는 전파로서) 발맞추어 나아간다.

맥스웰의 연구는 뉴턴의 전통을 이어받은 고전과학의 마지막 위대한 연구였다. 그는 이 연구를 완성한 뒤 1866년 겨우 35세라는 나이로 갤러웨이에 편안하게 정착하여, 수많은 과학자 친구와 편지로 계속 연락을 주고받는 한편 『전기와 자기에 관한 학술보고서 *Treatise on Electricity and Magnetism*』를 써서 1873년에 두 권으로 펴냈다. 일류 학교들로부터 여러 차례 학문직을 제안받았으나 거절했다. 그렇지만 1871년 제1대 캐번디시 실험물리학 석좌교수가 되고 또 그보다 훨씬 중요한 안건으로서 캐번디시 연구소를 설치하고 연구소장이 되어달라는* 부탁을 받았을 때 케임브리지로 돌아가고 싶어졌다. 연구소는 1874년에 문을 열었다. 맥스웰은 이 연구소에 자신의 발자취를 남길 만큼 살았고, 연구소는 이후 수십 년에 걸친 과학 혁명기 동

* 그는 또 『전기에 관한 헨리 캐번디시의 유고집 *The Unpublished Electrical Writings of the Honorable Henry Cavendish*』을 엮어 1879년에 출간했다.

안 물리학에서 새로운 발견의 가장 중요한 산실이 됐다. 그러나 그는 1879년 중병이 들었고, 그해 11월 5일 어머니와 같은 나이인 48세에 어머니와 같은 병인 암으로 세상을 떠났다. 바로 그해 3월 14일 맥스웰 방정식의 의미를 완전히 알아보는 최초의 인물이 될 사람이 독일 울름에서 태어났다. 그의 이름은 물론 알베르트 아인슈타인Albert Einstein(1879~1955)이었다.

어떤 면에서 아인슈타인과 전자기 세계의 인연은 그가 태어난 이듬해 가족이 뮌헨으로 이사를 갔을 때 시작됐다. 그곳에서 아버지 헤르만이 삼촌(아버지의 동생) 야콥과 힘을 합쳐 어머니 파울리네 집안에서 대준 자금으로 전기설비 회사를 차린 것이다. 이것은 패러데이의 발견이 이 무렵 실용되고 있었음을 알 수 있는 좋은 예다. 기술적으로 말하자면 이 회사는 한때 200명의 직원을 고용하여 소도시에서 전등 설치 일을 할 정도로 성공했다. 그러나 자금이 언제나 부족했고 결국에는 지멘스라든가 독일 에디슨 회사 등 독일 전기 산업의 대기업으로 성장한 업체들에게 밀려나 1894년 파산했다. 형제는 좀 더 우호적인 기업 환경을 찾아 예전에 회사에서 일을 따낸 적이 있는 북부 이탈리아로 옮겨 갔다. 그러나 그곳에서 어느 정도 이상의 성공은 거두지 못했다. 이렇게 이탈리아로 이주할 때 15세의 아인슈타인은 독일 학교 제도에서 교육을 마치도록 남겨 두어야 했다.

이것은 잘한 일이 아니었다. 아인슈타인은 영리하고 독자적으로 생각하는 소년이었으나, 태어난 나라의 교육제도는 규율이 엄격했으므로 그와는 어울리지 않았다. 당시 통일된 지 얼마 지나지 않은 독일은 나라를 프로이센의 군국주의적 전통에 따라 다스렸는데 여기에는 모든 젊은 남자의 의무 군복무도 포함되어 있었다. 아인슈타인이 김나지움(고등학교)에서 빠져나오기 위해 어떤 수를 썼는지는 분명하지 않다. 어떤 이야기에서는 한동안 반항아로 지낸 끝에 퇴학당했다고 하고, 또 어떤 이야기에서는 완전히 자기 힘으로 일을 꾸몄다고 한다. 어느 쪽이든 그는 가족의 주치의를 설득하여 완전한 휴식이 요구되는 신경질환을 앓고 있다는 진단서를 받았고, 이 진단서를 등에 업고 부모 및 유일한 형제자매인 여동생 마야와 합류하기 위해 여행길에 올라 1895년 초에 이탈리아에 도착했다. 병역의무를 피할 확실한 방법은 국적 포기뿐이었으므로 독일 국적을 포기한 다음, 한동안은 가족 회사에서 일도 하고 그보다 훨씬 많은 시간을 이탈리아 생활의 즐거움을 만끽하며 보냈다. 그런 뒤 학위를 받을 수 있는 취리히 연방 공과대학교에 입학시험을 쳤다. 독일의 일류대학교 학위만큼 좋지는 않지만 적어도 학위인 것은 분명했다. 1895년 가을 아인슈타인은 학생들이 연방 공과대학교에 입학하는 일반적 나이인 18세보다 만 18개월이 어렸고, 어느 교사가 그가 수학에 뛰어나다고 증언하며 써 준 편지 한 통 말고는 졸업 증서 같은 것이 전혀 없이 김나지움을 그만둔 상태였다. 그가 입학시험에서 떨어진 게 우리로서는 전혀 뜻밖으로 보이지 않지만 콧대 높은 젊은이에게는 충격적이었던 것으로 보인다. 그는 취리히 서쪽 아라우의 스위스 중등학교에서 1년 동안 공부한 다음에야 1896년 연방 공과대학교에 입학할 수 있었다. 이 1년은 그의 일생에서 가장 행복한 시기 중 하나가 됐고, 다니는 학교의 교장 요스트 빈텔러Jost Winteler의 집에서 하숙하면서 빈텔러 가족들과 평생 친구가 됐다. 훗날 아인슈타인의 동생 마야는 요스트 빈텔러의 아들 파울과 결혼했다.

취리히에서 아인슈타인은 표면적으로는 수학과 물리학을 공부했지만 마음껏 즐기며 지냈고, 그것이 결국에는 여자 친구 밀레바 마리치를 임신시키는 결과를 낳기도 했다. 이들의 사생아는 입양됐다. 공부는 교수를 만족시키는 데 필요한 정도로 최소한만 하고, 공식 교과과정을 벗어나 다양한 범위를 읽고 연구했다. 늘 그렇듯 자신의 능력을 확고히 믿고 있던 그는 졸업시험에서 뛰어난 성적을 거두고 연방 공과대학교 자체나 다른 대학교에서 초급 교직을 얻을 수 있을 것으로 기대했다. 실제로는 시험을 잘 쳐서 1900년 7월 졸업했지만 뛰어난 성적을 거두지는 못했다. 본격적으로 힘든 일을 하기에는 성격이 맞지 않는다고 판단되는 사람의 채용을 꺼리는 교수들의 마음을 돌이킬 만큼 뛰어나지는 않았던 것이 확실하다. 이것이 1905년 알베르트 아인슈타인이 베른의 특허사무국에서에서 일하게 된 경위다. 밀레바와는 1903년에 결혼했고 1904년 5월 14일 태어난 아들 한스 알베르트가 있었다. 이후 1910년 7월 28일에는 결혼 이후의 둘째 아들 에두아르트가 태어났다.

1905년 출간된 아인슈타인의 특수상대성이론에서 초석이 된 것은 빛의 속도가 일정하다는 사실이었다. 그가 이 이론을 개발한 무렵 측정된 빛의 속도는 측정자가 어떻게 움직이고 있든 상관없이 언제나 똑같다는 실험적 증거가 나와 있었다. 그러나 여기서 아인슈타인이 이 연구에 대해 알고 있기는 했어도 그 영향을 받지는 않았다는 점을 이해하는 것이 중요하다. 그가 이 문제에 접근한 방식의 특징은 맥스웰의 방정식에서 출발했다는 점이다. 방정식에는 빛의 속도를 나타내는 상수 c가 들어가 있다. 그리고 방정식에는 상수 c의 결정과 관련하여 관측자가 빛을 기준으로 어떻게 움직이고 있는지를 반영하는 부분이 없다. 맥스웰 방정식에 의하면 관측자는 누구나 똑같은 빛의 속도 c를 측정하게 된다. 정지해 있든, 광원을 향해 움직이든, 광원으로부터 멀어지든, 광선을 가로질러 어떤 각도로 움직이든 상관이 없다. 이것은 상식뿐 아니라 뉴턴 역학에서 속도가 합산되는 방식에도 정면으로 위배된다. 만일 어떤 자동차가 도로를 따라 내 쪽으로 시속 100킬로미터 속도로 달려오고 있고 내가 그 자동차 쪽으로 시속 50킬로미터 속도로 달리고 있다면 그 자동차는 나를 기준으로 시속 150킬로미터의 상대속도로 나에게 다가오고 있는 것이다. 내가 시속 50킬로미터 속도로 달리고 있고 그 차가 내 바로 앞에서 같은 방향으로 시속 100킬로미터 속도로 달리고 있다면 그 자동차는 나를 기준으로 시속 50킬로미터의 상대속도로 멀어지고 있는 것이다. 그러나 맥스웰 방정식에 따르면 이 둘 중 어떤 상황에서도 상대방 자동차의 전조등이나 미등에서 나오는 빛의 속도는 언제나 c이다. 내 기준의 상대속도도 그렇고 상대방 자동차의 운전자 기준 상대속도도 그렇다. 그리고 길옆에서 구경하는 사람 기준의 상대속도도 마찬가지다. 이 점을 생각해 보면 뉴턴의 운동 법칙과 맥스웰의 방정식 둘 다 동시에 옳을 수는 없는 것이 분명하다. 1905년 이전에 이에 대해 생각해 본 사람은 대부분 신출내기인 맥스웰의 이론에 어딘가 옳지 않은 부분이 있는 게 분명하다고 생각했다. 언제나 고정관념을 깨뜨리는 사람답게 아인슈타인은 무모하게도 그 반대 즉 맥스웰이 옳고 적어도 이 경우에 한해 뉴턴이 틀렸을 경우를 생각했다. 이것이 큰 깨달음의 기반이었다. 그러나 우리로서는 여기서 실험적 증거를 들여다보는 것도 손해될 것은 없으며, 맥스웰이 어느 정도로 옳았는지를 완전히 확인할 수 있다.

앨버트 마이컬슨과 에드워드 몰리 : 빛에 관한 마이컬슨-몰리 실험

패러데이가 앞서 1846년 '에테르를 퇴출'시키려 했으나 에테르 개념은 사라지려 하지 않고 끈질기게 남아 있었다. 맥스웰은 죽기 바로 한 해 전인 1878년 『브리태니커 백과사전』에 출간된 글에서 광선을 이용하여 에테르를 기준으로 지구의 상대속도를 측정하기 위한 실험을 생각해 냈다. 한 가닥의 광선을 둘로 쪼개 각기 두 개의 거울을 통과하게 하는데, 거울 한 벌은 지구가 우주에서 (따라서 존재한다고 하는 에테르 안에서) 움직이는 방향으로 놓고 다른 한 벌은 그 직각 방향으로 놓는다. 쪼개진 광선이 각기 두 개의 거울을 통과하게 한 다음 다시 모아 서로 간섭을 일으키게 한다. 실험할 때 둘로 나뉜 광선이 똑같은 거리를 움직이도록 해 두었을 경우, 지구가 에테르 안에서 움직이고 있기 때문에 광선이 목적지에 다다르기까지 걸리는 시간이 다를 것이고 따라서 발걸음이 서로 엇갈리면서 이중 실틈 실험에서 보는 것과 같은 간섭무늬가 만들어질 것이다. 맥스웰의 이 예측을 검증하는 데 필요한 수준으로 정밀하게 실험을 진행한다는 난제에 도전한 사람은 미국 물리학자 앨버트 마이컬슨Albert Michelson(1852~1931)이었다. 1881년 독일 베를린에 있는 헤르만 폰 헬름홀츠의 실험실에서 활동하고 있던 그는 처음에는 혼자 이 일에 착수했으나, 그 몇 년 뒤인 1887년 미국 오하이오에서 활동하면서 에드워드 몰리Edward Morley(1838~1923)와 협력했다. 두 사람은 고도로 정밀하게 측정한 결과 에테르를 기준으로 지구가 움직인다는 증거가 없다는 것을 알아냈다. 달리 말하면 측정된 빛의 속도는 지구가 나아가는 방향으로나 그 직각 방향으로나 똑같다는 것이다. 실제로 빛의 속도는 **모든** 방향에서 똑같다. 두 사람은 실험 도구를 돌려놓고 실험해 보았으나 아무 결과도 얻지 못했다. 하루 중 시간대를 달리하며 지구 자전의 여러 단계에서 실험해 보았고, 1년 중 시간대를 달리하며 지구 공전의 여러 단계에서도 실험해 보았다. 답은 언제나 똑같았다. 두 가닥 사이에 아무 간섭도 없는 것이다.

물론 마이컬슨-몰리 실험에서는 광선 두 가닥 사이의 **차이**만 알아내면 되기 때문에 빛의 실제 속도를 측정할 필요가 없었다. 그러나 빛에 대해 강박 같은 것이 있던 마이컬슨은 점점 더 나은 실험을 고안하고 실행하며 빛의 속도 자체를 측정했다. 그는 이 모든 연구를 고도로 정밀하게 실행한 공로로 1907년 노벨상을 받았다. 그러나 그러고 나서도 그의 빛 연구가 끝나려면 아직도 한참 먼 상태였다. 연구의 최종 결과는 마이컬슨이 73세이던 1926년 캘리포니아에서 두 산봉우리 사이로 빛을 왕복하게 한 실험에서 나왔다. 그는 빛의 속도는 초속 299,796 ± 4킬로미터라고 결론지었는데, 이것은 오늘날 최고의 측정치인 초속 299,792.458킬로미터와 실험 오차 범위 이내로 일치한다. 실제로 오늘날의 측정치는 빛의 속도라고 **정의되어** 있다. 이것은 표준 미터의 길이가 이 측정치를 기준으로 정해져 있다는 뜻이다.*

* 분별 있는 세상이라면 오늘날에는 그렇게나 정밀하게 측정할 수 있으니만큼 미터의 길이를 작디작은 만큼 조정하여 빛의 속도가 초속 300,000킬로미터로 딱 떨어지게 정의할 것이다.

마이컬슨과 몰리가 최종 실험 결과를 보고한 직후 더블린의 트리니티 칼리지에서 활동하는 아일랜드의 수학자 겸 물리학자 조지 피츠제럴드George FitzGerald(1851~1901)가 한 가지 설명을 내놓았다. 그는 맥스웰 방정식을 진지하게 받아들인 최초에 속하는 사람으로, 오늘날 전파라 부르는 것을 헤르츠가 실험에 착수하기 전에 상세히 다루었다. 1889년 피츠제럴드는 마이컬슨-몰리 실험에서 지구가 우주 속으로 움직이는 방향을 기준으로 실험장치를 어떻게 배치해도 빛의 속도 변화를 측정해 내지 못한 이유는 실험장치 전체가 (사실 지구 전체가) 운동의 진행 방향으로 아주 조금 수축된다는 것으로 설명이 가능하다는 의견을 내놓았다. 그리고 수축되는 정도는 지구의 속도에 따라 달라지며, 실험에서 아무 결과를 얻지 못했다는 사실 그 자체로부터 계산해 낼 수 있다고 했다. 똑같은 생각을 1890년대에 레이던에서 활동한 네덜란드의 물리학자 헨드릭 로런츠Hendrik Lorentz(1853~1928)도 독자적으로 해냈다. 과로로 얻은 위궤양 때문에 젊은 나이로 죽은 피츠제럴드보다 운이 좋아 더 오래 살았다는 점도 로런츠가 성공할 수 있었던 한 가지 요인이었다. 그는 이 생각을 더 완전하게 발전시킨 끝에 1904년에 오늘날 로런츠 변환이라 부르는 명확한 방정식 형태로 발표했다. 이 수축 효과는 역사적 우선순위가 다소 무시된 채 로런츠-피츠제럴드 수축이라 불린다.

알베르트 아인슈타인: 특수상대성이론

피츠제럴드와 로런츠의 연구는 이따금 아인슈타인의 특수상대성이론을 어느 정도 앞서는 것으로 설명되기도 한다. 그 속뜻은 아인슈타인이 한 일은 거기에 쉼표를 넣고 마침표를 찍은 것이 전부라는 말이다. 그러나 이것은 사실과는 완전히 다르다. 피츠제럴드와 로런츠가 상상한 수축은 물질 안에서 전하를 띠고 있는 개개의 입자(원자)들이 운동 때문에 입자들 사이의 인력이 높아져 서로 가까워진다는 것이었다. 전기와 자기가 운동의 영향을 받는다는 것을 패러데이가 발견했으니만큼 완전히 엉뚱한 생각은 아니지만, 이것은 오늘날 틀렸다는 것이 알려져 있다. 반면 제1원칙들에서 출발한 아인슈타인은 맥스웰 방정식은 빛의 속도가 하나뿐이라고 명시하고 있다는 사실을 바탕으로, 수학적으로는 로런츠 변환 방정식과 똑같지만 물체가 차지하고 있는 공간 자체가 관찰자 기준으로 물체의 운동 방향에 따라 수축되는 것을 상상하는 방정식을 생각해 냈다. 이 이론의 방정식들은 또 시간지연(time dilation) 즉 움직이는 시계는 정지해 있는 관찰자가 측정하는 시간 기준으로 느리게 간다는 것과 움직이는 물체는 질량이 늘어난다는 것을 묘사하고 있다. 특수상대성이론에서는 빛보다 느린 속도로 움직이기 시작하는 어떤 물체도 빛보다 빠른 속도로 가속할 수 없다는 것을 알려 준다. 이것을 이해하기 위한 한 가지 방법은 빛의 속도에 다다르면 질량이 무한대가 되고 따라서 그보다 더 빠른 속도에 다다르려면 무한한 에너지가 필요해진다는 것이다. 그리고 이 이론에서는 질량이 속도에 따라 달라진다는 것과 관련하여 질량과 에너지는 서로 등가 관계에 있다는 것을 보여 주고 있는데, 바로 과학에서 가장 유명한 방정식 $E = mc^2$이 그것이다.

그렇지만 이 모든 측정치는 누구를 기준으로 하고 있을까? 빛의 속도는 일정하다는 것과 아울러 특수상대성이론의 다른 한 가지 핵심은 우주에는 정지해 있는 지점이 없다는 것이다. 아인슈타인은 우주에는 특별한 기준점이라는 것이 없다는 사실을 알아차렸다. 운동 측정의 기준으로 삼을 '절대적 공간'이라는 것이 없는 것이다. 이 론의 이름에서 짐작할 수 있듯 모든 운동은 상대적이며, 어떤 관찰자든 가속하고 있지 않다면 자신이 정지해 있다고 보고 다른 모든 운동을 자기 기준틀에서 측정할 권리가 있다. 이 이론은 제약 조건이 있다는 뜻에서 '특수'하다. 가속을 생각하지 않는 특수한 경우를 따지는 것이다. 서로를 기준으로 일정한 속도로 움직이고 있는 모든 관찰자(관성 관찰자)는 누구나 똑같이 자신이 정지해 있다고 말하며 모든 운동을 자기 기준으로 측정할 권리가 있다.

이 이론의 방정식은 본질적으로 대칭적이어서 좋은데, 이는 서로 기준틀이 다른 관찰자들 즉 서로를 기준으로 움직이고 있는 관찰자들이 실험할 때 서로 노트를 비교해 보면 실험에 대한 답이 똑같다는 뜻이다. 답을 얻어 낸 방법이 다를 때조차도 답은 똑같다. 예를 들면 10광년 거리에 있는 별을 향해 빛에 가까운 속도로 여행하는 우주선을 내가 바라보고 있다면, 내가 볼 때 여행에 걸린 시간은 우주선이 빛보다 빨리 가지 않고서도 **우주선 안의 시계 기준으로** 10광년이 되지 않는데, 움직이는 시계는 느리게 가기 때문이다. 우주선에 타고 있는 승무원들이 볼 때도 여행에 걸린 시간은 내가 계산한 것과 같다. 그러나 그들은 자기네 시계는 여느 때나 다름없이 가고 있으며, 그들 기준으로 정지해 있는 우주선 옆으로 '지나가는' 우주 속 모든 별들의 상대운동으로 인해 이곳과 저 먼 별 사이의 공간이 수축되었기 때문에 말 그대로 여행길이 짧아졌다고 말한다. 어떤 관찰자 A가 볼 때 관찰자 B의 시계가 느리게 가고 있고 B의 측정막대가 짧아져 있다면, 관찰자 B 역시 관찰자 A의 시계와 측정막대가 정확히 똑같은 방식으로 정확히 똑같은 만큼 영향을 받은 것으로 보이며, 둘 중 어느 쪽도 자신의 측정 장치에 이상이 있는 것으로 보이지 않는다. 이 모든 것의 희한한 결과 하나는 빛의 속도로 이동하는 것은 무엇이든 시간이 멈춘다는 것이다. 이 책의 13장에서 다룰 광자(photon, 빛 양자) 관점에서 보면 태양에서 지구까지 1억5천만 킬로미터를 이동하는 데 시간이 전혀 걸리지 않는다. 우리 관점에서 볼 때 그렇게 되는 이유는 광자와 함께 이동하는 시계는 멈춰 있기 때문이다. 광자 관점에서 보면 속도가 그렇게나 빠르면 (광자는 자신이 멈춰 있다고 볼 권리가 있으며 따라서 지구가 광자에게 날아오고 있다는 것을 기억하기 바란다) 태양과 지구 사이의 공간이 0으로 줄어들며, 따라서 당연히 이동하는 데 시간이 전혀 걸리지 않는다. 물론 이런 추론이 이상해 보이기는 하겠지만, 빛의 속도에 가깝게 가속시킨 입자선을 이용한 실험을 비롯하여 수많은 실험을 통해 특수상대성이론의 예측이 소수점 아래로 여러 자리까지 정확하게 확인됐다는 사실은 결정적으로 중요하다. 이것이 단순 가설이 아니라 이론이라 불리는 이유는 바로 이 때문이다. 이런 효과는 사물이 정말로 빛의 속도에 상당히 가깝게 움직일 때라야 드러나기 때문에 우리는 일상에서 인지하지 못하며 따라서 상식에 속하지 않는다. 그러나 그럼에도 불구하고 사실임이 입증됐다.

민코프스키: 특수상대성이론에 따른 시공간의 기하학적 결합

1905년 아인슈타인 시대 사람들이 특수상대성이론을 이해하지 못했다고 한다면 잘못일 것이다. 그로부터 2년 뒤 마이컬슨이 노벨상을 받았다는 사실이 로런츠 변환 방정식과 아인슈타인의 연구 모두를 이해하는 물리학자가 많이 있었다는 것을 보여 주는 중요한 증거다. 그러나 아인슈타인의 생각이 정말로 큰 영향을 주기 시작한 것은, 그리고 그의 연구와 로런츠-피츠제럴드의 연구 사이의 중요한 차이점이 완전히 이해되기 시작한 것은 아인슈타인을 두고 '게으른 녀석'이라고 표현한 옛 스승 민코프스키가 이 생각을 수학 방정식만이 아니라 시간과 공간(시공간)이라는 4차원 기하학으로 보여 준 1908년부터였다는 것은 사실이다. 민코프스키는 1864년에 태어나 1909년 맹장염 합병증으로 사망했는데, 죽기 1년 전 쾰른에서 한 어느 강연에서 다음과 같이 말했다.

> 이제부터 단독으로 존재하는 공간이나 시간은 그냥 그늘 속으로 사라질 운명입니다. 둘은 일종의 결합을 이루어야만 독자적 실체를 보존할 것입니다.

처음에 아인슈타인은 자신의 생각을 이렇게 기하학화한 것이 마음에 들지 않았으나, 앞으로 살펴보겠지만 수많은 사람들이 그의 가장 위대한 업적이라고 생각하는 일반상대성이론이 만들어지는 것은 바로 시간과 공간의 이 기하학적 결합 덕분이었다.

1905년 이후 물리학은 예전과는 다른 모습이 된다. 게다가 아직 우리는 아인슈타인의 **경이로운 해** 중 내가 볼 때 가장 중요한 연구로서 그에게 노벨상을 안겨 주었을 뿐 아니라 양자 이론의 기초를 놓은 연구를 다루지 않았다. 20세기에 기초물리학은 뉴턴 같은 고전 시대 선구자뿐 아니라 맥스웰조차도 상상할 수 없었던 방식으로 발전하게 된다. 그러나 고전과학 특히 고전물리학은 여전히 한 가지 큰 승리를 앞두고 있었다. 이것은 인간의 감각을 기준으로 가장 웅대한 수수께끼인 지구 자체의 기원과 진화라는 문제를 본질적으로 1905년 이전 생각을 바탕으로 접근함으로써 얻어 냈다.

12
고전과학의 마지막 쾌거

고전과학이 마지막으로 거둔 대승리는 오늘날 돌이켜 보면 사실 고전과학 이후 세계인 20세기에 속하는, 다시 말해 상대성이론과 양자역학에 속하는 한 가지 발견 덕분이었다. 그것은 방사능의 발견이었다. (방사능 자체는 19세기에 발견됐다.) 방사능은 라이엘과 그 이전 사람들이 내놓은 동일과정설에서 요구되는 긴 시간 척도 상에서 지구 내부가 활력 없는 고체 덩어리로 식어 버리지 않게 막아 준 열원이었다. 방사능이 발견됐어도 그 현상을 설명하고 질량이 어떻게 에너지로 변환되어 별들이 계속 빛을 내뿜는지를 이해하는 단계로 나아가려면 상대성이론과 양자물리학이 필요하다. 그러나 중력이 어떻게 작용하는지 모르는 상태에서도 갈릴레이가 진자가 흔들리는 방식이라든가 공이 경사면을 굴러 내려가는 방식을 연구할 수 있었던 것과 마찬가지로, 지구물리학자들은 방사능이 지구 내부의 온기가 유지되는 한 가지 방식이 된다는 것만 알면 됐다. 즉 장구한 시간에 걸쳐 지구 표면의 지형을 형성해 왔고 오늘도 계속 형성하고 있는 물리적 과정을 움직이는 에너지원이 있다는 사실만 확인하면 되는 것이다. 일단 이것이 확인되자 이들은 지질학을 지구물리학으로 발전시켜 대륙과 대양의 기원이라든가 지진, 화산, 조산운동의 발생, 지표면의 침식 등을 비롯하여 매우 많은 것을 설명할 수 있었다. 윌리엄 톰슨이나 제임스 클러크 맥스웰뿐 아니라 아이작 뉴턴이나 갈릴레오 갈릴레이도 충분히 이해할 수 있는 종류의 과학으로 모든 것을 설명한 것이다.

수축설: 쪼그라드는 지구?

라이엘이 특히 영어권 세계에서 중요한 위치를 차지하고 무엇보다도 찰스 다윈에게 큰 영향을 주기는 했지만, 『지질학의 원리』가 출간된 뒤 동일과정설이 학계를 평정했다거나 19세기 지질학자들이 대부분 지구가 형성된 물리적 원인에 관한 논쟁에 실제로 크게 관심을 기울였다고 생각해서는 안 된다. 실제로 논쟁이 있었다고 말하기도 어렵다. 여러 사람이 여러 모델을 내놓았고 모델마다 신봉하는 사람들이 있었지만, 경쟁자들이 모여 경쟁 모델의 장점을 논한다거나 지면으로 대결을 벌인다든가 하지는 않았다. 19세기 내내 여전히 최우선적으로 진행된 과제는 현장 연구를 통해 지층의 순서를 알아내는 것으로, 이를 통해 지질학자들이 **상대적** 시간 척도를 얻어 내 어떤 암석이 더 먼저고 어떤 것이 나중인지 알 수 있었다. 그런 지층의 기원에 관한 가설만 보면 동일과정설에도 여러 가지가 있었고, 나아가 지진이라든가 화산 등 과거에 작용한 힘이 현재에 작용하고 있는 힘과 **종류**는 같다 해도 지구가 더 젊고 더 뜨거웠으리라 생각되는 과거에는 더 강력했을 것이라는 생각이 널리 퍼져 있었다. 라이엘의 동일과정설에서는 대륙이 해저로 바뀌고 해저가 솟아올라 대륙이 될 수 있다고 했다. 그러나 또 한쪽에는 불변설(permanentism)이 있었는데, 같은 동일과정설에 속하지만 이 이론에서는 대륙은 언제나 대륙이었고 대양은 언제나 대양이었다고 주장했다. 불변설은 특히 북아메리카에서 강세를 보였다. 이것을 주장한 주요 학자는 예일 대학교의 자연사 및 지질학교수 제임스 데이나James Dana(1813~1895)로, 그는 이 가설을 지구가 식으면서 조금씩 쪼그라들고 있고, 애팔래치아 같은 산맥은 사실상 지구의 지각이 쪼그라들 때 주름이 생기며 만들어졌다는 생각과 연결 지었다. 그렇지만 당시 지식수준으로 볼 때 무리한 이론은 아니었다.

유럽에서는 이와는 달리 격변설의 한 종류로 수축설(contractionism)이 생겨났다. 이것은 에두아르트 쥐스Eduard Suess(1831~1914)가 이전의 여러 이론을 종합하여 내놓은 것으로서 19세기의 마지막 몇십 년 동안 절정에 다다랐다. 쥐스는 런던에서 독일인 양털 상인의 아들로 태어났으나, 어릴 때 가족과 함께 프라하로 이사를 갔다가 다시 빈으로 갔고 훗날 그곳 대학교에서 지질학교수가 됐다. 쥐스 모델에서는 식어 가며 수축되고 있는 지구에서 상대적으로 조용한 시기가 오랫동안 이어지다가 단기간에 극적 변화가 터져 나오는 현상의 원동력이 수축이라고 보았다. 그는 오늘날 오스트레일리아, 인도, 아프리카의 땅덩어리는 훨씬 큰 땅덩어리가 갈라진 조각들이라고 보았고, 이 커다란 땅덩어리를 인도의 한 지역 이름을 따 곤드와나 대륙(Gondwanaland)이라 불렀다. 곤드와나는 남반구에 있었던 대륙으로서 그중 많은 부분이 식어 가는 지구 내부로 가라앉았다고 했다. 이 모델에서는 지각이 쪼그라들며 산맥이나 단층 등의 습곡이 형성됐고, 식어 수축된 지구 내부에 생겨난 공간으로 남반구를 비롯하여 대서양 등 넓은 부분이 가라앉으면서 예전에는 이어져 있던 땅덩어리 사이에 대양이 새로 만들어졌다. 그런데 이것은 조금씩 지속적으로 일어난 변화가 아니라 갑작스레 터진 변화였다. 그렇지만 이 모델은 본격적인 검증에서 합격점을 받지 못했다. 예컨대 알프스산맥 하나만 해도 쥐스의 종합 이론에 따르면 지각 1,200킬로미터를 압착하여 150킬로미터의 산으로 만들어야 하는데, 거기 필요한 양의 수축과 습곡이 일어나려면 섭씨 1,200도만큼 식어야 했다. 본질적으로 알프스와 같은 시기에 형성된 히말라야, 로키, 안데스산맥을 솟구치게 하려면 그보다 더 많이 식어야 할 것이다. 그러나 이런 온갖 모델에 가한 결정타는 방사능의 발견으로, 쥐스가 종합 이론을 개발한 때와 거의 동시에 일어난 일이다. 방사능이 발견되면서 지구 내부는 실제로 극적으로 식고 있지 않았다는 것을 알게 됐지만, 쥐스의 종합 이론 이야기는 두 가지 점에서 중요하다. 첫째, 20세기 초에 지구 역사에 관한 '표준 모델'이 없었다는 사실을 명확히 보여 주고 있다. 둘째, 대륙이 이동한다는 생각이 확립되면서 우리에게 익숙해질 곤드와나라는 이름이 만들어졌다는 것이다. 그러나 이 생각 자체는 19세기에 알려졌지만 20세기 후반에 들어서고도 한참이 지난 뒤에야 확립되게 된다.

대륙이동에 관한 초기 가설

19세기에 대륙이동을 주제로 나온 여러 가설 중에는 대륙이 자성을 띠는 결정체 위에 얹혀 있어서 자기의 흐름에 의해 북쪽으로 쓸려가고 있을 것이라는 가설이 있었다. 또 지구는 원래 지금보다 작았을 뿐 아니라 4면체였으며, 대륙은 원래 서로 바짝 붙어 있었으나 대격변이 일어나 확장되면서 서로 뜯겨 나갔고 달 역시 지중해로부터 떨어져나가 현재 궤도로 올라갔다는 의견도 있었다. 『종의 기원』이 출간되기 전 해인 1858년 파리에서 활동하던 미국인 앤토니오 스나이더펠러그리니 Antonio Snider-Pellegrini(1802~1885)는 『창조와 그 신비가 밝혀지다 *La création et ses mystères dévoilés*』를 출간하면서 자신의 성서 해석을 바탕으로 하는 희한한 모델을 내놓았다. 이 모델에 따르면 지구는 초기에 급속도로 수축하면서 대격변이 잇따라 일어났다. 이것을 언급하는 이유는 이 책이 대서양 양쪽에 있는 대륙을 하나로 붙인 지도를 처음으로 수록한 책이기 때문이다. 그는 이 지도를 이용하여 대서양 양쪽의 석탄층에서 발견되는 화석이 비슷하다는 것을 설명했다. 이 지도는 다른 곳에도 널리 실리면서 스나이더펠러그리니가 실제로 대륙이동에 관해 그럴 듯한 모델을 내놓았다는 잘못된 인상을 주었다. 격변설에 속하기는 하나 약간은 더 과학적인 대륙이동설은 1882년 1월 12일 학술지 『네이처 *Nature*』에 실린 논문에서 오즈먼드 피셔 Osmond Fisher(1817~1914)가 내놓은 가설이었다. 그는 찰스 다윈의 천문학자 아들 조지 다윈 George Darwin(1845~1912)이 내놓은 의견을 받아들여, 어린 지구가 크고 작은 두 조각으로 깨지면서 달이 형성됐다고 보았다. 태평양은 지구로부터 달이 떨어져 나간 상처이며, 그 구덩이를 남아 있는 지구 표면이 천천히 메우고 들어가기 시작하면서 지구 반대쪽에 있던 대륙이 조각조각 쪼개지고 그 사이가 벌어졌다고 했다.

알프레트 베게너 : 대륙이동 이론의 아버지

20세기 초 몇십 년 사이에 다른 형태의 대륙이동 가설도 여러 가지가 나왔다. 그러나 결국 지구과학에 발자취를 남기고 그 발전에 영향을 준 것은 독일인 기상학자 알프레트 베게너Alfred Wegener(1880~1930)가 1912년에 처음 내놓은 가설이었다. 원래 천문학 교육을 받은 그는 다른 분야 출신이었으므로 대륙이동에 관한 잡다한 옛 가설에 대해 아는 것이 거의 없었던 것으로 보인다. 그중에는 말도 되지 않는 것들도 있었던 만큼 몰랐던 게 오히려 다행일지도 모른다. 그가 내놓은 가설은 큰 영향을 주었는데, 앞서 나온 것들보다 더 완전한 모델이기도 하거니와, 자신의 생각을 뒷받침하는 증거를 더 많이 찾아다니고 비판에 대응하여 자신의 모델을 옹호하며 1930년 아직 젊은 나이로 죽기 전까지 4판에 걸쳐 개정판을 내는 등 수십 년 동안 그 가설을 널리 알렸다는 것도 그 한 가지 이유다. 베게너는 자신의 생각을 출판한 다음 그게 뜨건 가라앉건 내버려 둔 게 아니라 대륙이동에 관해 소리 높여 알리고 다녔다. 그의 생각은 세밀한 부분에서는 부정확한 곳이 많았지만 전체 개념은 시간의 검증을 통과했고, 이제 베게너는 오늘날 대륙이동 이론이라 부르는 것의 아버지로 간주된다.

베게너는 1880년 11월 1일 베를린에서 태어나 하이델베르크, 인스브루크, 베를린 대학교에서 공부하고 1905년 베를린에서 천문학으로 박사 학위를 받았다. 이어 베를린 테겔에 있는 프로이센 항공천문대에 들어가 한동안 형 쿠르트 베게너Kurt Wegener(1878~1964)와 나란히 연구했는데, 계기 시험을 위해 둘이 기구를 타고 52시간 30분 동안 비행하여 신기록을 세웠을 때는 말 그대로 나란히 연구하기도 했다.

1906년부터 1908년까지는 그린란드 내지로 들어가는 덴마크 탐사대에서 기상학자로 일했고, 탐사에서 돌아온 뒤에 독일 마르부르크 대학교에서 기상학 및 천문학 강사가 됐다. 1911년에는 기상학 교재를 출판했으나 이 무렵 이미 대륙이동에 관해 생각하고 있었고, 1912년에는 이에 관해 1월에 프랑크푸르트암마인과 마르부르크에서 한 강연을 바탕으로 두 편의 논문을 펴냈다.

그가 훗날 회고한 내용에 따르면 1910년 마르부르크에서 어느 동료가 새로운 세계지도책을 받았는데, 베게너는 그것을 들여다보던 중 이전의 다른 사람들처럼 남아메리카의 동해안이 아프리카의 서해안에 마치 퍼즐의 그림조각처럼 꼭 들어맞겠다는 생각이 들었다. 마치 한때는 붙어 있었던 것 같았다. 호기심이 들기는 했지만 있을 법하지 않은 일이라 생각하고 덮어 두었다가, 1911년 봄 브라질과 아프리카의 지층이 고생물학적으로 유사하다는 점을 논하는 보고서를 우연히 보게 됐다. 그 보고서에서 발표된 증거는 예전에는 두 대륙을 잇는 육교가 있었다는 생각을 뒷받침하기 위해 실려 있었다. 그러나 베게너는 다르게 보았다. 1915년에 출간하여 나중에 그의 걸작이 된 『대륙과 해양의 기원*Die Entstehung der Kontinente und Ozeane*』 초판에서 그는 다음과 같이 썼다.*

> 이에 나는 지질학과 고생물학 분야의 관련 연구를 대충 훑어보게 됐고, 그러자마자 너무나도 유력한 확증을 얻었으므로 [대륙

* 초판은 독일 브라운슈바이크의 프리드리히 피베크 출판사가 발행했다. 제4판의 영역 결정판은 참고문헌 참조.

이동이라는] 생각의 논리가 근본적으로 탄탄하다는 확신이 내 마음속에 자리를 잡았다.

또 하나의 증거 덕분에 베게너는 뭔가를 찾아냈다는 생각을 더욱 굳혔다. 오늘날의 해수면 높이에 따른 오늘날의 해안선이 아니라 대륙붕의 가장자리를 따라 맞춰 보면 그림조각 퍼즐이 더욱 딱 맞았다. 해저로 가파르게 내려가는 곳이므로 이것이 대륙의 진정한 가장자리였다. 그러나 이 생각이 마음속에 뿌리를 내리기는 했지만 신경을 써야 할 다른 일이 있었기 때문에 그것이 완전히 꽃피우기까지는 시간이 걸렸다. 1912년 1월의 강연에서 대륙이동에 관한 생각을 발표한 직후 베게너는 다시 한 차례 그린란드 탐사를 떠났고, 1913년에 돌아와 엘제 쾨펜과 결혼했다.* 조용히 대학 생활을 하겠다는 두 사람의 계획은 제1차 세계대전으로 산산조각 나고, 베게너는 예비군 중위로 징집되어 서부전선에서 복무했다. 그곳에서 몇 달 만에 두 번 부상을 당해 더 이상 복무하기가 어려워졌고, 그래서 부상에서 회복한 뒤에는 육군 기상대에서 일했다. 그가 저 유명한 책의 제1판을 쓴 것은 요양 휴가 동안이었다. 이것은 당시 거의 아무런 반향도 일으키지 않았다. 전쟁이 한창인 1915년에 출간됐고, 94쪽밖에 되지 않아 소책자나 다름없는 책이었다. 전쟁이 끝난 뒤 베게너는 함부르크의 독일 해양연구소에서 다시 한번 형과 나란히 일했고, 당시 새로 문을 연 함부르크 대학교에서 기상학 강사

* 러시아 태생의 기상학자로서 베게너의 친구이자 동료인 블라디미르 쾨펜의 딸이다.

로도 일했다. 그는 뛰어난 기상학자로 명성을 얻었으나, 자신의 대륙이동 모델 역시 계속 연구하여 1920년과 1922년에 개정판을 냈는데 판을 거듭하면서 내용이 점점 많아졌다. 친구들은 이것이 그의 명성에 부정적으로 작용할까 걱정했지만, 사람들이 대륙이동 가설에 대해 어떻게 생각하든 베게너는 기상학자로서 실력이 뛰어나 1924년에는 오스트리아의 그라츠 대학교에서 기상학교수로 임용됐다. 같은 해에 블라디미르 쾨펜Wladimir Köppen(1846~1940)과 함께 대륙이동을 바탕으로 최초로 과거 기후에 대한 설명을 출판했고, 1922년에 나온『대륙과 해양의 기원』제3판의 프랑스어판과 영어판 번역서도 같은 해에 나왔다. 그러나 제3판에 대해 영어권 세계에서 나온 비판에 대응하여 제4판을 준비하여 1929년에 출판하기는 했으나, 그의 생각에 관심을 기울이는 사람들이 늘어나는 듯 보인 바로 그때 그것을 더욱 널리 알릴 기회를 빼앗겨 버리고 말았다. 1930년 베게너는 49세의 나이로 또 한 차례 그린란드 탐사에 올랐다. 이번에는 대장이었고 탐사 목적은 대륙이동 가설을 뒷받침하는 증거 수집이었다. 탐사대는 그린란드의 황량한 만년빙 위에서 문제에 부딪쳤다. 내륙 어느 전초 캠프에서 보급품이 떨어져가자 베게너는 1930년 11월 1일 그의 50번째 생일에 이누이트 동반자 한 명과 함께 해안의 베이스캠프를 향해 길을 떠났다. 그는 결국 그곳에 도착하지 못했다. 봄이 됐을 때 그의 시신은 두 캠프 사이의 만년빙 위에서 침낭에 곱게 싸인 채 표식으로 꼿꼿하게 세워 둔 스키와 함께 발견됐다. 동반자는 영영 발견되지 않았다. 이제 대륙이동 가설은 주장을 잃어버렸으므로 홀로 뜨든 가라앉든 해야 했다.

판게아의 증거 베게너 모델에서는 지구가 여러 층으로 되어 있고 지각에서 핵으로 내려갈수록 밀도가 높아질 것으로 상상했다. 그는 대륙과 대양 밑바닥은 근본적으로 다르다고 보았다. 대륙은 화강암 덩어리로서 규소와 알루미늄으로 이루어져 있기 때문에 '시알(sial)'이라 부르고, 해저의 퇴적층 아래에 있는 바위는 현무암으로서 규소와 마그네슘으로 이루어져 있으므로 '시마(sima)'라 부르는데, 그는 가벼운 화강암이 밀도가 더 높은 현무암 위에 본질적으로 떠 있다고 생각했다. 그는 오늘날의 대륙 덩어리는 중생대(현대의 연대측정 결과 1억5천만 년 정도 전) 말기에 지구의 육지 전체를 이루고 있던 판게아(Pangea)라는 초대륙(supercontinent)이 여럿으로 갈라졌을 때와 본질적으로 똑같은 윤곽선을 지니고 있다고 했다. 베게너 모델의 한 가지 큰 약점은 판게아가 갈라진 이유를 설명할 수 없었다는 것으로, 원심력으로 인해 "극으로부터 멀어졌다"거나 조석 효과 때문에 대륙이동이 일어났다는 식의 모호한 설명밖에 내놓지 못했다. 그러나 그는 선배들보다는 한 걸음 더 나아가, 동아프리카 대지구대 같은 지구대를 대륙이 갈라지기 시작한 위치로 지목하면서 어떤 과정에 의해 대륙이동이 일어나든 그 과정은 오늘날에도 계속되고 있다고 했고, 이로써 그의 대륙이동 가설은 동일과정설의 하나로 자리매김했다. 결정적으로 또 지구의 크기는 급격하든 점진적이든 팽창이나 수축 없이 일정하게 유지되고 있다는 생각을 바탕으로 자신의 가설을 전개했다. 이 모델의 가장 약한 부분 하나는 베게너가 대륙이 해저의 시마 위에 얹힌 채 시마를 긁으며 이동하고 있다고 상상했다는 것으로, 지질학자들은 당연히 이것을 받아들이기가 어려웠다. 그렇지만 그는 자신의 생각을 남북아메리카 대륙의 동쪽 가장자리를 따라 산맥이 늘어서 있는 것과 연결 지어, 대륙이 유럽과 아프리카로부터 떨어져 나오면서 시마를 긁으며 나아가다가 구겨져 올라가 산맥이 형성됐다고 설명했다. 땅덩어리 한가운데에 있는 히말라야 같은 산맥은 대륙끼리의 충돌로 설명할 수 있었다.

베게너의 가설은 세부적으로 강점도 약점도 있었다. 특히 강한 부분은 고기후학에서 그러모은 증거로, 지금은 서로 멀리 떨어져 있고 극지방으로부터도 멀리 떨어져 있는 대륙들이 먼 옛날 어떻게 동시에 빙하에 뒤덮였는지를 보여 주었다. 약점으로는 그가 자신의 주장을 뒷받침하지 않는 증거를 종종 무시했기 때문에 지질학자들이 그의 가설 전체를 의심하게 됐다는 것도 있지만, 특히 약한 부분은 대륙이동이 너무나 빠르게 일어나고 있으며 그린란드가 떨어져 나간 것은 겨우 5만~10만 년밖에 되지 않았고 매년 11미터의 속도로 서쪽으로 움직이고 있다고 믿었다는 점이었다. 이 생각은 1823년과 1907년 실행된 측지측량을 바탕으로 했는데 애초에 측정치가 부정확했다. 사실 베게너가 그린란드의 만년빙으로 돌아오지 못할 여행을 떠난 것도 더 정확한 측지 자료를 얻기 위해서였다. 오늘날 우리는 인공위성의 광파 거리측정기를 이용하여 대서양이 실제로 매년 몇 센티미터씩 넓어지고 있다는 것을 알고 있다. 그러나 대륙이동 이론에 그가 기여한 가장 귀중한 것은 산맥, 퇴적암, 고대 빙하작용의 생채기에서 얻은 증거, 화석 및 살아 있는 동식물의 분포 등을 연결하여 과거에 판게아라는 초대륙이 있었음을 뒷받침하는 증거를 모아 종합했다는 것이다. 쉬운 비유로서 베게너는 인쇄된 종이 한 장을 여러 조각으로 찢은 것을 예로 들었다. 만일 조각들을 다시 맞춰 거기 인쇄된 내용이 앞뒤가 맞는 문장을 이룬다면 종이를 제대로 맞췄다는 강력한 증거가 될 것이다. 마찬가지로, 판게아의 조각들을 도로 맞추자 그가 모은 증거들은 앞뒤가 맞는 지질학적 '문장'을 이루었다. 대륙이동이 일어나는 메커니즘이 완전히 이해되기 이전에 대륙이동 이론이 설득력을 갖는 것은 이처럼 광범위한 증거 덕분이다.

암석의 나이 측정을 위한 방사선 기법

사실 대륙이동 이론의 메커니즘 중 핵심 요소 하나는 1920년대 말에 이르러 이미 확인되어 있었다. 그 진가를 제대로 이해한 지질학자가 한 명 있었으니 바로 아서 홈스Arthur Holmes(1890~1965)였다. 그는 방사성 붕괴 분야의 일류 전문가로서, 1920년대에 이르러 방사선 기법을 이용하여 지구의 나이를 측정하는 연구에서 누구보다도 앞서 나가고 있었다. 실제로 그는 무엇보다도 '지구의 나이를 측정한 사람'이었다. 홈스는 잉글랜드 북동부의 게이츠헤드에서 별로 특별할 게 없는 집안에서 태어났다. 아버지는 가구를 만드는 목수였고 어머니는 가게 점원으로 일했다. 그는 1907년 학기 동안 매주 30실링(1.5파운드)을 지급받을 수 있는 국비장학생 시험에 합격한 뒤 런던의 왕립 과학대학에 진학했다. 1907년에조차 이것은 생활하기에 충분한 액수가 아니었고, 가족으로부터 경제적 지원을 받을 가망도 없었다. 홈스는 있는 것으로 최대한 꾸려 나가는 길밖에 없었다.

이 무렵 방사능과 지구의 나이는 모두 과학에서 뜨거운 화제가 되어 있었고, 미국인 버트럼 볼트우드Bertram Boltwood(1870~1927)가 암석

시료 안에 포함되어 있는 납과 우라늄 동위원소의 비율을 가지고 그 암석의 나이를 알아낼 수 있는 기법을 개발한 직후였다. 우라늄이 방사성 붕괴를 거치면 납이 생겨나는데, 이 책의 13장에서 살펴보겠지만 그 과정에 우라늄 특유의 시간 척도가 작용하므로 납과 우라늄의 비율을 가지고 바위의 나이를 알아낼 수 있다. 홈스는 학부 졸업반 연구과제로 이 기법을 사용하여 노르웨이에서 채취한 데본기 암석 시료의 나이를 계산한 결과 3억7천만 년이라는 수치를 얻어 냈다. 20세기에 들어선 지 채 10년도 되기 전에 대학 학부생조차 암석 조각의 나이를 알아낼 수 있었다. 게다가 지구 지각의 암석 중 가장 오래된 것이 절대로 아닌 이 암석 조각의 나이는 태양이 중력 때문에 짜부라들 때 발생하는 열을 가지고 추정해 낸 태양계의 시간 척도를 훨씬 뛰어넘었다. 1910년 빛나는 명성과 학부 생활 동안 진 빚을 동시에 안고 졸업한 홈스는 모잠비크에서 여섯 달 동안 매달 35파운드씩 받으면서 광물 탐사를 위한 지질학자로 일하는 좋은 일자리를 얻어 기뻤다. 흑수열을 심하게 앓는 통에 귀국이 늦어졌고, 또 말라리아에도 걸렸으나 이것은 전화위복이었다. 제1차 세계대전 때 군대에 가지 않을 수 있었기 때문이다. 탐사에서 남긴 89파운드 7실링 3페니라는 이익금으로 돈 문제를 해결한 그는 왕립 과학대학을 전신으로 1910년에 만들어진 임페리얼 칼리지에 임용될 수 있었다. 이곳에서 1920년까지 머물렀고 그러는 중 1917년 박사 학위를 받았다. 그 다음에는 석유회사에 들어가 버마(현재의 미얀마)에서 일한 다음 1924년 영국으로 돌아와 더럼 대학교에서 지질학교수가 됐다. 1943년에 에든버러 대학교로 옮겨 갔고 1956년 은퇴했다. 그 무렵 그는 암석의 나이 측정을 위한 방사능 기법을 완전히 확립해 놓았고, 지구 자체의 나이를 45억 ± 1억 년으로 계산해 냈다.* 그러는 사이에 『자연지질학의 원리*Principles of Physical Geology*』라는 영향력 있는 교재를 내놓았다. 라이엘에 경의를 표한다는 뜻에서 일부러 이런 제목으로 내놓은 이 책은 1944년에 처음 출간된 뒤로 판을 거듭하면서 표준 교재로 자리를 잡았다. 이 책이 성공한 한 가지 원인은 홈스가 지질학을 이해하기 쉽게 만들겠다는 목표를 세웠다는 데에도 있을 것이다. 이에 대해 그는 훗날 어느 친구에게 이렇게 썼다. "영어권 국가에서 널리 읽히려면 이제까지 만난 학생 중 가장 우둔한 학생을 생각한 다음 이 주제를 그 학생에게 어떻게 설명할지를 생각하라."**

홈스의 대륙이동 설명

홈스가 대륙이동에 흥미를 갖게 된 것은 1920년 이전이며, 임페리얼 칼리지의 동료 존 에번스John Evans(1857~1930) 때문임이 거의 확실하다. 에번스는 독일어를 술술 읽었으므로 베게너의 생각을 일찍부터 열렬히 받아들였고, 나중에 베게너의 책이 영문으로 처음 나왔을 때 머리말을 쓰기도 했다. 홈스가 버마에서 영국으로 돌아왔을 때는 이 책의 제3판이 잉글랜드에서 막 출판된 때였는데, 더럼에서 자리를 잡은 직후 우라늄-납 연구를 잠시 쉬는 동안 대륙이동 가설을 생각하기 시작한 것도 그 때

* 나이를 정확하게 알아내기까지 그렇게나 오래 걸린 것은 이 기법의 원리는 1910년에 알려져 있었지만 필요한 수준만큼 정밀하게 측정하는 기법이 발전하기까지 수십 년이 걸렸기 때문이다. 언제나 그렇듯 과학은 기술이 있어야 발전한다. 기술이 발전하려면 과학이 필요한 것과 마찬가지다.

** 루이스(Cherry Lewis)를 재인용.

문이었던 것으로 보인다. 처음에는 수축설 쪽으로 기울어져 있었으나, 방사능을 이해하고 지구 내부에서 방사능이 열을 생성할 가능성을 이해하고 있었으므로 이내 관점을 바꾸게 됐다. 산의 형성과 대륙이동에 대류 현상이 연관돼 있을 수 있다는 생각이 그의 마음속에 자리를 잡은 것은 다윈이 성직자가 되려고 케임브리지 대학교에 들어간 때로부터 꼭 100년 뒤인 1927년 앨프리드 J. 불Alfred J. Bull(1876~1950)이 런던 지질학자협회에서 회장 연설을 하면서 그것에 관해 다루었을 때였다. 그해 12월 홈스는 이런 생각을 바탕으로 하는 논문을 에든버러 지질학회에서 발표했다. 그는 대체로 베게너가 제안한 대로 대륙이 정말로 더 밀도가 높은 물질 위에 떠 있기는 하지만 시마를 긁으며 움직이지는 않는다고 했다. 그보다는 밀도가 더 높은 저 물질 자체가 지구 내부의 열 때문에 생겨난 대류에 의해 매우 느리게 움직이고 다니다가, 대서양 한가운데에 있는 해저산맥(해령) 등 일부 장소에서 갈라지며 대륙을 양쪽으로 밀어내고 지구상의 다른 곳에서는 서로 충돌한다고 보았다. 방사능 가열을 제외하면 홈스 모델에서 핵심 요소는 시간이었다. 아래로부터 데워진 '단단한' 바위는 매우 빽빽한 꿀처럼, 또는 장난감 가게에서 파는 매직퍼티처럼 늘어날 수도 흐를 수도 있는 것이 사실이지만 그 과정은 **매우** 느렸다. 대륙이동을 신봉한 최초에 해당하는 지질학자가 지구의 어마어마한 나이를 제대로 인식하고 그 측정에 적극적으로 관여한 최초에 해당하는 인물이었다는 것은 뜻밖의 일이 아니다. 1930년 홈스는 대륙이동에 관한 가장 자세한 설명을 내놓으면서, 방사성 붕괴로 인한 열 때문에 지구 내부에 대류가 생겨나고 그것이 원인이 되어 판게아가 쪼개졌을 수 있다고 했다. 판게아는 먼저 둘로 갈라져 북반구의 로라시아(Laurasia)와 남반구의 곤드와나(Gondwanaland)가 됐고, 이것이 다시 쪼개지고 이동하여 오늘날 지구 표면에서 보는 육지 분포를 형성했다. 이 모든 것이『글래스고 지질학 회보 *Transactions of the Geological Society of Glasgow*』에 출간됐다. 여기에는 대류 때문에 대륙이 매년 5센티미터 정도 속도로 이동할 것이라는 추정치도 포함됐는데 오늘날의 측정치에 매우 가깝다. 이것은 지각에 균열이 생겨나고부터 약 1억 년 뒤 대서양이 만들어지기에 충분한 속도다.

대륙이동에 관한 현대의 연구 중에는 1930년에 이미 그 원형이 확립돼 있던 것이 대단히 많다. 홈스는 대륙이동의 증거를 1944년『자연지질학의 원리』마지막 장에 수록하면서 자신의 이론을 명확하게 제시했으나, 베게너가 발표한 내용의 약점을 다음처럼 솔직하게 지적했다.

> 베게너가 열거한 모든 사실과 의견은 인상적이다. 그가 내놓은 증거 일부는 더할 나위 없이 적절하지만, 그의 주장은 너무나 많은 부분이 추측과 아전인수식 해석을 바탕으로 하고 있기 때문에 비판이 빗발처럼 쏟아졌다. 더욱이 대부분의 지질학자는 대륙이동이라는 가능성을 받아들이기를 꺼렸는데, 자연에서 일어난다고 인정돼 있는 작용 중 대륙이동을 일으킬 가능성이 조금이라도 있는 작용이 없어 보였기 때문이다. … 그렇기는 하나, 정말로 중요한 것은 베게너 개인의 견해가 틀렸다고 증명하는 일이 아니라 관련 증거를 바탕으로 대륙이동이 정말로 지구에서 일어

> 나는 운동인지 판단하는 일이다. 설명이 필요한 대상에 대해 더 확고하게 알게 될 때까지 그 설명을 미뤄 두는 편이 좋을 것이다.

대륙이동에 관한 장에서 대륙이동을 유발하는 원동력은 대류라는 것을 설명한 뒤, 그 장의 끝머리에서 홈스는 다음처럼 썼다.

> 그렇지만 이처럼 순전히 추측을 바탕으로 요구 조건에 맞춰 생각해 낸 가설은 독립적 증거로 뒷받침되지 않는 한 과학적 가치가 있을 수 없다는 점을 명확하게 인식해야 한다.

이 말이 아서 코넌 도일Arthur Conan Doyle(1859~1930)이 『보헤미아 왕국의 스캔들*A Scandal in Bohemia*』에서 극중 인물 홈스의 입을 빌려 한 말과 얼마나 비슷한지 홈스가 알고 있었을까 궁금하다.

> 자료를 확보하기 전에 이론을 세우는 것은 중대한 실수다. 사실에 맞춰 이론을 고치는 게 아니라 자신도 모르게 이론에 맞춰 사실을 비틀기 시작하기 때문이다.

1930년부터 1944년까지는 사실상 대륙이동 가설을 강화할 만한 어떤 일도 일어나지 않았는데, 오로지 새로운 사실이 없다는 이유 때문이었다. 물론 옛 생각을 고수하는 사람들 사이에서는 새로운 생각에 대해 새롭다는 이유 하나만으로도 어느 정도 저항이 있었다. 이제까지 배운 모든 것을 내다 버리고 세계에 대한 새로운 이해를 지지하기가 망설여지는 사람은 언제나 있기 마련이다. 아무리 강력한 증거를 보여 준다 해도 그렇다. 그러나 1930년대와 1940년대라는 맥락에서 대륙이동을 뒷받침하는 증거는 강력한 수준은 아니고 설득력이 있는 수준이었다. 홈스의 연구를 받아들이는 사람이 볼 때는 아마도 매우 설득력이 있었을 것이다. 그 밖에 불변설처럼 경쟁 관계에 있는 생각이 여전히 굳게 옹호되고 있었고, 베게너가 죽고 홈스가 연대측정 기법에 집중하고 있는 동안 아무도 대륙이동을 위해 나서는 사람이 없었으므로 대륙이동 가설은 그나마 있던 지지마저도 서서히 잃어간 나머지, 결국에는 홈스가 자신의 걸작을 내놓았을 때 그런 이상한 생각을 지지하는 내용은 책에 수록하지 않는 게 옳다는 것이 유일한 비판일 정도에 이르렀다. 대륙이동 가설이 일단 존중할 만한 것으로 인정되고 그 다음 하나의 확립된 사고의 틀로서 지구가 동작하는 표준 모델이 된 것은 실제로 새로운 증거 덕분이었다. 이 새 증거는 1950년대와 1960년대에 나타났는데, 제2차 세계대전 때문에 모든 기술과학이 극적으로 발전한 여파로 생겨난 신기술 덕분이었다. 이것은 또 이 책에서 과학이 거의 대체 가능한 수많은 사람들이 대형 연구에 참여하는 방식으로만 진정한 발전을 이끌어 낼 수 있는 학문 분야가 됐음을 보여 주는 첫 번째 사례이기도 하다. 뉴턴 같은 사람이라 해도 증거를 취합하여 일관성 있는 모델을 만들 수는 있었겠지만, 대륙이동 가설을 판구조론이라는 이론으로 탈바꿈시키는 획기적 성과를 이끌어 내는 데 필요한 정보를 모두 손에 넣지는 못했을 것이다.

제2차 세계대전에서 비롯된 기술 발전이 결국 대륙이동을 뒷받침하는 결정적 증거를 얻어 내는 데 도움이 되기는 했지만, 1940년대 동안 수많은 지질학자들은 전 지구적 과학 연구에 참여할 기회가 거의 없이 군대에서 복무하거나 점령된 나라에서 살면서 전쟁 관련 연구에 관여하고 있었다. 전쟁 직후 유럽은 재건에 들어가고 미국에서는 과학과 정부 사이의 관계가 크게 바뀌면서 신기술의 개발과 응용이 지연됐다. 그러는 한편 대륙이동을 논하는 찬반 양측의 논문이 출판되기는 했어도 이것은 대체로 지질과학의 변두리에 남아 있었다. 그렇지만 이 가설은 준비 태세를 갖춘 상태로 새로운 증거가 들어오기 시작하는 때를 기다리고 있었다. 그것이 없었다면 설명하기가 극도로 어렵고 난감했을 바로 그런 증거였다.

지자기 역전과 용융 상태인 지구 핵

처음으로 들어온 새 증거는 화석자기(고지자기) 연구에서 왔다. 화석자기란 옛 지층의 암석 안에 화석화된 자기를 말한다. 화석자기 연구는 원래 지자기장 연구에서 파생됐다. 1940년대에 지구 자기장의 기원은 여전히 수수께끼였다. 아돌프 히틀러가 권좌에 오른 뒤 독일을 떠나 결국 미국에 정착한 수많은 독일 태생 과학자 중 한 명인 월터 엘자서Walter Elsasser(1904~1991)는 1930년대에 지자기는 지구 내부에 있는 천연 발전기에 의해 발생한다는 생각을 발전시키기 시작했고, 전쟁이 끝난 직후인 1946년에 자신의 생각을 자세히 출판했다. 이 생각을 영국의 지구물리학자 에드워드 불러드Edward Bullard(1907~1980)가 이어받았다. 전쟁 동안 자력식 기뢰로부터 선박을 보호하기 위해 선박의 자기를 중화시키는 기법을 연구했던 그는 1940년대 말 캐나다의 토론토 대학교에서 일하면서 지자기장은 뜨거운 액체 상태인 지구 핵 안에서 전도성 액체가 순환하며 생겨난다는 모델을 더욱 발전시켰다. 녹아 있는 쇳물 안에서 대류와 회전이 일어나고 있다고 생각하면 대충 비슷할 것이다. 1950년대 전반기에는 런던의 영국 국립 물리학연구소에서 소장으로 일하면서 그곳의 초기 컴퓨터를 이용하여 이 발전기 현상의 첫 수치 모의실험을 실행했다.

그 무렵 화석자기 측정을 통해 지난 10만 년 동안 지자기장과 암석의 화석자기는 같은 방향을 유지해 왔다는 것이 드러나 있었다. 용융된 물질이 화산이나 지각의 틈을 통해 흘러나와 암석이 만들어질 때 암석이 자성을 띠는데, 일단 굳으면 막대자석처럼 되면서 형성될 때의 자기장 패턴을 보존한다. 그러나 일찍이 특히 영국의 런던, 케임브리지, 뉴캐슬 등의 대학교에서 일하던 소수 연구자들은 더 오래된 암석에서는 화석자기의 방향이 오늘날 지자기장의 방향과 사뭇 다를 수 있다는 것을 알아냈다. 마치 지층이 단단하게 굳은 뒤 자기장이나 암석이 놓인 방향이 바뀐 것 같았다. 더 이상한 것은 지질학적 과거에 지자기장이 오늘날과는 반대로 남극과 북극이 뒤바뀐 때도 있는 것으로 보인다는 사실이었다. 1960년대 초에 대륙이동에 관한 논쟁이 뜨겁게 달아오른 것은 바로 이 고지자기 증거 때문이었다. 일부 사람들은 지질학적 과거의 특정 시기에 만들어진 암석의 자기 방향을 지질학적 '문장'으로 활용하여 대륙의 접합부 양쪽을 맞춰 보았고, 재구성한 결과물이 베게너가 재구성한 것과 대체로 일치한다는 것을 알아냈다.

이 모든 것이 진행되는 사이에 지구 표면의 3분의 2를 차지하는 해저에 관한 지식에도 커다란 발전이 있었다. 제1차 세계대전 이전에 해저는 전체적으로 신비한 미지의 세계였다. 잠수함의 위협에 대응할 방법을 찾아내려다 보니 바다의 수면 아래에 무엇이 있는지 알아내는 기술 특히 음향탐지법(소나)이 발달했고, 이 기술을 잠수함을 직접 탐지하는 용도뿐 아니라 전쟁 이후 해저 지도 제작에도 활용할 이유가 있었는데, 과학적 호기심도 있었지만 자금줄을 쥐고 있는 각국 정부가 잠수함이 숨을 만한 곳을 찾아내려는 목적도 있었기 때문이다. 1930년대 말에 이르러 지도에 해저 지형의 윤곽을 채워 넣기 시작한 것은 바로 이 기술이었다. 가장 눈에 띄는 점은 바다 한가운데에 해저산맥이 솟아올라 있다는 사실이 드러난 것으로, 대서양에서 위아래로 이어질 뿐 아니라 홍해에서도 한가운데를 따라 이어지며 척추 같은 형세를 이루고 있다는 점이었다.* 제2차 세계대전 동안 이런 연구에 사용되는 기술이 크게 개선됐고, 냉전 동안에도 핵으로 무장한 잠수함이 주력 무기 체계가 되면서 많은 자금이 계속 흘러들어 갔다. 예컨대 미국에서 스크립스 해양연구소의 1941년 예산은 10만 달러에 조금 못 미쳤고, 인원은 26명이었으며 작은 배 한 척을 소유하고 있었다. 1948년에는 예산이 100만 달러 가까이 됐고, 인원은 250명이었으며 배를 네 척 소유하고 있었다.** 스크립스를 비롯한 해양 연구자들이 찾아낸 것은 전혀 예상 밖이었다. 1940년대 이전 지질학자들은 해저는 지구에서도 가장 고대의 지각에 해당된

* 대륙이동과 관련된 해저 지형은 구글의 위성지도를 통해 그 윤곽을 어느 정도 확인할 수 있다. 구글 어스에서는 3D 영상도 이용할 수 있다. (옮긴이)
** 수치는 러그랜드(H. E. Le Grand)에서 가져왔다.

다고 생각했다. 대륙이동을 지지하는 사람들조차 이렇게 생각했다. 고대의 것이라고 생각했기 때문에 또 영겁의 세월 동안 육지에서 깎여 나간 고대의 퇴적물이 어마어마하게 쌓인 채 본질적으로 밋밋한 형태로 아마도 5 내지 10킬로미터 두께의 층을 이루고 있을 것이라고 생각했다. 그리고 이 퇴적물 아래의 지각 자체는 대륙지각처럼 수십 킬로미터 두께일 것이라 생각했다. 해저에서 시료를 채취하고 측량이 이루어졌을 때 이런 생각이 모조리 틀렸음이 드러났다. 퇴적층은 매우 얇았고, 대륙 가장자리로부터 멀어지자 퇴적층이 거의 없었다. 해저의 암석은 모두 나이가 적었고, 가장 나이가 적은 암석은 해저산맥 옆에서 발견됐다. 해저산맥은 지질활동이 활발한 지형으로, 지각이 갈라진 선을 따라 해저 화산활동이 일어나는 곳이다. 따라서 용융된 마그마가 굳는 것을 바위의 탄생이라고 한다면, 그곳에 있는 바위 중에는 말 그대로 어제 생겨난 것도 있다는 뜻이다. 그리고 지진 조사 결과 해저에서는 지각의 두께가 5~7킬로미터에 지나지 않는다는 것이 드러났다. 대륙지각이 두께가 평균 34킬로미터이고 어떤 곳에서는 80 내지 90킬로미터인 것과 대조적이다.

해저확장 모델

퍼즐의 각 조각은 프린스턴 대학교의 미국인 지질학자 해리 헤스Harry Hess(1906~1969)가 1960년에 끼워 맞췄다. '해저확장'*이라는 이름이 붙은 그의 모델에서는 더 밑 깊은 곳으로부터 맨틀의 액체 물질이 대류에 의해 솟아오르면서 해저산맥

* '확장되는 해저 이론'이라는 용어가 1961년 출간된 논문에서 등장했는데, 이것이 금세 입에 더 착 붙는 '해저확장'으로 바뀌었다.

이 만들어진다. 맨틀은 단단한 지각 바로 아래 매우 빽빽한 꿀 같은 암석층을 말하는데, 이 녹은 물질은 바닷물이 액체인 것과 같은 의미의 액체는 아니지만 대류로 인해 천천히 흘러갈 정도로 뜨겁다. 공예용 유리를 녹인 것과 어느 정도 비슷하다.* 해저산맥과 관련된 화산활동이 일어나는 곳에서는 뜨거운 물질이 표면으로 뚫고 올라온다. 그런 다음 해저산맥 양쪽으로 퍼지면서 해저 양쪽의 대륙을 밀어 더 벌려놓는다. 가장 나이가 적은 암석은 해저산맥 바로 옆에서 오늘 굳어가고 있고, 수천만 년이나 수억 년 전 만들어진 더 오래된 암석은 새로운 물질을 위한 자리를 만들기 위해 밀려나가 산맥으로부터 더 멀리 떨어져 있다. 그리고 대륙이 대양지각을 긁으며 움직일 필요도 없다. 그래도 상관은 없지만, 해저를 조사한 결과 그렇다는 증거가 나오지 않았기 때문이다. 이렇게 대양지각이 새로 만들어지면서 대서양이 매년 2센티미터 정도씩 넓어지고 있다. 홈스가 생각한 속도의 절반쯤이다. 헤스 모델에는 어느 정도 홈스의 생각과 비슷한 부분이 있으나, 결정적 차이는 홈스가 물리학의 기본 법칙을 바탕으로 일반론 수준에서 말할 수밖에 없었던 부분에서 헤스는 일어나고 있는 현상에 대한 직접 증거가 있고 대양지각을 측정하여 얻은 수치를 계산에 넣을 수 있었다는 점이다. 홈스는 자신의 모델에서 대양을 대체로 무시했는데 당시 대양에 대해 알려진 것이 거의 없었기 때문이다. 헤스의 연구는 1960년대 말에 이르기까지

* 오늘날 지구 내부 구조의 대략적 특징은 아주 잘 알려져 있다. 지진과 냉전 시대 지하 핵폭탄 실험으로 생겨나는 지진파를 연구하여 지구 내부를 조사했기 때문이다. 허나 안타깝게도 자세한 내부 구조는 현대 과학의 수많은 세부 내용과 마찬가지로 지면 문제로 여기서 다룰 수가 없다.

완전히 받아들여졌고, 그 뒤로 대양은 대륙이동이 일어나는 현장이며 대륙은 해저 지각과 관련된 활동의 결과 말 그대로 거기 얹혀 이동하는 것으로 보게 됐다.

대서양이 점점 더 넓어지고 있지만, 그렇다고 해서 지구 나이의 5퍼센트 정도에 해당하는 2억 년에 걸쳐 대서양 전체가 형성된 것을 설명하는 데 필요한 속도 즉 측정치에 의거하여 요구되는 속도로 지구가 커지고 있다는 뜻은 아니다. 대류는 어떤 곳에서는 위로 올라가지만 또 어떤 곳에서는 내려간다. 헤스가 내놓은 해저확장 모델의 두 번째 핵심 요소는 세계의 일부 지역, 특히 태평양 서쪽 가장자리 지역에서 얇은 대양지각이 더 두꺼운 대륙지각에 눌려 대륙지각 가장자리 밑의 맨틀 속으로 도로 들어간다는 것이었다. 이로써 이런 지역에 매우 깊은 해구가 있다는 것과 일본 같은 곳에서 지진과 화산활동이 일어난다는 것이 설명된다. 일본 같은 섬은 실제로 전적으로 해저확장의 이 측면과 관련된 구조 활동*에 의해 만들어진 것으로 설명된다. 대서양은 넓어지고 있지만 태평양은 좁아지고 있다. 이 과정이 계속되면 결국에는 아메리카와 아시아가 충돌하여 새로운 초대륙이 만들어질 것이다. 한편 이와는 별개로 해저산맥에서 해저확장이 일어나는 홍해는 맨틀이 솟아오르는 새로운 지역으로서, 지각이 갈라지면서 아프리카를 동쪽에 있는 아라비아로부터 떼어 내기 시작하고 있다.

헤스 모델이 발전하면서 캘리포니아의 샌앤드리어스 단층 같은 지형도 설명할 수 있게 됐다. 이곳은 대서양이 넓어지면서 아메리

* 구조 활동(tectonic activity)은 문자 그대로 '건축 활동'이다. 건축가를 나타내는 그리스어에서 온 말이다.

카가 서쪽으로 밀려, 태평양이 지금보다 넓었던 수억 년 전 확장활동이 일어나고 있었으나 상대적으로 활동이 약하던 지역을 압도해 버린 곳이다. 샌앤드리어스 같은 단층은 또 일부 지질학자들이 이내 지적한 것처럼 새로운 생각을 뒷받침하는 정황 증거가 됐다. 이곳에서는 여러 지각 덩어리가 매년 몇 센티미터라는 속도로 서로 스치며 움직이는데, 이것은 새 대륙이동 이론에서 요구되는 속도와 대략 같기도 하고 '단단한' 지구가 한 가지 지리적 형태를 영원히 유지하는 게 절대 아니라는 증거이기도 하다. 전통적 비유는 해저확장은 느리게 움직이는 컨베이어 벨트와 같아서 끝없이 돌고 돈다는 것이다. 이제까지 이보다 더 나은 비유는 나오지 않았다. 지구 표면 전체로 보면 모든 것은 상쇄되고 지구는 똑같은 크기를 그대로 유지한다.*

헤스 모델과 그 기반이 된 증거에서 영감을 받은 새 세대 지구물리학자들은 이것을 출발점으로 삼아 지구의 작동 방식에 관한 완전한 이론을 세우겠다는 난제에 도전했다. 협력 작업의 성격이 짙은 이 연구에서 주축이 된 사람 중에는 케임브리지 대학교의 댄 매켄지Dan McKenzie(1942~)가 있다. 그는 자신의 상상력에 불을 지핀 것은 1962년에 헤스가 케임브리지에서 한 강연이었다고 회고한다.** 그때 그는 아직 학부생이었으나, 이 강연 때문에 이 모델에서 앞으로 해결해야 하는 문제에 관해 생각하게 됐고 모델을 뒷받침하는 다른 증거를 찾게 됐다. 케임브리지에 있던 약간 더 선배 지구물리학자들

* 판게아가 갈라진 뒤로 지구가 실제로 아주 약간 커졌다면 고대 초대륙의 지리적 재구성이 더 잘 맞아떨어진다는 약간의 증거가 있다. 이것은 흥미롭지만, 증거가 유효하다 해도 그 효과는 국부적인 것에 지나지 않으며 대륙이동의 주요 요인은 되지 않는다.

** 매켄지가 존 그리빈과 나눈 대화. 1967년경.

도 이 강연에서 비슷한 영감을 받았는데, 그중 대학원생 프레더릭 바인Frederick Vine(1939~)과 그의 논문 지도교수 드러먼드 매튜스Drummond Matthews(1931~1997)는 그 이듬해에 지자기 역전의 증거를 대륙이동의 해저확장 모델과 연결하는 핵심 연구를 공동으로 내놓았다.

1960년대 초에 이르러 각 대륙에서 얻은 지자기 역사 관련 자료의 양이 늘어났을 뿐 아니라 측량선으로 자력계를 끌고 다니며 일부 해저의 자기 패턴 지도가 만들어지기 시작했다. 태평양 북동부 캐나다의 밴쿠버섬 연해는 이처럼 세밀한 측정이 처음으로 이루어진 곳 중 하나로, 후안데푸카 해저산맥이라는 해저 지형을 중심으로 조사가 실시됐다. 조사 결과 해저 암석 속에서 줄무늬 형태를 이루고 있는 자기가 나타났는데, 줄무늬는 대체로 남북 방향이었다. 그리고 암석의 자기 줄무늬는 하나는 오늘날의 지자기장과 같은 방향으로 자성을 띠고 있지만 그 옆 줄무늬는 반대 방향을 띠는 식이었다. 한쪽 방향은 검은색, 반대쪽 방향은 흰색으로 표시하면서 이것을 지도에 옮겨놓고 보니 무늬는 약간 일그러진 바코드처럼 됐다. 바인과 매튜스는 이런 무늬가 해저확장의 결과 만들어졌을 것으로 보았다. 용융된 암석이 해저산맥에서 흘러내려 굳으면 그때의 지자기장에 따라 자기를 띠게 된다. 그런데 대륙에서 얻은 증거에서는 지자기장의 방향이 때에 따라 바뀐 것으로 나타났다.* 만일 바인과 매튜스

* 이렇게 되는 정확한 이유는 지금도 알려져 있지 않지만, 용융 상태인 지구 핵 안에서 일어나는 발전기 효과가 점점 잦아들어 완전히 없어졌다가 다시 그 반대로 커지는 결과일 것으로 생각되고 있다. 흥미롭게도 이와 비슷한 내부 발전기 효과가 있는 것으로 생각되는 태양도 비슷한 양상의 자기 역전을 거치지만, 약 11년에 걸친 흑점 주기와 연관되어 있어서 훨씬 더 빠르고 훨씬 더 규칙적이다.

가 옳다면 이것은 두 가지를 의미했다. 첫째, 해저의 자기 줄무늬는 대륙 암석에서 나타난 지자기 역전 무늬와 상관관계가 있어야 마땅하며, 이로써 두 무늬를 대조하여 암석의 자기 연대측정이 더욱 정밀해질 방법이 생겨난다. 둘째, 헤스에 따르면 지각은 해저산맥의 양쪽으로 고루 확장되므로, 해저산맥 한쪽에서 나타나는 자기 줄무늬는 그 산맥 반대쪽에서 나타나는 줄무늬를 거울에 비춘 꼴이 되어야 한다. 그렇다면 이것은 해저확장 모델이 지구의 작동을 잘 묘사하고 있다는 좋은 증거가 될 것이다.

대륙이동 이론의 발전 1963년에는 자료가 제한적이었으므로 바인과 매튜스가 내놓은 주장은 의견 수준에서 그칠 수밖에 없었고 해저확장과 대륙이동을 뒷받침하는 결정적 증거는 되지 못했다. 그러나 바인은 헤스와 캐나다의 지구물리학자 투조 윌슨Tuzo Wilson(1908~1993)과 협력하면서 전 세계에서 들어오는 새로운 자기 자료를 반영하여 이 생각을 더욱 발전시켰고 이윽고 강력한 설득력을 확보했다. 윌슨의 핵심 공로 하나는 대서양에 뻗어 있는 해저산맥처럼 확장이 일어나는 산맥이 꼭 하나의 긴 지형일 필요는 없으며, 여러 개의 작은 구간으로 끊어져 소위 변환단층을 따라 서로 어긋나게 밀려나 있는 지형을 이룰 수 있다는 깨달음이었다. 하나의 넓은 컨베이어 벨트가 아니라 여러 개의 좁은 컨베이어 벨트가 서로 어긋나게 나란히 붙어 있는 것과 같았다. 그는 또 새로운 대륙이동 이론에 포함된 수많은 생각을 하나로 뭉뚱그려 일관된 모양으로 만드는 데도 중요한 역할을 했다. 그는 이런 생각을 옹호하는 데 앞

장섰고, 해저확장과 대륙이동과 관련된 힘에 의해 밀려가는 지각의 단단한 부분(대양이든 대륙이든 둘이 결합된 것이든)을 가리키는 '판(plate)'이라는 용어를 만들었다.

해저확장 모델을 뒷받침하는 움직일 수 없는 증거는 1965년에 연구선 엘타닌호에 오른 연구진이 동태평양 해저산맥이라 부르는 해저산맥을 가로지르며 세 차례 자기 측정을 실시했을 때 나타났다. 측정 결과 동태평양 해저산맥과 관련된 자기 줄무늬와 더 북쪽에 있는 후안데푸카 해저산맥의 자기 줄무늬가 놀라울 정도로 비슷하다는 것이 드러났다. 뿐만 아니라 동태평양 해저산맥의 한쪽과 반대쪽 줄무늬가 거울에 비춘 듯 너무나 뚜렷하게 대칭을 이루고 있어서, 산맥을 따라 해도를 접었을 때 양쪽이 꼭 맞게 겹쳐졌다. 이 결과는 1966년 4월 워싱턴디시에서 열린 미국 지구물리학연합 모임에서 발표됐고, 이어 학술지『사이언스*Science*』에 실리면서 기념비적 논문이 됐다.*

대륙의 '불러드 맞춤'

한편 대륙이동을 뒷받침하는 증거를 모으기 위한 전통적 접근법도 힘을 받은 상태였다. 1960년대 초 케임브리지에서 측지지구물리학과장이 되어 있던 불러드는 대륙이동 모델이 1920년대와 1930년대에 부딪쳤던 어려움은 이 모델을 뒷받침하는 지질학적 증거가 발견됨으로써 해결됐음을 성공적으로 밝혀내고, 1963년 런던에서 열린 지질학회 모임에서 대륙이동을 주장하는 내용을 발표했다. 이듬해에는 왕립학회에서 이틀에 걸쳐 대륙

* W. C. Pitman and J. P. Heirtzler, *Science*, volume 154, pp. 1164-71, 1966.

이동에 관한 심포지엄을 개최할 때 힘을 보탰다. 심포지엄에서는 최신 연구를 모두 논의했으나, 희한하게도 여기서 가장 반응이 컸던 것은 새로운 형태를 취한 매우 오래된 생각이었는데 그것은 바로 그림 조각 퍼즐처럼 다시 맞춘 판게아였다. 이 재구성에서는 구의 표면에서 사물을 움직일 때의 수학 규칙인 오일러의 정리를 바탕으로 고안한 '객관적 방법'이라는 것을 사용했고, 수학적으로 정의한 '최고의 맞춤'을 찾아내기 위한 실제 재구성 과정에서는 편견 없이 객관적으로 맞추기 위해 컴퓨터를 사용했다. 그 결과는 베게너가 대륙을 재구성한 것과 놀라우리만치 비슷했으며 사실 새로운 것은 거의 없었다. 그러나 1964년이라 사람들은 여전히 컴퓨터에 깊은 인상을 받았고, 또 그보다 확실히 더 중요한 것은 40년 전과는 달리 그 밖의 증거가 쌓인 무게 때문에 대륙이동을 진지하게 받아들이려는 경향이 있었다는 사실이다. 심리적 이유가 무엇이든 1965년에 출간된 대륙의 '불러드 맞춤'*은 대륙이동 이론이 전개되는 역사에서 결정적 순간으로 남았다.

판구조론과 대륙이동 1966년 말에 이르러 대륙이동과 해저확장을 뒷받침하는 증거는 강력해져 있었으나 아직 완전한 묶음으로 꿰어지지 않은 상태였다. 혈기왕성한 젊은 지구물리학자들은 대부분 이 문제로 씨름하면서 먼저 출판하려고 경쟁을 벌였다. 경쟁에서 이긴 사람은 1966년에 갓 박사 학위를 받은 댄 매켄지와 그의 동료 로버트 파커Robert Parker였다. 두 사람은 1967년 『네이처』에 실린

* 블래킷 외(Blackett, Bullard and Runcorn), 『대륙이동에 관한 심포지엄*A Symposium on Continental Drift*』.

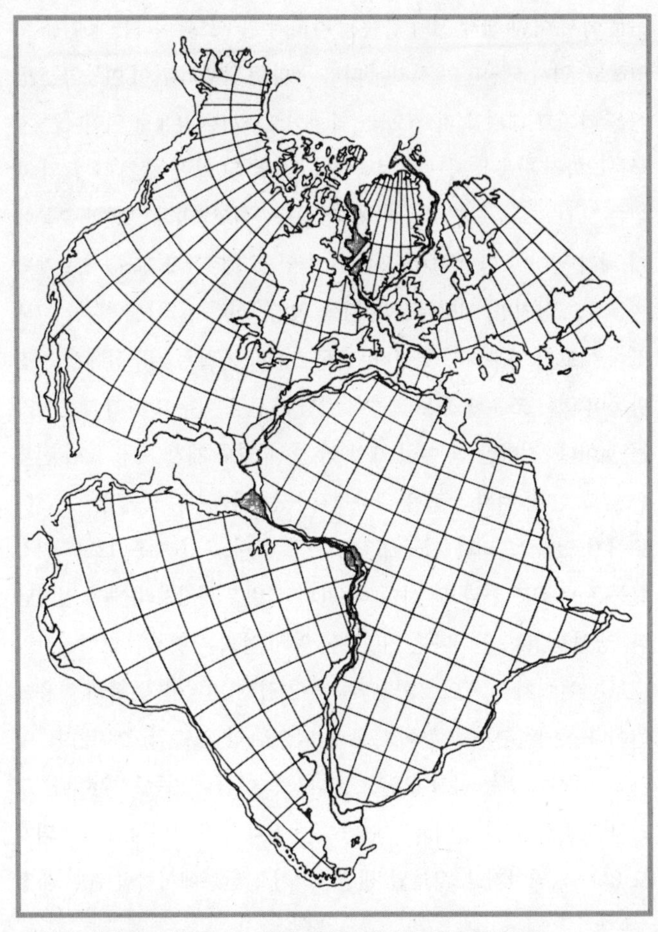

34. 불러드가 대서양이 벌어지기 전 대륙의 모양을 컴퓨터를 이용하여 맞춘 그림.

논문*에서 이런 생각 전체 묶음을 가리켜 판구조론이라는 용어를 도입하고, 역시 오일러의 정리에 따라 구의 표면에서 판이 이동하는 방식을 가지고 태평양 지역(오늘날의 용어로 태평양판)에서 일어나는 지구물리학적 활동을 자세히 설명했다. 몇 달 뒤 프린스턴 대학교의 제이슨 모건Jason Morgan도 비슷한 생각을 출판했고, 비록 세밀한 부분에서 채워 넣어야 할 것들이 많이 남아 있었고 지금도 그 문제로 계속 씨름하고 있지만, 이따금 '지구과학 혁명'**이라 불리는 변화는 그해 말에 이르러 마무리돼 있었다. 판구조론의 본질은 지구상에서 지진 활동이 없이 조용한 곳은 그곳이 단단한 판을 이루고 있기 때문이라는 것이다. 커다란 판 여섯 개와 작은 판 열두 개가 지구 표면 전체를 덮고 있다. 각각의 판은 대양지각 또는 대륙지각 또는 둘 다로 이루어져 있다. 그러나 지구 표면에서 벌어지고 있는 흥미로운 지질 활동은 대부분 판과 판 사이 즉 판의 연변부(가장자리)에서 일어난다. 생성 작용이 일어나는 연변부는 앞서 살펴본 것처럼 대양지각이 새로 만들어져 양쪽으로 확장되는 해저산맥 지역이다. 파괴 작용이 일어나는 연변부는 한 판이 다른 판 밑으로 약 45도 각도로 밀려들어가 그 아래에 있는 마그마 안으로 다시 녹아들어 가는 지역이다. 그리고 보존 작용이 일어나는 연변부는 지각이 생성되지도 파괴되지도 않는 지역이지만, 오늘날 샌앤드리어스 단층에서처럼 판이 회전

* *Nature*, volume 216, pp. 1276-80.

** 물론 혁명은 아니었다. 우리는 여기서 과학이 발전하는 일반적 방식대로 새로운 자료를 바탕으로 새로운 모델이 차근차근 만들어져가면서 생각이 발전해 나갔다는 점이 분명하게 전달됐기를 바란다. 과학 혁명이라는 것은 본질적으로 과학의 최전선에서 일해 본 적이 전혀 없는 사회학자들이 좋아하는 통념이다.

하면서 서로 옆으로 비비며 지나간다. 오늘날 고대의 산맥과 예전에 해저였던 곳이 대륙의 한복판에 존재하고 있는 등의 증거를 보면 이런 모든 구조 활동은 판게아가 갈라지기 오래전부터 일어나고 있었으며, 지구 표면에서 끊임없이 일어나는 활동에 의해 초대륙이 다른 모양으로 쪼개졌다가 다시 만들어지기를 반복했음을 알 수 있다.

1969년 영국에서 개방대학교가 설립됐을 때 이런 생각을 비롯하여 판구조론을 이루고 있는 모든 부분은 이미 전문가들 사이에서 익숙해져 가고 있었고, 『사이언티픽 아메리칸*Scientific American*』이나 『뉴 사이언티스트*New Scientist*』 같은 대중 과학지에 소개되기도 했지만 아직 교재에는 포함되지 않은 상태였다. 활기찬 인상의 신생 학교답게 개방대학교의 교수진은 최신 중에서도 최신 정보를 갖추기 위해 포괄적 판구조론을 중심으로 재빠르게 자신의 교재를 만들었다. 어딘가에는 선을 그어야 하기 때문에, 어느 정도 인위적이기는 하나 지구과학 '혁명'이 일어난 시대의 마지막 해이자 이렇게 만들어진 교재 『지구 이해하기*Understanding the Earth*』*가 출간된 1970년을 대륙이동 이론이 새로운 정설이 된 순간으로 보면 편리하다. 이것은 고전과학 최후의 대승리였다.

일단 확립되고 나자 대륙이 이동했다는 사실은 지구의 여타 특징, 특히 생물과 변화하는 지구 환경 사이의 관계를 이해하기 위한 새로운 토대를 마련하는 데 도움이 됐다. 여기서 얻는 깨달음의 가치는 한 가지 예를 통해 잘 알아볼 수 있다. 앨프리드 러셀 월리스는 말레이제도에서 지내는 동안 북서 지역의 생물 종과 남동 지역의 종

* 개스 외(Gass, Smith and Wilson) 편.

이 서로 눈에 띄게 다르다는 것을 알아차렸다. 아시아와 오스트레일리아 사이에 있는 이 지역은 거의 완전히 섬으로 채워져 있고, 보르네오섬이나 뉴기니섬에서부터 작디작은 산호섬에 이르기까지 섬의 크기가 다양하다. 그리고 언뜻 보기에 생물 종들이 양방향으로 이동하지 못하게 가로막는 장벽이 없어 보인다. 그런데도 월리스는 지도상에서 보르네오와 뉴기니 사이로 대략 남서쪽에서 북동쪽으로 이어지는 좁다란 띠를 그려 넣을 수 있다는 것을 알아냈다. 지금은 월리스선이라는 이름이 붙은 이 좁은 지대를 사이에 두고 북서쪽은 뚜렷하게 아시아 동물군이고 남동쪽은 오스트레일리아 동물군이며, 그 경계가 모호한 지역은 거의 없다. 이것은 당시 커다란 수수께끼였으나 판구조론이라는 맥락에서는 설명이 가능하다. 현대의 연구를 통해 남반구의 곤드와나 초대륙이 쪼개지는 동안 인도-아시아가 먼저 떨어져 북서쪽으로 이동했음이 드러났는데, 이렇게 떨어진 뒤 자연선택 때문에 이곳에서 작용한 진화압력은 남아 있던 오스트레일리아-남극대륙에서 작용한 진화압력과는 달랐다. 구조활동의 나중 단계에서 오스트레일리아-뉴기니가 남극대륙으로부터 떨어져 나와 빠른 속도(대륙이동 기준으로)로 북쪽으로 이동하여 결국 아시아를 따라잡았다. 두 대륙이 다시금 전처럼 가까워진 것은 최근의 일이라 그 뒤로 월리스선 양쪽의 생물 종들이 서로 크게 섞일 시간이 없었다. 베게너는 다윈과 월리스가 자연선택 이론을 출판한 지 65년 뒤이자 월리스가 죽은 지 겨우 11년 뒤인 1924년* 출간된

* 런던에서 제3판의 영문판이 출간된 해다. 제3판의 독일어판은 1922년에 출간됐다. (옮긴이)

『대륙과 해양의 기원』 제3판에서 이 가능성에 대해 직접 언급했다. 그러나 이것을 증명하는 데는 판구조론이 필요했다.

대륙이동은 지구에서 생물 진화의 수많은 측면에 연관돼 있고, 또 과학을 통해 우리가 인간과 우주 전반의 관계를 더욱 깊이 이해하게 됐다는 우리 이야기의 주제와 관계가 깊을 뿐 아니라 새로운 발견을 통해 우리가 계속 무대의 중심으로부터 밀려나고 있다는 사실과도 관계가 있다. 월리스처럼 찰스 다윈도 진화의 작동 방식을 설명했지만, 그러기 이전에 그는 지질학자였으므로 오늘날 우리가 대륙이동과 기후가 어우러져 우리 종을 형성하게 됐다고 이해하고 있다는 것을 안다면 흥미로워할 뿐 아니라 기뻐하기도 할 것이다. 그것은 빙하시대 이야기로 시작된다.

빙하시대 이야기 : 장 드 샤르팡티에

19세기가 시작되기 전부터 유럽의 빙하는 오늘날에 비해 과거에 훨씬 더 광범위했다고 생각한 사람들이 이미 있었다. 가장 눈에 잘 띄는 증거는 원래 속한 지층으로부터 멀리 떨어진 곳에 거대한 바위가 놓여 있다는 것이다. 바위는 빙하에 의해 그곳으로 운반됐으나 그 이후 빙하는 녹아 더 추운 곳으로 후퇴했다. 따라서 이처럼 흘러내려 온 '표석(erratic)'에 1787년 처음 관심을 가진 사람 중 스위스인 베른하르트 쿤Bernard Kuhn(1762~1825)이 있었다는 것은 그다지 뜻밖이라 할 수 없다. 그러나 그가 성직자인데도 불구하고 이런 생각을 했다는 것은 비교적 뜻밖이라 할 수 있다. 산간 지방에서 사는 사람들이 빙하의 효과를 보여 주는 증거를 일상적으로 접하면서 무슨 생각을 하든 간에, 당시의 통념은 그런 현상은 모두 성서의 홍수에서 비롯됐다고 설명할 수 있다는 것이었다. 거의 모든 사람이 그 통념을 받아들였고, 표석의 원인이 빙하라고 보는 사람은 수십 년이 지날 때까지 극소수에 지나지 않았다. 그중에는 쥐라산맥에 갔을 때 본 증거로 확신한 제임스 허턴, 1820년대에 논문을 쓴 노르웨이인 옌스 에스마르크Jens Esmark(1763~1839), 에스마르크의 연구에 대해 알고 있었던 독일인 라인하르트 베른하르디Reinhard Bernhardi(1797~1849) 등이 포함되어 있었다. 베른하르디는 1832년 기고문에서 극지방의 만년빙은 한때 남쪽으로 중부 독일까지 뻗쳐 있었다고 했는데, 이것은 찰스 라이엘이 표석이 얼음에 의해 운반된 것은 맞지만 빙하는 아니라는 생각을 내놓기 한 해 전이었다. 『지질학의 원리』 제3권에서 라이엘은 거대한 바위 표석은 대홍수 때 수면에 떠 있던 빙산에 박혀 있거나 부빙에 얹혀 운반됐을 가능성이 있다고 했다. 그러나 나중에 제대로 된 빙하시대 모델로 이어지는 연쇄작용은 19세기 과학에서 이름을 날린 거장들이 아니라 스위스의 산악인 장피에르 페로댕Jean-Pierre Perraudin(1767~1858)*으로부터 시작됐다.

페로댕은 지금은 얼음이 없는 계곡 위쪽에서 쉽게 풍화되지 않는 단단한 바위 표면이 뭔가에 강하게 짓눌려 생채기가 나 있는 것을 관찰하고, 가장 그럴 법한 설명은 고대에 빙하 때문에 암석이 그 위를 긁고 지나가면서 패어 나간 것이라는 사실을 깨달았다. 그는 1815년 이에 관해 장 드 샤르팡티에Jean de Charpentier(1786~1855)에

* 오늘날과 같은 스포츠 차원의 산악인이 아니라 산간 지방에서 생계를 꾸린 사람을 말한다. 페로댕은 샤무아 사냥꾼이었다.

게 편지를 썼는데, 당시 드 샤르팡티에는 광산기사였으나 자기 직업에서 요구되는 범위 이상으로 지질학에 관심을 가지고 있는 유명한 자연학자이기도 했다. 그는 1786년 독일 프라이베르크에서 요한 폰 샤르펜티어라는 이름으로 태어났으나 1813년 스위스로 이주하며 프랑스식으로 이름을 바꾸었고, 스위스의 아레강 계곡에 있는 소도시 베에서 평생을 살고 1855년에 세상을 떠났다. 편지를 받은 드 샤르팡티에는 표석이 빙하에 실려 운반된다는 생각이 너무 엉뚱하다고 보았다. 표석이 지금 위치로 물에 떠내려 왔다는 생각도 터무니없기는 마찬가지였다. 페로댕은 실망하지 않고 누구든 귀를 기울일 만한 사람에게 증거를 계속 보여 준 끝에 호의적 반응을 보이는 사람을 찾아냈다. 그는 고속도로 건설기사 이크나츠 페네츠Ignaz Venetz(1788~1859)로서, 드 샤르팡티에처럼 직업상 지질학 전반에 관심이 많았다. 증거를 본 페네츠는 점점 더 확신하게 됐다. 그가 본 증거에는 플레슈 빙하의 끝에서 몇 킬로미터나 더 내려온 곳에서 발견된 암설 더미가 포함되어 있었는데, 빙하가 계곡 아래로 더 내려와 있던 때 쌓인 종퇴석(terminal moraine, 빙하 말단부에 남는 암석, 자갈, 토사 등 지질학적 잡동사니 더미)으로 보였다. 그는 1829년 스위스 자연과학회 연차총회에서 과거 빙하의 작용에 관한 가설을 발표했고, 그곳에서 그가 확신을 줄 수 있었던 사람은 드 샤르팡티에 한 사람뿐이었다. 오래전부터 아는 사이였던 두 사람은 그 전에 이미 이에 관해 의견을 주고받은 적이 있었다. 이제 바통을 이어받은 사람은 드 샤르팡티에로, 그로부터 5년 동안 증거를 더 수집하여 1834년 자연과학회에서 더욱 세심한 논리를 갖춘 가설을 발표했다. 이번에는 설득된 사람이 아무도 없었는데, 어쩌면 라이엘의 부빙 모델이 표석의 수수께끼를 대홍수 차원에서 어느 정도 해결해 주는 듯 보였기 때문도 있었을 것이다. 실제로 그 자리에서 발표를 들었던 회원 루이 아가시Louis Agassiz(1807~1873)는 그 가설에 화가 난 나머지, 과학 최고의 전통에 따라 그 터무니없는 가설이 틀렸음을 최종적으로 증명하여 사람들이 더 이상 논하지 않게 하고자 했다.

루이 아가시와 빙하 모델

장 루이 로돌프라는 이름으로 세례를 받았으나 언제나 루이라 불린 아가시는 빨리 성공하고 싶은 젊은이였다. 1807년 5월 28일 스위스의 모티앙뷸리에서 태어나 취리히, 하이델베르크, 뮌헨에서 의학을 공부한 다음 1831년 파리로 가서 그곳에서 조르주 퀴비에의 영향을 받았다. (퀴비에는 그 이듬해에 죽었다.) 그는 이미 고생물학에 관심을 기울이고 있었으므로 이내 화석어류에 관한 세계 일류 전문가가 됐다. 1832년 스위스로 돌아가, 자신이 성장기를 보낸 지역의 주도 뇌샤텔에 새로 만들어지고 있던 대학 겸 자연사박물관의 자연사교수로 임용됐다. 스위스에서 이 지역은 당시 희한하게 이중적 지위를 가지고 있었다. 프랑스어를 쓰는 지역인데도 1707년 이후로 나폴레옹이 잠시 지배한 때를 제외하면 프로이센 국왕의 영토에 속해 있었다. 뇌샤텔은 1815년 스위스 연방에 들어갔으나 프로이센과의 관계는 공식적으로 인정되지도 철회되지도 않았다. 아가시가 독일에서 공부한 것도 이런 이유가 연관돼 있었고, 새로 생긴 대학 역시 프로이센으로부터 자금을 지원받고 있었다. 아가시는 로잔에서 중등학교를 다닐 때 그곳에서 드 샤르팡티에와 만난 사이여서 교수직을 맡았을 때 이미 그를 알고 있었다. 아가시는 그를 좋아하며 존경하고 있었으므로 휴가 때 그를 찾아가 함께 베 주위 지역의 지질을 탐사했다. 드 샤르팡티에는 아가시에게 그곳에서 커다란 빙하작용이 있었다는 것을 설득하려 했고, 아가시는 그렇지 않다는 증거를 찾아내려 했다.

1836년 여름 다시 한번 드 샤르팡티에와 베 주위 지역의 지질 탐사 휴가를 다녀온 뒤 아가시는 빙하작용이 있었다는 것을 완전히 확신하게 됐고, 개종한 사람이 전도에 열성이듯 열렬히 이 가설을 전파하기 시작했다. 1837년 6월 24일 그는 마침 뇌샤텔에서 열린 스위스 자연과학회 모임에서 회장 강연을 시작했는데, 화석어류에 관한 강연을 예상하고 있던 박식한 회원들을 앞에 두고 빙하 모델을 지지하는 내용을 열정적으로 발표하여 회원들을 어리둥절하게 만들었다. 그는 이 강연에서 빙하시대(Eizeit, 독일어)라는 용어를 썼는데 친구이자 동료인 식물학자 카를 심퍼Karl Schimper(1803~1867)로부터 슬쩍한 것이었다. 이번에는 빙하 모델이 정말로 파장을 일으켰다. 사람들이 믿었기 때문이 아니라, 아가시의 열정과 회장이라는 지위 때문에 무시할 수 없었기 때문이었다. 그는 증거를 직접 보게 하려고 내켜하지 않는 회원들을 산 위로 끌고 올라갔고, 빙하가 단단한 바위에 남긴 상처를 가리켰을 때 일부 회원은 여전히 마차가 지나가면서 패인 자국이라고 설명하려 했다. 동료들이 동감하지 않았지만 아가시는 아랑곳하지 않고 빙하시대 모델을 뒷받침하는 강력한 증거를 찾아내고자 했다. 그는 이를 위해 아레 빙하에다 작은 관측소를 세웠다. 그리고 빙하에다 말뚝을 박아 얼마나 빠른 속도로 이동하는지를 측정했다. 관측소라지만 작은 오두막에 지나지 않는 그곳을 그로부터 3년 동안 여름에 찾아간 결과 놀랍게도 얼음은 그가 예상한 것보다도 더 빨리 움직인다는 사실과 매우 큰 바위를 나를 수 있다는 사실을 알아냈다. 아가시는 이런 발견에 힘입어 1840년 뇌샤텔에서 『빙하연구*Études sur les glaciers*』라는 책을 개인적으로 출간했고, 이 책 덕분에 빙하시대 모델은 공개 토론의 장 안으로 확실하게 들어갔다.

실제로 아가시는 주장이 너무 지나쳤다. 지구 전체가 한때 얼음에 뒤덮여 있었다면서 다음과 같은 말로 자신의 가설을 주장하는 과학자가 있을 때, 그 주장에 찬성하든 반대하든 그를 눈을 씻고 바라보지 않기는 매우 어렵다.

> 이처럼 거대한 얼음장이 발달했기 때문에 지구 표면의 모든 유기 생명체가 파괴됐을 것이 분명하다. 이전에 열대 식물로 뒤덮여 거대한 코끼리와 엄청난 몸집의 하마와 매우 큰 육식동물이 무리 지어 살고 있던 유럽 땅이 갑자기 드넓은 얼음에 묻히면서 평원이든 호수든 바다든 고원이든 모든 곳이 얼음장에 뒤덮여 버렸다. 그리고 죽음의 침묵이 뒤따랐다. … 샘이 마르고, 개울이 흐르지 않으며, 얼어붙은 바닷가 위로 햇빛이 떠올라도 … 반기는 것이라고는 북풍의 휘파람과 저 거대한 얼음바다 표면에 균열이 생기는 소리뿐이었다.

이렇게 터무니없이 과장된 설명 때문에 드 샤르팡티에조차 화가 나 1841년에 직접 빙하시대 모델에 관한 설명을 출판하기에 이르렀다. 과장은 없으나 재미도 덜한 이 논문으로 아가시의 빙하시대 가설은 '갑자기'라는 저 낱말에서 알 수 있듯 확고하게 격변설 진영에 둥지를 틀게 됐고, 이로써 라이엘과 그 추종자들로부터 환영받을 가능성이 줄어들었다. 그러나 증거는 점점 더 쌓여 갔고, 그러는 과정에서 적어도 한 번은 큰 빙하시대가 있었다는 사실을 무시하기가 더 이상 불가능하게 됐다. 그리 오래지 않아 라이엘마저도 빙하시대 모델은 격변설이라는 허울을 벗으면 동일과정설 지지자들이 받아들일 수 있겠다고 확신했다.

그 몇 년 전 아가시는 화석어류 연구를 위해 영국을 방문했을 때 옥스퍼드에서 라이엘의 옛 스승 윌리엄 버클랜드와 한동안 같이 지낸 적이 있었는데 그때 격변설 지지자인 버클랜드와 친구가 됐다. 아가시가 뇌샤텔 강연으로 동료들을 어리둥절하게 만든 지 1년 뒤 버클랜드는 프라이베르크에서 열린 어느 과학 모임에 참석했다가 아가시가 자신의 생각을 설명하는 것을 들었고, 이어 그 증거를 직접 보기 위해 아내와 함께 뇌샤텔로 떠났다. 그는 흥미를 느끼기는 했지만 그 자리에서 확신하지는 못했다. 그렇지만 1840년 아가시는 화석어류 연구를 위해 다시 한번 영국을 찾았고, 그 기회를 빌려 글래스고에서 열린 영국 과학진흥협회 연차총회에 참석하여 자신의 빙하시대 모델을 소개했다. 총회 이후 아가시는 버클랜드와 또 다른 지질학자 로더릭 머치슨과 함께 스코틀랜드로 현장 답사를 갔고, 거기서 아가시 모델을 뒷받침하는 증거를 본 버클랜드는 드디어 아가시가 옳다고 인정했다. 이어 아가시는 아일랜드로 건너갔고, 그러는 동안 버클랜드는 글래스고 총회 이후 키노디에 머무르고 있던 찰스와 메리 라이엘 부부를 찾아갔다. 그로부터 며칠 만에 그 바로 주변에서 옛 빙하작용을 보여 주는 증거를 이용하여 라이엘을 확신시켰고, 1840년 10월 15일 아가시에게 편지로 다음과 같이 알렸다.

> 라이엘이 자네 이론을 전적으로 받아들였네!! 자기 아버지 집으로부터 3킬로미터가 되지 않는 곳에 있는 어느 아름다운 빙퇴석 무더기를 보여 주었더니 금방 받아들였어. 평생 자기를 고민하게 만든 온갖 난제들이 풀렸다면서 말이야. 게다가 그뿐만 아니라 근처 여러 주의 절반을 뒤덮고 있는 비슷한 빙퇴석과 빙퇴 암설도 자네 이론으로 설명이 가능하네. 그리고 라이엘에게 그것들을 곧바로 주 지도에다 표시하고 논문으로 묘사해서 지질학회에서 자네가 논문을 낭독하는 다음 날 낭독하는 게 좋지 않겠느냐고 제안했더니 그러겠다고 했네.*

라이엘이 생각을 바꾼 것은 저 정도로 극적이지는 않았다. 위 글에서도 보듯 그는 이미 이런 지질의 기원 문제로 고민하고 있었기 때문이다. 그는 또 1834년에 스웨덴을 방문한 적이 있는데 그곳에서 빙하작용의 증거를 — 보자마자 바로 그렇게 해석하지는 않았을지언정 — 보지 못했을 리가 없다. 여전히 대홍수 쪽으로 기울어져 있었지만, 대홍수에 비하면 빙하작용은 동일과정에 속하는 것이 확실했다. 어쨌든 지구에서 빙하는 오늘날에도 존재하고 있으니까.

* 아가시(Elizabeth Carey Agassiz)를 재인용.

위 편지에서 버클랜드는 런던에서 열릴 지질학회 모임을 언급하고 있는데 아가시는 이미 그 모임의 발표자 명단에 올라 있었다. 결국 아가시와 버클랜드와 라이엘 모두 각기 빙하시대 모델을 지지하는 내용의 논문을 11월 18일과 12월 2일 두 차례에 걸친 학회 모임에서 낭독했다. 이 모델이 완전히 받아들여지기까지는 그로부터 다시 20년 정도가 걸리지만, 우리로서는 버클랜드나 라이엘 같은 지질학의 거장들이 이 가설을 설파하기 시작한 저 두 차례의 지질학회 모임을 빙하시대 모델이 천덕꾸러기 신세에서 벗어난 순간이라고 말할 수 있다. 그 다음 풀어야 할 커다란 문제는 빙하시대 때 지구가 추워진 원인은 무엇일까 하는 것이다. 그러나 이 문제를 어떻게 풀어냈는지를 살펴보기 전에, 1840년 이후 아가시에게 무슨 일이 있었는지 들여다보는 것이 좋겠다.

아가시는 1833년 학창 시절 하이델베르크에서 만난 세실 브라운이라는 아가씨와 결혼했다. 두 사람은 처음에 매우 행복했고, 1835년 알렉산더라는 아들을 낳고 그 뒤로 다시 딸 폴린과 이다를 낳았다. 그러나 1840년대 중반에 이르러 부부는 관계가 악화돼 있었고, 1845년 봄에 이르러 세실은 스위스를 떠나 독일의 오빠 집으로 가서 지내고 있었다. 어린 두 딸은 데리고 갔으나 맏이인 아들은 스위스에서 그때 받고 있던 단계의 교육과정을 마치도록 남겨 두었다. 이 무렵 아가시는 출판 사업에 무분별하게 관여했다가 실패하는 통에 극심한 경제적 어려움을 겪고 있었는데 이것이 결혼이 파경에 이른 한 가지 원인이기도 했다. 그가 1846년 1년 계획으로 신세계의 지질을 직접 눈으로 볼 겸 보스턴에서 일련의 강의도 할 겸 유럽을 떠나 미국 여행길에 나선 배경에는 그런 사정이 있었다. 그는 빙하작용의 풍부한 증거를 보고 기뻤다. 보스턴으로 가던 배가 캐나다 노바스코샤 주 핼리팩스에 들렀을 때 선착장에서 걸어갈 만한 거리에서도 어느 정도 볼 수 있었다. 또 빙하시대에 관한 자신의 생각이 그를 앞질러 대서양 너머까지 알려져 있을 뿐 아니라 미국 지질학자들이 널리 받아들이고 있다는 것을 알고 기뻤다. 미국 지질학자들 역시 아가시를 반겼고 결국 그를 붙들어 두기로 했다. 1847년 그를 위해 하버드에 교수 자리가 새로 만들어졌고, 이로써 그는 경제적 문제가 해결됐을 뿐 아니라 대학교 안에 확고하게 근거지를 마련했다. 그는 동물학 및 지리학교수가 되어 죽을 때까지 그곳에서 지냈고, 다윈의 『종의 기원』이 출간된 해인 1859년에는 비교동물학 박물관을 설립했다. 아가시는 자연현상을 직접 조사할 필요를 강조하는 등 자신이 가르친 주제에 관한 교수법이 미국에서 발전하는 데 커다란 영향을 주었다. 또 인기 있는 강사로서 캠퍼스 바깥에서 과학에 관한 관심이 퍼지는 데 도움을 주었다. 그렇지만 완전한 사람은 없는 법이어서, 아가시는 생을 마감하는 때까지도 자연선택 이론을 받아들이지 않았다.

미국으로 떠난 것은 개인적 이유뿐 아니라 정치적 이유에서도 시기가 잘 맞아떨어졌다. 1848년 뇌샤텔은 유럽에서 일어난 혁명의 물결에 휩쓸렸고 프로이센과의 관계가 마침내 끊어졌다. 1838년에 아카데미로 승격하여 아가시가 초대 학장을 맡았던 대학은 이때 자금이 끊어져 문을 닫았다. 유럽 전역이 들끓으면서 수많은 자연학자들이 대서양을 건너게 됐고, 일부는 아가시와 함께 일하면서 하버드에서 진행되는 연구의 위상을 높였다. 1848년에는 또 세실이 결핵으로 사망했다는 전갈이 유럽으로부터 전해졌다. 폴린과 이다는 스위스에 있는 할머니 로즈 아가시 집에 가서 지내고, 그 한 해 전에 프라이부르크에서 가족과 합류했던 알렉산더는 학교를 마치기 위해 프라이부르크에 남아 삼촌 집에서 지내게 됐다. 알렉산더는 1849년 미국 매사추세츠주 케임브리지에서 아버지와 재회했다. 훗날 그는 뛰어난 자연학자가 됐고 아가시 가계의 미국계 시조가 됐다. 루이 아가시는 1850년 엘리자베스 캐리와 재혼하고 당시 13세와 9세인 두 딸을 유럽에서 데려와 가족과 합류시켰다. 그는 새 조국에서 거의 25년 동안 행복한 가정생활과 학문적 성공을 누리다가 1873년 12월 14일 미국 매사추세츠주 케임브리지에서 세상을 떠났다.

천문학적 빙하시대 이론

이따금 천문학적 빙하시대 이론이라 불리는 이론의 뿌리는 17세기 초 요하네스 케플러가 지구를 포함한 행성들이 태양을 도는 궤도가 원이 아니라 타원이라는 사실을 발견한 것으로 거슬러 올라간다. 그러나 본격적인 이야기는 아가시가 빙하시대에 관한 책을 출간한 직후인 1842년 프랑스의 수학자 조제프 아데마르Joseph Adhémar(1797~1862)가 『바다의 주기*Révolutions de la mer*』를 출간하면서 시작된다. 지구가 타원을 그리며 태양을 돌고 있기 때문에 궤도의 일부 구간에서는 다른 구간에 있을 때보다 태양에 더 가깝다. 즉 연중 반은 나머지 반보다 태양에 더 가깝다. 나아가 지구의 자전축은 지구와 태양을 잇는 선 기준으로 수직으로부터 23.5도만큼 기울어져 있다. 지구가 자전하면서 자이로스코프

효과가 생겨나기 때문에 수년 또는 수세기라는 시간 척도에서 보면 이 자전축은 별들을 기준으로 언제나 같은 방향을 가리킨다. 이것은 즉 지구가 태양을 돌 때 먼저 한쪽 반구가 태양 쪽으로 기울고 다음에는 반대쪽 반구가 태양 쪽으로 기울어 태양의 온기를 완전히 받아들인다는 뜻이다. 이 때문에 사계절이 생겨난다.* 매년 7월 4일 지구는 태양으로부터 가장 멀어지고 1월 3일에는 가장 가까워진다. 그러나 그 차이는 지구와 태양 사이의 거리인 1억5천만 킬로미터의 3퍼센트가 되지 않는다. 지구는 북반구가 여름일 때 태양으로부터 가장 멀고 따라서 이때 궤도상에서 가장 느리게 움직인다(케플러 법칙). 아데마르는 남반구가 겨울일 때는 지구가 상대적으로 느리게 움직이고 여름일 때는 궤도의 반대쪽 끝에서 상대적으로 빠르게 움직이기 때문에, 남극이 남반구의 겨울 동안 완전히 어둠 속에서 머무르는 시간 총합은 여름 동안 완전히 햇빛 속에서 머무르는 시간 총합보다 길 것이라고 정확하게 추론했다. 그는 이것은 여러 세기가 지나는 사이에 남극 지역이 더 추워진다는 뜻이며, 또 그는 남극 대륙의 만년빙이 점점 커지고 있다고 믿었으므로 그것이 바로 그 증거라고 보았다.

타원 궤도 모델

그러나 같은 상황이 그 역으로도 일어날 수 있다. 자전하는 지구는 회전하는 팽이처럼 흔들린다. 이 흔들림은 분점의 세차운동이라 부르는데, 지구는 어린이의 팽이보다

* 수천수만 년이라는 시간 척도에서 보면 이 자전축의 기울기는 여러 가지 원인에 의해 흔들린다. 이에 관해서는 잠시 뒤 살펴보기로 한다.

훨씬 크기 때문에 세차운동이 느리고 장중하게 일어난다. 이 때문에 지구의 자전축이 가리키는 방향이 22,000년을 주기로 하늘에서 별들을 기준으로 원을 그린다.* 따라서 11,000년 전에는 타원 궤도를 기준으로 계절이 반대 양상을 띠었다. 지구가 태양으로부터 가장 멀고 가장 느리게 움직일 때 **북반구가** 겨울이었다는 말이다. 아데마르는 먼저 남반구가 얼음에 뒤덮이고 11,000년 뒤에는 북반구가 얼음에 뒤덮이는 식으로 빙하시대가 번갈아 나타나는 주기를 상상했다. 빙하시대의 끝에 다다르면 얼어붙은 반구가 따뜻해지면서 바다가 거대한 만년빙을 밑부분부터 위태로운 버섯 모양으로 녹이고 들어가다가 마침내 덩어리 전체가 무너져 대양에 떨어지고, 이것이 거대한 파도를 일으켜 반대쪽 반구로 보냈다. 그의 책 제목은 바로 이것을 가리킨다. 실제로 아데마르 모델은 그가 붕괴한다고 상상한 얼음장만큼이나 그 근거가 허약했다. 지구의 한쪽 반구는 따뜻해지고 반대쪽 반구는 차가워진다는 생각은 완전히 틀렸다. 1852년 독일 과학자 알렉산더 폰 훔볼트Alexander von Humboldt(1769~1859)가 지적한 대로, 그로부터 100년도 더 전에 프랑스의 수학자 장 달랑베르Jean d'Alembert(1717~1783)는 천문학 계산을 통해 아데마르가 말하는 냉각효과는 지구가 태양에 가장 가까워진 여름 동안 같은 반구가 추가로 받아들이는 열과 정확하게 균형을 이룬다는 것을 보여 주었다. 양쪽 모두 역제곱 법칙이 적용되기 때문에 정확하게 같을 수밖에 없

* 현대의 계산 결과 이 주기는 실제로 시간 척도가 더 길어서 23,000년에서 26,000년 사이에서 변화하고 있다는 것이 밝혀졌다. 중력 때문에 태양계 내 다른 천체들과 상호작용을 일으키는 것이 그 원인이다.

다. 각 반구가 한 해 동안 받아들이는 열의 총량은 그 반대쪽 반구가 한 해 동안 받아들이는 열의 총량과 언제나 똑같다. 물론 20세기에 들어와 지질 기록을 더 잘 이해하고 방사능 연대측정 기법을 이용할 수 있게 되면서, 11,000년 간격으로 남반구와 북반구에서 빙하작용이 번갈아 일어나는 현상은 없다는 것이 분명해졌다. 그러나 비록 아데마르 모델이 틀렸기는 하지만 그의 책은 이야기의 그 다음 주인공이 궤도가 기후에 미치는 영향을 생각하는 계기가 됐다.

제임스 크롤의 빙하시대 모델

제임스 크롤James Croll(1821~1890)은 1821년 1월 2일 스코틀랜드의 카길에서 태어났다. 가족은 작디작은 땅뙈기를 소유하고 있었지만 주요 수입원은 크롤의 아버지가 하는 석수 일이었다. 이것은 아버지는 주로 공사 현장에 출장을 나가 지냈고 그 나머지 가족이 어떻게든 농사를 지었다는 뜻이다. 소년은 기본적 교육밖에 받지 못했지만 열심히 읽고 책에서 과학의 기본을 배웠다. 그는 물레방아를 제작하는 목수를 시작으로 여러 가지 일을 시도해 보았지만, "생각이 추상적 사고로 기울어지는 성향을 강하게 타고났기 때문에 자잘한 부분에 신경을 써야 하는 일상적 일과는 그다지 맞지 않았다."* 어릴 때 사고로 다친 왼쪽 팔꿈치가 거의 쓸모없는 수준으로 뻣뻣해져 버리자 상황은 더 복잡해졌다. 이 때문에 크롤이 할 수 있는 일은 줄어들었으나 생각하고 읽을 시간은 더욱 늘어났다. 그는 『유신론 철학*The Philosophy of Theism*』이라는

* 크롤이 자신에 관해 들려주는 이야기는 아이언스(James Irons) 참조. 이밖에도 크롤을 인용한 부분은 모두 같은 책에서 가져왔다.

책을 써서 1857년 런던에서 출간했는데 놀랍게도 약간의 수익을 얻었다. 그로부터 2년 뒤에는 글래스고에 있는 앤더소니언 대학 겸 박물관의 수위라는 꼭 맞는 일자리를 얻었다. 그는 이렇게 썼다. "전체적으로 그때까지 나는 그처럼 성격에 맞는 곳에 있어 본 적이 없었다. … 급료는 사실 적었다. 겨우 생활할 수 있을 정도에 지나지 않았다. 그러나 그 대신 다른 종류의 좋은 점이 있었다." 그것은 앤더소니언의 훌륭한 과학도서관에 출입할 수 있었다는 점이다. 평화롭고 조용하며, 생각할 시간이 아주 넉넉했다. 크롤이 그곳에서 읽은 것 하나는 아데마르의 책이었다. 그가 그곳에서 생각한 것 하나는 지구 궤도의 모양 변화가 기후에 어떤 식으로 영향을 줄까 하는 것이었다.

이 생각은 프랑스의 수학자 위르뱅 르베리에Urbain Leverrier(1811~1877)가 시간에 따른 지구 궤도 변화에 관해 내놓은 세밀한 분석을 바탕으로 했다. 르베리에는 1846년 해왕성을 발견하는 계기가 된 연구로 가장 유명하다. (똑같은 계산을 잉글랜드에서 존 쿠치 애덤스John Couch Adams(1819~1892)도 독자적으로 해냈다.) 이것은 알려진 모든 행성이 서로 미치는 중력 영향을 고려한 상태에서, 뉴턴의 법칙과 보이지 않는 어떤 중력의 영향으로 이들의 궤도에 교란(섭동)이 일어나는 방식을 바탕으로 해왕성이 존재한다고 예측한 심오한 연구였다. 이것은 1781년 윌리엄 허셜William Herschel(1738~1822)이 천왕성을 발견한 것보다 훨씬 더 심오했다. 고대인의 시대 이후 처음으로 발견한 행성인 탓에 대중적으로 훨씬 큰 흥분이 일기는 했지만, 세계에서 가장 좋은 망원경을 제작하고 뛰어난 관찰자였다는 것을 운이라고 본다면 허셜의 발견은 운이 좋았던 결과였다. 해왕성의 존재는 1758년 핼리 혜성이 돌아온 것처럼 수학적으로 예측한 것으로서 뉴턴의 법칙과 과학적 방법이 옳다는 것을 입증한 커다란 사건이었다. 그러나 컴퓨터 이전 시대였던 만큼 이 예측을 위해 종이와 연필을 가지고 계산하는 데 끔찍하리만치 많은 수고를 들여야 했고, 이렇게 수고를 들여 얻은 성과 하나는 약 10만 년이라는 시간 척도에서 지구 궤도의 모양이 어떻게 변화하는지를 그 어느 때보다도 더 정확하게 분석해 냈다는 것이었다. 어떤 때는 궤도가 타원에 더 가깝고 어떤 때는 원에 더 가깝다. 지구 전체가 1년 동안 받아들이는 열의 **총량**은 언제나 똑같다. 그러나 궤도가 원일 때 지구가 매주 태양으로부터 받는 열의 양은 연중 내내 똑같지만, 궤도가 타원이면 지구가 태양에 가까이 있을 때 한 주 동안 받아들이는 열의 양은 지구가 궤도의 반대쪽 끝에 있을 때 받아들이는 열의 양보다 더 많다. 크롤은 이것을 가지고 빙하시대를 설명할 수 있을까 생각했다.

그가 생각한 모델에서는 어느 쪽 반구든 혹독한 겨울을 겪으면 빙하시대가 일어날 것으로 가정했고, 르베리에가 계산한 타원율 변화와 분점의 세차운동 효과를 결합하여 수십만 년 길이의 빙하기 안에서 각 반구에 빙하시대가 번갈아 나타나는 모델을 만들었다. 이 모델에 따르면 지구는 약 250,000년 전부터 약 80,000년 전까지 빙하기에 들어가 있었고, 그 이후로 다음 빙하기가 올 때까지 따뜻한 기간에 들어와 있었다. 이 따뜻한 기간을 간빙기라 불렀다. 1864년 43세의 나이인 크롤은『철학지』에 실린 빙하시대에 관한 논문을 시작으로 해류가 기후 변화에서 차지하는 역할을 탄탄한 논리로 논하는 등 이에 관해 훨씬 자세하게 다룬 일련의 논문을 출간했다. 그의 연구는 나오자마자 상당히 많은 관심을 끌었고 이내 크롤은 과학자가 되겠다는 필생의 숙원을 실현했다. 1867년 스코틀랜드 지질조사원에서 제의한 직위를 받아들였고, 저서 『기후와 시간Climate and Time』이 출간된 이듬해인 1876년에는 왕립학회의 석학회원으로 선출됐다. 그는 전직 수위로서 이 영예를 안은 유일한 인물일 것이다. 64세가 된 1885년에는 또 하나의 저서 『기후와 우주론Climate and Cosmology』이 나왔다. 그는 실제로 자신의 모델을 뒷받침하는 확고한 증거가 거의 없는데도 불구하고 자신의 빙하시대 모델이 널리 받아들여지고 영향력을 발휘하는 것을 본 뒤 1890년 12월 15일 스코틀랜드의 퍼스에서 세상을 떠났다.

『기후와 시간』에서 크롤은 지구 자전축의 기울기 변화 역시 영향을 미칠지도 모른다고 언급함으로써 천문학적 빙하시대 모델의 개선을 위해 나아갈 방향을 지적했다. 이것은 계절의 원인이 되는 그 기울기로서 현재 23.5도다. 이 기울기가 변화하며 수직 기준으로 약 22도와 25도 사이에서 오르락내리락한다는 것은 크롤 시대에 알려져 있었다. 그러나 아무도, 르베리에조차도 정확하게 얼마나 변화하는지 또 어떤 시간 척도를 가지고 있는지 정확하게 계산해 내지 못했다. (실제 시간 척도는 지구가 수직에 가장 가까운 상태에서 시작하여 가장 많이 기울어졌다가 다시 원래대로 돌아가기까지 약 40,000년이 걸린다.) 크롤은 지구가 수직에 가깝게 서 있을수록 양쪽 극지방이 모두 태양으로부터 열을 덜 받아들이기 때문에 빙하시대가 올 가능성이 높을 것으로 추측했다. 그러나 이것은 추측일 뿐이었다. 그리고 19세기 말에 이르러 크롤의 가설과는 완전히 엇박자로, 지난 빙하시대는 80,000년 전이 아니라 약 10,000년에서 15,000년 전에 끝났다는 것을 보여 주는 지질학적 증거가 쌓이기 시작하면서 이 생각 전체의 인기가 시들해지기 시작했다. 80,000년 전 북반구는 따뜻해진 게 아니라 지난 빙하시대의 가장 추운 시기로 곤두박질쳐 들어가고 있었다. 크롤의 모델이 요구하는 것과는 정반대였다. 이것은 중요한 실마리이기도 했으나 당시에는 누구도 눈여겨보지 않았다. 그와 동시에 기상학자들은 이런 천문학적 영향으로 태양으로부터 받아들이는 열의 양이 정말로 변화하기는 하지만, 변화가 너무나 작기 때문에 간빙기와 빙하시대 사이의 커다란 온도 차이를 설명할 정도는 되지 못한다는 것을 계산해 냈다. 그러나 그 무렵 지질학적 증거를 통해 빙하시대가 연속적으로 있었다는 것이 사실임이 밝혀졌고, 다른 것은 몰라도 천문학적 모델이 빙하가 주기적으로 반복되어 나타난다고 예측한 것은 분명했다. 천문학적 계산을 다듬어 주기가 지질학적 증거와 맞아떨어지는지를 보겠다는 어려운 과제를 떠맡은 사람은 달리에서 태어난 세르비아인 공학자 밀루틴 밀란코비치 Milutin Milankovitch(1879~1958)였다. 1879년 5월 28일에 태어났으므로 알베르트 아인슈타인보다 나이가 두 달 어렸다.

밀란코비치 모델

세르비아는 남쪽으로는 무너져 가는 오스만 제국과 북쪽으로는 그보다 사정이 나을 게 없는 오스트리아-헝가리 제국 사이에서 차츰 독립해 나가고 있던 격동기 발칸반도 국가의 하나였다. 수세기 동안 외세의 (주로 튀르크인의) 지배를 받다가 1829년부터는 오스만 제국의 속국으로서 자치 공국의 지위를 얻었고, 이 무렵인 1882년에는 외세의 지배에서 완전히 벗어난 독립왕국이 됐다. 크롤과는 달리 밀란코비치는 정규교육을 받았고, 1904년 빈 공과대학교를 졸업하면서 박사 학위를 받았다. 그는 빈에 머무르면서 대형 콘크리트 구조물을 설계하는 공학자로 5년간 일한 다음 1909년 세르비아로 돌아가 베오그라드 대학교의 응용수학교수가 됐다. 훌륭한 경력을 쌓을 수도 있었던 휘황찬란한 빈에 비하면 이곳은 시골 벽지였으나 밀란코비치는 자신이 태어난 나라를 돕고 싶었다. 세르비아는 훈련 받은 공학자를 많이 필요로 했고, 이를 위해 가장 좋은 방법은 가르치는 것이라고 생각한 것이다. 그는 물론 역학을 가르쳤지만 이론물리학과 천문학도 가르쳤다. 그러는 도중에 기후에 대한 굉장한 집착도 생겨났다. 훗날 그는 지구, 금성, 화성의 변화하는 기후를 묘사하는 수학적 모델을 개발하겠다고 결심한 순간을 낭만적으로 회고했다.* 약간의 양념이 들어간 것으로 받아들여야 하겠지만, 그것은 그가 32세이던 1911년 어느 날 저녁 식사 자리에서 술에 취해 대화를 나누는 도중이었다. 중요한 것은 그 무렵 밀란코비치는 정말로 — 천문학적 모델을 적어도 지구상에서라도 관측을 통해 비교 검증할 방법이 있다고 할 때 — 이 세 행성 각각에서 오늘날 기온이 위도에 따라 얼마가 되어야 하는지뿐 아니라 천문주기가 변화한 결과 기온이 어떻게 변화했는지까지 계산해내는 연구에 착수해 있었다는 사실이다. 천문주기의 특정 시기에 지구의 한쪽 반구가 주기의 다른 시기에 비해 더 기온이 낮았다는

* 밀란코비치(Milutin Milankovitch) 참조. 편견이 섞여 있기는 하겠지만 밀란코비치에 관한 전기적 정보를 얻을 수 있는 주요 자료다.

모호한 주장 정도가 아니라 실제 기온을 계산해 내는 것이 목표였다. 그리고 아무리 강조해도 지나치지 않은 부분은 이 모든 것을 기계의 도움이 전혀 없이 두뇌의 힘과 연필(또는 펜)과 종이만 가지고, 게다가 행성 하나가 아니라 세 개에 대해 계산하려 했다는 사실이다! 이것은 크롤이 생각한 그 어떤 것도 훨씬 뛰어넘는 것이었다. 밀란코비치는 연구를 시작할 때 독일인 수학자 루트비히 필그림Ludwig Pilgrim(1849~1927)이 이미 1904년에 이심률, 세차운동, 기울기라는 세 가지 기본 패턴이 지난 100만 년 동안 변화해 온 방식을 계산해 냈다는 사실을 알아냈으므로 어마어마하게 유리한 상황에 있었지만, 그럼에도 이 연구를 완성하기까지 30년이라는 시간이 걸렸다.

기후는 행성에서 태양까지의 거리, 해당 지점의 위도, 그리고 태양광선이 그 위도에서 표면에 닿는 각도에 따라 결정된다.* 계산은 원리 면에서는 까다로울 게 없지만 실제로는 매우 지루했고, 또 밀란코비치의 인생에서 커다란 부분이 되어 매일 저녁 얼마 동안을 집에서 계산하는 데 보냈다. 심지어 아내와 아들과 휴가를 떠날 때조차 관련 서적과 논문을 가지고 다녔다. 1912년 제1차 발칸 전쟁이 터졌다. 불가리아, 세르비아, 그리스, 몬테네그로가 오스만 제국을 공격하여 금세 승리를 거두고 영토를 차지했다. 1913년 전리품을 두고 벌어진 사소한 다툼 끝에 불가리아가 이전의 동맹국들을 공격했다가 패했다. 물론 발칸반도에서 벌어진 이런 모든 혼란은 1914년 6월 18일 사라예보에서 프란츠 페르디난트가 세르비아계 보스니아인의

* 그리고 대기의 구성에 따라 결정되는데 이 때문에 온실효과 문제가 생겨난다. 그러나 이런 계산에서 우리는 지난 수백만 년 동안 대기의 구성이 변하지 않았다고 가정한다.

손에 암살되면서 제1차 세계대전이 터지는 원인으로 작용했다. 공학자로서 밀란코비치는 제1차 발칸 전쟁 때 세르비아 육군으로 복무했으나, 전선은 아니었으므로 자신이 하고 있는 계산에 대해 생각할 시간이 많았다. 그는 자신의 연구에 관한 논문을 출간하기 시작했고 특히 기울기 효과는 크롤이 생각한 것보다 더욱 중요하다는 것을 보여 주었으나, 그의 논문들은 정치적 격동기에 세르비아어로 출간됐기 때문에 거의 아무런 관심을 받지 못했다. 제1차 세계대전이 터졌을 때 밀란코비치는 고향 달리를 방문하는 중이었는데 그때 그곳을 오스트리아-헝가리 군대가 침략했다. 그는 전쟁포로가 됐으나 그해 말에 이르러 유명 학자라는 지위 덕분에 풀려났고, 부다페스트에서 살면서 그 뒤 4년 동안 계산을 계속할 수 있었다. 이런 수고의 열매는 오늘날 지구, 금성, 화성의 기후를 수학적으로 묘사한 것으로, 1920년에 출간되어 널리 찬사를 받았다. 이 책에는 천문학적 영향 때문에 각 위도에 도달하는 열의 양이 바뀌어 빙하시대가 유발될 수도 있다는 수학적 증거도 수록돼 있었다. 밀란코비치는 아직 이에 대해 자세히 파고들어 가지는 않았으나, 이 부분을 블라디미르 쾨펜이 즉시 연구하기 시작하면서 쾨펜과 밀란코비치 사이에 유익한 편지가 오가게 됐고, 이어 이에 관한 생각이 쾨펜과 알프레트 베게너가 함께 쓴 기후에 관한 책에 수록됐다.

쾨펜은 천문주기가 지구 기후에 주는 영향을 이해하는 데 핵심이 될 새로운 생각 한 가지를 도입했다. 그는 중요한 것은 겨울 기온이 아니라 여름 기온이라는 것을 깨달았다. 그는 특히 북반구를 중심으로 생각하고 있었는데, 고위도에서는 겨울이 언제나 눈이 내릴 만큼

춥다. 중요한 것은 내린 눈이 여름 동안 녹지 않고 얼마나 많이 남아 있느냐다. 그러므로 빙하시대의 핵심은 유달리 추운 겨울이 아니라 서늘한 여름이다. 서늘한 여름이 온화한 겨울로 이어진다 해도 그렇다. 이것은 크롤이 생각한 것과 정반대이며, 지난 빙하시대가 약 80,000년 전에는 극심했고 약 10,000~15,000년 전에 끝난 이유가 바로 설명된다. 밀란코비치는 이 효과를 세밀하게 고려하며 북위 55도, 60도, 65도 등 지구상의 세 가지 위도에서 기온 변이를 계산했고, 천문주기와 1920년대에 입수한 지질학적 증거에서 나타난 과거 빙하시대의 패턴이 매우 잘 맞아떨어져 보이는 결과를 얻어 냈다.

쾨펜과 베게너가 공저 『지질학적 과거의 기후*Die Klimate der geologischen Vorzeit*』에서 이런 생각을 널리 알리면서 한동안 천문학적 빙하시대 모델은 완전한 이론으로 발돋움한 것으로 보였다. 1930년 밀란코비치는 더욱 많은 계산 결과를 출간했는데 이번에는 전보다 더 많은 여덟 가지 위도를 계산했다. 그리고 그 뒤 8년 동안에는 이런 기온 변화에서 얼음장이 어떻게 달라지는지를 계산했다. 1941년 그의 평생 연구를 망라하는 책 『지구 일사와 그것을 응용한 빙하시대 문제 연구*Kanon der Erdbestrahlung und seine Anwendung auf das Eiszeitenproblem*』가 인쇄 중일 때 독일군이 유고슬라비아를 침공했다.* (당시 세르비아는 제1차 세계대전 이후 건국한 유고슬라비아에 포함되어 있었다.) 63세가 된 밀란코비치는 점령기 동안 회고록을 쓰면서 시간을 보내기로 결심했고, 회고록은 1952년 세르비아 과학원에서 출간됐다. 그는 조용히 은퇴

* 독일의 공격으로 인쇄소가 파괴됐으나, 인쇄가 끝나 제본을 기다리던 그의 책은 거의 전부 멀쩡했다고 한다. (옮긴이)

생활을 보낸 뒤 1958년 12월 12일 세상을 떠났다. 그러나 그 무렵 그의 모델은 사람들의 관심 밖으로 밀려나 있었다. 아직 매우 불완전하지만 더 세밀한 지질학적 증거가 새로 나왔는데, 그보다 덜 정확한 이전의 증거와는 달리 밀란코비치 모델과 맞아떨어지지 않아 보이기 때문이었다.

빙하시대에 관한 현대의 생각

사실 지질학적 자료는 당시 매우 세밀해져 있던 천문학적 모델과 관련하여 어떤 결론을 내릴 수 있을 정도가 아니었고, 특정 자료가 이 모델과 맞아떨어지는지 여부로는 세계의 작동 방식에 관한 심오한 진실을 알아낼 수 없었다. 대륙이동 가설처럼 새로운 기법과 기술로 지질 기록을 훨씬 더 잘 측정하지 않고서는 진정한 검증이 이루어질 수 없었다. 지질 기록 측정은 1970년대에 정점에 다다랐다. 이제 흔히 밀란코비치 모델이라 불리는 천문학적 모델 자체가 이 무렵 컴퓨터 덕분에 그로서는 꿈도 꿀 수 없을 정도로 정밀해져 있었다. 핵심이 되는 지질학적 증거는 퇴적물이 매년 차례차례 켜켜이 쌓여 온 해저 퇴적층을 시추 채굴한 코어 시료에서 나왔다. 이 퇴적층의 연대는 방사능 및 지자기 연대측정법 등 현재 표준이 된 기법을 사용하여 알아낼 수 있으며, 또 먼 옛날 해양에서 살다가 죽은 작디작은 동물이 남긴 흔적이 포함되어 있다는 것을 알아냈다. 이 흔적은 동물이 죽고 남은 백악질 껍질 형태를 띠고 있다. 한편에서는 이런 껍질을 통해 이들 동물 중 시기별로 어떤 종이 번창했는지 알 수 있어서 그 자체가 기후를 가늠하는 길잡이가 된다. 또 한편에서는 이런 껍질에 들어 있는 산소 동위원소를 분석하면 이 동물들이 살아 있던 때의 기온을 직접 알아낼 수 있는데, 기온에 따라 또 얼음으로 굳어 있는 물의 양이 얼마나 되느냐에 따라 생물이 흡수하는 산소에서 각 동위원소가 차지하는 비율이 달라지기 때문이다. 이런 기록 안에는 100만 년 이상에 걸친 지난 시대의 세 가지 천문주기가 모두 기후 변화의 맥동으로 분명하게 나타나 있다. 일반적으로 이 모델이 최종적으로 확증된 순간은 『기후와 시간』이 출간된 때로부터 정확히 100년 뒤인 1976년 이 모델을 뒷받침하는 증거를 요약하는 핵심 논문 한 편이 『사이언스』에 실린 때로 본다.* 그러나 이로써 흥미로운 질문 한 가지가 남았는데, 이 질문은 우리의 생존에 결정적으로 중요한 것으로 드러났다. 위도별로 닿는 햇빛의 양이 보기에는 조금밖에 변화하지 않는데 지구는 왜 그렇게 민감할까?

이에 대해 답하려면 대륙이동으로 되돌아가게 된다. 밀란코비치 모델이 보여 주는 세밀한 기후변화로부터 한 걸음 뒤로 물러서서, 이제는 잘 이해하고 있고 연대도 잘 측정돼 있는 지질학적 기록을 보면 지구는 기나긴 역사 대부분에 걸쳐 — 아마도 높은 산꼭대기를 제외하면 — 아예 얼음이 없는 것이 자연스러운 상태였음을 알 수 있다. 대양의 따뜻한 해류가 극지방에 다다를 수만 있으면 받아들이는 햇빛의 양이 얼마나 적든 상관이 없다. 따뜻한 물 때문에 바다에 얼음이 얼지 않기 때문이다. 그러나 고대 빙하작용의 상흔에

* 헤이스·임브리·섀클턴(J. D. Hays, J. Imbrie and N. J. Shackleton), 「지구 궤도의 변이 — 빙하시대의 주기 조절장치Variations in the earth's orbit : pacemaker of the ice ages」, *Science*, volume 194, pp. 112-1132, 1976.

서 보듯, 수억 년 간격을 두고 한 번씩 한쪽이나 반대쪽 반구가 수백만 년에 걸친 추운 시기로 돌입했다. 이것을 빙하기라 부를 수 있다. 이것은 크롤로부터 훔쳐온 용어로서 뜻은 비슷하지만 시간 척도는 더 길다. 예컨대 페름기 때 2천만 년 정도 지속된 빙하기가 있었는데 이 빙하기는 2억5천만 년쯤 전에 끝났다. 이런 사건이 일어나는 이유는 이따금 대륙이동 때문에 커다란 땅덩어리가 한쪽 극이나 그 근처로 떠밀려 가기 때문이라는 것으로 설명된다. 이렇게 되면 두 가지 일이 일어난다. 첫째, 저위도로부터 따뜻한 물이 올라가지 못하고 차단되거나 방해를 받으며, 따라서 겨울이 되면 그 지역이 매우 추워진다. 둘째, 이 땅덩어리는 떨어지는 눈이 쌓여 거대한 얼음장을 만들 자리가 된다. 오늘날 남극 대륙이 이것을 보여 주는 좋은 예다. 천문주기로 인한 영향이 아주 작은데도 빙하기가 만들어지는 과정이 작용하고 있기 때문이다.

페름기의 빙하기는 대륙이동으로 길이 열려 다시 따뜻한 물이 극지방에 다다를 수 있게 되면서 끝났고, 그 뒤 지구는 2억 년 동안 따뜻한 시기가 지속되면서 그 사이에 공룡이 번창했다. 그러나 5천5백만 년 전쯤 조금씩 차가워지기 시작했고, 1천만 년 전쯤에 이르러 빙하가 돌아와 있었다. 처음에는 알래스카의 산간 지방이었지만 이내 남극 대륙에도 빙하가 만들어졌다. 남극에서는 얼음장이 너무나 커진 나머지 5백만 년 전에는 오늘날보다 더 컸다. 빙하가 양쪽 반구에 동시에 퍼졌다는 사실은 중요하다. 남극에서는 대륙이 남극을 덮고 있어서 방금 설명한 바로 그 방식으로 빙하가 만들어진 반면, 북극 지역 역시 온도가 내려가 결국 얼었는데 북극이 육지가 아니라 바다였는데도 그랬다. 그것은 대륙이 조금씩 이동하다가 북극해가 육지에 고리 모양으로 거의 완전히 둘러싸이면서, 북극해에 얼음이 생기지 않게 해 줄 따뜻한 물이 상당부분 그곳으로 흘러가지 못했기 때문이다. 오늘날에는 특히 그린란드가 거기 있어서 멕시코 만류가 북극해로 올라가지 못하고 동쪽으로 흘러가 영국제도와 유럽 대륙 북서부를 따뜻하게 해 준다. 북극해에는 얇은 얼음층이 형성됐고, 약 3백만 년 전부터 그 주위의 육지에 훨씬 많은 얼음이 뒤덮였다. 극지방의 바다가 육지에 둘러싸이고 바다를 둘러싼 육지에 눈이 내려 쌓이지만 더운 여름 동안 녹아 없어지는 이런 상황은 천문주기에 특히 민감한 것으로 드러났다. 지난 5백만 년 정도 동안 지구는 지구 역사를 통틀어 독특하다 할 수 있는 상태에 놓여 있었다. 두 극지방이 모두 육지와 바다라는 완전히 다른 지리적 배치에 따라 생겨난 만년빙에 덮여 있는 것이다. 이런 조건과 아울러 특히 북반구의 지리 때문에 지구는 천문주기에 민감하게 되며, 그 흔적이 지질시대 중 최근에 해당하는 지질학적 기록에서 뚜렷하게 드러난다.

진화에 미친 영향 현재의 빙하기 안에서 기후의 이 같은 맥동이 주는 효과는 현재와 같은 1만 년 정도 길이의 비교적 따뜻한 간빙기를 사이에 두고 대략 10만 년 정도 지속되는 완전한 빙하시대가 되풀이 나타나는 것이다. 이렇게 계산해 보면 현재의 간빙기는 앞으로 2천 년 안에 자연히 끝날 것이다. 이것은 역사시대의 길이보다 짧다. 그러나 미래는 이 책이 다룰 범위를 벗어난다. 이처럼 커다란 변화의 틀 안에서 밀란코비치가 연구한 여러 주기가 결합되어 작은 기후 변화가 일어난다. 빙하시대가 이렇게 되풀이되는 양상은 칼륨과 아르곤 동위원소를 이용한 방사능 기법으로 연대를 측정한 결과 360만 년보다 약간 더 이전에 시작됐다. 바로 그때 우리 조상은 아프리카의 대지구대에서 살고 있었다. 판구조 활동으로 만들어진 이 지역에서 사람과(hominid)의 조상이 침팬지, 고릴라, 인간이라는 세 가지 현대 종으로 분화하고 있었다.* 바로 이때의 화석 기록이 직립보행한 사람과가 있었음을 뒷받침하는 직접 증거로 남아 있는데, 그것은 (할리우드의 인도에 새겨 둔 스타들의 손자국처럼) 부드러운 땅에 찍힌 발자국이 굳은 화석과 뼈 화석이다. 3~4백만 년 전 동아프리카에서 사람과의 동물 하나가 호모 사피엔스로 바뀐 이유가 무엇인지는 타임머신이 없어서 누구도 확실히 알 수 없지만, 기후의 맥동이 핵심 역할을 했다는 주장도 충분히 가능하며 적어도 부분적으로 영향을 주었다는 결론을 내리지 않기는 어렵다. 고위도 지역에서는 기온 변동이 매우 중요하지만, 동아프리카에서는 그와는 달리 완전한 빙하시대 동안 바다가 너무나 차가워 증발량이 적고 따라서 강우량도 적으므로 지구가 더 건조해져 숲이 후퇴한다는 사실이 더 중요하다. 이 때문에 우리 조상을 포함한 삼림 지대 사람과 사이에서 경쟁이 더 심해져 일부는 숲에서 평원으로 밀려나왔을 것이다. 평원에서는 사람과에게 가해진 선택압력이 심해 새로운 생활 방식을 받아들인 개체들만 살아남았을 것이다. 이 상황이 변함없이 그

* 인간이 여타 아프리카 유인원과 갈라진 시기는 DNA를 직접 측정하여 알아낸 것이다. DNA가 일종의 '분자시계' 역할을 한다는 사실은 1990년대에 마침내 입증됐다. 이에 관해서는 그리빈 외(John Gribbin and Jeremy Cherfas)의 『최초의 침팬지*The First Chimpanzee*』 참조.

대로 무한정 지속됐다면 이들은 평원생활에 더 잘 적응한 다른 동물들과의 경쟁에 밀려 모두 죽었을 것이다. 그러나 10만 년 정도가 지나자 상황이 누그러져 숲이 다시 확장되기 시작했고, 자연선택이라는 선별과정에서 살아남은 개체의 후손들은 숲의 이점을 이용하여 평원의 포식자들을 피해 안전한 숲에서 번식하면서 그 수가 늘어날 기회를 얻었다. 이 과정이 열 번이나 스무 번 반복되면 작은 변화가 쌓여 숲 언저리에서 생존하기 위한 핵심 요구 조건인 지능과 적응력을 갖춘 개체가 선택되는 결과로 이어졌으리라는 것을 쉽게 알아볼 수 있다. 반면에 숲 한복판에서는 그곳에 가장 잘 적응한 사람과의 동물들이 더욱 나무 생활에 밀착되어 침팬지와 고릴라가 됐다.

이 이야기는 아마도 아서 홈스 시대의 대륙이동 가설만큼 설득력을 지니고 있을 것이다. 그러나 세밀한 부분에서 부정확하다 하더라도, 기후 변화 패턴이 3~4백만 년 전 시작된 것과 삼림 지대 유인원이 진화하여 인간이 되는 것 역시 3~4백만 년 전 시작됐다는 것을 우연의 일치로 보기에는 두 사건이 너무나 잘 들어맞는다. 우리가 존재하는 것은 천문주기와 대륙이동이 복합적으로 작용한 덕분이다. 대륙이동으로 인해 드물게도 그 천문주기가 지구의 기후에 영향을 줄 수 있는 이상적 조건이 만들어진 것이다. 전체적으로 여기에는 대륙이동의 원동력인 대류 같은 것을 이해하기 위한 기본 물리학, 천문주기를 설명하고 예측 가능하게 만드는 뉴턴 동역학과 중력이론, 해저의 시료를 분석하는 화학, 지자기 연대측정을 위한 전자기학, 레이와 린네 같은 사람들의 연구를 바탕으로 한 생물 종과 생물세계에 대한 이해, 그리고 다윈과 월리스의 자연선택에 의한 진화

이론이 개입돼 있다. 이것은 우리는 지구상의 여느 생물 종과 마찬가지로 자연선택 과정을 거쳐 만들어진 평범한 생물체에 지나지 않는다는 것을 일깨워 주는 동시에, 갈릴레오 갈릴레이와 아이작 뉴턴의 연구에서 시작된 3세기에 걸친 '고전과학'이 얻어 낸 최고의 쾌거에 해당하는 깨달음이다. 그 뒤를 이어가자는 생각이 들지도 모르겠지만, 20세기 말에 이르러 과학의 많은 부분은 그 뒤를 이어가지 않았고, 고전과학을 넘어서서 뉴턴적 세계관으로 볼 때 근본적으로 생소하게 바뀌었다. 이 모든 것은 19세기 말 물리학자가 세계를 매우 작은 척도에서 생각하도록 사고방식을 완전히 바꿔 놓은 양자혁명*으로 시작됐다.

* 과학에서 '혁명'이라는 용어가 실제로 어울리는 유일한 사례일 것이다!

제5부

현대

13
내우주

진공관의 발명 과학사에서 가장 큰 혁명은 19세기 중반 더 나은 종류의 진공펌프가 발명되면서 시작됐다. 이것은 오늘날의 기술과 비교하여 시시해 보일 수도 있겠지만, 마이클 패러데이가 공기가 없는 상태에서 전기가 어떻게 움직이는지를 알아보고 싶었을 때 사용한 장비를 생각해 보면 이것이 어떤 의미를 띠는지 제대로 알 수 있다. 1830년대 말 패러데이는 유리병 안에서 일어나는 전기의 진공방전을 조사하고 있었다. 전극 하나는 병 안에 고정되어 있고, 다른 하나는 병 주둥이를 '밀봉'한 코르크 마개에 금속제 핀을 꽂아 안으로 밀거나 밖으로 당기는 식으로 위치를 조절할 수 있게 만들었다. 전체적으로 공기가 통하지 않게 밀폐되기를 바랄 수 없었으므로 진공과는 거리나 너무 멀었고, 병 안의 압력을 낮게 유지하는 것만 가능했다. 그것도 근본적으로 2세기 전 오토 폰 괴리케가 사용한 것과 별로 다를 바 없는, 오늘날 자전거용 펌프와 본질적으로 똑같은 장치를 가지고 끊임없이 펌프질을 해야 했다. 1850년대 말 독일 본에서 획기적인 성공을 거둔 사람은 독일인 하인리히 가이슬러Heinrich Geissler(1814~1879)였다. 그가 개량한 진공펌프는 유리 용기에서 공기를 빼내는 과정에 사용되는 모든 연결 부위와 꼭지를 수은으로 밀봉하여 공기가 새지 않게 했다. 공기를 빼낼 유리 용기를 관으로 유리구와 연결하는데, 유리 용기와 유리구 사이에 두 방향으로 전환할 수 있는 꼭지를 넣어 꼭지를 한쪽으로 돌리면 유리 용기와 유리구가 연결되고 반대로 돌리면 바깥 공기와 유리구가 연결되게 했다. 유리구 자체는 유연한 관을 통해 수은이 가득 든 용기와 연결했다. 유리구가 바깥 공기와 연결되게 한 상태로 수은 용기를 높이 들면 수은이 유리구 쪽으로 흘러가면서 그 압력 때문에 유리구 안의 공기가 밖으로 밀려 나갔다. 그 상태에서 꼭지를 돌린 다음 수은 용기를 아래로 내리면 수은이 아래로 내려가면서 유리 용기 안의 공기가 유리구 안으로 흘러들어 왔다. 이 과정을 여러 번 반복하면 유리 용기 안에 매우 '확고한' 진공이 만들어진다. 유리 부는 일을 배웠던 가이슬러는 더 나아가 공기를 빼낸 유리 용기 안에 전극 두 개를 넣고 밀봉하는 기법을 개발하여 진공 상태를 영구적으로 유지하는 관을 만들었다. 진공관을 발명한 것이다. 그 뒤 수십 년 동안 가이슬러 자신을 비롯한 여러 사람이 이 기술을 개선했고, 1880년대 중반에 이르러 해수면 기압의 1만분의 몇밖에 되지 않는 압력을 지니는 진공관을 만드는 것이 가능해져 있었다. 전자('음극선')와 엑스선을 발견하고 이로써 방사능의 발견으로 이어지는 연구를 촉진시킨 계기가 된 것은 바로 이 기술이었다.

'음극선'과 '양극선'

본 대학교 물리학교수로서 이렇다 하게 눈에 띄지 않았던 율리우스 플뤼커Julius Plücker(1801~1868)는 1860년대에 가이슬러의 새로운 진공관 기술을 남들보다 먼저 접할 수 있었다. 그는 진공관의 두 전극에 전류가 흐를 때 진공관 안에서 빛이 보이는데 (이것이 본질적으로 네온관 기술이다) 이 빛의 본질이 무엇인지 조사하느라 여러 차례 실험했고, 그의 학생 중 요한 히토르프Johann Hittorf(1824~1914)라는 사람이 진공관 안의 음극(캐소드)에서 방출되는 빛나는 선이 직선으로 이동하는 것으로 보인다는 것을 처음으로 알아차렸다. 1876년 베를린에서 헤르만 헬름홀츠와 함께 일하고 있던 오이겐 골트슈타인Eugen Goldstein(1850~1930)은 이 빛나는 선에 '음극선'이라는 이름을 붙였다. 그는 음극선이 그림자를 만들 수 있으며 그 시대 여러 사람들과 마찬가지로 자기장을 이용하여 구부릴 수 있다는 것을 보여 주었으나, 그것이 빛과 비슷한 전자기파일 것으로 생각했다. 1886년 골트슈타인은 당시 자신이 사용하고 있던 방전관의 양극(애노드)에 있는 구멍으로부터 또 다른 형태의 '선'이 방출되는 것을 발견했다. 그는 여기에 양극의 구멍을 가리키는 독일어 낱말을 따 '양극선(Kanalstrahlen)'이라는 이름을 붙였다. 오늘날 우리는 이 '선'은 양전하를 띤 이온 즉 전자를 하나 이상 빼앗긴 원자의 흐름임을 알고 있다.

일찍이 1871년 왕립학회에서 출판된 어느 논문에서 전기공학자 크롬웰 플리트우드 발리Cromwell Fleetwood Varley(1828~1883)는 음극선은 "물질이 성글어진 입자로서 전기에 의해 음극으로부터 튀어나온" 것일지도 모른다고 했고,* 이 입자 가설을 윌리엄 크룩스William Crookes(1832~1919)가 받아들였다.

* *Proceedings of the Royal Society*, volume 19, p. 236, 1871.

윌리엄 크룩스: 크룩스관과 입자로 본 음극선

1832년 6월 17일 런던에서 태어난 크룩스는 재단사이자 사업가의 아이 16명 중 맏이였다. 그는 과학 경력이 특이했다. 어릴 때 어떤 교육을 받았는지에 대해서는 알려진 게 거의 없지만, 1840년대 말에 이르러 왕립 과학대학에서 아우구스트 폰 호프만August von Hoffmann(1818~1892)의 조수가 되어 있었다. 1854년과 1855년에는 옥스퍼드 래드클리프 천문대의 기상학과에서 일했고, 다음에는 1855/6학년도에 체스터 교육대학에서 화학강사로 일했다. 그러나 그 다음에는 아버지로부터 돈을 충분히 물려받은 까닭에 돈을 벌지 않아도 됐으므로 런던으로 돌아왔다. 그곳에서 개인 실험실을 차렸고, 『케미컬 뉴스*Chemical News*』라는 주간지를 발행하기 시작하여 1906년까지 편집을 맡았다. 크룩스는 심령주의를 비롯하여 관심사가 광범위했지만 여기서는 전자의 발견과 관련된 이야기만 다루기로 한다. 이것은 그가 개발해 낸 개량된 진공관과 맞물려 있었다. 크룩스관이라 부르는 이 진공관은 당시 유럽 대륙에서 만든 것보다 더 나은 (더 '확고한') 진공 상태를 띠고 있었다. 더 나은 진공 상태에서 실험한 결과 크룩스는 음극선이 입자임을 뒷받침하는 확실한 증거로 보이는 결과를 얻어 냈다. 여기에는 몰타 십자 모양 금속을 관 안에 넣어, 음극선이 이 십자 모양을 지나 그 뒤의 유리관 벽에 부딪쳐 빛이 발생할 때 선명한 그림자가 생긴 실험도 포함됐다. 그는 또 작은 물레바퀴를 음극선의 흐름 안에 넣어, 그 충격으로 물레바퀴가 돌아갔으므로 음극선에 운동량이 있다는 것을 보여 주었다. 1879년에 이르러서는 음극선을 입자로 해석하는 가설을 내놓고 있었고 이것이 대부분의 영국 물리학자 사이에서 금세 정설로 자리 잡았다. 그렇지만 대륙에서는 사정이 좀 달랐다. 특히 독일에서 1880년대 초 하인리히 헤르츠가 한 여러 실험에서는 전기장이 음극선에 아무런 영향을 주지 않는 것으로 보였고, 따라서 음극선은 전자기파의 한 형태라는 생각이 확고하게 자리를 잡았다. 이런 상황은 1890년대 말에 가서야 마침내 해결됐는데, 그렇게나 오래 걸린 것은 엑스선의 발견으로 물리학자들이 거기 관심이 쏠린 탓도 있었다. 오늘날 우리는 헤르츠가 사용한 진공관에 기체가 너무 많이 남아 있어서 이 기체가 이온화하여 전자에 간섭했기 때문임을 알고 있다.

빛보다 훨씬 느리게 움직이는 음극선

음극선은 절대로 전자기복사의 일종일 수 없다는 증거는 1894년에 나왔다. 잉글랜드의 조지프 존 톰슨Joseph John Thomson(1856~1940)이 음극선은 빛보다 훨씬 느리게 움직인다는 것을 보여 준 것이다. 전자기파는 모두 빛의 속도로 이동한다는 맥스웰 방정식을 기억하기 바란다. 1897년에 이르러 음극선은 전하를 띠고 있다는 증거에 무게가 점점 더 실리고 있었다. 앞서 10장에서 다룬 바 있는 장 페랭이 1895년에 한 실험 역시 음극선은 자기장에 의해 방향이 휜다는 결과를 보여 주었는데, 이것은 전하를 띠는 입자의 흐름에서 볼 수 있는 현상이었다. 그는 또 음극선이 금속판에 부딪치면 그 금속판은 음전하를 띤다는 것을 보여 주었다. 1897년에는 이 '선' 안의 입자가 띠는 속성을 탐구하기 위한 실험을 하고 있다가 다른 연구자들에게 선수를 빼앗겼다. 그중에는 독일의 발터 카우프만Walter Kaufmann(1871~1947)이 있었고 또 결정적으로 잉글랜드의 조지프 존 톰슨이 있었다. 참고로 이 톰슨은 켈빈 경이 된 윌리엄 톰슨과는 아무 관계가 없다. 베를린에서 활동하던 카우프만은 진공관 안에 미량의 기체가 있을 때 음극선이 전자기장에 의해 어떻게 휘는지, 기체의 종류와 압력이 바뀌면 어떻게 달라지는지를 연구하고 있었다. 이런 실험에서 그는 입자의 전하 대 질량 비 즉 *e/m*값을 추론해 낼 수 있었다. 그는 기체마다 이 값이 다를 것이라고 예상했는데, 음극과 접촉하면서 전하를 띠게 된 원자(오늘날 말하는 이온)의 성질을 측정하고 있다고 생각했기 때문이었다. 그러나 놀랍게도 *e/m*값은 언제나 똑같았다. 톰슨 역시 *e/m*값을 측정했는데, 음극선 한 가닥이 자기장에 의해 한쪽 방향으로 휘게 한 다음 다시 자기장에 의해 그 반대 방향으로 휘게 하여 두 가지 효과가 정확하게 상쇄되게 하는 멋진 기법을 사용했다. 그러나 그는 *e/m*값이 언제나 똑같다는 사실에 놀라지 않았다. 애초부터 음극에서 똑같은 입자들이 방출되어 흐른다고 생각하고 있었기 때문이다. 그는 결과를 정반대 형식인 *m/e*값으로 표시하면서, 수소를 가지고 얻어 내는 값에 비해 그가 얻어 낸 값의 크기가 작다는 것을 지적했다. (오늘날 우리는 이때의 수소는 수소 이온이며 양성자와 같다는 것을 알고 있다.) 이것은 음극에서 나오는 입자의 질량이 매우 작거나, 전하가 매우 크거나, 아니면 둘 다에 해당한다는 뜻이었다. 톰슨은 1897년 4월 30일 왕립연구소에서 한 강연에서 "원자보다 더 작게 쪼개지는 물질 상태가 있다는 것은 다소 놀라운 가정이다"라고 논평했다.* 그리고 후일

* 이 강연은 브래그 외(W. Bragg and G. Porter)에 수록되어 있다.

이렇게 적었다. "나는 그로부터 한참 뒤 내 강연 때 그 자리에 있었던 어느 유명한 동료로부터 내가 자기네를 '놀리고 있다'고 생각했다는 말을 들었다."*

전자의 발견 이 모든 것에도 불구하고 1897년은 전자가 '발견'된 해로 기억되는 때가 많다. 그러나 진정한 발견은 그로부터 2년 뒤인 1899년 이루어졌다. 이때 톰슨은 전하를 띤 물방울을 전기장을 이용하여 탐지하는 기법을 사용하여 전하 자체를 측정하는 데 성공했다. 그가 m의 실제 값을 얻어 낼 수 있었던 것은 이 e값을 측정할 수 있었던 덕분이었고, 이로써 음극선 입자는 — 그는 이 입자를 미립자라 불렀는데 — 수소 원자 질량의 약 2천분의 1에 지나지 않으며 "원자 질량의 일부로서 원래의 원자로부터 떨어져 나와 분리된 것"임을 보여 주었다.** 다시 말해 이 발견이 놀랍기도 하지만 원자는 더 쪼개질 수 없지 않다는 것은 확실했다. 그런데 이 놀라운 사실을 발견해 낸 톰슨이라는 사람은 누구일까?

톰슨은 1856년 12월 18일 맨체스터 근처 치텀힐에서 태어났다. 조지프 존이라는 이름으로 세례를 받았지만, 어른이 된 뒤로는 언제나 그 머리글자만 따 'J. J.'라 불렸다. 14세 때 맨체스터 대학교의 전신인 오언스 칼리지에서 공학을 공부하기 시작했으나, 그로부터 2년 뒤 고서적상인 아버지가 죽으면서 가족이 경제적 압박을 받자 장학

* 톰슨(J. J. Thomson),『회고와 성찰*Recollections and Reflections*』.

** J. J. Thomson, *Philosophical Magazine*, volume 48, p. 547, 1899. 네덜란드의 물리학자 헨드릭 로런츠가 이내 톰슨의 '미립자'에 현대적 의미의 '전자'라는 이름을 붙였다. 로런츠-피츠제럴드로 유명한 바로 그 사람이다.

금이 나오는 물리학, 화학, 수학 쪽으로 방향을 바꿔야 했다. 1876년 역시 장학금을 받으면서 케임브리지의 트리니티 칼리지로 진학하여 수학을 공부했고, 1880년 졸업한 다음 은퇴할 때까지 케임브리지에서 지냈다. 그곳을 떠나 있었던 것은 도중에 잠시 프린스턴에 다녀온 때가 전부였다. 톰슨은 1880년부터 캐번디시 연구소에서 일했다. 1884년에는 레일리 경의 후임으로 캐번디시의 소장이 됐다. 대학교 측에서는 원래 윌리엄 톰슨을 후임으로 내정했으나, 그가 글래스고에서 지내는 쪽을 택했기 때문에 기회가 돌아온 것이었다. 그는 이후 1919년까지 그 자리에 있다가 트리니티의 학장이 된 뒤 그 자리에서 물러났다. 과학자로서 트리니티 학장이 된 사람은 그가 처음이었으며, 1940년 8월 30일 세상을 떠날 때까지 학장 자리를 지켰다. 1906년에는 전자에 관한 연구로 노벨상을 받았고 1908년에는 기사 작위를 받았다.

수학자 톰슨을 실험물리학교수 겸 캐번디시 연구소장으로 선임한 것은 선견지명이거나 어쩌다 얻은 요행이거나 둘 중 하나였다. 그는 물리세계의 근본 진리가 드러나는 실험을 고안하는 초인적인 능력을 지니고 있었다. *e/m*값을 측정하는 실험이 그 한 예다. 그리고 다른 사람들이 고안한 실험이 기대한 대로 작동하지 않을 때 이 능력을 이용하여 그 이유를 찾아낼 수 있었다. 실험을 고안한 당사자조차 어디가 잘못됐는지 모를 때도 그랬다. 그러나 그는 섬세한 실험 도구를 다룰 때 서투른 것으로 악명이 높았다. 그래서 동료들은 까다로운 실험의 문제점을 찾아내기 위해 그의 통찰력이 필요한 때가 아니면 될 수 있는 대로 자기네가 연구하고 있는 실험실에 그가 들어오는 일이 없게 하려고 애썼다는 이야기마저 있을 정도였다. J. J.는 궁극의 이론실험가였다고까지 말할 수 있을 것이다. 그의 조수로 일한 물리학자 중 일곱 명이 노벨상을 받았다는 데서 그의 능력을 가늠할 수 있고 또 19세기 말과 20세기 초에 캐번디시가 최고의 물리학자들을 얼마나 많이 케임브리지로 끌어들였는지 짐작이 간다. 이런 모든 성공에서 톰슨은 스승으로서, 안내자로서, 그리고 많은 사람의 사랑을 받은 학과장으로서 중요한 역할을 했다.

캐번디시가 이런 성공을 독차지한 것은 절대 아니지만, 엑스선과 방사능의 발견에서 볼 수 있듯 획기적 발견이 다른 곳에서 이루어질 때도 톰슨의 연구진은 대체로 그 발견에 담겨 있는 의미를 빠르게 간파해 냈다. 과학에서 큰 발견은 주로 빨리 성공하고 싶은 마음과 기발한 생각으로 가득한 젊은이들에 의해 이루어진다. 그러나 19세기 말에는 진공관 기술이 나아지고 있었던 덕분에 원자물리학이라는 이름으로 알려지게 된 분야 자체가 젊었고 과학 탐구를 위한 새로운 영역이 펼쳐지고 있었다. 발견할 거리가 거의 말 그대로 사방에 널려 있는 이런 상황에서는 경험과 신기술이 젊음과 열정만큼이나 중요했다. 예컨대 빌헬름 뢴트겐Wilhelm Röntgen(1845~1923)은 엑스선을 발견했을 때 청춘과는 거리가 멀었다.

빌헬름 뢴트겐과 엑스선의 발견

뢴트겐은 1845년 3월 27일 독일 레네프에서 태어나, 전통적 교육과정을 거쳐 1888년 뷔르츠부르크 대학교에서 물리학교수가 됐다. 그는 물리학의 여러 분야를 다루는 훌륭하고 좋은 물리학자이지만 이렇다 할 성과는 아직 내놓지 않은 상태였다. 그러다가 1895년 11월 50세의 뢴트겐은 개량된 진공관을 이용하여 음극선의 성질을 연구하고 있었다. 당시 다양한 진공관은 설계한 사람의 이름을 따 히토르프관이라든가 크룩스관 등이라 불렀지만 원리는 모두 똑같았다. 앞서 1894년 필리프 레나르트Philipp Lenard(1862~1947)는 헤르츠의 연구를 바탕으로 음극선은 구멍을 남기지 않고 얇은 금속박을 통과할 수 있다는 것을 보여주었다. 당시 이것은 '선'이 파동일 수밖에 없다는 증거로 해석됐다. 입자는 통과할 때 반드시 흔적을 남긴다고 생각했기 때문이다. 그들은 물론 적어도 원자 크기의 입자 차원에서 생각하고 있었다. 뢴트겐은 이 발견을 더 파고들면서 검은색 판지로 완전히 둘러싼 진공관을 가지고 실험하고 있었다. 음극선이 진공관의 유리 자체를 뚫고 나오는 흔적이 조금이라도 있다면 탐지해 낼 수 있을 거라는 생각으로 진공관 안에서 방출되는 가시광선을 차단한 것이다. 음극선을 탐지하는 표준 방법 하나는 백금시안화바륨(백금사이안화바륨)을 칠한 종이를 사용하는 것으로, 음극선이 닿으면 형광이 발생한다. 1895년 11월 8일 뢴트겐은 그런 종이를 가지고 있었는데, 그가 지금 하고 있는 실험과는 아무 관계도 없었으므로 음극선이 지나는 경로를 벗어나 실험 도구 한쪽 옆에 놓여 있었다. 빛을 차단하여 깜깜해진 실험실 안에서 진공관을 작동시켰을 때 놀랍게도 이 종이 화면이 밝게 형광을 띠는 것이 보였다. 꼼꼼한 조사 끝에 정말로 새로운 현상을 발견했다는 것을 확인한 뢴트겐은 자신의 발견을 설명하는 논문을 12월 28일 뷔르츠부르크 물리의학협회에 제출했고 논문은 1896년 1월에 출간됐다. 뢴트겐은 엑스선이라는 이름을 붙였으나 독일어권에서는 종종 뢴트겐선이라 불리는 이 전자기파는 크게 화제가 됐는데, 인간의 살을 통과하여 그 안에 있는 뼈의 사진을 찍을 수 있다는 사실도 커다란 원인이었다. 특히 아내의 손을 엑스선으로 찍은 사진이 수록된 이 논문의 사전배포본이 1896년 1월 1일 배포됐고, 그로부터 한 주 안에 신문에서 기사가 나기 시작했다. 1월 13일 뢴트겐은 베를린에서 황제 빌헬름 2세에게 이 현상을 시연했고, 그의 논문 영어 번역본이 1월 23일 『네이처』에 실렸는데 그날은 뷔르츠부르크에서 그가 이에 관해 유일하게 공개 강연을 한 날이었다. 그 얼마 뒤인 2월 14일에는 번역본이 『사이언스』에도 실렸다. 뢴트겐은 1896년 3월 엑스선에 관한 논문 두 편을 더 출판했으나 이것이 그가 이 주제에 관해 내놓은 마지막 논문이었다. 그렇지만 과학 활동은 계속했고, 1900년에는 뮌헨에서 물리학교수가 됐으며, 1923년 2월 10일 세상을 떠났다. 그는 과학에 단 한 가지 커다란 업적을 남긴 공로로 1901년 노벨상 최초의 물리학상을 받았다.

물리학자들은 엑스선이 무엇인지는 몰랐어도 그 성질에 대해서는 거의 처음부터 매우 많이 알았다. 엑스선은 음극선이 진공관의 유리벽에 부딪칠 때 발생하여 거기서부터 사방으로 퍼져 나가기 때문에 그 에너지가 어디서 오는지에 대해서는 궁금할 것이 없었다. 빛과 마찬가지로 직선으로 이동하고, 감광물질에 영향을 주었으며, 전기장이나 자기장에 휘지 않았다. 그렇지만 빛과는 달리 반사나 굴절이 일어나는 것으로는 보이지 않았고, 그래서 여러 해 동안 이것이 파동인지 입자인지 분명하지 않았다. 그렇다고 해서 발견된 뒤 10년 남짓한 동안 널리 쓰이지 않은 것은 아니다. 과다노출의 위험을 이해

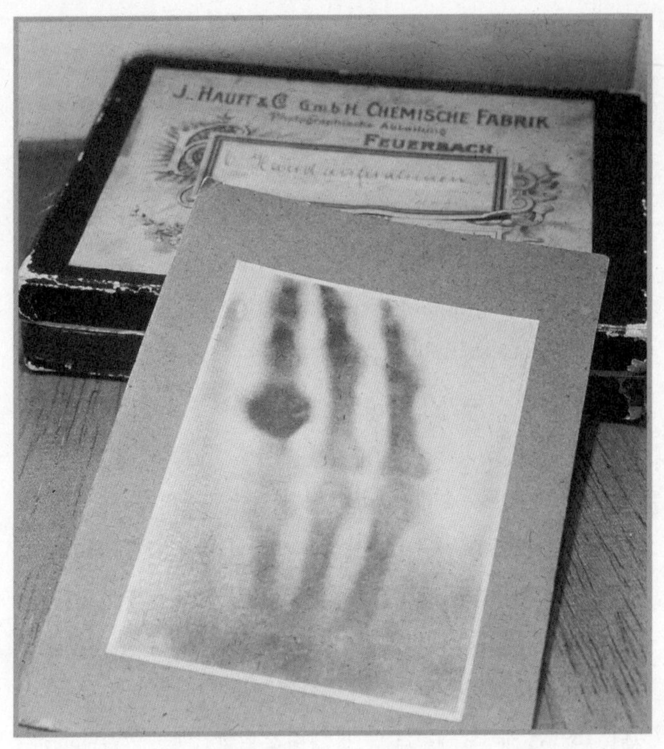

35. 뢴트겐이 아내의 손을 엑스선으로 찍은 사진(1895). 결혼반지가 보인다.

하지 못했으므로 때때로 불행한 부작용이 나타나기는 했지만 의학에서는 물론 이용됐고, 물리학에서는 예컨대 기체를 이온화하는 데 이상적이었다. 엑스선은 실제로 일종의 전자기파로서 가시광선이나 자외선보다 파장이 훨씬 짧으며, 표적이 적절할 때 실제로 반사도 회절도 한다는 것이 명확해진 때는 1910년 무렵 이후의 일이었다. 그렇지만 원자물리학의 발전 차원에서 엑스선의 발견이 가장 중요한 점은 이것이 거의 그 직후 또 한 가지 훨씬 더 수수께끼 같은 복사선의 발견으로 이어졌다는 사실이다.

방사능: 베크렐과 퀴리 부부

적시에 적소에 있었던 과학자가 있다면 그 사람은 바로 앙리 베크렐Henri Becquerel(1852~1908)이었다.* 앙리의 할아버지 앙투안 베크렐Antoine Becquerel(1788~1878)은 전기와 발광현상 연구의 선구자로, 큰 성공을 거둔 나머지 1838년에 프랑스 자연사박물관에서 그를 위해 물리학 석좌교수 자리를 만들 정도였다. 앙투안의 셋째 아들 알렉상드르 에드몽 베크렐Alexandre-Edmond Becquerel(1820~1891)은 파리에서 아버지 곁에서 연구하다가 인광체 즉 어두운 곳에서 빛을 방출하는 결정체에 관심을 갖게 됐다. 1878년 앙투안이 죽자 에드몽이 뒤를 이어 교수가 됐다. 이 무렵 그의 아들 앙리 베크렐은 이미 집안 전통을 따라 물리학을 공부하고 있었고 1888년에는 파리 대학교 과학부에서 박사 학위를 받았다. 1891년 에드몽이 죽었을 때 앙리는 박물관에서 물리학교수가 됐으나 아울러 파리의 교량도로과에서 수석기사로도 일했다. 앙리가 죽었을 때 역시 그의 아들 장 베크렐Jean Becquerel(1878~1953)이 그 뒤를 이어 교수가 됐다. 장이 뒤를 이을 자식 없이 은퇴한 1948년에야 박물관의 이 석좌교수 자리는 110년 전 만들어진 이후 처음으로

* 주로 식품에 남아 있는 방사성 물질의 방사능을 나타내는 단위로 우리에게 익숙해진 베크렐(Bq)의 주인공이다. 1초에 방사성 붕괴가 한 번 일어나는 것을 1베크렐이라 한다. (옮긴이)

베크렐이 아닌 사람에게 돌아갔다. 베크렐 왕조의 중간에 낀 앙리 베크렐은 1896년 1월 20일 프랑스 과학원 모임에 참석한 자리에서 엑스선에 관한 최신 소식을 자세히 들었다. 음극선이 진공관 유리벽에 부딪쳐 형광을 일으키는 밝은 점에서 엑스선이 생겨난다는 내용도 거기 포함돼 있었다. 이 내용을 들은 그는 어둠 속에서 빛을 방출하는 인광체 또한 엑스선을 만들어 내지 않을까 생각하고 즉각 자신의 가설을 시험하는 일에 나섰다. 이를 위해 할아버지 때부터 박물관에 모아둔 여러 가지 인광물질을 사용했다.

인광물질의 핵심 특징은 햇빛에 노출시켜야 빛을 발생한다는 것이었다. 어떻게 그렇게 되는지는 몰라도 이렇게 햇빛에 노출시키면 인광물질에 에너지가 채워지고, 그런 다음에는 어둠속에서 한동안 빛을 방출하며, 햇빛으로부터 받은 에너지가 떨어지면 빛이 약해져 사라졌다. 엑스선을 찾아내기 위해 베크렐은 두꺼운 검은색 종이 두 장으로 감광판을 꼼꼼하게 감싸 빛이 전혀 들어가지 못하게 한 다음, 햇빛에 노출시켜 에너지를 '충전'한 인광염을 담은 접시를 그 위에 놓았다. 아니나 다를까, 종이를 벗기고 감광판을 현상했더니 일부 인광염의 경우 인광물질의 윤곽선이 나타났다. 그리고 동전 같은 금속 물체를 인광염 접시와 종이로 감싼 감광판 사이에 놓았다가 감광판을 현상했더니 그 금속 물체의 윤곽이 나타났다. 유리에 닿는 음극선의 작용뿐 아니라 인광염에 닿는 햇빛의 작용으로도 엑스선을 발생시킬 수 있는 것으로 보였고, 이 실험 결과는 과학계에 정식으로 보고됐다.

그러나 1896년 2월 말에 이르러 베크렐은 또 하나의 실험을 준비했다. 그는 종이로 싼 감광판과 인광염 접시 사이에 십자 모양의 구리조각을 놓아두고 해가 뜨기를 기다렸다. 이 인광염은 우라늄 화합물이었다. 파리는 여러 날 동안 구름에 덮여 있었고, 기다리다 지친 베크렐은 3월 1일 감광판을 그냥 현상해 보았다. 일시적 변덕 때문이었는지 대조를 위한 실험 삼아 계획적으로 그렇게 했는지는 분명하지 않다. 그랬더니 놀랍게도 구리 십자의 윤곽이 나타났다. 인광염이 빛을 방출하고 있지 않았고 심지어 햇빛으로 충전하지도 않았으나, 적어도 우라늄 화합물의 경우 엑스선으로 보이는 것이 발생한 것이다.* 이 발견에서 가장 극적인 부분은 인광염이 완전히 무에서 에너지를 발생하고 있는 것으로 보인다는 점으로, 물리학에서 가장 소중히 여기는 가르침 중 하나인 에너지 보존 법칙에 위배된다는 것이었다.

이 발견은 대중 사이에서 엑스선의 발견만큼 화젯거리는 되지 못했다. 과학 전문가가 아닌 사람에게는 그저 또 한 가지의 엑스선으로 보이기 때문이었다. 심지어 과학자 중에도 그렇게 생각한 사람이 많았다. 베크렐 자신도 이내 다른 연구로 옮겨 갔다. 다만 그 전에 자신이 발견한 이 복사선의 속성을 얼마간 연구하면서 자기장을 이용하여 휘게 할 수 있다는 것을 1899년에 보여 주었다. 그러므로 엑스 복사선일 수 없으며 전하를 띤 입자로 이루어져 있는 것이 분명했다. 그러나 이 현상에 관한 자세한 조사는 파리에서는 마리 퀴리Marie Curie(1867~1934)와 피에르 퀴리Pierre Curie(1859~1906) 부부가, 캐

* 실베이너스 톰프슨Silvanus Thompson(1851~1916)이 잉글랜드에서 거의 같은 때에 정확하게 같은 사실을 발견했지만 베크렐이 먼저 출판했다.

번디시에서는 어니스트 러더퍼드Ernest Rutherford(1871~1937)가 먼저 이어받았다. 퀴리 부부는 1903년 베크렐과 함께 노벨상을 받았고, 러더퍼드는 나중에 더 자세히 살펴보기로 한다.

대중의 생각 속에서 초기 방사능 연구와 가장 강하게 연관되어 있는 이름은 마리 퀴리이다. 방사능(radioactivity)이라는 용어도 그녀가 만들었다. 이것은 그녀의 역할이 정말로 중요했기 때문이기도 하고, 그녀가 여자인 데다 여성 과학도가 본받을 수 있는 역할모델이 거의 없는 만큼 언론에 많이 오르내렸기 때문이기도 하며, 또 그녀가 어려운 상황에서 연구했다는 사실이 이야기에 낭만적 요소로 작용했기 때문이기도 하다. 심지어 노벨상위원회조차 여기에 영향을 받은 것 같다. 본질적으로 같은 연구에 대해 1903년에는 물리학상을, 1911년에는 화학상을 주었기 때문이다. 그녀는 1867년 11월 7일 바르샤바에서 마리아 스쾨도프스카Maria Skłodowska라는 이름으로 태어났다. 당시 폴란드는 분단되어 있었고, 러시아에 속해 있던 그곳에서는 대학교에 다닐 가망이 없었으므로 대단히 어려운 가운데 돈을 모아 1891년 파리로 가서 소르본 대학교에서 공부하기 시작했다. 학부생 시절 그녀는 다락방에서 말 그대로 굶어 가며 살았다. 남편이 될 피에르 퀴리를 만난 것은 소르본에서였다. 1859년 5월 15일 의사의 아들로 태어난 피에르는 그때 자성 물질의 속성에 관한 전문가로 이미 확고하게 명성을 굳힌 상태였다. 1895년 결혼한 뒤 이내 임신으로 이어졌고, 그 결과 마리는 1897년 9월에 가서야 '우라늄 선'에 관한 박사 논문 연구를 본격적으로 시작할 수 있었다. 당시 유럽 어느 대학교에서도 물리학으로 박사 학위를 받은 여성은 없었다. 다만 그 얼마 뒤 엘자 노이만Elsa Neumann(1872~1902)이 독일에서 물리학박사 학위를 받게 된다. 선구적 여성 과학자였던 만큼 마리는 달가워하지 않는 대학당국으로부터 물이 새는 창고를 연구실로 사용해도 좋다는 허가를 받아 냈다. 여자가 있으면 성적 자극 때문에 연구가 제대로 이루어지지 않을지도 모른다는 우려로 본관 실험실에서 쫓겨났기 때문이다.

마리는 첫 대발견을 1898년에 해냈다. 우라늄을 얻는 원광석인 피치블렌드가 우라늄보다 더 방사능이 강하며 따라서 방사능이 강한 또 다른 원소를 함유하고 있는 것이 분명하다는 것이었다. 이 발견은 너무나 극적이어서, 피에르는 당시 하고 있던 연구를 팽개치고 마리와 합류하여 이제까지 알려지지 않은 이 원소를 분리해 내는 실험을 시작했다. 열정적으로 수고를 들인 끝에 이들은 하나가 아니라 두 가지 원소를 발견했다. 하나에는 '폴로늄'이라는 이름을 붙였는데, 공식적으로 더 이상 존재하지 않는 마리의 조국 이름을 딴 노골적으로 정치적인 행위였다. 또 하나에는 '라듐'이라는 이름을 붙였다. 이들은 몇 톤의 피치블렌드로부터 라듐을 분리해 내는 작업을 시작했고, 1902년 3월에 이르러 화학적 분석을 위해 충분한 양인 0.1그램을 확보하여 분석한 다음 주기율표에 자리를 찾아 넣었다. 마리는 그로부터 한 해 뒤 박사 학위를 받았다. 첫 노벨상을 받은 바로 그해였다. 라듐에서 내놓는 놀라운 양의 에너지를 측정한 사람은 피에르였다. 라듐 1그램의 에너지로 1.33그램의 물을 가열하여 한 시간 만에 어는점으로부터 끓는점까지 충분히 온도를 높일 수 있었다. 이 작용에는 끝이 없어 보였다. 라듐 1그램으로 1그램의 물을 끓는점까지 이런 식으로 가열하는 일을 무한정 반복할 수 있었다. 에너지 보존 법칙을 위배하고 무에서 유가 창조되는 것이었다. 이것은 라듐 자체의 발견만큼이나 중요한 발견이었으므로 두 사람은 더욱 유명해졌다. 그러나 성공 덕분에 퀴리 가족이 더 안락한 삶을 누리기 시작할 무렵인 1906년 4월 19일 피에르가 파리에서 길을 건너다 미끄러지며 마차 바퀴에 깔려 두개골이 부서져 죽고 말았다. 이때 미끄러진 것은 그가 때때로 겪고 있는 어지럼증의 결과일 가능성이 매우 높아 보이며, 오늘날에는 방사선병을 그 원인으로 생각하고 있다. 마리는 1934년 7월 4일까지 살다가 오트사부아의 요양원에서 백혈병으로 죽었는데 역시 방사선병이 원인이었다. 그녀가 쓴 실험실 노트는 지금도 방사능이 강해 납을 입힌 금고에 보관하고 있으며, 가끔씩 꺼낼 때도 꼼꼼하게 안전조치를 취한 다음에야 꺼내 보고 있다.

엑스선과 '원자' 복사선을 발견하고 심지어 전자의 존재를 밝혀낸 것까지도 아원자 세계에 대한 이해가 발달하는 과정의 첫 단계일 뿐이며 아원자 세계라는 탐구 대상이 존재한다는 발견에 지나지 않았다. 그 누구보다도 아원자 세계에 형태를 부여하고 이런 발견에 어느 정도 체계를 잡아 주며 원자 구조를 처음으로 이해한 사람은 어니스트 러더퍼드였다. 러더퍼드는 1871년 8월 30일 뉴질랜드 남섬의 어느 시골 공동체에서 태어났다. 1840년 5월 영국이 주로 프랑스의 식민지 정착에 대응하여 선점하려는 목적으로 영유권을 주장한 지 얼마 되지 않았으므로 당시 뉴질랜드에는 시골 공동체 말고는 거의 아무것도 없었다. 러더퍼드의 부모는 모두 어릴 때 부모와 함께 그곳에 온 최초 이주자들로, 아버지는 스코틀랜드 출신이고 어머니는 잉글랜드 출신이었다. 개척자 공동체가 흔히 그렇듯 이들은 대체로 가족 구성원 수가 많았다. 서무 착오로 'Ernest'가 아니라 'Earnest'라는 이름으로 등록되기는 했지만 한 번도 자신의 이름을 그렇게 표기한 적이 없는 러더퍼드에게는 형제자매가 11명 더 있었고, 외삼촌 네 명과 삼촌 세 명, 고모 세 명이 있었다. 그는 넬슨 근처 스프링그로브에서 태어났으나, 행정구역 경계가 달라지면서 지금은 브라이트워터에 속한다. 가족은 러더퍼드가 다섯 살 반 나이일 때 몇 킬로미터 떨어진 폭스힐로 이사를 갔다.

러더퍼드는 어릴 때 유능하기는 해도 뛰어난 학생은 아니어서, 열심히 공부하여 장학금을 그러모아 교육의 다음 단계로 올라갈 수 있을 딱 그만큼만 성적을 얻는 것으로 보였다. 이런 식으로 1892년 크라이스트처치의 캔터베리 칼리지에서 문과와 이과 과정이 다 포함된 교과과정을 배우고 문학사 학위를 받았고, 1893년에는 부분적으로 전기와 자기에 관한 독창적 연구를 바탕으로 문학석사 학위를 받았다. 그해 뉴질랜드를 통틀어 대학원생은 그를 포함하여 14명뿐이었다. 이 무렵 그는 학문적으로 두각을 드러내고 있었지만, 그럼에도 불구하고 교직을 구하려 했을 때 일자리를 얻을 수 없었고 뉴질랜드 어디에서도 더 이상 배움의 기회를 찾아낼 수 없었다. 유럽에서 장학금을 받아 공부를 계속할 계획을 세웠으나 대학교에 소속된 학생이라야 장학금을 신청할 수 있었다. 이에 1894년에 그다지 필요치도 않은 이학사 과정에 등록하여 연구를 계속하는 한편 우선 개인교사를 하면서 생활을 해 나갔다. 가족으로부터 약간의 경제적 도움도 받았을 것이다. 러더퍼드로서는 다행하게도 1894년 11월 크라이스트처치 남자고등학교의 한 교사가 병이 들면서 그가 맡았던 일을 일부 러더퍼드가 맡게 됐다.

러더퍼드가 신청하려는 장학금은 1851년 세계박람회를 기념하기 위해 영국 정부가 만든 것이었다. 영국, 아일랜드, 캐나다, 오스트레일리아, 뉴질랜드 출신 연구생에게 큰돈은 아니지만 2년간 매년 150파운드라는 액수를 지급했다. 장학생은 전 세계 어디에서든 공부할 수 있었으나, 숫자가 엄격히 제한돼 있었고 매년 모든 나라에 인원이 배정되는 것도 아니었다. 1895년에는 뉴질랜드에 배정된 인원이 한 명뿐이었고, 후보자는 단 둘이었는데 연구 내용을 설명하는 논문을 바탕으로 런던에서 장학생을 심사했다. 장학금은 오클랜드 출신의 화학자 제임스 매클로린James Maclaurin(1864~1939)에게 돌아갔다. 그러나 매클로린은 오클랜드에 일자리가 있었고 결혼한 지 얼마 되지 않은 때였다. 결정적인 순간에 그는 결국 그 기회를 살릴 수 없겠다고 판단하고 장학금을 포기하기로 했다. 이리하여 러더퍼드가 장학금을 받고 1895년 가을 캐번디시 연구소에 합류했다. 케임브리지 대학교에 연구생으로 들어간 사람은 그가 처음이었다. 그때까지 저 배타적 공동체의 일원이 되는 유일한 길은 학부생부터 시작하여 차근차근 올라가는 방법뿐이었다. 이때는 뢴트겐이 엑스선을 발견하기 두 달 전이었고, 톰슨이 전자의 e/m값을 측정하기 두 해 전이었다. 러더퍼드는 적시에 적소에 있었던 적절한 인물인 동시에 빨리 성공하고 싶은 젊은이이기도 했다. 이런 조건이 복합적으로 작용하면서 과학에서 눈부신 성공을 거두게 된다.

러더퍼드가 일찍이 뉴질랜드에서 한 연구는 철이 지니는 자성의 속성에 관한 것으로서 고주파 전파를 이용하여 조사했다. 당시는 헤르츠가 전파를 발견한 지 겨우 6년 뒤였다. 그는 이 연구의 한 부분으로 당시 기준으로 감도가 높은 전파 감지장치를 제작했다. 이것은 최초의 전파 수신기에 속한다. 케임브리지에서 그가 한 연구는 처음에 이와 비슷한 방향에서 이어졌다. 장거리 전파 송신을 실험했는데 나중에는 3킬로미터가 넘는 거리에서도 실험했다. 비슷한 시기에 이탈리아에서 굴리엘모 마르코니Guglielmo Marconi(1874~1937)가 비슷한 실험을 하고 있었다. 여러 가지 주장이 나오기는 했지만 이 정도 거리에서 먼저 성공을 거둔 사람이 누구인지 지금으로서는 분간하기가 불가능하다. 러더퍼드는 이 연구의 과학적 측면에 관심이 있었고 또 이내 아원자물리학이라는 흥미진진한 분야 연구로 관심이 쏠린 반면, 마르코니는 시초부터 무선전신의 상업적 가능성을 확고하게 염두에 두고 있었다. 그 결과는 우리 모두 잘 알고 있는 그대로다.*

알파선, 베타선, 감마선의 발견

1896년 봄에 이르러 러더퍼드는 J. J. 톰슨의 지도를 받으며 엑스선을 연구하고 있었다. 두 사람의 공동연구 논문에는 엑스선이 기체를 이온화하는 방식에 관한 연구가 포함되어 있었고, '엑스선'은 에너지가 더 강한, 다시 말해 파장이 더 짧은 형태의 빛으로서 맥스웰 방정식에서 묘사된 전자기파라는 것을 입증하는 강력한 증거를 내놓았다. 오늘날 돌이켜 보면

* 마르코니는 무선전신의 실용화에 성공했고, 오늘날 무선전신과 관련하여 러더퍼드의 이름은 거론되지 않는다. (옮긴이)

이것은 가시광선보다 파장이 긴 전파 대역에 관한 러더퍼드의 전자기파 연구와 연결된다. 그는 이내 베크렐이 발견한 복사선을 연구하기 시작하여 그것이 두 가지 요소로 구성돼 있다는 것을 알아내고 각각 알파선과 베타선이라는 이름을 붙였다. 알파선은 도달거리가 짧고 종이 한 장이나 공기 몇 센티미터로 차단할 수 있으며, 베타선은 도달거리가 훨씬 길고 투과력이 더 강했다. 캐나다에서 연구하던 1900년에는 세 번째 유형의 복사선을 발견하고 감마선이라는 이름을 붙였다.* 오늘날 우리는 알파선은 입자의 흐름이며 이 입자는 본질적으로 전자 두 개가 없는 헬륨 원자와 같다는 것을 알고 있다. 이것은 1908년 러더퍼드가 입증한 것이다. 또 베타선은 고에너지, 즉 빠른 속도로 움직이는 전자의 흐름이며, 음극선과 비슷하지만 에너지가 더 강하다. 감마선은 파장이 엑스선보다도 더 짧은 강력한 전자기복사다.

러더퍼드가 캐나다로 간 것은 대체로 새 연구생들에게 적용된 희한한 규정 때문이었다. 그가 1895년 받은 장학금은 2년 동안만 지급됐지만, 케임브리지의 규정으로는 실력과는 무관하게 케임브리지 대학교에서 4년을 지낸 뒤에야 석학연구원에 지원할 자격이 있었다. 이것은 케임브리지 체제에 있는 사람은 누구나 학부 과정을 거치던 시대의 유물이었다. 러더퍼드는 다른 장학제도를 통해 1년 더 장학금을 받기는 했지만 1898년에는 어느 정도 억지로 떠날 수밖에 없었다. (석학연구원 규정은 그 이듬해에 바뀌었다.) 다행히도 몬트리올

* 알파선과 베타선을 확인한 것은 케임브리지에 있던 때였으나, 러더퍼드가 캐나다로 떠난 뒤인 1899년에 출간한 논문에서 보고됐다.

의 맥길 대학교에서 교수 자리가 났고 러더퍼드가 그 자리에 임용됐다. 그때 그는 27세였고, 케임브리지에서 최고 수준의 연구를 해냈지만 박사 학위가 없었다. 당시는 학문직에 종사하는 과학자에게 박사 학위는 필수가 아니었다.* 러더퍼드가 베크렐이 발견한 복사선이 방출되는 과정에서 원자가 다른 원소의 원자로 바뀐다는 것을 알아낸 것은 몬트리올에서였다. 이것은 영국 출신 프레더릭 소디Frederick Soddy(1877~1956)와 함께 연구하여 알아낸 것으로, 이 과정은 오늘날 방사성 붕괴라 불린다. 원자로부터 — 나중에 다시 다루겠지만 엄밀히 말해 원자핵으로부터 — 알파선이나 베타선이 방출되고 나면 남아 있는 원자는 전과는 다른 종류의 원자다. 러더퍼드와 소디의 공동연구 덕분에 라듐 같은 방사성 물질로부터 에너지가 끝없이 공급되는 것처럼 보이는 수수께끼도 풀렸다. 두 사람은 원자가 이런 식으로 변환하는 데는 명확한 규칙이 있어서, 시료에 원래 있던 원자의 일정 비율이 일정 시간 동안 붕괴한다는 것을 알아냈다. 이것을 가장 일반적으로 가리키는 표현은 반감기다. 예컨대 라듐은 실험실에서 복사량이 줄어드는 비율을 세밀하게 측정한 결과 1,602년이 지나면 원자의 절반이 붕괴되면서 알파 입자를 방출하고 라돈 기체 원자가 된다는 것을 알아냈다. 다시 1,602년이 지나면 남아 있는 원자의 절반, 즉 원래의 4분의 1에 해당하는 양이 붕괴되는 식으로 계속 반복된다. 이것은 두 가지 의미를 지닌다. 첫째, 오늘날 지구에서

* 교수에 임용되면서 일자리가 안정되자 러더퍼드는 1900년 약혼자 메이 뉴턴과 결혼할 수 있었다. 그녀는 1895년 이후로 휴가 때만 러더퍼드와 만나면서 뉴질랜드에서 참을성 있게 기다리고 있었다.

발견되는 라듐은 지구가 형성된 그때부터 있었던 게 아니라 대체로 현재 있는 그곳에서 생성된 것이 분명하다는 것이다. 오늘날 우리는 훨씬 오래전부터 있었던 방사성 우라늄이 붕괴하여 라듐이 만들어진다는 것을 알고 있다. 둘째, 라듐을 비롯한 방사성 원소에서 공급되는 에너지는 결국 무한정이 아니라는 것이다. 라듐으로 에너지를 공급받아 물을 가열하는 장치라 해도 결국에는 가용 에너지가 다 떨어질 것이다. 라듐은 에너지 보존 법칙을 위배하는 것이 아니라, 유전이 에너지의 유한한 저장고인 것과 마찬가지로 라듐 역시 에너지의 유한한 저장고다. 이 에너지 저장고 덕분에 지구의 수명은 적어도 수억 년이 된다고 지적한 사람은 러더퍼드였다. 이것은 그가 예일에서 방사능에 관해 강연할 때 그 자리에 있었던 버트럼 볼트우드의 연구에 직접 영감을 주었고, 앞서 12장에서 언급한 아서 홈스의 연구를 위한 길을 닦았다.

러더퍼드는 캐나다에서 성공과 행복을 모두 누리며 잘 지내고 있었지만, 유럽에서 벌어지고 있는 물리학 연구 발전의 주류로부터 떨어져 나와 있다는 점이 걱정됐다. 예일에서 좋은 급료를 조건으로 자리를 제의했지만 거절하고 1907년 영국으로 돌아가 연구 시설이 뛰어난 맨체스터 대학교 물리학교수가 됐다. 러더퍼드의 연구진은 1년도 되지 않아 알파 입자는 음전하 둘을 잃은 헬륨 원자와 똑같다는 것을 입증했는데, 이것을 보면 당시 물리학이 얼마나 빨리 발전하고 있었는지 알 수 있다. 오늘날 우리는 음전하 둘을 잃은 이유가 전자를 두 개 잃었기 때문임을 알고 있다. 그리고 그로부터 1년 뒤인 1909년에는 자연방사능에 의해 만들어지는 알파 입자 자체가 원자의 구조를 알아내는 용도로 활용되고 있었다.* 오늘날 러더퍼드라는 이름에서 가장 먼저 기억되는 것은 필시 이 연구일 것이다. 그렇지만 실제 실험은 러더퍼드의 지도에 따라 한스 가이거Hans Geiger(1882~1945)라는 연구원과 어니스트 마스든Ernest Marsden(1889~1970)이라는 학생이 했다. 이 사람이 방사선 감지장치인 가이거 계수기를 개발한 바로 그 한스 가이거인 것은 우연이 아니다. 이들이 한 실험은 오늘날 알파 입자 산란실험이라 불리는데, 알파 입자가 원자에 작용한 뒤 어느 위치에 가 있는지 탐지해 낼 수 있어야 가능한 실험이기 때문이었다. 이제는 고전이 된 이 실험에서 가이거와 마스든은 얇은 금박에 있는 원자들을 향해 알파 입자를 쏘았다.

러더퍼드의 원자 모델

이 실험을 하기 전에 가장 널리 알려진 원자 모델은 J. J. 톰슨이 생각해 낸 모델이었을 것이다. 이 모델에서는 원자를 수박 같은 것으로 보았다. 양전하를 띠는 물질로 이루어진 구 안에 음전하를 띠는 전자가 마치 수박 안의 씨처럼 들어 있다고 생각했다. 그러나 양전하를 띤 알파 입자를 금박에 쏘았을 때 대부분은 통과하고, 일부는 약간 옆으로 휘었으며, 소수는 벽돌벽에 부딪친 테니스공처럼 도로 튕겨 나왔다. 알파 입자는 양전하를 둘 띠고 있으므로, 이것은 어쩌다 한 번씩 알파 입자가 양전하를 띠는 질량 덩어리로 정통으로 다가가다가 반발력에 튕겨 나온다는

* 러더퍼드는 그러는 중 1908년에 노벨상을 받았으나 물리학상이 아니라 화학상이었다. 당시 화학자들은 방사능이 자기네 영역에 속하는 것으로 생각했다. 그러나 러더퍼드가 이 노벨상을 받으면서 동료들 사이에서 약간의 유쾌한 분위기가 만들어졌는데, 그가 화학을 과학 중에서도 격이 떨어지는 분야로 간주하고 있다는 것이 알려져 있었기 때문이다.

뜻일 수밖에 없었다. 이 결과를 원자의 질량과 전하는 대부분 작디 작은 중심핵에 집중되어 있고 그 둘레를 전자가 구름처럼 둘러싸고 있는 것으로 해석한 사람은 러더퍼드였다. 원자의 핵(nucleus)이라는 용어는 가이거-마스든 실험 결과가 공식적으로 발표된 이듬해인 1912년에 러더퍼드가 만든 것이다. 이 실험에서 대부분의 알파 입자는 중심핵과 접촉하지 못하고 곧장 전자구름 속으로 스쳐 지나갔다. 알파 입자 한 개의 무게는 전자 한 개 무게의 8,000배이며 따라서 전자가 알파 입자를 휘게 만들 가능성은 없다. 금의 경우 원자핵의 무게는 알파 입자 한 개의 49배이므로 알파 입자가 원자핵 가까이 오면 양전하 때문에 옆으로 밀려난다. 그래서 어쩌다 한 번씩 알파 입자가 정통으로 원자핵으로 다가갈 때만 정반대 방향으로 튕겨 나가는 것이다.

이후의 실험에서 핵의 크기는 원자 지름의 약 10만분의 1에 지나지 않는다는 것이 드러났다. 전형적인 원자는 지름이 10^{-8}센티미터인 전자구름 안에 지름이 10^{-13}센티미터인 핵이 들어 있다. 매우 대충 어림해 보면 이것은 카네기 홀과 모래 알갱이 하나의 비율과 비슷하다. 원자는 대부분 빈 공간이며, 거미줄 같은 전자기력이 그 공간을 채우고 양전하와 음전하를 연결하고 있다. 패러데이가 이것을 알았더라면 기뻐했을 것이 분명하다. 이것은 우리가 단단하다고 생각하는 모든 것 즉 지금 여러분이 읽고 있는 이 책과 여러분이 앉아 있는 의자를 비롯한 모든 것이 대부분은 빈 공간이며, 그 공간을 채우고 있는 거미줄 같은 전자기력이 양전하와 음전하를 연결하고 있다는 말이다.

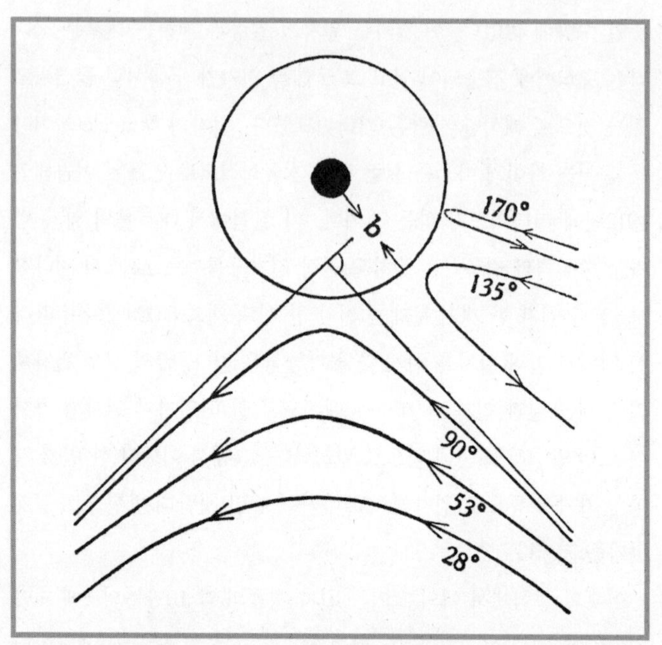

36. 알파 입자들이 무거운 핵 가까이를 지날 때 방향이 휘는 모양을 나타낸 러더퍼드의 그림. 러더퍼드의 『더 새로운 연금술 *A Newer Alchemy*』(1937)에서.

방사성 붕괴

러더퍼드는 이 뒤로도 여전히 뛰어난 물리학자로 활동했지만, 이후 그가 이룩할 업적 중 이 원자 모델만큼 중요한 것은 하나도 없다. 이 공로로 다시 한번 노벨상을 — 이번에는 물리학상을 — 받았어야 마땅하다. 그는 제1차 세계대전 동안 소리를 이용하여 잠수함을 탐지하는 기술을 연구했는데 여기에는 나중에 영국의 애즈딕(Asdic)과 미국의 소나(Sonar)로 발전된 음향탐지

기술도 포함되어 있었다. 1919년에는 톰슨의 뒤를 이어 캐번디시 교수 겸 연구소장이 됐다. 같은 해에 마스든이 이전에 한 실험의 후속연구를 진행하다가 질소 원자에 알파 입자를 쏘자 질소가 일종의 산소로 바뀌고 수소 핵 한 개가 방출된다는 것을 알아냈다. 이것은 한 원소를 인위적으로 다른 원소로 변환시킨 최초의 사례였다.* 이 과정에 원자핵의 변화가 있었던 것이 분명했고, 이것이 바로 핵물리학의 시작이었다. 러더퍼드는 또 이때 방출된 수소 핵에 양성자(proton)라는 이름을 붙였다. 이 이름은 1920년에 처음으로 출판물에 등장했다.

1920년부터 1924년까지 제임스 채드윅James Chadwick(1891~1974)과 한 실험에서 러더퍼드는 가벼운 원소는 대부분 알파 입자를 쏘면 양성자를 방출한다는 것을 보여 주었다. 이때부터 때 이르게 사망할 때까지 그의 역할은 주로 캐번디시에서 새로운 세대의 물리학자들을 지도해 주는 것이었다. 1914년에 기사 작위를 받았고, 1931년에는 넬슨의 러더퍼드 남작이 됐다. 그 바로 이듬해에 채드윅이 중성자(neutron)를 발견하면서 원자핵 모델이 완성됐다. 러더퍼드는 오랫동안 가벼운 탈장 증세를 가지고 있었는데 이것이 어느 날 합병증을 일으켜 결국 1937년 10월 19일 세상을 떠났다.

* 최근에는 영국의 물리학자 패트릭 블래킷Patrick Blackett(1897~1974)을 그 최초로 보고 있다. 1919년 실험 결과를 해석할 때 러더퍼드의 관심사는 방출된 양성자의 정체였으며, 충돌 결과 질소 원자는 붕괴됐을 것으로 보았다. 이후 그는 질소 원자가 정확히 어떻게 되는가 하는 문제를 캐번디시의 연구원 블래킷에게 맡겨 풀도록 했고, 블래킷은 4년 동안의 연구 끝에 질소 원자는 붕괴하는 게 아니라 더 무거운 산소 원자로 변한다는 것을 밝혀내고 그 내용을 1925년 논문에서 발표했다. (옮긴이)

동위원소의 존재 러더퍼드가 핵에 이름을 붙인 1912년부터 채드윅이 중성자의 존재를 밝혀낸 1932년까지, 한 원소의 핵이 다른 원소의 핵으로 변환될 수 있다는 발견을 제외하면 원자 이해에서 가장 중요한 발견은 원소에도 각기 여러 변종이 있다는 사실이었다. 이것은 1910년대 말 캐번디시에서 톰슨과 함께 연구한 프랜시스 애스턴Francis Aston(1877~1945)이 발견했다. 당시 글래스고 대학교에서 일하던 프레더릭 소디는 1911년에 원소들의 화학적 성질에 몇 가지 수수께끼 같은 특징이 있는데, 같은 원소라도 화학적 속성은 같지만 원자량이 다른 변종이 있다면 설명될 거라는 의견을 내놓았다. 그는 1913년에 이런 변종에다 '동위원소(isotope)'라는 이름을 붙였다. 예컨대 앞서 살펴본 대로 멘델레예프가 주기율표를 만들 때 몇 가지 원소의 순서를 바꿔야 했던 것도 동위원소의 존재로 설명된다. 동위원소가 존재한다는 증거는 애스턴의 연구에서 나왔는데, 방전관에서 만들어진 양전하를 띠는 '선'(사실은 원자로부터 전자가 몇 개 떨어져 나간 이온)이 전기장과 자기장에 의해 어떻게 휘는지를 관찰하는 연구였다. 이것은 톰슨이 전자의 전하 대 질량비(*e/m*값)를 측정하기 위해 사용한 기법을 발전시킨 것이었다. 애스턴은 이온의 *e/m*값을 측정하고 있었고, 전하(*e*)를 알고 있었으므로 그가 측정하려는 것은 이온의 질량(*m*)이었다. 전하가 같을 때 같은 전기장 안에서 같은 속도로 움직이는 입자의 운동 방향이 미터 당 옆으로 휘는 정도는 입자가 무거울수록 작고 가벼울수록 클 것이다. 이것이 질량분석(mass spectrograph)이라는 것의 기본이다. 애스턴은 이 기법을 사용하여 산소 같은 원소에도 정말로 질량이 다른 여러 변종이 있다는 것을 보여 주었다. 예컨대 가장 일반적인 형태의 산소 원자는 질량이 수소 원자의 16배다. 그러나 러더퍼드가 질소에 알파 입자를 쏘아 만들어진 산소 원자는 질량이 수소 원자의 17배였다. 이렇게 되는 이유가 도대체 무엇인지는 1930년대에 채드윅의 연구가 나온 뒤에야 분명해졌다. 다만 동위원소가 존재한다는 것을 밝혀낸 연구 자체도 중요하기 때문에 애스턴은 1922년 노벨 화학상을 받았고, 소디도 같은 상을 1921년에 받은 바 있었다. 앞서 살펴본 대로 1900년에는 원자를 실재하는 물리적 존재로 보는 생각에 반발한 사람이 상당히 많았다. 20세기의 첫 10년 동안 아인슈타인은 원자가 실재한다는 것을 보여 주는 강력한 증거를 내놓았으나, 이마저도 많은 숫자의 원자 입자를 사용한 통계적 효과를 근거로 하고 있었다. 그러나 1920년에 이르렀을 때는 원자 하나에 거의 가까울 정도로 소수의 원자만 사용하는 실험이 일상화되고 있었다.

중성자의 발견

채드윅이 1935년 노벨 물리학상을 받게 해 준 연구는 독일에서 발터 보테Walter Bothe(1891~1957)가, 그리고 프랑스에서 프레데리크 졸리오퀴리Frédéric Joliot-Curie(1900~1958)와 이렌 졸리오퀴리Irène Joliot-Curie(1897~1956) 부부*가 발견한 것의 후속 연구였다. 1930년 보테는 베릴륨을 알파 입자에 노출시키면 새로운 형태의 복사선이 발생한다는 것을 발견하고 이것을 감마선으로 설명

* 이렌은 피에르 퀴리와 마리 퀴리 부부의 딸이었다. 이렌이 1926년 동료 물리학자 프레데리크 졸리오와 결혼할 때 두 사람 모두 졸리오퀴리라는 성을 쓰기로 했다.

하고자 했다. 졸리오퀴리 부부는 한 걸음 더 나아갔다. 1932년 1월 말 두 사람은 베릴륨에 알파 입자를 쏘면 표적 원자핵으로부터 전하를 띠지 않은 어떤 복사선이 방출되는 것을 발견했다고 보고했다. 이 복사선은 탐지하기가 어렵지만, 이 복사선에 의해 다시 파라핀에 있는 원자핵으로부터 양성자가 방출됐는데 이것은 탐지가 쉽다. 이들은 또 베릴륨 안에서 유도되는 이 인위방사능은 강력한 형태의 감마선이라고 생각했다. 그러나 채드윅은 실제로 벌어지는 일은 알파선이 베릴륨 핵을 때려 중성 입자를 방출시키고, 이 중성 입자들이 다시 수소 원자를 다량 포함하고 있는 파라핀을 때려 양성자(수소 원자핵)를 방출시키는 것임을 깨달았다. 붕소를 표적으로 실험을 계속한 채드윅은 이 중성 입자의 존재를 확인하고 그 질량을 측정했는데 양성자보다 약간 더 무거웠다.

채드윅의 가장 중요한 연구가 1932년 2월 며칠 만에 부랴부랴 이뤄졌다는 사실에는 약간 우스운 구석이 있다. 파리에서 날아온 발표 소식에 자극을 받았기 때문이다. 1920년대 내내 캐번디시의 연구진은 기회가 있을 때마다 양성자 하나와 전자 하나가 단단하게 뭉쳐 있는 중성적 존재를 찾고 있었다. 채드윅은 특히 더 그랬다. 당시는 알파 입자를 양성자 네 개와 전자 두 개가 묶여 만들어진 것이라고 생각했으므로, 알파 입자를 비롯하여 일반적으로 핵이 어떻게 존재할 수 있는지를 설명하려면 중성적 존재가 필요해 보였기 때문이다. 러더퍼드는 양성자 하나와 전자 하나가 그렇게 묶여 있는 상태를 가리켜 '중성자'라는 용어를 사용하기까지 했다. 필시 1920년에 이미 사용했겠지만, 인쇄된 글에서 같은 뜻으로 처음 사용된 것은 1921년이었다.* 이런 상황을 보면 파리에서 소식이 전해졌을 때 채드윅이 그렇게나 빨리 정확한 결론을 찾아갈 수 있었던 이유가 설명된다. 중성자가 발견되면서 우리가 학교에서 배운 원자의 모든 구성원소가 1930년대에 완전히 확인됐다. 그러나 원자의 각 부분이 어떻게 뭉쳐 있는지, 특히 음전하를 띠고 있는 전자가 양전하를 띠고 있는 핵 쪽으로 떨어지지 않는 이유가 무엇인지를 이해하려면 우리는 다시 한번 19세기 말로 돌아가 빛의 본질에 관한 또 하나의 수수께끼를 들여다보아야 한다.

이 수수께끼는 완전복사체 즉 흑체(black body)에서 발생하는 전자기복사의 본질과 관계가 있었다. 완전한 흑체란 자신에게 떨어지는 모든 복사선을 흡수하는 물체를 말한다. 그리고 흑체가 뜨거워지면 복사선을 방출하는데, 방출하는 방식은 그 물체를 이루고 있는 재료와는 전혀 상관이 없고 오로지 온도만 상관이 있다. 작은 구멍이 있는 밀봉된 용기가 있으면 그 구멍이 흑체처럼 작용한다. 용기가 가열되면 그 안에서 복사선이 반사되어 완전히 뒤섞인 다음 그 구멍을 통해 흑체복사가 되어 빠져나온다. 이 덕분에 물리학자들은 흑체복사 연구를 위한 도구도 마련할 수 있었고 이 현상을 가리켜 '공동복사(cavity radiation)'라는 또 다른 이름도 붙일 수 있었다. 그러나 물체 중에는 가열되어 에너지를 방출할 때 대체로 흑체처럼 행동하는 것이 많다. 쇳덩어리가 그 한 예다. 1850년대 말 로베르트 키르히호프Robert Kirchoff(1824~1887)는 흑체복사를 이런 방법으로 연구하

* 이름 자체는 그 이전에 다른 중성 입자 가설에서 여러 차례 제안된 적이 있지만, 우리가 말하는 중성자를 가리킨 것은 이때가 처음이었다.

고 설명했다. 그러나 그 뒤 수십 년이 지나도록 실험 동안 흑체에서 방출되는 복사의 스펙트럼을 정확하게 묘사할 수학적 모델을 생각해 내려고 시도한 연구자가 많았으나 쉽지 않았다. 여기서 자세히 다루기에는 적절하지 않지만, 이 흑체 스펙트럼의 핵심 특징은 특정 파장 대역에서 에너지가 가장 많이 방출되고 그보다 파장이 길거나 짧으면 방출되는 에너지가 줄어든다는 것과, 흑체의 온도가 높아지면 이처럼 에너지가 가장 많이 방출되는 대역이 전자기 스펙트럼에서 파장이 짧아지는 쪽으로 이동한다는 것이다. 따라서 예컨대 빨갛게 달아오른 쇳덩어리는 노랗게 달아오른 쇳덩어리보다 온도가 더 낮다는 사실은 쇠가 어느 정도 흑체처럼 행동한다는 사실과 관계가 있다. 색과 온도가 이렇게 연관돼 있다는 것은 천문학에서 결정적으로 중요하다. 색을 가지고 별의 온도를 측정하기 때문이다.

막스 플랑크와 플랑크 상수, 흑체복사, 에너지 양자

흑체복사의 수학적 모델을 찾아내려고 고민한 물리학자 중 막스 플랑크Max Planck(1858~1947)는 1892년 베를린 대학교에서 이론물리학교수가 됐다. 그는 원래 열역학을 공부했고, 1895년부터는 전자기 진동자(oscillator)의 엔트로피를 가지고 흑체복사의 법칙을 이끌어 낼 방법을 찾아내고자 했다. 이때는 전자의 존재가 밝혀지지 않았고, 플랑크를 비롯하여 이 시대 사람들은 이런 진동자가 정확하게 무엇일지 대체로 모르고 있었다는 점을 기억하기 바란다. 플랑크는 이론과 실험을 완벽하게 일치시키려는 노력을 계속하면서 모델을 계속 다듬어 나갔다. 결국에는 일치시키는 데 성공했으나, 그 대가로 화학원소와 비슷한 '에너지 원소'라는 개념을 자신의 모델에 포함시켜야 했다. 이 모델에서 흑체 안에 있는 모든 진동자의 전체 에너지는 똑같은 크기의 조각들로 나뉘는데, 조각의 크기는 매우 작고 수는 매우 많으나 유한하다. 이것은 물리상수에 의해 결정되며, 플랑크는 이 상수를 *h*라는 기호로 나타냈다. 이 상수는 플랑크 상수라는 이름으로 알려지게 됐다. 플랑크는 1900년 12월 14일 베를린 과학원 모임에서 이 모델을 발표했다. 이때를 물리학에서 일어난 양자혁명의 시작으로 보는 시각이 많은 데는 이 '혁명적' 생각이 우연히도 20세기의 바로 첫 해에 발표됐다는 사실도 작용하고 있다. 그러나 플랑크 자신도 그의 발표를 들은 동료들도 그런 식으로 생각하지 않았다. 그들은 에너지 양자에 실체가 있다고 보지 않았고, 그저 일시적인 수학적 방편일 뿐 더 나은 모델이 개발되면 사라질 것이라고 생각했다. 따지고 보면 플랑크 모델은 이미 여러 차례 손질을 거쳤으니 계속 손질되지 말라는 법도 없었다. 당시 플랑크도 다른 누구도 에너지 양자라는 관념에 어떤 물리적 실체가 있을 것이라는 의견을 내놓지 않았다. 진정한 양자혁명은 그로부터 5년 뒤 시작됐다. 알베르트 아인슈타인이 이 논쟁에 극적인 연구 결과를 내놓기 시작한 것이다.

알베르트 아인슈타인과 빛 양자

1905년에 아인슈타인이 출간한 모든 논문 중 그가 직접 '매우 혁명적'이라고 꼽은 것*은 광양자(light quantum, 빛 양자)에 관한 것이었다. 이것이

* 친구 콘라트 하비히트Conrad Habicht(1876~1958)에게 보낸 편지에서. 스태철(John Stachel), 『아인슈타인의 경이로운 해*Einstein's Miraculous Year*』 참조.

그가 결국 노벨상을 받은 연구이므로 그 혼자만 이렇게 판단한 것은 아니었다. 아인슈타인은 플랑크와는 다른 열역학 접근법을 취하면서, 볼츠만이 엔트로피를 확률적으로 유도한 것을 바탕으로 전자기복사는 "마치 서로 독립적인 에너지 양자로 이루어져 있는 것처럼" 행동한다는 것을 알아냈다.* 그는 '진동자'(즉 원자)가 전자기복사를 방출하거나 흡수할 때 $h\nu$를 단위로 그 정수배에 해당하는 양만큼 불연속적**으로 방출 또는 흡수한다고 계산해 냈다. 여기서 ν(그리스 문자 누)는 방출 또는 흡수되는 복사선의 주파수이며, 주파수와 파장은 본질적으로 서로 반비례 관계이다. 아인슈타인은 또 저 짤막한 논문에서 전자기복사가 금속 표면을 때릴 때 금속 표면으로부터 어떤 식으로 전자가 방출되는지를 논했다. 이것은 광전효과다. 이에 앞서 1902년에 필리프 레나르트는 이전에 이루어진 광전효과 연구를 이어받아, 특정 파장(색)의 빛이 금속 표면에 비출 때 거기서 방출되는 전자는 모두 똑같은 에너지를 지니고 있지만 빛의 파장에 따라 이 에너지가 달라진다는 것을 알아냈다. 광원이 밝든 희미하든 상관이 없었다. 빛이 밝아지면 방출되는 전자의 개수는 많아지지만 각 전자가 지니는 에너지는 같았다. 아인슈타인 모델에서 이것은 특정 파장(또는 주파수)의 빛이 똑같은 에너지 $h\nu$를 지니고 있

* 스태철(John Stachel), 『아인슈타인의 경이로운 해*Einstein's Miraculous Year*』 참조.

** 물리학에서 '연속적(continuous)'과 '불연속적(discrete)'이라는 용어는 경사로와 계단의 차이에 비유할 수 있다. 계단에서는 계단 하나의 높이가 양자 하나의 크기에 해당되며, 계단 어디를 디뎌도 양자의 정수배에 해당하는 높이에 서게 된다. 이것을 '불연속적'이라고 표현한다. 반면에 경사로에서는 딛는 곳의 높이가 경사로 위와 아래 사이의 어디라도 될 수 있다. 이것은 '연속적'이라고 표현한다. (옮긴이)

는 광양자들의 흐름이라면 설명이 가능했다. 각 광양자가 금속 안에 있는 전자에게 똑같은 양의 에너지를 줄 수 있고, 방출되는 전자는 이 때문에 모두 똑같은 에너지를 갖는 것이다. 그렇지만 레나르트가 발견한 현상은 빛의 파동 모델로는 전혀 설명할 수 없었다. 아인슈타인은 자신의 생각이 잠정적이라는 점을 강조하고 논문 제목까지도 「빛의 발생 및 변형 이해에 도움이 될 한 가지 관점에 관하여 On a Heuristic Point of View Concerning the Production and Transformation of Light」라고 붙였지만, 플랑크와는 달리 그는 빛 양자는 — 1926년에야 미국인 화학자 길버트 루이스Gilbert Lewis(1875~1946)가 빛 양자에 '광자(photon)'라는 이름을 붙였다 — 실재한다고 확신하고 있었던 것으로 보인다. 아인슈타인은 자신의 생각이 혁명적이라는 것을 전적으로 인정하면서 다음과 같이 설명했다.

> 이렇게 가정하고 보면 광선이 한 점에서 방출되어 퍼져 나갈 때 그 에너지는 점점 커지는 도달거리에 걸쳐 연속적으로 분포하는 게 아니라 공간 속에서 움직이는 점을 차지하고 있는 유한한 개수의 에너지 양자들로 이루어져 있으며, 각 에너지 양자는 더 작게 나뉘는 일 없이 완전한 덩어리 단위로만 흡수 또는 생성될 수 있다.*

* 이 인용문의 바로 앞 문장은 다음과 같다. "실제로 내가 보기에 '흑체복사', 형광, 자외선에 의한 음극선 발생을 비롯하여 빛의 발생이나 변환과 관련된 부류의 현상은 빛 에너지가 공간 속에서 불연속적으로 분포한다고 가정하면 더 잘 이해할 수 있다." (옮긴이)

이 문장은 양자혁명의 진정한 시작에 해당한다. 어떤 실험을 근거로 삼느냐에 따라 빛은 파동으로도(이중 실틈 실험) 입자의 흐름으로도(광전효과) 행동한다고 볼 수 있었다. 어떻게 이것이 가능할까?

아인슈타인 시대 사람들은 그의 생각이 함축하고 있는 혁명적 의미를 잘 알고 있었지만 그것이 옳다고는 믿지 않았다. 특히 한 사람은 분개한 나머지 그 '헛소리'에 대해 뭔가 행동으로 보여 주기로 마음먹었고 또 그럴 능력이 되는 위치에도 있었다. 그는 바로 미국의 실험물리학자 로버트 밀리컨Robert Millikan(1868~1953)으로서 시카고대학교에서 일하고 있었다. 그는 광양자가 실재한다는 생각을 도저히 받아들일 수 없었으므로 아인슈타인의 광전현상 해석이 틀렸다는 것을 증명하고자 했다. 그렇지만 오랫동안 까다로운 실험을 계속한 끝에 아인슈타인이 옳다는 것을 증명하는 데만 성공했고, 그러는 과정에 플랑크 상수 값을 6.57×10^{-27}로 매우 정확하게 측정해냈다. 1915년 무렵에 이르러 빛 광자 관념에 일리가 있다는 것이 명확하게 입증된 것은 과학 최고의 전통에 따라 아인슈타인의 가설을 이렇게 실험적으로 확인한 덕분이었다. 게다가 틀렸다는 것을 증명하려는 사람에 의해 증명됐기 때문에 더욱 인상적이었다. 만년에 밀리컨은 이렇게 술회했다. "나는 아인슈타인이 내놓은 저 1905년 방정식을 검증하느라 내 인생의 10년을 들였으나, 내 예상과는 완전히 딴판으로 1915년 그것이 불합리한데도 불구하고 명백하게 확인됐음을 역설할 수밖에 없었다."* 밀리컨의 위안거리는 이 연구와 전

* *Reviews of Modern Physics*, volume XXI, p. 343, 1949 참조.

자의 전하를 뛰어난 수준으로 정확하게 측정한 공로로 1923년에 받은 노벨상이었다. 아인슈타인이 1922년에 노벨상을 받은 것은 우연이 아니었다. (사실 이것은 1922년에 주었지만 1921년 상이었다.)* 이 무렵 양자 현상은 아직 완전히 이해되지 못한 상태였지만, 그럼에도 불구하고 양자라는 관념은 원자 속 전자의 행동을 설명하는 데서 그 가치가 이미 입증돼 있었다.

작디작은 중심핵을 둘러싸고 있는 전자구름이 텅 빈 공간에서 움직인다는 러더퍼드 원자 모델의 문제점은 전자가 핵으로 떨어지지 않도록 막을 길이 전혀 없다는 것이었다. 어쨌거나 핵은 양전하를 띠고 있고 전자는 음전하를 띠고 있으므로 서로 끌어당겨야 이치에 맞는다. 이 계를 안정시킬 방법을 찾다 보면 이것을 태양 둘레를 도는 행성에 비유하는 것도 가능하다. 그러나 애석하게도 이 비유는 성립되지 않는다. 물론 행성은 중력 때문에 태양에게 '이끌리므로' 태양을 향해 떨어지려고 하지만, 행성이 움직이고 있기 때문에 어떤 면에서 중력의 인력과 원심력이 균형을 이루어 궤도를 유지한다. 그러나 전자는 전하가 있기 때문에 같은 방식으로 원자핵의 궤도를 돌 수 없고, 또 핵을 중심으로 궤도를 돌려면 방향이 바뀌어야 하기 때문에 가속도가 있다. 지구를 도는 달의 경우 가속도란 운동의 속도 또는 방향 또는 둘 다의 변화를 의미한다. 전하가 가속하면 전자기파 형태로 에너지를 발산하게 되고, 그렇게 에너지를 잃으면 핵

* 노벨상위원회는 1921년 물리학상 후보 중 적합한 수상자를 고르지 못했기 때문에 규정에 따라 그 다음 해에 전해의 수상자를 선정하여 주었다. 따라서 상을 준 것은 1922년이지만 명목은 1921년 상이다. (옮긴이)

둘레 궤도에 있는 전자는 나선을 그리며 핵으로 떨어져 원자가 붕괴하게 되는데 그러기까지 걸리는 시간은 약 100억 분의 1초밖에 되지 않는다.* 뉴턴과 맥스웰의 고전물리학이라는 틀 안에서는 이 문제를 피할 방법이 없다. 원자가 안정을 유지하는 이유는 전적으로 양자물리학 덕분이며, 어떻게 그렇게 되는지를 가장 먼저 이해한 사람은 덴마크인 닐스 보어Niels Bohr(1885~1962)이다.

닐스 보어 원자의 최초 양자 모델

보어는 1885년 10월 7일 코펜하겐에서 태어났다. 학자 집안이어서 아버지는 코펜하겐 대학교의 생리학교수였고 동생 하랄은 같은 대학교의 수학교수가 됐다. 보어는 훌륭한 과학 교육을 받은 뒤 1911년 코펜하겐 대학교에서 물리학박사 학위를 받았다. 아버지는 그가 학위를 받기 몇 달 전 심장마비로 사망했다. 학위를 받은 해 9월 캐번디시 연구소에 들어가 J. J. 톰슨 밑에서 1년 동안 일했으나 적응에 어려움을 겪었다. 영어가 완벽하지 못한 데다 내성적인 성격 탓도 있었고, 그의 연구 관심사가 당시 캐번디시의 관심사와 완전히 맞물려 들어가지 않았던 때문도 있었으며, 이제 50대 중반에 들어선 J. J.가 예전과는 달리 더 이상 새로운 생각을 그다지 잘 받아들이지 못한 탓도 있었다. 그렇지만 10월에 러더퍼드가 케임브리지에서 강연하면서 자신의 최

* 엄밀히 말해 별을 중심으로 그 별의 중력장 속에서 궤도를 도는 행성은 중력복사를 발생하면서 비슷한 방식으로 에너지를 천천히 잃을 것이다. 그러나 중력은 너무나 미약하다. 따지고 보면 사과 꼭지에 있는 원자 몇 개 사이의 전기력을 물리치고 사과를 나무에서 떨어뜨리려면 지구 전체의 중력이 필요할 정도다. 따라서 중력복사로 수십억 년 동안 에너지를 잃는다 하더라도 지구 같은 행성의 궤도에 이렇다 할 효과를 주지는 않는다.

근 연구를 설명할 때 젊은 보어는 깊이 감명을 받았다. 한 달 뒤 보어는 맨체스터에 있는 아버지의 옛 동료를 찾아갔다. 집안 친구인 그는 보어의 부추김을 받아 러더퍼드를 저녁 식사에 초대했다. 언어 장벽이 있는데도 불구하고 러더퍼드와 보어는 금세 친해졌다. 과학이라는 공통된 관심사도 있었지만, 케임브리지의 외지인 신참 생활이 어떤지를 러더퍼드가 누구보다도 잘 이해하고 있었던 것도 한몫했다. 그 결과 1912년 3월 보어는 맨체스터로 옮겨 가 영국에서의 마지막 6개월을 그곳에서 지내게 됐다. 그가 러더퍼드 모델을 바탕으로 최초로 원자의 양자 모델을 생각해 낸 것은 그곳에서였다. 다만 이 연구를 완성하기까지는 6개월보다 더 걸렸다.

보어는 1912년 여름에 덴마크로 돌아가, 8월 1일 약혼자 마르그레테 뇌를룬과 결혼하고 가을에 코펜하겐 대학교에서 초급 교직을 맡았다. 그가 원자 구조에 관한 논문 3부작을 완성한 것은 그곳에서였다. 세 논문은 모두 1913년 말까지 출판됐으며, 그가 1922년 노벨상을 받게 될 연구의 근간이 됐다. 활동하는 동안 보어가 보여 준 가장 뛰어난 천재성 내지 재주는 어떤 현상을 다루는 모델을 만들 때 거기 필요한 물리학 조각이 무엇이든 그것들을 꿰맞춰 제대로 작동하는 모델을 만들어 내는 능력에 있었다. 그는 벌어지는 상황을 머릿속에서 그리는 데 도움이 되기만 한다면, 또 결정적으로 실험 결과와 맞아떨어지는 예측을 해낼 수만 있다면 모델 내부의 일관성은 크게 신경을 쓰지 않았다. 예컨대 원자의 러더퍼드-보어 모델에는 궤도를 도는 전자라는 고전물리학 이론 요소와 에너지는 양자 단위로만 방출 또는 흡수된다는 양자 이론 요소($h\nu$)가 들어 있지만, 그럼에도 불구하고 뭔가 더 나은 것을 생각해 낼 때까지 물리학자들이 헤쳐 나갈 수 있게 해 줄 만큼의 혜안을 담고 있었다. 실제로 이 모델에서 안겨 주는 물리학적 혜안은 너무나 훌륭하기 때문에 지금도 여전히 본질적으로 이 원자 모델을 학교에서 배우고 있고 따라서 여기서 자세히 소개할 필요가 없을 정도다. 보어는 고전 법칙을 적용하면 전자가 지속적으로 복사선을 방출해야 하지만 물리적으로 그것이 불가능하기 때문에 핵 둘레의 궤도에 머물러 있을 수밖에 없다고 말했다. 전자는 에너지 양자를 한 번에 하나씩밖에 방출할 수 없으며, 에너지 양자를 방출하면 한 궤도로부터 그 아래 궤도로 도약하여 내려가는 셈이 된다. 이것은 화성이 갑자기 에너지를 방출하고 지구 궤도에 나타나는 것과 비슷하다. 안정된 궤도는 일정하게 고정된 양의 에너지에 해당하지만 그 중간에 해당하는 궤도는 없기 때문에 나선을 그리며 안쪽으로 들어가는 것은 불가능하다. 그렇다면 모든 전자가 곧장 핵으로 도약하여 들어가지 않는 이유는? 보어는 궤도마다 일정 수의 전자만 수용할 수 있어서, 안쪽 궤도가 이미 가득 차 있으면 핵으로부터 더 멀리 있는 전자는 안쪽으로 도약하여 들어갈 수 없다고 (완전히 땜질식으로) 주장했다. 따라서 지구와 화성에 비유하면 지구가 이미 궤도에 자리 잡고 있기 때문에 화성이 지구 궤도로 도약하여 들어올 수 없다는 말이다. 핵에 가장 가까운 전자는 원자의 중심으로 곧장 도약하여 들어가는 것이 불가능하게 돼 있었는데, 이에 관한 설명이 나오기까지는 아직 더 기다려야 했다. 앞으로 살펴보겠지만 그 해답은 그로부터 10년 남짓이 지난 뒤 베르너 하이젠베르크Werner Heisenberg(1901~1976)가 발견한 불확정성 원리에 있었다.

이 모든 것은 물론 마술사의 현란한 손놀림일 뿐이며 구조적 기반이 없는 보기 좋은 모델에 지나지 않는다. 그러나 보어는 그보다 훨씬 더 나아갔다. 전자가 한 궤도로부터 다른 궤도로 도약하여 넘어갈 때마다 정확한 크기의 에너지 양자가 방출되는데, 이 에너지 양자는 빛의 어떤 정확한 파장에 해당된다. 예컨대 일정량의 수소 기체처럼 개개의 원자가 많이 모여 있을 때 원자가 모두 이런 식으로 빛을 방출하고 있다면 이 양자(광자)들이 더해져 스펙트럼의 그 파장에서 밝은 선으로 나타날 것이다. 보어는 이 모델을 수식으로 만들어 전자가 안쪽 궤도로 도약하여 내려갈 때 에너지가 방출되는 방식을, 또는 역으로 전자가 바깥쪽 궤도로 도약하여 올라갈 때 에너지가 흡수되는 방식을 계산했고, 그 결과 모델에서 예측해 낸 스펙트럼선의 위치는 관측된 스펙트럼 내 실제 선의 위치와 정확하게 맞아떨어졌다.* 원소가 자기만의 독특한 스펙트럼 지문을 만들어 내는 이유와 방식을 양자물리학이 설명해 낸 것이다. 이것은 옛것과 새것을 마구잡이로 가져다 붙였을지언정 제대로 작동하는 모델이었다.

러더퍼드-보어 모델은 풀어낸 것만큼이나 많은 의문을 제기했지만 앞으로 나아가려면 양자물리학을 포용해야 한다는 것을 보여 주었고, 아인슈타인의 이론 연구 및 밀리컨의 실험과 아울러 1920년대에 개발될 완전한 양자 이론을 향해 나아갈 길을 가리켜 주었다. 보어 자신은 이 연구에 관한 소식이 새나가자마자 세 편의 논문이

* 적어도 가장 간단한 원자인 수소의 경우에는 그랬다. 더 복잡한 원자들을 가지고 끝까지 계산해 내기는 매우 어려웠으나, 이것으로도 이 모델이 작동한다는 것을 보여 주는 데는 충분했다.

출판되기도 전에 최고의 유망주가 되었다. 1914년 초 코펜하겐 대학교는 보어가 원한다면 이론물리학교수 자리를 만들어 주겠다고 제의했다. 다음에는 러더퍼드가 그에게 편지를 보내 2년 기한의 맨체스터 수석강사 자리를 제안했는데, 강의나 행정과 관련된 의무 없이 자유로이 연구만 할 수 있는 자리였다. 당시 29세밖에 되지 않았던 보어는 코펜하겐 측에게 기다려 줄 것을 요청하고 한동안 러더퍼드와 나란히 연구할 수 있는 이 기회를 잡았다. 전쟁이 터졌는데도 불구하고 (덴마크는 제1차 세계대전 동안 중립을 지켰다) 보어 부부는 배를 타고 무사히 잉글랜드로 건너갈 수 있었고, 기간이 지난 뒤 1916년 무사히 덴마크로 돌아왔다. 맨체스터의 정규직을 비롯하여 여러 곳에서 제의가 있었으나 보어는 덴마크에 남는 쪽을 택했고, 그곳에서 명성 덕분에 이론물리학 연구소를 설립할 기금을 모을 수 있었다. 이 연구소는 현재 닐스 보어 연구소가 됐다. 그 뒤 몇 년 동안 연구소는 당대 최고의 물리학자 대부분을 끌어들여, 학자들이 장기든 단기든 그곳에서 머무르면서 새로운 양자물리학에 관한 생각을 펼칠 수 있는 광장 역할을 했다. 보어 자신은 1930년대에 핵물리학과 핵분열로 에너지를 얻을 가능성에 관심을 갖게 됐고, 제2차 세계대전 때 덴마크가 독일군에게 점령되자 나치가 원자력 무기를 손에 넣을 가능성이 우려되어 스웨덴을 경유하여 영국으로 탈출하여 아들 오게 보어Aage Bohr(1922~2009)와 함께 맨해튼 계획의 자문역을 맡았다. 전쟁이 끝난 뒤에는 원자력 에너지의 평화적 이용을 촉진하기 위해 활동했고, 스위스에 유럽 입자물리학 연구소CERN를 설립할 때 주도적 역할을 했다. 그가 1962년 11월 18일 세상을 떠나자 오게 보어가 그의 뒤를 이어 코펜하겐 연구소장이 됐다. 아버지 닐스 보어는 1922년 노벨 물리학상을 받았고 아들 오게 보어 역시 1975년 노벨 물리학상을 받았다.

보어의 원자 모델과 1920년대에 더 정교하게 손질한 부분에서 가장 좋은 점 하나는 화학을 이해할 수 있는 기반이 되어 주었다는 것이다. 어떤 원소는 다른 원소와 반응하여 화합물을 만들고 또 어떤 원소는 그러지 않는데 보어는 그 이유가 무엇인지를 이해하게 해 주었다. 이에 관해서는 다음 장에서 생명화학을 들여다보며 다루기로 한다. 여기서는 원자에 관한 우리의 여정을 계속하면서, 새 양자물리학 덕분에 어떻게 핵을 이해하게 되고 또 어떻게 입자물리학이라는 새로운 세계가 펼쳐졌는지를 알아보기로 하자.

루이 드브로이와 물질의 파동 이론

막다른 골목으로 이어진 수많은 곁길을 제외하고 또 빛 양자의 통계학에 관해 중요하기는 하나 기술적인 몇 가지 연구에 관한 자세한 내용을 건너뛰고 나면, 양자물리학에서 그 다음 큰 걸음은 1924년에 내디뎠다. 이해에 소르본 대학교에서 프랑스의 물리학자 루이 드브로이Louis de Broglie(1892~1987)가 전자기파가 입자로 묘사될 수 있는 것과 마찬가지로 전자를 비롯한 모든 물질 입자도 파동으로 묘사될 수 있다는 생각을 박사 학위 논문에서 주장한 것이다. 이 논문은 1925년 출간됐다. 드브로이는 물리학을 늦게 시작했고, 이 논문을 제출했을 때는 30대 나이였다. 귀족 집안 출신이라 집안에서 그가 외교관으로 출세하기를 원했으므로 1909년 소르본에서 역사학을 공부하기 시작했다가 아버지의 강력한 반대를 무릅쓰고 물리학으로 방향을 바꾼 때문이기도 하고, 제1차 세계대전 동안 에펠탑에 있는 기지에서 무선통신 전문가로 복무했기 때문이기도 하다. 그러나 그는 잃어버린 시간을 확실히 만회하면서 아원자 세계에 대한 중요한 혜안을 내놓았고 그 공로로 1929년 노벨상을 받았다. 그의 생각은 말로 옮겨놓고 보면 간단하기 그지없지만 완전히 상식을 거스른다.

드브로이는 빛 양자에 적용되는 두 방정식에서 출발했다. 광자라는 용어는 이 연구가 나온 지 2년 뒤에 적용됐지만 앞으로는 빛 양자를 광자라 부르기로 한다. 이 방정식 중 하나는 이미 언급한 $E = hv$이다. 또 하나는 아인슈타인이 상대성이론으로부터 끌어낸 것으로, 광자의 운동량(m은 이미 질량을 표시하고 있으므로 p로 표시)과 광자가 움직이는 속도(c, 빛의 속도)와 광자가 가지고 있는 에너지의 관계를 나타내는 $E = pc$이다. 드브로이는 이 두 방정식을 합쳐 $hv = pc$ 또는 $p = hv/c$를 이끌어 냈다. 전자기복사의 파장은 대개 그리스 문자 람다(λ)로 표시하며, 주파수와는 $\lambda = c/v$라는 관계가 있다. 따라서 $p\lambda = h$가 된다. 보통 말로 표현하면 '입자'의 운동량에 그 입자의 파장을 곱하면 플랑크 상수가 된다는 뜻이다. 1924년에 이르러 이것은 빛에 관한 한 그다지 놀라운 생각이 아니었다. 그러나 드브로이는 이것이 더 전통적인 입자 특히 전자에도 적용된다고 말했다. 그리고 이것을 바탕으로 전자가 마치 제 꼬리를 물고 있는 뱀처럼 꿈틀대며 '궤도'를 따라 파동으로 움직이는 원자 모델을 만들어 냈다. 그는 원자 속의 전자들이 가지고 있는 각기 다른 수준의 에너지는 기타 줄을 튕겨 낸 음처럼 이 파동의 여러 배음에 해당하며, 파동의 마루와 골이 상쇄되지 않도록 정확하게 맞아떨어져 이 배음이 강화되는 궤도만 허용된다고 했다. 그의 논문 지도교수 폴 랑주뱅Paul Langevin(1872~1946)은 이 모든 것에 당혹감을 느낀 나머지 논문을 아인슈타인에게 보여 주었고, 아인슈타인은 이것이 단순한 수학적 속임수 차원을 뛰어넘는 탄탄한 연구라고 말했다.

드브로이는 박사 학위를 받았고, 구술시험 때 이 생각을 어떻게 검증할 수 있겠는가 하는 질문을 받자 자신의 방정식에 따르면 전자의 파장은 결정격자에서 회절을 일으킬 딱 그 파장이 분명하다고 대답했다. 1927년 클린턴 데이비슨Clinton Davisson(1881~1958)과 레스터 저머Lester Germer(1896~1971)가 미국 뉴욕에서, 또 그와는 별개로 조지 톰슨George Thomson(1892~1975)이 영국 애버딘에서 한 실험을 통해 드브로이의 예측은 사실임이 확인됐다. 데이비슨과 톰슨은 1937년 노벨상을 공동 수상했고, 저머는 상을 받지 못했는데 아마도 데이비슨과 함께 이 실험을 했을 때 '일개' 학생에 지나지 않았기 때문일 것이다. 그렇지만 흔히 지적하는 것처럼 노벨상이 J. J.의 아들 조지 톰슨에게 돌아간 것을 보면 상식과 어긋나는 양자세계의 본질을 잘 알 수 있어서 재미있다. J. J.는 전자가 입자라는 것을 증명하여 노벨상을 받았다. 조지 톰슨은 전자가 파동이라는 것을 증명하여 노벨상을 받았다. 그리고 둘 모두 옳았다.

이 무렵 광자가 존재한다는 확고한 증거로 간주되는 연구도 나와 있었다. 아서 콤프턴Arthur Compton(1892~1962)이 먼저 미국 세인트루이스 워싱턴 대학교에서, 이어 시카고 대학교에서 한 연구였다. 콤프턴은 원자 속 전자에 의한 엑스선 산란 실험을 여러 차례 한 끝에,

1923년 말에 이르러 이 산란 효과는 입자들이 운동량을 서로 주고 받은 것으로밖에는 설명할 수 없다는 것을 입증했다. 그는 이 연구로 1927년 노벨상을 받았다. 드브로이가 전자는 파동으로도 행동할 수 있다는 것을 보여 주겠다는 생각을 하도록 영향을 준 것은 바로 전자를 입자로 취급하여 전자기파는 파동인 동시에 입자라는 것을 입증한 이 연구이니, 이것은 양자세계의 희한한 논리를 보여 주는 또 하나의 예에 해당된다. 드브로이의 방정식은 **모든 것이** 파동-입자라는 이중성을 가지고 있다는 것을 알려 주고 있다. 운동량은 질량과 관계가 있고 (빛은 예외인데, 빛은 특수한 경우에 해당되는 때가 너무나 많고 또 광자에는 일상적 의미의 질량이 없다) 또 플랑크 상수는 너무나 작기 때문에 여러분이나 나, 집, 축구공 등 일상적으로 보는 물체의 '파동성'은 너무나 작아 탐지하기가 불가능하다. 이 파동성은 적절한 단위에서 비교했을 때 물체의 질량이 플랑크 상수와 같거나 더 작은 경우에만 중요해진다. 이것은 파동-입자 이중성의 파동 측면은 분자보다 큰 차원에서는 거의 중요하지 않으며, 원자 차원에서는 무시할 수 없고, 양성자나 중성자의 행동을 묘사할 때는 중요한 요소이며, 원자 안에서든 밖에서든 전자의 행동을 묘사할 때는 절대적, 결정적으로 중요하다는 뜻이다. 이것은 또 우리가 일상적, 상식적 경험 차원에서는 전자의 '진정한 정체'를 이해할 가망이 없다는 것을 말해 주고 있다. 말 그대로 우리가 이제까지 본 어떤 것과도 다르다. 우리가 기대할 수 있는 것은 오로지 때로는 파동에 가깝고 때로는 입자에 가깝게 행동하는 등 전자가 상황에 따라 어떻게 행동하는지를 알 수 있는 방정식 즉 수학적 모델을 찾아내는 일뿐이다. 바로 이것이 드브로이의 논문에서 잉크가 채 마르기도 전에 양자역학 분야에서 일어난 일이다.

에르빈 슈뢰딩거와 전자의 파동 방정식

전자의 양자세계에 다가가는 입자 기반 접근법

원자 속 전자의 행동을 묘사하는 완전한 수학 모델은 드브로이의 생각이 출판된 뒤 몇 달 사이에 한 번이 아니라 두 번이나 만들어졌다. 드브로이로부터 직접 이어지는 인물은 당시 취리히의 물리학교수이던 오스트리아의 물리학자 에르빈 슈뢰딩거Erwin Schrödinger(1887~1961)이다. 그는 오로지 파동만을 기반으로 한 모델을 개발했으며, 파동방정식이라는 편안하고도 익숙한 것을 가지고 아원자물리학을 설명함으로써 저 낯선 세계에 어느 정도 제정신을 되찾아 주었다는 생각에 기뻐하고 있었다. 그러나 그의 연구가 출간된 1926년에 이르러 원자 속 전자의 행동을 수학적으로 완전하게 묘사한 또 다른 연구가 먼저 나와 있었는데, 본질적으로 입자로서 접근하면서 한 에너지 수준(준위)으로부터 다른 수준으로 옮겨 가는 양자 도약을 강조하는 연구였다. 이 접근법을 내놓은 사람은 독일인 베르너 하이젠베르크Werner Heisenberg(1901~1976)였으며, 괴팅겐 대학교의 동료 막스 보른Max Born(1882~1970)과 파스쿠알 요르단Pascual Jordan(1902~1980)이 즉각 그 후속 연구에 들어갔고, 영국의 젊은 물리학자 폴 디랙Paul Dirac(1902~1984)이 본격적으로 파고 들어갔다. 디랙은 먼저 원자 속 전자의 행동을 묘사하는 더 추상적 수학 공식을 만들어 냈는데 이것은 슈뢰딩거와 하이젠베르크에 이어 세 번째 완전한 양자 이론이었다. 그런 다음 나머지 두 접근법이 모두 이 공식 안에 들어 있으며, 거리를 잴 때 마일로 재든 킬로미터로 재든 거리 자체는 달라지지 않는 것과 마찬가지로 둘이 서로 수학적으로 똑같다는 것을 보여 주었다. 나중에 이들은 모두 양자 이론에 기여한 여러 가지 공로로 노벨상을 받았으나 오로지 요르단만 상을 받지 못했는데, 이것은 노벨상위원회의 이해할 수 없는 처사였다.

상황이 이렇게 바삐 돌아간 덕분에 1927년에 이르러 물리학자들은 전자 같은 양자 요소들의 행동을 계산할 때 수학 모델을 골라 사용할 수 있게 됐다. 대부분은 슈뢰딩거처럼 파동 방정식을 가지고 익숙하고 편안하게 연구하는 쪽을 선호했다. 그러나 그렇다고 해서 양자세계를 파동으로 나타낸 쪽이 입자로 나타낸 쪽보다 더 깊은 진실을 담고 있다는 뜻은 절대로 아니다. 파동역학 접근법에서는 익숙하다는 바로 그 사실 때문에 양자세계의 진정한 본질이 가려지는 경향이 있다는 정도의 차이가 있을 뿐이다. 두 이론은 일상에서 대하는 그 어떤 것과도 다른, 때로는 입자처럼 행동하고 때로는 파동처럼 행동할 수 있는 어떤 것의 서로 다른 면모일 뿐이다. 사람들은 이 모든 것의 '진정한 의미'가 무엇인지를 두고 여전히 논쟁을 벌이고 있지만, 우리로서는 실용적 입장에서 양자역학은 예측이 실험으로 확증된다는 의미에서 제대로 작동한다고 정리하는 것으로 충분하며, 그 의미가 무엇인지는 중요하지 않다.

하이젠베르크의 불확정성 원리: 파동-입자 이중성

그렇지만 하이젠베르크는 양자물리학에 또 한 가지를 기여했는데 이에 대해서는 여기서 살펴볼 가치가 있다. 그것은 바로 저 유명한 불확정성 원리다. 이것은 파동-입자 이중성과 관계가 있으며, 예컨대 위치와 운동량처럼 쌍을 이루는 특정 양자 속성을 동시에 정확하게 판별하기는 불가능하다는 것을 알려 주고 있다. 이 두 변수 중 적어도 하나의 값에는 언제나 불확실한 부분이 남아 있다는 말이다. 플랑크 상수의 크기와 관계가 있으므로 이 효과 역시 매우 작은 척도에서만 나타난다. 이 쌍의 한쪽을 정확하게 따질수록 반대쪽은 덜 정확하게 따지게 된다. 이것은 우리의 측정 도구가 불완전해서 뭔가를 측정하려 할 때 양자세계를 흔들어 놓기 때문만은 아니다. 예컨대 전자의 위치를 측정하려 할 때 우리가 그 전자를 건드려 운동량을 바꿔놓는 식의 문제가 아니다. 이것은 양자세계의 근본적 특성이어서, 전자 스스로도 자신이 어디에 있는지와 어디로 가고 있는지를 동시에는 '알지' 못한다. 1927년 출간된 논문에서 하이젠베르크 자신이 한 말처럼 "원칙적으로 우리는 현재를 속속들이 알 수는 없다."

알고 보니 이것은 세계가 작동하는 근본적 방식이어서 양자역학이라는 것 전체를 불확정성 원리에서 출발하여 쌓아 올리는 것도 가능하지만, 이에 대해서는 여기서 자세히 다루지 않기로 한다. 그렇지만 불확정성 원리의 위력은 원자 속의 전자 수수께끼로 돌아가 보면 알 수 있다. 원자 속의 전자는 나선처럼 돌면서 핵으로 다가가지는 못한다 하더라도 궤도에서 궤도로 도약하며 핵을 향해 떨어질 수도 있을 텐데 그렇게 되지 않는다. 전자가 핵 주위 궤도를 돌고 있을 때 이 전자의 운동량은 궤도의 속성을 가지고 매우 잘 확정할 수 있고, 따라서 운동량-위치 쌍의 불확정성은 위치 쪽에 있을 수밖에 없다. 전자가 궤도의 어딘가에 있을 때 실제로 그 위치는 불확실하다. 궤도의 한쪽에 있을 수도 있고 반대쪽에 있을 수도 있다. 또는 궤도를 따라 퍼져 있는 파동으로 그릴 수도 있다. 그러나 만일 이 전자가 핵으로 곧장 떨어지면 그 위치는 핵이라는 덩어리 안이므로 매우 잘 확정될 것이다. 이 전자는 어디로도 가지 않을 것이므로 운동량 역시 매우 잘 확정될 것이다. 이것은 불확정성 원리에 위배된다. 또는 파동으로 생각한다면 핵은 크기가 너무 작아서 전자와 관련된 파동이 그 안에 들어갈 수 없다고도 볼 수 있다. 원자 안의 전자가 갖는 적절한 운동량에 해당하는 값을 적절히 대입해 보면 원자 안에서 전자가 돌 수 있는 가장 작은 궤도는 불확정성 원리에 위배되지 않는 한도까지 작다는 것이 드러난다. 원자의 크기 자체가 (그리고 원자가 존재한다는 사실 자체가!) 양자역학의 불확정성 원리에 의해 결정되는 것이다.

디랙의 전자 방정식

1920년대 중반 여러 차례 획기적 연구가 있은 뒤로 미진한 부분이 모두 해결되기까지는 20년이 걸렸는데, 여기에는 제2차 세계대전으로 과학 연구가 방해를 받은 것도 작지 않은 요인으로 작용했다. 그러나 그렇게 방해받기 전에 핵심적 연구가 두 가지 더 있었다. 1927년 디랙은 논문을 출판하면서 전자의 파동 방정식을 내놓았는데 특수상대성이론의 요구 조건을 완전히 통합하여 넣은 방정식이었다. 이것은 전자를 다루는 방정식의 완결판이 확실했다. 그렇지만 희한하게도 이 방정식에는 답(해)

이 두 개가 있었다. 마치 $x^2 = 4$라는 간단한 방정식에 답이 둘 있는 것과 비슷했다. 이 방정식의 경우 답은 $x = 2$ 또는 $x = -2$라는 두 가지다. 그러나 디랙 방정식의 훨씬 더 복잡한 '음의 해'는 무슨 의미를 지니고 있었을까? 그것은 전자와는 정반대 속성을 지니는 입자를 묘사하고 있는 것으로 보였다. 특히 음전하가 아니라 양전하를 띠고 있었다. 처음에 디랙은 이 답을 양성자에 맞춰 보려고 했다. 그러나 물론 양성자가 양전하를 띠고 있는 것은 맞지만 '음의 전자'가 되기에는 질량이 너무나 컸다.* 1931년에 이르러 다른 사람들과 마찬가지로 이 방정식은 실제로 이제까지 알려져 있지 않은, 질량이 전자와 같지만 양전하를 띠고 있는 입자의 존재를 예측하고 있다는 것을 깨달았다. 방정식을 더 깊이 캐고 들어간 결과 만일 예컨대 감마선처럼 충분히 큰 에너지가 있다면 그것을 아인슈타인의 방정식 $E = mc^2$에 따라 **한 쌍**의 입자 즉 일반 전자와 음의 전자로 변환할 수 있다는 뜻임을 알아냈다. 이때 에너지는 한 개의 입자로도 변환되지 않고 두 개의 전자로도 변환되지 않는다. 그렇게 변환되면 전하 보존에 위배되기 때문이다. 그러나 음과 양의 쌍을 만들면 에너지로 생성되는 질량을 제외한 그 나머지 속성은 모두 상쇄될 것이다.

반물질의 존재 1932년과 1933년에 캘리포니아 공과대학교에서 우주선(cosmic ray)을 연구하고 있던 칼 앤더슨Carl Anderson(1905~1991)은 실험 중에 바로 그렇게 양전하를 띠는 입자의 흔적을

* 음의 전자는 양전하를 띠어야 한다. 일반 전자는 음전하를 띠며 음전하의 음은 양전하이기 때문이다.

발견하고 이 입자에 양전자(positron)라는 이름을 붙였다. 그는 우주선 연구에 사용하는 안개상자 안에서 디랙이 예측한 쌍의 생성 과정에 따라 양전자가 실제로 만들어졌다는 것을 깨닫지 못했지만 다른 사람들이 그 연관성을 금세 생각해 냈다.

오늘날 반물질(antimatter)이라 불리는 것은 물리세계에 실제로 존재하며, 현재 모든 유형의 입자에 양자 속성이 그 정반대인 반물질이 있다는 것이 알려져 있다.

강한 핵력

제2차 세계대전으로 방해받기 전 또 한 가지 핵심적 발견은 1930년대에 있었는데, 이것을 전체 그림에서 보려면 10년 정도 거슬러 올라가 1920년대 초로 돌아가야 한다. 당시는 중성자가 아직 발견되기 전이었고, 알파 입자를 양성자 네 개와 전자 두 개가 결합된 것으로 설명하려는 모델이 여러 가지 나와 있었다. 그런 것이 있다면 정전기 반발 때문에 저절로 쪼개져야 이치에 맞았다. 채드윅과 그의 동료 에티엔 비엘레Étienne Biéler(1895~1929)는 1921년 출간한 논문에서 만일 이런 종류의 알파 입자 모델이 정확하다면 "대단히 강력한 힘"에 의해 결합되어 있는 것이 분명하며, "이런 효과를 재현하는 어떤 힘의 장(역장)을 찾아내는 것이 우리의 과제"라고 결론지었다.* 이 결론은 알파 입자가 양성자 두 개와 중성자 두 개로 이루어져 있다고 보는 모델에도 똑같이 적용되고, 나아가 사실 핵은 본질적으로 중성자와 양성자의 덩어리로서 전체적으로 양전하를

* *Philosophical Magazine*, volume 42, p. 923, 1921.

띠고 있으므로 모든 핵에도 적용된다. 원자핵의 지름이라는 매우 짧은 거리에서 전기력보다 더 강한 어떤 힘이 전기적 반발력을 압도하고 모든 것을 하나로 결합하고 있는 것이 분명하다. 이 힘은 강한 핵력(strong nuclear force) 또는 '강력(strong force)'이라는 밋밋한 이름으로 불리게 됐다. 나중의 실험 결과 이 힘은 전기력보다 100배 정도로 강하다는 것이 드러났다. 안정된 핵 중 가장 커다란 것 안에 양성자가 100개 정도 있는 것도 그 때문이다. 그보다 많아지면 전기적 반발이 강한 핵력을 압도하여 핵이 조각난다. 그러나 전기력이나 자기력, 중력과는 달리 강한 핵력은 역제곱 법칙을 따르지 않는다. 10^{-13}센티미터 정도 거리 안에서는 매우 강하며, 그 범위를 벗어나면 본질적으로 전혀 감지되지 않는다. 바로 이것이 핵이 그 크기인 이유다. 강한 핵력의 도달 범위가 더 크다면 핵은 그만큼 더 클 것이다.

원자 그림조각 퍼즐의 마지막 조각이 제자리로 맞춰 들어가면서 1920년대 동안 중요도가 높아진 수수께끼 하나가 풀렸다. 그것은 원자핵이 전자를 방출하고 그 과정에서 주기율표의 옆자리 원소 원자로 바뀌는 베타 붕괴 과정에 관한 것이었다. 중성자가 발견된 뒤 사실은 이 과정에 중성자 하나가 양성자 하나와 전자 하나로 탈바꿈한다는 것이 분명해졌다. 중성자는 원자핵 밖에 내버려 두면 이런 식으로 저절로 붕괴한다. 그렇지만 전자가 중성자 '안에' 있다가 빠져나온다는 뜻은 아니라는 것을 이해하는 것이 중요하다. 여러 가지 중에서도 양자 불확정성 면에서 이것이 불가능하다는 것을 분명하게 알 수 있다. 실제로 일어나는 일은 중성자의 질량에너지가 전자와 양성자의 질량에너지로 바뀌고 약간이 남아 전자가 붕괴 현장으로부터 얼른 달아나도록 운동에너지를 제공하는 것이다.

수수께끼는 이렇게 핵으로부터 달아나는 전자가 지니는 에너지의 양은 명확하게 한정된 최댓값 이내의 어떤 값도 될 수 있어 보인다는 점이었다. 이것은 알파 붕괴 동안 방출되는 알파 입자의 행동과는 매우 달랐다. 알파 붕괴의 경우 특정 종류의 핵에서 방출되는 알파 입자는 모두 똑같은 운동에너지를 지니거나, 아니면 그보다 일정하게 적은 에너지를 지니면서 강력한 감마선을 동반한다. 알파 입자와 감마선이 지니는 에너지의 총합은 언제나 그 종류의 핵이 지니는 에너지의 최댓값과 같고, 이런 식으로 방출되는 에너지는 붕괴 이전 핵과 붕괴 이후 남은 핵의 질량-에너지 차이와 똑같다. 그래서 에너지가 보존된다. 그러나 탈출하는 알파 입자가 가질 수 있는 에너지의 양은 불연속적 값일 수밖에 없는데, 감마선의 광자가 양자화하고 따라서 전체 에너지 안에서 차지하는 에너지의 양이 불연속적이기 때문이다. 마찬가지로 알파 붕괴에서는 운동량과 각운동량이 보존된다. 그러나 베타 붕괴에서는 특정 종류의 핵에서 방출되는 전자가 지닐 수 있는 에너지의 최댓값이 명확히 한정돼 있기는 하지만, 거의 0에 가까운 값에 이르기까지 그 한도 안에서 어떤 값도 지닐 수 있는 것으로 보였고, 여분의 에너지를 가지고 갈 광자도 동반하지 않았다. 이 과정은 마치 에너지 보존 법칙을 위반하는 것처럼 보였다. 처음에는 실험이 잘못된 것이 분명해 보였다. 그러나 1920년대 말에 이르러 베타 붕괴와 관련된 전자 에너지는 정말로 연속적인 '범위'값을 갖는다는 것이 분명해졌다. 그 밖의 속성 역시 그 과정에 보존되지 않는 것으로 보였지만, 여기서 그것을 자세히 다룰 필요는 없다.

1930년 말 볼프강 파울리Wolfgang Pauli(1900~1958)가 여기서 벌어지는 일을 설명하는 추측을 내놓았다. 그의 동료 중 많은 이들에게 이 추측이 얼마나 충격적으로 보였는지를 제대로 이해하려면 이 무렵 물리학에서 알려진 전통적 입자는 전자와 양성자뿐이었다는 것을 기억해야 한다. 광자는 이때까지도 입자로 생각되지 않았고 중성자는 아직 발견되지 않았다. 따라서 본질적으로 눈에 보이지 않는 입자라는 생각은 물론이고 또 다른 '새로운' 입자가 있다는 생각 자체가 신성모독에 가까웠다. 1930년 12월 4일 물리학자들에게 보낸 유명한 편지에서 파울리는 다음과 같이 썼다.

> 저는 궁여지책으로 빠져나올 길을 찾아냈습니다. … 즉 핵 안에 전기적으로 중립적인 입자가 존재할 가능성이 있다는 말입니다. 이것을 중성자(neutron)라 부르겠습니다. … 그러면 베타 붕괴에서 중성자와 전자의 에너지 총합이 일정해지는 방식으로 전자와 함께 중성자가 방출된다는 가정 안에서 연속적 베타 범위값이 이해되게 됩니다.*

다시 말해 파울리의 '중성자'는 알파 붕괴에서 감마선이 하는 역할을 했지만, 감마선의 광자처럼 양자화하지 않고 허용된 운동에너지

* 페이스(Abraham Pais), 『안을 향하여*Inward Bound*』를 재인용.

최댓값 안에서 어떤 값이든 지닐 수 있다는 점이 달랐다.

약한 핵력: 중성미자

파울리의 궁여지책이 미친 영향이 얼마나 작았는지는 그로부터 2년이 채 지나지 않았을 때 채드윅이 확인한 핵입자에 '중성자'라는 이름이 붙었다는 것을 보면 알 수 있다. 이것은 파울리가 생각한 그 입자가 아닌 것이 매우 확실했다. 그러나 '연속적 베타 범위값' 문제는 좀처럼 사라지지 않았고, 이제 중성자가 존재한다는 것을 알고 있던 엔리코 페르미Enrico Fermi(1901~1954)가 1933년 파울리의 생각을 가지고 완전한 모델을 개발했다. 이 모델에서는 붕괴 과정이 새로운 힘의 장에 의해 시작되는데, 이내 이 힘은 강한 핵력에 대비하여 약한 핵력(weak nuclear force)이라는 이름으로 알려지게 됐다. 그의 모델에서는 핵 안에서 강한 핵력이 양성자와 중성자를 결합하고 있는 것 말고도 도달거리가 짧은 약한 힘이 있어서 중성자의 붕괴를 일으킬 수 있었다. 이때 중성자가 붕괴하면 양성자와 전자, 그리고 전하를 띠지 않는 또 하나의 입자가 생겨나는데, 그는 이 입자에다 이탈리아어로 '작은 중성자'라는 뜻인 '중성미자(neutrino)'라는 이름을 붙였다. 파울리는 추측만 내놓았지만, 페르미는 베타 붕괴 동안 방출되는 전자의 에너지가 분포되는 방식을 분명하게 나타내는 수학적 모델을 내놓았는데 실험과 일치했다. 그럼에도 불구하고 페르미가 이 연구를 설명하는 논문을 런던의 학술지 『네이처』에 보냈을 때 '지나치게 추측적'이라는 이유로 거절당했다. 그래서 그는 논문을 어느 이탈리아 학술지에 출판했다. 그의 논문은 탄탄했고 그 뒤 여러 해 동안 그의 생각을 뒷받침하는 정황 증거가 점점 늘어났지만, 중성미자는 너무나 파악하기 어려워 1950년대 중반에 이르러서야 직접 탐지할 수 있었다. 납으로 만들어진 3,000광년 두께의 벽이 있을 때 중성미자 입자선 한 가닥을 그 벽에 쏘면 입자선의 절반만 납의 핵에 걸릴 정도라는 사실을 알면 이것이 얼마나 절묘한 실험이었는지 어느 정도 짐작이 갈 것이다.

중성미자가 확인됨으로써 일상 세계에서 사물의 행동방식에 영향을 주는 입자와 힘이 모두 확인됐다. 우리는 원자로 이루어져 있다. 원자는 양성자, 중성자, 전자로 이루어져 있다. 핵 안에는 양성자와 중성자가 강한 핵력으로 결합되어 있고, 여기서 약한 핵력의 효과로 베타 붕괴가 일어날 수 있다. 그리고 여기서 경우에 따라 핵 내부가 재조정되면서 알파 입자가 방출될 수 있다. 전자는 핵 바깥의 구름 안에 있으며, 전자기력으로 붙들려 있으나 양자물리학 법칙에 따라 일정한 에너지 상태를 차지하는 것만 허용된다. 큰 척도에서 볼 때 물질의 큰 덩어리가 유지되는 데는 중력이 중요하다. 이로써 양성자, 중성자, 전자, 중성미자라는 네 개의 입자와 거기 따른 반입자가 있고, 전자기력, 강한 핵력, 약한 핵력, 중력이라는 네 개의 힘이 있는 것이다. 별이 빛나는 이유에서부터 우리 신체가 음식을 소화하는 방식에 이르기까지, 수소폭탄의 폭발에서부터 얼음결정이 눈송이를 형성하는 방식에 이르기까지 우리 인간의 감각으로 탐지할 수 있는 모든 것을 설명하는 데는 이것으로 충분하다.

양자전기역학 (QED) 사실 중력을 제외하고 또 약한 핵력이 방사능을 통해 제한적으로 우리에게 주는 영향을 제외하면 인간세계 거의 모든 것이 거의 전적으로 전자와 전자, 양전하를 띠는 원자핵과 전자, 그리고 전자기복사와 전자 사이에 일어나는 상호작용의 영향을 받는다. 이런 상호작용은 양자물리학 법칙의 지배를 받는데, 이 법칙은 1940년대에 빛(전자기복사)과 물질의 완전한 이론으로 완성됐다. 이 이론은 양자전기역학(quantum electrodynamics, QED)이라 불리며, 이제까지 개발된 과학 이론 중 가장 성공적인 이론일 것이다. 실제로 양자전기역학은 과학자 세 사람이 각기 독자적으로 개발했다. 완전한 이론을 가장 먼저 생각해 낸 사람은 도모나가 신이치로朝永 振一郞(1906~1979)였다. 그는 처음에는 제2차 세계대전이라는 어려운 상황의 도쿄에서, 다음에는 전쟁 이후 형편없는 상황의 도쿄에서 연구했다. 이런 어려움 때문에 그의 연구는 다른 두 선구자들의 연구를 설명하는 논문과 비슷한 때에야 출간됐다.

그 두 사람은 미국인 줄리언 슈윙거Julian Schwinger(1918~1994)와 리처드 파인먼Richard Feynman(1918~1988)이다. 세 사람 모두 1965년 노벨상을 공동 수상했다. 도모나가와 슈윙거는 모두 당시 양자역학의 20년 전통이라 할 수 있는 수학적 틀 안에서 연구하면서, 1920년대의 획기적 연구 특히 디랙의 연구 이후 이어 내려온 연구를 그대로 바탕으로 삼았다. 파인먼은 다른 접근법을 사용했는데 본질적으로 양자역학을 완전히 무에서 새로 만들어 냈다. 그렇지만 이 세 가지 접근법은 수학적으로 동등하다. 하이젠베르크-보른-요르단, 슈뢰딩거, 디랙의 양자역학이 수학적으로 동등한 것과 같은 의미에서 그렇다. 그러나 그 내용을 여기서 자세히 들여다볼 필요는 없는데, 무슨 일이 어떻게 돌아가고 있는지를 느낄 수 있는 깔끔한 물리적 그림이 있기 때문이다.

전자와 전자 또는 전자와 양성자처럼 전하를 띤 입자 둘이 상호작용할 때 둘이 광자를 교환하는 것으로 생각할 수 있다. 예컨대 두 개의 전자는 서로를 향해 움직이다 광자를 교환하고 방향이 휘어 새로운 경로로 나아간다. 바로 이 광자 교환 때문에 반발력이 만들어지는데 이 반발력은 양자전기역학에서 자연스레 나타나는 역제곱 법칙으로 표현된다. 강한 핵력과 약한 핵력은 광자 같은 입자의 교환 차원에서 비슷하게 묘사할 수 있다. 약한 핵력은 현재 전자기력에 통합되어 전기약작용(electroweak interaction)이라는 단일 모델이 만들어졌을 정도로 중요해졌다. 강한 핵력은 그보다는 약간 덜 중요하게 취급된다. 또한 양자중력을 다루는 완전한 모델은 아직 개발되지 않았지만 중력 역시 중력자(graviton)라는 입자의 교환으로 묘사해야 한다는 의견도 있다. 그렇지만 양자전기역학 자체의 정확성은 전자의 속성 중 자기 모멘트(magnetic moment)라는 것만 들여다보아도 알 수 있다.* 디랙이 1920년대 말 개발한 초기 형태의 양자전기역학에서는 단위를 적절히 고를 경우 이 속성은 1이라는 값을 지닐 것으로 예측됐다. 실험을 통해 같은 단위로 측정한 결과 전자 자기 모멘트는 1.00115965221이며 끝자리 숫자에 ± 4만큼의 불확정성이 있는 것으로 나타난다. 이것만으로도 이미 대단한 업적이어서 1930년대의 물리학자들은 양자전기역학이 올바른 방향으로 나아가고 있다고 확신했다. 그렇지만 양자전기역학의 최종적 형태에서는

* 이것은 전형적 예이며, 이론과 실험이 잘 부합되는 유일한 예라서 고른 것이 아니다.

이 값이 1.00115965246이며 끝자리 숫자에 ± 20만큼의 불확정성이 있는 것으로 예측한다. 이론과 실험의 오차는 0.0000001퍼센트이며, 파인먼은 이것을 두고 뉴욕으로부터 로스앤젤레스까지의 거리를 사람 머리카락 굵기의 정밀도로 측정하는 것과 같다고 지적하며 즐거워하곤 했다. 이것은 지금까지 우리 지구에서 있었던 실험을 통틀어 이론과 실험이 가장 정밀하게 일치하는 사례이며,* 우리가 일상을 살아가는 물리세계의 행동을 과학이 얼마나 잘 설명할 수 있는지, 또 갈릴레이나 뉴턴 같은 사람들이 제대로 된 과학적 방법으로 이론을 관측 및 실험과 비교하기 시작한 이후로 우리가 얼마나 큰 발전을 이뤄왔는지를 보여 주는 진정한 예다.

미래? 쿼크와 끈

20세기 후반부 동안 물리학자는 거대한 입자가속기를 이용하여 핵 내부를 찔러보고 고에너지 사건**을 연구하면서 아원자 입자의 세계를 발견하고, (이 신세계의 바로 초입 단계에서) 양성자와 중성자는 쿼크(quark)라는 것들이 광자와 유사한 실체를 교환함으로써 뭉쳐 이루어진 것으로 볼 수 있으며, 강한 핵력은 이처럼 더 깊은 곳에서 작용하고 있는 힘이 겉으로 표현된 것에 지나지 않는다는 것을 알아냈다. 그렇지만 이것은 이 새로운 세계를

* 일반상대성이론도 비슷한 정밀도를 지니고 있다는 것이 20세기 말에 검증됐다. 지구로부터 수만 광년 떨어져 있는 쌍성 펄서라는 천체들에서 관측되는 속성 변화를 측정하여 검증한 것이다. 그러나 이것이 대단한 성과이기는 하지만, 지상으로 내려와 이곳 지구 표면에 있는 실험실에서 통제된 조건 아래 실험하는 것과는 사뭇 다르다.

** 입자물리학에서 사건(event)은 아원자 입자들 간의 상호작용 직후 매우 짧은 시간 동안 매우 한정된 공간에서 일어나는 결과를 가리킨다. (옮긴이)

한 꺼풀 벗겨낸 것에 지나지 않았다. 21세기 초 많은 물리학자들은 이제까지 얻은 증거를 바탕으로 이런 모든 '입자'들은 안쪽으로 더 깊이 들어가, 진동하는 '끈(string)'으로 이루어진 작디작은 고리에서 일어나는 활동이 겉으로 표현된 것으로 보면 더 이해가 쉽겠다고 생각하게 됐다. 그러나 이런 모든 연구에 관한 역사를 쓰기에는 아직 너무 이르고, 그래서 이 부분의 이야기는 핵과 원자 차원에서 마무리 짓는 것이 합당해 보인다. 아직은 이것이 우리의 일상에 영향을 주는 가장 깊은 차원이다. 다음 장에서 살펴보겠지만 특히 생명이 작용하는 방식을 설명하는 데는 이것으로 충분하다.

14
생명 영역

우주에서 가장 복잡한 사물

우리는 우주 전체를 통틀어 우리가 아는 가장 복잡한 사물이다. 이것은 우주라는 척도에서 사물의 크기를 볼 때 우리가 중간 크기이기 때문이다. 앞서 살펴본 대로 원자처럼 작은 물체는 간단한 법칙 몇 가지를 따르는 간단한 실체들 몇 개로 이루어져 있다. 다음 장에서 살펴보겠지만 전체 우주는 너무나 커서 별처럼 커다란 물체조차도 그 개별적 차이를 무시할 수 있고, 그래서 우주 전체를 질량-에너지가 어느 정도 고루 분포돼 있으며 마찬가지로 매우 간단한 법칙 몇 가지를 따르는 한 개의 물체로 취급할 수 있다. 그러나 원자가 결합하여 분자를 만들 수 있는 척도에서 보면, 법칙은 여전히 매우 간단하지만 있을 수 있는 화합물의 수 즉 원자가 모여 각기 다른 분자를 이룰 수 있는 방식의 가짓수가 너무나 많으므로 복잡한 구조를 지니는 사물이 어마어마하게 다양하게 존재할 수 있고 서로 미묘한 방식으로 작용할 수 있다. 우리가 알고 있는 생명은 원자가 복잡다단한 커다란 분자를 형성할 수 있는 이런 능력이 표현된 것이다. 이 복잡성은 원자 바로 다음인 물이나 이산화탄소 같은 간단한 분자 단계에서 출발하며, 커다란 행성 크기의 물체 내부를 다루는 단계에 이르러 중력에 의해 분자가 짜부라져 존재하지 않게 되기 시작할 때 끝난다. 물체가 별 크기에 다다를 때쯤이면 원자에서조차 전자가 완전히 떨어져 나간다.

우리가 아는 그대로의 생명을 가능하게 하는 복잡성이 파괴되기 시작하는 물질 덩어리의 정확한 크기는 전자기력과 중력의 크기에 따라 달라진다. 분자들을 유지하는 전기력은 물질 덩어리 안의 분자를 짜부라뜨려 없애려는 중력보다 10^{36}배 크다. 원자가 물질 덩어리 안에 모여 있으면 전체적으로 전하를 띠지 않는데 그것은 각각의 원자가 전기적으로 중립적이기 때문이다. 따라서 각 원자는 본질적으로 혼자 힘으로 양자전기역학의 힘을 통해 중력을 버텨내야 한다. 그런데 물질 덩어리 안의 각 원자에게 안쪽으로 가해지는 중력의 크기는 덩어리에 원자가 더해질 때마다 그만큼씩 더 커진다. 밀도가 일정할 때 구가 갖는 질량은 반지름의 세제곱에 비례하지만 중력의 크기는 역제곱 법칙에 따라 줄어든다. 따라서 물질 덩어리의 반지름이 커질 때 덩어리 표면의 중력은 3분의 2제곱씩 전기력을 '따라잡는다.' 36은 54의 3분의 2이므로 이것은 원자 10^{54}개가 한 덩어리를 이룰 때 중력이 우세해져 복잡한 분자가 부서진다는 뜻이다.

원자 10개로 이루어진 물체부터 시작하여 100개, 1,000개 등 원자 수가 10배씩 많아질 때 그만한 크기에 해당하는 물체들을 생각해 보자. 24번째 물체는 크기가 각설탕만 할 것이고, 27번째는 커다란 포유동물만 할 것이며, 54번째는 목성만 할 것이고, 57번째는 태양만 할 것이어서 원자조차도 중력에 파괴되어 핵과 자유전자가 혼합된 플라스마 상태가 될 것이다. 이 로그 척도에서 인간은 거의 정확하게 원자와 별의 중간에 해당되는 크기를 지닌다. 이 물체 중 39번째는 지름이 약 1킬로미터인 바위와 같을 것이며, 우리 같은 생물체 세계는 각설탕과 커다란 바위의 중간에 있다고 보면 적절할 것이다. 이것이 대체로 찰스 다윈과 그 뒤를 이은 사람들이 자연선택에 의한 진화 이론을 확립할 때 탐구한 영역이다. 그러나 이 척도에서 우리 주위에서 볼 수 있는 복잡한 생명체들은 조금 더 깊은 차원에서 벌어지는 화학작용을 기반으로 하고 있다. 이 차원에서는 DNA가 생명의 핵심 구성 요소라는 것을 오늘날 우리는 알고 있다. DNA가 생명의 핵심으로 확인되기까지의 이야기는 20세기 과학에서 두 번째로 큰 주제이며, 양자물리학 이야기처럼 이 역시 거의 정확하게 새로운 세기의 여명기에 시작됐다. 다만 이 경우 새로운 발견의 선구였으나 소홀히 다뤄진 연구가 하나 있었다.

찰스 다윈과 19세기의 여러 진화 이론

1859년『종의 기원』이 출간되면서 일어난 커다란 논쟁을 시작으로 자연선택에 의한 진화 과정에 대한 이해는 19세기가 끝날 때까지 기껏해야 제자리걸음을 하거나 나아가 퇴보했다고까지 할 수 있을 것이다. 한 가지 이유는 앞서 살펴보았듯 진화에 필요한 시간 척도 문제였다. 이 문제는 20세기에 방사능을 이해하고서야 해결됐다. 그러나 비록 다윈을 비롯한 사람들이 진화에 필요한 긴 시간 척도를 위해 싸웠으나, 특히 윌리엄 톰슨(켈빈 경) 같은 물리학자들이 내놓은 강력한 주장에 밀려 다윈마저도 수세에 몰릴 정도가 됐다. 다른 한 가지 더욱 중요한 이유는 다윈과 그 시대 사람들이 한 세대에서 다음 세대로 특질이 전달되는 메커니즘 즉 상속 메커니즘을 이해하지 못했다는 것이다. 이 역시 20세기가 되고도 한참 지날 때까지 분명해지지 않는다.

상속에 관한 다윈 자신의 생각은 1868년 저서 『길들인 동식물의 변이*The Variation of Animals and Plants under Domestication*』 끝머리에 실린 장에서 처음 세상에 선보였다. 이것은 당시 많은 생물학자들의 사고방식을 나타내고 있지만 다윈이 내놓은 것이 가장 완전한 모델이다. 그는 자신의 모델에 '범생론(pangenesis)'이라는 이름을 붙였는데, 신체의 모든 세포가 관여한다는 뜻으로 그리스어 pan과 생식이라는 뜻을 전달하기 위한 genesis를 합친 이름이었다. 그의 생각은 체내의 모든 세포가 '작은 눈(gemmule)'이라는 작디작은 입자를 만들고, 이것이 몸을 타고 이동하여 생식세포인 난자나 정자 안에 보관되어 있다가 다음 세대로 전달된다는 것이었다. 이 모델에는 혼합유전이라는 생각도 포함되어 있었는데, 이것은 두 개체가 결합하여 자식을 낳을 때 자식에게 부모의 특질이 혼합되어 나타난다는 가설이다. 오늘날의 눈으로 보면 찰스 다윈 자신이 이 생각을 지지했다는 것이 놀랍다. 예를 들어 키가 큰 여자와 키가 작은 남자의 아이들은 그 중간 정도 키로 자라난다는 뜻이기 때문이다. 이것은 자연선택에 의한 진화의 기본 주장과는 완전히 어긋난다. 자연선택이 이루어지려면 개체 사이에 변이가 있어서 선택이 가능해야 하는데, 혼합유전에서는 몇 세대가 지나면 모든 자손이 똑같아지기 때문이다. 다윈이 이런 가설을 고려했다는 사실 자체가 당시 생물학자들이 유전을 얼마나 제대로 이해하지 못하고 있었는지를 보여 준다. 이런 상황을 배경으로 다윈은 『종의 기원』을 개정할수록 라마르크주의 쪽으로 기울어졌고, 그러는 사이 그의 반대쪽에 있는 사람들은 진화는 자연선택 이론에서 처음 말한 것과 같은 작디작은 단계로 일어날 수 없다고 주장했는데, 예컨대 원시 기린처럼 목이 사슴보다 길지만 나무 꼭대기에는 닿지 않는 중간 형태일 때는 생존이 불가능하겠기 때문이라고 했다.* 세인트 조지 잭슨 미버트St George Jackson Mivart(1827~1900)라는 화려한 이름의 영국인을 비롯하여 다윈을 비판하는 사람들은 진화가 일어나려면 한 세대에서 다음 세대로 넘어갈 때 신체 구조가 갑자기 달라져야, 즉 사실상 사슴이 기린을 낳아야 한다는 의견을 내놓았다. 그러나 이들 역시 하느님의 개입 말고는 이렇게 되는 메커니즘을 내놓지 못했다. 다윈은 생식에서 개개 세포가 중요하다는 것을 강조하고 심지어 정보를 한 세대에서 다음 세대로 전달하는 작디작은 '입자'가 생식세포에 들어 있다고 생각했으므로 적어도 방향은 제대로 잡은 셈이었다.

생명에서 세포의 역할
세포분열

생물의 근본 구성 요소로서 세포가 하는 역할은 1850년대 말에 와서야 분명해졌다. 다윈이 자연선택에 의한 진화 이론을 더 넓은 독자층 앞에 내놓고 있던 무렵이다. 세포의 역할을 깨닫게 된 것은 주로 현미경 도구와 기술이 더 나아진 덕분이었다. 마티아스 슐라이덴Matthias Schleiden(1804~1881)은 1838년 모든 식물 조직은 세포로 이루어져 있다는 이론을 내놓았

* 이 반론이 어디가 틀렸는지를 자세히 살펴보는 것은 우리 이야기의 범위를 벗어난다. 사슴이 기린으로 바뀌는 과정에서 진화가 어떻게 작동하는지를 알고 싶으면 리처드 도킨스(Richard Dawkins)의 책 『눈먼 시계공*The Blind Watchmaker*』부터 읽을 것을 추천한다.

고, 그 이듬해에 테오도어 슈반 Theodor Schwann(1810~1882)은 여기에 동물까지 포함시키면서 모든 생물은 세포로 이루어져 있다고 했다. 이어 존 굿서 John Goodsir(1814~1867)를 비롯한 사람들이 세포는 다른 세포들이 분열하여서만 생겨난다는 생각을 내놓았고, 루돌프 피르호 Rudolf Virchow(1821~1902)가 이 생각을 받아들여 1858년에 출간된 저서 『세포 병리학 *Die Cellularpathologie*』에서 발전시켰다. 당시 베를린의 병리학교수이던 피르호는 "모든 세포는 기존 세포에서 유래된다"고 명확하게 못 박고, 이 사상을 자신의 의학 분야에 적용하여 질병은 비정상적 조건에 대한 세포(들)의 반응에 지나지 않는다는 의견을 내놓았다. 특히 그는 종양은 신체 속에 이미 존재하는 세포에서 유래한다는 것을 보여 주었다. 이것은 여러 면에서 어마어마하게 유익한 결과를 가져왔고 세포 연구에 관한 관심이 폭발적으로 늘어났다. 그러나 피르호는 자신의 이론을 모두 한쪽으로만 몰아갔고 '세균'에 의한 감염 이론에 강하게 반대했다. 또 자연선택에 의한 진화 이론도 거부했다. 따라서 그가 의학에 중요한 업적을 많이 남기고, 독일 제국 의회 의원으로(오토 폰 비스마르크에 반대했다) 활동하며, 1879년 호메로스의 트로이아 유적지를 발견한 고고학 발굴 연구에도 참여했지만, 우리가 다루고 있는 이야기에는 그가 더 이상 직접 기여한 것이 없다.

염색체의 발견과 상속에서 하는 역할

당시 사용하던 현미경 기술은 세포는 수분이 많은 젤리 주머니로서 그 한가운데에 핵이라는 물질 덩어리가 있다는 것을 보여 주는 데 충분하고도 남았다.

실제로 얼마나 기술이 좋았던지 1870년대 말 헤르만 폴Hermann Fol (1845~1892)과 오스카르 헤르트비히Oskar Hertwig(1849~1922)가 정자가 난자 속으로 뚫고 들어가는 것을 각기 독자적으로 관찰할 정도였다. 이들은 성게를 — 성게는 무엇보다도 귀중한 투명한 속성을 지니고 있다 — 가지고 연구하면서, 두 개의 핵이 합쳐져 하나의 새 핵을 형성하면서 부모 양쪽으로부터 온 물질(상속물질)이 결합하는 것을 현미경으로 관찰한 것이다. 1879년 또 다른 독일인 발터 플레밍 Walther Flemming(1843~1915)은 핵에는 실 같은 구조체가 있는데 그것이 염색물감을 잘 흡수한다는 것을 알아냈다. 이 물감은 현미경학자들이 세포를 물들여 그 구조가 도드라져 보이게 만들 때 쓰는 것으로, 세포 속의 이 실 같은 구조체는 염색체(chromosome)라 불리게 됐다. 플레밍과 벨기에인 에두아르 반 베네덴Edouard van Beneden(1846~1910)은 1880년대에 세포가 분열할 때 염색체가 복제되고 그것을 두 딸세포가 나눠 갖는 과정을 각기 독자적으로 관찰했다. 프라이부르크 대학교에서 일하던 아우구스트 바이스만August Weismann(1834~1914)은 1880년대에 이쪽 방향의 연구를 시작했다. 유전정보를 가지고 있는 것은 염색체라고 지적한 사람은 바로 바이스만으로, 그는 "유전은 한 세대로부터 다른 세대로 물질이 전달되면서 일어나며, 이 물질은 명확한 화학구조를 띨 뿐 아니라 무엇보다도 분자구조를 띠고 있다"고 했다.* 그는 이 물질에 '염색질(chromatin)'이라는 이름을 붙이고, 우리 같은 생물 종에서 일어나는 두 종류의 세포분열을 자세히 설명

* 영(David Young)의 『진화의 발견*The Discovery of Evolution*』을 재인용.

했다. 하나는 성장 발달과 관련된 세포분열로, 세포가 분열하기 전에 세포 안의 모든 염색체가 복제되기 때문에 각 딸세포는 원래 염색체와 똑같은 염색체를 한 벌 갖는다. 또 하나는 난자나 정자 세포를 만드는 세포분열로, 염색질의 양이 절반으로 나뉘기 때문에 그런 세포 두 개가 합쳐 새로운 개체로 발달할 잠재력을 갖출 때에야 완전한 염색체 한 벌을 갖게 된다.* 20세기 초에 이르러 바이스만은 생식에 관여하는 세포는 신체에서 일어나는 다른 작용에는 관여하지 않으며, 신체의 그 나머지 부분을 이루고 있는 세포들은 생식세포를 만들어 내는 일에 관여하지 않는다는 것을 보여 주었다. 따라서 다윈의 범생론은 확실히 틀렸고, 환경의 직접적 영향으로 한 세대에서 변이가 일어나 다음 세대로 전달된다는 라마르크주의 이론도 배제할 수 있었다. 그렇다고 해서 라마르크주의자들이 20세기가 되고서도 오랫동안 자신이 옳다고 주장하지 않은 것은 아니다. 나중에 방사선이 생식세포에 있는 DNA에 직접 손상을 가함으로써 오늘날 돌연변이라 부르는 것을 일으킬 수 있다는 사실이 발견됐지만 바이스만의 논점이 그 때문에 약화되지는 않았다. 그렇게 임의적으로 일어나는 변화는 거의 전부 해롭고, 그 영향을 받은 생물체의 자손이 환경에 더 밀접하게 적응하게 해 주지 않는 것이 확실하기 때문이다.

* 물론 이 모든 것은 유성생식에 해당되는 내용이다. 무성생식은 대체로 훨씬 간단해서 딸세포는 부모세포를 그대로 복제한다. (그렇지만 그리빈 외(Gribbin and Cherfas)의 『짝짓기 게임*The Mating Game*』도 참조.) 우리는 유성생식하는 종인 만큼 우리 이야기에서 중점적으로 다루는 것은 유성생식이다.

세포간 범생론 바이스만이 세포 안을 들여다보면서 유전정보를 가지고 있는 화학 단위체가 무엇인지 밝혀내려는 때와 비슷한 시기에 네덜란드의 식물학자 휘호 더프리스Hugo de Vries(1848~1935)는 특질이 한 세대로부터 다음 세대로 전달되는 방식을 알아내기 위해 세포 차원이 아니라 식물 개체 전체를 가지고 연구하고 있었다. 다윈이 죽은 지 겨우 7년 뒤인 1889년 더프리스는 저서『세포간 범생론*Intracellular Pangenesis*』에서 당시 드러나기 시작하고 있던 세포의 작용과 다윈의 생각을 접목시키고자 했다. 여기에다 식물에서 관찰한 상속의 작동 방식을 결합하여, 종의 전체적 특질은 많은 수의 단위 특질로 이루어져 있고, 각 단위 특질은 상속 인자 한 개를 담당하며, 대체로 서로 독립적으로 한 세대에서 다음 세대로 전달되는 것이 분명하다고 했다. 그는 다윈의 범생론 용어를 가져와 이 상속 인자에 '판겐(pangen)'이라는 이름을 붙였다. 바이스만을 비롯한 사람들이 이런 상속 인자를 만들어 내는 일에 신체 전체가 관여하지는 않는다는 것을 보여 주는 연구를 내놓은 이후 '판겐'에서 '판'은 어느 사이에 떨어져나가고 오늘날 유전자를 가리킬 때 익숙하게 듣는 용어 '겐(gen)', 영어로는 '진(gene)'이 만들어졌다. 이 용어는 덴마크인 빌헬름 요한센Wilhelm Johannsen(1857~1927)이 1909년 처음 사용했다.

그레고어 멘델: 유전학의 아버지 1890년대에 더프리스는 일련의 식물 육종 실험을 하면서 식물의 키라든가 꽃의 색 같은 특정 특질이 세대에서 세대로 어떻게 나타나는지를 꼼꼼하게 기록했다. 같은 시기에 잉글랜드에서 윌리엄 베이트슨William Bateson(1861~1926)이

비슷한 연구를 하고 있었다. 그는 나중에 상속의 작동 방식 연구에다 '유전학(genetics)'이라는 이름을 붙였다. 1899년에 이르러 더프리스는 자신의 연구를 출판할 준비가 되어 있었으며, 그러는 한편으로 자신의 결론이 연구의 역사에서 차지하는 자리를 올바로 설정하기 위해 과학 문헌을 조사했다. 이 시점에 이르러서야 그는 상속에 관해 자신이 내린 결론이 거의 모두 이미 출판돼 있다는 것을 알게 됐다. 그것은 모라바의 수도사 그레고어 멘델Gregor Mendel(1822~1884)이 1865년 브륀(오늘날 체코의 브르노)의 자연사학회에서 낭독 발표하고 그 이듬해에 학회 『회보』에 낸 두 편의 논문으로, 읽는 사람도 거의 없고 인용되는 경우는 더더욱 없었다. 더프리스가 이 사실을 알았을 때 그의 기분은 쉽게 상상할 수 있다. 약간은 부정직하다고도 보이지만 그는 자신의 연구 결과를 1900년 초에 두 편의 논문으로 출간했다. 처음 것은 프랑스어로 썼는데 멘델을 언급하지 않았다. 그러나 독일어로 쓴 두 번째 논문에서는 거의 전적으로 이 선배 연구자의 공로를 인정하면서 이렇게 적었다. "이 중요한 연구 논문은 인용되는 예가 거의 없어 나 자신도 내 실험이 거의 마무리되고 위와 같은 내용을 독자적으로 추론한 뒤에야 알게 됐다."* 그러고는 다음과 같이 요약했다.

> 이를 비롯하여 수많은 실험을 바탕으로 내가 내린 결론은 멘델이 완두에서 발견한 변종 분리 법칙은 식물계에서 매우 일반적

* 일티스(Hugo Iltis)의 번역을 인용했다.

으로 적용되며 또 종의 특질을 구성하는 단위 특질 연구에서 근본적으로 중요하다는 것이다.

이것은 시기가 무르익은 생각임이 분명했다. 독일에서 비슷한 방향에서 연구하고 있던 카를 코렌스Carl Correns(1864~1933)도 막 멘델의 논문을 발견한 참이었고, 자신의 연구를 출판하려고 준비하고 있을 때 더프리스의 프랑스어 논문을 한 부 건네받았다. 오스트리아에서 에리히 체르마크 폰 자이제네크Erich Tschermak von Seysenegg(1871~1962)도 비슷한 운명을 겪었다.* 이런 상황이 전체적으로 가져온 결과는 상속의 유전적 기반이 이내 확고하게 자리를 잡고 또 관련된 기본 원리를 재발견한 세 사람 모두가 멘델을 상속 법칙의 진정한 발견자로 인정했다는 것이다. 이것은 틀림없는 사실이지만, 멘델이 먼저임을 이렇게 즉각적으로 인정한 것을 전적으로 사심 없는 아량에서 우러난 행동으로 보아서는 안 된다. 따지고 보면 1900년에 이것을 '발견'했노라고 주장하는 사람이 셋인 상황에서, 지금은 죽고 없는 선배를 모두 인정하는 쪽이 누가 먼저인가를 두고 세 사람이 직접 논쟁을 벌이는 쪽보다 나았다. 그렇지만 여기서 역사적으로 배울 중요한 교훈이 하나 있다. 1890년대에는 시기가 무르익어 있었고, 핵의 존재를 확인하고 염색체를 발견함으로써 기초가 다져져 있었기 때문에 여러 사람이 비슷한 것을 각기 독자적으로 발견했다는 것이다. 핵 자체가 다윈과 월리스의 공동 논문이 린네학회에서 낭

* 체르마크는 당시 26세의 대학원생이었다. 멘델의 논문을 독자적으로 발견한 것은 확실하지만, 그가 과학에 남긴 업적은 더프리스와 코렌스에 비하면 그다지 크지 않다.

독 발표된 것과 같은 해인 1858년에야 확인됐고 멘델의 연구 결과는 1866년에 출간됐다는 것을 기억해야 한다. 멘델의 연구는 발상이 훌륭했지만 시대를 앞질렀다. 그래서 사람들이 실제로 세포 안에서 '상속 인자'들과 그것들이 분리됐다가 재조합되어 새로운 유전 정보 꾸러미를 만드는 방식을 실제로 보기까지 그 자체로는 거의 이해되지 않았다. 그러나 결과적으로 멘델의 연구가 19세기 후반 생물과학의 발전에 아무 영향도 주지 않은 것은 사실이지만, 멘델에 대한 약간의 오해도 정리할 겸, 또 간과되는 때가 많지만 그의 연구가 지니는 정말로 중요한 측면도 강조할 겸 그가 한 연구를 잠시 살펴보는 것이 좋겠다.

멘델은 수사복 차림의 시골 원예가가 운 좋게 중요한 발견을 해낸 경우가 아니었다. 그는 훈련받은 과학자로서 자신이 하는 일을 정확히 알고 있었고, 물상과학의 엄격한 방법을 생물학에 적용한 최초의 인물에 속한다. 멘델은 1822년 7월 22일 당시 오스트리아 제국에 속해 있던 모라바의 하인젠도르프(오늘날 체코의 힌치체)에서 태어나 요한이라는 이름으로 세례를 받았다. 그레고어라는 이름은 수도회에 들어가면서 정한 이름이다. 그는 보기 드물게 영리한 아이였지만, 가난한 농부 집안 출신이었으므로 똑똑한 이 소년을 고등학교(김나지움)를 보내고 다시 올뮈츠(오늘날 올로모우츠)의 철학학교에서 대학 입학을 위한 2년 동안의 준비 과정을 마치게 하는 것이 그들이 할 수 있는 전부였다. 그러나 형편이 닿지 않아 정작 대학교는 다닐 수 없게 되자 멘델은 1843년 공부를 계속할 수 있는 유일한 수단으로서 수도회에 들어갔다. 그에게 수도회를 권한 사람은 브륀에 있는 성 토머스 수도원의 원장이었다. 원장 시릴 프란츠 나프Cyrill Franz Napp(1792~1862)는 수도원을 일류 지식 중심지로 탈바꿈시키는 일을 진행하고 있었고, 수도원 사제 중에는 식물학자, 천문학자, 철학자, 작곡가 등 수도원 담장 밖에서 명성이 높은 사람들이 포함돼 있었다. 능력은 있지만 달리 그 능력을 발휘할 기회가 없는 영리한 젊은이들을 수도원의 사색가 공동체에 모아들이려 열심이던 나프 수도원장은 올뮈츠에서 멘델을 가르친 물리학교수로부터 멘델을 소개받았다. 교수는 브륀에서 일한 적이 있는 사람이었다. 멘델은 1848년 신학 공부를 마치고 처음에는 근처 김나지움에서, 나중에는 기술대학에서 임시교사로 일했는데, 시험 신경과민이 너무 심해 시험에서 계속 떨어졌지만 합격했더라면 그곳에서 정규직으로 일했을 것이다.

멘델은 뛰어난 능력을 보였기 때문에 수도원에서는 1851년 29세인 그를 크리스티안 도플러Christian Doppler(1803~1853)가 물리학교수로 있는 빈 대학교에 보내 공부하게 했다. 요한 슈트라우스 2세가 1851년에 26세였으므로 이 시기의 이 도시를 또 다른 각도에서 바라볼 수 있을 것이다. 수도원을 떠나 이 특권을 누릴 기간이 2년뿐이었지만, 그 기회를 최대한 살려 실험물리학, 통계학, 확률, 화학의 원자 이론, 식물생리학 등을 공부했다. 학위는 받지 않았다. 수도원장이 바란 것도 학위가 아니었다. 그는 교사로서 맡은 역할을 위해 그 어느 때보다도 훌륭하게 실력을 갖춘 상태로 브륀으로 돌아왔다. 그러나 이것으로는 과학 지식을 위한 갈증을 채우기에 부족했다. 멘델은 1856년부터 완두에서 상속이 작용하는 방식을 집중적으로 연구하기 시작

37. 그레고어 멘델.

했다.* 그로부터 7년 동안 꼼꼼하고 정확하게 실험한 끝에 상속의 작동 방식을 발견해 냈다. 그에게는 수도원의 소채원에 길이 35미터에 너비 7미터 크기의 땅, 온실, 그리고 교사와 종교적 의무를 다하고 남는 시간 전부가 있었다. 그는 약 28,000포기를 가지고 연구했고, 그중 12,835포기를 꼼꼼하게 관찰했다. 각 포기를 고유한 개체로 구분하고 그 후손을 인간의 가계도처럼 추적했는데, 이전에 생물

* 그가 완두를 고른 것은 완두는 번식에서 잘 드러나는 독특한 특질을 지니고 있어서 통계적으로 분석할 수 있다는 것을 알았기 때문이다.

학자들이 변종들을 한꺼번에 심어 놓고 그 결과 뒤죽박죽 생겨나는 잡종들을 가지고 그 의미를 이해하려 하거나 단순하게 야생에서 식물을 관찰하던 방식과는 판이하게 달랐다. 특히 이것은 멘델이 실험 식물을 하나하나 손으로 수정해야 했다는 뜻이다. 그는 고유정보를 알고 있는 포기로부터 꽃가루를 받아 고유정보를 알고 있는 다른 포기의 꽃에 묻히고 그것을 꼼꼼하게 기록해 두는 식으로 실험했다.

멘델의 유전법칙

멘델의 연구에서 종종 소홀히 취급되는 핵심적 부분은 그가 물리학자처럼 연구했다는 사실이다. 재현 가능한 실험을 하고, 무엇보다도 결과를 분석할 때 그가 빈에서 배운 대로 제대로 된 통계기법을 적용했다. 그의 연구가 보여 준 것은 식물에는 전체적으로 형태적 속성을 결정하는 뭔가가 있다는 사실이다. 그 '뭔가'는 오늘날의 이름으로 유전자이다. 유전자는 쌍으로 존재한다. 따라서 멘델이 연구한 예 하나를 보면 완두콩이 매끈하게 되는 **매** 유전자가 있고 쭈글쭈글해지는 **쭈** 유전자가 있으나, 개체는 **매매**, **쭈쭈**, **매쭈**라는 세 가지 조합 중 하나를 가지게 된다. 그렇지만 개개의 포기에서는 유전자 쌍에서 한쪽만 표현되는데 이것을 오늘날 '표현형(phenotype)'이라 부른다. 만일 어떤 포기가 **쭈쭈**나 **매매**를 가지고 있으면 그 포기는 해당 유전자를 사용하는 길밖에 없으므로 쭈그러진 완두콩 또는 매끈한 완두콩이 달린다. 그런데 **쭈매** 조합을 가지고 있으면 그 포기에 반은 쭈그러진 완두콩이 달리고 반은 매끈한 완두콩이 달릴 것이라고 생각하기 쉽다. 그러나 그렇게 되지 않는다. 표현형에서 **쭈**는 무시되고 **매**만 표현된다. 이럴 때 **매**는 우성이고 **쭈**는 열성이라고 말한다. 멘델은 통계를 바탕으로 이 모든 것을 알아냈다. 열성과 우성의 경우 **쭈쭈** 포기(언제나 쭈그러진 완두콩이 달리는 가계의 포기)를 **매매** 포기(언제나 매끈한 완두콩이 달리는 가계의 포기)와 교배하니 자식의 75퍼센트는 매끈한 완두콩이고 25퍼센트만 쭈글쭈글하더라는 관찰 결과에서 출발한다. 그 이유는 물론 **쭈매** 자식이 생겨나는 방식에는 **쭈매**와 **매쭈**라는 두 가지가 있으나 둘이 똑같기 때문이다. 따라서 다음 세대에서는 네 가지 표현형인 **쭈쭈**, **쭈매**, **매쭈**, **매매**라는 네 가지 개체가 고루 분포하는데 그중 **쭈쭈**만 콩이 쭈글쭈글할 것이다. 이것은 멘델을 비롯하여 훗날 더프리스, 베이트슨, 코렌스, 폰 자이제네크 같은 수많은 사람들이 연구에 사용한 분석 중 가장 간단한 것에 지나지 않는다. 또 여기서는 제1대만 들여다보았을 뿐이지만, 멘델은 실제로 '손자'와 그 이후 세대까지 범위를 넓혀 통계를 냈다. 멘델은 유전에서 부모 양쪽의 특질이 혼합되는 게 아니라 각각으로부터 특질을 개별적으로 가져오는 식으로 작용한다는 것을 최종적으로 보여 주었다. 1900년대 초에 이르러 컬럼비아 대학교의 월터 서턴Walter Sutton(1877~1916) 같은 사람들의 연구 덕분에 유전자는 염색체에 있고 염색체는 부모 양쪽으로부터 하나씩 물려받은 쌍으로 존재한다는 것이 분명해졌다. 성세포를 만드는 세포분열에서는 이 쌍이 나뉜다. 그러나 나뉘기 전에 쌍을 이루는 염색체의 물질이 토막토막 끊어지고, 끊어진 토막이 맞교환됨으로써* 다음 세대로 전달할 유전자의 새로운 조합이 만들어진

* 염색체의 '교차(crossover)'라고 한다. (옮긴이)

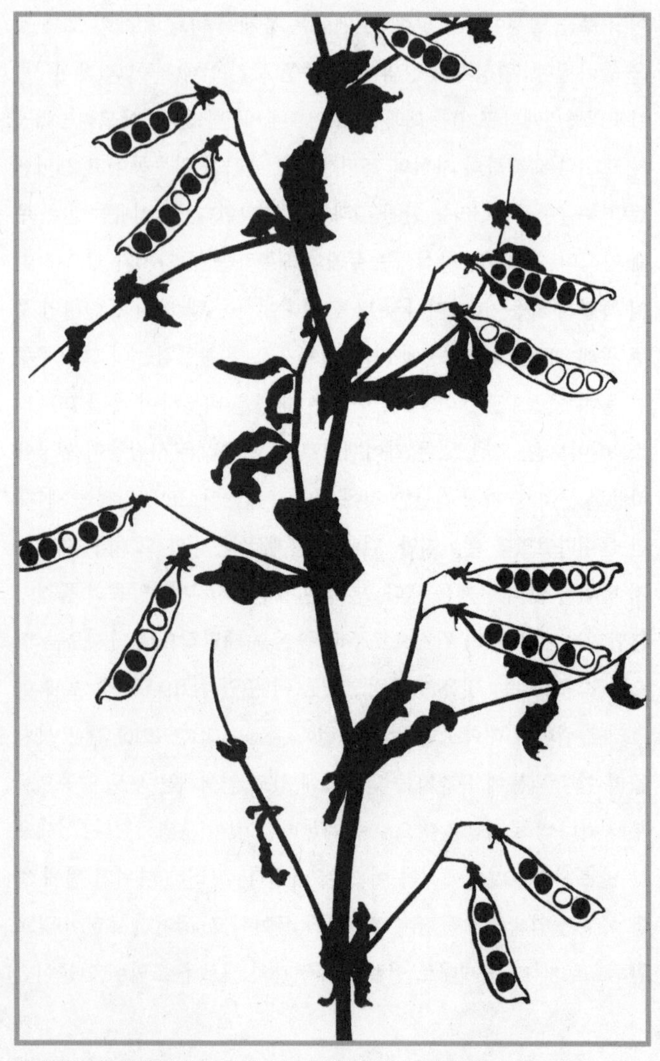

38. 멘델이 상속에 관해 썼으나 묻혀 버린 논문의 내용 한 가지를 설명하는 완두 그림.

다는 것이 오늘날 밝혀져 있다.

멘델의 발견은 그가 42세이던 1865년 브륀의 자연사학회에서 발표됐으나, 당시 통계학을 이해하는 생물학자가 거의 없었던 만큼 그 내용을 다들 이해하지 못했다. 멘델은 편지를 주고받던 다른 생물학자들에게도 이 논문을 보냈지만 당시에는 그 중요성을 제대로 이해하지 못했다. 어쩌면 멘델은 자신의 연구를 더 열심히 알리고 더 관심을 받게 할 수도 있었겠지만, 1868년 시릴 프란츠 나프가 죽자 그레고어 프란츠 멘델이 그 뒤를 이어 수도원장에 선출됐다. 새로 맡은 임무 때문에 과학을 위해서는 시간을 거의 낼 수 없었다. 그는 1884년 1월 6일까지 살았지만, 1869년 그가 46세가 됐을 때 식물 육종 실험은 본질적으로 방치 상태에 들어가 있었다.

염색체의 확인과 아울러 20세기 초에 멘델의 유전법칙이 재발견된 것은 분자 차원에서 진화의 작동 방식을 이해하기 위한 열쇠가 됐다. 그 다음 커다란 한 걸음은 미국인 토머스 헌트 모건Thomas Hunt Morgan(1866~1945)이 내디뎠다. 그는 1866년 9월 25일 켄터키주 렉싱턴에서 태어나 1904년 컬럼비아 대학교의 동물학교수가 됐다. 모건은 유명한 집안 출신이었다. 어머니의 외할아버지는 미국 국가를 지은 프랜시스 스콧 키Francis Scott Key이고, 아버지는 한때 시칠리아의 메시나에서 미국 영사로 일했으며, 삼촌 한 사람은 미국 남북전쟁 때 남부연합군의 대령이었다. 로버트 밀리컨이 아인슈타인의 광전효과 이론에 수긍할 수 없었던 것처럼 모건의 경우도 유효한 과학적 방법을 보여 주는 또 하나의 빛나는 예다. 그는 '인자'라는 것이 있어서 한 세대로부터 다음 세대로 전달된다는 생각을 바탕으로 하는 멘델의 유전이라는 것 전체에 대해 의심을 품고 있었다. 그런 인자가 염색체에 들어 있을 가능성은 있었지만 모건은 확신할 수 없었고, 그래서 멘델이 발견한 간단한 법칙은 기껏해야 특정 식물의 몇몇 단순한 속성에만 적용되는 특수한 경우에 지나지 않으며 생물세계 전반에 적용할 수는 없다는 것을 증명할 생각으로 1908년 무렵부터 실험을 시작했다. 그리고 이 일련의 실험으로 1933년 노벨상을 받게 된다.

염색체 연구

연구를 위해 모건이 택한 생물체는 작디작은 초파리 드로소필라(*Drosophila*)였다. 학명이 가리키는 뜻은 '이슬 애호자'이지만, 초파리가 썩어가는 과일에 끌리는 것은 이슬 때문이 아니라 발효 중인 효모 때문이다. 식물이 아니라 곤충을 가지고 연구할 때는 여러 가지 어려움이 따르지만, 그럼에도 불구하고 드로소필라는 상속을 연구하는 사람들에게 한 가지 뛰어난 장점이 있다. 멘델은 육종 실험의 매 단계에서 다음 세대의 완두콩을 검사하기 위해 1년을 기다려야 했다. 그러나 몸길이가 3밀리미터 정도밖에 되지 않는 이 작은 초파리는 2주에 한 번씩 새 세대가 태어나고 암컷은 한 번에 알을 수백 개씩 낳는다. 게다가 알고 보니 드로소필라는 염색체를 네 쌍만 가지고 있었다. 이것은 순전히 운이었다. 그렇지 않았더라면 특질이 한 세대에서 다음 세대로 전달되는 방식을 모건이 조사할 때 훨씬 더 어려웠을 것이다.*

* 인간은 염색체를 23쌍 가지고 있지만, 염색체의 수와 표현형의 복잡도 사이의 관계는 그리 단순하지 않다. 양치류 식물 중에는 세포마다 염색체가 300쌍이 넘는 종도 일부 있다.

이런 염색체 중 한 쌍은 유성생식하는 모든 종에서 특별한 의미를 지닌다. 대부분의 염색체 쌍은 두 짝이 서로 모양이 비슷하지만 성을 결정하는 쌍은 두 짝의 생김새가 뚜렷하게 다르고, 이 생김새 때문에 이들은 X와 Y 염색체라는 이름으로 불린다. 그러므로 개체는 XX, XY, YY라는 세 가지 조합 중 하나를 갖게 될 거라는 생각이 들지도 모른다. 그러나 암컷의 경우 세포에는 언제나 XX 쌍이 들어 있는 반면 수컷에는 XY 조합이 들어 있다.* 따라서 새 개체는 어머니로부터 X 염색체를 물려받아야 하고 아버지로부터는 X 또는 Y를 물려받을 수 있다. 아버지로부터 X를 물려받으면 그 개체는 암컷이 되고 Y를 물려받으면 수컷이 된다. 이 모든 것에서 중요한 것은 드로소필라는 일반적으로 눈이 빨간색인데 모건이 실험한 초파리 중 눈이 흰 변종이 있었다는 것이다. 꼼꼼하게 교배하고 그 결과를 통계적으로 분석한 결과 초파리의 눈 색에 영향을 주는 유전자는 X 염색체에 존재하는 것이 분명하며 열성이라는 것이 드러났다. (모건은 염색체라는 용어를 이내 받아들여 퍼트렸다.) 특정 유전자의 여러 변종은 대립유전자(allele)라 부르는데, 수컷의 경우 하나뿐인 X 염색체에 이 변종 유전자가 있으면 눈이 흰색이었다. 그러나 암컷의 경우 해당 대립유전자가 두 X 염색체 모두에 있어야 흰색 눈이라는 특질이 표현형에 나타났다.

이 첫 결과에 고무된 모건은 1910년대에도 연구생들로 이루어진 연구진과 협력하며 실험을 계속했다. 이들은 연구 결과 염색체에는

* 몇몇 종에서는 이것이 정반대 양상을 띠며, 그 밖에도 특이한 사례가 있지만 우리 이야기에서는 중요하지 않다.

줄에 구슬이 달려 있는 것처럼 유전자가 늘어서 있고, 쌍을 이루고 있는 염색체가 정자나 난자 세포를 만드는 과정 동안 토막토막 끊어졌다 다시 합쳐져 새로운 대립유전자 조합을 만든다는 것을 입증했다. 염색체 상에서 서로 멀리 떨어져 있는 유전자는 유전자 교차와 재조합이 일어나는 동안 서로 떨어질 가능성이 더 높고, 염색체 상에서 가까이 붙어 있는 유전자들은 서로 떨어지는 경우가 드물다. 이 결과를 비롯하여 수많은 작업에 공을 들인 끝에 염색체를 따라 배치돼 있는 유전자의 순서를 지도로 그려 낼 수 있는 기초가 마련됐다. 물론 20세기 후반 들어 점점 좋아진 기술을 사용하여 이 방면에서 이루어져야 하는 연구가 매우 많이 남아 있었지만, 멘델 유전과 유전학 전체가 마침내 성년이 된 때는 모건이 동료 앨프리드 스터트번트Alfred Sturtevant(1891~1970), 캘빈 브리지스Calvin Bridges(1889~1938), 허먼 멀러Hermann Muller(1890~1967)와 함께 이제는 고전이 된 책 『멘델 유전의 메커니즘*The Mechanism of Mendelian Heredity*』을 출간한 1915년으로 잡으면 편리하다. 모건 자신은 계속해서 1926년 『유전자 이론*The Theory of the Gene*』을 썼고, 1928년 캘리포니아 공과대학교로 자리를 옮겼으며, 1933년 노벨상을 받았고, 1945년 12월 4일 캘리포니아의 코로나델마에서 세상을 떠났다.

자연선택에 의한 진화는 선택 가능한 개체가 다양할 때에만 작동한다. 따라서 모건과 동료들이 알아낸 것처럼 생식 과정에서 유전적 가능성이 지속적으로 되섞임으로써 다양성이 생겨난다는 사실에서 유성생식하는 생물 종이 환경 조건 변화에 그렇게나 잘 적응하는 이유도 설명된다. 무성생식하는 종도 진화하지만 그보다 훨씬 느리다. 예컨대 인간의 경우 표현형을 결정하는 유전자가 30,000가지쯤 된다. 인간 전체를 통틀어 이 중 93퍼센트를 약간 웃도는 수의 유전자가 동형접합이다. 동형접합은 쌍을 이루는 염색체가 가지고 있는 두 대립유전자가 똑같다는 뜻이다. 두 대립유전자가 서로 다른 이형접합은 7퍼센트가 채 되지 않는데, 이것은 무작위로 개인을 골랐을 때 염색체 쌍이 가지고 있는 해당 유전자의 두 대립유전자가 서로 다를 가능성이 있다는 뜻이다. 이처럼 다른 대립유전자는 나중에 더 자세히 다룰 돌연변이 과정에서 생겨나, 어떤 유리한 점이 있는 때를 제외하면 표현형에 거의 아무런 영향도 주지 않고 가용 유전자로서 가만히 남아 있다. 불리한 결과를 가져오는 돌연변이는 이내 사라지는데 이것이 바로 자연선택이다. 어떤 유전자는 대립유전자가 두 가지가 넘는다. 2,000쌍 정도의 유전자에 적어도 두 가지 대립유전자가 있으므로 두 개인이 서로 다를 수 있는 조합이 2의 2,000제곱(2^{2000})가지*가 있다는 뜻이다. 이것은 너무나도 큰 숫자라 다음 장에서 보게 될 천문학적 숫자조차도 이에 비하면 시시해 보일 정도다. 이것은 똑같은 수정란에서 태어나기 때문에 유전자형이 똑같은 쌍둥이를 제외하면 지구상에서 유전적으로 똑같은 사람이 없다는 뜻일 뿐 아니라, 이제까지 지구상에서 살았던 사람을 통틀어도 유전적으로 서로 똑같은 사람은 없었다는 뜻이다. 이것을 보면 자연선택이 작동하는 다양성이 어느 정도인지 짐작이 갈 것이다. 1915년 이후 염색체, 성, 재조합, 유전 등의 본질이 점점 더 분명해지면서 더 깊은 차

* 603자리 숫자다. (옮긴이)

원 즉 핵과 염색체 자체 안에서 무슨 일이 벌어지는가 하는 것이 중대한 질문이 됐다. 이 질문에 답하려면 과학자들이 분자 차원에서 생명의 비밀을 탐구하는 사이에 양자물리학이 어디까지 발전했는지 알아야 한다. 그러나 DNA의 이중나선으로 이어지는 첫걸음은 그보다 거의 반세기 전에 확연히 구식 방법으로 내디뎠다.

핵산의 발견

저 첫걸음을 내디딘 사람은 스위스의 생물화학자 프리드리히 미셔Friedrich Miescher(1844~1895)였다. 역시 이름이 프리드리히인 아버지는 1837년부터 1844년까지 바젤에서 해부학 및 생리학교수를 하다가 베른으로 옮겨 갔고, 어린 프리드리히 미셔의 외삼촌 빌헬름 히스Wilhelm His(1831~1904)도 1857년부터 1872년까지 바젤에서 해부학 및 생리학교수로 일했다. 어린 미셔는 열세 살 위인 외삼촌으로부터 특히 크게 영향을 받아, 바젤에서 의학을 공부한 다음 튀빙겐 대학교에 가서 1868년부터 1869년까지 펠릭스 호페자일러Felix Hoppe-Seyler(1825~1895) 밑에서 유기화학을 공부했다. 이어 라이프치히에서 한동안 지낸 다음 바젤로 돌아왔다. 히스가 1872년 바젤을 떠나 라이프치히로 가자 그가 맡았던 과목은 해부학과 생리학으로 나뉘어 두 사람이 맡게 됐다. 그중 생리학 과목을 젊은 미셔가 맡았는데, 그가 히스의 친척이라는 점도 작용한 것이 분명하다. 그는 51번째 생일로부터 사흘 뒤인 1895년 8월 16일 결핵으로 죽을 때까지 그 교수직을 지켰다.

미셔가 튀빙겐에 가서 공부한 것은 세포의 구조에 관심이 있기 때문이었다. 세포에 관심을 갖게 된 것은 외삼촌 덕분이며, 당시 생물학 연구에서 주류 중의 주류에 해당되는 분야였다. 호페자일러는 세포의 작용에 깊이 관심을 가지고 있었고, 오늘날 생물화학이라 부르는 분야 최초로 전용 실험실을 만들었을 뿐 아니라 루돌프 피르호의 조수로 일한 적도 있었다. 미셔가 튀빙겐에 갔을 때는 살아 있는 세포는 오로지 다른 살아 있는 세포로부터 만들어진다는 신조를 피르호가 내놓은 지 채 10년도 되지 않은 때라는 것을 기억하기 바란다. 미셔는 무엇을 자신의 첫 연구 주제로 삼을지를 두고 호페자일러와 의논한 뒤 인간의 백혈구 세포를 연구하기로 결정했다. 보기에는 그다지 좋지 않았지만 실질적 관점에서 볼 때 백혈구 연구에는 커다란 장점이 있었는데, 근처에 있는 외과로부터 고름을 잔뜩 머금은 붕대를 대량으로 확보할 수 있다는 것이었다. 단백질은 신체에서 가장 중요한 조직 구조 물질이라는 것이 이미 알려져 있었고, 미셔의 연구를 통해 세포의 화학작용에 관여하는 단백질, 따라서 생명의 열쇠가 되는 단백질을 밝혀낼 것이라는 기대가 있었다. 미셔는 붕대에서 완전한 세포를 손상 없이 씻어 낸 다음 화학적으로 분석하는 데 따르는 어려움을 극복하면서, 세포 전체에서 핵 바깥 공간을 채우고 있는 물 같은 세포질에 정말로 단백질이 많이 들어 있다는 것을 이내 알아냈다. 그러나 더 연구한 결과 세포에는 그 말고도 다른 것이 있다는 것을 알 수 있었다. 그는 세포질에 해당하는 바깥 부분의 물질을 모두 제거하고 손상되지 않은 핵을 많이 모았는데 이 자체도 그때까지 누구도 해내지 못한 일이었다. 이로써 미셔는 핵의 성분을 분석할 수 있었고, 그 결과 단백질과는 성분이 상당히 다르다는 것을 알아냈다. 이 물질을 그는 '핵질(nuclein)'이라 불렀다. 다른 유기분자처럼 핵질에는 탄소, 수소, 산소, 질소가 많이 들어 있었다. 그러나 또 어떤 단백질과도 다르게 상당히 많은 양의 인이 들어 있다는 것을 알아냈다. 1869년 여름에 이르러 미셔는 이 새 물질은 세포핵에서 나온 것임을 확인했고, 고름에서 얻은 백혈구뿐 아니라 효모, 신장, 적혈구를 비롯한 다른 조직 세포에도 있다는 것을 밝혀냈다.

미셔의 발견 소식은 우리가 생각하는 만큼 떠들썩한 화젯거리가 되지 못했다. 실제로 호페자일러의 연구실 밖의 누군가가 그 소식을 들은 것은 한참 뒤의 일이었다. 1869년 가을 미셔는 라이프치히로 돌아와 자신이 발견한 내용을 적어 호페자일러가 편집하는 학회지에 내려고 튀빙겐으로 보냈다. 호페자일러는 연구 결과를 믿기가 어려워 시간을 끌면서 그의 발견을 확인하기 위해 학생 두 명에게 실험을 시켰다. 그러다가 1870년 7월 프로이센-프랑스 전쟁이 벌어졌고, 전쟁의 혼란 때문에 학회지의 출간이 늦어졌다. 미셔의 논문은 결국 1871년 봄에 미셔의 결과를 확증하는 연구와 나란히 출간됐고, 예기치 않은 상황으로 출간이 늦어졌다는 호페자일러의 설명도 함께 실렸다. 미셔는 바젤의 교수가 된 뒤에도 연어의 정자세포 분석을 중심으로 핵질 연구를 계속했다. 정자세포는 거의 전체가 핵이며 세포질은 거의 없는데, 내용물이 더 풍부한 난자세포의 핵과 융합하여 다음 세대를 위한 유전물질을 제공하는 것이 유일한 목적이기 때문이다. 연어는 어마어마한 양의 정자를 만들어 낸다. 산란장으로 가는 동안 신체 조직이 정자라는 생식 물질로 바뀌기 때문에 몸이 말라 들어간다. 실제로 미셔는 신체의 구조

단백질이 이처럼 분해되어 정자로 변환되는 것이 분명하다고 지적했다. 이 자체가 신체의 여러 부위가 분해되어 다른 형태로 재구성될 수 있다는 중요한 깨달음이었다. 그는 이 연구를 하는 동안 핵질은 커다란 분자로서 그 안에 여러 가지 산성기가 들어 있다는 것을 알아냈다. '핵산(nucleic acid)'은 미셔의 학생 리하르트 알트만Richard Altmann(1852~1900)이 1889년 이 분자를 가리키는 용어로 도입한 것이다. 그러나 미셔는 자신의 발견이 얼마나 중요한지 제대로 알지 못한 채 세상을 떠났다.

미셔는 사실상 모든 동료 생물화학자들과 마찬가지로 핵질에 유전정보가 들어 있을 수 있다는 것을 제대로 이해하지 못했다. 이들은 이 분자를 너무 가까이에서 들여다보고 있었기 때문에 세포가 작동하는 전체 그림이 눈에 들어오지 않았고, 비교적 단순해 보이는 이 분자들을 일종의 구조 물질로 보았다. 더 복잡한 단백질 구조체를 만들 때 사용되는 지지물 정도로 생각한 것이다. 그러나 염색체가 드러나는 새로운 염색 기법으로 무장한 세포 생물학자들은 세포가 분열될 때 유전물질이 어떻게 공유되는지를 실제로 볼 수 있었으므로 핵질의 중요성을 훨씬 빨리 깨달을 수 있었다. 1885년 오스카르 헤르트비히는 "핵질은 수정뿐 아니라 상속되는 특질의 전달에도 관여하는 물질"이라고 썼고,* 1896년 출간된 어느 책에서 미국의 생물학자 에드먼드 윌슨Edmund Wilson(1856~1939)은 다음과 같이 더 완

* 『예나 자연과학 저널*Jenaische Zeitschrift für Naturwissenschaft*』, volume 18, p. 276. 번역은 라거크비스트(Ulf Lagerkvist)로부터 가져왔다.

전하게 적었다.*

> 염색질은 상속이 일어나는 물리적 기반으로 보아야 한다. 이제 염색질은 핵질이라는 물질과 똑같지는 않더라도 매우 비슷하다는 것이 알려졌다. … 핵산(인이 풍부한 복합유기산)과 알부민의 화합물임이 확실하다고 할 수 있다. 그러므로 우리는 상속은 어쩌면 부모로부터 자식으로 특정 화합물이 물리적으로 전달됨으로써 일어나는 것일지도 모른다는 놀랄만한 결론에 다다른다.

그러나 윌슨의 "놀랄만한 결론"이 확인되기까지 가야 할 길은 꼬불꼬불하기 그지없었다.

DNA와 RNA를 향하여 그 길로 나아가는 것은 핵질의 구조를 확인하는 데 달려 있었으며, 관련된 분자의 기본 단위체는 미셔가 죽고 몇 년 안에 모두 확인됐고 일부는 그가 죽기 전에도 이미 확인돼 있었다. 다만 기본 단위체가 어떻게 합쳐지는지에 관한 자세한 내용은 아직 알아내지 못한 상태였다. DNA라는 이름이 유래한 단위체는 리보스(ribose)로, 탄소 넷과 산소 하나가 오각형 구조를 이루고 그 귀퉁이에 다른 원자 특히 수소-산소 쌍(OH)이 부착돼 있는 당이다. 이렇게 부착된 것들은 다른 분자로 대치될 수 있어서 리보스 단위체를 거기에 연결할 수 있다. 같은 방식으로 부착

* 『발생과 상속 안의 세포*The Cell in Development and Inheritance*』. 윌슨은 컬럼비아 대학교의 동물학교수였으며, 모건이 초파리 실험을 하게 될 곳의 학과장이었다.

되는 두 번째 단위체는 인을 함유하고 있는 분자 기(group)로서 인산기라 불린다. 오늘날 우리는 이 인산기가 리보스 오각형 사이에서 연결 고리 역할을 한다는 것을 알고 있다. 마지막으로 세 번째 단위체는 염기라 불리는데 다섯 가지 종류가 있다. 각기 구아닌, 아데닌, 시토신, 티민, 우라실이라 불리며, 대개 머리글자를 따 G, A, C, T, U로 간단하게 표시한다. 사슬을 이루고 있는 당의 고리에는 각기 염기가 하나씩 한쪽 옆에 붙어 있다는 것이 나중에 발견됐다. 리보스 오각형을 기반으로 하고 있으므로 이 분자 전체를 리보핵산(ribonucleic acid) 또는 머리글자를 따 RNA라 부른다. 1920년대 말에 이르러 이와 거의 똑같은 유형의 분자이지만 산소 원자가 하나 적은 — 리보스 구조 중 OH가 부착되어 있는 자리에 H가 부착돼 있는 — 분자가 확인됐는데, 이것은 데옥시리보핵산(deoxyribose nucleic acid) 즉 DNA라 불린다. RNA와 DNA의 또 한 가지 차이점은 두 핵산 모두 염기를 네 가지만 가지고 있지만 RNA는 G, A, C, U를 가지고 있고 DNA는 G, A, C, T를 가지고 있다는 것이다. 이 사실을 발견함으로써 핵질은 구조 분자에 지나지 않는다는 오해가 깊어졌고, 그래서 상속에서 핵질이 차지하는 역할을 제대로 이해하는 데 방해가 됐다.

테트라뉴클레오티드 가설

이 오해에 가장 책임이 큰 사람은 러시아 태생의 미국인 피버스 레빈Phoebus Levene(1869~1940)으로, 1905년 록펠러 연구소의 창립연구원으로서 은퇴할 때까지 그곳에서 일한 사람이다. 그는 RNA 단위체가 서로 연결되는 방식을 밝혀내는 데 주도적 역할을 했고 실제로 1929년에 결국 DNA 자체를 밝혀낸 사람이다. 그러나 이해할 수 있는 실수를 했고, 최고의 생물화학자라는 지위와 영향력 때문에 애석하게도 그 영향이 널리 퍼졌다. 그는 미셔가 핵질을 발견한 그해에 오늘날 리투아니아에 속하는 자가레라는 소도시에서 태어났다. 태어날 때는 피셸이라는 유대인 이름을 받았지만, 두 살 때 가족이 상트페테르부르크로 이사를 가면서 러시아식 이름인 표도르로 바뀌었다. 가족이 유대인 학살을 피해 1891년 미국으로 이민을 떠났을 때 원래 이름을 영어식으로 바꾸면 피버스가 되는 것으로 잘못 알고 그렇게 바꿨다. 시어도어라는 이름으로 바꿨어야 한다는 사실을 알게 됐을 때는 이름을 다시 바꾸는 게 그다지 의미가 없어 보였다. 레빈의 이해가 가는 실수는 비교적 많은 양의 핵산을 분석한 데서 비롯됐다. 이 연구에서 사용한 효모 세포에서 얻어 낸 것은 핵산 중에서도 RNA였고, 구성 단위체를 찾아내기 위해 이 핵산을 분해했더니 G, A, C, U가 거의 같은 양씩 들어 있었다. 이 때문에 그는 핵산은 네 가지 단위체가 앞서 언급한 방식으로 반복적으로 결합된 단순한 구조를 띠고 있다는 결론을 내렸다. 심지어 RNA 분자 하나에 네 가지 염기 중 하나만 들어 있는 것도 가능해 보였다. 이런 생각은 전체적으로 테트라뉴클레오티드 가설이라는 이름으로 알려지게 됐다. 그러나 가설로 취급하고 제대로 검증한 게 아니라, 레빈 세대와 그 직후 세대 연구자 중 너무나 많은 사람들이 거기에 정설이라는 지위를 부여하고 대체로 의심 없이 받아들였다. 단백질은 매우 다양한 아미노산이 여러 방식으로 결합되어 만들어진 매우 복잡한 분자라는 것이 알려져 있었으므로,

세포 안의 중요한 정보는 모두 단백질 구조 안에 들어 있고 핵산은 그저 단백질을 제대로 유지하기 위해 떠받치는 단순한 지지물에 지나지 않는다는 생각이 더욱 힘을 얻었다. 어쨌든 GACU라는 한 가지 낱말이 끝없이 반복된다 한들 그 '메시지' 안에 들어가는 정보는 매우 적다. 그렇지만 이미 1920년대 말에 이르러 핵산은 단순한 지지물이 아니라 뭔가가 더 있다는 생각이 들 만한 증거가 나타나기 시작하고 있었다. 그 첫 실마리는 레빈이 마침내 DNA 자체를 밝혀내기 한 해 전인 1928년에 나타났다.

실마리는 런던의 보건부에서 의무관으로 일하던 영국인 미생물학자 프레더릭 그리피스Frederick Griffith(1879~1941)의 연구에서 나왔다. 그는 폐렴을 일으키는 박테리아를 연구하고 있었을 뿐 유전에 관한 어떤 깊은 진실을 찾아내겠다는 생각은 전혀 없었다. 그러나 초파리가 완두보다 빠른 속도로 번식하고 따라서 상황이 적절할 때 유전이 작용하는 방식을 더 빨리 보여 주는 것과 마찬가지로, 박테리아 같은 미생물은 초파리보다 더 빨리 번식하면서 몇 시간 만에 몇 세대를 내려가기 때문에 드로소필라를 가지고 몇 년이 걸려야 드러날 수 있는 변화도 몇 주면 보여 줄 수 있었다. 그리피스는 폐렴구균 박테리아에 두 가지가 있으며, 하나는 독성이 강하여 종종 치명적인 병을 일으키는 반면 다른 하나는 해로운 영향을 거의 또는 전혀 주지 않는다는 것을 발견했다. 사람의 폐렴 치료에 도움이 될 만한 정보를 찾아낼 목적으로 쥐를 가지고 실험하던 중 그리피스는 위험한 형태의 폐렴구균은 열로 죽일 수 있으며, 이렇게 죽인 박테리아를 쥐에 주사해도 아무런 악영향이 일어나지 않는다는 것을 알아냈다. 그러나 죽은 박테리아를 치명적이지 않은 폐렴구균과 섞었더니 살아 있는 독성 폐렴구균만 주사한 때만큼이나 독성이 강했다. 그리피스 자신은 이렇게 되는 이유를 알아내지 못했고, 이 연구의 진정한 중요성이 명백해지기 전에 독일군의 런던 대공습 때문에 죽고 말았다. 그러나 1913년부터 뉴욕의 록펠러 연구소에서 폐렴 연구에 전념하고 있던 미국의 미생물학자 오즈월드 에이버리Oswald Avery (1877~1955)는 그리피스의 이 발견 때문에 연구 방향이 바뀌었다.

1930년대 동안, 그리고 1940년대에 들어 에이버리가 이끄는 연구진은 오랫동안 신중하고 꼼꼼하게 실험하면서 한 형태의 폐렴구균이 다른 형태의 폐렴구균으로 바뀌는 방식을 조사했다. 이들은 먼저 그리피스의 실험을 재현했고, 다음에는 치명적이지 않은 폐렴구균을 독성 균주를 열처리하여 죽인 세포가 들어 있는 표준 배양접시에서 키우는 것만으로도 충분히 독성이 있는 형태로 바꿀 수 있다는 것을 알아냈다. 죽은 세포로부터 살아 있는 폐렴구균에게 뭔가가 전달되어 그들의 유전 구조 안에 편입되어 들어가 구균을 변형시키고 있는 것이었다. 도대체 뭘까? 그 다음 단계는 폐렴구균을 얼렸다가 가열하여 세포를 부순 다음 원심분리기를 이용하여 고형물과 액체를 분리해 내는 작업이었다. 변형 인자가 무엇인지는 몰라도 불용성인 고형물이 아니라 액체에 들어 있다는 것을 알아내 조사 범위를 좁혀 들어갔다. 1930년대 중반까지 에이버리의 연구실에 들어오고 나간 사람들은 다들 이 모든 연구 때문에 바쁘게 지냈다. 이전까지 자기 연구실에서 연구를 감독하기는 했지만 직접 실험에 관여하지는 않았던 에이버리는 이 시점에 이르러 변형 인자가 무엇인지 밝혀내기 위한 총력전에 돌입하기로 결정하고 젊은 연구자 두 사람의 도움을 받아 실행에 옮겼다. 먼저 참여한 사람은 캐나다 태생인 콜린 매클라우드Colin MacLeod(1909~1972)이고, 인디애나주 사우스벤드 출신인 매클린 매카티Maclyn McCarty(1911~2005)는 1940년에 합류했다.

에이버리와 매클라우드와 매카티는 1928년 그리피스가 처음 관찰한 변형과 관련된 화학물질을 결정적으로 밝혀낸 논문을 1944년에야 비로소 내놓을 수 있었다. 그 원인은 에이버리가 세밀한 부분에 하나하나 꼼꼼하게 주의를 기울일 것을 고집했기 때문도 있고, 제2차 세계대전 때문에 연구가 방해를 받은 때문도 있고, 또 발견해낸 결과가 너무나 놀라워 믿기가 어려운 때문도 있었다.* 모두들 변형 물질은 당연히 단백질일 것이라고 여기고 있었으나, 이들은 그것이 DNA라는 것을 증명했다. 그러나 이들은 저 1944년 논문에서조차 DNA를 유전물질이라고 밝히는 데까지는 나아가지 않았다. 다만 그런 근본적 과학 연구에 관여하는 사람치고는 상당히 많은 나이인 67세가 된 에이버리는 동생 로이 에이버리Roy Avery에게 그와 비슷한 차원에서 추측하는 내용의 편지를 쓴 적은 있다.**

샤가프 법칙

그렇지만 볼 눈이 있는 사람에게는 거기 내포된 의미가 명백했고, 1944년 에이버리와 매클라우드와 매카티의 논문이 출간되자 거기 자극을 받은 어윈 샤가프Erwin Chargaff(1905~2002)

* 어쨌든 테트라뉴클레오티드 가설에 정면으로 위배되는 연구 결과가 나왔기 때문이다. 반면에 레빈은 1940년 사망할 때까지 록펠러에서 우뚝 솟은 존재로서 강력한 영향력을 발휘한 인물이었다.

** 저드슨(Horace Freeland Judson) 참조.

가 다음 주자로서 성화를 넘겨받아 그 다음 중요한 한 걸음을 내디뎠다. 샤가프는 빈에서 태어나 그리피스의 발견이 있었던 해인 1928년 그곳에서 박사 학위를 받고 예일 대학교에서 2년을 지낸 다음 유럽으로 돌아갔다. 유럽에서는 베를린과 파리에서 일했고, 다시 1935년 미국에 영구적으로 정착하여 컬럼비아 대학교에서 평생 동안 일했다. 샤가프는 DNA가 유전정보를 운반할 수 있다는 증거를 받아들이면서, DNA 분자에는 매우 다양한 유형이 있을 수밖에 없고 그때까지 생각한 것보다 더 복잡한 내부 구조를 지니고 있을 것이 분명하다는 것을 깨달았다.

샤가프와 동료들은 종이 크로마토그래피 기법(학창 시절 잉크를 거름종이에 찍어 놓고 잉크에 혼합돼 있는 여러 색소가 각기 다른 속도로 퍼져 나가는 것을 관찰한 실험이 크로마토그래피의 가장 간단한 형태다)과 자외선 분광 기법이라는 새로운 기법을 사용하여, DNA의 구성은 그들이 연구한 모든 종에서 똑같지만 세부적으로는 종마다 다르다는 것을 보여 줄 수 있었다. 다르기는 하지만 물론 모두 DNA였다. 그는 DNA의 종류는 생물 종의 종류만큼 있는 것이 분명하다고 보았다. 그러나 큰 척도로 볼 때 이처럼 다양하지만, 한편으로 DNA 분자가 지니는 이런 복잡한 면모 이면에는 어느 정도의 통일성도 있다는 것을 알아냈다. DNA 분자에서 발견되는 네 가지 염기는 두 종류로 나뉜다. 구아닌과 아데닌은 화학적으로 퓨린이라는 부류에 속하고, 시토신과 티민은 피리미딘에 속한다.

샤가프는 1950년에 논문을 출간하면서 나중에 샤가프 법칙이라는 이름이 붙은 내용을 발표했다. 샤가프 법칙은 첫째, DNA 시료 안에 있는 퓨린(G + A)의 양은 피리미딘(C + T)의 양과 언제나 똑같고, 둘째, A의 양은 T의 양과 언제나 똑같고 G의 양은 C의 양과 언제나 똑같다는 것이다. 이 법칙은 저 유명한 DNA의 이중나선 구조를 이해하는 데 필요한 한 가지 열쇠다. 그러나 이 구조가 어떤 식으로 유지되는지를 이해하려면 양자혁명에 이어 화학에서 어떤 발전이 있었는지 살펴볼 필요가 있다.

생명과 화학 닐스 보어의 연구에서 시작하여 1920년대에 정점에 다다른 양자물리학 덕분에 과학자들은 원소의 주기율표에서 나타나는 패턴을 설명하고 또 어떤 원자는 다른 원자와 곧잘 결합하여 분자를 만들지만 어떤 원자는 그러지 않는 이유를 이해할 수 있게 됐다. 여러 가지 모델의 세부는 원자에 있는 전자들 사이의 에너지 분포방식 계산을 바탕으로 하고 있고, 에너지는 원자가 외부 에너지의 영향을 받아 들뜬 상태에 들어가 있지 않는 한 언제나 원자의 전체적 에너지를 최소화하는 방식으로 분포돼 있다.

여기서 자세한 내용을 살펴볼 것 없이 바로 결론으로 넘어갈 수 있는데, 1920년대에 양자물리학이 발전하면서 그 근거가 점점 더 확실해지기는 했지만 보어의 원자 모델에서도 이미 그 결론은 명확했다. 가장 중요한 차이는 보어는 원래 전자를 작디작은 단단한 입자라고 생각한 반면, 완전한 양자 이론에서는 전자를 퍼져 있는 실체로 보고 한 개의 전자라도 원자핵을 파동처럼 에워쌀 수 있다고 생각한다는 점이다.

원자의 각 에너지 준위에 허용되는 전자의 개수는 전자의 양자 속성 때문에 한정돼 있는데, 엄밀하게 말하면 정확하지 않지만 이런 에너지 준위를 핵 둘레의 궤도에 해당한다고 생각할 수 있다. 화학자들은 이따금 이 에너지 상태를 '전자껍질(전자각, electron shell)'이라 부른다. 한 개의 껍질에 여러 개의 전자가 퍼져 있을 수 있기는 하지만 전자가 제각기 껍질 전체로 퍼져 있는 것으로 생각해야 한다. 알고 보니 껍질에 허용되는 전자의 개수를 다 채우는 쪽(닫힌 껍질)이 부분적으로 채우는 쪽보다 에너지 측면에서 선호된다는 것이 드러났다. 어떤 원소든 하나의 원자에서 가장 낮은 에너지 준위 즉 핵에 가장 가까운 껍질에는 전자가 두 개만 허용된다. 그 다음 껍질에는 여덟 개가 들어갈 수 있고 세 번째도 마찬가지다. 그 다음부터는 여러 가지 복잡한 문제가 생기는데 이 책의 범위를 벗어나므로 다루지 않기로 한다.

수소 원자의 경우 핵에 양성자가 한 개 있고 따라서 단 하나의 껍질을 단 하나의 전자가 차지하고 있다. 에너지 면에서 이것은 이 껍질에 전자가 두 개 있는 때에 비해 덜 바람직한 상태이며, 수소는 다른 수소 원자와 결합하여 각 원자가 상대방의 전자를 얼마간 공유하는 방식으로 타협하여 이 바람직한 상태에 더 가까워질 수 있다. 예컨대 수소 분자(H_2)에서 각 원자에 있는 한 개의 전자가 다른 원자의 전자와 쌍을 이루어 두 핵 모두를 둘러싸면서 껍질이 꽉 찬 것 같은 착각을 불러일으킨다. 그러나 헬륨은 하나뿐인 껍질에 이미 전자가 두 개 차 있어서 에너지 측면에서 매우 바람직한 원자의 '열반'에 도달해 있으므로 그 어떤 것과도 반응하지 않는다.

더 복잡한 원자로 옮겨 가, 그 다음 원소인 리튬은 핵에 양성자가 세

개 있고 따라서 전자 세 개가 구름을 이루고 있다. (대개는 또 중성자가 네 개 더 있다.) 이 중 두 개는 첫 번째 껍질에 들어가고, 나머지 한 개는 그 다음 껍질을 혼자 차지한다. 원자 대 원자에서 가장 두드러진 특징, 즉 원자의 화학적 속성을 결정하는 특징은 전자가 있는 껍질 중 가장 바깥 껍질이다. 리튬의 경우에는 가장 바깥 껍질을 전자 한 개가 차지하고 있고, 리튬이 반응성이 높고 화학적 속성이 수소와 비슷한 것은 이 외로운 전자를 공유하려는 성향이 강하기 때문이다. 리튬이 이 전자를 공유하는 방식은 잠시 뒤 살펴보기로 한다.

핵에 있는 양성자의 개수가 바로 그 원소의 원자번호다. 핵에다 양성자를 몇 개 추가하고 두 번째 껍질에 전자를 추가하면 네온이라는 원소에 이른다. 중성자도 있지만 중성자는 이런 차원의 화학에서는 본질적으로 아무 역할도 하지 않으므로 무시하기로 한다. 네온은 양성자 열 개와 전자 열 개를 가지고 있는데, 가장 안쪽 껍질에 두 개, 그 다음 껍질에 여덟 개가 있다. 헬륨처럼 네온은 불활성 기체다. 이쯤 되면 주기율표에서 여덟 개 단위로 반복되는 원소의 화학적 속성이 어디서 오는지 알 수 있을 것이다. 한 가지 예만 더 들면 충분하리라 본다. 네온에다 양성자와 전자를 하나씩 더하면 나트륨(소듐)이다. 나트륨은 안쪽 껍질 두 개가 완전히 채워져 있고 바깥 껍질을 전자 한 개가 차지하고 있다. 그래서 원자번호 11인 나트륨은 원자번호 3인 리튬과 화학적 속성이 비슷하다.

공유결합과 탄소화학

사실상 닫힌 껍질을 완성하기 위해 원자끼리 전자 쌍을 공유하며 결합한다는 생각은 처음에 관념적 근거에서 미국인 길버트 루이스Gilbert Lewis(1875~1946)가 1916년에 내놓았다. 이것은 공유결합 모델이라 부르는데, 가장 간단한 예를 보면 알 수 있겠지만 생명의 핵심에 있는 탄소화학을 묘사하는 데 특히 중요하다.

탄소는 핵에 양성자를 여섯 개 가지고 있고 중성자도 여섯 개 있다. 그리고 전자구름 속에 전자 여섯 개가 있는데, 그중 두 개는 늘 그렇듯 가장 안쪽 껍질에 자리 잡고 있고 나머지 네 개가 두 번째 껍질을 차지한다. 이것은 완전한 껍질을 만들기 위해 필요한 개수의 절반이다. 이 네 개는 각기 수소 원자 하나가 가지고 있는 전자와 쌍을 이룰 수 있으며, 그래서 한가운데에 있는 탄소 원자는 전자 여덟 개를 채웠다고 착각하고 바깥에 있는 수소 원자 네 개는 각기 전자 두 개를 채웠다고 착각하는 메탄(메테인, CH_4) 분자가 형성된다. 만일 제일 바깥 껍질에 전자가 다섯 개 있다면 중심에 있는 원자는 세 개의 결합만 이루면 닫힌 껍질이 완성될 것이다. 전자가 세 개 있다면 아무리 다섯 개의 결합을 이루고 싶다 해도 세 개의 결합밖에 이루지 못할 것이다. 어떤 원자든 최대 네 개의 결합까지 이룰 수 있다.* 그리고 중심핵에 가까운 껍질일수록 결합이 강하다. 바로 이것이 탄소가 화합물을 만드는 데 가장 뛰어난 이유다. 수소 원자 한두 개를 좀 더 색다른 원자나 다른 탄소 원자 혹은 인산기 등으로 바꿔 보면 탄소화학이 복잡한 분자를 매우 다양하게 만들어 낼 잠재력이 얼마나 큰지 알게 된다.

* 정상적 상황일 때 그렇다. 언제나 예외가 있게 마련이지만, 여기서 다룰 내용은 아니다.

이온결합 이론 그렇지만 원자가 결합을 이루는 방식에는 또 하나가 있다. 다시 리튬과 나트륨으로 돌아가면, 두 가지 모두 이런 식으로 결합을 이룰 수 있다. 여기서는 나트륨을 예로 들어 보자. 일상에서 매우 흔히 접하는 물질인 소금 즉 NaCl에서 이런 종류의 결합을 볼 수 있기 때문이다. 이 결합은 이온결합이라 부른다. 이 생각은 19세기가 20세기로 바뀔 무렵 여러 사람이 내놓았으나, 이 생각의 기초를 마련한 공로를 가장 크게 인정받아야 할 사람은 1903년 용액 속의 이온에 관한 연구로 노벨상을 받은 스웨덴인 스반테 아레니우스Svante Arrhenius(1859~1927)일 것이다. 앞서 살펴본 대로 나트륨에는 안쪽에 꽉 찬 껍질이 두 개 있고 그 바깥에 전자 하나가 혼자 있다. 이 전자 하나를 없앨 수 있으면 나트륨은 네온과 비슷한 전자 배치를 갖게 되는데 그쪽이 에너지 측면에서 더 유리하다. 물론 나트륨이 전자를 하나 잃는다고 해서 전자 배치가 네온과 똑같아지지는 않는다. 나트륨 핵에는 양성자가 하나 더 있어서 전자를 아주 약간 더 세게 끌어당기기 때문이다. 한편 염소는 핵에 양성자를 17개 가지고 있고 따라서 전자구름 안에 전자를 적어도 17개 가지고 있다. 따라서 껍질 두 개를 꽉 채우고 남는 일곱 개의 전자가 세 번째 껍질을 차지하고 있고, 세 번째 껍질의 이 '구멍'에 다른 전자가 들어갈 수 있다. 만일 나트륨 원자가 전자를 완전히 염소 원자에게 넘기면 둘 모두 열반에 도달하지만 전체적으로 나트륨은 양전하, 염소는 음전하를 띠게 된다. 그 결과 나트륨과 염소 이온은 전기력에 의해 결정형 배열 상태로 붙어 있게 되는데, 이것은 거대한 하나의 분자와 비슷하다. 염화나트륨(NaCl, 염화소듐) 분자는 H_2나 CH_4 분자 같은 방식의 독립된 단위로 존재하지 않는다.

그렇지만 양자물리학에서는 우리가 바라는 것처럼 그렇게 명확하고 직선적인 경우가 매우 드물다. 화학결합 역시 이 두 가지 과정이 혼재하여 작용하고 있는 것으로 생각하는 것이 가장 좋다. 어떤 때는 공유결합이 더 많지만 이온결합이 섞여 있고, 어떤 것은 이온결합이 더 많지만 공유결합이 섞여 있으며, 또 어떤 것은 대체로 반반이다. 심지어 수소 분자조차도 한 수소 원자가 다른 원자에게 전자를 완전히 넘겨주는 것으로 상상할 수 있다. 그러나 이 모든 이미지는 우리의 상상을 돕기 위한 도구 그 이상도 이하도 아니다. 중요한 것은 여기 관련된 에너지를 매우 정확하게 계산해 낼 수 있다는 점이다. 실제로 슈뢰딩거가 양자역학 파동 방정식을 발표하고 1년이 지나기 전이자 그리피스가 저 중요한 폐렴구균 연구를 내놓기 겨우 1년 전인 1927년에 두 명의 독일 물리학자 발터 하이틀러Walter Heitler(1904~1981)와 프리츠 론돈Fritz London(1900~1954)은 이 수학적 접근법을 사용하여, 각기 전자를 하나씩 가지고 있는 수소 원자 두 개가 서로 결합하여 전자 한 쌍을 공유하는 수소 분자 하나를 이룰 때 전체 에너지가 얼마나 달라지는지를 계산해 냈다. 화학자들은 실험을 통해 수소 분자 속 원자들 사이의 결합을 깨뜨리는 데 필요한 에너지 양을 이미 알고 있었는데, 이들이 계산해 낸 에너지 변화는 그 양에 매우 가까웠다. 그 뒤 양자 이론이 더 나아지면서 계산 결과는 더욱 실험과 가까워졌다. 계산 결과 분자 안 원자와 원자 안 전자는 임의적으로 배치되는 것이 아니라, 분자와 원자 안에서 가장 안정적인 배치는 언제나 에너지를 가장 적게 갖는 배치라는 것이 드러났다. 이것은 화학을 분자 수준에서까지 정량적 과학으로 만드는 데 결정적으로 중요했다. 그러나 이 접근법이 성공한 것은 또 양자물리학이 결정체에 의한 전자의 회절 같은 특수한 경우에만 적용되는 게 아니라 원자 세계 전반에 걸쳐 매우 정확한 방식으로 적용된다는 것을 입증하는 최초이자 가장 강력한 증거 중 하나이기도 했다.

이 모든 것들을 하나로 꿰어 화학을 물리학의 한 분야로 만든 사람은 미국의 라이너스 폴링Linus Pauling(1901~1994)이었다. 그 역시 적시에 적소에 있었던 적절한 과학자였다. 그는 1922년 오리건 주립대학교의 전신인 오리건 주립농과대학에서 화학공학으로 첫 번째 학위를 받은 다음 캘리포니아 공과대학교에서 물리화학박사 학위과정을 공부하고 1925년에 박사 학위를 받았다. 전자는 파동이라는 루이 드브로이의 생각이 관심을 끌기 시작한 바로 그해다. 그 뒤 2년 동안 양자역학이 자리를 잡아가고 있던 바로 그때 폴링은 구겐하임 석학연구원 지원금으로 유럽으로 건너갔다. 몇 달 동안 뮌헨에서 일한 다음 코펜하겐에서 닐스 보어가 소장으로 있는 연구소에서 연구했고, 이어 취리히에서 한동안 에르빈 슈뢰딩거와 같이 시간을 보낸 뒤 런던에 있는 윌리엄 브래그William Bragg(1862~1942)의 연구실을 방문했다.

윌리엄 브래그, 그리고 특히 그의 아들 로런스 브래그Lawrence Bragg(1890~1971) 역시 DNA의 구조를 발견한 이야기에서 핵심 인물이다. 아버지 윌리엄 헨리 브래그는 언제나 윌리엄 브래그라 불린다. 그는 1884년 케임브리지를 졸업한 뒤 한 해 동안 J. J. 톰슨과 함께 일한 다음 오스트레일리아의 애들레이드 대학교로 옮겨 갔다. 그곳에서 아들 윌리엄 로런스 브래그가 태어났는데 아들은 언제나 로런스 브래그라 불린다. 윌리엄 브래그는 알파선과 엑스선을 연구했고, 1909년 잉글랜드로 돌아와 리즈 대학교에서 일하고 1915년 유니버시티 칼리지 런던으로 옮겨 간 뒤 엑스선의 파장 측정을 위해 최초의 엑스선 분광계를 개발했다. 1923년에는 왕립연구소의 소장에 임용돼 그곳을 연구 중심지로 되살리고 폴링이 몇 년 뒤 방문한 그 연구실을 만들었다. 엑스선 회절을 사용하여 복잡한 유기분자의 구조를 판별하겠다는 꿈을 가장 먼저 꾼 사람은 윌리엄 브래그였다. 다만 1920년대의 기술로는 그 일을 해낼 수 없었다.

로런스 브래그는 애들레이드 대학교에서 수학을 공부하고 1908년 졸업한 다음 케임브리지로 옮겨 가, 처음에는 수학을 계속했지만 1910년 아버지의 권유로 물리학으로 전공을 바꿔 1912년에 졸업했다. 그러므로 로런스는 케임브리지에서 연구생 생활을 막 시작했고 윌리엄은 리즈에서 교수 생활을 하고 있을 때인 1912년에 뮌헨 대학교의 막스 폰 라우에Max von Laue(1879~1960)가 결정체에 의한 엑스선 회절을 관찰했다는 소식이 독일로부터 전해졌다.* 이것은 이중 실틈 실험에서 빛이 회절하는 것과 정확히 똑같지만 엑스선의 파장이 빛보다 훨씬 짧으므로 '실틈' 사이의 간격이 훨씬 짧아야 한다. 알고 보니 결정체 안의 원자층 사이의 간격이 여기에 안성맞춤이었다. 이 연구로 엑스선은 정말로 전자기파의 한 가지이며, 빛과 마찬

* 정확히 말하자면 폰 라우에는 이 실험을 고안했고, 실제 실험은 뮌헨의 이론물리학 연구소에서 발터 프리드리히Walther Friedrich(1883~1968)와 파울 크니핑Paul Knipping(1883~1935)이 했다. 이는 한스 가이거와 어니스트 마스든이 원자핵의 존재를 밝혀낸 실험을 어니스트 러더퍼드가 고안한 것과 비슷하다.

가지이지만 파장이 더 짧다는 것이 입증됐다. 이것이 어느 정도로 획기적인 성과였는지는 그로부터 바로 2년 뒤인 1914년 폰 라우에가 이 연구로 노벨상을 받았다는 사실에서 짐작할 수 있다.

브래그 법칙
물리학의 한 분야가 된 화학

폰 라우에의 연구진은 확실히 복잡한 회절 무늬를 발견했지만, 엑스선 회절이 일어나는 결정체의 구조와 회절 무늬 사이에 어떤 관계가 있는지를 그 즉시 세밀하게 알아내지는 못했다. 브래그 부자는 새로운 발견에 대해 서로 의견을 주고받으면서 각자 문제의 다른 측면을 가지고 연구했다. 특정 간격으로 원자가 늘어서 있는 결정체의 격자에 특정 파장의 엑스선이 특정 각도로 들어갈 때 밝은 회절 점무늬들이 정확히 어디에 나타날지를 예측할 수 있는 법칙을 찾아낸 사람은 로런스 브래그였다. 엑스선 회절이 발견되고 거의 즉시 결정체의 구조를 알아내는 데 사용될 수 있다는 것이 입증된 것이다. 그러기 위해서는 일단 엑스선의 파장을 측정해야 하는데 윌리엄 브래그가 1913년에 제작한 분광계는 바로 이 목적이었다. 로런스가 찾아낸 이 상관관계는 이내 브래그 법칙이라는 이름으로 알려졌고, 이로써 양방향의 연구가 가능해졌다. 결정체 안의 원자 간격을 알고 있으면 무늬의 밝은 점 사이의 거리를 측정하여 엑스선의 파장을 알아낼 수 있었다. 그리고 엑스선의 파장을 일단 알고 있으면 같은 기법을 이용하여 결정체 안의 원자 간격을 알아낼 수 있었다. 다만 이내 복잡한 유기 구조물을 다루면서 자료 해석이 끔찍할 정도로 복잡해진다. 염화나트륨 같은 물질은 개별적 분자(NaCl)가 없이 나트륨 이온과 염소 이온이 기하학적 패턴으로 배열되어 있다는 것을 보여 준 것은 이 연구였다. 브래그 부자는 그 뒤 2년 동안 함께 연구했고 1915년 『엑스선과 결정체의 구조*X-rays and Crystal Structure*』를 함께 출판했다. 엑스선이 발견된 지 겨우 20년 뒤였다. 그 전 해에 로런스는 트리니티 칼리지의 석학연구원이 됐으나 프랑스에서 영국 육군의 기술고문으로 복무하느라 대학 내의 활동은 중단됐다. 그는 그곳에 가 있던 1915년 아버지와 함께 한 연구로 아버지와 함께 노벨상을 받았다는 소식을 들었다. 로런스는 노벨상을 받은 최연소자(25세)였고, 브래그 부자는 아버지와 아들이 공동연구로 노벨상을 공동 수상한 유일한 사례다. 1919년 로런스 브래그는 맨체스터 대학교의 물리학교수가 됐고, 1938년에는 러더퍼드의 뒤를 이어 캐번디시 연구소장이 되었으며, 그곳에서 이내 이중나선 이야기로 돌아오게 된다. 1954년 케임브리지를 떠났을 때 그 역시 왕립연구소장이 됐고 1966년 그곳에서 은퇴했다.

라이너스 폴링 폴링은 학생 시절 주로 윌리엄과 로런스 브래그가 쓴 책을 보고 엑스선 결정학(X-ray crystallography)에 관해 배웠으며, 1922년 이 기법을 이용한 자신의 첫 실험에서 몰리브데나이트의 결정구조를 알아냈다. 미국으로 돌아와 1927년 캘리포니아 공과대학교에서 일자리를 얻은 다음 1931년 정교수가 됐을 때는 엑스선 결정학에 관한 최신 이론을 모두 잘 알고 있었고, 이내 더 복잡한 결정체의 엑스선 회절 무늬를 해석하는 규칙 몇 가지를 개발해 냈다. 같은 때에 로런스 브래그도 본질적으로 같은 규칙을 개발했지만 브래그로서는 아쉽게도 폴링이 먼저 출간했고, 그래서 오늘날까지도 이것은 폴링의 법칙이라 불린다. 이로써 폴링과 브래그 사이에 경쟁 관계가 성립돼 1950년대까지 지속되면서 DNA의 구조를 발견하는 데 한몫을 담당하게 된다.

그렇지만 이때 폴링의 주요 관심사는 화학결합의 구조였고, 그 뒤 7년 정도에 걸쳐 그것을 양자역학 차원에서 설명했다. 다시 한 차례 유럽을 방문하여 양자물리학의 새로운 생각을 흡수한 뒤 1931년에는 「화학결합의 본질The Nature of the Chemical Bond」이라는 훌륭한 논문을 써서 『미국화학회 저널*Journal of the American Chemical Society*』에 출간했다. 이 논문은 모든 기초를 놓았다. 이어 2년 동안 논문 여섯 편을 더 내면서 이 주제를 더 자세히 다루었고, 그 다음에는 모든 것을 망라하여 책으로 출간했다. 폴링은 훗날 이렇게 말했다. "1935년에 이르러 나는 화학결합의 본질에 대해 본질적으로 완전히 이해하고 있다는 느낌을 가지고 있었다."* 이제 할 일은 이 이해를 활용하여 단백질 같은 복잡한 유기분자의 구조를 밝혀내는 작업으로 옮겨 가는 것이었다. 1930년대 중반에도 여전히 DNA는 매우 복잡한 분자로 간주되지 않았다는 것을 기억하기 바란다. 유기분자 구조를 밝혀내려는 노력은 두 가지 방향에서 진행됐다. 화학과 화학결합을 이해하는 폴링 같은 사람은 커다란 분자를 구성하는 기본 단위들이 서로 어떻게 맞물려 들어가는지를 알아냈다. (단백질의 경우 기본 단위는 아미노산이다.)

* 저드슨(Horace Freeland Judson) 참조. 이것은 괜한 허풍이 아니라 있는 그대로의 사실을 진술한 것이었다. 폴링은 이 연구로 1954년 노벨상을 받았다. 1962년에는 핵 무장해제 운동을 벌인 공로로 노벨 평화상을 받았다.

한편 엑스선 결정학으로는 분자의 전체적 모양을 알아낼 수 있었다. 기본 단위들은 화학적으로 특정 방식으로만 배치될 수 있었고, 그리고 기본 단위가 특정 방식으로 배치될 때만 관찰되는 것과 같은 회절 무늬를 만들어 낼 수 있었다. 모델을 만들 때 이 두 가지 정보를 결합함으로써 — 때로는 종이를 분자의 기본 단위 모양으로 잘라 그림조각 퍼즐처럼 이리저리 맞춰 보기도 하고, 때로는 3차원 상에서 더 복잡하게 조합하기도 하면서 — 불가능한 조합을 많이 제거할 수 있었고, 많은 수고를 들인 끝에 생명에 중요한 분자들의 구조가 마침내 드러나기 시작했다.

폴링 자신을 비롯하여 데즈먼드 버널Desmond Bernal(1901~1971), 도러시 호지킨Dorothy Hodgkin(1910~1994), 윌리엄 애스트버리William Astbury(1898~1961), 존 켄드루John Kendrew(1917~1977), 맥스 퍼루츠Max Perutz(1914~2002), 로런스 브래그 같은 연구자들의 어마어마한 수고 덕분에 생물화학자들은 그 뒤 40년 동안 헤모글로빈, 인슐린, 근육 단백질인 미오글로빈 등 수많은 생물분자의 구조를 알아낼 수 있었다. 이 연구가 과학 지식에서도 인간의 보건 차원에서도 얼마나 중요한지는 따로 지적할 필요가 거의 없을 것이다. 그러나 의학 자체에 관한 이야기와 마찬가지로 이와 관련된 이야기 역시 여기서 다룰 내용이 아니다. DNA의 구조를 알아내기까지의 과정과 관련하여 여기서 우리가 살펴볼 대상은 폴링과 그의 영국인 경쟁자들이 특정 단백질들의 구조를 조사한 이야기다. 그러나 그 전에 언급해 둘 필요가 있는 양자화학이 한 가지 더 있다.

수소결합의 본질 소위 '수소결합'이 존재한다는 것은 화학 특히 생명화학에서 양자물리학이 중요하다는 뜻이며, 양자세계가 우리의 일상 세계와 어떻게 다른지를 잘 보여 준다. 화학자들은 특정 상황에서는 수소 원자 하나가 일종의 다리 역할을 하여 분자들을 서로 연결하는 것이 가능하다는 것을 이미 알고 있었다. 폴링은 일찍이 1928년에 일반적인 공유결합이나 이온결합보다 약한 이 수소결합을 논문에서 다루었고, 1930년대에 다시 이 주제로 돌아가 처음에는 수소가 물 분자 사이에서 다리를 이루는 얼음 맥락에서 다루었으며, 다음에는 동료인 앨프리드 머스키Alfred Mirsky(1900~1974)와 함께 이 생각을 단백질에 적용했다. 수소결합을 설명하려면 수소 원자 안의 양성자와 연관돼 있는 전자를 작디작은 당구공이 아니라 전하구름 안에 엷게 퍼져 있는 것으로 생각해야 한다. 수소 원자가 산소 같은 원자와 일반적인 결합을 이룰 때는 산소가 전자를 강하게 끌어당기기 때문에 수소 원자의 전하구름이 산소 쪽으로 끌려가면서 수소 원자의 반대쪽에 남는 음전하가 엷아진다. 화학적으로 활성을 띠는 다른 모든 원자와는 달리 (헬륨은 화학적으로 활성을 띠지 않는다) 수소는 안쪽 껍질에 다른 전자가 없기 때문에 양성자에 있는 양전하를 가리지 못하고, 그래서 양전하의 일부가 근처에 있는 다른 원자나 분자에게 '보이게' 된다. 이 때문에 근처에 음전하가 우세한 원자가 있으면 끌어당기게 된다. 예컨대 물 분자 속의 산소 원자는 두 개의 수소 원자로부터 음전하를 받아들였기 때문에 음전하가 우세하다. 물 분자에서 두 개의 수소 원자는 제각기 양전하를 띠므로 이런 식으로 수소 원자 하나마다 다른 물 분자 하나의 전자구름이 연결될 수 있으며, 얼음이 밀도가 낮아 물에 뜰 정도로 매우 성근 결정구조를 갖는 것은 바로 이 때문이다. 폴링의 얼음 연구가 가치가 있는 것은 그가 다시금 이 모든 것에 수치를 부여하여 거기 관련된 에너지*를 계산했는데 그것이 실험으로 밝혀진 값과 일치한다는 것을 보여 주었다는 데 있다. 수소결합이라는 생각은 그의 손에 와서 모호하고 관념적인 생각이 아니라 정확하고 정량적인 과학이 됐다. 단백질에서는 1930년대 중반 폴링과 머스키가 입증한 것처럼, 긴사슬단백질 분자가 마치 루빅스 스네이크라는 장난감 뱀이 접히는 것처럼 작게 접힐 때 동일한 단백질 사슬의 여러 부분 사이에서 수소결합이 작용하면서 접힌 모양을 유지한다. 이것은 중요한 깨달음이었는데, 단백질 분자의 모양은 세포의 기계장치가 동작하는 데 매우 중요하기 때문이다. 이런 모든 것이 수소결합이라는 현상 덕분이지만 양자물리학을 동원하지 않으면 제대로 설명하기가 불가능하다. 우리가 양자물리학 법칙을 이해하게 된 뒤에야 생명을 분자 차원에서 이해하게 된 것은 우연이 아니며, 여기서도 과학은 혁명이 아니라 진화를 통해 발전한다는 것을 보게 된다.

섬유단백질 연구 단백질을 이루는 기본 단위가 서로 어떻게 맞물릴 수 있는지를 이론적으로 이해하고 분자 전체의 (사실은 시료 안에 늘어서 있는 수많은 분자의) 엑스선 회절 무늬를 얻어 내는 성과가 복합적으로 작용하면서 가장 먼저 달성한 커다란 위업은

* 이 경우 실제로 폴링이 연구한 것은 엔트로피였지만 원리는 똑같다.

1950년대 초 머리카락, 털, 손톱 등에서 볼 수 있는 섬유단백질이라는 종류의 단백질 기본 구조를 모두 알아낼 수 있었다는 것이다. 저 위업을 달성하기까지의 긴 여정은 1920년대에 윌리엄 애스트버리가 런던 왕립연구소에서 윌리엄 브래그의 결정학자들 사이에서 일하던 때 시작됐다. 애스트버리가 섬유단백질 몇 가지의 엑스선 회절 시험을 시작으로 거대 생물분자 연구를 시작한 것은 이곳이었다. 그는 최초의 섬유단백질 회절 사진을 발표했고, 1928년 리즈 대학교로 옮겨 간 뒤에도 같은 노선의 연구를 계속했다. 1930년대에는 섬유단백질의 구조 모델을 생각해 냈지만 실제로는 부정확했다. 그러나 헤모글로빈이나 미오글로빈 같은 공모양단백질 분자는 폴리펩티드 사슬로 만들어진 긴사슬단백질이 공 모양으로 접혀 만들어진 것임을 보여 준 사람은 애스트버리였다.

알파 나선 구조 이 이야기 속에 폴링이 등장한 것은 1930년대 말이었다. 그는 훗날 "애스트버리가 내놓은 엑스선 자료에 부합되는 형태로 폴리펩티드 사슬을 3차원 상으로 말아 올릴 방법을 찾느라 1937년 여름을 보낸" 이야기를 들려주었다.* 그러나 이 문제를 푸는 데는 여름 한철보다 훨씬 오랜 시간이 걸린다. 섬유단백질 쪽은 전망이 더 좋아 보였지만, 제2차 세계대전의 영향으로 1940년대 말이 되어서야 그 해답으로 좁혀 들어갈 수 있었다. 이쪽에서 성과를 얻어 낸 사람들은 미국에서는 캘리포니아 공과대학의 폴링과

* 저드슨(Horace Freeland Judson) 참소.

특히 로버트 코리Robert Corey(1897~1971) 같은 동료들, 영국에서는 캐번디시 연구소장이 된 로런스 브래그와 케임브리지의 연구진이었다. 브래그 쪽이 1950년에 먼저 출판했지만, 이들의 모델에는 매우 많은 진실이 담겨 있는데도 불구하고 결함이 있다는 것이 이내 드러났다. 폴링의 연구진은 1951년에 정확한 해답을 내놓았다. 이들은 섬유단백질의 기본 구조는 실을 꼬아 만든 밧줄처럼 나선 모양으로 서로 감싸고 돌아가는 긴 폴리펩티드 사슬로 이루어져 있고, 나선 형태를 유지하는 데는 수소결합이 중요한 역할을 한다는 것을 밝혀냈다. 이것은 그 자체로 놀라운 위업이었지만, 캘리포니아 공과대학교 연구진이 『미국과학원 회보*Proceedings of the National Academy of Sciences*』의 1951년 5월호에 논문 일곱 편을 한꺼번에 출간하여 머리카락, 깃털, 근육, 비단실, 뿔을 비롯한 단백질의 화학구조와 나중에 알파 나선이라 불리게 되는 섬유 자체의 나선 구조를 자세히 설명하자 생물화학계는 거의 기가 질릴 지경에 이르렀다. 구조가 나선형이라는 사실에 사람들이 다른 거대 생물분자도 나선 구조를 띨지도 모른다고 생각하게 된 것이 확실하지만, 그와 똑같이 중요한 것은 엑스선 자료와 모델 작업과 양자화학의 이론적 이해를 결합한 폴링의 접근법 전체가 압도적인 성공을 거두었다는 사실이었다. 폴링이 강조한 대로 알파 나선 구조는 "단백질을 가지고 실험 관찰하여 직접 추론한 것이 아니라 더 단순한 물질에 관한 연구를 바탕으로 이론적으로 고찰하여" 알아낸 것이다.* 이 예에서 영감을 얻은 두 사람이 곧이어

* 폴링 외(Linus Pauling and Peter Pauling)의 『화학*Chemistry*』 참조.

DNA 자체의 구조를 알아냄으로써, 캘리포니아 공과대학교 연구진뿐 아니라 런던에서 같은 문제를 연구하고 있던 연구진의 코앞에서 공로를 낚아채가게 된다.

폴링이 이제 DNA에 관심을 돌리리라는 것은 명백했다. 앞서 살펴본 바와 같이 1940년대에 이르러 DNA는 유전물질이라는 것이 밝혀져 있었다.* 폴링에게 막바지에서 두 번이나 따라잡힌 로런스 브래그가 케임브리지에서 자신이 맡고 있는 연구소에서 DNA의 구조를 밝혀낼 기회를 얼마나 갈망하고 있었을지도 쉽게 상상할 수 있다. 실제로 이것은 가능하지 않은 일이었다. 과학적 이유 때문이 아니라, 영국이 전쟁의 여파로 여전히 경제 회복이 더디게 이루어지고 있었던 만큼 과학 연구를 위한 자금이 제한됐고, 따라서 연구자들이 자유로이 연구할 수 있는 환경이 되지 못했기 때문이었다. DNA의 구조 문제를 파고들 역량이 있는 연구진은 둘뿐이었다. 하나는 캐번디시에서 맥스 퍼루츠 휘하에 있는 연구진이고, 또 하나는 런던 킹즈 칼리지에서 존 랜들John Randall(1905~1984) 휘하에 있는 연구진이었다. 이들은 모두 의학연구위원회라는 기관으로부터 자금을 지원받고 있었고, 한정된 자원이 중복되는 연구 노력에 낭비되는 일이 없도록 해야 하는 이유는 충분했다. 그 결과 킹즈의 연구진이 DNA를 먼저 풀어 보기로 합의했다. 공식적 합의가 아니라 신사적으로 양해한 것이었다. 그 문제에 신경을 쓰는 사람들이 볼 때 문제는 킹즈에서 모리

* 이 무렵 미국의 앨프리드 허시Alfred Hershey(1908~1997)와 마사 체이스Martha Chase(1927~2003)가 롱아일랜드의 콜드스프링하버 연구소에서 기발한 실험을 통해 바이러스의 유전물질은 DNA로 이루어져 있다는 것을 증명함으로써 그때까지 남아 있던 모든 의심을 말끔히 씻어 내 버렸다.

스 윌킨스Maurice Wilkins(1916~2004)가 맡고 있는 연구팀이 연구를 빨리 완수할 생각이 없어 보인다는 것이었고, 또 DNA를 가지고 뛰어난 엑스선 회절 사진을 얻어 낸 젊은 연구자로서 윌킨스와 함께 연구해야 할 로절린드 프랭클린Rosalind Franklin(1920~1958)이 윌킨스로부터 대체로 따돌림을 당하는 때문에 차질을 빚는다는 것이었다. 원인은 적어도 부분적으로는 프랭클린이 여자라는 선입견으로 인한 성격 충돌 때문이었다.

프랜시스 크릭과 제임스 왓슨 : DNA 이중나선 모델

1951년 박사 장학금으로 케임브리지에 나타난 뻔뻔한 미국 청년 제임스 왓슨James Watson(1928~)은 DNA의 구조를 알아내겠다는 결의에 불타오르고 있었으나 영국인 사이의 신사적 양해라는 것을 알지도 못했고 관심도 없었다. 그가 기회를 잡을 수 있었던 것은 킹즈의 연구진 사이에 있었던 난맥상 덕분이었다. 왓슨은 박사과정 학생으로는 비교적 나이가 많은 영국인 프랜시스 크릭Francis Crick(1916~2004)과 같은 방에 배정됐는데, 알고 보니 크릭은 왓슨과 서로 보완관계에 있는 분야를 공부했고 그래서 이내 왓슨은 자신의 야심찬 목표를 달성하기 위한 노력에 크릭을 끌어들이게 된다. 크릭은 원래 물리학자였고 영국 해군부를 위해 기뢰 연구에 참여했다. 그러나 그의 세대 수많은 물리학자와 마찬가지로 물리학이 전쟁에 이용되는 것을 보고 환멸을 느꼈다. 또 그 시대 수많은 사람들과 마찬가지로 에르빈 슈뢰딩거가 써서 1944년에 출간한 작은 책 『생명이란 무엇인가*What is Life?*』의 영향을 받았는데, 이 책에서 저 물리학의 거장은 오늘날 유전암호라 부르는 것을 물리학자의 관점에서 풀어냈다. 이 책을 쓸 때 슈뢰딩거는 염색체가 DNA로 만들어져 있다는 것을 몰랐지만, 그는 일반 용어를 사용하여 "살아 있는 세포의 가장 본질적 부분인 염색체 섬유는 **비주기적 결정체**(aperiodic crystal)라 부르면 적당할 것"이라고 설명하면서 그것을 일반 결정체와 구분했다. 소금 같은 일반 결정체는 단순한 기본 패턴이 끝없이 반복되는 반면, "예컨대 라파엘의 태피스트리 작품"은 제한된 가짓수의 색실로 짜여 있다 하더라도 "지루한 반복이 아니라 일관되고 정교하며 의미 있는 디자인을 보여 주는" 구조를 띤다는 것이었다. 정보 저장을 바라보는 또 다른 방식은 정보를 낱말로 적는 알파벳 문자 또는 점과 선으로 패턴을 만들어 알파벳 문자를 나타내는 모스 부호 차원에서 바라보는 것이다. 슈뢰딩거는 그런 비주기적 결정체에 정보를 저장하고 전달할 수 있는 방식에는 여러 가지가 있지만, 모스 부호와 비슷하나 점과 선이 아니라 세 가지 기호를 열 개씩 묶어 쓰는 부호 체계를 사용하면 "88,572가지의 '문자'를 만들 수 있다"고 했다. 1949년 물리학자 크릭이 33세라는 늦은 나이에 캐번디시의 의학연구위원회 연구분과에 연구생으로 들어간 데에는 이런 배경이 있었다. 그는 논문을 위해 폴리펩티드와 단백질의 엑스선 연구를 진행하고 있었고 이후 1953년에 정식으로 학위를 받았지만, 박사 학위 연구에 집중해야 할 시간에 왓슨의 부추김을 받아 곁가지로 진행한 비공식적 연구로 후세에 기억될 것이다.

이 연구는 완전히 비공식적이었다. 실제로 크릭은 브래그로부터 DNA는 킹즈의 연구진에 맡겨 두라는 말을 두 차례 들었고 두 차례 무시했다. 브래그로부터 공식 승인이랄 만한 것을 얻어 낸 것은 연구의 나중 단계에 이르러 폴링이 수수께끼를 곧 풀어낼 것 같아 보이는 때에 이르러서였다. 이론적 통찰력과 실제 모델 작업이 중요하기는 했어도 모든 것은 엑스선 회절 사진에 달려 있었고, DNA의 회절 사진은 1938년에 애스트버리가 얻어 낸 것이 최초였다. 그 뒤로 오랫동안 더 나은 사진을 얻지 못했는데 이 역시 전쟁으로 인한 공백이 적잖게 작용했다. 그러다가 1950년대에 윌킨스의 연구진, 특히 로절린드 프랭클린이 레이먼드 고슬링Raymond Gosling(1926~2015)이라는 연구생을 영입하여 이 주제를 파고들기 시작했다. 실제로 폴링은 애스트버리의 오래된 자료밖에 없었기 때문에 DNA의 구조 연구에 차질을 빚었다. 프랭클린이 킹즈에서 강연할 때 왓슨은 그 내용을 제대로 이해하지 못했지만 강연에서 자료를 모아 왔고, 캐번디시의 2인조는 그 자료를 활용하여 이내 DNA 모델을 만들어 냈다. 두 사람은 런던으로부터 특별히 케임브리지로 초청된 윌킨스와 프랭클린과 그들의 동료 두 사람 앞에서 가닥이 서로 꼬여 있고 양옆으로 뉴클레오티드 염기(A, C, G, T)가 튀어나와 있는 모델을 자랑스레 발표했다. 모델이 얼마나 형편없었던지, 그리고 그에 대한 논평이 얼마나 신랄했던지 활기 넘치는 왓슨마저도 창피한 나머지 한동안 사람들과 말을 섞지 않고 지냈고 크릭도 원래의 단백질 연구로 돌아갔다. 그러다가 1952년 여름 크릭은 수학자 존 그리피스John Griffith(1928~1972)와 대화를 나누게 됐다. 그는 프레더릭 그리피스의 조카로서 생물화학에 관심이 많은 데다 아는 것도 많은 사람이었다. 크릭은 대화 중 DNA 분자 안 뉴클레오티드 염기가 어떤 식으로든 서로 끼워 맞춰져 분자의 모양을 유지하지 않을까 하는 생각을 내비쳤다. 약간 흥미를 느낀 그리피스는 분자의 모양을 바탕으로 아데닌과 티민이 한 쌍의 수소결합을 통해 맞물릴 수 있고 구아닌과 시토신 또한 세 개의 수소결합을 통해 맞물릴 수 있지만, 네 가지 염기가 그 밖에는 어떤 식으로도 짝을 이룰 수 없다는 것을 알아냈다. 크릭은 이 짝 맞춤이 얼마나 중요한지 또 수소결합이 무슨 관계가 있는지를 금방 이해하지 못했고, 생물화학 분야를 다루기 시작한 지 얼마 되지 않았던 만큼 샤가프 법칙도 알지 못했다. 그렇지만 천재일우의 기회가 다가왔다. 1952년 7월 샤가프 자신이 캐번디시를 찾아왔고 그곳에서 크릭을 소개받았다. 샤가프는 크릭이 DNA에 관심이 있다는 것을 알고 DNA 시료를 분석하면 언제나 A와 G의 양이 같고 C와 T의 양이 같다는 것을 언급했다. 이 사실과 그리피스의 연구를 종합하면 DNA의 구조에는 AG와 CT 다리로 연결된 긴 사슬 분자 쌍이 들어 있는 것을 분명히 짐작할 수 있었다. 게다가 알고 보니 이런 식으로 만들어지는 CT 다리의 길이는 이런 식으로 만들어지는 AG 다리의 길이와 같았고, 따라서 두 분자 사슬 사이의 간격이 일정해질 것이었다. 그러나 몇 달 동안이나 이 캐번디시 연구팀은 자기네 사이에서 이런 생각을 주고받기만 할 뿐 그것을 가지고 본격적으로 연구하지는 않았다. 이들은 1952년 말에 이르러서야 다시 한바탕 모델 만들기 작업에 열중했다. 모델을 만드는 작업은 주로 왓슨이 했고 크릭은 주로 기발한 생각을 제공했다. 12월에 라이너스 폴링의 아들로서 캐번디시에서 대학원생으로 있던 피터 폴링Peter Pauling이 아버지로부터 편지를 받았는데 DNA의 구조를 알아냈

39. 왓슨(왼쪽), 크릭(오른쪽), 그리고 두 사람이 만든 DNA 분자 모델(1951).

다는 내용이었다. 이 소식에 왓슨-크릭 진영은 암울한 분위기에 빠졌으나, 편지에는 DNA의 모델에 관한 자세한 내용은 없었다. 그렇지만 1953년 1월 피터 폴링은 아버지가 쓴 논문의 사전배포판을 받아 왓슨과 크릭에게 보여 주었다. 기본 구조는 DNA 사슬 세 가닥이 서로 꼬고 있는 삼중나선이었다. 이 무렵 엑스선 회절 무늬에 대해 조금 더 알게 된 크릭과 왓슨은 폴링이 놀랍게도 큰 실수를 저질렀다는 것을 깨달았다. 폴링이 만든 모델은 프랭클린이 얻어 내고 있는 자료와 맞아떨어질 가능성이 없었다.

며칠 뒤 왓슨은 폴링의 논문을 런던으로 가져가 윌킨스에게 보여 주었다. 이에 윌킨스는 왓슨에게 프랭클린이 찍은 사진 중 가장 좋은 것을 하나 보여 주었는데, 프랭클린에게 알리지 않고 보여 준 것이어서 이것은 상례에 크게 어긋나는 행동이었다. 크릭과 왓슨이 1953년 3월 첫째 주에 분자가 서로 꼬고 있고 그 사이에서 수소결합이 뉴클레오티드 염기를 연결하여 형태를 유지하는 저 유명한 이중나선 모델을 만들어 낼 수 있었던 것은 나선 구조로밖에 설명할 수 없는 이 사진과 샤가프 법칙, 그리고 존 그리피스가 알아낸 염기의 관계 덕분이었다. 사실 폴링은 이때 자신의 삼중나선 모델이 틀렸다는 것을 알지 못하고 있었기 때문에 경쟁에 낀 것도 아니었다. 실제로 그는 잉글랜드의 경쟁자들이 목표에 얼마나 근접해 있는지 몰랐으므로 경쟁이 있다는 생각조차 하지 않았다. 그러나 킹즈의 프랭클린은 물리적으로 모델을 만들지는 않았지만 크릭과 왓슨과 매우 비슷한 노선에서 생각하고 있었고, 자신이 생각한 이중나선 모델을 출판하기 직전에 케임브리지로부터 소식이 왔다. 그녀는 실제로 그 전날 『네이처』에 보낼 논문의 초고를 완성해 둔 상태였다. 크릭과 왓슨은 폴링의 불완전한 논문 때문에 한바탕 부산스레 연구에 열을 올렸고, 그 결과 두 사람은 폴링이 아니라 프랭클린의 코앞에서 공로를 낚아챈 것이다. 이로 인해 그 직후 세 편의 논문이 1953년 4월 25일자 『네이처』에 나란히 실렸다. 첫째 논문은 크릭과 왓슨이 쓴 것으로서, 자신의 모델을 자세히 설명하고 샤가프 법칙과의 연관성을 강조하면서 엑스선 사진 이야기는 그다지 대수롭지 않게 다루었다. 두 번째 논문은 윌킨스가 동료 알렉산더 스토크스Alexander Stokes(1919~2003)와 허버트 윌슨Herbert Wilson(1929~2008)과 함께 쓴 것으로서 전반적으로 DNA 분자가 나선 구조임을 보여 주는 엑스선 자료를 제시했다. 세 번째는 프랭클린과 고슬링의 논문으로, 크릭과 왓슨이 내놓은 DNA의 이중나선과 같은 구조를 가리키는 강력한 엑스선 증거를 내놓았다. 당시에는 누구도 몰랐지만 본질적으로 이것은 케임브리지에서 소식이 전해졌을 때 프랭클린이 쓰고 있던 그 논문이었다. 당시 그 누구도 몰랐던 또 한 가지는, 또는 나란히 실린 세 논문으로는 누구도 짐작할 수 없었던 것은 프랭클린과 고슬링의 논문은 크릭과 왓슨의 연구를 그저 확인시켜 준 것이 아니라 DNA의 자세한 구조를 발견한 완전히 별개의 연구였으며, 크릭과 왓슨의 발견이 주로 프랭클린의 연구를 바탕으로 하고 있었다는 사실이다. 저 결정적인 엑스선 자료가 어떻게 케임브리지로 흘러갔고, 그것이 모델 제작에서 얼마나 중요한 역할을 했으며, 프랭클린이 킹즈에서 동료들로부터 또 케임브리지의 왓슨과 크릭으로부터 얼마나 푸대접을 받았는지는 훨씬 나중에야 드러났다. 1953년 좀 더 우호적인 환경인 런던 버크벡 칼리지로 기분 좋게 자리를 옮긴 프랭클린은 부당한 대접을 받았다는 생각조차 하지 못했다. 그렇지만 그녀는 진실을 다 알지 못했다. 1958년 38세라는 나이에 암으로 세상을 떠났기 때문이다. 크릭, 왓슨, 윌킨스는 그 바로 4년 뒤인 1962년 노벨 의학생리학상을 공동으로 받았다.

DNA와 유전암호 DNA의 이중나선 구조에는 생명과 번식과 진화에 중요한 두 가지 특징이 있다. 첫째는 염기의 어떤 조합도, 즉 A, C, G, T라는 글자로 적힌 어떤 메시지도 DNA의 가닥 하나를 따라 기록될 수 있다는 것이다. 1950년대와 1960년대 초에 크릭과 파리 파스퇴르 연구소의 연구진을 비롯한 수많은 연구자들의 노력 덕분에 유전암호는 실제로 CTA나 GGC 등 염기 셋을 한 단위로 하는 문자 체계*로 적혀 있으며, 각 단위는 신체를 구성하고 움직이는 단백질에 사용되는 20여 가지 아미노산을 나타낸다는 것이 밝혀졌다. (왓슨은 크릭과 함께 이중나선을 연구한 뒤로 그에 필적할 만한 어떤 연구도 하지 않았다.) 세포가 어떤 단백질을 만들 때는 DNA 나선 중 해당 유전자를 가지고 있는 부분이 풀리고, 그 부분에 기록돼 있는 '코돈'의 문자열을 RNA 가닥 하나에 복사한다. (이 때문에 RNA와 DNA 중 어느 쪽이 최초의 생명분자인가 하는 흥미로운 질문이 제기된다.) 이것을 '전령 RNA'라 하며, DNA와 본질적으로 다른 점은 DNA가 티민을 가지고 있는 자리에 RNA는 우라실을 가지고 있다는 것뿐이다. 이어 이 전령 RNA를 본으로 삼아 거기 기록된 코돈에 따라 아미노산을 조립하여 세포에서 필요로 하는 단백질을 만들어 낸다. 세포는 그 단백질이 필요하지 않게 될 때까지 이것을 계속한다. DNA는 이미 오래전에 원래대로 되감겨 있고, 단백질이 충분히 만들어지고 나면 RNA는 해체되고 그 구성 요소는 재활용된다. 세포가 이 모든 것을 행할 때와 장소를 어떻게 아는지는 아직 설명이 필요하지만, 그

* 즉 코돈(codon)이다. 예컨대 CTA나 GGC는 각각 한 개의 코돈이다. (옮긴이)

과정의 원리는 1960년대 중반에 이르러 명확해져 있었다.

DNA의 이중나선 구조가 지니고 있는 또 한 가지 중요한 특징은 두 개의 가닥이 염기 차원에서 볼 때 서로 거울에 비춘 것과 같다는 사실이다. 즉 한 가닥에서 A가 나타나는 곳마다 다른 가닥에는 T가 있고 C가 있는 곳에는 G가 있다. 따라서 세포분열 직전처럼 두 개의 가닥이 풀려나와 세포 안에 있는 화학 기본 단위를 가지고 각기 새로운 짝을 만들 때* 딸세포에 각기 하나씩 들어가는 새로운 두 이중나선에는 유전암호의 문자가 같은 순서로 배치되고 A와 T가 마주보고 C가 G와 마주보는 식으로 똑같은 유전정보가 담긴다. 이때의 자세한 메커니즘은 미묘하고 마찬가지로 아직 완전히 이해되지 않았지만, 이 과정이 진화를 위한 메커니즘도 된다는 것은 즉각적으로 알 수 있다. 세포가 분열할 때 일어나는 DNA의 전체 복사 과정에서 이따금 오류가 생겨날 수밖에 없다. DNA의 일부분이 두 번씩 복사되고, 일부는 누락되고, 염기 한 개 즉 유전암호 속의 '문자' 한 개가 우연히 다른 염기로 대치된다. 성장을 가져오는 세포분열 과정에서는 이런 오류가 중요하지 않다. 일어나는 일이라고는 세포 한 개 안의 DNA 한 조각이 바뀌는 것뿐이기 때문이다. 그나마 그 세포가 사용하는 부분이 아닐 가능성도 높다. 그러나 딸세포 안의 DNA 양이 절반이 되는 특별한 세포분열 과정에 따라 생식세포가 만들어질 때는 교차와 재조합이라는 과정이 추가로 들어가기 때문에 오류가 일

* 나선이 완전히 풀린 다음 복사가 시작되는 것이 아니다. 이중나선이 풀리기 시작하면 바로 각 가닥의 새로운 짝이 만들어지기 시작하여 복사가 진행되는 동안 서로 감아 나가고, 그래서 원래 나선이 다 풀릴 때쯤이면 두 개의 딸 나선은 본질적으로 완성된 상태가 된다.

어날 여지가 더 많을 뿐 아니라, 그 결과 만들어진 성세포가 다른 성세포와 성공적으로 융합하여 새로운 개체가 발생하면 오류까지 포함하여 DNA 전부가 표현될 기회를 갖게 된다. 이 때문에 일어나는 변화는 대부분 해로워서 새 개체가 덜 효율적이 되거나 기껏해야 중립적인 결과를 낳는다. 그러나 드물게 DNA 복사 오류 때문에 만들어지는 유전자 내지 유전자 묶음 덕분에 그 개체가 환경에 더 잘 적응하게 되기도 하는데, 바로 이것이 다윈 진화론의 자연선택이 작동하기 위해 필요한 부분이다.

인류의 유전적 나이

자연에서 우리가 차지하는 위치를 바라보는 인식이 과학을 통해 얼마나 달라졌는가 하는 관점에서 볼 때 DNA에 관한 이야기는 여기까지면 충분하다. 1960년대 이후로 DNA 코돈 차원에서 유전자의 구성을 알아내기 위한 연구가 매우 많이 이루어졌고, 일부 유전자가 다른 유전자의 활동을 조절하는 방식과 특히 수정된 난자 세포 한 개가 성체로 성장하기까지의 복잡한 과정 동안 필요에 따라 유전자가 '켜지는' 방식을 이해하려면 그보다 훨씬 많은 연구가 이루어져야 한다. 그러나 생명이 수놓인 태피스트리 안에 우리가 맞물려 들어가는 자리가 어디인지, 또 자연 속에서 사람이 차지하는 자리를 찰스 다윈이 얼마나 정확하게 알아보았는지를 알려면 이와 같은 세밀한 부분으로부터 뒤로 물러나 더 큰 그림을 바라볼 필요가 있다. 1960년대 이후로 생물화학자가 인간을 비롯한 생물 종의 유전물질을 점점 더 세밀하게 탐구하는 동안, 다윈 자신이 우리와 가장 가까운 살아 있는 친척으로 본 아프리카 유인원과 우리가 얼마나 가까운 관계에 있는지가 점점 더 분명해졌다. 1990년대 말에 이르러 인간은 침팬지나 고릴라와 유전물질을 98.4퍼센트 공유하고 있으므로 우리는 시쳇말로 '1퍼센트 인간'일 뿐이라는 것이 입증됐다. 이 유전적 차이는 어느 정도 가까운 관계에 있는 현생종의 유전물질을 그 종들이 분화한 시기의 화석 증거와 비교하는 다방면의 연구를 통해 일종의 분자시계로 활용할 수 있고, 그 결과 인간과 침팬지, 고릴라는 겨우 4백만 년 전에 같은 줄기로부터 갈라져 나왔다는 것을 알 수 있다.

그렇게 작은 유전적 차이가 우리와 침팬지처럼 다른 동물을 만들어 낼 수 있다는 사실에서 이미 중요한 차이점은 다른 유전자의 행동을 조절하는 저 제어유전자(control gene) 안에 있는 것이 분명하다는 짐작이 가능하고, 이 해석은 인간 게놈 프로젝트에서 얻은 증거로 뒷받침됐다. 이 사업은 인간 게놈(유전체, genome)의 각 염색체 안에 있는 모든 DNA의 지도를 만들기 위한 것으로서 2001년에 완성됐다. 이렇게 만들어진 지도는 단순히 모든 유전자를 A, T, C, G라는 코돈 문자열로 나타낸 것이며, 유전자가 신체에서 하는 일이 실제로 무엇인지는 대부분 알려지지 않았다. 그러나 이 지도에서 바로 나타나는 중요한 특징은 인간은 유전자를 3만 개 정도밖에 가지고 있지 않다는 사실을 보여 준다는 것이다. 3만 개의 유전자로 적어도 25만 가지의 단백질을 만들 수 있지만 이것은 모두의 예상보다 훨씬 적다. 이것은 초파리 유전자 수의 두 배에 지나지 않고, 마당에서 자라는 애기장대라는 잡초보다 4천 개 더 많을 뿐이다. 따라서 유전자에서 만들어지는 신체의 본질은 유전자의 개수만으로는 결정되지 않는 것이 분명하다. 인간은 다른 종에 비해 매우 많은 유전자를 지니고 있지 않고, 따라서 유전자의 개수만으로는 우리가 다른 종과 다른 방식을 설명할 수 없다. 여기서도 우리와 가장 가까운 친척들과 비교할 때 우리의 경우 몇 가지 핵심 유전자가 다르다는 것과, 이런 유전자가 다른 유전자의 작동 방식에 영향을 준다는 것을 짐작할 수 있다.

인류는 특별하지 않다

그렇지만 이 모든 것의 이면에는 탐구 대상이 된 종 모두가 똑같은 유전암호를 쓰고 있지 않다면 이런 비교가 가능하지 않을 것이라는 움직일 수 없는 사실이 자리 잡고 있다. DNA 차원에서, 전령 RNA와 단백질 제조 등 세포가 작동하는 메커니즘 차원에서, 그리고 번식 자체에서 인간과 지구상의 다른 생물체 사이에는 전혀 아무런 차이가 없다. 모든 동물은 똑같은 유전암호를 공유하고 있고, 우리는 모두 지구상의 원시 생물체로부터 같은 방식으로 진화했다. 어쩌면 원시 생물 개체 하나로부터 진화했는지도 모른다. 침팬지나 성게, 배추, 보잘것없는 쥐며느리가 만들어진 과정과 비교할 때 인간이 만들어진 과정에는 전혀 특별할 것이 없다. 그리고 우주 전체에서 지구 자체가 차지하고 있는 위치를 보면 우리가 무대의 중앙에 있지 않다는 것이 똑같이 의미심장하게 다가온다.

15
외우주

별까지의 거리 측정 우주 전체에 대한 우리의 이해는 두 가지를 기초로 삼고 있다. 그것은 별까지의 거리를 측정할 수 있다는 사실, 그리고 별의 구성 성분을 측정할 수 있다는 사실이다. 앞서 살펴본 대로 별까지의 거리를 처음으로 제대로 이해한 것은 고대 그리스의 선배들이 별의 위치를 측정한 이후로 '붙박이'별 몇 개가 이동했다는 것을 에드먼드 핼리가 깨달은 18세기였다. 이 무렵 천문학자들은 측량의 기본이 되는 바로 그 삼각법을 이용하여 태양계의 지름을 정확히 측정하기 시작한 상태였다. 어떤 물체까지 실제로 가지 않으면서 그 물체까지의 거리를 재려면 길이를 알고 있는 기준선 양 끝으로부터 그 물체를 볼 수 있어야 한다. 기준선의 양 끝에서 그 물체를 향하는 시선의 각도를 가지고 삼각형 기하학을 이용하여 거리를 계산해 낼 수 있다. 이 기법은 우주에서 우리와 가장 가까운 이웃인 달까지의 거리를 측정하는 데 이미 사용돼 384,400킬로미터밖에 되지 않는다는 것을 알아낸 바 있었다. 그러나 더 먼 물체까지 거리를 정확하게 재려면 더 긴 기준선이 필요하다. 1671년 프랑스의 천문학자 장 리셰Jean Richer(1630~1696)는 프랑스령 기아나의 카옌으로 가서 '붙박이'별들을 기준으로 화성의 위치를 관측했고, 같은 때 파리에 있는 이탈리아 태생의 동료 조반니 카시니Giovanni Cassini(1625~1712)도 같은 식으로 화성을 관측했다. 이로써 화성까지의 거리를 계산해 낼 수 있었고, 이것을 케플러 행성 운동 법칙과 결합하여 지구를 비롯하여 태양계 내 행성으로부터 태양까지의 거리를 계산해 내는 것이 가능해졌다. 카시니가 계산한 지구-태양간 거리는 1억4천만 킬로미터로서 오늘날 통용되는 거리인 1억4천960만 킬로미터보다 7퍼센트만 작을 뿐이며, 이로써 태양계의 거리 척도를 처음으로 정확하게 가늠할 수 있었다. 1761년, 그리고 핼리가 예측한 대로 1769년 금성이 태양을 통과할 때 이와 비슷한 연구가 있었고, 지구-태양간 거리는 1억5천3백만 킬로미터라는 결과를 얻었다. 참고로 지구-태양간 거리는 천문단위(astronomical unit, AU)라 부른다. 이것은 오늘날의 수치에 충분히 가깝기 때문에 그 뒤 몇 차례 더 정밀하게 측정한 이야기를 굳이 다룰 필요는 없고, 다만 18세기 말에 이르러 천문학자들은 태양계의 크기가 어느 정도인지 매우 잘 알고 있었다는 것만 알아 두면 충분하다.

별의 시차 측정

당시 이와 관련하여 크게 신경이 쓰였던 것은 이것으로 미루어 별까지의 거리가 거의 상상할 수 없을 정도일 거라는 점이었다. 어느 시점부터 잡든 여섯 달 동안 지구는 태양의 한쪽으로부터 그 반대쪽으로 3억 킬로미터(2AU) 길이의 기준선 끝에서 끝까지 움직인다. 그렇지만 이처럼 어마어마하게 긴 기준선의 어느 쪽 끝에서 보아도 밤하늘 별의 위치는 변하지 않는다.

별이 가까우면 그보다 먼 별을 배경으로 움직이는 것처럼 보일 것이다. 한쪽 팔을 뻗은 채 양쪽 눈으로 번갈아가며 손가락 끝 방향을 쳐다보면 더 먼 곳을 배경으로 손가락의 위치가 달라져 보이는 것과 마찬가지다. 이 효과를 시차(parallax)라 부른다. 지구 궤도의 여러 지점에서 바라볼 때 별이 얼마나 움직여 보일지는 쉽게 계산할 수 있다. 천문학자들은 1AU 길이의 기준선 양쪽 끝에서 1초 각도* 의 시차를 보이는 별까지의 거리를 1파섹(parsec, parallax + second)으로 정의한다.** 따라서 1파섹 거리의 별은 지구 궤도의 지름인 3억 킬로미터의 기준선 양 끝에서 2초의 시차를 보일 것이다. 기하학적으로 간단히 계산하면 이 별은 지구-태양간 거리의 206,265배 거리 즉 3.26광년 떨어져 있을 것이다. 그런데 지구가 태양 둘레를 도는 동안 하늘에서 이만큼의 시차를 보일 정도로 가까운 별은 없다.

이 간단한 계산에서 짐작할 수 있듯 별들은 어마어마한 거리에 있는 것이 분명하다는 암시는 이미 있었다. 예컨대 크리스티안 하위헌스는 밤하늘에서 밝게 빛나는 별인 시리우스의 밝기를 태양의 밝기와 비교하는 방법으로 시리우스까지의 거리 계산을 시도했다. 이를 위해 차단막에 낸 바늘구멍을 통해 태양빛이 어두운 방안으로 들어오게 하고, 구멍 크기를 조절하여 빛이 시리우스와 비슷한 밝기가 되게 했다. 태양은 낮에 보아야 하고 시리우스는 밤에 보아야 하기 때문에 쉬운 일은 아니었다. 그럼에도 불구하고 그는 관측되는

* 참고로, 각도 1도는 60분이고 1분은 60초다. (옮긴이)
** 이 각도의 크기는 보름달과 비교하면 어느 정도인지 느낌이 올 것이다. 보름달이 차지하는 각도는 0.5도를 약간 넘는 31분이다. 1초는 1/60분이므로 1초 각도는 하늘에 떠 있는 보름달이 차지하는 폭의 1/30의 1/60, 즉 1/1800 정도에 해당된다.

시리우스의 밝기가 태양빛의 몇 분의 1에 해당되는지와 물체의 밝기는 거리의 역제곱에 비례한다는 것을 바탕으로 계산한 결과 시리우스가 실제로 태양처럼 밝다면 태양보다 27,664배 더 멀리 있을 것이 분명하다고 주장했다. 스코틀랜드의 제임스 그레고리James Gregory(1638~1675)는 이 기법을 개량하여, 시리우스의 밝기를 하늘에서 동시에 볼 수 있는 행성의 밝기와 비교하는 방법을 사용했다. 계산은 조금 더 복잡했다. 햇빛이 행성에 닿기까지 얼마나 약해질지 계산하고, 빛의 얼마만큼이 반사될지 추정하며, 그렇게 반사된 빛이 지구에 도달하기까지 얼마나 약해질지를 계산해야 하기 때문이었다. 그러나 1668년 그레고리는 시리우스까지의 거리는 83,190AU에 해당한다는 추정치를 내놓았다. 아이작 뉴턴은 행성까지의 더 정확한 거리 추정치를 사용하여 이것을 새로 계산했고, 시리우스까지의 거리는 100만AU라는 결과를 얻어 냈다. 이 결과는 그가 죽은 이듬해인 1728년 그의 저서 『세계의 체계*De mundi systemate*』에 발표됐다. 시리우스까지의 실제 거리는 550,000AU 또는 2.67파섹이다. 그러나 뉴턴의 추정치가 비교적 정확해 보이는 데에는 그의 판단력만큼이나 운도 작용하고 있다. 그가 사용한 자료가 불완전하여 그로 인해 불가피하게 생겨나는 여러 가지 오차가 상쇄됐기 때문이다.

삼각측량법 즉 시차를 가지고 별까지의 거리를 측정하는 기법은 하늘에서 별의 위치를 매우 정확하게 측정해야 가능했다. 사실 별의 위치는 서로를 기준으로 하는 상대적 위치였다. 당시 굉장한 업적이었던 플램스티드의 항성목록에 수록된 별의 위치는 정확도가 10초에 지나지 않았다. 다시 말해 하늘에 떠 있는 보름달 폭의 180분의 1에 지나지 않았다는 뜻이다. 별까지의 거리는 1830년대에야 처음으로 측정됐는데, 이때에 이르러서야 기술이 나아지면서 작디작은 시차 변화를 측정할 수 있을 만큼 측정이 정확해졌기 때문이다. 그러나 일단 기술이 충분히 좋아지자 여러 천문학자들이 즉각 측정을 시작했다. 선구자들은 비교적 우리에게 가까울 것이 분명하다고 생각할 이유가 있는 별들을 골라 연구했는데, 매우 밝거나, 세월이 지나면서 하늘을 가로질러 움직이는 것으로 보이거나(즉 '고유운동'이 크거나), 또는 둘 다에 해당되기 때문이었다.

별의 시차와 별까지의 거리를 측정했다고 가장 먼저 발표한 사람은 1838년 독일의 프리드리히 빌헬름 베셀Friedrich Wilhelm Bessel(1784~1846)이었다. 그는 고유운동(proper motion)이 큰 백조자리 61번 별을 골랐고 그 시차는 0.3136초라는 것을 알아냈다. 이것은 10.3광년이라는 거리에 해당된다. 오늘날의 측정치는 11.2광년 또는 3.4파섹이다. 사실 별의 시차를 가장 먼저 측정한 사람은 1832년 남아프리카에서 연구한 스코틀랜드의 토머스 헨더슨Thomas Henderson(1798~1844)이었다. 그는 밤하늘에서 세 번째로 밝은 별인 센타우루스자리 알파를 관찰하여 시차가 1초라는 결과를 얻어 냈고 나중에 이를 0.76초로 줄였는데, 이는 1.3파섹 또는 4.3광년에 해당하는 거리였다. 그렇지만 헨더슨의 측정 결과는 1839년 잉글랜드로 돌아올 때까지 출판되지 않았다. 센타우루스자리 알파는 오늘날 삼중성계 즉 세 개의 별이 서로의 궤도를 도는 별로 알려져 있고, 측정된 시차가 가장 커서 태양에 가장 가까운 별이다.

헨더슨의 발표가 있은 지 1년 뒤 상트페테르부르크 근처 풀코보

천문관측소에서 일하던 독일 태생 천문학자 프리드리히 폰 슈트루베Friedrich von Struve(1793~1864)가 베가 또는 거문고자리 알파라고도 부르는 직녀성의 시차를 측정했다. 그의 측정치는 오늘날에 비해 약간 컸으며, 오늘날의 측정값은 시차가 0.2613초이고 거리는 8.3파섹 또는 27광년이다. 이런 측정치에서 생각해야 하는 중요한 점은 이들이 모두 우주라는 척도에서 우리와 가장 가까운 이웃별이라는 사실이다. 태양에서 가장 **가까운** 별은 일반적으로 태양계의 가장 바깥에 있는 행성으로 보는 명왕성보다 7,000배나 더 멀리 떨어져 있다. 그리고 일단 별까지의 거리를 알면 하위헌스와 그레고리와 뉴턴이 시리우스에 적용한 기법을 거꾸로 적용하여 그 별의 진정한 밝기 즉 절대등급을 계산해 낼 수 있다. 이런 식으로 우리는 오늘날 우리로부터 2.67파섹 떨어져 있는 시리우스 자체가 사실은 태양보다 훨씬 밝다는 것을 알고 있다. 이것은 뉴턴이나 그의 시대를 살았던 사람들로서는 알아낼 길이 없었던 부분이다.

그렇지만 1830년대 말 이런 획기적 결과를 얻어 냈어도 우주의 규모가 어느 정도로 광활한지 짐작하는 정도를 넘어서지 못했다. 사진건판을 이용하여 별의 위치를 기록하는 방법으로 시차를 더 쉽게 측정하는 것이 가능해진 것은 19세기 말에 이르러서였다. 그때까지는 별의 위치를 망원경의 십자선을 이용하여 눈으로 보면서 실시간으로 측정해야 했다. 그러니 1840년부터 19세기 말까지 새 시차를 측정해 내는 빈도가 대충 한 해에 하나 꼴이었던 것도 무리가 아니었다. 그래서 1900년에 이르기까지 60개의 시차만 알려져 있었다. 1950년에 이르러 1만 개 정도의 별까지 거리를 알아냈고(전부 시차로 알아낸 것은 아니다*), 20세기 말에 이르러 히파르코스 인공위성이 거의 12만 개에 이르는 별의 시차를 0.002초의 정확도로 측정해 냈다.

분광학과 별의 구성 많은 면에서 현대 천문학 즉 천체물리학은 20세기에 들어와서야 시작됐는데, 바로 별의 이미지를 보존하기 위해 사진기법을 적용했기 때문이다. 별을 통계적으로 연구하는 게 의미가 있을 만큼 많은 별까지의 거리를 사진 덕분에 알아냈을 뿐 아니라 별의 스펙트럼 이미지를 기록하고 보존할 방법도 얻었고, 그리고 물론 앞서 살펴본 대로 1860년대에 개발된 분광학 덕분에 별의 구성 물질에 관한 정보를 얻을 수 있게 됐다. 또 한 가지 결정적으로 중요한 정보가 필요했는데, 바로 별의 질량이었다. 이것은 두 개의 별이 서로의 궤도를 도는 쌍성계를 연구하여 얻어 냈다. 가까이에 있는 몇몇 쌍성의 경우 별 사이의 거리를 각거리로 측정할 수 있고, 예컨대 센타우루스자리 알파처럼 그 성계까지의 실제 거리를 알고 있으면 이 각거리를 직선거리로 계산해 낼 수 있다. 쌍성계의 별에서 오는 빛의 스펙트럼에 나타나는 도플러 효과**는 별들이

* 예컨대 우주 속에서 무리 지어 움직이는 성단까지의 거리는 기하학적으로 대략 계산해 낼 수 있다. 평행인 철로가 먼 곳에서 한 점으로 모이는 듯 보이는 것과 마찬가지로 별들의 고유운동이 하늘에서 한 점으로 수렴하는 듯 보이는 방식을 측정한다. 그 밖에 별까지의 거리를 알아내는 데 도움이 된 통계적 기법도 있지만 그 자세한 내용은 여기서 다룰 필요가 없다.

** 우리를 향해 움직이고 있는 물체에서 오는 빛의 파동은 도플러 효과 때문에 파장이 짧아져 스펙트럼의 중심이 청색 쪽으로 이동(청색편이, blueshift)하고, 우리로부터 멀어지는 물체에서 오는 빛의 파동은 파장이 길어져 적색편이(redshift)가 일어난다. 어느 쪽이든 편이의 크기가 그 물체의 상대속도를 나타낸다.

서로의 궤도를 얼마나 빠른 속도로 돌고 있는지를 알 수 있게 해 주기 때문에 천문학자에게 귀중하기 그지없다.

그리고 별 주위를 도는 행성에게 적용되지만 서로를 중심으로 궤도를 도는 별들에게도 똑같이 적용되는 케플러 법칙까지 고려하면 천문학자들은 별들의 질량을 충분히 계산해 낼 수 있다. 이 역시 1900년대 초에 이르러 통계가 의미가 있을 만큼 이런 식의 관측이 충분히 많이 이루어져 있었다. 그러므로 바로 그때 대서양 양쪽에서 연구하고 있던 천문학자 두 사람이 이 그림조각 퍼즐의 조각을 모두 맞춰 별들의 본질에 관해 무엇보다도 중요한 혜안이 담긴 색등급도라는 것을 각기 독자적으로 내놓은 것도 놀랄 일은 아니다. 천문학에서 등급은 밝기라는 뜻이며, 이 도표는 별의 색과 밝기의 관계를 나타낸 것이다. 그리 대단하게 들리지는 않지만 천체물리학에서는 화학의 주기율표만큼이나 중요하다. 그러나 이제까지 누차 말했듯 대부분의 과학 발전과 마찬가지로 이 역시 혁명적으로 이루어진 것이 아니라 그 이전의 것을 바탕으로 이루어진, 기술 발전을 토대로 일어난 진화였다.

헤르츠스프룽-러셀 색등급도

덴마크의 아이나르 헤르츠스프룽Ejnar Hertzsprung은 1873년 10월 8일 프레데릭스베르에서 태어났다. 화공학 교육을 받고 1898년 코펜하겐 폴리테크닉을 졸업한 다음 광화학을 공부했으나, 1902년 이후로 코펜하겐 대학교의 천문대에서 개인적으로, 즉 무보수로 연구하면서 관측천문학자의 연구 방법을 배우는 한편 자신의 사진 기술을 천문관측에 적용했다. 그가 별의 밝기와 색의 관계를 발견한 것은 이때였으나, 그 결과를 1905년과 1907년에 사진 학술지에 출판했기 때문에 전 세계 전문 천문학자들의 눈에 띄지 않은 채 방치됐다. 그런데도 불구하고 헤르츠스프룽은 근처에서 평판이 점점 좋아져, 1909년에는 편지를 주고받고 있던 카를 슈바르츠실트Karl Schwarzschild(1873~1916)로부터 괴팅겐 천문대에 일자리를 제안받기에 이르렀다. 슈바르츠실트가 그해에 포츠담 천문대로 옮겨 갔을 때 헤르츠스프룽도 따라 가서 그곳에서 일했다. 1919년 네덜란드로 가서 레이던 대학교의 교수가 됐고, 그 뒤 1935년에는 레이던 천문대의 소장이 됐다. 1944년에 공식적으로 은퇴했지만 덴마크로 돌아가 80대 나이가 되고도 한참이 지날 때까지 천문학 연구를 계속했고, 94번째 생일이 지난 직후인 1967년 10월 21일에 세상을 떠났다. 그는 고유운동 연구와 우주 거리 척도에 관한 연구 등 관측천문학에 많은 업적을 남겼으나, (엄밀히 말해) 아마추어이던 시절에 해낸 발견에 견줄 만한 것은 없다.

헨리 노리스 러셀Henry Norris Russell은 1877년 10월 25일 미국 뉴욕주의 오이스터베이에서 태어났다. 그가 천문학자가 된 과정은 헤르츠스프룽보다는 전통적이어서, 프린스턴 대학교에서 공부한 다음 케임브리지 대학교를 거쳐 1911년 프린스턴에서 천문학교수가 됐다. 그곳에서 별의 색과 밝기의 관계에 대해 본질적으로 헤르츠스프룽과 똑같은 것을 발견했지만, 그는 상식을 발휘하여 1913년에 그것을 천문학자들이 읽는 학술지에 출판했고 또 기지를 발휘하여 그 관계를 오늘날 헤르츠스프룽-러셀 색등급도라 불리는 일종의 도표로 만들었는데, 독자들은 이 도표를 보고 그의 발견이 얼마나 중요한지를 즉각 알아차렸다.* 헤르츠스프룽이 이 발견에 기여했다는 사실은 금세 인정받았고 따라서 색등급도에 그의 이름이 붙었다. 러셀은 그 뒤 몇 년 동안 캘리포니아에 세워진 새 망원경을 잘 활용했지만 은퇴할 때까지 프린스턴에서 일했다. 색등급도 말고도 쌍성 연구에 중요한 업적을 남겼고, 분광학을 이용하여 태양의 대기 구성도 조사했다. 1947년 은퇴했고 1957년 2월 18일 프린스턴에서 세상을 떠났다.

색-등급 관계와 별의 거리

색등급도와 관련하여 중요한 것은 별의 온도는 색과 밀접한 관계가 있다는 것이다. 1900년대에 헤르츠스프룽이 관측한 것처럼 청색과 백색 별은 본질적으로 언제나 밝은 반면 주황색과 적색 별은 일부는 밝고 일부는 희미하다. 그러나 여기서는 무지개색의 특징을 질적으로만 따지는 게 아니다.** 천문학자는 여기서 그치지 않고 정량적 토대 위에서 색을 측정한다. 이들은 별의 색을 별이 여러 파장에서 발산하는 에너지의 양 차원에서 매우 정밀하게 판정하며, 이로써 빛을 방출하는 표면의 온도를 알 수 있다. 흑체복사의 알려진 속성을 이용하면 세 가지 파장에서 측정하는 것만으로도 별 표면의 온도를 판단할 수 있다. 급할 때는 약간 덜 정확하지만 두 가지 파장만으로도 알아낸다. 한편 별의

* 그 직전인 1911년 헤르츠스프룽 역시 연구 결과를 도표 형태로 출간했으나, 이번에도 천문학자들이 잘 알지 못하는 어느 학술지에 실었다.

** **본질적으로** 밝거나 희미하다는 것을 강조해 두고자 한다. 지구 하늘에서 보이는 밝기가 아니라 가까이에서 볼 때 정말로 얼마나 밝은가를 말한다. 이것은 해당 별의 거리를 가지고 알아낸다.

본질적 밝기 즉 절대등급은 온도와는 무관하게 그 별이 전체적으로 얼마나 많은 에너지를 발산하고 있는지를 알려 준다. 일부 적색 별은 크기가 매우 크기 때문에 온도가 낮으면서도 밝을 수 있다. 표면 1제곱미터씩은 적색을 띨 뿐이지만 그 제곱미터의 개수가 어마어마하게 많기 때문에 우주로 발산하는 에너지가 많은 것이다. 작은 별은 상대적으로 표면적이 작으므로 제곱미터당 매우 많은 에너지를 내뿜을 수 있는 청색이나 백색 온도일 때만 그 정도로 밝을 수 있다. 그리고 태양처럼 작은 주황색 별은 같은 크기의 뜨거운 별이나 같은 온도의 더 큰 별보다 본질적으로 덜 밝다. 그리고 여기에 별의 질량까지 들어가면 덤이 생겨난다. 별의 온도(색)와 밝기(등급)를 색등급도에 표시하면 대부분의 별은 도표에서 주계열(main sequence)이라 불리는 대각선 영역에 들어간다. 지름이 태양과 비슷한 뜨겁고 무거운 별은 이 주계열의 한쪽 끝에 들어가고, 태양보다 질량이 작은 차고 어두운 별은 그 반대쪽 끝에 들어간다. 태양 자체는 평균적인 별이어서 주계열의 중간쯤에 표시된다. 크고 차지만 밝은 별(적색거성)은 주계열보다 위쪽에 놓이고, 어둡고 작지만 뜨거운 별(백색왜성)은 주계열보다 아래에 자리 잡는다. 그러나 천체물리학자들이 별의 내부에서 무슨 작용이 일어나는지를 처음으로 깨닫게 해 준 것은 바로 이 주계열이었다. 이것은 주로 별의 질량과 주계열상 위치의 관계를 발견한 영국 천문학자 아서 에딩턴Arthur Eddington(1882~1944)으로부터 시작된 깨달음으로, 종종 최초의 천체물리학자로 간주되는 인물이다.

아서 에딩턴은 1882년 12월 28일 잉글랜드 호수지방에 있는 도시

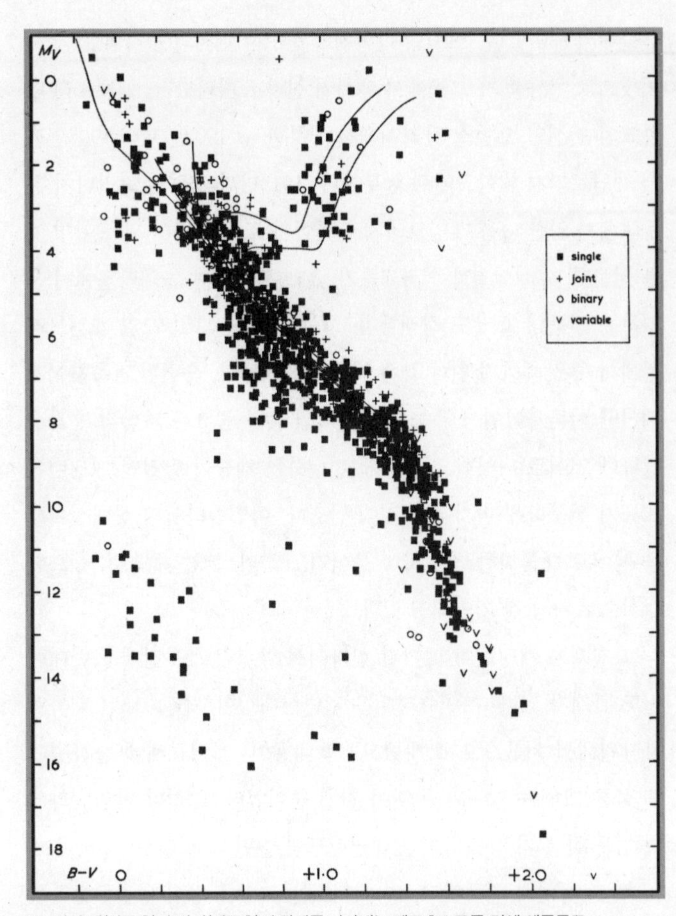

40. 별의 색(가로축)과 밝기(세로축)의 관계를 나타내는 헤르츠스프룽-러셀 색등급도.

켄들에서 태어났다. 1884년 아버지가 죽고 어머니와 누나와 함께 서머싯으로 이사를 가 그곳에서 퀘이커 신자로 자라났다. 맨체스터 대학교의 전신인 오언스 칼리지에서 공부한 뒤 1902년부터 1905년까지 케임브리지 대학교에서 공부했다. 1913년까지 왕립 그리니치 천문대에서 일한 다음 케임브리지로 돌아가 조지 다윈의 뒤를 이어 플룸 천문학 및 실험철학 석좌교수가 됐고, 1914년에는 대학교에서 운영하는 천문대 소장도 겸직했다. 그는 1944년 11월 22일 케임브리지에서 죽을 때까지 위와 같은 직위를 유지했다. 숙련된 관측자이자 뛰어난 이론가이면서 유능한 행정가인 데다 중요한 과학적 생각을 명확한 언어로 다양한 청중에게 전달하는 재능이 있었던 에딩턴은 20세기 천문학에 발자취를 깊이 남겼다. 아인슈타인의 상대성이론을 영어로 대중화한 최초의 인물이기도 하다. 그는 두 가지 중요한 업적으로 가장 잘 기억되고 있다.

그 첫째는 에딩턴이 퀘이커 신자여서 양심적으로 전쟁을 반대한 일도 관계가 있다. 아인슈타인은 일반상대성이론을 1915년 베를린 과학원에서 처음으로 소개했고, 그 내용이 그 이듬해에 출간됐는데 물론 그때는 영국과 독일이 전쟁 중이었다. 그러나 아인슈타인의 논문 한 부가 중립국이던 네덜란드의 빌럼 더 시터르Willem de Sitter (1872~1934)에게 전해졌고, 더 시터르는 그것을 당시 왕립천문학회 간사직도 맡고 있던 에딩턴에게 전했다. 간사로서 그는 아인슈타인의 연구 소식을 학회에 소개했다. 이것이 그가 일반상대성이론을 최선두에서 영어권 세계에 알리는 역할을 시작한 계기였다. 아인슈타인의 이론에서는 특히 멀리 있는 별에서 오는 빛은 태양을 지나면서 일정한 정도만큼 구부러지며 그 때문에 하늘에서 보이는 별의 위치가 달라진다고 예측했다. 이것은 일식 동안 관측할 수 있었다. 마침 1919년에 적당한 일식이 일어날 예정이었는데 유럽에서는 볼 수 없었다. 1917년에 왕립천문학회는 전쟁이 끝날 경우에 대비하여, 브라질과 아프리카 서해안에 있는 프린시페섬에서 이 일식을 관측하고 사진으로 촬영할 탐사대를 파견할 계획을 세우기 시작했다.

그렇지만 당시로는 전쟁이 그렇게 일찍 끝날 뚜렷한 이유가 없어 보였고, 전선의 인명손실이 너무나 커지자 영국 정부는 징병제를 도입하여 신체 건강한 모든 남성이 징집 대상이 됐다. 에딩턴은 34세이지만 신체가 건강했다. 그러나 영국으로서는 그가 군인으로서 참호에서 싸우는 것보다 과학자로서 일하는 쪽이 훨씬 더 귀중한 것이 분명했다. (과학자는 특별대우를 받을 자격이 있다는 주장을 지지하는 뜻에서 하는 말이 아니다. 전선에 나가 있는 누구라도 사회에서 일하는 쪽이 사회에 더 쓸모가 있었을 것이다.) 저명한 과학자들이 이 점을 영국 내무부에 전달했고, 에딩턴은 과학 공동체에서 지니는 가치를 근거로 징집에서 제외된다는 연락을 받았다. 그는 그 근거로 제외되지 않았다 하더라도 양심을 근거로 면제를 요구했을 것이라고 답했고, 이에 내무부 관료들이 격분했다. 그들은 만일 에딩턴이 양심적 병역거부자가 되고 싶으면 농사짓는 퀘이커 친구들과 합류하라는 말로 대응했다. 그는 기꺼이 그럴 태세가 되어 있다고 받았다. 그러나 왕실 천문학자 프랭크 다이슨Frank Dyson(1868~1939)이 발 빠르게 나선 덕분에 모두가 체면을 세울 수 있었다. 그는 내무부를 설득하여, 정부를 위해 탐사대를 이끌고 아인슈타인의 예측대로 빛이 휘는지를 검증하러 가는 조건으로 에딩턴의 징집을 유예하도록 했다. 그러잖아도 에딩턴은 왕립 그리니치 천문대에 있을 때 브라질에서 일식을 직접 보고 연구한 적이 있기 때문에 적임자였겠지만, 이런 뒷이야기는 에딩턴이 정말로 '아인슈타인이 옳다는 것을 증명한 사람'이라는 사실 이면의 흥미로운 배경이 된다. 그는 이때 프린시페섬으로 갔지만 브라질로도 같은 목적의 탐사대가 파견됐고, 에딩턴은 양쪽 모두의 결과를 처리 분석하는 총책임자가 됐다. 이 일식 관측의 중요성은 잠시 뒤 알아보기로 하고, 지금은 에딩턴이 과학에 기여한 그 밖의 중요한 것들을 먼저 살펴보자.

제1차 세계대전 이후 세계가 정상으로 돌아가자, 1920년대 초 에딩턴은 별의 질량에 관한 자료를 찾을 수 있는 대로 모아 그것을 색 등급도에서 얻는 자료와 연결하여 가장 질량이 큰 별들이 더 밝다는 것을 보여 주었다. 예컨대 주계열에 있는 어느 별은 태양 질량의 25배인데 밝기는 태양의 4,000배다. 이것은 이치에 닿았다. 별은 내부를 향해 당기는 중력에 대항하여 내부에서 생성하는 압력으로 형태를 유지한다. 질량이 클수록 내부를 향해 내리누르는 무게가 크고 따라서 그만큼 더 많은 압력을 생성해야 한다. 그러기 위해서는 자신의 연료가 무엇이든 그것을 더 빨리 태워 열을 더 많이 생성하는 방법밖에 없다. 이것이 결국 별의 표면 밖으로 빠져나와 우리에게 더 많은 빛으로 보이는 것이다. 여기서 벌어지는 물리현상은 고온 고압 상태에 있는 복잡한 구조물의 운명에 관해 앞서 살펴본 것과 같은 이유로 비교적 간단하며, 따라서 별의 중심 온도는 별의 밝기, 질량, 크기를 관측하여 계산해 낼 수 있다. 별의 크기는 거리를 알고 있으면 밝기를 가지고 판정할 수 있지만, 일단 그 관계를 알아내고 나면 색등급도에서 차지하는 위치를 가지고도 판정할 수 있다. 구체적인 수치를 가지고 계산했을 때 에딩턴은 심오한 사실을 깨달았다. 주계열에 있는 별은 질량이 태양의 수십 배에서 10분의 1에 이르기까지 다양한데도 중심 온도는 모두 대체로 비슷하다는 것이었다. 마치 별 안에 온도조절 장치가 내장돼 있는 것 같았다. 기체 덩어리가 자체 무게 때문에 짜부라지고 중력에너지가 열로 변환되면서 그 내부가 점점 뜨거워지는 동안 이 과정에 제동이 걸리는 일은 일어나지 않는다. 그러다가 어떤 임계온도에 다다르면 온도조절기가 켜지고 인간이 볼 때 거의 무한한 에너지가 공급되기 시작한다. 그리고 1920년대에 이르러 그 에너지가 어디에서 오는지는 꽤 명확해져 있었다. 적어도 에딩턴이 볼 때는 그랬다.

19세기에 지질학자·진화론자 진영과 물리학자 진영 사이에 지구와 태양의 나이를 두고 논쟁이 벌어졌는데 때로는 치열한 양상을 보이기도 했다. 윌리엄 톰슨(켈빈 경) 같은 물리학자들은 당시 과학에 알려져 있는 작용 중 지구상의 생물 진화를 설명하는 데 필요한 긴 시간 척도 동안 태양이 계속 빛을 비추게 해 줄 수 있는 것은 없다고 지적했다. 맞는 말이기는 했지만, 앞서 살펴본 대로 19세기 말이 되기 전에 과학에서 모르고 있던 새로운 에너지원이 방사성 동위원소라는 형태로 발견됐다. 이를 바탕으로 20세기 초 태양 같은 별은 라듐을 함유하고 있다면 뜨거운 상태를 계속 유지할지도 모른다는 추측이 나왔다. 태양 부피에서 1세제곱미터당 순수 라듐 3.6그램이면 충분할 것이라고 보았는데, 이 생각을 논한 사람 중에는 에딩턴의 전임 플룸 석좌교수였던 조지 다윈도 있었다. 실제로 이내 밝혀진 것처럼 그러기에는 라듐의 반감기가 너무 짧았지만, 태양과 별이 장수하는 비결이 '아원자 에너지'라는 것은 분명했다. 20세기의 첫 20년 동안 발전한 아원자물리학에다 아인슈타인의 특수상대성이론과 방정식 $E = mc^2$으로 무장한 에딩턴은 1920년에 이미 영국 과학진흥협회 연차총회에 모인 청중에게 다음과 같이 그 의미를 설명할 수 있었다.

> 별은 어떤 막대한 저장고로부터 우리가 알지 못하는 방법으로 에너지를 가져다 쓰고 있습니다. 이 저장고는 모든 물질 안에 풍부히 들어 있다고 알려진 아원자 에너지가 아닌 다른 것일 가능성이 거의 없습니다. 가끔씩 우리는 인간이 어느 날 그것을 끌어내는 법을 알아내 인간을 위해 쓰게 되리라는 꿈을 꿉니다. 끌어낼 수만 있다면 저장량은 거의 무진장입니다. 태양에는 앞으로 150억 년 동안 열을 방출할 수 있을 만큼 충분히 들어 있습니다.

계속해서 그는 다음과 같은 말로 그 주장을 뒷받침했다.

> 나아가 [프랜시스] 애스턴은 헬륨 원자의 질량은 그 안에 들어가는 수소 원자 네 개의 질량보다 작다는 것을 최종적으로 보여 주었습니다. 어쨌든 화학자들은 거기 동의합니다. 수소의 원자량은 1.008이고 헬륨은 4밖에 되지 않기 때문에 이렇게 합성하면

> 1/120에 해당하는 질량 손실이 생깁니다. 그가 이것을 멋지게 증명한 내용은 여러분이 그로부터 직접 들을 수 있으니 길게 논하지 않겠습니다. 그런데 질량은 소멸할 수 없으니, 그 차이는 원소가 변환될 때 전기 에너지로 방출되는 질량에 해당될 수밖에 없습니다. 따라서 우리는 수소에서 헬륨이 만들어질 때 방출되는 에너지의 양을 바로 계산할 수 있습니다. 별의 질량 중 처음에 5퍼센트가 수소 원자로 이루어져 있다면, 그것이 점차 결합하여 더 복잡한 원소를 형성한다면, 거기서 방출되는 열의 총량은 우리가 필요로 하는 양을 채우고도 남을 것이며, 우리는 더 이상 별의 에너지원을 찾을 필요가 없습니다.

에딩턴은 방향을 올바로 잡았으나, 별 안에서 에너지가 어떻게 방출되는지를 자세하게 풀어내기까지는 수십 년이 걸리게 된다. 그것은 별의 "5퍼센트"가 수소로 이루어져 있다는 부분에 내포돼 있는 오해 때문이기도 하고, 완전히 계산해 내려면 양자물리학이 필요한데 1920년대 말까지는 완전하게 발전하지 않았기 때문이기도 하다. 앞으로 이에 관해 다시 살펴보겠지만, 1920년대에 이르러 항성천문학에서는 적어도 일부 별까지의 거리를 측정할 또 다른 방법을 생각해 냈고, 그 기법을 적용할 새로운 망원경도 제작돼 있었다. 이 두 가지가 결합되자 이내 우주에서 인류가 차지하는 위치를 바라보는 우리의 관점에 또 하나의 극적 변화가 일어난다. 주계열에서 드러나는 증거는 은하수 안에서 태양은 특별할 게 없는 평범한 별에 지나지 않는다는 것이었다. 새로운 거리지표들이 개발되면서 결국 은하수 자체가 우주에서 특별할 게 없다는 증거가 드러나게 된다.

색등급도에서 묘사되는 색과 밝기의 관계 자체가 별까지의 거리를 알아내는 한 가지 지표가 된다. 별의 색을 측정하면 그 별이 주계열에서 차지하는 위치를 알 수 있고 그러면 절대등급을 알 수 있다. 따라서 그 별의 겉보기등급(실시등급)을 측정하여 거기까지의 거리만 알아내면 된다. 적어도 원리상으로는 그렇다. 실제로는 그렇게 쉽게 되지는 않는데, 주로 별을 향하는 시선상에 있는 우주 먼지 때문에 빛이 어두워지는 '소광(extinction)'이 일어나 별이 더 붉게 보이기 때문이다. 이것은 적화(reddening)라고 부르는데 적색편이와는 아무 관계가 없다. 이 때문에 색과 밝기 관측에 방해를 받지만, 우주에서 얼추 같은 방향에 있는 다른 별을 보고 적어도 대충이라도 보정해 줄 수 있는 때가 많다. 그러나 우주의 거리 척도 개발에서 핵심적 한 걸음은 헤르츠스프룽과 러셀이 색과 등급의 관계에 대한 생각을 발전시켜 나가던 무렵 진행된 사뭇 다른 종류의 연구에서 내디뎠다.

이 발견은 1876년 하버드 대학교 천문대의 소장이 된 에드워드 피커링Edward Pickering(1846~1919)의 지휘에 따라 진행된 남반구 하늘의 별에 관한 조사에서 얻어 낸 한 가지 결과였다. 피커링은 항성목록을 기록하는 습관이 몸에 밴 사람으로서 그 다음 세대 미국 천문학자들에게 영감을 주는 인물이었지만, 그가 천문학에 남긴 단연 중요한 업적은 그의 동생 윌리엄 피커링William Pickering(1858~1938)이 그를 대신하여 페루에서 남반구의 하늘을 조사한 데서 비롯됐다. 하버드로 보낸 사진건판에 있는 별 하나하나의 위치와 밝기를 커다란 장부에다 펜과 잉크로 깔끔하게 기록하는 실제 목록 작업은 여성들이 했다. 그때는 덜 개화한 시대였던 만큼 여성은 일반적으로 남성보다 인건비가 쌌고 그보다 더 창조적인 일을 할 지적 능력이 있다고 취급되지 않는 경우가 많았다. 그러나 훌륭하게도 피커링은 이들 여성 중 천문학에 소질을 보이는 사람들에게 연구에 참여하도록 권하여, 당시 거의 전적으로 남성뿐이던 학문세계에 몇 명의 여성이 발을 들여놓게 했다. 이 여성들 중 헨리에타 스완 레빗Henrietta Swan Leavitt(1868~1921)이라는 사람이 있었다. 그녀는 1895년에 하버드의 연구진에 합류했는데, 처음에 무보수 자원봉사자로 일할 정도로 천문학에 대한 열의가 대단했고 훗날 사진측광학과장이 됐다. 피커링은 그녀에게 남반구 하늘의 변광성을 찾아내는 일을 맡겼다. 그것은 같은 지역을 다른 시간에 찍은 사진건판을 대조하며 별들 중 모양이 바뀐 것이 있는지를 보는 방법으로만 조사할 수 있었다.

별의 밝기 변화는 두 가지 이유에서 일어날 수 있다. 첫째, 그 '별'이 사실은 쌍성이어서 그중 하나가 다른 별을 부분적으로 가리기 때문에 우리에게 그렇게 보일 수 있다. 그리고 앞서 살펴본 것처럼 쌍성 연구는 별의 질량을 측정할 때 핵심적으로 중요하다. 둘째, 별은 내부 구조의 어떤 변화 때문에 본질적으로 밝기가 변화하는 변광성일 수 있으며, 이런 변광성은 그 자체로 흥미롭다. 오늘날 알려진 것처럼 그런 별 일부는 주기적으로 팽창 수축하고 그러면서 빛의 밝기가 일정하게 달라진다. 그런 종류의 맥동변광성(pulsating star) 중 세페이드 변광성(Cepheid variable)이라는 종류가 있는데, 그 전형적인 예인 세페우스자리 델타라는 별에서 이름을 딴 것이다. 이 별은 잉글랜드의 천문학자 존 구드릭John Goodricke(1764~1786)이 21세라는 나이로 죽기 2년 전인 1784년에 변광성이라고 확인한 별이다. 세페이드는 모두 밝아졌다가 어두워지기를 반복하는 특유의 변화를 보이지만, 어떤 것은 주기가 짧아 하루 정도 만에 밝기가 변하기도 하고 또 어떤 것은 주기가 100일이 넘는다.

세페이드 거리 척도

레빗이 하버드에서 연구 중이던 사진건판은 대마젤란성운과 소마젤란성운이라 불리는 두 개의 성운을 페루에서 찍은 것이었다. 오늘날 이 두 성운은 우리가 살고 있는 은하수와 관련된 작은 위성 은하로 알려져 있다. 꼼꼼하게 연구하던 레빗은 소마젤란성운의 세페이드 변광성 중 상대적으로 밝은 것들은 주기가 더 느리다는 것을 알아차렸다. 여기서 밝기는 변광성 주기 전체를 평균한 밝기를 말한다. 이 발견은 1908년에 보고됐고, 1912년에 이르러 레빗은 이 주기-광도 관계를 수학식으로 표현할 수 있을 만큼 충분한 자료를 확보했다. 이것은 소마젤란성운에 있는 세페이드 변광성 25개를 연구한 결과였다. 레빗은 이런 관계가 나타나는 이유는 소마젤란성운이 너무나 멀어 그 안에 있는 별이 모두 우리까지의 거리가 사실상 같고, 그래서 각 별에서 비추는 빛이 우리 망원경까지 오는 동안 똑같은 정도로 어두워지기 때문이라는 것을 깨달았다. 물론 소마젤란성운 안의 별은 각기 거리가 다르고, 절대적으로 따지면 수십 내지 수백 광년의 차이가 있을 것이다. 그러나 지구로부터 소마젤란성운까지의 거리와 비교하면 이런 차이는 그 비율이 아주 미미하며, 따라서 빛이 우리에게 오는 동안 전체적으로 어두워지는 효과가 겉보기등급에 미치는 영향은 조금밖에 되지 않는다. 레빗은 소마젤란성운 안에 있는 세페이드 변광성의 겉보기등급과 그 주기 사이에 명확한 수학적 관계가 있다는 것을 알아냈다. 그래서 예를 들면 주기가 3일인 세페이드는 주기가 30일인 세페이드에 비해 밝기가 6분의 1밖에 되지 않는다. 이것은 세페이드의 **절대**등급이 서로 같은 방식으로 연관되어 있다는 뜻일 수밖에 없다. 소마젤란성운 안에 있는 모든 세페이드에게 거리 효과가 본질적으로 똑같이 적용되기 때문이다. 이제 남은 것은 우리 이웃에 있는 세페이드 한두 개의 거리를 알아내는 것뿐이었다. 그러면 그 별들의 절대등급을 알아낼 수 있고, 그러면 나머지 모든 세페이드의 절대등급을 — 따라서 거기까지의 거리도 — 레빗이 발견해 낸 주기-광도 법칙에 따라 계산해 낼 수 있었다.

실제로 1913년에 가까이에 있는 세페이드까지의 거리를 처음으로 측정한 사람은 헤르츠스프룽이었고, 이로써 세페이드 거리 척도가 조정될 수 있었다.* 그렇지만 천문학에서 대개 그렇듯 관측에는 어려움이 따라다녔고 소광과 적화도 작은 문제가 아니었다. 헤르츠스프룽이 조정한 척도에서 소마젤란성운까지의 거리는 30,000광년(대략 10,000파섹)일 것으로 추정됐다. 그가 생각하지 못했던 적화와 소광 효과를 고려한 오늘날의 수치는 170,000광년(52,000파섹)이다. 이 정도 거리에서는 두 개의 세페이드가 서로 1,000광년 떨어져 있다 해도 우리까지의 거리에서 볼 때 그 차이는 0.6퍼센트밖에 되지 않고, 거리 차이로 인해 어두워지는 상대적 효과 차이도 그만큼 작

* 그리고 1914년 처음으로 소광 효과를 반영하여 이 거리 추정치를 더 정확하게 만든 사람은 러셀과 곧 살펴보게 될 그의 제자 할로 섀플리Harlow Shapley(1885~1972)였다.

다. 헤르츠스프룽이 실제보다 작게 추정한 거리조차도 우주가 정말 얼마나 큰지를 처음으로 보여 준 사례였다. 세페이드 거리 척도는 물론 우주 전체 연구에서도 중요하지만 은하수 내의 별 연구에서도 그에 못지않게 중요하다. 우주에서 별이 한데 모여 있는 성단 중에는 질량과 색과 밝기가 제각각인 별 수십 내지 수백 개로 이루어져 있는 것도 있는데, 그 성단에 세페이드가 하나만 있으면 그 성단의 모든 별까지의 거리를 알 수 있고, 아울러 별의 속성을 이해하고 또 예컨대 색등급도에 표시할 때 적화와 소광 효과를 제거하는 것과 관련된 모든 것들도 알게 된다. 그러나 세페이드 변광성이 우주 속 우리의 위치를 다르게 이해하게 만든 것은 은하수 너머를 탐사하면서였다.

세페이드 변광성과 다른 은하까지의 거리

은하수 너머를 탐사할 수 있게 된 것은 새로운 세대의 망원경을 개발한 덕분인데, 이는 주로 조지 엘러리 헤일George Ellery Hale(1868~1938)이라는 한 사람의 열정이 낳은 결과였다. 그는 후원자들을 설득하여 큰돈을 내놓게 만드는 재능에다 그 돈이 새 망원경을 제작하고 새 천문대를 짓는 데 잘 쓰이게 하는 행정력까지 모두 갖춘 천문학자로, 먼저 시카고 대학교에, 이어 캘리포니아의 윌슨산에, 끝으로 역시 캘리포니아의 팔로마산에 관측 시설을 세웠다. 우주 탐사의 이 단계에서 핵심 도구는 후원자의 이름을 따 후커 망원경이라 불리는 지름 100인치(2.54미터)짜리 반사망원경이었다. 이 망원경은 1918년 윌슨산에 설치된 뒤로 30년 동안 지구상 최대의 망원경이라는 자리를 지켰고 오늘날에도 — 오늘밤에도 — 사용되고 있다. 이 망원경은 우주에 대한 우리의 이해를 바꿔놓았는데 주로 에드윈 허블Edwin Hubble (1889~1953)과 밀턴 휴메이슨Milton Humason(1891~1972)이라는 두 사람의 손을 통해서였다.

허블에 관해 적힌 것을 모두 믿어서는 안 된다. 그는 뛰어난 운동선수였다는 이야기를 지어내고 한때 법률가로도 성공한 척하면서 초년 시절 자신이 이룬 업적을 — 정중히 표현하자면 — 과장했다. 그러나 그렇다고 해도 그가 천문학에서 이룬 업적이 줄어드는 것은 아니다.

세페이드 변광성을 이용하여 1910년대 말 오늘날과 같은 모양의 은하수 지도를 만들어 낸 최초의 인물은 러셀의 제자 할로 섀플리 Harlow Shapley(1885~1972)였다. 그는 1908년부터 1918년까지 윌슨산에서 당시 세계 최대 규모인 지름 60인치(1.52미터)짜리 반사망원경을 사용했고 100인치짜리 망원경을 사용한 최초에 속하는 인물이기도 했다. 그러나 1921년 하버드 대학 천문대 소장이 되면서 새 망원경 덕분에 펼쳐진 기회를 최대한 활용할 기회를 놓쳤다. 섀플리는 몰랐지만 그가 세페이드라고 생각한 별 중 일부는 사실 다른 종류의 별이었다. 오늘날에는 이런 별을 거문고자리 RR형 변광성(RR Lyrae variable)이라 부른다. 이들은 세페이드와 비슷한 방식으로 행동하기 때문에 그 자체로도 중요한 거리지표이지만 주기-광도의 관계가 다르다. 이것을 혼동해서 섀플리의 계산에 끼어든 오류는 그가 소광 효과를 충분히 보정하지 않았다는 사실 때문에 다행히도 어느 정도 상쇄됐다. 이 무렵 밤하늘에 이어지는 빛의 띠인 은하수라는 것은 막대한 수의 별을 포함하고 있는 납작한 원반 모양의 성계이며 태양은 이 수많은 별 중 하나에 지나지 않는다는 것이 이미 분명해져 있었다. (갈릴레이와 토머스 라이트 시대 이후로 갈수록 더 분명해지고 있었다.) 그 전에는 태양은 원반 모양을 이루는 은하수 한가운데에 자리 잡고 있다는 생각이 널리 퍼져 있었다. 그러나 별들이 모여 얼추 공 모양을 이루는 구상성단이라는 것들도 은하수의 원반 위와 아래에 걸쳐 커다란 구형 공간을 차지하고 있다. 섀플리는 구상성단까지의 거리를 하나하나 알아내면서 이 구형 공간의 중심이 어디인지 찾아냈고 태양은 은하수의 중심에 있지 않다는 것을 입증했다. 1920년에 이르러 그의 측정을 바탕으로 은하수 자체는 지름이 100,000파섹 정도이고 은하수의 중심은 우리로부터 10,000파섹(30,000광년 이상) 떨어져 있다는 것이 드러났다. 그가 얻어 낸 수치는 소광 문제와 거문고자리 RR형과 세페이드 변광성을 혼동한 문제 때문에 여전히 부정확했다. 오늘날 우리는 은하수의 중심까지를 8,000~9,000파섹으로 보고 있으므로 그가 얻어 낸 이 수치는 어느 정도 맞지만, 은하수 전체의 지름은 오늘날 28,000파섹으로 추정하고 있으므로 그가 계산한 수치와는 차이가 너무나 크다. 은하수의 원반은 두께가 200파섹 정도에 지나지 않는다. 실제로 지름에 비하면 매우 얇다. 그러나 우주에서 우리가 사는 곳의 위치를 섀플리가 다시 한번 강등시켰다는 사실에 비하면 수치는 덜 중요하다. 태양을 은하수라는 원반의 변두리 평범한 곳으로 옮겨놓음으로써, 별을 수천억 개씩 가지고 있는 것으로 추정되는 성계 안에서 중요할 것도 없는 일개 구성원에 지나지 않는다는 사실을 밝혀낸 것이다.

1920년대 초에는 은하수 자체가 우주의 대부분을 차지한다는 생각이 여전히 널리 퍼져 있었다. 마젤란성운처럼 밤하늘 여기저기에서 희미하게 빛나는 것들이 있기는 했지만, 이런 것들은 거대한 구상성단과 비슷하게 은하수에 딸린 비교적 작은 위성 성계이거나 은하수 안에서 빛나는 성간운일 것이라고 생각했다. 몇몇 천문학자들만 이들 '나선성운(spiral nebula)' 중 많은 수가 실제로는 별도의 은하이며, 너무나 멀리 있기 때문에 가장 좋은 망원경으로도 개개의 별을 구분하지 못한다고 주장했다.* 또 은하수는 섀플리의 추산보다 훨씬 작으며, 빈 우주 여기저기에 흩어져 있는 수많은 비슷한 은하들 가운데 한 개의 '섬 우주'일 뿐이라고 했다. 이런 생각을 가장 소리 높여 주장한 사람은 미국의 헤버 커티스Heber Curtis(1872~1942)였다.

허블이 이야기 속에 등장하는 지점은 이곳이다. 허블은 1923/4년 겨울 100인치짜리 후커 망원경을 사용하여 안드로메다자리 방향에 있는 M31이라는 커다란 나선성운에 있는 개개의 별을 구분할 수 있었다. (이것은 안드로메다성운 또는 안드로메다은하라고도 불린다.) 게다가 놀랍게도 이 성운 안에서 세페이드 여러 개를 확인할 수 있었으므로 거리를 계산해 냈는데, 그 결과 30만 파섹이라는 수치를 얻었다. 거의 100만 광년이었다. 오늘날에는 세페이드 거리 척도를 더 정확하게 조정하고 소광 같은 문제를 더 잘 보정한 결과 안드로메다은하까지의 거리는 그보다 더 먼 70만 파섹이라고 알려져 있다. 허블은 뒤이어 비슷한 여러 성운에서도 세페이드를 찾아내 커티스가 본질적으로 옳다는 것을 입증했다. 폭발하는 별 즉 초신성(supernova)은 모두 절대등급이 얼추 같으므로 이것을 관측하는 방법 등 은하까지

* 은하수의 별들을 육안으로는 구분할 수 없는 것과 마찬가지다. 갈릴레이가 망원경을 거기 맞췄을 때에야 비로소 그 안에서 별들이 '발견'됐다.

의 거리를 측정하는 다른 기법들도 개발됐고, 이에 따라 결국 은하수 안에 별이 수천억 개 있는 것과 마찬가지로 모든 방향으로 수십억 광년에 걸쳐 뻗어 있는 관측 가능한 우주 안에도 은하가 수천억 개 있다는 것이 분명해졌다. 태양계는 이 광대함 안에 있는 그다지 눈에 띄지 않는 점 안에 있는 그다지 눈에 띄지 않는 점이다. 그러나 우주를 지도로 그릴 때의 핵심단계는 여전히 세페이드의 등급-거리 관계이며, 이것을 기준으로 초신성 등 보조적 거리지표를 조정한다. 그리고 그 결과 소광 같은 문제로 인한 초기의 장애요인 하나가 계속 남아 있으면서 우주 속 우리 위치를 바라보는 관점에 1990년대까지도 왜곡을 가져왔다.

M31의 예에서 보듯 허블이 사용한 거리 척도에서는 모든 것이 실제보다 더 가까워 보였다. 일정 크기의 은하, 예컨대 절대크기가 은하수와 비슷한 은하가 있을 때 가까이 있을수록 하늘에서 더 넓은 영역을 차지한다. 천문학자가 실제로 측정하는 것은 하늘에서 은하가 차지하는 각크기(angular size)다. 그것이 실제보다 가까이에 있다고 생각하면 실제보다 작게 생각할 것이다. 눈앞에 들고 있는 어린이의 장난감 비행기나 착륙하러 들어오는 747 여객기는 각크기가 비슷할 수 있다. 그러나 747이 장난감보다 얼마나 더 큰가 하는 판단은 비행기가 얼마나 멀리 있다고 생각하는지에 따라 달라질 것이다. 거리를 실제보다 작게 계산했기 때문에 은하수 너머의 모든 은하가 처음에 실제보다 작게 추정됐고, 그래서 우주의 은하 중 은하수가 가장 크다고 생각했다. 수십 년이 지나는 동안 거리 척도를 계속 더 정확하게 조정하면서 이런 인식이 점점 달라졌지만, 허블 우주망원경으로 얻

어 낸 세페이드 변광성 자료를 통해 은하수와 비슷한 상당수의 나선 은하까지의 거리를 정확하게 알아내고 마침내 우리 은하는 평균적 크기라는 것이 입증된 것은 1990년대 말에 이르러서의 일이다.*

허블은 1923~1924년의 연구에 이어 1920년대 말과 1930년대 초 밀턴 휴메이슨의 도움을 받아 100인치 망원경으로 우주에서 최대한 먼 은하들까지의 거리를 쟀다. 세페이드를 직접 이용하는 거리 측정법은 비교적 가까이에 있는 은하에만 적용할 수 있었지만, 그렇게 먼 은하까지의 거리를 알아내자 그것을 기준으로 초신성이라든가 나선 안에 있는 특정 천체의 밝기 등 은하에 포함되는 요소들 전반까지의 거리를 보정할 수 있었고, 그것을 보조적 거리지표로 활용하여 100인치 망원경으로도 세페이드를 분간해 낼 수 없는 더욱 먼 은하들까지의 거리를 알아낼 수 있었다. 허블이 언제나 그의 이름이 따라다닐 발견을 해낸 것은 바로 이 연구를 진행하는 동안이었다. 그것은 은하에서 오는 빛의 스펙트럼에 나타나는 적색편이와 그 은하까지의 거리가 서로 관계가 있다는 것이었다.

'성운'에서 오는 빛에서 대체로 적색편이가 나타난다는 것을 발견한 사람은 사실 1910년대에 미국 애리조나주 플래그스태프에 있는 로웰 천문대에서 24인치(61센티미터)짜리 굴절망원경을 가지고 연구한 베스토 슬라이퍼Vesto Slipher(1875~1969)였다. 이 망원경을 가지고 그처럼 흐릿한 천체의 스펙트럼을 사진으로 얻어 내는 그의 연

* 나는 은하수가 평범한 은하임을 마침내 입증한 연구진의 일원이었다. 함께 연구한 동료는 현재 카디프 대학교에 있는 사이먼 굿윈Simon Goodwin과 현재 글래스고 대학교에 있는 마틴 헨드리Martin Hendry였다.

구는 당시 첨단 기술이었고, 슬라이퍼는 이처럼 엷게 확산돼 있는 성운은 스펙트럼이 일반 별과 비슷하기 때문에 수많은 별들이 모여 형성돼 있는 것이 분명하다고 확신했다. 그러나 그의 장비는 이런 성운들 안에 있는 개개의 별을 구분할 성능이 되지 않았고, 그래서 1920년대에 허블이 내딛게 될 그 발걸음을 내딛지 못하고 자신이 연구하는 성운까지의 거리를 측정할 수 없었다. 1925년에 이르기까지 슬라이퍼는 성운들 중에서 39개의 적색편이를 측정했지만 청색편이는 둘밖에 보지 못했다. 그가 얻어 낸 결과 중 많은 부분을 다른 관측자들이 확인했으나, 그가 먼저 연구하지 않은 성계에서 다른 사람들이 찾아낸 적색편이는 넷뿐이었고 청색편이는 발견되지 않았다. 이 자료의 자연스러운 해석은 이것이 도플러 효과로 생겨난 결과이며, 대부분의 성운이 우리로부터 빠른 속도로 멀어지고 있고 우리를 향해 다가오는 것은 둘뿐이라는 것이었다. 허블과 휴메이슨은 슬라이퍼가 스펙트럼을 관측한 성운들까지의 거리를 측정하는 것으로 시작하는 한편 직접 스펙트럼 자료를 얻어 내 자기네의 도구를 검증하고 슬라이퍼의 결과를 확인했다. 스펙트럼 자료를 직접 얻어 내는 작업은 휴메이슨이 했다. 검증이 끝난 뒤 두 사람은 범위를 넓혀 이 방식을 다른 은하들에게도 적용했다. 이미 알려져 있는 소수의 천체 이외에는 청색편이가 발견되지 않았다.* 이들은 은하까지의 거리는 그 은하의 적색편이에 비례한다는 것을 발견했다. 이 현

* 이 두 개의 청색편이 은하 중 하나는 안드로메다이다. 두 은하는 우주라는 척도로 볼 때 우리와 매우 가까우며, 중력의 영향으로 우리 쪽으로 움직이고 있다. 이 속도는 상대적으로 좁은 척도에서 우주가 팽창하는 속도보다 빠르다.

상은 1929년에 보고됐고, 지금은 허블의 법칙이라 불린다. 허블이 볼 때 이 발견의 가치는 거리지표라는 데 있었다. 이제 그들은 은하의 적색편이만 측정하면 그것으로 거리를 추정해 낼 수 있었다. 그러나 몇몇 다른 천문학자들이 금세 깨달은 것처럼 이 발견의 의미는 그보다 훨씬 더 깊었다.

일반상대성이론의 윤곽 허블과 휴메이슨의 발견은 앞서 살펴본 것처럼 1916년에 출판된 아인슈타인의 일반상대성이론으로 설명됐다. 특수상대성이론이 제한적 성격을 띠는 것과는 달리 이 이론이 '일반'적인 이유는 일정한 속도로 직선으로 움직이는 물체뿐 아니라 가속도를 다루고 있기 때문이다. 그러나 아인슈타인의 혜안은 가속도와 중력 사이에 아무 차이가 없다는 것을 이해했다는 데 있었다. 그는 어느 날 베른의 특허사무국 책상머리에 앉아 있을 때 이것을 깨달았다고 했다. 지붕에서 떨어지는 사람은 무게가 없을 것이고 중력이 끌어당기는 것을 느끼지 못할 거라는 깨달음이었다. 아래를 향한 운동의 가속도가 무게 감각을 상쇄하는 데 그 둘이 **정확히** 똑같기 때문이다. 우리는 다들 승강기 안에서 가속도와 중력이 같다는 것을 경험한 적이 있다. 승강기가 위로 움직이기 시작하면 우리는 바닥에 눌려지면서 몸무게가 더 무겁다고 느끼고, 승강기가 멈출 때는 속도가 줄어들면서 몸무게가 더 가볍다고 느낀다. 고속승강기일 경우에는 그 때문에 발뒤꿈치가 들리기도 한다. 아인슈타인의 천재성은 가속도와 중력이라는 두 가지를 모두 한 묶음으로 묘사하는 방정식을 찾아냈다는 데 있었다. 뿐만 아니라 특수상대성이론 전부와 나아가 뉴턴역학 전부까지 일반 이론의 특수한 경우에 해당된다. 에딩턴의 일식 탐사 직후 신문 머리기사에서 아인슈타인의 이론이 뉴턴의 연구를 '뒤집었다'고 떠들어 댔지만 그것은 전혀 사실이 아니다. 뉴턴의 중력 법칙 특히 역제곱 법칙은 극단적 조건일 때를 제외하고 여전히 우주의 작동 방식을 잘 묘사해 주고 있으며, 그보다 더 나은 이론을 내놓으려면 뉴턴 이론에서 성공적으로 다루고 있는 것을 전부 재현할 뿐 아니라 가외로 더 많은 것을 성공시켜야 한다. 아인슈타인의 이론보다 더 나은 것을 내놓으려면 일반상대성이론에서 성공적으로 다루고 있는 모든 것을 전부 재현하고 가외로 더 많은 것을 성공시켜야 하는 것과 마찬가지다.

아인슈타인은 특수상대성이론을 바탕으로 일반상대성이론을 개발하는 데 10년이 걸렸다. 물론 1905년부터 1915년까지의 그 10년 동안 다른 일도 많이 했다. 1909년 특허사무국을 그만두고 취리히 대학교에 정규 교수로 임용됐고, 1911년 무렵까지 양자물리학에 많은 노력을 기울였으며, 1911년에는 잠시 프라하에서 일하다가 학생 시절 그토록 게으름을 부렸던 취리히의 스위스 연방 공과대학교에서 일한 다음 1914년에 베를린에 정착했다. 일반상대성이론의 토대가 된 수학의 핵심은 그가 취리히에 있던 1912년 오랜 친구 마르셀 그로스만Marcel Grossmann(1878~1936)이 마련했다. 그는 연방 공과대학교 시절 아인슈타인과 같이 수업을 들었고, 아인슈타인이 아예 강의에 출석조차 하지 않을 때 강의 노트를 빌려주어 베끼게 했다. 1912년에 이르러 아인슈타인은 특수상대성이론을 헤르만 민코프스키가 평평한 4차원 시공간의 기하학으로 깔끔하게 나타낸 모델을 받아들이고 있었다. 이제 그는 자신이 생각하는 더 일반적 형태의 물리학에 맞는 더 일반적 형태의 기하학이 필요했는데, 19세기 수학자 베른하르트 리만Bernhard Riemann(1826~1866)의 연구 쪽으로 가닥을 잡아 준 사람은 그로스만이었다. 리만은 곡면기하학을 연구했고 곡면기하학을 얼마든지 많은 차원에서 묘사할 수 있는 수학 도구를 개발했다. 유클리드는 평면을 다루었으므로 이것은 비유클리드 기하학이라 불린다.

비유클리드 기하학이라는 종류의 수학 연구에는 긴 계보가 있었다. 19세기 초 카를 프리드리히 가우스Carl Friedrich Gauss(1777~1855)는 예컨대 평행선이 서로 교차할 수 있는 기하학의 성질을 연구했다. 지구 표면이 그 한 예다. 경선은 적도에서는 평행하지만 극에서는 교차한다. 가우스는 '비유클리드 기하학'이라는 용어를 만들어 냈지만 자신의 연구를 모두 출판하지는 않았고, 그 많은 부분이 그가 죽은 뒤에야 알려졌다. 그가 이 분야에서 이룬 업적 일부를 헝가리의 보여이 야노시Bolyai János(1802~1860)*와 니콜라이 로바쳅스키Nikolai Lobachevsky(1793~1856)가 1820년대와 1830년대에 각기 독자적으로 재발견해 냈다. 그러나 당시 알려져 있지 않았던 가우스의 연구처럼 이들의 모델 역시 비유클리드 기하학 중에서도 예컨대 구 표면 기하학 같은 특정 경우만 다루었다. 리만의 뛰어난 업적은 기하학 전체의 보편적 발판이 되는 수학적 처리법을 찾아내 1854년 괴

* '보여이'가 성이다. 한국인처럼 '성 이름' 순서로 성명을 표기하는 헝가리의 방식을 따랐다. (옮긴이)

팅겐 대학교에서 강연하면서 발표했다는 것이다. 이로써 다양한 범위의 기하학에 대해 모두 똑같이 유효한 다양한 범위의 수학적 묘사가 가능해졌고, 일상에서 익숙한 유클리드 기하학은 그중 한 예에 지나지 않는다. 이 이론은 영국의 수학자 윌리엄 클리퍼드William Clifford(1845~1879)가 영어권에 소개했다. 리만의 연구는 그가 결핵으로 요절한 이듬해인 1867년에야 출간됐고, 클리퍼드는 그 책을 영어로 번역하고 그것을 기초로 우주 전체를 묘사하는 가장 좋은 방법은 구부러진 공간으로 설명하는 것이라는 의견을 내놓았다. 1870년에는 케임브리지 철학회에서 논문을 낭독 발표했는데, 이 논문에서 "공간의 곡률 변이"를 논하면서 "우주 공간의 작은 부분들은 그 성격이 실제로 평균적으로 평평한 표면 위에 있는 작은 언덕과 유사하며, 따라서 그 안에서는 일반적인 기하학 법칙이 유효하지 않다"고 말했다. 오늘날 아인슈타인에 따르면 이 비유는 거꾸로 되어 있다. 태양 같은 물질 덩어리가 있으면 원래는 평평할 우주의 시공간이 우묵하게 휘어들어간다고 보는 것이다.* 그러나 아인슈타인이 태어나기 9년 전에 클리퍼드가 이것을 나름의 방식으로 유추했다는 것은 과학이 특출한 개인의 연구를 통해서가 아니라 한 조각 한 조각씩 발전해 나간다는 것을 보여 주는 좋은 예다. 클리퍼드는 아인슈타인이 태어난 해인 1879년 마찬가지로 결핵으로 세상을 떠났고 자신의 생각을 완전하게 전개하지 못했다. 그러나 아인슈타인이 등장했을 때 일반

* 아인슈타인의 이론에서는 우묵하게 들어간 곳의 크기가 정확히 얼마나 될지, 따라서 빛이 태양 같은 천체 가까이 지날 때 저항이 가장 낮은 경로를 따라가면서 얼마나 휠지 예측한다. 1919년 에딩턴의 일식 탐사가 그렇게나 중요했던 것도 이 때문이다.

상대성이론을 위한 때는 분명히 무르익어 있었고, 그의 업적이 대단하기는 하지만 종종 묘사되는 것처럼 천재 혼자 만들어 낸 결과는 아니다.

일반상대성이론은 시공간과 물질 사이의 관계를 묘사하며, 중력은 그 둘을 연결하는 상호작용에 해당한다. 물질이 존재하면 시공간이 휘고, 물질로 이루어진 물체가(빛조차도) 휜 시공간을 따라가는 방식은 우리에게 중력으로 나타난다. 이것을 가장 멋지게 요약하는 말은 "물질은 시공간에게 어떻게 휠지 말해 주고, 시공간은 물질에게 어떻게 움직일지 말해 준다"는 것이다. 당연히 아인슈타인은 자신의 방정식을 물질과 공간과 시간의 가장 큰 집합체인 우주에 적용하고 싶었다. 그는 일반상대성이론을 완성하자마자 우주에 적용했고 그 결과를 1917년에 출간했다. 그가 찾아낸 방정식에는 예기치 못한 희한한 측면이 한 가지 있었다. 정적 우주가 있을 가능성이 허용되지 않았던 것이다. 방정식에 따르면 공간 자체가 시간이 가면서 늘거나 줄거나 해야 하며 변치 않고 가만히 있을 수는 없었다. 당시는 은하수를 본질적으로 우주 전체라고 생각했다는 것을 기억해야 한다. 그런데 은하수는 팽창한다는 기미도 수축한다는 기미도 보이지 않았다. 성운의 적색편이 몇 개가 처음으로 측정됐지만 아무도 그 의미를 알지 못했고, 어떻든 아인슈타인은 슬라이퍼의 연구에 대해 알지 못했다. 그래서 그는 사람들이 가만히 있다고 묘사하는 우주를 담기 위해 자신의 방정식에 한 가지 항을 덧붙였다. 대개 그리스 문자 람다(λ)로 표시되는 이 항은 흔히 우주상수라 부르며, 아인슈타인 자신의 말에 따르면 "이 항은 오로지 별의 속도가 느리다는 사실에 따라 물질이 거의 정적으로 분포할 가능성을 열어두는 목적에서만 필요하다." 사실 우주상수를 고정된 숫자로 생각한다면 잘못이다. 아인슈타인이 만든 방정식에서는 람다 항에 여러 값을 넣을 수 있는데, 어떤 값은 모델 우주가 더 빨리 팽창하게 만들고, 모델이 가만히 있도록 만드는 값이 적어도 하나 있으며, 어떤 값은 우주가 수축되게 만든다. 그러나 아인슈타인은 1917년 당시 알려져 있는 대로의 우주와 일치하는 물질 및 시공간에 대한 유일한 수학적 묘사를 찾아냈다고 생각했다.

팽창하는 우주

그렇지만 일반상대성이론의 방정식이 발표되자마자 다른 수학자들이 그것을 이용하여 여러 가지 우주 모델을 묘사했다. 또 1917년 네덜란드에서 빌럼 더 시터르는 아인슈타인 방정식의 해답 한 가지를 찾아냈는데, 두 입자 사이의 거리가 일정 시간 이후 두 배가 된다면 그만큼의 시간이 또 지나면 네 배가 되고 다음에는 여덟 배, 그 다음에는 열여섯 배가 되는 식으로 기하급수적으로 빠르게 팽창하는 우주를 묘사하고 있다. 러시아에서 알렉산드르 프리드만Alexander Friedmann(1888~1925)은 방정식의 해답을 한 무더기 찾아냈는데 일부는 팽창하는 우주를, 일부는 수축하는 우주를 묘사하고 있다. 그는 이런 결과를 1922년에 출판했다. 자신의 방정식이 우주의 유일한 묘사가 되기를 기대했던 아인슈타인은 이에 약간 화가 나기도 했다. 그리고 이와 비슷하게 벨기에의 천문학자 겸 성직자인 조르주 르메트르Georges Lemaître(1894~1966)도 1927년에 아인슈타인의 방정식에 대한 복수의 해답을 독자적으로 출간했다. 허블과 르메트르 사이에는 약간의 접점이 있었다. 르메트르는 1920년대 중반에 미국을 방문했고, 1925년에는 헨리 노리스 러셀이 미국 천문학회 모임에서 그 자리에 나오지 못한 허블을 대신하여 안드로메다성운 안에서 세페이드를 발견했다고 발표할 때 그곳에 있었다. 르메트르는 또 아인슈타인과도 편지를 주고받았다. 이러저러하여 1930년대 초에 허블과 휴메이슨이 적색편이와 거의 100개에 이르는 은하까지의 거리를 발표하여 적색편이는 거리에 비례한다는 것을 보여 준 무렵, 우주가 팽창하고 있다는 것은 분명해져 있었을 뿐 아니라 그 팽창을 설명하기 위한 수학적 묘사까지 — 사실은 팽창을 묘사하는 우주 모델 여러 개가 — 이미 있었다.

우주의 적색편이가 우주 안에서 움직이는 은하 때문에 생기는 게 아니며 따라서 도플러 효과가 아니라는 것을 설명하는 것은 중요하다. 이것은 은하 사이의 공간이 시간이 가면서 팽창하기 때문에 생기며, 정확하게 1917년에 아인슈타인이 내놓은 방정식에서 묘사된 방식대로 생기지만 아인슈타인 자신은 이것을 믿으려 하지 않았다. 다른 은하로부터 우리에게 빛이 오고 있는 동안 공간이 팽창하면 빛 자체가 늘어나 파장이 더 길어진다. 이것은 가시광선의 경우 스펙트럼의 적색 끝 쪽으로 이동한다는 뜻이다.* 적색편이와 거리의 관계(허블의 법칙)가 관측됐다는 것은 우주가 과거에는 지금보다 작았다는 뜻이다. 텅 빈 공간의 바다에서 은하들이 한 덩어리로 꽉꽉 뭉쳐 있었다는 뜻이 아니라, 은하들 사이에도 '밖'에도 공간이 없었다는 뜻

* 고무로 된 띠에다 구불구불한 선을 그린 다음 띠를 양쪽으로 당겨 보면 이 현상을 상상하는 데 도움이 될 것이다.

에서 그렇다. 밖이 없이 공간 자체가 작았다. 이것은 또 우주에는 시작이 있었다는 뜻이다. 1930년대에는 에딩턴을 비롯하여 이 생각에 반대하는 천문학자가 많았지만 로마 천주교회 사제인 르메트르는 이것을 전심으로 받아들였다. 르메트르는 원시원자(또는 우주 알)라는 관념을 생각해 냈다. 이것은 우주의 모든 물질이 처음에는 마치 거대원자핵처럼 한 덩어리로 있다가 어마어마한 핵폭탄처럼 폭발하여 산산조각 났다는 가설이다. 이 생각은 1930년에 대중의 관심을 받았지만, 대부분의 천문학자는 우주에 시작이 있었을 수 없다는 에딩턴의 생각에 동의했다. 오늘날 빅뱅*이라 부르는 모델은 열광적인 성격의 러시아인 망명객 조지 가모프George Gamow(1904~1968)가 미국 워싱턴 디시에서 조지워싱턴 대학교와 존스홉킨스 대학교의 동료들과 함께 빅뱅에 관한 연구를 내놓은 뒤 1940년대에야 주류 천문학 속에 자리를 잡았으며, 그나마 지지자가 많은 것도 아니었다.

우주에 시작이 있었다는 생각을 처음에 받아들이기 어려웠던 천문학자가 많았다는 것 말고도, 1930년대와 1940년대에는 허블과 휴메이슨의 관측을 이처럼 직선적으로 해석하는 데 따르는 문제가 또 하나 있었다. 윌슨산의 연구진이 100인치 망원경이라는 기술적 우위를 계속 유지했지만 다른 천문학자들도 이내 이들처럼 관측을 시작했는데, 앞서 언급한 관측상의 문제, 그리고 세페이드와 다른 종류의 변광성을 혼동하는 문제 때문에 1930년대 초에 허블이 계산해 낸 거리 척도에 오늘날의 계산 기준으로 10배 정도의 오류가 있었던

* 이 용어는 사실 천문학자 프레드 호일Fred Hoyle(1915~2001)이 1940년대에 이 모델을 혐오하여 조롱하기 위해 만든 것이다.

것이다. 다시 말해 그는 지금 우리가 생각하는 것보다 10배 빠른 속도로 우주가 팽창한다고 생각했다는 뜻이다. 일반상대성이론에서 끌어낸 우주 방정식을 사용하면 적색편이-거리 관계를 가지고 빅뱅 이후 시간이 얼마나 지났는지를 바로 계산할 수 있다. (이 우주 방정식을 가장 간단한 형태로 줄이면 아인슈타인과 더 시터르가 1930년대 초 함께 연구하면서 개발한 아인슈타인-더 시터르 우주 모델이 된다.) 허블의 자료가 우주가 실제보다 10배 더 빠르게 팽창하고 있다고 암시하고 있기 때문에, 그의 자료를 바탕으로 이렇게 계산했더니 우주의 나이는 오늘날 계산해 낸 결과의 1/10인 12억 년에 지나지 않았다. 이것은 잘 확립되어 있는 지구 나이의 1/3도 되지 않는다. 뭔가가 잘못된 것이 분명했고, 그래서 나이 문제가 해결될 때까지 많은 사람들은 원시원자 가설을 진지하게 받아들이기가 어려웠다.

정상우주 모델

실제로 이 나이 문제는 프레드 호일Fred Hoyle(1915~2001), 허먼 본다이Herman Bondi(1919~2005), 토머스 골드Thomas Gold(1920~2004)가 1940년대에 빅뱅의 대안으로 정상우주 모델(steady state model)이라는 것을 내놓게 된 한 가지 이유였다. 이 모델에서 우주는 영원하고 언제나 팽창하고 있지만 언제나 지금과 대체로 비슷해 보이는데, 은하들이 서로 멀어지면서 생겨나는 틈 안에서 새 은하가 그 틈을 딱 맞게 채울 정도의 속도로 새로운 물질이 수소 원자 형태로 지속적으로 창조되고 있기 때문이다. 이것은 1950년대와 1960년대에 들어서까지도 빅뱅 모델보다 더 이치에 맞고 더 가능성이 있는 모델이었다. 따지고 보면 물질이 한 번에 원자 하나씩 꾸준히 만들어진다는 생각은 우주 안에 있는 모든 원자가 빅뱅이라는 단 한 번의 사건에서 창조됐다는 생각보다 더 놀랍지는 않다. 그러나 20세기 후반에 개발된 전파천문학이라는 새 기법을 비롯하여 관측 기술이 향상되면서 우주 저편 멀리에 있는 은하들을 볼 수 있게 됐다.

이런 은하들은 오래전에 거기서 출발한 빛(또는 전파)을 통해 우리에게 보이는 것으로, 이들이 근처에 있는 은하들과는 다르다는 것을 알 수 있었으므로 우주는 시간이 가면서 변화하고 은하들은 나이를 먹는다는 것이 입증됐다. 그리고 나이 문제 자체는 점차 해결됐는데, 특히 1947년에 팔로마산에 설치되어 헤일을 기리는 이름이 붙은 200인치(5.08미터)짜리 망원경 등 더 나은 망원경을 사용할 수 있게 되고 또 세페이드와 여타 종류의 변광성을 혼동하는 문제가 해결된 덕분이었다.

우주의 팽창 비율을 측정하는 데는 여전히 어려움이 뒤따랐고 불확실성을 10퍼센트까지 좁혀 들어가는 데는 오랜 시간이 걸렸다. 실제로 이것은 1990년대 말에 이르러 허블 우주망원경의 도움을 받고서야 가능했다.* 그러나 20세기 말에 이르러 우주의 나이는 어느 정도 정확하게 계산됐고 130억 년과 160억 년 사이인 것으로 결론이 났다. 이것은 지구 자체라든가 가장 오래된 별들을 비롯하여 우리가 나이를 측정할 수 있는 그 어떤 천체보다도 적당히 더 많은 나

* 최근 자료를 보면 우주가 지금은 더 빨리 팽창하기 시작했을 것으로 짐작되는데, 어찌 됐든 결국 우주상수라는 것이 있기 때문인 것 같다. 그렇다고 해서 우주의 나이 계산이 크게 달라지지는 않는다. 그렇지만 이 연구가 어떻게 진행되고 있는지에 대한 내용은 이 책의 범위를 벗어난다.

이다.* 그러나 가모프가 동료들과 함께 빅뱅 자체 때 무슨 일이 벌어졌는지를 연구하던 때는 이 모든 것이 먼 미래의 일이었다.

빅뱅의 본질

가모프는 사실 1920년대에 프리드만의 학생이었고, 괴팅겐 대학교와 캐번디시 연구소와 코펜하겐의 닐스 보어 연구소에서 연구하면서 양자물리학의 발전에 크게 공헌한 바 있었다. 특히 양자 불확정성에 의거하여 알파 붕괴 동안 알파 입자가 양자 터널효과(quantum tunneling)라는 작용에 의해 방사성 원자핵으로부터 빠져나올 수 있다는 것을 보여 주었다. 알파 입자는 강한 핵력에 의해 붙잡혀 있는데, 고전적 이론에 따르면 방사성 원자핵 안에서 알파 입자는 거의 빠져나올 수 있을 만큼의 에너지를 가지고 있지만 반드시 빠져나올 수 있는 정도는 아니다. 그렇지만 양자 이론에서는 개개의 알파 입자가 양자 불확정성으로부터 에너지를 충분히 '빌려올' 수 있는데, 그것이 가능한 것은 세계가 자신이 얼마나 많은 에너지를 가지고 있는지를 확실하게 알지 못하기 때문이다. 입자는 마치 핵으로부터 터널을 뚫은 듯 빠져나오고, 나온 다음에는 누군가가 에너지를 빌려갔다는 것을 세계가 깨달을 사이도 없이 빌려간 에너지를 되갚는다. 가모프는 우리의 핵물리학 이해에 이처럼

* 이것은 실제로 매우 심오한 발견이다. 우주의 나이는 본질적으로 일반상대성이론을 가지고 계산해 내며, 매우 큰 척도에서 물리 법칙을 다룬다. 아래에서 살펴보겠지만 별의 나이는 본질적으로 매우 작은 것을 다루는 양자물리학 법칙을 가지고 계산해 낸다. 그런데도 우주의 나이는 가장 오래된 별들에 비해 빅뱅 이후 첫 별들이 형성되는 데 필요한 딱 그 시간만큼 더 많은 것으로 나타난다. 가장 큰 척도와 가장 작은 척도를 다루는 두 물리학이 이처럼 일치한다는 것은 과학 전체가 탄탄한 기반 위에 세워져 있다는 것을 확인할 수 있는 한 가지 중요한 지표다.

심오한 깨달음을 안겨 주었으나, 노벨상위원회는 종종 그러듯 그의 기여를 소홀히 넘겨 버렸고 그는 결국 노벨상을 받지 못했다.

가모프는 핵물리학과 양자물리학을 연구했기 때문에 자신의 학생 랠프 앨퍼Ralph Alpher(1921~2007)와 앨퍼의 동료 로버트 허먼Robert Herman(1914~1997)과 함께 빅뱅의 본질을 조사할 때도 그 점이 영향을 미쳤다. 가모프는 조지워싱턴 대학교에서 일하는 한편으로 1940년대와 1950년대 초에 존스홉킨스 대학교 응용물리학연구소의 고문으로 일했다. 응용물리학연구소는 앨퍼가 1944년부터 정규직으로 일하고 있던 곳으로, 그는 이곳에서 일하면서 저녁과 주말 동안 조지워싱턴 대학교를 다니며 학사, 석사를 거쳐 마침내 1948년에는 박사 학위까지 받았다. 허먼은 좀 더 전통적인 교육과정을 거쳐 프린스턴에서 박사 학위를 받은 다음, 1943년에 존스홉킨스 연구소에 들어가 앨퍼처럼 전쟁 관련 연구로 활동을 시작했다. 또 앨퍼처럼 초기 우주에 관해 연구했는데, 개인시간에 개인적으로 했으므로 엄밀히 말하면 취미로 한 것이다. 앨퍼는 박사 학위를 위해 가모프의 지도에 따라 관측 가능한 우주 전체가 오늘날 우리 태양계보다 크지 않은 부피로 압축돼 있던 빅뱅 때 어떤 조건이 존재한 것이 분명하다고 가정하고, 그 조건에서 단순한 원소로부터 더 복잡한 원소가 어떻게 만들어질지를 연구했다. 우리를 비롯하여 관측 가능한 우주 전체를 구성하고 있는 화학원소는 어디선가 왔을 수밖에 없고, 가모프는 원소가 만들어진 원재료는 뜨거운 중성자 덩어리였을 것으로 추측했다. 이때는 최초의 핵폭탄이 폭발한 직후였고 최초의 원자로가 건설되고 있던 때였다. 핵의 상호작용 방식에 관한 정보는 매우 많은 부분이 비밀로 취급되고 있었지만, 원자로에서 방출되는 중성자를 쬘 때 여러 가지 물질에 어떤 일이 일어나는지에 관해 아직 비밀로 분류되지 않은 정보의 양은 점점 늘어나고 있었다. 원자로에서 핵은 중성자를 하나씩 흡수하여 더 무거운 원소의 핵이 되고 여분의 에너지는 감마선 형태로 배출됐다. 때로는 이때 불안정한 핵이 만들어지는데 그러면 베타선(전자)을 방출하면서 내부 구성에 조정이 일어난다. 우주의 원재료는 중성자일 것으로 생각했지만, 중성자 자체가 이런 식으로 붕괴하여 전자와 양성자를 만들고 전자와 양성자는 함께 최초의 원소인 수소가 된다. 수소 핵에 중성자 하나를 더하면 중수소(무거운 수소) 핵이 되고, 여기에 양성자를 하나 더하면 헬륨-3이 되며,* 다시 중성자를 하나 더하면 헬륨-4가 되는 식으로 이어진다. 헬륨-3의 핵 두 개가 융합하면서 양성자 두 개를 방출해도 헬륨-4가 만들어진다. 중수소와 헬륨-3은 거의 모두가 어떤 식으로든 헬륨-4로 변한다. 이처럼 원자핵에 중성자가 더해져 원자핵이 더 무거워지는 것을 중성자 포획이라 부르는데, 앨퍼와 가모프는 여러 가지 원소의 중성자 포획에 관해 나와 있는 자료를 모두 살펴보고 이런 식으로 가장 쉽게 만들어지는 핵은 가장 일반적인 원소들이며, 이런 식으로 쉽게 만들어지지 않는 핵은 희귀 원소에 해당된다는 것을 알아냈다. 이들은 특히 이 과정에서 다른 원소들에 비해 엄청난 양의 헬륨이 생성되는데 이것은 그 무렵 관측을 통해

* 동위원소를 표시할 때는 '원소 이름-원자량' 형식으로 표시한다. 따라서 '헬륨-3'은 '원자량이 3인 헬륨'을 가리킨다. 가장 일반적인 헬륨 동위원소는 원자량이 4인 헬륨-4이다. (옮긴이)

알아내기 시작한 태양과 별의 구성과 일치한다는 것을 알아냈다.

우주 배경복사 예측 앨퍼의 이 연구는 박사 학위 논문에 쓸 자료가 됐을 뿐 아니라 『물리학 리뷰*Physical Review*』라는 학술지에 낼 학술논문의 근간이 되기도 했다. 논문을 제출할 때가 됐을 때 고질적 익살꾼인 가모프는 앨퍼의 반대를 무릅쓰고 자신의 오랜 친구 한스 베테Hans Bethe(1906~2005)를 공저자로 올리기로 했는데, 오로지 앨퍼, 베테, 가모프(알파, 베타, 감마)라는 발음이 마음에 든다는 이유에서였다. 우연히도 논문이 1948년 4월 1일자 『물리학 리뷰』에 실리자 그는 기뻐했다. 이것이 바로 빅뱅 우주론이 정량과학의 한 분야로 출발한 첫걸음에 해당한다.

대개 알파-베타-감마라 불리는 이 논문이 출간되고 얼마 뒤 앨퍼와 허먼은 빅뱅의 본질에 대해 심오한 깨달음을 얻었다. 두 사람은 빅뱅 때 우주를 가득 채운 뜨거운 복사선이 오늘날에도 우주를 가득 채우고 있을 것이 분명하며, 한편으로 우주 공간의 팽창에 따라 팽창하면서 정량적으로 계산할 수 있을 만큼 식었으리라는 것을 깨달았다. 이것은 원래는 감마선과 엑스선이었으나 파장이 늘어져 전자기 스펙트럼의 전파 영역으로 넘어간 극심한 적색편이로 생각할 수 있다. 1948년 11월 앨퍼와 허먼은 이 배경복사(background radiation)를 일정 온도에서 일어나는 흑체복사일 것으로 보고 그 효과를 계산한 논문을 출간했다. 두 사람은 오늘날 배경복사의 온도는 5K 즉 약 섭씨 영하 268도일 것이라는 결과를 얻었다. 당시 가모프는 이 연구의 타당성을 인정하지 않았지만, 1950년 무렵부터는 이 생각을 열정적으로 지지하면서 대중적으로 인기를 끌었던 자신의 저서들에서도 언급했다.* 그러면서 덧셈을 그리 잘 하지 못했던 만큼 계산의 세밀한 부분에서 종종 틀리기도 했고, 앨퍼와 허먼의 업적을 제대로 인정하지도 않았다. 그 결과 이 배경복사가 존재한다고 예측한 공로는 전적으로 앨퍼와 허먼에게 있는데도 엉뚱하게 그에게 공로가 돌아가는 일도 종종 일어난다.

배경복사 측정 당시 이 예측에 대해 누구도 그다지 신경을 쓰지 않았다. 이에 관해 알고 있는 사람들은 전파천문학 기술이 아직 좋지 못해 우주의 모든 방향에서 오는 그처럼 약한 전파 잡음을 측정하지 못할 것으로 착각하고 있었다. 반면에 그 기술을 활용할 수 있는 사람들은 이 예측에 대해 알지 못한 것으로 보인다. 그렇지만 1960년대 초에 미국 뉴저지주 홈델 근처에 있는 벨 연구소 연구 시설에서 나팔형 안테나를 가지고 연구하고 있던 전파천문학자 두 사람이 약 3K 온도의 흑체복사에 해당하는 희미한 전파 잡음이 우주의 모든 방향에서 오는 때문에 매우 성가시다는 것을 알게 됐다. 아노 펜지어스Arno Penzias(1933~)와 로버트 윌슨Robert Wilson(1936~)은 자기네가 발견한 게 무엇인지 전혀 짐작하지 못했지만, 그 바로 근처의 프린스턴 대학교에서 제임스 피블스James Peebles(1935~)가 이끄는 연구진은 실제로 이 빅뱅의 메아리를 찾아내려는 생각으로 특별한 전파 망원경을 세우고 있었다. 앨퍼와 허먼의 선구적 연구 때문이 아니

* 그가 쓴 『우주 창조*The Creation of the Universe*』가 그 한 예다.

라, 피블스가 그와 비슷한 계산을 독자적으로 해냈기 때문이다. 벨의 연구원들이 발견한 내용에 관한 소식이 프린스턴에 전해졌을 때 피블스는 무슨 일이 벌어지고 있는지를 금세 설명할 수 있었다. 1965년에 출간된 이 발견이 바로 대부분의 천문학자가 빅뱅 모델을 어떤 추상적 이론 놀음이 아니라 우리가 살고 있는 우주에 대한 그럴 법한 묘사로 본격적으로 받아들이기 시작한 순간이었다. 1978년에 펜지어스와 윌슨은 이 발견으로 노벨상을 공동으로 받았는데, 노벨상을 받지 못한 앨퍼와 허먼에 비하면 아마도 과분한 영예일 것이다.*

현대의 측정: 코비 위성 그 이후 우주 마이크로파 배경복사는 유명한 코비(COBE : 우주 배경 탐사) 위성을 비롯하여 여러 가지 도구를 통해 세밀하게 관측됐고, 2.725K 온도의 완벽한 흑체복사임이 확인됐다. 이제까지 관측된 것 중 가장 완벽한 흑체복사였다. 이것은 빅뱅이 정말로 있었다는 — 또는 더 과학적 언어로 표현하면 관측 가능한 우주는 130억 년쯤 전 극도로 뜨겁고 밀도가 높은 단계를 경험했다는 — 개별 증거 중 가장 강력한 것이다. 21세기 우주론학자들은 이처럼 지극히 뜨거운 에너지 불덩어리가 애당초 어떻게 존재하게 됐는가 하는 수수께끼와 씨름하고 있지만, 여기서는 여전히 추측에 속하는 이런 생각을 다루기보다 우리가 아는 우주는 정말로 빅뱅에서 생겨났다는 압도적 증거가 나온 시점에서 우주

* 이것을 예측한 사람이 가모프라고 생각한 사람이 많은데 나는 노벨상위원회 역시 그러지 않았을까 늘 의심하고 있다. 1978년은 가모프가 사망한 뒤였고 노벨상을 사후에 주는 일은 없다. 앨퍼와 허먼이 무시된 다른 뚜렷한 이유는 없다.

론의 역사 이야기를 마무리 짓기로 한다. 증거가 나온 시점을 명확히 짚어 두고 싶다면 코비 위성의 연구 결과가 발표된 1992년 봄이 가장 적당하다. 실제로 예측을 내놓았고 관측을 통해 그것이 정확하다고 입증됐으므로 빅뱅 모델은 이제 빅뱅 이론이라는 이름을 붙일 자격이 있다.

그러나 빅뱅으로 등장한 것은 정확히 무엇이었을까? 앨퍼와 허먼은 핵에다 중성자가 한 번에 하나씩 더해지는 일이 반복되는 방식으로 원소가 만들어진다는 핵합성 가설을 세우고 있었는데, 계산을 더 정교하게 다듬는 과정에서 이 가설 전체에 중대한 문제가 있다는 것을 이내 알아차렸다. 원자량이 5나 8인 안정적인 핵이 없다는 것이 금세 드러난 것이다. 오늘날 양성자와 중성자는 빅뱅 불덩어리 안에서 $E = mc^2$에 따라 순수 에너지로부터 만들어졌다고 생각하고 있는데, 이렇게 만들어진 양성자와 중성자의 바다에서 시작하면 수소와 헬륨은 쉽게 만들어진다. 가모프의 연구진이 처음 해낸 계산을 오늘날 다시 하면 빅뱅에서 이런 식으로 얼추 75퍼센트는 수소로, 25퍼센트는 헬륨으로 이루어진 혼합물이 만들어질 수 있다는 결과를 얻는다. 그런데 헬륨-4에다 중성자 하나를 더해 만들어지는 동위원소는 너무나 불안정하기 때문에, 중성자를 더 받아들여 안정된 핵을 만들 사이도 없이 원래 받아들인 중성자를 내뱉어 버린다. 헬륨-3과 헬륨-4의 핵이 뭉쳐지는 매우 드문 상호작용을 통해 매우 소량의 리튬-7이 만들어질 수 있지만, 빅뱅 불덩어리에 존재한 조건에서 그 다음 단계는 베릴륨-8 핵을 만드는 것인데 이것은 즉시 헬륨-4의 핵 두 개로 쪼개진다. 빅뱅에서 수소와 헬륨, 그리고 극미량의 리튬-7과 중수소만 만들어 낼 수 있다면 그 나머지 원소들은 모두 다른 어딘가에서 만들어졌을 수밖에 없다. 이 '다른 어디'는 — 대안이 될 수 있는 유일한 곳은 — 별의 내부다. 그러나 어떻게 이렇게 되는지는 점진적으로만 이해하게 됐고, 그 시작은 1920년대 말과 1930년대에 태양과 별들은 지구와 똑같은 원소들이 혼합되어 만들어져 있지 않다는 깨달음에서 출발했다.

태양은 기본적으로 지구와 같은 종류의 물질로 만들어졌지만 더 뜨거울 뿐이라는 생각에는 기나긴 계보가 있었으며, 천체들을 신으로 취급하지 않고 과학적이라 할 만한 방식으로 묘사하려 한 기록 중 최초의 것에서 탄생한 결과물이었다. 이것은 기원전 5세기에 그리스에서 살았던 아테나이의 철학자 아낙사고라스Anaxagoras(기원전500?~기원전428?)로 거슬러 올라간다. 아낙사고라스가 태양의 구성 성분을 이렇게 생각하게 된 것은 아이고스포타모이강 근처에 떨어진 운석 때문이었다. 운석은 땅에 떨어졌을 때 빨갛게 달궈져 있었던 데다 하늘에서 내려왔으므로 그는 그 운석이 태양에서 왔다고 추론했다. 주로 철로 이루어져 있었으므로 태양은 철로 되어 있다고 결론지었다. 그는 지구의 나이에 대해서나 빨갛게 달궈진 쇠공이 식기까지 얼마나 걸릴지, 또는 태양이 계속 빛을 뿜을 수 있게 해주는 에너지가 있을지에 대해 아무것도 몰랐으므로 태양은 빨갛게 달궈진 쇠공이라는 생각은 그 시대에는 잘 작동하는 좋은 가설이었다. (그렇다고 그 시대에 그의 생각에 진지하게 귀를 기울이는 사람이 많았다는 뜻은 아니다.) 20세기 초에 사람들이 핵에너지를 태양열의 원천으로 생각하기 시작했을 때 비교적 적은 양의 라듐에서 일어나는 방사성 붕괴로도 태양이 (비교적 짧은 동안이나마) 계속 빛을 뿜게 할 수 있다는 것을 깨달으면서 태양의 질량은 대부분 무거운 원소로 이루어져 있을지도 모른다는 생각이 힘을 얻었다. 그 결과 몇몇 천문학자와 물리학자가 태양이나 별이 뜨거운 상태를 유지할 에너지를 핵융합에서 어떻게 얻어 낼지 연구하기 시작했을 때 이들은 별의 내부는 무거운 원소들이 흔하고 양성자는 드물다고 가정한 상태에서 양성자(수소 핵)가 무거운 원소의 핵과 융합하는 과정부터 탐구했다. 1920년에 수소가 헬륨으로 변환한다는 선견을 내놓은 에딩턴조차 여전히 별 질량의 5퍼센트가 원래는 수소 형태였을 것이라는 의견을 내놓았다.

양성자가 무거운 핵 안으로 뚫고 들어가는 과정은 무거운 핵으로부터 알파 입자(헬륨 핵)가 빠져나오는 알파 붕괴의 정반대 과정이며, 가모프가 발견한 양자 터널효과의 지배를 똑같이 받는다. 가모프가 계산한 터널효과는 1928년에 출간됐고, 그 바로 이듬해에 웨일스의 천체물리학자 로버트 앳킨슨Robert Atkinson(1898~1982)과 그의 동료로서 가모프와 함께 일한 적이 있는 독일인 프리츠 하우터만스Fritz Houtermans(1903~1966)는 별 내부에서 양성자가 무거운 원자핵과 융합할 때 일어날 법한 핵반응을 설명하는 논문을 출간했다. 이들의 논문은 "최근 가모프는 양전하를 띠는 입자는 원자핵을 뚫고 들어갈 에너지가 부족하다는 것이 전통적 믿음인데도 그럴 수 있다는 것을 보여 주었다"는 말로 시작했다. 이것이 핵심이다. 특히 에딩턴은 물리학 법칙을 이용하여 태양의 질량, 반지름, 그리고 우주로 에너지를 내보내는 비율을 가지고 태양 중심부 온도는 약 1천5백만K라고 계산해 낸 적이 있었다. 터널효과가 없을 때 이 온도는 너무 낮아 핵들이 서로간의 전기적 반발력을 극복하고 하나로 뭉칠 만한 힘으로 가까이 다가갈 수 없다. 1920년대 초 물리학자들이 양성자가 융합하여 헬륨이 만들어지는 데 필요한 온도와 압력 조건을 처음으로 계산해 냈을 때 많은 사람들은 이것을 해결 불가능한 문제로 보았다. 에딩턴은 양자혁명이 일어나던 바로 그때인 1926년 출간한 저서 『별의 내부 구성*The Internal Constitution of the Stars*』에서 이렇게 답했다. "우리는 별이 이 과정이 일어날 만큼 뜨겁지 않다고 강변하는 비평자와는 따지지 않는다. 가서 **더 뜨거운 곳**을 찾으라는 말밖에 할 말이 없다." 이것은 대개 에딩턴이 비평자들에게 지옥으로 가라고 말하는 것으로 해석된다. 에딩턴이 자신의 주장을 굽히지 않은 것이 옳았음을 이내 보여 준 것은 바로 양자혁명 특히 터널효과였으며, 과학의 여러 분야가 서로 의존하고 있다는 것을 이보다 더 극명하게 보여 줄 수는 없다. 별의 내부에서 일어나는 일을 이해해 나가는 것은 양성자 같은 것의 양자 속성이 이해되기 시작한 뒤에야 비로소 가능했다.

그러나 앞서 살펴본 대로 앳킨슨과 하우터만스는 1928년에도 여전히 태양에는 무거운 원소가 풍부하다고 가정하고 있었다. 그렇지만 두 사람이 계산에 몰두하고 있던 바로 그 무렵 분광학이 이 가정에 의문을 던질 수 있을 정도로 정교해졌다. 1928년에 영국 태생 천문학자 세실리아 페인Cecilia Payne(1900~1979, 훗날 세실리아 페인가포슈킨Cecilia Payne-Gaposchkin)은 미국의 래드클리프 칼리지에서 헨리 노리스 러셀의 지도로 박사 학위 연구를 하고 있었다. 페인은 분광학을 이용하여 별의 대기는 주로 수소로 구성돼 있다는 것을 발견했다. 이 결과는 너무나 뜻밖이었던 나머지, 연구 결과를 출판할 때 러셀은 '관측되는 분광학적 특징을 실제로 별이 수소로 이루어져 있다는 뜻으로 받아들일 수는 없으며, 별의 조건으로 인해 수소가 어떤 특이한 행동을 하기 때문에 스펙트럼에서 더 두드러지게 나타나는 것이 분명하다'는 취지의 단서를 첨부할 것을 고집했다. 그러나 그와 비슷한 시기에 독일의 알브레히트 운죌트Albrecht Unsöld(1905~1995)와 젊은 아일랜드인 천문학자 윌리엄 매크레이William McCrea(1904~1999)는 별의 스펙트럼에서 뚜렷하게 나타나는 수소 선은 별의 대기 중에 수소가 그 나머지 원자를 모두 합친 것보다 100만 배 더 많이 있다는 뜻이라는 것을 각기 독자적으로 입증했다.

별은 어떻게 빛나는가: 핵융합 과정

이런 모든 연구가 1920년대 말에 한데 어우러진 것이 별이 계속 빛나는 이유를 점점 더 잘 이해해 나가는 시발점이 됐다. 그래도 천체물리학자들이 그 과정을 가장 잘 설명할 수 있는 핵 작용을 집어내기까지는 몇 년이라는 시간이 걸렸고, 관측 가능한 우주의 구성에서 수소가 얼마나 큰 비중을 차지하고 있는지를 제대로 이해하게 되기까지는 그보다 조금 더 걸렸다. 이것은 어느 정도 아쉬운 우연의 일치 때문이었다. 1930년대에 천체물리학자들은 별의 내부 구조를 더 세밀하게 묘사하기 위한 수학적 모델을 개발하다가, 이런 모델은 뜨거운 천체의 구성에서 무거운 원소가 얼추 3분의 2를 차지하고 수소(또는 수소 + 헬륨)가 3분의 1을 차지하거나, 아니면 적어도 95퍼센트가 수소와 헬륨이고 무거운 원소는 미량에 지나지 않을 때만 작동한다는 것을 알아냈다. 여기서 작동한다는 것은 모델에서 별과 같은 크기, 온도, 질량을 지니는 뜨거운 기체 덩어리의 존재가 예측된다는 의미다. 다른 비율일 때는 해당되지 않고 오로지 이 두 가지 비율일 때만 방정식에서 예측되는 뜨거운 기체 덩어리의 속성이 실제 별의 속성과 일치했다. 별 안에 있는 수소가 미량보다 많다는 것을 깨달은 직후였으므로 천체물리학자들은 처음에 자연히 무거운 원소가 3분의 2를 차지하는 쪽을 전폭적으로 지지했다. 이것은 양성자가 터널효과를 통해 무거운 핵으로 뚫고 들어가는 상호작용 연구에 거의 10년이나 집중했다는 뜻이다. 무거운 원소는 별에서 찾아보기 어렵다는 것과 수소와 헬륨이 별의 물질 99퍼센트를 차지한다는 것을 이들이 깨달은 것은 수소를 헬륨으로 바꿔놓을 수 있는 과정을 세밀한 부분까지 발견해 낸 뒤의 일이었다.

어떤 과학적 생각의 때가 무르익었을 때 종종 볼 수 있는 것처럼, 별이 계속 빛나게 만드는 핵융합 과정에 관련된 핵심 상호작용은 거의 같은 시기에 여러 연구자들이 각기 독자적으로 밝혀냈다. 가장 중요한 것은 독일 태생으로서 미국 코넬 대학교에서 일하던 한스 베테와 베를린에서 일하던 카를 폰 바이츠제커Carl von Weizsäcker(1912~2007)가 1930년대 말 각기 내놓은 연구였다. 이들은 알려져 있는 별 내부의 온도에서 작용하되 터널효과 같은 양자 과정이 일어날 여지를 주면서 수소를 헬륨으로 변환하고 적절한 양의 에너지를 방출하는 과정을 두 가지 밝혀냈다. 그중 하나는 양성자-양성자 연쇄반응이라는 것으로, 알고 보니 태양 같은 별에서 주로 일어나는 과정이었다. 이 반응에서는 양성자 두 개가 합쳐지면서 양전자 한 개가 방출되고 중수소 핵이 만들어진다.* 이 핵에 양성자가 또 하나 융합되면 헬륨-3(양성자 2개와 중성자 1개)이 되고, 헬륨-3 두 개가 합쳐지면서 양성자 두 개가 방출되면 헬륨-4(양성자 2개와 중성자 2개)가 만들어진다. 다른 한 가지 과정은 태양보다 적어도 1.5배 더 무거운 별의 내부에서 발견되는 약간 더 높은 온도에서 더 효과적으로 작용하며, 많은 별에서 두 과정 모두 작용한다. 이 두 번째 과정은 탄소 순환**이라 부르는데, 탄소 핵 몇 개가 필요하고 앳킨슨과 하우터만스가 말한 방식으로 양성자 터널효과가 일어난다. 순환하며 작용하기 때문에 무거운 탄소 핵은 순환의 끝에 이르러 원래 상태로 돌아가므로 사실상 촉매 역할을 한다. 탄소-12 핵에서 출발하여 양성자 한 개가 더해지면 불안정한 질소-13이 되고, 이것이 양전자 한 개를 내뱉고 탄소-13이 된다.*** 여기에 양성자가 또 한 개 더해지면 질소-14가 되고, 양성자가 다시 한 개 더해지면 불안정한 산소-15가 된다. 이것은 양전자 한 개를 내놓고 질소-15가 된다. 이제 마지막으로 양성자가 또 하나 더해지면 핵은 알파 입자 한 개를 내놓고 제일 처음과 같은 탄소-12로 돌아간다. 그런데 알파 입자는 그냥 헬륨-4의 핵이다. 이번에도 전체적 결과는 양성자 네 개가 헬륨 핵 하나로 변환된 것이며, 그 과정에 양전자 두 개와 많은 에너지가 방출됐다.

* 이런 상호작용 중에는 중성미자도 방출되는 것이 많지만, 간단하게 설명하기 위해 거기까지는 자세히 다루지 않기로 한다.

** 탄소(C)-질소(N)-산소(O)로 변환하므로 더 구체적으로 'CNO 순환'이라고도 부른다. (옮긴이)

*** 핵 안에 있는 양성자 한 개가 양전자 한 개를 내놓으면서 중성자로 변환된다.

이 두 과정은 제2차 세계대전 시작 직전 밝혀졌고, 별의 내부 작용 이해를 위한 연구는 전쟁이 끝나고 1940년대 말 세상이 정상상태로 돌아갈 때까지 기다린 다음에야 계속할 수 있었다. 그러나 전후 이 연구는 전쟁 동안 진행된 핵무기 연구와 최초의 원자로 개발과 관련하여 핵의 상호작용을 이해하려는 노력으로부터 크나큰 이득을 보았다. 관련 정보의 기밀이 해제되면서 방금 살펴본 것과 같은 상호작용이 별 안에서 진행될 수 있는 속도를 천체물리학자들이 계산하는 데 도움이 됐다. 그리고 앨퍼와 허먼과 가모프의 연구에서 잘 드러난 것처럼 수소와 헬륨에서 시작하여 단계적으로 더 무거운 원소가 만들어질 때의 '질량 공백' 문제와 관련하여 1950년대에 여러 천문학자들이 무거운 원소들이 별의 내부에서 어떻게 만들어질 수 있을까 하는 문제를 들여다보았다. 어쨌든 무거운 원소들이 어디선가 만들어져야 하는 것은 분명했다. 이때 나온 한 가지 가설은 매우 불안정한 베릴륨-8을 만드는 중간 단계를 거칠 필요 없이 헬륨-4 핵(즉 알파 입자) 세 개가 본질적으로 동시에 뭉쳐져 안정적인 탄소-12 핵을 만들 수도 있다는 것이었다.

이 중요한 혜안은 영국 천문학자 프레드 호일이 1953년에 내놓았다. '고전'물리학에서 태양 같은 별의 내부 조건에서는 양성자 두 개가 융합할 수 없다고 본 것과 비슷한 방식으로, 가장 단순한 핵물리학에서 볼 때 이런 '삼중 알파' 상호작용이 일어날 수 있기는 하지만 너무 드물기 때문에 별의 일생 동안 충분한 양의 탄소를 만들어 낼 수 없었다. 대부분의 경우 이런 삼중충돌이 일어나면 하나의 핵으로 뭉치는 게 아니라 입자들이 부서진다.

'공명' 개념 양성자 융합이라는 수수께끼는 양자 터널효과로 풀렸다. 호일은 탄소가 존재한다는 것 말고 다른 아무 증거도 없이 삼중 알파 수수께끼에 대한 비교적 심오한 해법을 내놓았다.

탄소-12의 핵에는 공명(resonance)이라는 속성이 있는 것이 분명하며, 이 때문에 삼중 알파 융합이 일어날 확률이 크게 높아진다는 것이었다. 공명은 보통 때보다 에너지가 높은 상태다. 핵의 기본 에너지를 기타 줄로 튕기는 기본음이라 한다면, 공명은 같은 줄로 튕기는 더 높은 음에 비유할 수 있는데 특정 배음에서만 공명이 일어날 수 있다.

호일이 이 의견을 내놓았을 때 공명에는 신기할 것이 전혀 없었다. 그렇지만 탄소-12가 어떤 공명을 지니고 있어야 하는지 미리 계산해 낼 방법이 없었고, 그래서 이 방법이 통하려면 탄소-12가 매우 순수한 음정에 해당하는 매우 정확한 에너지에 공명해야 했다. 호일은 캘리포니아 공과대학교에서 일하는 실험물리학자 윌리엄 파울러William Fowler(1911~1995)를 설득하여 탄소-12 핵에 그런 공명이 존재하는지 검증하게 했다.

공명은 정확하게 호일이 예측한 그 지점에서 나타났다. 이 공명이 존재하는 덕분에 알파 입자 세 개는 서로 충돌하여 부서지는 게 아니라 순조롭게 하나로 합쳐질 수 있게 된다. 이때 에너지를 많이 품은 탄소-12가 만들어지며, 만들어진 다음에는 여분의 에너지를 발산하고 기본 에너지 수준으로 내려가는데 이것을 바닥상태(ground state)라 한다.

이것은 별 안에서 헬륨보다 더 무거운 원소가 만들어질 수 있는 방식을 설명하는 핵심 발견이었다.* 일단 탄소 핵이 있으면 탄소-12에 알파 입자를 추가하여 산소-16을 만들고 다시 네온-20을 만들어가는 식으로, 또는 앳킨슨과 하우터만스라든가 다른 맥락에서 앨퍼와 허먼이 논한 것처럼 양성자를 하나씩 추가하는 식으로 무거운 원소를 계속 더 만들어 나갈 수 있다. 후자의 과정은 탄소순환에서도 작동한다. 호일, 파울러, 그리고 둘의 영국 태생 동료 제프리 버비지 Geoffrey Burbidge(1925~2010)와 마거릿 버비지Margaret Burbidge(1922~2020)는 1957년 출간한 논문에서 별의 내부에서 이렇게 원소들이 만들어지는 방식을 명확하게 설명했다.** 이 연구가 나오고부터 천체물리학자들은 별의 내부 작용을 설명하는 모델을 세밀하게 만들어 낼 수 있었고, 그렇게 만들어 낸 모델을 실제 별의 관측과 비교함으로써 별의 일생을 알아내고 또 특히 우리 은하에서 가장 오래된 별들의 나이를 알아낼 수 있었다.

이처럼 별 내부에서 일어나는 핵융합 과정을 이해함으로써 빅뱅에서 만들어진 수소와 헬륨으로부터 철에 이르는 모든 원소가 어떻게 만들어질 수 있는지를 설명할 수 있었다. 게다가 이런 식으로 만들어질 것으로 예측되는 여러 원소의 비율은 탄소와 산소의 비율, 네온과 칼슘의 비율 또는 무슨 원소든 우주 전체에서 보는 원소 비율과 맞아떨어진다. 그러나 이것으로는 철보다 더 무거운 원소가 존재하는 이유가 설명되지 않는다. 철은 일상 물질 중 에너지가 가

* 그리고 알파선은 헬륨 핵이라는 것을 러더퍼드가 밝혀낸 지 반 세기도 되지 않아 이것을 발견해 냈다는 것도 주목할 만하다.

** 논문 저자가 알파벳순으로 'Burbidge, Burbidge, Fowler and Hoyle'로 표시됐기 때문에 천문학자들은 다들 이 논문을 'B^2FH'라 부른다.

장 낮은 가장 안정적 원소에 해당되기 때문이다. 금이나 우라늄, 납 등 더 무거운 원소를 만들려면 핵이 강제로 융합하게끔 에너지를 넣어 주어야 한다. 이것은 태양보다 더 질량이 큰 별이 일생의 끝에 다다라, 방금 설명한 것 같은 상호작용을 통해 현상 유지를 위한 열을 생성할 핵연료가 다 떨어질 때 일어난다. 연료가 다 떨어지면 별은 극적으로 짜부라지고, 그러는 과정에 막대한 양의 중력에너지가 방출되면서 열로 변한다.

이로 인한 한 가지 효과는 별이 초신성이 되어 보통별이 모여 있는 은하 전체만큼 밝은 빛을 몇 주 동안 비춘다는 것이다. 또 한 가지 효과는 핵을 뭉쳐 가장 무거운 원소를 만드는 에너지를 공급한다는 것이다. 세 번째 효과는 거대한 폭발을 일으켜, 그렇게 만들어진 무거운 원소를 포함하여 별을 이루고 있는 물질 대부분이 별과 별 사이의 공간으로 흩어져 새로운 별과 행성과 어쩌면 사람들까지 만들 원재료가 된다는 것이다.

이 모든 것을 설명하는 이론 모델은 1960년대와 1970년대에 다른 은하의 초신성들을 관측한 자료를 바탕으로 많은 사람들에 의해 개발됐다. (초신성은 비교적 보기 드문 사건에 해당한다.) 그러다가 1987년 우리 이웃에 있는 대마젤란성운에서 초신성이 폭발하는 것을 관측했다. 이것은 천체망원경이 발명된 이후 우리와 가장 가까운 곳에서 관측된 초신성이다. 수많은 현대식 망원경을 동원하여 몇 달 동안 이 사건을 모든 파장에서 관측하고 모든 측면에서 세밀하게 분석한 결과 이 초신성에서 펼쳐진 과정들은 이론 모델의 예측과 가깝게 맞아떨어진다는 것이 확인됨으로써 별이 작동하는 기본 원리를 이

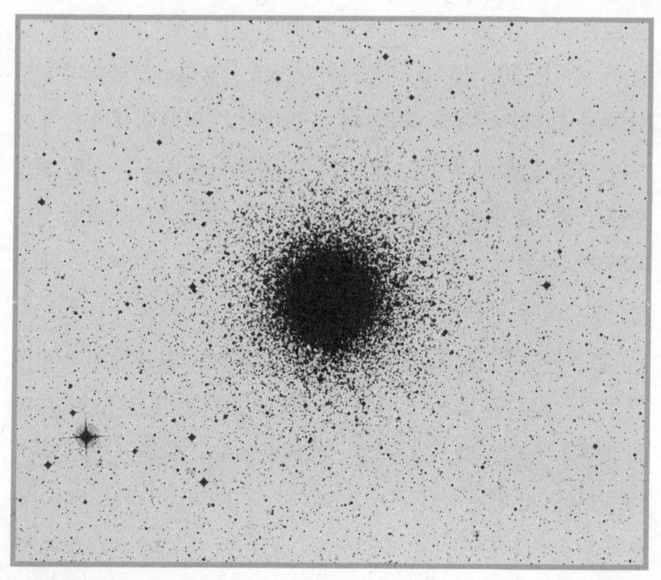

41. 구상성단 NGC 362의 광학 이미지(네거티브).

해하기 위한 그림조각 퍼즐의 마지막 조각이 사실상 제자리를 찾아 들어갔다. 일생을 살아가는 동안 이 지식이 발전해 나가는 것을 처음부터 끝까지 직접 목격한 천문학자들에게 이것은 원소의 기원과 관련하여 저 이론 모델이 대체로 정확하다는 것을 확인해 준 무엇보다도 중요하고 흥미진진한 발견이었다.

CHON과 우주에서 인류가 차지하는 위치

이것은 내가 볼 때 과학에서 기울이는 노력 전체를 통틀어 가장 심오한 발견으로 이어진다. 천문학자들은 초신성이나 그보다 작은 별의 폭발로 별 내부에서 여러 물질이 얼마만큼 만들어져 우주로 퍼지는지를 매우 정확하게 계산할 수 있다. 이들은 분광학을 이용하여 새로운 별과 행성계의 원재료가 되는 우주 속 기체와 먼지 구름 안에 있는 여러 가지 물질의 양을 측정함으로써 이런 계산을 확인할 수 있다. 이들은 화학반응에 관여하지 않는 불활성 기체인 헬륨을 제외하면 우주에서 가장 흔한 원소는 수소(H), 탄소(C), 산소(O), 질소(N)임을 알아냈다. 이 네 원소를 뭉뚱그려 머리글자를 따서 CHON이라 부른다. 이것은 처음에 갈릴레이가 자신의 망원경을 하늘에 맞췄을 때 시작되어 1987년 초신성을 관측하면서 끝난 탐구 과정에서 드러난 궁극의 진실이다.

또 다른 방면의 한 가지 탐구는 그보다 조금 먼저 베살리우스가 인체 연구를 과학적 발판 위에 올려놓기 시작했을 때 출발했는데, 여러 세기 동안 별의 과학적 연구와는 아무 관계가 없어 보였다. 1950년대의 DNA 연구에서 절정에 다다랐던 이 방면의 탐구에서 드러난 궁극적 진실은 특별한 생기가 있다는 증거는 없으며 우리 자신을 포함하여 지구상의 모든 생물은 화학적 과정을 기반으로 하고 있다는 것이다. 그리고 생명의 화학작용과 관련된 가장 흔한 네 가지 원소는 수소, 탄소, 산소, 질소다. 우리는 우주에서 가장 쉽게 얻을 수 있는 바로 그 원재료로 만들어져 있는 것이다. 이것의 의미는 지구는 특별한 곳이 아니며, CHON을 기반으로 하는 생물체가 우리 은하뿐 아니라 다른 은하에서도, 나아가 우주 전체에서 발견될 가능성이 높다는 것이다. 이것은 인류가 우주 안의 특별한 위치로부터 궁극적으로 밀려나는 것이며, 코페르니쿠스와 『천체 공전에 관하여』에서 시작된 과정이 완성되는 것이다.

지구는 평균적인 은하의 변두리에 있는 평범한 별의 궤도를 도는 평범한 행성이다. 우리 은하에는 수천억 개의 별이 있고, 관측 가능한 우주에는 수천억 개의 은하가 있으며, 그 모두에 태양과 같은 별이 가득 들어 있고 CHON이 풍부한 기체와 먼지 구름이 흩어져 있다. 지구는 우주의 중심에 있으며 태양과 별들이 그 주위를 돌고 있고, 인류는 창조의 최정상에 있으며 '하등한' 생물체와는 질적으로 다르다는 르네상스 이전의 생각으로부터 이보다 더 멀어질 수는 없을 것이다.

미지를 향해 그러나 이런 발견은 일각의 의견처럼 과학은 곧 종말에 다다른다는 뜻일까? 이제 생명과 우주의 작동 방식을 알고 있는 만큼, 세밀한 부분을 채워 넣는 일 말고 또 할 일이 남아 있을까? 나는 있다고 믿는다. 세밀한 부분을 채워 넣는 일조차도 오래 걸리겠지만, 과학 자체가 지금은 질적 변화를 거치고 있다. 내가 전부터 사용하고 있는 비유이지만 그보다 더 나은 것을 찾아내지 못한 비유는 체스다. 어린아이는 체스의 규칙을 배울 수 있다. 기사를 움직이는 것 같은 복잡한 규칙도 익힐 수 있다. 그러나 그렇다고 해서 그 아이가 그랜드마스터가 되는 것은 아니며, 이제까지 살았던 최고의 그랜드마스터라 해도 체스에 관해 알아야 하는 모든 것을 다 안다고 주장하지는 않을 것이다.

『천체 공전에 관하여』가 출간되고 4세기 반 이상이 지난 지금 우리는 체스의 규칙을 방금 배운 저 어린아이의 상황에 있다. 우리는 이제 유전공학이나 인공지능 같은 수를 가지고 처음으로 체스를 두려고 시도하는 중이다. 앞으로 5백만 년은 차치하고 5세기 동안 무슨 일이 벌어질지 누가 알겠는가?

맺음말 : 발견의 기쁨

과학은 개인적 활동이다. 극소수의 예외를 제외하면 역사를 통틀어 과학자는 명예나 물질적 보상을 바라는 욕망 때문이 아니라 세계가 작동하는 방식에 관한 호기심을 충족시키기 위해 부지런히 솜씨를 부렸다. 지금까지 살펴본 것처럼 일부는 호기심 충족에 극단적으로 치우친 나머지 발견한 것들을 혼자만 알고 있었고, 특정 수수께끼에 대한 해답을 찾아냈다는 사실에 만족할 뿐 그 업적을 자랑할 필요는 조금도 느끼지 않았다. 과학자는 ― 그리고 각 과학자 세대는 ― 자신의 시대라는 맥락 안에서 존재하고 활동하면서 그 시대에 쓸 수 있는 기술의 도움을 받고 그 전에 이루어진 것을 바탕으로 삼지만, 기여할 때는 개인으로서 기여하게 된다. 따라서 나로서는 과학사를 본질적으로 과학자의 전기 차원에서 접근하는 것이 자연스러워 보였다. 적어도 내가 쓰는 최초의 과학사에서는 그랬다. 그럼으로써 과학자를 움직이는 것은 무엇인지 끄집어내고 한 가지 과학 발전이 다른 것으로 이어지는 방식을 드러내겠다는 바람에서였다. 나는 이것이 오늘날 역사학자들이 썩 좋아하는 접근법이 아니라는 것을 알고 있고, 여기까지 읽은 전문 역사학자라면 누구라도 나를 구식이며 나아가 반동적이라고 비난까지 할 수 있다는 것을 알고 있다. 그러나 내가 구식이라면 그것은 내가 시대에 뒤처져 있다는 것을 몰라서가 아니라 일부러 그쪽을 택했기 때문이다. 나는 또 역사를 접근하는 방법은 거의 역사학자 수만큼 있으며 그중 어떤 접근법이라도 역사를 조명해 줄 수 있다는 것도 알고 있다. 한 사람의 역사관 내지 해석이 역사의 '유일한' 진실을 드러낸다고 주장하는 역사학자는 거의 없을 것이다. 사람을 찍은 사진 한 장이 그 사람에 대한 모든 것을 드러내 보여 주지 못하는 것과 같다. 나의 해석 역시 마찬가지지만, 과학사에 대한 나의 접근법에는 어쩌면 전문가라도 화두로 삼을 만한 게 있을지도 모른다.

과학을 하는 과정은 개인의 활동이지만 과학 자체는 본질적으로 비개인적이다. 과학은 절대적, 객관적 진실을 다룬다. 과학을 하는 과정과 과학 자체를 혼동하는 때문에 과학자를 논리만 따지는 냉혈한 기계로 보는 관념이 널리 퍼졌다. 그러나 과학자는 궁극의 진실을 추구하면서도 열렬하고 비논리적이며 심지어 광적이 될 수도 있다. 어떤 기준에서 보면 아이작 뉴턴은 과학, 연금술, 종교라는 관심사에 차례차례 외곬으로 집착하고 개인적 복수에 지독하게 철저했다는 점에서 정신이상자였고, 캐번디시는 확실히 희한한 사람이었다. 그런 만큼 이 책에서 주관적이고 논쟁의 여지가 있는 것과 객관적이고 논쟁의 여지없이 사실인 것을 구분하는 것이 중요하다.

이것이 과학사의 완결판이라고 주장하려는 것이 아니다. 어떤 단행본도 그러지 못한다. 모든 역사가 그렇듯 이것도 주관적이다. 그러나 이 책은 전문 역사학자가 아니라 전문 과학자로서 과학 연구에 관여한 사람의 관점에서 쓰였고, 거기에는 장점도 단점도 있다. 이 책에서 명확히 전하고 있기를 바라지만, 가장 중요한 점은 나는 과학 '혁명'이라는 토머스 쿤Thomas Kuhn(1922~1996)의 생각을 거부하며 과학 발전은 본질적으로 점진적, 단계적으로 이루어진다고 본다는 것이다. 내가 볼 때 과학 발전을 가져오는 두 가지 열쇠는 이전에 이룩한 것 위에 조금씩 쌓아 올리는 것과 개인의 손길이다. 과학이 사람을 만드는 게 아니라 사람이 과학을 만든다. 그런 만큼 내 목표는 과학을 만든 사람들과 그들이 어떻게 과학을 만들었는지에 관한 이야기를 여러분에게 들려주는 것이었다. 이런 과학관은 과학은 세상 전반에서 일어나는 경제적, 사회적 격변으로부터 어느 정도 떨어져 있다는 생각, 그리고 과학은 정말로 객관적 진실을 추구한다는 생각과 밀접하게 연관돼 있다.

과학 연구를 익히지도 경험하지도 않은 역사학자나 사회학자는 이따금 과학적 진실이 예술적 진실보다 더 유효하지는 않으며, (거칠게 표현하자면) 빅토리아 시대 화가들의 그림이 훗날 한물간 것과 마찬가지로 알베르트 아인슈타인의 일반상대성이론도 한물갈지도 모른다는 의견을 내놓는다. 절대로 그렇지 않다. 우주에 대한 어떠한 묘사든 아인슈타인의 이론을 대신하려면 일반상대성이론의 한계를 넘어서는 동시에 그 이론이 성공적으로 묘사하고 있는 부분을 모두 포함해야 한다. 일반상대성이론이 뉴턴의 중력 이론을 그 안에 포함하고 있는 것과 마찬가지다. 검증이 끝난 어떤 영역에서든 아인슈타인의 이론이 잘못됐다고 말하면서 우주를 성공적으로 묘사하는 이론은 있을 수 없다. 예를 들어 빛은 태양 같은 별 가까이 지나갈 때 일정한 양만큼 '휜다'는 것과 일반상대성이론으로 빛이 얼마만큼 휠지를 언제나 알아낼 수 있다는 것은 사실에 입각한 객관적 진실이다. 더 간단한 차원에서 보면, 수많은 과학적 사실과 마찬가지로 중력의 역제곱 법칙은 궁극적 진실이다. 그러나 그 법칙이 발견된 경위에 관한 역사적 설명은 어떤 것도 그런 차원의 진실이 될 수 없다. 중력에 관한 뉴턴의 생각이 떨어지는 사과를 보고 얼마나 영향을 받았는지는 그 누구도 알 수 없다. 그가 그 이야기를 들려준 무렵 그 자신이 자세한 부분을 정확히 기억하지 못했을지도 모른다. 그러나 그가 중력의 어떤 법칙을 발견했는지는 누구나 알 수 있다. 따라서 나의 이야기는 과학적 진실이 발견된 경위에 관한 증거를 해석할 때는 개인적이고 주관적이다. 그러나 그 과학적 진실이 무엇인지 설명할 때는 비개인적이고 객관적이다. 여러분은 로버트 훅이 뉴턴으로부터 중상모략을 당했다는 나의 의견에 동의할 수도 동의하지 않을 수도 있다. 그러나 어느 쪽이든 훅의 탄성 법칙이 진실이라는 것은 여전히 받아들여야 할 것이다.

논리를 뒤집어, 우리가 바라는 세계에 맞춰 과학적 진실을 왜곡할 수 없다는 것을 보여 주는 구체적 예가 필요하다면 반세기 이전 소련의 스탈린주의 정권이 유전학 연구를 왜곡한 사례만 보면 된다. 트로핌 데니소비치 리센코Trofim Denisovich Lysenko(1898~1976)는 스탈린주의 정권 하에서 큰 총애와 영향력을 누렸는데, 멘델의 유전 원칙은 변증법적 유물론의 원칙과 맞지 않는 것으로 간주된 반면, 유전학과 상속에 관한 리센코의 생각은 생물세계에 대해 정치적으로 올바른 관점을 제공해 주었기 때문이다. 충분히 그럴 수 있다. 그러나 멘델 유전학은 상속이 작동하는 방식을 잘 설명해 주는 반면 리센코의 유전학은 그렇지 않다는 것은 여전히 사실이다. 그리고 리센코가 소련의 농업에 커다란 영향을 미치고 있었기 때문에 이것은 매우 실제적 차원에서 비참한 결과를 가져왔다.

이제까지 내가 접한 논리 중 진지해 보였지만 가장 이상한 것 하나는 '중력' 같은 낱말을 사용하여 사과가 나무에서 떨어지는 원인을 묘사하는 것은 '하느님의 뜻'을 들어 사과가 떨어지는 이유를 설명하는 것만큼이나 신비주의적이라는 것이었다. '중력'이라는 낱말은 호칭에 지나지 않는다는 이유에서였다. 물론 그렇다. '베토벤의 5번'이 음악 작품이 아니라 음악 작품을 가리키는 호칭에 지나지 않는 것과 마찬가지다. 다른 호칭, 예컨대 대문자 V를 나타내는 모스 부호도 같은 음악 작품을 가리키는 호칭으로 얼마든지 사용할 수 있다. 과학자들은 낱말은 우리가 편의상 사용하는 호칭일 뿐이며, 어떤 이름을 붙여도 장미는 똑같이 향기로울 것이라는 것을 잘 인식하고 있다. 과학자가 입자 이론에서 근본 입자를 가리켜 의도적으로 '쿼크'라는 의미 없는 낱말을 호칭으로 사용하고 '빨강', '파랑', '초록' 등 색 이름으로 쿼크의 종류를 구분하는 것은 그 때문이다. 쿼크가 정말로 이렇게 색을 띠고 있다고 말하는 것이 아니다. 사과가 어떻게 떨어지는지를 과학적으로 묘사하는 것과 사과가 어떻게 떨어지는지를 신비주의적으로 묘사하는 것의 차이는, 그 현상에 어떤 이름을 부여하든 과학적 차원에서는 그것을 엄밀한 법칙으로 (이 경우에는 중력 법칙으로) 묘사할 수 있고, 똑같은 법칙을 나무에서 떨어지는 사과에, 달이 지구를 도는 궤도에 머물러 있는 방식에, 또 더 멀리 우주에 적용할 수 있다는 것이다. 신비주의자가 볼 때는 사과가 나무에서 떨어지는 방식과 예컨대 태양을 지나는 혜성이 움직이는 방식이 서로 연관돼 있을 것으로 기대할 이유가 없다. 그러나 '중력'이라는 낱말은 뉴턴의 『자연철학의 수학적 원리』와 아인슈타인의 일반상대성이론에 들어가 있는 생각 전체를 짧게 줄여 나타내는 표현일 뿐이다. 과학자는 '중력'이라는 낱말을 보면 이론과 법칙을 담은 풍부한 빛깔의 태피스트리가 떠오른다. 교향악단 지휘자에게 '베토벤의 5번'이라는 낱말이 풍부한 음악적 경험을 불러일으키는 것과 마찬가지다. 중요한 것은 호칭이 아니라 그 이면의 보편 법칙이며, 그것이 과학에 예측 능력을 부여한다. 우리는 다른 별들을 도는 행성과 혜성 역시 역제곱 법칙의 영향을 받는다는 것을 확신을 가지고 말할 수 있다. 그 법칙을 '중력'이라 부르든 '하느님의 뜻'이라 부르든 마찬가지다. 그리고 우리는 그런 행성에 어떤 지적 존재가 거주하고 있든 똑같은 역제곱 법칙을 적용할 것이라고 확신할 수 있다. 물론 그들은 당연히 우리가 쓰는 것과는 다른 이름으로 부를 것이다.

내가 이 점을 두고 길게 수고를 들일 필요는 없다. 과학이 그렇게나 앞뒤가 잘 맞는다는 궁극적 진실이 있기 때문이다. 그리고 위대한 과학자에게 동기를 부여하는 것은 명성이나 큰돈에 대한 갈증이 아니다. 물론 위대한 수준에 못 미치는 과학자에게는 매력적 미끼가 될 수 있지만, 위대한 과학자를 움직이는 것은 리처드 파인먼이 말한 '발견의 기쁨'이다. 뉴턴부터 캐번디시에 이르기까지, 찰스 다윈부터 파인먼 자신에 이르기까지 저 수많은 위대한 과학자들이 친구들의 압력이 없었다면 자신이 발견한 것을 굳이 출간하지 않았을 정도로 만족스러운 기쁨이자, 발견할 진실이 없었다면 거의 존재하지도 않았을 기쁨이다.

감사의 말

***

도서관을 이용하게 해 주고 그 밖의 자료를 열람하게 해 준 파리의 아카데미 프랑세즈와 파리 식물원, 옥스퍼드의 보들리언 도서관, 런던의 대영박물관과 자연사박물관, 케임브리지의 캐번디시 연구소, 런던의 지질학회, 켄트의 다운하우스, 런던의 린네 학회, 왕립천문학회, 왕립지질학회, 왕립연구소, 더블린의 트리니티 칼리지, 케임브리지 대학교 도서관 등의 기관 모두에게 감사드린다. 늘 그렇듯 서식스 대학교는 나에게 연구 공간을 내주고 인터넷을 이용하게 해 주는 등 나를 지원해 주었다. 이 책을 쓰는 동안 나에게 이 책에 관한 의견을 들려 준 수많은 사람들을 한 분이라도 빠트린다면 불공평할 것이다. 그러나 그분들 본인은 알고 계실 테니 모두에게 감사드린다.

본문에서는 1인칭 대명사가 단수형도 복수형도 다 나온다. '나'는 물론 과학에 관한 내 의견을 내놓을 때 사용했다. '우리'는 나의 저술 동반자 메리 그리빈을 포함한다. 메리는 이 책뿐 아니라 내 모든 책의 글을 과학자가 아닌 분도 이해할 수 있게 해 주었다.

옮긴이의 말

***

이순신 장군이 1597년 10월 명량해전에서 왜선 300여 척을 앞에 두고 휘하 장병들에게 "방포하라!" 하고 외쳤을 때 내쉰 공기 분자들은 대류와 바람에 주위로 흩어졌다. 이어 편서풍을 타고 먼저 북반구 전역으로, 다음에는 전 세계로 퍼졌다. 이렇게 확산되기까지 2년 정도면 충분하다고 한다. 그렇게 세계로 퍼진 공기 분자들은 지금 이 순간 우리가 숨을 쉴 때마다 십여 개씩 우리 허파 안으로 들어오고 있다. 허황된 생각 같지만 실제로 일어나는 일이고, 몇 개나 들어오는지도 생각보다 간단하게 계산할 수 있다. 여기서 가장 중요한 것은 아보가드로수이고, 그 나머지는 단순한 덧셈, 곱셈, 나눗셈이 전부다.* 예수나 부처의 신체를 이루었던 원자 중 지금 우리 신체의 일부가 되어 있는 것의 개수도 이와 비슷한 방식으로 계산이 가능하며, 따라서 "나는 몇 분의 1만큼 예수다!" 하고 떳떳하게 주장할 수 있다.** 우리가 말을 할 때 내쉬는 공기 분자를 몇 년 뒤 온 세상 생물이 공유한다고 생각하면 묘한 기분이 든다. 사랑하는 사람에게 직접 전하지 못한 말이 있거든 지금 숨을 깊이 들이쉰 다음 소리 내어 말해 보자. 그 사람이 어디에 있든 2년 뒤에는 적어도 그 말을 할 때 나온 공기 분자는 확실히 전해질 것이다.

이 책의 지은이 존 그리빈은 영국 서식스 대학교를 마친 다음 케임브리지 대학교에서 박사 학위를 받은 천체물리학자다. 그렇지만 과학의 대중화에 기여하는 저술가로 더 유명하다. 자신의 전문 분야인 천체물리학뿐 아니라 과학 전반에 관해 수많은 책을 썼고, 과학 소설과 과학자의 전기도 다수 출간했다. 그중에는 한국어로 번역되어 나와 있는 것도 많다. 이 책의 머리말에서 지은이는 스스로 저술가로서 아이작 아시모프를 따라갈 수 없다고 겸손하게 말하지만, 이 책으로 알 수 있듯 과학을 쉽고 재미있게 풀어 일반 독자가 흥미롭게 읽을 수 있게 만드는 저술가라는 점에서 아시모프에게 절대 뒤지지 않을 것이다.

'과학science'은 '알다'라는 뜻의 라틴어 '스키엔스sciens'에서 유래된 말로, 보편적 진리나 법칙을 알아내기 위한 지적 활동을 말한다. 자연과학은 자연세계를 체계적으로 설명하려는 학문이다. 공중으로 총을 쏘면 총알이 반드시 다시 아래로 떨어지는 이유도, 햇볕이 따뜻하게 느껴지는 이유도, 사물이 우리 눈에 보이는 이유도 모두 과학적으로 설명이 가능하다. 만일 이 순간 어떤 과학자가 새로운 진리를 발견한다면 그 진리를 아는 사람은 지금까지 지구상에서 살았거나 지금 살고 있는 온 인류를 통틀어 오로지 그 과학자 한 사람뿐이다. 그리고 그것을 세상에 발표하기까지 그 과학자 혼자만의 진리다. 지금까지 지구상에서 태어난 호모 사피엔스는 모두 1천억 명을 조금 웃도는 정도라고 하니,*** 그 과학자는 1천억 명이 알지 못하는 세계의 비밀을 신을 제외하면 혼자 알고 있는 것이다. 이럴 때 그 과학자는 어떤 기분일까? 짝사랑하는 상대 역시 나를 마음에 두고 있다는 것을 알게 된 사람처럼 벅찬 가슴이 될까, 아니면 그냥 '아, 그렇구나' 하며 덤덤하게 받아들일까? 세상이 자신에게 보낼 찬사와 보상도 마음속에 작지 않은 기대로 자리 잡을 것이고, 오랫동안 씨름하던 수수께끼를 드디어 풀어냈다는 흘가분함도 물론 있을 것이다.

천왕성은 1781년 윌리엄과 캐럴라인 허셜 남매가 발견했다. 그렇지만 그 이전에도 천왕성을 관찰한 기록이 여럿 있다. 이 책에서 돈과 관련하여 에드먼드 핼리와 자주 비교되는 영국인 천문학자 존 플램스티드만 해도 1690년부터 각기 다른 위치에 있는 천왕성을 최소 여섯 번이나 관측했으나, 안타깝게도 그것이 새로운 행성이라는 생각을 하지 못했다. 밤하늘에서 눈에 띈 그 여섯 개의 흐릿한 점이 모두 하나의 천체가 움직이고 있는 것일지도 모른다는 생각이 들었다면 천왕성의 발견자는 플램스티드가 됐을 것이다. 어떻든 그는 1719년에 죽었으니 자신이 놓쳐버린 진리가 무엇인지 알지 못했다. 그러나 프랑스인 천문학자 피에르 샤를 르모니에Pierre Charles Le Monnier(1715~1799)는 천왕성이 발견된 해에 65세의 나이로 건강하게 살아 있었다. 그는 자신의 연구 기록을 뒤져보고 세 번이나 천왕성을 관측한 적이 있다는 사실을 깨달았지만, 발견의 기회를 놓쳐버린 자신을 탓하며 아쉬움을 속으로 삭일 수밖에 없었다.****

한편 진리를 발견한 공로를 세상이 인정해 주지 않을 때 과학자는 얼마나 답답할까? 이 책에 소개된 과학자 중에도 그 응어리 때문에 자살까지 시도한 사람이 둘이나 있다. 율리우스 로베르트 폰 마이어는 만년에 공로를 인정받았으니 그나마 다행한 경우라 할 수 있겠으나, 루트비히 볼츠만은 결국 목을 매 죽고 말았다. 이 책에 소개되지 않았지만 미국의 유전학자 바버라 매클린톡Barbara

McClintock(1902~1992)은 헨리 캐번디시처럼 궁금증 해결과 발견의 기쁨 자체를 중시할 뿐 다른 학자들의 반응에는 그다지 신경을 쓰지 않은 보기 드문 부류의 과학자다. 옥수수를 가지고 연구한 매클린톡은 유전에 관한 중요한 진리를 발견하여 1950년대 초에 발표했으나 당시 유전학이 그의 연구를 이해할 수준에 미치지 못해 완전히 무시당했고, 나아가 첨단 기법으로 연구하는 주류 학자들과는 달리 식물을 가지고 연구하는 까닭에 시대에 뒤처지는 학자 취급을 받았다. 그런 상황이 답답할 법도 한데 '그러든가 말든가' 하는 태도로 담담하게 자신의 연구를 자신의 방식대로 계속했고, 그때부터는 아예 연구 결과도 소속 연구소의 연간보고서에만 발표할 뿐 아무 데도 발표하지 않았다. 그가 그 연구로 노벨상을 받은 것은 그로부터 30여 년이나 지난 뒤인 1983년이었으니, 마치 원로 감독이 젊을 때 찍은 영화로 오스카상을 받는 것처럼 새삼스럽다는 생각도 든다.

새로운 진리를 밝혀낸 과학자에게 세상이 보내는 최고의 영예는 그 진리에 발견자의 이름을 붙이는 방법일 것이다. 스프링의 탄성을 설명하는 훅 법칙, 빛의 파동 이론을 설명하는 하위헌스 원리, 멘델 유전 법칙 등 어떤 현상을 누구보다도 먼저 설명해 내면 그 현상을 가리키는 이름에 설명한 사람의 이름이 붙으면서 역사에 길이길이 업적이 전해진다. 어떤 과학자는 용어를 만든 사람으로 기억되기도 한다. 튀코는 '노바(신성)'라는 용어를 만들었고, 린네는 '호모 사피엔스'라는 용어를 만들었다. 다소 엉뚱한 방식으로 용어를 만든 사람도 있다. 이 책에서도 소개된 프레드 호일 경우를 보면 과학자와 과학 이론이 기억되는 희한한 방식에 대해 다시 생각하게 된다.

그는 1950년대 초에 가벼운 원소로부터 무거운 원소가 생성되는 과정을 연구하던 학자들이 벽에 부딪쳤을 때 돌파구를 찾아낼 정도로 실제로 매우 뛰어난 물리학자였다. 그러나 오늘날 그의 이름을 기억하는 사람은 대부분 '빅뱅(대폭발)'이라는 용어와 연결 짓는다.

정상우주 이론의 창시자로서 그는 1949년 3월 영국 BBC의 라디오 프로그램에서 우주론을 설명할 기회가 있었는데, 이때 "우주의 모든 물질이 머나먼 과거 특정 시점에 한 번의 빅뱅으로 창조됐다는 가설"에 대해 "불합리하고 비과학적"이라고 평한 것이 이 용어의 탄생이었다. 강연 내용은 그 직후 BBC에서 발행하는 주간지 『더 리스너*The Listener*』에 실렸다. 훗날 그는 이 용어를 사용한 이유에 대해, 라디오 방송에서는 말밖에 전달 수단이 없으므로 '빅뱅'이라는 표현이 내용을 효과적으로 전할 수 있으리라 생각했다고 설명했다. 우주배경복사가 발견되면서 빅뱅 이론은 정설로 자리를 잡았지만, 호일은 죽을 때까지 평생 빅뱅 이론에 반대하며 정상우주 이론을 주장했다. 가장 반대하는 이론에 입에 착 붙는 이름을 붙여 주었다는 역설의 주인공이 된 그는 1995년 어느 인터뷰에서 이렇게 말했다고 한다. "말은 작살과 같다. 일단 들어가고 나면 뽑아내기가 어렵다."

오늘날 과학은 과거에는 상상조차 할 수 없던 속도로 발전하고 있고, 새 세대의 인류는 새로운 과학 기술에 빠른 속도로 적응하고 있다. 그 한 예로 우리나라에서 휴대전화 서비스가 제공되기 시작한 것이 1984년의 일이지만, 오늘날 젊은 층에게 휴대전화 특히 스마트폰은 신체의 일부나 다름없다. 이처럼 과학 기술이 발전하는 속도로 보면 사람의 사고를 컴퓨터와 직접 연결할 수 있는 시대가 그리 멀지 않은 것 같다. 사람이 가상현실 등의 장비를 가지고 컴퓨터와 연결하고 그 컴퓨터들끼리 서로 네트워크로 연결한다면 아마도 사고뿐 아니라 상상과 직관까지 공유하는 초사고超思考 같은 것을 이룰 수 있을 것이다. 그러면 지금처럼 말이나 글로만 소통이 가능한 고립된 사고로는 풀지 못하던 우주와 생명의 신비까지도 공유된 초사고를 통해 풀어낼 수 있을지도 모른다.

2021년 8월 옮긴이 권루시안

* 간단하게 설명하자면, 이것은 노란콩과 검은콩이 섞여 있는 자루에서 콩 한 줌을 꺼낼 때 그 안에 검은콩이 몇 개나 들어 있을지를 따지는 것과 같다. 먼저 자루 안에 콩이 전부 몇 개나 있는지, 또 그중 검은콩은 몇 개나 있는지를 셈한다. 그리고 한 줌에 콩이 몇 개나 들어가는지를 헤아리면 된다.

자루 안의 콩 개수는 지구 전체의 공기 분자 수에 해당한다. 계산이 복잡할 것 같지만, 해수면 기압이 1기압(즉 제곱센티미터 당 1,033.2그램)이라는 사실과 지구 표면적만 알면 지구 전체의 공기 무게를 알 수 있고, 이것을 공기의 평균 무게로 나눈 다음 아보가드로 수를 곱하면 된다. 다만 해수면 위로 육지가 솟아 있기 때문에 실제로는 이렇게 계산한 것보다 적다.

자루 안의 검은콩 개수는 장군님이 내쉰 "방포하라!" 공기 분자 수에 해당한다. 장군님은 파도와 바람 소리 때문에 큰 소리로 외쳐야 하는 만큼 한껏 숨을 들이마셨을 테니 그 부피는 건강한 성인 남자의 폐활량인 4.8리터쯤 됐을 것이다. 그리고 전투가 새벽에 시작됐으므로 기온은 10도쯤이었을 것이다. 10도의 공기 4.8리터는 0도일 때 4.62리터로 줄어들기 때문에 이 부피 안의 공기 분자 수를 셈하면 된다.

한 줌은 우리가 한 번에 들이쉬는 공기 부피에 해당한다. 성인의 일반적 일회호흡량은 0.5리터 정도라고 한다.

이런 조건을 모두 종합하면 숨을 들이쉴 때마다 "방포하라!" 분자 15.5개가 허파 속으로 들어온다는 결과가 나온다. 실제로는 그보다 적을 것이다. 공기가 액체나 고체로 변하고 액체, 고체가 공기로 변하는 등 지구상의 물질은 윤회하기 때문이다.

** 우리 몸을 구성하는 원자 중 약 1백만 개가 예수의 몸에 있던 원자라고 한다. 몸무게 70킬로그램인 사람 몸에 원자가 7×10^{27}개쯤 있다고 하니, 우리는 7×10^{21}분의 1만큼 예수라고 할 수 있다.

*** 인구조회국Population Reference Bureau이라는 별난 이름의 미국 민간단체가 2011년 107,602,707,791명이라는 수치를 내놓았다. 이 수치를 발표하는 동안에도 초당 4~5명꼴로 숫자가 늘어나고 있었으니 적당히 반올림하여 받아들이자. 그로부터 10년이 지난 지금은 15억 명쯤 더 늘어났을 것이다.

**** 그러나 세 번이 전부가 아니었다. 나중에 다른 학자가 확인한 결과 르모니에는 천왕성을 최소 12차례나 관측한 적이 있었고, 그중에는 나흘 밤이나 연이어 관측한 기록도 있었다. 아마도 새 행성을 발견했다는 소식에 부랴부랴 확인하느라 자신이 놓친 기록을 다시 놓쳤을 것이다.

그림 목록

1. 헤벨리우스의 『혜성지*Cometographia*』(1668) 머리그림.
[©British Library, 서가번호 532.1.8.(1.)]
2. 마르틴 코르테스 데 알바카르의 『지구 및 항해술 개론*Breve compendio de la esfera y de la arte de navigar*』(1551)에 수록된 삽화.
[사진제공 : Science & Society Picture Library]
3. 지구 중심의 프톨레마이오스 우주 모델. 그레고어 라이슈의 『마르가리타 필로소피카*Margarita Philosophica*』(1503)에서.
4. 태양 중심 우주의 초기 모델. 레티쿠스의 『나라티오 프리마』(1596)에서.
5. 안드레아스 베살리우스. 베살리우스의 『인체 구조에 관하여』(1543)에서.
6. 베살리우스의 『여섯 개의 해부도』(1538) 한 쪽.
7. 튀코의 거대한 사분의(1569).
8. 정다면체 안에 정다면체가 차례로 들어가 있는 케플러의 우주 모델. 케플러의 『우주지학적 신비』(1596)에서.
9. 코페르니쿠스, 케플러, 그리고 망원경을 들고 새로운 우주 모델을 발표하는 갈릴레이. 이 모델을 영어로 설명한 초기 책(1640)에서. [사진제공 : Fotomas Index]
10. 빛의 파동 묘사. 하위헌스의 『빛에 관한 학술보고서』(1690)에서.
[©British Library, 서가번호 C.112.f.5]
11. 보일의 실험 도구 몇 가지. 레너드 콜스Leonard Coles의 『화학발견사*The Book of Chemical Discovery*』(1933)에서.
12. 독일 마그데부르크에서 1654년에 한 실험. 폰 괴리케의 『새로운 실험들*Experimenta Nova*』(1672)에서. [사진제공 : Science & Society Picture Library]
13. 로버트 보일의 『탐구하는 화학자』(1661) 속표지.
14. 머리카락을 붙들고 있는 이. 훅의 『마이크로그라피아』(1664)에서.
15. 뉴턴의 망원경. 왕립학회의 『철학회보』(1672)에서.
16. 육분의로 별의 위치를 계산하는 헤벨리우스. 헤벨리우스의 『천체의 기계장치*Machina Coelestis*』(1673)에서. [사진제공 : AKG London]

36. 알파 입자들이 무거운 핵 가까이를 지날 때 방향이 휘는 모양을 나타낸 러더퍼드의 그림. 러더퍼드의 『더 새로운 연금술*A Newer Alchemy*』(1937)에서.

37. 그레고어 멘델(1880). 휴고 일티스Hugo Iltis의 『멘델의 생애*Life of Mendel*』(1932)에서.

38. 멘델이 상속에 관해 썼으나 묻혀 버린 논문의 내용 한 가지를 설명하는 완두 그림.

39. 왓슨, 크릭, 그리고 두 사람이 만든 DNA 분자 모델(1951). [사진제공 : Science Photo Library]

40. 별의 색과 밝기의 관계를 나타내는 헤르츠스프룽-러셀 색등급도. [사진제공 : Science Photo Library]

41. 구상성단 NGC 362의 광학 이미지(네거티브). [사진제공 : Royal Observatory, Edinburgh/Science Photo Library]

참고문헌

여기 수록된 참고문헌 중 상당히 많은 책을 '인터넷 아카이브(https://archive.org)'라는 온라인 전자도서관에서 읽을 수 있다. (옮긴이)

가모프(George Gamow), *The Creation of the Universe* (Viking, New York, 1952). 한국어판은 『宇宙의 創造』, 玄正晙 옮김, 電波科學社, 1973.

갈릴레이(Galileo Galilei), *Galileo on the World Systems*, 1632년판 *Dialogo sopra i due massimi sistemi del mondo*를 Maurice A. Finocchiaro가 축약 번역한 것 (University of California Press, 1997). 한국어판은 『대화 — 천동설과 지동설, 두 체계에 관하여』, 갈릴레오 갈릴레이 지음, 이무현 옮김, 사이언스북스, 2016. (한국어판은 축약본이 아니라 이탈리아어 원작을 옮긴 것이다.)

개스 외(G. Gass, Peter J. Smith and R. C. L. Wilson) 편, *Understanding the Earth, 2nd edn* (MIT Press, Cambridge, MA, 1972).

게이키(J. Geikie), *The Great Ice Age, 3rd edn* (Stanford, London, 1894; 초판은 Isbister, London, 1874).

그루버(Howard Gruber), *Darwin on Man* (Wildwood House, London, 1974).

그리너웨이(Frank Greenaway), *John Dalton and the Atom* (Heinemann, London, 1966).

그리빈(John Gribbin), *In Search of Schrödinger's Cat* (Bantam, London, 1984). 한국어판은 『슈뢰딩거의 고양이를 찾아서 — 살아 있으면서 죽은 고양이를 이해하기 위한 양자역학의 고전』, 존 그리빈 지음, 박병철 옮김, Humanist(휴머니스트 출판그룹), 2020.

그리빈(John Gribbin), *In Search of the Big Bang* (Penguin, London, 1998).

그리빈(John Gribbin), *In Search of the Double Helix* (Penguin, London, 1995).

그리빈(John Gribbin), *Stardust* (Viking, London, 2000).

그리빈(John Gribbin), *The Birth of Time* (Weidenfeld & Nicolson, London, 1999).

그리빈 외(John and Mary Gribbin), *Richard Feynman : a life in science*

(Viking, London, 1994).
그리빈 외(John Gribbin and Jeremy Cherfas), *The First Chimpanzee* (Penguin, London, 2001).
그리빈 외(John Gribbin and Jeremy Cherfas), *The Mating Game* (Penguin, London, 2001).
길리스피(C. C. Gillispie), *Pierre-Simon Laplace* (Princeton University Press, Princeton NJ, 1997).
길버트(William Gilbert), *On the Loadstone and Magnetic Bodies, and on The Great Magnet the Earth, 1600년판 De Magnete Magneticisque Corporibus, et de Magno Magnete Tellur*를 P. Fleury Mottelay가 번역한 것 (Bernard Quaritch, London, 1893).
나이트(David C. Knight), *Johannes Kepler and Planetary Motion* (Franklin Watts, New York, 1962).
네만 외(Yuval Ne'eman and Yoram Kirsh), *The Particle Hunters, 2nd edn* (CUP, Cambridge, 1996).
노스(J. D. North), *The Measure of the Universe* (OUP, Oxford, 1965).
다윈(Charles Darwin), *The Origin of Species by Means of Natural Selection*, 1859년 초판본 및 추가 자료 (Pelican, London, 1968. 1985년 Penguin Classics에서 재판). 한국어판은『종의 기원』, 찰스 다윈 지음, 김창한 옮김, 집문당, 2020.
다윈 외(Charles Darwin and Alfred Wallace), *Evolution by Natural Selection* (CUP, Cambridge, 1958).
다윈(Erasmus Darwin), *Zoonomia, Part 1* (J. Johnson, London, 1794).
다윈(Francis Darwin) 편, *The Foundations of the Origin of Species : two essays written in 1842 and 1844 by Charles Darwin* (CUP, Cambridge, 1909).
다윈(Francis Darwin) 편, *The Life and Letters of Charles Darwin* (John Murray, London, 1887). 축약본은 지금도 구할 수 있다 : *The Autobiography of Charles Darwin and Selected Letters* (Dover, New York, 1958).
댐피어(William Dampier), *A History of Science, 3rd edn* (CUP, Cambridge, 1942).
데즈먼드(Adrian Desmond), *Huxley* (Addison Wesley, Reading, MA, 1997).
데즈먼드 외(Adrian Desmond and James Moore), *Darwin* (Michael Joseph,

London, 1991). 한국어판은 『다윈 평전 — 고뇌하는 진화론자의 초상』, 에이드리언 데스먼드·제임스 무어 지음, 김명주 옮김, 뿌리와이파리, 2009.
데카르트(René Descartes), *Discourse on Method and the Meditations*, F. E. Sutcliffe 번역 (Penguin, London, 1968). 한국어판은 『방법서설』, 르네 데카르트 지음, 권혁 옮김, 돋을새김, 2019.
도킨스(Richard Dawkins), *The Blind Watchmaker* (Longman, Harlow, 1986). 한국어판은 『눈먼 시계공』, 리처드 도킨스 지음, 이용철 옮김, 사이언스북스, 2004.
드라이어(J. L. E. Dryer), *Tycho Brahe* (Adam & Charles Black, Edinburgh, 1899).
드레이크(Ellen Drake), *Restless Genius : Robert Hooke and his earthly thoughts* (OUP, New York, 1996).
드레이크(Stillman Drake), *Galileo* (OUP, Oxford, 1980).
드레이크(Stillman Drake), *Galileo at Work* (Dover, New York, 1978).
라거크비스트(Ulf Lagerkvist), *DNA Pioneers and Their Legacy* (Yale University Press, New Haven, 1998). 한국어판은 『DNA 연구의 선구자들』, 울프 라거비스트 지음, 한국유전학회 옮김, 전파과학사, 2000.
라부아지에(A.-L. Lavoisier), *Elements of Chemistry*, Robert Kerr 번역 (Dover, New York, 1965; 1790년판의 복각판).
라슨(E. Larsen), *An American in Europe* (Rider, New York, 1953).
라이엘(Charles Lyell), *Elements of Geology* (John Murray, London, 1838).
라이엘(Charles Lyell), *Principles of Geology* (Penguin, London, 1997; 원래는 전3권, John Murray, London, 1830~1833).
라이엘(Katherine Lyell) 편, *Life, Letters and Journals of Sir Charles Lyell, Bart.* (전2권, John Murray, London, 1881).
라이트(Thomas Wright), *An Original Theory of the Universe* (Chapelle, London, 1750) (복각판, Michael Hoskin 편, Macdonald, London, 1971).
램(H. H. Lamb), *Climate : present, past and future* (Methuen, London, volume 1 1972, volume 2 1977).
러그랜드(H. E. Le Grand), *Drifting Continents and Shifting Theories* (CUP, Cambridge, 1988).
러브록(James Lovelock), *Gaia* (OUP, Oxford, 1979). 한국어판은 『가이아 — 살아 있는 생명체로서의 지구』, 제임스 러브록 지음, 홍욱희 옮김, 갈라파고스, 2004.

러브록(James Lovelock), *The Ages of Gaia* (OUP, Oxford, 1988). 한국어판은 『가이아의 시대 — 살아 있는 우리 지구의 전기』, 제임스 러브록 지음, 홍욱희 옮김, 범양사출판부, 1992.

레스턴(James Reston), *Galileo* (Cassell, London, 1994).

레이븐(Charles E. Raven), *John Ray* (CUP, Cambridge, 1950).

레이비(Peter Raby), *Alfred Russel Wallace* (Chatto & Windus, London, 2001).

로넌(Colin A. Ronan), *The Cambridge Illustrated History of the World's Science* (CUP, Cambridge, 1983).

로젠탈(S. Rozental) 편, *Niels Bohr* (North-Holland, Amsterdam, 1967).

루드니키(Józef Rudnicki), *Nicholas Copernicus* (Copernicus Quatercentenary Celebration Committee, London, 1943).

루리(E. Lurie), *Louis Agassiz* (University of Chicago Press, 1960).

루이스(Cherry Lewis), *The Dating Game* (CUP, Cambridge, 2000). 한국어판은 『데이팅게임』, 체리 루이스 지음, 조숙경 옮김, 바다출판사, 2002.

마빈(Ursula Marvin), *Continental Drift* (Smithsonian Institution, Washington DC, 1973).

매누엘(Frank Manuel), *Portrait of Isaac Newton* (Harvard University Press, Cambridge, MA, 1968).

매카티(Maclyn McCarty), *The Transforming Principle* (Norton, New York, 1985).

매키(Douglas McKie), *Antoine Lavoisier* (Constable, London, 1952).

매키니(H. L. McKinney), *Wallace and Natural Selection* (Yale University Press, New Haven, 1972).

맥스웰(James Clerk Maxwell), *The Scientific Papers of J. Clerk Maxwell* (W. D. Niven 편) (CUP, Cambridge, 1890).

메라(Jagdish Mehra), *Einstein, Physics and Reality* (World Scientific, Singapore, 1999).

무어(Ruth Moore), *Niels Bohr* (MIT Press, Cambridge, MA 1985).

밀란코비치(Milutin Milankovitch), *Durch ferne Welten und Zeiten* (Köhler & Amalang, Leipzig, 1936).

발로(Nora Barlow) 편, *The Autobiography of Charles Darwin, 1809–1882, with original omissions restored* (William Collins, London, 1958).

버거 외(A. J. Berger, J. Imbrie, J. Hays, G. Kukla and B. Saltzman) 편, *Milankovitch and Climate* (Reidel, Dordrecht, 1984).

버크슨(W. Berkson), *Fields of Force* (Routledge, London, 1974).

벌린스키(David Berlinski), *Newton's Gift* (The Free Press, New York, 2000).

베게너(Alfred Wegener), *The Origin of Continents and Oceans* (Methuen, London, 1967) (1929년에 출간된 독일어 제4판의 번역판). 한국어판은 『대륙과 해양의 기원』, 알프레드 베게너 지음, 김인수 옮김, 나남, 2010.

베리(A. J. Berry), *Henry Cavendish* (Hutchinson, London, 1960).

베이얼레인(Ralph Baierlein), *Newton to Einstein* (CUP, Cambridge, 1992).

브라운(Janet Browne), *Charles Darwin : voyaging* (Jonathan Cape, London, 1995). 한국어판은 『찰스 다윈 평전 — 종의 수수께끼를 찾아 위대한 항해를 시작하다』, 재닛 브라운 지음, 임종기 옮김, 김영사, 2010.

브라운(S. C. Brown), *Benjamin Thompson, Count Rumford* (MIT Press, Cambridge, MA, 1979).

브래그 외(W. Bragg and G. Porter) 편, *The Royal Institution Library of Science*, volume 5 (Elsevier, Amsterdam, 1970).

브루노(Leonard C. Bruno), *The Landmarks of Science* (Facts on File, New York, 1989).

블래킷 외(P. M. S. Blackett, E. Bullard and S. K. Runcorn), *A Symposium on Continental Drift* (Royal Society, London, 1965).

비아졸리(Mario Biagioli), *Galileo, Courtier* (University of Chicago Press, Chicago, 1993).

세이어(Anne Sayre), *Rosalind Franklin & DNA* (Norton, New York, 1978).

셰이핀(Steven Shapin), *The Scientific Revolution* (University of Chicago Press, London, 1966). 한국어판은 『과학 혁명』, 스티븐 샤핀 지음, 한영덕 옮김, 영림카디널, 2002.

슈나이더 외(Stephen Schneider and Randi Londer), *The Coevolution of Climate & Life* (Sierra Club, San Francisco, 1984).

슈뢰딩거(Erwin Schrödinger), *What is Life? and Mind and Matter* (CUP, Cambridge, 1967) (원래 1944년과 1958년 따로 출간된 2권의 합본). 한국어판은 『생명이란 무엇인가』, E. 슈뢰딩거 지음, 서인석·황상익 옮김, 한울, 2011.

스로어(Norman Thrower) 편, *The Three Voyages of Edmond Halley* (Hakluyt Society, London, 1980).
스콧(J. F. Scott), *The Scientific Work of René Descartes* (Taylor & Francis, London, 1952).
스타플뢰(Frans A. Stafleu), *Linnaeus and the Linneans* (A. Oosthoek's Uitgeversmaatschappij NV, Utrecht, 1971).
스태철(John Stachel) 편, *Einstein's Miraculous Year* (Princeton University Press, Princeton, NJ, 1998).
스탠디지(Tom Standage), *The Neptune File* (Allen Lane, London, 2000).
아가시(Elizabeth Cary Agassiz), *Louis Agassiz, his life and correspondence* (Houghton Mifflin & Co, Boston, 1886; 전2권).
아데마르(J. A. Adhémar), *Révolutions de la mer* (저자가 개인적으로 출판, Paris, 1842).
아미티지(Angus Armitage), *Edmond Halley* (Nelson, London, 1966).
아시모프(Isaac Asimov), *Asimov's New Guide to Science* (Penguin, London, 1987). 한국어판은 1991년 웅진문화에서 '과학의 새로운 안내'라는 총서로 출간됐다.
아우트럼(Dorinda Outram), *Georges Couvier* (Manchester University Press, Manchester, 1984).
아이언스(James Irons), *Autobiographical Sketch of James Croll, with memoir of his life and work* (Stanford, London, 1896).
앨퍼 외(Ralph Alpher and Robert Herman), *Genesis of the Big Bang* (OUP, Oxford, 2001).
에딩턴(A. S. Eddington), *The Internal Constitution of the Stars* (CUP, Cambridge, 1926).
에딩턴(A. S. Eddington), *The Nature of the Physical World* (CUP, Cambridge, 1928).
에버릿(C. W. F. Everitt), *James Clerk Maxwell* (Scribner's, New York, 1975).
에벌린(John Evelyn), *Diary* (E. S. de Beer 편) (OUP, London, 1959).
에스피나스(Margaret 'Espinasse), *Robert Hooke* (Heinemann, London, 1956).
영(David Young), *The Discovery of Evolution* (CUP, Cambridge, 1992).
예이츠(W. B. Yeats), '어린 학생들 사이에서(Among School Children)', *Selected Poetry* (Timothy Webb 편) (Penguin, London, 1991) 등.

오말리(C. D. O'Malley), *Andreas Vesalius of Brussels, 1514–1564* (University of California Press, Berkeley, 1964).

오버비(Dennis Overbye), *Einstein in Love* (Viking, New York, 2000). 한국어판은『젊은 아인슈타인의 초상 — 천재 물리학자 알베르트 아인슈타인의 삶과 사랑』, 데니스 오버바이 지음, 김한영 · 김희봉 옮김, 사이언스북스, 2006.

오브리(John Aubrey), *Brief Lives* (Andrew Clark 편), vols I and II (Clarendon Press, Oxford, 1898).

오언(H. G. Owen), *Atlas of Continental Displacement : 200 million years to the present* (CUP, Cambridge, 1983).

오즈번(Henry Osborn), *From the Greeks to Darwin* (Macmillan, New York, 1894).

올비(Robert Olby), *The Path to the Double Helix* (Macmillan, London, 1974).

왓슨(James Watson), 'The Double Helix', 스텐트(Gunther Stent) 편, *The Double Helix* 'critical edition' (Weidenfeld & Nicolson, London, 1981)에 수록.

윌리스(Alfred Russel Wallace), *My Life* (Chapman & Hall, London; 원래는 1905년 전2권으로 출간; 1908년 단권으로 개정).

웨스트폴(Richard Westfall), *Never at Rest : a biography of Isaac Newton* (CUP, Cambridge, 1980). 한국어판은『아이작 뉴턴』(전4권), 리처드 웨스트폴 지음, 김한영 · 김희봉 옮김, 알마, 2016.

웨스트폴(Richard Westfall), *The Life of Isaac Newton* (CUP, Cambridge, 1993) (*Never at Rest*를 줄인 것으로 더 읽기가 쉽다). 한국어판은『프린키피아의 천재』, 리처드 웨스트폴 지음, 최상돈 옮김, 사이언스북스, 2001.

윌리엄스(L. P. Williams), *Michael Faraday* (Chapman, London, 1965).

윌슨(David Wilson), *Rutherford* (Hodder & Stoughton, London, 1983).

윌슨(Edmund Wilson), *The Cell in Development and Inheritance* (Macmillan, New York, 1896).

윌슨(Leonard Wilson), *Charles Lyell* (Yale University Press, New Haven, 1972).

일티스(Hugo Iltis), *Life of Mendel* (Allen & Unwin, London, 1932).

임브리 외(John Imbrie and Katherine Palmer Imbrie), *Ice Ages* (Macmillan, London, 1979). 한국어판은『빙하기 — 그 비밀을 푼다』, 존 임브리·캐서린 임브리 지음, 김인수 옮김, 아카넷, 2015.

자이언츠(Arthur Zajonc), *Catching the Light* (Bantam, London, 1993).

저드슨(Horace Freeland Judson), *The Eighth Day of Creation* (Jonathan Cape, London, 1979). 한국어판은『창조의 제8일 — 생물학 혁명의 주역들』, 호레이스 프리랜드 젓슨 지음, 하두봉 옮김, 범양사, 1984.

정니클 외(C. Jungnickel and R. McCormmach), *Cavendish : the experimental life* (Bucknell University Press, New Jersey, 1996).

조더노바(L. J. Jordanova), *Lamarck* (OUP, Oxford, 1984).

조지(Wilma George), *Biologist Philosopher : a study of the life and writings of Alfred Russel Wallace* (Abelard-Schuman, New York, 1964).

존스(Bence Jones), *Life & Letters of Faraday* (Longman, London, 1870).

찬드라세카(S. Chandrasekhar), *Eddington* (CUP, Cambridge, 1983).

체르치냐니(Carlo Cercignani), *Ludwig Boltzmann* (OUP, Oxford, 1998).

캠벨(John Campbell), *Rutherford* (AAS Publications, Christchurch, New Zealand, 1999).

커로우(G. M. Caroe), *William Henry Bragg* (CUP, Cambridge, 1978).

케드로프(F. B. Kedrov), *Kapitza : life and discoveries* (Mir, Moscow, 1984).

케스턴(Hermann Kesten), *Copernicus and his World* (Martin Secker & Warburg, London, 1945).

케인스(Geoffrey Keynes), *A Bibliography of Dr Robert Hooke* (Clarendon Press, Oxford, 1960).

콘래드 외(Lawrence I. Conrad, Michael Neve, Vivian Nutton, Roy Porter and Andrew Wear), *The Western Medical Tradition : 800 BC to AD 1800* (CUP, Cambridge, 1995).

쾨펜 외(W. Köppen and A. Wegener), *Die Klimate der Geologischen Vorzeit* (Borntraeger, Berlin, 1924).

쿡(Alan Cook), *Edmond Halley* (OUP, Oxford, 1998).

퀸(Susan Quinn), *Marie Curie* (Heinemann, London, 1995).

크라우더(J. G. Crowther), *British Scientists of the Nineteenth Century* (Kegan Paul, London, 1935).

크라우더(J. G. Crowther), *Founders of British Science* (Cresset Press, London, 1960).

크라우더(J. G. Crowther), *Scientists of the Industrial Revolution* (Cresset Press, London, 1962).

크래그(Helge Kragh), *Quantum Generations* (Princeton University Press, Princeton, NJ, 1999).

크롤(James Croll), *Climate and Time in their Geological Relations* (Daldy, Isbister, & Co., London, 1875).

크리스티안손(John Robert Christianson), *On Tycho's Island* (CUP, London, 2000).

클로스(Frank Close), *Lucifer's Legacy* (OUP, Oxford, 2000).

킹헬리(Desmond King-Hele), *Erasmus Darwin* (De La Mare, London, 1999).

톰슨(G. P. Thomson), *J. J. Thomson* (Nelson, London, 1964).

톰슨(J. J. Thomson), *Recollections and Reflections* (Bell & Sons, London, 1936).

파이언슨 외(Lewis Pyenson and Susan Sheets-Pyenson), *Servants of Nature* (HarperCollins, London, 1999).

파이필드(Richard Fifield) 편, *The Making of the Earth* (Blackwell, Oxford, 1985).

파인먼(Richard Feynman), *QED : the strange theory of light and matter* (Princeton University Press, Princeton, NJ, 1985). 한국어판은 『일반인을 위한 파인만의 QED 강의』, 리처드 파인만 지음, 박병철 옮김, 승산, 2001.

파히(J. J. Fahie), *Galileo : his life and work* (John Murray, London, 1903).

페리(Georgina Ferry), *Dorothy Hodgkin* (Granta, London, 1998).

페이스(Abraham Pais), *Inward Bound : of matter and forces in the physical world* (OUP, Oxford, 1986).

페이스(Abraham Pais), *Subtle is the Lord* . . . (OUP, Oxford, 1982).

펠로우스 외(Otis Fellows and Stephen Milliken), *Buffon* (Twayne, New York, 1972).

포르투갈 외(Franklin Portugal and Jack Cohen), *A Century of DNA* (MIT Press, Cambridge, MA, 1977). 한국어판은 『DNA 백년사』, 프랭클린 폴투갈·잭 코헨 지음, 이대실 옮김, 한림원 출판사, 2011.

폰 우펜바흐(Conrad von Uffenbach), *London in 1710* (W. H. Quarrell and Margaret Mare 편역) (Faber & Faber, London, 1934).

폴링 외(Linus Pauling and Peter Pauling), *Chemistry* (Freeman, San Francisco, 1975).

풀먼(Bernard Pullman), *The Atom in the History of Human Thought*

(OUP, Oxford, 1998).
프롱스뮈르(Tore Frängsmyr) 편, *Linnaeus : the man and his work* (University of California Press, Berkeley, 1983).
프린치페이(Lawrence Principe), *The Aspiring Adept* (Princeton University Press, Princeton, NJ, 1998).
플레이페어(John Playfair), *Illustrations of the Huttonian Theory of the Earth* (1802년판의 복각판, George White의 머리말 첨부) (Dover, New York, 1956).
플루(Antony Flew), *Malthus* (Pelican, London, 1970).
피프스(Samuel Pepys), *The Shorter Pepys* (Robert Latham 편; Penguin, London, 1987).
필킹턴(Roger Pilkington), *Robert Boyle : father of chemistry* (John Murray, London, 1959).
하워드(Jonathan Howard), *Darwin* (OUP, Oxford, 1982).
하틀리(Harold Hartley), *Humphry Davy* (Nelson, London, 1966).
헌터(Michael Hunter) 편, *Robert Boyle Reconsidered* (CUP, Cambridge, 1994).
헤이거(Thomas Hager), *Force of Nature : the life of Linus Pauling* (Simon & Schuster, New York, 1995).
홀(Marie Boas Hall), *Robert Boyle and Seventeenth-Century Chemistry* (CUP, Cambridge, 1958).
홀(Marie Boas Hall), *Robert Boyle on Natural Philosophy* (Indiana University Press, Bloomington, 1965).
홀(Rupert Hall), *Isaac Newton* (Blackwell, Oxford, 1992).
홈스(Arthur Holmes), *Principles of Physical Geology* (Nelson, London, 1944).
화이트(Michael White), *Isaac Newton : the last sorcerer* (Fourth Estate, London, 1997).
화이트 외(Michael White and John Gribbin), *Darwin : a life in science* (Simon & Schuster, London, 1995).
화이트 외(Michael White and John Gribbin), *Einstein : a life in science* (Simon & Schuster, London, 1993).
화이트헤드(A. N. Whitehead), *Science and the Modern World* (CUP, Cambridge, 1927). 한국어판은『과학과 근대세계』, A.N. 화이트헤드 지음, 오영환 옮김,

서광사, 2008.

훅(Robert Hooke), *Micrographia* (Royal Society, London, 1665).

훅(Robert Hooke), *The Diary of Robert Hooke* (Henry Robinson and Walter Adams 편) (Taylor & Francis, London, 1935).

훅(Robert Hooke), *The Posthumous Works of Robert Hooke* (Richard Waller 편) (Royal Society, London, 1705).

휫필드(Peter Whitfield), *Landmarks in Western Science* (British Library, London, 1999).

휴스턴(Ken Houston) 편, *Creators of Mathematics : the Irish connection* (University College Dublin Press, 2000).

찾아보기

ㄷ

ㄹ

ㅂ

ㅇ

ㅊ

ㅋ

ㅌ

ㅎ

A-Z

존 그리빈 지음

존 그리빈은 케임브리지 대학교에서 천문학 박사 학위를 받고『네이처』에서, 이어『뉴 사이언티스트』지에서 저널리스트로 활동했다. 얼핏 어렵다는 인상을 주기 쉬운 과학 분야에 관한 이야기를 쉽고 재미있게 풀어내는 솜씨가 뛰어나, 영국 BBC 뉴스에서 그의 책『슈뢰딩거의 고양이를 찾아서』를 가리켜 수학에 대한 관심을 되살리는 방법을 잘 보여 주는 사례라고 말한 일도 있다(2002). 과학자라기보다 소설처럼 읽을 수 있는 과학 도서 작가이자 과학을 바탕으로 하는 소설 작가라고 자신을 소개하는 그는『진화의 오리진』,『다중우주를 찾아서』와『우주』등 수많은 베스트셀러를 썼고, 여러 나라에서 수많은 상을 받았다.

권루시안 옮김

편집자이자 번역가로서 다양한 분야의 다양한 책을 독자들에게 아름답고 정확한 번역으로 소개하려 노력하고 있다. 옮긴 책으로는『진화의 오리진』(진선출판사),『참 쉬운 진화 이야기』(진선출판사), 카데르 코눅의『이스트 웨스트 미메시스』(문학동네), 앨런 라이트맨의『아인슈타인의 꿈』(다산북스), 데이비드 크리스털의『언어의 죽음』(이론과실천) 등이 있다.

홈페이지 www.ultrakasa.com

과학을 만든 사람들

1쇄 – 2021년 8월 25일
3쇄 – 2022년 1월 5일
지은이 – 존 그리빈
옮긴이 – 권루시안
발행인 – 허진
발행처 – 진선출판사(주)
편집 – 김경미, 이미선, 권지은, 최윤선, 최지혜
디자인 – 고은정, 김은희
총무 · 마케팅 – 유재수, 나미영, 김수연, 허인화
주소 – 서울시 종로구 삼일대로 457 (경운동 88번지) 수운회관 15층
전화 (02)720~5990 팩스 (02)739~2129
홈페이지 www.jinsun.co.kr
등록 – 1975년 9월 3일 10~92

*책값은 뒤표지에 있습니다.
*이 제작물은 아모레퍼시픽의 아리따글꼴을 사용하여 디자인되었습니다.

ISBN 979-11-90779-41-8 03400

SCIENCE A HISTORY 1543~2001
Original English language edition first published by Penguin Books Ltd, London